NOUVEAUX ÉLÉMENTS
D'ANATOMIE DESCRIPTIVE
ET
D'EMBRYOLOGIE

PAR

H. BEAUNIS
MÉDECIN-MAJOR DE PREMIÈRE CLASSE
DES HÔPITAUX MILITAIRES
PROFESSEUR DE PHYSIOLOGIE A LA FACULT
DE MÉDECINE DE NANCY

ET

A. BOUCHARD
MÉDECIN-MAJOR DE PREMIÈRE CLASSE
DES HÔPITAUX MILITAIRES
PROFESSEUR D'ANATOMIE A LA FACULTÉ
DE MÉDECINE DE BORDEAUX

TROISIÈME ÉDITION

Illustrée de figures dessinées d'apres nature, intercalées dans le texte
et tirées en couleur.

PREMIÈRE PARTIE

OSTÉOLOGIE, ARTHROLOGIE, MYOLOGIE, ANGÉIOLOGIE, NÉVROLOGIE

— Pages 1 à 610 —

PARIS
LIBRAIRIE J.-B. BAILLIÈRE ET FILS
19, RUE HAUTEFEUILLE, PRÈS DU BOULEVARD SAINT-GERMAIN

LONDRES
BAILLIÈRE, TINDALL AND COX
20, King William street

MADRID
CARLOS BAILLY-BAILLIÈRE
Plaza de Topete, 8.

1879

LA SECONDE PARTIE, comprenant la SPLANCHNOLOGIE, LES ORGANES DES SENS, ... DÉVELOPPEMENT DE L'HOMME, est sous presse. Le titre, la préface et les ... seconde partie.

NOUVEAUX ÉLÉMENTS

D'ANATOMIE DESCRIPTIVE

INTRODUCTION

L'*anatomie* (*anatomie*, de ἀνατομή, dissection) étudie la forme et la structure des corps organisés et de leurs parties constituantes. Les sciences anatomiques présentent autant de divisions secondaires qu'il y a de points de vue différents sous lesquels les corps organisés, et en particulier le corps humain, peuvent être envisagés.

A première vue, le corps humain offre des caractères généraux de taille, de grosseur, de forme, variables dans de certaines limites, suivant les individus, les sexes, les races, etc. En outre, ce corps peut être divisé en segments, tête, tronc, membres, ayant chacun une configuration particulière. Cette première étude, accessible à tous, familière aux artistes de l'antiquité, indispensable au médecin et au chirurgien, constitue une première branche de l'anatomie, celle qui dans l'ordre historique a précédé toutes les autres, c'est l'*anatomie des formes*.

Si, à cette première vue toute superficielle, succède un examen plus approfondi ; si, au lieu de s'arrêter à la configuration extérieure, on dépasse la surface cutanée, on trouve au-dessous de la peau une série d'organes d'apparence et de forme différentes ayant leurs usages spéciaux. Ainsi à la main, par exemple, on rencontre d'abord un tissu formé de filaments entre-croisés dans tous les sens, circonscrivant des espaces ou mailles remplies de graisse (tissu cellulaire sous-cutané) ; plus profondément une membrane épaisse, résistante, dont les fibres sont serrées et tassées les unes contre les autres (aponévrose) ; plus profondément encore, des organes rouges capables de se raccourcir sous l'influence de la volonté (muscles), puis des cordons blanchâtres de plusieurs espèces, les uns très-résistants, sortes de cordages inextensibles destinés à rattacher les os entre eux (ligaments) ou les os aux muscles (tendons), les autres, véritables fils conducteurs d'un agent analogue à l'électricité (nerfs), sans lesquels la peau serait insensible ou le muscle immobile ; enfin, côtoyant ou pénétrant tous ces organes, des canaux (artères et veines) remplis du liquide nourricier, le sang. Si, au lieu d'étudier la main, nous prenons une autre région, le ventre par exemple, nous y trouvons, outre des parties analogues à celles qui existent dans la main, des organes de forme tout à fait différente servant à la vie de nutrition, les uns massifs, compactes, comme le foie ou la rate, les autres canaliculés et remplis de matières alimentaires plus ou moins modifiées, comme le tube digestif. Cette étude du corps humain, région par région, et de chaque région couche par couche, est ce qu'on appelle *anatomie topographique* (τόπος, lieu; γράφειν, écrire), *anatomie des régions*, ou encore *anatomie chirurgicale*, à cause de son utilité pour le chirurgien.

Cette étude topographique, excellente pour le praticien déjà familiarisé avec l'anatomie, ne pourrait mener par elle seule à une connaissance approfondie du corps humain. Cette segmentation par régions, réelle pour l'extérieur du corps, devient arbitraire pour les parties sous-jacentes à la peau, et on ne retrouve plus dans les organes profonds les divisions correspondant aux divisions superficielles des divers segments du corps. Ainsi, si nous suivons les tendons qui se trouvent aux doigts, nous les voyons se prolonger dans la main, la dépasser, arriver à l'avant-bras, et se continuer là avec des muscles allant s'attacher jusqu'à l'os du bras. Au lieu de scinder l'étude de cet organe complet, de ce muscle allant du bras à l'extrémité des doigts, en cinq études partielles correspondant à chacun des segments partiels du membre, doigts, main, poignet, avant-bras, coude, il est plus rationnel de l'étudier tout d'un trait dans sa totalité et d'une extrémité à l'autre. La même chose peut se faire pour tous les autres organes, os, vaisseaux, nerfs, etc. Pour mettre de l'ordre dans cette étude et passer du simple au composé, on suit une certaine marche; on commence par étudier les organes qui servent de support à tout le reste, et dont la réunion constitue le squelette, les os, puis leurs moyens d'union ou leurs articulations, et enfin leurs agents moteurs ou muscles. On prend ainsi successivement chacun des grands appareils de l'organisme, et on étudie comme un tout complet chacun des organes entrant dans la composition d'un appareil. C'est là la troisième branche de l'anatomie, *anatomie descriptive* ou *systématique*.

Ce n'est pas là encore le dernier terme de l'analyse anatomique. Les muscles, par exemple, ont tous une certaine couleur, une composition chimique semblable; ils sont tous composés de fibres agencées d'une certaine façon, la même pour tous; autrement dit, ils ont des caractères généraux communs, et avant d'étudier chaque muscle en particulier, il sera utile, pour éviter les répétitions, de décrire une fois pour toutes les caractères communs des muscles ou d'étudier les muscles en général. Il en sera de même pour les os, les nerfs, etc. Si maintenant, poussant l'analyse plus loin, au lieu de comparer le muscle au muscle, nous comparons le muscle à l'os, nous trouvons dans ces organes des parties semblables (vaisseaux, nerfs, tissu cellulaire) et des parties différentes et caractéristiques pour chacun, la fibre musculaire d'une part, la cellule osseuse de l'autre. En outre, ces vaisseaux, ces nerfs, ce tissu cellulaire, se composent d'éléments juxtaposés, les uns communs à ces divers tissus, les autres spéciaux à chacun d'eux et caractéristiques, de façon qu'en dernière analyse, chaque partie du corps résulte de l'assemblage d'éléments anatomiques du même genre ou de genre différent; ces éléments, en s'associant, forment les tissus; les tissus, par leur combinaison, forment les organes ou les parenchymes; enfin, tout un groupe d'organes, concourant à une grande fonction, constitue ce qu'on appelle un appareil. L'étude de ces éléments, de ces tissus et des caractères généraux des organes et des appareils, est ce qu'on appelle l'*anatomie générale*. Dans un sens plus restreint, on donne le nom d'*histologie* (ἱστός, tissu; λόγος, traité) à l'étude des tissus et des éléments anatomiques[1].

C'est là le dernier terme de l'analyse anatomique. Mais l'homme n'est pas stationnaire: depuis sa naissance jusqu'à sa mort, son organisation subit des changements qu'il est impossible de négliger; en outre, depuis le moment où l'ovule est fécondé jusqu'au moment de la naissance, pendant la vie intra-utérine, il se passe une série de modifications successives ayant pour but la formation du nouvel être. La science ne doit donc pas se borner à étudier l'homme adulte et pris à l'état de développement complet; elle doit de plus le suivre et dans son développement intra-utérin, depuis la fécondation du germe jusqu'à la naissance, *embryologie* (ἔμβρυον, embryon), et dans son accroissement depuis la naissance jusqu'à l'âge adulte, et enfin dans son évolution descendante depuis l'âge adulte jusqu'à la caducité. C'est ce qu'on appelle *anatomie* ou *histoire du développement*. Cette étude de l'évolution humaine peut se faire de deux façons: on peut prendre les éléments, les tissus, les organes, les appareils, et les suivre successivement chacun à leur tour, depuis leur apparition jusqu'à leur mort, ou bien on prend le corps humain à différentes périodes de son existence, et on l'étudie intégralement, comparativement à l'état adulte.

Là s'arrête l'anatomie humaine nécessaire au médecin. On peut encore comparer entre elles les différentes races humaines, *anatomie anthropologique* (ἄνθρωπος, homme), ou comparer l'homme aux autres êtres vivants, *anatomie comparée;* mais de ces deux sciences, la première, encore à l'état d'ébauche, est du ressort de l'anthropologiste, et la seconde appartient plutôt au naturaliste qu'au médecin. Il en est de même, à plus forte raison, de l'*anatomie philosophique*, qui étudie les lois de l'organisation, et qui est plutôt une branche de la physiologie générale que de l'anatomie.

En résumé, il y a donc quatre divisions principales dans l'anatomie humaine, car l'anatomie des formes et l'anatomie topographique peuvent être rangées dans la même classe sous le nom d'*anatomie des régions :* 1° Anatomie générale; 2° anatomie descriptive; 3° anatomie des régions; 4° anatomie du développement et embryologie. Pour l'intelligence des détails de structure qui doivent se rencontrer dans l'anatomie descriptive, il est nécessaire de donner un court aperçu des principaux points de l'anatomie générale. Le tableau suivant présente le cadre de l'anatomie générale, de ses subdivisions secondaires et des différents objets de son étude.

(1) On appelle *système* l'ensemble des parties ou des formations similaires (éléments, tissus, organes, appareils) dans l'individu ou dans la série animale. C'est ainsi qu'on dira : système épithélial, système dentaire, système digestif.

ANATOMIE GÉNÉRALE

A. — Histologie

1° SUBSTANCE ORGANISÉE (PROTOPLASMA)

2° ÉLÉMENTS ANATOMIQUES

A. *Granulations élémentaires.* — B. *Cellule en général.* I. — C. *Formes cellulaires diverses.*

a) Élément cellulaire primordial.	b) Éléments cellulaires transitoires.	c) Éléments cellulaires définitifs :									
		1° Globule rouge. II.	2° Globule blanc, III.	3° Cellule connective :			4° Cellule contractile, X.	5° Cellule nerveuse, XII.	6° Cellule épithéliale :	
— Ovule.	— Cellules embryonnaires.			cartilagineuse, IV.	connective, — plasmatique, V. — adipeuse, — médullaire.	osseuse, IX.			épithéliale, — pavimenteuse, XIV. — cylindrique, XV. — vibratile, XVI.	glandulaire.
Éléments dérivés des cellules					Fibre connective, VI. F. élastique, VII. Capillaire, VIII.		Fibre lisse, X. F. striée, XI.	Nerf XIII.	Prismes de l'émail. Fibres du cristallin. Lames cornées, épidermiques.	Spermatozoïdes.

3° TISSUS

A. *Tissus avec substance intercellulaire et possibilité d'interposition d'éléments différents :*							B. *Tissus sans substance intercellulaire :*	
a) Sang et lymphe.	b) Tissus de substance connective :				c) Tissu muscul. :	d) Tissu nerveux :	a) Tissu épithélial :	b) Tissu glandulaire :
	1° Tissu muqueux.	2° Tissu cartilagineux.	3° Tissu connectif proprement dit. — Tissu conn. ordin. — Tissu élastique. — Tissu réticulaire.	4° Tissu osseux. Tissu dentaire.	1° Lisse. 2° Strié.	1° Substance bl., 2° Substance grise.	1° Simple. 2° Stratifié.	1° Vésicules glandulaires closes, 2° Vésicules glandulaires ouvertes, — en grappe, — en tube.

B. — Anatomie générale proprement dite.

1° ORGANES OU PARENCHYMES

A. *Organes profonds ou massifs :*						B. *Organes limitants ou épithéliaux (membranes) :*		
a) Organes connectifs :				b) Muscles.	c) Organes nerveux. Centres nerveux. Ganglions. Nerfs.	a) Membranes vascul. Vaisseaux : — sanguins, — lymphatiques.	b) Membranes tégument. Membranes séreuses. Peau. Membranes muqueuses.	c) Membranes glandulaires. Glandes simples. Glandes composées.
1° Organes fibreux. — Ligaments. — Tendons. — Aponévroses.	2° Cartilages. — Cart. vrais. — Fibro-cartilag. — Cartilag. réticul.	3° Os. Dents.	4° Organes lymphoïdes. — Glandes vasc. sang. — Glandes lymphatiques.					

2° APPAREILS

A. *Appareils de la vie de relation :*				B. *Appareils de la vie de nutrition :*			C. *Appareil de la reproduction.*
a) Appareil locomoteur :		b) Appareils d'innervation.	c) Appareils des sens spéciaux.	a) Appareil de la digestion — digestif, — urinaire, — biliaire, Organes lymphoïdes.	b) Appareil de la respiration.	c) Appareil de la circulation. — sanguin. — lymphatique.	Appareil reproducteur. — mâle. — femelle.
1. Passif. Os et articulations.	2. Actif. Muscles. A. phonateur.						

3° ORGANISME EN GÉNÉRAL

Lois de sa structure et de sa forme.

NOTA. — Les chiffres romains renvoient à la figure 1re.

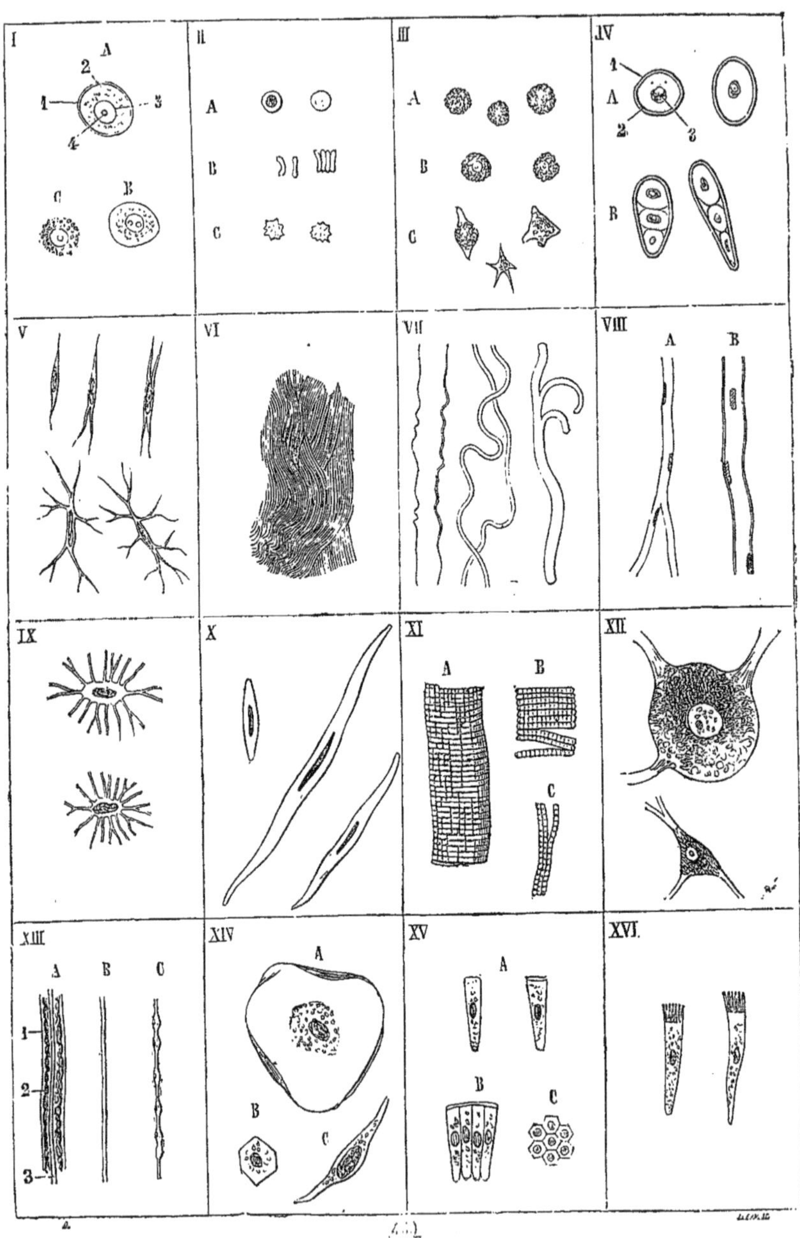

Fig. 1. — *Tableau des principaux éléments anatomiques* (*).

(*) I. Cellule. A. Cellule avec membrane d'enveloppe à double contour; 1) enveloppe, 2) contenu, 3) noyau, 4) nucléole. B. Cellule avec membrane d'enveloppe à simple contour. C. Globule sans membrane d'enveloppe. — II. Globules sanguins : A, vus de face; B, vus de côté; C, globules déformés. — III. Globules blancs : A. sans noyau visible; B, avec noyau; C, à l'état de contraction. — IV. Cellule cartilagineuse; A, simple, 1) capsule de cartilage, 2) membrane d'enveloppe, 3) noyau; B, capsule de cartilage contenant plusieurs cellules cartilagineuses. — V. Cellule plasmatique. — VI. Tissu connectif fibrillaire. — VII. Fibres élastiques de diverses grosseurs. — VIII. Capillaire sanguin ;

Substance organisée. — En allant du simple au composé et des parties élémentaires aux organes les plus complexes, on trouve d'abord la *substance organisée;* c'est là le premier degré de l'organisation, dans lequel la substance vivante n'ayant pas encore de forme déterminée, n'étant pas encore *figurée*, appartient plutôt au physiologiste qu'à l'anatomiste.

Éléments anatomiques. — Dans un degré plus avancé, la substance vivante, d'amorphe devient figurée; elle est alors sous sa forme la plus simple et comme ébauchée, et se présente à l'état de granulations d'une finesse extrême, protéiques, graisseuses, pigmentaires, solides ou vésiculeuses, *granulations élémentaires* ou *moléculaires*.

Mais il n'y a là qu'une phase rudimentaire et de transition. La vie réelle ne commence qu'à l'apparition de la *cellule;* c'est elle qui forme la base de toute organisation, l'élément primordial de tous les corps vivants, la véritable unité anatomique. Notre corps n'est qu'une agglomération de ces petits organismes dont l'activité partielle produit et maintient l'existence et l'activité du tout.

La *cellule (cellula)* dans sa forme type représente une vésicule microscopique contenant dans son intérieur une matière liquide ou semi-liquide et un petit corpuscule appelé *noyau*. La grandeur des cellules varie dans des limites assez étendues (voy. fig. 1). Leur forme, sphérique ou ellipsoïde pour les jeunes cellules, peut persister à cet état; mais en général, à moins qu'elles ne soient en suspension dans un liquide, elles changent de forme sous l'influence mécanique de la pression des cellules voisines, ou sous des influences vitales (nutrition, mouvements, etc.). Dans ce cas, ou bien les trois diamètres restent égaux, et les cellules prennent la forme d'un polyèdre régulier; ou bien deux diamètres prédominent, le troisième se réduisant plus ou moins, ce qui leur donne une forme lamelleuse; ou enfin un seul des diamètres prédomine, tandis que les deux autres diminuent, et il en résulte une forme allongée, cylindrique ou en fuseau. La cellule type (fig. 1, I) se compose de trois parties : l'*enveloppe*, le *contenu*, le *noyau*.

La *membrane d'enveloppe* (A, 1), partie secondaire de la cellule, est mince, transparente, amorphe et formée par une substance protéique élastique; elle peut manquer, et dans ce cas le nom de *globule* (n'impliquant pas l'existence d'une cavité) serait préférable. Cependant, comme les propriétés et l'activité de l'organisme élémentaire dépourvu de membrane d'enveloppe sont analogues à celles de l'organisme muni d'une enveloppe, le nom de *cellule* est employé dans les deux cas.

Le *contenu*, beaucoup plus important, se compose de deux parties principales : 1° une masse de substance protéique, semi-liquide, diffluente, souvent contractile, le *protoplasma*, substance véritablement active de la cellule; 2° un liquide intracellulaire de nature variable, tantôt distinct du protoplasma, tantôt mélangé intimement avec lui et pouvant contenir des granulations moléculaires, graisseuses, protéiques et pigmentaires.

Le *noyau* (A, 3), qui avec le protoplasma joue le rôle principal, surtout au point de vue du développement de la cellule, est tantôt massif et homogène, tantôt vésiculaire et formé alors d'une membrane d'enveloppe et d'un liquide dans lequel sont suspendues une ou plusieurs granulations appelées *nucléoles* (de *nucleus* noyau) A, 4.

Dans les globules proprement dits, ou cellules sans membrane d'enveloppe, l'élément anatomique se réduit à une petite masse de protoplasma contenant un noyau dans son intérieur.

Au point de vue physiologique, les cellules constituent de petits organismes ayant leur vie propre quoique soumise en certaines conditions à celle de l'ensemble dont elles font partie. Elles se meuvent, elles se nourrissent, elles sécrètent, elles se métamor-

A, à simple contour; B, à double contour. — IX. Cellule osseuse. — X. Cellule contractile et fibre musculaire lisse. — XI. Fibre musculaire striée : A, à l'état ordinaire; B, divisée en disques; C, fibrilles musculaires isolées. — XII. Cellules nerveuses. — XIII. Tubes nerveux : A, tubes à moelle, 1) gaîne nerveuse, 2) moelle nerveuse, 3) cylindre de l'axe; B, tube nerveux sans moelle; C, tube variqueux. — XIV. Cellules épithéliales pavimenteuses : A, grandes cellules de la muqueuse buccale; B, cellule pavimenteuse régulière; C, cellule épithéliale des vaisseaux. — XV. Cellules épithéliales cylindriques : A, vues de côté et isolées; B, réunies; C, vues de face. — XVI. Cellules vibratiles.

phosent, elles se reproduisent, elles meurent, elles ont en un mot tous les attributs de la vie.

Les phénomènes de mouvement qui se passent dans les cellules, phénomènes étudiés seulement dans ces derniers temps, sont ou du moins ont été à un moment donné de leur existence présentés par toutes les cellules. Ces mouvements dus à la contractilité du protoplasma, que la membrane d'enveloppe, quand elle existe, suit dans ses déplacements, grâce à son élascité, ont pour but, soit la formation de cellules nouvelles par division des anciennes, soit la nutrition de la cellule par introduction de matières étrangères dans sa substance, soit l'accomplissement de certaines fonctions (cils vibratiles, spermatozoïdes, fibres musculaires). Ces mouvements amènent ou des changements de forme de la cellule, qui de ronde peut devenir étoilée, irrégulière, ou même, ce qui est plus rare, des changements de lieu, de véritables migrations, comme on en a observé sur les globules contenus dans les lacunes du tissu connectif.

La cellule se nourrit ; elle puise dans les liquides nutritifs qui l'entourent les matériaux nécessaires à son accroissement et à ses fonctions ; elle rejette les matériaux de déchet ; elle est donc le siége d'un double travail de composition et de décomposition nutritive, d'assimilation et de désassimilation.

Mais là ne se bornent pas les phénomènes de nutrition des cellules : elles fabriquent des substances nouvelles, en un mot, elles ont des produits, de véritables sécrétions. C'est ainsi que plusieurs des principes constituants de la bile, du suc gastrique, de la salive, se forment de toutes pièces dans leur intérieur. Il est surtout une classe de produits de sécrétion des cellules qui a la plus haute importance au point de vue anatomique ; c'est ce qu'on appelle *substance fondamentale* ou *intercellulaire ;* cette substance en général amorphe qui les entoure comme une sorte de gangue résulte d'une sécrétion des cellules, soit de celles mêmes qu'elle contient, soit de cellules antérieures ; cette sécrétion peut rester liquide et former les liquides intercellulaires, comme le sang, ou se solidifier soit par couches concentriques, soit sans disposition stratifiée apparente, et constituer la substance dite *fondamentale* de la plupart des tissus. La membrane d'enveloppe de la cellule paraît n'être du reste qu'un produit de sécrétion du protoplasma qui constitue la masse globulaire originelle. Quelquefois la sécrétion de la cellule, au lieu de se faire sur toute sa périphérie, se fait seulement sur une de ses faces et donne lieu à un épaississement localisé de sa membrane d'enveloppe. C'est ainsi que se forment, par exemple, les membranes dites *cuticulaires (cuticula,* de *cutis).*

Les métamorphoses de la cellule sont si variées et s'écartent quelquefois tellement du type normal qu'il est bien difficile de les suivre et que des discussions interminables ont été élevées à ce sujet. C'est grâce à ces métamorphoses que les cellules peuvent s'étirer en fibres, se creuser en canaux, se ramifier en réseaux, se segmenter en fibrilles, se souder en membranes et s'adapter ainsi aux fonctions multiples qu'elles sont aptes à remplir.

La génération des cellules peut se faire de deux façons : 1° au sein d'un liquide *(génération cellulaire libre);* 2° aux dépens de cellules préexistantes *(multiplication cellulaire).* Dans le premier cas, une cellule se développe dans un liquide générateur ou *blastème* (βλάστημα, germination), par une sorte de cristallisation vitale et sans dériver d'une cellule préexistante. Ce mode de génération cellulaire est très-rare, *si même on doit admettre son existence.* La génération par multiplication cellulaire est seule admise par beaucoup d'auteurs *(omnis cellula a cellula).* Cette multiplication se fait de plusieurs façons : 1° la cellule entière (noyaux, contenu, enveloppe) se partage en deux cellules, qui vivent ensuite de leur vie propre ; cette scission, dont le point de départ est dans le noyau, commence par un étranglement se prononçant de plus en plus jusqu'à la séparation totale *(fissiparité);* 2° la scission, au lieu d'être totale, peut n'être qu'incomplète et ne porter que sur le noyau et tout ou partie du contenu; dans ce cas, la membrane d'enveloppe de la cellule génératrice ou *cellule-mère* renferme les cellules nouvellement formées, ou *cellules-filles, formation endogène* (ἔνδον, en dedans ; γενής, engendré).

Tous ces phénomènes d'activité cellulaire varient beaucoup suivant les différents groupes de cellules, et si quelques-unes sont dans un état constant de mutation nutritive et fonctionnelle, il en est d'autres par contre qui ne paraissent vivre que d'une vie latente, jusqu'à ce qu'une impulsion physiologique ou pathologique vienne réveiller leur activité endormie.

La mort des cellules a lieu de diverses manières : tantôt c'est une chute mécanique, comme celle des lamelles superficielles de l'épiderme cutané, tantôt une simple liquéfaction, d'autres fois une véritable transformation chimique, et sous ce rapport la production de graisse dans les cellules ou leur dégénérescence graisseuse est le mode le plus commun de destruction ; enfin elles peuvent disparaître en donnant naissance à de nouvelles cellules qui se développent à leurs dépens. Cette mort peut du reste arriver plus ou moins vite, et à ce sujet il y a, quant à la durée de la vie de chaque groupe de cellules, des différences considérables, les unes n'ayant qu'une durée de quelques heures, les autres subsistant pendant presque toute la durée de la vie de l'individu.

Tous les éléments anatomiques de nos tissus et de nos organes sont constitués par des parties qui ont ou qui ont eu au début de leur existence la forme cellulaire ; ce sont donc ou des cellules ou des dérivés de la cellule. Tous ces éléments proviennent d'un élément primordial, l'ovule, qui, produit dans l'organe générateur femelle, l'ovaire, subit sous l'influence fécondante du produit de l'organe générateur mâle, une série de modifications aboutissant à la formation de l'embryon. Mais entre l'ovule, point de départ de tous les éléments cellulaires, et les éléments cellulaires définitifs, il existe des éléments cellulaires transitoires, *cellules embryonnaires* qui, ainsi que l'ovule, seront décrits à propos du développement.

Les éléments cellulaires définitifs peuvent être classés en six groupes principaux : globules rouges, globules blancs, cellules connectives, cellules contractiles, cellules nerveuses, cellules épithéliales.

A. *Globules rouges* (fig. 1, II). — Ces globules, en suspension dans le liquide sanguin, ont la forme d'une lentille biconcave ou d'un petit disque aplati, un peu renflé sur ses bords, excavé sur ses faces ; ils ont 0mm,0077 de largeur sur 0mm,0019 d'épaisseur en moyenne ; ils sont formés d'une substance élastique qui cède facilement à la pression et revient ensuite à sa première forme ; chez l'homme ils n'ont pas de noyau ; quant à la question de savoir s'ils sont pourvus d'une membrane d'enveloppe, elle est encore indécise.

B. *Globules blancs* (fig. 1, III). — Ces globules, qui ont les plus grandes affinités avec les cellules connectives, forment un groupe d'éléments anatomiques encore très-obscurs dans leur signification. On les rencontre non-seulement dans la lymphe, le chyle, le sang, mais dans les lames du tissu connectif ; enfin on retrouve leurs analogues dans les globules purulents. Ces globules blancs sont sphériques, d'une grandeur de 0mm,01 à 0mm,012, granulés, avec ou sans enveloppe et à noyau plus ou moins distinct. Ils sont doués de mouvements, grâce auxquels ils peuvent non-seulement changer de forme (voy. fig. 1, III, C), mais se déplacer, passer, par exemple, des lacunes du tissu connectif, soit dans les radicules lympathiques, soit dans les transsudations séreuses.

C. *Cellules connectives.* — Les éléments cellulaires connectifs se présentent tantôt sous la forme de globules, c'est-à-dire de petites masses de protoplasma sans membrane d'enveloppe ou de noyaux libres, tantôt sous celle de véritables cellules offrant souvent des prolongements, qui peuvent s'anastomoser avec ceux des cellules voisines, de façon à former un réseau canaliculé plus ou moins perméable aux liquides. Elles sont parsemées dans la trame et la profondeur des tissus et des organes. Elles sont de trois espèces : cellules cartilagineuses, cellules connectives, cellules osseuses.

a) Les cellules cartilagineuses (fig. 1, IV), dont la grandeur varie de 0mm,03 à 0mm,023, sont les plus rapprochées des cellules végétales ; elles sont en général sphériques ou un peu allongées, à enveloppe distincte, avec un contenu granulé et un noyau souvent infiltré de graisse, et sont entourées d'une capsule amorphe, *capsule de cartilage*, contenant souvent plusieurs cellules cartilagineuses accolées (fig. 1, IV, B).

b) Les cellules connectives varient beaucoup comme forme et comme grandeur : ou bien elles sont arrondies et sphériques comme les cellules de la moelle des os, ou bien elles présentent des prolongements ramifiés comme les cellules plasmatiques. On en trouve de plusieurs espèces :

1° La *cellule plasmatique* ou *fibro-plastique* (πλάσμα, formation, fig. 1, V), représente le type de la cellule connective ; elle est fusiforme, pourvue d'un noyau apparent, et envoie dans tous les sens des prolongements anastomosés avec ceux des cellules voisines (réseau plasmatique). Elle a une grande aptitude à proliférer sous des influences pathologiques et physiologiques, et peut se transformer en cellules cartilagineuse, osseuse, adipeuse, pigmentaire, tendineuse, etc.

2° La *cellule adipeuse* (fig. 2 et 3) n'est qu'une cellule connective volumineuse de 0mm,023 en moyenne, sans prolongements et infiltrée de graisse. Elle présente souvent dans son intérieur des cristaux de margarine.

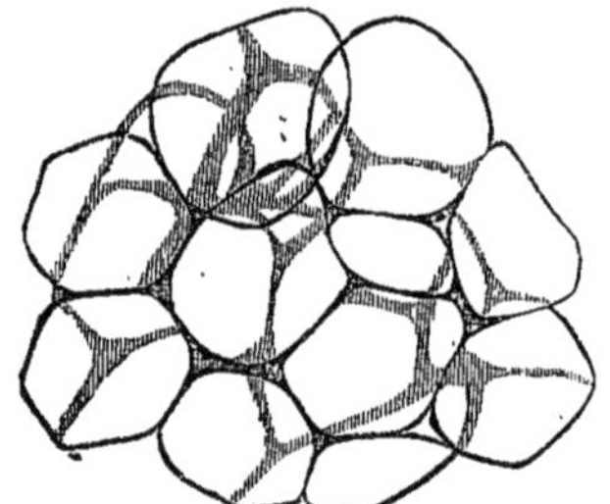

Fig. 2. — *Vésicules adipeuses accolées les unes contre les autres.*

Fig. 3. — *Vésicules adipeuses contenant des cristaux de margarine.*

3° La *cellule médullaire*, ou *de la moelle des os*, est sphérique, à noyau volumineux, et peut, en se remplissant de noyaux par prolifération, acquérir un grand volume et une forme irrégulière, *plaques multinucléées* ou *myéloplaxes* (μυελός, moelle ; πλάξ, lamelle).

Les éléments connectifs dérivés ont la forme de fibres ou de tubes. Sous la première forme ils constituent les fibres connectives et élastiques, sous celle de tubes les vaisseaux capillaires.

1° Les *fibres connectives* sont constituées par des fibrilles d'une ténuité extrême, presque incommensurables (0mm,0008 à 0mm,0011), réunies en paquets ou en faisceaux onduleux solubles dans l'acide acétique (fig. 1, VI).

2° Les *fibres élastiques* sont tantôt excessivement fines (0mm,0011), enroulées autour des faisceaux de fibrilles connectives ou entrecroisées dans tous les sens, tantôt très volumineuses (0mm,01), réfringentes, à contour foncé, se divisant souvent dichotomiquement, ondulées, et, à leur extrémité brisée, se recroquevillant sur elles-mêmes (fig. 1 VII). Les fibres élastiques se distinguent des fibres connectives ordinaires par leur insolubilité dans l'acide acétique, et en général par leur résistance à tous les réactifs.

3° Les *vaisseaux capillaires* (fig. 1, VIII), intermédiaires entre les artères et les veines, ont des tubes à parois transparentes composées d'une membrane amorphe contenant de place en place des noyaux ovales. Leur diamètre varie de 0mm,01, à 0mm,005.

c) Les *cellules osseuses* ou *ostéoplastes* (ὀστέον, os ; πλαστός, formé) ont tout à fait la forme et l'aspect des cellules plasmatiques ; elles ont une longueur de 0mm,01, à 0mm,02 et offrent aussi des prolongements canaliculés anastomosés avec ceux des cellules voisines (fig. 1, IX).

D. *Cellule contractile* ou *musculaire*. — La cellule contractile (fig. 1, X) ou fibre-cellule ne se trouve guère chez l'homme que dans les petites artères et quelques autres endroits ; elle a la forme d'un fuseau, long de 0mm,029, large de 0mm,006, constitué par une membrane d'enveloppe anhyste très-mince, un contenu granuleux et un noyau ovale allongé. Les dérivés de la cellule contractile sont la *fibre lisse* et la *fibre striée*.

a. La *fibre lisse* peut être considérée tantôt comme une fibre-cellule excessivement agrandie (utérus gravide), tantôt comme résultant de la soudure bout à bout de fibres-cellules; la fibre lisse possède alors la forme d'un cordon noueux présentant un noyau à chacun de ses renflements.

b. La *fibre striée* est constituée par un petit paquet de fibrilles, *fibrilles musculaires*, enveloppées d'une gaîne amorphe, le *sarcolemme* (σάρξ, chair; λέμμα, enveloppe). Chacune de ces fibrilles se compose de particules (*sarcous elements* des Anglais) placées bout à bout: ces particules correspondent aux particules des fibrilles voisines avec lesquelles elles ont une certaine adhérence, de façon que dans quelques cas les particules situées sur un même plan transversal peuvent se détacher sous forme de disques; aussi, suivant les auteurs, a-t-on pu considérer la fibre musculaire soit comme un faisceau de fibrilles, soit comme une pile de disques superposés comme une pile de monnaie. A la réunion en fibrilles correspond une striation longitudinale; à la réunion en disques correspond une striation en travers, très-nette, qui a fait donner à ces fibres le nom de *fibres striées* (voy. fig. 1, XI). Cette description s'applique surtout à la fibre musculaire isolée et soumise à l'action des réactifs; à l'état vivant, le contenu du sarcolemme forme une masse molle, semi-liquide et dans laquelle les *sarcous elements* sont nettement visibles avec leur disposition régulière, mais dans laquelle toute séparation en disques et en fibrilles est impossible sans altération des propriétés de la fibre élémentaire. La fibre musculaire striée est parsemée de place en place de noyaux, restes des cellules formatrices. Sa largeur est de 0mm,02 en moyenne; sa longueur est comparativement beaucoup plus grande, mais ne paraît pas dépasser 0mm,03 à 0mm,04. On a décrit dans ces derniers temps une structure bien plus compliquée de la fibre musculaire.

La substance contractile des éléments musculaires, qu'elle soit homogène ou granuleuse, comme dans les fibres lisses, ou segmentée en *sarcous elements*, comme dans la fibre striée, est du protoplasma, se rapprochant de celui qui se trouve dans la plupart des cellules animales ; seulement son activité contractile est très-développée et a des caractères particuliers.

E. *Cellule nerveuse* (fig. 1, XII). — Les cellules nerveuses sont volumineuses (0mm,01 à 0m,04 et plus), sphériques et formées par une membrane d'enveloppe excessivement mince, quelquefois à peine visible, un contenu granulé offrant souvent des accumulations de pigment et un noyau volumineux à bords nets avec un nucléole fortement réfringent. D'ordinaire elles présentent des prolongements, dont le nombre peut varier de 1 à 5 et au delà, et qui les mettent en connexion avec d'autres cellules ou avec les fibres nerveuses (fig. 1).

Au point de vue de l'absence ou de la présence de ces prolongements, ainsi que de leur nombre, on les a divisées en apolaires, bipolaires, multipolaires. La cellule nerveuse constitue le véritable centre nerveux, le point auquel aboutissent les excitations parties de la périphérie sensorielle ou d'autres cellules, et d'où partent des incitations, soit motrices, soit trophiques ou nutritives, soit purement nerveuses, allant éveiller l'activité de cellules nerveuses d'autres régions. Comme dérivés de la cellule nerveuse, nous avons deux sortes d'éléments : les *fibres nerveuses* d'abord, puis des éléments particuliers plus ou moins rapprochés de la forme cellulaire et situés à la terminaison des nerfs sur les surfaces sensitives ou dans les fibres musculaires. Ces derniers seront décrits avec les organes auxquels ils appartiennent.

La *fibre nerveuse* ou *tube nerveux* (fig. 1, XIII) est un cordon rattachant la cellule nerveuse à la fibre musculaire *(nerf moteur)*, aux surfaces sensibles *(nerf sensitif)*, ou aux surfaces glandulaires *(nerf glandulaire)*, ou rattachant entre elles deux cellules nerveuses *(nerf commissural)*. La fibre nerveuse, dans son état le plus complet, se compose de trois parties : 1° une gaîne tubuleuse, amorphe, transparente *(gaîne nerveuse)*, analogue au sarcolemme de la fibre musculaire ; 2° un contenu ou *moelle ner-*

veuse, substance molle, très-réfringente, se coagulant en grumeaux irréguliers après la mort et interrompue de place en place par des étranglements (Ranvier); 3° enfin dans l'axe de la fibre nerveuse, au centre de la moelle, un cordon de substance arrondie, amorphe *(fibre-axe* ou *cylindre de l'axe).* Ce dernier paraît être la partie la plus importante et le véritable conducteur de l'influx nerveux; la moelle agit comme matière isolante, la gaîne nerveuse comme enveloppe protectrice. Ces tubes, composés ainsi de trois parties, sont appelés *tubes nerveux à moelle* ou *à double contour*. Ils ont 0mm,01, en moyenne. Dans d'autres fibres nerveuses *(tubes nerveux à simple contour* ou *sans moelle)*, la moelle n'existe pas; les tubes nerveux sont réduits à une gaine anhyste indistincte du contenu, et conservent un aspect homogène. Ceux-ci, beaucoup plus fins, n'ont que 0mm,002 de diamètre.

F. *Cellule épithéliale* (ἐπί, sur; θηλή, mamelon). — Toutes les cellules décrites jusqu'ici sont profondes, c'est-à-dire n'ont aucune relation avec les milieux extérieurs; les cellules épithéliales, au contraire, sont destinées à limiter les organes, soit du côté des milieux extérieurs, soit du côté d'autres tissus ou d'autres organes, et se trouvent à la surface extérieure du corps et sur les parois des cavités intérieures [1]. Elles ont pour fonction principale de protéger les tissus sous-jacents et de veiller sur l'entrée et la sortie des matières, de façon à ne laisser passer de l'intérieur que les substances utiles; elles peuvent enfin transformer au passage les substances qui les traversent, et donner naissance à de nouveaux produits. L'épithélium est quelquefois composé simplement de noyaux plongés dans une masse granuleuse; mais ordinairement il a la forme cellulaire et se divise en deux classes : cellule épithéliale proprement dite et cellule glandulaire.

a) *Cellule épithéliale.* — Elle peut présenter diverses formes, dont les plus importantes sont la forme pavimenteuse, la forme cylindrique ou conique et la forme vibratile. 1° La *cellule pavimenteuse* est celle dans laquelle un des diamètres est diminué d'une façon notable (fig. 1, XIV); c'est ordinairement un simple agent de protection; elle peut avoir des formes irrégulières, comme à la face interne des artères; elle peut se réduire à une simple lamelle quelquefois même dépourvue de noyau, et constitue alors les *lamelles cornées*, comme dans les parties superficielles de l'épiderme cutané. 2° La *cellule cylindrique* (fig. 1, XV) ou conique, siége de phénomènes vitaux plus actifs, est principalement destinée à l'absorption. La cellule polyédrique forme un intermédiaire entre les deux précédentes. 3° La *cellule vibratile* (fig. 1, XVI) a la forme d'une cellule cylindrique, dont l'extrémité la plus large est garnie de prolongements très-fins, *cils vibratiles*, agités de mouvements continuels *(mouvement vibratile)* et communiquant une impulsion dans une direction donnée, soit aux liquides dans lesquelles ils baignent, soit aux particules solides avec lesquelles ils sont en contact. On trouve entre ces diverses formes de cellules épithéliales des formes de transition, et elles peuvent du reste se transformer les unes dans les autres, soit physiologiquement, soit pathologiquement.

Comme dérivés de la cellule épithéliale, on a les lamelles cornées de l'épiderme, des ongles et des poils, les fibres du cristallin et les prismes de l'émail des dents.

b) *Cellule glandulaire.* — Elle présente à peu près les mêmes formes que la cellule épithéthiale, sauf les formes lamelleuse et vibratile, et peut être polyédrique ou cylindrique. Le contenu des cellules glandulaires est tantôt constitué uniquement par des principes analogues à ceux qui se trouvent dans le sang et les liquides baignant les tissus; tantôt, au contraire, on y trouve en outre des principes nouveaux créés par l'activité spéciale de la cellule. Ce contenu peut s'échapper au dehors pour constituer la sécrétion, soit par transsudation, et la cellule agit alors comme un philtre laissant passer certaines substances et en arrêtant d'autres, soit par liquéfaction, c'est-à-dire rupture et disparition de la membrane d'enveloppe et expulsion du contenu. Ce produit de sécrétion peut être, au lieu d'un liquide avec ou sans détritus épithéliaux, un véritable élément anato-

[1] On a donné le nom d'*endothélium* à l'épithélium qui tapisse ces cavités, comme les séreuses, les vaisseaux.

mique figuré. Ainsi les spermatozoïdes ne sont que le produit des cellules glandulaires du testicule.

Tissus. — Les *tissus* sont formés par la juxta position des éléments anatomiques, cellules ou dérivés de cellules, que ces éléments anatomiques soient de même nature ou de nature différente. Cette juxtaposition peut se faire de deux façons : ou bien les éléments anatomiques sont situés les uns à côté des autres sans qu'il y ait entre eux d'intervalle appréciable et par suite de substance intercellulaire ; dans ce cas, les éléments sont soudés les uns aux autres par une substance unissante de composition encore peu connue, mais dont on a pu étudier certains caractères à l'aide des réactifs chimiques (les tissus épithéliaux) ; ou bien ces éléments sont isolés les uns des autres, soit par une substance dite *intercellulaire*, soit par l'interposition d'éléments de nature différente (capillaires, tubes nerveux, etc.). A ces deux modes de disposition correspondent deux groupes de tissus : tissus avec substance intercellulaire et possibilité d'interposition d'éléments différents, et tissus sans substance intercellulaire, ou tissus épithéliaux.

A. *Tissus avec substance intercellulaire et possibilité d'interposition d'éléments différents.* — La *substance intercellulaire* ou *fondamentale* qui, dans la plupart de ces tissus, sépare les uns des autres les éléments anatomiques, n'est qu'un produit de sécrétion des cellules; cette substance peut être interposée en plus ou moins grande quantité entre les éléments cellulaires et présenter tous les degrés de consistance depuis l'état liquide, comme dans le sang, jusqu'à une dureté excessive, comme dans l'ivoire des dents; habituellement homogène, elle peut dans certains cas prendre l'apparence granuleuse, striée, fibrillaire, lamelleuse, et se creuser de lacunes et de cavités; de nature protéique, elle peut subir des transformations chimiques, dont la plus importante est la tranformation graisseuse ; d'une activité vitale secondaire, elle n'a guère que des fonctions mécaniques de remplissage ou de support pour les éléments anatomiques et n'agit que par ses propriétés physiques de consistance, d'élasticité, de transparence, etc. ; aussi l'activité vitale d'un tissu est-elle en raison directe de la quantité de ses éléments cellulaires et en raison inverse de la quantité de substance fondamentale. La substance fondamentale peut manquer dans certains tissus, sans que pour cela les éléments des tissus soient intimement accolés comme dans les tissus épithéliaux ; c'est ce qui arrive, par exemple, pour les fibres musculaires; mais, dans ce cas, les vaisseaux, nerfs, etc., jouent le rôle de substance intercellulaire. Les éléments cellulaires prédominants d'un tissu, et auxquels ce tissu doit ses propriétés physiologiques sont dits *éléments fondamentaux*, et on appelle *éléments accessoires* les éléments interposés entre les éléments fondamentaux et servant à favoriser les fonctions de ces derniers (capillaires, tubes nerveux, fibres connectives et élastiques, cellules connectives, etc.). Enfin il est des tissus dans lesquels il n'y a pas en réalité d'élément anatomique fondamental, comme masse et comme fonction, mais une pure agglomération d'éléments anatomiques ayant à peu près la même valeur. On peut, à ce point de vue, diviser les tissus en trois groupes :

1° Les *tissus simples*, dans lesquels une seule espèce d'élément anatomique est réunie par une substance intercellulaire (ex.: le tissu cartilagineux);

2° Les *tissus composés*, dans lesquels on trouve un élément anatomique fondamental et des éléments accessoires (ex.: le tissu musculaire);

3° Les *tissus mixtes*, dans lesquels toute division en élément fondamental et éléments accessoires est impossible (ex.: le tissu artériel).

Nous allons passer rapidement en revue les principaux tissus.

a) Le *sang* et la *lymphe* peuvent être considérés comme de véritables tissus dans lesquels la substance intercellulaire est restée liquide.

b) Les *tissus de substance connective* forment un groupe très-naturel, comprenant toute une série de tissus que réunissent leur mode de développement, leur composition chimique, leurs fonctions, leurs connexions réciproques, leurs maladies. Nés tous du feuillet moyen du blastoderme et pouvant se transformer les uns dans les autres, ils ont une fonction de remplissage et de soutien et forment une sorte de masse dans l'épaisseur de laquelle sont enfouis les tissus musculaires et nerveux et dont les surfaces et les cavités sont limitées par les tissus épithéliaux. La substance fondamentale de presque tous ces tissus, sauf dans certains cas de transformation chimique (transformation élastique), donne de la colle par l'ébullition. Ce groupe comprend les tissus muqueux, cartilagineux, connectif proprement dit et osseux :

1° *Tissu muqueux* ou *gélatineux.* — Il représente le tissu connectif embryonnaire, et chez l'adulte ne se rencontre que dans le corps vitré. Il se compose de cellules arrondies ou à prolongements anastomosés, séparées par une substance intercellulaire diffluente.

2° *Tissu cartilagineux.* — La substance fondamentale qui emprisonne les cellules de cartilage, très-rare dans les premiers temps du développement *(corde dorsale)*, devient par la suite très-abondante. Elle est hyaline, transparente, amorphe, quelquefois finement granulée, d'autres fois fibreuse ; enfin elle peut se transformer chimiquement en substance élastique. Sous ce rapport, le tissu cartilagineux se divise en trois espèces secondaires basées sur les différences que présente la substance fondamentale : 1° *cartilage vrai* ou *hyalin*, dans lequel la substance fondamentale est hyaline et donne de la colle par l'ébullition ; 2° *cartilage réticulé*, dans lequel elle est formée par de la substance élastique ; 3° *fibro-cartilage*, dans lequel elle est formée par du tissu fibreux. Ces variations de la substance fondamentale sont en rapport avec des variations physiques de consistance et d'élasticité du cartilage. Le tissu cartilagineux précède presque partout dans la formation du squelette l'apparition du tissu osseux. Sa vitalité est en général très-peu active, et ses fonctions se bornent à la mise en jeu de ses propriétés physiques d'élasticité et de résistance à la pression.

3° *Tissu connectif proprement dit.* — On trouve dans ce tissu des cellules, des éléments dérivés ou fibres et une substance intercellulaire. Celle-ci se présente sous des aspects très-variables : tantôt homogène, tantôt fibrillaire ou sous forme de membranes, elle peut offrir dans son intérieur des lacunes ou des espaces insterstitiels de grandeur et de configuration différentes, qui paraissent constituer l'origine des radicules lymphatiques *(sinus* ou *lacunes lymphatiques)* et dans lesquels on trouve des globules analogues aux globules blancs. Enfin, elle peut subir la transformation élastique et devenir insoluble dans l'eau bouillante et l'acide acétique. Ce tissu connectif, dont la vie physiologique chez l'adulte est à peu près nulle à l'état normal, peut, sous l'impulsion de causes morbides, reprendre une activité extrême de ses éléments cellulaires; aussi est-il le tissu germinatif et le terrain par excellence de la plupart des productions pathologiques. Ce tissu se divise en trois espèces secondaires.

Tissu connectif ordinaire. — Sa substance fondamentale est parsemée de cellules plasmatiques plus ou moins nombreuses, formant ou non un réseau anastomotique. Tantôt il est compacte, figuré comme dans les ligaments, et a pour usage principal la résistance à la distension (tissu fibreux ordinaire); tantôt il est lâche, sans forme, et ses filaments entre-croisés circonscrivent des mailles qui contiennent des capillaires et des vésicules adipeuses; il permet le glissement des parties les unes sur les autres ou remplit leurs insterstices (tissu cellulaire ordinaire, tissu cellulaire sous-cutané et insterstitiel). C'est lui qui, avec les capillaires et les fibres nerveuses qu'il accompagne dans les organes, forme ce que Bichat appelait le *parenchyme de nutrition.* Le tissu médullaire, qui constitue la moelle des os, peut être considéré comme un tissu composé se rattachant au précédent, mais caractérisé par sa richesse en capillaires sanguins et surtout par la présence de cellules arrondies, cellules médullaires, analogues aux cellules embryonnaires et aux jeunes cellules connectives.

Tissu élastique. — Dans ce tissu la substance fondamentale a subi la transformation élastique et se présente tantôt sous forme de membranes homogènes, quelquefois percées de trous irréguliers *(membranes fenêtrées)*, tantôt sous forme de lames ou de réseaux élastiques; il est ordinairement mélangé en proportions variables au tissu connectif proprement dit. Son nom même indique ses propriétés et ses fonctions. On l'appelle encore *tissu jaune* à cause de sa couleur.

Tissu réticulaire ou *reticulum.* — Ce tissu n'est autre chose qu'un réseau anastomotique de cellules plasmatiques, dont les cellules se sont atrophiées peu à peu, de façon qu'il ne reste plus qu'un réseau de trabécules élastiques de grosseur variable, et que les points d'entre-croisement de ces trabécules sont occupés par des nodosités remplaçant les éléments cellulaires primitifs. Ces trabécules circonscrivent des mailles ou des espaces contenant ou bien des globules blancs, comme dans les glandes lymphatiques, ou bien des éléments d'une autre espèce, comme dans les centres nerveux.

4° *Tissu osseux.* — Dans ce tissu la substance intercellulaire, par sa combinaison intime avec les sels calcaires, acquiert une très-grande dureté; elle est creusée de deux espèces de cavités et de canaux : les unes très-petites, *cavités osseuses*, commumuniquent entre elles par des canalicules très-fins, *canalicules osseux*, et servent à loger les cellules osseuses et leurs prolongements; les autres plus larges ont tantôt la forme de canaux anastomosés et contiennent des vaisseaux *(canaux de Havers)*, tantôt celle de cavités irrégulières, communiquant toutes entre elles et contenant la moelle des os *(cavités médullaires)*. Le tissu osseux, dans lequel sont creusés les canaux de Havers, est plus dur et plus compacte que celui dans lequel sont creusées les cavités médullaires; le premier a reçu le nom de *tissu compacte*, le second celui de *tissu spongieux*. Dans le tissu compacte les cellules osseuses sont rangées par séries concentriques autour d'un canal de Havers comme autour d'un axe (fig. 5.); dans le tissu spongieux elles sont plus irrégulièrement disposées et en général parallèles aux parois osseuses des cavités médullaires. Cette substance fondamentale a une disposition stratifiée ou lamelleuse due à son mode de production.

c) *Tissu musculaire.* — Ce tissu n'a pas de substance fondamentale et sous ce rapport se rapproche des tissus épithéliaux; cela est surtout sensible sur les petites artères, où l'on voit les fibres cellules accolées étroitement l'une à l'autre sans intervalle appréciable; mais, à un degré plus élevé, il vient s'interposer, entre les éléments fondamentaux (fibre musculaire primitive), des éléments accessoires, capillaires, nerfs, tissu connectif, qui en remplissent les interstices. On distingue deux espèces de tissu musculaire, suivant la nature des fibres musculaires entrant dans sa composition : le tissu musculaire lisse et le tissu musculaire strié. Dans le tissu musculaire lisse les fibres lisses forment par leur réunion des cordons ou faisceaux aplatis ou arrondis, entourés d'une gaîne de tissu connectif et qui s'agglomèrent pour constituer des faisceaux plus volumineux, parallèles ou entrecroisés. Dans le tissu musculaire strié, les fibres primitives, en général parallèles les unes aux autres, sont séparées des fibres voisines par du tissu connectif contenant des capillaires sanguins, et se groupent en faisceaux primitifs, secondaires et tertiaires de plus en plus volumineux, entourés de gaînes connectives.

d) *Tissu nerveux.* — Ce tissu se présente sous deux aspects : *substance grise* et *substance blanche*. La *substance grise* résulte de l'accumulation de cellules nerveuses entremêlées de fibres nerveuses et de tissu connectif réticulaire servant de support aux capillaires. Cette substance grise constitue les parties fondamentales de l'encéphale, de la moelle, des ganglions, et les véritables centres réflexes où aboutissent et d'où partent les tubes conducteurs. On ne sait rien de précis sur la substance fondamentale interposée entre les cellules. La *substance blanche* est formée par la juxtaposition ou l'entre-croisement de fibres nerveuses sans mélange de cellules, et avec addition de tissu connectif et de capillaires. Cette substance blanche purement conductrice (centripète ou centrifuge) se trouve dans les centres nerveux et dans les nerfs proprement dits.

B. *Tissus épithéliaux sans substance intercellulaire appréciable ni possibilité d'interposition d'éléments différents.* — Ces tissus sont formés par l'accolement des cellules épithéliales ou de leurs dérivés; cet accolement est très-intime, de façon qu'il n'y a pas de substance intercellulaire appréciable, mais simplement une sorte de *matière unissante*, démontrable par certains réactifs, qui la dissolvent en dissociant les cellules, ou la colorent d'une façon différente des cellules elles-mêmes (nitrate d'argent). Ces tissus revêtent la périphérie du corps, de manière que l'organisme est limité de tous côtés par une surface épithéliale; ils revêtent aussi ses cavités intérieures, qu'elles soient closes (vaisseaux, séreuses) ou en communication avec l'extérieur (tube digestif, etc.), et les replis de ces cavités (glandes). Les cellules épithéliales sont toujours appliquées sur une membrane sous-jacente, de nature connective, qui sert de support à des vaisseaux et à des nerfs et favorise la nutrition et l'activité fonctionnelle de l'épithélium dont elle est recouverte. Les cellules présentent donc toujours une face profonde adhérant à la membrane sous-jacente, une face libre tournée vers l'extérieur, des faces latérales contiguës à celles des cellules voisines. Une même étendue de surface pourra donc être couverte par un nombre très-variable de cellules épithéliales, suivant que ces cellules perdront en hauteur pour gagner en superficie, ou gagneront en hauteur pour perdre en épaisseur, et dans le premier cas, la quantité de tissu épithélial étant moindre, l'activité des phénomènes de nutrition sera aussi beaucoup plus faible que dans le second cas; aussi l'épithélium cylindrique indique-il une vitalité beaucoup plus énergique que l'épithélium pavimenteux.

Les cellules épithéliales, qui n'ont jamais de substance intercellulaire interposée entre leurs faces contiguës, peuvent présenter, soit du côté de leur face libre, soit du côté de leur face adhérente, des sécrétions qui épaississent sur ces faces la membrane d'enveloppe. Dans le premier cas, la réunion de ces épaississements partiels constitue une membrane continue recouvrant toute la face libre d'un groupe de cellules *(membrane cuticulaire)*; dans le second cas, elle constitue une membrane appliquée entre la face profonde des cellules épithéliales et la membrane connective sous-jacente *(membrane basilaire, basement membrane* des auteurs anglais). C'est cette membrane qui, pour les épithéliums glandulaires, forme ce qu'on a appelé la *membrane propre des glandes*.

Il y a deux groupes de tissus épithéliaux : les *tissus épithéliaux proprement dits*, ou *épithéliums*, et le *tissu glandulaire*.

a) *Épithélium*. — L'épithélium peut être simple ou stratifié. L'*épithélium simple* est celui dans lequel on ne trouve qu'une seule couche de cellules épithéliales; il peut, du reste, être classé, d'après la forme des cellules épithéliales qui entrent dans sa composition, en épithélium pavimenteux, cylindrique et vibratile. L'*épithélium stratifié*, au contraire, se compose de plusieurs couches superposées de cellules, et par suite présente une bien plus grande épaisseur. Ordinairement, les cellules des diverses couches n'ont pas toutes la même forme et la même vitalité. On y retrouve, du reste, les mêmes divisions que dans l'épithélium simple; il peut être pavimenteux, cylindrique ou vibratile; et cette classification se fait d'après la forme des cellules de la couche superficielle.

Les tissus des ongles, des poils, du cristallin, de l'émail, ne sont que des dérivés du tissu épithélial, mais tout à fait transformés et surtout ayant perdu en grande partie l'activité vitale des formations épithéliales.

b) *Tissu glandulaire*. — Les cellules glandulaires, au lieu de s'étaler superficiellement en membranes, comme les cellules épithéliales ordinaires, pénètrent plus ou moins profondément dans les tissus sous-jacents, en formant des culs-de-sac d'où partent des culs-de-sac secondaires plus ou moins nombreux, plus ou moins étendus, plus ou moins ramifiés, de manière à former par leur agglomération une masse compacte, constituée par des culs-de-sac glandulaires venant s'ouvrir médiatement ou immédiatement à la surface d'une membrane épithéliale. La face profonde des cellules glandulaires est séparée des tissus sous-jacents par une membrane amorphe, homogène, assez résistante, qui n'est probablement qu'un produit de sécrétion des cellules glandulaires : c'est la *membrane propre des glandes*. Cette membrane propre peut se présenter sous deux formes différentes, auxquelles correspondent deux classes de glandes :

1° Elle peut former une vésicule close, arrondie, tapissée à sa surface interne d'épithélium glandulaire (vésicule glandulaire de la thyroïde, follicule de de Graaf de l'ovaire). Dans ce cas, le produit de sécrétion ne peut sortir que de deux façons : ou par déhiscence, c'est-à-dire par la rupture de la vésicule glandulaire (follicule de de Graaf), ou par résorption, les principes de sécrétion une fois produits étant repris au fur et à mesure par le sang.

2° Elle peut former un cul-de-sac ouvert du côté de la surface épithéliale, cul-de-sac qui tantôt est arrondi et volumineux à son fond, rétréci en goulot près de son ouverture *(glande en grappe)*, et qui tantôt présente le même calibre dans toute son étendue *(glande en tube)*. Dans ce cas (sécrétions ordinaires), le produit de sécrétion s'épanche par l'ouverture du cul-de-sac glandulaire, soit directement à l'extérieur sur une surface épithéliale, soit dans un conduit dit *canal excréteur,* s'ouvrant lui-même au dehors et commun à plusieurs culs-de-sac glandulaires.

Les *tissus mixtes*, dans lesquels aucun élément anatomique n'est fondamental par rapport à des éléments accessoires comme les tissus des artères, des veines, des lymphatiques et le tissu érectile, seront décrits à propos de l'angéiologie ou de la splanchnologie.

Organes. — Les tissus, par leur agglomération, constituent ce qu'on appelle les *organes* ou des masses ayant une forme et une fonction déterminée. On peut diviser les organes en deux grands groupes : les uns, massifs, pleins, sont situés profondément et représentent la masse principale du corps, comme les os, les muscles, les centres nerveux; les autres, superficiels ou du moins *limitants*, sont formés par des membranes revêtues d'épithélium et tantôt étalées à la surface du corps et des cavités intérieures *(membranes tégumentaires)*, tantôt enroulées en canaux *(membranes vasculaires)*, tantôt repliées sur elles-mêmes en masses compactes et profondes *(membranes glandulaires)*.

A. *Organes profonds ou massifs.* — Nous y trouvons d'abord tout un groupe d'organes appartenant aux tissus connectifs, les organes fibreux (ligaments, membranes fibreuses, etc.), les cartilages et les fibro-cartilages, les os et peut-être aussi les organes lymphoïdes (glandes vasculaires, sanguines et lymphatiques); puis viennent les muscles et enfin les organes nerveux.

a) *Organes connectifs.*

1° *Organes fibreux.* — Ils constituent tantôt des cordons (ligaments ou tendons), reliant les os entre eux ou les os aux muscles, tantôt des membranes enveloppant les muscles ou les masses musculaires *(fascias)*, ou rattachant les muscles aux os (aponévroses d'insertion), ou entourant différents organes (périoste, dure-mère, etc.). Tous ces organes sont formés de tissu fibreux presque pur, dans lequel le tissu jaune élastique se trouve en plus ou moins grande quantité. Leur couleur est blanc mat, nacrée, quelquefois jaunâtre si le tissu élastique y entre en proportion notable. A quelques exceptions près (périoste), leur vitalité est peu énergique, tant à cause du petit nombre de leurs éléments cellulaires que de leur pauvreté en nerfs et en vaisseaux; leur sensibilité est presque nulle. Ils agissent surtout par leur résistance à la distension, soit comme agents de traction sur les os (tendons et ligaments), soit comme agents de compression (aponévroses de contention des muscles).

2° *Cartilages et fibro-cartilages.* — On les rencontre partout où il y a nécessité d'une élasticité assez grande unie à une résistance notable. C'est ainsi qu'on les trouve autour des cavités, qu'ils maintiennent béantes ou qu'ils ramènent à leur forme naturelle (larynx, nez, etc.), sur les surfaces articulaires des os, où ils luttent contre la pression réciproque qui amènerait l'usure de ces surfaces. Dans le cartilage vrai (cartilage hyalin), c'est la résistance qui domine; dans le cartilage réticulé, c'est l'élasticité; le fibro-cartilage est intermédiaire entre le tissu fibreux et le cartilage vrai.

Les *cartilages vrais* (avec substance intercellulaire amorphe, homogène, donnant de la colle par l'ébullition) sont formés d'une substance d'un blanc nacré, dure, élastique, repoussant le scalpel, tout à fait dépourvue de vaisseaux et de nerfs, et n'ayant par suite qu'une vitalité peu active et une sensibilité nulle. Ces cartilages peuvent n'être que temporaires et précéder chez le fœtus le squelette osseux; les *cartilages temporaires* constituent le *squelette cartilagineux primitif*. Dans le cas contraire, on les appelle *cartilages permanents*. Ces derniers peuvent se diviser en deux classes, suivant qu'ils sont ou non entourés d'une membrane fibreuse ou *périchondre* (περὶ, autour; χόνδρος, cartilage). Les *cartilages périchondriques* (ex. cartilages costaux, cartilages du larynx), étant enveloppés d'une membrane fibreuse plus ou moins vasculaire, qui les isole jusqu'à un certain point des tissus ambiants, ont une vitalité plus active et plus indépendante; ils se vascularisent et s'enflamment plus facilement; les *cartilages sans périchondre* au contraire (ex. cartilages articulaires), sortes de parasites greffés sur les organes ambiants, n'ont pas de vie individuelle et indépendante, mais n'ont qu'une vitalité d'emprunt et toujours rudimentaire; ils ont peu de tendance à la vascularité et à l'inflammation, et leurs maladies sont presque toujours consécutives à celles des tissus voisins.

Les *fibro-cartilages* sont constitués par des cellules cartilagineuses éparses dans une substance fondamentale fibreuse. Leurs caractères physiques les rapprochent à la fois du cartilage vrai et des ligaments. On les trouve surtout dans les articulations, à propos desquelles ils seront étudiés.

Les *cartilages réticulés*, dans lesquels la substance fondamentale est élastique, sont toujours enveloppés d'un périchondre; aussi les réflexions faites à propos des cartilages vrais périchondriques leur sont-elles applicables; ce qui les en distingue, c'est leur couleur mate et un peu jaunâtre, et la souplesse et la flexibilité qu'ils doivent à la présence du tissu jaune élastique.

3. *Os*. — Dans les os, et plus encore dans les dents, qu'on peut en rapprocher quoiqu'elles fassent saillie à l'extérieur, la substance connective, grâce au dépôt de sels calcaires, atteint sa plus grande consistance et acquiert une dureté et une résistance qui rendent ces organes propres à servir de charpente aux parties molles et à supporter les pressions les plus considérables. Les os sont des organes déjà beaucoup plus complexes que ceux que nous avons vus jusqu'ici; ainsi, outre le tissu osseux proprement dit, ayant acquis une forme déterminée et spéciale pour chaque os, nous trouvons dans ses lacunes ou cavités médullaires, le tissu médullaire ou moelle osseuse, et à sa surface une membrane fibro-vasculaire, le *périoste* (περὶ, autour; ὀστέον, os) l'enveloppant de toutes parts, sauf sur les endroits revêtus de cartilage articulaire; enfin il est pénétré par des vaisseaux nombreux et par des nerfs; aussi leur vitalité est-elle supérieure à celle des organes précédents.

4. *Organes lymphoïdes*. — Ces organes, bien étudiés seulement dans ces derniers temps, et dont la connaissance est encore incomplète sous bien des rapports, se présentent en général sous la forme d'amas d'aspect glandulaire, constitués par du tissu connectif réticulaire contenant dans ses mailles, comme élément fondamental, des globules blancs. C'est dans cette catégorie d'organes que doivent être rangés provisoirement tous les organes *incertæ naturæ* désignés sous le nom de *glandes lymphatiques* et de *glandes vasculaires sanguines*.

b) *Organes musculaires* ou *muscles*. — Les muscles sont des organes élastiques et contractiles formés par un tissu fondamental, le tissu musculaire, et par des tissus ou des organes accessoires, tendons ou aponévroses d'insertion rattachant les muscles aux os qu'ils doivent mouvoir, vaisseaux, nerfs, tissu connectif, etc.; ils seront décrits au début de la myologie.

c) *Organes nerveux*.—Ces organes sont : 1° des masses nerveuses centrales; les unes, très-volumineuses, forment un tout continu sous le nom de *centre nerveux encéphalo-rachidien* (encéphale et moelle); les autres, multiples et disséminées sur des points divers de l'organisme, constituent de petits renflements appelés *ganglions;* 2° des cordons nerveux conducteurs, *nerfs*, ayant leur point de départ ou d'arrivée dans le centre encéphalo-rachidien ou dans les ganglions.

B. *Organes limitants.* — Ces organes limitants sont constitués par des membranes ayant toutes pour caractère général d'être revêtues d'épithélium. Ces membranes se présentent sous trois formes différentes, auxquelles correspondent trois groupes d'organes : membranes vasculaires, membranes tégumentaires, membranes glandulaires.

a) *Membranes vasculaires.* — Dans ce premier groupe, la membrane limitante se dispose en canaux élastiques (artères, veines, lymphatiques), canaux dont la face interne ou épithéliale est en contact avec les liquides, sang, lymphe, chyle, qui circulent dans leur intérieur ; ils jouent le rôle purement physique de conducteurs hydrauliques.

b) *Membranes tégumentaires.* — Dans ce deuxième groupe, la membrane limitante est largement étalée, et quand la forme canaliculée existe, comme à l'intestin, elle n'est que secondaire, tandis que dans le groupe précédent elle est essentielle. En effet, leur usage principal est une fonction de revêtement, de protection ; leur face épithéliale en contact avec les milieux extérieurs, air, aliments, substances étrangères, avec les produits de sécrétion, avec les transsudations des cavités intérieures du corps, constitue entre ces matières et les tissus sous-jacents une barrière vivante qui, dans ce double courant de l'extérieur à l'intérieur et de l'intérieur à l'extérieur, laisse passer certains principes, interdit le passage à d'autres et règle suivant les lois physiologiques les échanges de la nutrition. Outre cette action vitale élective, elles agissent comme agents protecteurs contre les causes mécaniques, pressions, frottements, etc., comme l'épiderme cutané.

1° Les *séreuses* représentent les organes tégumentaires les plus simples : une membrane fibreuse plus ou moins riche en vaisseaux et en nerfs, et une couche simple d'épithélium pavimenteux étalée à sa surface, telle est leur structure. On les rencontre en général partout où des organes frottent les uns contre les autres, sous forme de sacs sans ouverture, adhérant aux deux surfaces frottantes par un tissu cellulaire sous-séreux ; leur face épithéliale est tournée du côté de la cavité de la séreuse ; habituellement cette cavité est réduite à zéro et n'existe que virtuellement, de façon que la couche épithéliale est en contact avec elle-même ; d'autres fois on trouve dans cette cavité une petite quantité d'un liquide clair ou filant *(sérosité, synovie)*. Les séreuses sont de trois espèces : les unes, *séreuses proprement dites*, forment des sacs sans ouverture [1] tapissant d'une part la face interne des grandes cavités du corps *(feuillet pariétal)* et enveloppant d'autre part les organes contenus dans ces cavités *(feuillet viscéral)* ; ces deux feuillets sont continus l'un avec l'autre, c'est-à-dire que, d'un des points de la paroi, le feuillet pariétal se réfléchit pour aller envelopper les organes et forme ainsi un repli contenant les vaisseaux et les nerfs qui se rendent à ces organes. Les séreuses de la deuxième espèce, *synoviales* ou *séreuses articulaires*, appartiennent exclusivement aux articulations et forment, chez l'adulte du moins, non plus des sacs clos, mais des manchons allant d'un os à l'autre et contenant dans leur cavité un liquide filant comme du blanc d'œuf, la *synovie*. La troisième espèce enfin *(bourses muqueuses)* contient de petites séreuses plus ou moins parfaites existant en nombre variable partout où se passent des frottements entre des parties molles et des parties dures (bourses muqueuses musculaires, synoviales tendineuses, bourses muqueuses sous-cutanées).

2° *Peau.* — La peau ou tégument externe, beaucoup plus compliquée comme structure, à la fois organe de protection et organe tactile, recouvre toute la surface extérieure du corps, sur laquelle elle se moule en se continuant avec les muqueuses au niveau des ouvertures naturelles. La couche épithéliale, *épiderme* (ἐπί, sur ; δέρμα, peau) au lieu d'être simple, est stratifiée, comme cornée à sa surface et pourvue d'appendices particuliers, poils et ongles. La membrane fibreuse sous-jacente, *derme*, épaisse, résistante, élastique, riche en vaisseaux et en nerfs, est réunie aux organes profonds par un tissu connectif aréolaire, lâche, permettant des glissements. Enfin, elle contient de nom-

[1] Une seule exception existe chez la femme, chez laquelle la cavité péritonéale communique avec l'extérieur par l'ouverture abdominale de la trompe utérine.

breuses glandes sécrétant la sueur ou la matière grasse sébacée, glandes qui manquent absolument dans les séreuses.

3° *Muqueuses.* — Les muqueuses ou téguments internes sont tout à fait assimilables à la peau qui aurait perdu la couche cornée de son épithélium. Il y a en réalité deux grandes muqueuses, l'une gastro-pulmonaire (muqueuse oculaire, olfactive, intestinale, respiratoire), l'autre génito-urinaire, se continuant toutes les deux avec la peau par les ouvertures naturelles (palpébrale, nasale, buccale, anale, urétrale et urétro-vaginale), mais n'ayant pas de continuité entre elles, sauf dans les premiers temps du développement de l'embryon. Ces muqueuses, très-riches en vaisseaux et en nerfs, présentent comme le tégument externe une couche fibreuse, *derme muqueux*, rattachée aux parties sous-jacentes par un tissu connectif lâche, sous-muqueux et couverte par un épithélium simple ou stratifié; on y trouve souvent des éléments musculaires lisses en couches continues, mais ce qui les caractérise surtout pour la plupart, c'est leur richesse en glandes; en outre, c'est à leur surface que viennent s'ouvrir les conduits excréteurs des glandes les plus volumineuses et que se déversent les produits de sécrétion.

c) *Membranes* ou *organes glandulaires.* — Ce troisième groupe est en rapport intime avec les téguments externe et interne (peau et muqueuse); on peut, en effet, les considérer comme de simples dépressions en culs-de-sac de ces membranes, ce qu'elles sont en réalité dans leur forme la plus simple et dans les premiers temps de leur développement ; mais ces replis en culs-de-sac, en s'allongeant, se ramifient à l'infini, s'enfoncent peu à peu dans la profondeur des tissus et peuvent y former des agglomérations d'aspect massif, comparables aux organes profonds, et ne communiquant plus avec la surface de la *membrane-mère* (peau ou muqueuse) que par l'étroit orifice du conduit excréteur, dans lequel viennent s'ouvrir les culs-de-sac glandulaires. Mais en somme, quel que soit leur aspect massif, elles sont toujours réductibles par la pensée à une surface épithéliale sécrétante, étalée et développée.

On distingue deux classes de glandes : les *glandes fermées* et les *glandes à conduit excréteur.*

1° La première classe, *glandes fermées*, se compose de glandes dans lesquelles la communication des culs-de-sac sécréteurs avec l'extérieur a été interrompue dans le cours du développement; telle est la glande thyroïde; tel est l'ovaire, dont la communication se rétablit temporairement par déhiscence à l'époque de chaque menstruation.

2° La deuxième classe, *glandes à conduit excréteur*, contient deux espèces de glandes : 1° des *glandes en tube*, dont les culs-de-sac sécréteurs ont la forme de tubes ayant à peu près le même calibre dans toute leur étendue; ainsi les glandes sudoripares, le rein; 2° des *glandes en grappe*, dans lesquelles le cul-de-sac sécréteur est renflé en ampoule à son extrémité profonde (*acinus*), rétréci en goulot à l'orifice par lequel il s'ouvre soit sur la surface tégumentaire, soit dans un canal excréteur commun; telles sont les glandes salivaires. On trouve du reste de nombreuses formes de transition entre ces deux espèces. Ces glandes à conduit excréteur peuvent être *simples*, c'est-à-dire être constituées par un seul cul-de-sac sécréteur ou par un très-petit nombre de ces culs-de-sac, ou *composées*, c'est-à-dire constituées par un très-grand nombre de culs-de-sac glandulaires.

Appareils. — Les organes et les tissus, en se groupant pour accomplir une fonction déterminée, constituent des appareils. On rattache habituellement ces apareils à trois groupes : appareils de la vie animale ou de relation, appareils de la vie végétative ou de nutrition, et appareils de la reproduction.

Cette division du corps en appareils est sous bien des rapports artificielle et laisse beaucoup à désirer, tant au point de vue anatomique qu'au point de vue physiologique; ainsi, il est des organes qui, comme les glandes vasculaires sanguines, ne se rattachent à aucun appareil ; il en est d'autres par contre qui, comme la langue par exemple, rentrent dans plusieurs appareils à la fois : aussi ne faut-il accorder à cette division qu'une valeur secondaire, et n'y voir qu'un moyen commode, sinon logique, de partager en quelques groupes les organes constituants du corps humain.

a) *Appareils de la vie de relation.* — Ils forment trois classes : l'appareil locomoteur, l'appareil de l'innervation et les appareils des sens spéciaux.

1° *Appareil de la locomotion.* — Il se divise en appareil passif de la locomotion, constitué par les os et les articulations, et appareil locomoteur actif, constitué par les muscles et destiné soit à déplacer ou à maintenir en situation, les uns par rapport aux autres, les différentes pièces du squelette, soit à déplacer le corps entier par rapport aux milieux ambiants. On peut y rattacher l'appareil phonateur, le larynx.

2° *Appareil de l'innervation.* — Il est formé par les centres nerveux encéphalique, rachidien et ganglionnaires, et par les cordons nerveux qui en partent.

3° *Appareils des sens spéciaux.* — Ils comprennent les appareils olfactif, auditif, visuel, gustatif, tactile. En général, à chacun de ces appareils sont annexés des appareils accessoires destinés à en perfectionner la fonction (ongles pour la peau, appareil lacrymal pour l'œil, etc.).

b) *Appareils de la vie de nutrition.* — Ils se divisent en trois classes : les appareils de la digestion, l'appareil de la respiration et l'appareil circulatoire.

1° *Appareil de la digestion.* — Outre l'appareil digestif proprement dit, on peut y ranger l'appareil urinaire et les glandes vasculaires sanguines.

2° *Appareil de la respiration.* — Cet appareil, destiné à mettre le sang veineux en contact avec l'oxygène de l'air, est constitué par les poumons et les conduits aérifères, bronches, trachée et larynx.

3° *Appareil de la circulation.* — Cet appareil est destiné à contenir des liquides, sang, lymphe, chyle, qu'il fait circuler dans les tissus. Il se compose de deux appareils secondaires : l'*appareil sanguin*, formé par le cœur, les artères, les capillaires et les veines, et qui charrie le sang, par les artères du cœur aux capillaires, et par les veines des capillaires au cœur ; l'*appareil lymphatique*, embranché sur l'appareil précédent, dans lequel il vient verser la lymphe et le chyle.

c) *Appareil de la reproduction.* — Cet appareil, différent dans les deux sexes, comprend deux appareils distincts : un appareil fondamental destiné à la formation du germe, à sa fécondation et à son développement, et un appareil de perfectionnement à la fois mécanique et sensitif, et destiné à la copulation ; c'est l'*appareil érectile.*

Organisme. — Le corps humain résulte de l'assemblage de toutes les parties qui ont été énumérées : éléments, tissus, organes, appareils. On peut l'étudier comme on étudie les diverses parties qui le composent, dans sa structure, dans sa forme extérieure et dans son évolution.

Au point de vue de sa structure, on aurait à étudier les relations qui relient les différents organes ou appareils, soit entre eux, soit avec l'organisme entier, leur mode de répartition et les lois qui règlent la prédominance de tel ou tel organe. Mais cette étude est plutôt du ressort de la physiologie générale ou de l'anatomie philosophique que de l'anatomie descriptive.

Au point de vue de la configuration extérieure, les mêmes réflexions sont applicables si l'on veut rechercher les lois qui la régissent et quels rapports il y a entre les formes extérieures du corps et la conformation et les fonctions des parties internes. Mais si nous restons sur un terrain purement descriptif, l'étude du corps humain, considéré dans son ensemble, mérite de nous arrêter quelques instants.

Le corps humain se compose de deux parties principales : le tronc, véritable centre de la vie de l'ensemble, divisé lui-même en tête, cou et tronc proprement dit, et les membres, sortes d'appendices, au nombre de quatre, deux supérieurs, deux inférieurs, situés symétriquement de chaque côté du tronc.

Le tronc peut être considéré comme constitué par la réunion de deux tubes ou canaux adossés l'un à l'autre suivant leur longueur : l'un, postérieur, dorsal ou nerveux, loge les centres de l'innervation (encéphale et moelle); l'autre, antérieur, ventral ou nutritif, loge les organes servant à la vie de nutrition (appareils digestif, respiratoire et génito-urinaire); les rapports de volume de ces deux tubes sont inverses si on les examine comparativement à la partie supérieure et à la partie inférieure du tronc; ainsi, à la partie supérieure, le tube dorsal prend un développement énorme en rapport avec le développement de la partie supérieure de l'axe nerveux central ou de l'encéphale, tandis qu'au tube ventral le développement le plus marqué porte sur la partie inférieure ou abdominale. Les parois de ces cavités sont formées par des os et par des parties molles, muscles, vaisseaux, etc. La charpente osseuse, ou le squelette de ces deux cavités, est constituée par une série de segments osseux superposés, vertèbres et appendices vertébraux. Ces segments osseux présentent chacun un corps ou portion centrale (corps vertébral), et la superposition de ces corps donne naissance à une colonne osseuse située le long de la ligne de jonction des deux cavités; de cette colonne centrale partent une série d'arcs divergents; les uns se portent en arrière et forment la ceinture de la cavité dorsale ou nerveuse : ce sont les arcs postérieurs des vertèbres, et le canal qu'ils constituent, à peu près continu et ne présentant que des interruptions régulières et peu étendues, forme dans son ensemble la cavité céphalo-rachidienne, très-dilatée à la tête, où elle est représentée par la cavité crânienne, et très-rétrécie dans le reste du tronc pour former le canal vertébral. Les autres arcs divergents se portent en avant et forment l'enceinte osseuse du canal antérieur ou ventral; mais ils sont très-incomplets et n'existent guère qu'à la tête, où ils constituent les os de la face, et à la partie supérieure du tronc proprement dit ou thorax, où ils sont représentés par les côtes.

Les membres ne présentent pas de cavité intérieure analogue à celle du tronc; ils se composent d'un axe osseux central, formé de segments osseux articulés et mobiles, qui ne sont que des appendices vertébraux ayant pris un développement particulier; autour de cet axe osseux se groupent les parties molles, dont la plus grande masse est formée par les muscles et destinée à mouvoir les diverses pièces de l'axe osseux les unes sur les autres ou à mouvoir les membres sur le tronc.

Le corps humain est symétrique, sauf pour les organes contenus dans toute la partie du tube ventral appartenant au tronc proprement dit; cette symétrie, qui pourtant n'est jamais absolue, existe pour les parties du corps situées de chaque côté d'un plan médian vertical antéro-postérieur, mais elle n'existe pas pour les parties supérieures et inférieures du corps, pas plus que pour les parties antérieures et postérieures. Il y a cependant des analogies qui se retrouvent facilement entre ces parties asymétriques, mais elles n'ont aucune importance au point de vue purement descriptif. Cette symétrie des parties droites et gauches du corps permet pour les organes pairs de n'en décrire qu'un seul, celui du côté opposé n'étant que la répétition du premier, et pour les organes impairs situés sur la ligne médiane, de ne décrire qu'une de leurs moitiés latérales, l'autre moitié étant identique à celle-là.

L'étude de l'anatomie descriptive du corps humain sera faite dans l'ordre suivant :

A. Ostéologie. Os.
B. Arthrologie. Articulations.
C. Myologie. Muscles et aponévroses.
D. Angéiologie.

- *a)* Cœur.
- *b)* Artères.
- *c)* Veines.
- *d)* Lymphatiques.

E. Névrologie.

- *a)* Centres nerveux.
- *b)* Nerfs.

F. Splanchnologie.

a) Organes digestifs.
b) Appareil respiratoire et larynx.
c) Organes génito-urinaires.
d) Glandes vasculaires sanguines et lymphatiques (organes lymphoïdes).

G. Organes des sens.

a) Organe de la vision.
b) Organe de l'audition.
c) Organe de l'olfaction.
d) Organe du goût.
e) Peau.

H. Du corps humain en général.

I. Embryologie et développement de l'homme.

BIBLIOGRAPHIE. — TRAITÉS GÉNÉRAUX. *Encyclopédie anatomique*, traduite de l'allemand, par Jourdan, 8 vol. in-8. Paris, 1843-1847. — Bourgery et Jacob, *Traité complet de l'Anatomie de l'homme.* Atlas, 8 vol. in-folio. Paris, 1830-1855.

ANATOMIE DESCRIPTIVE. J. Cruveilhier, *Traité d'Anatomie descriptive.* 4e édit., 4 vol. in-8. Paris, 1862-1871. — Sappey, *Traité d'Anatomie descriptive*, 2e édit. 4 vol. in-8. Paris, 1867-1872. — Mayer, *Lehrbuch der Anatomie des Menschen.* 1 vol. in-8, Leipzig. 1861. — Henle, *Handbuch der systematischen Anatomie des Menschen.* 3 vol. in-8. Braunschweig, 2e édit. 1872-78. — Heitzmann, *Die descriptive und topographische Anatomie des Menschen.* 2e édit., 1874. — Quain's, *Elements of Anatomy.* 8e édit. Londres, 1874. — Beaunis et Bouchard, *Précis d'Anatomie et de Dissection.* Paris, 1877. — ATLAS, Bonamy, Broca et Beau, *Atlas d'Anatomie descriptive.* 4 vol. in-4. Paris, 1841-1866. — Witkowski, *Notions d'Anatomie et de Physiologie.* Paris, 1873. — Cuyer et Kuhff, *le Corps humain*, structure et fonctions, formes extérieures, régions anatomiques, situation, rapports et usages des appareils et organes qui concourent au mécanisme de la vie, démontrés à l'aide de planches coloriées découpées et superposées. Paris, 1878, 1 vol. in-8 de texte, avec 27 pl. coloriées.

ANATOMIE TOPOGRAPHIQUE. Gerdy, *Anatomie des formes extérieures.* 1 vol. in-8. Paris, 1830. — Jarjavay, *Traité d'Anatomie chirurgicale.* 2 vol. in-8. Paris, 1852. — Pétrequin, *Traité d'Anatomie pratique médico-chirurgicale.* 2e édit. 1 vol. in-8. Paris, 1857, — Malgaigne, *Traité d'Anatomie chirurgicale.* 2e édit. 2 vol. in-8. Paris, 1859. — Velpeau, *Traité complet d'Anatomie chirurgicale, générale et topographique du corps humain.* 3e édit. Paris, 1837, 2 vol. in-8, avec atlas de 17 pl. in-4. — Velpeau, *Manuel d'Anatomie chirurgicale.* 2e édit. 1 vol. in-18. Paris, 1861. — Richet, *Traité pratique d'Anatomie médico-chirurgicale.* 3e édit. 1 vol. in-8. Paris, 1865. — J. Fau, *Anatomie artistique élémentaire du corps humain.* Paris, 1865, in-8, avec 17 pl. col. — Luschka, *Die Anatomie des Menschen.* 3 vol. in-8. Tübingen, 1862-1867. — B. Anger, *Traité d'Anatomie chirurgicale.* 1 vol. in-8, avec 1079 figures. Paris, 1869. — Paulet, *Résumé d'Anatomie appliquée.* Paris, 1874. — Tillaux, *Traité d'Anatomie chirurgicale.* Paris, 1876. — ATLAS, Legendre, *Anatomie chirurgicale homalographique.* 1 vol. in-fol. Paris, 1858. — Béraud, *Atlas complet d'Anatomie chirurgicale topographique.* 1 vol. in-4. Paris, 1862. — Paulet et Sarazin, *Traité d'Anatomie topographique.* 1 vol. in-8, avec atlas in-4. Paris, 1867-1870. — B. Anger, *Atlas d'Anatomie chirurgicale.* Paris, 1869, in-4, 12 planches dessinées d'après nature, gravées sur acier, imprimées en couleur, et représentant les régions de la tête, du cou, de la poitrine, de l'abdomen, de la fosse iliaque interne, du périnée et du bassin, avec texte explicatif. — Braune, *Topographisch-anatomischer Atlas, nach durchschnitten gefrorenen Cadavern.* 1872.

LIVRE PREMIER

OSTÉOLOGIE

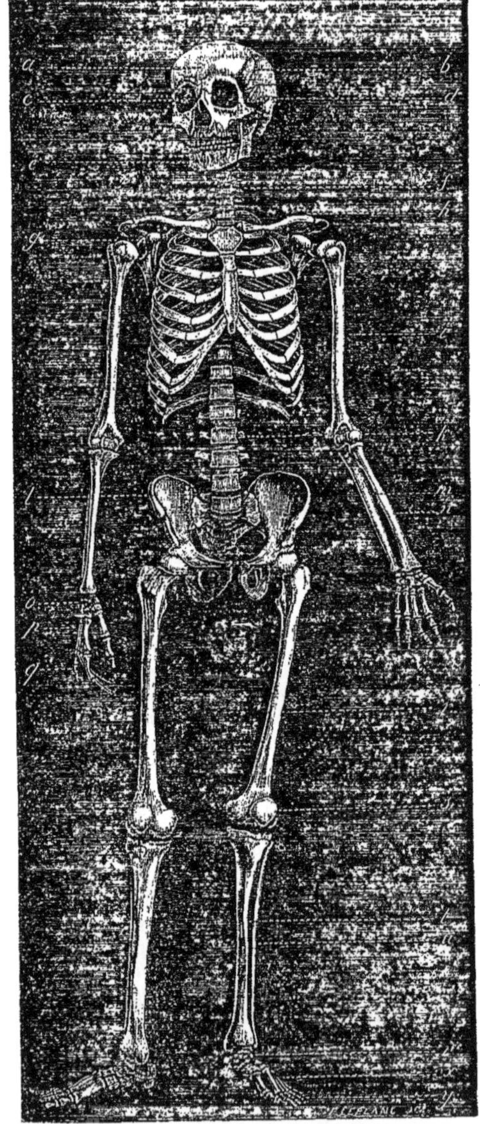

Fig. 4. — *Squelette de l'Homme* (*).

(*) *a)* Os frontal.— *b)* Os pariétal.— *c)* Orbite.— *d)* Os temporal.— *e)* Mâchoire inférieure.— *f)* Vertèbres cervicales.— *g)* Omoplate.— *h)* Clavicule.— *i)* Humérus.— *k)* Vertèbres lombaires.— *l)* Os iliaque.— *m)* Cubitus.— *n)* Radius.— *o)* Os du carpe.— *p)* Os du métacarpe.— *q)* Phalanges.— *r)* Fémur.— *s)* Rotule.— *t)* Tibia.— *u)* Péroné.— *v)* Tarse.— *x)* Métatarse.— *y)* Phalanges.

PREMIÈRE SECTION

DES OS EN GÉNERAL

Préparation. — Pour obtenir les os secs et complétement débarrassés de leurs parties molles, on emploie la macération prolongée. Pour cela, on choisit un sujet adulte, maigre et bien conformé; on enlève grossièrement les parties molles en désarticulant les principaux segments du corps et en prenant soin de ne pas endommager les surfaces articulaires; on dépose alors les os dans une cuve à macération remplie d'eau; cette eau sera renouvelée le plus souvent possible, surtout dans les premiers jours; quand les ligaments et les tendons commencent à se détacher facilement des os, on achève de débarrasser ceux-ci de toutes les parties molles encore adhérentes, en les frottant avec une brosse ou un linge rude, et, au besoin, avec une rugine; enfin, pour avoir les os complètement blancs, on les expose au grand air et à la rosée. Le sternum doit être enlevé avec les cartilages costaux, ruginé avec soin et mis à macérer à part et beaucoup moins longtemps. Toutes ces opérations peuvent durer de trois à huit mois, suivant les sujets. On peut obtenir les os décharnés d'une façon beaucoup plus expéditive par l'ébullition : après les avoir fait dégorger quelques jours dans l'eau ordinaire, on les fait bouillir dans de l'eau additionnée de sous-carbonate de potasse (un kilogramme pour 200 litres). On appelle *squelette naturel* celui dans lequel les ligaments sont conservés; *squelette artificiel*, celui dans lequel ils sont remplacés par des liens artificiels, laiton, cuivre, etc.

Le squelette (fig. 4), lorsqu'il a atteint son développement complet, ce qui a lieu de 25 à 30 ans environ, se compose de 203 os répartis de la façon suivante[1] :

Tronc : Tête : Crâne			8
— — Face			14
— Colonne vertébrale	24	}	29
— Sacrum et coccyx	5	}	
— Côtes et sternum			25
— Os hyoïde			1
Membres : supérieur			64
— inférieur (y compris la rotule)			62
Total			203

Le nombre des pièces osseuses distinctes est beaucoup plus grand pendant la période du développement, car chaque os se compose alors de plusieurs pièces qui se soudent ensemble plus tard; mais tout ce qui concerne l'histoire des os à cette époque sera renvoyé au chapitre du développement, et toutes nos descriptions d'ostéologie, comme du reste celles des autres chapitres, ne porteront que sur l'état adulte.

Caractères physiques. — Les os à l'état sec ont une couleur blanc mat si la macération a été complète; cette couleur est jaunâtre sur les parties de l'os qui étaient recouvertes par du cartilage et constituaient des surfaces articulaires; le cartilage, en se desséchant, forme une sorte de vernis lisse sur la surface articulaire, dont on peut ainsi reconnaître facilement l'étendue et les limites, tandis que le reste de la surface osseuse est rugueuse et parsemée de sillons superficiels visibles à l'œil nu. A l'état frais, le pé-

[1] Le nombre des os varie suivant les auteurs, selon qu'ils y rangent ou non les dents, les os sésamoïdes, les rotules, selon qu'ils font de l'occipital et du sphénoïde un seul os ou deux os distincts, etc. Dans le chiffre de 203 os adopté ici, on a compris la rotule; on a compté le coccyx comme formé de quatre pièces séparées, et l'occipital et le sphénoïde comme deux os distincts; les dents et les os sésamoïdes n'y sont pas compris.

rioste et le cartilage qui les recouvrent et le sang qu'ils contiennent donnent aux os un tout autre aspect.

Leur dureté est caractéristique et leur permet d'être des agents de support et de protection pour les parties molles, et des leviers rigides se déplaçant les uns sur les autres sous la traction des muscles. Cette inflexibilité n'est pas absolue ; quelques-uns d'entre eux, les côtes par exemple, présentent une certaine élasticité, en rapport avec les phénomènes mécaniques du thorax dans la respiration. Chez les enfants, ils sont plus flexibles ; ils deviennent au contraire plus durs et plus fragiles chez le vieillard.

Le poids du squelette entier desséché est de 4,800 à 6,400 grammes chez l'homme, 3,200 à 4,800 chez la femme. La moitié droite est plus pesante que la moitié gauche, et la partie sus-ombilicale égale en poids la partie sous-ombilicale du squelette (DE LUCA). Le poids spécifique des os est d'environ 1,87 et diminue chez le vieillard.

Composition chimique. — Toutes les analyses des os pèchent en ce qu'on ne peut isoler exactement le tissu osseux de la moelle, des vaisseaux, etc., ce qui fausse les résultats obtenus. Les os se composent chimiquement de deux ordres de substances : des substances organiques, osséine, graisse (provenant de la moelle), et des substances minérales, phosphate de chaux tribasique, phosphate de magnésie, carbonate de chaux, fluorure de calcium et des traces de chlorures, de carbonates alcalins et de fer. On peut isoler ces deux ordres de substances ; en traitant l'os par l'acide chlorydrique affaibli, on enlève peu à peu les principes minéraux, et la matière organique reste seule en conservant la forme primitive de l'os ; on a alors le *cartilage osseux* à l'état frais ; il est élastique, flexible et jaunâtre ; il se transforme en glutine et donne de la colle par l'ébullition. Par la calcination, au contraire, on peut obtenir l'os complétement privé de matière organique et réduit à ses principes minéraux.

Les proportions des principes les plus importants des os sont les suivantes :

Matière organique.	Osséine.	30	31
	Graisse.	1	
Substances minérales.	Phosphate de chaux.	60	69
	Carbonate de chaux.	8	
	Phosphate de magnésie.	1	
	TOTAL.		100

Les os longs sont en général plus riches en principes minéraux que les os courts. Les os frais contiennent pour la substance spongieuse 12 à 30 pour 100 d'eau, pour la substance compacte 3 à 7 pour 100. L'osséine et le phosphate de chaux paraissent exister dans les os à l'état de composé chimique défini et non à l'état de simple mélange.

Configuration. — Les os, outre leur volume, qui varie et les a fait diviser en grands, petits et moyens, présentent une forme générale plus ou moins comparable pour la plupart aux formes géométriques. On les a divisés sous ce rapport en trois classes, suivant la prédominance de leurs diamètres. Dans les *os longs*, un seul diamètre l'emporte sur les deux autres ; dans les *os plats*, deux des diamètres prédominent ; dans les *os courts*, aucun des diamètres ne l'emporte sur les autres d'une façon notable. Enfin, il est certains os irréguliers dont la forme ne se prête pas à cette division.

Dans les os situés sur la ligne médiane du corps, les deux moitiés de l'os, par rapport au plan médian, se répètent symétriquement ; pour les os situés latéralement, il n'en est plus de même, mais ils sont symétriques par rapport à ceux du côté opposé.

Les os pouvant être comparés à des solides géométriques, on peut admettre aussi pour eux des faces, des arêtes ou bords et des angles. On divise ainsi l'os en un certain nombre de régions dont on étudie successivement les particularités de configuration extérieure, Ces particularités se réduisent à trois : la forme générale, les saillies, les cavités. Au point de vue de la forme générale, telle face peut être plane ou courbe, triangulaire ou polygonale, tel bord rectiligne ou sinueux, tel angle obtus ou aigu, etc.

Les saillies ou *apophyses* (ἀπὸ, de ; φύσις, croissance ; excroissance) sont les unes articulaires et correspondent à des cavités articulaires d'un autre os, les autres non articulaires et affectent la forme de lignes, empreintes, crêtes, tubérosités, épines, plus ou moins saillantes qui servent à des insertions musculaires (éminences d'insertion), ou se moulent sur la configuration des parties molles (éminences d'impression).

Les cavités sont aussi articulaires ou non articulaires. Les cavités non articulaires servent à donner attache aux muscles (cavités d'insertion), à loger des organes (cavités de réception), au passage de vaisseaux, de nerfs ou de tendons (cavités de transmission), ou enfin forment des espaces vides dans l'intérieur des os *(sinus* ou *cellules)*. Ces cavités présentent des formes très-variables, simples dépressions superficielles, fosses profondes, gouttières, cavités anfractueuses, et peuvent être constituées par un seul ou par le concours de plusieurs os.

Les trous ou canaux qui traversent les os sont de deux ordres : les uns, canaux de transmission, servent au passage de nerfs ou de vaisseaux qui ne font que traverser l'os ; les autres, canaux de nutrition, contiennent les vaisseaux qui servent à la nutrition de l'os, et sont tantôt assez volumineux, tantôt presque invisibles à l'œil nu.

Rapports des os. — Les os ont avec les parties molles des rapports de continuité et des rapports de contiguïté. Les muscles, les tendons, les ligaments constituent avec les os un tout continu, de façon que, grâce à ces connexions, l'appareil locomoteur (actif et passif) forme un ensemble de pièces réunies sans interruption les unes avec les autres. Les rapports de contiguïté des os peuvent avoir lieu avec tous les organes possibles, muscles, tendons, vaisseaux, nerfs, muqueuses, peau, viscères, et ces rapports, par leurs conséquences pratiques, sont de la plus haute importance pour le médecin.

Division. — Les os se divisent en trois grandes classes : os longs, os plats, os courts :

1° *Os longs.* — Ils existent surtout aux membres et forment les principaux leviers du corps. Ils se composent tous d'une partie médiane allongée ou corps et de deux extrémités ordinairement renflées. Le *corps* ou *diaphyse* (διὰ, à travers ; φύσις, croissance), habituellement rectiligne, quelquefois tordu sur lui-même, a presque toujours la forme d'un prisme triangulaire et présente par conséquent trois faces et trois bords. Les *extrémités* ou *épiphyses* (ἐπὶ, sur ; φύσις, croissance) ont l'aspect de renflements plus ou moins volumineux présentant des surfaces articulaires de forme variable ; de plus, elles sont pourvues de saillies destinées à des insertions musculaires ou ligamenteuses, et de coulisses pour la réflexion et le glissement des tendons. On trouve sur leur surface une grande quantité de trous nourriciers, dont les plus gros donnent passage à des veines ; mais le canal nourricier principal répond toujours au corps de l'os.

Si on scie l'os longitudinalement pour étudier sa conformation intérieure, on voit que le corps est dans toute sa longueur creusé d'une cavité cylindrique se terminant en fuseau vers les deux extrémités, c'est le *canal médullaire;* le reste de la diaphyse, ou les parois du canal médullaire, sont formées par un tissu osseux très-dur à grain très-serré, *tissu compacte;* les deux extrémités, au contraire, sont constituées par un tissu aréolaire, *tissu spongieux*, dont les mailles ou cavités *(cavités médullaires)* communiquent toutes entre elles et sont circonscrites par de fines cloisons osseuses ; une lamelle très-mince de tissu compacte entoure la substance spongieuse des extrémités, et vers la diaphyse se continue en s'épaississant avec le tissu compacte des parois du canal médullaire. A ses deux extrémités, le canal médullaire est entrecoupé de filaments osseux très-fins et entre-croisés, constituant ce qu'on a appelé le *tissu réticulaire*, qui n'est qu'une forme du tissu spongieux. A l'état frais, le canal et les cavités médullaires sont remplis d'une substance molle, pulpeuse, vasculaire, *moelle osseuse*.

2° *Os plats.* — Ils présentent deux faces, dont l'une est ordinairement concave, l'autre convexe, et des bords dont le nombre varie suivant la forme même de l'os. Ils appartiennent pour la plupart aux parois des cavités qui logent les différents viscères. Ils sont constitués par une couche de tissu spongieux interposé entre deux lames de tissu compacte. Quelquefois la couche intermédiaire spongieuse manque par places, et l'os est alors réduit à une simple lamelle de tissu compacte (ex. omoplate).

3° *Os courts.* — Ils ont en général une forme plus ou moins régulièrement cuboïde, et par suite on peut leur assigner six faces. On les trouve principalement aux extrémités des membres ou à la colonne vertébrale, où ils constituent par leur agglomération des massifs osseux composés de pièces distinctes. Leur conformation intérieure est absolument identique à celle des extrémités des os longs : une masse de tissu spongieux limitée par une couche mince de tissu compacte.

Structure. — Les os sont des organes dont la composition est très-complexe. La masse de l'os, sa charpente fondamentale, est constituée par le tissu osseux proprement dit; les cavités interceptées par ce tissu (canal et cavités médullaires) sont remplies par une substance molle, pulpeuse, moelle des os; la surface de l'os est limitée et enveloppée par une membrane fibro-vasculaire, le périoste, dans toute sa portion non articulaire, et par du cartilage (cartilage articulaire) dans sa partie articulaire; enfin l'os reçoit des vaisseaux et des nerfs. Nous allons passer successivement en revue ces différentes parties.

1° *Tissu osseux.* — Ce tissu, composé, comme nous l'avons vu, de substance fondamentale et de cellules osseuses, se présente sous deux formes principales : tissu compacte et tissu spongieux.

Le tissu compacte, tel qu'on l'observe par exemple sur la diaphyse des os longs, est parcouru par un système de canaux vasculaires, *canaux de Havers*, large de 0mm,2 à 0mm,1, distants les uns des autres de 0mm,1 à 0mm,3, à peu près parallèles entre eux et à l'axe longitudinal de l'os, et communiquant les uns avec les autres par des branches transversales ; ces canaux forment donc, grâce à ces anastomoses, un réseau canaliculé dans toute l'étendue du tissu compacte ; ce réseau s'ouvre d'une part à la surface de l'os par de très-petits pertuis obliques, continués par des sillons visibles à l'œil nu sous forme de stries longitudinales; d'autre part, à l'intérieur de l'os dans le canal médullaire ; enfin, vers les extrémités de l'os il communique avec les cavités médullaires du tissu spongieux, qui peuvent être considérées comme de simples dilatations irrégulières des canaux de Havers. Ce réseau est occupé par des vaisseaux sanguins qui proviennent des vaisseaux nourriciers de l'os ou des vaisseaux du périoste, et communiquent avec ceux de la moelle osseuse. Les lamelles de la substance fondamentale, ainsi que les cellules osseuses, sont disposées par séries concentriques autour des canaux de Havers comme autour d'un axe commun (fig. 5), et le nombre de ces couches concentriques de lamelles et de cellules osseuses peut varier de 8 à 15 et même en deçà et au delà de ces limites. Le grand axe des cellules osseuses est parallèle à la direction des canaux de Havers, et la plus grande partie des prolongements canaliculés de ces cellules se dirige vers le canal de Havers comme vers un centre.

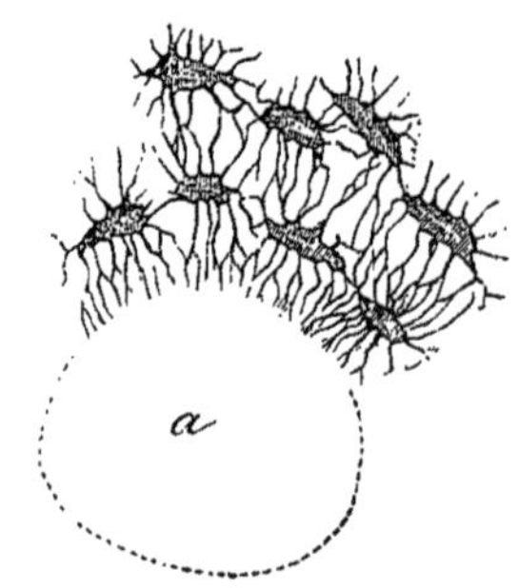

Fig. 5. — *Canal de Havers et cellules osseuses* (*).

Dans les os plats, les canaux de Havers sont parallèles aux deux faces de l'os et semblent partir d'un point central et s'irradier de là dans toutes les directions (ex. pariétal) ; d'autres fois ils sont tous parallèles entre eux (sternum).

Dans le tissu spongieux, ces canaux de Havers sont remplacés par les cavités médullaires et n'existent guère que dans les endroits où ces cavités sont séparées par des cloisons très-épaisses. Dans les cloisons minces, les lamelles et les cellules osseuses sont disposées concentriquement autour des cavités médullaires.

Dans les épiphyses et dans les os spongieux, les lamelles osseuses sont en général disposées suivant des directions régulières en rapport avec les forces mécaniques qui agissent sur les os (tête du fémur, vertèbres, etc.) ; c'est ce qu'on a appelé l'architecture du tissu spongieux.

2° *Moelle osseuse.* — La moelle osseuse qui remplit le canal et les cavités médullaires

(*) *a)* Canal de Havers.

et les plus volumineux des canaux de Havers, est une substance molle, pulpeuse, vasculaire, qui se présente sous deux aspects différents : moelle jaune et moelle rouge, ou fœtale.

La moelle jaune est une masse semi-liquide, jaunâtre, existant surtout dans les os longs et contenant 96 pour 100 de graisse, qui lui donne sa couleur. La moelle fœtale est rougeâtre ou rosée et se rencontre surtout dans les os courts, les épiphyses et principalement le corps des vertèbres, les os de la base du crâne, etc. Elle ne contient que des traces de graisse.

La moelle se compose de tissu connectif supportant des vaisseaux et des nerfs, de graisse, de cellules particulières, cellules médullaires, et d'une petite quantité de liquide. Le tissu connectif est très-fin et n'existe guère que dans le canal médullaire : il forme là une trame délicate servant de soutien aux vaisseaux et aux nerfs ainsi qu'aux autres éléments de la moelle; il ne peut être isolé à l'état de membrane continue, même sur la paroi interne du canal médullaire, où on a décrit à tort une membrane médullaire ou périoste interne. La graisse, très-rare dans la moelle rouge, se trouve tantôt à l'état libre sous forme de gouttelettes, tantôt dans des éléments cellulaires à l'état de vésicule adipeuse. Les cellules médullaires, *médulocelles* (*medulla*, moelle; *cella*, cellule), très-rares dans la moelle jaune, sont de petites cellules à noyau arrondies ; on trouve en outre dans la moelle des cellules irrégulières, volumineuses, remplies de noyaux, *myéloplaxes* (μυελὸς, moelle; πλάξ, lamelle).

3° *Cartilage articulaire.* — Il sera décrit à propos des articulations.

4° *Périoste.* — Le périoste est une membrane fibreuse et vasculaire, blanc jaunâtre ou blanc brillant, enveloppant l'os de tous côtés, sauf aux endroits revêtus de cartilage articulaire et dans quelques points où les tendons s'insèrent directement sur les saillies osseuses. Son épaisseur est proportionnelle en général au volume de l'os qu'il recouvre; cependant cette loi souffre de nombreuses exceptions. Dans les points où il est en rapport avec la peau ou avec des parties fibreuses, aponévroses, tendons, ligaments, il est épais et opaque ; il est mince et transparent, au contraire, dans les régions où les fibres musculaires s'insèrent directement sur lui.

Son union avec l'os sous-jacent se fait par des prolongements vasculaires allant de ses vaisseaux dans les canaux de Havers, et son adhérence à l'os est en rapport avec le nombre et le degré de ténuité et de délicatesse de ces tractus vasculaires. En général, plus il est mince, moins il est adhérent, tandis qu'un périoste épais adhère fortement à l'os et se laisse difficilement décoller.

L'union du périoste avec les parties molles qui le recouvrent est aussi plus ou moins intime ; cette adhérence est très-forte dans les points où il est en contact avec une muqueuse, comme à la voûte palatine ; dans ces cas, la couche externe du périoste se soude au tissu connectif de la muqueuse, et les deux membranes deviennent inséparables et n'en forment plus qu'une, dite *fibro-muqueuse*.

Le périoste se compose de trois couches, une externe connective, une moyenne élastique, une interne cellulaire : 1° la couche externe est formée de tissu connectif ordinaire, mélangé de cellules adipeuses ; c'est dans cette couche que se ramifient les vaisseaux extrêmement nombreux et les nerfs très-fins de cette membrane ; 2° la couche moyenne est formée par des fibres élastiques, fines, disposées en réseaux; cette couche, ainsi que la suivante, est traversée par les vaisseaux allant de la couche externe dans les canaux de Havers ; 3° la couche interne (blastème sous-périostique), très-mince, en partie confondue avec la précédente et réduite à son minimum chez l'adulte, est très-riche en cellules plasmatiques et joue un rôle très-important dans l'accroissement de l'os.

5° *Vaisseaux des os.* — Les os sont des organes très-vasculaires, comme le prouvent les injections, et cette vascularité existe non-seulement pour le périoste et la moelle, mais encore pour le tissu compacte. Pour les os longs, ces vaisseaux viennent de trois sources; pour la moelle du canal médullaire, de l'artère principale qui passe par le canal nourricier de l'os; pour le tissu spongieux des épiphyses, des artérioles de second ordre pénétrant par les orifices nombreux qu'elles présentent; pour le tissu compacte de la diaphyse, des artérioles et des capillaires provenant du périoste et pénétrant directement dans les canaux de Havers. Il résulte des anastomoses de tous ces vaisseaux de source différente un réseau capillaire très-fin et très-serré, occupant toute l'étendue de l'os. De ce réseau partent des veines, dont les unes accompagnent les artères, dont les autres s'ouvrent isolément, soit sur l'épiphyse, soit sur le tissu compacte de la diaphyse, en présentant quelquefois de petites dilatations ampullaires.

Dans les os courts, la distribution vasculaire est à peu près la même que dans les épiphyses des os longs; dans quelques-uns de ces os, les veines sont très-volumineuses (veines des corps des vertèbres). Parmi les os plats, les os du crâne présentent seuls une disposition spéciale due au calibre très-fort de leurs veines, qui cheminent longtemps dans des canaux indépendants (canaux de Breschet) situés entre les deux lames de l'os, avant de s'ouvrir à sa surface.

Les lymphatiques des os ont été jusqu'ici peu étudiés.

6° *Nerfs des os.* — Les nerfs des os accompagnent en général les artères et se distribuent presque tous à la moelle. On en a trouvé dans tous les os, sauf les os sésamoïdes et les osselets de l'oreille ; certains os (vertèbres) sont beaucoup plus riches en nerfs que d'autres. Dans les os longs, les nerfs peuvent se diviser en diaphysaires et épiphysaires. Tous ces nerfs, du reste, peuvent provenir aussi bien des nerfs encéphalo-rachidiens que du grand sympathique.

Différences de sexe. — Les os de la femme sont plus grêles, plus délicats, moins pesants, moins massifs ; leurs courbures, leurs saillies et leurs dépressions sont moins prononcées; ils ont en un mot quelque chose de féminin, plus facile à apprécier *de visu* qu'à décrire. Outre ces caractères généraux, beaucoup d'os présentent dans les deux sexes des particularités distinctives qui seront décrites à propos de chacun d'eux. Les différences d'âge seront examinées a propos du développement.

Outre ces différences naturelles, les os peuvent offrir des différences individuelles tenant aux diversités des habitudes, des professions, des vêtements, etc. Ces déformations portent surtout sur le crâne (déformations crâniennes des peuplades sauvages), le thorax (usage du corset), le pied (emploi de chaussures mal faites), et sont plutôt du ressort de l'hygiène que de l'anatomie normale.

Propriétés vitales. — La nutrition des os, même chez l'adulte, est assez active, comme le prouvent leurs maladies et les modifications morphologiques qu'ils subissent (agrandissement des sinus, etc.).

La sensibilité des os, quoique obtuse, est réelle; mais les nerfs des os sont presque tous des nerfs vaso-moteurs destinés à régler la circulation dans les vaisseaux sanguins.

DEUXIÈME SECTION

DES OS EN PARTICULIER

CHAPITRE PREMIER

COLONNE VERTÉBRALE

La colonne vertébrale se compose de vingt-neuf os, vingt-quatre vertèbres, le sacrum et quatre pièces constituant le coccyx. Les vingt-quatre vertèbres sont appelées encore *vraies vertèbres* par opposition avec les *fausses vertèbres*, qui, par leur soudure, constituent le sacrum, par leur réunion le coccyx.

ARTICLE I. — VRAIES VERTÈBRES

Elles se divisent, suivant les régions qu'elles occupent, en sept cervicales, douze dorsales et cinq lombaires ; mais quelle que soit leur région, elles présentent des caractères communs qui doivent être décrits avant leurs caractères distinctifs.

§ I. — Caractères communs des vertèbres.

Chaque vertèbre présente à sa partie antérieure un renflement massif, *corps de la vertèbre* (fig. 6, 1), dont les faces supérieure et inférieure, un peu excavées, correspondent au corps des vertèbres voisines; la circonférence du corps est un peu concave de haut en bas dans ses trois quarts antérieurs, où elle constitue les faces antérieure et latérale; dans le quart postérieur elle est comme tronquée, et circonscrit, avec un demi-anneau, *arc vertébral*, situé en arrière du corps, un orifice ou *trou vertébral* donnant passage à la moelle épinière et à ses enveloppes. De l'arc vertébral partent des appendices divergents, un médian postérieur, *apophyse épineuse* (Fig. 6, 2); deux latéraux, *apophyses transverses* (Fig. 6, 3); enfin, deux ascendants, *apophyses articulaires supérieures* (Fig. 6, 5) et deux descendants, *apophyses articulaires inférieures* (Fig. 6, 6), destinés à s'articuler avec les apophyses de même nom des vertèbres voisines. L'arc vertébral est réuni au corps par une partie rétrécie, *pédicule* (Fig. 6, 4), présentant deux échancrures, une supérieure et une inférieure, qui forment, avec les échancrures des pédicules situés immédiatement au-dessus ou au dessous, des trous, *trous de conjugaison* pour le passage des nerfs émanant de la moelle. On appelle *lames* les parties latérales de l'arc vertébral intermédiaires à l'apophyse épineuse et au pédicule.

§ II. — Caractères distinctifs des diverses régions.

Comme caractère général, on trouve une augmentation de volume de haut en bas, augmentation qui porte surtout sur les corps et les apophyses épineuses. Les caractères distinctifs spéciaux à chaque région s'effacent en partie à la limite de deux régions, pour faire place à des caractères de transition.

I. Vertèbres cervicales (fig. 6, A).

Le corps est peu volumineux, plus large dans le sens transversal, aplati en avant, et présente de chaque côté, sur sa face supérieure, un petit crochet vertical (9), et sur sa face inférieure une petite dépression correspondante. Le trou rachidien est triangulaire; les lames larges et minces : l'apophyse épineuse courte, presque horizontale, creusée inférieurement en gouttière et bifide à son sommet. Les apophyses articulaires sont situées en arrière des apophyses transverses; leurs facettes articulaires sont circulaires, à peu près planes, inclinées de 45° et regardent les supérieures en haut et en arrière, les inférieures en bas et en avant; celles de droite et de gauche sont dans le même plan. Les apophyses transverses sont situées sur les côtés du corps, creusées en gouttière supérieurement et percées à leur base d'un trou pour le passage de l'artère vertébrale; elles sont formées par deux branches, l'une postérieure, située en arrière du pédicule et représentant seule l'apophyse transverse véritable (7), l'autre antérieure, située en avant du pédicule et représentant l'analogue d'une côte. La plupart de ces caractères ne s'appliquent pas aux deux premières vertèbres cervicales, qui seront décrites à part.

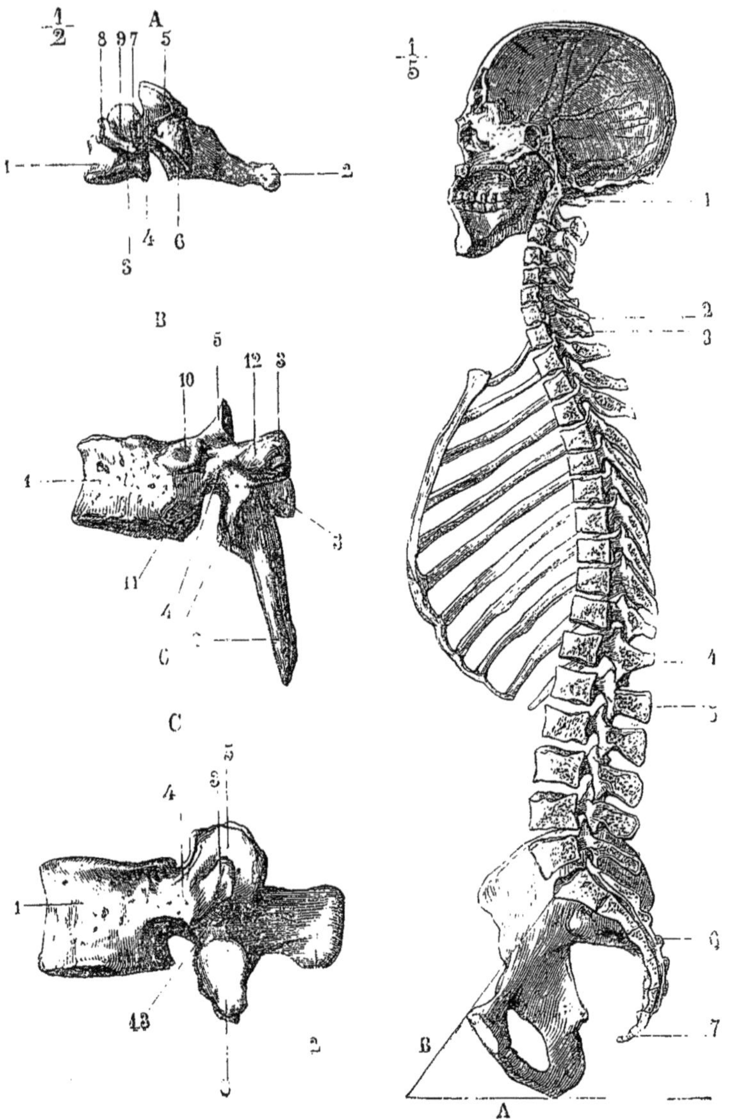

FIG. 6. — *Vertèbres cervicale, dorsale et lombaire* (*).

FIG. 7. — *Coupe médiane et antéro-postérieure du crâne et du rachis* (**).

(*) A. Vertèbre cervicale, vue de profil. — B. Vertèbre dorsale. — C. Vertèbre lombaire. — 1) Corps. — 2) Apophyse épineuse. — 3) Apophyse transverse. — 4) Pédicule. — 5) Apophyse articulaire supérieure. — 6) Apophyse articulaire inférieure. — 7) Tubercule postérieur. — 8) Tubercule antérieur des apophyses transverses cervicales. — 9) Crochet du corps de la vertèbre cervicale. — 10) Demi-facette costale supérieure du corps de la vertèbre dorsale. — 11) Demi-facette inférieure. — 12) Facette costale de l'apophyse transverse de la vertèbre dorsale. — 13) Tubercule apophysaire de la vertèbre lombaire.

(**) 1) Première vertèbre cervicale. — 2) Septième vertèbre cervicale. — 3) Première vertèbre dorsale. — 4) Douzième vertèbre dorsale. — 5) Première vertèbre lombaire. — 6) Sacrum. — 7) Coccyx. — A, horizontale; B, ligne représentant l'inclinaison du bassin par rapport à l'horizon.

II. Vertèbres dorsales (fig. 6, B).

Le corps offre de chaque côté, sur ses parties latérales, en avant des échancrures, deux demi-facettes, l'une supérieure (10), l'autre inférieure (11), pour l'articulation des côtes. Le trou rachidien est petit, ovalaire ; les lames hautes, étroites ; l'apophyse épineuse longue, triangulaire, unituberculeuse au sommet, presque verticale. Les apophyses articulaires sont verticales, à facettes planes, et regardent, les supérieures en arrière et en dehors, les inférieures en dedans et en avant ; elles sont donc situées chacune dans un plan différent. Les apophyses tranverses sont volumineuses, déjetées en arrière, renflées à leur sommet, qui présente en avant une facette articulaire (12) pour la tubérosité de la côte : les échancrures inférieures sont très-profondes, les supérieures à peine indiquées.

III. Vertèbres lombaires (fig. 6, C).

Le corps est très-volumineux ; le trou rachidien triangulaire ; les lames étroites, épaisses. L'apophyse épineuse est rectangulaire, horizontale, forte, comprimée latéralement. Les apophyses articulaires sont verticales ; les supérieures ont des facettes articulaires concaves, regardant en arrière et en dedans, et sont pourvues en arrière d'un tubercule saillant, *tubercule apophysaire* (13), qui représente la véritable apophyse transverse lombaire; les inférieures ont des facettes convexes regardant en dehors et en avant. Les apophyses transverses, mieux appelées *costiformes*, car elles sont en réalité les analogues des côtes, sont longues et minces. Les échancrures inférieures des pédicules sont plus prononcées que les supérieures.

Le tableau suivant résume les principaux caractères différentiels des vertèbres des diverses régions.

		VERTÈBRES		
		CERVICALES	DORSALES	LOMBAIRES
1° *Corps*		crochets verticaux supérieurs	demi-facettes costales	» »
2° *Trou vertébral*		triangulaire	ovalaire	triangulaire.
3° *Apophyse épineuse*		horizontale	verticale ou très-oblique	horizontale.
		bifide au sommet	unituberculeuse	unituberculeuse.
4° *Apophyses*	*articulaires*	inclinées de 45°	verticales	verticales.
	supérieures	planes	planes	concaves ; tuberc. apophysaires.
		regardent en arrière et en haut	regardent en dehors	regardent en dedans.
	inférieures	planes	planes	convexes.
		regardent en avant et en bas	regardent en dedans	regardent en dehors.
5° *Apophyses transverses*		trou de l'artère vertébrale	facette articulaire costale	costiformes.
		gouttières supér^res bituberculeuses	» »	» »
			» »	» »
6° *Échancrures*	*supérieures*	profondes	à peine indiquées	à peine indiquées.
	inférieures	moins profondes	très-profondes	très-profondes.

§ III. — Caractères spéciaux de quelques vertèbres.

Dans chaque région, certaines vertèbres se distinguent par des caractères particuliers et méritent à cause de cela une description spéciale. Ces vertèbres sont : la première vertèbre cervicale ou atlas, la deuxième ou axis, la septième ou proéminente, puis, parmi les vertèbres dorsales, les première, dixième, onzième et douzième et enfin la cinquième lombaire.

1° Atlas (1).

Son corps est remplacé par une simple lame, *arc antérieur de l'atlas*, qui présente en avant un tubercule mousse, *tubercule antérieur de l'atlas*, en arrière une facette ovalaire, concave, articulée avec l'apophyse odontoïde de l'axis. Le trou, très-large, est occupé dans sa moitié antérieure par cette apophyse odontoïde, véritable représentant du corps de l'atlas, mais détaché de lui et soudé à la deuxième vertèbre cervicale. L'apophyse épineuse manque et est remplacée par un tubercule rudimentaire, *tubercule postérieur de l'atlas*. Les apophyses articulaires sont très-volumineuses et constituent ce qu'on appelle les *masses latérales ;* les facettes articulaires inférieures, à peu près planes, circulaires, regardent en dedans et en bas, et s'articulent avec l'axis : les supérieures, oblongues, elliptiques, concaves, reçoivent les condyles de l'occipital. Les apophyses transverses, placées en dehors des apophyses articulaires, sont unituberculeuses à leur sommet, et percées d'un trou qui se continue en dedans, derrière l'apophyse articulaire supérieure, avec un canal horizontal aboutissant à l'échancrure supérieure de la vertèbre. Il n'y a pas d'échancrure inférieure.

2° Axis (2).

Son corps est surmonté d'une apophyse haute de 0m,015 environ, *apophyse odontoïde* (ὀδος, dent ; εἶδος, forme), qui est reçue dans la partie antérieure de l'anneau de l'atlas, dont elle représente le corps. Cette apophyse, rétrécie à son insertion au corps de l'axis, *col de l'apophyse odontoïde*, présente sur sa face antérieure une facette convexe, articulée avec la facette concave de l'arc antérieur de l'atlas, et, sur sa face postérieure, une autre facette convexe, articulée avec un ligament, le ligament transverse. Le corps de l'axis offre en avant deux dépressions séparées par une saillie médiane, verticale, à base inférieure ; le trou rachidien a la forme d'un cœur de carte à jouer ; l'apophyse épineuse, très-forte, présente, exagérés, les caractères distinctifs des apophyses épineuses cervicales. Les facettes articulaires supérieures, situées sur les côtés de l'apophyse odontoïde, sont circulaires et regardent en haut et en dehors ; les apophyses transverses sont petites, unituberculeuses, creusées en gouttière ; il n'y a pas d'échancrures supérieures. Les autres caractères sont ceux des vertèbres cervicales.

3° Septième vertèbre cervicale ou proéminente.

Son apophyse épineuse est forte, unituberculeuse, longue, et *proémine* à la partie inférieure de la nuque ; ses apophyses transverses sont unituberculeuses

(1) Elle est nommée ainsi parce qu'elle supporte la tête comme le géant mythologique Atlas supportait le ciel.

(2) De *axis*, axe.

à leur sommet ; quelquefois leur branche antérieure détachée forme une véritable côte rudimentaire.

4° Première, dixième, onzième, et douzième vertèbres dorsales.

1° *Première vertèbre dorsale.* — Elle présente de chaque côté de son corps une facette complète supérieure pour la première côte, et en bas un quart de facette pour la deuxième.

2° *Dixième vertèbre dorsale.* — La demi-facette costale inférieure manque.

3° *Onzième vertèbre dorsale.* — Son corps n'a qu'une seule facette costale ; son apophyse transverse, très-courte et offrant trois tubercules à son sommet, n'a pas de facette articulaire.

4° *Douzième vertèbre dorsale.* — Elle a une seule facette costale sur les côtés de son corps, et pas de facette articulaire sur son apophyse transverse. Celle-ci est excessivement courte et présente ue tubercule supérieur et postérieur analogue des apophyses transverses dorsales et des tubercules apophysaires lombaires, un tubercule antérieur et inférieur, très-petit, analogue des apophyses costiformes lombaires, et un troisième tubercule intermédiaire aux deux précédents.

5° Cinquième vertèbre lombaire.

La face inférieure de son corps est très-oblique enavant et en bas ; les apophyses articulaires inférieures sont très-écartées les apophyses transverses s'élargissent à leur partie inférieure.

ARTICLE I' — FAUSSES VERTÈBRES

1° Sacrum (1) (fig. 8, A, B).

Placer en avant et en haut la partie la plus large ou base de l'os ; tourner en avant et en bas la face concave.

Le sacrum est un os impair, large, ayant la forme d'une pyramide aplatie d'avant en arrière, situé entre les os iliaques à la partie postérieure et supérieure du bassin. Il présente une base, un sommet, deux faces et deux bords.

Sa *base* large offre à peu près l'aspect de la face supérieure d'une vertèbre lombaire ; sur la ligne médiane on trouve une facette ovalaire articulée avec la cinquième vertèbre lombaire et dont le bord antérieur convexe forme la saillie du *promontoire ;* en arrière de cette facette l'ouverture triangulaire du canal sacré; sur les côtés deux saillies, apophyses articulaires supérieures (2) et les échancrures des trous de conjugaison ; enfin, tout à fait en dehors, deux surfaces triangulaires (A, 3) séparées par un bord mousse de la face antérieure.

Le *sommet* (A, 6) est tronqué, sous forme de facette ovalaire articulée avec le coccyx.

La *face antérieure* (A) est concave, mais de telle façon que, l'incurvation augmentant des deux extrémités vers le milieu, l'os offre là comme une sorte d'inflexion brusque ; cette incurvation est plus prononcée chez la femme que

(1) De *sacer*, sacré ; os sacré.

chez l'homme. Sur cette face on remarque huit trous, trous sacrés antérieurs (5), disposés en deux rangées longitudinales plus écartées à la partie supérieure ; ces trous, qui diminuent de grandeur de haut en bas, sont nettement circonscrits en dedans, se continuent en gouttière en dehors, et donnent accès dans le canal sacré. Les trois premiers trous de chaque côté sont réunis par trois saillies transversales, traces de la soudure des pièces du sacrum; la quatrième crête (4) passe au-dessous des deux derniers trous sacrés.

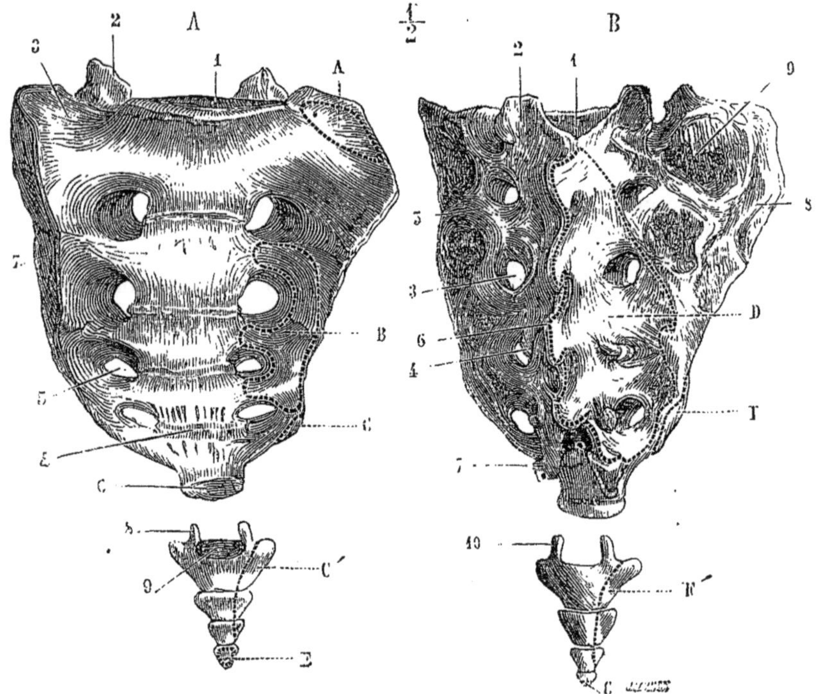

FIG. 8. — *Sacrum et coccyx* (*).

La *face postérieure* (B), moins large que l'antérieure, présente sur la ligne médiane la *crête sacrée* (6) formée par la soudure plus ou moins complète des apophyses épineuses, et aboutissant en bas à une échancrure, ouverture inférieure du canal sacré, qui quelquefois empiète sur la crête sacrée et peut remonter plus ou moins haut. En allant de dedans en dehors, on trouve d'abord une série de rugosités (4) parallèles à la crête sacrée, et se terminant en bas par deux saillies, *cornes du sacrum* (7), arrondies, allongées et articulées avec deux prolongements correspondants du coccyx ; puis la série des trous sacrés

(*) A. *Face antérieure :* 1) Base du sacrum. — 2) Apophyses articulaires supérieures. — 3) Surfaces triangulaires latérales de la base. — 4) Lignes ou traces de soudure des vertèbres sacrées. — 5) Trous sacrés antérieurs. — 6) Sommet du sacrum. — 7) Faces latérales. — 8) Cornes du coccyx. — 9) Base du coccyx.

B. *Face postérieure :* 1) Ouverture supérieure du canal sacré. — 2) Apophyses articulaires supérieures. — 3) Trous sacrés postérieurs. — 4) Tubercules internes. — 5) Tubercules externes des trous sacrés. — 6) Crête sacrée. — 7) Cornes du sacrum. — 8) Facette auriculaire. — 9) Rugosités pour des insertions ligamenteuses. — 10) Cornes du coccyx.

Insertions musculaires. — A. Muscle iliaque. — B. Muscle pyramidal. — C, C'. Muscle coccygien. — D. Muscles spinaux postérieurs. — E. Releveur de l'anus. — F, F'. Grand fessier. — G. Sphincter de l'anus.

postérieurs (3), au nombre de quatre de chaque côté, à bords bien circonscrits et limités en dehors par des tubercules rugueux (5).

Les *bords latéraux*, très-minces inférieurement, s'élargissent dans leur moitié supérieure, où ils constituent de véritables faces. Là, ils présentent en avant une facette réniforme [1], inégale, *facette auriculaire* (B, 8), articulée avec une surface correspondante de l'os iliaque, et, en arrière de cette facette, une surface rugueuse (B, 9), pourvue de nombreux orifices vasculaires.

Le *canal sacré*, creusé dans l'épaisseur de l'os, forme la partie inférieure du canal vertébral constitué par la superposition des trous vertébraux; il communique avec l'extérieur par les seize trous sacrés antérieurs et postérieurs.

Différences sexuelles. — Chez la femme, le sacrum est plus large, sa courbure est plus forte; sa profondeur (mesurée par une perpendiculaire abaissée du milieu de sa face antérieure sur une ligne joignant sa base à son sommet), qui chez l'homme n'est que de 0m.,015 à 0m.,02, dépasse 0m.,025 chez la femme.

Articulations. — Il s'articule avec quatre os : la cinquième vertèbre lombaire, les deux os iliaques et la première vertèbre coccygienne.

2° Vertèbres coccygiennes ou coccyx [2] (fig. 8, A, B).

Le coccyx n'est pas en réalité un seul os, mais un composé de quatre pièces, *vertèbres coccygiennes*, distinctes les unes des autres et formant par leur réunion une pyramide osseuse de 0m,045 de long, continuant le sacrum et terminant la colonne vertébrale. Ces pièces osseuses, aplaties d'avant en arrière et diminuant de volume de haut en bas, sont les rudiments des vertèbres caudales ; sauf la première pièce, elles sont réduites à de simples tubercules sans appendice osseux ; dans toutes, la partie supérieure ou base est plus large que la partie inférieure ou sommet, de façon que la base de la vertèbre coccygienne inférieure déborde le sommet de la vertèbre située immédiatement au-dessus.

A sa partie supérieure, la première pièce présente une ébauche d'apophyse transverse et deux petits prolongements verticaux, *cornes du coccyx* (A. 8 ; B. 10) articulés avec les cornes du sacrum.

Quelquefois, au lieu de quatre, on trouve cinq noyaux osseux, disposition admise comme normale par Sappey. Ces différentes pièces peuvent se souder dans la vieillesse; on trouve souvent la première pièce du coccyx soudée au sacrum.

CHAPITRE II

CRANE

Le crâne est cette capsule osseuse ovoïde qui contient l'encéphale et communique avec le canal vertébral ou rachidien, dont il n'est que la continuation (Fig. 7). A la partie antéro-inférieure de cette capsule est annexé un appareil osseux très-compliqué, la face, logeant dans des cavités spéciales quelques organes des sens et la partie supérieure du tube digestif. Les os qui le constituent appartiennent les uns exclusivement au crâne, les autres à la face ; il en est

(1) Réniforme, en forme de rein ou de haricot.

(2) De κόκκυξ, coucou : on l'a comparé au bec d'un coucou.

enfin qui sont communs aux deux régions; on les range habituellement parmi les os du crâne. En résumé, on a en tout 22 os répartis de la façon suivante :

Os du crâne, 8 ; 4 impairs : occipital, sphénoïde, ethmoïde, frontal ; 2 pairs : temporal et pariétal.

Os de la face, 14 ; 6 pairs : maxillaire supérieur, palatin, unguis, cornet inférieur, os nasal, os malaire ; 2 pairs : vomer, maxillaire inférieur.

Les os du crâne sont en général des os plats ; ils ont une face extérieure convexe, lisse pour les os de la voûte, irrégulière et souvent anfractueuse pour les os de la base, et une face interne concave correspondant à l'encéphale et aux enveloppes cérébrales et moulée sur la forme même de l'encéphale et des autres parties molles contenues dans la cavité crânienne. Cette face présente différentes espèces d'empreintes : les unes, dues aux circonvolutions cérébrales et plus ou moins marquées suivant les sujets, ont la forme de mamelons (*éminences mamillaires*) séparés par des dépressions comparées à l'empreinte laissée par la pulpe du doigt sur de la cire molle, *impressions digitales* [1]; les autres, dues à des vaisseaux artériels ou veineux, constituent les premières des sillons étroits, arborescents, les secondes de larges gouttières; enfin les nerfs peuvent aussi laisser sur la face interne de ces os des traces de leur passage. Les os du crâne sont traversés par des trous, des canaux, des fentes, faisant communiquer la cavité crânienne et les cavités de la face soit entre elles, soit avec l'extérieur, et donnant pour la plupart passage à des vaisseaux et à des nerfs. Sur les os de la base du crâne et sur ceux de la face, cette forme d'os plats disparait plus ou moins pour beaucoup d'entre eux, et se rapproche des os courts ou devient tellement irrégulière qu'il est impossible de les rattacher à un type quelconque.

Comme structure, les os du crâne, ceux de la voûte surtout, se composent de deux lames de substance compacte, dont l'interne mince, fragile, a reçu le nom de *lamée vitrée ;* elles interceptent entre elles une substance spongieuse, le *diploé* (διπλόος, double), dont les mailles larges et circonscrites par des cloisons épaisses de tissu compacte, diffèrent complétement de la substance spongieuse ordinaire. Dans ce diploé serpentent des canaux veineux, *canaux de Breschet* (fig. 9), à parois compactes, existant dans le frontal, le pariétal et l'occipital et allant s'ouvrir à la surface des os. Ce diploé manque à peu près complétement dans les os de la base et plusieurs os de la face, où il est remplacé par de la substance spongieuse ordinaire, au rocher, où la substance compacte pure forme la masse de

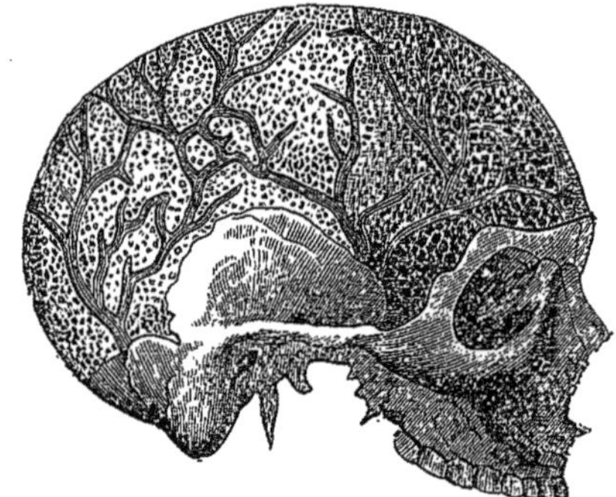

Fig. 9. — *Canaux veineux des os du crâne.*

[1] Les courbures des deux faces ne sont pas exactement parallèles, et les empreintes des circonvolutions cérébrales sur la face interne ne se traduisent pas en général sur la face externe par des saillies ou *bosses* correspondantes. La présence des sinus (V. plus bas) entre les deux lames de ces os augmente encore la discordance de leurs deux faces. Il est donc impossible, par l'inspection de la tête *(crânioscopie)* de reconnaître les saillies partielles des circonvolutions cérébrales ; cependant le développement de régions étendues de l'encéphale se traduit à l'extérieur par des saillies correspondantes parfaitement appréciables, et à ce point de vue la crânioscopie est une véritable science assise sur des bases sérieuses.

l'os, enfin dans certains os de la face formés en tout ou en partie de lamelles très-minces de tissu compacte, appelées pour ce motif *lames papyracées (papyrus*, papier).

Plusieurs de ces os, le frontal, le sphénoïde, le maxillaire supérieur, sont creusés de cavités plus ou moins vastes, résultant de la résorption de la substance spongieuse ou du diploé et constituant les *sinus* [1]. Quand ces sinus, au lieu de former une cavité unique, sont étroits et composés de petites cavités communiquant toutes entre elles, on les appelle *cellules* (cellules ethmoïdales). Ces sinus écartent les deux faces de l'os et s'ouvrent tous dans les fosses nasales, sauf les cellules mastoïdiennes, qui s'ouvrent dans la caisse du tympan.

L'épaisseur des os du crâne, en moyenne de $0^{m},003$ à $0^{m},004$, varie suivant les régions : elle atteint son minimum sur les parties latérales, où elle descend dans quelque points jusqu'à $0^{m},001$, et augmente beaucoup dans les points où des saillies osseuses extérieures et intérieures se correspondent, et surtout aux endroits où se trouvent des sinus ; cette épaisseur varie du reste beaucoup suivant les races, l'âge et surtout les individus.

A l'exception du maxillaire inférieur, mobile sur la mâchoire supérieure, tous les os du crâne et de la face sont articulés entre eux chez l'adulte, de façon à empêcher tout mouvement d'un os sur les os voisins (*sutures du crâne*). Cette immobilité tient à la disposition même des surfaces osseuses en contact et à leur engrènement réciproque; aussi la macération, au lieu de les disjoindre comme pour les articulations mobiles, laisse-t-elle ces os dans leurs rapports normaux de contiguïté et conserve-t-elle intacte la forme de cette boite osseuse.

La disposition des surfaces osseuses en contact explique la persistance de ces sutures après la macération ; sauf quelques exceptions, ces articulations peuvent se réduire à deux modes de configuration des surfaces, l'*engrènement* et les *biseaux*. L'engrènement a lieu surtout quand les os s'articulent entre eux par leurs bords ; ces bords présentent des dentelures irrégulières plus ou moins développées, s'engrenant avec des dentelures correspondantes de l'os voisin. Dans les biseaux, le contact des deux os a lieu dans une étendue plus grande ; un des deux os est taillé en biseau, aux dépens de sa face interne par exemple, et s'applique par cette surface oblique sur l'os voisin taillé en biseau aux dépens de sa face externe, de façon que les faces internes et externes des deux os articulés se continuent immédiatement. Les deux modes, engrènement et biseaux, peuvent du reste être combinés. Enfin, il peut y avoir, mais ce n'est pas là une articulation véritable, simple juxtaposition des deux os.

ARTICLE I. — OS DU CRANE EN PARTICULIER [2]

Préparation. — Désarticulation des os du crâne. — Choisir le crâne d'un sujet de quinze à vingt ans ; laisser quelque temps la tête dans l'eau, puis séparer les os en se servant de pinces et des doigts, et en les ébranlant en introduisant un ciseau entre leurs bords contigus. Commencer par les os malaires, qui forment le principal point d'appui de tout le système osseux ; puis enlever les os nasaux, les unguis et successivement tous les autres os,

[1] Il ne faut pas confondre ces *sinus* des os du crâne, qui sont remplis d'air sur le vivant, avec les canaux veineux de la dure-mère, appelés aussi *sinus*, et contenus dans les gouttières existant à la face interne des os du crâne.

[2] Le commençant fera bien, pour avoir une idée générale du crâne, avant d'étudier chacun des os en particulier, d'étudier d'abord le crâne considéré dans son ensemble.

en réservant pour la fin le frontal, le sphénoïde et l'ethmoïde. Cette préparation, qui demande beaucoup de patience et d'adresse, exige une connaissance approfondie des connexions des os du crâne. Un moyen plus simple de désarticuler les os du crâne est de remplir le crâne de haricots secs, de boucher le trou occipital, puis de placer la tête dans l'eau : les haricots se gonflent, et par leur pression excentrique font éclater le crâne et en disloquent les os ; mais il y en a toujours quelques-uns de brisés : aussi ce moyen est-il à rejeter.

1° Occipital.

La face concave de l'os doit être tournée en avant et en haut ; le grand trou doit être inférieur et dans un plan presque horizontal.

Cet os impair, médian, symétrique, est situé à la partie inférieure et postérieure du crâne qu'il rattache à la première vertèbre cervicale. Il a la forme d'une calotte losangique présentant deux faces, l'une supérieure et interne concave, l'autre externe convexe, quatre bords et quatre angles ; il est percé d'un grand trou, *trou occipital*, qui fait communiquer la cavité crânienne avec le canal rachidien. En avant du trou occipital est le corps de l'os ou *apophyse basilaire ;* en arrière est une lame large et mince, *écaille de l'occipital ;* sur les côtés sont les *parties condyliennes,* par lesquelles la tête appuie sur l'atlas.

A. *Trou occipital* (*Foramen magnum*). — Ce trou, analogue des trous vertébraux, est elliptique et rétréci dans sa moitié antérieure ; son plus grand diamètre ($0^m,03$) est antéro-postérieur. Ses points médians antérieur et postérieur portent en anthropologie les noms de *basion* et d'*opisthion.*

B. *Corps ou partie basilaire.* — Il est l'analogue du corps des vertèbres ; il a la forme d'une apophyse quadrangulaire qui se dirige en avant et en haut en s'épaississant de plus en plus ; sa face supérieure présente une gouttière inclinée en bas et en arrière et aboutissant au trou occipital (*gouttière basilaire*), et sur les côtés un demi-sillon qui, en se réunissant à un demi-sillon du temporal, forme une rigole qui loge le sinus pétreux inférieur. Sa face inférieure rugueuse constitue la voûte du pharynx et présente, à quelques millimètres en avant du trou occcipital, un tubercule médian, *tubercule pharyngien*, et quelquefois une crête transversale à laquelle s'attache l'aponévrose pharyngienne. Son extrémité antérieure s'articule avec le corps du sphénoïde, auquel elle se soude de très-bonne heure (20 ans) ; ce qui a fait décrire par quelques auteurs le sphénoïde et l'occipital comme un seul os, le *sphéno-occipital.* Ses bords latéraux s'articulent par juxta-position avec le rocher.

C. *Écaille.* — Sa face externe convexe offre à son centre une saillie, *protubérance occipitale externe* (*inion* des anthropologistes), d'où partent : 1° une crête verticale descendant vers la partie postérieure du trou occipital, *crête occipitale externe ;* 2° deux lignes rugueuses à concavité inférieure se portant transversalement en dehors vers les angles latéraux de l'os, *lignes courbes supérieures.* Ces deux lignes courbes divisent l'écaille en deux portions : l'une supérieure lisse, correspondant à l'occiput ; l'autre inférieure rugueuse, cachée par les muscles de la nuque et servant à leurs insertions ; celle-ci est divisée à son tour en deux parties par deux lignes courbes partant du milieu de la crête occipitale externe parallèlement aux lignes courbes supérieures et intermédiaires à ces lignes et au trou occipital ; ce sont les *lignes courbes inférieures.* Sur la face interne concave on remarque la *protubérance occipitale interne* et la *crête occipitale interne* correspondant à la protubérance et à la crête occipitales externes. Deux gouttières transversales (*gouttières du sinus latéral*) et une gouttière verticale (*gouttière du sinus longitudinal*) situées dans le prolongement de la crête occipitale interne, contribuent avec cette crête à diviser cette face interne en quatre fosses, qui logent, les supérieures les lobes postérieurs du cerveau, les inférieures le cervelet, *fosses cérébrales* et *cérébelleuses*. Les bords de l'écaille sont dentelés et s'engrènent avec les bords correspondants des temporaux et des pariétaux.

D. *Partie condylienne*. — Sa face inférieure présente sur les parties latérales du trou occipital, dont elle rétrécit la moitié antérieure, deux saillies oblongues, convexes ou *condyles* (κόνδυλος), articulées avec les masses latérales de l'atlas; en dehors des condyles est une surface rugueuse, quadrilatère, *surface jugulaire ;* en arrière des condyles est une dépression avec un trou, *trou condylien postérieur*, par lequel passe une veine; en avant se trouve l'orifice inférieur du *canal condylien antérieur* ou canal du nerf hypoglosse, qui passe au-dessus des condyles. Sa face supérieure présente une large gouttière à concavité externe, terminaison de la gouttière du sinus latéral de l'écaille, et dans cette gouttière l'orifice antérieur du trou condylien postérieur. Plus en dedans et sur les côtés des condyles se voit l'orifice interne du canal condylien antérieur. Les bords présentent une saillie correspondant à la surface jugulaire, *apophyse jugulaire ;* en arrière de cette apophyse le bord de l'os s'articule par juxta position avec la partie mastoïdienne du temporal, et se continue avec les bords de l'écaille ; en avant de cette apophyse, entre elle et les bords de la partie basilaire de l'os, est une grande échancrure subdivisée quelquefois en deux par une saillie osseuse et qui forme avec une échancrure analogue du rocher le *trou déchiré postérieur*.

Structure. — Il ne présente guère de tissu spongieux ordinaire que dans la moitié antérieure du corps et dans les parties condyliennes; pour le reste, il a la structure habituelle des os plats du crâne.

Articulations. — Il s'articule avec six os : les temporaux, les pariétaux, le sphénoïde et l'atlas.

2° Sphénoïde (1).

Placer les deux apophyses bifurquées en bas, de façon qu'elles soient verticales et que le crochet de la bifurcation interne soit dirigé en arrière.

Cet os impair, très-irrégulier, est situé à la partie inférieure du crâne, en avant de l'occipital, en arrière de l'ethmoïde. Il présente une partie centrale ou corps, d'où partent six prolongements ; quatre sont transversaux, deux supérieurs et antérieurs, *petites ailes*, deux inférieurs, *grandes ailes ;* les deux autres sont verticaux et dirigés en bas, *apophyses ptérygoïdes* (πτέρυξ, aile).

A. *Corps*. — On peut lui décrire six faces.

1° La *face supérieure* présente trois étages appartenant aux trois régions correspondantes de la base du crâne : 1° l'antérieur, un peu excavé, *dépression olfactive*, s'articule en avant, par un bord dentelé et par une crête médiane plus ou moins saillante, avec la lame criblée de l'ethmoïde, et sur les côtés se continue sans interruption avec la face supérieure des petites ailes ; 2° l'étage moyen offre d'avant en arrière une gouttière transversale, *gouttière*

(1) De σφήν, coin.

optique, pour le chiasma des nerfs optiques, puis une excavation profonde, *selle turcique* ou *fosse pituitaire*, pour la glande du même nom ; enfin une lamelle verticale quadrilatère, *dos de la selle*, qui présente à chacun de ses angles supérieurs une apophyse, *apophyse clinoïde postérieure* (κλίνη, lit), et sur ses bords latéraux deux échancrures : l'une, supérieure, laisse passer des nerfs ; l'autre, inférieure, fait communiquer la gouttière du sinus pétreux inférieur avec la gouttière caverneuse. De chaque côté de la selle turcique est une gouttière antéro-postérieure, *gouttière caverneuse*, qui loge le sinus caverneux et offre souvent à sa partie antérieure une petite saillie, *apophyse clinoïde moyenne*, et à sa partie postérieure et externe une petite lamelle rejoignant la face supérieure du rocher, *lingula* ; 3° l'étage postérieur, formé par la face postérieure du dos de la selle, se continue avec la gouttière basilaire de l'occipital par une surface inclinée, *clivus Blumenbachii*.

2° La *face inférieure* a la forme d'un sablier, étranglée qu'elle est par la partie supérieure et interne des apophyses ptérygoïdes, dont la sépare une rainure profonde oblique en avant et en dehors, trace de la séparation primitive du sphénoïde en deux parties ; elle présente une crête médiane, *bec du sphénoïde*, très-saillante en avant et recouverte par le vomer.

3° La *face antérieure* offre sur la ligne médiane une arête, *crête sphénoïdale*, continue avec le bec du sphénoïde et articulée avec la lame perpendiculaire de l'ethmoïde ; de chaque côté une ouverture arrondie, *orifice des sinus sphénoïdaux* ; plus en dehors une surface rugueuse, articulée en haut avec l'ethmoïde, en bas avec le palatin. La partie inférieure de l'orifice du sinus sphénoïdal est formée par une lamelle, *cornet sphénoïdal* ou *de Bertin* [1], primitivement distincte de l'os : c'est un triangle recourbé constituant une partie de la paroi inférieure et antérieure du sinus ; son angle postérieur s'enfonce dans la rainure oblique qui sépare le corps du sphénoïde de la base des apophyses ptérygoïdes ; l'angle externe s'accole à l'os palatin ; l'angle interne se dirige vers la crête sphénoïdale, qu'il recouvre en s'unissant à celui du côté opposé.

4° La *face postérieure*, quadrilatère, tronquée, se soude de bonne heure à l'apophyse basilaire de l'occipital.

5° Les *faces latérales* donnent naissance par leur partie supérieure et antérieure (*sphénoïde antérieur*) aux petites ailes, par leur partie inférieure et postérieure plus étendue (*sphénoïde postérieur*) et par un tronc commun, aux grandes ailes et aux apophyses ptérygoïdes.

B. *Petites ailes* ou *apophyses d'Ingrassias*. — Elles naissent par deux racines : une supérieure, mince, continue à la dépression olfactive du corps de l'os, l'autre inférieure, plus épaisse ; entre les deux est un trou, *trou optique*, qui fait suite à la gouttière optique. De là elles se portent horizontalement en dehors sous forme d'une lamelle très-mince, étroite, *apophyse ensiforme* (*ensis*, épée), articulée avec la partie orbitaire du frontal. De leur base se détache en arrière une apophyse conique, apophyse clinoïde antérieure, qui quelquefois se soude à l'apophyse clinoïde moyenne et forme un trou, par lequel passe l'artère carotide interne.

(1) Pour bien voir le cornet de Bertin, il faut prendre un sphénoïde sur la tête d'un sujet de quinze à dix-huit ans.

C. *Grandes ailes du sphénoïde.* — Irrégulières, arquées, elles ont trois faces, deux bords et deux extrémités.

1° La *face supérieure* concave fait partie de l'étage moyen de la base du crâne et présente près de sa jonction avec le corps trois orifices : un antérieur, *trou grand rond* pour le nerf maxillaire supérieur, et deux postérieurs, le premier très-grand, *trou ovale*, pour le nerf maxillaire inférieur ; le second arrondi très-petit, situé en arrière et en dehors, *trou petit rond* ou *sphéno-épineux*, pour l'artère méningée moyenne. Entre les petites et les grandes ailes on trouve une fente allongée, large en dedans et en bas, étroite en dehors, *fente sphénoïdale*, faisant communiquer la cavité orbitaire et l'étage moyen de la base du crâne.

2° Les deux *faces antérieures* des grandes ailes sont séparées par une lamelle très-saillante, très-mince, articulée avec le bord interne de la face orbitaire de l'os malaire. La *face externe*, semi-lunaire, convexe, est divisée par une ligne rugueuse en deux portions : une supérieure, appartenant à la fosse temporale ; l'autre inférieure, appartenant à la fosse zygomatique et se continuant insensiblement avec la face externe de l'apophyse ptérygoïde ; on retrouve à son extrémité postérieure les trous ovale et petit rond ; en arrière de ce dernier se détache une petite pointe osseuse, *épine du sphénoïde*. La *face interne* petite, quadrilatère, lisse, fait partie de la paroi externe de l'orbite.

3° Des deux *bords*, l'*externe*, concave, mince et taillé en biseau en avant, épais et dentelé en arrière, s'articule avec le temporal ; l'*interne*, convexe, s'articule par juxta-position avec le bord antérieur du rocher en arrière du pédicule des grandes ailes ; en avant de ce pédicule, il forme d'abord le bord inférieur de la fente sphénoïdale, puis s'élargit en une surface triangulaire rugueuse articulée avec le frontal.

D. *Apophyses ptérygoïdes.* — Ce sont deux apophyses bifurquées à leur sommet, naissant au-dessous de l'origne des grandes ailes et se portant en bas et un peu en avant. Elles se composent de deux lames soudées en haut, séparées en bas et appelées *aile interne* et *aile externe ;* l'aile interne est plus étroite et se termine par un crochet dirigé en arrière et en dehors, et dans lequel glisse le tendon du muscle péristaphylin externe ; l'aile externe est plus étalée et plus large. Entre les deux ailes se trouve une excavation ouverte en arrière, *fosse ptérygoïde*, complétée pour l'échancrure qui sépare le sommet des deux ailes par l'apophyse pyramidale du palatin. A la partie supérieure de cette fosse en dehors de la base de l'aile interne est une petite fossette, *fossette scaphoïde* (σκάφη, nacelle) où s'insère le muscle péristaphylin externe. En avant les deux lames sont réunies, et il en résulte une surface faisant partie de la fosse ptérygo-maxillaire. La face interne de l'apophyse ptérygoïde appartient à la paroi externe des fosses nasales et s'articule par juxta-position avec la lame du palatin ; la face externe appartient à la fosse zygomatique et se continue avec la face externe des grandes ailes. Si on examine la partie antérieure de l'apophyse ptérygoïde, on voit que sa base est percée de trois canaux, qui sont de dehors en dedans : 1° le *trou grand rond ;* 2° le *canal vidien* ou *ptérygoïdien*, à direction antéro-postérieure, où passe le nerf du même nom ; 3° un canal plus étroit et plus court, *canal ptérygo-palatin.* Plus en dedans est une gouttière oblique, qui sépare le corps de l'os de la base de l'apophyse ptérygoïde et marque la trace de la division primitive du sphénoïde en antérieur et postérieur.

Structure. — Dans le corps de l'os sont creusées deux cavités, *sinus sphénoïdaux*, occupant une étendue variable et séparées par une cloison médiane verticale.

Articulations. — Le sphénoïde s'articule avec tous les os du crâne, les palatins, les os malaires et le vomer.

3° Ethmoïde (1).

Placer en haut et en avant l'apophyse triangulaire verticale.

Cet os impair, situé dans l'échancrure du frontal, en avant du sphénoïde, forme une grande partie des parois supérieure et externe de la cloison des fosses nasales. Il se compose de trois parties : une partie médiane horizontale, *lame criblée*, et deux parties latérales, *masses latérales* ou *labyrinthe*.

A. *Lame criblée.* — C'est une lame horizontale, mince, rectangulaire, plus étroite dans le sens transversal et criblée de trous nombreux, disposés sur deux rangées pour le passage des nerfs olfactifs. De ses deux faces partent deux lames verticales, l'une ascendante, l'autre descendante, qui la croisent à angle droit. Le prolongement supérieur, *apophyse crista galli*, est triangulaire, à bord postérieur très-incliné, à bord antérieur presque vertical; ce dernier présente en bas deux petites saillies latérales s'unissant à des saillies correspondantes du frontal et circonscrivant avec elles un cul-de-sac, *trou borgne ;* de chaque côté de la base de l'apophyse crista-galli est une fente étroite traversant la lame criblée, *fente du nerf ethmoïdal.* Le prolongement inférieur de la lame criblée ou *lame perpendiculaire de l'ethmoïde*, est quadrilatère et fait partie de la cloison des fosses nasales; son bord antérieur, continu avec le bord antérieur de l'apophyse crista galli, s'articule avec l'épine nasale du frontal et des os propres du nez, son bord postérieur avec la crête du sphénoïde, son bord inférieur avec le vomer en arrière et le cartilage de la cloison en avant ; sa base occupe toute la longueur de la lame criblée. Des quatre bords de la lame criblée, les deux latéraux supportent les masses latérales, l'antérieur s'articule avec le frontal, le postérieur avec le sphénoïde.

B. *Masses latérales* ou *labyrinthe.* — Elles sont irrégulièrement cuboïdes, et on peut y décrire six faces : 1° la face *supérieure*, située au niveau et en dehors de la lame criblée, présente des demi-cellules et des demi-gouttières, que complètent celles du frontal, *cellules ethmoïdales* et *conduits orbitaires internes ;* 2° la face *inférieure*, par sa moitié postérieure rugueuse, s'articule avec le maxillaire supérieur ; 3° la face *externe* lisse est constituée par une lamelle très-mince, quadrilatère, *os planum*, *lame papyracée*, qui ferme en dehors le labyrinthe et appartient à la paroi interne de l'orbite ; cet os planum s'articule en haut avec le frontal, en bas avec le maxillaire supérieur, en avant avec l'os unguis, en arrière avec le sphénoïde et le palatin ; 4° la face *interne* irrégulière présente dans sa moitié antérieure une surface creusée de sillons pour les nerfs olfactifs, plus en arrière, deux lames enroulées à convexité interne, adhérentes aux masses latérales par leur bord supérieur, libres par leur bord inférieur, repliées en dehors et en haut : ce sont les cornets, l'un *supérieur*, plus petit, l'autre *inférieur*, plus volumineux ; entre eux est

(1) De ἠθμός, crible.

un espace appelé *méat supérieur*, dans lequel s'ouvre une partie des cellules ethmoïdales; le cornet moyen s'articule en arrière avec l'os palatin ; 5° la *face antérieure* offre des demi-cavités formées par l'os unguis; de cette face on voit partir un prolongement irrégulier, *apophyse unciforme* (*uncus*, crochet), qui se porte en bas et en arrière, au-dessous et en dehors du cornet moyen, s'articule avec le cornet inférieur et concourt à rétrécir l'ouverture du sinus maxillaire ; 6° la *face postérieure* offre une surface articulée avec le sphénoïde et le palatin.

Structure. — Presque entièrement constitué par du tissu compacte en lamelles très-minces, il est creusé de cavités irrégulières, qui ont fait donner à ses masses latérales le nom de *labyrinthe*. Sur un ethmoïde désarticulé, ces cellules communiquent de toutes parts avec l'extérieur, sauf du côté de l'os planum; mais sur un crâne entier les os voisins complètent la fermeture, et toutes les cellules s'ouvrent directement ou indirectement à la face interne des masses latérales, soit au-dessus du cornet supérieur, soit entre lui et le cornet moyen, soit au-dessous de ce dernier. On peut les distinguer d'après leurs rapports avec les os voisins, en ethmoïdales, frontales, sphénoïdales, palatines et maxillaires.

Articulations. — Il s'articule avec treize os : le frontal, le sphénoïde, l'unguis, le maxillaire supérieur, les cornets inférieurs, les os nasaux, les palatins, le vomer.

4° Frontal.

Placer en avant la face convexe, en bas la face la plus étroite, qui présente une échancrure médiane.

Cet os impair, en forme de coquille, est situé à la partie supérieure de la face et antérieure du crâne. Il se compose de deux portions : une supérieure verticale, *partie frontale ;* l'autre inférieure horizontale, *partie orbito-nasale.*

A. *Partie frontale.* — 1° Sa *face antérieure*, convexe, bombée et verticale en bas, fuyante en haut, détermine la forme et la saillie du front. On y rencontre sur la ligne médiane des traces de la suture des deux moitiés latérales de l'os primitivement distinctes, suture qui persiste quelquefois à l'état adulte, et en bas une éminence, *bosse nasale*, qui recouvre la racine du nez et est surmontée d'une large surface lisse, *glabelle*, dont le point médian s'appelle en anthropologie *point sus-orbitaire* ou *ophryon*. De chaque côté elle présente, dans sa partie moyenne, une saillie, *bosse frontale*, et à sa partie inférieure une nouvelle saillie oblongue, *arcade sourcilière*, correspondant à la partie interne du sourcil, et se continuant avec la bosse nasale médiane; plus en dehors se trouve une crête à convexité antérieure, très saillante en bas, et séparant de cette face une surface étroite qui fait partie de la fosse temporale, *surface* et *crête temporales*. 2° Sa *face interne*, concave, parsemée d'élévations (*éminences mamillaires*) et de dépressions (*impressions digitales*), forme les *fosses frontales* et reçoit les lobes antérieurs du cerveau; sur la ligne médiane elle présente une gouttière, *gouttière du sinus longitudinal*, qui se continue en bas avec une crête, *crête frontale*, aboutissant au cul-de-sac du *trou borgne*. 3° Son bord supérieur courbe, dentelé, s'articule avec le bord antérieur des pariétaux, sauf dans la partie correspondant à la surface temporale où il forme un biseau s'appliquant sur les grandes ailes du sphénoïde. 4° Inférieurement, cette partie verticale est séparée de la partie horizontale de l'os par deux saillies curvilignes, *arcades orbitaires*, entre lesquelles est la bosse nasale.

B. *Partie orbito-nasale.* — Elle se divise en trois régions : une médiane, échancrée ou *nasale*, et deux latérales ou *orbitaires*. 1° La *région nasale* présente une *échancrure* médiane allongée d'arrière en avant, qui reçoit l'ethmoïde ; en avant de l'échancrure est un prolongement, *épine nasale supérieure*, articulée en avant avec les os du nez, en arrière avec la lame perpendiculaire de l'ethmoïde et sur les côtés de laquelle sont deux petites gouttières faisant partie des fosses nasales ; entre l'épine nasale et la bosse nasale est une surface rugueuse articulée avec l'os nasal, et plus en dehors avec l'apophyse montante du maxillaire supérieur. Sur les côtés de l'échancrure nasale se trouvent deux gouttières interrompues par des cloisons transversales, plus profondes en avant, où elles communiquent avec les sinus frontaux ; elles s'articulent avec des gouttières analogues des masses latérales de l'ethmoïde, pour constituer les *cellules ethmoïdales* et les *conduits orbitaires internes*. 2° Les *régions orbitaires* sont formées par une lamelle osseuse très-mince, séparant l'orbite de la cavité crânienne ; elles sont triangulaires et présentent deux faces et trois bords. La *face supérieure* ou cérébrale convexe se continue avec la face interne de la partie frontale de l'os ; la *face inférieure* excavée forme la voûte de l'orbite ; elle présente en dedans une petite dépression pour l'insertion de la poulie du muscle grand oblique de l'œil, en dehors, une fossette large, *fossette lacrymale*, qui loge la glande de ce nom. Des trois bords, l'*interne*, contigu aux gouttières ethmoïdales, s'articule dans son quart antérieur saillant avec l'os unguis (*apophyse orbitaire interne*), dans ses trois quarts postérieurs avec l'os planum de l'ethmoïde ; l'*antérieur* ou *arcade orbitaire* est mousse en dedans, où il présente une échancrure et quelquefois un trou, *échancrure* et *trou sus-orbitaires ;* il est tranchant et saillant en dehors, *apophyse orbitaire externe*, où il se réunit au postérieur pour former une apophyse, *apophyse zygomatique*, qui descend vers l'os de la pommette ; le *bord postérieur* dentelé est articulé dans sa moitié interne mince avec les petites ailes du sphénoïde, dans sa moitié externe, épaisse et triangulaire avec les grandes ailes.

Structure. — La voûte orbitaire est constituée par une simple lamelle de tissu compacte très-mince et très-fragile. Au niveau de la bosse nasale l'os est creusé de deux cavités, *sinus frontaux*, séparées par une cloison verticale médiane et communiquant avec les demi-cellules antérieures des gouttières ethmoïdales. Leur capacité varie suivant les individus.

Articulations. — Le frontal s'articule avec douze os : les pariétaux, le sphénoïde, l'ethmoïde, les os unguis, les os nasaux, les os malaires, les maxillaires supérieurs.

5° Temporal

Placer en haut la partie de l'os mince et tranchante, en avant et en dehors l'apophyse en forme de crochet.

Cet os pair, irrégulier, est situé dans la région inférieure et latérale du crâne et loge dans son épaisseur l'organe de l'audition. Il se divise en deux parties : une partie verticale ou *temporale* proprement dite, une partie oblique, pyramidale, logeant l'organe de l'ouïe, *partie auditive*, *pyramide* ou *rocher*.

A. *Partie temporale.* — Elle présente dans sa moitié supérieure une lamelle mince, *écaille du temporal*, et dans sa moitié inférieure deux masses osseuses, l'une postérieure, *partie mastoïdienne*, d'où part une apophyse conique verticale, *apophyse mastoïde ;* l'autre antérieure, *partie zygomatique*, d'où naît une apophyse horizontale en forme de crochet dirigé en avant, *apophyse zygomatique.*

a. *Écaille du temporal.* — Elle possède : 1° une *face externe*, lisse, convexe ; 2° une *face interne*, concave, creusée d'un sillon transversal pour l'artère méningée moyenne ; 3° une *demi-circonférence supérieure*, articulée dans sa moitié postérieure taillée en biseau interne avec le pariétal, dans sa moitié antérieure dentelée plus épaisse avec les grandes ailes du sphénoïde ; 4° un *bord inférieur* horizontal, adhérant en avant à la partie zygomatique, en arrière à la partie mastoïdienne.

b. *Partie mastoïdienne.* — Terminée en bas par une apophyse saillante, *apophyse mastoïde* (μαστὸς, mamelon), elle présente une *face externe*, convexe, rugueuse, séparée de la face externe de l'écaille par une crête appartenant à la crête temporale ; 2° une *face interne* séparée de la face interne de l'écaille par la base de la pyramide, et creusée d'une large gouttière à concavité postérieure faisant partie de la gouttière du sinus latéral ; 3° un *bord postérieur*, dentelé, articulé avec l'occipital, et près de lui un trou aboutissant à la gouttière du sinus latéral, *trou mastoïdien ;* entre ce bord et le bord postérieur de l'écaille est une échancrure qui reçoit l'angle postérieur et inférieur du pariétal, *échancrure pariétale ;* 4° une partie antérieure confondue avec la base de la pyramide. En dedans du sommet de l'apophyse mastoïde est une rainure profonde, *rainure digastrique*, et, plus en dedans, une deuxième rainure plus ou moins marquée, *sillon de l'artère occipitale.*

c. *Partie zygomatique* [1]. — A sa partie antérieure et inférieure, l'écaille change de direction et se porte transversalement en dedans pour aller se réunir à la partie antérieure du rocher ; la trace de cette réunion se voit à la face interne de l'os, sous forme d'une fente irrégulière, et à la face externe, sous forme d'une fente beaucoup plus prononcée, *scissure de Glaser ;* c'est en avant de cette scissure que naît, par deux branches ou racines saillantes, l'*apophyse zygomatique ;* entre ces deux racines est une excavation profonde, *cavité glénoïde* (γλήνη, petite cavité), avec laquelle s'articule le condyle du maxillaire inférieur. Des deux racines, l'une *transverse* ou *articulaire*, convexe, est située en avant de la cavité glénoïde, avec laquelle, elle se continue insensiblement ; l'autre, *racine antéro-postérieure*, est située en dehors de cette cavité ; à la réunion des deux racines est un tubercule, *tubercule zygomatique*, pour l'insertion d'un ligament. Après sa naissance, l'apophyse zygomatique se porte en avant, en formant une sorte de crochet aplati transversalement ; entre sa base et la face externe de l'écaille est une gouttière sur laquelle glisse le muscle temporal : par son sommet, taillé en biseau aux dépens de son bord inférieur, elle s'articule avec l'apophyse de même nom de l'os malaire. Entre la partie zygomatique, en avant, et la partie mastoïdienne, en arrière, est une échancrure convertie en trou par une lamelle osseuse, trou qui forme l'*orifice du conduit auditif externe.*

B. *Pyramide* ou *rocher*. — Le rocher a la forme d'une pyramide à quatre pans, dirigée obliquement en avant et en dedans, et présentant quatre faces,

(1) De ζύγωμα, tout corps transversal servant à en joindre deux autres.

quatre bords, une base et un sommet. Il loge l'organe de l'audition et offre, dans les régions correspondantes aux parties profondes de cet organe, une dureté caractéristique, qui lui a valu les noms de *rocher*, *apophyse pierreuse* ou *pétrée*.

1° *Face supérieure.* — Elle présente en arrière et en dehors une saillie, *saillie du canal demi-circulaire supérieur;* en avant de cette saillie, une ouverture, *hiatus de Fallope*, d'où part un sillon dirigé en avant et en dedans, parallèle au grand axe de la pyramide et aboutissant au canal de Fallope ; en dehors de ce sillon en est un autre, *canal du petit nerf pétreux superficiel*, qui conduit par deux branches dans la caisse du tympan et dans le canal de Fallope. A l'extrémité antérieure de cette face se trouve une dépression, *fossette du nerf trijumeau.* Entre l'hiatus de Fallope, en dedans, et la face interne de l'écaille, en dehors, se voit une lamelle mince, qui forme le *toit du tympan*, *tegmen tympani ;* elle se soude à l'écaille, mais on retrouve toujours la trace du lieu de réunion, sous forme d'une fente irrégulière, *fissure pétro-squameuse ;* elle est très-visible sur les temporaux de jeunes sujets.

2° *Face postérieure.* — On y remarque un orifice très-large qui mène dans un canal transversal de $0^{m},006$ de long, *trou* et *conduit auditifs internes;* l'extrémité en cul-de-sac de ce canal est divisée en quatre fossettes par une crête horizontale et une crête verticale se croisant à angle droit ; la fossette supérieure et antérieure possède un seul orifice volumineux, orifice supérieur du canal de Fallope ; les trois autres, par des orifices très-petits et multiples, conduisent dans l'oreille interne. En arrière du trou auditif interne se trouvent deux fentes, l'une supérieure, sans importance, l'autre inférieure, située plus en arrière, *ouverture externe du canal du vestibule.*

3° *Face inférieure.* — Très-irrégulière, déchiquetée, elle présente, en allant de l'apophyse mastoïde vers le sommet du rocher, une apophyse allongée, saillante, dirigée en bas et un peu en avant, *apophyse styloïde* (στῦλος, stylet), et entre les deux un trou, *trou stylo-mastoïdien*, orifice inférieur du canal de Fallope. En dedans et en arrière de ce trou et de cette apophyse est une surface déprimée, rugueuse, articulée avec l'apophyse jugulaire de l'occipital. On trouve ensuite une fossette assez profonde, *fosse de la veine jugulaire*, présentant à sa partie externe l'orifice d'un petit conduit qui mène dans le canal de Fallope, *conduit du rameau auriculaire du nerf pneumo-gastrique.* Plus en dedans est l'orifice inférieur large du *canal carotidien*, et dans sa paroi postérieure l'ouverture d'un petit canal conduisant dans la caisse du tympan, *canal tympano-carotidien;* en dedans, une fossette triangulaire percée d'un trou, *orifice du canal du limaçon;* dans le triangle compris entre cette fossette, la fosse jugulaire et le canal carotidien, et plus près de ce dernier, est un orifice très-petit, *orifice du canal du nerf de Jacobson*, conduisant dans la caisse du tympan ; enfin, tout à fait près du sommet se trouve une surface irrégulière rugueuse.

4° *Face antérieure.* — On remarque dans sa moitié externe une lamelle quadrilatère primitivement distincte sous le nom de *cercle tympanique ;* elle complète en bas et en avant l'échancrure existant entre l'apophyse mastoïde en arrière et la partie zygomatique ou la cavité glénoïde en avant ; il en résulte un orifice évasé et un canal, *orifice* et *conduit auditif externes.* Cette lamelle est située en avant de l'apophyse styloïde, qu'elle engaine par son bord inférieur sans y adhérer, ce qui lui a fait donner le nom d'*apophyse vaginale ;* elle est séparée de la cavité glénoïde par la scissure de Glaser, et forme en arrière pour cette cavité une sorte de paroi verticale non articulaire ; entre elle et le bord antérieur de l'apophyse mastoïde est une fissure, trace de la séparation primitive des deux pièces osseuses. En avant et en dedans de cette lamelle, le reste de la face antérieure est irrégulier et rugueux.

5° *Bords.* — 1° Le *supérieur* saillant présente la *gouttière du sinus pétreux supérieur ;* 2° l'*inférieur* est formé par le bord inférieur de l'apophyse vaginale ; 3° l'*antérieur* se réunit à l'écaille au niveau de la scissure de Glaser ; il en résulte un angle rentrant qui reçoit l'extrémité postérieure des grandes ailes du sphénoïde. A la pointe de l'angle rentrant s'ouvre un canal, *canal musculo-tubaire,* divisé en deux cloisons secondaires par une cloison osseuse quelquefois incomplète ; le canal supérieur est le *conduit du muscle du marteau,* l'inférieur est le *conduit osseux de la trompe d'Eustache.* Dans la cloison qui sépare le canal carotidien du conduit du muscle du marteau, marche un petit conduit particulier s'ouvrant en dedans sur la paroi antérieure du canal carotidien, et en dehors à la partie supérieure et interne de la caisse du tympan, *canal du petit nerf pétreux profond ;* 4° le *bord postérieur* offre, de la base vers le sommet, une surface rugueuse articulée avec l'apophyse jugulaire de l'occipital, l'échancrure de la fosse jugulaire, une crête articulée quelquefois avec une crête analogue de l'occipital, l'échancrure de la fossette triangulaire de la face inférieure du rocher, enfin une surface rugueuse juxtaposée à l'occipital.

6° *Base.* — Confondue en haut avec le reste de l'os, elle présente en bas l'orifice du conduit auditif externe.

7° *Sommet.* — Il est reçu dans l'angle rentrant formé par le sphénoïde et l'occipital, et présente l'orifice antérieur du canal carotidien.

8° *Cavités et canaux creusés dans l'épaisseur du rocher.* — L'intérieur du rocher est parcouru par une série de cavités allant du trou auditif externe au trou auditif interne, et constituant, par leur réunion, les *cavités auditives,* qui contiennent les organes fondamentaux de l'audition. On trouve en outre dans le rocher une série de canaux vasculaires et nerveux qui méritent une description spéciale.

A. *Cavités auditives.* — Elles seront décrites avec les organes de l'ouïe.

B. *Conduits traversant le rocher.*

a. *Canal de Fallope ou du nerf facial et ses embranchements.*

Le canal ou aqueduc de Fallope commence à la partie supérieure et antérieure du fond du conduit auditif interne et se termine au trou stylo-mastoïdien. Dans ce trajet il change plusieurs fois de direction.

1° La première portion, très-courte ($0^{m},003$), perpendiculaire à l'axe du rocher, se porte en dehors et un peu en avant entre le vestibule en dehors et le limaçon en dedans, séparée de la face supérieure du rocher par une très-faible épaisseur de substance osseuse.

2° La deuxième portion, longue de $0^{m},01$ au moins, à peu près parallèle à l'axe du rocher, se dirige en arrière, en dehors et un peu en bas ; elle est située au-dessus du canal du muscle du marteau, puis entre le canal demi-circulaire horizontal en haut et en bas la fenêtre ovale, au-dessus de laquelle il forme une saillie qui se voit sur la paroi interne de la caisse du tympan. Il contourne ainsi, en présentant une légère concavité inférieure, la partie supérieure de la caisse et, arrivé à la réunion de cette paroi supérieure et de la postérieure, il change de nouveau de direction.

3° La troisième portion, longue de 0m,01, descend verticalement derrière la caisse du tympan, s'en écarte de plus en plus et se dévie un peu en dehors pour aboutir au trou stylo-mastoïdien.

Sur ce conduit principal viennent s'embrancher les conduits secondaires suivants :

α. Au niveau du premier coude :

1° L'hiatus de Fallope pour le grand nerf pétreux superficiel,

2° En dehors de celui-ci et parallèles à lui un sillon et un conduit pour le petit nerf pétreux superficiel.

β. Dans la partie verticale :

3° Un conduit descendant s'ouvrant sur la paroi externe de la fosse jugulaire et destiné au rameau auriculaire du nerf pneumo-gastrique,

4° Un conduit assez large situé en avant du canal de Fallope et aboutissant au sommet de la pyramide, *canal du muscle de l'étrier ;*

5° Le conduit de la corde du tympan quelquefois distinct du canal de Fallope et s'ouvrant à la partie postérieure de la caisse en dedans du cadre de la membrane tympanique, en dedans et au niveau de la pyramide.

b) *Canal du nerf de Jacobson.*

Il commence par un petit pertuis à la face inférieure du rocher, entre le canal carotidien et la fosse jugulaire en dedans desquels il est situé. Il se porte verticalement en haut et débouche à la partie inférieure de la caisse du tympan pour se continuer en une gouttière creusée sur le promontoire. A la partie supérieure du promontoire, cette gouttière aboutit à un canal qui se recourbe en avant, passe en dedans du canal du muscle du marteau et arrive à la gouttière située en dehors de l'hiatus de Fallope (gouttière et canal du petit nerf pétreux superficiel); de la gouttière du promontoire partent en avant deux sillons : un supérieur, qui se transforme en canal, longe la cloison osseuse du conduit musculo-tubaire et débouche à la partie antérieure du canal carotidien; un inférieur, qui se dirige en bas et débouche à la partie postérieure de ce canal; tous deux livrent passage à des filets anastomotiques du nerf de Jacobson avec le plexus carotidien.

c) *Canal carotidien.*

Large de 0m,005 à 0m,006, il commence à la face inférieure du rocher en avant de la fosse jugulaire, en arrière de l'apophyse vaginale, se porte verticalement en haut dans une longueur de 0m,008 à 0m,009; puis se recourbe en avant et devient parallèle à l'axe du rocher, au sommet duquel il s'ouvre après un trajet horizontal de 0m,02 le long du bord externe de l'os. Son coude correspond au sommet du limaçon, dont il est séparé par une faible épaisseur; il communique avec la caisse du tympan par deux conduits, mentionnés plus haut à propos du canal du nerf de Jacobson; il est complété en avant par une petite languette osseuse du sphénoïde (*lingula*).

Articulations. — Le temporal s'articule avec cinq os : l'occipital, le sphénoïde, le pariétal, l'os malaire et le maxillaire inférieur.

6° Pariétal.

Placer en dedans la face concave de façon que les sillons creusés sur cette face se dirigent en bas et en avant.

Cet os pair, quadrilatère, constitue les parties latérales et supérieures du crâne. Il a deux faces et quatre bords.

La *face externe* convexe, lisse, présente dans sa partie médiane une saillie, *bosse pariétale;* au-dessous de cette bosse une ligne courbe à concavité inférieure, *ligne courbe temporale*, souvent double, et au-dessous de cette ligne une surface faisant partie de la fosse temporale. La *face interne* concave est creusée de sillons arborescents dirigés en avant et en bas et logeant des branches artérielles ; le long de son bord supérieur est une demi-gouttière qui, réunie à celle du côté opposé, reçoit le sinus longitudinal ; sur les côtés de cette gouttière sont des dépressions marquées surtout chez le vieillard, *dépressions de Pacchioni,* qui logent des granulations de la dure-mère ; chaque demi-gouttière présente en arrière un trou, *trou pariétal.*

Le bord *inférieur* concave, taillé en biseau sur sa face externe, s'articule avec l'écaille du temporal ; les trois autres bords sont profondément dentelés et s'articulent : le *supérieur* avec celui du côté opposé, l'*antérieur* avec le frontal, le *postérieur* avec l'occipital.

Articulations. — Le pariétal s'articule avec cinq os : le frontal, l'occipital, le temporal, le sphénoïde et le pariétal du côté opposé.

7° Maxillaire supérieur.

Placer en bas le bord qui supporte les dents, en tournant sa concavité en dedans ; diriger en avant le bord tranchant de l'apophyse montante verticale.

Cet os pair, irrégulier, constitue, en s'articulant sur la ligne médiane avec celui du côté opposé, la plus grande partie de la mâchoire supérieure et concourt à la formation des cavités buccale, nasale et orbitaires. Il se compose d'un *corps* creusé d'une cavité communiquant avec les fosses nasales, *sinus maxillaire*, et de quatre prolongements : un supérieur mince, *apophyse montante;* un inférieur, *bord alvéolaire;* un externe, court, *apophyse zygomatique;* un externe, mince, horizontal, *apophyse palatine.*

A. *Corps.* — Il a la forme d'une pyramide triangulaire, dont la base correspond à la paroi externe des fosses nasales et le sommet à l'apophyse zygomatique ; on peut donc lui décrire une base et trois faces.

1° La *base* ou *face interne* ou *nasale* présente l'ouverture du sinus maxillaire, qui occupe près de la moitié de son étendue et a la forme d'un demi-cercle plus ou moins régulier, offrant à sa partie inférieure une fissure, où s'introduit une lamelle du palatin ; au-dessus de cet orifice est une surface rugueuse, articulée avec les masses latérales de l'ethmoïde ; derrière, une demi-gouttière oblique, contribuant avec le palatin à former le *conduit palatin postérieur*. En avant du sinus est une surface triangulaire excavée, aboutissant en haut à une gouttière étroite et profonde, *gouttière du canal nasal,* dont les deux bords s'articulent avec le cornet inférieur et l'os unguis.

2° La *face supérieure* ou *orbitaire* est triangulaire, inclinée en bas et en dehors et forme le plancher de l'orbite ; elle est traversée par une gouttière, qui, prolongée par la *suture sous-orbitaire*, se continue au-dessous de cette suture avec un canal, *canal sous-orbitaire*, s'ouvrant à la face antérieure de l'os ; avant sa terminaison il émet un canalicule, *conduit dentaire antérieur*, qui va aux alvéoles des dents incisives et canines. Son bord antérieur, mousse en dedans, fait partie du rebord de l'orbite ; en dehors il se confond avec l'apophyse zygomatique ; son bord interne s'articule d'avant en arrière avec l'unguis, l'os planum de l'ethmoïde et le palatin ; son bord externe est séparé de la face orbitaire des grandes ailes du sphénoïde par la *fente sphéno-maxillaire*.

3° La *face antérieure* continue en bas avec le rebord alvéolaire, en haut et en avant avec l'apophyse montante, en arrière avec l'apophyse zygomatique, est un peu excavée (*fosse canine*) et présente à sa partie supérieure l'orifice antérieur du canal sous-orbitaire ou *trou sous-orbitaire*, à $0^{m},008$ au-dessous du rebord de l'orbite. En bas on remarque les saillies des alvéoles.

4° La *face postérieure* ou *tubérosité maxillaire*, séparée de la précédente par l'apophyse zygomatique, n'offre de particulier que de petits canaux, *conduits dentaires postérieurs*, et tout à fait à sa partie supérieure, à la réunion des trois faces, postérieure, interne et orbitaire, une petite facette triangulaire articulée avec l'apophyse orbitaire du palatin.

B. *Apophyse zygomatique.* — Elle est triangulaire, située à la réunion des faces antérieure, postérieure et orbitaire de l'os et s'articule par une large surface irrégulière avec l'os malaire.

C. *Apophyse palatine.* — Elle est horizontale, quadrilatère, mince en arrière, très-épaisse en avant, et possède une face supérieure qui fait partie du plancher des fosses nasales, et une inférieure qui fait partie de la voûte palatine. Son bord externe se confond avec le corps de l'os ; son bord interne, articulé avec l'apophyse palatine de l'os du côté opposé, est mince en arrière, s'élargit en avant et présente une demi-gouttière, continue en haut avec un canal complet s'ouvrant sur sa face supérieure ; il en résulte, par l'accolement des deux maxillaires supérieurs, un canal en Y, *canal incisif*, à ouverture simple du côté de la bouche, double du côté des fosses nasales [1] ; le bord postérieur, très-mince, s'articule avec la lame horizontale du palatin ; le bord antérieur arrondi se continue en dehors avec le bord antérieur de l'apophyse montante et en dedans avec une pointe saillante, dont la réunion à celle du côté opposé constitue l'*épine nasale antérieure et inférieure*.

D. *Apophyse montante.* — Aplatie transversalement, allongée, elle naît par une base mince à la réunion des deux faces interne et antérieure de l'os. Sa face externe est lisse, sous-cutanée ; sa face interne offre de haut en bas une surface en rapport avec les cellules antérieures de l'ethmoïde, une crête articulée avec le cornet moyen, une surface excavée appartenant au méat moyen et une nouvelle crête articulée avec le cornet inférieur. Son bord antérieur s'articule en haut avec l'os nasal ; plus bas, il présente une échancrure qui

[1] Son orifice inférieur offre souvent quatre petits orifices présentant la disposition suivante : deux sont situés de chaque côté de la ligne médiane, *foramina de Stenson*, et laissent passer les vaisseaux palatins antérieurs ; les deux autres, *foramina de Scarpa*, sont situés sur la ligne médiane, l'un en avant, l'autre en arrière des précédents, et laissent passer, le premier le nerf naso-palatin gauche, le second le droit.

concourt à former l'ouverture antérieure des fosses nasales et vient se terminer à l'épine nasale antérieure et inférieure; son bord postérieur devient bifide en bas et se continue avec la gouttière du canal nasal; la lèvre interne de cette gouttière s'articule avec l'unguis. Son sommet tronqué s'articule avec le frontal.

E. *Bord alvéolaire.* — Il a la forme d'un demi-fer à cheval et présente les alvéoles des dents supérieures. La face interne de ce rebord forme, avec la face inférieure de l'apophyse palatine, la *voûte du palais;* à l'union des deux faces on trouve un sillon, *sillon palatin postérieur;* en avant, sur cette même face, on voit partir de l'orifice inférieur du canal incisif une fissure aboutissant entre la canine et l'incisive externe; c'est la trace de la soudure de l'os incisif ou inter-maxillaire. A la partie antérieure de ce rebord, en dedans de la saillie de l'alvéole de la canine, est une petite fossette, *fossette incisive.*

F. *Sinus maxillaire* ou *antre d'Hygmore.* — Cette cavité creusée dans le corps de l'os a, comme lui, la forme d'une pyramide triangulaire; sa paroi supérieure, formée par le plancher de l'orbite, est remarquable par sa minceur.

Structure.— La substance spongieuse ne se rencontre qu'au rebord alvéolaire et dans l'apophyse zygomatique.

Articulations. — Le maxillaire supérieur s'articule avec le frontal, l'ethmoïde et tous les os de la face, excepté le maxillaire inférieur.

Variétés. — On trouve quelquefois à la base de l'apophyse montante un petit os isolé, *os lacrymal externe de Rousseau.*

8° Palatin.

Placer en bas, en dehors et en arrière l'apophyse pyramidale, qui se trouve au point de rencontre de la lame verticale et de la lame horizontale de l'os.

Cet os pair, très-fragile, est situé en arrière des maxillaires supérieurs de chaque côté de la ligne médiane. Il se compose de deux lames réunies à angle droit : l'une *horizontale* ou palatine, l'autre *verticale* plus grande. A la réunion des deux lames on trouve en arrière une apophyse saillante, *apophyse pyramidale;* sur le bord supérieur de la lame verticale sont deux apophyses séparées par une échancrure : l'une antérieure, *apophyse orbitaire;* l'autre postérieure, *apophyse sphénoïdale.*

A. *Lame horizontale* (*os quadratum*). — Mince, quadrilatère, elle possède une face supérieure et une face inférieure, qui font partie, la première du plancher des fosses nasales, la deuxième de la voûte palatine; sur celle-ci se voit en arrière une crête transversale, à laquelle s'attache l'aponévrose du voile du palais, et en avant de cette crête, l'orifice inférieur du canal palatin postérieur. Son bord antérieur s'articule avec le bord postérieur de l'apophyse palatine du maxillaire supérieur; son bord postérieur concave donne attache au voile du palais et présente en dedans une demi-épine qui, réunie à celle du côté opposé, constitue l'*épine nasale postérieure;* son bord interne s'unit à celui du côté opposé, et forme une gouttière qui reçoit le vomer.

B. *Lame verticale.* — 1° La *face interne* nasale présente, de haut en bas, une crête transversale articulée avec le cornet moyen, une surface excavée faisant partie du méat moyen, une seconde crête pour le cornet inférieur et en bas une surface appartenant au méat inférieur; 2° la *face externe* offre, d'avant en arrière, une large surface appliquée sur la partie de la face nasale du maxillaire supérieur située en arrière de l'ouverture du sinus maxillaire, puis une surface lisse, triangulaire en haut, où elle forme le fond de la fosse ptérygo-maxillaire, étroite en bas, où elle forme une gouttière qui se réunit à une gouttière analogue du maxillaire supérieur, pour constituer le *canal palatin postérieur ;* dans cette gouttière se voient deux et quelquefois trois trous, orifices supérieurs des *conduits palatins accessoires;* plus en arrière on trouve, en haut une lamelle étroite appliquée contre l'apophyse ptérygoïde, en bas une surface triangulaire, rugueuse, appartenant à l'apophyse pyramidale et articulée avec le maxillaire supérieur ; 3° son *bord antérieur*, très-mince, offre une languette engagée dans la fissure de l'orifice du sinus maxillaire qu'elle rétrécit; 4° son *bord postérieur* appuie sur l'apophyse ptérygoïde; 5° son *bord supérieur* présente une échancrure profonde, complétée par le sphénoïde, *trou spléno-palatin.*

C. *Apophyse orbitaire.* — Cette apophyse, située en avant du trou sphéno-palatin, et déjetée en dehors, représente une pyramide creusée d'une petite cavité triangulaire ouverte du côté des cellules ethmoïdales postérieures. Elle possède cinq facettes : 1° une *supérieure*, appartenant au plancher de l'orbite, tout à fait en arrière ; 2° une *externe*, dirigée en bas, et faisant partie de la fosse ptérygo-maxillaire, en avant du trou sphéno-palatin ; les trois autres sont articulaires ; 3° l'une en avant avec la facette triangulaire située à la partie postérieure et supérieure du maxillaire supérieur ; 4° l'autre en arrière avec le corps du sphénoïde ; 5° la troisième en dedans avec la partie postérieure et inférieure des masses latérales de l'ethmoïde.

D. *Apophyse sphénoïdale.* — Cette apophyse, située en arrière du trou sphéno-palatin, est une petite lamelle déjetée en dedans, qui s'applique sur la face inférieure du corps du sphénoïde en complétant le *canal ptérygo-palatin;* sa face inférieure fait partie des fosses nasales, son bord interne arrive jusqu'au vomer.

E. *Apophyse pyramidale* ou *ptérygoïdienne.* — Cette apophyse saillante, triangulaire, déjetée en arrière et en dehors, continue le bord postérieur de la lame verticale. Elle est reçue en arrière dans l'échancrure de l'apophyse ptérygoïde, et présente trois gouttières : une médiane lisse, complétant la fosse ptérygoïde; deux latérales rugueuses, recevant les deux ailes; en dehors elle offre une surface triangulaire rugueuse articulée avec la tubérosité maxillaire du maxillaire supérieur et séparée de la face externe de la lame verticale par la gouttière du canal palatin postérieur ; à sa partie inférieure se voient les deux ou trois orifices des conduits palatins accessoires.

Structure.— Sauf l'apophyse pyramidale, il est entièrement composé de tissu compacte.
Articulations. — Le palatin s'articule avec six os : le sphénoïde, l'ethmoïde, le maxillaire supérieur, le cornet inférieur, le vomer et le palatin du côté opposé.

9° Unguis [1] ou os lacrymal.

Placer en avant, en dehors et en bas, le petit crochet qui termine la crête verticale de l'os.

Cet os pair, très-mince, est situé à la partie interne et antérieure de l'orbite. Il a deux faces et quatre bords.

La *face externe* présente une crête verticale terminée en bas par un petit crochet dirigé en avant et articulé avec la lèvre externe de la gouttière lacry-

[1] De *unguis*, ongle.

mo-nasale. Cette crête la divise en deux portions inégales, l'une antérieure, étroite, creusée en gouttière, *gouttière lacrymale ;* l'autre postérieure, plus large, plane. La *face interne* présente un sillon vertical, profond, correspondant à la crête externe, et deux surfaces convexes : l'une antérieure, appartenant au méat moyen, l'autre postérieure correspondant au labyrinthe.

Bords. — Le *supérieur* s'articule avec l'apophyse orbitaire interne du frontal ; l'*inférieur,* par une petite languette, avec l'apophyse lacrymale du cornet inférieur ; l'*antérieur*, avec l'apophyse montante du maxillaire supérieur ; le *postérieur* dentelé, avec l'os planum de l'ethmoïde.

Articulations. — L'unguis s'articule avec quatre os : l'ethmoïde, le cornet inférieur, le frontal et le maxillaire supérieur.

10° Cornet inférieur.

Placer en dedans la lamelle la plus large, en bas le bord convexe régulier de cette lamelle ; tourner en arrière l'extrémité la plus effilée.

Cet os pair, très-mince, est situé au-dessous de l'ethmoïde, sur la paroi externe des fosses nasales. Il a deux faces, deux extrémités et deux bords, dont le supérieur supporte trois apophyses.

La *face interne* est convexe et présente un sillon transversal pour une branche artérielle ; la *face externe* est concave.

Le *bord inférieur*, un peu convexe, est libre dans les fosses nasales.

Le *bord supérieur* monte d'abord obliquement en haut et en arrière, en s'articulant avec la crête oblique de la face interne de la branche montante du maxillaire supérieur ; puis, au niveau de la gouttière du canal nasal, redescend obliquement en bas et en arrière en s'articulant avec une crête oblique du palatin et en coupant diagonalement l'ouverture du sinus maxillaire. De ce bord partent trois apophyses : deux ascendantes, une descendante. 1° La première, *apophyse lacrymale*, courte, complète la gouttière du canal nasal en s'articulant avec les deux lèvres de cette gouttière et en haut avec l'unguis ; 2° la moyenne descendante ou *auriculaire*, est triangulaire, allongée et contribue à fermer la partie inférieure de l'orifice du sinus maxillaire ; 3° au-dessus de cette apophyse en est une dernière, *apophyse ethmoïdale*, courte, irrégulière, qui se porte en avant à la rencontre de l'apophyse unciforme de l'ethmoïde et contribue encore à rétrécir l'orifice du sinus maxillaire.

Des deux *extrémités*, la postérieure est plus effilée que l'antérieure.

Articulations. — Le cornet inférieur s'articule avec quatre os : l'ethmoïde, le maxillaire supérieur, l'unguis et le palatin.

11° Os nasal ou os du nez.

Placer en haut l'extrémité épaissie la plus étroite de l'os, en dehors la face convexe, en avant le bord vertical le plus court

Cet os pair, de forme très-variable suivant les individus et suivant les races, est situé à la racine du nez, de chaque côté de la ligne médiane. Il a deux faces et quatre bords.

La *face externe*, convexe, étroite en haut, large en bas, appartient au dos du nez. La *face interne*, concave, dépend des fosses nasales et est creusée d'un sillon vertical, *gouttière ethmoïdale*, pour le nerf du même nom.

Le *bord supérieur* est formé par une extrémité épaissie, rugueuse, articulée avec le frontal ; l'*inférieur*, tranchant, en S, présente une petite échancrure à laquelle aboutit la gouttière ethmoïdale, et s'articule avec les cartilages latéraux du nez ; l'*antérieur* s'unit à celui du côté opposé, et les deux réunis forment en haut une crête articulée avec l'épine nasale du frontal, et plus bas une rainure qui reçoit la lame perpendiculaire de l'ethmoïde ; le *postérieur* s'articule avec le bord antérieur de l'apophyse montante.

Articulations. — L'os nasal s'articule avec quatre os : le frontal, l'ethmoïde, le maxillaire supérieur et le nasal du côté opposé.

Variétés. — On trouve quelquefois dans l'angle compris entre les deux bords inférieurs des os nasaux, en avant de la lame perpendiculaire de l'ethmoïde, deux petites lamelles osseuses, *os internasaux.*

12° Os malaire (1) ou jugal.

Placer en dehors la face convexe, en haut et en avant la face concave en forme de demi-croissant, horizontalement en avant l'extrémité la plus étroite de cette face concave.

Cet os pair, résistant, forme la saillie de la pommette. Il présente deux faces, quatre bords et quatre angles ; aux bords antérieur et supérieur se rattache une lamelle concave, faisant partie de l'orbite, de sorte qu'on peut diviser l'os en deux parties : une partie *malaire* et une partie *orbitaire.*

A. La *face externe*, convexe, est percée d'un trou, *trou malaire*, conduisant à un canal qui traverse l'os. La *face interne*, concave, fait partie de la paroi externe de la fosse zygomatique et présente aussi un trou, deuxième orifice du *canal malaire ;* sa partie antérieure et inférieure rugueuse s'articule avec l'apophyse zygomatique du maxillaire supérieur.

B. *Bords.* — Des quatre bords, deux sont supérieurs, deux inférieurs, de façon que les quatre angles sont situés aux extrémités des deux diamètres vertical et horizontal de l'os. 1° Le *bord antérieur* et *inférieur*, rugueux, s'articule avec la partie supérieure de l'apophyse zygomatique du maxillaire supérieur ; 2° l'*inférieur* et *postérieur* est mousse, épais et présente en avant un tubercule saillant, *tubercule malaire ;* les deux bords supérieurs sont plus étendus ; 3° le *postérieur*, assez mince, en forme d'S, se continue avec la crête temporale et dans son tiers inférieur s'articule avec l'apophyse zygomatique du temporal ; 4° l'*antérieur*, épais, demi-circulaire, forme le tiers postérieur et inférieur du rebord orbitaire.

De ce bord se détache une lamelle étroite, semi-lunaire, effilée en avant, large en arrière, se portant transversalement en dedans, c'est la *partie orbitaire* de l'os. Elle a une *face supérieure* concave, qui appartient à l'orbite et sur laquelle on trouve un troisième trou malaire ; une *face postérieure,* qui se confond avec la face interne de l'os : un *bord externe*, qui n'est autre chose que le bord antérieur et supérieur de l'os, et un *bord interne* dentelé, irrégulier, articulé en arrière avec la lamelle qui sépare les deux faces antérieures des grandes ailes du sphénoïde, en avant avec le maxillaire supérieur ; entre ces deux articulations, ce bord forme quelquefois par une échancrure l'extrémité antérieure de la fente sphéno-maxillaire, quand elle n'est pas formée par un crochet du maxillaire supérieur ou par un os wormien.

C. *Angles.* — L'*inférieur*, peu saillant, s'articule avec l'apophyse zygomatique du maxillaire supérieur ; le *supérieur*, très-allongé, épais, avec

(1) De *mala*, joue.

l'apophyse orbitaire externe du frontal ; l'*antérieur*, taillé en biseau inférieurement, s'applique sur le rebord orbitaire du maxillaire supérieur ; le *postérieur* supporte, par les rugosités de son bord supérieur, l'apophyse zygomatique du temporal.

Structure. — Cet os est constitué par un tissu très-dur, compacte. Il est traversé par un canal en Y, dont les trois branches aboutissent aux trois trous malaires.

Articulations. — L'os malaire s'articule avec quatre os : le maxillaire supérieur, le frontal, le sphénoïde et le temporal.

13° Vomer (1).

Placer en haut et en arrière la partie évasée.

Cet os impair est constitué par une lame mince, verticale, située sur la ligne médiane, souvent déviée d'un côté ou de l'autre et formant une partie de la cloison des fosses nasales. Il a deux faces et quatre bords.

Les *faces* sont planes et offrent quelquefois un sillon oblique en bas et en avant, *sillon naso-palatin.*

Bords. — L'*inférieur*, horizontal, s'articule avec les branches horizontales des palatins et des maxillaires supérieurs ; le *supérieur*, évasé, bifurqué en arrière, présente une gouttière profonde médiane, qui reçoit le bec du sphénoïde et deux larges *ailes* engagées dans les gouttières obliques de la face inférieure du sphénoïde ; le bord *postérieur* forme la cloison médiane de l'ouverture postérieure des fosses nasales ; l'*antérieur*, très-oblique, s'articule en haut avec la lame perpendiculaire de l'ethmoïde, en bas avec le cartilage de la cloison, et présente ordinairement une rainure profonde, trace de la séparation primitive de l'os en deux lames.

Articulations. — Le vomer s'articule avec six os : le sphénoïde, l'ethmoïde, les maxillaires supérieurs et les palatins.

14° Maxillaire inférieur (fig. 10, 13 et 15).

Cet os impair, en fer à cheval, à concavité postérieure, constitue à lui seul le squelette de la mâchoire inférieure. On le divise en une partie moyenne ou *corps*, et deux prolongements verticaux, situés en arrière, ou *branches* (1) ; on appelle *angle de la mâchoire* (6), l'angle que le bord postérieur des branches fait avec le bord inférieur du corps.

A. *Corps.* — Il se compose de deux régions présentant des différences notables dans leur développement : l'une inférieure, *partie basilaire* de l'os, l'autre supérieure, supportant les dents, ou *partie alvéolaire.* Il a deux faces et deux bords.

La *face antérieure* (fig. 15) présente, sur la ligne médiane, un sillon vertical, *symphyse du menton*, trace de la soudure des deux moitiés de l'os : il aboutit en bas à une saillie triangulaire à base large et rugueuse, *éminence mentonnière* (33); sur les côtés, au niveau de la deuxième petite molaire, se rencontre un trou, *trou mentonnier* (35), et plus en arrière une ligne oblique, *ligne maxillaire externe* (36), montant rejoindre le bord antérieur de la branche correspondante. Près du bord supérieur on trouve les saillies des alvéoles, saillies plus prononcées pour les canines.

(1) De *vomer*, soc de charrue.

La *face postérieure* (fig. 10) offre sur la ligne médiane quatre petits tubercules situés près du bord inférieur, *apophyses géni* (10), sur les côtés, elle est partagée par une ligne oblique, *ligne myloïdienne* (μύλοι, dents molaires) ou *maxillaire interne* (7), en deux parties : une supérieure ou linguale, l'autre inférieure, assez profondément excavée en arrière et présentant tout à fait en avant, près de la ligne médiane et du bord inférieur, une petite fossette, *fossette digastrique* (*C*).

Le *bord supérieur* ou *alvéolaire* est creusé d'une série de cavités ou alvéoles logeant les racines des dents sur lesquelles elles se moulent. Il a une très-grande épaisseur au niveau des dernières molaires, qui sont déjetées en dedans ; sa forme générale est celle d'un fer à cheval un peu tronqué en avant ; aussi les incisives supérieures débordent-elles en avant les incisives inférieures.

Le *bord inférieur* est très-épais, résistant, et a une courbure analogue à celle du bord supérieur, mais plus grande à cause de l'obliquité du corps de l'os.

B. *Branches.* — Elles sont quadrilatères et présentent deux faces et quatre bords.

La *face interne* offre, à sa partie moyenne, un orifice qui mène dans un

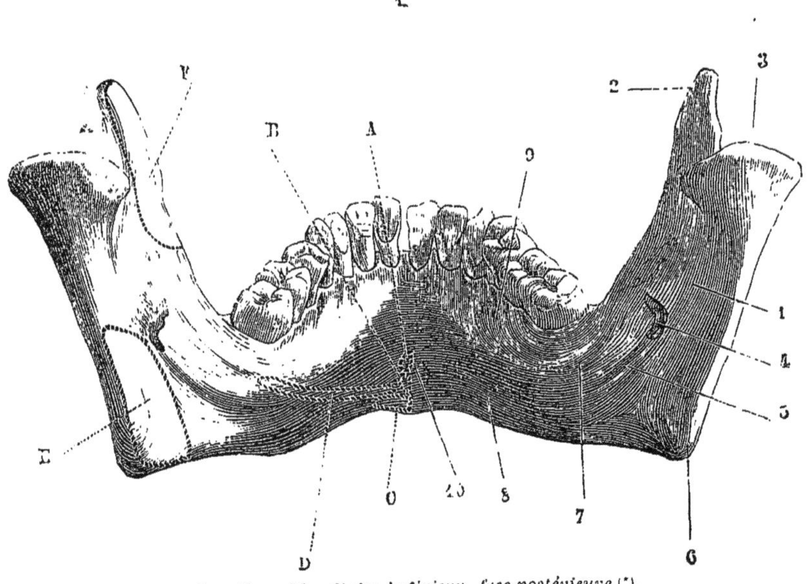

FIG. 10. — *Maxillaire inférieur, face postérieure* (*).

canal, *canal dentaire inférieur* (4), orifice limité en dedans par une pointe osseuse saillante, et d'où part un petit sillon dirigé obliquement en bas et en avant, *sillon mylo-hyoïdien* (5) ; au niveau de l'angle de la mâchoire elle est couverte de rugosités très-prononcées. La *face externe* est rugueuse au même niveau et déjetée en dehors.

(*) 1) Branche de la mâchoire. — 2) Apophyse coronoïde. — 3) Condyle. — 4) Orifice du canal dentaire inférieur. — 5) Sillon mylo-hyoïdien. — 6) Angle de la mâchoire. — 7) Ligne myloïdienne. — 8) Partie basilaire de l'os. — 9) Partie linguale. — 10) Apophyses géni.
Insertions musculaires. — A. Génio-glosse. — B. Génio-hyoïdien. — C. Digastrique. — D. Mylo-hyoïdien. — E. Ptérygoïdien interne. — F. Temporal.

Bords. — Le *bord inférieur* se confond avec le bord inférieur du corps. Le *supérieur* présente deux apophyses, séparées par une échancrure profonde, à bords minces, *échancrure sigmoïde* (ressemblant à un sigma ς); l'apophyse antérieure (2) ou *coronoïde* [1] est mince, triangulaire; la postérieure ou *condyle* (3), articulée avec le temporal, est une saillie oblongue dont le grand axe est perpendiculaire au plan de la branche du maxillaire; il est supporté par une portion plus étroite, *col du condyle*, excavé à sa partie interne et antérieure pour l'insertion du muscle ptérygoïdien externe. Le *bord postérieur* est mousse, arrondi; l'*antérieur* forme une gouttière, dont la lèvre externe tranchante se continue en haut avec le bord antérieur de l'apophyse coronoïde, en bas avec la ligne maxillaire externe, dont le bord interne effacé se perd en haut sur la face interne de l'apophyse coronoïde et en bas se prolonge dans la ligne myloïdienne.

L'*angle de la mâchoire*, variable aux différents âges, est chez l'adulte de 120 degrés en moyenne; quelquefois il se rapproche de l'angle droit. Il est plus grand chez l'enfant et le vieillard.

Structure. — Cet os est parcouru par un canal, *canal dentaire inférieur*, qui commence au niveau du trou dentaire; il est plus rapproché de la face interne de l'os et suit la ligne myloïdienne jusqu'au niveau de l'incisive moyenne en se rétrécissant de plus en plus; au niveau de la deuxième petite molaire il se met en communication avec l'extérieur par un canal très-court et large aboutissant au trou mentonnier. Du canal dentaire partent des canalicules secondaires, qui se rendent à chaque alvéole.

Articulations. — Le maxillaire inférieur s'articule avec les deux temporaux.

ARTICLE II. — DU CRANE CONSIDÉRÉ DANS SON ENSEMBLE

Préparation. — Pour bien étudier le crâne dans son ensemble, deux coupes sont nécessaires : 1° une coupe transversale séparant la base de la voûte : pour la pratiquer, il suffit de tendre circulairement autour du crâne un fil passant à 0m,01 au-dessus de la bosse nasale et à 0m,01 au-dessus de la protubérance occipitale externe, et de suivre sur l'os, avec un crayon, le contour du fil; la scie n'aura qu'à parcourir le tracé pour donner une coupe régulière; 2° une coupe verticale antéro-postérieure et médiane, conduite d'après le même procédé, en prenant la précaution d'incliner un peu le trait de la scie à gauche de la ligne médiane, quand on arrive aux fosses nasales, pour éviter la cloison. A cette double coupe, qui peut être faite sur le même crâne, on peut joindre : 1° une coupe transversale et verticale passant par le milieu des fosses nasales; 2° une coupe latérale antéro-postérieure passant entre l'apophyse styloïde et l'apophyse mastoïde en dehors du trou ovale et séparant du reste du crâne l'apophyse mastoïde, l'arcade zygomatique, l'écaille du temporal, la plus grande partie des grandes ailes du sphénoïde, l'os malaire, l'apophyse malaire du maxillaire supérieur et la moitié externe de la cavité orbitaire. Cette coupe permet de voir la fosse ptérygo-maxillaire.

La distinction du crâne en *crâne proprement dit* et *face* est de la plus haute importance physiologique à cause des fonctions différentes de ces deux régions; mais anatomiquement, il est impossible, au point de vue descriptif, de les isoler complétement, toute la moitié antérieure de la base du crâne étant commune au crâne et à la face.

Nous décrirons, dans le crâne, sa conformation intérieure et sa conformation extérieure.

§ I. — Conformation intérieure du crâne.

Pour étudier la conformation intérieure du crâne, on le suppose divisé en

(1) De κορώνη, corneille, qui ressemble au bec d'une corneille.

deux portions, appelées *voûte* et *base*, par un plan transversal passant par la bosse nasale et par la protubérance occipitale externe.

I. Voute du crane (fig. 11).

Elle présente, d'avant en arrière, les os frontal, pariétal, temporal, occipital, et les sutures : 1° fronto-pariétale, transversale; 2° *sagittale* ou inter-

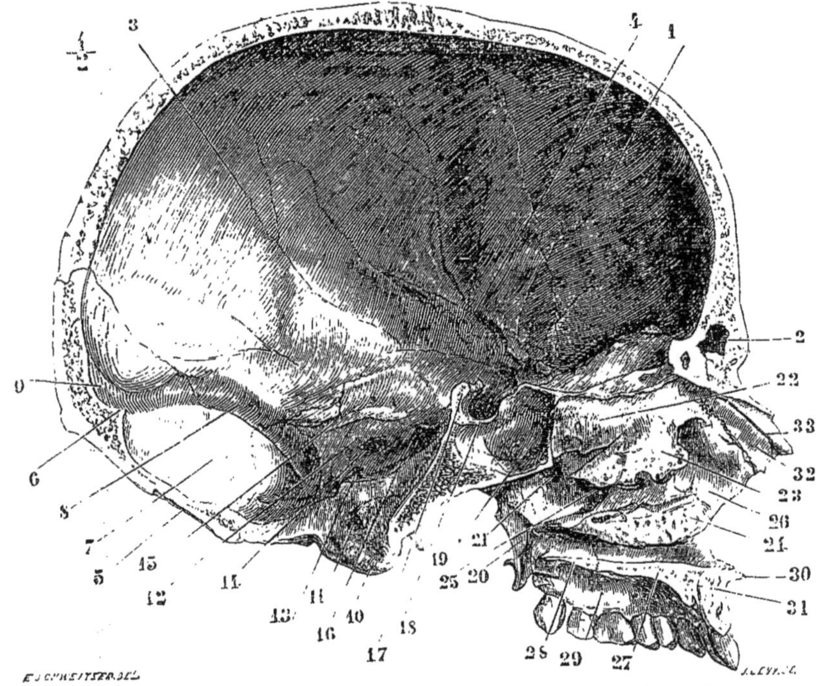

Fig. 11. — *Coupe médiane et antéro-postérieure du crâne et de la face* (*).

pariétale, à direction antéro-postérieure ; 3° *lambdoïde*, ou occipito-pariétale (en forme de lambda) Λ ou de V ouvert en arrière) ; 4° temporo-pariétale, et 5° sphéno-pariétale (avec l'extrémité des grandes ailes).

On y trouve les détails de conformation suivants : 1° sur la ligne médiane et d'avant en arrière, le trou borgne, la gouttière du sinus longitudinal avec les trous pariétaux, les dépressions de Pacchioni et la protubérance occipitale interne; 2° sur les parties latérales, les fosses frontales et les sillons arborescents de l'artère méningée moyenne (4), les fosses occipitales postérieures, et, dans toute son étendue, des impressions digitales et des éminences mamillaires.

(*) 1) Frontal. — 2) Sinus frontal. — 3) Pariétal. — 4) Sillons de l'artère méningée moyenne. — 5) Occipital. — 6) Protubérance occipitale interne. — 7) Fosse cérébelleuse. — 8) Gouttière du sinus latéral. — 9) Sa prolongation dans le sinus longitudinal. — 10) Condyles de l'occipital. — 11) Trou condylien antérieur. — 12) Face postérieure du rocher. — 13) Trou déchiré postérieur. — 14) Conduit auditif interne. — 15) Sinus pétreux supérieur. — 16) Sinus pétreux inférieur. — 17) Dos de la selle turcique. — 18) Selle turcique. — 19) Sinus sphénoïdal. — 20) Aile interne de l'apophyse ptérygoïde. — 21) Trou sphéno-palatin. — 22) Cornet supérieur. — 23) Cornet moyen. — 24) Cornet inférieur. — 25) Méat moyen et ouverture du sinus maxillaire. — 26) Apophyse montante du maxillaire supérieur. — 27) Apophyse palatine. — 28) Lame horizontale du palatin. — 29) Voûte palatine. — 30) Épine nasale antérieure et inférieure. — 31) Conduit incisif. — 32) Os nasal. — 33) Sillon du nerf ethmoïdal.

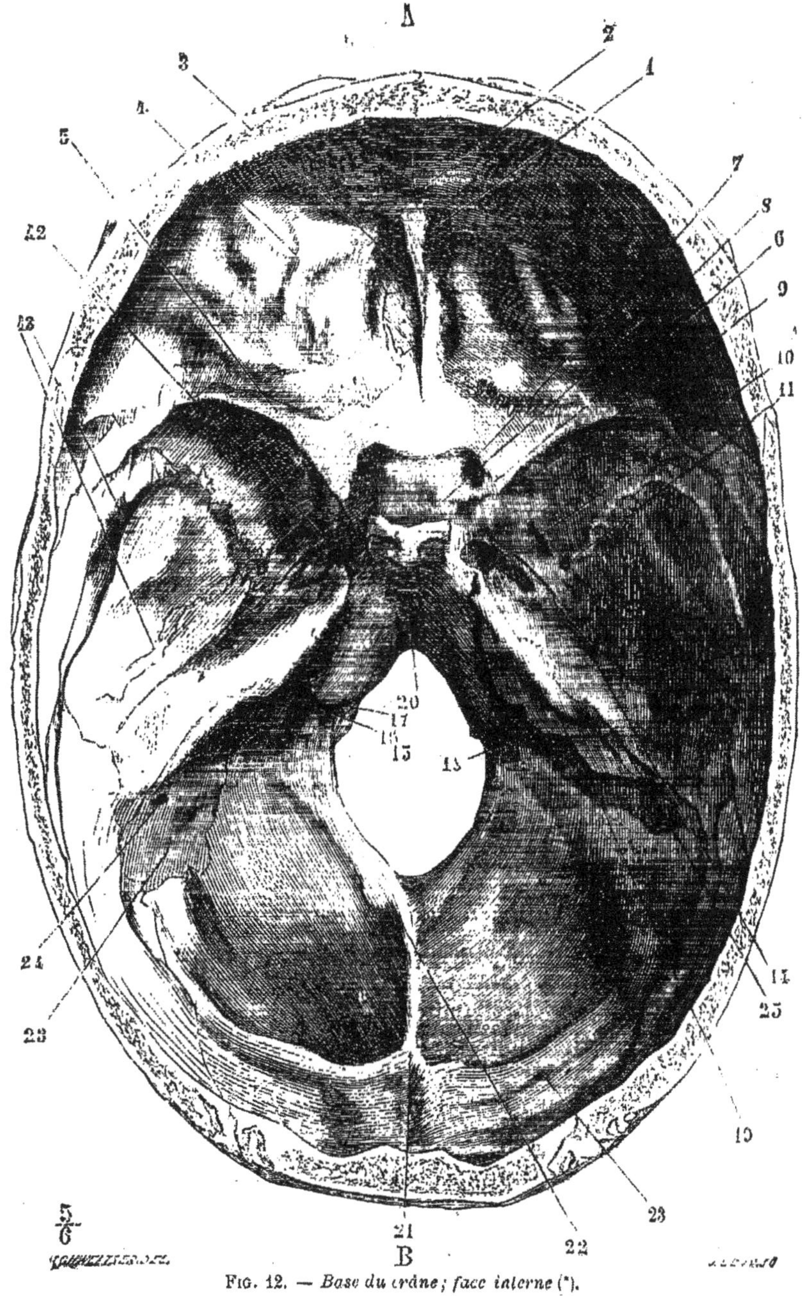

Fig. 12. — *Base du crâne; face interne* (*).

(*) A. Partie antérieure. — B. Partie postérieure. — 1) Apophyse crista-galli. — 2) Trou borgne. — 3) Lame criblée. — 4) Eminences mamillaires. — 5) Apophyses d'Ingrassias. — 6) Apophyses clinoïdes antérieures. — 7) Trou optique. — 8) Selle turcique. — 9) Trou grand rond. — 10) Trou ovale. — 11) Trou petit rond. — 12) Trou déchiré antérieur. — 13) Sillons de l'artère méningée moyenne. — 14) Hiatus de Fallope. — 15) Trou occipital. — 16) Trou déchiré postérieur. — 17) Trou condylien anté-

II. Base du crane (fig. 12).

La face interne de la base du crâne présente une partie centrale correspondant au sphénoïde et formée par la selle turcique (8). De cette partie, comme centre, partent quatre fosses triangulaires, dont les sommets se réunissent au niveau de la selle turcique et dont les bases curvilignes correspondent à la circonférence crânienne. Le triangle antérieur correspond au front par sa base et se trouve situé sur un plan supérieur aux autres; il forme l'étage supérieur de la base du crâne et loge les lobes antérieurs du cerveau; 2° le triangle postérieur, très-excavé et très-étendu, correspond par sa base curviligne à l'occiput, et loge le cervelet; il est sur un plan inférieur par rapport aux autres, et constitue l'étage inférieur; 3° les deux autres triangles, situés sur un plan intermédiaire aux précédents, qu'ils séparent, présentent, par leur réunion, la forme d'un sablier, dont l'étranglement correspond à la selle turcique et les extrémités évasées aux parties latérales du crâne; ils forment l'étage moyen de la base du crâne.

A. *Étage supérieur.* — Il est séparé de l'étage moyen par la gouttière optique et le bord postérieur des petites ailes du sphénoïde avec les apophyses clinoïdes antérieures (6). Il est formé par la partie orbitaire du frontal, la lame criblée de l'ethmoïde et la partie antérieure du sphénoïde; ces os sont réunis par les sutures : 1° fronto-ethmoïdale en forme de fer à cheval à ouverture postérieure; 2° sphéno-ethmoïdale, continuée de chaque côté par 3° la suture fronto-sphénoïdale.

On y remarque d'avant en arrière : 1° sur la ligne médiane, le trou borgne (2) et l'apophyse crista-galli (1); 2° sur les côtés, deux gouttières antéro-postérieures profondes, avec les trous de la lame criblée (3), et en arrière les dépressions olfactives; plus en dehors, la saillie de la voûte orbitaire du frontal avec ses impressions digitales et ses éminences mamillaires (4).

B. *Étage moyen.* — Séparé de l'étage inférieur par le bord supérieur du rocher et le dos de la selle, il est formé par le sphénoïde (grandes ailes et selle turcique) et par le temporal (écaille et face supérieure du rocher). On y rencontre les sutures sphéno-temporales entre le bord antérieur du rocher et l'écaille du temporal, d'une part, et de l'autre entre le bord postérieur et l'extrémité des grandes ailes.

Il présente, dans sa partie moyenne, la face supérieure du corps du sphénoïde (gouttière optique et trous optiques, selle turcique, dos de la selle avec ses apophyses clinoïdes postérieures et ses échancrures latérales); sur les côtés, la fente sphénoïdale, les gouttières caverneuses avec les apophyses clinoïdes moyennes et le *trou déchiré antérieur* (12), orifice irrégulier, situé au sommet du rocher, dans l'angle rentrant du corps et des grandes ailes du sphénoïde; à sa partie postérieure s'ouvre le canal carotidien. Plus en dehors on trouve la face concave des grandes ailes avec les trous grand rond (9), ovale (10) et petit rond (11); de ce dernier partent deux sillons qui se portent, l'un en avant, l'autre en arrière, sur la face interne de l'écaille, *sillons de l'artère méningée moyenne* (13). En arrière enfin, est la face supérieure du

rieur. — 18) Trou condylien postérieur. — 19) Conduit auditif interne. — 20) Gouttière basilaire. — 21) Protubérance occipitale interne. — 22) Crête occipitale interne. — 23) Gouttière du sinus latéral. — 24) Trou mastoïdien. — 25) Gouttière pétreuse supérieure.

rocher avec l'hiatus de Fallope (14) et l'hiatus parallèle du petit nerf pétreux superficiel, la dépression du nerf trijumeau, la fissure pétrosquameuse et la saillie du canal demi-circulaire supérieur.

C. *Étage inférieur de la base du crâne.* — Formé par deux os, l'occipital et le temporal (face postérieure du rocher et partie mastoïdienne), il présente la suture qui les réunit ; cette suture qui, dans sa moitié antérieure, se fait par juxtaposition avec le rocher, dans sa moitié postérieure par engrènement avec la partie mastoïdienne, offre à son milieu un orifice déchiqueté, *trou déchiré postérieur* (18), qui résulte de la réunion d'échancrures correspondantes des deux os; ce trou, large, irrégulier, ordinairement inégal des deux côtés du crâne, est divisé par une crête osseuse en deux parties, une extérieure, étroite, triangulaire, l'autre postérieure, arrondie, *golfe de la veine jugulaire.* A la partie postérieure de ce trou aboutit une large gouttière, *gouttière du sinus latéral* (23), qui se porte en dehors, puis en haut, puis en dedans, en sillonnant profondément la région mastoïdienne du temporal, et arrive avec celle du côté opposé à la protubérance occipitale interne ; une d'entre elles, ordinairement la droite, se continue avec la gouttière du sinus longitudinal.

Cet étage postérieur présente en outre : 1° sur la ligne médiane, et d'avant en arrière, le dos de la selle, la gouttière basilaire avec les sinus pétreux inférieurs, le trou occipital avec l'orifice interne du trou condylien antérieur (17), la crête occipitale interne et sa protubérance terminale ; 2° sur les côtés, la face postérieure du rocher avec le conduit auditif interne et l'ouverture du canal du vestibule, puis les fosses occipitales inférieures, séparées du rocher par les gouttières latérales.

§ II. — Conformation extérieure du crâne.

Au point de vue descriptif, on peut diviser le crâne en cinq régions : une supérieure ou *voûte*, deux latérales ou *temporo-zygomatiques*, une inférieure ou *basilaire*, une antérieure ou *faciale*. Aux régions latérales, antérieure et inférieure, sont annexées des cavités anfractueuses qui méritent une description spéciale. L'os maxillaire inférieur étant isolé et formant à lui seul le squelette de la mâchoire inférieure, il n'y aura pas à revenir sur sa description.

I. Face supérieure ou voute cranienne

Elle est limitée par une ligne qui suivrait les arcades orbitaires, la ligne courbe temporale et la ligne demi-circulaire supérieure de l'occipital. Elle est constituée par le frontal, les pariétaux et l'occipital, réunis par les sutures fronto-pariétale, sagittale et lambdoïde ; de chaque côté de la suture sagittale et un peu en arrière est le trou pariétal. En avant, on voit, sur la ligne médiane, la trace de la suture bifrontale quelquefois persistante, et sur les côtés les saillies des bosses frontales et pariétales.

II. Face latérale ou temporo-zygomatique (fig. 13).

Cette face est limitée en haut par la ligne courbe temporale (11) ; en avant par les deux bords postérieurs de l'os malaire se réunissant pour former l'arcade zygomatique, et par la tubérosité malaire du maxillaire supérieur ; en arrière par l'apophyse mastoïde, le bord inférieur du rocher et l'apophyse styloïde, l'épine du sphénoïde et le bord postérieur de l'aile externe de l'apophyse ptérygoïde. Les deux extrémités de la ligne courbe temporale se continuent avec le bord supérieur d'une arcade, arcade zygomatique (18), très-large en avant où elle est formée par l'os malaire, étroite en arrière où elle est due à

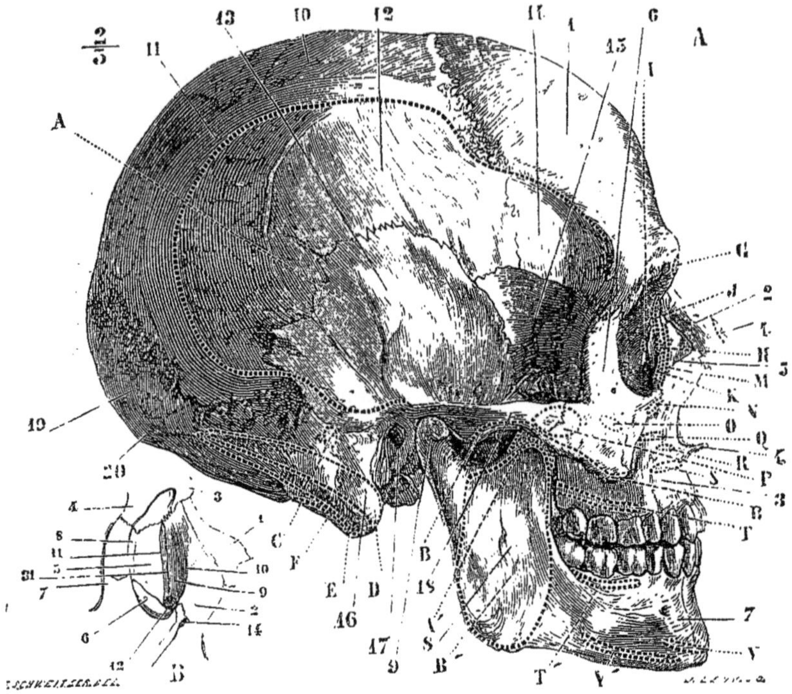

Fig 13. — *Face latérale du crâne* (*).

l'apophyse zygomatique du temporal. Le bord inférieur de cette arcade se termine en avant à l'angle inférieur de l'os malaire ; en arrière il se recourbe en dedans (racine transverse de l'apophyse zygomatique), et se réfléchit ensuite en avant pour se continuer avec une crête transversale existant sur la face externe des grandes ailes du sphénoïde *(crête temporo-zygomatique)*. Cette crête divise cette face latérale en deux parties : une supérieure, plus large, plus superficielle, *fosse temporale* (12) ; une inférieure, plus profonde, qu'on pourrait aussi considérer comme appartenant à la base du crâne, *fosse zygomatique*.

(*) A. *Face latérale du crâne* : 1) Frontal. — 2) Os nasal. — 3) Maxillaire supérieur. — 4) Épine nasale antérieure et inférieure. — 5) Apophyse montante. — 6) Os malaire. — 7) Corps du maxillaire inférieur. — 8) Branche du maxillaire inférieur. — 9) Condyle. — 10) Pariétal. — 11) Ligne courbe temporale. — 12) Fosse temporale. — 13) Écaille du temporal. — 14) Surface temporale du frontal. — 15) Grandes ailes du sphénoïde. — 16) Apophyse mastoïde. — 17) Conduit auditif externe. — 18) Arcade zygomatique. — 19) Occipital. — 20) Protubérance occipitale externe.

B. *Gouttière lacrymale* : 1) Os nasal. — 2) Apophyse montante du maxillaire supérieur. — 3) Bosse nasale du frontal. — 4) Apophyse orbitaire externe. — 5) Os unguis. — 6) Face orbitaire du maxillaire supérieur. — 7) Os malaire. — 8) Os planum de l'ethmoïde — 9) Gouttière lacrymale. — 10) Sa lèvre antérieure. — 11) Sa lèvre postérieure. — 12) Orifice supérieur du canal nasal — 13) Suture de l'unguis et de l'apophyse montante. — 14) Trou sous-orbitaire.

Insertions musculaires. A, A'. Temporal. — B. B'. Masséter. — C. Auriculaire postérieur. — D. Sterno-mastoïdien. — E. Splénius. — F. Petit complexus. — G. Sourcilier. — H. Tendon direct de l'orbiculaire des paupières. — I. Tendon réfléchi. — J, K. Orbiculaire des paupières. — L. Pyramidal. — M. Releveur superficiel de l'aile du nez et de la lèvre supérieure. — N. Releveur profond. — O. Petit zygomatique. — P. Grand zygomatique. — Q. Canin. — R. Transverse du nez. — S. Myrtiforme. — T, T', Buccinateur. — V. Carré du menton. — V'. Triangulaire des lèvres.

A. *Fosse temporale.* — Elle est formée d'arrière en avant, en haut, par le pariétal et le frontal, en bas par l'écaille du temporal (13), la partie supérieure des grandes ailes du sphénoïde (15) et la face postérieure de l'os malaire. On y trouve de haut en bas, les sutures : 1° fronto-pariétales ; 2° temporo et sphéno-pariétales, sphéno et jugo-frontales ; 3° temporo-sphénoïdale et sphéno-jugale. Cette fosse, très-large, en rapport avec le développement du muscle temporal, se termine en avant par une gouttière verticale formée par l'os malaire, et en bas et en arrière par une gouttière oblique creusée sur la racine de l'arcade zygomatique et servant au glissement du muscle.

B. *Région zygomatique.* — Elle est constituée, d'arrière en avant, par le temporal, le sphénoïde, une petite partie du palatin, le maxillaire supérieur et une petite portion de la face postérieure de l'os malaire. On y remarque les sutures temporo-sphénoïdale (entre l'angle rentrant du temporal et la grande aile du sphénoïde), ptérygo-palatine, palatino-maxillaire et maxillo-jugale. Cette région est divisée par la racine transverse de l'arcade zygomatique en deux parties, une postérieure ou glénoïdienne, une antérieure ou fosse zygomatique.

1° La partie postérieure présente le conduit auditif externe et la cavité glénoïde avec la scissure de Glaser.

2° La *fosse zygomatique* est très-incomplète et n'a que quatre parois : 1° la *supérieure* est formée par la partie de la grande aile du sphénoïde située au-dessous de la crête temporo-zygomatique et offre en arrière les trous ovale et petit rond ; 2° l'*interne* est formée par l'aile externe de l'apophyse ptérygoïde et complétée en bas et en avant par l'apophyse pyramidale du palatin ; 3° l'*antérieure* est constituée par la tubérosité maxillaire du maxillaire supérieur ; elle est convexe en dedans et concave en dehors, où elle se continue sans ligne de démarcation avec la face postérieure de l'os malaire ; elle est séparée en haut des grandes ailes du sphénoïde par une fente, *fente sphéno-maxillaire*, qui conduit dans l'angle inférieur et externe de la cavité orbitaire ; 4° la paroi *externe* est formée simplement par la face interne de l'arcade zygomatique ; mais quand le maxillaire inférieur est en position, elle est complétée par la face interne de sa branche montante. Les parois postérieure et inférieure manquent. A la réunion de la paroi interne et de la paroi antérieure se trouve une fente verticale assez large, conduisant dans une arrière-cavité *(arrière-cavité de la fosse zygomatique, fosse ptérygo-maxillaire, fosse sphéno-maxillaire).* Cette fosse ptérygo-maxillaire, ouverte en dehors du côté de la fosse zygomatique, en avant et en haut du côté de la fente sphéno-maxillaire, est limitée en avant par la tubérosité maxillaire, en arrière par la partie antérieure de l'apophyse ptérygoïde, en dedans par la lame verticale du palatin. Cinq trous ou canaux osseux y aboutissent : 1° un en dedans et en haut, *trou sphéno-palatin,* circulaire, formé par le bord supérieur échancré du palatin et le sphénoïde ; 2° un inférieur, *canal palatin postérieur*, dirigé verticalement en bas et allant s'ouvrir à la partie postérieure et externe de la voûte palatine ; trois postérieurs, qui sont de dedans en dehors ; 3° le *canal ptérygo-palatin ;* 4° le *canal vidien* ou *ptérygoïdien*, et 5° le *trou grand rond.*

III. Base du crane (fig. 14).

Elle se compose de trois régions situées dans des plans différents : 1° une région postérieure, large, triangulaire, formée par toute la partie de l'occi-

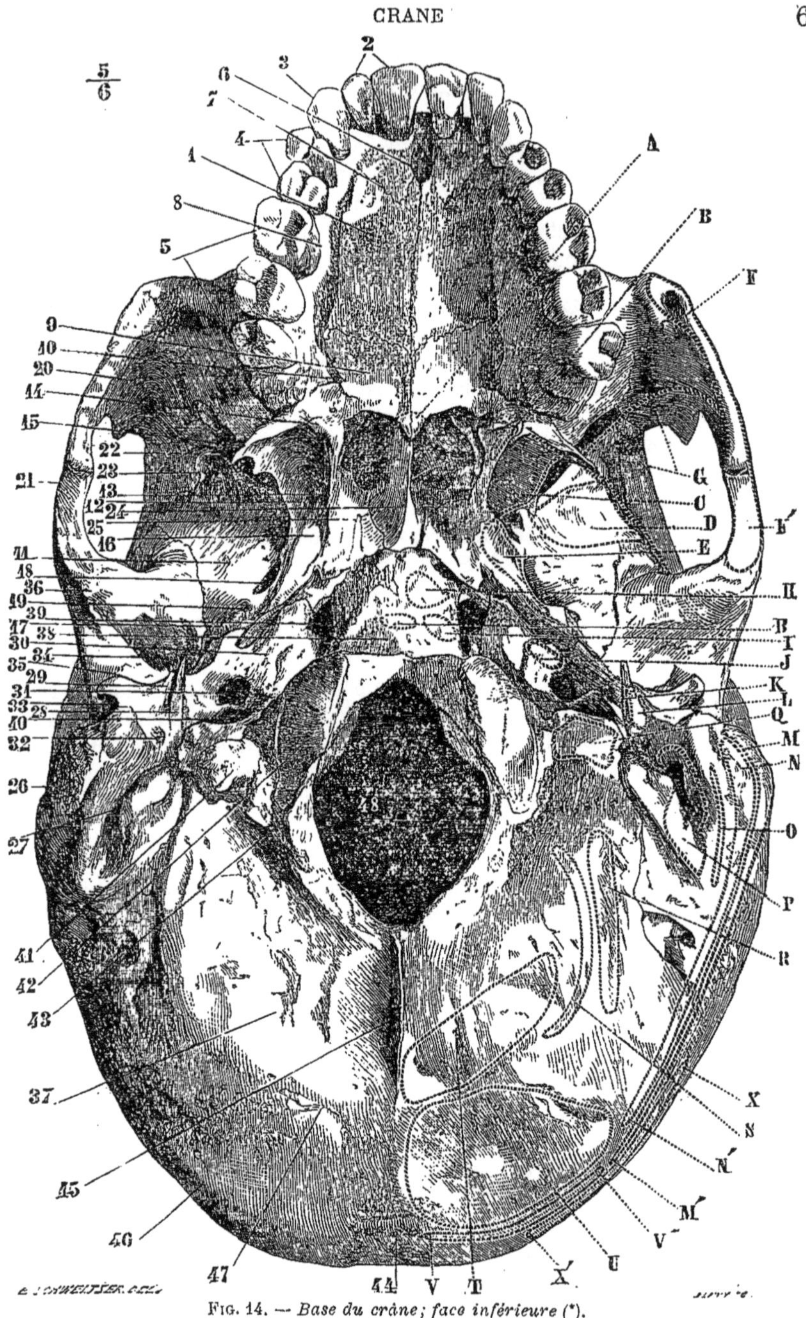

Fig. 14. — *Base du crâne; face inférieure* (*).

(*) 1) Voûte palatine. — 2) Incisives. — 3) Canines. — 4) Petites molaires. — 5) Grosses molaires. 6) Canal incisif. — 7) Suture de l'os intermaxillaire. — 8) Sillon palatin postérieur. — 9) Lame horizontale du palatin. — 10) Canal palatin postérieur. — 11) Grandes ailes du sphénoïde. — 12) Fosse ptérygoïde. — 13) Aile interne de l'apophyse ptérygoïde. — 14) Crochet de l'aile interne. — 15) Aile externe. — 16) Fossette scaphoïde. — 17) Épine du sphénoïde. — 18) Trou ovale. — 19) Trou petit rond. — 20) Face postérieure de l'os malaire. — 21) Arcade zygomatique. — 22) Crête temporo-zygomatique. — 23) Fente sphéno-maxillaire. — 24) Vomer. — 25) Conduit ptérygo-palatin. — 26) Apophyse

pital sous-jacente à la ligne courbe supérieure et par la face inférieure du rocher ; 2° une portion verticale présentant l'ouverture postérieure des fosses nasales, et sur les côtés les apophyses ptérygoïdes ; 3° une partie antérieure horizontale ou voûte palatine.

A. *Région postérieure.* — Elle est limitée par la ligne courbe supérieure (46), le bord postérieur de l'apophyse mastoïde (26), l'apophyse vaginale (29) et le bord inférieur du rocher, et en avant par la trace de la soudure transversale de la partie basilaire de l'occipital (38) et du corps du sphénoïde. Elle comprend toute la partie de l'occipital sous-jacente à la ligne courbe supérieure, une petite portion de la région mastoïdienne du temporal et la face inférieure du rocher. Elle ne présente que les sutures occipito-temporales, car la suture occipito-sphénoïdale disparaît habituellement chez l'adulte par la soudure des deux os. En avant de l'apophyse jugulaire (41), la suture pétro-occipitale offre deux caractères remarquables : les os sont simplement juxtaposés et forment en arrière, par l'accolement d'échancrures correspondantes, une large ouverture, *trou déchiré postérieur* (40), divisée habituellement par une lamelle de séparation en deux ouvertures secondaires, l'une postéro-externe, plus large, ayant la forme d'une dilatation globuleuse, *golfe de la veine jugulaire*, l'autre antéro-interne, plus étroite, irrégulière ; il est rare que les trous déchirés postérieurs aient le même aspect et la même grandeur à droite et à gauche. Plus en avant, le sommet du rocher intercepte, avec l'angle rentrant constitué par l'occipital et le sphénoïde, un nouvel orifice triangulaire plus irrégulier, *trou déchiré antérieur* (39), au niveau duquel débouche, en arrière, l'extrémité antérieure du canal carotidien. (Pour les faces inférieures de l'occipital et du rocher, je renvoie à la description spéciale de ces os.)

B. *Région moyenne.* — Elle est dans un plan à peu près vertical, avec une légère obliquité en avant et en bas. On y remarque, au milieu, l'ouverture postérieure des fosses nasales, et sur les côtés, les fosses ptérygoïdes.

Les *fosses ptérygoïdes* (12) sont formées par l'apophyse ptérygoïde du sphénoïde, et complétées par l'apophyse pyramidale du palatin. Profondes et larges en bas, elles sont étroites en haut, où se trouve, en dehors de la base de l'aile interne, une petite fossette, *fossette scaphoïde* (16), pour l'insertion du péristaphylin externe ; plus en dehors est une petite gouttière située en arrière des trous ovale et petit rond, sur les grandes ailes, et se dirigeant vers l'angle rentrant du temporal pour se continuer avec la partie antérieure du canal musculo-tubaire du rocher ; cette gouttière loge la partie cartilagineuse de la trompe d'Eustache. La fosse ptérygoïde est limitée en dehors par le bord postérieur déchiqueté de l'aile externe, qui, plus large que l'interne, se

mastoïde. — 27) Rainure digastrique. — 28) Apophyse styloïde. — 29) Apophyse vaginale. — 30) Face inférieure du rocher. — 31) Canal carotidien. — 32) Trou stylo-mastoïdien. — 33) Conduit auditif externe. — 34) Cavité glénoïde. — 35) Scissure de Glaser. — 36) Tubercule de la racine de l'apophyse zygomatique. — 37) Occipital. — 38) Apophyse basilaire. — 39) Trou déchiré antérieur. — 40) Trou déchiré postérieur. — 41) Apophyse jugulaire. — 42) Condyles de l'occipital. — 43) Trou condylien postérieur. — 44) Protubérance occipitale externe. — 45) Crête occipitale externe. — 40) Ligne demi-circulaire supérieure. — 47) Ligne demi-circulaire inférieure. — 48) Trou occipital.

Insertions musculaires. — A. Azygos de la luette. — B. Constricteur supérieur du pharynx. — C. Ptérygoïdien interne. — D. Ptérygoïdien externe. — E. Péristaphylin externe. — F F'. Masséter. — G. Temporal. — H. Grand droit antérieur de la tête. — I. Petit droit antérieur de la tête. — J. Péristaphylin interne. — K. Stylo-pharyngien. — L. Stylo-hyoïdien. — M M'. Sterno-mastoïdien. — N N'. Splénius. — O. Petit complexus. — P. Digastrique. — Q. Droit latéral. — R. Petit oblique. — S. Grand droit postérieur de la tête. — T. Petit droit postérieur. — U. Grand complexus. — V V'. Trapèze. — X X'. Occipital.

déjette fortement en dehors ; en dedans, par le bord postérieur de l'aile interne, qui présente en haut une échancrure correspondant au passage de la trompe, en bas le crochet de réflexion du tendon du péristaphylin externe.

L'ouverture postérieure des fosses nasales sera décrite avec les cavités de la face.

C. *Région antérieure* ou *voûte palatine*. — Elle sera décrite avec la cavité buccale.

IV. Région antérieure ou faciale (fig. 15).

Elle est formée par la partie inférieure du frontal, les os nasaux, les maxillaires supérieurs, les malaires et le maxillaire inférieur et présente les sutures fronto-nasale, fronto-maxillaire et fronto-malaire, internasale, naso-maxillaire, maxillo-malaire et intermaxillaire. Large dans sa moitié supérieure, elle se termine de chaque côté par une saillie prononcée, saillie de la pommette, et se rétrécit dans ses deux tiers inférieurs, au niveau des mâchoires. Elle offre les ouvertures antérieures de quatre cavités, deux supérieures symétriques, *cavités orbitaires*, une médiane, *ouverture antérieure des fosses nasales*, une inférieure transversale, susceptible d'être complétement fermée par le rapprochement des mâchoires, et donnant accès dans la cavité buccale.

Chacune de ces cavités doit être l'objet d'une description spéciale.

1° Cavités orbitaires.

Elles ont la forme de pyramides quadrangulaires, dont la base ou ouverture antérieure regarde un peu en bas, de façon que leurs axes prolongés en arrière se couperaient à $0^m,05$ environ en avant de la protubérance occipitale interne.

Elles ont quatre parois, quatre angles, une base ou ouverture orbitaire et un sommet.

A. *Paroi supérieure* ou *voûte orbitaire*. — Très-mince, elle est formée en avant par le frontal, en arrière par les petites ailes du sphénoïde ; ces os sont réunis par la suture fronto-sphénoïdale. Elle a une concavité fortement prononcée surtout en dehors pour la glande lacrymale, *fossette lacrymale*.

B. *Paroi inférieure* ou *plancher*. — Elle est constituée d'avant en arrière par une petite portion de l'os malaire, la face supérieure du maxillaire supérieur et la facette orbitaire du palatin et présente les sutures correspondantes ; plane, fortement inclinée en bas et en dehors, elle est traversée d'arrière en avant par une gouttière, gouttière sous-orbitaire, continuée par un canal, canal sous-orbitaire, dont la trace est indiquée par une fissure de l'os ; elle sépare l'orbite du sinus maxillaire.

C. *Paroi interne* (fig. 13, B). — Elle est formée d'avant en arrière par l'apophyse montante du maxillaire supérieur (2), l'unguis (5), l'os planum de l'ethmoïde (8) et une petite portion du sphénoïde réunis par trois sutures verticales. Un peu convexe, à peu près parallèle au plan médian, elle offre en avant la *gouttière lacrymale* (9), limitée par deux bords saillants appartenant à l'apophyse montante du maxillaire supérieur et à l'unguis (10 et 11), et continue en bas avec le canal nasal (12). Le point où le bord postérieur de l'apophyse montante touche à la fois le frontal et l'unguis porte en craniométrie le nom de *dacryon*.

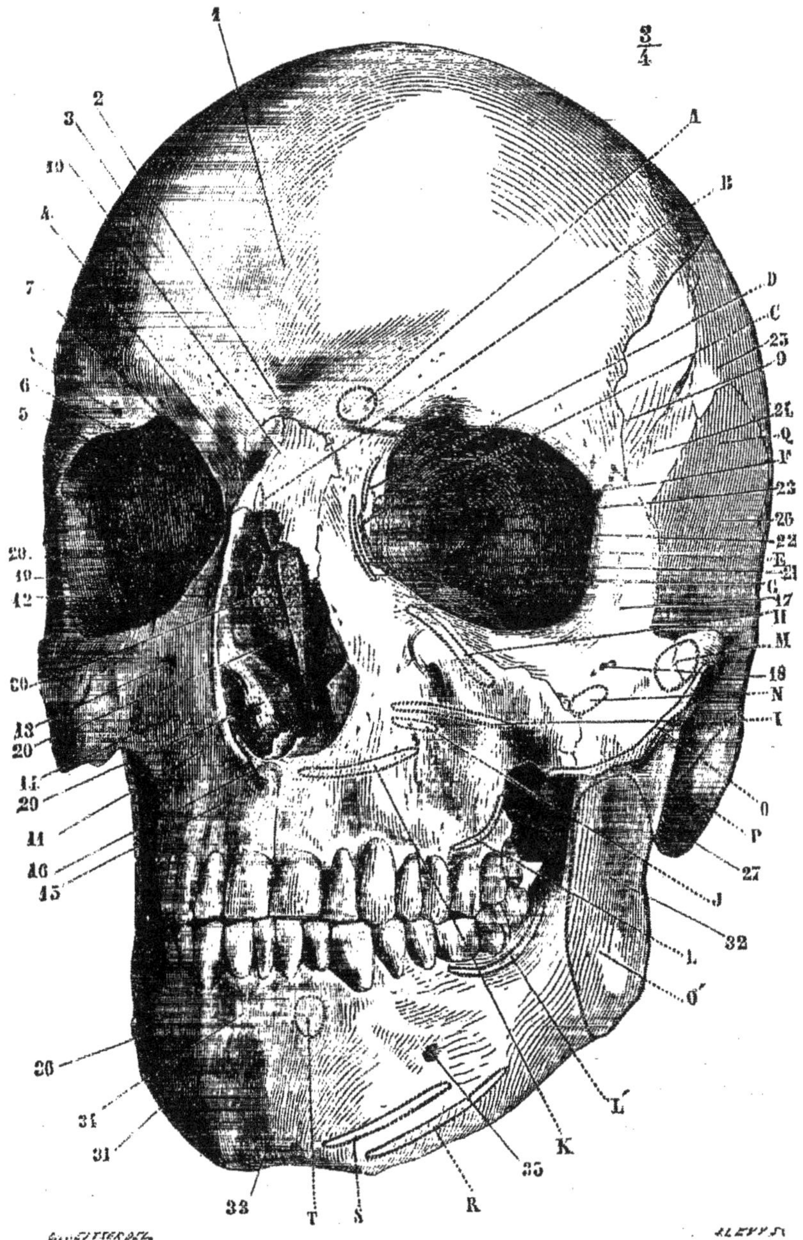

Fig. 15. — *Face antérieure du crâne et de la face* (*).

(*) 1) Frontal. — 2) Bosse nasale. — 3) Bosse frontale. — 4) Arcade sourcilière. — 5) Face orbitaire du frontal. — 6) Arcade orbitaire. — 7) Échancrure sus-orbitaire. — 8) Trou sus-orbitaire accessoire. — 9) Crête temporale du frontal. — 10) Os nasaux. — 11) Os maxillaire supérieur. — 12) Son apophyse montante. — 13) Trou sous-orbitaire. — 14) Fosse canine. — 15) Fossette incisive. — 16) Épine nasale antérieure et inférieure. — 17) Os malaire. — 18) Trou malaire. — 19) Face orbitaire de l'os malaire. — 20) Face orbitaire des grandes ailes du sphénoïde. — 21) Fente sphénoïdale. — 22) Trou optique. 23) Gouttière lacrymale — 24) Face temporale des grandes ailes du sphénoïde. — 25) Pariétal. —

D. *Paroi externe.* — Très-résistante, épaisse, elle est formée en avant par l'os malaire, en arrière par la facette orbitaire de la grande aile du sphénoïde ; elle est fortement oblique en avant et en dehors, de façon que les plans prolongés des parois externes des deux orbites se coupent au dos de la selle turcique. On y trouve l'orifice orbitaire du canal malaire.

E. *Angles.* — Des angles supérieurs l'externe est occupé par les sutures fronto-malaire et fronto-sphénoïdale ; l'interne par les sutures du frontal avec l'apophyse montante du maxillaire, l'unguis, l'ethmoïde, et de ce dernier avec le sphénoïde ; cet angle interne présente tout à fait en arrière, au sommet de l'orbite, un trou large, circulaire, *trou optique*, et plus en avant deux orifices plus petits, *conduits orbitaires internes antérieur et postérieur.* Des deux angles inférieurs, l'interne occupé par les sutures du maxillaire avec l'unguis et l'ethmoïde et du palatin avec l'ethmoïde est très-obtus, de façon que les parois interne et inférieure semblent se continuer ; à sa partie antérieure est l'extrémité inférieure de la gouttière lacrymale et l'orifice supérieur du canal nasal. L'angle inférieur et externe, formé en avant par l'os malaire, offre dans sa moitié postérieure une fente, fente sphéno-maxillaire conduisant dans les fosses ptérygoïde et ptérygo-maxillaire.

F. *Base* ou *rebord orbitaire* (fig. 15). — En haut elle est constituée par le frontal et prend le nom d'*arcade orbitaire* (6) ; cette arcade tranchante et saillante en dehors est mousse en dedans, où se trouve une échancrure, *échancrure sus-orbitaire* (7), quelquefois convertie en trou, *trou sus-orbitaire.* Le rebord orbitaire est mousse dans sa partie inférieure et externe correspondante à l'os malaire. En dedans et en haut ce rebord est à peine indiqué par l'apophyse orbitaire interne du frontal et la partie supérieure de l'apophyse montante ; mais plus bas il redevient tranchant et constitue la lèvre antérieure de la gouttière lacrymale.

G. *Sommet.* — Le sommet est occupé par une fente large en dedans et en bas, étroite en haut et en dehors, où elle empiète un peu sur l'angle supérieur externe, *fente sphénoïdale.* Elle présente un bord supérieur presque transversal, qui répond à la face inférieure des petites ailes du sphénoïde et offre en dedans, au-dessous du trou optique, une saillie osseuse pour le tendon de Zinn, et un bord inférieur oblique appartenant aux grandes ailes et pourvu d'une saillie, où s'attache le tendon du droit externe.

H. *Canal nasal.* — Ce canal, qui fait suite à la gouttière lacrymale et conduit dans le méat inférieur des fosses nasales, est formé en dehors et en avant par une gouttière creusée sur le bord postérieur de l'apophyse montante du maxillaire supérieur et la partie voisine de la face interne du même os, gouttière lacrymo-nasale, qui constitue près des trois quarts du pourtour du canal ; il est complété en dedans et en arrière par des lamelles osseuses très-

26) Écaille du temporal. — 27) Apophyse mastoïde. — 28) Lame perpendiculaire de l'ethmoïde. — 29) Cornet inférieur. — 30) Cornet moyen. — 31) Corps de la mâchoire inférieure. — 32) Ses branches. — 33) Éminence mentonnière. — 34) Fossette incisive. — 35) Trou mentonnier. — 36) Ligne maxillaire externe.

Insertions musculaires. — A. Sourcilier. — B. Pyramidal. — C. Tendon direct de l'orbiculaire des paupières. — D, E. Orbiculaire des paupières. — F. Tendon réfléchi de l'orbiculaire. — G. Releveur superficiel de l'aile du nez et de la lèvre supérieure. — H. Releveur profond. — I. Canin. — J. Transverse du nez. — K. Myrtiforme. — L, L'. Buccinateur. — M. Grand zygomatique. — N. Petit zygomatique. — O, O', Masséter. — P. Sterno-mastoïdien. — Q. Temporal. — R. Triangulaire des lèvres. — S. Carré du menton. — T. Houppe du menton.

minces, l'unguis en haut; l'apophyse lacrymale du cornet inférieur en bas. Ce canal, un peu comprimé transversalement et légèrement concave en dedans, a une longueur de 0m,011 environ ; dans sa partie la plus étroite, qui correspond à peu près au tiers supérieur, il a 0m,004 dans son diamètre transversal, puis s'évase en descendant pour s'ouvrir à la partie supérieure et antérieure du méat inférieur.

2° Fosses nasales.

La cavité nasale a la forme d'une cavité irrégulière, comprimée transversalement, plus large en bas qu'en haut, où elle se termine par une sorte de gouttière curviligne antéro-postérieure et possédant une ouverture antérieure ou faciale et une ouverture postérieure ou gutturale. Elle est divisée par une cloison médiane, verticale et antéro-postérieure, en deux cavités symétriques ou fosses nasales ; enfin à chacune des fosses nasales sont annexées des cavités accessoires ou sinus, creusées dans les os ambiants. On décrit aux fosses nasales deux parois, l'une interne, l'autre externe, un plancher ou paroi inférieure, une voûte ou paroi supérieure, deux ouvertures, et enfin des cavités accessoires ou sinus.

A. *Paroi interne ou cloison des fosses nasales.* — Elle est constituée en haut par la lame perpendiculaire de l'ethmoïde, en bas par le vomer, et présente en avant une échancrure, où se place le cartilage de la cloison. Cette cloison est souvent déjetée d'un côté ou de l'autre.

B. *Paroi externe* (fig. 11). — Elle est formée par six os : l'ethmoïde, le maxillaire supérieur, le palatin, le sphénoïde, le cornet inférieur et l'unguis. Sur cette face on trouve de haut en bas trois lamelles ou *cornets* adhérents par leur bord supérieur à cette paroi, et s'enroulant en dehors par leur bord inférieur libre. Ces cornets divisés en supérieur (22), moyen (23) et inférieur (24), circonscrivent, avec la paroi externe des fosses nasales, des espaces ou *méats* divisés en supérieur, moyen et inférieur. Les deux cornets supérieurs appartiennent à l'ethmoïde ; le *supérieur* est très petit, tout à fait rejeté en arrière (22) et ne s'aperçoit pas par l'ouverture antérieure des fosses nasales ; le *moyen* (23), plus long, s'avance jusque vers le tiers antérieur de la paroi ; l'*inférieur* (24), le plus long de tous, est un os distinct et atteint par son extrémité l'ouverture antérieure des fosses nasales.

Méats. — 1° Le *méat supérieur*, très-petit, situé au-dessous du cornet supérieur, présente en arrière le trou sphéno-palatin, qui conduit dans la fosse ptérygo-maxillaire, en avant l'ouverture des cellules ethmoïdales moyennes ; 2° Le *méat moyen*, compris entre la face externe du cornet moyen et la paroi externe des fosses nasales, est formé d'avant en arrière par l'apophyse montante du maxillaire supérieur, l'unguis, l'apophyse lacrymale du cornet inférieur, l'ethmoïde, le palatin et l'apophyse ptérygoïde ; on y trouve en avant et en haut un orifice conduisant dans les sinus frontaux, *infundibulum*, et en bas et en arrière du précédent l'orifice du sinus maxillaire ; 3° Le *méat inférieur* est compris entre le cornet inférieur d'une part et le maxillaire supérieur et le palatin de l'autre : il est plus étendu et présente à la partie antérieure et supérieure l'orifice inférieur du canal nasal, précisément à l'endroit où le bord supérieur du cornet inférieur change brusquement de direction.

C. *Voûte des fosses nasales* (fig. 11). — Très-étroite transversalement et réduite à une simple gouttière, elle se divise en trois parties : 1° une antérieure, oblique en bas et en avant, formée par la face postérieure des os du nez et les gouttières de l'épine nasale du frontal; 2° une moyenne, horizontale, partie culminante de la voûte, constituée par la lame criblée de l'ethmoïde ; 3° une postérieure, oblique en bas et en arrière, représentée par les faces antérieure et inférieure du corps du sphénoïde, offrant la première l'ouverture du sinus sphénoïdal (19), la deuxième l'orifice postérieur du conduit ptérygo-palatin.

D. *Plancher des fosses nasales.* — Ce plancher assez large, long d'environ 0m,045, concave transversalement, est presque horizontal avec une légère pente vers la partie postérieure. Il est formé par l'apophyse palatine du maxillaire supérieur dans ses trois quarts antérieurs, et dans son quart postérieur par la lame horizontale du palatin. En avant, tout près de la ligne médiane, se trouve un conduit qui se réunit à celui du côté opposé et débouche par un canal simple à la partie antérieure de la voûte palatine (*canal incisif* ou *palatin antérieur*).

E. *Ouverture antérieure des fosses nasales* (fig. 15). — Large de 0m,022 à sa base sur une hauteur de 0m,03 et plus, comparée pour sa forme à un cœur de carte à jouer, elle est circonscrite à sa partie supérieure tronquée par le bord inférieur des os du nez, en bas et sur les côtés par l'apophyse montante du maxillaire supérieur ; à sa partie inférieure, sur la ligne médiane, est la saillie plus ou moins marquée de l'épine nasale antérieure et inférieure.

F. *Ouverture postérieure des fosses nasales* (fig. 14). — Cette ouverture, située dans un plan oblique en bas et en avant, est divisée par le bord postérieur du vomer (24) en deux ouvertures symétriques, correspondant à chacune des fosses nasales ; chacune de ces ouvertures secondaires est quadrangulaire, large de 0m,013, haute de 0m,025, et limitée en bas par la lame horizontale du palatin, en haut par le sphénoïde et une petite lamelle de l'apophyse sphénoïdale du palatin, en dedans par le vomer, en dehors par le palatin et l'apophyse ptérygoïde.

G. *Dimensions.* — Le plus grand diamètre vertical des fosses nasales est de 0m,05 ; le plus grand diamètre antéro-postérieur d'une ouverture à l'autre est de 0m,07 à 0m,08. Le diamètre transversal diminue depuis 0m,015 (plancher) jusqu'à 0m,003 (partie la plus étroite de la voûte).

H. *Sinus des fosses nasales.* — On peut les diviser de la façon suivante :

1° Sinus ouverts sur la voûte des fosses nasales, au-dessus du cornet supérieur ; sinus sphénoïdaux et cellules ethmoïdales postérieures;

2° Sinus ouverts dans le méat supérieur ; cellules ethmoïdales moyennes ;

3° Sinus ouverts dans le méat moyen ; cellules ethmoïdales antérieures, sinus frontaux, sinus maxillaires.

3° Cavité buccale.

Cette cavité, très-incomplète quand les parties molles sont enlevées, n'est formée que par la voûte palatine et la face interne du corps du maxillaire inférieur.

A. *Voûte palatine* (fig. 14). — Elle est constituée par quatre os, les maxillaires supérieurs en avant et les palatins en arrière, et présente par conséquent quatre sutures se croisant à angle droit. Elle est limitée en arrière par un bord tranchant, mince, appartenant au palatin et offrant sur la ligne médiane une apophyse saillante, *épine nasale supérieure*, en avant et sur les côtés par le rebord alvéolaire de la mâchoire supérieure. Ce *rebord alvéolaire*, très-épais, n'a pas la même direction que la voûte palatine et fait un angle avec elle ; tandis que celle-ci est à peu près horizontale, le rebord alvéolaire est presque vertical sur les côtés, oblique à sa partie antérieure et excave ainsi la voûte palatine, dont la profondeur varie du reste suivant les sujets. Cette surface est rugueuse et présente une saillie médiane antéro-postérieure, qui aboutit en avant à l'orifice antérieur du canal incisif (6). En arrière et sur les côtés, on trouve une crête transversale, où s'insère l'aponévrose du voile du palais ; et en avant de cette crête l'orifice du canal palatin postérieur (10) ; de ce canal part une gouttière anfractueuse (8), qui longe de chaque côté l'angle de réunion de la voûte et du rebord alvéolaire.

B. *Maxillaire inférieur.* — La partie linguale de sa face interne sus-jacente à la ligne myloïdienne fait seule partie de la cavité buccale et ne mérite pas de description spéciale.

§ III. — Caractères généraux du crâne.

1° *Dimensions.* — Voici les dimensions moyennes des diamètres principaux du crâne : le diamètre antéro-postérieur maximum de l'occipital au bord inférieur du front a 0m,182 ; le diamètre transversal maximum a 0m,145 et coupe le précédent à la réunion des deux tiers antérieurs et du tiers postérieur ; le diamètre vertical maximum a 0m,132 et coupe le diamètre antéro-postérieur en arrière du précédent [1]. Ces diamètres, susceptibles de très-grandes variétés individuelles, sont plus petits chez la femme.

2° *Capacité.* — On apprécie la capacité du crâne, entre autres procédés, en mesurant la quantité de plomb de chasse que contient un crâne dont a bouché les orifices (procédé de Morton). La capacité moyenne varie entre 1500 centimètres cubes et plus (races supérieures) et 1250 (races inférieures). Chez les femmes, elle est d'environ 100 centimètres cubes inférieure à celle des hommes.

3° *Forme.* — La forme du crâne n'est jamais tout à fait symétrique. Mais indépendamment de ces différences d'un côté à l'autre, qui sont en général très-peu marquées, la forme des crânes varie énormément suivant les individus et suivant les races. On apprécie ces variations de forme soit en mesurant les différents diamètres et la capacité des crânes, soit simplement en les examinant sous diverses faces. On a cherché à classer les crânes d'après ces variétés de forme et, à ce point de vue, Retzius les a divisés en *brachycéphales* [2] ou têtes courtes et *dolichocéphales* [3] ou têtes longues ; dans les brachycéphales le diamètre transversal se rapproche du diamètre antéro-postérieur ; dans les dolichocéphales, il s'en écarte ; si l'on représente par une grandeur fixe (100) la longueur du diamètre antéro-postérieur, la longueur du diamètre transversal (*indice céphalique*) est de 80 et au delà pour les brachycéphales, de 77 et au-dessous pour les dolichocéphales ; les crânes dont l'indice céphalique est entre 77 et 80 sont intermédiaires ou *mésaticéphales*.

On a pris une autre base de classification dans la saillie des mâchoires, saillie très prononcée chez les nègres ; on a appelé *crânes prognathes* [3] ceux dont les mâchoires proéminent en avant, et *crânes orthognathes* [3] ceux où la direction des dents et des

(1) Ces diamètres sont ceux trouvés par Broca sur des Parisiens contemporains.
(2) βραχὺς, court ; δολιχὸς, allongé, et κεφαλή, tête.
(3) πρὸ, en avant ; ὀρθὸς, droit, et γνάθος, mâchoire.

mâchoires se rapproche de la verticale ; le prognathisme peut tenir à l'obliquité des rebords alvéolaires avec ou sans obliquité des dents.

On a proposé différents procédés graphiques pour apprécier les rapports d'étendue du crâne et de la face; le plus connu est l'*angle facial de Camper*. Camper menait, sur le profil d'un crâne ou d'une tête, une ligne du centre du conduit auditif externe à l'épine nasale antérieure et inférieure (*ligne auriculaire*), et une deuxième ligne tangente à la bosse nasale et aux incisives (*ligne faciale*); ces deux lignes en se coupant faisaient un angle, angle facial, d'autant plus aigu que la cavité crânienne était plus étroite; cet angle est de 70° à 75° pour le nègre, de 80° au moins pour le blanc. On a proposé depuis Camper un grand nombre d'angles et de procédés de mensuration pour lesquels je renvoie aux ouvrages spéciaux d'anthropologie. Il en est de même pour les différences de race.

4° *Différences d'âge.* — Par les progrès de l'âge les sutures se soudent peu à peu de la table interne vers la table externe, d'abord la suture pariétale, puis les sutures fronto-pariétale et lambdoïde, et les canaux veineux que contenaient les os s'anastomosent entre eux (voy. fig. 9); en même temps les os s'amincissent, et à la face interne des pariétaux on remarque des dépressions irrégulières plus ou moins profondes, dues à la présence des granulations de Pacchioni.

5° *Différences de sexe.* — Le crâne féminin est plus petit, surbaissé dans la direction antéro-postérieure, bombé dans la direction transversale; le front est plus petit, plus étroit; l'occipital est plus haut et plus long, la partie cérébelleuse plus développée que chez l'homme; la base du crâne est plus courte, le trou occipital plus petit. La capacité crânienne est inférieure à celle de l'homme.

Os wormiens (1). — Il peut se former au niveau des sutures des îlots osseux détachés des os voisins; ces îlots, variables comme forme, comme grandeur, comme nombre, ont cependant des lieux d'élection, dont le principal est la suture lambdoïde. On y trouve souvent un os triangulaire (*os triquètre*, *os épactal*, *os de l'Inca* (2)) quelquefois double, souvent très-volumineux et pouvant comprendre même toute la partie supérieure de l'écaille de l'occipital; ces os wormiens se rencontrent encore : 1° au crâne, aux deux angles inférieurs du pariétal, etc.; 2° à la face, dans la cavité orbitaire, à la suture incisive, etc. Ils comprennent tantôt toute l'épaisseur de l'os, tantôt sa partie superficielle seulement.

§ IV. — Trous et canaux de la base du crâne avec les vaisseaux et nerfs qui les traversent.

Trous de la lame criblée	Nerfs olfactifs ; artères ethmoïdales antérieure et postérieure ; nerf ethmoïdal.
Trou optique	Nerf optique ; artère ophthalmique.
Fente sphénoïdale	Nerfs ophthalmique de Willis, moteur oculaire commun, pathétique, moteur oculaire externe; racine sympathique du ganglion ophthalmique; veine ophthalmique.
Trou grand rond	Nerf maxillaire supérieur.
Trou ovale	Nerf maxillaire inférieur ; artère petite méningée.
Trou petit rond	Artère méningée moyenne.
Canal vidien	Nerf vidien ; artère vidienne.
Trou déchiré antérieur	Rameau carotidien du nerf vidien.
Hiatus de Fallope	Grand nerf pétreux superficiel ; artère du nerf facial.
Conduit parallèle à cet hiatus	Petit nerf pétreux superficiel.
Trou condylien antérieur	Nerf hypoglosse ; branche de l'artère pharyngienne inférieure ; veine correspondante.
Trou condylien postérieur	Veine de communication du sinus latéral et de la veine cervicale profonde.

(1) Ils ont reçu leur nom d'Olaüs Wormius, qui les a décrits un des premiers.

(2) On l'avait cru spécial aux races du Pérou.

Trou mastoïdien.	Veine de communication du sinus latéral et de la veine cervicale profonde; branche méningienne de l'artère occipitale.
Conduit auditif interne.	Nerfs auditif, facial et intermédiaire de Wrisberg.
Canal du vestibule.	Branche veineuse se jetant dans le sinus pétreux inférieur.
Trou déchiré postérieur.	Nerfs glosso-pharyngien, pneumo-gastrique et spinal; veine jugulaire interne; branche méningienne de l'artère pharyngienne inférieure.
Scissure de Glaser.	Artère tympanique; corde du tympan; ligament antérieur du marteau.
Trou stylo-mastoïdien.	Nerf facial; artère stylo-mastoïdienne.
Canal du limaçon.	Branche veineuse se jetant dans la veine jugulaire interne.
Canal du nerf de Jacobson.	Nerf du même nom.
Canal carotidien.	Artère carotide interne; plexus carotidien du grand sympathique.
Trou sphéno-palatin.	Nerfs sphéno-palatins; artère sphéno-palatine.
Canal ptérygo-palatin.	Nerf pharyngien de Bock; artère ptérygo-palatine.
Grand canal palatin postérieur. .	Grand nerf palatin; artère palatine supérieure.
Canaux palatins post. accessoires .	Nerfs palatins postérieurs; branches de l'artère palatine supérieure.
Canal palatin antérieur.	Nerf naso-palatin; artère sphéno-palatine.
Trou orbitaire interne antérieur..	Nerf ethmoïdal; artère ethmoïdale antérieure.
Trou orbitaire interne postérieur.	Artère ethmoïdale postérieure; filet nerveux méningien.
Trou sus-orbitaire.	Nerf frontal externe; artère sus-orbitaire.
Canal sous-orbitaire.	Nerf sous-orbitaire; artère sous-orbitaire.
Canal malaire.	Nerf temporo-malaire; branche malaire de l'artère lacrymale.

CHAPITRE III

THORAX

Le squelette du thorax est constitué en arrière par les vertèbres dorsales, en avant par le sternum, de chaque côté par douze côtes, qui, sauf les deux dernières, rattachent les vertèbres dorsales au sternum par l'intermédiaire des cartilages costaux.

1° **Sternum** (fig. 16).

Placer en avant la face convexe, en haut l'extrémité la plus large.

Le sternum est un os impair, aplati d'avant en arrière, ayant à peu près une longueur de 0m,20 sur une largeur moyenne de 0m,04; son bord supérieur se trouve à la hauteur du bord inférieur de la deuxième vertèbre dorsale, son extrémité inférieure à celle de la dixième; l'extrémité supérieure est en outre plus rapprochée du rachis que l'inférieure, de façon que l'os a une inclinaison totale de 70° sur l'horizon.

Il se divise en trois portions soudées incomplétement chez l'adulte : une partie supérieure, haute de 0m,045, plus large et plus épaisse que le reste de l'os, *manche* ou *poignée* du sternum, *manubrium* (6); 2° une partie moyenne, qui chez l'homme a au moins le double de la hauteur du manche, c'est le *corps* (7); 3° une partie inférieure, mince, étroite, variable de forme, effilée ou arrondie à son extrémité, quelquefois bifurquée, présentant souvent un ou plusieurs orifices; c'est l'*appendice xiphoïde* (ξίφος, épée) (8).

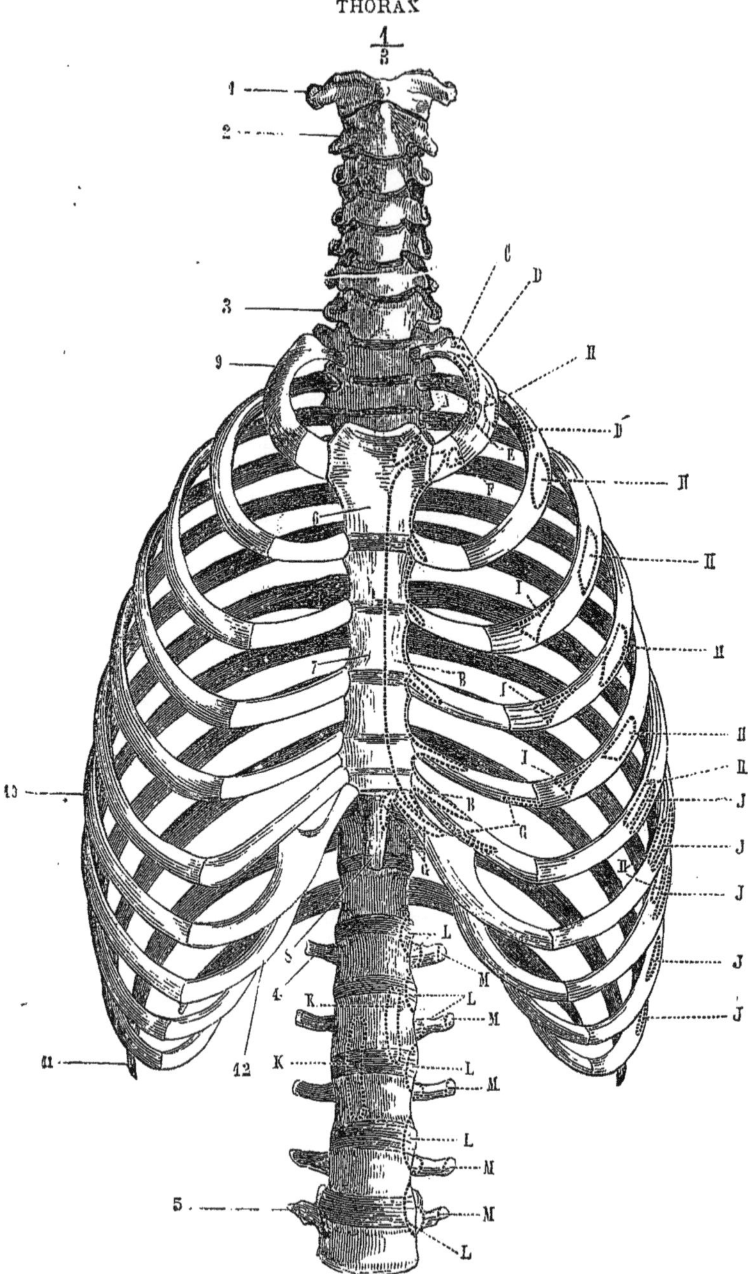

FIG. 16. — *Thorax, face antérieure* (*).

(*) 1) Atlas. — 2) Axis. — 3) Septième vertèbre cervicale. — 4) Première vertèbre lombaire. — 5) Cinquième vertèbre lombaire. — 6) Poignée du sternum. — 7) Corps du sternum. — 8) Appendice xiphoïde. — 9) Première côte. — 10) Septième côte. — 11) Onzième côte. — 12) Cartilage costal de la première fausse côte.

Insertions musculaires. — A. Sterno-mastoïdien. — B. Grand pectoral. — C. Premier surcostal. — D. Insertion du scalène postérieur à la première côte. — D'. Son insertion à la deuxième côte. — E. Scalène antérieur. — F. Sous-clavier. — G. Grand droit antérieur de l'abdomen. — H. Grand dentelé. — I. Petit pectoral. — J. Grand oblique de l'abdomen. — K. Piliers du diaphragme. — L. Psoas. — M. Carré des lombes.

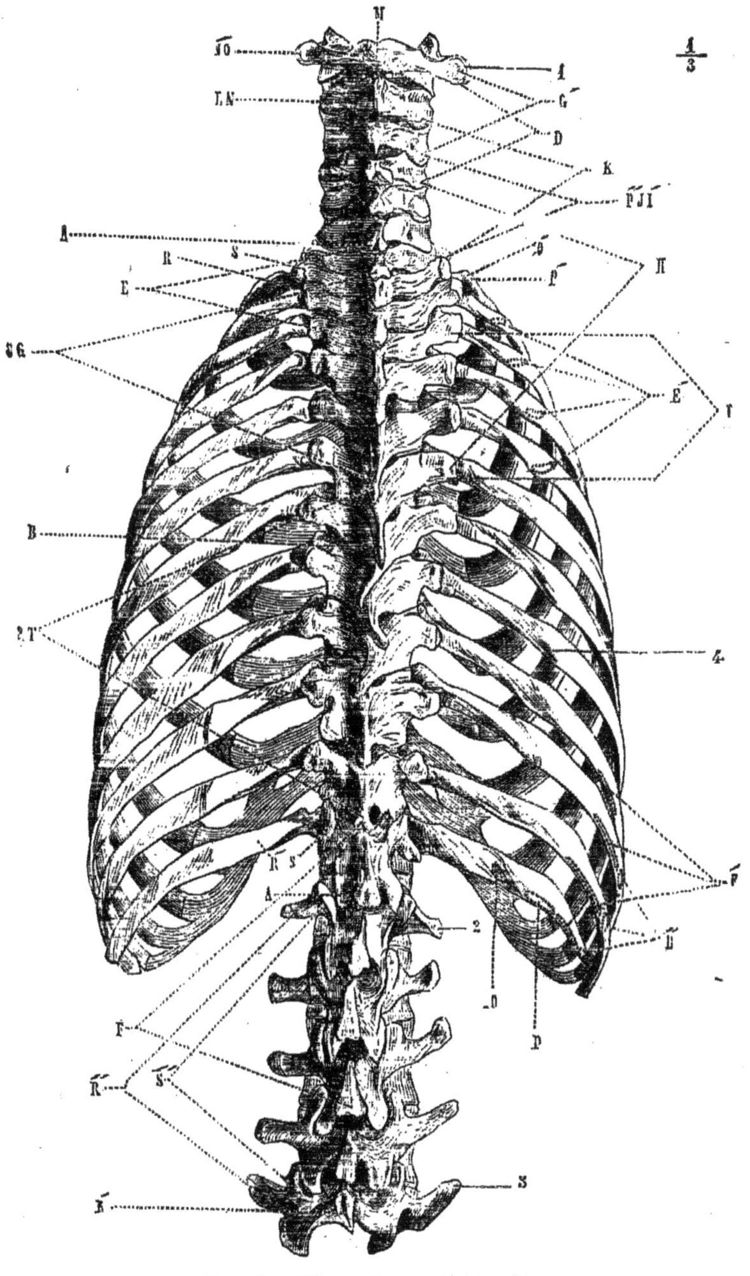

1/3

FIG. 17. — *Thorax, face postérieure* (*).

(*) 1) Atlas. — 2) Première vertèbre lombaire. — 3) Cinquième vertèbre lombaire. — 4) Angle des côtes.

Insertions musculaires. — A. Insertion du trapèze aux apophyses épineuses, depuis la sixième vertèbre cervicale A' jusqu'à la dixième vertèbre dorsale. — B à B'. Insertions du grand dorsal (sixième vertèbre dorsale à la cinquième vertèbre lombaire). — B''. Insertions costales du grand dorsal. — . Angu laire de l'omoplate. — E. Insertions épineuses du petit dentelé supérieur. —

Le sternum a deux bords latéraux, un bord supérieur, un sommet formé par l'appendice xiphoïde et deux faces.

1° Le *bord supérieur*, épais, offre trois échancrures : une médiane, *fourchette du sternum*, deux latérales convexes d'avant en arrière articulées avec la clavicule.

2° Les *bords latéraux* présentent sept échancrures semi-lunaires correspondant aux cartilages costaux des sept premières côtes ; ces échancrures diminuent de profondeur et d'étendue de haut en bas ; la première, située immédiatement au-dessous de la facette claviculaire du bord supérieur, et la moitié supérieure de la deuxième appartiennent au manche du sternum ; toutes les autres appartiennent au corps de l'os, sauf la dernière demi-facette, qui appartient à l'appendice xiphoïde.

3° Des deux faces, l'*antérieure* est convexe, bombée, la *postérieure* légèrement concave ; on trouve quelquefois sur ces faces des lignes saillantes, transversales, réunissant les échancrures des bords de l'os et indiquant la trace de la soudure des différentes pièces du sternum.

Structure. — Le sternum est un os composé de tissu spongieux, il reçoit par sa face postérieure des filets nerveux venant des cinq premiers nerfs intercostaux.

Variétés. — On trouve quelquefois sur la fourchette du sternum, en dedans des facettes claviculaires, deux petits osselets, *os sus-sternaux*, comparables en forme et en grandeur au pisiforme et adhérents au ménisque de l'articulation sterno-claviculaire.

Articulations. — Le sternum s'articule avec les clavicules et les sept premiers cartilages costaux de chaque côté.

2° Côtes (fig. 16 et 17).

Placer en dedans la face concave, en bas la gouttière qu'elle présente, en avant l'extrémité creusée d'une facette ovalaire. Si la côte n'a pas de face concave (première côte), placer en dedans le bord concave, en haut la face qui possède un tubercule saillant sur ce bord concave, et en arrière de ce tubercule une dépression en gouttière. Dans les deux dernières côtes, l'extrémité antérieure, au lieu d'être aussi large que le reste, est effilée et se termine en pointe.

Les côtes ont la forme d'arcs osseux aplatis, obliques en bas et en avant ; elles présentent en général trois courbures : 1° une *courbure suivant les faces*, de manière qu'une des faces, l'interne, est concave, tandis que l'autre est convexe ; cette courbure est plus forte dans le quart ou le cinquième postérieur de la côte, où elle correspond à la gouttière des poumons, que dans les quatre cinquièmes antérieurs, et ce changement brusque de courbure est indiqué, surtout à la face externe, par une sorte d'inflexion et d'épaississement appelé *angle des côtes* (fig. 17) ; 2° une *courbure suivant les bords*, telle que pour les deuxième, troisième et quatrième côtes, le bord supérieur est concave (pour la première, c'est le bord interne), tandis que de la cinquième à la

E'. Ses insertions costales. — F. Insertions épineuses du petit dentelé inférieur. — F'. Ses insertions costales. — G. Splénius. — G'. Ses insertions cervicales supérieures. — H. Grand complexus. — I. Insertions inférieures du transversaire du cou. — I'. Ses insertions supérieures. — J. Petit complexus. — K. Scalène postérieur. — L. Grand droit postérieur de la tête. — M. Petit droit postérieur. — N. Insertion inférieure du grand oblique. — N'. Ses insertions supérieures. — O. Petit oblique. — PP'. Faisceaux externes du sacro-lombaire (les faisceaux intermédiaires ne sont pas figurés). — P''. Insertion du sacro-lombaire aux vertèbres cervicales. — QQ'. Faisceaux de renforcement inférieur et supérieur du sacro-lombaire (les faisceaux intermédiaires ne sont pas figurés). — RR'. Insertions costales supérieure et inférieure du long dorsal (les faisceaux intermédiaires ne sont pas figurés). — R'' Insertions du long dorsal aux apophyses costiformes lombaires. — SS'. Faisceaux vertébraux supérieur et inférieur du long dorsal (les faisceaux intermédiaires ne sont pas figurés. — S''. Insertions du long dorsal aux apophyses articulaires lombaires. — T. Insertions des faisceaux épineux du long dorsal.

dixième le bord supérieur a la forme d'un *S* italique très-allongé, concave en arrière, convexe en avant ; 3° une *courbure de torsion*, nulle pour la première côte, à peine sensible pour la deuxième, et qui, pour les autres, fait que la face externe regarde un peu en bas en arrière, un peu en haut en avant.

La *longueur* des côtes, très-faible pour la première, augmente graduellement de la deuxième à la huitième, pour diminuer de nouveau jusqu'à la douzième. Les chiffres suivants donnent une idée de ces variations : première côte 0m,085 ; deuxième 0m,18 ; huitième 0m,32 ; dixième 0m,274 ; onzième 0m,20 ; douzième 0m,113.

Les côtes se composent d'une extrémité postérieure, d'un corps et d'une extrémité antérieure.

1° L'*extrémite postérieure* présente trois parties : tout à fait en arrière, la *tête de la côte*, pourvue d'une surface articulaire simple pour les première, onzième et douzième côtes, double pour les autres et divisée en deux par une crête saillante; 2° une partie rétrécie ou *col*, rugueuse en arrière ; 3° une saillie ou *tubérosité*, située en arrière à la réunion du corps et du col, et sur laquelle se voit une surface articulaire convexe, tournée en bas et en arrière, et surmontée en dehors de rugosités pour des insertions ligamenteuses; elle manque aux deux dernières côtes.

2° Le *corps* offre une face interne concave, pourvue en bas d'une gouttière, *gouttière costale*; une face externe convexe, et deux bords, un supérieur, mousse, légèrement excavé en gouttière ; un inférieur, tranchant, formant la lèvre externe et inférieure de la gouttière costale.

3° L'*extrémité antérieure* est excavée et aussi épaisse que le reste de l'os, sauf pour les onzième et douzième côtes, qui se terminent en pointe.

Caractères distinctifs. — 1° *Première côte.* — Très-large, surtout en avant, courte, elle n'a qu'une courbure suivant les bords ; sa tête a une seule facette vertébrale; sa face supérieure présente un tubercule situé près de son bord interne, *tubercule du scalène antérieur*, en arrière et en dehors duquel est une dépression en gouttière, *gouttière de l'artère sous-clavière*.

2° *Deuxième côte.* — Moins large et plus longue que la première, elle a, outre la courbure des bords, une courbure des faces et une très-légère courbure de torsion. Vers la partie moyenne de sa face externe se trouve une empreinte rugueuse pour le grand dentelé.

3° La *onzième* et la *douzième côte* n'ont pas de tubérosité; elles ont une seule facette vertébrale et une extrémité antérieure effilée. La onzième a une gouttière costale très-peu marquée ; la douzième n'en a pas de trace et n'a pas d'angle des côtes.

Structure. — Elles sont formées de tissu spongieux avec une mince lame enveloppante de tissu compacte.

Variétés. — On observe quelquefois des cas d'augmentation du nombre des côtes, tantôt aux dépens des branches antérieures des apophyses transverses des dernières vertèbres cervicales et surtout de la septième, tantôt aux dépens des apophyses costiformes lombaires. On rencontre plus rarement une diminution de nombre.

CHAPITRE IV

OS DU MEMBRE SUPÉRIEUR

Le membre supérieur se compose de quatre segments, qui sont, de la racine vers l'extrémité, l'épaule, le bras, l'avant-bras et la main.

ARTICLE I. — OS DE L'ÉPAULE

L'épaule forme une demi-ceinture osseuse entourant la partie supérieure du horax et constituée en avant par la clavicule, en arrière par l'omoplate ; fixée en avant au sternum par des ligaments et reliée à celle du côté opposé par le ligament interclaviculaire, elle est tout à fait libre en arrière, où l'omoplate ne fait que s'appliquer sans adhérence sur la face postérieure du thorax.

1° **Clavicule** (fig. 18).

Placer en dehors l'extrémité aplatie de l'os, en bas la face la plus rugueuse et creusée d'une gouttière, en avant la convexité de la courbure de la partie interne de l'os.

Cet os pair, long de $0^m,15$ environ, est dirigé en dehors, en arrière et un peu

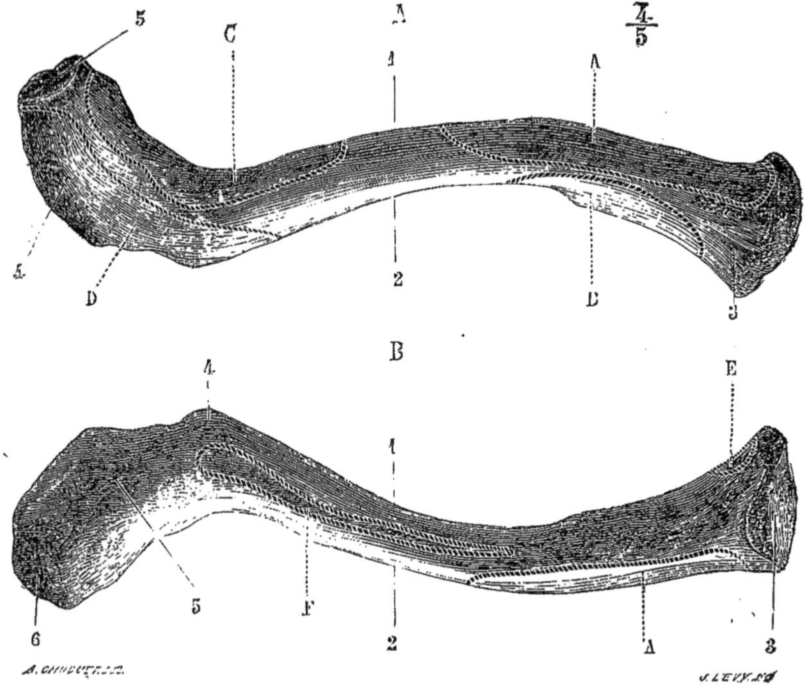

Fig. 18. — *Clavicule du côté gauche* (*).

(*) A. *Face supérieure.* — 1) Bord antérieur. — 2) Bord postérieur. — 3) Extrémité interne. — 4) Extrémité externe. — 5) Facette acromiale.
B. *Face inférieure.* — 1) Bord postérieur. — 2) Bord antérieur. — 3) Facette sternale. — 4) Rugosités pour le ligament conoïde. — 5) Ligne rugueuse pour l'insertion du ligament trapézoïde. — 6) Facette acromiale de la clavicule.
Insertions musculaires. — A. Grand pectoral. — B. Sterno-mastoïdien. — C. Deltoïde. — D. Trapèze. — E. Sterno-hyoïdien. — F. Sous-clavier.

en haut, et présente deux courbures en forme d'*S* italique, l'une interne, occupant les deux tiers de l'os, et convexe en haut, l'autre externe, concave. Au point de vue de ses rapports avec les os voisins, on peut le diviser en trois segments : un interne, prismatique, triangulaire, allant de son extrémité sternale jusqu'à l'endroit où il croise la première côte ; un moyen arrondi, répondant au premier espace intercostal et à la deuxième côte ; un externe aplati de haut en bas, articulé en dedans avec l'apophyse coracoïde, en dehors avec l'acromion.

On lui décrit deux faces, deux bords et deux extrémités.

La *face supérieure* (A) est convexe, lisse, sous-cutanée ; la *face inférieure* (B) présente en dedans une facette non constante et quelquefois une tubérosité articulée avec la première côte ; dans sa partie moyenne une gouttière, *gouttière du sous-clavier ;* plus en dehors une ligne rugueuse, oblique en dehors et en avant (4, 5), reliée à l'apophyse coracoïde de l'omoplate par les ligaments coraco-claviculaires ; puis une surface aplatie.

Le *bord antérieur*, épais et convexe en dedans, est plus mince et concave en dehors dans son tiers externe ; le *bord postérieur* est concave et convexe en sens inverse du précédent ; il présente le conduit nourricier de l'os.

L'*extrémité interne*, prismatique, triangulaire, volumineuse, est pourvue d'une facette articulaire convexe irrégulière, dont l'angle le plus saillant est dirigé en bas et en arrière (B, 3). L'*extrémité externe* ou acromiale aplatie offre une facette ovalaire plane regardant en dehors et en bas, et articulée avec l'acromion (A, 5).

La clavicule est plus courbée chez l'homme que chez la femme ; la droite est ordinairement plus courbée que la gauche.

Structure. — Elle n'a qu'un canal médullaire incomplet et peu distinct.

Articulations. — Elle s'articule avec deux os, le sternum et l'omoplate.

2° Omoplate (fig. 19).

Placer en avant la face concave, en bas l'angle plus aigu, en dehors et un peu en avant celui des deux angles supérieurs qui supporte une facette concave ovalaire.

Cet os pair, large, aplati, triangulaire, a deux faces, trois bords et trois angles. Sa hauteur, d'environ 0m,17, est à peu près le double de sa plus grande largeur. Dans la position normale du bras pendant le long du corps, il s'étend sur la face postérieure du thorax depuis le premier espace intercostal jusqu'à la septième côte, et son bord interne est aussi éloigné du sommet des apophyses transverses que celles-ci des apophyses épineuses des vertèbres ; dans cette position, le centre de la cavité glénoïde se trouve à la hauteur de la face inférieure de la quatrième vertèbre dorsale.

1° *Face antérieure* (A). — Elle est concave *(fosse sous-scapulaire)* et présente des crêtes obliques (2) pour des insertions musculaires.

2° *Face postérieure* (B). — Elle est divisée en deux portions par l'*épine de l'omoplate* (3), apophyse triangulaire, volumineuse, aplatie de haut en bas, s'élevant graduellement du bord interne vers le bord externe de l'os, et située à la réunion de ses trois quarts inférieurs et de son quart supérieur. La partie de la face postérieure sus-jacente à l'épine constitue la *fosse sus-épineuse*, la partie sous-jacente la *fosse sous-épineuse*. Les deux faces de l'épine se continuent avec ces deux fosses ; son bord postérieur, épais, rugueux, commence près du bord interne ou spinal par une surface triangulaire lisse (5) ; son bord externe est lisse, concave ; à la réunion de ces deux bords l'épine se prolonge en haut et en dehors en s'élargissant et forme une apophyse aplatie d'arrière en avant et de haut en bas, l'*acromion* (ἄκρος, sommet ; ὦμος, épaule). L'acromion présente une face postéro-supérieure convexe (4), continue au bord postérieur de l'épine ; une face antéro-inférieure concave pourvue en avant d'une facette (A, 15) articulée avec l'extrémité externe de la clavicule ; un bord inférieur convexe et un sommet. La fosse sous-épineuse (B, 2) offre en dehors une crête (8) parallèle au bord externe de l'os, et séparant de cette fosse une bande osseuse longitudinale divisée elle-même, par une crête oblique (9), en deux surfaces secondaires, l'une supérieure, l'autre inférieure, servant à des insertions musculaires.

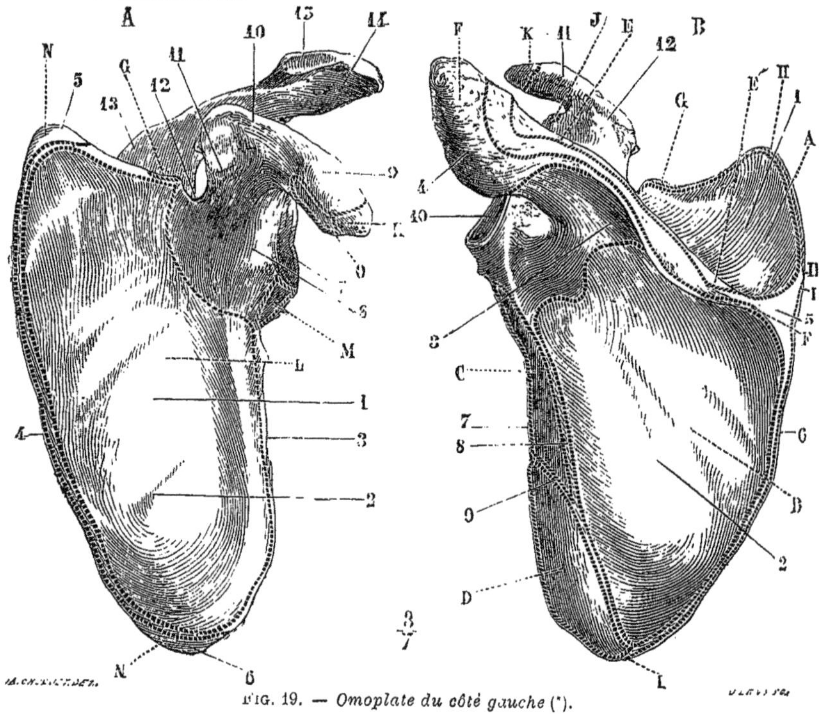

FIG. 19. — *Omoplate du côté gauche* (*).

3° *Bord supérieur*. — Très-court, mince, il offre à sa partie externe une petite échancrure, *échancrure coracoïdienne* ou *sus-scapulaire* (A, 12), et en dehors de cette échancrure une apophyse, *apophyse coracoïde* [1] (A, 9 ;

(*) A. *Face antérieure*. — 1) Fosse sous-scapulaire. — 2) Crêtes de cette fosse. — 3) Bord axillaire — 4) Bord spinal. — 5) Angle supérieur et interne. — 6) Angle inférieur. — 7) Cavité glénoïde. — 8) Col de la cavité glénoïde. — 9) Apophyse coracoïde. — 10) Insertion du ligament conoïde. — 11) Insertion du ligament trapézoïde. — 12) Échancrure coracoïdienne. — 13) Épine de l'omoplate. — 14) Acromion — 15) Facette claviculaire de l'acromion.

B. *Face postérieure*. — 1) Fosse sus-épineuse. — 2) Fosse sous-épineuse. — 3) Épine de l'omoplate. — 4) Acromion. — 5) Surface triangulaire de la naissance de l'épine. — 6) Bord spinal. — 7) Bord axillaire. — 8) Crête longitudinale de la fosse sous-épineuse longeant le bord axillaire. — 9) Crête oblique séparant les surfaces d'insertion du petit et du grand rond. — 10) Cavité glénoïde. — 11) Apophyse coracoïde. — 12) Sa base rugueuse.

Insertions musculaires. — A. Sus-épineux. — B. Sous-épineux. — C. Petit rond. — D. Grand rond — E E'. Trapèze. — F F' Deltoïde. — G. Omo-hyoïdien. — H. Angulaire de l'omoplate. — I. Rhomboïde. — J. Tendon du long chef du biceps. — K. Tendons réunis du court chef du biceps et du coraco-brachial. — L. Sous-scapulaire. — M. Long chef du triceps. — N. Grand dentelé. — O. Petit pectoral.

[1] De κόραξ, corbeau, comparée à un bec de corbeau.

B, 11) recourbée à la manière d'un doigt à demi-fléchi ; sa face convexe, rugueuse, regarde en dedans ; sa face concave, lisse, regarde en dehors ; son sommet est dirigé en dehors et en avant ; sa base est couverte de rugosités (A, 10, 11) pour des insertions ligamenteuses.

4° *Bord interne* ou *spinal*. — Il est mince, oblique en haut et en dedans dans ses deux tiers inférieurs ; au niveau de la naissance de l'épine de l'omoplate, il éprouve un changement de direction et se porte en haut et en dehors.

5° *Bord externe* ou *axillaire*.—Épais, il se termine au-dessous de la cavité glénoïde par une surface excavée triangulaire.

6° *Angles*. — Des trois angles de l'omoplate, l'*angle externe* seul mérite une description spéciale : il est comme tronqué et occupé par une fossette concave ovalaire, à grand diamètre vertical, articulée avec l'humérus, *cavité glénoïde* (A, 7), et supportée par une portion rétrécie, *col de l'omoplate* (A, 8).

Structure. — La substance spongieuse n'existe guère qu'aux angles inférieur et externe, au bord axillaire de l'os, dans l'épine, l'acromion et l'apophyse coracoïde. Les fosses sus et sous-épineuses sont formées par une lamelle mince de tissu compacte.

Articulations. — Elle s'articule avec deux os, la clavicule et l'humérus.

ARTICLE II. — OS DU BRAS

Humérus (fig. 20).

Placer en haut l'extrémité qui porte une tête sphérique, de façon que cette tête soit dirigée en dedans ; placer en avant la gouttière verticale de cette extrémité supérieure.

L'humérus est un os pair, long d'environ $0^m,32$, tordu sur son axe. Il a un corps et deux extrémités.

1° *Corps*. — Il a trois faces et trois bords. La *face postérieure* (B), plus large en bas qu'en haut, offre à sa partie moyenne une gouttière oblique en bas et en dehors, *gouttière radiale* ou *de torsion* (B, 7), sensible aussi sur les bords interne et externe et sur la face externe de l'os. La *face externe* présente à sa partie moyenne une empreinte rugueuse en forme de V à pointe inférieure, *empreinte deltoïdienne* (A, 9). La *face interne* est lisse ; on y voit le trou nourricier de l'os. Des trois *bords*, l'externe et l'interne, mousses en haut, se prononcent de plus en plus en bas, surtout l'interne ; l'antérieur, au contraire, est plus saillant dans sa partie supérieure.

2° *Extrémité supérieure*. — Elle est volumineuse, arrondie et pourvue de trois renflements, un en dedans, articulaire, *tête de l'humérus*, deux en dehors et en avant, non articulaires ou *tubérosités*. La *tête de l'humérus* (1) représente le tiers d'une sphère à peu près parfaite ; la réunion de la tête au reste de l'humérus se fait suivant une ligne circulaire ou collet un peu rétréci, *col anatomique* (2) ; un plan passant par le col anatomique fait avec l'horizon un angle de 40°, et regarde en haut, en dedans et un peu en arrière ; une perpendiculaire à ce plan représente l'axe du col et fait avec l'axe du corps de l'humérus un angle de 130°. Les *tubérosités* de l'humérus sont au nombre de deux : 1° l'une plus volumineuse, externe, *grosse tubérosité* ou *grand trochanter* (1) (A, 3 ; B, 4), est surmontée de trois facettes (A, 4 ; B, 5, 6), supérieure, moyenne et inférieure pour des insertions musculaires ; 2° l'autre *petite tubé-*

(1) Τροχαντήρ, de τροχάζειν, tourner ; tubérosité rotatrice.

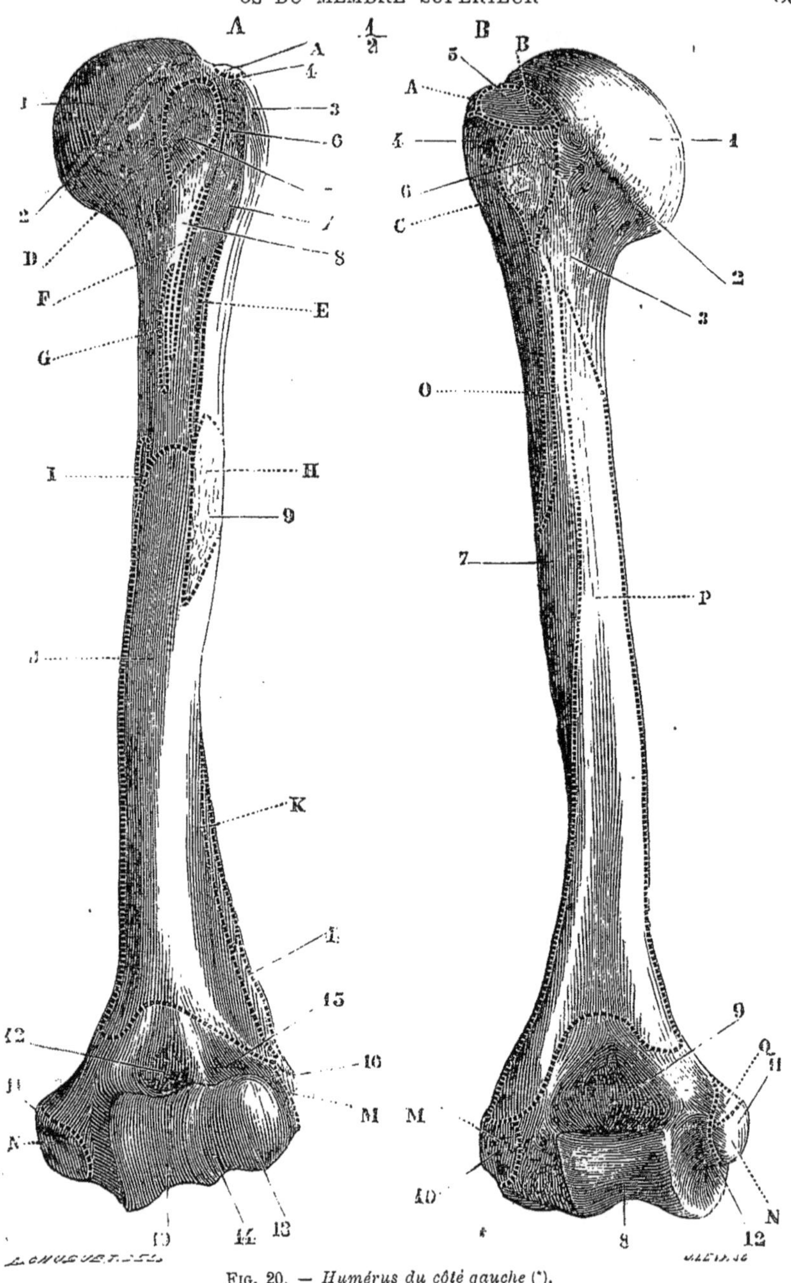

Fig. 20. — *Humérus du côté gauche* (*).

(*) A. *Face antérieure.* — 1) Tête de l'humérus. — 2) Col anatomique. — 3) Grand trochanter. — 4) Sa facette supérieure. — 5) Petit trochanter. — 6) Coulisse bicipitale. — 7) Sa lèvre antérieure. — 8) Sa lèvre postérieure. — 9) Empreinte deltoïdienne. — 10) Trochlée. — 11) Epitrochlée. — 12) Cavité coronoïde. — 13) Condyle. — 14) Rainure de séparation du condyle et de la trochlée. — 15) Cavité sus-condylienne. — 16) Épicondyle.

B. *Face postérieure.* — 1) Tête de l'humérus. — 2) Col anatomique. — 3) Col chirurgical. — 4) Grand trochanter. — 5) Sa facette moyenne. — 6) Sa facette inférieure. — 7) Gouttière radiale. — 8) Tro-

rosité ou *petit trochanter* (A, 5) est antérieure. Les deux tubérosités sont séparées par une gouttière verticale profonde, *gouttière bicipitale* (A, 6), dont le bord antérieur rugueux se continue avec le bord antérieur de l'os, le bord postérieur avec la petite tubérosité. La réunion de l'extrémité supérieure et du corps de l'humérus porte le nom de *col chirurgical* (B, 3).

3° *Extrémité inférieure.* — Elle est aplatie d'avant en arrière et se recourbe en avant en même temps qu'elle s'élargit transversalement. La partie moyenne de cette extrémité est occupée par deux surfaces articulaires empiétant du côté antérieur : l'une interne, plus étendue, en forme de poulie, *trochlée humérale* (*trochlea*, poulie) (A, 10 ; B, 8), à bord interne plus saillant que l'externe ; l'autre, externe, plus petite, arrondie, c'est le *condyle* de l'humérus (A, 13) ; le condyle et le bord externe de la trochlée sont réunis par une petite rainure antéro-postérieure (A, 14). La trochlée est surmontée en arrière d'une grande excavation, *fosse olécrânienne* (B, 9), en avant d'une fosse moins profonde, *fosse coronoïdienne* (A, 12) ; en avant et au-dessus du condyle on trouve aussi une petite dépression, *dépression sus-condylienne* (A, 15). Aux deux extrémités du diamètre transversal de l'extrémité inférieure sont deux renflements osseux et deux apophyses : l'une interne, très-saillante, surmontant la trochlée, *épitrochlée* (A, 11) ; l'autre externe, moins proéminente, *épicondyle* (A, 16).

Structure. — L'humérus est creusé d'un grand canal médullaire de $0^m,15$ à $0^m,18$ de longueur.

Variétés. — Il présente quelquefois à la partie inférieure de sa face interne, à $0^m,04$ au dessus du rebord supérieur de la trochlée, une apophyse osseuse, circonscrivant parfois avec l'épitrochlée et un ligament une ouverture elliptique où passent l'artère humérale et le nerf médian.

Articulations. — L'humérus s'articule avec trois os : l'omoplate, le cubitus et le radius.

ARTICLE III. — OS DE L'AVANT-BRAS (fig. 21).

L'avant-bras se compose de deux os : l'un interne, le *cubitus;* l'autre externe, le *radius*, interceptant entre eux un espace, *espace interosseux*. Chacun de ces deux os, légèrement excavé en avant, a la forme d'un prisme triangulaire et présente trois faces, dont l'une est extérieure par rapport à l'axe du membre, dont les deux autres, antérieure et postérieure, se réunissent sous un angle aigu en formant un bord tranchant tourné vers l'espace interosseux. Les trous nourriciers des deux os sont sur la face antérieure. Leurs extrémités ont un volume inverse, la plus volumineuse étant, pour le cubitus la supérieure, pour le radius l'inférieure; en outre, le radius est débordé en haut par le cubitus, et le cubitus très-légèrement débordé en bas par le radius ; enfin les deux os ont une longueur inégale, le radius ayant environ $0^m,22$ et le cubitus $0^m,25$.

1° **Cubitus** (A, B, 1).

Placer en haut son extrémité la plus volumineuse, en avant l'échancrure articulaire qu'elle présente, en dehors la petite facette concave située sur les côtés de l'os, au-dessous de cette échancrure

chlée. — 9) Cavité olécrânienne. — 10) Épicondyle. — 11) Épitrochlée. — 12) Gouttière du nerf cubital.
Insertions musculaires. — A. Sus-épineux. — B. Sous-épineux. — C. Petit rond. — D. Sous-scapulaire. — E. Grand pectoral. — F. Grand dorsal. — G. Grand rond. — H. Deltoïde. — I. Coraco-brachial. — J. Brachial antérieur. — K. Long supinateur. — L. Premier radial externe. — M. Tendon des muscles épicondyliens. — N. Tendon des muscles épitrochléens. — O. Vaste externe. — P. Vaste interne. — Q. Rond pronateur.

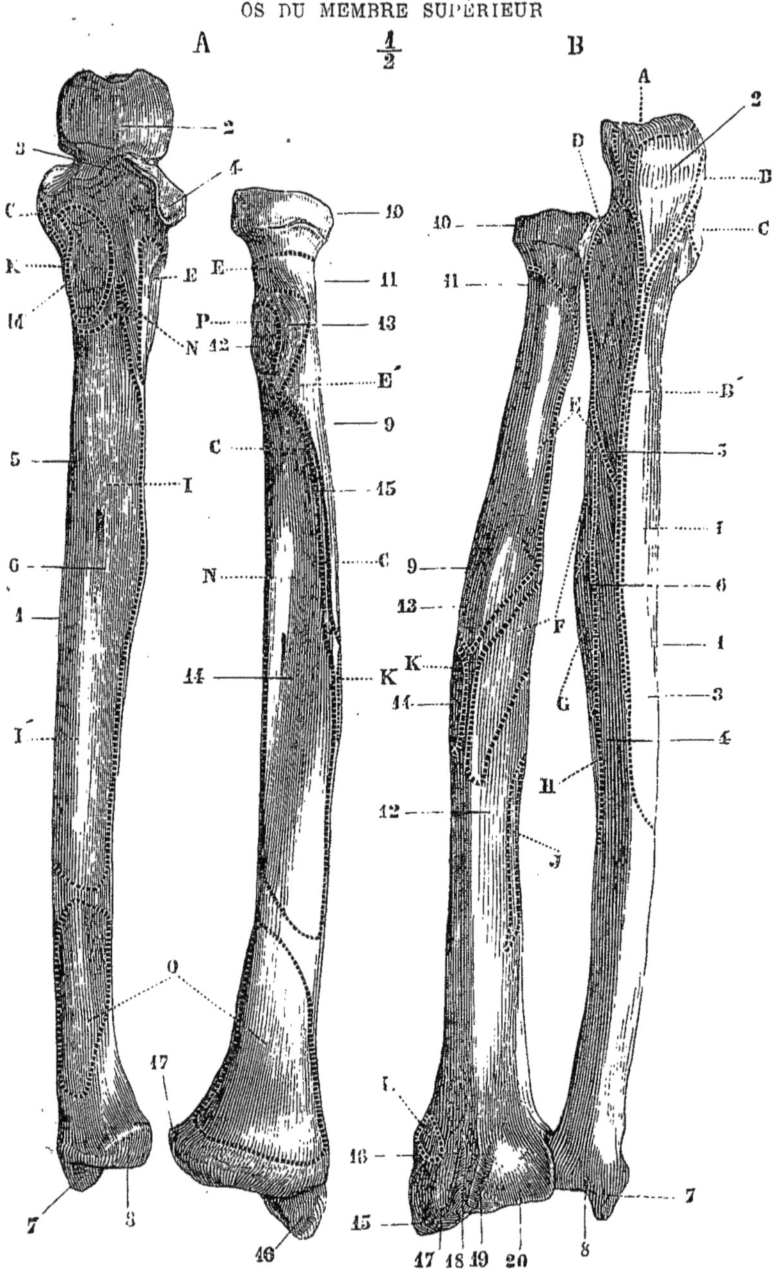

Fig. 21. — *Os de l'avant-bras du côté gauche* (*).

(*) A. *Face antérieure.* — 1) *Cubitus.* — 2) Grande cavité sigmoïde. — 3) Apophyse coronoïde. — 4) Petite cavité sigmoïde. — 5) Face interne. — 6) Face antérieure. — 7) Apophyse styloïde. — 8) Surface articulaire radiale et tête du cubitus. — 9) *Radius.* — 10) Tête du radius. — 11) Col du radius — 12) Tubérosité bicipitale. — 13) Partie de la tubérosité occupée par la bourse séreuse. — 14) Face antérieure. — 15) Ligne oblique du bord antérieur. — 16) Apophyse styloïde. — 17) Petite cavité sigmoïde.

B. *Face postérieure.* — 1) *Cubitus.* — 2) Olécrâne. — 3) Face interne. — 4) Face postérieure. — 5) Ligne oblique supérieure de cette face. — 6) Ligne de séparation de cette face. — 7) Apophyse sty-

1° *Corps.* — Il diminue de volume de haut en bas, et présente trois faces et trois bords. La *face antérieure* est creusée en gouttière, la *face interne* convexe, la *face postérieure* (B, 4) divisée par une crête longitudinale (B, 6) en deux parties, l'une externe excavée, l'autre interne plus étroite; une ligne oblique (5) en isole supérieurement une surface triangulaire pour le muscle anconé. Des trois *bords*, l'antérieur est mousse, le postérieur saillant, sous-cutané, *crête du cubitus ;* l'externe tranchant limite en dedans l'espace interosseux.

2° *Extrémité supérieure.* — Elle a la forme d'un crochet épais constitué par deux apophyses : l'une verticale, *olécrâne* [1] (A, B, 2), l'autre horizontale, *apophyse coronoïde* (A, 3), qui circonscrivent une cavité articulaire, *grande cavité sigmoïde* (A, 2). L'*olécrâne*, qui prolonge l'axe du cubitus, offre une face postérieure, rugueuse, une antérieure faisant partie de la grande cavité sigmoïde, deux bords sinueux, un col étranglé la réunissant au reste de l'os, un sommet terminé en avant par une saillie en forme de bec. L'*apophyse coronoïde* présente une face inférieure rugueuse, une face supérieure qui appartient à la grande cavité sigmoïde, un sommet demi-circulaire tranchant. La *grande cavité sigmoïde* occupe la concavité du crochet formé par les deux apophyses ; elle est pourvue d'une saillie verticale allant du bec de l'olécrâne au sommet de l'apophyse coronoïde et s'articule avec la trochlée humérale. Au côté externe de l'apophyse coronoïde se trouve la *petite cavité sigmoïde* (A, 4), sorte d'échancrure concave dont le bord supérieur se continue avec la partie coronoïdienne de la grande cavité sigmoïde ; elle s'articule avec le radius. Au-dessous d'elle est une excavation rugueuse pour l'insertion du court supinateur.

3° *Extrémité inférieure.* — Elle se renfle un peu, en formant la tête du cubitus, articulée en bas avec le ligament triangulaire, en dehors avec le radius, et présente à son côté interne une petite apophyse saillante, *apophyse styloïde* (7), séparée en arrière de la tête par une gouttière, gouttière du cubital postérieur (B, 8).

Articulations. — Le cubitus s'articule avec trois os : l'humérus, le radius et le pyramidal, par l'intermédiaire du ligament triangulaire.

2° Radius.

Placer en haut l'extrémité la moins volumineuse; en avant la face concave, en dedans le bord tranchant.

1° *Bords.* — De ses trois *faces*, l'antérieure et la postérieure, légèrement excavées, s'élargissent vers la partie inférieure; l'externe, convexe, offre à sa partie moyenne une empreinte rugueuse, *empreinte du rond pronateur* (B, 14). Des trois *bords*, l'antérieur et le postérieur sont mousses ; l'interne au contraire, très-tranchant, limite en dehors l'espace interosseux.

(1) De ὠλένη, coude, et κάρηνον, tête, tête du coude.

loïde. — 8) Gouttière du cubital postérieur. — 9) *Radius.* — 10) Tête. — 11) Col. — 12) Face postérieure. — 13) Face externe. — 14) Empreinte du rond pronateur. — 15) Apophyse styloïde. — 16) Gouttière du long abducteur et du court extenseur du pouce. — 17) Gouttière du premier radial externe. — 18) Gouttière du deuxième. — 19) Gouttière du long extenseur du pouce. — 20) Gouttière de l'extenseur commun des doigts et de l'extenseur propre de l'index.

Insertions musculaires. — A. Triceps. — B B'. Cubital antérieur. — C. Fléchisseur superficiel. — D. Anconé. — E. Court supinateur. — F. Long abducteur — G. Long extenseur du pouce. — H. Extenseur propre de l'index. — I I'. Fléchisseur profond des doigts. — J. Court extenseur du pouce. — K. Rond pronateur. — L. Grand supinateur. — M. Brachial antérieur. — N. Fléchisseur propre du pouce. — O. Carré pronateur. — P. Biceps.

2° *Extrémité supérieure.* — Elle se compose de deux parties : la *tête* et le *col* du radius. La *tête* (10) est un renflement cylindrique dont la partie supérieure excavée, *cupule* du radius, s'articule avec le condyle de l'humérus, et le pourtour convexe avec la petite cavité sigmoïde *(bordure articulaire du radius)*. Le col (11) a une longueur de 0^{m},02 et se réunit au corps en faisant avec son axe un angle obtus ouvert en dehors et en arrière. A la réunion du col et du corps se trouve en dedans une tubérosité, *tubérosité bicipitale* (A, 12), dont la partie postérieure est rugueuse, la partie antérieure (13) lisse.

3° *Extrémité inférieure.* — Elle est volumineuse, quadrilatère, plus large transversalement et possède quatre faces et une base. La *face antérieure*, continue à la face antérieure de l'os, est lisse, excavée et terminée en bas par un rebord mousse saillant; la *face postérieure*, inégale, convexe, présente une série de gouttières verticales ou obliques, qui sont de dehors en dedans : 1° la gouttière des deux radiaux (B. 17, 18), subdivisée en deux par une crête verticale ; 2° la gouttière profonde oblique du long extenseur du pouce (19) ; 3° la gouttière large des muscles extenseur commun et extenseur propre de l'index (20). La *face interne* comprise entre les deux branches de bifurcation du bord interne de l'os est excavée et pourvue d'une facette concave articulée avec la tête du cubitus ; la *face externe* a la forme d'une apophyse, *apophyse styloïde du radius* (A, 16 ; B, 15), épaisse à sa base et creusée d'une gouttière pour le long abducteur et le court extenseur du pouce (B, 16). Sa base excavée s'articule en dehors avec le scaphoïde, en dedans avec le semi-lunaire.

Articulations. — Le radius s'articule avec quatre os : l'humérus, le cubitus, le scaphoïde et le semi-lunaire.

ARTICLE IV. — OS DE LA MAIN (fig. 22 et 23).

Les os de la main se composent de trois segments, augmentant de longueur de haut en bas : le carpe, le métacarpe et les doigts ; en tout, 27 os.

§ I. — Carpe (fig. 22).

Le carpe se compose de huit os disposés sur deux rangées et qui sont de dehors en dedans ou du bord radial vers le bord cubital de la main ; pour la première rangée : le scaphoïde (3), le semi- lunaire (4), le pyramidal (5) et le pisiforme (6) ; pour la deuxième : le trapèze (7), le trapézoïde (9), le grand os (10) et l'os crochu (11). Chacun de ces osselets, formé de substance spongieuse, est plus ou moins régulièrement cuboïde et présente par suite six faces. Sauf le pisiforme situé hors rang, ces os sont placés côte à côte dans chaque rangée et se correspondent par des faces latérales articulaires, excepté pour les deux faces extrêmes de chaque rangée, qui sont libres; les faces antérieures et postérieures non articulaires correspondent aux côtés palmaire et dorsal de la main ; les faces supérieures et inférieures articulaires s'articulent avec la rangée opposée, et de plus, pour la première rangée avec le radius et le ligament triangulaire, pour la deuxième avec les métacarpiens.

La *première rangée* offre : 1° une face supérieure convexe formée par le scaphoïde, le semi-lunaire et le pyramidal, et articulée avec le radius et le ligament triangulaire ; 2° une face inférieure convexe en dehors (scaphoïde), concave en dedans (scaphoïde, semi- lunaire et pyramidal), articulée avec la deuxième rangée (voy. fig. 45) ; 3° une face dorsale convexe, à laquelle le pisiforme ne prend aucune part non plus qu'aux deux précédentes ; 4° une face palmaire concave, présentant en dehors l'apophyse saillante du scaphoïde, en dedans la saillie du pisiforme.

La *deuxième rangée* présente : 1° une face supérieure concave en dehors (trapèze et trapézoïde), convexe en dedans (grand os et os crochu), articulée avec la première rangée (voy. fig. 45) ; 2° une face inférieure très-irrégulière articulée avec les métacarpiens et qui sera décrite plus loin ; 3° une face dorsale convexe ; 4° une face palmaire terminée par deux apophyses : l'une, interne, crochet de l'os crochu ; l'autre, externe, formée par le trapèze.

Ces deux rangées, par leur réunion, constituent un massif osseux aplati d'avant en arrière, creusé en gouttière antérieurement, haut de 0m,025 à 0m,030, large de 0m,05 à 0m,06, dont le sommet arrondi correspond à l'avant-bras, la base irrégulièrement échancrée au métacarpe. La *face antérieure* (fig. 22) a l'aspect d'une gouttière due non-seulement à la forme même des os du carpe, mais à la présence de quatre apophyses, deux internes, l'une supérieure, arrondie, due au pisiforme, l'autre, inférieure, située un peu en dehors ou crochet de l'os crochu ; deux externes, l'une supérieure, appartenant au scaphoïde, l'autre inférieure appartenant au trapèze ; en dedans de celle-ci, le trapèze est creusé d'une gouttière, *gouttière du grand palmaire.*

OS DU CARPE EN PARTICULIER (fig. 22 et 23).

1° PREMIÈRE RANGÉE

A. Scaphoïde (3).

Placer en bas sa facette concave, en dehors son apophyse pointue, en arrière la gouttière transversale séparant deux facettes articulaires.

Il se compose de deux parties : une partie externe saillante, *apophyse du scaphoïde*, et une partie interne ou *corps* de l'os. Sa face antérieure est triangulaire ; sa face postérieure est réduite à une gouttière transversale, qui sépare les facettes articulaires correspondant au radius et à la deuxième rangée ; sa face supérieure est convexe dans sa partie interne articulée avec le radius, rugueuse et concave dans sa partie externe appartenant à l'apophyse de l'os ; sa face inférieure offre une partie interne concave, presque verticale, articulée avec le grand os, et une partie externe, convexe, articulée avec le trapèze et le trapézoïde et réunie à la précédente sous un angle aigu. La face interne répond au semi-lunaire ; la face externe est formée par la pointe de l'apophyse du scaphoïde.

Il s'articule avec cinq os : le radius, le semi-lunaire, le grand os, le trapèze et le trapézoïde.

B. Semi-lunaire (4).

Placer en haut sa facette convexe, en avant la face non articulaire la plus large, en dehors l'angle inférieur aigu réunissant la face inférieure à une des faces latérales.

Ses faces antérieure et postérieure ne présentent rien de particulier ; sa face supérieure convexe est articulée avec le radius, sa face inférieure concave avec le grand os, sauf une petite facette allongée d'avant en arrière, articulée avec l'os crochu ; ses facettes latérales planes correspondent au scaphoïde et au pyramidal.

Il s'articule avec cinq os : le radius, le scaphoïde, le pyramidal, le grand os et l'os crochu.

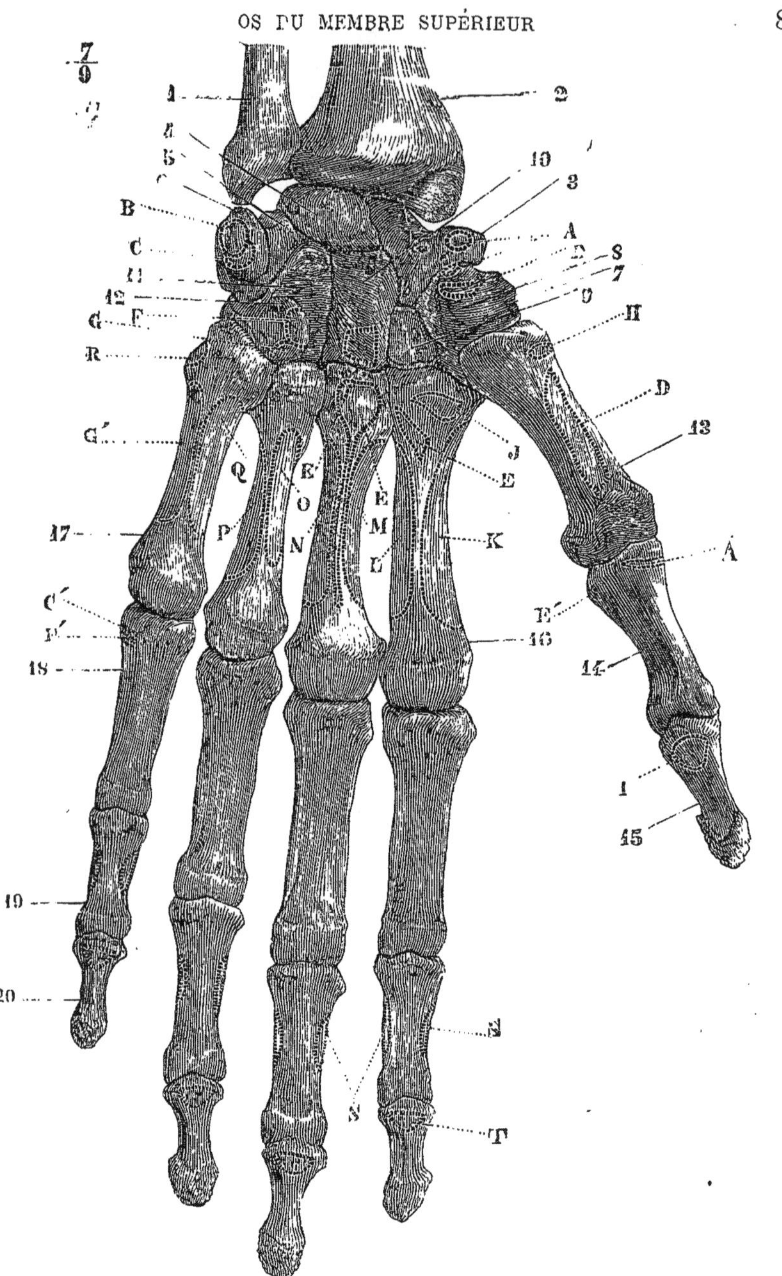

Fig. 22. — *Os de la main gauche; face antérieure.*

(*) 1) Cubitus. — 2) Radius. — 3) Scaphoïde. — 4) Semi-lunaire. — 5) Pyramidal. — 6) Pisiforme. — 7) Trapèze. — 8) Gouttière du trapèze. — 9) Trapézoïde. — 10) Grand os. — 11) Os crochu. — 12) Crochet de l'os crochu. — 13) Métacarpien du pouce. — 14) Première phalange du pouce. — 15) Deuxième phalange du pouce. — 16) Deuxième métacarpien. — 17) Cinquième métacarpien. — 18) Première phalange. — 19) Deuxième phalange. — 20) Troisième phalange.

Insertions musculaires. — A. Court abducteur du pouce. — B. Cubital antérieur. — C C'. Court ab-

C. **Pyramidal** (5).

Placer en dedans le sommet de la pyramide, en haut la facette convexe, en avant la petite facette circulaire.

Sa face antérieure offre en dedans une petite facette circulaire convexe pour le pisiforme : sa face postérieure est rugueuse ; sa face supérieure s'articule avec le cubitus par l'intermédiaire du ligament triangulaire, sa face inférieure, concave en dedans, un peu convexe en dehors, avec l'os crochu, sa face externe lisse avec le semi-lunaire ; sa face interne mousse forme le sommet de la pyramide.

Il s'articule avec quatre os : le semi-lunaire, le pisiforme, l'os crochu et médiatement le cubitus.

D. **Pisiforme** (6).

Tourner en arrière la facette articulaire, en haut la gouttière que présente l'os, en dedans la saillie pointue et rugueuse.

Il a la forme d'un ovoïde, pourvu en arrière d'une surface articulaire à peu près plane, entourée d'un léger étranglement et articulée avec le pyramidal.

Il s'articule avec un seul os : le pyramidal.

2° DEUXIÈME RANGÉE

A. **Trapèze** (7).

Placer en avant la face pourvue d'une crête saillante, en bas et en dehors la facette articulaire en forme de selle, convexe dans un sens, concave dans l'autre.

Sa face antérieure offre une gouttière (fig. 22, 8) limitée en dehors par une crête verticale (*gouttière du grand palmaire*); sa face postérieure est rugueuse ; sa face supérieure, un peu concave, répond au scaphoïde ; sa face inférieure est divisée par un angle saillant en deux facettes secondaires : l'une externe plus large, convexe d'avant en arrière, concave de dehors en dedans pour le premier métacarpien ; l'autre interne ovale pour le deuxième ; sa face externe rugueuse n'a rien de particulier ; sa face interne excavée s'articule avec le trapézoïde.

Il s'articule avec quatre os : le scaphoïde, le trapézoïde et les premier et deuxième métacarpiens.

B. **Trapézoïde** (fig. 22, 9 ; fig. 23, 8).

Placer en arrière la face convexe non articulaire la plus large, en bas la facette divisée en deux parties par une crête mousse ; en dehors celle de ces demi-facettes qui est convexe.

Sa face antérieure est très-petite ; sa face postérieure large ; sa face supérieure étroite, concave, répond au scaphoïde ; sa face inférieure forme un angle saillant articulé avec le deuxième métacarpien ; sa face externe répond au trapèze ; sa face interne au grand os.

Il s'articule avec quatre os : le scaphoïde, le trapèze, le grand os et le deuxième métarcapien.

C. **Grand os** (fig. 23, 9 ; fig. 22, 10).

Placer en haut son extrémité arrondie ou tête, en arrière la partie la plus large de sa base, en dedans sa facette articulaire un peu concave.

Il se compose de deux parties : un *corps* ou base et une partie supérieure arrondie ou *tête*. Les faces antérieure et postérieure rugueuses n'ont rien de particulier ; la face

ducteur du petit doigt. — D. Opposant du pouce. — E E'. Court adducteur du pouce. — F F'. Court fléchisseur du petit doigt — G G'. Opposant du petit doigt. — H. Long abducteur du pouce. — I. Long fléchisseur du pouce. — J. Grand palmaire. — K. Premier interosseux dorsal. — L. Premier interosseux palmaire. — M. Deuxième interosseux dorsal — N. Troisième interosseux dorsal. — O. Deuxième interosseux palmaire. — P. Quatrième interosseux dorsal. — Q. Troisième interosseux palmaire. — R. Cubital postérieur. — S. Fléchisseur superficiel. — T. Fléchisseur profond.

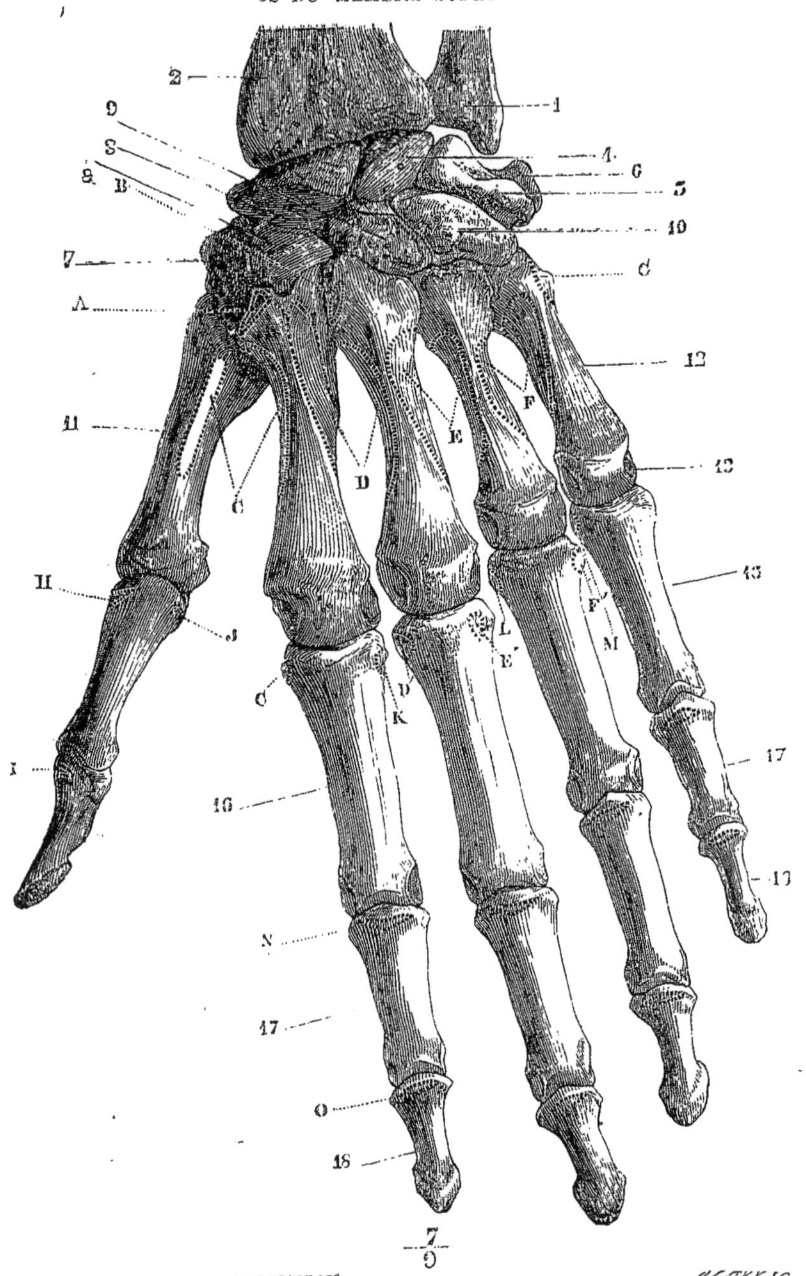

FIG. 23. — *Os de la main gauche ; face postérieure* (*).

(*) 1) Cubitus. — 2) Radius. — 3) Scaphoïde. — 4) Semi-lunaire. — 5) Pyramidal. — 6) Pisiforme. — 7) Trapèze. — 8) Trapézoïde. — 9) Grand os. — 10) Os crochu. — 11) Premier métacarpien. — 12) Cinquième métacarpien. — 13) Tête des métacarpiens. — 16) Premières phalanges des doigts. — 17) Deuxièmes phalanges. — 18) Troisièmes phalanges.

Insertions musculaires. — A. Premier radial externe. — B. Deuxième radial externe. — C. Premier interosseux dorsal. — D D'. Deuxième interosseux dorsal. — E E'. Troisième interosseux dorsal.

inférieure est séparée par deux crêtes mousses en trois facettes : une externe concave pour le deuxième métacarpien, une moyenne très-large pour le troisième; une interne très-étroite pour le quatrième; sa face supérieure convexe s'articule avec le semi-lunaire ; sa face externe présente en haut une facette convexe articulée avec le scaphoïde, en bas une facette plane pour le trapézoïde; sa face interne légèrement concave correspond à l'os crochu.

Il s'articule avec sept os : le scaphoïde, le semi-lunaire, l'os crochu, le trapézoïde et les deuxième, troisième et quatrième métacarpiens.

D. **Os crochu ou unciforme** (fig. 22, 11 ; fig. 23, 10).

Placer l'os de façon que son crochet soit à la partie inférieure, qu'il soit dirigé en avant et que sa concavité regarde en dehors.

Sa face antérieure a la forme d'un triangle rectangle, dont le côté interne est vertical et le côté inférieur horizontal; on y remarque une apophyse en forme de crochet, *apophyse unciforme* (fig. 22, 12), concave en dehors; sa face postérieure n'a rien de particulier. Sa face supérieure oblique possède tout à fait en haut une facette oblongue étroite pour le semi-lunaire; tout le reste de son étendue répond au pyramidal; sa face inférieure est divisée en deux facettes : une externe pour le quatrième métacarpien, l'autre interne pour le cinquième. Sa face externe verticale s'articule avec le grand os, sauf en avant et en bas, où elle est rugueuse pour des insertions ligamenteuses; sa face interne est réduite à un simple bord.

Il s'articule avec cinq os : le pyramidal, le semi-lunaire, le grand os et les quatrième et cinquième métacarpiens.

Variétés. — On trouve quelquefois un osselet carpien surnuméraire.

§ II. — Métacarpe (fig. 22 et 23).

Placer en bas l'extrémité arrondie ou tête, en avant la partie concave de l'os. La base, ou partie supérieure, fournit les caractères distinctifs.

Caractères distinctifs des métacarpiens. — Premier métacarpien : court, très-volumineux; placer en dehors le bord le plus mince. —*Deuxième :* tourner en dehors le tubercule saillant triangulaire de la base, qui est profondément échancrée ; placer en dedans celle des faces latérales qui porte des facettes articulaires. — *Troisième :* sa base a des facettes articulaires sur ses deux faces latérales ; il se distingue du quatrième par l'apophyse saillante de sa base, apophyse qui doit être tournée en dehors.— *Quatrième :* il n'a pas d'apophyse à son extrémité supérieure; placer du côté externe l'empreinte rugueuse existant sur la face supérieure de sa base. — *Cinquième* : une seule facette latérale articulaire d'un côté de sa base; tourner cette face en dehors.

Le métacarpe se compose de cinq os, appelés de dehors en dedans ou du bord radial vers le bord cubital, 1er, 2e, 3e, 4e et 5e métacarpiens, interceptant entre eux des espaces, *espaces interosseux*, et disposés en deux masses : la masse interne, constituée par les quatre derniers métacarpiens, forme une sorte de grillage grâce aux articulations qui relient leurs deux extrémités; la masse externe est formée par le premier métarcapien qui, par sa mobilité (opposition du pouce), l'indépendance de son extrémité inférieure, l'analogie que cette extrémité présente avec une première phalange (voir le développement), se distingue des quatre autres.

Les métacarpiens sont des os longs dont la longueur, plus faible pour le premier, diminue assez régulièrement du deuxième au cinquième. Ils ont un corps et deux extrémités.

F F'. Quatrième interosseux dorsal. — G. Cubital postérieur — H. Court extenseur du pouce. — I. Long extenseur du pouce. — J. Court abducteur du pouce. — K. Premier interosseux palmaire. — L. Deuxième interosseux palmaire. — M. Troisième interosseux palmaire. — N. Insertion de l'extenseur commun à la deuxième phalange. — O. Insertion à la troisième phalange.

I. *Caractères communs aux quatre derniers métacarpiens. — Corps.* — Un peu concave du côté palmaire, il présente deux faces latérales et une face dorsale qui forme un triangle à base inférieure, dont l'angle supérieur se prolonge en un bord mousse jusqu'à l'extrémité supérieure de l'os; la hauteur de ce triangle dorsal diminue du deuxième au cinquième métacarpien. Le trou nourricier est situé au côté externe et monte obliquement vers l'extrémité supérieure de l'os.

Base ou *extrémité supérieure.* — Plus large en arrière, caractéristique pour chaque métacarpien, elle a des faces, antérieure et postérieure, rugueuses et non articulaires ; une face supérieure articulée avec le carpe, des faces latérales articulées, sauf pour les métacarpiens extrêmes, avec les os voisins.

Tête ou *condyle* ou *extrémité inférieure.* — C'est une tête arrondie, sphérique, empiétant sur la face palmaire ; du côté dorsal, elle est séparée de la base du triangle dorsal par une gouttière transversale; son bord antérieur saillant est surmonté d'une excavation profonde où se voient des trous nourriciers ; sur les deux faces latérales se trouvent des dépressions rugueuses.

II. *Caractères distinctifs des métacarpiens.* — 1° *Premier métacarpien.* — Court, volumineux, il représente à la fois le premier métacarpien et la première phalange du pouce. Son corps est large, prismatique, triangulaire, à bords mousses, à face dorsale convexe : son extrémité supérieure articulée avec le trapèze offre une surface concave d'avant en arrière, convexe transversalement, prolongée en avant par une pointe saillante. Sur son extrémité inférieure se voient deux convexités séparées par une gouttière médiane ; son trou nourricier, analogue à celui des premières phalanges, est situé à son côté interne et descend obliquement vers son extrémité inférieure; c'est l'inverse de ce qui se passe pour les autres métacarpiens.

2° *Deuxième métacarpien.* — Sa base a trois facettes carpiennes : une médiane concave, articulée avec l'angle saillant du trapézoïde ; une interne étroite, avec le grand os ; une externe, avec le trapèze. Elle présente, en outre, deux facettes latérales situées du même côté et articulées avec le troisième métacarpien; en dehors elle offre sur sa face dorsale un tubercule triangulaire, tubercule du premier radial externe.

3° *Troisième métacarpien.* — Sa base possède une facette supérieure pour le grand os, deux facettes latérales externes pour le deuxième métacarpien, deux facettes latérales internes pour le quatrième. En dehors et du côté dorsal est une apophyse saillante, *apophyse styloïde.*

4° *Quatrième métacarpien.* — Sa base présente une facette supérieure pour l'os crochu, et en dehors de cette facette une empreinte rugueuse ; une facette latérale interne pour le cinquième métacarpien ; deux facettes latérales externes, l'une supérieure indivise, pour le grand os, l'autre inférieure, divisée en deux, pour le troisième métacarpien.

5° *Cinquième métacarpien.* — On trouve sur sa base une facette supérieure pour l'os crochu, une facette latérale externe pour le quatrième métacarpien, et en dedans une tubérosité rugueuse.

§ III. — Doigts.

Distinction des premières, deuxièmes et troisièmes phalanges. — 1° *Premières phalanges* : facette supérieure concave ; poulie inférieure ; 3° *deuxièmes phalanges* : l'extrémité supérieure a deux surfaces concaves séparées par une crête mousse antéro-postérieure; poulie inférieure; 3° *troisièmes phalanges* : extrémité supérieure analogue à celles des deuxièmes; l'extrémité inférieure présente un renflement rugueux et n'a pas de facette articulaire. Pour toutes, tourner en arrière la face convexe. La distinction des phalanges des différents doigts et de celles de droite et de gauche n'a aucune utilité.

Les doigts, sauf le pouce, se composent chacun de trois segments ou phalanges, appelées, en allant de la racine des doigts vers leur extrémité libre, premières, deuxièmes et troisièmes, ou encore phalanges, phalangines et phalangettes. Le pouce n'a que deux phalanges. La longueur des phalanges diminue pour chaque doigt de haut en bas; mais la longueur des phalanges de même rang n'est pas la même pour les différents doigts, ce qui est cause de l'inégalité de longueur de ces derniers. Les phalanges, malgré leur brièveté, sont de véritables os longs, présentant, par conséquent, comme structure un canal médullaire, et comme conformation extérieure un corps et deux extrémités.

A. *Premières phalanges.* — Le corps est du côté dorsal fortement convexe transversalement, faiblement convexe de haut en bas; du côté palmaire il offre une concavité assez prononcée. L'extrémité supérieure est creusée d'une petite cavité articulée avec la tête du métacarpien ; l'extrémité inférieure, plus large transversalement, représente une petite poulie empiétant sur la face palmaire.

B. *Deuxièmes phalanges.* Leur extrémité supérieure, au lieu d'une facette simple, concave, a deux facettes concaves séparées par une crête mousse antéro-postérieure et articulées avec la poulie inférieure de la première phalange. L'extrémité inférieure présente une petite poulie.

C. *Troisièmes phalanges.* — Leur extrémité supérieure ressemble à celle des deuxièmes phalanges ; on y remarque deux saillies transversales, l'une dorsale, l'autre palmaire, pour l'attache des tendons. L'extrémité inférieure aplatie, rugueuse, constitue la *tubérosité unguéale.*

CHAPITRE V

OS DU MEMBRE INFÉRIEUR

Le membre inférieur se compose de quatre segments osseux, qui sont de la racine du membre vers l'extrémité : le bassin, la cuisse, la jambe et le pied.

ARTICLE I. — OS DU BASSIN

Le bassin, formé par la réunion du sacrum, du coccyx et des os iliaques, représente une ceinture osseuse, évasée à sa partie supérieure. Le sacrum et le coccyx ont été décrits avec la colonne vertébrale.

Os iliaque, os coxal, os innominé (1) (fig. 24 et 25).

Placer en avant et en bas la partie de l'os percée d'une large ouverture, en dehors celle de ses faces qui présente une cavité hémisphérique, de façon que l'échancrure existant sur le pourtour du rebord de cette cavité soit dirigée exactement en bas.

(1) *Iliacus*, de *ilia*, flancs (os des îles); *coxalis*, de *coxa*, hanche.

Cet os, pair, large, volumineux, irrégulier, étranglé dans sa partie moyenne peut être considéré comme formé de deux lames triangulaires réunies par leurs sommets, mais situées dans des plans différents, comme si elles avaient subi un mouvement de torsion ; au lieu de réunion des deux triangles se trouve une cavité hémisphérique, articulée avec le fémur, *cavité cotyloïde* (fig. 25, 9). Le triangle supérieur a reçu le nom d'*ilium* ou *ilion*. Le triangle inférieur est

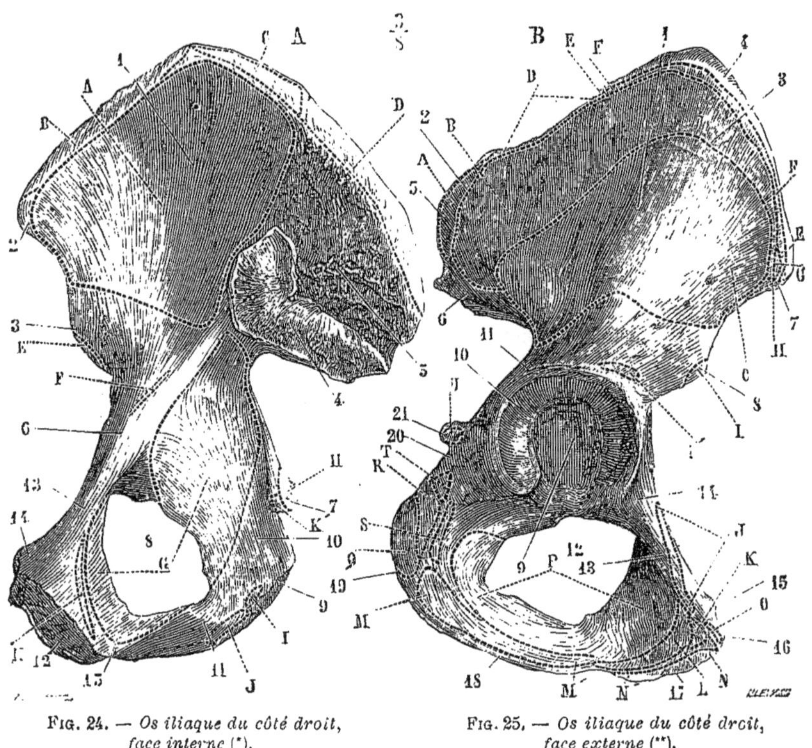

FIG. 24. — *Os iliaque du côté droit, face interne* (*).

FIG. 25. — *Os iliaque du côté droit, face externe* (**).

(*) 1) Fosse iliaque interne. — 2) Épine iliaque antérieure et supérieure. — 3) Épine iliaque antérieure et inférieure — 4) Facette auriculaire. — 5) Rugosités pour des insertions ligamenteuses. — 6) Éminence iléo-pectinée. — 7) Épine sciatique. — 8) Trou obturateur. — 9) Ischion. — 10) Sa branche supérieure. — 11) Sa branche inférieure. — 12) Pubis. — 13) Sa branche supérieure. — 14) Épine du pubis. — 15) Branche inférieure du pubis.

Insertions musculaires. — A. Muscle iliaque. — B. Transverse de l'abdomen. — C. Carré des lombes. — D. Masse commune. — E. Droit antérieur de la cuisse. — F. Petit psoas. — G. Obturateur interne. — H. Ischio-coccygien. — I. Transverse du périnée. — J. Ischio-caverneux. — K K'. Releveur de l'anus.

(**) 1) Fosse iliaque externe. — 2) Ligne demi-circulaire supérieure. — 3) Ligne demi-circulaire inférieure. — 4) Crête iliaque. — 5) Épine iliaque postérieure et supérieure. — 6) Épine iliaque postérieure et inférieure. — 7) Épine iliaque antérieure et supérieure. — 8) Épine iliaque antérieure et inférieure. — 9) Arrière-fond de la cavité cotyloïde. — 10) Partie articulaire de cette cavité. — 11) Sourcil cotyloïdien. — 12) Trou obturateur. — 13) Surface pectinéale. — 14) Éminence iléo-pectinée. — 15) Épine du pubis. — 16) Angle du pubis. — 17) Pubis. — 18) Branche inférieure de l'ischion. — 19) Ischion. — 20) Gouttière pour le passage de l'obturateur interne. — 21) Épine sciatique.

Insertions musculaires. — A. Muscle grand fessier. — B. Moyen fessier. — C. Petit fessier. — D. Grand dorsal. — E. Petit oblique. — F. Grand oblique. — G. Tenseur du fascia lata. — H. Couturier. — I. Droit antérieur de la cuisse. — I'. Son tendon réfléchi. — J. Pectiné. — K. Premier adducteur. — L. Petit adducteur. — M M'. Grand adducteur. — N N'. Droit interne. — O Grand droit antérieur de l'abdomen. — P. Obturateur externe. — Q. Biceps et demi-tendineux. — R. Demi-membraneux. — S. Carré fémoral. — T. Jumeau inférieur. — U. Jumeau supérieur.

percé d'une large ouverture, *trou obturateur*[1] *(trou ovale, trou sous-pubien)* et constitue un anneau osseux, présentant deux renflements, l'un antérieur, *pubis (pubere*, se couvrir de poils) (fig. 24, 12), l'autre postérieur, *ischion* (ἰσχίον) (fig. 24, 9). Chacune de ces tubérosités a deux branches, qui complètent l'anneau osseux, une supérieure ou *ascendante*, qui les relie à la cavité cotyloïde, l'autre inférieure ou *descendante*, qui relie entre elles les deux tubérosités[2]. Cette division de l'os coxal en trois parties : *ilion*, *pubis*, *ischion*, n'existe en réalité que pendant la période du développement de l'os : à partir de l'âge adulte, il n'y a plus qu'une seule pièce osseuse.

L'os iliaque a deux faces, quatre bords et quatre angles.

A. *Face externe* ou *fessière* (fig. 25). — Elle offre de haut en bas :

1° La *fosse iliaque externe* (1), surface large, triangulaire, sinueuse, divisée en trois surfaces secondaires inégales par deux lignes courbes, rugueuses, à concavité antérieure, qui partent du bord supérieur de la fosse iliaque et se portent au bord postérieur de l'os; l'une, *ligne courbe supérieure* (2), située tout à fait en arrière, et très-courte, commence à peu de distance de l'angle supérieur et postérieur de l'os; l'autre, très-longue, *ligne courbe inférieure* (3), part de l'angle antéro-supérieur et rejoint la précédente vers le bord postérieur de l'os.

2° La *cavité cotyloïde*, *acetabulum*[3], profonde, hémisphérique, circonscrite par un rebord saillant un peu sinueux, *sourcil cotyloïdien* (11), interrompu à sa partie inférieure par une échancrure profonde, *échancrure cotyloïdienne*. Cette cavité se divise en deux parties, l'une articulaire, lisse, périphérique (10), ayant la forme d'un fer à cheval ou d'un croissant à concavité inférieure, dont les deux cornes arrondies correspondent aux deux bords de l'échancrure cotyloïdienne; l'autre non articulaire, centrale, rugueuse, déprimée, *arrière-fond de la cavité cotyloïde* (9), comprise dans la concavité du croissant et dans laquelle donne accès l'échancrure cotyloïdienne.

3° Le *trou obturateur* (12), ovale chez l'homme, triangulaire chez la femme, surmonté d'une gouttière, *gouttière obturatrice* ou *sous-pubienne;* le pourtour de ce trou est formé par les branches de l'ischion et du pubis, et en avant par une surface quadrilatère large, appartenant au corps du pubis.

B. *Face interne* ou *pubienne* (fig. 24). — Elle présente des parties correspondantes à celles qu'on trouve sur la face externe.

1° Dans les deux tiers antérieurs de la surface correspondante à la fosse iliaque externe, une excavation lisse, *fosse iliaque interne* (1); dans le tiers postérieur, une surface rugueuse, *tubérosité iliaque* (5) offrant en bas une facette articulée avec le sacrum, *facette auriculaire* (4);

2° Une surface lisse, quadrilatère, formant le fond de la cavité cotyloïde et

[1] La dénomination de trou obturateur, quelque mauvaise qu'elle soit, mérite d'être conservée, car elle a été appliquée aussi à la membrane qui ferme cette ouverture, aux vaisseaux et nerfs qui la traversent. Le terme *sous-pubien* consacre une erreur anatomique ; ce trou, dans la position normale de l'os, est située non en dessous, mais en arrière du pubis, et mériterait plutôt le nom de *rétro-pubien*.

[2] Le nom de *branche horizontale* donné à la branche supérieure du pubis n'est pas exact dans la position normale de l'os.

[3] Κοτύλη, chose creuse ; cotyle, mesure de capacité ancienne ; *acetabulum*, vase destiné à mesurer du vinaigre.

séparée de la fosse iliaque interne par une crête, *crête du détroit supérieur du bassin;*

3° Le trou obturateur et son pourtour.

C. *Bords.* — Des quatre bords, le supérieur et l'inférieur sont convexes, l'antérieur et le postérieur concaves.

1° Le *bord supérieur* ou *crête iliaque*, courbé en S, très-épais, surtout à la réunion de son quart postérieur et de ses trois quarts antérieurs, est divisé, au point de vue de ses insertions musculaires, en lèvre interne, lèvre externe et interstice; il aboutit en avant et en arrière à deux saillies, *épines iliaques antérieure* (fig. 25, 7) et *postérieure* (fig. 25, 5).

2° Le *bord inférieur* se compose de deux parties faisant entre elles un angle obtus : l'une antérieure, épaisse, ovalaire, s'articule avec une surface correspondante de l'os du côté opposé, en formant la *symphyse du pubis;* l'autre, postérieure, plus mince, va rejoindre la tubérosité de l'ischion (branches inférieures du pubis et de l'ischion).

3° Le *bord antérieur*, concave, offre de haut en bas l'*épine iliaque antérieure et supérieure* (fig. 25, 7) ; une échancrure ; l'*épine iliaque antérieure et inférieure* (id., 8) ; une gouttière où glisse le psoas ; une éminence, *éminence iléo-pectinée* (14) ; une surface triangulaire, *surface pectinéale* (13), ayant pour base l'éminence iléo-pectinée, pour côtés, en dehors, un bord épais allant rejoindre le sourcil cotyloïdien, en dedans, une crête saillante, *crête pectinéale*, continue avec la crête du détroit supérieur, et pour sommet une saillie ou *épine du pubis* (15) ; enfin, à peu de distance, l'*angle du pubis* (16), angle droit que fait le bord antérieur avec le bord inférieur de l'os.

4° Le *bord postérieur* présente de haut en bas : l'*épine iliaque postérieure et supérieure* (fig. 25, 5) ; une échancrure ; l'*épine iliaque postérieure et inférieure* (id., 6) ; une profonde échancrure, *échancrure sciatique*, divisée en deux échancrures secondaires, l'une *supérieure*, plus grande, l'autre *inférieure* plus petite, par une saillie osseuse, *épine sciatique* (21); enfin, la tubérosité de l'*ischion* ou *tubérosité sciatique*, épaisse, rugueuse, convexe en dehors, lisse et un peu concave en dedans.

D. Les *angles*, déjà décrits avec les bords, sont formés, les deux supérieurs, par l'épine iliaque antérieure et supérieure et l'épine iliaque postérieure et supérieure, les inférieurs, par l'angle du pubis et l'ischion.

Structure. — Cet os est formé de tissu spongieux compris entre deux lames de tissu compacte; c'est dans l'arrière-fond de la cavité cotyloïde et dans le milieu des fosses iliaques qu'il a sa plus faible épaisseur.

Articulations. — L'os coxal s'articule avec trois os : le sacrum, le fémur et l'os iliaque du côté opposé.

ARTICLE II. — OS DE LA CUISSE

Fémur (fig. 26).

Placer en haut l'extrémité coudée de l'os, en dedans la tête hémisphérique qu'elle supporte, en arrière le bord tranchant de l'os. Quand on fait reposer l'extrémité inférieure par ses deux saillies sur un plan horizontal, l'os prend naturellement sa position normale.

Le fémur est le plus long et le plus volumineux des os du corps ($0^m,44$ à

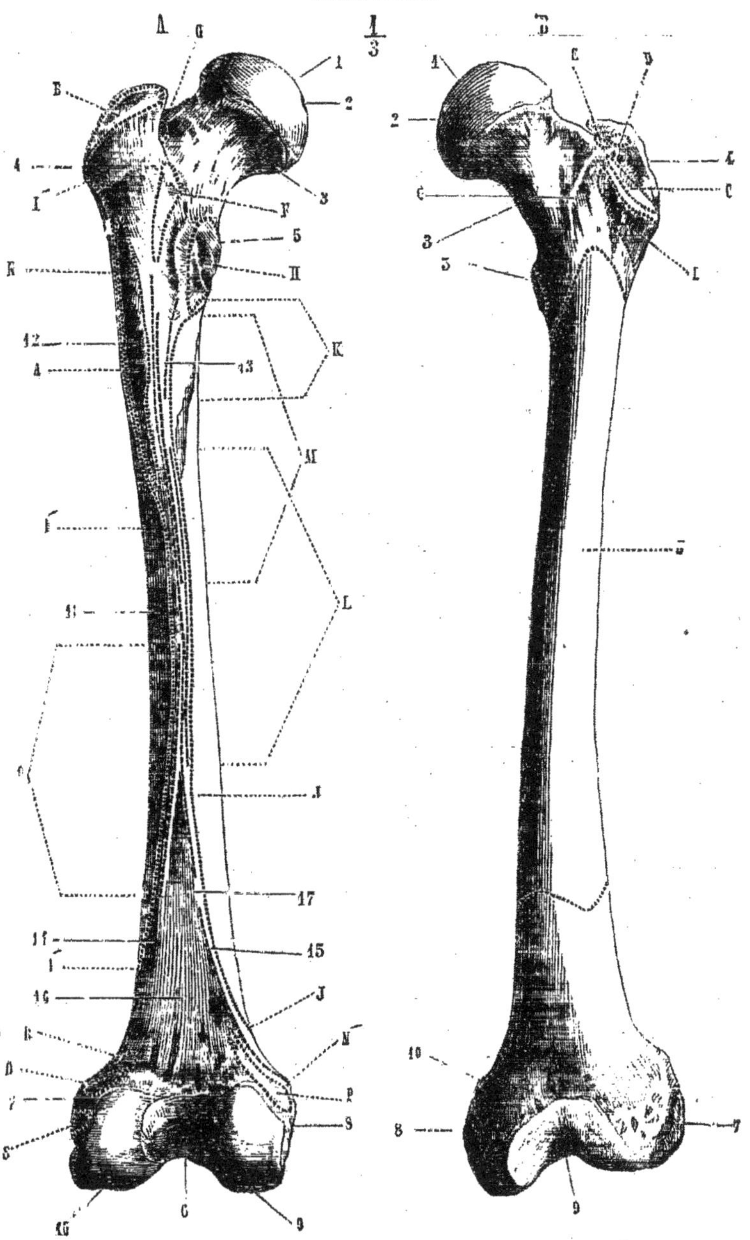

FIG. 26 — *Fémur du côté gauche* (*).

(*) A. *Face postérieure.* — 1) Tête. — 2) Dépression du ligament rond. — 3) Col. — 4) Grand trochanter. — 5) Petit trochanter. — 6) Échancrure inter-condylienne. — 7) Tubérosité externe. — 8) Tubérosité interne. — 9) Condyle interne. — 10) Condyle externe. — 11) Ligne âpre. — 12) Sa bifurcation supérieure et externe. — 13) Sa bifurcation supérieure et interne. — 14) Sa bifurcation inférieure et externe. — 15) Sa bifurcation inférieure et interne. — 16) Espace poplité. — 17) Passage des vaisseaux fémoraux.

B. *Face antérieure.* — 1, 2, 3, 4, 5) Idem que dans A. — 6) Ligne intertrochantérienne. — 7) Tu-

0m,45) ; il a une direction oblique en bas et en dedans, due à ce que, des deux condyles qui forment son extrémité inférieure, l'interne, en plaçant l'os verticalement, déborde l'externe de plus de 0m,01, et que ces deux condyles reposent sur un même plan horizontal représenté par l'extrémité supérieure du tibia. Il présente, en outre, une courbure à concavité postérieure, et, à son extrémité supérieure, une partie coudée, appelée *col*, qui supporte la *tête* de l'os, articulée avec l'os iliaque.

A. *Corps.* — Prismatique et triangulaire dans sa partie moyenne, il s'épaissit et perd cette forme en se rapprochant des extrémités. Il a trois *faces :* une antérieure, convexe, et deux latérales, l'une interne, excavée, l'autre externe se continuant insensiblement avec la première. Des trois bords, l'interne et l'externe sont mousses ; le postérieur, au contraire, est très-saillant, rugueux, *ligne âpre*, et se bifurque aux deux extrémités ; en haut, ces bifurcations, dont l'externe (A, 12) est la plus longue et la plus forte, se rendent à deux tubérosités, grand et petit trochanters ; en bas elles se terminent aux tubérosités des deux condyles et interceptent entre elles un espace triangulaire, *espace poplité* (A, 16) ; la bifurcation interne s'efface en partie pour le passage des vaisseaux fémoraux (A, 17). On trouve sur ce bord le conduit nourricier de l'os dirigé en haut.

B. *Extrémité supérieure.* — On y rencontre : 1° l'extrémité supérieure de l'os ou région trochantérienne ; 2° le col du fémur ; 3° la tête du fémur.

1° *Région trochantérienne.* — Elle se compose de deux tubérosités, l'une plus grosse, externe et supérieure, *grand trochanter* (A, 4), l'autre plus petite, interne et inférieure, *petit trochanter* (A, 5), entre lesquelles naît le col du fémur. Le grand trochanter prolonge le corps de l'os ; il a une face externe saillante, rugueuse ; une face interne moins étendue, profondément excavée *(cavité digitale)*, et trois bords, dont le supérieur est le plus saillant. Le petit trochanter est un simple tubercule conique situé à la terminaison supérieure de la face interne. Ces deux éminences sont réunies en arrière par une crête saillante, en avant par une ligne rugueuse (B, 6) constituant la base du col.

2° *Col du fémur.* — Il a la forme d'un cône tronqué, aplati d'avant en arrière, inséré par sa base sur la partie supérieure et interne du fémur et supportant, par son autre extrémité, la tête du fémur. Sa base est circonscrite en haut par le grand trochanter et la cavité digitale, en bas par le petit trochanter, en avant et en arrière par la ligne rugueuse et la crête inter-trochantérienne. Il a une face antérieure, large, presque plane ; une face postérieure convexe de haut en bas, concave dans l'autre sens ; un bord inférieur oblique mousse ; un bord supérieur concave de la base du col à la tête du fémur. Il a

bérosité externe. — 8) Tubérosité interne. — 9) Surface rotulienne. — 10) Tubercule du grand adducteur.

Insertions musculaires. — A. Grand fessier. — B. Moyen fessier. — C. Petit fessier. — D. Pyramidal. — E. Obturateur interne et jumeaux. — F. Carré crural. — G. Obturateur externe. — H. Psoas et iliaque. — I. Vaste externe (ses insertions au dessous du grand trochanter). — I'. Ses insertions à la ligne âpre. — J. Vaste interne. — K. Pectiné. — L. Moyen adducteur. — M. Petit adducteur. — N, N'. Grand adducteur. — O. Courte portion du biceps. — P. Jumeau interne. — Q. Jumeau externe. — R. Plantaire grêle. — S. Poplité. — Pour les muscles K, L, M, N, O, les lignes de repère qui répondent aux deux extrémités des lignes d'insertion de ces muscles à la ligne âpre n'ont pas été prolongées jusqu'à ces insertions pour ne pas compliquer la figure ; il suffira de les prolonger par la pensée.

une longueur moyenne de 0m,04 ; son axe fait avec l'axe du corps un angle de 120 à 130°.

3° *Tête du fémur.* — Elle forme un peu plus d'une demi-sphère ; elle est creusée, vers le milieu de sa surface, d'une dépression plus rapprochée du bord inférieur que du bord supérieur, *dépression du ligament rond* (A, 2).

C. *Extrémité inférieure.* — Volumineuse, quadrangulaire, elle se termine par deux éminences articulaires, *condyles du fémur*, fortement convergentes en avant, où elles sont réunies par une surface excavée articulée avec la rotule, *surface rotulienne* ou *trochlée fémorale* (B, 9). Les condyles sont séparés en bas et en arrière par une échancrure profonde, *échancrure intercondylienne* (A, 6), large de 0m,02 environ. La partie inférieure de chaque condyle est convexe, articulaire, se continue en avant avec la trochlée fémorale, et se termine en arrière par une suface courbe de plus petit rayon. Les faces latérales extérieures des deux condyles sont rugueuses et saillantes, et constituent les *tubérosités interne* et *externe* du fémur ; l'interne est surmontée par un tubercule, *tubercule du grand adducteur* (B, 10), où finit la bifurcation inférieure interne de la ligne âpre.

Structure. — Le fémur est creusé d'un canal médullaire, dont les parois ont jusqu'à 0m,006 d'épaisseur vers le milieu du corps ; les extrémités sont spongieuses. Le tissu spongieux du col présente une disposition particulière : les lamelles qui le constituent se croisent à angle aigu, en venant soit de la partie supérieure, soit de la partie inférieure du col ; une disposition analogue existe au niveau de l'extrémité trochantérienne de l'os ; dans la tête les lamelles s'irradient dans toutes les directions. Chez le vieillard le tissu du col du fémur subit une raréfaction notable qui le rend très fragile.

Articulations. — Le fémur s'articule avec trois os : l'os iliaque, le tibia et la rotule.

ARTICLE III. — OS DE LA JAMBE (fig. 27).

La jambe se compose de deux os : un interne, le *tibia*, l'autre externe, le *péroné*, auxquels on peut joindre la *rotule*.

1° Tibia (fig. 27).

Placer en haut l'extrémité la plus volumineuse ; en avant, le bord tranchant ; en dedans, la saillie qui déborde l'extrémité inférieure de l'os.

Cet os, le plus volumineux des deux os de la jambe, est dirigé verticalement et présente, à partir de la réunion de son tiers moyen à son tiers inférieur (endroit le plus mince de l'os), une sorte de torsion de son extrémité inférieure, dont la portion externe se porte en arrière ; il en résulte que les axes transversaux des facettes articulaires supérieures et inférieures se croisent suivant un angle de 20°, et que, grâce à cette disposition, les pieds, dans la station ordinaire, au lieu d'être parallèles, font un angle ouvert en avant.

A. *Corps.* — Il a la forme d'un prisme triangulaire. De ses trois *faces*, l'externe, excavée, devient antérieure en bas ; l'interne est convexe, sous-cutanée ; la postérieure, plane, offre en haut une ligne (B, 6) oblique en bas et en dedans, qui limite une surface triangulaire, *surface poplitée* (B, 5), et un peu au-dessous, l'orifice du conduit nourricier de l'os, dirigé en bas. Les trois *bords* sont très-accusés, surtout l'antérieur, qui a reçu le nom de *crête du tibia* ; il a la forme d'un *S* italique très-allongé, concave en dehors supérieurement, concave en dedans inférieurement ; le bord externe se bifurque en bas.

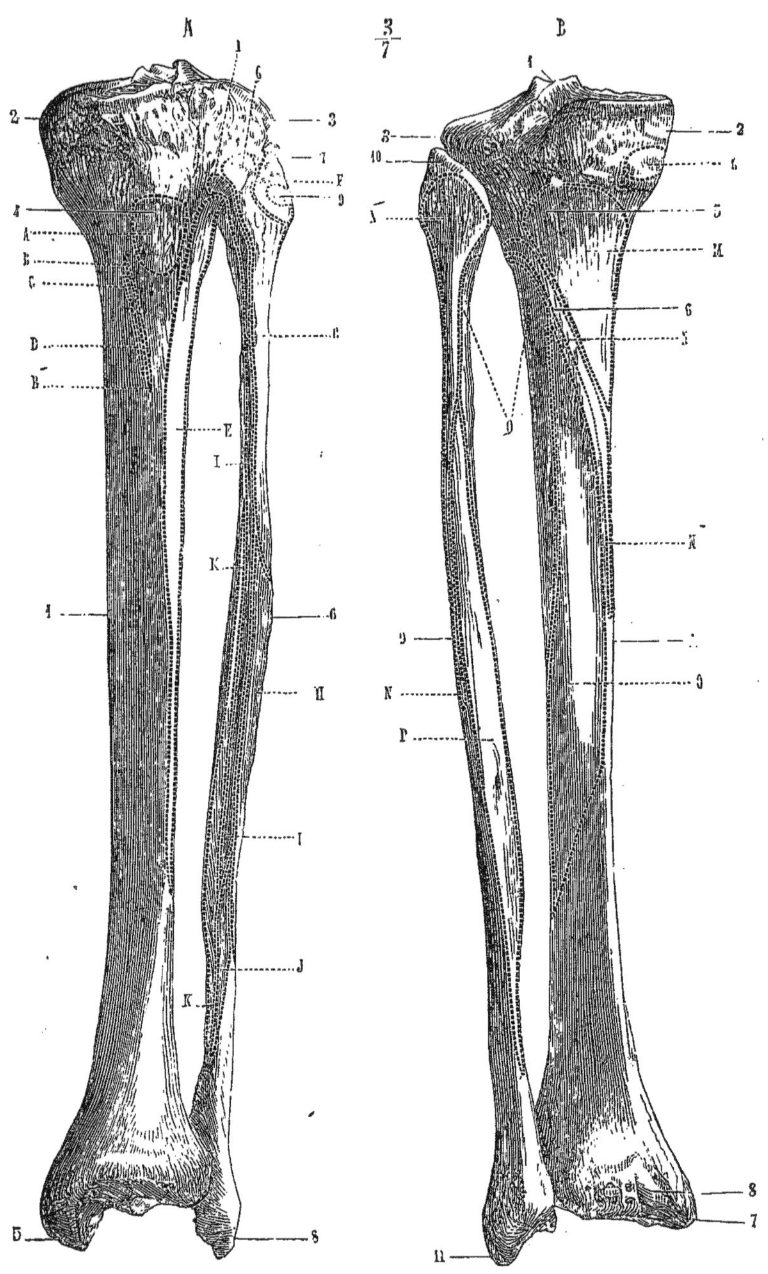

FIG. 27. — *Os de la jambe gauche* (*).

(*) A. *Face antérieure.* — 1) *Tibia.* — 2) Tubérosité interne. — 3) Tubérosité externe. — 4) Tubérosité antérieure. — 5) Malléole interne. — 6) *Péroné.* — 7) Tête du péroné. — 8) Malléole externe. — 9) Insertion du ligament latéral externe.

B. *Face postérieure.* — 1) *Tibia.* — 2) Tubérosité interne. — 3) Tubérosité externe. — 4) Épine intercondylienne. — 5) Surface poplitée. — 6) Ligne oblique limitant en bas cette surface. — 7) Mal-

B. *Extrémité supérieure.* — Très-volumineuse, plus étendue dans le sens transversal, elle se termine par une sorte de plateau horizontal divisé en trois parties : une médiane, étroite, rugueuse, présentant vers son milieu une éminence, *épine du tibia*, deux latérales très-peu excavées, articulées avec les condyles du fémur, ce sont les *condyles* ou *cavités glénoïdes* du tibia. Les renflements de l'extrémité supérieure, qui supportent les deux condyles, sont les *tubérosités* du tibia ; l'externe possède en arrière une petite facette circulaire, presque horizontale, articulée avec le péroné ; en avant, une saillie, *tubercule du jambier antérieur ;* l'interne est creusée d'une gouttière transversale pour le tendon du demi-membraneux. En avant, ces deux tubérosités sont réunies par une surface plane, triangulaire, aboutissant en bas à une saillie, *tubérosité antérieure* du tibia (A, 4), d'où part le bord antérieur de l'os ; en arrière elles sont séparées par une échancrure.

C. *Extrémité inférieure.* Peu volumineuse, quadrangulaire, plus large en dehors et en avant, elle se termine par une facette trapézoïde, excavée, articulée avec l'astragale. En dedans on remarque une apophyse épaisse tronquée à son sommet, *malléole interne* (A, 5) ; son bord postérieur est creusé d'une gouttière oblique en bas et en dedans, *gouttière du tibial postérieur* (B, 8) ; sa face externe triangulaire, très-légèrement concave, s'articule avec le péroné.

Articulations. — Le tibia s'articule avec trois os : le fémur, le péroné et l'astragale.

2° Péroné (1) (fig. 27, A. 6, B, 9).

Placer en bas l'extrémité aplatie qui présente une facette verticale, tourner cette facette en dedans ; placer en avant la concavité de l'os, ou, si cette concavité est peu marquée, placer en arrière la pointe saillante de l'extrémité supérieure. La facette verticale de l'extrémité inférieure ne s'articule pas avec le tibia, dont elle doit dépasser le niveau, mais avec l'astragale.

Cet os, très-long, très-grêle, est situé en bas au côté externe du tibia, en haut à son côté externe et postérieur.

A. Le *corps*, prismatique, triangulaire, présente une torsion de ses faces, parallèle à l'enroulement des muscles qui, d'externes, deviennent postérieurs par rapport à l'os ; chacune des trois faces change ainsi de direction ; la face interne devenant antérieure en bas, la face postérieure interne, la face externe postérieure. Les trois bords, antérieur, externe et interne, très-tranchés, subissent la même déviation. Sur la face interne se trouve une crête qui la divise en deux portions, *crête interosseuse*, qui en bas se continue avec le bord interne dévié de l'os et donne attache à la membrane interosseuse. Le trou nourricier, dirigé obliquement de haut en bas, se trouve sur la face postérieure de l'os.

B. *Extrémité supérieure* ou *tête du péroné.* — Elle possède une facette presque plane, légèrement oblique en bas et en dedans, articulée avec le tibia et en arrière une apophyse saillante, *apophyse styloïde* du péroné.

(1) De περόνη, agrafe.

léole interne. — 8) Gouttière du tibial postérieur. — 9) *Péroné.* — 10) Tête du péroné. — 11) Malléole externe.

Insertions musculaires.—A. Tendon rotulien.—B, B'. Couturier. — C. Droit interne. — D. Demi-tendineux. — E. Jambier antérieur. — F. Biceps. — G. Long péronier latéral. — H. Court péronier latéral. — I. Long extenseur commun des orteils. — J. Péronier antérieur. — K. Extenseur propre du gros orteil. — L. Demi-membraneux. — M. Poplité. — N, N'. Soléaire. — O. Long fléchisseur commun des orteils. — P. Long fléchisseur propre du gros orteil. — Q. Tibial postérieur.

C. *L'extrémité inférieure* ou *malléole externe*, allongée, aplatie de dehors en dedans, offre sur sa face interne une facette verticale, articulée avec l'astragale, et, en arrière de cette facette, une dépression rugueuse pour des insertions ligamenteuses. Son sommet descend plus bas que celui de la malléole interne.

Articulations. — Il s'articule avec deux os : le tibia et l'astragale.

3° Rotule.

Placer en bas la pointe, en arrière la face articulaire de l'os; en dedans la facette la moins large de cette face articulaire.

Cet os, court, aplati d'avant en arrière, triangulaire, a deux faces, deux bords, une base et un sommet.

La *face antérieure*, rugueuse, convexe, offre des sillons verticaux et des orifices vasculaires ; la *face postérieure* présente en haut une surface ovale, à grand axe transversal, articulée avec le fémur, et divisée par une crête mousse verticale en deux facettes excavées, l'une, plus large, externe, l'autre, interne, plus étroite et plus déclive. La base est épaisse ; ses *bords* latéraux sont minces ; son *sommet* constitue une pointe saillante en bas, formée aux dépens de la moitié antérieure de l'épaisseur de l'os.

La rotule est considérée comme un os sésamoïde ; cependant comme elle est le représentant à la jambe de l'apophyse olécrâne du cubitus, il est plus juste de la rattacher aux os constituant le squelette que de la classer dans les os sésamoïdes.

Articulations. — Elle s'articule avec un seul os, le fémur.

ARTICLE IV. — OS DU PIED (fig. 28 et 29).

Le pied se compose, comme la main, de trois parties, qui sont, d'arrière en avant, le *tarse*, le *métatarse* et les *orteils*, comprenant en tout 26 os.

§ I. — Tarse.

Le tarse, analogue du carpe, se compose de sept os divisés en deux rangées ; la première rangée, moins régulièrement disposée qu'à la main, est constituée par trois os seulement : un supérieur, l'*astragale* (fig. 28, 3), seul articulé avec les os de la jambe ; un inférieur, le *calcanéum* ou os du talon ; un antérieur, le *scaphoïde* (1) (9) ; la deuxième rangée se compose de quatre os situés côte à côte sur la même ligne et articulés en avant avec les métatarsiens ; ce sont, de dedans en dehors, les premier (14), deuxième (13) et troisième (12) *cunéiformes* et le *cuboïde* (11). Tous ces os sont formés de tissu spongieux entouré d'une lame mince de tissu compacte.

1° Astragale (fig. 28, 3).

Placer en avant la tête arrondie de l'os, en haut sa facette convexe semi-cylindrique, en dehors la facette triangulaire à pointe inférieure saillante.

Cet os, irrégulièrement cuboïde, situé entre le calcanéum et les os de la jambe, se compose d'une partie antérieure arrondie ou *tête* (8), réunie au *corps* de l'os par un étranglement ou *col* (7) ; il présente six faces.

La *face supérieure* possède une partie articulaire plus large en avant, fortement convexe d'avant en arrière, légèrement excavée transversalement,

(1) Le scaphoïde a été classé à tort parmi les os de la deuxième rangée : il est le représentant du scaphoïde du carpe et appartient par conséquent à la première rangée du tarse.

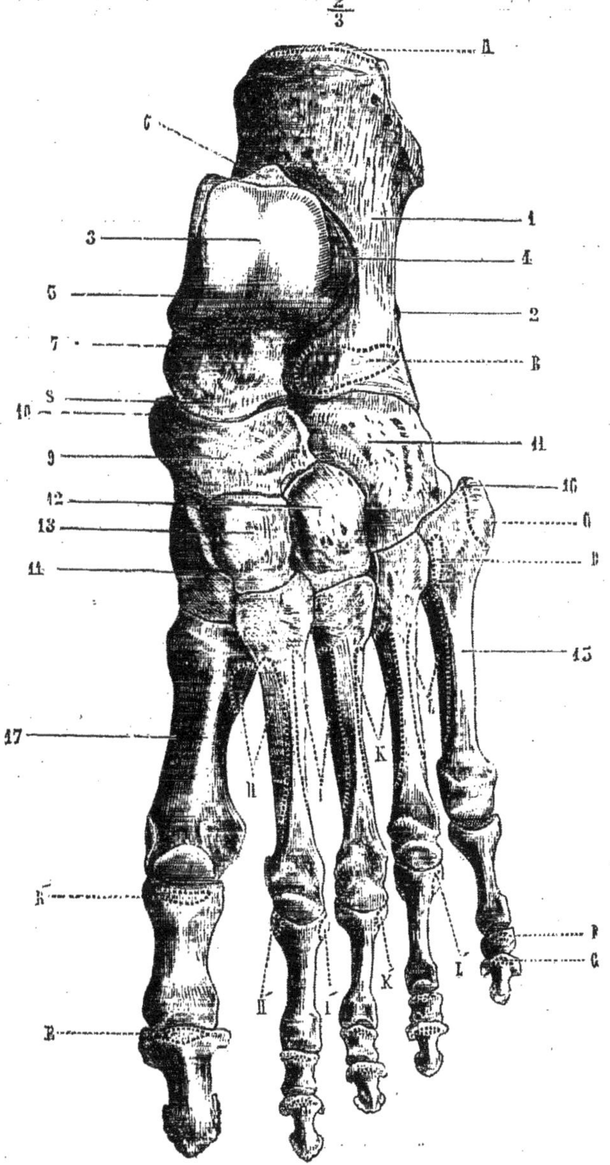

Fig. 28. — *Pied du côté gauche, face dorsale* (*).

(*) 1) Calcanéum. — 2) Tubercule des péroniers latéraux. — 3) Surface articulaire médiane de l'astragale. — 4) Sa facette malléolaire externe. — 5) Sa facette malléolaire interne. — 6) Gouttière du long fléchisseur propre du gros orteil. — 7) Col de l'astragale. — 8) Tête de l'astragale. — 9) Scaphoïde. — 10) Son apophyse. — 11) Cuboïde. — 12) Troisième cunéiforme. — 13) Deuxième cunéiforme. — 14) Premier cunéiforme. — 15) Cinquième métatarsien. — 16) Son apophyse. — 17) Premier métatarsien.

Insertions musculaires. — A. Tendon d'Achille. — B. Pédieux. — B'. Insertion de son tendon interne à la première phalange du gros orteil. — C. Court péronier latéral. — D. Péronier antérieur. — E. Long extenseur du gros orteil. — F. Extenseur commun des orteils ; son insertion à la deuxième phalange. — G. Son insertion à la troisième phalange. — H. Premier interosseux dorsal. — H'. Son insertion à la première phalange. — I, I'. Deuxième interosseux dorsal. — K, K'. Troisième interosseux dorsal. — L, L'. Quatrième interosseux dorsal.

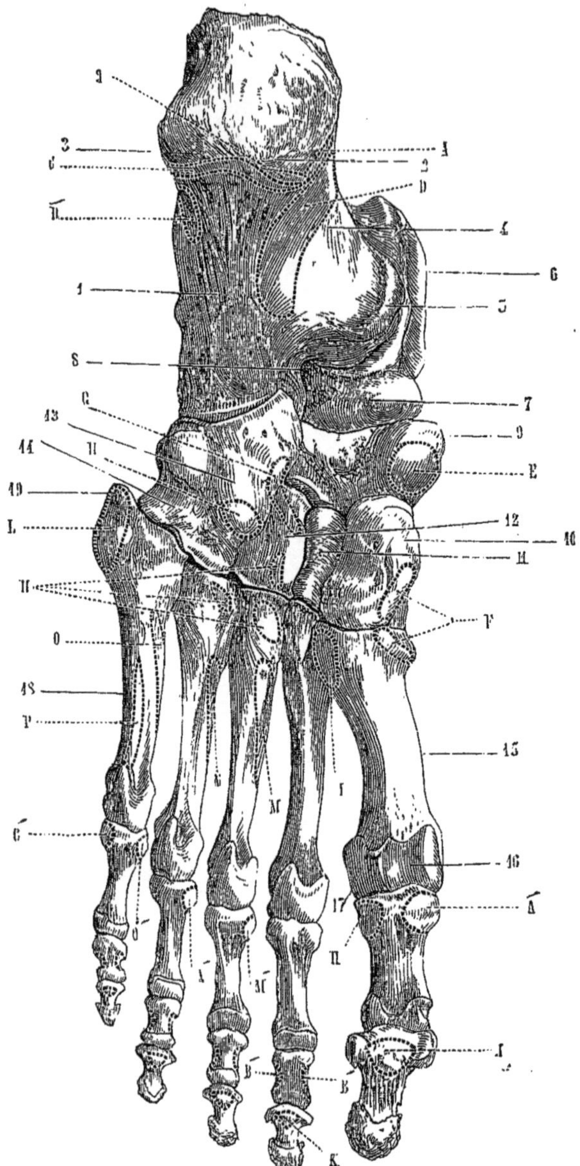

Fig. 29. — *Pied du côté gauche, face inférieure* (*).

(*) 1) Face inférieure du calcanéum. — 2) Sa tubérosité interne. — 3) Sa tubérosité externe. — 4) Gouttière du calcanéum. — 5) Sa petite apophyse. — 6) Astragale. — 7) Tête de l'astragale. — 8) Sinus du tarse. — 9) Scaphoïde. — 10) Premier cunéiforme. — 11) Deuxième cunéiforme. — 12) Troisième cunéiforme. — 13) Cuboïde. — 14) Gouttière du long péronier latéral. — 15) Premier métatarsien. — 16) Gouttière de l'os sésamoïde interne. — 17) Gouttière de l'os sésamoïde externe. — 18) Cinquième métatarsien. — 19) Son apophyse.

Insertions musculaires. — A. Court abducteur du gros orteil. — A'. Insertion à la première phalange du gros orteil du court abducteur et du court fléchisseur du gros orteil. — B. Court fléchisseur commun. — B'. Son insertion à la deuxième phalange. — C. Court abducteur du petit orteil. — C'. Son insertion à la première phalange avec le court fléchisseur. — D, D'. Accessoire du long fléchisseur commun. — E. Jambier postérieur. — F. Jambier antérieur. — G. Court fléchisseur du gros orteil. —

articulée avec le tibia; en avant de cette facette, une dépression profonde, appartenant au col et la séparant de la tête de l'astragale.

La *face externe* est pourvue d'une facette triangulaire, articulée avec le péroné, *facette malléolaire externe;* sa base curviligne se réunit sous un angle droit à la poulie de la face supérieure; son sommet supérieur correspond à une apophyse saillante, *apophyse externe de l'astragale;* ses deux bords et son sommet sont cernés par une gouttière rugueuse à insertions ligamenteuses. En avant d'elle est une excavation profonde faisant partie du corps de l'os.

La *face interne* présente en haut une facette articulaire, *facette malléolaire interne*, en forme de faux à pointe dirigée en arrière, réunie à la face supérieure sous un angle obtus, et au-dessous de cette facette, des dépressions profondes et des rugosités.

La *face postérieure* est réduite à une simple gouttière oblique en bas et en dedans, *gouttière du long fléchisseur du gros orteil* (fig. 28, 6), et limitée par deux tubercules, dont l'externe est le plus saillant.

La *face antérieure*, convexe, arrondie, *tête de l'astragale*, plus large que haute, empiète en dedans sur la face interne; elle s'articule avec le scaphoïde.

La *face inférieure* offre deux facettes articulées toutes deux avec le calcanéum, l'une postérieure et externe, concave, l'autre antérieure et interne, convexe, subdivisée souvent en deux facettes secondaires; entre les deux est une gouttière profonde, *gouttière du sinus du tarse*. Les grands axes des deux facettes et la gouttière qui les sépare sont dirigés obliquement en avant et en dehors.

Articulations. — L'astragale s'articule avec quatre os : le tibia, le péroné, le calcanéum et le scaphoïde.

2° Calcanéum (1) (fig. 28, 1 : fig. 29, 1).

Placer en dedans la face excavée en forme de large gouttière; en haut, l'apophyse aplatie, qui constitue le bord le plus saillant de cette gouttière; en avant, l'extrémité de l'os qui porte des facettes articulaires.

Cet os, quadrangulaire, allongé, à grand axe parallèle à l'axe du pied, comprimé transversalement, est situé à la partie postérieure et inférieure du pied, au-dessous de l'astragale, en arrière du cuboïde. Son tiers antérieur, moins haut, a reçu le nom de *grande apophyse du calcanéum ;* on appelle *petite apophyse* la saillie qui surmonte la gouttière de la face interne et qui supporte une apophyse articulaire; le reste de l'os est le *corps du calcanéum*.

La *face supérieure*, dans son tiers postérieur, est étroite, rugueuse, concave d'avant en arrière, conveve transversalement et déborde plus ou moins l'astragale en arrière suivant la saillie du talon. Dans les deux tiers antérieurs elle est articulée avec l'astragale par deux facettes séparées par une gouttière très-large en dehors, qui forme, avec la gouttière correspondante de l'astragale, un canal oblique ou *sinus du tarse;* la facette postérieure est convexe; l'antérieure, concave, est quelquefois divisée en deux facettes secondaires, l'une antérieure, plus petite, l'autre postérieure, plus grande, supportée par la petite apophyse du calcanéum.

(1) *Calcaneum*, de *calx*, talon.

H. Adducteur oblique du gros orteil. — H'. Insertion antérieure des adducteurs oblique et transverse et de la partie externe du court fléchisseur du gros orteil. — I. Long péronier latéral. — K. Long fléchisseur commun des orteils. — L. Court péronier latéral. — M, M'. Premier interosseux plantaire. — N, N'. Deuxième interosseux plantaire. — O, O'. Troisième interosseux plantaire. — P. Opposant du petit orteil.

La *face inférieure*, excavée d'avant en arrière, convexe transversalement, est rugueuse, étroite; elle présente en arrière deux tubérosités séparées par une échancrure, l'une interne, plus volumineuse (fig. 29, 2), l'autre externe, plus petite (3), par lesquelles le talon appuie sur le sol, et en avant une pointe saillante, *tubérosité antérieure du calcanéum*.

La *face externe* est rugueuse, plane, verticale, et offre en avant un tubercule au-dessous et au-dessus duquel sont les gouttières du long et du court péronier latéral.

La *face interne*, lisse, forme une gouttière due principalement à la saillie de la petite apophyse du calcanéum, sous laquelle passent les tendons des muscles postérieurs et profonds de la jambe.

La *face postérieure* convexe est lisse dans sa moitié supérieure, rugueuse dans sa moitié inférieure plus large, qui donne attache au tendon d'Achille et se termine en bas aux deux tubérosités interne et externe.

La *face antérieure*, articulée avec le cuboïde, concave de haut en bas, convexe transversalement, coupée obliquement aux dépens de la face interne, a la forme d'un triangle rectangle à base supérieure, dont les angles sont arrondis et dont l'hypoténuse correspondrait à la réunion de la face antérieure et de la face interne.

Articulations. — Le calcanéum s'articule avec deux os : l'astragale et le cuboïde.

3° Scaphoïde (fig. 28, 9; fig. 29, 9).

Placer en arrière la facette concave, en dedans et en bas l'apophyse saillante de l'extrémité la plus pointue de l'os, en haut la partie de la circonférence la plus régulièrement convexe.

Il a la forme d'un disque ovale concavo-convexe à grand axe transversal, dirigé un peu en bas et en dedans ; il sépare la tête de l'astragale des cunéiformes. Il a deux faces et une circonférence.

Sa *face postérieure*, concave, s'articule avec la tête de l'astragale ; sa *face antérieure*, convexe, est divisée en trois facettes : une interne, semi-elliptique, pour le premier cunéiforme; une moyenne, triangulaire, pour le deuxième ; une externe, ovalaire, à base supérieure, pour le troisième.

La *circonférence*, rugueuse, assez régulièrement convexe en haut, inégale en bas, est prolongée en dedans par une tubérosité saillante, *apophyse du scaphoïde* (fig. 28, 10), et pourvue en dehors d'une facette cuboïdienne, qui n'existe pas toujours.

Articulations. — Le scaphoïde s'articule avec cinq os : l'astragale, les trois cunéiformes et le cuboïde.

4° Premier cunéiforme ou grand cunéiforme (fig. 28, 14; fig. 29, 10).

Placer en haut le tranchant du coin, en tournant en arrière la partie oblique la plus longue du tranchant et en avant sa partie horizontale; placer en dedans la face convexe dépourvue de facette articulaire. Il se distingue des autres par son volume.

Comme les autres os cunéiformes, il a une base, un tranchant et deux faces latérales : une face antérieure ou métatarsienne et une face postérieure ou scaphoïdienne.

La *base* est convexe, non articulaire et continue avec les deux faces latérales; le *tranchant* se divise en deux parties faisant entre elles un angle obtus, l'une antérieure, très-courte, horizontale; l'autre postérieure, beaucoup plus longue, qui se dirige obliquement en bas, en arrière et en dedans. La *face latérale interne* est convexe, rugueuse et pourvue, en bas et en avant, d'une empreinte pour l'attache du jambier antérieur; la *face latérale externe* présente une facette articulaire étroite, en équerre, qui longe son bord supérieur et son bord postérieur ; elle s'articule avec le deuxième cunéiforme, sauf tout à fait en avant, où, à l'endroit où le tranchant du coin change de direction, se trouve une petite facette quadrangulaire articulée avec le deuxième métatarsien ; le reste de la face est rugueux et inégal. La *face antérieure,* un peu convexe, en forme de haricot, à grand diamètre vertical, s'articule avec le premier métatarsien ; la *face postérieure*, concave, répond à la facette interne du scaphoïde.

Articulations. — Le premier cunéiforme s'articule avec quatre os : le scaphoïde, le deuxième cunéiforme, les premier et deuxième métatarsiens.

5° Deuxième ou petit cunéiforme (fig. 28, 13; fig. 29, 11).

Placer en haut sa base, en arrière sa facette triangulaire concave, en dehors celle des faces latérales qui ne présente de facette articulaire que dans sa partie postérieure et dont la partie antérieure est rugueuse. Il se distingue du troisième en ce que sa base est presque aussi large que longue.

Il a la forme parfaite d'un coin. Sa base, tournée en haut, est rugueuse, presque carrée ; son tranchant est en partie caché entre les deux autres cunéiformes.

Sa face latérale *interne* présente une facette en équerre articulée avec le premier cunéiforme, facette qui occupe sa partie postérieure et arrive par sa branche horizontale jusqu'à son bord antérieur. La face latérale *externe* a, pour s'articuler avec le troisième cunéiforme, une facette plus large en haut, mais n'occupant que sa moitié postérieure, et séparée en haut du bord antérieur de l'os par une gouttière rugueuse. La face *postérieure*, concave, triangulaire, s'articule avec la facette médiane du scaphoïde ; la face *antérieure*, un peu convexe, avec le deuxième métatarsien.

Articulations. — Le deuxième cunéiforme s'articule avec quatre os : le premier et le deuxième cunéiformes, le scaphoïde et le deuxième métatarsien.

6° Troisième ou moyen cunéiforme (fig. 28, 12; fig. 29, 12).

Placer en haut sa base, en dehors le bord convexe de cette base, en arrière la partie de l'os qui supporte les facettes les plus étendues. Il se distingue du deuxième, parce que sa longueur est près du double de sa largeur.

Intermédiaire, comme volume, entre le premier et le deuxième cunéiformes, il a une longueur à peu près double de sa largeur ; il subit une sorte d'inflexion latérale, visible surtout sur sa base, de façon que son bord externe forme un angle saillant, son bord interne un angle rentrant.

Sa *base*, plane, rugueuse, est tournée en haut ; son *tranchant* est inégal, épais. Sa face latérale *interne* est divisée en deux parties par une gouttière profonde verticale, la facette postérieure large s'articule avec le deuxième cunéiforme, l'antérieure étroite avec le deuxième métatarsien. La face latérale *externe* offre, en arrière, une facette semi-elliptique pour le cuboïde ; elle est rugueuse dans le reste de son étendue, sauf en avant, où elle a quelquefois une petite facette articulée avec le quatrième métatarsien. Ses faces *antérieure* et *postérieure* triangulaires s'articulent, la première avec le troisième métatarsien, la seconde avec la facette externe du scaphoïde.

Articulations. — Le troisième cunéiforme s'articule avec six os : le scaphoïde, le deuxième cunéiforme, le cuboïde et les deuxième, troisième et quatrième métatarsiens.

7° Cuboïde (fig. 28, 11; fig. 29, 13).

Placer en bas la face creusée d'une gouttière profonde, en avant la partie de cette face qui présente cette gouttière, en dedans et en haut la face plane qui offre une facette articulaire à sa partie postérieure et supérieure.

Cet os a plutôt la forme d'un coin, dont le tranchant, situé au bord externe du pied, résulterait de la réunion des faces dorsale et plantaire ; ce tranchant est en outre rétréci d'avant en arrière par une convergence des deux faces antérieure et postérieure vers le bord externe.

La face *dorsale* est rugueuse, plane, fortement inclinée en bas vers le bord externe du pied. La face *plantaire* est parcourue obliquement de dehors en dedans par une crête mousse, saillante, *crête* ou *tubérosité du cuboïde*, en avant de laquelle est une gouttière, *gouttière du péronier latéral* (fig. 29, 14) ; en arrière de cette crête est une surface triangulaire rugueuse, qui, sur un pied articulé, se prolonge en arrière et en dedans au-dessous du calcanéum. La face *postérieure*, articulée avec le calcanéum, concorde par sa forme et ses courbures avec la face antérieure de cet os. La face *antérieure* est divisée par une crête verticale en deux facettes : l'une interne quadrangulaire pour le quatrième métatarsien ; l'autre externe triangulaire, plus large, pour le cinquième. La face *interne* plane offre, en arrière et en haut, une large facette pour le troisième cunéiforme et souvent, en arrière de celle-ci, une autre facette réunie à la précédente sous un angle obtus pour le scaphoïde. La face *externe*, réduite à un simple bord, est très-courte, excavée et forme le point de départ de la gouttière du long péronier latéral.

Articulations. — Le cuboïde s'articule avec cinq os : le calcanéum, le troisième cunéiforme, les quatrième et cinquième métatarsiens et quelquefois le scaphoïde.

§ II. — Métatarse.

Pour les quatre derniers métatarsiens, placer en avant la tête arrondie, en bas la concavité de l'os, en dehors l'angle aigu formé par la réunion de la face postérieure avec une des faces latérales de la base ou la partie de cette base qui fait le plus saillie en arrière. Pour le premier métatarsien, placer en dedans la concavité de la facette tarsienne, en bas la partie la plus saillante de sa base. On reconnaîtra les différents métatarsiens aux caractères suivants : pour le premier, il se reconnaît à première vue par son volume ; pour les quatre derniers, on les reconnaîtra à la disposition des facettes latérales de leur base ; ainsi, deuxième métatarsien : quatre facettes sur une des faces latérales de la base ; troisième : deux facettes d'un côté, une seule de l'autre ; quatrième : une seule facette de chaque côté ; cinquième : une seule facette latérale, et, de l'autre côté, une tubérosité saillante. Comme moyen mnémotechnique, on remarquera que le nombre des facettes latérales décroît du deuxième au cinquième métatarsien.

Le métatarse se compose de *cinq* os articulés en arrière avec la deuxième rangée du tarse, en avant avec les premières phalanges, et appelés premier, deuxième, etc., cinquième métatarsien, en allant du bord interne vers le bord externe du pied. Le plus court et en même temps le plus volumineux est le premier ; le deuxième est le plus long, puis du troisième au cinquième ils décroissent de longueur, mais d'une façon presque insensible.

Chaque métatarsien a un *corps* et deux *extrémités*. Le *corps* est prismatique, triangulaire, un peu excavé du côté plantaire, et présente trois faces : une dorsale qui, en allant du deuxième au cinquième, se réduit de plus en plus à une crête, et deux latérales, qui regardent, l'interne, en bas et en dedans, l'externe, en haut et en dehors.

L'*extrémité tarsienne* ou *base* est épaisse et offre une face postérieure articulée avec le tarse, deux faces latérales articulées avec les métatarsiens voisins, et quelquefois avec les os du tarse, une face dorsale large et une plantaire étroite, rugueuse, tous deux non articulaires ; cette base est en général coupée obliquement, de façon que sa face postérieure n'est pas perpendiculaire à l'axe de l'os, mais oblique en arrière et en dehors.

La *tête* ou *extrémité antérieure* est, sauf pour le premier, comprimée transversalement, plus étendue du côté plantaire et terminée là par deux tubercules ; en arrière de cette tête, du côté dorsal, se trouvent aussi deux tubercules saillants.

Caractères distinctifs des métatarsiens. — 1° *Premier métatarsien.* — Il est court, très-volumineux ; ses trois faces et ses trois bords sont bien marqués ; sa *base* possède en arrière une facette réniforme à concavité externe, articulée avec le premier cunéiforme et terminée en bas par une forte saillie osseuse, *tubérosité du premier métatarsien.* Sa *tête*, volumineuse, plus étendue transversalement, est creusée à sa partie inférieure de deux gouttières séparées par une crête antéro-postérieure et logeant des os sésamoïdes.

2° *Deuxième métatarsien.* — Sa base offre en dedans une seule facette circulaire pour le premier cunéiforme, en dehors deux facettes séparées par une gouttière transversale et divisées, chacune, par une crête mousse, en deux facettes secondaires articulées, les postérieures avec le troisième cunéiforme, les antérieures avec le troisième métatarsien.

3° *Troisième métatarsien.* — Sa base présente en dedans deux facettes séparées par une gouttière triangulaire et articulées avec le deuxième métatarsien, en dehors une seule facette ovalaire pour le quatrième.

4° *Quatrième métatarsien.* — Sa base offre en dedans une facette pour le troisième métatarsien et quelquefois une petite facette supplémentaire étroite pour le troisième cunéiforme ; en dehors elle s'articule par une large facette triangulaire limitée en avant par une gouttière oblique avec le cinquième métatarsien.

5° *Cinquième métatarsien.* — Sa base possède en dedans une facette pour le quatrième métatarsien ; en dehors une apophyse saillante en arrière et en dehors, *apophyse styloïde du cinquième métatarsien* (fig. 29, 19).

§ III. — Phalanges.

Analogues à celles des doigts, elles s'en distinguent, sauf celles du gros orteil, dont le volume est énorme, par une sorte d'atrophie sensible surtout pour les deuxièmes et les troisièmes, atrophie qui porte principalement sur le corps de ces phalanges.

CHAPITRE VI

HOMOLOGIE DES OS DU MEMBRE SUPÉRIEUR ET DU MEMBRE INFÉRIEUR

Les membres supérieurs et inférieurs, formés sur le même type et constitués par la réunion d'os homologues, n'en présentent pas moins des différences résultant de la diversité de leurs fonctions.

MEMBRE SUPÉRIEUR	MEMBRE INFÉRIEUR
Pouce.	Gros orteil.
Carpe :	**Tarse :**
Trapèze.	Premier cunéiforme.
Trapézoïde.	Deuxième cunéiforme.
Grand os (moins la tête).	Troisième cunéiforme.
Os crochu.	Cuboïde.
Scaphoïde.	Scaphoïde.
Semi-lunaire et tête du grand os.	Astragale.
Pyramidal.	Calcanéum (partie antérieure).
Pisiforme.	Calcanéum (partie postérieure).
Avant-bras :	**Jambe :**
Cubitus (moins la grande cavité sigmoïde et l'olécrâne).	Péroné (l'apophyse styloïde représente l'apophyse coronoïde du cubitus).
Grande cavité sigmoïde du cubitus.	Tubérosités externe et antérieure du tibia.
Olécrâne.	Rotule (1).
Radius.	Tibia (moins la tubérosité externe et la tubérosité antérieure).
Humérus :	**Fémur :**
Condyle,	Condyle externe.
Trochlée.	Surface rotulienne ou condyle externe.
Épaule (2) **:**	**Bassin** (moins le sacrum) **:**
Omoplate.	Os iliaque (moins le pubis).
Cavité glénoïde.	Cavité cotyloïde.
Bord axillaire.	Bord antérieur.
Bord spinal.	Crête iliaque.
Échancrure coracoïdienne.	Échancrure ischiatique.
Angle inférieur.	Épine iliaque antéro-supérieure.
Fosse sous-scapulaire.	Fosse iliaque interne.
Fosses sus et sous-épineuses.	Fosse iliaque externe.
Épine et acromion.	Pas de représentant.
Apophyse coracoïde.	Ischion.
Clavicule.	Pubis.

Aux membres supérieurs, tout est sacrifié à la mobilité; aux membres inférieurs, au contraire, c'est la solidité qui domine, tandis que la mobilité est restreinte comme étendue et comme direction. Ces différences se caractérisent surtout aux deux extrémités des membres, dans la ceinture osseuse (épaule ou bassin), qui les rattache au tronc, et dans l'appendice multiple (main ou pied), qui les termine. Une revue rapide fera saisir ces différences. Tandis que l'omoplate, allégée le plus possible de substance osseuse, est

(1) Chez certains marsupiaux le péroné s'articule avec le condyle externe du fémur, et la soudure qui se trouve chez l'homme et qui a amené le volume énorme de l'extrémité supérieure du tibia, n'existe pas.

(2) Les homologies du bassin et de l'épaule sont beaucoup plus compliquées et plus difficiles à interpréter; mais les limites de ce livre ne permettent pas d'entrer dans plus de détails. Voyez sur ce sujet les mémoires suivants : Ch. Martins, *Nouvelle comparaison des membres pelviens et thoraciques (Annales des sciences naturelles*, 4e série, t. VIII, 1857). *Mémoire sur l'ostéologie comparée du coude et du genou* (Id., t. XVII, 1862). Foltz, *Homologie des membres pelviens et thoraciques de l'homme (Journal de la physiologie*, 1863).

suspendue librement au tronc par la clavicule, et communique ainsi au bras qu'elle supporte la double mobilité de l'omoplate sur la clavicule et de la clavicule sur le sternum, le bassin constitue avec le sacrum une ceinture volumineuse, invariable, immobile, fournissant un point d'attache solide aux membres inférieurs; tandis que la tête de l'humérus déborde de tous côtés la cavité glénoïde si superficiellement excavée et acquiert ainsi une facilité extrême de déplacement dans tous les sens, la tête du fémur est enfoncée dans l'excavation profonde de la cavité cotyloïde et perd au profit de la solidité une grande étendue de mouvement; tandis qu'à l'avant-bras le radius tourne autour du cubitus en entraînant la main en pronation ou en supination, à la jambe les deux os correspondants fortement articulés constituent un tout à peu près immobile. La main enfin, lâchement unie au radius, présente au plus haut point cette prédominance de la mobilité sur la résistance; ses trois segments, carpe, métacarpe, doigts, augmentent successivement de longueur; les os du carpe, excessivement réduits, sont disposés sur deux rangées et dans chaque rangée, placés côte à côte, et le premier métacarpien, par sa mobilité sur le trapèze, permet les mouvements d'opposition du pouce. Le pied, au contraire, pris dans la mortaise tibio-péronière comme dans un étau, voit ses trois segments, tarse, métatarse, orteils, diminuer de longeur d'arrière en avant; non-seulement la partie servant à la résistance, le tarse, a pris un développement extrême, mais les os de la première rangée, réduits à trois au lieu de quatre, comme au carpe, ont subi des déplacements spéciaux ayant tous pour résultat la solidité; un seul d'entre eux, l'astragale, s'articule avec les os de la jambe, et transmet le poids du corps au reste du pied formant voûte pour résister à la pression; enfin le premier métatarsien, perdant le mouvement d'opposition, devient parallèle aux autres et constitue avec le calcanéum un des principaux points d'appui du pied sur le sol.

Ces différences n'empêchent cependant pas de retrouver les homologies des os du membre supérieur et du membre inférieur; mais, pour les retrouver, il faut partir d'un point incontestable, qui permette ensuite, grâce à leurs connexions, de préciser dans chaque membre les os correspondants; ce point incontestable, c'est l'homologie du gros orteil et du pouce. Il faut dans cette comparaison faire la part de la torsion de l'humérus et supposer l'humérus détordu et rectiligne comme le fémur; on retrouve alors facilement les parties correspondantes. Le tableau ci-dessus (v. page 111) place en regard les os homologues des membres supérieur et inférieur.

CHAPITRE VII

APPAREIL HYOIDIEN

Os hyoïde (fig. 30).

Placer en arrière sa concavité, en haut le bord qui supporte les deux petits prolongements ou petites cornes.

L'os hyoïde est un os impair, en forme de fer à cheval, situé à la partie supérieure et antérieure du cou, à la hauteur du corps de la troisième vertèbre cervicale dans la position droite de la tête.

Il se compose de cinq pièces, qui restent souvent distinctes chez l'adulte, et sont réunies par du cartilage : une médiane, *corps* (1); deux latérales, *grandes cornes* (2), horizontales; deux supérieures verticales, *petites cornes* (3).

Le *corps* (1), deux fois plus large que haut, est concave en arrière, convexe en avant, où il est partagé par deux crêtes, l'une transversale (5), l'autre verticale (4), en quatre fossettes pour des insertions musculaires; les bords supérieur et inférieur ne présentent rien de particulier; les deux extrémités sont soudées aux grandes et aux petites cornes.

Grandes cornes (2). — Longues de $0^m,03$, à $0^m,035$, elles offrent à leur base deux faces et deux bords comme le corps de l'os, puis, en se portant en arrière, elles se tordent autour de leur axe longitudinal en s'amincissant de façon que leur face antérieure devient supérieure, leur face postérieure inférieure, et se terminent par un petit tubercule arrondi recouvert toute la vie d'une couche de cartilage hyalin. Elles sont quelquefois unies au corps par une véritable articulation mobile.

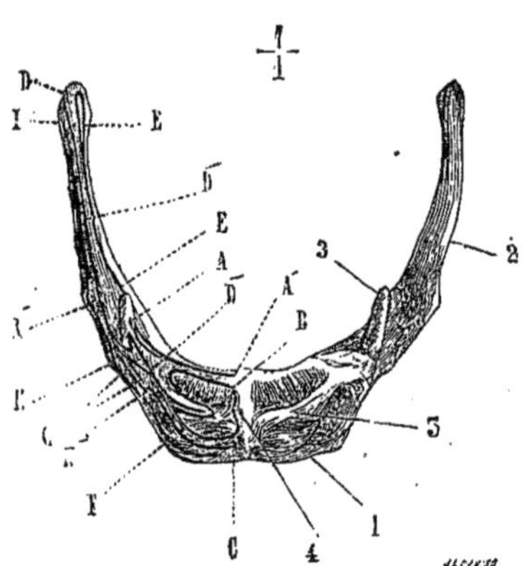

Fig. 30 — *Os hyoïdien* (*).

Les *petites cornes* (3) ont la forme et le volume d'un grain de riz : longues de $0^m,008$, elles naissent du bord supérieur de l'os à la réunion du corps et des grandes cornes et se dirigent en arrière et un peu en dehors. Elles sont habituellement mobiles sur le reste de l'os.

L'appareil hyoïdien de l'homme est représenté, non-seulement par l'os hyoïde, mais par le ligament stylo-hyoïdien et l'apophyse styloïde du temporal, qui forment avec les petites cornes une chaîne rattachant l'os hyoïde à la base du crâne.

Bibliographie. — Albinus, *De Ossibus corporis humani*, in-8. Leyde, 1726 ; et *Icones ossium*, in-4, Leyde, 1737.—Bertin, *Traité d'Ostéologie*. Paris, 1783. —Rouget, *Développement et structure du Système osseux*, in-8. Paris, 1856.— Thomas, *Éléments d'Ostéologie comparée*, 1 vol. in-8. Paris, 1865. — L. Holden, *Human Osteology*. London, 1869.

(*) 1. Corps. — 2) Grandes cornes. — 3) Petites cornes. — 4) Crête verticale médiane de la face antérieure. — 5) Crête transversale.

Insertions musculaires. — A, A'. Génio-glosse. — B. Génio-hyoïdien.— C Mylo-hyoïdien.— D, D'. Hyo-glosse. — E. Constricteur moyen du pharynx. — F. Sterno-hyoïdien. — G. Stylo-hyoïdien. — H, H'. Omo-hyoïdien. — I, I'. Thyro-hyoïdien.

LIVRE DEUXIÈME

ARTHROLOGIE

PREMIÈRE SECTION

DES ARTICULATIONS EN GÉNÉRAL

Les os peuvent être réunis entre eux ou bien par une masse intermédiaire connective (fibreuse ou fibro-cartilagineuse), pleine et solide (fig. 31, A), *sutures* ou *synarthroses* (σὺν, avec ; ἄρθρωσις, articulation), ou bien par des moyens d'union interceptant,

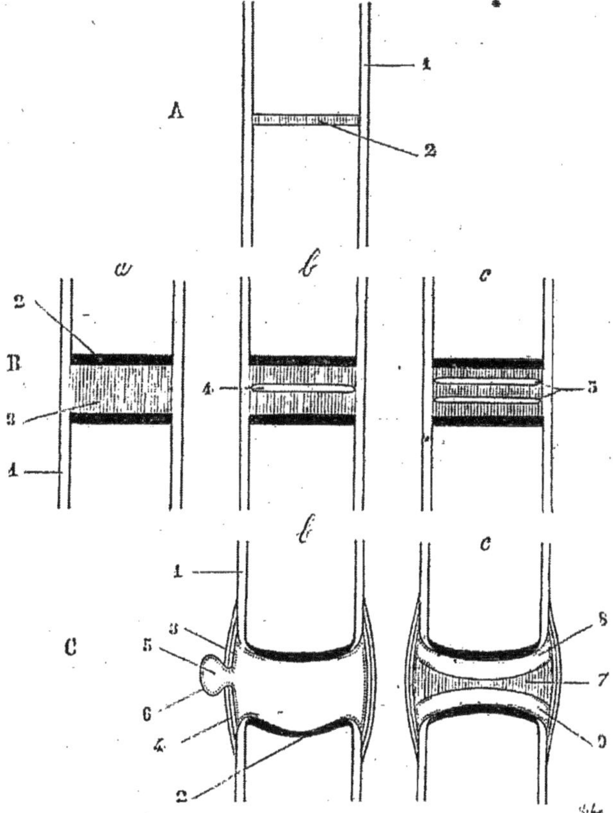

Fig. 31. — *Différentes classes d'articulations ; figure schématique* (*).

(*) A. *Sutures*. — 1) Périoste. — 2) Ligament sutural. — B. *Amphiarthroses*. — a) *Premier degré* : 1) Périoste. — 2) Cartilage articulaire. — 3) Ligament interarticulaire. — b) *Deuxième degré*. — 4) Cavité unique dans le ligament interarticulaire. — c) *Troisième degré*. — 5) Cavité double dans le ligament interarticulaire. — C. *Diarthroses*. — b) *Diarthroses simples*. — 1) Périoste. — 2) Cartilage articulaire. — 3) Couche épithéliale de la synoviale (ligne ponctuée). — 4) Capsule fibreuse. — 5) Cul-de-sac de la synoviale. — 6) Lame fibreuse de la synoviale. — c) *Diarthroses doubles*. — 7) Ménisque interarticulaire. — 8 et 9) Cavités des deux synoviales.

avec les surfaces articulaires en contact une cavité dite *cavité articulaire* (C), *diarthroses* (διὰ et ἄρθρωσις). Dans les *synarthroses* (A), la masse ligamenteuse intermédiaire est toujours très-étroite ; le périoste se continue sans interruption d'un os à l'autre, et l'articulation est réduite à son minimum. Dans les *diarthroses* (C b), l'articulation atteint une bien plus grande complexité ; les surfaces osseuses sont d'abord recouvertes d'une couche de cartilage, dit *cartilage articulaire* (2), sur lequel s'arrête le périoste (1); d'un os à l'autre s'étend une membrane mince en forme de manchon, *membrane synoviale*, constituée par une couche interne épithéliale (3) et une couche externe fibreuse (6), et cette membrane est renforcée par des ligaments périphériques continus avec le périoste des os. Dans la cavité articulaire, réduite à peu près à 0° par le contact intime des surfaces articulaires, est un liquide, la *synovie*, qui facilite le glissement. D'autres fois, les surfaces articulaires (C c), ne concordant pas, sont séparées par un ligament interarticulaire (7) adhérent aux ligaments périphériques et divisant la cavité articulaire en deux cavités secondaires (8 et 9), pourvues chacune d'une synoviale, *diarthoses doubles*.

Entre ces deux degrés extrêmes, on trouve des degrés intermédiaires constituant un troisième ordre mixte, celui des *symphyses* [1], *hémiarthroses* ou *amphiartroses* (B), qui représentent la transition entre les sutures et les diarthroses. Dans ces symphyses, les surfaces osseuses sont encroûtées de cartilage (2); la masse ligamenteuse unissante (3) est plus épaisse que dans la suture, et par suite permet une certaine mobilité des os en contact ; tantôt cette masse est pleine et solide, comme dans la suture ; tantôt, au contraire, elle est creusée d'une cavité centrale (C b) ou plus rarement de deux (C c), comme les *diarthroses*, dont elle représente ainsi les deux degrés rudimentaires ; mais, caractère distinctif important, cette cavité n'est jamais tapissée d'une synoviale. Un coup d'œil jeté sur la figure fera comprendre facilement comment l'appareil articulaire se perfectionne de A en C. Nous allons étudier successivement, au point de vue anatomique, les diarthroses, les symphyses et les sutures.

A. *Diarthroses.* — Elles possèdent les parties suivantes : 1° des surfaces articulaires ; 2° le cartilage de revêtement de ces surfaces ; 3° la synoviale ; 4° les moyens d'union ou ligaments ; ce sont là les parties fondamentales ; en outre, on y trouve des parties accessoires, tendons, muscles, parties molles ambiantes, etc.

a. *Surfaces articulaires.* — Elles appartiennent pour les os courts à leurs faces ou à leurs apophyses ; pour les os longs, à leurs épiphyses ; elles sont lisses et unies sur l'os sec et présentent une couleur jaunâtre, due à la dessiccation du cartilage articulaire, qui forme une sorte de vernis ; sur l'os frais, elles ont une blancheur mate, due à la présence du cartilage articulaire. Elles appartiennent en général à des surfaces géométriques et peuvent être presque toutes ramenées au plan et aux surfaces courbes, cylindre ou sphère ; il n'y a là cependant qu'une approximation, et en réalité elles s'écartent notablement des surfaces calculables. Le meilleur moyen d'apprécier la forme de ces surfaces est de conduire par leurs différents points des coupes perpendiculaires aux axes de rotation de l'articulation. Ces surfaces sont tantôt simples, c'est-à-dire formées uniquement d'une portion de plan, de cylindre ou de sphère ; tantôt composées, c'est-à-dire formées par la réunion de plusieurs surfaces simples, plan et cylindre, sphère et cylindre, etc. Les surfaces articulaires d'un os concordent habituellement avec celles de l'autre ; ainsi à une concavité d'un des os correspond sur l'autre os une convexité de même rayon ; mais dans beaucoup d'articulations ceci n'arrive pas et on trouvera par exemple deux convexités se correspondant ; dans ces cas la concordance est ordinairement corrigée par un ligament interarticulaire interposé entre les deux os et s'adaptant à leurs courbures par ses deux faces (C, 7).

L'étendue des surfaces articulaires, sauf le cas de surfaces planes, n'est jamais la même dans les deux os, ce qui rendrait les mouvements impossibles ; habituellement la surface convexe a plus d'étendue que la surface concave.

(1) σύμφυσις, de σὺν, avec, et φύσις, production ; hémiarthrose, de ἥμισυς, moitié, et ἄρθρωσις ; amphiarthrose, de ἀμφὶ, de part et d'autre, et ἄρθρωσις.

b. Cartilage articulaire ou d'encroûtement. — Il forme une couche lisse et polie, dont l'épaisseur proportionnelle en général à l'étendue des surfaces articulaires (0m,00025 à 0m,004) diminue du centre à la périphérie sur les surfaces convexes, de la périphérie au centre sur les surfaces concaves : aussi modifie-t-elle notablement la forme des surfaces articulaires, et *ces dernières doivent-elles être toujours étudiées sur des os frais* et non sur des os secs, où le cartilage est réduit à une lamelle très-mince. Sa couleur est blanc mat quand on a enlevé la couche de synovie qui le lubrifie et lui donne un aspect luisant. Fortement élastique, il repousse le scalpel et offre une très-grande résistance à la pression ; il est assez fragile et sa cassure se fait dans le sens de son épaisseur. Il n'a pas de périchondre ; seulement, tout à fait à sa limite, la terminaison du périoste empiète un peu sur lui. Comme structure, il est formé par du cartilage hyalin dont les cellules superficielles allongées sont parallèles à la face libre, tandis que les profondes sont disposées en séries longitudinales et perpendiculaires à la surface de l'os. Sur une coupe on voit que la réunion à l'os sous-jacent se fait suivant une ligne sinueuse ; la surface osseuse présente de petites dentelures ou inégalités microscopiques s'engrenant avec des rugosités correspondantes du cartilage. Il ne contient ni vaisseaux ni nerfs.

Le cartilage articulaire vit en parasite sur l'os, et sa nutrition, très-peu active, se fait par simple imbibition ; sa sensibilité est nulle. Ses propriétés, toutes physiques, d'élasticité et de résistance lui permettent d'amortir les pressions et les chocs que subissent les os et de maintenir la forme des surfaces articulaires. La pression exercée par les os les uns contre les autres paraît être la condition indispensable de l'existence du cartilage et de sa nutrition normale, car il disparaît dans les endroits où cette pression a cessé de se produire.

c. Synoviale. — La synoviale est une membrane très-mince, formant dans son type le plus simple une sorte de tube ouvert aux deux bouts ou de manchon allant d'un os à l'autre et inséré par ses deux ouvertures à la limite du cartilage et des surfaces articulaires. Les ouvertures de la synoviale s'accommodent naturellement à la configuration de la périphérie des surfaces articulaires, et par suite peuvent être extrêmement variées ; en outre, elle peut, au lieu de s'attacher à deux os seulement, s'attacher à plusieurs, et alors présenter non plus la forme d'un manchon, mais celle d'un sac offrant autant d'ouvertures qu'il y a de surfaces articulaires auxquelles elle prend insertion. Elle peut présenter enfin, d'une part, des *culs-de-sac* ou prolongements (C, 5) de forme variable, dirigés vers l'extérieur et se glissant entre les parties molles ambiantes ou entre celles-ci et les os ; de l'autre, des replis dirigés vers l'intérieur de la cavité et contenant de la graisse ou engaînant des tendons *(franges synoviales graisseuses, replis synoviaux,* etc.). La cavité interceptée par la synoviale et les cartilages articulaires constitue la cavité articulaire ; cette cavité est ordinairement réduite à 0° à l'état normal, à cause du contact parfait des surfaces et n'existe qu'à l'état de simple fente linéaire. On trouve pourtant dans la cavité articulaire, soit entre les deux surfaces accolées, sous forme de couche très-mince, soit accumulée dans les culs-de-sac de la synoviale, une petite quantité d'un liquide alcalin, filant, incolore ou jaunâtre, contenant de la mucine, la *synovie.* La synovie sert soit à remplir les vides existant entre les surfaces articulaires non concordantes, soit, pour les surfaces concordantes, à faciliter leurs glissements tout en maintenant leur adhésion.

Structure. — La synoviale se compose de deux couches : une couche externe fibreuse, une couche interne épithéliale.

1° La couche externe est tantôt soudée intimement aux tissus ambiants, capsule fibreuse, ligaments, etc., de façon que sa séparation en est très-difficile ; d'autres fois elle leur est unie lâchement par un tissu cellulaire sous-synovial ; enfin, dans certains endroits on trouve dans le tissu sous-synovial des peletons adipeux plus ou moins volumineux, envoyant souvent vers l'intérieur de la cavité articulaire des prolongements graisseux revêtus par la synoviale. Cette couche fibreuse, très-mince, très-vasculaire, se laisse facilement isoler, soit chez le nouveau-né, soit chez l'adulte au niveau des replis synoviaux. Elle présente à sa face interne des prolongements très-fins, sous forme de fi laments ramifiés flottant sous l'eau, *villosités synoviales ;* de ces villosités les unes sont vasculaires, les autres sans vaisseaux ; elles sont constituées par une substance homogène granuleuse avec des noyaux ovales ; leur longueur varie de 0mm,05 à 0mm,5 et. plus.

2° La couche interne, épithéliale, est formée par un épithélium pavimenteux ordinairement simple, quelquefois stratifié, et qui manque ordinairement sur les villosités.

Insertions de la synoviale. — Elle s'attache sur le cartilage à peu près à l'endroit où celui-ci cesse d'être recouvert par le périoste ; seulement il arrive souvent qu'au lieu de quitter immédiatement l'os pour se porter à l'os opposé, elle s'étend plus ou moins loin sur le périoste et le tapisse à une distance variable de la limite du cartilage, puis se réfléchit de ce point pour aller rejoindre l'autre os. Il faut donc distinguer dans ce cas le *point d'insertion* de la synoviale, qui se trouve toujours à la limite du cartilage articulaire, et le *point de réflexion* de cette synoviale, qui est variable. On peut ainsi, pour la plupart des articulations, tracer sur l'os deux lignes : 1° la *ligne d'insertion* de la synoviale, qui se confond avec la périphérie de la surface articulaire, et 2° la *ligne de réflexion* ou la réunion des points de réflexion de la synoviale; la ligne de réflexion, toujours extérieure à la ligne d'insertion, tantôt se confond presque avec celle-ci, tantôt s'en écarte plus ou moins ; dans ce dernier cas, la portion de la surface de l'os comprise entre les deux lignes et tapissée par le périoste et la synoviale, est dite *intra-articulaire*, quoique en réalité elle soit en dehors de la cavité synoviale. Dans le langage usuel on emploie souvent le mot *insertion* de la synoviale, au lieu de *réflexion.*

Vaisseaux et nerfs. — Les synoviales sont très-vasculaires ; leurs capillaires constituent un réseau très-serré à mailles arrondies qui se distribue dans la couche fibreuse et arrive jusque sous l'épithélium ; ces capillaires forment au bord du cartilage des anses empiétant quelquefois sur lui. Les nerfs y sont assez nombreux et donnent à ces membranes une vive sensibilité.

d. Ligaments. — Les ligaments sont de deux espèces : les uns, *ligaments périarticulaires*, situés en dehors de l'articulation et allant d'un os à l'autre, renforcent la synoviale et empêchent les surfaces osseuses de s'écarter; ils agissent surtout par la résistance à la traction; les autres, *ligaments interarticulaires*, sont interposés entre les surfaces osseuses, qu'ils servent à compléter, et agissent surtout par leur résistance à la pression.

1° *Ligaments périarticulaires.* — On les divise en capsules fibreuses ou ligaments auxiliaires.

Capsules fibreuses. — La synoviale est renforcée par des faisceaux fibreux appliqués sur sa surface externe ; dans la plupart des cas, ces faisceaux, se moulant sur la forme même de la synoviale, constituent un deuxième manchon emboîtant le manchon synovial, c'est la *capsule fibreuse.* Cette capsule, très-adhérente et quelquefois à peine isolable de la synoviale, présente ordinairement des ouvertures qui laissent passer des culs-de-sac de cette dernière (fig. 31, C b, 5), en ne leur fournissant qu'une expansion fibreuse très-mince. L'épaisseur de cette capsule varie suivant les endroits où on la considère et suivant le sens même des mouvements ; en général, c'est aux extrémités des axes de rotation qu'elle est le plus épaisse, et on a souvent décrit comme ligaments spéciaux et distincts ces simples épaississements de la capsule.

Ligaments auxiliaires. — Outre la capsule fibreuse de renforcement, on trouve encore autour de la plupart des articulations des ligaments auxiliaires indépendants de cette capsule ; ce sont des cordons, des rubans, des membranes de forme et d'aspect différents, situés dans les diarthroses au point de sortie ou sur le trajet des axes de rotation. Ils sont quelquefois très-courts et, au lieu d'être situés latéralement, interposés entre deux surfaces osseuses contiguës, qui s'articulent dans une partie seulement de leur étendue ; on les appelle alors *ligaments interosseux.*

2° *Ligaments interarticulaires.* — Ceux-ci peuvent être marginaux ou centraux, c'est-à-dire sous forme de bourrelets marginaux ou de ménisques interarticulaires.

Bourrelets marginaux. — Ils constituent le bord d'une cavité articulaire ; ce sont des anneaux fibreux dont la coupe est triangulaire; ils présentent une base appliquée sur le rebord de la cavité, une face interne ordinairement encroûtée de cartilage continuant la surface de la cavité de réception, une face externe capsulaire donnant attache à la capsule fibreuse, une arête tranchante libre dans la cavité articulaire (ex. : bourrelet glénoïdien de l'omoplate).

Ménisques interarticulaires. — Ils sont très-répandus ; on les trouve (sauf quelques exceptions, ex. : articulation atloïdo-axoïdienne) partout où les surfaces articulaires ne concordent pas, ou du moins partout où la discordance est trop prononcée : ainsi quand deux surfaces convexes sont en regard l'une de l'autre. Ils ont la forme de lames, dont l'épaisseur, variable pour chaque articulation, est pour un ménisque donné plus grande à la périphérie qu'au centre, et présentent deux faces ordinairement encroûtées de cartilage, moulées sur les surfaces osseuses correspondantes, et un bord périphérique adhérent à la face interne de la capsule fibreuse (fig. 31, C. c). Ils divisent ainsi la cavité articulaire en deux chambres et l'articulation en deux articulations distinctes ayant chacune sa synoviale. Quelquefois ils sont incomplets, soit qu'ils n'occupent qu'une partie de l'espace interarticulaire, soit que leur centre soit percé d'un trou par lequel les deux chambres communiquent. On trouve, du reste, des formes de transition entre les bourrelets glénoïdiens et les ménisques parfaits.

Tous ces ligaments sont constitués par du tissu fibreux compacte, avec des cellules plasmastiques et du tissu élastique en plus ou moins grande quantité. Dans les ligaments interarticulaires se rencontrent souvent des cellules de cartilage, ce qui les rapproche des fibro-cartilages ; aussi les appelle-t-on souvent *fibro-cartilages interarticulaires*. Ils sont très-pauvres en vaisseaux et en nerfs ; quelques-uns même et les parties profondes de tous en sont tout à fait dépourvus. Aussi leur nutrition est-elle très-peu active, leur sensibilité à peu près nulle et leur rôle est-il un rôle purement passif et mécanique.

Organes accessoires. — Les parties molles ambiantes ont une très-grande importance dans la constitution des articulations ; les tendons des muscles, les aponévroses de contention viennent renforcer l'action des ligaments ; certains muscles contractent des adhérences avec la capsule fibreuse et la synoviale et les empêchent de s'invaginer entre les surfaces articulaires ; des pelotons graisseux environnent dans certains points l'articulation, et forment des masses de remplissage mobiles comblant les vides qui ont lieu entre les os et dans les divers mouvements ; enfin les artères, avant de se distribuer à la synoviale, se disposent en réseaux anastomotiques autour de l'articulation, arrangement qui favorise la circulation collatérale.

B. *Hémiarthroses ou symphyses* (fig. 31, B). — Dans cette classe d'articulations la lamelle cartilagineuse qui recouvre les surfaces osseuses se continue insensiblement avec une masse de tissu fibreux qui réunit les deux os. Quand une cavité existe dans cette masse, ce qui arrive souvent, les lamelles cartilagineuses restent revêtues d'une couche de tissu fibreux, riche en cellules de cartilage et poussant de nombreux prolongements dans la cavité centrale ; il n'y a pas du reste trace de synoviale ; la cavité (très-variable comme disposition et comme forme) a pour limites ce fibro-cartilage et est remplie en partie par les prolongements qui en partent. Dans quelques cas, cette cavité peut être double. La capsule fibreuse est représentée là par l'anneau fibro-cartilagineux épais qui réunit les deux os. Quelquefois l'hémiarthrose atteint un développement plus complet et se rapproche de la diarthrose ; on peut alors trouver dans la cavité une ébauche de membrane synoviale.

C. *Synarthroses ou sutures.* — Dans la suture, la masse interarticulaire, interposée entre les deux bords contigus des deux os, est formée par du tissu fibreux, *ligament sutural*, improprement appelé *cartilage sutural*.

Mécanisme des Articulations. — Au point de vue des mouvements, les articulations se partagent en deux grandes classes : les articulations mobiles, les articulations immobiles. Dans les articulations immobiles, nous trouvons les sutures ; dans les articulations mobiles, les symphyses et les diarthroses. Les premières ne présentent rien de particulier au point de vue de leur mécanisme. Il n'en est pas de même des deux autres, qui demandent à être examinées avec soin.

Les mouvements ou les déplacements d'un os sur un autre peuvent s'accomplir de deux façons différentes : par *balancement* et par *glissement*.

1° Dans le *balancement*, réservé plus spécialement aux symphyses et à quelques diarthroses peu étendues (Ex. : arthrodies vertébrales), le mouvement se passe de la façon suivante : la surface articulaire de l'os mobile, primitivement parallèle à celle de l'os fixe, lui devient oblique, et cette destruction du parallélisme des deux surfaces amène une inclinaison latérale de l'os mobile; les surfaces s'écartent donc d'un côté et se rapprochent de l'autre, de façon que dans les symphyses la masse ligamenteuse est tirée d'un côté, refoulée de l'autre, tandis que dans les diarthroses le vide angulaire existant entre les deux surfaces est comblé par la synovie et par les parties molles refoulées par la pression atmosphérique. Ce mouvement, qui s'exécute dans tous les sens indistinctement, ne présente aucune précision et ne peut jamais être très-étendu, car il est bien vite arrêté par la résistance des ligaments; il a du reste d'autant plus d'étendue que la masse ligamenteuse qui sépare les deux surfaces est plus épaisse.

2° Dans le *glissement*, spécial aux grandes articulations diarthrodiales, le contact des surfaces articulaires ne s'abandonne jamais et la cavité articulaire est en réalité réduite à zéro dans tous les mouvements de l'articulation, car on peut faire abstraction de la mince couche de synovie interposée entre les surfaces articulaires. Pour que ce contact existe, les surfaces articulaires doivent donc concorder exactement : à une concavité de l'une doit correspondre une convexité de l'autre, ainsi par exemple à une sphère pleine, une sphère creuse du même rayon. Ce contact parfait des surfaces articulaires est maintenu par plusieurs causes : par l'élasticité des parties molles et principalement des muscles et des ligaments, par la pression atmosphérique qui s'exerce sur toute la surface du corps et pousse les unes contre les autres les surfaces articulaires, et enfin par l'attraction moléculaire ou par l'adhésion de ces surfaces entre elles et avec la mince couche de synovie interposée.

Pour que deux surfaces parfaitement concordantes puissent glisser l'une sur l'autre sans abandonner leur contact, il faut une des deux conditions suivantes : ou bien que la forme des surfaces puisse changer, c'est-à-dire qu'elles présentent une élasticité très-grande, ou bien, si leur forme est invariable (ce qui est à peu près le cas pour les surfaces articulaires), qu'elles appartiennent à des surfaces géométriques jouissant de propriétés particulières. Ainsi un cachet qui s'est imprimé sur la cire ne peut se mouvoir sur son empreinte sans qu'il y ait écartement des surfaces.

Les surfaces qui satisfont à ces deux conditions, *glissement sans abandon du contact*, *invariabilité de forme*, et qui sont employées dans la construction des articulations, sont les surfaces de progression, les surfaces de rotation et les hélices. Ces surfaces sont toutes engendrées par une ligne dite *ligne génératrice ;* ainsi une ligne droite, en progressant dans une direction rectiligne parallèlement à elle-même, engendre un plan, en tournant à la même distance d'une autre ligne servant d'axe et en lui restant parallèle, engendre un cylindre, etc.; enfin les hélices sont engendrées par la combinaison d'un mouvement de progression avec un mouvement de rotation autour d'un axe. Quoique les surfaces en hélice existent en réalité dans l'économie animale (ex. : dans l'articulation du coude), on peut cependant les négliger et considérer toutes les surfaces articulaires comme appartenant à des surfaces de progression ou à des surfaces de rotation et les faire dériver toutes de trois formes principales : le *plan*, le *cylindre* et la *sphère*. Quoiqu'il n'y ait là qu'une approximation, elle suffit pour l'étude complète du mécanisme des articulations.

Dans tous les mouvements nous supposerons qu'une des surfaces osseuses est *fixe* et l'autre *mobile*. On appelle *excursion* du mouvement l'étendue du mouvement opéré par la surface mobile. Cette excursion se mesure : 1° pour les surfaces planes ou de progression, par la distance qui existe entre les deux positions extrêmes que prend un point quelconque de la surface mobile au début et à la fin du mouvement; 2° pour les surfaces de rotation, par la longueur de l'arc décrit par un point de la surface mobile dans les mêmes conditions, ou encore par l'angle qui mesure cet arc. Ainsi (fig. 32) l'angle *a* intercepté par les lignes *a* X, *a* X' représente l'excursion de l'os mobile A sur l'os B. Le plan dans lequel se meut ce point s'appelle *plan de glissement* ou *plan de rotation*; le plan de rotation est toujours perpendiculaire à l'*axe de rotation*. Pour les surfaces courbes, il y a une infinité de plans de rotation; mais on est convenu d'appeler plan de rotation proprement dit le plan dans lequel se meut un point moyen situé à égale distance des deux extrémités de la surface articulaire. Dans les surfaces planes, tous les points se meuvent dans le même plan, et il y a par conséquent un seul plan de rotation.

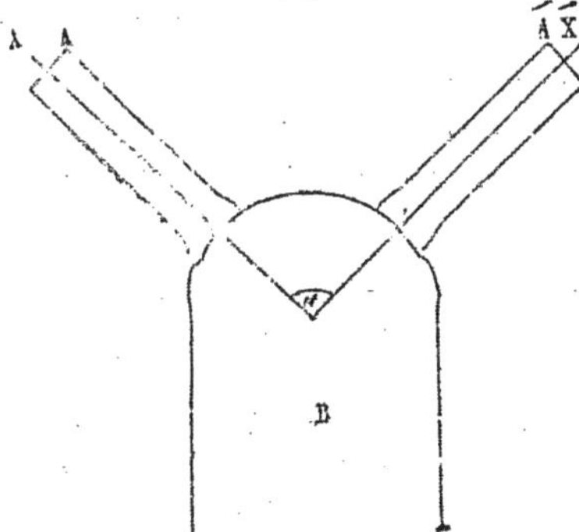

FIG. 32. — *Excursion du mouvement d'un os sur l'autre; figure schématique.*

Différentes formes de surfaces articulaires. — A. *Surfaces articulaires dérivées du plan.* — Le plan peut être engendré de deux façons : ou par la progression d'une droite qui glisse en avançant et parallèlement à elle-même, ou par la rotation d'une droite tournant autour d'un axe qui lui est perpendiculaire. Nous avons dans ce genre d'articulations deux sortes de mouvements correspondant aux deux modes de génération du plan : 1° un mouvement de progression, par lequel une des surfaces glisse tout d'une pièce en avançant sur l'autre, et 2° un mouvement de rotation autour d'un axe perpendiculaire aux deux surfaces osseuses; cet axe s'appelle *axe de rotation*, et on appelle *plan de rotation* le plan dans lequel se meut un point quelconque pris sur la surface mobile; le plan de rotation est toujours perpendiculaire à l'axe et se confond avec la surface tournante.

Aux surfaces planes correspond un premier genre de diarthroses, l'*arthrodie*, le plus simple et le moins important. Dans les arthrodies, les surfaces articulaires sont en général très-peu étendues; aussi se joint-il souvent aux glissements un véritable balancement avec écartement des surfaces. Du reste, ces mouvements sont toujours très-limités. Comme moyens d'union, on trouve habituellement une simple capsule fibreuse renforçant la synoviale.

B. *Surfaces articulaires dérivées du cylindre.* — Ces surfaces peuvent être simples ou composées. Dans le premier cas, les surfaces appartiennent à un cylindre ou à une portion de cylindre de même rayon; dans le second, elles sont formées par la réunion de plusieurs portions de cylindres de rayons différents.

a) *Surfaces cylindriques simples.* — Le cylindre peut être engendré de trois façons différentes : 1° par la progression d'un cercle avançant parallèlement à lui-même, en décrivant avec son centre une ligne droite; 2° par le mouvement de rotation d'une droite parallèle à une autre droite servant d'axe et tournant autour de cet axe en restant toujours à la même distance; 3° par le mouvement en hélice de cette droite progressant en même temps que se fait son mouvement de rotation. Aux trois modes de génération du cylindre correspondent trois espèces de mouvements : 1° un cylindre creux peut glisser sur un cylindre plein comme les tubes d'une lorgnette; 2° il peut tourner simplement autour du cylindre plein sans avancer; 3° il peut combiner les deux mouvements et exécuter un mouvement en spirale, c'est-à-dire tourner en avançant.

Au cylindre appartient un deuxième genre de diarthroses, la *trochoïde* (*ginglyme*[1] *latéral*) de quelques auteurs). Dans cette articulation, une des surfaces osseuses est for-

[1] Trochoïdes, de τροχὸς, roue, et εἶδος, forme; ginglyme, de γίγγλυμος, charnière.

mée par un cylindre osseux plein, l'autre par un cylindre creux ou plutôt par un anneau qui, en général, est seulement en partie osseux et complété par un ligament semi-annulaire; tantôt c'est le cylindre plein qui tourne dans le cylindre creux (articulation radio-carpienne supérieure), tantôt c'est l'inverse (articulation de l'apophyse odontoïde et de l'atlas), mais toujours l'axe de rotation se confond avec l'axe même du cylindre plein.

Les surfaces osseuses de la trochoïde sont loin d'être en réalité des surfaces cylindriques parfaites et se rapprocheraient plutôt d'un tronc de cône; mais cela a peu d'importance au point de vue du mécanisme de ces articulations. L'excursion du mouvement de la trochoïde est variable et peut être assez étendue.

b) *Surfaces cylindriques composées.* — Dans ce cas, les surfaces articulaires sont engendrées non plus par une ligne droite, mais par une ligne irrégulière, brisée ou sinueuse, de façon que des coupes perpendiculaires à l'axe de rotation et menées à des endroits différents représentent toujours des cercles, mais des cercles qui ne sont pas de même rayon, tandis que par des coupes passant par l'axe de rotation perpendiculairement aux précédentes, on obtient la ligne génératrice, qui présente la forme d'une poulie ou d'une mortaise. Comme il n'y a qu'une seule génératrice, il n'y a aussi qu'une seule espèce de mouvements dans cette articulation.

Aux surfaces cylindriques composées correspond le troisième genre de diarthroses, la *charnière* ou *ginglyme angulaire.* Dans ce cas, les axes des cylindres ou des surfaces cylindriques articulaires sont perpendiculaires à l'axe même des os qui les supportent, tandis que dans la trochoïde ils se confondent avec cet axe; il en résulte que, dans la rotation de ces surfaces cylindriques, l'os mobile subit un déplacement angulaire, par lequel il se rapproche ou s'écarte de l'os fixe. L'axe de rotation dans la charnière coïncide toujours avec l'axe de rotation du cylindre plein, et cet axe est toujours unique; aussi n'y a-t-il de mouvements possibles que dans un seul plan de rotation, mouvements angulaires de flexion et d'extension. Les ligaments sont toujours latéraux, c'est-à-dire situés aux deux extrémités de l'axe de rotation, des deux côtés de l'articulation. On a divisé ce genre *charnière* en deux sous-genres : la *trochlée* ou *poulie* (ex. : articulation du coude), et la *mortaise* (ex. : articulation tibio-tarsienne); mais cette distinction est tout à fait superflue, et le mécanisme est absolument le même pour tous les deux.

C'est dans ces articulations en charnière qu'on rencontre souvent des surfaces en hélice, par exemple au coude, et, dans ce cas, un point donné de la surface tournante, au lieu de décrire un cercle, décrit une hélice et, par suite, ne reste pas dans le même plan; mais ces écarts, quoique quelquefois assez marqués, peuvent être négligés sans que les résultats soient faussés.

C. *Surfaces articulaires dérivées de la sphère.* — Elles sont au nombre de trois : les surfaces sphériques pures, les surfaces condyliennes ou condyles, et les surfaces en selle.

a) *Surface sphériques pures*, *énarthrose* (ex. : articulation coxo-fémorale). — La sphère peut être engendrée par la rotation d'un cercle autour de tous les axes passant par le centre de la sphère. Il y a donc pour les surfaces sphériques concordantes une infinité d'axes de rotation et de plans de rotation, et par suite une sphère creuse peut tourner sur une sphère pleine dans tous les sens et dans toutes les directions possibles.

A ces surfaces correspond l'*énarthrose ;* dans ce cinquième genre de diarthroses, il y a une infinité d'axes de rotation; mais pour analyser les mouvements de l'os qui supporte le segment de sphère mobile, on peut considérer trois axes principaux correspondant aux trois dimensions du solide sphérique ou à trois de ses diamètres se coupant à angle droit. De là vient qu'on classe souvent les énarthroses dans les articulations à trois axes, en négligeant tous les axes intermédiaires. On a alors trois directions de mouvement, correspondant à ces trois axes, deux mouvements dans lesquels la surface sphérique mobile se déplace angulairement avec l'os qui la porte, mouvements angulaires se croisant réciproquement à angle droit, et un troisième mouvement par lequel la surface sphérique mobile tourne sur elle-même par un mouvement de rotation. Ainsi dans la fig. 32, le mouvement angulaire consiste en un déplacement de l'os A, qui se porte en

A' en tournant autour de l'axe a, et le mouvement de rotation consiste dans un mouvement par lequel l'os A tourne sans se déplacer autour de l'axe aX.

Ces deux genres de mouvements, mouvements angulaires et mouvements de rotation, peuvent en définitive se faire autour de tous les diamètres intermédiaires. Mais outre ces deux genres de mouvements il en est un troisième que l'os mobile peut exécuter sur l'os fixe, c'est le mouvement par lequel la surface osseuse mobile glisse sur la périphérie de la surface fixe, de façon que l'os passe successivement par toutes les positions extrêmes des différents mouvements angulaires et décrit un cône dont le sommet est au centre de la sphère fixe et dont la base circulaire (ou plus ou moins exactement circulaire) est tracée par l'extrémité opposée de l'os mobile; c'est la *circumduction*. Tous les mouvements de l'énarthrose se font dans la cavité de ce cône; en d'autres termes, il circonscrit l'excursion de tous les mouvements de l'articulation.

Dans les énarthroses l'appareil ligamenteux est constitué par une capsule fibreuse.

b) *Surfaces condyliennes, condyles* (ex. : articulation radio-carpienne). — Les surfaces condyliennes sont engendrées par la rotation d'un cercle autour d'un axe traversant ce cercle sans passer par son centre; suivant que la ligne génératrice ou l'arc a plus ou moins de 180°, le solide engendré a une forme comparable à celle d'une orange ou à celle d'un ovoïde à extrémités aiguës. Les surfaces condyliennes sont constituées par un segment d'un solide de ce genre. Elles présentent donc, et ceci se voit très bien sur deux coupes perpendiculaires l'une à l'autre, dans un sens une courbure faible ou à grand rayon, dans un sens perpendiculaire au précédent une courbure forte ou à petit rayon, et par suite deux axes de rotation se croisant à angle droit sans se couper et situés tous les deux du même côté de l'interligne articulaire, mais à des hauteurs différentes. Il y a donc deux plans de rotation et deux sortes de mouvements se croisant à angle droit dans quatre directions différentes; ordinairement le mouvement qui a le plus d'étendue est celui qui correspond à l'axe de rotation de la plus forte courbure.

Comme moyens d'union on trouve une capsule fibreuse habituellement renforcée aux quatre extrémités des deux axes de rotation et surtout aux extrémités de l'axe correspondant à la plus forte courbure.

c) *Surfaces en selle, articulations en selle ou par emboîtement réciproque* (ex. : articulation du trapèze et du premier métacarpien). — Les surfaces en selle sont engendrées par un arc de cercle qui tourne autour d'un axe, en dirigeant sa convexité du côté de l'axe; il en résulte un solide dont la surface a la forme d'une selle ou d'une ceinture; si l'on suppose l'axe de rotation vertical, elle sera concave de haut en bas, convexe transversalement.

Ces surfaces forment un dernier genre de diarthroses, *articulations en selle* ou *par emboîtement réciproque*. Dans ces articulations la surface de chacun des deux os est alternativement convexe et concave : convexe dans un sens, concave dans le sens opposé, de façon que nous retrouvons là, comme dans les condyles, deux axes de rotation perpendiculaires l'un à l'autre; mais la différence existe en ce que dans les condyles les deux axes de rotation sont situés du même côté de l'interligne articulaire et passent par le même os, tandis que dans les surfaces en selle un des axes de rotation passe d'un côté de l'interligne et l'autre du côté opposé. Pour cette articulation on a, comme pour la précédente, deux axes et deux plans de rotation et par suite deux genres de mouvements dans quatre directions différentes opposées deux à deux. Comme ligaments, on a habituellement une capsule fibreuse.

Articulations discordantes. — Nous avons supposé jusqu'ici que toutes les surfaces articulaires diarthrodiales sont parfaitement concordantes et que le contact de ces surfaces est intime et ne s'abandonne jamais. Mais ces deux conditions ne se présentent pas toujours. Certaines surfaces (par exemple la cupule du radius et le condyle huméral) peuvent être parfaitement concordantes dans certains mouvements et ne l'être pas dans d'autres; leur contact, intime dans le premier cas, s'abandonne dans le second. Dans d'autres articulations la concordance n'est jamais parfaite, cependant l'écart est si faible qu'on peut le négliger. Mais il en est d'autres dans lesquelles la discordance est la règle, et qui méritent de former une classe à part sous le nom d'*articulations à surfaces discordantes* ou plus simplement d'*articulations discordantes.*

Dans ces articulations (par exemple articulation temporo-maxillaire) à une surface convexe correspond une autre surface convexe, ou simplement une surface concave du plus grand rayon, de façon que les deux surfaces ne se touchent que sur quelques points. Pour avoir une idée nette de ces surfaces, il faut les examiner non pas sur les os secs, où la couche cartilagineuse desséchée a perdu son épaisseur et la surface articulaire sa forme, mais sur les os frais. Ces articulations discordantes peuvent se diviser en deux classes : les *articulations à ménisque* et les *articulations sans ménisque.*

1° *Articulations à ménisque.* (ex. : articulation temporo-maxillaire). — Dans cette classe, entre les surfaces articulaires discordantes vient s'interposer un ménisque ou ligament interarticulaire, dont les deux faces concordent avec chacune des surfaces osseuses et qui par suite a généralement la forme biconcave. Il en résulte que le ménisque transforme en réalité cette articulation en une articulation double, et que chacune des articulations secondaires représente une articulation à surfaces concordantes, qui doit être étudiée à part et qui peut être rangée dans l'un des genres admis plus haut pour les diarthroses. Seulement, à cause de l'élasticité du ménisque, l'invariabilité de forme d'une des surfaces articulaires n'existe plus, ce qui modifie les résultats et augmente le jeu de chacune des deux articulations. En résumé, ces articulations peuvent rentrer dans la classe des diarthroses à surfaces concordantes sous le nom d'*articulations doubles.* Il arrive souvent (ex. : genou) que le ménisque est incomplet et que la division en deux articulations secondaires n'est qu'ébauchée; mais si l'articulation reste simple anatomiquement, puisqu'elle n'a qu'une seule synoviale, elle peut, au point de vue physiologique, se dédoubler comme les précédentes.

2° *Articulations sans ménisque* (ex. : articulation atloïdo-axoïdienne). — Dans ce cas les deux surfaces discordantes, habituellement convexes, ne sont pas séparées par un ménisque interarticulaire et n'ont que quelques-uns de leurs points en contact; l'articulation reste simple et le vide partiel existant entre les deux surfaces, vide qui varie d'étendue suivant les mouvements, est rempli par la synovie et par les parties molles ambiantes.

Jusqu'ici, pour simplifier les cas, nous avons considéré les deux surfaces articulaires en contact comme des surfaces continues appartenant chacune à un seul os ; mais cela n'arrive pas toujours et, en réalité, il peut se présenter des cas plus complexes. Il peut se faire que plusieurs os se réunissent pour constituer une surface articulaire ; on en a un exemple au poignet (articulation radio-carpienne), où le condyle carpien résulte de la réunion de trois os; on a alors une articulation *composée.* Une autre construction est celle dans laquelle les surfaces articulaires, au lieu d'être continues, se dédoublent, de façon à figurer deux articulations distinctes, tout en appartenant à un seul os. Dans ce cas, les surfaces articulaires sont séparées par une simple échancrure plus ou moins profonde (ex. : articulation de l'astragale et du calcanéum). On peut appeler ces articulations *articulations dédoublées.* D'autres fois enfin les surfaces articulaires appartenant au même os sont complétement distinctes et séparées l'une de l'autre anatomiquement; tels sont les condyles du maxillaire inférieur, les condyles de l'occipital; mais ces deux articulations sont physiologiquement solidaires, soit qu'elles aient un axe de rotation commun, comme les condyles de l'occipital, soit que chacune ait son axe de rotation distinct, comme pour les condyles du maxillaire inférieur. Ce sont là les *articulations conjuguées*, dans lesquelles on peut faire rentrer aussi les surfaces articulaires appartenant non plus à un seul os, mais encore à un système composé de plusieurs pièces osseuses solidement attachées et se mouvant tout d'une pièce ; telles sont les articulations des arcs sterno-costaux avec le rachis.

Dans le mécanisme d'une articulation les points importants à connaître sont les axes de rotation, les plans de rotation et l'étendue ou l'excursion des mouvements. Ces données une fois acquises, le mécanisme de l'articulation est complétement connu.

1° Pour trouver l'*axe de rotation*, ou les axes de rotation d'une articulation s'il y en a plusieurs, on peut employer plusieurs moyens. Un premier fait, c'est que toujours l'axe de rotation traverse l'os qui supporte la surface convexe ou du moins se trouve de son côté. La direction de l'axe est indiquée approximativement par la direction des mouvements qu'exécute l'os mobile; ces mouvements se font dans un certain plan, plan de rotation, et l'axe est toujours perpendiculaire à ce plan. L'examen des courbures de la surface osseuse, quand elles sont très-précises et régulières, peut aussi à première vue indiquer la position de l'axe de rotation, qui passe forcément par leur centre. Mais pour arriver à une précision absolue, il faut employer les moyens suivants, qui se contrôlent l'un par l'autre et sont indispensables quand on veut connaître parfaitement le mécanisme d'une articulation donnée. Le premier moyen consiste à enfoncer des aiguilles dans l'os traversé par l'axe de rotation aux deux points de sortie de cet axe, dont on connaît déjà approximativement la direction par les moyens précédents. On cherche alors par tâtonnement le point où l'aiguille, lorsqu'on imprime des mouvements à l'os qui la porte, reste sans se déplacer et ne fait que tourner sur elle-même; cette aiguille prolongée indique la direction de l'axe de rotation. Le deuxième moyen consiste à trouver le plan de rotation d'une surface articulaire; la perpendiculaire passant par le centre du plan de rotation coïncide avec l'axe de rotation.

2° Pour trouver le *plan de rotation*, on se sert du procédé suivant : on enfonce en des endroits différents des aiguilles assez fortes dans l'os qui supporte la surface concave, de façon que la pointe de l'aiguille, dépassant un peu la surface concave, aille égratigner la surface convexe. Alors on imprime des mouvements à l'articulation; les pointes des aiguilles entraînées dans le déplacement de la surface osseuse concave, gravent sur le cartilage de l'autre surface osseuse des lignes superficielles ou des *tracés*. Comme ils sont situés dans le plan de rotation, il suffit de mener des coupes par ces tracés pour avoir la forme exacte des courbures articulaires et trouver facilement l'axe de rotation. Il peut arriver que le tracé, comme dans la trochlée humérale, décrive non plus un cercle, mais un pas de vis; alors il ne se trouve plus dans un seul et même plan et il est impossible de mener une coupe en le suivant, ce qui fait immédiatement reconnaître que l'on a affaire à une surface en hélice; cependant si le pas de vis est peu prononcé et l'écart du tracé faible, on peut mener une coupe approximative et chercher l'axe de rotation comme dans les cas simples.

3° L'étendue du mouvement ou l'*excursion* du mouvement est soumise à plusieurs conditions, qui peuvent la faire varier. Une condition *sine qua non* du mouvement des diarthroses, c'est que les deux surfaces osseuses n'aient pas la même étendue; il n'y a d'exception que pour les arthrodies, dans lesquelles les glissements sont très-limités. Dans toutes les autres une des surfaces, et c'est toujours la surface convexe, est plus étendue que l'autre; il en résulte qu'une partie de la surface convexe, tantôt d'un côté, tantôt d'un autre, est toujours à découvert; ceci est surtout sensible pour la tête de l'humérus par rapport à la cavité glénoïde.

Les mouvements des articulations trouvent leur limite ou dans les os eux-mêmes ou dans les parties molles, surtout les ligaments. Dans le premier cas les mouvements sont limités par la rencontre des parties osseuses péri-articulaires venant se heurter l'une contre l'autre et agissant comme surfaces d'arrêt; telle est la rencontre de l'olécrâne et de la cavité olécrânienne dans l'articulation du coude; dans ce cas, une fois les deux surfaces d'arrêt en contact, le mouvement ne peut continuer; en effet, s'il continuait, il faudrait que du côté opposé à l'arrêt, les surfaces osseuses pussent s'écarter, et c'est justement à quoi les ligaments périphériques s'opposent par leur tension. Dans le second cas, les surfaces osseuses n'interviennent en rien dans la limitation des mouvements, qui est due à la seule résistance des ligaments. Les ligaments du reste n'agissent pas seuls; les parties molles ambiantes interviennent aussi, et l'excursion des mouvements est en général plus limitée sur le vivant que sur le cadavre, sur un membre intact que sur une articulation dépouillée de ses parties molles ambiantes.

Il résulte de tout ceci que, dans les deux positions extrêmes d'un mouvement donné autour d'un axe de rotation, la tension des ligaments et des parties molles atteint son maximum, et qu'elle décroît peu à peu à mesure que l'os mobile prend une position intermédiaire à ces deux positions extrêmes, où alors cette tension est réduite au minimum; c'est cette position intermédiaire qu'on appelle *position moyenne* des articulations; c'est celle dans laquelle les ligaments et toutes les parties ambiantes sont dans le plus grand relâchement possible, et dans laquelle nous éprouvons le moins de fatigue; c'est celle que nous prenons instinctivement pendant le sommeil; celle enfin que prennent les membres lorsque les liquides pathologiques viennent à remplir et à distendre la cavité articulaire.

Il faut distinguer dans le mouvement d'une articulation le mouvement de la surface articulaire et le mouvement de l'os lui-même qui supporte cette surface. Il peut se faire que ces deux mouvements soient différents et que, par exemple, à un mouvement de rotation de la première corresponde un mouvement angulaire du second (ex. : flexion du fémur sur le bassin). Ceci arrive pour les os dans lesquels la partie osseuse qui supporte la surface articulaire n'est pas dans l'axe même de l'os, mais fait un angle avec lui ; le fémur en offre l'exemple le plus remarquable; il forme avec son col qui supporte la tête du fémur un levier coudé, grâce auquel les mouvements de rotation de la tête peuvent se transformer en mouvements angulaires de l'extrémité inférieure du fémur et *vice versa.*

Dans les mouvements qui se passent entre deux os, le plus souvent un des os est habituellement fixe, l'autre mobile; mais les rôles peuvent être intervertis et l'os fixe peut dans certaines conditions devenir à son tour mobile sur l'autre ; tel est l'humérus qui se meut sur le cubitus dans l'exercice du trapèze. Ceci, du reste, ne change rien au mécanisme articulaire.

Dans certaines régions, comme dans le pied, le poignet, il s'accumule un grand nombre d'articulations dont les mouvements partiels amènent des mouvements de totalité du segment correspondant du membre. Ces mouvements partiels des articulations ayant toujours une très-faible excursion et se perdant dans les mouvements d'ensemble, sont quelquefois très-difficiles à analyser, tandis que pour de grandes articulations indépendantes, comme la hanche, l'analyse du mécanisme articulaire est beaucoup plus simple.

Le tableau ci-après (voir p. 126) résume les classes et les genres d'articulations.

D UXIÈME SECTION

DES ARTICULATIONS EN PARTICULIER

Préparation. — Choisir un sujet maigre, un peu infiltré, à charpente osseuse développée. Enlever peu à peu les parties molles qui entourent l'articulation en conservant les tendons des muscles qui s'attachent dans le voisinage ; respecter les ligaments et redoubler d'attention quand on approche de la synoviale et surtout des prolongements qu'elle envoie dans les parties ambiantes. Pour cela, il sera utile de l'insuffler au moyen d'un tube effilé introduit obliquement à travers ses parois, ou mieux au moyen d'un tube à robinet qu'on introduit à frottement dans un trou percé sur une des surfaces articulaires. Faire des coupes dans différentes directions pour bien voir l'épaisseur du cartilage articulaire et la forme des surfaces. Ces coupes, quand elles sont faites sur des membres congelés, peuvent porter sur des articulations entières (os et parties molles) ; elles ont alors l'avantage de conserver parfaitement les surfaces articulaires dans les différentes positions qu'on a données à l'articulation. Chercher par les procédés indiqués plus haut (V. p. 123) les axes et les plans de rotation et l'excursion des mouvements. Ces préceptes généraux peuvent s'appliquer à toutes les articulations.

CHAPITRE PREMIER

ARTICULATIONS DE LA COLONNE VERTÉBRALE

Préparation. — Pour voir les ligaments situés dans l'intérieur du canal rachidien (ligaments jaunes et grand ligament vertébral postérieur), il faut séparer le rachis en deux parties,

	SURFACES ARTICULAIRES	AXES DE ROTATION	MOUVEMENTS	LIGAMENTS	EXEMPLES
A. **Sutures**	Biseaux. Engrènement.	Nul.	Nul.	Ligament sutural.	Sutures du crâne.
B. **Symphyses**	Revêtement cartilagineux.	Nul.	Balancement.	Ligament interarticulaire avec on sans cavité, sans membrane synoviale.	Symphyse pubienne.
C. **Diarthroses**	Revêtement cartilagineux. Surfaces de glissement.	Un ou plusieurs.	Glissement.	Synoviale. Ligament de renforcement.	
a) DIARTHROSES CONCORDANTES.	Surfaces concordantes.	Idem.	Idem.	Idem.	
PLAN. — 1° *Arthrodie.*	Surfaces planes.	Un.	Balancement. Glissements rudimentaires.	Ligament capsulaire.	Articulations des cunéiformes.
CYLINDRE. — 2° *Trochoïde.*	Surface cylindriq. simple.	Un.	Rotation.	Ligament semi-annulaire.	Articulation radio-cubitale supérieure.
CYLINDRE. — 3° *Charnière.*	Surf. cylindr. composées.	Un.	Rotation de la surface cylindrique. Mouvement angulaire de l'os.	Deux ligaments latéraux.	Trochlée huméro-cubitale. Mortaise tibio-tarsienne.
SPHÈRE. — 4° *Énarthrose.*	Surface sphérique pure.	Une infinité (3 axes).	Rotation. Mouvements angulaires. Circumduction.	Capsule fibreuse.	Articulation coxo-fémorale.
SPHÈRE. — 5° *Condylarthrose.*	Deux courbures de rayon différent.	Deux.	Deux mouvements angulaires se croisant et d'étendue inégale.	Capsule fibreuse et deux ligaments latéraux de renforcement.	Articulat. radio-carpienne.
SPHÈRE. — 6° *Articulation en selle.*	Surface alternativement concave et convexe.	Deux.	Deux mouvements angulaires se croisant.	Capsule fibreuse.	Articulation trapézo-métacarpienne.
b) DIARTHROSES DISCORDANTES.	Surfaces discordantes.	Un ou plusieurs.	Glissement.	Synoviale. Ligament de renforcement.	
1° *Simples.*	Deux surfaces convexes.	Idem.	Idem.	Idem.	Articulation atloïdo-axoïdienne.
2° *Doubles.*	Ménisque interarticulaire.	Différents pour chacune des deux articulation.	Idem.	Idem.	Articulation temporo-maxillaire.

l'une antérieure, l'autre postérieure, par un trait de scie vertical passant au niveau des pédicules des vertèbres en arrière des corps. Pour voir le disque intervertébral et le noyau central, pratiquer des coupes transversales et verticales.

Les articulations vertébrales se divisent en trois groupes : 1° articulations des vraies vertèbres entre elles; 2° articulations des fausses vertèbres ou coccygiennes et sacro-coccygiennes ; 3° articulations de l'atlas, de l'axis et de l'occipital.

ARTICLE I. — ARTICULATIONS DES VRAIES VERTÈBRES

Les vertèbres s'articulent par leur corps et par leurs apophyses articulaires; en outre les lames et les apophyses épineuses sont rattachées à distance par des ligaments.

§ I. — Articulations des corps des vertèbres.

Ce sont des *symphyses*. Les faces supérieures et inférieures des corps vertébraux, recouvertes d'une couche de cartilage de $0^{m},001$ d'épaisseur, interceptent des espaces lenticulaires remplis par un ligament interarticulaire ou *disque intervertébral*. En avant et en arrière l'articulation est renforcée par deux ligaments étendus d'un bout à l'autre de la colonne vertébrale, *grands ligaments vertébraux antérieur et postérieur*.

1° *Disque intervertébral* (fig. 33, B, 1). — Il a la forme d'une lentille biconvexe et se compose de deux parties bien distinctes sur une coupe transversale : 1° une partie centrale ou *noyau du disque* (1), molle, élastique, faisant saillie à la surface de la coupe, et, par suite, comprimée à l'état normal entre les deux vertèbres superposées; elle est pourvue d'une cavité centrale anfractueuse remplie de prolongements multiples; 2° une partie périphérique ou *anneau fibreux* (2) constituée par des zones concentriques s'emboîtant les unes dans les autres, et formées chacune de fibres obliques entre-croisées en sautoir; elles deviennent de plus en plus riches en fibres élastiques à mesure qu'on se rapproche du noyau.

2° *Ligament vertébral commun antérieur* (fig. 34, 1, 2). — Il forme un long ruban nacré, étendu depuis l'apophyse basilaire de l'occipital jusqu'au sacrum sur les faces antérieures du corps des vertèbres, auxquelles il prend des insertions par ses fibres profondes; large à son origine, au niveau de l'atlas et de l'axis (ligaments *occipito-atloïdien* et *atloïdo-axoïdien* antérieur), il se rétrécit au dos, s'élargit aux lombes et se perd sur la face antérieure du sacrum et du coccyx; sa partie médiane, plus épaisse (1), est séparée des parties latérales (2) par des gouttières longitudinales, qui donnent passage aux vaisseaux des corps des vertèbres.

3° *Ligament vertébral commun postérieur* (fig. 33; A, 1). — Étendu, comme le précédent, du bord antérieur du trou occipital au sacrum, il recouvre la face postérieure du corps des vertèbres et ne peut être vu qu'après l'ablation de l'arc postérieur et des apophyses épineuses ; large en haut, où il recouvre le ligament occipito-axoïdien médian et est fortement adhérent à la dure-mère, il prend ensuite une forme festonnée, due à ce qu'il se rétrécit au niveau des corps vertébraux avec lesquels il ne contracte aucune adhérence, et s'élar-

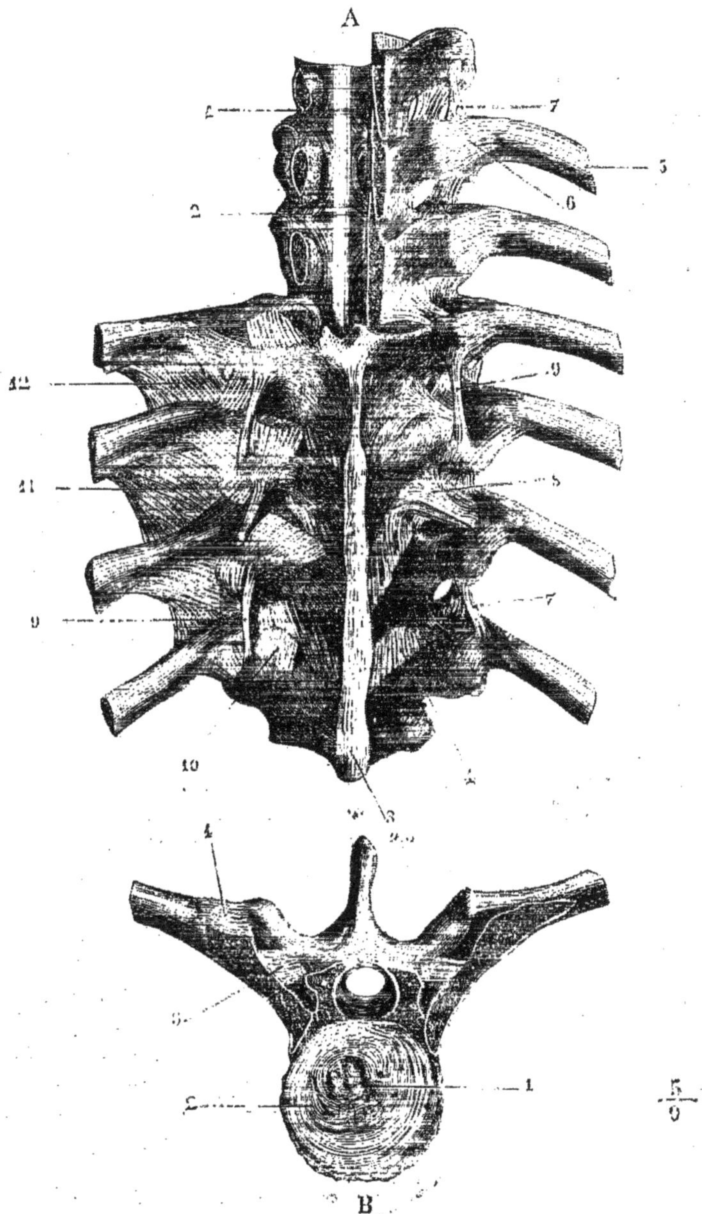

FIG. 33. — *Articulations vertébrales et costo-vertébrales, face postérieure* (*).

(*) A. *Face postérieure.* — 1) Ligament vertébral postérieur. — 2) Son élargissement au niveau de ses insertions aux disques. — 3) Ligament surépineux. — 4) Ligaments jaunes. — 5) Cinquième côte. — 6) Ligament costo-transversaire. — 7) Ligament cervico-transversaire supérieur externe. — 8) Ligament cervico-transversaire supérieur interne. — 9) Ligament allant du sommet d'une apophyse transverse à l'autre. — 10) Tendons du transversaire épineux. — 11) Tendons des faisceaux transversaires du long dorsal et des surcostaux. — 12) Aponévrose interosseuse.

B. *Coupe du disque intervertébral entre deux vertèbres dorsales.* — 1) Partie centrale du disque. — 2) Partie périphérique. — 3) Ligament cervico-transversaire inférieur. — 4) Ligament costo-transversaire.

git au contraire au niveau des disques auxquels il s'attache (2); entre sa face antérieure et la face postérieure des corps passent des branches veineuses transversales.

§ II. — Articulations des apophyses articulaires.

Ce sont des *arthrodies*, sauf les articulations des lombes qui se rapprocheraient plutôt des articulations condyliennes. Les surfaces articulaires, à peu près planes au cou et au dos, courbes aux lombes, sont encroûtées d'une mince couche de cartilage.

Une capsule synoviale, très-lâche au cou et aux lombes, va d'une surface osseuse à l'autre et est renforcée en dehors par des fibres ligamenteuses, en dedans par la partie avoisinante des ligaments jaunes.

§ III. — Ligaments des lames et des apophyses épineuses (fig. 33, A).

1° *Ligaments des lames* (fig. 33, A, 4); *ligaments jaunes*. — Ces ligaments, ainsi nommés à cause de leur couleur et formés de lames épaisses de tissu élastique à peu près pur, remplissent les fentes existant entre les arcs postérieurs des vertèbres et complètent la paroi postérieure du canal rachidien; ils s'insèrent en haut à la face antérieure des lames de la vertèbre supérieure et en bas au bord supérieur des lames de la vertèbre située au-dessous; chacun d'eux forme un angle ouvert en avant, saillant en arrière.

2° *Ligaments des apophyses épineuses*. — Ils sont de deux espèces : 1° les premiers, *ligaments interépineux*, sont des membranes tendues de champ d'une apophyse épineuse à l'autre et semblent continuer l'arête postérieure des ligaments jaunes; ils se terminent en arrière par un bord épais allant du sommet d'une apophyse épineuse à l'autre ; 2° les seconds *ligaments surépineux* (3), constituent un cordon épais qui passe sur le sommet des apophyses épineuses, et sur le bord postérieur des ligaments interépineux depuis

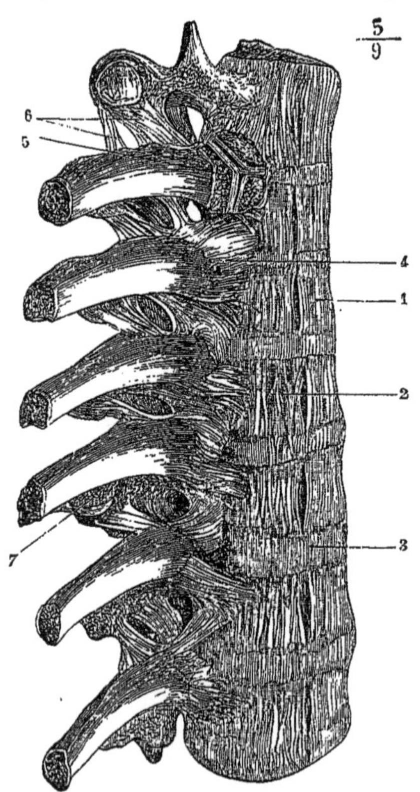

Fig. 34. — *Articulations vertébrales et costo-vertébrales, face antérieure et latérale* (*).

(*) 1) Grand ligament vertébral antérieur. — 2) Ses parties latérales. — 3) Saillie du disque intervertébral. — 4) Ligament costo-vertébral antérieur ou rayonné. — 5) Coupe de la tête de la côte et de l'articulation de la tête avec les vertèbres pour montrer le ligament interosseux et les deux articulations. — 6) Ligament cervico-transversaire supérieur externe.

le sacrum jusqu'à la septième vertèbre cervicale; à partir de là, il se porte vers la protubérance occipitale externe, en envoyant des expansions fibreuses aux apophyses épineuses de chaque vertèbre cervicale, et prend le nom de *ligament de la nuque* ou *ligament cervical postérieur*.

ARTICLE II. — ARTICULATIONS DES FAUSSES VERTÈBRES

1° *Articulations coccygiennes.* — On trouve entre les pièces du coccyx, comme entre les vertèbres, un disque intervertébral et des fibres antérieures et postérieures, mais tout cela à l'état rudimentaire. Une assez grande mobilité existe entre la première et la deuxième pièce du coccyx.

2° *Articulation sacro-coccygienne.* — Elle présente : 1° un disque intervertébral souvent ossifié; 2° un *ligament sacro-coccygien antérieur* composé de fibres superficielles entre-croisées en X, allant de la cinquième vertèbre sacrée à l'extrémité du coccyx, et de fibres profondes non entre-croisées; 3° un *ligament sacro-coccygien postérieur*, allant des bords de l'échancrure et des cornes du sacrum au coccyx, et fermant en bas le canal sacré, sauf une fente médiane à travers laquelle on aperçoit le cordon fibreux terminal de la dure-mère, qui vient s'attacher à la partie supérieure du coccyx; 4° des *ligaments sacro-coccygiens latéraux*, qui réunissent les apophyses transverses de la dernière vertèbre sacrée et la première vertèbre coccygienne.

ARTICLE III. — ARTICULATIONS DE L'ATLAS, DE L'AXIS ET DE L'OCCIPITAL (fig. 35).

Préparation. — Enlever la base du crâne avec les quatre ou cinq premières vertèbres cervicales et ne laisser de l'occipital que les parties avoisinant les condyles ; détacher l'arc postérieur des vertèbres et la partie postérieure de l'occipital par un trait de scie verticale Pour voir l'ordre de superposition des différents faisceaux, pratiquer une coupe verticale médiane et antéro-postérieure passant par l'apophyse odontoïde.

Ces articulations sont les unes des diarthroses, *articulations de l'atlas avec l'occipital et de l'atlas avec l'axis ;* les autres, des articulations à distance, constituées par des ligaments rattachant l'occipital à l'apophyse odontoïde (*ligaments odontoïdiens*), l'occipital à l'atlas (*ligaments occipito-atloïdiens*), et enfin l'atlas à l'axis (*ligaments atloïdo-axoïdiens*).

A. Diarthroses.

a) *Articulation de l'atlas et de l'occipital.* — Les *surfaces articulaires*, convexes du côté de l'occipital, concaves du côté de l'atlas, sont ovalaires, à grand diamètre convergent en avant et constituées par les condyles de l'occipital et les facettes articulaires supérieures des masses latérales de l'atlas. Leur courbure est moins forte dans le sens transversal que dans le sens antéro-postérieur, et les condyles de l'occipital débordent en avant et en arrière les surfaces correspondantes de l'atlas, ce qui indique le sens principal du mouvement ; le bord externe des facettes de l'atlas est plus relevé que leur bord interne. Ces deux surfaces sont encroûtées de cartilage ; il est quelquefois interrompu sur les condyles suivant une ligne oblique qui les divise en deux facettes secondaires.

La *synoviale*, assez lâche, s'attache sur l'occipital un peu au delà des surfaces

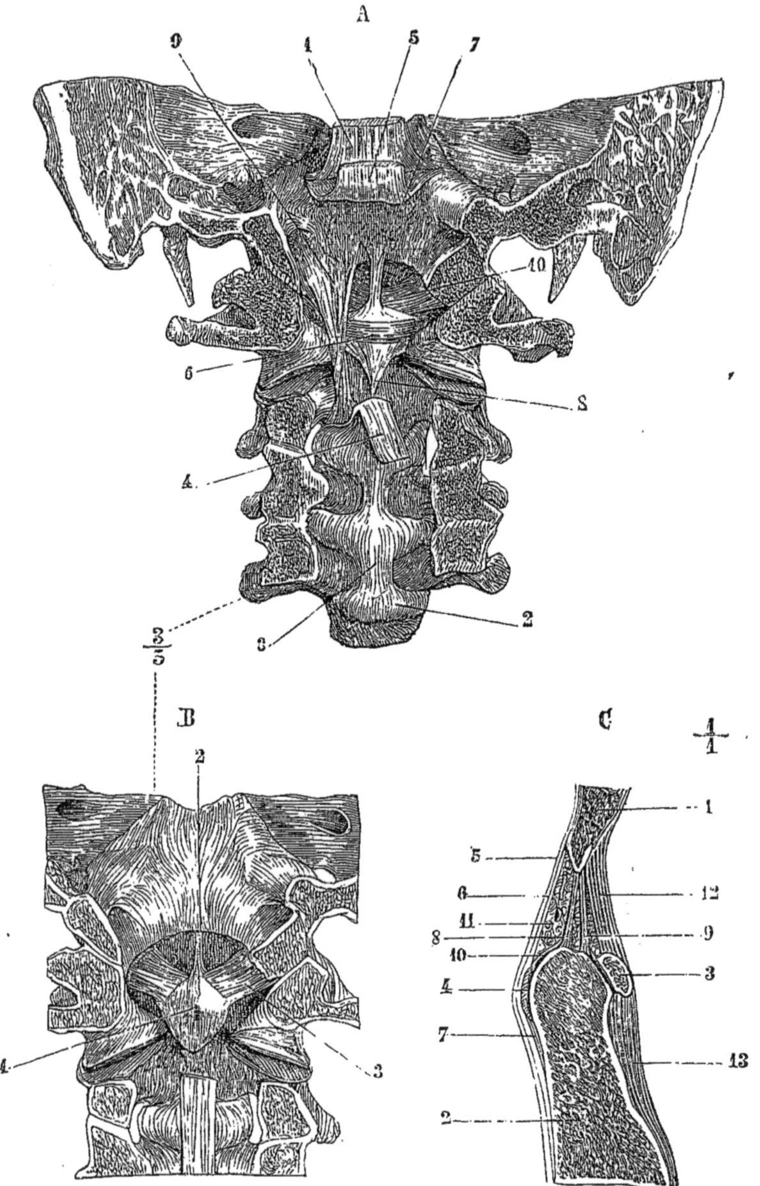

Fig. 35. — *Ligaments des articulations de l'atlas, de l'axis et de l'occipital.*

(*) A. *Ligament croisé.* — (La partie postérieure de l'occipital, les lames et les apophyses épineuses des vertèbres cervicales ont été enlevées pour mettre à découvert la partie postérieure des corps vertébraux.) — 1) Dure-mère relevée. — 2) Disques intervertébraux. — 3) Ligament vertébral postérieur. — 4) Le même ligament coupé et rabattu. — 5) Le même, coupé et relevé. — 6) Ligament transverse. — 7) Sa branche supérieure. — 8) Sa branche inférieure. — 9) Ligament occipito-atloïdien latéral. — 10) Ligaments odontoïdiens latéraux.

B. *Ligaments odontoïdiens.* — 1) Apophyse odontoïde. — 2) Ligament odontoïdien moyen. — 3) Ligaments odontoïdiens latéraux.

C. *Coupe antéro-postérieure et médiane de ces articulations.* — 1) Occipital. — 2) Axis. — 3) Arc antérieur de l'atlas. — 4) Coupe du ligament transverse. — 5) Grand ligament vertébral postérieur.

articulaires, du côté interne comme du côté externe ; elle est entourée d'un tissu connectif lamelleux et renforcée par les ligaments qui vont de l'atlas et de l'apophyse odontoïde à l'occipital.

b) *Articulation de l'atlas et de l'axis.* — En même temps que l'atlas tourne autour de l'apophyse odontoïde comme autour d'un pivot, il glisse sur les facettes supérieures du corps de l'axis. Cette articulation se divise donc en deux articulations secondaires : l'articulation atloïdo-odontoïdienne, l'articulation atloïdo-axoïdienne.

1° *Articulation atloïdo-odontoïdienne.* — L'apophyse odontoïde est reçue dans un anneau ostéo-fibreux formé en avant par l'arc antérieur de l'atlas, qui présente une petite facette ovalaire concave, en rapport avec une facette convexe correspondante de l'apophyse odontoïde ; en arrière, cet anneau est formé par un ligament qui divise l'ouverture de l'atlas en deux ouvertures secondaires, l'une, postérieure, destinée à la moelle, l'autre, antérieure, à l'apophyse odontoïde. C'est le *ligament transverse* (fig. 35, A 6). Ce ligament, haut de 0^{m},01 dans son milieu, épais de 0^{m},002, s'insère de chaque côté en dedans des masses latérales de l'atlas ; sa face antérieure concave se moule sur la face postérieure de l'apophyse odontoïde et a la forme d'un demi-entonnoir, dont le bord inférieur, semi-circulaire, étrangle le col de la dent. De ses bords supérieur et inférieur partent deux ligaments verticaux faibles, qui lui ont fait donner le nom de *ligament croisé ;* la branche supérieure (7) va au bord antérieur du trou occipital, en se confondant avec la continuation du ligament vertébral postérieur ; la branche inférieure (8) va à la face postérieure de l'axis. Les deux facettes de l'apophyse odontoïde, celle de l'atlas et la face antérieure du ligament transverse sont encroûtées de cartilage.

Deux *synoviales* facilitent le glissement : l'une, *antérieure*, entre l'arc antérieur de l'atlas et l'apophyse odontoïde ; l'autre, *postérieure*, entre le ligament transverse et l'apophyse odontoïde ; celle-ci présente trois culs-de-sac : un supérieur, qui se prolonge sous la branche supérieure du ligament transverse, deux latéraux, qui embrassent les parties latérales de l'apophyse odontoïde. Quelquefois il y a communication de ces deux synoviales.

2° *Articulation atloïdo-axoïdienne.* — Les surfaces articulaires (masses latérales de l'atlas et facettes articulaires supérieures de l'axis) offrent une configuration spéciale, très-importante au point de vue des mouvements de rotation de la tête ; mais cette configuration ne se voit bien que sur les surfaces fraîches encore recouvertes de leur cartilage, et disparaît en partie sur les os secs. Les facettes articulaires de l'axis présentent une crête transversale saillante qui leur donne une forme en dos d'âne et sépare chaque facette en deux parties légèrement convexes, l'une antérieure, l'autre postérieure. Du côté de l'atlas on trouve aussi une crête transversale analogue qui divise chaque facette en deux parties légèrement concaves, l'une antérieure, l'autre postérieure. C'est donc une *diarthrose discordante.*

La *synoviale* est très-lâche, riche en prolongements synoviaux et entourée partout de substance molle cellulo-graisseuse ; elle communique quelquefois avec la synoviale altoïdo-odontoïdienne.

— 6) Branche supérieure du ligament croisé. — 7) Sa branche inférieure. — Ligament suspenseur de la dent ; son faisceau postérieur. — 9) Son faisceau antérieur. — 10) Petit faisceau rattachant le ligament transverse au ligament suspenseur. — 11) Masse de tissu cellulo-graisseux avec des veines. — 12) Ligament occipito-atloïdien antérieur. — 13) Ligament atloïdo-axoïdien antérieur.

B. Articulations à distance ou ligaments de renforcement.

a) *Ligaments odontoïdiens.* — Ces ligaments se rendent de l'apophyse odontoïde à l'occipital; ils sont au nombre de trois : deux latéraux, un médian.

1° *Ligaments odontoïdiens latéraux* (fig. 35, B, 3). — Ce sont deux faisceaux fibreux très-forts, qui partent des parties latérales et supérieures de la dent et se portent un peu obliquement en haut et en dehors pour aller se fixer à la partie interne des condyles de l'occipital, plus près de leur extrémité antérieure; les faisceaux supérieurs vont sans interruption d'un condyle à l'autre en passant sur le sommet de la dent (*ligament transverse occipital de Lauth*). Ces ligaments maintiennent très-solidement l'apophyse odontoïde.

2° *Ligament odontoïdien moyen* ou *ligament suspenseur de la dent* (2). — Beaucoup plus faible, il se compose de deux faisceaux : l'un antérieur aplati (C, 9), naissant immédiatement au-dessus de la facette atloïdienne de la dent; l'autre postérieur (8), important seulement au point de vue morphologique (voy. développement du rachis), naissant de la partie postérieure du sommet de la dent; tous deux s'insèrent en haut, l'un près de l'autre, au bord antérieur du trou occipital.

b) *Ligaments occipito-atloïdiens.* — L'arc antérieur et l'arc postérieur de l'atlas sont rattachés aux bords du trou occipital par deux ligaments en forme de membranes servant à fermer la cavité rachidienne à ce niveau. Le postérieur est une simple membrane, qui ne présente rien de particulier. L'antérieur, plus épais, n'est que le commencement du ligament vertébral antérieur.

c) *Ligaments atloïdo-axoïdiens.* — Des membranes analogues rattachent les deux arcs antérieur et postérieur de l'atlas au corps et à l'arc postérieur de l'axis.

d) *Ligaments occipito-axoïdiens.* — Ils vont du bord antérieur du trou occipital à la partie postérieure du corps de l'axis, et sont recouverts par la partie supérieure du ligament vertébral commun postérieur qu'il faut enlever pour les voir. Ils sont au nombre de trois : un médian, vertébral, dont une languette, sous le nom de *branche supérieure du ligament croisé*, va se fixer au bord supérieur du ligament transverse, et deux latéraux (A, 9), obliques en bas et en dedans; ils se fixent tous trois en bas, à la face postérieure du corps de l'axis.

Nerfs des articulations vertébrales. — Pour la capsule de l'articulation atloïdo-occipitale, ils viennent du premier nerf cervical; pour les autres capsules articulaires, ils viennent des branches postérieures des nerfs rachidiens. Les synoviales des articulations des apophyses articulaires cervicales sont assez riches en filets nerveux.

ARTICLE IV. — DE LA COLONNE VERTÉBRALE EN GÉNÉRAL

La colonne vertébrale, considérée dans son ensemble, os et ligaments, se compose de deux pyramides adossées par leurs bases, l'une supérieure, constituée par les vingt-quatre vraies vertèbres, l'autre inférieure, occupant seulement le cinquième de la hauteur totale et comprenant le sacrum et le coccyx.

Direction. — La colonne supérieure repose sur le sacrum, de façon qu'une ligne verticale, passant par l'apophyse odontoïde de l'axis, tombe à peu près sur le corps de la dernière vertèbre lombaire. Il y a, du reste, à ce sujet, des variétés individuelles très-grandes, et, chez le même individu, des variations tenant à des conditions diverses (V. fig. 36).

Courbures. — La colonne vertébrale n'est pas rectiligne ; elle présente des courbures antéro-postérieures, au nombre de quatre, qui changent alternativement de côté et correspondent à chacune des régions du rachis ; deux de ces courbures ont leur convexité dirigée en avant ; ce sont celles des régions cervicale et lombaire ; c'est l'inverse pour les deux autres. Le passage d'une courbure à la suivante se fait d'une façon graduée, sauf à la réunion de la cinquième vertèbre lombaire et du sacrum, où une inflexion brusque donne naissance à un angle saillant en avant appelé *promontoire*.

Les points culminants de ces courbures sont : la quatrième vertèbre cervicale, la septième dorsale, la troisième lombaire et la quatrième vertèbre sacrée ; ces courbures, à peine marquées chez le nouveau-né (fig. 36, G), sont dues en partie à la configuration même des os (forme en coin à base postérieure des vertèbres dorsales, courbure du sacrum), et en partie à l'action musculaire. Il y a une certaine solidarité entre ces courbures ; quand l'une d'elles s'exagère, celles de sens opposé s'exagèrent aussi de façon à rétablir l'équilibre du rachis et à maintenir sa verticalité (courbures de compensation).

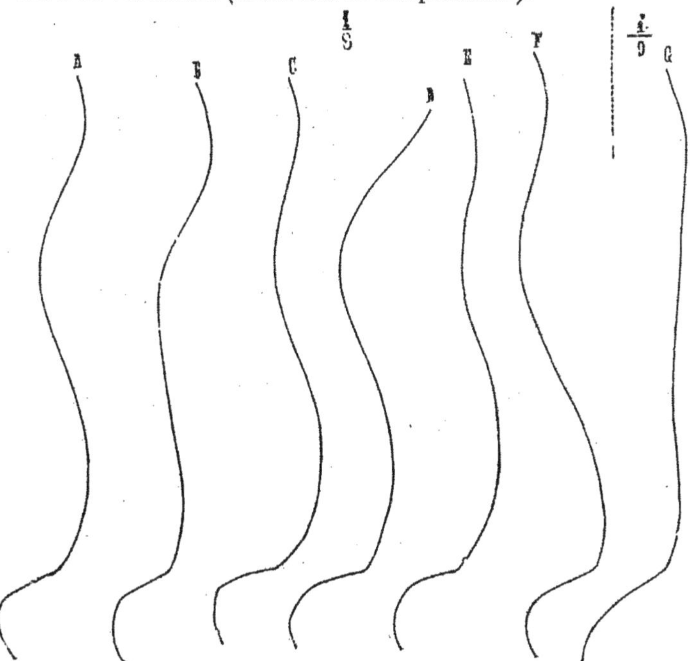

Fig. 36. — *Courbures de la colonne vertébrale dans diverses conditions* (*).

Outre ces courbures antéro-postérieures, le rachis présente, au niveau des 3e, 4e et 5e vertèbres dorsales, une courbure latérale à concavité gauche. Cette courbure attri-

(*) A. Dans la station ordinaire, l'intestin vide. — B. Dans la station ordinaire, après le repas. — C. Dans la position militaire. — D. La tête inclinée en avant. — E. Les bras étendus horizontalement (ces différentes courbures ont été prises sur le vivant par Parow). — F. Courbure de la colonne vertébrale, d'après Meyer, prise sur le cadavre ; la verticale abaissée de l'apophyse odontoïde de l'axis passe au niveau du corps de la troisième vertèbre sacrée. — G. Courbure de la colonne vertébrale du nouveau-né, d'après Horner.

buée par Bichat à la prédominance d'action des muscles du côté droit et à l'inclinaison habituelle du côté opposé pour rétablir l'équilibre, regardée par d'autres comme une simple dépression vasculaire due à la présence de l'aorte, me paraît plutôt devoir être rattachée à l'insymétrie congénitale des deux moitiés du corps (Voir : Beaunis, *Remarques sur un cas de transposition générale des viscères* (*Revue médicale de l'Est*, 1874). Voir aussi sur les courbures du rachis : Bouland, *Rech. anat. sur les courbures du rachis* (*Journ. de l'Anat.*, 1872) et J. Balandin, *Archives de Virchow*, t. LVII).

Dimensions. — Il faut distinguer, dans les dimensions du rachis, la *longueur* mesurée par une ligne qui passerait par les centres des disques et des corps en suivant les sinuosités de la colonne, et la *hauteur* ou la distance existant entre son sommet et la ligne horizontale menée par l'extrémité du coccyx. La longueur, peu variable suivant les individus, est en moyenne de $0^m,75$.

La hauteur qui, à longueur égale, peut varier d'après le degré des courbures, est en moyenne de $0^m,67$, qui se subdivisent de la façon suivante : cou, $0^m,108$; dos, $0^m,27$; lombes, $0^m,168$; sacrum et coccyx, 0^m124. Le milieu de la hauteur totale correspond à la onzième vertèbre dorsale. Une station prolongée peut amener dans la hauteur du rachis une diminution de quelques millimètres tenant et à l'augmentation des courbures, et à l'aplatissement des disques intervertébraux.

Les disques forment environ le quart de la longueur totale du rachis ; ces rapports de longueur des disques et des corps vertébraux, importants pour la flexibilité de l'ensemble, varient du reste suivant les diverses régions : au cou, ils forment un peu plus du quart de la longueur des corps vertébraux ; au dos, le septième seulement ; aux lombes, un peu plus du tiers.

Description. — La colonne vertébrale se compose en réalité de deux parties : 1° une colonne pleine, continue, ostéo-fibreuse, élastique, constituée par la superposition des corps et des disques vertébraux ; 2° un canal formé par la série des arcs vertébraux, les ligaments jaunes et la face postérieure des corps, canal qui longe la moelle dans son intérieur et se hérisse à l'extérieur d'apophyses servant à des articulations ou à des insertions musculaires. Au point de vue descriptif, on peut étudier d'abord sa configuration extérieure, puis le canal rachidien. Le sacrum et le coccyx seront décrits avec le bassin.

a) *Configuration extérieure.* — 1° *En avant*, le rachis a l'aspect d'une colonne plane au cou, cylindrique dans le reste de son étendue, noueuse à cause de la saillie des disques intervertébraux ; cette colonne, abstraction faite de l'atlas, s'élargit de haut en bas jusqu'au sacrum ; cependant cette augmentation de volume ne se fait pas uniformément ; elle est interrompue par une sorte de rétrécissement, marqué surtout au niveau de la cinquième vertèbre dorsale.

2° Sur les *faces latérales* on trouve, d'avant en arrière : 1° les faces latérales des corps ; 2° les trous de conjugaison, séparés par les pédicules et augmentant en général de diamètre de haut en bas ; 3° la série des apophyses transverses, situées, au cou, sur les côtés du corps et du pédicule, au dos, en arrière du pédicule, et se replaçant aux lombes sur le côté des corps, de façon que la courbe formée par la série de ces apophyses se porte fortement en arrière dans la région dorsale. Mais si on examine plus attentivement cette ligne des apophyses transverses, surtout sur un rachis articulé avec les côtes, on voit qu'on peut la subdiviser en deux séries : l'une, *antérieure* ou *costale*, située sur les côtés des corps, en avant des trous de conjugaison, et constituée de haut en bas par les branches antérieures des apophyses transverses cervicales, les côtes et les apophyses costiformes lombaires, l'autre, *postérieure* ou *transversaire*, située derrière la précédente et en arrière des trous de conjugaison et formée par la branche postérieure des apophyses transverses cervicales, les apophyses transverses dorsales et les tubercules apophysaires des vertèbres lombaires.

3° La *face postérieure* présente sur la ligne médiane la crête sinueuse des apophyses épineuses, surmontée par le ligament surépineux. Cette crête la divise en deux gouttières, *gouttières vertébrales*, limitées en dehors par les apophyses transverses et dont le fond est constitué par les lames, et, plus en dehors, par les apophyses articulaires et la face postérieure des apophyses transverses. Ces gouttières, larges au cou, se rétrécissent au dos et s'élargissent de nouveau aux lombes, où elles sont divisées en deux par la saillie des apophyses articulaires; enfin elles se rétrécissent de haut en bas de chaque côté de la crête sacrée, en présentant les ouvertures des trous sacrés postérieurs. Elles logent les muscles spinaux postérieurs.

b. *Canal vertébral.* — Il s'étend depuis l'anneau de l'atlas jusqu'à la première vertèbre coccygienne (fig. 7). Sa forme dépend de la forme des trous rachidiens; triangulaire au cou, il est arrondi au dos, redevient triangulaire aux lombes, prend au sacrum la forme d'un croissant à concavité antérieure, pour se terminer en pointe au coccyx. Son calibre varie avec la mobilité du rachis; il est plus large dans les régions les plus mobiles (cou et lombes), plus étroit par contre au dos. A l'état sec, il présente en arrière des fentes transversales situées entre les arcs postérieurs des vertèbres; ces fentes, sauf la première (entre l'occipital et l'atlas), sont divisées par les apophyses articulaires en trois ouvertures secondaires, deux latérales, *trous de conjugaison*, une médiane, *fissure intervertébrale*, semi-lunaire au cou, triangulaire aux lombes; très-abordables dans ces deux régions, à cause de l'horizontalité des apophyses épineuses, tout à fait couvertes au contraire au dos, à cause de l'obliquité de ces mêmes apophyses, ces fissures intervertébrales sont fermées à l'état frais par les ligaments jaunes; au sacrum, elles n'existent plus et sont comblées par une masse osseuse, sauf quelquefois à l'extrémité inférieure.

Chez la femme, la colonne vertébrale est un peu moins longue, les apophyses transverses thoraciques plus déjetées en arrière; la partie lombaire est plus longue (pour le sacrum, V. le bassin). Chez le vieillard, le rachis s'incurve en avant.

Mécanisme du rachis.—Le rachis forme au point de vue anatomique l'axe et comme le centre du squelette; au point de vue fonctionnel, il représente à la fois une colonne élastique et mobile et un canal protecteur pour la moelle épinière.

L'*élasticité* du rachis est en raison directe de la hauteur des disques par rapport à la hauteur des corps; grâce à cette élasticité, il amortit comme un ressort les chocs, qui sans cela se transmettraient avec toute leur intensité, soit à la tête qu'il supporte, soit à la moelle qu'il loge dans son intérieur.

La *mobilité* du rachis dépend aussi de la hauteur du disque; si cette seule cause était en jeu, ces disques formant le tiers de la colonne lombaire, le quart de la colonne cervicale, le septième de la colonne dorsale, la région la plus mobile serait la région lombaire, et cependant elle ne vient qu'en deuxième ligne et après la région cervicale. C'est qu'un autre élément intervient: la configuration des apophyses articulaires, et à ce point de vue les apophyses articulaires cervicales, par leur inclinaison à 45° et par la laxité de leur capsule, se prêtent à des mouvements qu'arrêtent la direction verticale et l'engrènement des apophyses articulaires lombaires.

Avant d'étudier les mouvements du rachis, il faut étudier son état d'équilibre dans l'immobilité, tel qu'il se rencontre par exemple dans la station.

Équilibre du rachis. — Le poids des viscères, qu'on peut considérer comme suspendus à la face antérieure du rachis, tend continuellement à l'incliner en avant; contre cette force *continue* luttent des puissances *continues* élastiques, non susceptibles par conséquent de se fatiguer comme des muscles : c'est d'une part le noyau du disque intervertébral, qui par son élasticité repousse l'un de l'autre les corps des vertèbres voisines : ce sont d'autre part les ligament jaunes, qui tendent à rapprocher les apophyses épineuses, et par suite favorisent cet écartement des corps. Le rachis se trouve ainsi maintenu dans la rectitude et les muscles n'ont plus à agir que dans des cas spéciaux.

Mouvements du rachis. — Les mouvements partiels, presque insaisissables, d'une vertèbre sur une autre, arrivent, en se totalisant, à produire des mouvements assez étendus de la colonne vertébrale.

Le rachis peut exécuter trois sortes de mouvements autour de trois axes principaux : 1° autour d'un axe transversal (flexion et extension); 2° autour d'un axe antéro-postérieur (inclinaison latérale); 3° autour d'un axe vertical (torsion ou rotation).

1° *Mouvements autour d'un axe transversal (flexion et extension).*— Dans ce mouvement, l'axe de rotation passe à peu près transversalement par le noyau des disques; dans la flexion, les apophyses articulaires supérieures glissent de bas en haut sur les inférieures en s'en écartant en bas; celles de la région cervicale par la direction de leurs facettes favorisent ce mouvement d'ascension; cette flexion est limitée par la résistance à la traction des ligaments surépineux et des ligaments jaunes, et par la résistance à la pression du noyau des disques, enfin par la configuration même des facettes articulaires, surtout à la région lombaire. Dans l'extension l'inverse a lieu, et sa limite plus facilement atteinte se trouve dans la résistance de l'anneau fibreux des disques intervertébraux. L'excursion totale de ce mouvement est d'environ un angle droit, et la région cervicale y prend la plus grande part.

2° *Mouvements autour d'un axe antéro-postérieur (inclinaison latérale).*— Cet axe passe par le noyau des disques et est perpendiculaire à un plan qui joindrait les facettes des apophyses articulaires de droite et de gauche de la vertèbre correspondante. Cet axe varie donc d'une région à l'autre : horizontal aux lombes, où les apophyses articulaires sont verticales, il s'incline de plus en plus en avant et en bas, à mesure qu'on remonte vers la région cervicale, à cause de l'obliquité des apophyses articulaires qui se rapprochent de plus en plus de l'horizontale. Il en résulte que l'inclinaison latérale existe à peu près seule et sans mélange aux lombes; mais qu'à mesure qu'on monte, il vient s'y ajouter un mouvement de torsion de la colonne vertébrale, sensible surtout au cou, et grâce auquel, en même temps que le rachis s'incline d'un côté, les corps vertébraux tournent leur face antérieure du même côté. Ce mouvement d'inclinaison latérale est limité, outre la résistance des ligaments, par la direction verticale des facettes articulaires de la région lombaire et d'une partie de la région dorsale.

3° *Mouvements autour d'un axe vertical (torsion ou rotation).* Ils accompagnent à peu près invariablement l'inclinaison latérale, de façon que ces deux genres de mouvements, théoriquement isolables, sont en réalité confondus dans la nature.

Muscles moteurs du rachis. — 1° *Flexion.* — Grand droit antérieur de l'abdomen, grand oblique, petit oblique, sterno-mastoïdien, scalènes, long du cou.

2° *Extension.* — Interépineux du cou, long épineux du dos, splénius du cou, long dorsal, sacro-lombaire, transversaire du cou, transversaire épineux, intertransversaires postérieurs du cou, intertransversaires des lombes, angulaire, surcostaux.

3° *Inclinaison latérale.* — Scalènes, intertransversaires du cou et des lombes, carré des lombes, transversaire du cou, sacro-lombaire, angulaire, surcostaux.

4° *Rotation de la face antérieure du tronc du même côté.* — Petit oblique de l'abdomen, splénius, long dorsal, faisceaux supérieurs du long du cou.

5° *Rotation du coté opposé.* — Grand oblique de l'abdomen, transversaire épineux, faisceaux inférieurs du long du cou.

Mouvements de la tête; mécanisme des articulations de l'atlas, de l'axis et de l'occipital. — Les mouvements de la tête sur le rachis sont de trois espèces : 1° des mouvements de rotation, par lesquels la face se tourne à droite ou à gauche; 2° des mouvements de flexion et d'extension, par lesquels la tête s'incline en avant ou se relève; 3° des mouvements d'inclinaison latérale, par lesquels la tête s'incline à droite et à gauche : les premiers se passent dans l'articulation de l'atlas et de l'axis, les deuxièmes et les troisièmes dans celle de l'atlas et de l'occipital.

1° *Mécanisme de l'articulation atloïdo-axoïdienne (mouvement de rotation).* — La tête tourne autour d'un axe vertical passant par l'apophyse odontoïde; dans la position normale de la tête regardant directement en avant, l'atlas (fig. 37, 2) repose par sa crête transversale sur la crête mousse analogue des facettes articulaires supérieures du corps de l'axis; les facettes articulaires sont donc toutes les deux en contact par des surfaces convexes, et il reste en avant et en arrière un vide rempli par la synovie et les parties molles. Dès que l'atlas abandonne cette position, la crête de sa facette articulaire descend d'un côté en avant, de l'autre en arrière, et d'un côté la demi-facette antérieure de l'atlas (4) correspond à la demi-facette postérieure de l'axis, avec laquelle elle concorde parfaitement, tandis que de l'autre sa demi-facette postérieure (3) s'applique sur la demi-facette antérieure de l'axis. Il exécute donc autour de l'apophyse odontoïde non seulement un simple mouvement de rotation, mais un double mouvement en pas de vis, grâce auquel la tête s'abaisse en même temps qu'elle tourne (voy. la figure); ceci se voit facilement si on scie horizontalement l'arc antérieur de l'atlas et l'apophyse odontoïde ; en imprimant des mouvements à l'atlas sur l'axis, on voit a chaque mouvement de rotation l'atlas s'abaisser et l'apophyse odontoïde dépasser la surface de la coupe de l'atlas, si la coupe a été pratiquée la tête maintenue dans la position droite. L'excursion totale de ce mouvement est de 60° au plus.

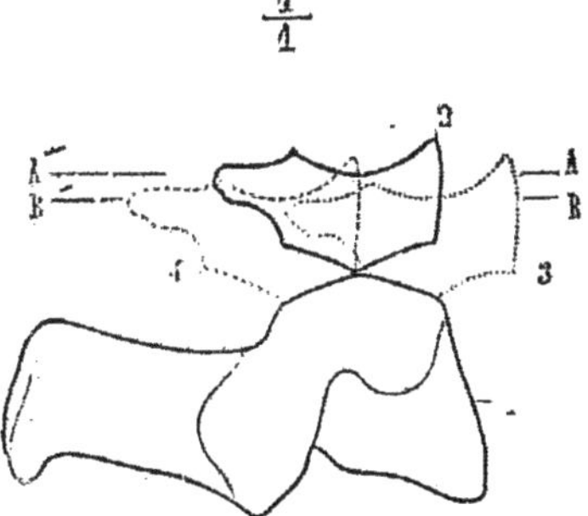

FIG. 37. — *Mécanisme de l'articulation atloïdo-axoïdienne* (*).

2° *Mécanisme de l'articulation occipito-atloïdienne.* — Elle a deux espèces de mouvements : flexion et extension d'une part, inclinaison latérale de l'autre.

Les mouvements de *flexion* et d'*extension* s'exécutent autour d'un axe transversal, qui passe par le bord externe supérieur des deux facettes atloïdiennes et traverse les apophyses mastoïdes. L'excursion de ce mouvement est d'environ 45°.

Les mouvements d'*inclinaison latérale* se font autour d'un axe antéro-postérieur, situé plus haut que le précédent, à cause de la différence de courbure des condyles de l'occipital dans le sens antéro-postérieur et dans le sens transversal. L'inclinaison de la tête s'accompagne d'un léger mouvement de rotation, par lequel, en même temps que la tête s'incline à droite, la face se tourne du côté gauche.

(*) 1) Coupe antéro-postérieure et latérale de l'axis passant par le milieu d'une de ses deux facettes articulaires supérieures; elle représente en même temps la projection de celle du côté opposé. — 2) Coupe antéro-postérieure de l'atlas passant par une de ses masses latérales, dans la position droite, de la tête; elle représente en même temps la projection de celle du côté opposé. — 3, 4) Positions prises par les deux facettes de droite et de gauche de l'atlas dans la rotation de la tête. — A, A'. Ligne de niveau des condyles de l'occipital dans la position droite de la tête. — B, B'. Ligne de niveau des condyles dans la rotation de la tête ; la distance entre ces deux lignes mesure l'abaissement de la tête dans la rotation.

Ces différents mouvements sont limités par la rencontre des os et par la résistance des ligaments, et surtout des ligaments odontoïdiens latéraux. Ils sont tendus tous les deux dans la flexion, tandis que dans l'inclinaison latérale et dans la rotation celui du côté opposé est seul tendu.

Muscles moteurs. — 1° *Rotation de la tête du même côté.* — Splénius, grand droit postérieur, grand oblique de la tête, grand droit antérieur, petit droit antérieur.

2° *Rotation du côté opposé.* — Sterno-mastoïdien, trapèze, grand complexus.

3° *Flexion.* — Grand droit antérieur de la tête; petit droit antérieur, droit latéral, muscles de la région sus et sous-hyoïdienne (acccessoirement).

4° *Extension.* — Trapèze, splénius, grand complexus, grand et petit droits postérieurs de la tête; petit oblique de la tête.

5° *Inclinaison latérale.* — Trapèze, splénius, petit complexus, petit oblique de la tête, droit latéral, sterno-mastoïdien.

CHAPITRE II

ARTICULATIONS DU CRANE

1° Sutures du crâne.

On trouve pour ces articulations une substance fibreuse (improprement appelée *cartilage sutural)*, interposée entre les surfaces osseuses en contact et renforcée par le périoste qui se continue d'un os sur l'autre.

Entre l'occipital et le corps du sphénoïde, cette substance est du véritable cartilage, qui disparaît de très bonne heure par la soudure des deux os.

Le trou déchiré antérieur est comblé par du tissu connectif, dont la partie inférieure, sous forme de lame membraneuse, s'étend de l'occipital aux grandes ailes du sphénoïde, en passant sur le sommet du rocher et en contractant des adhérences avec la partie cartilagineuse de la trompe d'Eustache.

On trouve encore d'autres ligaments, qui servent en général à compléter des trous ou des canaux osseux.

2° Articulation temporo-maxillaire.

C'est une articulation à ménisque du genre des articulations *condyliennes*.

Surfaces articulaires. — Le *condyle* du maxillaire inférieur, dont le grand axe presque transversal est dirigé un peu en avant et en dehors, présente une facette elliptique fortement convexe d'arrière en avant, qui empiète plus sur la face antérieure que sur la face postérieure. Du côté du temporal, on trouve une surface convexe d'une courbure de $0^m,01$ de rayon, formée par la *racine transverse* de l'apophyse zygomatique et se continuant en arrière avec la partie antérieure concave de la cavité glénoïde. Une très-mince couche de cartilage recouvre ces surfaces.

Les surfaces osseuses ne sont pas en contact immédiat; elles sont séparées par un *ménisque* fibreux qui divise l'articulation en deux articulations distinctes; ce ménisque est elliptique, à grand diamètre transversal; ses deux faces concaves se moulent sur les deux courbures convexes de la racine transverse et du condyle, et regardent, la supérieure en avant, l'inférieure en arrière, à cause de l'obliquité du ménisque; sa partie médiane, plus mince, est quelquefois percée d'un orifice.

Synoviales. — La capsule synoviale adhérant circulairement aux bords du ménisque, il y a en réalité deux synoviales distinctes : la *supérieure*, plus lâche, s'attache en avant au bord antérieur de la racine transverse, en arrière à la partie la plus profonde de la cavité glénoïde en avant de la scissure de Glaser, en dehors au tubercule externe de l'apophyse zygomatique, en dedans près de la suture sphéno-temporale un peu en dehors de l'épine du sphénoïde; la synoviale *inférieure* s'insère aux bords de la facette du condyle; sa partie antérieure et interne donne attache, ainsi que le ménisque, à un faisceau du ptérygoïdien externe.

Tout l'espace compris entre la partie postérieure de l'articulation et la paroi antérieure du conduit auditif est rempli par une masse molle élastique, riche en veines, comprimée ou dilatée suivant les mouvements de la mâchoire.

Ligaments. — Ils sont au nombre de trois : 1° un *ligament latéral externe* fort, qui va obliquement en bas et en arrière du tubercule externe de l'apophyse zygomatique à la partie externe du col du condyle; 2° un *ligament latéral interne*, qui naît de l'épine du sphénoïde et de la partie voisine de l'écaille du temporal et se divise en deux faisceaux : l'un, postérieur, plus court, allant à la partie interne du col du condyle; l'autre, antérieur, plus long, allant à l'épine dentaire *(ligament sphéno-maxillaire)*; entre les deux, passe l'artère maxillaire interne; 3° le *ligament stylo-maxillaire*, allant de l'apophyse styloïde à l'angle de la mâchoire; il n'est qu'un épaississement de l'aponévrose parotidienne profonde.

Nerfs. — Ils viennent de l'auriculo-temporal, du massétérin et du temporal profond postérieur.

Mécanisme. — L'articulation temporo-maxillaire constitue en réalité quatre articulations distinctes : deux supérieures, deux inférieures, qui forment par leur réunion, à cause de la dépendance des deux moitiés du maxillaire inférieur, une articulation *conjuguée double.*

Dans l'articulation *supérieure* (ménisque et racine transverse), le ménisque représente la partie mobile; il se meut, en entraînant avec lui le condyle de la machoire, autour d'un axe transversal, commun aux deux articulations de droite et de gauche et qui passerait à peu près au point d'insertion supérieur du ligament latéral externe.

Dans l'articulation *inférieure* (condyle et ménisque), le ménisque représente la partie fixe, et le condyle roule autour d'un axe transversal commun aux deux articulations de droite et de gauche et répondant à peu près à l'insertion inférieure du ligament latéral externe.

Les mouvements de totalité de la mâchoire sont de trois espèces : 1° abaissement et élévation; 2° mouvement en avant et en arrière; 3° mouvements de latéralité. Dans les deux premiers mouvements le mécanisme est identique dans les articulations de droite et de gauche.

1° *Abaissement et élévation* (ouverture et occlusion de la bouche). — Dans l'abaissement il y a deux mouvements distincts, pouvant se passer en deux temps successifs ou en un seul temps; supposons-les d'abord se passant en deux temps successifs.

Premier temps (fig. 38, A). Le mouvement se passe dans l'articulation supérieure; le ménisque se porte d'arrière en avant sous la racine transverse, en entraînant avec lui le condyle et toute la mâchoire inférieure; il n'y a aucun mouvement dans l'articulation inférieure; la mâchoire est projetée en avant et s'abaisse en totalité de toute la distance verticale existant entre le niveau du fond de la cavité glénoïde et le niveau inférieur de la racine transverse, de façon qu'il y a un léger écartement des mâchoires.

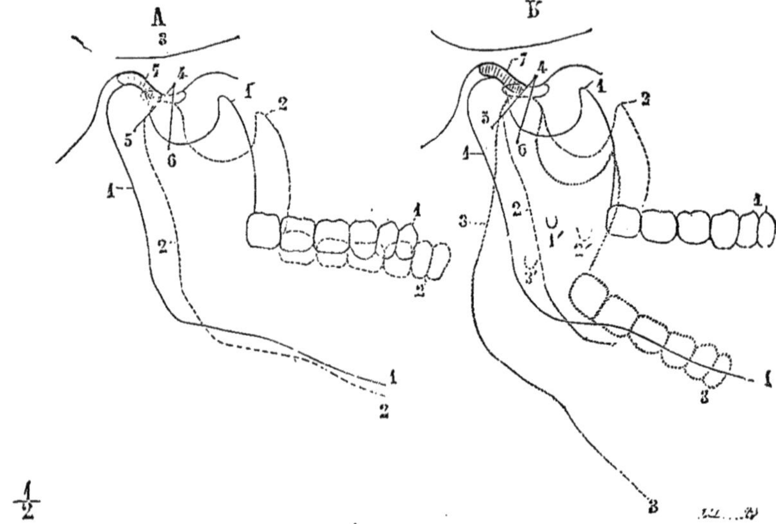

FIG. 38. — *Mécanisme de l'articulation temporo-maxillaire, figure schématique* (*).

Deuxième temps (B). Le mouvement se passe dans l'articulation inférieure; le condyle, une fois arrivé avec le ménisque sous la racine transverse, tourne autour de son axe, tandis que le ménisque reste immobile, d'où abaissement du maxillaire.

Ces deux mouvements, au lieu de se faire en deux temps et successivement, se font ordinairement en un seul temps et simultanément; dans ce cas, en même temps que le ménisque est entraîné en avant dans l'articulation supérieure, le condyle subit un double mouvement : un mouvement de translation, dans lequel il suit le ménisque, et un mouvement de rotation autour de l'axe de l'articulation inférieure, par lequel la mâchoire est abaissée (1).

L'abaissement est limité par la résistance des ligaments et surtout du ligament latéral externe.

Dans l'élévation les phénomènes inverses se passent.

2. *Mouvements en avant et en arrière (projection et rétrogradation).* — Soit par exemple le mouvement en avant; ce mouvement est identique au premier temps du mouvement d'abaissement, auquel il n'y a qu'à se reporter (A). Ce mouvement peut se borner là, et par conséquent se passer exclusivement dans l'articulation supérieure, ou être suivi d'un léger mouvement d'élévation se passant dans l'articulation inférieure et destiné à rétablir le contact des maxillaires qui se sont écartés dans le premier temps.

(*) A. *Mouvement en avant du maxillaire inférieur.* — 1) Maxillaire inférieur. — 2) Sa nouvelle position. — 3) Arcade zygomatique. — 4) Tubercule externe de l'apophyse zygomatique et insertion du ligament latéral externe. — 5, 6) Points d'insertion inférieurs du ligament latéral externe. — 7) Ménisque dans ses deux positions, ancienne (ombré) et nouvelle (indiqué au trait).

B. *Mouvement d'abaissement du maxillaire inférieur.* — 1) Position primitive de l'os. — 2) Position intermédiaire, ou premier temps de l'abaissement. — 3) Position finale, ou dernier temps de l'abaissement. — 1', 2', 3') Positions successives que prend l'orifice supérieur du canal dentaire; les autres chiffres comme à la figure précédente.

(1) Dans ces mouvements du maxillaire inférieur, l'orifice supérieur du canal dentaire subit des déplacements assez notables, dont on peut se convaincre en examinant sur la fig. 38, B les positions diverses 1', 2', 3' que prend cet orifice.

3° *Mouvements de latéralité.* — Dans ce cas, les mouvements diffèrent dans les articulations de droite et de gauche. D'un côté les mouvements se passent comme dans la projection en avant, c'est-à-dire que le condyle se porte sous la racine transverse; de l'autre côté le condyle reste enfoncé dans la cavité glénoïde et ne fait que tourner autour d'un axe vertical et pivoter sur lui-même pour permettre les mouvements du condyle opposé. Dans ces mouvements, qui ont pour résultat un frottement des molaires supérieures contre les inférieures, ordinairement chacun des condyles sert alternativement de pivot à celui du côté opposé.

Muscles moteurs. — 1° *Abaissement.* — Digastrique, muscles sous-hyoïdiens, peaucier.

2° *Élévation.* — Masséter, temporal, ptérygoïdien interne.

3° *Mouvement en avant.* — Ptérygoïdien interne.

4° *Mouvement en arrière.* — Digastrique.

5° *Mouvements de latéralité.* — Ptérygoïdiens interne et externe et digastrique.

3° Ligaments de l'os hyoïde.

L'os hyoïde est rattaché à l'apophyse styloïde par un ligament *stylo-hyoïdien*, arrondi, jaunâtre, très riche en fibres élastiques, et allant de l'apophyse styloïde aux petites cornes. On trouve souvent dans son épaisseur deux ou trois petits noyaux cartilagineux arrondis.

CHAPITRE III

ARTICULATIONS DU THORAX

I. Articulations du sternum (fig. 39).

Rarement le sternum forme, même chez l'adulte, un os complet; ordinairement il se compose de trois pièces : la poignée, le corps et l'appendice xiphoïde, réunies par deux symphyses. On trouve, en effet, entre les surfaces osseuses recouvertes d'une mince couche de cartilage un disque de tissu fibreux, épais de $0^m,006$ entre la poignée et le corps (8), un peu moins entre le corps et l'appendice; quelquefois le disque supérieur présente une cavité, et il peut y avoir une véritable articulation. La réunion du corps et de la poignée peut se faire sous un angle plus ou moins obtus. En avant du sternum se trouvent des faisceaux fibreux obliques, entre-croisés, très-adhérents à l'os, en arrière des faisceaux longitudinaux lâches.

II. Cartilages costaux (fig. 16).

Ce sont des lames élastiques qui complètent l'arc costal et prolongent jusqu'au sternum les côtes dont ils ont la forme générale. Les sept premiers s'articulent avec les sept facettes latérales des bords du sternum; les trois suivants avec les bords inférieurs des cartilages sus-jacents; les deux derniers sont tout à fait libres dans les parois abdominales. Quelquefois le huitième arrive jusqu'au sternum (fig. 39).

Leur longueur suit à peu près les mêmes variations que celle des côtes; elle augmente du premier ($0^m,035$) au septième ($0^m,08$) et diminue ensuite jusqu'au dixième ($0^m,06$); les onzième et douzième sont très-courts et n'ont guère plus de $0^m,01$ à $0^m,015$. En général, sauf pour le deuxième, qui a la même épaisseur partout, et pour le premier, qui est plus large en dedans, leur largeur diminue vers leur extrémité sternale; cette diminution est plus sensible pour les derniers.

Leur direction varie en raison de la position des extrémités antérieures des côtes par rapport au sternum : le premier est un peu oblique en bas et en dedans, le deuxième à peu près horizontal; les suivants sont obliques en haut vers le sternum, et d'autant plus qu'ils sont plus inférieurs; seulement, à partir du cinquième ou du sixième, ce n'est qu'après avoir suivi pendant quelque temps la direction des côtes qu'ils se recourbent en haut pour atteindre le sternum.

Ils sont formés par du cartilage hyalin enveloppé d'un périchondre épais. Par les progrès de l'âge, ils deviennent le siége d'altérations diverses, et principalement d'une ossification qui leur enlève une partie de leur élasticité.

III. ARTICULATIONS DES DIVERSES PIÈCES DU THORAX

Le sternum, les cartilages costaux, les côtes et les vertèbres sont reliés entre eux par des articulations nombreuses, articulations costo-vertébrales, chondro-costales, chondro-sternales.

1° Articulations costo-vertébrales.

Préparation. — Pour voir le ligament interosseux costo-vertébral, sa continuité avec le disque intervertébral et les deux synoviales distinctes, enlever par un trait de scie transversal et vertical toute la partie antérieure saillante de la tête de la côte. Pour voir le ligament cervico-transversaire inférieur, situé entre le col de la côte et l'apophyse transverse, faire une coupe horizontale du col de la côte et de l'apophyse transverse.

Les côtes s'articulent avec les vertèbres par leur tête, *articulation costo-vertébrale* proprement dite, et par leur tubérosité, articulation *costo-transversaire;* enfin des ligaments rattachent le col de la côte aux apophyses transverses, *ligaments cervico-transversaires.*

A. *Articulations costo-vertébrales* (fig. 34). — Ce sont des *arthrodies.* La tête de la côte présente un angle saillant mousse et deux demi-facettes reçues dans une cavité de réception formée par les demi-facettes des corps des vertèbres et le disque intervertébral. Un ligament demi-articulaire (5), allant de la tête de la côte au disque intervertébral, sépare l'articulation en deux, une supérieure, une inférieure, ayant chacune une synoviale.

Les premières, onzièmes et douzièmes côtes, s'articulant avec une seule vertèbre, n'ont pas de ligament interosseux, et il n'y a pour leur articulation qu'une seule synoviale.

L'articulation est renforcée en avant par un ligament assez fort, *ligament costo-vertébral antérieur* ou *rayonné*, allant en éventail de la tête de la côte à la partie voisine du corps des vertèbres (4), et qu'on peut diviser en trois faisceaux, dont le supérieur et l'inférieur sont surtout très-distincts.

B. *Articulation costo-transversaire* (fig. 33). — Ce sont des *énarthroses* rudimentaires. Les apophyses transverses des dix premières vertèbres dorsales présentent des facettes concaves, les tubérosités des côtes des facettes convexes regardant en bas et en arrière. Une synoviale lâche réunit les deux surfaces osseuses. On trouve pour cette articulation un ligament très-fort, *ligament costo-transversaire* (A, 6), épais, court, allant obliquement en haut et en dehors du sommet de l'apophyse transverse à la partie externe de la tubérosité de la côte. Les onzièmes et douzièmes côtes n'ont pas d'articulation costo-transversaire.

C. *Ligaments cervico-transversaires.* — Ils se divisent en deux groupes : 1° un groupe supérieur, qui rattache le col de la côte à l'apophyse transverse de la vertèbre supérieure *(ligaments cervico-transversaires-supérieurs)*; 2° un groupe inférieur, qui le rattache à celle de la vertèbre inférieure *(ligaments cervico-transversaires inférieurs)*.

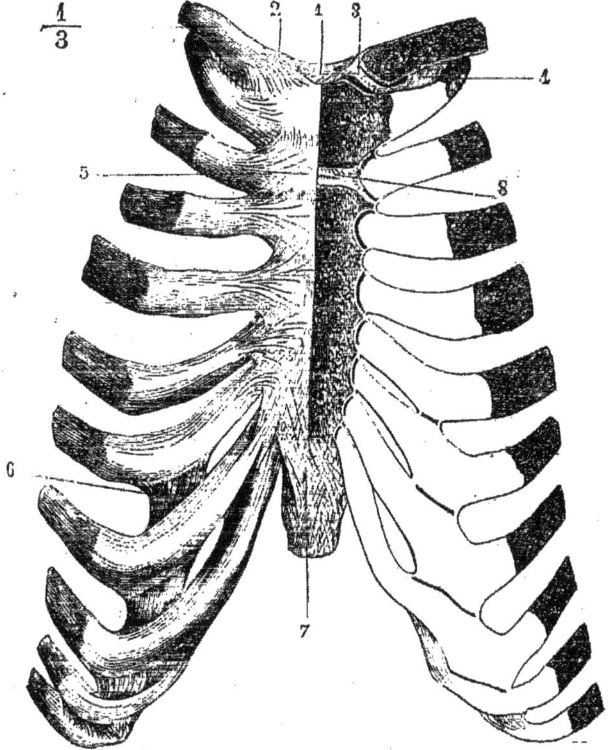

Fig. 3[illegible]. — *Articulations chondro-sternales et chondro-costales* (*).

a) *Ligaments cervico-transversaires supérieurs* (1). — Ils sont au nombre de deux : 1° l'un, *externe*, oblique en haut et en dehors, va du bord supérieur du col de la côte à l'apophyse transverse de la vertèbre supérieure; il est habituellement composé de deux faisceaux, dont le plus faible est en dehors et croise la direction de l'autre; il forme le bord externe d'une ouverture arron-

(*) 1) Ligament interclaviculaire. — 2) Ligament sterno-claviculaire. — 3) Ménisque interarticulaire — 4) Ligament costo-claviculaire. — 5) Ligament rayonné antérieur. — 6) Ligaments des cartilages costaux. — 7) Ligaments de l'appendice xiphoïde. — 8) Articulation du deuxième cartilage costal et des deux premières pièces du sternum. — Chez ce sujet, les huit premiers cartilages costaux s'articulaient avec le sternum.

(1) Ligament transverso-costal supérieur de Cruveilhier, costo-transversaire inférieur de Bichat.

die, par où passe le nerf intercostal (fig. 33, A, 7); 2° l'autre, *interne*, est situé en arrière du précédent, dont il est séparé par la branche dorsale du nerf intercostal ; il est oblique en sens inverse et va du col de la côte à l'apophyse transverse de la vertèbre supérieure et aux rugosités de son apophyse articulaire inférieure (fig. 33, A, 8).

b) *Ligament cervico-transversaire inférieur* [1]. — Il forme une masse ligamenteuse remplissant avec du tissu graisseux l'espace existant entre la face postérieure du col de la côte et l'apophyse transverse de la vertèbre inférieure (fig. 33, B, 3).

Comme annexes, on trouve des ligaments allant du sommet d'une apophyse transverse à l'autre (fig. 33, A, 9). Enfin, de la douzième côte part un ligament *lombo-costal*, allant se confondre avec le ligament iléo-lombaire.

2° Articulations chondro-costales (fig. 39).

L'extrémité externe du cartilage est convexe et reçue dans la facette concave de l'extrémité antérieure de la côte correspondante; les deux surfaces s'engrènent par de petites rugosités microscopiques, et le périoste passe sans interruption de la côte sur le cartilage et complète l'union.

3° Articulations des cartilages costaux entre eux (fig. 39).

Elles existent pour les cartilages qui n'arrivent pas jusqu'au sternum, sauf les deux derniers, ainsi qu'entre les cinquième et sixième, et sixième et septième ; le périchondre, passant d'un cartilage sur l'autre, fait l'office de ligament; elles présentent quelquefois des synoviales distinctes. On a décrit sous le nom de *ligaments intercostaux* des faisceaux à peu près verticaux, existant surtout du troisième au septième espace, et remplissant l'intervalle qui se trouve entre le muscle intercostal externe et le sternum.

4° Articulations chondro-sternales (fig. 39).

La soudure du premier cartilage au sternum est complète. Pour le deuxième et pour le septième, qui correspondent aux disques unissants des trois pièces du sternum, l'articulation est double, et il y a une sorte de ligament interosseux allant du disque au cartilage et analogue au ligament interosseux costo-vertébral. Pour les autres cartilages, on trouve une seule cavité articulaire, mais pas de synoviale distincte. En avant et en arrière, il y a des faisceaux fibreux entre-croisés qui se jettent sur les deux faces du sternum *(ligaments rayonnés antérieurs* et *postérieurs)*.

Des sixième et septième cartilages costaux partent des faisceaux entre-croisés, qui se rendent à l'appendice xiphoïde, *ligament costo-xiphoïdien* (7).

Nerfs. — Les nerfs de ces articulations viennent des branches cutanées thoraciques des nerfs intercostaux.

IV. Thorax en général (fig. 16 et 17).

Le thorax a la forme d'une cage conique un peu comprimée d'avant en arrière; sur une coupe transversale, il est réniforme à cause de la saillie des corps des vertèbres. Cette cage est constituée par quatre parois : une antérieure, une postérieure, deux latérales.

(1) Ligament interosseux transverso-costal de Cruveilhier, costo-transversaire moyen de Bichat.

1° La *paroi antérieure* est formée par le sternum, les cartilages costaux et l'extrémité antérieure des côtes; elle a une longueur mesurée par celle du sternum (0m,20) sur la ligne médiane et présente en bas une large échancrure, *angle épigastrique*, dont le sommet tronqué correspond à l'appendice xiphoïde, et les bords au septième cartilage costal, et aux cartilages des fausses côtes; sur les hommes bien conformés, il est de 60° à 70°. Cette paroi antérieure est presque plane et a une inclinaison de 70° environ par rapport à l'horizon.

2° La *paroi postérieure* est formée par les vertèbres dorsales et les côtes jusqu'à l'angle des côtes; elle a une hauteur d'à peu près 0m,25 et représente la partie la plus fixe de la cage thoracique.

3° Les *parois latérales* convexes sont formées par les côtes depuis l'angle des côtes jusque près de leur extrémité antérieure.

La cage thoracique est très-incomplète et présente une ouverture supérieure, une ouverture inférieure et les espaces intercostaux.

1° *Ouverture supérieure.* — Elle est constituée par la première vertèbre dorsale, la première côte et le bord supérieur du sternum. Sa forme est invariable dans les divers mouvements du thorax. Elle est comprise dans un plan oblique, de façon que son extrémité antérieure est dans l'expiration à 0m,035, dans l'inspiration à 0m,023 au-dessous de son extrémité postérieure.

2° *Ouverture inférieure.* — Elle est constituée par la douzième vertèbre dorsale, la douzième côte, les cartilages des fausses côtes et de la septième côte et l'appendice xiphoïde; elle est comprise dans deux plans, qui se coupent en faisant un angle obtus ouvert en haut, un plan postérieur passant par les deux dernières côtes et oblique en bas et en avant, et un plan antérieur oblique en haut et en avant, passant par l'extrémité antérieure des deux dernières côtes, le bord des cartilages des fausses côtes et l'appendice xiphoïde.

3° *Espaces intercostaux.* — Ils sont au nombre de onze de chaque côté; leur longueur correspond à la longueur des arcs costaux qui les interceptent; la largeur de chaque espace augmente d'arrière en avant jusqu'à l'articulation chondro-costale, puis va ensuite en diminuant; la largeur de tous les espaces diminue de haut en bas, sauf pour les deux derniers.

Dimensions. — Pour le diamètre vertical on a en avant 0m,145, hauteur du sternum; en arrière 0m,27, hauteur de la colonne dorsale. Les dimensions transversales augmentent de la première à la huitième côte, puis restent stationnaires à la neuvième et à la dixième, pour diminuer ensuite. Voici les chiffres de ces diamètres pour les douze paires de côtes, en allant de la première à la douzième :

Côtes	1re	2e	3e	4e	5e	6e	7e	8e	9e	10e	11e	12e
Diamètre transversal (en centimètres)	11	16,5	20,5	22	23	24	24,5	25,5	25,5	25	23	22

Les diamètres horizontaux antéro-postérieurs varient suivant l'inclinaison du sternum; ils sont, sur la ligne médiane, quand on les prend dans l'intérieur du thorax :

Au niveau de la fourchette sternale	0m,045
A la hauteur de l'extrémité sternale de la deuxième côte	0m,075
A la hauteur de l'extrémité sternale de la troisième côte	0m,095
A la hauteur de l'extrémité sternale de la quatrième côte	0m,105
Au niveau du sommet de l'appendice xiphoïde	0m,115

Sur les côtés on a les diamètres horizontaux suivants, entre l'extrémité sternale des côtes et les points de niveau correspondants de la paroi postérieure :

EXTRÉMITÉ sternale DES CÔTES	POINT DE NIVEAU DE LA PAROI POSTÉRIEURE	DISTANCE en CENTIMÈTRES
I	Extrémité vertébrale de la cinquième côte.	7
II	— de la septième côte.	10
III	— de la huitième côte.	12
IV	— de la neuvième côte.	13
V	— de la dixième côte.	13
VI	Milieu de l'extrémité vertébrale de l'espace intercostal entre la dixième et la onzième côte.	13,5
VII	Extrémité vertébrale de la onzième côte.	14
VIII	Apophyse transverse de la première vertèbre lombaire.	14,5
IX	Cinq centimètres en dehors du corps de la deuxième lombaire	16
X	Sept centimètres et demi en dehors du corps de la troisième lombaire.	15
XI	Huit centimètres en dehors du corps de la troisième lombaire.	6,5
XII	Idem. Idem.	6 (1)

Mécanisme du thorax. — Les côtes et les cartilages costaux forment, avec le rachis et le sternum, une sorte de charpente maintenue par l'élasticité même de ses parties composantes dans une certaine position, qu'on peut appeler *position d'équilibre,* et qui correspond à l'état de l'expiration ordinaire non forcée. La cage thoracique peut être tirée de cette position d'équilibre par des puissances musculaires, soit pour augmenter sa capacité (inspiration), soit pour la diminuer (expiration forcée). Dans les deux cas, il se passe dans le thorax des mouvements de deux espèces : 1° des mouvements de torsion permis par l'élasticité des côtes et des cartilages costaux, mouvements moléculaires incalculables répartis dans toute l'étendue des parties élastiques du thorax ; 2° des mouvements de glissement, ou mieux, des déplacements se faisant dans les articulations costo-vertébrales ou costo-sternales et autour d'axes de rotation parfaitement définis.

Les mouvements articulaires des côtes se font donc soit sous l'influence de puissances actives musculaires, écartant le thorax de sa forme naturelle, soit, lorsque celles-ci ont cessé d'agir, sous l'influence de puissances purement élastiques, ramenant le thorax à sa position d'équilibre et à sa forme naturelle.

Les mouvements articulaires des côtes sont de deux espèces : les uns ont pour résultat les variations du diamètre antéro-postérieur, les autres celles des diamètres transverses.

1° *Augmentation du diamètre antéro-postérieur.* — Cette augmentation se fait par un mouvement d'élévation de l'extrémité antérieure de la côte, écartant par conséquent cette extrémité de la colonne vertébrale. Dans ce mouvement, l'axe de rotation passe par la tête de la côte et par la tubérosité, c'est-à-dire par les deux articulations costo-vertébrales et est tangent au col de la côte; cet axe est donc dans un plan à peu près horizontal, mais dirigé obliquement en arrière et en dehors et d'autant plus que l'on considère une côte plus inférieure; il en résulte que les axes des mouvements des deux côtes symétriques du même arc costal se croisent en formant un angle obtus à sommet antérieur. L'extrémité sternale des côtes étant située plus bas que l'extrémité vertébrale, il résulte de la direction même de l'axe de rotation que le bout sternal de la côte, en se soulevant, tend à *s'écarter du plan médian du corps.* C'est en effet ce qu'on voit si on fait mouvoir les côtes après avoir enlevé leurs connexions avec le sternum. Les extrémités antérieures des côtes tendent donc à s'écarter l'une de l'autre, et d'autant plus qu'elles sont plus inférieures. Mais leur attache au sternum empêche ce mouvement d'écartement et ne laisse subsister que le soulèvement accompagné d'une torsion de l'arc chondro-costal, qui se courbe comme un ressort et lutte contre leur tendance à l'écartement.

(1) Ces chiffres sont empruntés à l'anatomie topographique de Luschka *(Die Anatomie des Menschen.* Tubingue, 1862-1863, 1er volume).

Le sternum se trouvant fixé à l'extrémité antérieure des côtes, il les suit dans leur ascension et par conséquent s'éloigne de la colonne vertébrale, et ce mouvement est plus prononcé à son extrémité inférieure qu'à son extrémité supérieure, à cause de la forte obliquité des côtes inférieures (voy. fig. 40) : c'est là ce qu'on a appelé à tort *bascule du sternum*.

2° *Augmentation des diamètres transversaux*. — Qu'on suppose un instant le sternum immobile comme le rachis; la côte pourra exécuter un mouvement autour d'un axe antéro-postérieur, passant en avant par l'articulation chondro-sternale, en arrière par le col de la côte (milieu des deux articulations costo-vertébrale et costo-transversaire) ; dans ce mouvement la convexité de la côte ou le point culminant de sa courbure se relève, et s'écarte par conséquent du plan médian du corps; le même mouvement se passant dans la côte symétrique, il y aura augmentation du diamètre transversal pour cet arc costal, et ainsi de suite pour tous les autres.

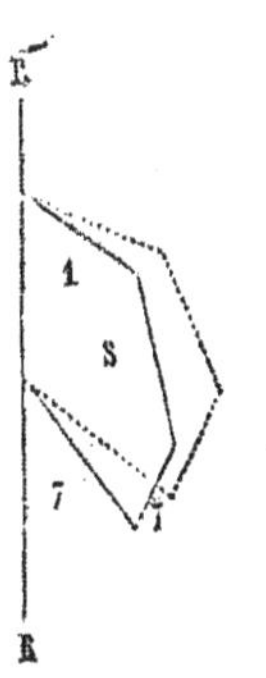

Fig. 40 — *Mouvements du sternum : figure schématique* (*).

Supposons maintenant qu'au lieu de se passer isolément, les deux mouvements qui viennent d'être analysés se fassent simultanément et qu'en même temps que le bout sternal de la côte s'élève en repoussant le sternum en avant, la convexité de cette côte se porte en haut, on aura un agrandissement simultané des diamètres antéro-postérieurs et des diamètres transverses, et c'est en effet ce qui a lieu dans la respiration.

La diminution des diamètres du thorax se fait par un mécanisme inverse.

Les vraies côtes et les premières fausses côtes prennent seules une part active à ces mouvements du thorax, et parmi ces côtes toutes n'y entrent pas pour une quantité égale. Ainsi la première côte n'a que le premier mouvement, celui d'élévation de son extrémité antérieure, et ce n'est guère que vers la troisième côte que le mouvement d'agrandissement transversal commence à se manifester. La plus grande somme d'ampliation a lieu au niveau de l'appendice xiphoïde. La grande mobilité des deux dernières côtes libres en avant dans les parois abdominales n'a aucune importance au point de vue des mouvements respiratoires.

Muscles moteurs. — 1° *Élévation des côtes* (inspirateurs). — Diaphragme, scalènes, intercostaux internes et externes, sur-costaux, sous-costaux (?); accessoirement : grand pectoral, petit pectoral, grand dorsal.

2° *Abaissement des côtes* (expirateurs). — Grand droit de l'abdomen, grand oblique petit oblique, transverse, petit dentelé postérieur et inférieur.

CHAPITRE IV

ARTICULATIONS DU MEMBRE SUPÉRIEUR

ARTICLE I. — ARTICULATIONS DE L'ÉPAULE

§ I. — Articulations de la clavicule.

La clavicule s'articule par son extrémité interne avec le sternum, *articulation sterno-claviculaire*, par son extrémité externe avec l'acromion, *articulation acromio-claviculaire;* cette dernière articulation est renforcée par des ligaments allant de l'apophyse coracoïde à la clavicule, *ligaments coraco-claviculaires*.

(*) R, R' Rachis. — 1) Première côte. — 7) Septième côte. — 7') Son cartilage costal. — S) Sternum. La ligne ponctuée, indique la position nouvelle prise dans ces diverses parties dans l'inspiration.

1° Articulation sterno-claviculaire (fig. 39).

C'est une articulation à *ménisque*.

Surfaces articulaires. — Non-seulement l'extrémité interne de la clavicule dépasse de $0^m,015$, sous forme de saillie arrondie, le bord supérieur de la facette sternale, mais encore les surfaces ne concordent pas. La facette sternale est à peu près concave transversalement ; la facette claviculaire plus étendue, concave en dedans et en haut, fortement convexe en dehors et en bas, est très-irrégulière. Les deux sont recouvertes d'un revêtement fibro-cartilagineux de $0^m,0015$ d'épaisseur.

Ménisque (3). — Entre les deux surfaces et s'adaptant à leur configuration on trouve un ménisque de $0^m,003$ à $0^m,004$ d'épaisseur en moyenne; ce ménisque, épais à son bord interne, adhère à la partie de la clavicule qui déborde la facette sternale par des faisceaux fibreux très-forts et par des fibres beaucoup plus faibles au bord interne saillant de la facette sternale; aussi suit-il la clavicule dans ses mouvements; en dehors, il s'arrondit et va se perdre dans le périchondre du premier cartilage costal et le ligament costo-claviculaire.

Synoviales. — Ce ménisque partage l'articulation en deux chambres pourvues chacune d'une synoviale ; l'inférieure ne présente rien de particulier ; la supérieure envoie en dehors un prolongement entre la face inférieure de la clavicule et la face supérieure du premier cartilage costal, prolongement qui forme quelquefois une petite synoviale distincte. Ces synoviales sont renforcées en avant et en arrière par des fibres décrites sous le nom de *ligaments antérieur* et *postérieur*.

Ligaments. — Les ligaments de renforcement sont le ligament interclaviculaire et le ligament costo-claviculaire. 1° Le *ligament interclaviculaire* (1) est un faisceau épais, commun aux deux articulations et allant d'une clavicule à l'autre, en passant comme un pont sur le bord supérieur du sternum ; il adhère de chaque côté à la partie interne du ménisque; 2° le *ligament costo-claviculaire* (4) est un ligament fort, aplati, allant de la partie supérieure du premier cartilage costal à la partie interne de la clavicule ; il est quelquefois remplacé par une masse fibro-cartilagineuse, quelquefois même par une véritable articulation diarthrodiale avec synoviale.

Nerfs. — Ils sont fournis par les deux branches les plus internes des nerfs sus-claviculaires du plexus cervical.

2° Articulation acromio-claviculaire.

C'est une *arthrodie*. Les *surfaces articulaires* sont ovalaires, à peu près planes et tapissées d'un revêtement fibreux très-épais, surtout du côté de l'acromion, et quelquefois détaché en partie, de manière à former un ménisque plus ou moins complet dans l'intérieur de l'articulation.

La *synoviale*, simple ordinairement, à moins de division complète de l'articulation en deux cavités par un ménisque parfait, est renforcée par des faisceaux périphériques, dont les supérieurs, très-épais et résistants, sont décrit sous le nom de *ligament supérieur*.

Nerfs. — Elle reçoit un filet du grand nerf thoracique antérieur.

3° Ligaments coraco-claviculaires (fig. 41).

Ces ligaments, très-forts, rattachent la face inférieure de la clavicule à l'apophyse coracoïde. Ils sont au nombre de deux et forment par leur réunion une bourse triangulaire plus large en haut et ouverte en avant et en dedans.

Le côté antérieur et externe de cette bourse est formé par le *ligament trapézoïde* (B, 5), faisceau quadrangulaire aplati, allant de la partie supérieure de la base de l'apophyse coracoïde à la face inférieure de la clavicule, qui présente là une ligne rugueuse ; le côté postérieur et interne est formé par le *ligament conoïde* (B, 4), faisceau triangulaire inséré par son sommet à une saillie du bord interne de l'apophyse coracoïde près de sa base, et par sa partie élargie en éventail au bord postérieur de la clavicule et aux rugosités voisines de sa face inférieure. Ces ligaments sont très-résistants et tiennent l'omoplate solidement attachée à la clavicule.

Mécanisme des articulations de la clavicule et de l'omoplate. — A. *Articulation sterno-claviculaire.* — Dans cette articulation, les surfaces articulaires sont tellement inégales que, malgré la présence de deux synoviales, elle ressemble presque autant à une symphyse très-mobile qu'à une diarthrose. Elle a deux espèces de mouvements : 1° des mouvements autour d'un axe antéro-postérieur (abaissement et élévation) ; 2° des mouvements autour d'un axe vertical (mouvements en avant et en arrière). Dans tous l'extrémité interne de la clavicule fait un mouvement inverse de celui de son extrémité externe ; ainsi, si l'extrémité externe se porte en arrière, l'extrémité interne se porte en avant ; l'os représente donc un levier à branches très-inégales, tournant autour d'un point fixe situé très près de son extrémité interne, à peu près à l'attache du ligament costo-claviculaire, et l'arc de cercle décrit par la branche interne du levier se traduit à l'extrémité de la branche externe par un arc de cercle beaucoup plus grand et une excursion étendue des mouvements. Ces mouvements, du reste, sont toujours assez restreints, limités qu'ils sont par la rencontre des os ou la résistance des ligaments.

Muscles moteurs. — 1° *Élévation de la clavicule.* — Trapèze, faisceau externe du sterno-mastoïdien.

2° *Abaissement.* — Grand pectoral, deltoïde, sous-clavier.

3° *Mouvement en avant.* — Sous-clavier, grand pectoral et deltoïde (quand le bras est porté en avant).

4° *Mouvement en arrière.* — Trapèze, sterno-mastoïdien.

5° *Coaptation de l'articulation sterno-claviculaire.* — Sous-clavier. — Tous les muscles qui meuvent le moignon de l'épaule meuvent en outre indirectement la clavicule.

B. *Articulation omo-claviculaire.* — Le plan de l'omoplate forme, avec la clavicule, un angle embrassant le contour supérieur du thorax ; l'attache de la clavicule à l'apophyse coronoïde se faisant par des ligaments qui présentent une certaine longueur, cet angle est susceptible de varier, autrement dit la face concave de l'omoplate peut se coller contre le thorax ou peut s'en écarter. Outre ce mouvement, l'omoplate peut exécuter sur la clavicule une sorte de mouvement de sonnette autour d'un axe passant par les articulations acromio-claviculaires et coraco-claviculaires ; dans ce mouvement la face antérieure de l'omoplate glisse contre la face dorsale du thorax, comme s'il y avait là une véritable articulation, et l'angle externe de l'omoplate et avec lui le bras peut se trouver abaissé ou élevé ; dans cet abaissement du moignon de l'épaule, le bord spinal de l'omoplate est à peu près vertical et le bord axillaire oblique ; c'est l'inverse dans l'élévation.

La position de l'omoplate, par rapport au thorax, peut varier suivant les individus, et ces variations ont une grande influence sur la forme du thorax, des épaules et du cou. Les différences que présentent la forme de ces régions dans les deux sexes tiennent en grande partie à ces différences de position de l'omoplate.

Les mouvements d'abaissement et d'élévation de l'épaule se composent donc de deux mouvements distincts : un mouvement se passant dans l'articulation sterno-claviculaire, et un mouvement se passant dans l'articulation omo-claviculaire. Les mouvements de ces deux articulations peuvent se combiner de toutes les façons possibles, et ne se font pour ainsi dire jamais isolément sur le vivant.

Muscles moteurs. — 1° *Élévation du moignon de l'épaule.* — Trapèze, grand dentelé (ses faisceaux inférieurs).

2° *Abaissement.* — Petit pectoral, grand dorsal, rhomboïde, angulaire, grand dentelé (faisceau supérieur).

3° *Mouvement en avant.* — Grand pectoral, sous-clavier.

4° *Mouvement en arrière.* — Trapèze, sterno-mastoïdien.

§ II. — Articulation scapulo-humérale (fig 41).

Préparation. — Enlever le deltoïde; disséquer avec précaution les tendons des muscles qui s'insèrent au grand et au petit trochanter ; redoubler d'attention au niveau du tendon du sous-scapulaire où se trouve le prolongement sous-scapulaire de la synoviale, et à la partie inférieure de la capsule, là où s'engage le tendon du biceps.

C'est une *énarthrose*. Les *surfaces articulaires* sont constituées par la tête de l'humérus et la cavité glénoïde. La *tête de l'humérus* représente un peu plus du tiers d'une sphère de 0m,025 de rayon ; cependant elle n'appartient pas à une sphère parfaite, mais plutôt à un ellipsoïde à grand axe vertical; elle a un revêtement cartilagineux de 0m,002 à son milieu et qui décroît d'épaisseur sur les bords; son étendue est à celle de la cavité comme 3 : 1.

La *cavité glénoïde* a la forme d'un ovoïde à grosse extrémité tournée en bas, et de même rayon que la tête; à l'inverse de celle-ci, son revêtement cartilagineux est moins épais au centre que sur les bords, où il atteint 0m,003. A son pourtour, on trouve un bourrelet fibreux prismatique, triangulaire, haut de 0m,004, appliqué par sa base sur le rebord de la cavité, et par son bord tranchant sur la tête de l'humérus, *bourrelet glénoïdien ;* sa face interne se continue insensiblement avec la surface de la cavité glénoïde.

Cette cavité de réception de la tête humérale, très-imparfaite, est complétée en haut et en arrière par une voûte ostéo-fibreuse, *voûte acromio-coracoïdienne*, formée par l'apophyse coracoïde (A, 3), l'acromion (2), et dans l'intervalle par le *ligament acromio-coracoïdien* (4), membrane fibreuse, triangulaire, dense, allant du sommet de l'acromion au bord externe et postérieur de l'apophyse coracoïde.

Une *capsule*, constituée par la soudure intime de la synoviale et de la capsule fibreuse, réunit les deux os. Elle a la forme d'un cône tronqué dont la base, à peu près circulaire, s'attacherait au col anatomique, et le sommet tronqué elliptique, au pourtour de la cavité glénoïde. Cette capsule est assez lâche pour permettre, après l'ablation des muscles, un écartement de plus de 0m,02 entre les deux os.

La *synoviale*, très-pauvre en prolongements synoviaux, s'insère du côté de l'omoplate, sur le bord tranchant du bourrelet glénoïdien, sauf en haut, où cette insertion a lieu en dehors du bourrelet ; sur l'humérus, elle s'insère au col anatomique, sauf en bas, où elle s'attache à une certaine distance de la limite du cartilage. Cette synoviale présente deux prolongements : 1° un prolongement sous-scapulaire (A, 7), situé entre la concavité de l'apophyse coracoïde et le tendon du sous-scapulaire, et communiquant avec la synoviale par une ouverture arrondie à bords tranchants; 2° un prolongement qui enveloppe comme une gaîne le tendon du biceps (9) au moment où il pénètre dans l'arti-

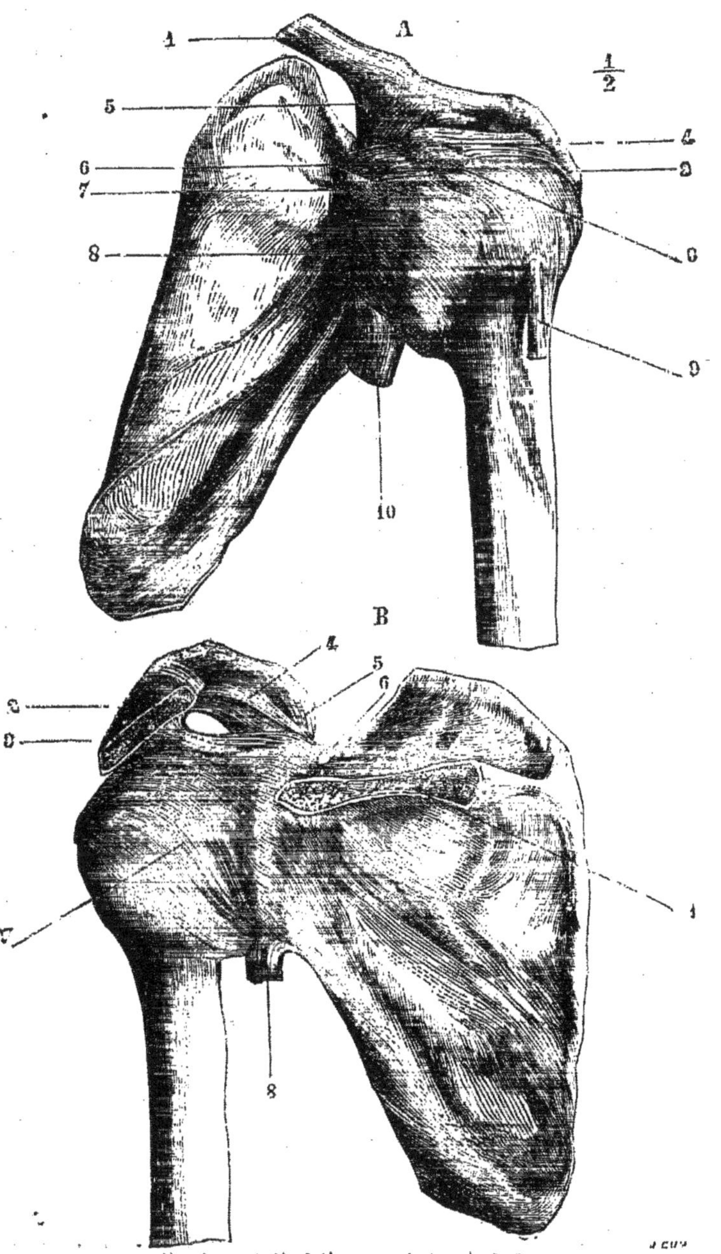

Fig. 41. — *Articulation scapulo-humérale* (*).

(*) A. *Face antérieure.* — 1) Clavicule. — 2) Acromion. — 3) Apophyse coracoïde. — 4) Ligament acromio-coracoïdien. — 5) Ligaments coraco-claviculaires. — 6) Tendon du sous-scapulaire. — 7) Prolongement sous-scapulaire. — 8) Capsule articulaire. — 9) Tendon de la longue portion du biceps. — 10) Tendon du triceps.

B. *Face postérieure.* — Une partie de l'épine de l'omoplate a été enlevée. — 1) Base de l'épine. — 2) Sommet de l'acromion. — 3) Ligament acromio-coracoïdien. — 4) Ligament conoïde. — 5) Ligament trapézoïde. — 6) Ligament sus-coracoïdien. — 7) Partie postérieure de la capsule. — 8) Tendon du triceps.

culation, et tapisse la gouttière bicipitale en formant un petit cul-de-sac à la partie inférieure de cette gouttière.

La *capsule fibreuse* est constituée principalement par des fibres longitudinales ; beaucoup plus épaisse et plus forte en avant et en haut qu'en arrière et en bas, elle est renforcée en haut par un ligament, *ligament coraco-huméral* ou *ligament suspenseur de l'humérus*, qui va du bord externe de l'apophyse coracoïde à la partie supérieure et postérieure de la capsule, et de plus par les tendons des muscles sus et sous-épineux en arrière, sous-scapulaire en avant, dont les insertions se confondent avec la capsule.

Le tendon de la longue portion du biceps, qui s'engage dans la cavité articulaire par la gouttière bicipitale et va se bifurquer en se continuant avec la partie supérieure du bourrelet glénoïdien, forme un vrai ligament interarticulaire.

Artères. — Elles viennent des circonflexes et de la sus-scapulaire. — Les *nerfs* viennent en avant de l'axillaire, en arrière du nerf sus-scapulaire.

Mécanisme. — Ce qui distingue par-dessus tout cette énarthrose, c'est une excessive mobilité, due au peu d'étendue de la cavité de réception et à la laxité de la capsule ; de sorte que les mouvements ne sont arrêtés qu'au bout d'un certain temps par la rencontre des surfaces osseuses ou par la résistance des ligaments. Dans ces mouvements la capsule fait des plis du côté où elle est relâchée, plis adhérents en général à quelques fibres des muscles dont la contraction a amené le mouvement.

La tête de l'humérus étant à peu près sphérique, il y a une infinité d'axes de rotation passant par le centre de la tête ; on peut donc avoir des mouvements dans toutes les directions possibles. Cependant on peut les rattacher à trois directions principales ; on a alors les trois mouvements suivants : adduction et abduction, rotation, mouvement en avant et en arrière.

1° *Adduction et abduction.* — L'humérus se meut dans un plan tangent à la face postérieure du thorax, par conséquent autour d'un axe antéro-postérieur, dirigé un peu en dedans et en avant ; l'excursion de ce mouvement ne dépasse guère un angle droit ; mais si les articulations sterno-claviculaires et omo-claviculaires interviennent, le bras peut être élevé jusqu'à prendre une position verticale. L'abduction est limitée surtout par la rencontre de la grosse tubérosité et du bord supérieur de la cavité glénoïde, l'adduction par la tension du ligament coraco-huméral.

2° *Rotation.* — Elle se fait autour d'un axe passant par le centre de la tête et le centre du condyle de l'extrémité inférieure de l'humérus, de façon que son axe prolongé constitue l'axe même de rotation du radius autour du cubitus (voy. fig. 44).

3° *Mouvement en avant et en arrière.* — Si le bras est pendant, l'humérus se meut dans un plan dirigé en avant et un peu en dedans ; s'il a été préalablement placé dans l'abduction, il se meut dans un plan horizontal ; dans ce cas la grosse tubérosité glisse contre la voûte acromio-coracoïdienne, qui constitue alors une sorte de cavité supplémentaire, ayant une bourse séreuse qui facilite le glissement.

Dans les différentes positions prises par la tête dans ces mouvements, les deux tiers de la tête sont toujours en dehors des limites de la cavité ; seulement la portion *extra-glénoïdienne* de la tête varie comme forme et comme répartition de surface ; dans les mouvements d'avant en arrière, par exemple, la tête déborde la cavité de tous les côtés, et la partie extra-glénoïdienne représente une sorte de surface annulaire ; dans d'autres cas, au contraire, la partie extra-glénoïdienne est reportée d'un seul côté (ex., dans l'abduction) ; aussi est-ce dans ces positions qu'il y a le plus de facilité pour les déplacements.

Le contact de la tête avec la cavité est maintenu par la pression atmosphérique ; mais cette pression seule ne suffit pas, du moins dans toutes les positions du bras. Il faut qu'il existe une certaine tension musculaire empêchant les plis de la capsule très-lâche de l'articulation d'être repoussés par la pression atmosphérique et de s'invaginer entre les surfaces articulaires. Les muscles sous-scapulaires, sus et sous-épineux agissent très-efficacement sous ce rapport. Le deltoïde agit de même pour maintenir la partie supérieure de l'humérus appliquée contre la voûte acromio-coracoïdienne. Cependant, même sur le cadavre, il est certaines positions dans lesquelles, même après l'ablation des muscles, la tête reste en contact avec la cavité : telles sont une forte rotation de l'humérus en dedans ou une adduction forcée.

Muscles moteurs. — 1° *Adduction.* — Grand pectoral, coraco-brachial, triceps, court chef du biceps, grand dorsal, grand rond, petit rond, sous-épineux, sous-scapulaire.

2° *Abduction.* — Deltoïde, sus-épineux.

3° *Rotation en dedans.* — Grand pectoral, grand dorsal, grand rond, sous-scapulaire.

4° *Rotation en dehors.* — Sous-épineux, petit rond.

5° *Mouvement en avant.* — Grand pectoral, biceps, coraco-brachial, faisceaux antérieurs du deltoïde.

6° *Mouvement en arrière.* — Grand dorsal, faisceaux postérieurs du deltoïde.

ARTICLE II. — ARTICULATIONS DE L'AVANT-BRAS

Le radius s'articule avec le cubitus par ses deux extrémités, *articulation radio-cubitale supérieure et inférieure*, et l'espace restant entre les deux os est occupé par une membrane ligamenteuse, *membrane interosseuse.*

1° Articulation radio-cubitale supérieure.

Trochoïde. — *Surfaces articulaires.* — La *tête du radius* présente un rebord annulaire cylindrique de 0m,012 de rayon, reçu dans un anneau ostéo-fibreux constitué dans son quart interne par la petite cavité sigmoïde du cubitus, et dans ses trois quarts externes par un ligament, le *ligament annulaire.* Ce ligament est un anneau épais, évasé, haut de 0m,01 environ, qui s'attache aux deux extrémités de la petite cavité sigmoïde; sa circonférence inférieure, plus étroite, s'applique sur le col du radius et maintient la tête dans sa situation; sa face interne, lisse, est en rapport avec le rebord de la tête du radius; sa face externe se confond avec le ligament latéral externe et est recouverte par le court supinateur.

La *synoviale* de cette articulation n'est qu'un prolongement de celle du coude et sera décrite avec elle.

2° Articulation radio-cubitale inférieure.

Surfaces articulaires. — La cavité de réception de la tête du cubitus est formée en partie par le radius, en partie par un ligament ou ménisque, *ligament triangulaire.* La facette cubitale du radius, *petite cavité sigmoïde du radius*, est une petite excavation de 0m,009 de hauteur et se continue en formant un angle arrondi avec la face supérieure concave du ligament triangulaire ; ce ligament fibro-cartilagineux s'attache par sa base au radius à l'angle que forme la facette cubitale avec la facette carpienne, et, par son sommet, à la partie externe de l'apophyse styloïde du cubitus depuis sa base jusqu'à son sommet ; cette insertion se fait par l'intermédiaire d'un faisceau fibreux assez long pour permettre au fibro-cartilage de suivre les mouvements du radius sur le cubitus. Ce ligament, plus épais sur ses bords qu'à sa partie moyenne, où il a 0m,001, présente une face supérieure articulée avec la partie inférieure de la tête du cubitus, et une face inférieure qui continue la facette carpienne du radius et s'articule avec le pyramidal. Il forme donc une sorte de ménisque interarticulaire entre le cubitus et le pyramidal. La tête du cubitus, quelquefois arrondie (femmes), est ordinairement divisée en deux parties : une verticale, correspondant au radius ; une inférieure, oblique en bas et en dedans, correspondant au ligament triangulaire.

La *synoviale*, distincte de la synoviale radio-carpienne, sauf quelques cas de communication par une fente du ligament triangulaire, se prolonge au dessus des surfaces articulaires du radius et du cubitus dans une certaine étendue en formant là un petit cul-de-sac entre les deux os.

La *capsule fibreuse* est assez forte, mais a une grande laxité.

3° **Membrane interosseuse** (fig. 81, B, 4).

Cette membrane, insérée aux bords interosseux des deux os de l'avant-bras, est formée de faisceaux fibreux obliques en bas et en dedans ; elle ferme l'espace interosseux et laisse seulement, en haut et en bas, deux ouvertures pour le passage des vaisseaux.

A la partie supérieure de l'espace interosseux on trouve un faisceau fibreux arrondi, *ligament de Weitbrecht* (5), dirigé en bas et en dehors en sens inverse des fibres de la membrane interosseuse et allant de la partie externe de l'apophyse coronoïde à la partie interne du radius, au dessous de la tubérosité bicipitale.

ARTICLE III. — ARTICULATION DU COUDE (fig. 42).

Préparation. — Éviter d'ouvrir la synoviale, qui est excessivement mince à sa partie postérieure et externe au niveau de l'anconé. Deux coupes sont très-utiles pour étudier cette articulation : 1° l'une, verticale, passant par le milieu de la trochlée et de la grande cavité sigmoïde ; 2° l'autre, verticale aussi, séparant le condyle de l'humérus de la trochlée et laissant le ligament latéral externe attaché à l'épicondyle ; en renversant ce fragment externe de l'humérus, on voit très-bien comment le ligament latéral externe se continue avec le ligament annulaire du radius. Pour bien voir ce ligament annulaire, on peut aussi scier le col du radius et enlever la tête du radius de son anneau ostéo-fibreux.

Cette articulation est une *charnière*. — *Surfaces articulaires*. — L'humérus présente en dedans la trochlée articulée avec la grande cavité sigmoïde, en dehors le condyle articulé avec la cupule du radius.

1° *Articulation huméro-cubitale*. — La *trochlée humérale* est parcourue d'avant en arrière par une gouttière médiane, qui se continue avec deux surfaces convexes, l'une interne, plus étendue et terminée en dedans par un bord tranchant, *bord cubital*, descendant plus bas que l'externe ; l'autre, externe, plus étroite, se terminant par un bord, *bord radial de la trochlée*, à partir duquel commence la surface articulaire radiale de l'humérus. Sur une coupe antéro-postérieure, le rayon de courbure de la trochlée est de $0^m,015$ à son bord interne, de $0^m,012$ à son bord externe et de $0^m,010$ à la gouttière médiane ; le cercle de cette dernière est à peu près complet (fig. 43), car il n'est interrompu que dans une étendue de $0^m,002$ à $0^m,003$ par l'épaisseur de la cloison formant le fond des deux cavités olécrânienne et coronoïdienne.

La *grande cavité sigmoïde* se moule sur la configuration de la trochlée ; seulement elle présente moitié moins d'étendue et n'embrasse guère que la moitié de la trochlée dans sa concavité.

2° *Articulation huméro-radiale*. — Le *condyle* de l'humérus, beaucoup plus étendu en avant qu'en arrière, représente un segment de sphère imparfaite dont le centre tombe sur l'axe de rotation de l'articulation du coude; ce condyle est réuni au bord radial de la trochlée par une surface étroite, oblique en bas et en dedans, articulée avec une sorte de truncature existant sur le bord de la cupule du radius; cette cupule est moins étendue que la surface du condyle, de façon qu'il n'y a jamais qu'une portion de ce condyle en contact avec le radius.

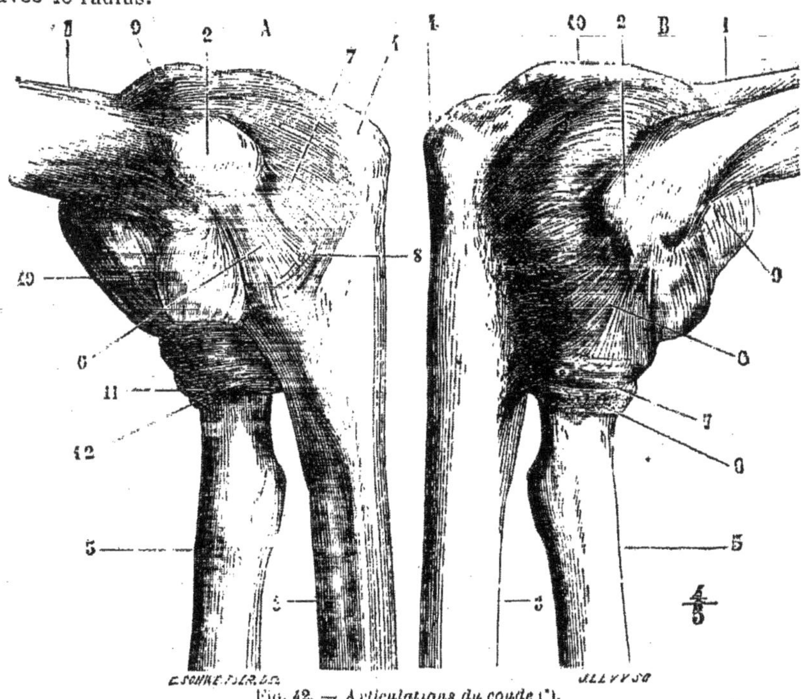

FIG. 42. — *Articulations du coude* (*).

Ces surfaces articulaires sont encroûtées d'un cartilage de 0m,002 environ d'épaisseur, qui manque quelquefois sur la cavité sigmoïde suivant une ligne transversale, trace de la séparation de l'apophyse coronoïde et de l'olécrâne.

Synoviale. — Son insertion se fait en quelques endroits à une certaine distance des surfaces articulaires, et si on suit sa ligne d'insertion (ligne de réflexion) sur les trois os, on trouve les dispositions suivantes : 1° sur l'*humérus*, en la faisant partir de l'extrémité antérieure du bord interne de la trochlée, elle s'élève en cernant la fosse coronoïde, et formant là un premier cul-de-sac, redescend vers l'extrémité antérieure du bord externe de la trochlée, remonte immédiatement en cernant la petite fosse sus-condylienne, gagne le bord externe du condyle, puis son bord postérieur, et là, s'attache juste à la limite du

(*) A. *Face latérale interne* (la capsule a été insufflée). — 1) Humérus. — 2) Épitrochlée. — 3) Cubitus. — 4) Olécrâne. — 5) Radius. — 6) Ligament latéral interne ; faisceau coronoïdien. — 7) Ligament latéral interne; faisceau olécrânien. — 8) Bandelette transversale. — 9) Cul-de-sac olécrânien. — 10) Partie antérieure de la capsule. — 11) Ligament annulaire. — 12) Cul-de-sac annulaire de la capsule.
B. *Face latérale externe.* — 1) Humérus. — 2) Épicondyle. — 3) Cubitus. — 4) Olécrâne. — 5) Radius. — 6) Ligament latéral externe. — 7) Ligament annulaire. — 8) Cul-de-sac annulaire de la synoviale. — 9) Cul-de-sac coronoïdien. — 10) Cul-de-sac sus-olécrânien.

cartilage jusqu'à la fosse olécrânienne, au fond de laquelle elle s'insère près de son bord postérieur en formant un vaste cul-de-sac, redescend ensuite en arrière, puis au-dessous de l'épitrochlée, en restant à 0m,006 ou 0m,008 de distance du bord interne de la trochlée, et regagne son point de départ ; 2° sur le *cubitus*, son insertion se fait du côté interne, à la limite du cartilage ; du côté externe à une distance qui atteint 0m,003 à 0m,004 au-dessous de la petite cavité sigmoïde ; 3° sur le *radius*, elle s'insère suivant une ligne circulaire à la partie supérieure du col du radius, au-dessous du rebord articulaire.

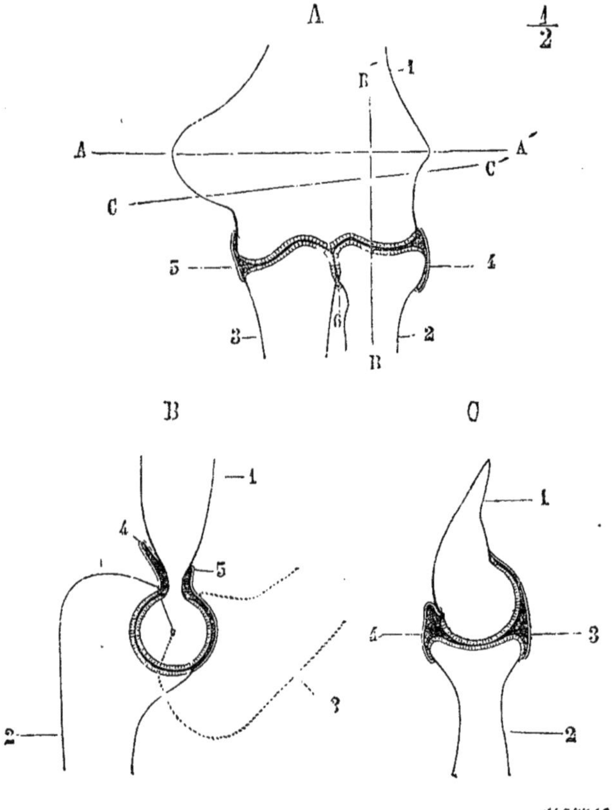

Fig. 43. — *Coupes de l'articulation du coude* (*).

Cette synoviale, riche en prolongements synoviaux et entourée, surtout en avant et en arrière, de pelotons graisseux volumineux, présente plusieurs prolongements importants : 1° un large cul-de-sac, *sus-olécrânien*, remontant entre la face postérieure de l'humérus et le triceps ; 2° un cul-de-sac antérieur,

(*) A. *Coupe transversale.* — 1) Humérus. — 2) Radius. — 3) Cubitus. — 4, 5) Synoviale. — 6) Cul-de-sac annulaire de la synoviale. — A, A'. Ligne joignant l'épitrochlée à l'épicondyle. — B, B'. Axe de rotation du radius autour du cubitus. — C, C'. Axe de rotation des mouvements de flexion et d'extension du coude.

B. *Coupe verticale antéro-postérieure de la trochlée et de la grande cavité sigmoïde.* — 1) Humérus. — 2) Cubitus dans l'extension. — 3) Cubitus dans la flexion. — 4) Cul-de-sac postérieur. — 5) Cul-de-sac antérieur de la synoviale.

C. *Coupe verticale antéro-postérieure du condyle et du radius.* — 1) Humérus. — 2) Radius. — 3) Partie antérieure. — 4) Partie postérieure de la synoviale.

sus-coronoïdien ; 3° en dehors de celui-ci, un plus petit cul-de-sac, *sus-condylien;* 4° un *petit cul-de-sac annulaire*, situé autour du col du radius et au-dessous du ligament annulaire (fig. 42, A, 12, B. 8).

Ligaments. — On trouve deux ligaments latéraux : l'un interne, l'autre externe, puis des faisceaux de renforcement situés en avant et en arrière de l'articulation.

1° *Ligament latéral interne* (fig. 42, A). — Il se compose de fibres fortes, en éventail, allant de la partie postérieure et inférieure de l'épitrochlée, s'irradier en s'insérant au bord interne de l'olécrâne et de l'apophyse coronoïde ; ces dernières insertions sont recouvertes par une bandelette transversale (8), qui va du bord interne de l'olécrâne au bord interne de l'apophyse coronoïde ; en avant, ce ligament se confond avec l'insertion des muscles épitrochléens.

2° *Ligament latéral externe* (fig. 42, B). — Confondu en grande partie avec les insertions des muscles épicondyliens et surtout du court supinateur, il part de l'épicondyle et se jette, en s'élargissant, sur le ligament annulaire, *sans prendre aucune insertion au radius*, dont il ne peut gêner en rien les mouvements de rotation.

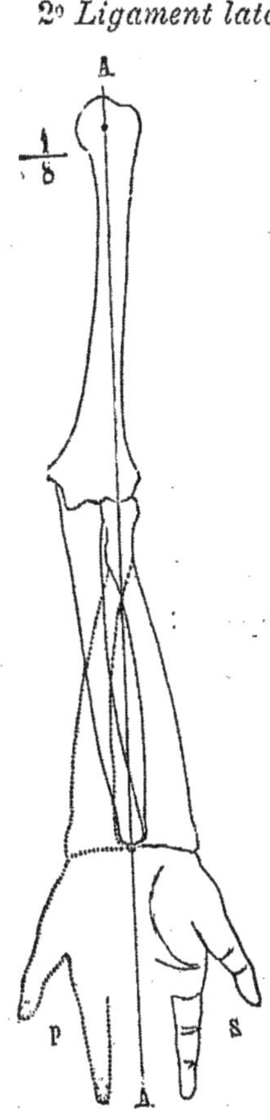

FIG. 44. — *Mécanisme de la pronation et de la supination* (*).

3° *Faisceaux de renforcement.* — 1° *En avant*, on trouve des fibres verticales, qui partent du pourtour supérieur de la fosse coronoïde, et des fibres obliques, qui vont en général de la partie interne vers le ligament annulaire ; 2° *en arrière*, il y a des fibres arciformes à concavité supérieure, allant d'un bord à l'autre de la concavité olécrânienne et se continuant en dedans jusqu'à l'épitrochlée ; ces fibres en arc circonscrivent avec le bord supérieur de la fosse olécrânienne, une ouverture ovalaire par où le cul-de-sac postérieur de la synoviale fait hernie dans les mouvements d'extension ; en dedans et en dehors le tendon du triceps a des adhérences avec la capsule, il en est de même pour le tendon de l'anconé et des muscles épicondyliens. En dehors, la capsule est extrêmement mince entre le tendon de l'anconé et l'insertion externe du triceps, et renforcée plus bas par des faisceaux assez forts, allant du cubitus au radius; toute cette partie postéro-externe est recouverte par le muscle anconé.

Artères. — Elles viennent de l'humérale profonde, des collatérales interne et externe de l'humérale, des récurrentes radiales et cubitales et forment un réseau péri-articulaire.

Nerfs. — En arrière, l'articulation reçoit un filet du nerf cubital qui accompagne la branche collatérale de l'humérale profonde et un filet du nerf de l'anconé. En avant, elle reçoit des filets du radial, du médian et du musculo-cutané.

Mécanisme des articulations du coude et de l'avant-bras. — 1° *Articulation du*

(*) A. Axe des mouvements de pronation et de supination. — S. Supination. — P. Pronation.

coude. — C'est une véritable charnière. Il n'y a que deux mouvements possibles autour d'un seul axe de rotation : la flexion, qui rapproche l'avant-bras du bras, et l'extension, qui met l'avant-bras et le bras sur le prolongement d'une même ligne droite. L'axe de rotation est transversal (fig. 43, A, C, C') et passe au-dessous du point le plus saillant des tubérosités interne et externe de l'humérus ; cet axe n'est pas perpendiculaire à la direction de l'humérus et du cubitus, mais un peu oblique en bas et en dedans, et il en résulte que les deux os forment entre eux dans la flexion un angle aigu, grâce auquel le cubitus se porte en dedans vers la ligne médiane, et dans l'extension un angle obtus ouvert en dehors.

La flexion peut être portée jusqu'à la rencontre de l'apophyse coronoïde et du fond de la cavité coronoïde ; dans ce mouvement la capsule fait un pli en avant, et les surfaces articulaires huméro-cubitales et huméro-radiales sont en contact intime. L'extension va jusqu'à la rencontre du bec de l'olécrâne et de la fosse olécrânienne ; le pli de la capsule existe en arrière, dans ce mouvement la cupule du radius abandonne en partie le condyle, qu'elle déborde en arrière d'une étendue notable et fait une saillie marquée à la partie postérieure et externe de l'articulation. L'excursion de ces deux mouvements est d'environ 140°.

O. Lecomte admet en outre des mouvements de torsion spiroïde liés intimement aux divers modes de rotation de la main. Il admet aussi que la flexion et l'extension peuvent se faire dans des plans variés et non dans un plan unique ; il en résulte que le coude pourrait présenter un mouvement de fronde ou de circumduction comme les énarthroses [1].

2° *Mouvements du radius sur le cubitus ; pronation et supination* (fig. 44). — Dans ces mouvements le radius seul est mobile et tourne autour d'un axe (A), qui passe en haut par le centre de la tête du radius, en bas par le centre de la tête du cubitus, axe qui, prolongé du côté de l'humérus, va joindre le centre de la tête humérale. La main à peu près libre de toute articulation avec le cubitus, grâce au ligament triangulaire, suit le radius dans ses mouvements.

Dans la *supination* (S), le bras étant supposé pendant le long du corps, la face palmaire de la main est tournée en avant ; le radius est situé au côté externe du cubitus et parallèle à lui. Dans la *pronation* complète (P), la face palmaire de la main est tournée en arrière et le radius croise le cubitus en avant, de façon que sa partie inférieure se place en dedans du cubitus. L'attitude normale est celle dans laquelle la face palmaire de la main est tournée vers le plan médian du corps, ou demi-pronation. Ces mouvements, du reste, peuvent s'exécuter soit dans la flexion, soit dans l'extension de l'avant-bras.

Trois articulations prennent part à ces mouvements : les articulations radio-cubitale supérieure, radio-cubitale inférieure et huméro-radiale. 1° Dans l'articulation *radio-cubitale supérieure*, le radius tourne autour de son axe en glissant par la surface convexe de son rebord articulaire dans la petite cavité sigmoïde du cubitus ; l'absence d'insertions ligamenteuses au radius et la laxité du petit cul-de-sac annulaire de la synoviale facilitent ce glissement ; 2° dans l'articulation *radio-cubitale inférieure*, le radius tourne autour d'un axe passant par la tête du cubitus, et entraîne dans son mouvement le ligament triangulaire mobile à son insertion à l'apophyse styloïde, et avec lui toute la main ; 3° dans l'articulation *huméro-radiale*, la cupule du radius tourne sur le condyle de l'humérus en même temps que son bord tronqué glisse sur la surface oblique intermédiaire au condyle et au bord externe de la trochlée à la manière des roues d'angle. Lorsque la pronation ou la supination s'accompagnent de flexion ou d'extension de l'avant-bras, la cupule du radius subit donc un double mouvement simultané sur le condyle, un mouvement de rotation autour d'un axe vertical et un mouvement de rotation autour d'un axe transversal. Lorsque l'extension de l'avant-bras se combine avec la supination, le bras entier forme un angle obtus ouvert en dehors ; lorsqu'elle se combine

[1] O. Lecomte, *Du mouvement de rotation de la main, (Arch. de méd.), 1873* et : *Le coude et la rotation de la main*, (id. 1877).

avec la pronation, il devient rectiligne. L'excursion de la pronation et de la supination est de près de deux angles droits.

D'après O. Lecomte, dans ces mouvements, la rotation au lieu de se faire toujours autour du cubitus immobile servant d'axe fixe, peut se faire autour d'axes passant par tous les points du diamètre transversal de la main. Le cubitus prend donc part au mouvement comme le radius. Dans la pronation produite, d'après lui, pour le radius par le rond pronateur, pour le cubitus par l'anconé, l'extrémité supérieure du cubitus exécute un mouvement de torsion qui la porte vers l'épicondyle (torsion externe); dans la supination, produite par le court supinateur pour le radius, par le carré pronateur pour le cubitus, le mouvement se fait en sens inverse (torsion interne); en outre, l'olécrâne s'élève dans la pronation, s'abaisse dans la supination.

Muscles moteurs. — 1° *Flexion.* — Biceps, brachial antérieur, muscles épitrochléens, huméro-radial, premier radial externe.

2° *Extension.* — Triceps, anconé.

3° *Pronation.* — Rond pronateur, carré pronateur; accessoirement : grand palmaire, premier radial externe.

4° *Supination.* — Biceps, court supinateur.

ARTICLE IV. — ARTICULATIONS DE LA MAIN

Préparation. — Il y a deux moyens de préparer ces articulations : ou de conserver les synoviales, et alors la dissection isolée des ligaments est impossible, ou de préparer les ligaments isolés sans s'inquiéter des synoviales.

Ces articulations peuvent se diviser en articulations de la racine de la main, articulations métacarpo-phalangiennes et articulations des phalanges.

I. Articulations de la racine de la main

Ces articulations comprennent plusieurs articulations distinctes, ayant chacune leurs synoviales et leurs mouvements; mais l'appareil ligamenteux leur étant en partie commun, il est préférable de les grouper dans la même étude. Nous décrirons d'abord les surfaces articulaires et les synoviales, puis l'appareil ligamenteux périphérique. Ces articulations comprennent cinq articulations secondaires, les articulations: 1° radio-carpienne; 2° carpo-carpienne; 3° du pyramidal et du pisiforme; 4° carpo-métacarpienne; 5° du trapèze et du premier métacarpien.

1° Articulation radio-carpienne (fig. 45, 2).

C'est une articulation *condylienne composée.* La cavité formée par la facette inférieure du radius et le ligament triangulaire, reçoit le condyle formé par le scaphoïde, le semi-lunaire et le pyramidal. Ce condyle, fortement convexe d'arrière en avant, forme sur une coupe transversale environ le sixième d'un cercle de 0m,035 de rayon; il est complété par deux petits ligaments inter-osseux, assez minces, mais résistants, allant des bords latéraux des facettes articulaires de chaque os à l'os voisin, et fermant toute communication entre la cavité articulaire radio-carpienne et celle du carpe.

Du côté de la cavité de réception, la facette radiale est divisée en deux parties par une petite crête fibro-cartilagineuse antéro-postérieure, une interne quadrangulaire, pour le semi-lunaire, une externe triangulaire, pour le scaphoïde; le ligament triangulaire s'articule avec le pyramidal, qui s'en écarte du reste très-facilement, surtout dans la flexion complète. Ces surfaces sont revêtues d'un cartilage de près de 0m,002 d'épaisseur.

La *synoviale*, riche en replis synoviaux, s'attache à la limite du cartilage; exceptionnellement elle peut communiquer avec les synoviales radio-cubitale inférieure, carpienne et pisi-pyramidale.

2° Articulations carpo-carpienn (fig. 45, 3).

C'est une articulation très-complexe. Ses surfaces articulaires sont formées en haut par la face inférieure des os de la première rangée, moins le pisiforme;

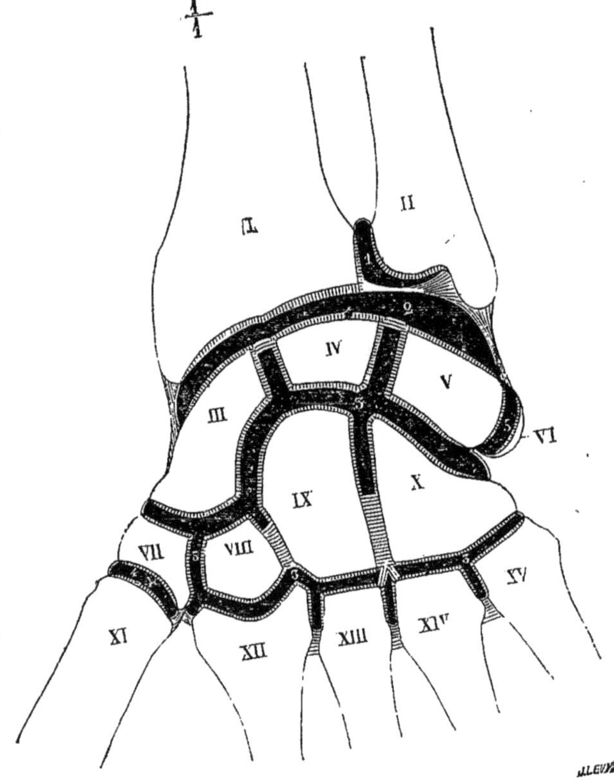

Fig. 45. — *Synoviales du poignet* (*)

en bas, par la face supérieure des os de la deuxième. Sa disposition, assez irrégulière, est la suivante : chaque rangée présente une partie concave et une partie convexe; pour la première rangée, la convexité est externe et formée par le scaphoïde; la concavité interne, beaucoup plus étendue, est constituée par la facette concave du scaphoïde, le semi-lunaire et le pyramidal; pour la deuxième rangée, la concavité est externe et formée par le trapèze et le trapézoïde; la convexité interne, par la tête du grand os et l'os crochu. Ce changement de courbure se fait de la façon suivante, bien sensible sur une coupe transversale; en suivant de dehors en dedans la configuration de la surface in-

(*) I. Radius. — II. Cubitus. — III. Scaphoïde. — IV. Semi-lunaire. — V. Pyramidal. — VI. Pisiforme. — VII. Trapèze. — VIII. Trapézoïde. — IX. Grand os. — X. Os crochu. — XI. Premier, XII. Deuxième, XIII. Troisième, XIV. Quatrième, XV. Cinquième métacarpiens. — 1) Synoviale radio-cubitale inférieure. — 2) Synoviale radio-carpienne. — 3) Synoviale générale du carpe. — 4) Synoviale trapézo-métacarpienne. — 5) Synoviale du pisiforme.

férieure, on trouve d'abord une concavité peu prononcée, due au trapèze et au trapézoïde, puis, subitement, un changement de direction et une ligne abrupte verticale, aboutissant à une tête formée par le grand os et le sommet un peu tronqué de l'os crochu, et enfin une pente douce, oblique en bas et en dedans, appartenant à l'os crochu, et même légèrement excavée à sa partie interne; on trouve en effet une sorte d'ébauche d'articulation en selle entre le pyramidal et l'os crochu.

Deux *ligaments interosseux* épais, allant du trapézoïde au grand os, et du grand os à l'os crochu (voy. fig. 45) et s'insérant à la partie non articulaire de leurs faces latérales, tiennent solidement ces os en contact. Les faces latérales contiguës des os de chaque rangée sont planes et ne présentent rien de particulier.

La *synoviale* communique avec celle de l'articulation carpo-métacarpienne; elle présente deux petits culs-de-sac ascendants entre le scaphoïde et le semi-lunaire, d'une part, et ce dernier os et le pyramidal, de l'autre.

3° Articulations du pyramidal et du pisiforme (fig. 45, 5).

Le pyramidal s'articule par une petite facette convexe avec la facette concave du pisiforme. La synoviale, lâche, s'attache à 0m,004 du bord libre de la facette du pisiforme légèrement étranglé à ce niveau.

4° Articulations carpo-métacarpiennes (fig. 45).

Surfaces articulaires. — L'interligne articulaire est très-irrégulier; en faisant abstraction de l'articulation trapézo-métacarpienne, il a la direction générale d'une ligne qui passerait par l'extrémité supérieure du cinquième métacarpien, et par la saillie externe de l'extrémité supérieure du deuxième, point qu'on peut sentir à travers la peau (*ligne de direction*); l'interligne articulaire ne descend pas à plus de 0m,008 au-dessous de cette ligne, et il ne la dépasse guère qu'au niveau de l'apophyse externe du troisième métacarpien (voy. fig. 23). En allant de dehors en dedans, on trouve : 1° une mortaise formée en dehors par le trapèze, en dedans, par une facette très-petite du grand os, au fond ou au milieu, par la face inférieure convexe du trapézoïde; cette mortaise évasée reçoit l'extrémité supérieure du deuxième métacarpien; la facette interne de la mortaise est quelquefois cachée par l'apophyse styloïde du troisième métacarpien; 2° un V ouvert en haut, dont la branche externe, très-longue, s'articule avec le troisième métacarpien, la branche interne, très-courte, avec le quatrième métacarpien; 3° un nouveau V ouvert en haut, à branches à peu près égales, formé par l'os crochu, et dont la branche externe, presque horizontale, s'articule avec le quatrième métacarpien, la branche interne, oblique en haut et en dedans, avec le cinquième.

Un *ligament interosseux*, divisé souvent en deux faisceaux, un antérieur, un postérieur, se porte de la face interne du grand os à la face interne du troisième métacarpien; un ligament analogue, mais moins fort et confondu en partie avec le précédent, se porte de la face externe de l'os crochu à la face externe du quatrième métacarpien. On trouve, en outre, entre les quatre derniers métacarpiens, des ligaments interosseux très-courts et forts, unissant les faces latérales de leurs bases, et insérés à la partie rugueuse non articulaire de ces faces.

La *synoviale*, commune avec celle du carpe, envoie des culs-de-sac, qui descendent entre les bases des métacarpiens jusqu'aux ligaments interosseux. Il y a quelquefois une synoviale isolée pour le quatrième et le cinquième métacarpien, mais ordinairement le ligament interosseux laisse entre le grand os et le troisième métacarpien un espace libre par lequel la communication se fait.

5° Articulation trapézo-métacarpienne (fig. 45, 4).

C'est le type des *articulations en selle.* La surface articulaire du trapèze, concave de dedans en dehors, convexe d'avant en arrière, appartient à un rayon de $0^{m},012$ environ dans le premier sens, de $0^{m},015$ dans le second. Celle du premier métacarpien est convexe et concave en sens inverse ; mais le contact des deux surfaces est plus intime dans le sens transversal.

La *synoviale*, assez lâche, s'attache sur le trapèze, à $0^{m},002$ de la limite du cartilage, de façon à former une sorte de repli synovial annulaire. Malgré sa laxité, elle a beaucoup de force, entourée qu'elle est par une capsule fibreuse résistante. On voit, en somme, que pour ces cinq articulations il n'y a que quatre synoviales.

Ligaments des articulations de la racine de la main.

Abstraction faite des ligaments interosseux déjà décrits, les capsules de ces diverses articulations sont renforcées par des faisceaux fibreux périphériques, qui peuvent être groupés en dorsaux, palmaires et latéraux internes et externes.

Ces ligaments sont plus serrés et plus résistants du côté palmaire que du côté dorsal, où ils laissent entre leurs faisceaux des intervalles par lesquels les synoviales font hernie ; ils sont en outre plus prononcés sur le bord radial et le bord cubital du carpe, et sont beaucoup plus lâches du côté de l'avant-bras que du côté des métacarpiens.

Ces ligaments sont, les uns superficiels, les autres profonds. Les *ligaments profonds* sont de petits trousseaux fibreux très-courts, qui vont d'un os à l'os voisin et ne méritent pas de description spéciale ; on a ainsi des ligaments intercarpiens, carpo-métacarpiens, intermétacarpiens, dorsaux et palmaires.

Les *ligaments superficiels* ont une disposition particulière, variable suivant la région de la main qu'ils occupent. Sur la

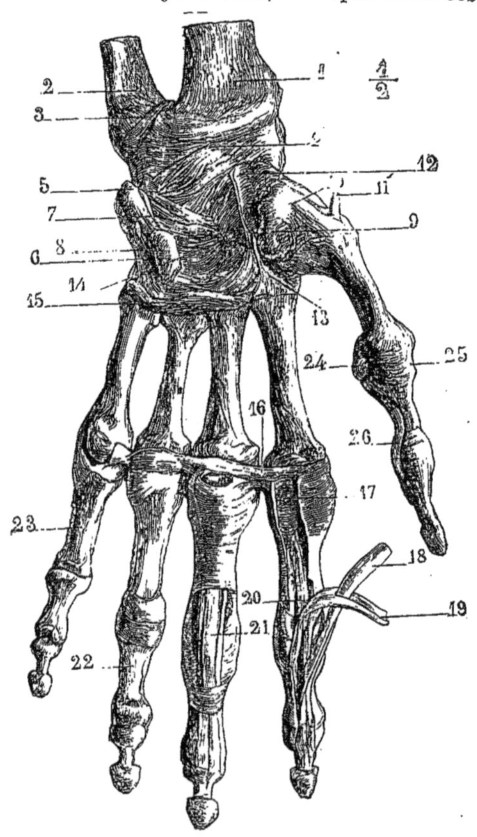

Fig. 46. — *Ligaments de la main; face antérieure* (*).

(*) 1) Radius. — 2) Cubitus. — 3) Capsule de l'articulation radio-cubitale inférieure. — 4) Ligament radio-carpien. — 5) Pisiforme. — 6) Os crochu. — 7) Ligament pisi-unciformien. — 8) Ligament pisi-métacarpien. — 9) Trapèze. — 10) Capsule trapézo-métacarpienne. — 11) Tendon du long abducteur du

face dorsale on remarque surtout un faisceau oblique, allant du radius au pyramidal, et un faisceau transversal, allant du pyramidal au scaphoïde; le point le plus solidement fixé paraît être l'angle saillant du scaphoïde, reçu dans l'angle rentrant du trapézoïde et du grand os. A la *face palmaire*, les faisceaux ont une direction rayonnée, et, partant du grand os comme centre, s'irradient dans toutes les directions (fig. 46, 14), en dedans, vers l'os crochu, le pisiforme et le pyramidal; en dehors, vers le trapézoïde, le trapèze, le scaphoïde, l'apophyse styloïde du radius et la gaîne du grand palmaire; en bas, vers les métacarpiens; en haut on trouve une sorte d'arcade fibreuse, allant de l'apophyse styloïde du radius au pyramidal, *ligament radio-carpien* (4). Sur le bord radial de la main, des faisceaux allant, les uns assez forts, de l'apophyse styloïde du radius au scaphoïde, les autres, moins forts, du scaphoïde au trapèze, ont été décrits comme *ligament latéral externe.* Sur le bord cubital, des faisceaux assez faibles vont de l'apophyse styloïde du cubitus au pyramidal, et du pyramidal à l'os crochu et forment le *ligament latéral interne.*

Sur ce bord cubital de la main, le pisiforme est maintenu solidement par deux ligaments : un ligament *pisi-unciformien* (7), court, qui va au crochet de l'os crochu ; un ligament *pisi-métacarpien* (8), long et fort, allant au cinquième métacarpien.

Outre ces ligaments, on trouve, à la face palmaire du carpe, une forte bandelette ligamenteuse, *ligament annulaire antérieur du carpe*, qui convertit en canal la gouttière du carpe. Cette bandelette, haute de 0m,02, s'attache en dedans au pisiforme, au crochet de l'unciforme et au ligament pisi-unciformien; en dehors, à la tubérosité du scaphoïde et à la crête du trapèze. Ses fibres sont transversales, et les plus profondes vont se confondre, en se recourbant en arrière, avec les ligaments carpiens antérieurs; son bord supérieur se continue avec l'aponévrose de l'avant-bras ; son bord inférieur forme une arcade à concavité inférieure; sa face antérieure contracte des adhérences avec l'aponévrose palmaire qui la recouvre.

Les *artères* des articulations du poignet viennent des artères dorsales du carpe et du métacarpe, branches de la radiale, des artères interosseuses et transverse antérieure du carpe, branches de la cubitale, enfin de l'arcade palmaire profonde. — Les *nerfs* viennent de la branche profonde du radial du nerf interosseux du médian, et de la branche profonde du cubital.

II. Articulations métacarpo-phalangiennes

Énarthroses. — Surfaces articulaires. — La tête du métacarpien est reçue dans une cavité de moitié moins d'étendue, creusée sur l'extrémité supérieure de la première phalange et appartenant à une courbure de rayon plus grand. Cette cavité est complétée en avant par un ligament épais de 0m,002, *ligament glénoïdien*, dont le bord inférieur se continue avec le bord antérieur de la cavité de la phalange, et dont la face antérieure se confond avec la gaine des tendons fléchisseurs des doigts. Les ligaments glénoïdiens des

pouce. — 12) Gouttière du grand palmaire. — 13) Tendon du grand palmaire. — 14) Ligament rayonné. — 15) Ligament transversal recouvrant la base des métacarpiens. — 16) Ligament transverse du métacarpe (l'articulation métacarpo-phalangienne du petit doigt a été ouverte). — 17) Gaine des tendons fléchisseurs. — 18) Tendon du fléchisseur profond. — 19) Tendon du fléchisseur superficiel. — 20) Repli synovial. — 21) Tendons en position dans leur gaine. — 22) Gaine complètement enlevée. — 23) Idem. — 24) Os sésamoïde externe. — 25) Ligament latéral externe. — 26) Tendon du long fléchisseur propre du pouce.

quatre derniers doigts sont unis entre eux par une bandelette transversale, *ligament transverse du métacarpe* (16), qui n'est autre chose que la partie inférieure épaissie de l'aponévrose interosseuse. Le ligament glénoïdien de l'articulation du pouce contient deux os sésamoïdes qui la convertissent en une véritable articulation trochléenne (Gillette); on en trouve aussi assez souvent au deuxième et au cinquième doigt.

La *synoviale*, très-lâche, mince, est renforcée sur les côtés par les tendons des interosseux et des lombricaux, en avant par la gaîne des fléchisseurs, en arrière par les tendons extenseurs.

Des *ligaments latéraux* forment le principal moyen d'union ; ces ligaments, très-forts, triangulaires, s'attachent par leur sommet au tubercule postérieur de la face latérale de la tête du métacarpien ; de là les fibres s'irradient et s'attachent, les antérieures au ligament glénoïdien, les postérieures à la partie latérale de la phalange. Le ligament externe est plus fort que l'interne.

Nerfs. — Ce sont de longs filets grêles de la branche profonde du nerf cubital et des filets des collatéraux dorsaux et palmaires.

III. Articulations des phalanges

Sauf la disposition des surfaces articulaires qui, au lieu d'une énarthrose, forment une articulation trochléenne où la poulie est constituée par l'extrémité inférieure de la phalange supérieure, ces articulations présentent la même disposition que les précédentes. On y trouve, comme dans celles-ci, un ligament glénoïdien et des ligaments latéraux, seulement ces ligaments latéraux sont plus courts et l'articulation beaucoup plus serrée, de façon que tout mouvement de latéralité est impossible. L'articulation phalangienne du pouce contient quelquefois du côté de la flexion un os sésamoïde (Gillette).

Les *nerfs* viennent des branches collatérales palmaires.

Mécanisme des articulations de la main. — A *Articulations du poignet.* — Les mouvements de la main, abstraction faite des mouvements de pronation et de supination, se passent autour d'axes perpendiculaires à l'axe de l'avant-bras et peuvent être réduits à deux : 1° un mouvement se faisant autour d'un axe transversal, allant du bord cubital au bord radial de la main, flexion et extension ; 2° un mouvement d'inclinaison latérale, se faisant autour d'un axe antéro-postérieur perpendiculaire au précédent, inclinaison radiale, inclinaison cubitale.

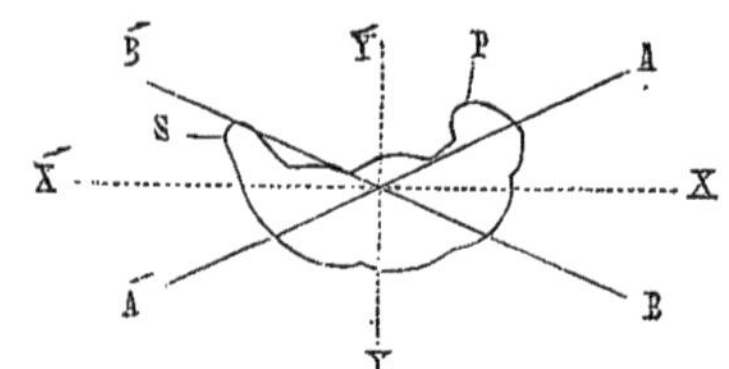

Fig. 47. — *Mécanisme des articulations du poignet* (*).

Mais à chacun de ces mouvements prennent part deux articulations distinctes : l'articulation radio-carpienne et l'articulation de la première rangée du carpe avec la seconde. Les axes de ces articulations sont bien tous les deux perpendiculaires à l'axe de l'avant-bras, mais ils ne sont pas parallèles entre eux ; ils se croisent et l'endroit de leur entrecroisement se trouve à peu près à la tête du grand os, véritable centre de tous les mouvements du carpe. L'axe de l'articulation radio-carpienne (A, A', fig. 47) est oblique de dehors en dedans et d'arrière en avant, et peut être représenté par une ligne sortant d'un côté à l'extrémité de l'apophyse styloïde du radius, et de l'autre au pisiforme; il est donc situé tout

(*) Projection de la première rangée du carpe. — P. Pisiforme. — S. Scaphoïde. — A, A'. Axe de l'articulation radio-carpienne. — B, B'. Axe de l'articulation de la première et de la deuxième rangée du carpe. — X, X'. Axe des mouvements de flexion et d'extension. — Y, Y'. Axe des mouvements d'inclinaison latérale.

entier au-dessous de l'interligne articulaire; l'axe de l'articulation carpo-carpienne B, B' est oblique en sens inverse, c'est-à-dire de dedans en dehors et d'arrière en avant, et va de la pointe de l'apophyse du scaphoïde au dos de l'os crochu; il coupe deux fois l'interligne articulaire. De cette obliquité des axes il résulte, et on le voit facilement en jetant un coup d'œil sur la figure, que : 1° pour l'articulation radio-carpienne, la main s'incline dans la flexion du côté radial, dans l'extension du côté cubital; 2° pour l'articulation carpo-carpienne, c'est l'inverse : la main dans la flexion s'incline du côté cubital, dans l'extension du côté radial.

Supposons maintenant que la flexion se fasse simultanément dans les deux articulations, les mouvements d'inclinaison latérale, étant de sens opposé dans chaque articulation, se détruisent, et on aura la flexion pure, comme si elle se passait autour de l'axe X X', diagonale des deux axes A, A, B, B'; de même pour l'extension. Supposons, au contraire, que dans l'articulation radio-carpienne il y ait flexion, dans l'articulation carpo-carpienne extension, les mouvements de sens opposé, flexion et extension se détruiront, et il ne restera que le mouvement d'inclinaison radiale pure (somme des mouvements partiels d'inclinaison radiale propres à la flexion de la première articulation et à l'extension de la seconde), et ce mouvement se fera comme autour d'un axe unique Y, Y', deuxième diagonale des axes des deux articulations; de même l'inclinaison sur le bord cubital aura lieu par l'extension de la première articulation combinée avec la flexion de la seconde. Ceci explique comment les mouvements d'inclinaison latérale ne sont possibles ni dans l'extrême flexion ni dans l'extension extrême, et comment aussi la flexion et l'extension sont impossibles avec des mouvements extrêmes d'inclinaison latérale.

Dans ces mouvements, les articulations radio-carpienne et carpo-carpienne forment deux véritables charnières; car on peut faire abstraction de ces mouvements imperceptibles de rotation du carpe autour d'un axe vertical. Dans la flexion radio-carpienne le pyramidal s'écarte fortement du ligament triangulaire; il s'en rapproche dans l'extension. L'excursion de la flexion et de l'extension est de plus de deux angles droits; celle de l'inclinaison latérale, de 45 à 50°.

Muscles moteurs. — 1° *Flexion de la main :* grand palmaire, palmaire grêle, cubital antérieur, fléchisseur superficiel et profond des doigts, long fléchisseur propre du pouce, long abducteur du pouce.

2° *Extension de la main :* premier et deuxième radial externe, extenseur commun des doigts, extenseur propre du petit doigt, cubital postérieur, court extenseur et long extenseur du pouce, extenseur propre de l'index.

3° *Inclinaison radiale :* grand palmaire, premier et deuxième radial externe, long abducteur du pouce, long et court extenseur du pouce.

4° *Inclinaison cubitale :* cubital antérieur, cubital postérieur.

B, *Mécanisme de l'articulation carpo-métacarpienne.*—Le deuxième et le troisième métacarpien sont à peu près immobiles sur le carpe; le quatrième présente déjà une assez grande mobilité plus prononcée encore pour le cinquième; ce dernier forme avec la facette interne de l'os crochu une véritable articulation en selle, et sa surface articulaire, convexe d'avant en arrière, concave transversalement, a une disposition inverse de celle du premier métacarpien; il y a là une sorte d'ébauche du mouvement d'opposition.

L'articulation *trapézo-métacarpienne* jouit d'une très-grande mobilité; elle a deux espèces de mouvements, qui se passent autour de deux axes perpendiculaires l'un à l'autre, adduction et abduction d'une part, flexion et extension de l'autre. 1° *Adduction et abduction :* l'axe de rotation est à peu près antéro-postérieur et traverse l'extrémité supérieure du premier métacarpien; dans ce mouvement, l'extrémité supérieure convexe de l'os glisse transversalement sur la facette concave du trapèze dans un plan tangent à la face dorsale du deuxième métacarpien; l'excursion de ce mouvement, très-faible, d'environ 35°, est limitée du côté de l'adduction, par la rencontre des deux métacarpiens, du côté de l'abduction par la résistance de la capsule. 2° *Flexion et extension :* la concavité du premier métacarpien glisse sur la convexité du trapèze autour d'un axe passant transversalement par ce dernier os ; la position oblique du trapèze, par rapport aux autres os du carpe, fait que dans la flexion le premier métacarpien se place vis-à-vis des autres *(opposition du pouce)*. Dans ce mouvement, dont l'excursion est d'environ 45°, les surfaces articulaires ne sont pas exactement concordantes ; dans la flexion les surfaces des deux os s'écartent en arrière ; dans l'extension le métacarpien déborde la partie postérieure du trapèze.

Muscles moteurs de l'articulation trapézo-métacarpienne. — 1° *Flexion :* court abducteur, court fléchisseur du pouce, opposant.

2° *Extension :* long extenseur et court extenseurdu pouce.

3° *Adduction :* court adducteur du pouce.

4° *Abduction :* long abducteur du pouce.

C, *Mécanisme des articulations métacarpo-phalangiennes.*—Elles représentent des énarthroses, dont certains mouvements sont limités par la présence des ligaments latéraux : 1° la *flexion* et l'*extension* se font autour d'un axe transversal, passant par la tête du métacarpien en avant des insertions supérieures des ligaments latéraux ; ces mouvements sont limités par la résistance de ces ligaments dont la partie glénoïdienne est tendue dans l'extension, la partie phalangienne dans la flexion ; leur excursion, très-variable suivant les individus, dépasse toujours un angle droit ; 2° l'*adduction* et l'*abduction*, limitées aussi par la résistance des ligaments latéraux, se font autour d'un axe antéro-postérieur ; 3° en outre, la laxité de la capsule permet de légers mouvements de rotation autour d'un axe vertical.

Muscles moteurs. — a) *Première phalange du pouce.* — 1° *Flexion :* court abducteur, court fléchisseur, court adducteur et long fléchisseur du pouce.

2° *Extension :* long et court extenseur du pouce.

3° *Adduction :* court adducteur du pouce.

4° *Abduction :* long abducteur du pouce.

b) *Premières phalanges des quatre derniers doigts.* — 1° *Flexion :* interosseux, lombricaux, fléchisseur superficiel et profond.

2° *Extension :* extenseur commun des doigts.

3° *Adduction* (par rapport à l'axe de la main) : interosseux palmaires.

4° *Abduction :* interosseux dorsaux.

D, *Mécanisme des articulations des phalanges.* — A cause de la forme en poulie des surfaces et de la disposition serrée des articulations, il n'y a que deux mouvements possibles, flexion et extension, autour d'un axe transversal passant en avant de l'insertion supérieure des ligaments latéraux ; ce sont donc de véritables charnières, la partie antérieure de ces ligaments limite l'extension ; la partie postérieure la flexion.

Muscles moteurs des deuxièmes phalanges. — a) *Deuxième phalange du pouce.*— 1° *Flexion :* long fléchisseur du pouce.

2° *Extension :* long extenseur du pouce, court adducteur, court abducteur et court fléchisseur du pouce.

b) *Deuxièmes phalanges des quatre derniers doigts.* — 1° *Flexion :* fléchisseur superficiel.

2° *Extension :* interosseux, lombricaux, extenseur commun des doigts (accessoirement).

Muscles moteurs des troisièmes phalanges. — 1° *Flexion :* fléchisseur profond. 2° *Extension :* interosseux, lombricaux.

CHAPITRE V

ARTICULATIONS DU MEMBRE INFÉRIEUR

ARTICLE I. — ARTICULATIONS DU BASSIN

Les articulations du bassin sont, outre les articulations sacro-coccygiennes et coccygiennes, déjà décrites à propos de la colonne vertébrale : 1° l'articulation du sacrum avec l'os iliaque ou sacro-iliaque ; 2° l'articulation des deux os iliaques entre eux, ou symphyse pubienne ; enfin, des articulations à distance : ligament iléo-lombaire, ligaments sacro-sciatiques et membrane obturatrice.

1° Articulation sacro-iliaque.

On la considère comme une symphyse, quoiqu'elle présente une véritable synoviale.

Surfaces articulaires. — Ce sont les surfaces auriculaires du sacrum et de l'os iliaque ; presque planes chez l'enfant, irrégulières et rugueuses chez l'adulte, elles sont recouvertes d'une couche de cartilage, hyalin dans la profondeur, fibreux superficiellement, et plus épais sur le sacrum que sur l'os iliaque. Ces surfaces sont inclinées en haut, en arrière et en dedans, de façon que le sacrum, dans la station droite, au lieu de former un coin à base postérieure enfoncé entre les os iliaques, et tendant à résister aux pressions venant d'en haut, forme un coin à base inférieure agissant en sens opposé ; cet effet est contre-balancé par des rugosités et des saillies, par lesquelles les deux os s'engrènent exactement.

Synoviale. — Fortement tendue en arrière, entre les surfaces articulaires, elle s'attache en avant sur les faces antérieures du sacrum et de l'os iliaque, à une petite distance du revêtement cartilagineux des facettes articulaires, de facon à former là un petit cul-de-sac, où la synoviale peut s'accumuler.

Ligaments. — En avant, en haut et en bas, la synoviale est renforcée par des faisceaux fibreux, décrits à part sous le nom de *ligaments antérieur, supérieur* et *inférieur*. En arrière, l'excavation profonde triangulaire comprise entre les tubérosités iliaques et le sacrum, est remplie par une masse ligamenteuse très-puissante, dont les fibres profondes transversales, entremêlées de tissu graisseux, forment le *ligament sacro-iliaque interosseux*, tandis que les fibres superficielles, obliques en dedans, verticales en dehors, constituent le *ligament sacro-iliaque postérieur* (A, 3).

Nerfs. — Cette articulation reçoit à sa partie postérieure des filets des trois nerfs sacrés supérieurs.

2° Symphyse du pubis.

Surfaces articulaires. — Elles sont formées en arrière par une facette elliptique convexe, à crêtes rugueuses transversales, parallèle a celle du côté opposé, dont elle est écartée de $0^m,008$ environ ; en avant, les surfaces, coupées obliquement aux dépens de la face antérieure de l'os, interceptent entre elles

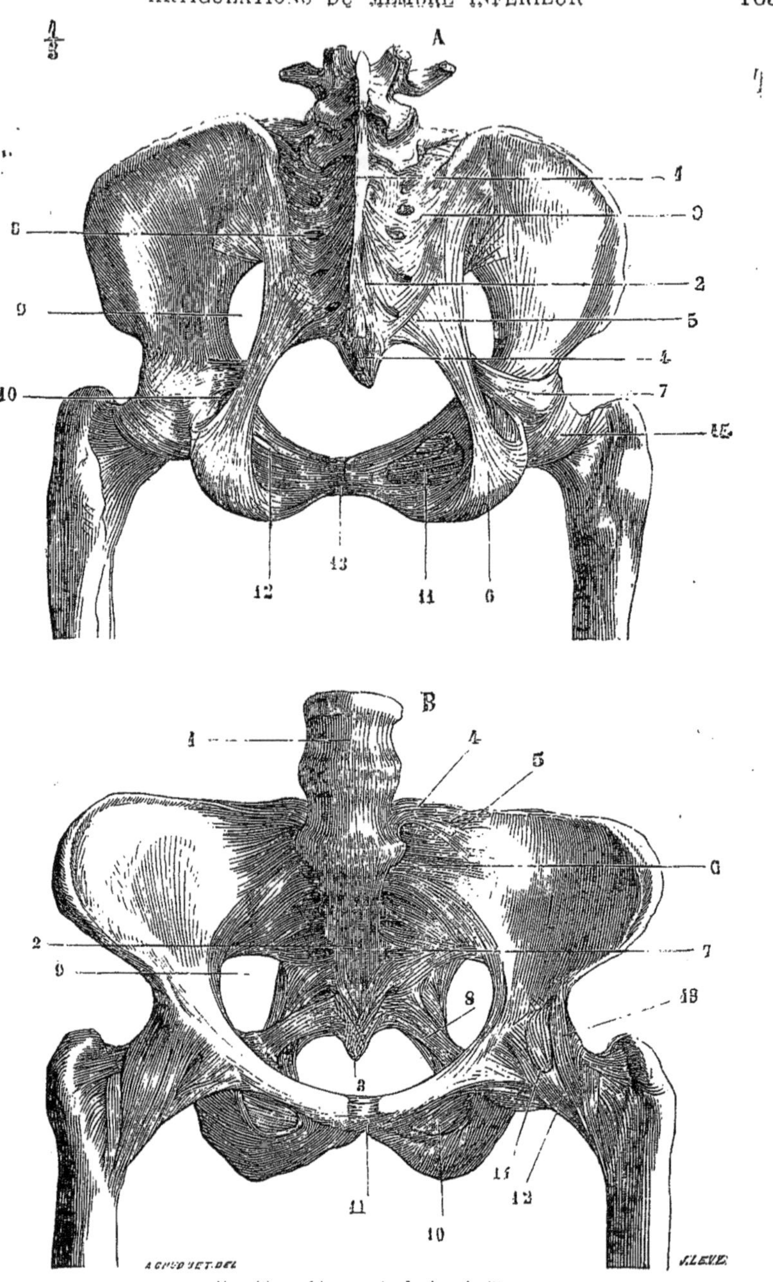

Fig. 48. — *Ligaments du bassin* (*).

(*) A. *Face postérieure.* — 1) Crête sacrée. — 2) Ligaments sacro-coccygiens postérieurs. — 3) Ligament sacro-iliaque postérieur. — 4) Ligaments coccygiens postérieurs. — 5, 6) Grand ligament sacro-sciatique. — 7) Petit ligament sacro-sciatique. — 8) Trous sacrés postérieurs. — 9) Grande échancrure sacro-sciatique. — 10) Petite échancrure sciatique. — 11) Membrane obturatrice. — 12) Gouttière obturatrice. — 13) Symphyse pubienne. — 14) Partie postérieure de la capsule coxo-fémorale.

B. *Face antérieure.* — 1) Vertèbre lombaire. — 2) Face antérieure du sacrum. — 3) Coccyx. — 4, 5) Ligament iléo-lombaire. — 6) Ligament sacro-iliaque supérieur. — 7) Ligament sacro-iliaque anun espace triangulaire à base antérieure, large de 0m,02. Ces surfaces sont revêtues d'un cartilage hyalin de 0m,002 à 0m,003 d'épaisseur.

Disque interpubien. — L'espace existant entre les deux surfaces est rempli par du tissu fibreux et fibro-cartilagineux, présentant habituellement à son milieu une cavité étroite, qui n'existe qu'en arrière, entre les facettes ovalaires parallèles. Cette cavité peut présenter toutes les variétés intermédiaires entre l'état de simple fente rudimentaire et celui d'une cavité pourvue d'une vraie membrane synoviale; elle manque souvent chez les hommes (une fois sur trois), presque jamais chez les femmes; elle est quelquefois double.

Ligaments périphériques. — Ils sont au nombre de quatre, continus sans ligne de démarcation avec le tissu fibreux du disque interpubien, et formés par des faisceaux plus ou moins épais allant d'un os à l'autre; le *postérieur* mince, l'*antérieur* et le *supérieur* plus épais, ne présentent rien de particulier; l'*inférieur*, ou *ligament sous-pubien*, ou *triangulaire*, très-épais, occupe le sommet de l'arcade pubienne, et par son bord inférieur concave se continue avec les deux bords de cette arcade, dont il émousse l'angle supérieur.

3° Articulations à distance.

Ligament iléo-lombaire (Fig. 48, B, 4, 5). — Étendu de la cinquième vertèbre lombaire à l'os iliaque, il se confond avec la partie inférieure du feuillet antérieur de l'aponévrose du transverse, qu'il renforce; il est constitué par des faisceaux horizontaux épais, allant de l'apophyse transverse de la cinquième vertèbre lombaire au bord supérieur de l'os iliaque, et par des faisceaux obliques, se portant aux ligaments sacro-iliaques antérieurs et postérieurs.

Ligaments sacro-sciatiques. — Ils sont au nombre de deux. Le premier, *grand ligament sacro-sciatique* (A, 5, 6), épais et fort, triangulaire, s'insère par sa base élargie aux épines iliaques postérieures, et au bord du sacrum et des deux premières vertèbres coccygiennes; d'autre part, il s'attache en s'élargissant un peu à la lèvre interne de l'ischion, et forme avec cette tubérosité une gouttière pour l'obturateur interne; son bord interne concave fait partie du détroit inférieur du bassin, son bord externe, presque vertical, convertit la grande échancrure sciatique, comprise entre le sacrum et l'os iliaque, en une vaste ouverture divisée elle-même en deux ouvertures secondaires, par le *petit ligament sacro-sciatique* (A, 7), faisceau fibreux, allant, de l'épine sciatique, se jeter sur la face antérieure du grand ligament. L'ouverture supérieure (A, 9) ovale, *grande échancrure sciatique,* donne passage au muscle pyramidal, au grand nerf sciatique, aux vaisseaux et aux nerfs fessiers, ischiatiques et honteux internes; l'ouverture inférieure, plus étroite, triangulaire, *petite échancrure sciatique,* laisse passer l'obturateur interne et le nerf et les vaisseaux honteux internes.

Membrane obturatrice (A, 11, B, 10). — Elle est constituée par des faisceaux entre-croisés, qui ferment le trou obturateur, aux bords duquel elle s'insère; en haut seulement elle présente un bord libre, tendu entre les deux lèvres de la gouttière obturatrice, et circonscrit avec cette gouttière un orifice (A, 12),

térieur. — 8) Petit ligament sacro-sciatique. — 9) Grande échancrure sciatique. — 10) Membrane obturatrice. — 11) Symphyse du pubis. — 12) Capsule de l'articulation coxo-fémorale. — 13) Ligament de Bertin. — 14) Bourse séreuse du psoas.

pour le passage du nerf et des vaisseaux obturateurs. Elle sépare l'un de l'autre les deux muscles obturateurs interne et externe qui y prennent des insertions.

4° Du Bassin, considéré dans son ensemble.

1° *Conformation du bassin.* — A. *Surface extérieure.* — Elle présente, en avant, la symphyse du pubis, les branches du pubis et le trou obturateur; sur les côtés, le reste de la face externe de l'os iliaque et les cavités cotyloïdes, en arrière la face postérieure du sacrum et du coccyx et les ligaments sacro-sciatiques.

B. *Surface intérieure.* — Beaucoup plus importante à cause de son rôle dans le mécanisme de l'accouchement, elle est divisée en deux parties par un étranglement circulaire, constitué sur les côtés par la crête du détroit supérieur de l'os iliaque, en arrière par la base même du sacrum, en avant par la crête pectinéale, c'est le *détroit supérieur* du bassin; la partie de l'excavation située au-dessus du détroit supérieur forme le *grand bassin;* la partie située au-dessous forme le *petit bassin.*

Le *grand bassin*, largement échancré en avant, offre en arrière l'angle sacro-vertébral ou *promontoire*, et sur les côtés les fosses iliaques internes.

Le *petit bassin* est limité par deux ouvertures : l'une supérieure, l'autre inférieure, appelées *détroits* à cause de leur étroitesse par rapport à l'excavation intermédiaire. Le *détroit supérieur* a une forme variable, que l'on peut rattacher, avec Weber, aux quatre formes suivantes : ovalaire, circulaire, carrée et triangulaire; son diamètre transversal l'emporte sur son diamètre antéro-postérieur diminué encore par la saillie du promontoire. Le *détroit inférieur* présente en avant une échancrure, l'*arcade pubienne;* dans le reste de son étendue il est limité par la tubérosité de l'ischion, le bord interne du grand ligament sacro-sciatique et le coccyx en arrière.

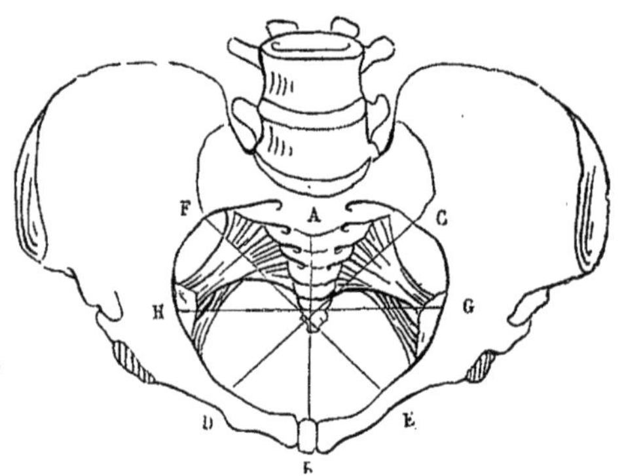

FIG. 49. — *Détroit supérieur du bassin* (*).

L'excavation du petit bassin présente : 1° en avant, sur la ligne médiane, la symphyse du pubis fortement inclinée en bas et en arrière et plus en dehors le trou obturateur et les branches osseuses qui le circonscrivent; 2° en arrière la surface osseuse sacro-coccygienne presque plane dans la région de la première et de la deuxième vertèbre sacrée, concave dans le reste de son étendue; 3° sur les côtés deux surfaces quadrangulaires lisses, correspondant au fond de la cavité cotyloïde et plus en arrière la grande et la petite échancrure sciatique.

2° *Différences sexuelles du bassin.* — Elles tiennent aux usages spéciaux du bassin chez la femme; leur formule générale est celle-ci : prédominance des diamètres horizontaux chez la femme, des diamètres verticaux chez l'homme.

Chez la femme le sacrum est plus large, plus concave, le promontoire moins

(*) A B. Diamètre antéro-postérieur. — G H. Diamètre transversal. — N O, E F. Diamètres obliques.

saillant, ce qui donne au détroit supérieur la forme elliptique ; les fosses iliaques sont plus horizontales, les épines iliaques plus écartées ; le petit bassin est moins profond, mais plus spacieux ; il diminue moins rapidement de capacité de haut en bas ; le détroit inférieur est plus grand ; l'arcade pubienne a une courbure plus large ; ses bords sont déjetés en avant et en dehors ; elle forme un angle de 95° ; le trou obturateur est triangulaire.

Chez l'homme on trouve les caractères inverses : le détroit supérieur, à cause de la saillie du promontoire, a la forme d'un cœur de carte à jouer ; le sacrum est plus long, plus étroit, plus droit ; les branches du pubis convergent fortement en avant vers la symphyse ; l'angle de l'arcade pubienne est de 75° ; le trou obturateur est ovalaire.

3° *Mesures du bassin. — Diamètres du bassin.* — Ces mesures, n'ayant d'utilité qu'au point de vue de l'accouchement, seront données d'après des bassins de femme. Voici le tableau des différents diamètres du détroit supérieur, du détroit inférieur et de l'excavation (c'est-à-dire d'un plan passant par le milieu de la symphyse et la ligne d'union de la deuxième et de la troisième vertèbre sacrée).

	DIAMÈTRE ANTÉRO-POSTÉRIEUR	DIAMÈTRE TRANSVERSAL	DIAMÈTRE OBLIQUE
Détroit supérieur.	0m,11	0m,135	0m,12 (1).
Excavation.	0m,13	0m,115	0m,135 (2).
Détroit inférieur.	0m,11 (0m,13)	0m,11	0m,11 (3).

En résumé, les diamètres de l'excavation sont plus grands en général que ceux des détroits ; on voit aussi que les diamètres prédominants ne sont pas les mêmes pour les diverses régions. Grâce à la mobilité du coccyx, le diamètre antéro-postérieur du détroit inférieur peut, lorsque cet os est repoussé en arrière, être porté de 0m,11 à 0m,13.

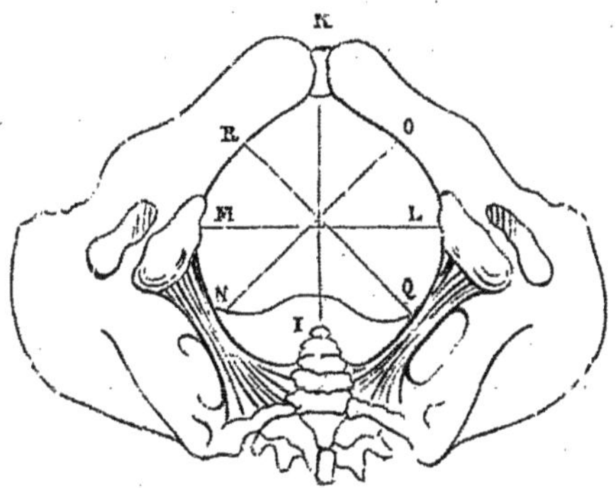

Fig. 59. — *Détroit inférieur du bassin* (*).

La *profondeur* du petit bassin est beaucoup plus grande en arrière, où elle atteint 0m,135, mesure d'une ligne allant du promontoire au milieu de la ligne qui joint les deux ischions ; en avant elle a pour mesure la hauteur de la symphyse pubienne 0m,04 à 0m,045.

L'*axe du bassin* est une ligne également distante des points opposés de ses parois. A cause de la direction à peu près plane de la face antérieure des deux premières vertèbres sacrées, cet axe doit être divisé en deux parties : une supérieure rectiligne faisant dans la station droite avec le plan du détroit supérieur un angle de 90°, et qui prolongée passerait près de l'ombilic, et une partie infé-

(1) Ligne allant de l'articulation sacro-iliaque à l'éminence iléo-pectinée du côté opposé.

(2) Ligne allant du bord supérieur de la grande échancrure sciatique au bord supérieur de la gouttière obturatrice du côté opposé.

(3) Ligne allant du milieu du grand ligament sacro-sciatique à la réunion des deux branches inférieures du pubis et de l'ischion.

(*) I K. Diamètre antéro-postérieur. — M L. Diamètre transverse. — N O, Q R, Diamètres obliques.

rieure courbe concentrique à la courbure des trois dernières vertèbres sacrées et du coccyx.

Inclinaison du bassin. — On appelle inclinaison du bassin l'angle que le plan du détroit supérieur ou une ligne allant du promontoire à la partie supérieure de la symphyse fait avec l'horizon. Cet angle est d'environ 60° chez la femme dans la station droite ordinaire ; il est un peu plus faible chez l'homme ; il varie du reste chez le même individu avec le degré d'écartement et avec la rotation des fémurs. L'angle que fait avec l'horizon le détroit inférieur ou une ligne allant de la pointe du coccyx au bord inférieur de la symphyse est plus variable ; il a environ 10°.

Mécanisme du bassin. — Comme il n'y a à peu près aucune mobilité des pièces du bassin les unes sur les autres, en exceptant le coccyx, les articulations pubiennes et sacro-iliaques ne servent guère qu'à augmenter l'élasticité de l'ensemble et à décomposer les chocs auxquels cet ensemble est soumis. Cependant dans certains cas, et spécialement dans la grossesse, ces articulations et surtout la symphyse du pubis peuvent acquérir une certaine mobilité.

Le bassin constitue une voûte appuyée sur deux piliers, qui sont dans la station debout les fémurs, dans la station assise les ischions, voûte dont les os iliaques forment les parties latérales et le sacrum la clef de la voûte ; mais le sacrum, au lieu de representer, comme dans les clefs de voûte ordinaires, un coin à base supérieure, représente à cause de l'inclinaison du bassin un coin à base inférieure que le poids du corps tend à enfoncer vers le bassin (voy. la fig. 51) ; aussi est-il rattaché aux os iliaques par des ligaments très-puissants, ligaments sacro-iliaques postérieurs, situés en arrière de son point de contact avec les os iliaques. Ces os iliaques représentent donc une sorte de levier articulé avec le sacrum. La pression exercée de haut en bas sur le sacrum fait que cet os tend à s'enfoncer dans le bassin, et tire en dedans par l'entremise des ligaments sacro-iliaques postérieurs la partie supérieure du levier iliaque ou la partie rétro-sacrée ; par suite la partie cotyloïdienne du levier tend à se porter en dehors et à s'écarter de celle du côté opposé ; mais la symphyse du pubis, par sa tension, maintient solidement unies les branches des pubis et s'oppose à leur écartement. Les ligaments de cette symphyse sont donc soumis à une distension continue et jouent le rôle d'une corde qui maintient rapprochées les deux extrémités d'un arc.

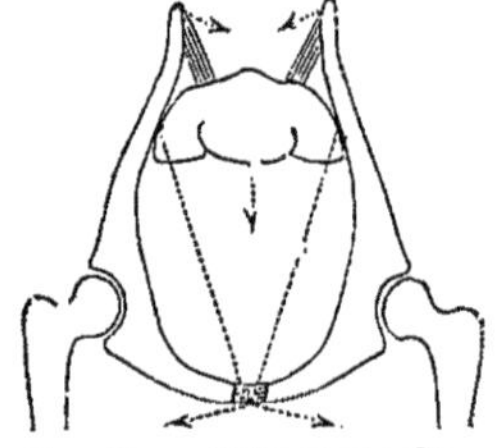

Fig. 51. — *Mécanisme du bassin* (*).

ARTICLE II. — ARTICULATION COXO-FÉMORALE

Énarthrose. — *Surfaces articulaires.* — Elles sont constituées d'une part par la cavité cotyloïde de l'os iliaque, de l'autre par la tête du fémur.

1° *Cavité cotyloïde.* — Elle appartient à une sphère de 0m,022 à 0m,025 de rayon ; elle est limitée par un rebord onduleux, *sourcil cotyloïdien*, dont les dépressions correspondent à la réunion des trois pièces primitives de l'os iliaque ; ce rebord est fortement échancré à sa partie inférieure, *échancrure cotyloïdienne*. Toute la cavité n'est pas articulaire ; la partie articulaire, encroûtée d'un cartilage de 0m,002 d'épaisseur, a la forme d'un fer à cheval à concavité inférieure, dont l'extrémité antérieure est aiguë, la postérieure arrondie ; le reste de la cavité, *arrière-fond de la cavité cotyloïde*, est déprimé et compris entre la concavité du fer à cheval et l'échancrure cotyloïdienne en bas, et

(*) Les flèches indiquent les directions dans lesquelles sont tirées les diverses parties du bassin.

occupée à l'état frais par de la graisse, des replis synoviaux et le ligament rond. La cavité cotyloïde ne forme pas tout tout à fait une demi-sphère, car les coupes menées par ses différents diamètres ne mesurent jamais plus de 180°, et la plupart mesurent moins; mais elle est complétée et agrandie par un bourrelet fibreux, grâce auquel elle constitue plus d'une demi-sphère.

Le *bourrelet cotyloïdien*, analogue du bourrelet glénoïdien, est un bourrelet prismatique haut de 0m,008 en moyenne, dont la base, large de 0m,004, s'applique sur le sourcil cotyloïdien qu'il contribue à aplanir, et dont la face interne se continue avec la face interne de la cavité articulaire; il ne s'interrompt pas au niveau de l'échancrure cotyloïdienne, mais passe comme un pont au-dessus d'elle, *ligament transverse de l'acétabulum*, et la convertit en un trou donnant passage à une branche de l'artère obturatrice; il est formé par du tissu fibreux et recouvert à sa face interne par une mince couche de cartilage.

2° *Tête du fémur*. — Elle appartient à une sphère du même rayon que la cavité; mais sa surface articulaire est plus étendue et elle représente plus d'une demi-sphère. Elle est revêtue d'un cartilage de 0m,003 à 0m,004 d'épaisseur vers le milieu et qui manque au niveau de la dépression du ligament rond.

Synoviale. — Du côté de l'os iliaque elle s'attache au sourcil cotyloïdien en dehors de la base du bourrelet, ou bien à la face externe du bourrelet, de façon que ce dernier se trouve compris dans la cavité articulaire. Du côté du fémur elle s'attache en avant à la base du col à la ligne intertrochantérienne, en arrière à la réunion du tiers externe et des deux tiers internes de sa face postérieure; cependant elle ne cesse pas là, mais elle tapisse le col du fémur en adhérant à son périoste et ne cesse en réalité qu'au bord de la tête du fémur, là où commence le cartilage. Il en résulte que toute la face antérieure du col et son bord supérieur, ainsi qu'une partie de sa face postérieure et de son bord inférieur, sont compris dans la cavité articulaire ou mieux dans l'intérieur de la capsule fibreuse, car ces parties sont en dehors de la cavité de la synoviale.

Ligaments. — On trouve une capsule fibreuse et un ligament interarticulaire ou ligament rond.

1° *Capsule fibreuse*. Elle constitue un manchon fibreux doublant la synoviale et allant du pourtour de la cavité cotyloïde à la base du col du fémur. On peut y distinguer des faisceaux circulaires et des faisceaux longitudinaux. Les faisceaux circulaires sont surtout accumulés à la partie postérieure et inférieure de la capsule, où ils forment une *zone orbiculaire* (fig. 48, A, 14) assez forte, embrassant comme un demi-anneau, sans y adhérer, la partie postérieure du col. Une partie de ces fibres circulaires partent de l'épine iliaque antéro-inférieure pour y revenir après avoir contourné le col. Dans les faisceaux longitudinaux on distingue trois groupes principaux : 1° des fibres antérieures ilio-fémorales, qui vont de l'épine iliaque antéro-inférieure à la ligne intertrochantérienne et constituent un ligament très-fort, épais en moyenne de près de 0m,01, *ligament antérieur* ou de *Bertin* (fig. 48, B, 13); 2° des fibres ischiatiques allant de l'ischion à la zone orbiculaire et au fémur; 3° des fibres pubo-fémorales moins fortes et de disposition variable. La partie postérieure du col est à peu près libre d'insertions capsulaires. Ces fibres longitudinales présentent, en outre, une sorte de disposition en spirale autour du col du fémur, grâce à laquelle leur torsion est augmentée dans l'extension, diminuée dans la flexion.

Les endroits les plus faibles de la capsule sont la partie inférieure en dedans et en dehors de la zone orbiculaire, ainsi que la partie de cette capsule qui se trouve en dedans du ligament de Bertin et qui correspond à la bourse du psoas (fig. 48, B, 14) ; quelquefois même elle est percée là d'un trou, par lequel la synoviale articulaire communique avec la bourse séreuse du psoas. La capsule est du reste renforcée dans ses endroits faibles en avant par le psoas, en bas par l'obturateur externe.

2° *Ligament rond* (fig. 52, 3). — Ce ligament a la forme d'un triangle aplati de dehors en dedans, dont la base correspond au ligament transverse de l'acétabulum, la pointe à la dépression de la tête du fémur. Assez variable comme force et comme disposition, il s'insère en bas aux deux bords de l'échancrure cotyloïdienne, à la partie voisine de l'arrière-fond et au ligament transverse. Il est entouré par la synoviale et présente dans son intérieur des vaisseaux allant se rendre à la tête du fémur. La face interne est en rapport avec l'arrière-fond de la cavité cotyloïde, auquel il est rattaché par un repli synovial, sa face externe avec la tête du fémur.

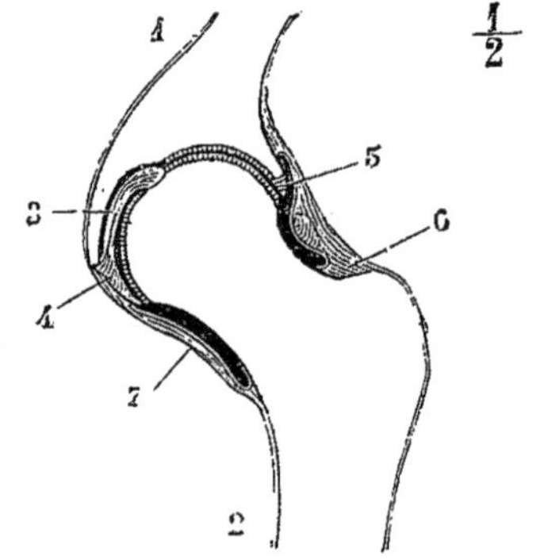

Fig. 52. — *Coupe transversale et verticale de l'articulation coxo-fémorale* (*).

Vaisseaux et nerfs. — Les *artères* viennent des artères circonflexes interne et externe, fessière, ischiatique et obturatrice; cette dernière fournit un rameau qui pénètre par l'échancrure cotyloïdienne dans le ligament rond et va gagner la tête du fémur par les trous de sa dépression centrale. Les *nerfs* sont : en avant, des filets venant de la branche du nerf obturateur, qui va à l'obturateur externe, et des branches musculaires du nerf crural ; en arrière, des filets fournis par le nerf ischiatique et par le nerf sciatique, soit directement, soit par sa branche du carré crural.

Mécanisme. — Le segment de sphère pleine représenté par la tête du fémur a plus d'étendue que la cavité cotyloïde osseuse, dont tous les diamètres ont moins d'une demi-circonférence; par l'addition du bourrelet cotyloïdien la cavité articulaire constitue plus d'une demi-sphère ; on a ainsi une disposition analogue à ce qui s'appelle *noix* en mécanique : mais elle en diffère cependant en ce que le bourrelet cotyloïdien n'étant pas inflexible, mais élastique, ne pourrait s'opposer à la chute de la tête du fémur et à la séparation des surfaces articulaires si d'autres causes n'intervenaient. Ces causes sont l'adhésion des surfaces, la tonicité des parties molles et enfin la pression atmosphérique. Les expériences suivantes, dues aux frères Weber et devenues classiques, démontrent l'action de la pression atmosphérique : 1° on peut inciser transversalement toutes les parties molles de la cuisse au niveau de l'articulation, y compris la capsule fibreuse, sans que la tête sorte de sa cavité ; 2° quand on fait par l'intérieur du bassin un trou au plancher de la cavité cotyloïde, la tête se détache de la cavité; quand on replace la tête au contact et qu'on bouche le trou avec le doigt pour empêcher l'accès de l'air, la tête reste accolée à la cavité. Le bourrelet cotyloïdien agit donc comme une sorte de soupape;

(*) 1) Os iliaque. — 2) Fémur. — 3) Ligament rond. — 4) Ligament transverse de l'acétabulum. — 5) Bourrelet cotyloïdien. — 6, 7) Capsule fibreuse articulaire.

il fait ventouse sur la tête du fémur, et empêche dans les divers mouvements de cette dernière la pénétration d'un liquide, ou celle de l'air si l'articulation est ouverte. Cette influence de la pression atmosphérique s'exerce surtout pendant la flexion du membre; car pendant l'extension la tête, par la tension du ligament antérieur, se met forcément en contact intime avec la cavité; il ne peut y avoir extension du fémur sans qu'il y ait en même temps accolement exact des deux surfaces.

L'étendue des mouvements du fémur est augmentée par ce fait que la tête appartient à un plus grand segment de sphère que la cavité, et présente une surface articulaire plus étendue, il y a donc une certaine excursion de mouvement possible avant que le col vienne affleurer le bourrelet cotyloïdien. Du reste, l'arrêt dû à cet affleurement n'est pas brusque à cause de l'élasticité du bourrelet.

Les mouvements du fémur, se passant entre des surfaces à peu près exactement sphériques, peuvent se faire autour d'une infinité d'axes de rotation; cependant sur le vivant ils se font suivant trois directions principales et autour de trois axes de rotation perpendiculaires l'un à l'autre.

1° *Flexion et extension.* — Elles ont lieu autour d'un axe transversal passant par les centres des têtes des deux fémurs. Leur excursion est de 135° ou d'un angle droit et demi; la flexion est limitée par la rencontre des faces antérieures de la cuisse et du tronc; l'extension par le ligament antérieur. Dans l'extension complète, tous les autres mouvements, sauf la flexion, sont impossibles; ce qui assure la stabilité du tronc dans la station.

2° *Rotation en dehors et en dedans.* — Elle se fait autour d'un axe vertical dirigé suivant la longueur de la cuisse; son excursion est d'un angle droit. Elle est limitée par la résistance de la capsule et surtout du ligament de Bertin, et pour la rotation en dedans par les fibres ischiatiques.

3° *Adduction et abduction.* — Ces mouvements se passent autour d'un axe antéro-postérieur perpendiculaire au précédent et ont aussi une excursion de 90°; l'abduction est limitée par la rencontre du rebord cotyloïdien et du col; l'adduction par la tension du ligament rond; toutes deux comme la rotation, soit en dedans soit en dehors, par la tension du ligament de Bertin; il en résulte que ces quatre mouvements sont incompatibles avec l'extension forcée et ne peuvent se faire qu'avec la flexion, qui relâche le ligament antérieur. C'est dans l'abduction que la tête du fémur présente le plus de points de sa surface en dehors de la cavité.

Le rôle du ligament rond est interprété différemment par les auteurs; les uns, se basant sur son absence constatée dans quelques cas, sur son peu de résistance dans quelques autres, le regardent comme un simple repli destiné à supporter des vaisseaux (Henle); les autres, à cause de la tension qu'il présente dans l'adduction, lui donnent pour rôle principal de limiter ce mouvement. Il est tendu en outre dans la rotation en dehors, la cuisse étant fléchie; ainsi, par exemple, il maintient le genou élevé lorsqu'on place le bord externe du pied sur le genou du côté opposé.

Muscles moteurs de l'articulation. — 1° *Flexion :* psoas et iliaque, couturier, droit antérieur, pectiné, faisceaux antérieurs du moyen fessier.

2° *Extension :* grand fessier, faisceaux postérieurs du moyen fessier.

3° *Rotation en dehors :* grand fessier, faisceaux postérieurs du moyen et du petit fessier, pyramidal, obturateur interne et jumeaux, carré crural, obturateur externe, adducteurs, psoas et iliaque.

4° *Rotation en dedans :* faisceaux antérieurs du moyen et du petit fessier.

5° *Adduction :* adducteurs, droit interne, pectiné.

6° *Abduction :* grand, moyen et petit fessiers, pyramidal.

ARTICLE III. — ARTICULATION DU GENOU

Cette articulation, très-complexe anatomiquement, présente : 1° des surfaces articulaires complétées par des ménisques, ligaments semi-lunaires ; 2° des ligaments interarticulaires ou ligaments croisés ; 3° une synoviale ; 4° des ligaments périphériques.

Surfaces articulaires. — Elles appartiennent au fémur, au tibia et à la rotule et sont encroûtées d'une couche de cartilage épaisse de 0m,003 à 0m,004.

1° *Fémur.* — La surface appartenant au fémur est divisée en trois portions : une médiane ou rotulienne, deux latérales ou condyliennes. La *surface rotulienne, trochlée fémorale,* présente en son milieu une rainure verticale ; ses parties latérales sont convexes, l'externe plus que l'interne, qui est aussi moins large et moins longue. Les *surfaces condyliennes* convexes sont séparées de

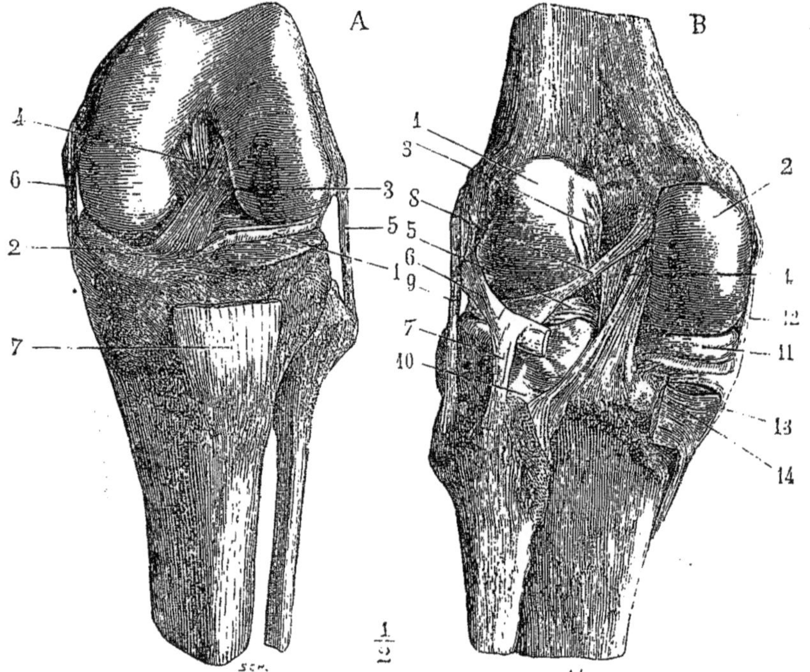

FIG. 53. — *Ligaments du genou* (*).

la surface rotulienne par deux gouttières obliques, dont la plus marquée appartient au condyle externe et qui ne sont autre chose que des empreintes indiquant l'endroit où s'arrêtent les bords antérieurs des ligaments semi-lunaires à la fin de l'extension, Le rayon de courbure des condyles augmente d'arrière en avant, surtout pour le condyle interne ; en outre, l'externe est plus bombé transversalement et en définitive se rapproche plus de la forme sphérique.

(*) A. *Face antérieure.* — 1) Ligament semi-lunaire externe. — 2) Ligament semi-lunaire interne. — 3) Ligament croisé antérieur. — 4) Ligament croisé postérieur. — 5) Ligament latéral externe.— 6) Ligament latéral interne. — 7) Tendon rotulien.

B. *Face postérieure.* — 1) Condyle externe. — 2) Condyle interne. — 3) Insertion supérieure du ligament croisé antérieur. — 4) Ligament croisé postérieur. — 5) Ligament semi-lunaire externe. — 6) Tendon du muscle poplité. — 7) Ligament le rattachant au péroné. — 8) Faisceau de renforcement du ligament semi-lunaire externe. — 9) Ligament latéral externe. — 10) Capsule de l'articulation péronéo-tibiale. — 11) Ligament semi-lunaire interne. — 12) Ligament latéral interne. — 13) Son prolongement au-dessus du tendon du demi-membraneux.

2° *Rotule.* — La surface de la rotule, très-faiblement concave de haut en bas, est fortement convexe transversalement. La partie interne de cette face est étroite et abrupte.

3° *Tibia.* — La partie supérieure du tibia représente une sorte de plateau horizontal divisé par l'épine du tibia et les échancrures attenantes en deux surfaces articulaires presque planes ou cavités glénoïdes du tibia, sur lesquelles les condyles du fémur reposent comme des roues sur le sol, c'est-à-dire par quelques-uns de leurs points seulement.

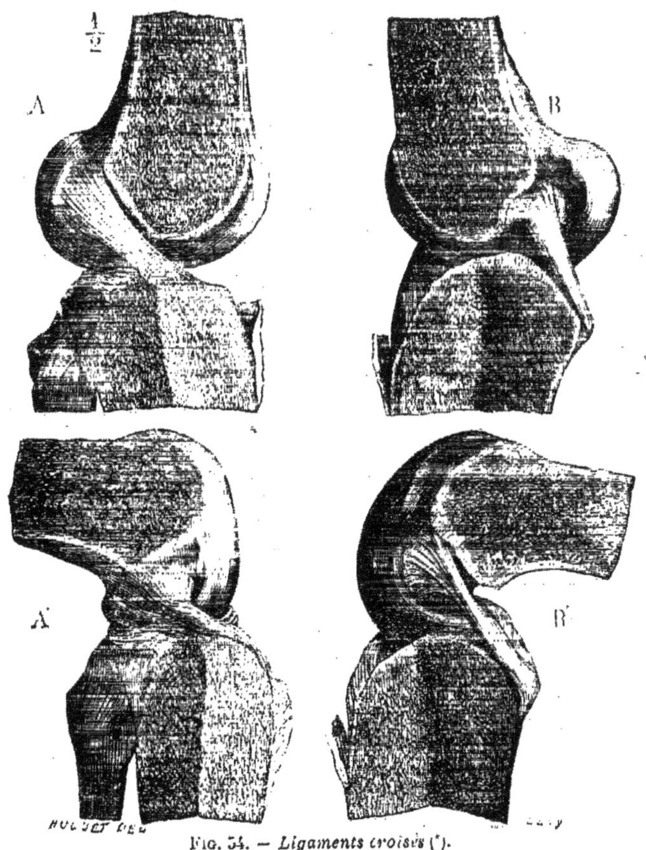

Fig. 54. — *Ligaments croisés* (*).

4° *Ménisques* ou *ligaments semi-lunaires* (fig. 53, A, 1, 2). — La concordance des surfaces est complétée par deux ménisques fibreux en forme de croissant, l'un interne, l'autre externe. Chacun d'eux présente deux pointes s'attachant, pour l'externe en avant et en arrière de l'épine du tibia, pour l'interne en avant et en arrière des insertions du précédent; les insertions antérieures des deux ligaments semi-lunaires sont séparées par l'attache inférieure du ligament croisé antérieur; leur bord convexe, épais de 0m,005 en moyenne,

(*) Les ligaments croisés antérieurs et postérieurs ont été séparés l'un de l'autre par un trait de scie antéro-postérieur avec les parties correspondantes du fémur, du tibia et le ligament semi-lunaire du même côté. — A. Ligament croisé antérieur dans l'extension. — A'. Le même, dans la flexion. — B. Ligament croisé postérieur, dans l'extension. — B'. Le même, dans la flexion.

correspond à la périphérie des cavités glénoïdes du tibia ; leur bord central concave, dentelé, tranchant, excessivement mince, vient affleurer l'endroit où le fémur est en contact avec le tibia ; leurs deux faces encroûtées de cartilage se moulent, la supérieure sur le fémur, l'inférieure sur le tibia. L'externe, à cause de ses insertions près de l'épine du tibia, est presque circulaire ; l'interne a la forme d'un croissant. Ils sont reliés en avant par une bande fibreuse qui réunit leurs bords convexes, *ligament jugal.*

Ligaments croisés. — Ce sont deux ligaments très-forts, se croisant dans le sens antéro-postérieur et dans le sens transversal, remplissant en partie l'échancrure intercondylienne et allant du tibia aux faces intérieures des deux condyles.

L'*antérieur* (fig. 53, A, 3 et fig. 54, A, A') s'attache en bas entre les insertions antérieures des deux ligaments semi-lunaires, se porte en haut et en dehors et va s'insérer au condyle externe près de sa facette articulaire, à la partie postérieure de l'échancrure intercondylienne, suivant une ligne verticale dans l'extension (fig. 54, A), horizontale dans la flexion (A').

Le *postérieur* (fig. 53, B, 4 et fig. 54, B, B'), très-fort, large, épais, s'attache en bas à une échancrure située à la partie postérieure du tibia entre les deux condyles, derrière l'insertion postérieure du ligament semi-lunaire interne ; de là il se porte en haut et en avant presque verticalement et va s'attacher au condyle interne à la partie antérieure de l'échancrure intercondylienne, en s'élargissant en éventail. De sa partie postérieure se détache un faisceau fibreux allant à la partie postérieure du ligament semi-lunaire externe (fig. 53, B, 8).

Synoviale. — D'une étendue en rapport avec l'étendue des surfaces osseuses, elle s'insère à la limite du cartilage d'encroûtement des facettes articulaires ; en passant du fémur sur le tibia, au niveau des ligaments semi-lunaires, elle adhère au bord convexe de ces ligaments et sa couche épithéliale se prolonge même un peu sur leurs surfaces supérieure et inférieure, en se continuant avec le cartilage qui les revêt ; au niveau des ligaments croisés elle tapisse toute la partie antérieure et latérale de ces ligaments, qu'elle réunit dans une gaîne commune, ne laissant libre que leur partie postérieure.

Les deux ligaments croisés, ainsi réunis par ce repli de la synoviale, forment une cloison incomplète s'avançant dans l'intérieur de l'articulation et la divisant en deux chambres, l'une interne, l'autre externe, contenant chacune un des condyles et communiquant en avant. Chacune de ces chambres est à son tour divisée par les ligaments semi-lunaires en deux chambres secondaires : l'une supérieure, l'autre inférieure, communiquant par l'ouverture centrale de ces ligaments.

En avant, la synoviale, au lieu de se porter directement du fémur au bord supérieur de la rotule, forme un cul-de-sac plus ou moins profond au-dessus de cet os, en avant du fémur et derrière le tendon du triceps. Au-dessous de la rotule, la synoviale se porte en bas et en arrière vers le tibia et se trouve refoulée par un peloton graisseux épais, formant coussinet entre la rotule et le tibia ; de ce peloton part un repli fibreux, plus ou moins complet, enveloppé par une gaîne de la synoviale, repli qui se porte en arrière et va se fixer à la partie supérieure et antérieure de l'échancrure intercondylienne ; c'est le *ligament adipeux* ou *muqueux*.

La synoviale présente plusieurs prolongements :

1° Un cul-de-sac sus-rotulien derrière le triceps, remontant ordinairement à 0m,05 au-dessus du bord supérieur de la rotule, par suite d'une communication qui se fait entre lui et la bourse séreuse, primitivement distincte, située derrière le tendon de ce muscle. Il reste habituellement un pli demi-circulaire. Très-souvent, chez les enfants, la bourse du triceps est distincte de la synoviale du genou.

2° Un prolongement, *bourse séreuse poplitée*, situé au-dessous du tendon du poplité et dont l'ouverture de communication présente une disposition très-variable.

3° Un prolongement embrassant le tendon du demi-membraneux, distinct de la synoviale articulaire dans les premiers temps de la vie et qui chez l'adulte en reste distinct dans la moitié des cas.

Ligaments périphériques. — Ils se divisent en antérieurs, postérieurs et latéraux.

1° *Ligaments antérieurs.* — Superficiellement on trouve des fibres appartenant à l'aponévrose fémorale et séparées de la peau au niveau de la rotule par la *bourse séreuse prérotulienne sous-cutanée.* Au-dessous est le *ligament rotulien :* ce ligament, long de 0m,045, large de 0m,025, épais de 0m,004 à 0m,005, s'étend de la partie inférieure de la rotule à la tubérosité antérieure du tibia ; entre sa face profonde et la partie supérieure lisse de cette tubérosité antérieure est une bourse séreuse, *bourse sous-rotulienne*, ne communiquant jamais avec l'articulation. Des faisceaux minces aplatis, *ligaments latéraux de la rotule*, partant des bords latéraux de la rotule et allant s'attacher au condyle, maintiennent la rotule en situation.

2° *Ligaments postérieurs.* — La partie postérieure de l'appareil ligamenteux articulaire, par ses ouvertures nombreuses pour le passage de vaisseaux, par les pelotons graisseux mêlés à ses fibres, par ses adhérences avec les tendons des muscles sus-jacents et la disposition entre-croisée de ses faisceaux, présente une disposition très-irrégulière. Le principal faisceau fibreux provient de l'épanouissement du tendon du demi-membraneux, et se porte obliquement de bas en haut et de dedans et dehors, pour se perdre dans la demi-capsule qui revêt le condyle externe, *ligament poplité oblique ;* un autre faisceau épais, résistant, se rend du tendon du poplité à la tête du péroné (fig. 53, B, 7).

3° *Ligament latéral externe* (fig. 53, A, 5; B, 9). — C'est un cordon nettement séparé de la capsule par de la graisse et qui va de la saillie de la tubérosité externe du fémur à la tête du péroné, où son insertion est embrassée par celle du tendon du biceps.

4° *Ligament latéral interne* (fig. 53, A, 6 ; B. 12). — Aplati, en éventail, plus large que l'externe, mal limité en arrière, il s'attache en haut à la tubérosité interne du fémur, en bas à la partie postérieure et supérieure de la face interne du tibia, en recouvrant le tendon antérieur du demi-membraneux ; ses fibres profondes sont soudées à la périphérie du ligament semi-lunaire interne. Il est à peu près aussi tendu dans la flexion que dans l'extension, contrairement au ligament latéral externe, qui, très-tendu dans l'extension, est très-relâché dans la flexion.

Vaisseaux et nerfs.—Les *artères* viennent de la grande anastomotique, des branches articulaires de la poplitée et de la récurrente tibiale antérieure, et forment autour de l'articulation un réseau artériel remarquable. — *Nerfs.* L'articulation reçoit en avant des filets provenant du nerf saphène interne, des nerfs musculaires du triceps et des filets du nerf sciatique poplité externe, accompagnant l'artère articulaire supérieure et externe; en arrière des rameaux des nerfs poplités interne et externe, dont l'un pénètre avec l'artère articulaire moyenne; en dedans une branche du nerf poplité interne pénétrant avec l'articulaire inférieure; en dehors un filet du nerf tibial antérieur accompagnant l'artère récurrente tibiale.

Mécanisme. — L'articulation du genou se compose en réalité de trois articulations distinctes, dont l'action combinée produit les mouvements de totalité de l'articulation : 1° celle des condyles du fémur avec les ligaments semi-lunaires ou articulation supérieure; 2° celle des ligaments semi-lunaires avec le tibia ou articulation inférieure; 3° enfin l'articulation supplémentaire de la rotule avec le fémur. Les deux premières sont des articulations *conjuguées*, et peuvent se subdiviser à leur tour chacune en deux articulations secondaires : l'une interne, l'autre externe, appartenant pour les deux articulations supérieures à la classe des *condyles*, pour les deux articulations inférieures difficilement réductibles à une classe définie; l'articulation rotulienne est une *trochlée.* L'ensemble qui en résulte constitue une *charnière*, mais une charnière très-imparfaite; car elle permet, comme mouvements de totalité, non-seulement la flexion et l'extension, mais encore la rotation.

1. *Flexion et extension.* — Ces mouvements, qui se passent principalement dans l'articulation supérieure (celle des condyles et des ligaments semi-lunaires), se font autour d'un axe horizontal traversant les condyles au niveau de l'insertion des ligaments latéraux. Dans l'extension, le tibia et les ligaments semi-lunaires glissent d'arrière en avant sur les condyles du fémur; c'est l'inverse dans la flexion. Mais à cause de la divergence et de la forme des deux condyles le mouvement serait très-restreint si la surface tibio-semi-lunaire ne subissait pas au fur et à mesure de son glissement une modification de forme, qui lui permît de s'adapter exactement à la forme de la nouvelle portion du condyle fémoral avec laquelle elle se trouve à chaque instant en contact. En effet, en cherchant isolément l'axe de rotation pour le mouvement de chacun des ligaments semi-lunaires sur le condyle correspondant, on voit que les axes des condyles de droite et de gauche ne coïncident pas, mais passent pour chacun d'eux par les insertions du ligament croisé et du ligament latéral, et que par suite ces axes se croisent dans l'échancrure intercondylienne, en formant un angle obtus ouvert en haut. Il en résulte que le mouvement total autour de l'axe oblique de chaque condyle peut être décomposé en deux mouvements secondaires : 1° un mouvement pur de flexion et d'extension autour d'un axe transversal (première composante), identique pour les articulations interne et externe; 2° un mouvement en sens contraire des deux ligaments semi-lunaires autour d'un axe vertical (deuxième composante), et grâce auquel ces ligaments se rapprochent en avant dans l'extension, en arrière dans la flexion.

L'*extension* est arrêtée, dès que le tibia et le fémur forment une ligne droite, par la tension des ligaments croisés et du ligament latéral externe et par le contact du bord antérieur des ligaments semi-lunaires avec le sillon de séparation de la surface rotulienne et des surfaces condyliennes du fémur. Le ligament semi-lunaire externe atteint sa limite d'extension avant le ménisque interne, et, pendant que ce dernier termine son mouvement, l'externe subit un mouvement de rotation, grâce auquel la pointe du pied se porte un peu en dehors à la fin de l'extension complète. L'extension ne permet pas d'autre mouvement que la flexion, ce qui assure la solidité du membre inférieur dans la station et dans la marche. Dans la *flexion* tous les ligaments sont relâchés; elle peut être portée jusqu'à la rencontre de la jambe et de la cuisse. L'excursion entre la flexion et l'extension est de 160° environ.

2. *Rotation.* — Elle se passe principalement dans les articulations du côté externe, à cause de la mobilité plus grande du ménisque externe, du relâchement plus marqué du ligament latéral externe pendant la flexion, et enfin de la forme plus régulièrement sphé-

rique du condyle du même côté. Cette rotation, par laquelle la pointe du pied se porte en dehors ou en dedans, a lieu autour d'un axe vertical passant par la partie interne de l'épine du tibia. Impossible dans l'extension absolue, presque nulle dans la flexion complète, elle est surtout facile dans les positions intermédiaires. Dans la rotation en dedans le croisement des ligaments croisés est encore augmenté, ce qui limite très-vite ce mouvement; ils sont décroisés, au contraire, dans la rotation en dehors, qui est arrêtée par la résistance des ligaments latéraux. L'excursion de la rotation varie suivant le degré de flexion du tibia sur le fémur; elle est de 20° environ pour un angle de flexion de 150°, de 30° pour un angle de flexion de 90°; de 40° pour un angle de flexion de 60°.

La *rotule*, qui constitue à la fois un organe de protection pour la partie antérieure de l'articulation et une poulie de renvoi pour le tendon de l'extenseur de la jambe, est fixée solidement au tibia par le ligament rotulien; aussi présente-t-elle des rapports différents dans les divers mouvements de l'articulation. Dans l'extension son bord supérieur atteint et dépasse même le bord supérieur, et sa partie interne le bord interne de la trochlée fémorale; dans cette position, si elle n'est pas fixée par la contraction de l'extenseur, elle présente une très-grande mobilité transversale, à cause de la concordance imparfaite des surfaces articulaires. Dans la flexion à angle droit du tibia sur le fémur, i y a correspondance parfaite et contact intime des surfaces articulaires rotulienne et fémorale. A mesure que la flexion augmente, la rotule se place en avant de la fosse intercondylienne et se porte vers le bord externe du fémur, et dans la flexion extrême sa moitié inférieure répond à la partie supérieure du tibia.

Muscles moteurs de l'articulation. — 1. *Flexion :* biceps, demi-tendineux, demi-membraneux, couturier, droit interne, jumeaux, poplité.

2° *Extension :* triceps, tenseur du fascia lata.

3° *Rotation en dedans :* demi-tendineux, couturier, droit interne, tenseur du fascia lata (très-faiblement), poplité.

4° *Rotation en dehors :* biceps.

ARTICLE IV. — ARTICULATIONS PÉRONÉO-TIBIALES

Le péroné s'articule avec le tibia par ses deux extrémités. Entre les deux os existe, comme à l'avant-bras, un espace, *espace interosseux*, dont le maximum de largeur est de 0m,024. Cet espace est fermé par la *membrane interosseuse* mince, surtout en haut, à fibres obliques en bas et en dehors et présentant à la partie supérieure un orifice pour le passage des vaisseaux tibiaux antérieurs. Elle s'insère, en dedans, au bord externe du tibia, en dehors, à la crête interosseuse de la face interne du péroné, et, dans son tiers inférieur, au bord antérieur du même os.

Articulation péronéo-tibiale supérieure. — Elle présente des facettes articulaires à peu près planes, , d'une inclinaison se rapprochant de l'horizontale, et une synoviale renforcée par une capsule fibreuse. Cette synoviale communique exceptionnellement avec celle du genou, principalement chez les vieillards, par l'intermédiaire de la bourse séreuse poplitée.

Articulation péronéo-tibiale inférieure. — Il n'y a pour cette articulation ni surfaces articulaires encroûtées de cartilage, ni synoviale propre. Les deux os sont réunis par deux ligaments péronéo-tibiaux inférieurs, l'un antérieur, fort, l'autre postérieur, qui complètent la mortaise tibio-péronière, et par un ligament interosseux très-résistant. Dans l'espace intercepté par les surfaces osseuses et par ces ligaments, pénètre un prolongement de la synoviale tibio-tarsienne.

Nerfs. — L'articulation péronéo-tibiale supérieure reçoit des filets nerveux, en arrière, de la branche du nerf poplité interne qui va au muscle poplité, en avant de la branche tibiale antérieure qui fournit aussi au côté externe du genou.

ARTICLE V. — ARTICULATIONS DU PIED

§ I. — Articulation tibio-tarsienne.

C'est une *charnière* formée par l'astragale, d'une part, par la mortaise tibio-péronière de l'autre.

Surfaces articulaires. 1° *Astragale.* — Elle présente : 1° une surface supérieure convexe d'arrière en avant, légèrement concave transversalement ; sur une coupe antéro-postérieure on voit qu'elle forme environ le quart d'un cercle de $0^m,02$ de rayon ; elle est plus étroite en arrière qu'en avant (il y a une différence d'un sixième), ce qui est dû à l'obliquité de son bord externe, son

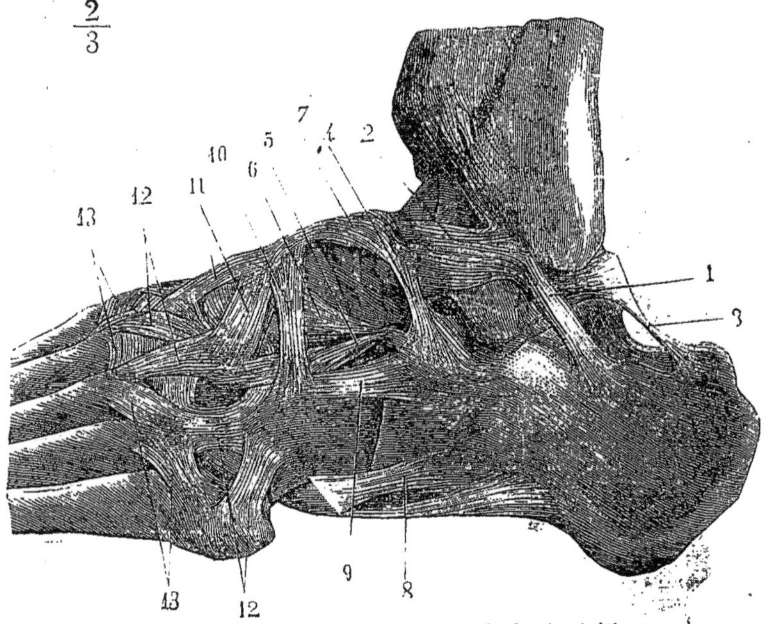

Fig. 55. — *Ligaments de la face externe et du dos du pied* (*).

bord interne restant à peu près parallèle à l'axe longitudinal du pied ; 2° deux faces latérales réunies chacune à la face supérieure par un bord courbe mousse et se continuant avec elle sans interruption de revêtement cartilagineux ; la face interne fait un angle obtus avec la face supérieure, à laquelle elle est unie par un bord mousse très-épais ; la face externe verticale s'y réunit à angle droit par un bord tranchant, tronqué vers son tiers postérieur ; elle est triangulaire,

(*) 1) Ligament péronéo-calcanéen. — 2) Ligament péronéo-astragalien antérieur. — 3) Ligament astragalo-calcanéen postérieur. — 4) Ligament calcanéo-astragalien interosseux. — 5) Branche externe. — 6) Branche interne du ligament en V. — 7) Ligament astragalo-scaphoïdien supérieur. — 8) Ligament calcanéo-cuboïdien externe. — 9) Ligament calcanéo-cuboïdien supérieur. — 10) Ligament scaphoïdo-cuboïdien. — 11) Ligaments allant du scaphoïde aux cunéiformes. — 12) Ligaments tarso-métatarsiens. — 13) Ligaments métatarsiens.

terminée en bas par une pointe saillante, et plus étendue que l'interne, qui est falciforme.

2° *Mortaise tibio-péronière.* — Moulée en partie sur la poulie astragalienne, et comme elle plus large en avant qu'en arrière, elle présente seulement une moins grande étendue d'avant en arrière (dans le rapport de 2 à 3), de façon qu'il reste toujours une portion de surface astragalienne non couverte par la mortaise. Sa largeur est en outre susceptible de varier, grâce à la mobilité légère du péroné sur le tibia. Cette mortaise est complétée par les ligaments péronéo-tibiaux inférieur, antérieur et postérieur. Ces surfaces articulaires, ainsi que celle de l'astragale, ont un revêtement cartilagineux de 0m,001 à à 0m,002 d'épaisseur.

Synoviale. — Insérée au pourtour des surfaces articulaires, elle se prolonge un peu en avant sur la partie supérieure du col de l'astragale, qui est compris partiellement dans la cavité articulaire; en haut elle se glisse entre le tibia, le péroné et les ligaments péronéo-tibiaux inférieurs, et forme là un cul-de-sac qui remonte jusqu'à une hauteur de 0m,01. Forte et tendue sur les parties latérales, elle est mince et lâche en avant et en arrière et en rapport dans ces deux sens avec de forts paquets adipeux.

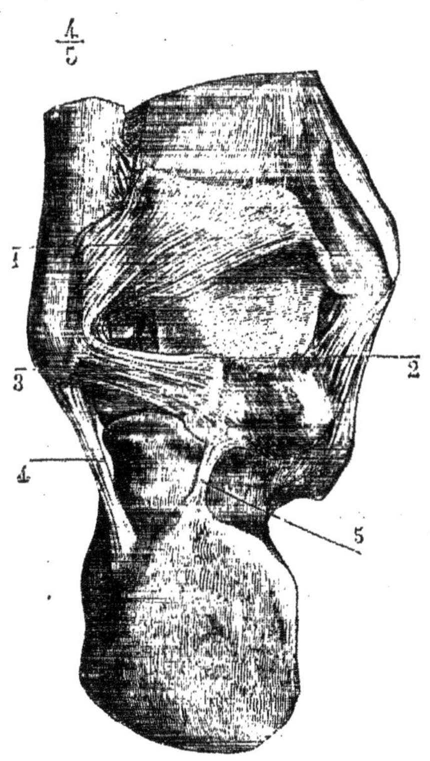

Fig. 56. — *Ligaments postérieurs du pied* (*).

Ligaments. — Il n'y a de véritables ligaments qu'en dedans et en dehors; en avant et en arrière, ils sont réduits à de minces fibres obliques entre lesquelles la synoviale fait hernie.

1° *Ligament latéral interne ou deltoïdien* (fig. 56, 2). — Très-fort, épais, triangulaire, il s'attache au sommet et aux deux bords de la malléole interne, et, de là, rayonne en éventail et va s'insérer à la partie dorsale du scaphoïde, à la petite apophyse du calcanéum, et à la partie postérieure de l'astragale; ses fibres profondes vont à toute la face interne de ce dernier os.

2° *Ligaments latéraux externes.* — Ils sont au nombre de trois : 1° un ligament *péronéo-astragalien antérieur* (fig. 55, 2), très-court, qui va du bord antérieur de la malléole externe à l'astragale, en avant de la facette arti-

(*) 1) Ligament péronéo-tibial postérieur. — 2) Ligament latéral interne de l'articulation tibio-tarsienne. — 3) Ligament péronéo-astragalien postérieur. — 4) Ligament péronéo-calcanéen. — 5) Ligament astragalo-calcanéen.

culaire; 2° un ligament *péronéo-calcanéen* (fig. 55, 1 et 56, 4), oblique en bas et en arrière, allant du sommet de la malléole à la face externe du calcanéum; et enfin 3° un ligament *péronéo-astragalien postérieur* (fig. 56, 3), transversal, qui naît dans la fossette postérieure et interne de la malléole, et va en dedans se fixer à deux saillies limitant la gouttière du long fléchisseur du pouce.

§ II. — Articulations du tarse.

Préparation. — Mêmes observations que pour les articulations du carpe. Pour la face plantaire, ouvrir la gaîne du long péronier latéral pour arriver sur les ligaments profonds. Pour bien voir la cavité de réception de la tête de l'astragale et comment elle est complétée par les ligaments, détacher cette tête du corps de l'os et l'extraire de sa cavité. Une préparation qui donne une bonne idée des interlignes articulaires du pied consiste à faire sécher un pied débarrassé grossièrement de ses parties molles, à l'exception des ligaments, puis à ouvrir ses articulations par la face dorsale.

Ces articulations peuvent, au point de vue anatomique, être divisées en quatre, d'après le nombre des synoviales; au point de vue physiologique, elles sont au nombre de trois : 1° articulation sous-astragalienne; 2° articulation calcanéo-cuboïdienne; 3° articulation du scaphoïde avec les cunéiformes et le cuboïde.

1° Articulation sous-astragalienne.

C'est dans cette articulation que se passent les mouvements d'adduction et d'abduction du pied. Elle se subdivise en deux articulations secondaires ayant chacune leur synoviale distincte : l'une postérieure, celle du corps de l'astragale avec le calcanéum ; l'autre antérieure, celle de la tête de l'astragale avec le calcanéum et le scaphoïde. Ces deux articulations sont séparées par un ligament très-fort, remplissant le sinus du tarse et formé de faisceaux fibreux obliques allant de la gouttière de l'astragale à la gouttière correspondante du calcanéum, *ligament calcanéo-astragalien interosseux* (fig. 55, 4) ; il constitue un puissant moyen d'union entre les deux os.

A. Articulation sous-astragalienne postérieure.

Les *surfaces articulaires*, parfaitement concordantes, convexes du côté du calcanéum, concaves du côté de l'astragale, représentent un segment de sphère, dont le grand axe est à peu près transversal.

La *synoviale* se prolonge vers la partie externe du sinus du tarse, où elle est presque en contact avec la synoviale tibio-tarsienne ; elle forme un cul-de-sac à sa partie postérieure.

Deux *ligaments* renforcent cette articulation, l'un postérieur oblique (fig. 55, 3), allant de la saillie externe de la gouttière du long fléchisseur du pouce à la partie postérieure du calcanéum ; l'autre interne, presque horizontal, allant de la saillie interne de cette gouttière à la petite apophyse du calcanéum.

B. Articulation sous-astragalienne antérieure (astragalo-calcanéo-scaphoïdienne).

Surfaces articulaires. — La tête de l'astragale, fortement convexe de haut en bas, un peu moins convexe transversalement dans le sens de son plus grand diamètre, est logée dans une cavité de réception, en partie osseuse, en partie ligamenteuse. Cette cavité est formée en arrière par la facette antérieure concave du calcanéum, en avant par la concavité du scaphoïde, et complétée en dedans par un ligament fibro-cartilagineux, contenant quelquefois un os sésamoïde, ligament *calcanéo-scaphoïdien inférieur* (fig. 57, 8, 10), qui remplit l'espace triangulaire ouvert en dedans formant lacune entre les deux os, en dehors par un ligament étendu du calcanéum, entre sa facette astragalienne antérieure et sa facette cuboïdienne, à la partie externe du scaphoïde, *branche interne du ligament en* V (fig. 55, 6). Pour bien voir cette cavité de réception, il faut enlever la tête de l'astragale.

Synoviale. — Elle ne présente rien de particulier ; elle tapisse les ligaments qui complètent la cavité articulaire.

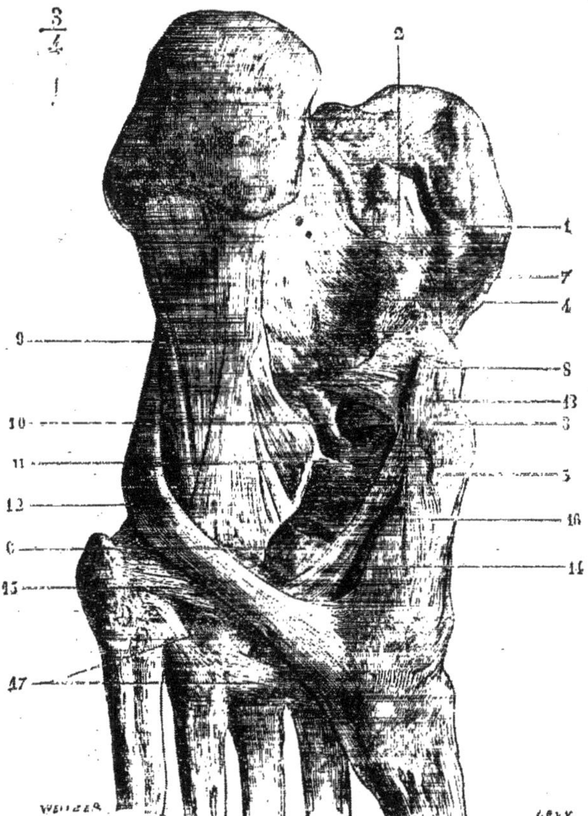

FIG. 57. — *Ligaments de la face plantaire du pied* (*).

Ligaments. — Outre les ligaments calcanéo-scaphoïdiens inférieurs et la branche interne du ligament en V déjà décrite à propos de la cavité de réception, on ne trouve guère qu'un ligament *astragalo-scaphoïdien dorsal* (fig. 55, 7), mince, aplati, allant du col de l'astragale au dos du scaphoïde.

(*) 1) Malléole interne. — 2) Astragale. — 3) Tête de l'astragale. — 4) Petite apophyse du calcanéum. — 5) Scaphoïde. — 6) Troisième cunéiforme. — 7) Ligament latéral interne tibio-tarsien. — 8) Ligament calcanéo-scaphoïdien inférieur. — 9) Grand ligament calcanéo-cuboïdien plantaire. — 10) Ligament calcanéo-scaphoïdien profond. — 11) Ligament cuboïdo-scaphoïdien. — 12) Tendon du long péronier latéral. — 13) Tendon du jambier postérieur. — 14) Son expansion aux métatarsiens et au troisième cunéiforme. — 15) Ligament allant du cinquième métatarsien au troisième cunéiforme. — 16) Ligament allant du scaphoïde au premier cunéiforme. — 17) Ligaments intermétatarsiens plantaires.

2° Articulation calcanéo-cuboïdienne.

C'est une articulation *en selle.*

Surfaces articulaires. — Le calcanéum est convexe de dehors en dedans, concave de haut en bas ; le cuboïde a des courbures inverses.

Synoviale. — Elle n'offre rien de spécial.

Ligaments. — Ils sont au nombre de trois : 1° un supérieur, *ligament calcanéo-cuboïdien dorsal* (fig. 55, 9), aplati ; 2° un interne, *branche externe du ligament en* V (fig. 55, 5), qui va du calcanéum à la partie supérieure et interne du cuboïde et forme, avec un ligament allant du même point du calcanéum au scaphoïde, un V ouvert en avant, *ligament en* V, appelé aussi à tort *ligament en* Y ; 3° un inférieur, extrêment fort, *grand ligament plantaire* (fig. 57, 9), composé de deux couches, une superficielle, allant des tubérosités du calcanéum à la crête du cuboïde et au troisième cunéiforme, dépassant même cette crête en passant sous le tendon du long péronier latéral pour se terminer à la base des quatre derniers métatarsiens ; une profonde, allant de la face inférieure du calcanéum à la crête du cuboïde et à la partie de l'os située en arrière de cette crête.

3° Articulation scaphoïdo-cuboïdo-cunéenne.

Surfaces articulaires. — Les trois cunéiformes et le cuboïde s'articulent entre eux par des facettes latérales planes, et le scaphoïde s'articule par trois facettes triangulaires, à peu près planes, avec les trois cunéiformes, et présente quelquefois une quatrième facette en contact avec une facette correspondante du cuboïde.

Synoviale. — Il y a habituellement une seule capsule synoviale pour ces articulations.

Ligaments. — Les trois cunéiformes et le cuboïde sont réunis entre eux par trois sortes de ligaments allant d'un os à l'os voisin, les ligaments dorsaux, plantaires et interosseux, qui maintiennent leurs surfaces étroitement accolées. En outre, chacun de ces quatre os est uni au scaphoïde par un ligament dorsal et un ligament plantaire ; on trouve de plus un ligament interosseux oblique, allant du scaphoïde au cuboïde.

§ III. — Articulations tarso-métatarsiennes.

Surfaces articulaires. — L'interligne articulaire est convexe en avant et interrompu par l'enclavement dans la mortaise des trois cunéiformes du deuxième métatarsien, qui dépasse en arrière le premier métatarsien de $0^m,009$, et le troisième de $0^m,004$. Cet interligne, à peu près transversal au niveau du premier métatarsien, devient ensuite très-oblique en dehors et en arrière, de façon que l'extrémité externe de l'interligne se trouve à $0^m,03$ en arrière de son extrémité interne.

Synoviale. — Il y en a ordinairement trois pour cette articulation : 1° une entre le premier métatarsien et le premier cunéiforme ; 2° une entre les deuxième et troisième métatarsiens, et les deuxième et troisième cunéiformes ; 3° une enfin pour le cuboïde et les deux derniers métatarsiens. La deuxième communique ordinairement avec la synoviale de l'articulation scaphoïdo-cuboïdo-cunéenne par les interstices articulaires existant entre le deuxième et les deux autres cunéiformes (voy. fig. 58).

Ligaments. — Les bases des métatarsiens sont d'abord reliées entre elles par des fibres transversales fortes, formant des ligaments dorsaux, plantaires et interosseux ; ces deux derniers manquent entre le premier métatarsien et le deuxième. En outre, chacun d'eux est relié aux os du tarse par des ligaments, qui, pour chaque métatarsien, présentent les dispositions suivantes : pour le premier, c'est une véritable capsule fibreuse renforcée surtout en bas par un très-fort ligament plantaire. Le deuxième métatarsien a trois ligaments dorsaux, le rattachant à chacun des cunéiformes, deux ligaments plantaires l'unissant au deuxième et au troisième cunéiforme, et un ligament *interosseux* venant du premier cunéiforme, et qui est la clef de l'articulation. Ceux qui rattachent le troisième au troisième cunéiforme n'offrent rien de particulier, sauf un ligament interosseux, qui sera décrit plus loin. Le quatrième et le cinquième présentent des ligaments dorsaux et des ligaments plantaires, parmi lesquels on distingue surtout des fibres transversales (fig. 57, 15), allant du troisième cunéiforme à l'apophyse du cinquième métatarsien et couvertes en partie par le tendon du long péronier latéral.

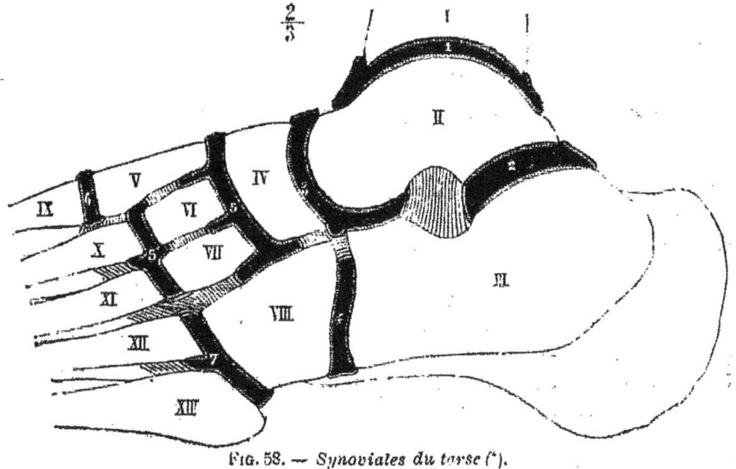

Fig. 58. — *Synoviales du tarse* (*).

Cette articulation est pourvue de deux ligaments *interosseux* très-forts : l'un, *interne*, déjà décrit, va du premier cunéiforme au deuxième métatarsien ; l'autre, *externe*, se compose de deux faisceaux croisés, venant, l'un de la partie supérieure et externe du troisième cunéiforme, l'autre de la partie inférieure et interne du cuboïde, et se portant à la facette latérale externe du troi-

(*) I. Tibia — II. Astragale. — III. Calcanéum. — IV. Scaphoïde. — V. Premier, VI. Deuxième, VII. Troisième cunéiformes. — VIII. Cuboïde. — IX. Premier, X. Deuxième, XI. Troisième, XII. Quatrième, XIII. Cinquième métatarsiens.

1) Synoviale tibio-tarsienne. — 2) Synoviale sous-astragalienne postérieure. — 3) Synoviale sous-astragalienne antérieure. — 4) Synoviale calcanéo-cuboïdienne. — 5) Synoviale scaphoïdo-cunéenne se prolongeant 55) pour former celle des deuxième et troisième métatarsiens avec les deux derniers cunéiformes. — 6) Synoviales du premier métatarsien et du premier cunéiforme. — 7) Synoviales des deux derniers métatarsiens et du cuboïde.

sième métatarsien et quelquefois au quatrième. Ces ligaments interosseux empêchent les communications des trois synoviales de cette articulation.

Vaisseaux et nerfs. — Les *artères* des articulations tarsiennes et tarso-métatarsiennes sont fournies en avant par les branches malléolaires de la tibiale antérieure, les branches dorsales du tarse et du métatarse de la pédieuse et la terminaison de la péronière antérieure; en arrière par les branches de la péronière postérieure et de la tibiale postérieure, et à la face plantaire par des rameaux des artères plantaires interne et externe. Les *nerfs* proviennent en avant du nerf tibial antérieur, en arrière du nerf tibial postérieur.

§ IV. — Articulations métatarso-phalangiennes.

Ce sont des articulations *condyliennes.*

Surfaces articulaires. — La *tête* des métatarsiens comprimée latéralement se compose de deux parties ayant des courbures différentes et séparées par un angle mousse; la supérieure, qui empiète sur la face dorsale de l'os plus que pour les métacarpiens, est plus courte et fortement convexe; l'inférieure est plus longue et moins bombée. Cette tête est reçue dans une *cavité de réception* formée de deux parties: une partie supérieure osseuse, c'est la cavité de la première phalange correspondant à la courbure supérieure du condyle; une partie inférieure fibro-cartilagineuse, épaisse de $0^{m},002$ et moulée sur la courbure inférieure du condyle, *ligament glénoïdien* ou *capsulaire;* les ligaments capsulaires de tous les métatarsiens sont réunis entre eux du côté plantaire par une bandelette transversale, *ligament transverse du métatarse.*

Synoviale. — Une synoviale lâche existe pour chacune des articulations métatarso-phalangiennes. En outre, entre les faces correspondantes des condyles des métatarsiens voisins se trouvent de petites bourses séreuses communiquant quelquefois avec les synoviales articulaires.

Ligaments. — Ils sont situés sur les parties latérales et au nombre de deux: l'un interne, l'autre externe; ils s'attachent en arrière à des tubercules situés à la partie supérieure des condyles, et de là se portent en bas et en avant sur les côtés de la cavité articulaire de la phalange et du ligament capsulaire. Ils sont tendus dans la flexion, relâchés dans l'extension.

L'articulation *métatarso-phalangienne du gros orteil* présente des caractères spéciaux; la tête du métatarsien, beaucoup plus volumineuse, offre à sa partie inférieure deux gouttières séparées par une crête saillante; elles logent deux os sésamoïdes existant dans le ligament capsulaire et qui transforment cette articulation en un double ginglyme.

Nerfs. — Ces articulations sont innervées par des filets du nerf plantaire externe.

§ V. — Articulations des phalanges.

Elles sont identiques aux articulations correspondantes des doigts.

Mécanisme du pied. — Le pied représente une voûte surbaissée ayant trois points d'appui: 1° en arrière, les tubérosités du calcanéum; 2° en avant et en dedans, la tête du premier métatarsien avec ses deux sésamoïdes; 3° en avant et en dehors, la tête du cinquième métatarsien. On peut négliger à ce point de vue les orteils, simples appendices mobiles n'ayant à peu près aucun rôle dans la mécanique de la station.

Cette voûte, très-prononcée au côté interne du pied, descend en pente douce vers le bord externe, de façon que l'angle d'inclinaison que font les métatarsiens avec le sol diminue du premier au cinquième dans les proportions suivantes : premier, 40° ; deuxième, 35° ; troisième, 30° ; quatrième, 25° ; cinquième, 20°. Les lignes intermédiaires entre ces trois points d'appui constituent ce qu'on peut appeler les *bords* ou les *arcs* de la voûte. Le *bord* ou *arc interne*, le plus long, fortement concave, est formé d'arrière en avant par le calcanéum, l'astragale et le scaphoïde, le premier cunéiforme et le premier métatarsien ; l'*arc externe*, constitué par le calcanéum, le cuboïde et le cinquième métatarsien, est plus bas et son point culminant est à une très-faible distance du sol ; le bord antérieur répond aux têtes des métatarsiens. Deux des points d'appui de la voûte, le calcanéum et la tête du premier métatarsien, sont relativement à peu près immobiles et invariables, ainsi que le bord interne ; au contraire, le troisième point d'appui et les deux autres bords sont très-mobiles et variables. Ainsi, lorsque le pied supportant le poids du corps se pose sur le sol, la tête du cinquième métatarsien cède à la pression et remonte au point que les têtes des métatarsiens et le bord externe du pied, principalement l'apophyse du cinquième métatarsien, se rapprochent du sol et quelquefois même arrivent au contact. Dans ce cas, le pied repose sur le sol, non plus par trois points, mais par une ligne courbe, partant en avant de la tête du premier métatarsien pour aboutir en arrière aux tubérosités du calcanéum, en suivant les têtes des métatarsiens et le bord externe du pied. Le pied dans cette position ne constitue plus une voûte ordinaire, mais bien plutôt une *demi-coupole* à ouverture interne, qu'on peut compléter par le rapprochement des bords internes des deux pieds. Cette mobilité du bord externe et du bord antérieur du pied lui permet de s'adapter plus facilement aux inégalités et à l'inclinaison du sol.

Cette voûte du pied, susceptible du reste de très-grandes variétés individuelles, tantôt fortement prononcée *(pied cambré)*, tantôt excessivement surbaissée *(pied plat)*, protége efficacement contre la compression les parties molles de la région plantaire. Elle est maintenue par la configuration même des os (forme en coin des cunéiformes, arc-boutant constitué par l'astragale entre le calcanéum et le scaphoïde), par la résistance des ligaments et surtout du grand ligament plantaire, enfin par des muscles et des aponévroses, tibial postérieur, court fléchisseur commun des orteils et aponévrose plantaire dans le sens antéro-postérieur, long péronier latéral et abducteur transverse dans le sens transversal.

Mouvements du pied. — Les mouvements du pied, par rapport à la jambe, sont de deux espèces et se répartissent sur deux articulations distinctes : la flexion et l'extension appartiennent à l'articulation tibio-tarsienne, l'adduction et l'abduction à l'articulation sous-astragalienne.

1° *Articulation tibio-tarsienne.* — C'est une *charnière* : l'axe des mouvements, presque horizontal, traverse l'astragale près de sa face inférieure et sort, en dehors, à la pointe de la facette articulaire externe, en dedans au-dessous du bord inférieur de la facette latérale interne, à un tubercule surmonté de trous vasculaires. Dans la flexion la pointe du pied se relève, elle s'abaisse dans l'extension (1). Cet axe est à peu près perpendiculaire au bord interne mousse de la poulie astragalienne. La mortaise tibio-péronière ayant moins d'étendue d'avant en arrière que la poulie astragalienne (: : 2 : 3), n'occupe dans la station droite que la partie moyenne de cette dernière. Les surfaces articulaires étant plus larges en avant qu'en arrière, le tibia et le péroné s'écartent l'un de l'autre dans la flexion et se rapprochent au contraire dans l'extension, ce dont on peut s'assurer facilement en faisant mouvoir les deux os après les avoir sciés au-dessus de l'interligne articulaire. Ces variations de largeur de la mortaise sont permises par la flexibilité du péroné et la mobilité de l'os dans l'articulation péronéo-tibiale supérieure. Dans l'extension la partie la moins large de l'astragale venant se placer dans la partie la plus large de la mortaise, il peut y avoir alors des mouvements de latéralité autour

(1) Pour beaucoup d'auteurs allemands c'est l'inverse ; les mots *flexion plantaire* et *flexion dorsale* employés par quelques auteurs seraient peut-être plus convenables.

d'un axe vertical, mouvements impossibles dans la flexion. La flexion et l'extension ont pour limite la rencontre des surfaces osseuses. Leur excursion est d'environ un angle droit.

2° *Articulation sous-astragalienne.* — Le deuxième mouvement du pied, *adduction* et *abduction*, se passe dans l'articulation sous-astragalienne. Dans ce mouvement le calcanéum et le scaphoïde et avec eux le reste du pied se meuvent autour d'un axe oblique, dirigé en haut et en avant et dont les points de sortie seraient à la partie supérieure et antérieure du col de l'astragale d'une part, et de l'autre sur la face externe du calcanéum à l'insertion inférieure du ligament péronéo-calcanéen. Cet axe, susceptible de varier suivant les individus et sur lequel tous les expérimentateurs ne sont pas d'accord, traverse l'astragale, le calcanéum et le ligament interosseux astragalo-calcanéen, qui représente une sorte de point fixe autour duquel se meut le calcanéum. Dans l'*adduction*, la pointe du pied se tourne en dedans vers le plan médian du corps, et la pointe du pied se dévie en dedans en même temps que le bord externe s'abaisse ; dans ce mouvement la tête de l'astragale est à découvert dans sa partie supérieure et externe; la partie antérieure du calcanéum suit ce mouvement, tandis que la partie de l'os postérieure au ligament interosseux et avec elle le talon se portent en sens inverse. Cette adduction est limitée par la rencontre de la petite apophyse du calcanéum avec la partie interne et postérieure du col de l'astragale. Dans l'*abduction*, les phénomènes inverses se passent jusqu'à ce qu'elle soit arrêtée par la rencontre de l'apophyse externe de l'astragale et de la partie supérieure du calcanéum.

Les autres *articulations tarsiennes* (articulations calcanéo-cuboïdienne et scaphoïdo-cuboïdo-cunéenne) prennent une part plus ou moins active à l'adduction et à l'abduction; en outre, elles y ajoutent des mouvements, grâce auxquels la voûte du pied tend à se creuser dans l'adduction et à s'aplanir dans l'abduction. Sous ces deux rapports l'articulation calcanéo-cuboïdienne a surtout beaucoup d'importance. Dans l'adduction le cuboïde se porte de haut en bas et de dehors en dedans sur la face convexe du calcanéum, comme pour s'enfoncer au-dessous de la tête de l'astragale ; c'est l'inverse dans l'abduction.

Les articulations *tarso-métatarsiennes* sont très-serrées ; il y a immobilité presque absolue du deuxième et du troisième métatarsien; pour le quatrième et surtout pour le cinquième, il y a une légère mobilité; il en est de même pour le premier; quelquefois même on trouve entre lui et le premier cunéiforme une ébauche d'articulation en selle, rappelant de loin celle du trapèze et du premier métacarpien et comme un rudiment de mouvement d'opposition.

Pour les articulations *métatarso-phalangiennes*, l'extension est beaucoup plus étendue que la flexion; dans cette dernière les ligaments latéraux sont tendus, tandis que dans l'extension ils sont relâchés, ce qui permet alors une inclinaison latérale.

Muscles moteurs du pied. — 1° *Flexion :* tibial antérieur, extenseur propre du gros orteil, extenseur commun des orteils, péronier antérieur.

2° *Extension :* triceps sural, long péronier latéral, court péronier latéral, long fléchisseur commun des orteils, tibial postérieur, fléchisseur propre du gros orteil.

3° *Abduction :* tibial antérieur, tibial postérieur, extenseur propre du gros orteil, triceps sural.

4° *Abduction :* long péronier latéral, court péronier latéral, extenseur commun des orteils et péronier antérieur.

Muscles moteurs des phalanges. — A. *Premières phalanges.* — 1° *Flexion :* interosseux, lombricaux, fléchisseurs des orteils, abducteur du gros orteil, abducteur oblique, abducteur du petit orteil.

2° *Extension :* extenseur commun des orteils, extenseur propre du gros orteil, pédieux.

3° *Adduction par rapport à l'axe du deuxième métatarsien :* interosseux plantaires.

4° *Abduction :* interosseux dorsaux.

B. *Deuxièmes phalanges.*—1° *Flexion :* court fléchisseur commun, fléchisseur propre du gros orteil.

2° *Extension :* interosseux, lombricaux, pédieux, long extenseur commun des orteils, extenseur propre du gros orteil.

C. *Troisièmes phalanges.*—1° *Flexion :* long fléchisseur commun des orteils.

2° *Extension :* interosseux, lombricaux, extenseur commun des orteils, pédieux.

BIBLIOGRAPHIE — J. Weitbrecht, *Syndesmologia, sive Historia ligamentorum corporis humani.* Paris, 1742, in-4, 26 planches. — Langenbeck, *Icones anatomicæ. Osteologia et Syndesmologia, tabulæ XVII*, in-fol. Paris, 1839. — G. H. Humphrey, *A treatise on the human Skeleton, including the joints.* In-8, 60 planches. London, 1858. — Henke, *Handbuch der Anatomie und Mechanik der Gelenke.* In-8. Leipzig, 1863. — Luschka, *Die Halbgelenke des menschlichen Körpers.*

LIVRE TROISIÈME

MYOLOGIE

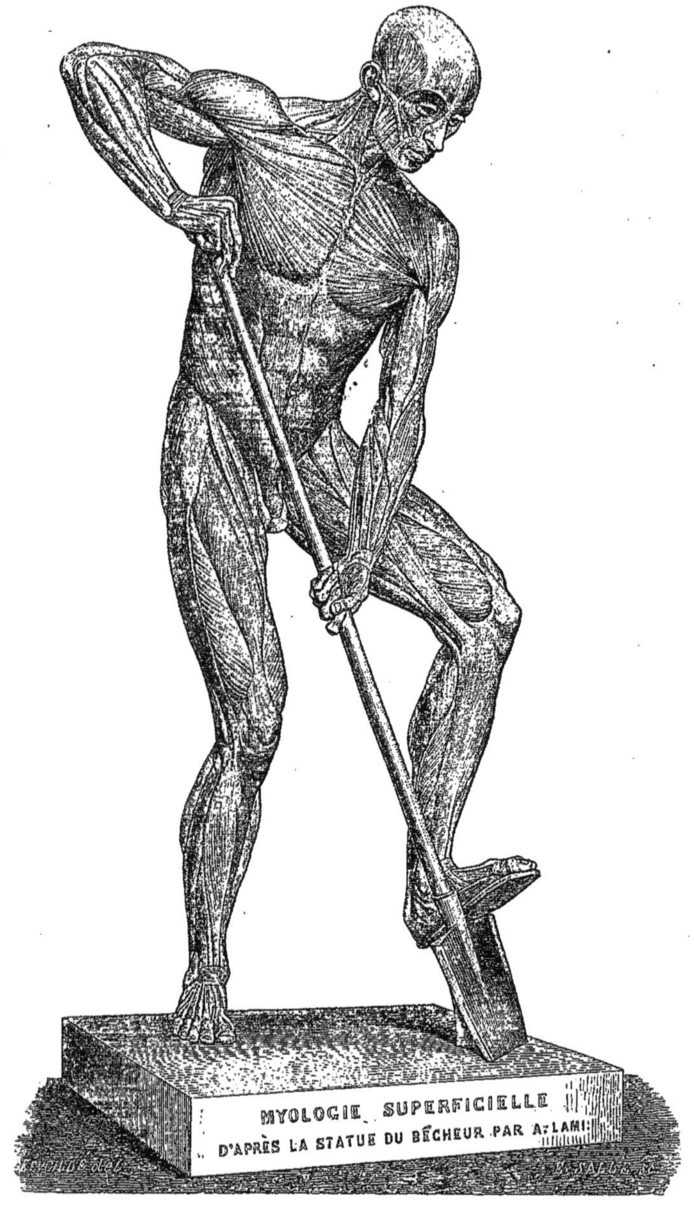

FIG. 59. — *Myologie superficielle* (*).

PREMIÈRE SECTION

DES MUSCLES EN GÉNÉRAL

Les muscles se divisent en deux grandes classes correspondant aux deux divisions de l'élément musculaire : les muscles striés et les muscles lisses. Les premiers sont soumis, sauf le cœur, à l'influence de la volonté ; la plupart constituent, comme *muscles du squelette*, les organes actifs de la locomotion ; quelques-uns s'étalent sous la peau, qu'ils font glisser sur les parties sous-jacentes *(muscles peauciers)* ; d'autres enfin sont annexés aux organes de la vie végétative ou disposés autour des ouvertures naturelles *(muscles splanchniques)*. Les muscles lisses, au contraire, se dérobent à l'influence de la volonté et appartiennent presque exclusivement à la sphère de la vie végétative. Nous ne nous occuperons dans ce livre que du premier groupe, laissant même de côté les muscles splanchniques, qui seront décrits avec les organes auxquels ils sont annexés.

Les muscles sont très-nombreux (400 environ), et, pour s'y reconnaître, il a fallu donner à chacun un nom particulier. Cette nomenclature était très-imparfaite jusqu'à ces derniers temps et se faisait un peu au hasard ; aujourd'hui, grâce surtout à Chaussier, une nomenclature rationnelle a prévalu, et les muscles sont dénommés d'après leurs deux insertions principales (ex. : sterno-hyoïdien) ; cependant cette méthode n'est pas appliquée dans toute sa rigueur ; beaucoup de muscles tirent leur nom de leur fonction (ex. : fléchisseur commun des doigts), et, ce qui est plus fâcheux, l'usage a conservé beaucoup de noms anciens sans signification précise.

Les muscles sont des organes très-complexes, formés par l'union du tissu musculaire avec d'autres tissus. En outre, à ces muscles viennent s'annexer des organes accessoires destinés à perfectionner leur fonction ; ce sont les fascias ou aponévroses de contention, les bourses séreuses musculaires, les gaînes synoviales tendineuses, etc.

Un muscle se compose de deux éléments distincts : 1° une masse charnue, contractile, constituée par du tissu musculaire, *corps* ou *ventre* du muscle, dont elle forme la partie active ; 2° des parties passives, résistantes, *tendons* ou *aponévroses d'insertion*, constituées par du tissu fibreux et rattachant le corps charnu aux organes qu'il doit mouvoir. Ordinairement, dans les muscles du squelette, chaque extrémité du ventre musculaire est rattachée aux os par un tendon ; quelquefois cependant une des extrémités s'attache directement à l'os et le muscle n'a qu'un seul tendon.

Ces tendons présentent des formes très-variables, dépendant de la forme même du muscle et de celle de la surface osseuse à laquelle ils s'attachent. Quant à leur structure et à leurs propriétés, elles sont tout à fait comparables à celles des ligaments, et il est inutile de s'y arrêter.

Le corps charnu du muscle est constitué par l'assemblage des fibres musculaires primitives. Ces fibres s'accolent en restant parallèles et forment des faisceaux dits *primitifs* ; entre elles, est un tissu connectif fin, qui sert de support aux vaisseaux ; les faisceaux primitifs se groupent ensuite en faisceaux secondaires, et ceux-ci à leur tour en faisceaux tertiaires, dont la réunion constitue le muscle. Une gaîne connective, *perymisium externe*, enveloppe tout l'organe et envoie entre les divers faisceaux des cloisons, qui donnent naissance à des gaînes tertiaires, secondaires et primitives, *perimisyum interne.*

L'union des fibres musculaires avec les tendons peut se faire de deux façons : ou bien en ligne droite, et la fibre musculaire semble se continuer avec une fibre tendineuse (fig. 60, A) ; ou bien obliquement, c'est-à-dire que la fibre musculaire s'implante sur le tendon en faisant avec lui un angle aigu (fig. 60, B, C, D). Quel que soit le cas, il n'y a jamais continuité de la fibre musculaire et de la fibre tendineuse ; mais la première se termine par une extrémité arrondie, recouverte par le sarcolemme, qui forme là un cul-de-sac et s'enfonce dans une dépression correspondante du tendon. Il en est de même quand la fibre musculaire, au lieu de naître par l'intermédiaire d'un tendon, naît directement d'un os ou d'un cartilage ; elle se comporte alors avec le périoste ou le périchondre comme avec la fibre tendineuse.

L'union des tendons avec les os et les cartilages se fait de deux manières : ou bien le tendon se continue avec le périoste de l'os en confondant ses fibres avec lui, ou bien il naît directement de l'os sans l'intermédiaire du périoste, et s'implante par ses fibres dans des dépressions irrégulières de la surface osseuse, avec laquelle il contracte une union intime. Dans ce cas, on trouve ordinairement dans le tendon au voisinage de l'os des cellules de cartilage (ex.: tendon d'Achille). Sur les parties fibreuses (capsules articulaires, sclérotique, etc.), l'union se fait par continuation des fibres du tendon et de celles de la membrane d'insertion.

Vaisseaux. — Les muscles sont très-riches en vaisseaux. Ceux-ci sont fournis par une ou plusieurs artères accompagnées ordinairement chacune par deux veines ; le réseau capillaire qui en résulte est caractéristique ; il est formé par des vaisseaux longitudinaux interposés entre les fibres musculaires primitives, de telle façon que chaque fibre est en rapport au minimum avec deux capillaires sanguins ; ces vaisseaux sont réunis par des branches transversales anastomotiques, de manière que le réseau se compose de mailles rectangulaires très-régulières, dont la longueur ne dépasse jamais 0m,001 et dont la largeur dépend de l'épaisseur de la fibre musculaire primitive. Aussi plus les fibres primitives d'un muscle sont fines, plus ce muscle reçoit-il de sang. Les capillaires des muscles sont excessivement fins et leur calibre descend souvent au-dessous de celui des globules sanguins. Les tendons et les organes accessoires, tels que les aponévroses, sont, à l'exception des bourses séreuses et surtout des freins des tendons, très-pauvres en vaisseaux. Les lymphatiques n'ont pas encore été démontrés dans les muscles.

Nerfs. — Les nerfs, après avoir pénétré dans un muscle, s'y disposent en plexus terminaux ; ces plexus sont constitués par un réseau de mailles allongées, dont les mailles terminales ont la forme d'anses ; mais ces anses, regardées autrefois comme la véritable terminaison des nerfs dans les muscles, ne sont autre chose que les dernières ramifications anastomotiques, et contiennent ordinairement une à trois fibres nerveuses primitives. Les rameaux qui pénètrent dans les muscles se composent surtout de tubes nerveux larges (90 pour 100) ; une fois arrivés dans l'intérieur du muscle, leur calibre diminue, et dans les plexus terminaux les tubes nerveux sont très-minces, transparents et prennent l'aspect des tubes nerveux sans moelle. Les fibres nerveuses primitives subissent des divisions nombreuses avant d'arriver à la fibre musculaire, et on a calculé sur le muscle peaucier de la grenouille qu'une fibre nerveuse pouvait fournir à vingt fibres musculaires primitives (Reichert). Quant à la terminaison ultime des tubes nerveux et à leur mode de jonction avec l'élément contractile, il résulte des recherches les plus récentes, que le tube nerveux terminal arrivé à la fibre musculaire présente un renflement *(plaque terminale* de Rouget) placé probablement à l'intérieur du sarcolemme et en contact immédiat avec la substance contractile. Quant aux parties accessoires des muscles, ce qui a été dit de leurs vaisseaux peut s'appliquer aussi aux nerfs.

Le muscle, envisagé comme organe et au point de vue de l'anatomie descriptive, présente à considérer sa situation, sa forme, son volume, ses insertions, l'agencement de ses fibres et ses anomalies ; enfin les muscles s'associent pour constituer des groupes que rapprochent à la fois leurs connexions anatomiques et leurs fonctions.

Situation. — Les muscles peuvent être sous-cutanés ou sous-aponévrotiques ; les premiers, désignés sous le nom de *muscles peauciers*, ont peu d'extension chez l'homme ; on ne les trouve guère qu'à la face, au cou et à la paume de la main ; une au moins de leurs insertions se fait à la face profonde de la peau, qu'ils déplacent sur les parties sous-jacentes ou plissent dans différentes directions. Les muscles *sous-aponévrotiques* sont séparés de la peau par une aponévrose quelquefois très-mince et par le tissu cellulaire sous-cutané ; ils peuvent occuper toutes les régions du corps ; au tronc, ils complètent les parois des grandes cavités, et sont situés soit à l'extérieur de ces cavités (ex. : grand dentelé), soit à leur intérieur (ex. : diaphragme), soit dans les interstices que laissent entre eux les os qui constituent les parois de ces cavités (ex. : muscles intercostaux). Aux membres, ils forment une masse épaisse, volumineuse, surtout au niveau de la diaphyse, et qui se groupe autour du squelette comme autour d'un axe.

Dans ces différentes régions, les muscles sont rarement réduits à une seule couche ; ils forment habituellement plusieurs couches superposées, de façon qu'on distingue des muscles superficiels et des muscles profonds. Dans ces diverses situations les muscles ont des rapports très-variables; les plus importants sont ceux qu'ils affectent avec les artères; celles-ci, situées dans les interstices musculaires, marchent en général parallèlement à un muscle qui constitue leur muscle *satellite*, et sert dans la ligature de point de repère pour arriver sur l'artère; quelques muscles sont traversés par des artères, ordinairement au niveau de leurs insertions osseuses (anneau du grand adducteur, arcade du soléaire). Les nerfs peuvent aussi traverser les muscles (ex. : coraco-huméral et nerf musculo-cutané); mais il n'y a pas là ces arcades fibreuses qui existent au niveau du passage des artères; le nerf traverse simplement le tissu du muscle, sans que celui-ci éprouve à son niveau de modification de structure.

Forme. — Les muscles peuvent, au point de vue de leur forme, être divisés en deux grandes classes : les uns, orbiculaires, décrivent un cercle plus ou moins complet, plus ou moins régulier, et se rencontrent, pour nous limiter aux muscles striés volontaires, autour des ouvertures naturelles (bouche, anus), qu'ils ont pour fonction de rétrécir ou d'oblitérer; ce sont les *sphincters*; les autres, allant d'un os à un autre os, déplacent l'os mobile par rapport à l'os fixe, et ont en général des fibres à direction rectiligne; ils forment les *muscles du squelette*. Entre ces deux classes on peut ranger comme intermédiaires deux groupes secondaires : 1° les *diaphragmes* (diaphragme, mylo-hyoïdien, releveur de l'anus), dont les fibres, curvilignes à l'état de repos, convergent vers un centre ou vers la ligne médiane du corps et s'aplanissent dans la contraction en diminuant la capacité de la cavité à la paroi de laquelle ils concourent; 2° les muscles *semi-cylindriques* (muscles larges de l'abdomen), qui font aussi partie des parois d'une cavité qu'ils compriment à la façon d'une sangle; leurs fibres sont en général parallèles et non plus convergentes comme celles des diaphragmes.

On divise les muscles du squelette en muscles longs, muscles courts et muscles larges.

1° Les muscles *longs* sont situés surtout aux membres et dans les parties superficielles; ils sont pourvus ordinairement de gaînes aponévrotiques distinctes et ont une direction parallèle à l'axe du membre, ainsi qu'à la direction des vaisseaux et nerfs principaux dont ils constituent les muscles satellites. Ils sont tantôt aplatis et comme rubanés, tantôt ramassés sur eux-mêmes et fusiformes.

2° Les muscles *courts* se trouvent surtout dans les couches profondes des membres autour des articulations, on les rencontre encore autour du rachis, dont ils meuvent les pièces multiples ; leur direction est très-variable, souvent transversale par rapport à l'axe du membre ; ils sont en général dépourvus de gaîne aponévrotique propre.

3° Les muscles *larges* font partie des parois des grandes cavités sur lesquelles ils sont étalés sous forme de membranes musculaires minces; leurs insertions se font par des aponévroses dites *aponévroses d'insertions ;* leurs fibres ont une direction entrecroisée par rapport à celle des fibres des muscles sus et sous-jacents (ex. : muscles de l'abdomen). Les muscles courts et les muscles larges peuvent du reste affecter des formes variables : ils peuvent être triangulaires, carrés, rectangulaires, trapézoïdes, etc.

Deux formes particulières de muscles méritent une mention spéciale, ce sont les muscles réfléchis et les muscles digastriques. 1° Les muscles *réfléchis*, arrivés à un certain point de leur trajet, changent brusquement de direction, et leur tendon se réfléchit soit dans une gouttière osseuse, soit dans un anneau fibreux, comme dans une poulie, pour aller gagner son lieu d'insertion (ex. : péristaphylin externe, grand oblique de l'œil). Cette réflexion complète n'existe que pour un petit nombre de muscles; mais au voisinage des articulations beaucoup de muscles éprouvent un certain degré de réflexion qui modifie leur direction primitive; en effet, les extrémités articulaires des os présentent en général un volume assez considérable et, de plus, des saillies osseuses (*prolongements trochléaires des os*) creusées de gouttières qui forment de véritables poulies de réflexion, et font que le muscle, au lieu de s'insérer parallèlement à l'os mobile, s'y insère, non pas perpendiculairement, mais sous un angle d'incidence assez fort. 2° Les muscles *digastriques* se composent de deux ventres musculaires séparés par un tendon ou une aponévrose intermédiaire; ils sont souvent réfléchis (ex. : digastrique, omo-hyoïdien).

Volume. — Le volume des muscles est en rapport avec la quantité et la longueur des fibres qui les constituent; il varie à l'infini, et entre le triceps crural et le muscle de l'étrier, par exemple, on trouve tous les degrés intermédiaires. La constitution individuelle, le sexe, l'âge, les professions, les habitudes exercent une influence puissante sur le volume des muscles. Ce volume, étant en rapport avec la quantité de substance contractile, permet de mesurer la force d'un muscle; mais le poids nous offre un moyen plus commode et plus rigoureux d'apprécier exactement la puissance et l'énergie de contraction d'un muscle. Le poids de la masse musculaire du corps (tendons compris) peut être évalué approximativement à 35 kilogrammes, c'est-à-dire à plus de la moitié du poids total du corps.

Insertions. — Les insertions d'un muscle se font tantôt par des fibres musculaires s'implantant sur le tissu fibreux du périoste, tantôt par des tendons ou des aponévroses; dans le premier cas elles ne laissent aucune trace sur l'os; dans le second, on trouve souvent des empreintes plus ou moins rugueuses et d'autant plus marquées, que le muscle est plus volumineux et son tendon plus ramassé sur lui-même; il semble que la substance osseuse compacte s'accumule en plus grande quantité au fur et à mesure de l'effort de traction exercé par le muscle sur un point de l'os. Les formes des tendons d'insertion varient extrêmement, et ces variations sont en rapport d'une part avec la forme même de la surface osseuse d'insertion, de l'autre avec le mode d'union des fibres musculaires et des fibres tendineuses; ils peuvent être aplatis, arrondis, prismatiques, creusés en gouttière, tordus sur leur axe, etc. Tantôt leur longueur est très-faible, comme dans la plupart des muscles courts, tantôt au contraire elle est extrême, comme dans certains muscles longs des membres (ex. : demi-tendineux). Quant aux aponévroses d'insertion, elles ne peuvent se distinguer que par leur plus ou moins d'étendue ou d'épaisseur. Beaucoup de muscles, sans avoir de tendons distincts, s'insèrent cependant par des fibres tendineuses ordinairement assez courtes et mélangées intimement aux fibres musculaires (ex. : intercostaux).

Un certain nombre de muscles s'insèrent à la fois par une de leurs extrémités, quelquefois par les deux, à plusieurs points d'un même os ou à plusieurs os différents; les muscles longs des membres, par exemple, peuvent avoir deux ou trois tendons distincts, deux ou trois *chefs* (d'où les noms de *biceps*, *triceps*, etc.); d'autres fois c'est le tendon même du muscle qui se divise en plusieurs tendons secondaires (ex. : tendons extenseurs des phalanges), ou qui envoie des expansions fibreuses allant se perdre dans une aponévrose (ex. : biceps brachial), dans un autre tendon (ex. : lombricaux), ou dans une capsule articulaire (ex. : demi-membraneux). Les muscles larges, à cause de leur étendue, s'insèrent habituellement à plusieurs os; lorsque ces os sont, comme au thorax, régulièrement disposés, les insertions se font par des faisceaux ou des digitations régulières donnant au bord adhérent du muscle une apparence dentelée ou festonnée (ex. : grand dentelé). Lorsqu'un muscle s'insère à deux os voisins, il arrive souvent que d'un os à l'autre est tendue une arcade fibreuse à laquelle s'attachent les fibres musculaires (ex. : arcade du soléaire); ces arcades peuvent donner passage à des vaisseaux.

Les rapports des muscles et des tendons avec les articulations ont la plus grande importance pratique, et à ce point de vue on peut les diviser en trois classes, suivant les rapports qu'ils ont avec l'articulation : les uns, *intra-articulaires*, comme le tendon du biceps, sont situés dans l'intérieur de l'articulation et se trouvent en contact immédiat avec les surfaces articulaires; les autres, qu'on pourrait appeler *synarticulaires*, sont soudés à la capsule qui entoure l'articulation et représentent de véritables ligaments actifs (ex. : muscles sus-et sous-épineux); les derniers enfin, ou *périarticulaires*, n'ont que des rapports de contiguïté avec la capsule fibreuse, dont ils renforcent les points faibles. Ces muscles syn-et périarticulaires servent, non-seulement à renforcer l'articulation, mais encore à empêcher le refoulement de la synoviale et de la capsule dans les mouvements des os et leur invagination entre les surfaces articulaires; cet effet est surtout sensible pour les articulations qui, comme celle de l'épaule, offrent une très-grande laxité.

Les insertions musculaires et tendineuses se font tantôt presque parallèlement au plan de la surface osseuse d'insertion, tantôt avec une certaine obliquité. Mais il faut distinguer dans le mode d'insertion des tendons sur les os deux faits d'une importance très-différente : 1° la direction du tendon par rapport au plan de la surface osseuse d'insertion; 2° la direction du tendon par rapport à la direction du levier osseux à mouvoir. Deux exemples feront bien comprendre cette différence : les fibres tendineuses du deltoïde sont à peu près parallèles à la surface osseuse de l'humérus sur laquelle elles s'insèrent, et en même temps leur direction est parallèle à celle de l'axe de l'humérus, et nous verrons qu'il y a là, au point de vue de l'effet utile du muscle, une condition désavantageuse; le carré pronateur, au contraire, présente des fibres tendineuses parallèles à la surface du radius, sur laquelle elles s'enroulent, mais perpendiculaires à l'axe de cet os; il est admirablement disposé au point de vue physiologique. Les muscles longs des membres sont en général parallèles à la direction des leviers osseux qu'ils doivent mouvoir; aussi rencontre-t-on presque toujours au voisinage des articulations des saillies qui font l'office de poulies de réflexion, de façon que les tendons puissent s'attacher avec une certaine obliquité par rapport à la surface d'insertion. Du reste, cette inclinaison du tendon sur l'os peut varier aux divers moments de l'action d'un muscle.

Agencement des fibres d'un muscle. — Les fibres d'un muscle peuvent être parallèles entre elles ou bien avoir une direction rayonnée : dans ce dernier cas, ou bien une des insertions est ramassée sur un point rétréci, tandis que l'autre au contraire s'étale sur une grande surface osseuse (ex. : temporal); ou bien d'un point central partent des fibres irradiées dans toutes les directions (ex. : diaphragme). Lorsque les fibres sont parallèles, ce qui est le cas le plus commun, elles peuvent se continuer avec les fibres tendineuses (voy. fig. 60, A); mais ceci n'existe guère que pour les muscles larges et minces (muscles larges de l'abdomen, intercostaux), dont les insertions sont linéaires et se font sur une grande étendue. La plupart des autres muscles devant réunir ces deux conditions opposées : grande quantité de fibres musculaires et petite surface d'insertion, nécessitaient des dispositions spéciales. L'agencement qui satisfait à ces deux conditions peut se résumer dans la loi suivante : la fibre musculaire, au lieu de se continuer fibre à fibre avec la fibre tendineuse, se jette sur elle obliquement, de façon qu'une seule fibre tendineuse peut donner insertion à un nombre indéterminé de fibres musculaires. Dans ce cas habituellement les deux extrémités du muscle présentent une disposition inverse (fig. 60, B. C, D). Ainsi, si à une extrémité l'aponévrose d'insertion est à la face superficielle, à l'autre elle sera à la face profonde (fig. 60, B. C); si à une extrémité le tendon forme un cône plein (D), à l'autre il formera un cône creux; le muscle est dit alors *penniforme*, parce que les fibres se rendent sur le tendon central comme les barbes d'une plume sur leur tige : dans l'exemple B, au contraire, le muscle est dit *semi-penniforme*.

Cet agencement de fibres nous montre qu'on doit distinguer avec soin la longueur d'un muscle, la longueur de son ventre charnu et la longueur des fibres musculaires. Le premier terme s'applique au muscle en totalité, le tendon compris; le deuxième au corps charnu du muscle, abstraction faite de son tendon; le troisième aux faisceaux musculaires qui constituent ce corps charnu; cette dernière notion est la plus importante, car elle nous indique seule le degré de raccourcissement dont le muscle est susceptible, et par suite l'étendue possible du mouvement qu'il est destiné à effectuer. C'est là une notion qu'on ne doit jamais perdre de vue, et l'on se tromperait étrangement si on voulait apprécier le degré de raccourcissement d'un muscle d'après la longueur de son corps charnu. Ainsi, dans les deux muscles B et C (fig. 60), les corps charnus ont la même longueur *ab*; mais les fibres musculaires de C ont une longueur trois fois plus grande que celles de B, et par suite son raccourcissement sera trois fois plus considérable ; en revanche, son énergie sera trois fois plus faible, B ayant trois fois plus de fibres charnues et pouvant soulever un poids triple. On peut comparer à ce point de vue le soléaire et le couturier.

Les fibres d'un seul et même muscle n'ont pas toutes nécessairement la même longueur ; ceci est surtout sensible pour les muscles larges et plats ; ces différences de longueur tiennent du reste à la position même des os auxquels elles s'insèrent et aux mouvements dont ces os sont susceptibles.

Anomalies. — Les anomalies sont très fréquentes dans le système musculaire, sans que cependant on ait pu encore fixer les lois qui les régissent. On peut les classer en trois groupes : anomalies par défaut, anomalies par excès et variétés simples.

1° *Anomalies par défaut.* — Un muscle peut manquer complétement ; ce cas se présente rarement, sauf pour quelques muscles à fonction inférieure (ex. : palmaire grêle) ; au lieu d'un muscle on voit plus souvent manquer un simple faisceau musculaire. Dans ce cas il arrive souvent qu'un muscle voisin, par une sorte de balancement, présente un développement plus considérable d'un de ses faisceaux ou même qu'un faisceau surnuméraire vienne remplacer le muscle ou le faisceau absent. Quelquefois un simple cordon fibreux représente l'organe qui manque.

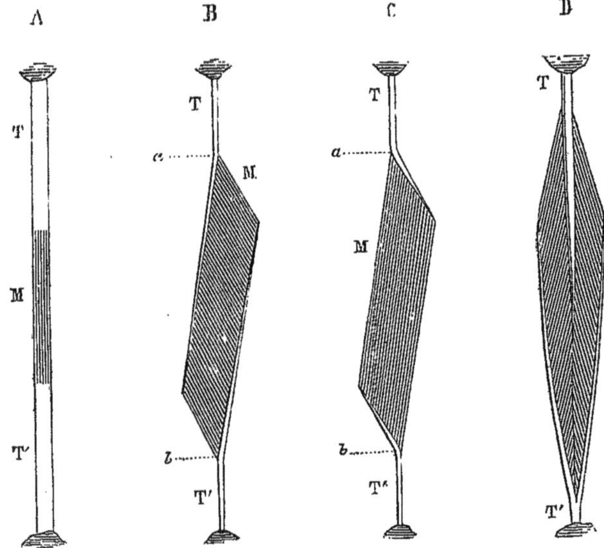

Fig. 60. — *Agencement des fibres d'un muscle* (*).

2° *Anomalies par excès.* — Il peut y avoir augmentation du nombre de faisceaux d'un muscle, soit que les faisceaux nouveaux aient la même disposition que les faisceaux normaux, soit qu'ils aient une disposition et des insertions spéciales. D'autres fois les muscles sont doubles et au lieu d'un seul muscle on en a deux, tantôt parfaitement identiques l'un à l'autre, tantôt présentant chacun des différences de volume, de situation ou d'origine. Enfin, on peut rencontrer de véritables muscles *surnuméraires*, sans analogue à l'état normal dans le corps humain, mais dont on a pu souvent retrouver les analogues dans le système musculaire de la série animale ; ces muscles surnuméraires ont été bien étudiés dans ces derniers temps et on en a décrit un assez grand nombre ; ils paraissent, du reste, se rattacher chacun à un type dont ils ne s'écartent pas beaucoup plus que les muscles normaux.

(*) M. Corps charnu du muscle. — T T'. Tendon. — *a b)* Longueur du corps charnu musculaire. — A, B, C, D. Divers modes d'agencement des fibres musculaires.

3° *Variétés.* — Les variétés musculaires proprement dites peuvent porter sur la structure du muscle et son origine. 1° Dans les variétés de structure, la plus curieuse est celle où le muscle se dédouble en deux faisceaux ou en deux couches, et il y a là une sorte d'état intermédiaire qui conduit, si les faisceaux résultant de la division sont assez volumineux, aux muscles doubles mentionnés ci-dessus. D'autres fois il y a un simple déplacement de parties ; le ventre charnu du muscle, au lieu de se trouver à sa place habituelle, se sera déplacé, se sera reporté, par exemple, d'une extrémité à l'autre; ailleurs ce sera le tendon ou l'intersection fibreuse d'un muscle digastrique qui manquera, ou, au contraire, il pourra s'en former sur un muscle qui en est privé habituellement ; les variétés les plus rares portent sur les changements de longueur du ventre charnu, et surtout des fibres musculaires. 2° Les anomalies d'origine sont très-fréquentes ; elles affectent tantôt tout le muscle, tantôt un seul ou plusieurs de ses faisceaux ; souvent le muscle prend ou jette au passage un faisceau à un organe voisin (os, cartilage, aponévrose, tendon), quelquefois même à un organe éloigné ; d'autres fois c'est à un muscle voisin, et souvent l'échange est complet et chacun des deux muscles s'envoie réciproquement un faisceau.

La plupart des anomalies et des variétés musculaires se retrouvent comme état normal dans la série animale *(anomalies réversives).*

Les muscles sont en général groupés en grandes masses, contenues souvent dans une loge aponévrotique distincte ; ces muscles, outre leurs connexions anatomiques, ont des affinités physiologiques intimes; c'est ainsi qu'on a les groupes des adducteurs, des fléchisseurs, des extenseurs, etc. Les muscles qui composent ces groupes ont souvent des insertions communes, de sorte qu'il est quelquefois difficile de décider si on a affaire à un seul muscle à plusieurs chefs ou à un groupe de muscles à insertion commune; la question a, du reste, peu d'importance au point de vue pratique.

Organes accessoires. — Ils comprennent les aponévroses, les bourses séreuses musculaires, les gaînes synoviales tendineuses et les os sésamoïdes.

Les *aponévroses de contention* ou *fascias* forment des gaînes enveloppant toute la masse musculeuse d'un membre ou d'une région ; de la face profonde de ces gaînes partent des cloisons dites *intermusculaires*, qui se rendent aux bords et aux saillies des os, et divisent la grande gaîne en loges secondaires, où sont placés les différents groupes du muscle ; d'autres cloisons forment des loges distinctes pour des muscles isolés, principalement pour les muscles superficiels; ces gaînes musculaires, en se rapprochant des articulations, se continuent avec les gaînes tendineuses et les bords des coulisses osseuses qui contiennent les tendons. Ces aponévroses naissent des saillies osseuses par des fibres denses entre-croisées ordinairement à angle droit et nattées d'une façon très-serrée, qui leur donne une très-grande résistance; outre ces fibres propres, elles reçoivent des expansions fibreuses des tendons voisins, et les muscles qui leur fournissent ces expansions peuvent, par leur intermédiaire, les tirer dans certains sens ; aussi ont-ils reçu le nom de muscles *tenseurs des aponévroses;* quelques-uns (ex. : palmaire grêle, tenseur du fascia lata) se terminent même en entier dans une aponévrose. Leur épaisseur est très-variable, suivant la région qu'elles occupent; dans certains points, principalement au voisinage des articulations, elles sont renforcées par des bandelettes destinées à brider les tendons des muscles qui se réfléchissent sur leur face profonde comme sur une poulie ; ceci se voit surtout au cou-de-pied et au poignet, où, par les mouvements angulaires du pied et de la main, les tendons subissent un véritable changement de direction. Cette épaisseur devient énorme dans certaines parties et surtout dans les régions où existent des masses musculaires puissantes (cuisses, lombes, etc.). Ces aponévroses exercent sur les muscles contenus dans leur gaîne une compression permanente, qui doit rendre leur contraction plus énergique ; aussi, à l'incision d'une aponévrose chez un sujet jeune et vigoureux, voit-on les fibres musculaires faire hernie entre les lèvres de la boutonnière aponévrotique.

Les rapports des aponévroses avec les muscles sous-jacents varient : tantôt l'aponévrose est sans adhérence aucune avec le muscle qu'elle recouvre; un tissu cellulaire fin, lamelleux l'en sépare, et elle s'en détache aisément; d'autres fois elle sert en même temps d'aponévrose d'insertion et donne attache aux fibres musculaires; d'autres fois enfin, de sa face profonde se détachent une multitude de prolongements pénétrant dans le muscle et le divisant en faisceaux distincts (ex. : grand fessier, deltoïde).

Bourses séreuses musculaires et gaînes synoviales tendineuses. — Aux endroits où des muscles ou des tendons frottent contre des surfaces dures, on trouve en général des membranes séreuses facilitant le glissement. Ces séreuses sont de deux espèces : 1° les unes, *bourses séreuses musculaires*, improprement appelées *bourses muqueuses*, représentent des sacs clos, dont une moitié correspond au muscle, et l'autre à la surface sur laquelle il glisse; elles ont en général une forme orbiculaire qui se démontre par l'insufflation ou l'injection, mais qui, du reste, est susceptible de varier par les prolongements qu'elles envoient dans les interstices musculaires, ou par la configuration même des parties ; 2° les autres, *gaînes synoviales tendineuses*, se rencontrent dans les coulisses fibreuses ou ostéo-fibreuses des tendons et surtout au voisinage des articulations; dans ce cas la séreuse a la forme d'un manchon dont la surface concave intérieure correspond au tendon, et la surface extérieure convexe à la paroi de la coulisse tendineuse ; ordinairement le tendon, au lieu d'être libre dans toute son étendue, est rattaché à la paroi de la coulisse par des replis séreux, minces, vasculaires ou *freins des tendons (vincula tendinum)*. Ces bourses séreuses musculaires et tendineuses ont la structure normale des séreuses (épithélium pavimenteux simple et couche fibreuse sous-épithéliale) ; mais très-souvent à la suite des pressions et des frottements, l'épithélium tombe par places ; dans ce cas, il peut arriver, et cela se rencontre dans les gaînes synoviales tendineuses, que de la substance cartilagineuse se développe, soit sur le tendon, soit sur les parois de la coulisse qu'il traverse, dans les endroits où les pressions sont très-fortes.

Les bourses séreuses musculaires et tendineuses, quand elles se trouvent au voisinage des articulations, peuvent, par suite des frottements et des pressions, finir par communiquer avec la synoviale articulaire dont elles paraissent être des prolongements ; ceci explique comment ces prolongements ou culs-de-sac des synoviales articulaires présentent de si grandes variétés individuelles ; en général, ils se rencontrent plus fréquemment chez les hommes livrés aux travaux du corps, tandis que chez les enfants on trouve souvent ces bourses séreuses parfaitement distinctes de la synoviale articulaire.

Les *os sésamoïdes* [1] sont de petits osselets n'appartenant pas au squelette régulier et développés dans l'épaisseur des tendons. Ceux-ci présentent souvent, surtout dans les endroits exposés à de fortes pressions, des noyaux cartilagineux (ex. : tendon du long péronier latéral); ces noyaux cartilagineux peuvent s'ossifier et constituer alors les os sésamoïdes. Ces os se rencontrent dans certains tendons d'une façon régulière, comme aux tendons des muscles courts du pouce et du gros orteil. Tantôt ils sont enveloppés de tous côtés par la substance fibreuse du tendon, tantôt, au contraire, une de leurs faces reste libre et s'articule avec un os voisin. Ils ont la structure des os.

Composition chimique. — La fibre musculaire primitive se compose de deux parties principales : la substance contractile et le sarcolemme. Le sarcolemme ressemble chimiquement au tissu élastique. Quant à la substance contractile, elle est formée essentiellement de *syntonine* ou *fibrine musculaire* associée à une matière colorante rouge de nature spéciale, qui se rapproche de l'hématine. Le suc musculaire, qu'on obtient par expression, contient les produits de décomposition du muscle : créatine, créatinine, acide inosique, acide lactique; la chair musculaire contient en outre des sels. Quant aux autres produits qu'on trouve dans le muscle, albumine, graisse, substance collagène, etc., ils proviennent des tissus accessoires intimement mêlés aux fibres musculaires et dont on ne peut les isoler par l'analyse, tissu connectif, graisse, sang, vaisseaux, etc. La chair musculaire contient 25 p. 100 de matières solides et 15 p. 100 de syntonine.

Propriétés physiques. — La *couleur* des muscles est d'un rouge plus ou moins foncé ; pâles chez les enfants et chez les individus anémiques, ils sont rouges chez les

(1) On a comparé leur forme à celle d'une graine de sésame.

adultes et les individus vigoureux. Cette teinte est due à la matière colorante; cette matière rougit au contact de l'oxygène ; aussi les muscles d'un cadavre, laissés quelque temps à découvert, prennent-ils une couleur rutilante.

La *ténacité* du muscle est assez considérable, moins pourtant que celle des tendons; un plantaire grêle peut supporter, sans se rompre, un poids de 40 kilogrammes.

L'*élasticité* du muscle est plus faible que celle du caoutchouc, mais aussi cette élasticité est parfaite ; en d'autres termes, il se laisse distendre par de très-faibles tractions, mais reprend ensuite exactement sa forme primitive. A l'état de repos, le muscle est cependant toujours dans un certain état de tension [1]; aussi voit-on, en coupant un muscle par le milieu, les deux fragments s'écarter l'un de l'autre. Le muscle à l'état de contraction a une force élastique un peu plus faible que celle du muscle inactif, c'est-à dire qu'il est plus facilement extensible. Cette faiblesse d'élasticité des muscles fait qu'ils n'opposent presque pas de résistance aux muscles antagonistes, et qu'après la cessation d'action des antagonistes ils reprennent leur première forme sans mouvements violents et désordonnés.

Propriétés vitales.—La *nutrition* et la *sensibilité* musculaires ne concernant que très indirectement le mécanisme même de la contraction musculaire, n'ont pas à nous occuper ici.

Contractilité musculaire. — La contractilité est cette propriété que possède la fibre musculaire, de se raccourcir sous l'influence d'un excitant (influx nerveux, électricité, agents mécaniques, etc.). C'est elle qui produit le phénomène appelé *contraction musculaire.*

La contraction musculaire s'accompagne de modifications physiques (thermiques, électriques, sonores, etc.) et chimiques; mais nous ne parlerons ici que des phénomènes anatomiques de la contraction musculaire et des modifications physiques ou mécaniques indispensables pour comprendre les mouvements qu'elle exécute.

Phénomènes anatomiques de la contraction musculaire. — Si la fibre musculaire est fixée par ses deux extrémités à des points mobiles qu'elle soit en état de rapprocher, au moment de sa contraction elle se raccourcit en masse en augmentant d'épaisseur, en même temps que ses stries transversales se rapprochent; c'est absolument la même chose que pour un fil de caoutchouc auquel on laisse reprendre sa forme après l'avoir étiré. Si, au lieu d'être fixée, la fibre primitive est libre par ses deux extrémités ou par l'une d'elles, le raccourcissement semble se propager, par une série d'ondulations, dans les diverses parties de la fibre. De la réunion de tous ces raccourcissements partiels résulte le raccourcissement total du muscle. Seulement il est plus que probable que toutes les fibres d'un muscle ne se contractent pas en même temps pour produire le raccourcissement, et qu'à un moment donné, une partie seulement des fibres est en état de contraction.

Le raccourcissement du muscle *sur le vivant* ne dépasse guère un tiers de la longueur primitive (longueur des faisceaux musculaires); plusieurs causes empêchent le raccourcissement d'être porté plus loin : résistance des muscles antagonistes dont la tension augmente à chaque instant, configuration des articulations, poids des leviers osseux à mouvoir, tension des parties molles; au contraire, une fois détachés du corps et libres de toutes connexions, les muscles peuvent se raccourcir des huit dixièmes de leur longueur. A mesure que le muscle se raccourcit, il augmente d'épaisseur et forme alors du moins pour les muscles superficiels, une saillie parfaitement apparente sous la peau; en même temps il acquiert une dureté considérable chez les sujets vigoureux, dureté due à la résistance opposée au raccourcissement par ses deux points d'attache

(1) C'est cette tension passive, élastique, qui a été appelée par beaucoup d'auteurs *tonicité;* mais ce nom doit être réservé à un état de contraction active, permanente, mais faible, et qui serait sous la dépendance de l'innervation médullaire et de la circulation sanguine, état sur lequel les auteurs sont loin de s'accorder.

et à la tension qu'elle lui communique; en effet, un muscle détaché et libre, en état de contraction, constitue une masse molle et sans consistance.

Mécanique musculaire. — Quand deux os sont réunis par une articulation et qu'un muscle va de l'un à l'autre, il peut se présenter deux cas : ou bien le muscle est rectiligne, ou bien il est réfléchi.

Dans le premier cas, le muscle en se contractant tendra à rapprocher ses deux points d'insertion, et la résultante du raccourcissement de toutes ses fibres pourra être représentée par une ligne idéale allant du centre d'une des insertions au centre de l'autre, ligne qui suffira pour figurer graphiquement le muscle lui-même et sa direction. De même les os peuvent être représentés par des lignes idéales figurant l'axe de l'os (voy. fig. 61). Le muscle, en se contractant, exerce une traction égale sur ces deux points d'insertion, et tend à les déplacer l'un vers l'autre d'une quantité égale; mais les obstacles qui s'opposent à ce déplacement peuvent différer à chacun des deux points d'insertion, de façon que l'un d'eux peut se déplacer seulement d'une quantité très-faible ou même rester immobile; de là la distinction des insertions d'un muscle en *insertion fixe* et *insertion mobile;* mais ces mots n'ont en réalité qu'une valeur tout à fait relative; l'insertion fixe pourra dans certaines circonstances devenir insertion mobile et *vice versa;* cependant pour la plupart des muscles une des insertions joue le plus habituellement le rôle de point fixe, et c'est en général celle qui est la plus rapprochée de l'axe du tronc ou de la racine des membres.

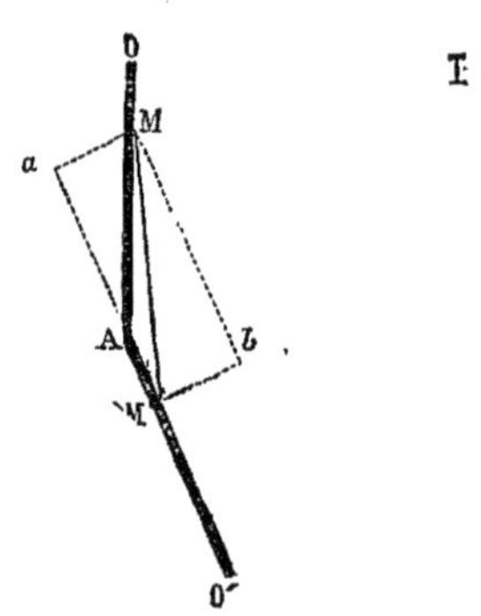

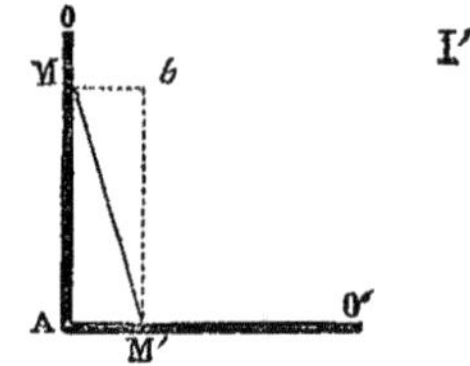

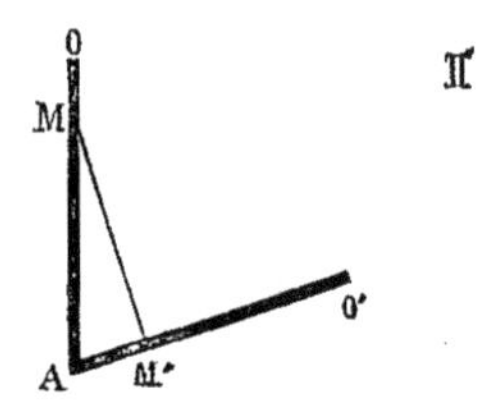

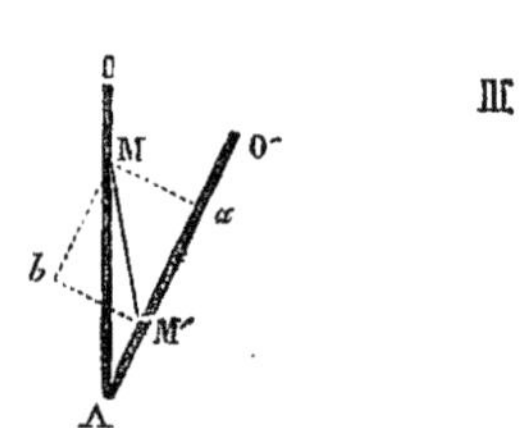

Fig. 61. — *Positions d'un os mobile par rapport à un os fixe.*

Si le muscle est réfléchi, il pourra arriver deux cas : 1° ou bien le point de réflexion est mobile et les insertions sont fixes; alors ce point de réflexion se rapprochera d'une droite joignant les deux points d'insertion du muscle; c'est de cette façon qu'agissent les muscles curvilignes à insertions fixes qui compriment les organes contenus dans une cavité; 2° ou bien le point de réflexion est fixe; alors chacune des insertions se rapproche du point de réflexion et nous rentrons dans le cas des muscles à direction rectiligne; ici du reste, comme ci-dessus, une des insertions du muscle peut être fixe et l'autre se rapproche seule du point de réflexion; dans ce cas, le muscle, au point de vue physiologique, peut être considéré comme partant de son point de réflexion, et on peut faire abstraction de toute la partie intermédiaire entre ce point et l'insertion.

Si maintenant nous examinons les différentes positions qu'un muscle en état de contraction peut imprimer à un os mobile par rapport à un os fixe, nous trouverons les cas suivants (fig. 61).

1° *Le muscle fait avec l'os mobile un angle aigu* MM′ A (fig. 61, I).

Le muscle MM′ tire le point mobile M′ dans la direction M′ M; il représente une force qu'on peut décomposer en deux composantes : 1° l'une M′*a*, parallèle à l'os mobile et se confondant avec son axe, tend à presser cet os contre l'os fixe dans l'articulation A; cette partie de la force est donc complétement perdue pour le mouvement; 2° l'autre composante M′ *b*′, perpendiculaire à l'os mobile, entraîne le point mobile M′ dans la direction M′ *b* ; celle-là est seule utile. En comparant les deux figures I et I', on voit que plus l'angle intercepté par les deux os est obtus, plus il y a de force perdue, et qu'à mesure que cet angle se rapproche d'un angle droit, la quantité de force utilisée M' *b* devient plus grande.

2° *Le muscle fait avec l'os mobile un angle droit* (II).

Dans ce cas, toute la force est utilisée, et le point mobile M' est tiré dans la direction même du muscle M' M; c'est ce qu'on appelle le *moment* d'un muscle.

3° *Le muscle fait avec l'os mobile un angle obtus* A M' M (III).

Nous retrouvons là encore les deux composantes comme dans le premier cas : 1° l'une, M' *a*, tire le point mobile M' dans la direction M' *a* et tend à écarter l'os mobile de l'os fixe dans l'articulation A; c'est donc l'inverse de ce que nous avons vu précédemment : mais son effet est toujours perdu pour le mouvement de l'os ; 2° l'autre composante, M' *b*, tire le point M' dans la direction M' *b* et possède seule un effet utile. On comprend maintenant l'utilité des saillies articulaires sur lesquelles les tendons se réfléchissent; en augmentant l'angle d'incidence du muscle sur l'os mobile, elles favorisent d'autant l'action de la force motrice. Il est important de remarquer que, suivant qu'un muscle sera au début ou à la fin de sa contraction, il y aura pression des surfaces articulaires les unes contre les autres, ou tendance à l'écartement de ces surfaces. Beaucoup de muscles ne passent pas par les trois positions que nous avons étudiées et cessent d'agir avant d'avoir atteint leur moment, c'est-à-dire le point où leur traction s'exerce perpendiculairement à l'os mobile. Quoi qu'il en soit, tous les mouvements imprimés à un os par la contraction d'un muscle peuvent être ramenés à un des trois cas précédents.

Nous avons supposé un muscle tendu sur une seule articulation et allant d'un os à l'os contigu ; mais il y a des muscles tendus sur plusieurs articulations et dont les contractions peuvent par conséquent s'exercer sur plusieurs os à la fois. Ici le problème est plus complexe ; on peut toujours, il est vrai, apprécier l'action d'un muscle sur une articulation donnée, en supposant toutes les autres fixes, et les passer ainsi en revue les unes après les autres; mais on n'a pas là ce qui se passe en réalité, et ces mouvements, que nous supposons se faire successivement, se font simultanément et se modifient les uns les autres.

Dans tous ces mouvements, l'os mobile représente un levier dont le point d'appui est à l'articulation avec l'os fixe, la puissance au lieu d'insertion du muscle moteur, la résistance en un point quelconque variable où vient s'appliquer la résultante des actions de la pesanteur et des obstacles au déplacement de l'os mobile (résistance des antagonistes, tension des parties molles, etc.). Suivant les positions respectives de ces trois points, l'os mobile représentera un levier du premier, du deuxième ou du troisième genre; les leviers du troisième genre sont les plus usités dans l'économie animale, et s'ils sont défavorables au point de vue de la force, ils sont du moins très-favorables au point de vue de la vitesse du mouvement.

Un muscle n'agit jamais seul, tous les segments osseux dont se compose le squelette ayant une certaine mobilité les uns sur les autres ; pour qu'un muscle déplace par une de ses extrémités un os donné, il faut que l'autre extrémité soit immobile et que par suite l'os qui lui donne attache soit fixé par d'autres muscles, et ainsi de suite de proche en proche jusqu'aux parties centrales du squelette; pour les mouvements peu énergiques cette fixation, n'ayant pas besoin d'être absolue, s'opère soit par l'influence mécanique de la pesanteur, soit par des contractions, tellement faibles qu'elles passent inaperçues et que tout se fait à notre insu ; mais cette énergie paraît dans toute son intensité quand nous voulons exécuter un mouvement exigeant un très-grand déploiement de force musculaire ; alors tous les muscles entrent en contraction, et le squelette forme un tout rigide et inflexible qui donne un point d'appui solide aux muscles spécialement chargés du mouvement à exécuter; c'est ce qu'on voit, par exemple, dans l'effort.

Les mouvements produits par la contraction musculaire peuvent être envisagés de deux façons différentes : 1° on peut avoir égard aux mouvements d'un os isolé sur un autre os, autrement dit aux mouvements se passant dans une articulation ; 2° on peut avoir égard aux divers mouvements que peut produire un muscle donné en le supposant agir isolément.

Les mouvements d'un os sur un autre sont en général le fait non pas d'un seul, mais de plusieurs muscles dits *congénères ;* c'est ainsi qu'on a pu créer des groupes de fléchisseurs, d'extenseurs, etc., qui agissent probablement tous ensemble pour produire un mouvement donné. Il est du reste très-difficile de faire la part de chacun des muscles qui composent un groupe dans l'exécution d'un mouvement.

Les mouvements que peut accomplir un muscle agissant isolément ont été l'objet de recherches assez nombreuses ; c'est là, il est vrai, une manière artificielle d'envisager l'action d'un muscle ; car sur le vivant la contraction isolée d'un muscle en vue d'un mouvement donné est un fait tout à fait exceptionnel. Cependant il y a là des indications précieuses et qu'on aurait tort de négliger ; malheureusement pour beaucoup de muscles nous sommes encore dans l'incertitude la plus absolue.

Pour arriver à connaître l'action d'un muscle, on peut employer plusieurs procédés, applicables les uns sur le cadavre, les autres sur le vivant. *A priori*, la direction d'un muscle indique déjà le déplacement qu'il pourra faire subir à l'os mobile et le sens de ce déplacement. On peut y arriver encore en cherchant dans quelle situation les fibres musculaires éprouvent le plus grand relâchement possible. Sur le vivant la méthode de *faradisation localisée* de Duchenne, de Boulogne, a permis d'électriser isolément une grande quantité de muscles et d'étudier les mouvements qu'ils produisent. Enfin on utilise encore à ce point de vue les faits pathologiques ; c'est ainsi que les paralysies musculaires, en abolissant certains mouvements et les contractures ou contractions permanentes des muscles, en plaçant les os dans des positions déterminées, ont fourni des données précieuses sur ce point de physiologie musculaire.

Un seul et même muscle peut avoir une action très-différente par ses différents faisceaux, et il est prouvé que, malgré l'homogénéité apparente d'un corps charnu, certaines portions de ce corps peuvent rester inactives pendant que les autres se contractent ; il peut même y avoir antagonisme entre deux portions d'un même muscle, et dans ce cas, si le muscle entier se contracte, les actions contraires s'annulent. C'est à ce point de vue qu'on considère souvent dans les muscles une action principale dans laquelle toutes les fibres interviennent, et des actions accessoires dans lesquelles une partie seulement des fibres se contracte. On dit encore qu'un muscle agit accessoirement quand il ne fait que contribuer pour une faible part à un mouvement exécuté plus spécialement par un autre muscle.

Les muscles produisant des mouvements absolument contraires sont appelés muscles *antagonistes ;* tels sont les fléchisseurs et les extenseurs. A l'état inactif les os prennent une position moyenne intermédiaire entre les deux positions extrêmes amenées par la contraction des antagonistes ; cette position moyenne peut du reste varier suivant la prédominance de tel ou tel groupe, car il y a rarement égalité de masse et par suite de tension élastique entre deux groupes opposés ; ainsi pour les membres inférieurs le poids des extenseurs est plus du double de celui des fléchisseurs (Weber).

Rigidité cadavérique. — Le muscle conserve encore un certain temps après la mort son excitabilité et ses propriétés physiques. Le premier phénomène indiquant la mort du muscle est la rigidité dite *cadavérique*. Elle paraît à une époque très-variable et qui peut osciller d'un quart d'heure à vingt heures après la mort, et marche en général de haut en bas ; les muscles deviennent durs, rigides ; en même temps ils perdent leur excitabilité ; leur élasticité devient moins parfaite ; leur cohésion diminue et ils se déchirent assez facilement. Cet état dure plus ou moins longtemps et est en général d'autant plus court que le début a été plus rapide. Dès qu'il a cessé, les muscles sont livrés aux phénomènes chimiques de la décomposition putride. Cette rigidité paraît tenir à la coagulation du contenu de la fibre musculaire primitive.

DEUXIÈME SECTION

DES MUSCLES EN PARTICULIER

Préparation. — L'étude des muscles peut précéder sans inconvénient celle des articulations; mais une connaissance parfaite du squelette est indispensable. Avant de préparer une région, l'élève devra l'étudier, les os à la main et en s'aidant des planches, de façon à en avoir une idée nette. On choisira de préférence des sujets jeunes, vigoureux, non infiltrés, peu chargés de graisse. La préparation des muscles consiste à les isoler les uns des autres et des organes voisins; les premières fois, on fera bien d'enlever toutes les autres parties et de ne conserver que les muscles, plus tard on conservera les principaux troncs vasculaires et nerveux. L'incision de la peau doit être en général parallèle à la direction du muscle dont elle dépassera les insertions et coupée à ses deux extrémités par deux incisions perpendiculaires, de façon à ce qu'on ait deux lambeaux rectangulaires; la direction de l'incision variera du reste suivant la configuration même de la région disséquée. L'incision doit comprendre la peau, le fascia superficialis et l'aponévrose d'enveloppe; on formera ainsi un lambeau qu'on disséquera, en conduisant le scalpel dans le sens des fibres musculaires; on aura soin d'enlever avec ce lambeau le tissu cellulaire qui recouvre le muscle et pénètre ses faisceaux; *les insertions musculaires doivent être isolées complètement et avec le plus grand soin jusqu'à l'os.* On disséquera de même les muscles profonds, soit, si on le peut, en écartant les muscles superficiels, soit en coupant ces derniers en travers par leur milieu. Pour cette dissection, les muscles doivent toujours être tendus. Pour préparer les aponévroses d'enveloppe, il suffit d'enlever la peau et le fascia superficialis, ainsi que tout le tissu cellulaire et la graisse qui recouvrent l'aponévrose. Pour les bourses musculaires séreuses et les gaînes synoviales tendineuses, il faut beaucoup d'attention pour ne pas les léser; du reste, on les injecte et on les insuffle comme pour les synoviales articulaires. Dans l'intervalle de deux dissections, la préparation doit être recouverte par les deux lambeaux cutanés soigneusement réappliqués pour éviter la dessiccation, surtout celle des tendons; chez les sujets infiltrés, il sera quelquefois avantageux, au contraire, de laisser les muscles à découvert pendant un certain temps.

Conservation des préparations et des pièces anatomiques. — Il me paraît convenable, à propos de la préparation des muscles, de dire un mot des différents procédés de conservation des pièces anatomiques et des cadavres, laissant de côté tout ce qui concerne les pièces sèches. On a employé dans ce but un grand nombre de liquides conservateurs simples ou composés. Je donnerai ici quelques-unes seulement des formules les plus usitées :

Solution de Budge. — Esprit de bois et sulfate de zinc, de chaque, 115 à 175 grammes; eau, 6,5 kilogrammes; en injection dans les artères.

Procédés de Duchenne, von Vetter, Stieda. — Glycérine, 6 parties (en poids); sucre brun, une partie; salpêtre, 1/2 partie. Laisser la pièce immergée huit jours et plus, puis la suspendre à l'air.

Solution Le Prieur. — Pour 100 parties: acide phénique liquide, 2,5 grammes; acide arsenieux, 2 grammes; glycérine industrielle, 10 grammes; acétate de soude, 10 grammes; eau de fontaine, 75,50 grammes.

Le meilleur procédé, à mon avis, est le *procédé de Laskowski*, professeur d'anatomie à l'université de Genève. Le voici tel qu'il a été exposé par l'auteur au Congrès médical de Genève (1877). La pièce est d'abord lavée à grande eau pour la débarrasser du sang qu'elle contient; ensuite on l'éponge bien, on la mouille encore une fois avec un linge trempé dans l'eau additionnée de moitié d'alcool et après l'avoir suffisamment essuyée avec une éponge sèche, on la fait macérer dans une cuve remplie du liquide suivant: glycérine blonde du commerce à 28°, 1000 parties; acide phénique cristallisé, 50 parties. La durée de cette macération varie de 5 à 10 jours, suivant le volume de la pièce. Au bout de ce temps, on sort la pièce et on la laisse égoutter. D'abord dure et racornie, elle reprend peu à peu, en absorbant de l'eau, son volume primitif, sa souplesse et sa flexibilité. Les différents tissus conservent, à peu de chose près, leur couleur naturelle. Des pièces ainsi préparées depuis douze ans ont conservé, malgré leur exposition à l'air, presque tous les attributs des pièces fraîches. Pour les injections dans les artères, la proportion d'acide phénique est doublée.

Procédé de Beaunis. — J'ai employé, dans ces derniers temps, un procédé qui m'a donné de très-bons résultats et qui a l'avantage d'éviter l'odeur de l'acide phénique que beaucoup de personnes supportent difficilement. C'est une simple solution *à saturation* d'acide borique dans la glycérine ordinaire. L'acide borique avait déjà été employé par Loven, mais associé à l'acide phénique. Les pièces que je conserve ainsi depuis un an (muscles, articulations, cerveau) et dans les conditions les plus défavorables, ont presque tous les caractères des pièces fraîches. Je ne pourrais cependant affirmer que la durée en soit aussi longue que celle des pièces conservées par le procédé de Laskowski.

La conservation dans l'alcool est surtout employée pour les préparations de nerfs.

CHAPITRE PREMIER

MUSCLES DU DOS ET DE LA NUQUE

Ces muscles se divisent en trois groupes : muscles superficiels, muscles de la nuque et muscles spinaux postérieurs.

ARTICLE I. — MUSCLES SUPERFICIELS (fig. 62, 1).

Préparation. — Tendre ces muscles par un billot placé sous la poitrine, inciser la peau le long des apophyses épineuses depuis la protubérance occipitale externe jusqu'au coccyx ; faire tomber sur cette incision verticale trois incisions transversales : 1° la première allant de la protubérance occipitale externe à la base de l'apophyse mastoïde en suivant la ligne demi-circulaire supérieure, 2° la seconde allant de la septième vertèbre cervicale à l'extrémité externe de la clavicule ; 3° la troisième allant du coccyx au milieu de la crête iliaque. Immédiatement sous la peau on trouve le trapèze en haut et le grand dorsal en bas ; les disséquer en enlevant avec la peau une lame celluleuse mince qui les recouvre et y adhère intimement. Redoubler d'attention au niveau des insertions occipitales du trapèze et des insertions vertébrales du grand dorsal qui se font par des aponévroses minces. Isoler avec précaution le tendon du grand dorsal de celui du grand rond pour ne pas léser la bourse séreuse qui les sépare. Le rhomboïde est mis à découvert par l'incision du trapèze. Pour voir les petits dentelés supérieur et inférieur, il faut inciser le rhomboïde et le grand dorsal, ce dernier dans sa portion charnue, en prenant soin de ne pas endommager l'aponévrose mince du petit dentelé inférieur.

Ces muscles, larges, minces, étalés sur les parties postérieures et latérales du tronc et du cou, forment trois plans : 1° un superficiel, comprenant en haut le trapèze, en bas le grand dorsal ; 2° un moyen, constitué par le rhomboïde ; 3° un profond, formé par les petits dentelés et leur aponévrose.

1° **Trapèze** (fig. 62, 1).

Ce muscle, large, triangulaire, s'attache en dedans aux *apophyses épineuses des dix premières vertèbres dorsales* et aux ligaments interépineux correspondants, à l'*apophyse épineuse de la septième vertèbre cervicale*, au *ligament de la nuque*, et en haut au *tiers interne de la ligne courbe occipitale supérieure* (fig. 14, VV'). Ces insertions se font par des fibres aponévrotiques plus ou moins longues qui forment, à la hauteur des premières vertèbres dorsales avec celles du côté opposé, un large ovale (2), et au niveau de ses insertions inférieures, un petit triangle aponévrotique nacré. De là, ses fibres convergent vers le moignon de l'épaule et vont s'attacher, les supérieures obliques en bas et en avant, au *tiers externe du bord postérieur de la clavicule* (fig. 18, D), les moyennes plus ou moins horizontales, au *bord supérieur de l'acromion* et de l'*épine de l'omoplate* (fig. 19, EE'), les inférieures obliques en haut et en dehors, à une aponévrose triangulaire qui se fixe à la *partie in-*

terne de l'épine de l'omoplate, en glissant sur la surface plane, triangulaire de cette épine, dont elle est séparée quelquefois par une bourse séreuse.

Rapports. — Outre les muscles profonds, il recouvre un peu en bas le grand dorsal ; en haut, il forme, avec celui du côté opposé, une sorte de capuchon (*m. cucullaris*).

Nerfs. — Il est innervé par le spinal et par des rameaux des branches antérieures des troisième et quatrième nerfs cervicaux.

Action. — 1° Pris en totalité, il élève l'omoplate et porte le moignon de l'épaule en haut, en arrière et en dedans. 2° Le faisceau cléido-occipital étend la tête, l'incline de son côté, et tourne la face du côté opposé; s'il prend son point fixe à l'occipital, il élève la clavicule et peut concourir à l'inspiration. 3° Les faisceaux qui vont à l'acromion et à la moitié externe de l'épine sont spécialement élévateurs de l'épaule et de l'acromion (action de hausser les épaules; muscle du dédain, du doute). 4° Les faisceaux inférieurs rapprochent l'omoplate de la ligne médiane et effacent les épaules. Quand les deux trapèzes agissent simultanément, la tête est étendue directement.

2° Grand dorsal (fig. 62).

Ce muscle, très-large (*latissimus dorsi*), couvre en bas la partie postérieure et latérale du tronc et s'attache en dehors et en haut à l'humérus.

Ses insertions fixes se font aux *apophyses épineuses des six dernières vertèbres dorsales et de toutes les vertèbres lombaires*, à la *crête sacrée* et au *tiers postérieur de la crête iliaque* (fig. 25, D), par une aponévrose triangulaire, large en bas (feuillet superficiel de l'aponévrose abdominale postérieure); à ces fibres se joignent des languettes charnues provenant de la *face externe des quatre dernières côtes* (fig. 17, B''). De là les fibres se portent en dehors en se ramassant vers l'angle inférieur de l'omoplate, le recouvrent, en reçoivent souvent un petit faisceau accessoire, et après s'être tordues sur elles-mêmes contournent le bord inférieur du grand rond (11), et constituent un tendon aplati qui se place en avant du tendon du grand rond, et va s'attacher au *fond de la coulisse bicipitale* de l'humérus (fig. 20, F). Entre les deux tendons se trouve souvent une bourse séreuse. Ce tendon envoie une expansion fibreuse à l'aponévrose brachiale.

Nerfs. — Il est innervé par une branche collatérale du plexus brachial.

Action. — 1° Il abaisse l'humérus, et porte le bras en dedans et en arrière en lui faisant subir un mouvement de rotation en dedans (très-faible d'après Duchenne), en vertu duquel sa face antérieure est tournée vers la ligne médiane. 2° Il abaisse le moignon de l'épaule en faisant tourner l'omoplate en sens inverse du trapèze; il efface les épaules et redresse le tronc (position du port d'armes). 3° En prenant son point fixe à l'humérus, il peut élever les côtes (inspiration) et soulever le tronc (action de grimper).

3° Rhomboïde (fig. 62, 8, 9).

Ce muscle, losangique, mince, divisé en deux faisceaux, s'attache en dedans à la *partie inférieure du ligament de la nuque* et à l'*apophyse épineuse de la septième vertèbre cervicale* (*petit rhomboïde* 8), et aux *apophyses épineuses des cinq premières vertèbres dorsales*, ainsi qu'aux ligaments interépineux correspondants (*grand rhomboïde* 9). De là, ses fibres se portent obliquement en bas et en dehors, et vont s'attacher au *bord spinal de l'omoplate* (fig. 19, I) de la façon suivante : 1° au niveau de l'épine par un faisceau distinct (petit rhomboïde); 2° depuis cette épine jusqu'à l'angle inférieur, tantôt directement à l'os, tantôt par une arcade aponévrotique longeant son bord spinal.

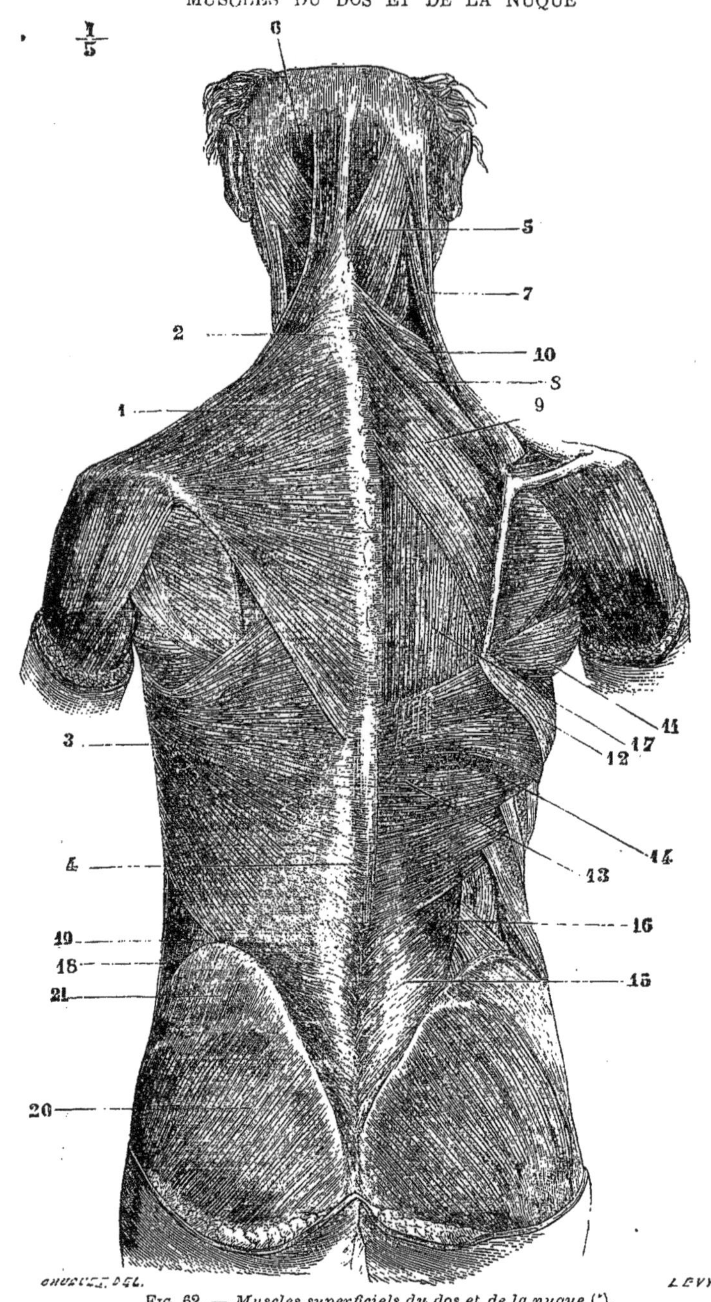

Fig. 62. — *Muscles superficiels du dos et de la nuque* (*).

(*) 1) Trapèze. — 2) Son ovale aponévrotique. — 3) Grand dorsal. — 4) Son aponévrose. — 5) Splénius. — 6) Grand complexus. — 7) Angulaire de l'omoplate. — 8, 9) Rhomboïde. — 10) Petit dentelé postérieur et supérieur. — 11) Grand rond. — 12) Grand dentelé. — 13) Aponévrose du petit dentelé postérieur et inférieur. — 14) Petit dentelé postérieur et inférieur. — 15) Aponévrose de la masse commune. — 16, 17) Muscles spinaux postérieurs. — 18) Grand oblique de l'abdomen. — 19) Espace triangulaire de Petit. — 20) Grand fessier. — 21) Aponévrose du moyen fessier.

Nerfs. — Il est innervé par une branche collatérale du plexus brachial.

Action. — Dans le premier temps de son action, il imprime à l'omoplate un mouvement de rotation par lequel son angle inférieur se porte en dedans, et le bord spinal prend une direction oblique en bas et en dedans. Dans un deuxième temps, il produit l'élévation en masse du scapulum (Duchenne). Il est en outre fixateur de l'omoplate dont il applique le bord spinal contre le tronc.

4° Petits dentelés postérieurs (fig. 62).

Ces petits muscles, très-minces, au nombre de deux de chaque côté, complètent la gaîne des muscles des gouttières vertébrales.

1° *Petit dentelé postérieur et supérieur* (10).

Il s'attache en dedans, par une aponévrose très-mince, au *ligament de la nuque*, aux *apophyses épineuses de la septième vertèbre cervicale* et des *trois premières dorsales* et aux ligaments interépineux ; de là, ses fibres se portent obliquement en dehors et en bas, et vont s'attacher par quatre languettes charnues à la *face externe des deuxième, troisième, quatrième et cinquième côtes*, en dehors de l'angle des côtes (fig. 17, E').

2° *Petit dentelé postérieur et inférieur* (14).

Plus large que le précédent, il s'attache en dedans, par une aponévrose mince, aux *apophyses épineuses des deux dernières vertèbres dorsales* et des *trois premières lombaires ;* de là ses fibres se dirigent en haut et en dehors, en sens inverse du précédent, et vont s'attacher, par quatre languettes se recouvrant de haut en bas, au *bord inférieur des quatre dernières côtes* (fig. 17, F').

3° *Aponévrose des petits dentelés.*

Cette aponévrose, très-mince, nacrée, assez résistante, tendue entre les deux muscles, s'attache en dedans à la crète épinière, en dehors à l'angle des côtes et s'enfonce en haut entre le petit dentelé supérieur et le splénius, pour se perdre entre ces muscles.

Nerfs. — Le petit dentelé supérieur est innervé par la branche du rhomboïde, l'inférieur par celle du grand dorsal; tous les deux reçoivent en outre des filets des nerfs intercostaux.

Action. — Ils tendent l'aponévrose intermédiaire et forment une gaîne de contention pour les muscles spinaux. Leur action sur les côtes, surtout celle du petit dentelé supérieur, doit être à peu près nulle.

ARTICLE II. — MUSCLES DE LA NUQUE (fig. 63).

Préparation. — Ces muscles sont mis à découvert par l'ablation successive des muscles plus superficiels. Le petit complexus et le transversaire du cou présentent seuls des difficultés; pour le premier, il faut commencer sa préparation par son insertion mastoïdienne ; pour le second, on le trouve le long du bord inférieur du splénius.

Ces muscles, recouverts en partie par le trapèze, sont d'autant plus courts qu'ils sont plus profonds ; quelques-uns des superficiels s'étendent jusqu'à la région dorsale, de même que quelques-uns des muscles des gouttières vertébrales atteignent la région de la nuque. Ils se divisent en plusieurs couches : 1° la première est formée en dehors par l'angulaire de l'omoplate (8), en dedans par le splénius (2) ; 2° au-dessous on trouve, de dedans en dehors, les muscles grand complexus (4), petit complexus (5) et transversaire du cou (7) et les faisceaux supérieurs du sacro-lombaire (10) ; 3° la couche profonde est constituée par les muscles agissant sur les articulations de l'atlas, de l'axis et de l'occipital,

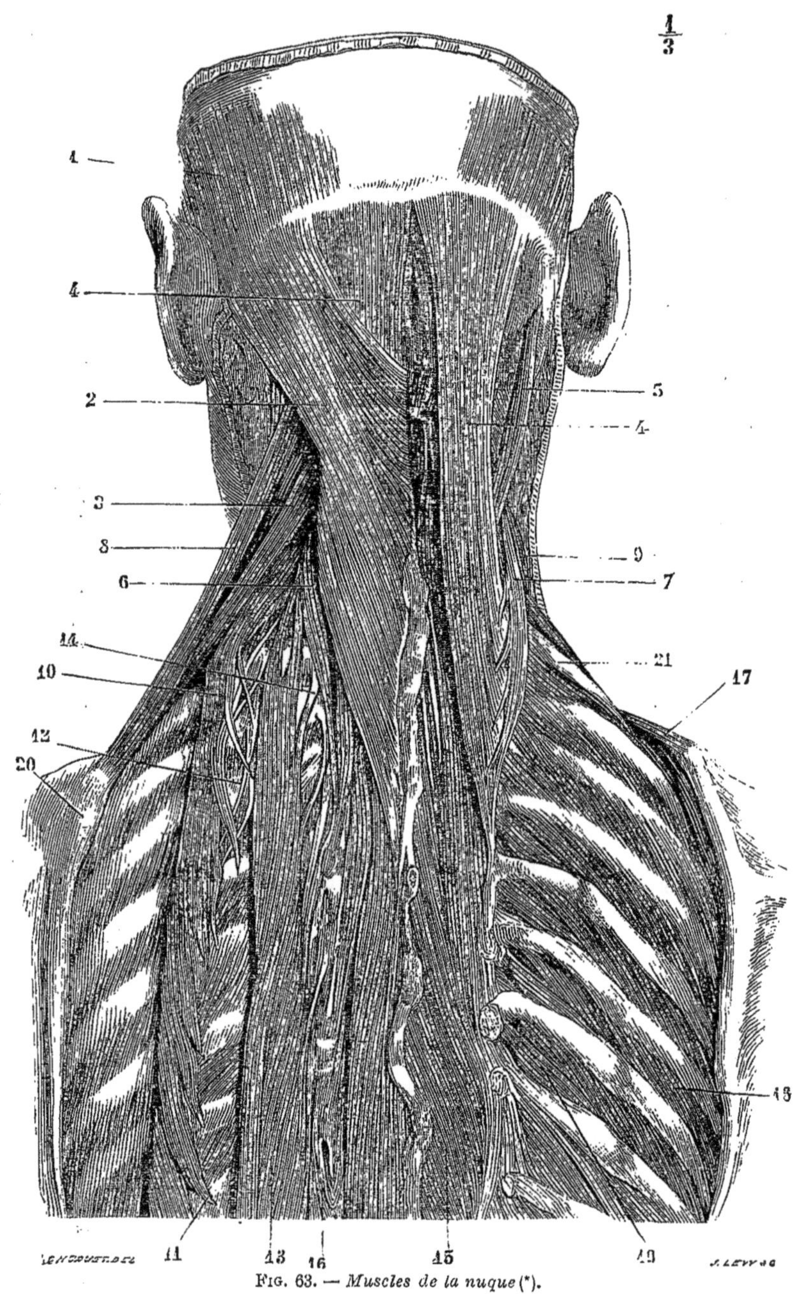

FIG. 63. — *Muscles de la nuque* (*).

(*) 1) Occipital. — 2) Splénius. — 3) Scalène postérieur. — 4) Grand complexus. — 5) Petit complexus. — 6) Transversaire du cou. — 7) Le même, renversé en dehors. — 8) Angulaire de l'omoplate. — 9) Scalène antérieur. — 10) Sacro-lombaire. — 11) Ses faisceaux de renforcement. — 12) Ses faisceaux de terminaison. — 13) Long dorsal. — 14) Ses faisceaux de terminaison transversaires. — 15) Transversaire épineux. — 16) Série des apophyses transverses. — 17) Première digitation du grand dentelé. — 18) Intercostaux externes. — 19) Surcostaux. — 20) Omoplate. — 21) Deuxième côte.

muscles grands et petits droits postérieurs de la tête, grands et petits obliques (fig. 64), et plus bas, par la partie cervicale du transversaire épineux.

1° **Angulaire de l'omoplate** (fig. 63, 8).

Ce muscle allongé, situé sur les parties latérales de la nuque, s'attache en haut aux *tubercules postérieurs des quatre premières vertèbres cervicales*, en dehors des insertions du splénius, du transversaire du cou et du sacro-lombaire. Ces insertions se font par quatre petits tendons, auxquels font suite des faisceaux charnus qui se réunissent pour aller s'attacher à *l'angle de l'omoplate* et à la *partie du bord spinal située au-dessus de l'épine* (fig. 10, H).

Nerfs. — Il est innervé par une branche collatérale du plexus brachial et par des rameaux des branches antérieures des quatrième et cinquième nerfs cervicaux.

Action. — Elle est identique à celle du rhomboïde, moins la fixation du bord spinal.

2° **Splénius**[1] (fig. 63, 2).

Ce muscle, large, aplati, divisé en deux faisceaux, s'attache en dedans au *ligament de la nuque*, aux *apophyses épineuses de la septième vertèbre cervicale* et des *cinq premières vertèbres dorsales* et aux ligaments interépineux par de courtes fibres aponévrotiques. De là, ses fibres se portent en haut et en dehors, et se partagent en deux faisceaux : 1° le faisceau supérieur, plus considérable, *splénius de la tête*, va s'attacher par une aponévrose dense et serrée à la *moitié postérieure de la face externe de l'apophyse mastoïde* et aux *deux tiers externes de la ligne courbe occipitale supérieure* (fig. 13, E ; fig. 14, NN') ; 2° le faisceau inférieur, *splénius du cou*, va s'insérer aux *tubercules postérieurs des apophyses transverses de l'atlas, de l'axis et de la troisième vertèbre cervicale.*

Rapports. — Entre les bords internes des deux splénius est un espace triangulaire dans lequel on voit les grands complexus. Leur bord inférieur est longé par le transversaire du cou.

Nerfs. — Il est innervé par des rameaux des branches antérieures des troisième et quatrième nerfs cervicaux et par des rameaux du grand nerf occipital.

Action. — Le splénius de la tête étend la tête, l'incline de son côté et fait tourner la face du même côté. Le splénius du cou est rotateur dans le même sens des trois premières vertèbres cervicales et surtout de l'atlas. Quand les deux splénius se contractent, la tête est étendue directement.

3° **Grands complexus** (fig. 63, 4).

Ce muscle, épais, large en haut, s'attache, à sa partie inférieure, aux *tubercules des apophyses articulaires des quatre dernières vertèbres cervicales* et aux *apophyses transverses des six premières vertèbres dorsales*, par des languettes tendineuses situées, pour les vertèbres dorsales, en dedans de celles du transversaire du cou, pour les vertèbres cervicales, en dedans de celles du petit complexus. Il reçoit en outre des languettes accessoires très-minces des *apophyses épineuses des première et deuxième vertèbres dorsales.* De là, ses fibres se portent presque verticalement en haut, en formant deux faisceaux plus ou moins distincts, l'un interne, *biventer cervicis*, interrompu à son milieu

(1) Σπλήνιον, compresse.

par un tendon aplati; l'autre externe, plus large, entrecoupé aussi par une intersection aponévrotique en zigzag. Les insertions supérieures se font sur les côtés de la crête occipitale externe, *au-dessous de la ligne courbe occipitale supérieure*, et à la *moitié interne de la ligne courbe occipitale inférieure* (fig. 14, U).

Rapports. — Les bords internes des grands complexus forment les bords de la gouttière médiane de la nuque, dont la dépression est déterminée par une lamelle fibreuse placée de champ entre les deux muscles, et allant du ligament de la nuque aux apophyses épineuses des vertèbres cervicales. Le long de ses insertions inférieures, se trouve le transversaire du cou, dont il est séparé en bas par le splénius, en haut par le petit complexus.

Nerfs. — Il est innervé par la branche postérieure du premier nerf cervical et par le grand nerf occipital.

Action. — Il étend la tête et tourne la face du côté opposé.

4° Petit complexus (fig. 63, 5).

Ce petit muscle, situé en dehors du précédent, naît en bas, par cinq languettes minces, tendineuses, de la partie externe des *tubercules des apophyses articulaires des cinq dernières vertèbres cervicales*, puis monte, en formant un petit faisceau aplati qui va s'attacher au *bord postérieur* et au *sommet de l'apophyse mastoïde* (fig. 14, O). De son bord postérieur se détache ordinairement un faisceau allongé qui va au transversaire du cou. Il est coupé près de sa partie supérieure par une intersection aponévrotique.

Nerfs. — Il est innervé par le grand nerf occipital.

Action. — Il incline la tête latéralement.

5° Transversaire du cou (fig. 63, 6, 7).

Ce petit muscle s'attache en bas par de petits tendons aux *apophyses transverses des deuxième, troisième, quatrième, cinquième et sixième vertèbres dorsales*, en dehors des insertions du grand complexus; en haut il s'attache aux *tubercules postérieurs des apophyses transverses des cinq dernières vertèbres cervicales*, en se confondant avec les tendons du scalène postérieur.

Rapports — Il longe le bord inférieur du splénius, les insertions inférieures du grand complexus ; il est séparé en haut de ce dernier par le petit complexus, qui s'interpose entre les deux; en dehors il est en rapport avec le sacro-lombaire, et en bas avec le long dorsal.

Petit transversaire du cou ou *accessoire du petit complexus de Luschka.* — Entre le transversaire du cou et le petit complexus existe souvent un petit muscle difficilement isolable, qui naît par cinq tendons des apophyses transverses des deux premières vertèbres dorsales et des trois dernières cervicales et va à l'apophyse transverse de l'atlas en envoyant un faisceau au petit complexus.

Nerfs. — Le transversaire du cou est innervé par des branches postérieures des derniers nerfs cervicaux et des premiers nerfs dorsaux.

Action. — Il est extenseur de la colonne vertébrale.

6° Grand droit postérieur de la tête (fig. 64, 1).

Ce petit muscle forme un faisceau rubané, épais, qui s'insère en bas à la *crête supérieure de l'apophyse épineuse de l'axis*, se porte en haut et en dehors en subissant un mouvement de torsion par lequel sa face externe devient postérieure, et va s'attacher, en s'élargissant un peu, à la *partie externe de la ligne demi-circulaire inférieure*, qui présente une crête saillante à ce niveau (fig. 14, S). Les deux muscles grands droits interceptent avec l'occipital un triangle dans lequel se voient les muscles petits droits.

Nerfs. — Il est innervé par la branche postérieure du premier nerf cervical et par des rameaux du grand nerf occipital.

Action. — Il est extenseur de la tête et rotateur de la face du même côté.

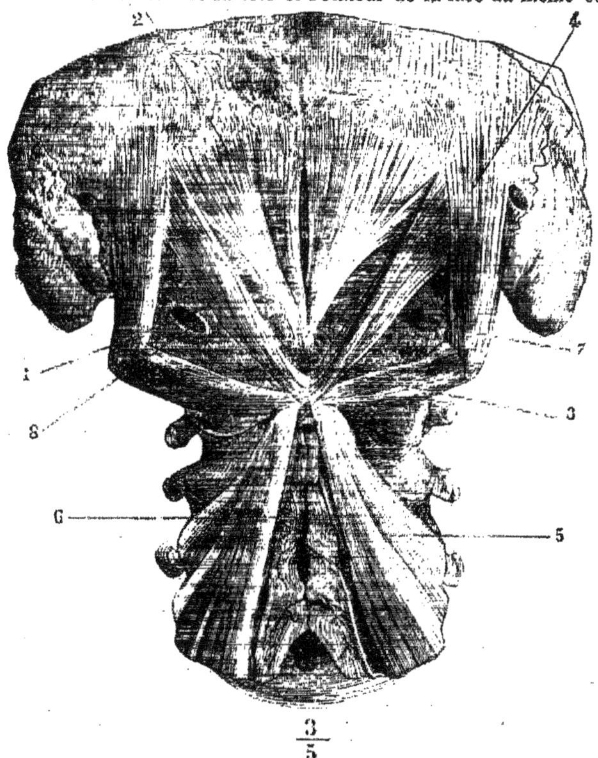

FIG. 64. — *Muscles profonds de la nuque* (*).

7° Petit droit postérieur de la tête (fig. 64, 2).

Ce petit muscle, triangulaire, en éventail, s'attache en bas au *tubercule postérieur de l'atlas*, par une aponévrose nacrée, occupant le tiers inférieur du muscle, et va de là, en s'élargissant, s'insérer à la *moitié interne de la ligne courbe occipitale inférieure et de la surface sous-jacente* (fig. 14, T).

Nerfs. — Il est innervé par la branche postérieure du premier nerf cervical.

Action. — Il est extenseur de la tête.

8° Grand oblique ou oblique inférieur de la tête (fig. 64, 3).

Ce muscle, épais, dirigé de bas en haut, de dedans en dehors et d'arrière en

(*) 1) Grand droit postérieur. — 2) Petit droit postérieur. — 3) Grand oblique. — 4) Petit oblique. — 5) Faisceaux supérieurs du transversaire épineux. — 6) Interépineux. — 7) Gouttière de l'artère vertébrale. — 8) Orifice pour le passage du premier nerf cervical.

avant, s'attache en dedans à une *fossette de l'apophyse épineuse de l'axis*, en dehors à la partie postérieure et inférieure de l'*apophyse transverse de l'atlas*.

Nerfs. — Il est innervé par la branche postérieure du premier nerf cervical et des rameaux du grand nerf occipital.

Action. — Il fait tourner la tête de son côté.

9° Petit oblique ou oblique supérieur de la tête (fig. 64, 4).

Ce petit muscle, dirigé en haut et en arrière, s'insère en bas à la partie supérieure du *sommet de l'apophyse transverse de l'atlas*, au-dessus et en dehors du grand oblique, en arrière du droit latéral, et se rend de là à l'*occipital*, au-dessus et en dehors de l'insertion du grand droit postérieur, en dedans du trou mastoïdien et de la suture temporo-occipitale (fig. 14, R). Il forme, avec le droit latéral, un triangle, dont ce dernier constitue le côté antérieur et l'occipital le côté supérieur.

Nerfs. — Il est innervé par la branche postérieure du premier nerf cervical.

Action. — Il est extenseur de la tête et l'incline latéralement.

ARTICLE III. — MUSCLES SPINAUX POSTÉRIEURS (fig. 65).

Préparation. — La préparation de ces muscles, longue et laborieuse surtout pour des débutants, sans présenter cependant de difficultés réelles, consiste à isoler exactement chacun des faisceaux multiples qui composent ces muscles. Cet isolement est quelquefois rendu difficile par les languettes charnues qu'ils s'envoient réciproquement, languettes qu'on est souvent obligé d'inciser. Pour voir les faisceaux profonds du sacro-lombaire et du long dorsal, il faut renverser ces muscles en dehors après avoir disséqué leur face extérieure. Pour le transversaire épineux, on ne doit pas se contenter de le mettre simplement à découvert, mais enlever successivement ses couches superficielles pour étudier ses faisceaux profonds. Après ces muscles, on fera bien d'étudier immédiatement les surcostaux mis à nu par la préparation.

Ces muscles, appelés encore *muscles des gouttières vertébrales*, ont une disposition très-compliquée; ils forment deux couches. La couche superficielle se compose de faisceaux allongés, à peu près verticaux, constituant deux muscles, l'un externe, sacro-lombaire (9), l'autre interne, long dorsal (4); au-dessous de cette couche on trouve une série de faisceaux multiples plus courts, à direction oblique, ou se rapprochant de la transversale et qui remplissent les gouttières vertébrales; on en a fait un seul muscle, le transversaire épineux (14), quoiqu'il soit composé de plusieurs couches. Enfin, à ces muscles on peut annexer de petits muscles très-courts, allant d'une vertèbre à l'autre, les uns, tendus entre les apophyses épineuses, muscles interépineux; les autres, entre les apophyses transverses, muscles intertransversaires.

I. COUCHE SUPERFICIELLE

Les deux muscles de cette couche naissent par une masse charnue, indivise, appelée *masse commune* (1). Cette masse, située sous l'aponévrose d'insertion du grand dorsal, occupe la gouttière lombo-sacrée et détermine, par sa saillie, la rainure médiane correspondante à la crête épinière. Elle est recouverte par une forte aponévrose, *aponévrose de la masse commune*, à la face profonde de laquelle elle prend des insertions et qui se prolonge en haut jusque vers le milieu de la région dorsale sur la face postérieure des deux muscles. Cette apo-

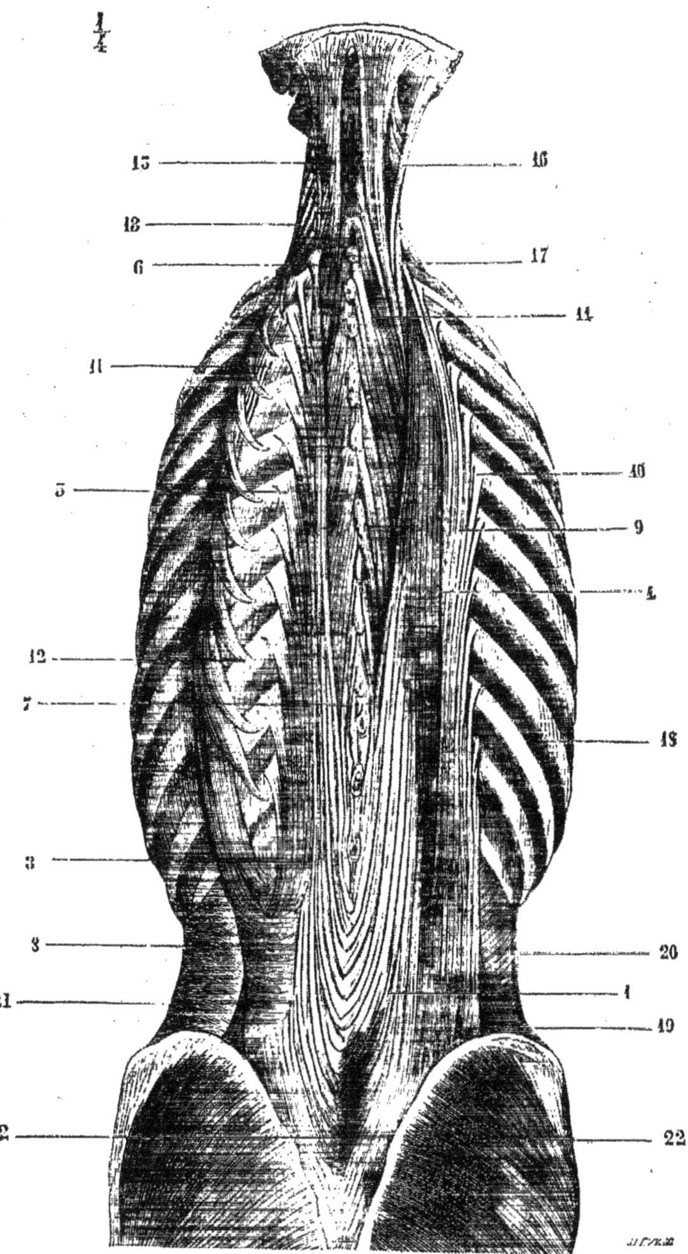

Fig. 65. — *Muscles spinaux postérieurs* (*).

(*) 1) Masse commune. — 2) Partie de cette aponévrose qui donne naissance au long dorsal. — 3, 4, Long dorsal. — 5) Ses faisceaux externes. — 6) Sa terminaison. — 7) Long épineux du dos. — 8, 9, Sacro-lombaire. — 10) Ses faisceaux de terminaison. — 11) Les mêmes, vus le muscle renversé en dehors. — 12) Ses faisceaux de renforcement. — 13) Ses faisceaux de terminaison cervicaux. — 14) Transversaire épineux. — 15) Grand complexus. — 16) Petit complexus. — 17) Transversaire du cou. — 18) Intercostaux externes. — 19) Carré des lombes. — 20) Petit oblique de l'abdomen. — 21) Transverse de l'abdomen. — 22) Grand fessier.

névrose s'attache à l'*épine iliaque postérieure et supérieure*, et à la partie voisine de la crête iliaque par un tendon très-fort, aux saillies rugueuses de la *face postérieure du sacrum* correspondant aux apophyses transverses, à la *crête sacrée*, aux *apophyses épineuses des vertèbres lombaires et des dernières vertèbres dorsales*, et aux ligaments interépineux. Née de ces insertions, la masse commune se porte en haut et présente bientôt une séparation en deux parties; la partie externe forme le sacro-lombaire, l'interne forme le long dorsal.

1° Sacro-lombaire (fig. 65, 8, 9).

Ce muscle, arrivé à la région dorsale, va s'attacher, par une série de faisceaux terminés par des bandelettes aponévrotiques et décroissant de volume de bas en haut, à la *partie externe de l'angle des douze côtes* (10), et, au cou, aux *tubercules postérieurs des apophyses transverses des cinq dernières vertèbres cervicales*, en dehors des insertions du transversaire du cou (13). Ces languettes aponévrotiques, se détachant régulièrement de son bord externe, ont fait comparer ce muscle à une feuille de palmier. Le faisceau de la dernière côte est considérable. Si on renverse le muscle en dehors, après l'avoir isolé du long dorsal, on voit alors (12) se détacher de *la partie interne de l'angle des douze côtes* des faisceaux, *faisceaux de renforcement du sacro-lombaire*, allant se jeter dans la face profonde du muscle, qui, sans eux, serait bien vite épuisé.

On a divisé ce muscle en trois muscles distincts, souvent facilement isolables : 1° une portion lombaire, s'arrêtant à la septième côte ; 2° une partie dorsale, allant des six ou sept côtes inférieures aux cinq côtes supérieures et aux deux dernières vertèbres cervicales ; 3° une partie cervicale (*cervical descendant* des auteurs), allant des cinq ou six premières côtes aux vertèbres cervicales.

2° Long dorsal (fig. 65, 3, 4).

Ce muscle, né de la partie interne de la masse commune, présente trois ordres de faisceaux de terminaison : des faisceaux externes ou costaux, des faisceaux moyens ou transversaires et des faisceaux internes ou épineux.

1° Les *faisceaux de terminaison externes*, visibles seulement après le renversement en dehors du sacro-lombaire (5), s'attachent par des languettes aponévrotiques minces aux *apophyses costiformes des vertèbres lombaires* et aux *douze côtes en dehors de la tubérosité costale*.

2° Les *faisceaux de terminaison moyens ou transversaires*, qu'on ne peut voir qu'après avoir renversé le long dorsal en dehors et séparé ce muscle de ses connexions avec les faisceaux internes, s'attachent par une série de languettes aux *tubercules apophysaires des vertèbres lombaires* et aux *apophyses transverses des vertèbres dorsales* (fig. 63, 14).

3° Les *faisceaux internes ou épineux*, décrits par beaucoup d'auteurs comme un muscle distinct, sous le nom de *long épineux du dos*, se composent de faisceaux allant des *apophyses épineuses lombaires* aux *apophyses épineuses dorsales* (fig. 65, 7), ces faisceaux, très-variables en nombre et qui semblent se détacher du bord interne du long dorsal, remontent quelquefois jusqu'à la première vertèbre dorsale et descendent jusqu'à la deuxième vertèbre sacrée.

II. COUCHE PROFONDE

Transversaire épineux (fig. 65, 14; fig. 64, 5).

Ce muscle, très-compliqué, se compose de faisceaux multiples qui occupent les gouttières vertébrales depuis l'axis jusqu'à la partie inférieure du sacrum; Ces faisceaux sont d'autant plus courts et se rapprochent d'autant plus de l'horizontale qu'ils sont plus profonds, de façon qu'on peut diviser ce muscle en trois couches ou plans, un superficiel, transversaire épineux proprement dit; un moyen, muscle compliqué de l'épine; un profond, muscles rotateurs des vertèbres.

1° *Transversaire épineux.* — Ses faisceaux, obliques en haut et en dedans, vont des *apophyses transverses des douze vertèbres dorsales* aux *apophyses épineuses des cinq premières dorsales et des cinq dernières cervicales;* il manque dans les régions lombaire et sacrée.

2° *Muscle compliqué de l'épine (multifidus).* — Il s'étend depuis l'axis jusqu'à la partie inférieure de la gouttière sacrée; il se compose de faisceaux obliques naissant en dehors de la *face postérieure du sacrum* et du ligament sacro-iliaque postérieur, des *tubercules apophysaires des vertèbres lombaires*, des *apophyses transverses des vertèbres dorsales* et des *tubercules des apophyses articulaires des vertèbres cervicales.* En dedans, ils s'attachent au *bord inférieur et à la pointe des apophyses épineuses* depuis la cinquième vertèbre lombaire jusqu'à l'axis. Les faisceaux superficiels plus longs couvrent trois vertèbres.

3° *Muscles rotateurs des vertèbres.* — Ces muscles, qui vont d'une vertèbre à l'autre, n'existent qu'à la région dorsale. Les uns, *rotateurs longs*, s'attachent au *bord supérieur de l'apophyse transverse de la vertèbre inférieure*, et à la *partie latérale de la racine de l'apophyse épineuse de la vertèbre supérieure;* les autres, *rotateurs courts*, presque horizontaux, quadrangulaires, s'insèrent au *bord supérieur de l'apophyse transverse de la vertèbre inférieure* et au *bord inférieur de l'arc vertébral*, situé immédiatement au-dessus.

III. MUSCLES INTERVERTÉBRAUX

1° Interépineux (fig. 64, 6).

Ces muscles n'existent qu'à la région cervicale et à la région lombaire; ce sont de petits faisceaux doubles pour chaque espace interépineux et allant d'une apophyse épineuse à l'autre; ils sont séparés au cou par le ligament de la nuque, aux lombes par les ligaments interépineux. On trouve souvent au cou, au-dessus des interépineux, des faisceaux, très-variables du reste, allant des apophyses épineuses des cinquième et sixième vertèbres cervicales à celles des deuxième, troisième et quatrième *(long épineux du cou).*

2° Muscles intertransversaires.

Ces muscles n'existent aussi qu'aux régions cervicale et lombaire.

1° *Intertransversaires du cou* (fig. 77). — Ils se divisent en antérieurs et postérieurs, séparés par les branches antérieures des nerfs cervicaux. Ils vont des deux lèvres de la gouttière des apophyses transverses cervicales à la partie inférieure de l'apophyse transverse de la vertèbre située immédiatement au-dessus. Les premiers intertransversaires présentent seuls quelque chose de particulier ; l'antérieur (fig. 77, 7), situé en dedans du postérieur et presque sur le même plan, s'attache en haut, à la base de l'apophyse transverse de l'atlas, au-dessous du petit droit antérieur, et en bas, à la base de l'apophyse transverse de l'axis. Le postérieur (fig. 77, 8), situé en dehors du précédent, s'insère en haut près du sommet de l'apophyse transverse de l'atlas, en bas au sommet de l'apophyse transverse de l'axis. Les derniers vont de la septième vertèbre cervicale à la première dorsale.

2° *Intertransversaires des lombes.* — Ces muscles, quadrilatères, au nombre de cinq de chaque côté, vont d'une apophyse costiforme à l'autre ; le premier va de la douzième dorsale à la première lombaire.

Nerfs. — Les muscles spinaux postérieurs sont innervés par les branches postérieures des nerfs rachidiens.

Remarques générales.

On voit que tous ces muscles peuvent se réduire d'après leurs insertions à quatre groupes, groupes dans lesquels on peut comprendre les muscles de la nuque, puisque la protubérance et la crête occipitales externes représentent l'apophyse épineuse, et les apophyses mastoïdes les apophyses transverses de la vertèbre occipitale.

1° *Faisceaux épineux.* — Ils vont des apophyses épineuses aux apophyses épineuses et étendent directement la colonne vertébrale (interépineux, long épineux du dos et du cou quand il existe, petit droit postérieur).

2° *Faisceaux transversaires.* — Ils vont des apophyses transverses aux apophyses transverses et inclinent latéralement la colonne vertébrale (intertransversaires, droit latéral et droit antérieur de la tête, sacro-lombaire, transversaire du cou, petit complexus, petit oblique, intercostaux et surcostaux).

3° *Faisceaux transversaires épineux.* — Ils sont obliques en haut et en dedans et vont des apophyses transverses aux apophyses épineuses ; ils font tourner la colonne vertébrale du côté opposé (transversaire épineux, grand complexus).

4° *Faisceaux épineux transversaires.* — Ces faisceaux obliques en sens inverse, c'est-à-dire en haut et en dehors, vont des apophyses épineuses aux apophyses transverses et font tourner la face antérieure du rachis de leur côté (splénius, long dorsal, grand oblique et grand droit postérieur de la tête). L'action du long dorsal doit être à peine sensible à cause de sa direction presque verticale.

Tous ces muscles du reste, sauf les muscles intertransversaires antérieurs du cou et les petits droits antérieur et latéral, sont extenseurs de la colonne vertébrale.

CHAPITRE II

MUSCLES DE L'ABDOMEN

Préparation. — Placer un billot sous les reins du sujet pour tendre les muscles. Inciser la peau sur la ligne médiane depuis l'appendice xiphoïde jusqu'au pubis, en respectant l'ombilic ; faire tomber sur cette incision deux incisions transversales, partant l'une de l'appendice xiphoïde, l'autre de l'ombilic, et une incision oblique partant du pubis et suivant le pli de l'aine et la crête iliaque. Enlever avec la peau une lame celluleuse adhérente qui recouvre le grand oblique ; à la partie inférieure, près du pubis, conserver le cordon spermatique ou le ligament rond qui sortent par une ouverture de l'aponévrose ; conserver, s'il est possible, une lame fibreuse mince (fascia de Cooper) qui recouvre le cordon et se continue avec les bords de cette ouverture. Pour mettre à découvert le petit oblique, détacher le muscle grand oblique près de ses insertions costales et iliaques ; puis conduire une incision transversale depuis l'épine iliaque antérieure et supérieure, jusqu'au lieu de soudure des aponévroses des deux muscles grand et petit obliques, et mener de là une incision vers le pubis; on forme ainsi un lambeau aponévrotique triangulaire qui comprend l'anneau inguinal externe, lambeau dont la base est à l'arcade crurale et qui, rabattu, permet de voir les fibres inférieures du petit oblique et leurs rapports avec le cordon. Pour arriver sur le transverse, inciser avec précaution le petit oblique le long de la crête iliaque; le transverse s'en distingue par la direction de ses fibres; faire pour la partie inférieure du petit oblique un lambeau triangulaire analogue à celui qui a été fait pour l'aponévrose du grand oblique; pour pouvoir suivre les insertions postérieures du transverse jusqu'à la colonne vertébrale, il faut placer le cadavre sur le côté; les insertions costales de ce muscle qui se font à l'intérieur du thorax ne peuvent être bien vues qu'après l'ouverture de l'abdomen et par le mode de préparation employé pour le diaphragme et le triangulaire du sternum; on peut renvoyer leur étude au moment où l'on s'occupera de ces derniers muscles. Pour mettre à découvert le muscle grand droit, il faut inciser l'aponévrose qui le recouvre en dehors de la ligne blanche et la détacher avec précaution des intersections fibreuses du muscle, auxquelles elle est très-adhérente. L'étude du carré des lombes peut être remise au moment où l'on verra le muscle psoas et iliaque. Les préparations indiquées ci-dessus pour les muscles grand et petit obliques et le transverse serviront aussi pour le canal inguinal. Mais pour avoir une idée nette de ce canal et du fascia transversalis, il faut le préparer par le côté abdominal, comme dans la fig. 70. Pour cela on détache par un trait de scie toute la paroi antérieure du bassin, en arrière de l'épine iliaque antérieure et supérieure, et avec elle toute la paroi abdominale antérieure. On n'a plus alors qu'à enlever le péritoine et à disséquer avec précaution couche par couche.

Ces muscles sont tous pairs; les uns sont situés sur les parties latérales de l'abdomen, et composés de fibres obliques pour les deux muscles superficiels, grand et petit obliques, transversales pour le plus profond, transverse de l'abdomen; les autres sont situés sur les côtés de la ligne médiane et composés de fibres à direction générale verticale; ce sont : en avant le grand droit antérieur de l'abdomen et son accessoire, le pyramidal; en arrière, le carré des lombes profondément placé au-dessous des muscles spinaux postérieurs.

1° Grand oblique de l'abdomen (fig. 66, 8, 13; fig. 71, 17).

Ce muscle, large, quadrilatère, dont l'épaisseur ne dépasse jamais 0m,01, s'insère à la *face externe des huit dernières côtes* (fig. 16, J), par des digitations qui forment, par leur réunion, une ligne dentelée, oblique en bas, en arrière et en dehors, et qui s'entre-croisent, les supérieures avec les quatre digitations inférieures du grand dentelé, les inférieures avec les insertions costales du grand dorsal; ces digitations augmentent d'épaisseur jusqu'à la huitième côte pour diminuer de la huitième à la douzième. De là, ses fibres se portent obliquement en bas, en avant et en dedans, d'autant plus qu'elles sont plus inférieures, et vont s'attacher, celles des deux dernières digitations, à la *lèvre externe de la moitié antérieure de la crête iliaque*, celles de toutes les autres, à une *large aponévrose* quadrilatère (fig. 66, 13); cette aponévrose du grand oblique se termine en avant, suivant une ligne verticale allant de l'appendice xiphoïde à la symphyse du pubis; en bas, suivant une ligne oblique, entre la symphyse et l'épine iliaque antérieure et supérieure.

1° *Entre l'appendice xiphoïde et la symphyse*, l'aponévrose, après avoir passé en avant du muscle grand droit, en se soudant au feuillet superficiel de l'aponévrose du petit oblique, se termine en s'entre-croisant sur la ligne médiane avec celle du côté opposé (de façon que ses fibres se continuent en partie avec celles du petit oblique du côté opposé) et constitue ainsi un raphé médian, la *ligne blanche*.

2° *Entre la symphyse et l'épine iliaque antérieure et supérieure*, elle se termine de la façon suivante : entre ces deux points osseux est tendue une bandelette aponévrotique, *ligament de Fallope* ou *de Poupart*, *arcade crurale*

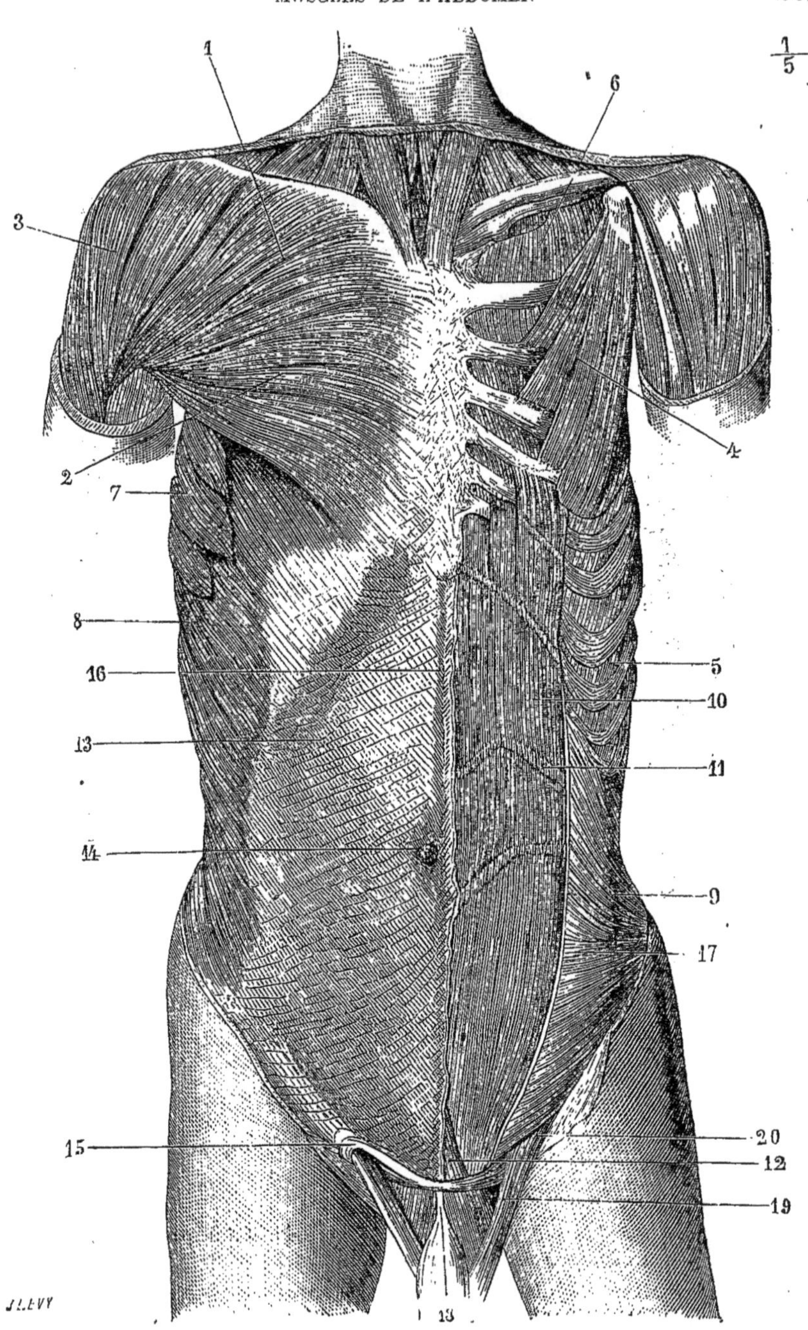

FIG. 66. — *Muscles du tronc; face antérieure* (*).

(*) 1, 2) Grand pectoral. — 3) Deltoïde. — 4) Petit pectoral. — 5) Muscles intercostaux. — 6) Premier intercostal. — 7) Grand dentelé. — 8) Grand oblique de l'abdomen. — 9) Petit oblique. — 10) Grand droit antérieur de l'abdomen. — 11) Intersection aponévrotique de ce muscle. — 12) Pyramidal. — 13) Aponévrose du grand oblique. — 14) Ombilic. — 15) Anneau inguinal externe. — 16) Ligne

(fig. 69, B, 1), formée en partie par des fibres propres [1], en partie par les fibres aponévrotiques du grand oblique et spécialement par celles qui proviennent des faisceaux musculaires situés immédiatement au-dessus de l'épine iliaque (fig. 69, B, 6). Cette arcade crurale est soudée dans son tiers externe au fascia iliaca (3); dans ses deux tiers internes elle est libre et constitue avec le bord antérieur de l'os iliaque une ouverture (5) par laquelle s'engagent les vaisseaux fémoraux (7, 8). Les fibres aponévrotiques du grand oblique se jettent obliquement sur cette arcade, qu'elles contribuent en grande partie à former. En dedans, ces fibres s'écartent en interceptant une ouverture, *anneau inguinal*

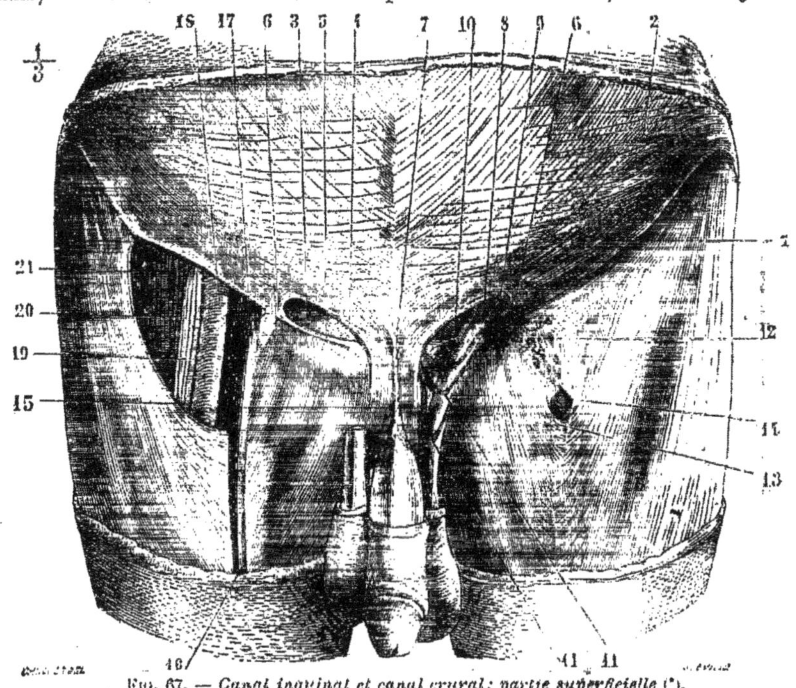

Fig. 67. — *Canal inguinal et canal crural; partie superficielle* (*).

externe (fig. 67, 3), qui laisse passer le cordon spermatique; cette ouverture a une direction oblique en bas et en dedans, comme les fibres mêmes de l'aponévrose; elle a une forme triangulaire à base inférieure, mais le sommet du triangle est émoussé et arrondi par des fibres curvilignes, *fibres arciformes* (fig. 67, 6), provenant de l'arcade crurale, de sorte que l'anneau présente ordinairement une forme ovalaire ou elliptique. Les bords de l'anneau se perdent peu à peu dans une lame celluleuse, *fascia de Cooper*, qui se prolonge sur le

(1) D'après les recherches de Nicaise et Tillaux, le ligament de Fallope serait exclusivement composé par le bord inférieur de l'aponévrose du grand oblique.

blanche. — 17) Aponévrose du petit oblique. — 18) Ligament suspenseur du pénis. — 19) Cordon spermatique. — 20) Fibres inférieures du petit oblique formant le crémaster.

(*) 1) Arcade crurale. — 2) Aponévrose du grand oblique. — 3) Anneau inguinal externe. — 4) Pilier interne. — 5) Pilier externe. — 6) Fibres arciformes. — 7) Ligament suspenseur du pénis. — 8) Cordon spermatique passant sur 9) le pilier externe. — 10, 11) Anses du crémaster. — 12) Fascia cribriformis. — 13) Ligament falciforme. — 14) Embouchure de la veine saphène interne. — 15) Fascia iliaca coupé. — 16) Veine saphène interne. — 17) Veine crurale. — 18) Artère crurale. — 19, 20) Nerf crural. — 21) Psoas.

cordon. Les faisceaux qui limitent l'anneau en dedans et en dehors ont reçu le nom de *piliers*. Le *pilier interne* ou *supérieur* (fig. 67, 4) s'attache au pubis en avant de la symphyse, en s'entre-croisant en partie avec celui du côté opposé; le *pilier externe* ou *inférieur* (fig. 67, 5) s'attache à l'épine du pubis et, par ses fibres superficielles, va jusqu'à la symphyse où elles présentent aussi un entre-croisement. Les fibres aponévrotiques situées en dehors du pilier externe éprouvent, au moment où elles rencontrent l'arcade crurale, une sorte de torsion, les plus inférieures devenant supérieures et les supérieures antérieures; un groupe se réfléchit en arrière du pilier externe sous le nom de *ligament de Colles* ou *pilier postérieur* (fig. 69, A, 16), se dirige en haut et en dedans, et va se continuer de l'autre côté de la ligne médiane avec des fibres aponévrotiques du grand et du petit oblique du côté opposé; un autre groupe se réfléchit en arrière et va s'attacher à la crête pectinéale en constituant le *ligament de Gimbernat* (fig. 69, B, 2). Ce ligament, qui n'est autre chose qu'un élargissement de l'arcade crurale, forme une lamelle triangulaire de $0^m,015$ de long, dont le bord antérieur répond à l'arcade crurale, le postérieur à la crête pectinéale, dont le bord externe, concave, limite en dedans l'anneau crural; sa face postérieure se continue avec la face supérieure de l'arcade crurale.

Rapports. — Ce muscle est recouvert d'une lamelle celluleuse, mince, adhérente. Il est recouvert dans une petite partie de son étendue en haut, par le grand pectoral, en bas et en arrière par le grand dorsal. Son bord postérieur limite, avec le bord antérieur du grand dorsal, un triangle, dont la base est à la crête iliaque, *triangle de Petit* (fig. 62, 19), et qui existe environ 8 fois sur 10 chez l'adulte.

Nerfs. — Il est innervé par les nerfs intercostaux et par les rameaux des grande et petite branches abdomino-scrotales du plexus lombaire.

Action. — Conjointement avec les muscles petit oblique et transverse, ces muscles rétrécissent transversalement la cavité abdominale. En outre, ils abaissent les côtes et sont expirateurs et fléchisseurs du tronc. Quand un muscle grand oblique d'un seul côté se contracte, il fait tourner la face antérieure du tronc du côté opposé.

2° Petit oblique de l'abdomen (fig. 66, 9).]

Ce muscle, plus large en avant qu'en arrière, un peu moins épais que le précédent, s'attache en arrière à l'*aponévrose abdominale postérieure*, dans la moitié inférieure de la région lombaire, et par elle aux *apophyses épineuses, lombaires et sacrées*, aux trois *quarts antérieurs de la crête iliaque* et au *tiers externe de l'arcade crurale* (fig. 69, A, 14). De là ses fibres se portent, les supérieures obliquement en haut et en avant, les moyennes transversalement, les inférieures obliquement en bas et en avant, et se terminent de la façon suivante : les supérieures vont s'attacher aux *trois dernières côtes*, par des digitations continues, au niveau des deux derniers espaces intercostaux, avec les muscles intercostaux internes, et dans l'intervalle des côtes et du pubis à une lame aponévrotique. Cette aponévrose, *feuillet moyen de l'aponévrose abdominale antérieure, aponévrose du petit oblique*, se divise en deux feuillets au niveau du bord externe du muscle droit (fig. 68, A, 15); l'antérieur se soude à l'aponévrose du grand oblique et passe en avant du grand droit; le postérieur s'unit à l'aponévrose du transverse, et passe en arrière du même muscle, sauf dans son quart inférieur (fig. 68, B); ces deux feuillets se rejoignent ensuite à la ligne blanche. Les fibres les plus inférieures vont constituer le crémaster (fig. 69, A, 15); celles qui viennent immédiatement au-dessus vont s'attacher les unes au pubis, en arrière du ligament de Gimbernat, entre ce ligament et la symphyse, les autres au ligament de Colles.

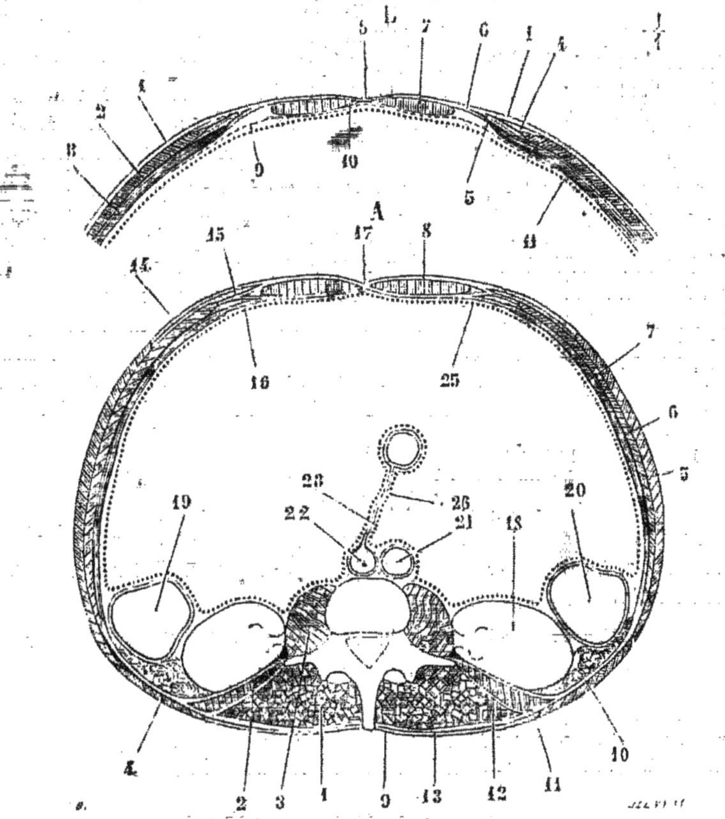

Fig. 68. — *Aponévroses de l'abdomen; Coupe transversale des parois abdominales* (*).

Rapports. — Recouvert par le grand oblique, il recouvre le transverse; son bord postérieur, libre dans sa moitié supérieure, continu dans sa moitié inférieure avec l'aponévrose abdominale postérieure, est représenté par une ligne allant de l'extrémité externe de la douzième côte à l'apophyse épineuse de la troisième vertèbre lombaire.

(*) A. *Coupe transversale au niveau des reins.* — 1) Muscles spinaux postérieurs. — 2) Carré des lombes. — 3) Psoas. — 4) Grand dorsal. — 5) Grand oblique. — 6) Petit oblique. — 7) Transverse. — 8) Grand droit antérieur. — 9) Aponévrose du grand dorsal. — 10) Aponévrose du transverse. — 11) Son feuillet antérieur. — 12) Son feuillet moyen. — 13) Son feuillet postérieur. — 14) Aponévrose du grand oblique. — 15) Aponévrose du petit oblique. — 16) Aponévrose du transverse. — 17) Ligne blanche. — 18) Rein. — 19) Côlon descendant. — 20) Côlon ascendant. — 21) Veine cave inférieure. — 22) Aorte. — 23) Artère allant de l'aorte à l'intestin, représentant l'artère mésentérique. — 25) Péritoine. — 26) Mésentère.

B. *Coupe transversale au niveau du quart inférieur du grand droit antérieur.* — 1) Aponévrose du grand oblique. — 2) Petit oblique. — 3) Transverse. — 4) Aponévrose du petit oblique. — 5) Aponévrose du transverse. — 6) Les trois aponévroses réunies passant en avant du grand droit. — 7) Grand droit de l'abdomen. — 8) Ligne blanche. — 9) Fascia transversalis. — 10) Pli semi-lunaire de Douglas. — 11) Péritoine.

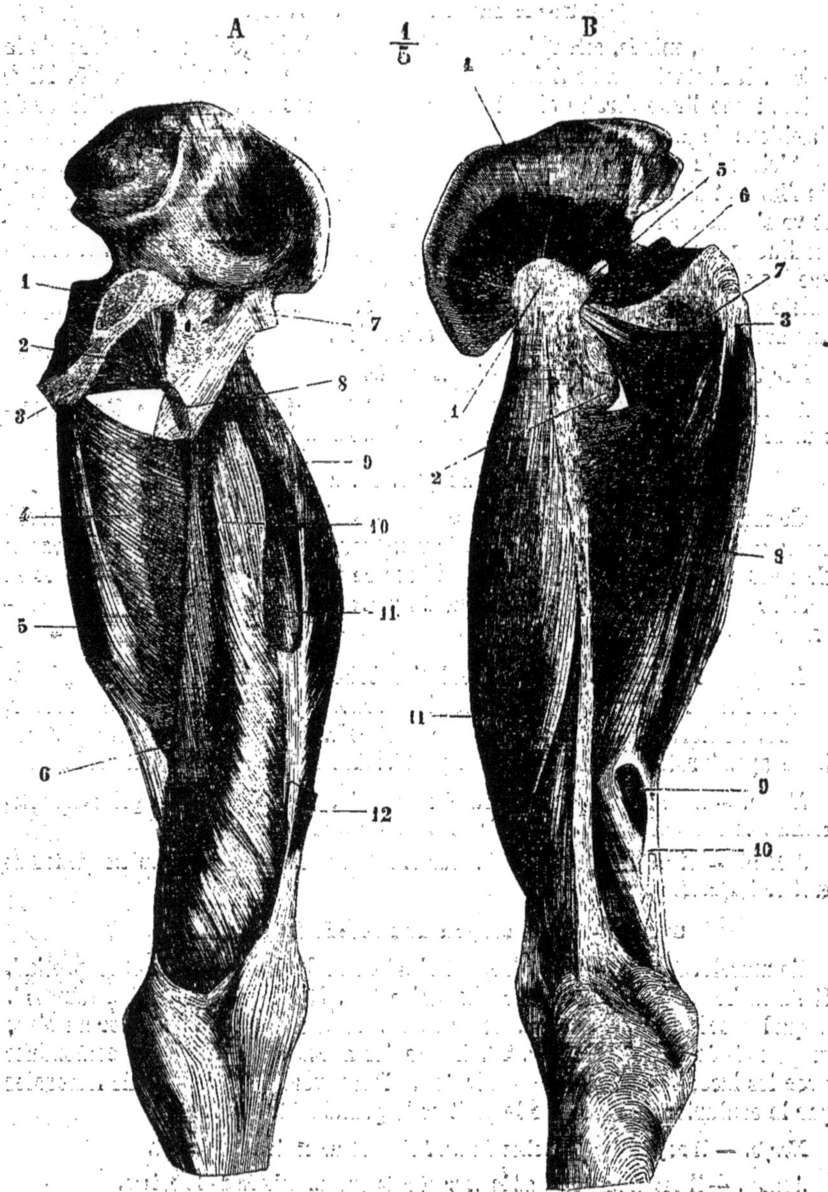

Fig. 99. — *Muscles triceps fémoral et grand adducteur* (*).

(*) A. *Face antérieure de la cuisse.* — 1) Obturateur interne. — 2) Obturateur externe. — 3) Ischion. — 4) Grand adducteur. — 5) Sa partie interne. — 6) Anneau des adducteurs. — 7) Tendon direct du droit antérieur. — 8) Tendon du psoas et iliaque. — 9) Vaste externe. — 10) Vaste interne. — 11) Muscle crural. — 12) Tendon inférieur du droit antérieur coupé.

B. *Face postérieure.* — 1) Grand trochanter. — 2) Petit trochanter. — 3) Ischion. — 4) Petit fessier. — 5) Tendon du pyramidal. — 6) Obturateur interne et jumeaux. — 7) Obturateur externe. — 8) Grand adducteur. — 9) Orifice inférieur de l'anneau des adducteurs. — 10) Tendon du grand adducteur. — 11) Vaste externe.

1° Droit interne (fig. 98, A, 13).

Ce muscle, mince, allongé, à peu près vertical, longe le côté interne de la cuisse. Il s'attache en haut *le long de la symphyse du pubis* (fig. 25, NN') suivant une ligne étroite allant de l'épine pubienne à la branche inférieure de l'ischion; de là ses fibres se portent sur un tendon, qui occupe d'abord le bord postérieur du muscle, contourne la partie postérieure des tubérosités internes du fémur et du tibia, se réfléchit en avant sous le tendon du couturier (fig. 101, 5) et va s'attacher à *la crête du tibia* (fig. 27, C), au-dessus du tendon du demi-tendineux, en constituant avec lui la partie profonde de la patte d'oie. Il recouvre les adducteurs et le ligament latéral interne du genou. Une bourse séreuse existe entre les tendons du droit interne et du demi-tendineux et le tibia; une autre entre eux et le tendon du couturier.

Nerfs. — Il est innervé par le nerf obturateur.

Action. — Il est adducteur du fémur quand celui-ci est dans l'extension. Il est fléchisseur de la jambe et en même temps rotateur du tibia en dedans.

2° Pectiné (fig. 98, A, 11).

Ce muscle, court, aplati, quadrangulaire, situé en dedans du psoas, s'attache en haut *à la crête pectinéale* et *à la surface triangulaire située en avant de cette crête* (fig. 25, J); de là ses fibres se portent en bas, en dehors et en arrière et vont s'attacher au-dessous du petit trochanter *à la bifurcation interne de la ligne âpre* (fig. 26, K).

Rapports. — Il recouvre l'articulation coxo-fémorale, le deuxième adducteur et l'obturateur externe; son bord interne répond au premier adducteur, son bord externe au psoas et iliaque; sa face antérieure, recouverte par une lame aponévrotique, forme la paroi postérieure et interne du canal crural.

Nerfs. — Il est innervé par une branche du nerf crural (branche de la gaîne des vaisseaux fémoraux) et reçoit quelquefois des filets du nerf obturateur.

Action. — Il est fléchisseur, adducteur et rotateur en dehors de la cuisse (action de croiser les jambes).

3° Premier ou moyen adducteur (fig. 98, A, 12).

Ce muscle, épais, triangulaire, est situé entre le droit interne et le pectiné. Il s'attache en haut *à l'épine du pubis* (fig. 25, K) par un tendon ramassé, auquel succède une masse musculaire volumineuse, qui va s'insérer au *tiers moyen de la ligne âpre* (fig. 26, L) par des fibres aponévrotiques confondues avec les insertions du grand adducteur. Recouvert à ses insertions fémorales par le couturier, il recouvre le petit et le grand adducteur.

Nerfs. — Il reçoit des branches du nerf obturateur et du nerf crural.

Action. — Il est fléchisseur, adducteur et rotateur en dehors de la cuisse.

4° Deuxième ou petit adducteur (fig. 98, B, 7).

Triangulaire, moins volumineux que le précédent et situé au-dessous de lui, il s'insère en haut *au-dessous de l'épine du pubis* (fig. 25, L), en dehors du droit interne, en dedans de l'obturateur externe, et s'attache en bas vers le *tiers moyen de la ligne âpre* (fig. 26, M), en confondant ses insertions avec celles du grand et du moyen adducteur. Son bord interne, qui s'appli que sur le grand adducteur, en est quelquefois peu distinct.

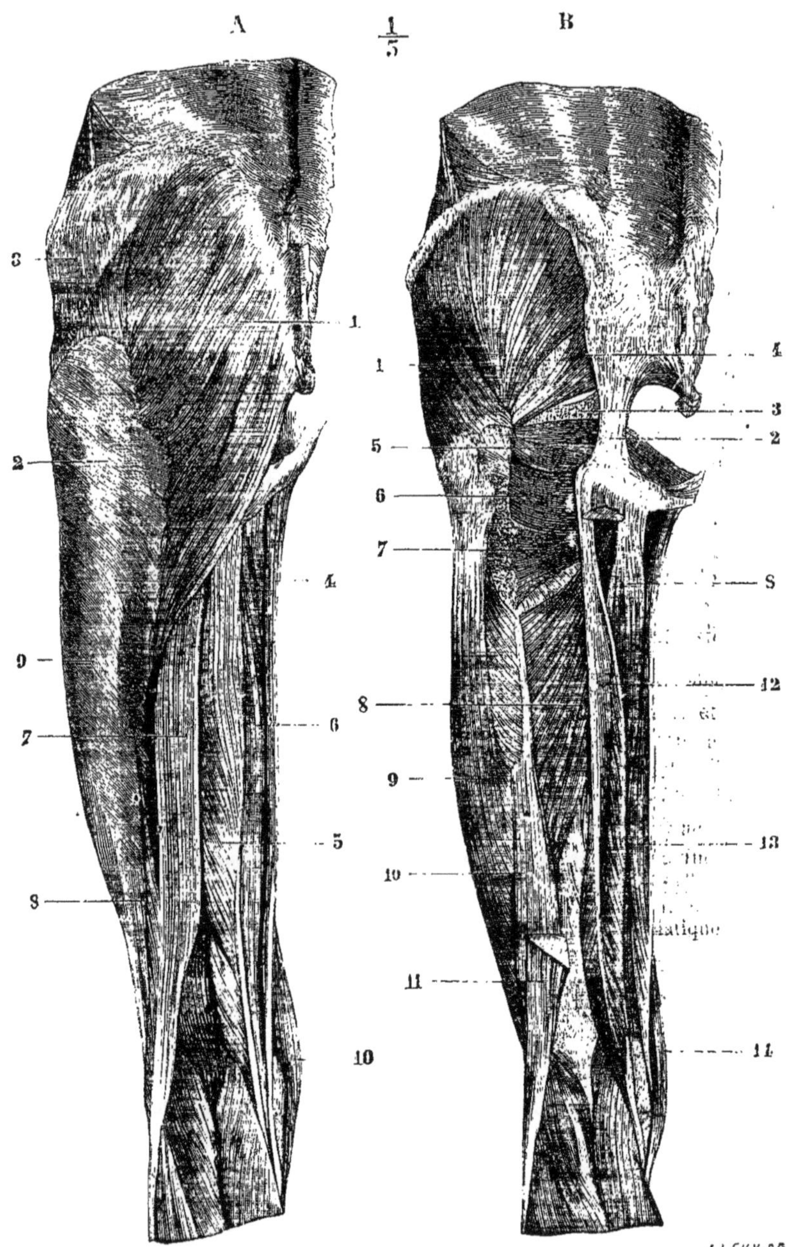

FIG. 100. — *Muscles postérieurs de la cuisse* (*).

(*) A. *Couche superficielle.* — 1) Grand fessier. — 2) Son aponévrose d'insertion. — 3) Aponévrose du moyen fessier. — 4) Droit interne. — 5) Demi-tendineux. — 6) Demi-membraneux. — 7) Longue portion du biceps. — 8) Courte portion du biceps. — 9) Aponévrose du vaste externe. — 10) Couturier.
B. *Couche profonde.* — 1) Moyen fessier. — 2) Grand ligament sacro-sciatique — 3) Petit ligament sacro-sciatique et épine sciatique. — 4) Pyramidal. — 5) Obturateur interne et jumeaux. — 6) Carré crural. — 7) Partie supérieure du grand adducteur. — 8) Grand adducteur. — 9) Vaste externe. —

Nerfs. — Il est innervé par une branche du nerf obturateur.

Action. — Identique à celle du premier adducteur.

5° Troisième ou grand adducteur (fig. 99, A, 4, B, 8).

Ce muscle, très-épais, triangulaire, forme à lui seul la plus grande partie de la masse musculaire interne de la cuisse.

Il s'attache en haut à la *tubérosité de l'ischion* et *à toute sa branche inférieure* (fig. 25, MM') par de courtes fibres aponévrotiques qui donnent naissance aux fibres charnues ; celles-ci se divisent en deux portions, l'une externe, l'autre interne. Les fibres externes (fig. 99, A, 4) se portent en dehors, les supérieures transversalement, les inférieures très-obliquement *à tout l'interstice de la ligne âpre* (fig. 26, NN'), en se confondant avec l'insertion des autres adducteurs, et en interceptant avec l'os des anneaux ostéo-fibreux pour le passage des artères perforantes; la partie supérieure forme quelquefois un faisceau distinct, décrit par quelques auteurs comme un muscle adducteur particulier (fig. 100, B, 7). Les fibres internes (fig. 99, A. 5), descendent presque verticalement et donnent naissance à un tendon qui parait sur le bord interne du muscle et va s'insérer au *tubercule saillant du condyle interne du fémur* (fig. 26, B, 10).

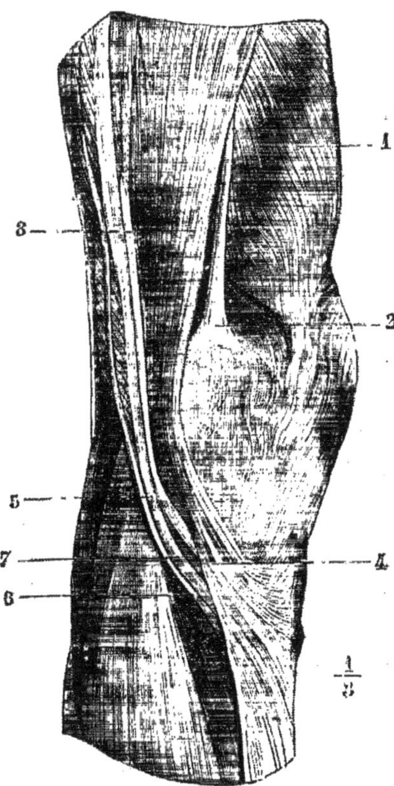

Fig. 101. — *Région interne du genou et patte d'oie* (*).

Au niveau de la bifurcation interne de la ligne âpre (fig. 26, A, 17), l'aponévrose d'insertion du muscle, très-épaissie, circonscrit avec cette ligne une ouverture fibreuse ovalaire (fig. 99, A, 6, B, 9), par laquelle passent l'artère et la veine fémorales, *anneau des adducteurs;* cette ouverture ovalaire est complétée et convertie en canal, en avant, par une lamelle aponévrotique passant en avant des vaisseaux, et allant se confondre avec les insertions du vaste interne, en arrière par des expansions fibreuses la rétrécissant à sa partie inférieure.

Rapports. — Il est recouvert par les moyen et petit adducteurs, le pectiné, le couturier, et recouvre les muscles postérieurs de la cuisse. Son bord interne

10) Courte portion du biceps. — 11) Longue portion du biceps coupée. — 12) Tendon du demi-membraneux. — 13) Droit interne. — 14) Couturier.

(*) 1) Vaste interne. — 2) Tendon du grand adducteur. — 3) Couturier. — 4) Son tendon et l'expansion fibreuse qu'il envoie à l'aponévrose jambière. — 5) Droit interne. — 6) Demi-tendineux. — 7) Demi-membraneux.

répond au droit interne et plus bas au couturier, son bord supérieur au carré crural.

Nerfs. — Il reçoit en avant des branches du nerf obturateur, en arrière des branches collatérales du grand nerf sciatique.

Action. — Il est adducteur de la cuisse et rotateur en dehors, sauf pour sa partie inférieure, qui est rotatrice en dedans (position du pied dans l'étrier).

II. Muscles de la région postérieure

Ces muscles, au nombre de trois, partent tous de l'ischion ; de là ils se partagent en deux faisceaux, l'un interne, composé du demi-tendineux et du demi-membraneux ; l'autre externe, constitué par un seul muscle, le biceps, auquel s'adjoint un court chef venant de la ligne âpre ; ils s'écartent à mesure qu'ils descendent et circonscrivent à la partie inférieure le creux du jarret ou *creux poplité*.

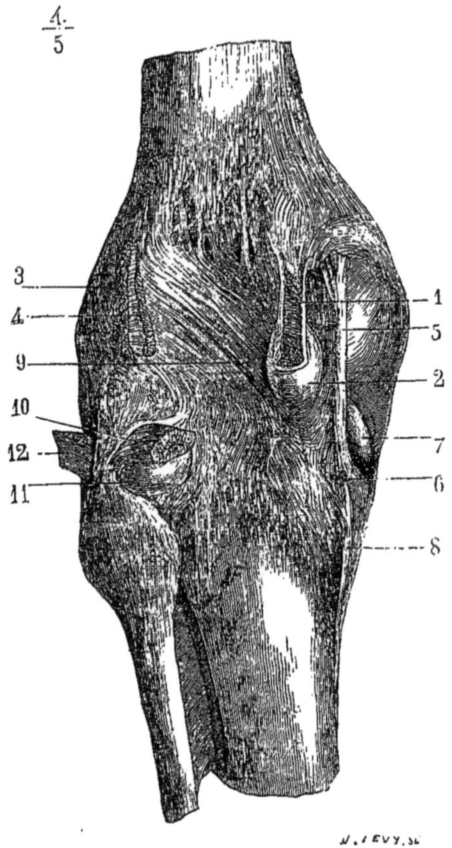

Fig. 102. — *Synoviales tendineuses et tendons du creux poplité* (*).

1° Demi-tendineux (fig. 100, A, 5).

Ce muscle, fusiforme, le plus superficiel des muscles de la région interne, s'attache en haut à *l'ischion* (fig. 25, Q) par un tendon commun avec le biceps, descend le long du bord interne de la cuisse et se termine par un tendon long et mince (fig. 101, 6) qui passe derrière la tubérosité interne du tibia, puis au-dessous d'elle, se réfléchit en avant et va s'attacher à *la crête du tibia* (fig. 27, C) en s'accolant au bord inférieur du tendon du droit interne et en formant, avec lui et le tendon du couturier qui les recouvre tous les deux, l'expansion aponévrotique appelée *patte d'oie*.

Il recouvre le demi-membraneux. On a déjà mentionné la bourse séreuse qui existe entre son tendon commun d'origine et celui du demi-membraneux, ainsi que celles qui se rencontrent entre son tendon inférieur et le tibia d'une part, et le tendon du couturier de l'autre.

(*) 1) Insertion du jumeau interne. — 2) Sa bourse séreuse. — 3) Insertion du jumeau externe. — 4) Insertion du plantaire grêle. — 5) Tendon du demi-membraneux avant sa division en trois tendons secondaires. — 6) Son tendon antérieur. — 7) Bourse séreuse de ce tendon. — 8) Son tendon inférieur. — 9) Son tendon réfléchi. — 10) Tendon du poplité. — 11) Sa bourse séreuse. — 12) Tendon du biceps rabattu.

Nerfs. — Il est innervé par des branches collatérales du grand nerf sciatique.

Action. — Il est extenseur de la cuisse, fléchisseur et rotateur en dedans de la jambe.

2° Demi-membraneux (fig. 100, B, 12).

Ce muscle, très-volumineux dans sa partie inférieure, naît en haut de l'*ischion* (fig. 25, R), en avant des précédents, par un tendon épais, creusé en gouttière pour recevoir le tendon commun du biceps et du demi-tendineux et qu'on peut suivre sur le bord externe du muscle jusqu'à son tiers inférieur. De là ses fibres, très-courtes, se rendent sur une aponévrose occupant la moitié inférieure du bord interne du muscle et formant un tendon épais (fig. 101, 7), qui, arrivé à l'articulation du genou, se divise en trois portions : 1° la portion externe se réfléchit en dehors et en haut (fig. 102, 9) pour former le *ligament poplité* de l'articulation ; 2° la partie antérieure (fig. 102, 6) se réfléchit en avant, dans la gouttière horizontale de la tubérosité interne du tibia et s'attache à l'extrémité de cette gouttière (fig. 27, L); 3° la partie moyenne descendante (fig. 102, 8) continue la direction du muscle et s'attache en s'élargissant à la partie postérieure de la *tubérosité du tibia.*

Recouvert par le demi-tendineux et le biceps, il recouvre le carré crural, le grand adducteur et le jumeau interne de la jambe. Entre son tendon antérieur et le tibia existe une bourse séreuse (fig. 102, 7), communiquant ordinairement avec la synoviale articulaire du genou.

Nerfs. — Il est innervé par des branches collatérales du nerf sciatique.

Action. — Il est fortement extenseur de la cuisse, fléchisseur et rotateur en dedans de la jambe.

3° Biceps crural (fig. 100, A, 7, 8; B, 10, 11).

Ce muscle, allongé, fusiforme, naît de la partie externe de la *tubérosité de l'ischion* (fig. 25, Q) par un tendon épais qui lui est commun avec le demi-tendineux, *long chef du biceps* (fig. 100, A, 7); il se sépare bientôt de ce muscle, et vers le tiers inférieur de la cuisse reçoit un faisceau de renforcement, *court chef du biceps* (fig. 100, B, 10) venant de *la partie moyenne de la ligne âpre* (fig. 26, O). Les deux chefs une fois réunis vont s'attacher au *tubercule moyen de la tête du péroné* (fig. 27, F) par un fort tendon qui embrasse la partie postérieure et externe du ligament latéral externe du genou, et envoie une expansion fibreuse à la tubérosité externe du tibia et à l'aponévrose de la jambe.

Une bourse séreuse existe entre son tendon commun d'origine et celui du demi-membraneux ; une autre se rencontre aussi quelquefois entre son tendon inférieur et le ligament latéral externe.

Nerfs. — Il est innervé par des branches collatérales du nerf sciatique.

Action. — Il est extenseur de la cuisse, fléchisseur et rotateur en dehors de la jambe.

ARTICLE III. — MUSCLES DE LA JAMBE

Préparation. — Mener une incision longitudinale depuis la rotule jusqu'à la base du troisième orteil, le long de la face antérieure de la jambe et du dos du pied ; faire tomber sur cette incision une incision ovalaire, passant en avant du cou-de-pied, sous les malléoles, et se terminant à la partie inférieure du talon ; faire une troisième incision curviligne à concavité postérieure suivant sur le dos du pied la racine des cinq orteils. L'étude des tendons que les muscles postérieurs et externes de la jambe envoient au pied et aux orteils devra être faite en même temps que celle des muscles de la région plantaire. Une partie des muscles de la jambe prenant en haut des insertions à la face profonde de l'aponévrose jambière, cette aponévrose devra être respectée dès qu'on rencontrera des adhérences avec les fibres charnues. On laissera au niveau du cou-de-pied une bandelette d'aponévrose (ligaments annulaires) pour maintenir les tendons en place et voir leur réflexion sous ces ligaments annulaires. La dissection de ces muscles ne présente du reste rien de particulier. Pour les gaînes synoviales tendineuses, prendre les mêmes précautions qu'à la main.

I. Muscles de la région antérieure (fig. 103, A, 1).

Ils sont au nombre de trois, qui sont de dedans en dehors : le jambier antérieur, le long extenseur du gros orteil et l'extenseur commun des orteils.

1° **Jambier ou Tibial antérieur** (fig. 103, A,).

Ce muscle s'attache en haut à la *tubérosité externe du tibia, pourvue pour cette insertion d'un tubercule saillant, aux deux tiers supérieurs de sa face externe* (fig. 27, E), à la face profonde de l'aponévrose jambière et à une cloison aponévrotique qui le sépare de l'extenseur commun, enfin à la partie interne de la membrane interosseuse. De là ses fibres charnues se rendent sur un tendon, qui apparaît sur la face antérieure du muscle, vers le milieu de la jambe, passe dans une gaîne spéciale très-mince sous le ligament annulaire antérieur du tarse, et va s'insérer à *la partie interne du premier cunéiforme* (fig. 29, F) en envoyant une expansion au premier métatarsien.

Rapports. — Recouvert par l'aponévrose jambière, il répond en dedans au tibia, en dehors à l'extenseur commun des orteils en haut, et plus bas à l'extenseur propre du gros orteil ; le nerf et les vaisseaux tibiaux antérieurs longent profondément son côté externe. Son tendon fait une saillie très-forte à la partie interne et antérieure du cou-de-pied. Une bourse séreuse, qui remonte à 0m,04 au-dessus de l'interligne articulaire radio-carpien, accompagne son tendon sous le ligament annulaire du tarse; on en rencontre une autre plus petite entre son tendon et la face interne du premier cunéiforme.

Nerfs. — Il est innervé par des rameaux collatéraux du sciatique poplité externe et des branches du nerf tibial antérieur.

Action. — Il fléchit le pied sur la jambe et en même temps lui imprime un mouvement par lequel le bord interne du pied est élevé, la plante du pied renversée en dedans et la pointe du pied placée dans l'adduction.

2° **Extenseur propre du gros orteil** (fig. 103, A, 3).

Ce muscle, aplati, demi-penniforme, caché à son origine entre le précédent et le long extenseur commun des orteils, ne commence guère que vers le tiers moyen de la jambe.

Il s'attache en haut à la *face interne du peroné* (fig. 27, K) et au ligament interosseux; de là ses fibres vont à un tendon qui apparaît sur le bord antérieur du muscle vers le milieu de la jambe, passe sous le ligament annulaire dans une gaîne spéciale et va s'attacher à la *base de la deuxième phalange du gros orteil* (fig. 28, E). Du bord interne de son tendon naît souvent une expansion fibreuse qui va à la première phalange du gros orteil.

Rapports. — Il répond en dedans au jambier antérieur, en dehors au long extenseur commun, qui le recouvrent en haut, en avant à l'aponévrose jambière. Le nerf et les vaisseaux tibiaux antérieurs longent son côté interne ; sur

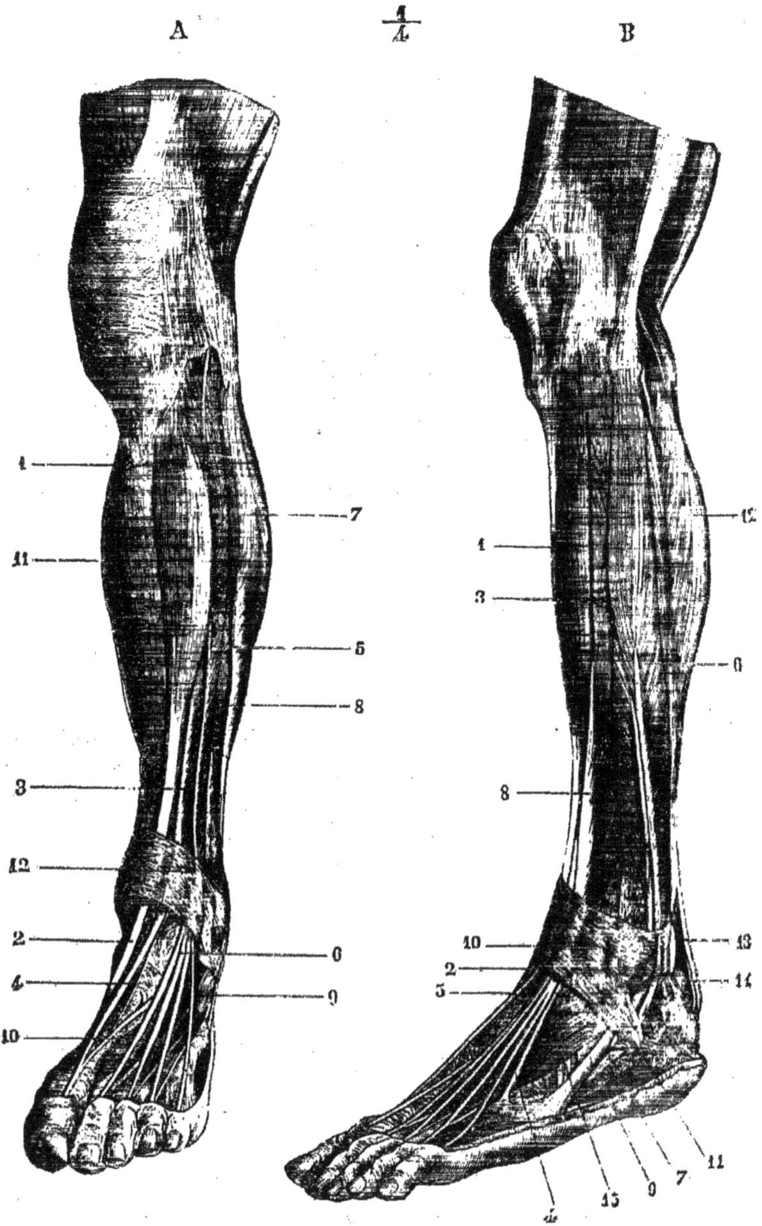

Fig. 103. — *Muscles de la jambe* (*).

(*) A. *Région antérieure.* — 1) Jambier antérieur. — 2) Son tendon. — 3) Extenseur propre du gros orteil. — 4) Son tendon. — 5) Extenseur commun des orteils. — 6) Ses tendons. — 7) Long péronier latéral. — 8) Court péronier latéral. — 9) Pédieux. — 10) Tendon du pédieux se réunissant à celui de l'extenseur du gros orteil. — 11) Triceps sural. — 12) Ligament annulaire antérieur du tarse.

B. *Région externe.* — 1) Jambier antérieur. — 2) Son tendon. — 3) Extenseur propre des orteils. — 4) Tendon du péronier antérieur. — 5) Tendon de l'extenseur propre du gros orteil. — 6) Long péronier latéral. — 7) Son tendon. — 8) Court péronier latéral. — 9) Son tendon. — 10) Ligament annulaire antérieur du tarse. — 11) Gaînes des péroniers latéraux, distinctes à ce niveau. — 12) Triceps sural. — 13) Tendon d'Achille. — 14) Bourse séreuse et tendon d'Achille. — 15) Pédieux.

le dos du pied la pédieuse est en dehors de son tendon. Une bourse séreuse, commençant immédiatement au-dessus de l'interligne articulaire tibio-tarsien, accompagne son tendon jusqu'au delà de l'articulation métatarso-phalangienne et même jusque vers le milieu de la première phalange (1).

Nerfs. — Il est innervé par des branches du tibial antérieur.

Action. — Il est extenseur du gros orteil et fléchisseur du pied, qu'il porte en même emps dans l'adduction.

3° **Long extenseur commun des orteils** (fig. 103, A, 5),

Ce muscle, demi-penniforme, s'attache en haut *à la tubérosité externe du tibia, aux trois quarts supérieurs de la face interne du péroné* (fig. 17, I), à la membrane interosseuse, à la face profonde de l'aponévrose jambière, et enfin à des cloisons aponévrotiques, qui le séparent en dedans du jambier antérieur, en dehors des péroniers latéraux. De là les fibres se rendent sur un tendon, qui paraît vers le tiers moyen de la jambe sur le bord antérieur du muscle et se divise bientôt en deux parties : une interne pour les deuxième, troisième et quatrième orteils, l'autre externe pour le cinquième ; ces tendons passent sous le ligament annulaire du tarse, dans une gaîne spéciale et, après avoir reçu des expansions des lombricaux, vont se terminer de la même façon que l'extenseur des doigts, c'est-à-dire par une languette moyenne, à la *deuxième phalange* (fig. 28, F) et par deux languettes réunies à la *phalange unguéale* (fig. 28, 6). Ils fournissent aussi une expansion fibreuse à la première phalange. Les trois tendons externes du pédieux s'unissent au bord externe des tendons, des deuxième, troisième et quatrième orteils.

A ce muscle est annexé un faisceau, décrit par quelques auteurs comme un muscle distinct sous le nom de *péronier antérieur* (fig. 103, B. 4), mais ordinairement confondu au moins en haut avec le précédent. Ce faisceau s'attache en haut au *tiers inférieur de la face interne du péroné* (fig. 27, J) et en bas par un tendon contenu dans la même gaîne que les tendons de l'extenseur commun à la *partie dorsale de la base du cinquième métatarsien* (fig. 28, D).

Rapports. — Ce muscle répond en dedans d'abord au jambier antérieur et au nerf et aux vaisseaux tibiaux antérieurs, puis à l'extenseur propre du gros orteil; en dehors aux péroniers latéraux. Une bourse séreuse, remontant en haut à $0^m,04$ au-dessus du sommet de la malléole externe et descendant un peu au-dessous de l'articulation astragalo-scaphoïdienne, sépare ses tendons de la face profonde du ligament annulaire; une autre bourse séreuse sépare la face profonde de ses tendons de la capsule articulaire tibio-tarsienne.

Nerfs. — Il est innervé par des branches du sciatique poplité externe et du nerf tibial antérieur.

Action. — Il est extenseur des phalanges (spécialement des premières) et fléchisseur et abducteur du pied. Il élève le bord externe du pied et dirige sa pointe en dehors. Son action fléchissante est moins prononcée que celle du jambier antérieur; son action abductrice par contre est plus marquée que l'action adductrice de ce dernier. Par l'action simultanée de ces deux muscles on a la flexion pure avec prédominance très-légère de l'abduction.

(1) A. Bouchard, *Essai sur les gaines synoviales tendineuses du pied*, in-4. Strasbourg, 1856.

II. Muscles de la région externe (fig. 103, B).

Ces muscles sont au nombre de deux : le long péronier latéral et le court péronier latéral.

1° Long péronier latéral (fig. 103, 6).

Ce muscle, très-allongé, penniforme, est situé en haut à la face externe de la jambe, en bas sous la plante du pied.

Il s'insère en haut à la *tête du péroné*, en embrassant l'insertion du ligament latéral externe de l'articulation du genou, à la partie voisine de la *tubérosité externe du tibia*, au *tiers supérieur de la face externe du péroné* (fig. 27, 6), à l'aponévrose jambière et aux cloisons aponévrotiques, qui le séparent des muscles antérieurs et postérieurs de la jambe. De là ses fibres se rendent sur un tendon aplati, qui apparaît sur la face externe du muscle vers le milieu de la jambe, descend le long de la partie externe de la jambe, puis se place derrière la malléole externe dans une coulisse spéciale et se dirige ensuite en avant et en bas le long de la face externe du calcanéum ; arrivé au bord externe du cuboïde, il se place dans la gouttière de la face inférieure de cet os, parcourt la plante du pied obliquement de dehors en dedans et d'arrière en avant (fig. 57, 12), et va se fixer à la *partie externe de la base du premier métatarsien* (fig. 29, I).

Ses insertions supérieures se font par deux chefs : l'un antérieur, l'autre postérieur, circonscrivant une fente par laquelle passe le nerf sciatique poplité externe. Dans la gouttière du cuboïde son tendon renferme un noyau fibro-cartilagineux et quelquefois un os sésamoïde. Son tendon subit deux réflexions successives, l'une au niveau de la malléole externe, l'autre au niveau du bord externe du cuboïde.

Rapports. — *A la jambe :* Recouvert par l'aponévrose jambière, il recouvre le péroné et le court péronier latéral ; des cloisons aponévrotiques le séparent de l'extenseur commun des orteils en avant, du soléaire et du fléchisseur propre du gros orteil en arrière. — *Au pied :* Il est appliqué immédiatement contre les os et reçu dans une gouttière complétée par le grand ligament plantaire et recouvert par toute la masse musculaire de la plante du pied. Derrière la malléole son tendon, placé dans la même gaîne que celui du court péronier latéral, est accompagné par une synoviale qui remonte de 0m,05 environ au-dessus du sommet de cette malléole, et en bas se bifurque à 0m,01 au-dessous de ce sommet pour accompagner isolément les tendons des long et court péroniers latéraux jusqu'au niveau de l'articulation calcanéo-cuboïdienne ; une deuxième gaîne synoviale entoure son tendon dans la région plantaire.

Nerfs. — Il est innervé par des branches du nerf musculo-cutané.

Action. — Il abaisse fortement le bord interne du pied, relève le bord externe, et par suite renverse la plante en dehors et augmente la courbure transversale de la voûte plantaire ; en outre, il tourne la pointe en dehors et, une fois cette action produite, peut devenir extenseur du pied sur la jambe.

2° Court péronier latéral (fig. 103, B, 8).

Ce muscle, penniforme, sous-jacent au précédent, s'attache en haut *aux deux tiers inférieurs de la face externe du péroné* (fig. 27, H) et aux cloisons aponévrotiques intermusculaires; son tendon, qui paraît presque immédiatement sur la face externe du muscle, descend accompagné par les fibres musculaires jusqu'à la malléole externe, se place dans la même gouttière et dans la même gaîne que le long péronier latéral, se réfléchit à angle droit sur cette malléole, se place sur la face externe du calcanéum dans une gaîne spéciale et va s'attacher à l'*apophyse du cinquième métatarsien* (fig. 28, C). Du bord supérieur de son tendon se détache souvent une expansion fibreuse, qui se rend au tendon du cinquième orteil de l'extenseur commun.

La gaîne ostéo-fibreuse des péroniers, simple en haut, derrière la malléole, se divise à $0^m,01$ au-dessous de celle-ci en deux canaux distincts; cette division en deux canaux est due à une cloison fibreuse attachée à une saillie osseuse du calcanéum et formant éperon du côté du canal simple. La disposition de la synoviale a été décrite plus haut.

Nerfs. — Il est innervé par des branches du musculo-cutané.

Action. — Il élève le bord externe du pied, tourne sa pointe en dehors et renverse en dehors la plante du pied. Une fois cette action produite, il peut étendre le pied sur la jambe. En portant le cinquième métatarsien dans l'abduction, il contribue à élargir la plante du pied.

III. Muscles de la région postérieure (fig. 104)

Cette région se compose de deux couches : l'une superficielle, l'autre profonde. La couche superficielle, très-épaisse, formant la saillie du mollet, est constituée par le triceps crural et un petit faisceau accessoire, le plantaire grêle. La couche profonde se compose de quatre muscles : un supérieur, très-court, allant de la jambe au fémur, le poplité; trois inférieurs, allant des os de la jambe au pied ou aux orteils; ce sont, en allant de dedans en dehors, le long fléchisseur commun des orteils, le jambier postérieur et le fléchisseur propre du gros orteil.

1° **Triceps sural et plantaire grêle** (fig. 104, A).

Le triceps sural se compose de deux couches musculaires superposées, l'une superficielle, naissant du fémur, constituée par deux muscles, muscles *jumeaux* ou *gastrocnémiens* (γαστήρ, ventre; κνήμη, jambe); l'autre profonde, naissant des os de la jambe et formée par un seul muscle, le *soléaire (solea*, plante du pied). Ces trois muscles se rendent à un tendon commun très-fort, *tendon d'Achille*, qui va s'attacher au calcanéum.

1° *Jumeaux* (fig. 104, A, 11). — Ils forment deux ventres musculaires convergeant en bas et soudés entre eux au-dessous du genou par une cloison fibreuse médiane. Le *jumeau interne*, plus volumineux, naît au-dessus du condyle interne du fémur, *de la terminaison de la bifurcation interne de la ligne âpre* (fig. 26, P), en arrière du tubercule d'insertion du grand adducteur; une bourse séreuse volumineuse (fig. 102, 2) facilite son glissement. Le *jumeau externe*, qui s'élève moins haut au-dessus du condyle externe, naît d'*un tubercule surmontantune dépression où s'insère le poplité* (fig. 16, O); son tendon d'insertion contient quelquefois un os sésamoïde. Il possède aussi une bourse séreuse, mais peu développée et qui communique ordinairement avec celle du poplité. Les fibres musculaires des deux jumeaux se rendent à la face postérieure d'une aponévrose qu'ils laissent à découvert sur la ligne médiane, en interceptant ainsi une surface nacrée en V à pointe supérieure et à base continue avec l'aponévrose du soléaire.

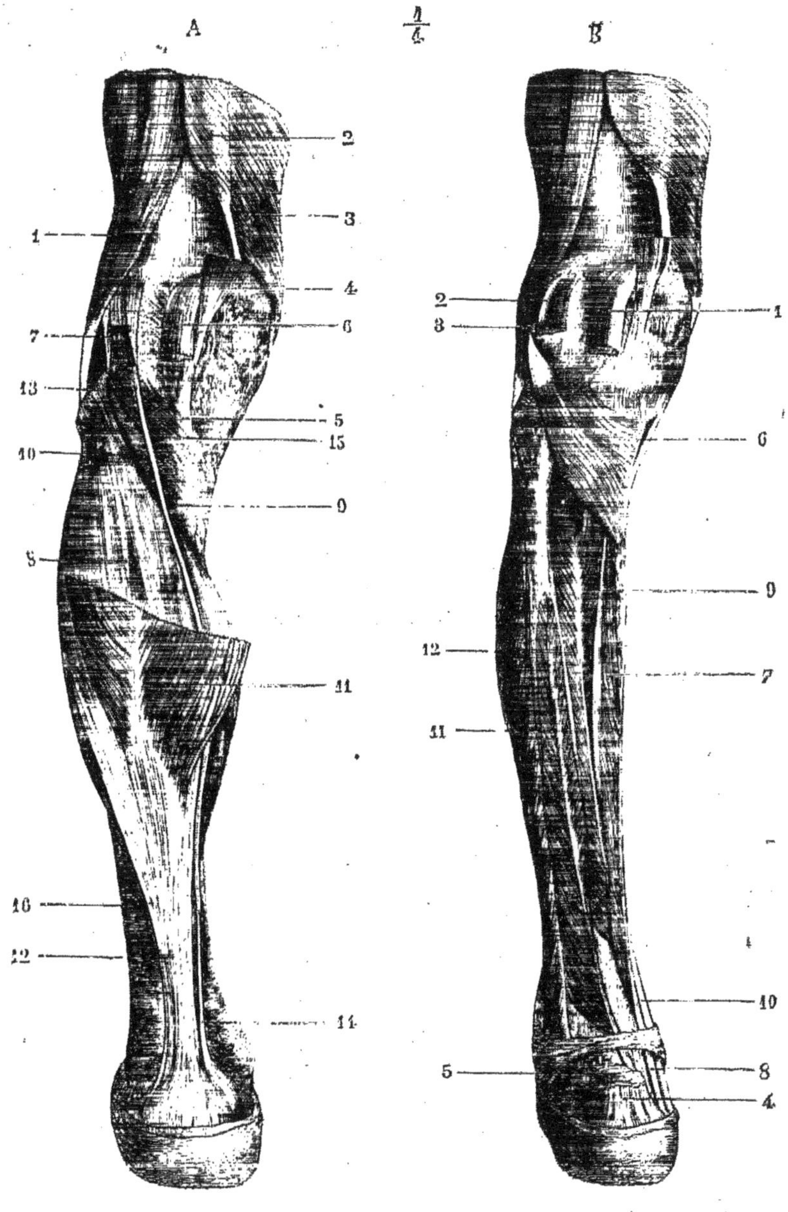

Fig. 104. — *Muscles postérieurs de la jambe* (*).

(*) A. *Couche superficielle* (les jumeaux enlevés). — 1) Biceps fémoral. — 2) Grand adducteur. — 3) Vaste interne. — 4) Tendon du demi-membraneux. — 5) Aponévrose continue à son tendon et recouvrant la partie interne du poplité. — 6) Jumeau interne coupé à son insertion supérieure. — 7) Jumeau externe. — 8) Soléaire. — 9) Arcade du soléaire. — 10) Arcade du nerf poplité externe. — 11) Jumeaux coupés à leur insertion inférieure. — 12) Tendon d'Achille. — 13) Plantaire grêle. — 14) Son tendon. — 15) Poplité. — 16) Feuillet profond de l'aponévrose jambière postérieure.

B. *Couche profonde*. — 1) Jumeau interne. — 2) Jumeau externe. — 3) Plantaire grêle. — 4) Tendon

2° *Soléaire* (fig. 104, A, 8). — Le soléaire s'attache *à la tête et au tiers supérieur de la face postérieure du péroné, à la ligne oblique du tibia*, au-dessous du poplité, et *au tiers moyen de son bord interne* (fig. 27, NN') enfin à une arcade aponévrotique allant du tibia au péroné. De là les fibres musculaires se rendent à une cloison verticale médiane qui sépare le muscle en deux moitiés latérales, et à une aponévrose qui occupe sa face postérieure et va se réunir à celle des jumeaux pour constituer le tendon d'Achille.

3° *Tendon d'Achille* (fig. 104, A, 12). — Il commence à la face postérieure du muscle vers le tiers moyen de la jambe, mais reçoit encore des fibres charnues par sa face antérieure; il a $0^{m},015$ de largeur dans sa partie moyenne et s'élargit en bas pour s'insérer à *la moitié inférieure de la face postérieure du calcanéum* (fig. 28, A). Entre lui et la partie supérieure lisse de cette face est une bourse séreuse (fig. 103, B, 14), *bourse rétro-calcanéenne*.

4° *Plantaire grêle* (fig. 104, A, 13). — Ce muscle fusiforme, dont le corps charnu n'a pas plus de $0^{m},07$ à $0^{m},08$, naît du fémur (fig. 26, R) *en dedans du jumeau externe*, quelquefois de la capsule fibreuse articulaire, puis donne naissance à un tendon très-grêle, qui se place d'abord entre les jumeaux et le soléaire, puis au côté interne du tendon d'Achille, pour aller s'insérer soit au côté interne de ce tendon, soit au calcanéum, soit à l'aponévrose qui revêt les muscles profonds. Ce tendon est constitué par une lamelle aponévrotique enroulée sur elle-même.

Nerfs. — Ces muscles sont innervés par des branches collatérales du sciatique poplité interne.

Action. — Le triceps sural est extenseur du pied sur la jambe; en même temps il renverse la plante du pied en dedans et tourne sa pointe du côté interne. Il ne produit donc pas l'extension pure, mais l'extension avec adduction. Pour avoir l'extension pure, il faut l'action simultanée du long péronier latéral, qui contre-balance l'adduction par son effet abducteur. Les jumeaux peuvent agir comme fléchisseurs de la jambe sur la cuisse et *vice versa*.

2° Poplité (fig. 104, B, 6).

Ce muscle, aplati, triangulaire, situé dans le creux du jarret, s'insère en haut à *une dépression de la tubérosité externe du fémur* (fig. 26, S) au-dessous du jumeau externe; son tendon est caché par le ligament latéral externe du genou et enveloppé par un prolongement de la synoviale articulaire (fig. 102, 11). Entre son tendon et le ligament latéral externe se trouve aussi une bourse séreuse. De ce tendon partent des fibres musculaires qui vont s'attacher *à la surface triangulaire de la face postérieure du tibia* (fig. 27, M) *au-dessus de la ligne oblique*. Il est recouvert par une lamelle aponévrotique provenant d'une expansion fibreuse du demi-membraneux, lamelle dont la face profonde donne insertion à ses fibres charnues (fig. 104, A, 5).

Nerfs. — Il est innervé par des branches collatérales du sciatique poplité interne.

Action. — Ce muscle est fléchisseur de la jambe et rotateur du tibia en dedans; cette dernière action est plus marquée dans la flexion, parce qu'alors il est perpendiculaire à l'axe du tibia. En outre, il est tenseur de la capsule articulaire du genou et sert à fixer solidement le condyle externe pendant la flexion.

d'Achille coupé à son insertion. — 5) Sa bourse séreuse ouverte. — 6) Poplité. — 7) Long fléchisseur commun des orteils. — 8) Son tendon. — 9) Jambier postérieur. — 10) Son tendon. — 11) Fléchisseur propre du gros orteil. — 12) Péroniers latéraux.

3° Long fléchisseur commun des orteils (fig. 104, B, 7).

Ce muscle, allongé, penniforme, le plus interne des muscles profonds de la jambe, s'attache en haut *à la ligne oblique* et *au tiers moyen de la face postérieure du tibia* (fig. 27, O). De là ses fibres se rendent sur un tendon, qui apparaît d'abord sur le côté interne et postérieur du muscle. Ce tendon se place dans la gouttière de la malléole interne, dans la même gaîne que le tendon du jambier postérieur, en arrière duquel il est situé et dont il est séparé par une cloison fibreuse; au-dessous de la malléole interne il change de direction, se porte en avant sous l'astragale et la petite apophyse du calcanéum et, arrivé à la plante du pied (fig. 106, 2), se dirige obliquement en avant et en dehors, en passant sous le tendon du long fléchisseur du gros orteil, auquel il envoie une expansion fibreuse (fig. 106, 4). Enfin, après avoir reçu par son côté externe l'accessoire du long fléchisseur, il se divise en quatre tendons pour les quatre derniers orteils; ces tendons se comportent avec ceux du court fléchisseur commun comme à la main ceux du fléchisseur profond avec ceux du fléchisseur superficiel, c'est-à-dire qu'ils les perforent pour aller s'attacher *à la base des phalanges unguéales* (fig. 29, K).

Derrière la malléole le tendon est enveloppé par une gaîne synoviale, qui commence au-dessus de la malléole et va jusqu'au scaphoïde. Une autre bourse séreuse existe pour chacun des doigts dans la gaîne occupée par les tendons secondaires et s'étend du tiers antérieur des métatarsiens à l'extrémité antérieure de la deuxième phalange.

Ce muscle est recouvert au pied par le court fléchisseur commun et l'abducteur du gros orteil.

Nerfs. — Il est innervé par des branches du tibial postérieur.

Action. — Il est fléchisseur des troisièmes phalanges, et pendant la marche et la station presse ces phalanges et la pulpe des orteils contre le sol; il renforce en même temps la voûte du pied dans le sens longitudinal. Enfin il peut devenir, cette action épuisée, extenseur du pied sur la jambe.

4° Jambier ou tibial postérieur (fig. 104, B, 9).

Ce muscle, épais, penniforme, s'attache *à la ligne oblique du tibia* et *à la partie la plus externe de la face postérieure de cet os, à la partie de la face interne du péroné située en arrière du ligament interosseux* (fig. 27, Q) et à ce ligament interosseux. Ses insertions péronières et tibiales sont séparées pour le passage de l'artère tibiale antérieure. Une aponévrose verticale, placée de champ dans l'épaisseur du muscle, reçoit les fibres charnues par ses deux faces latérales et apparaît à la face postérieure et au bord interne du muscle; elle forme ainsi un tendon qui se place derrière la malléole interne, en avant du tendon du long fléchisseur commun, dont il est séparé par une cloison fibreuse, se réfléchit sous cette malléole et va s'attacher à *l'apophyse du scaphoïde* (fig. 29, E), en envoyant une expansion très-forte au premier cunéiforme. Il envoie des expansions fibreuses accessoires au troisième cunéiforme et au deuxième et quatrième métatarsiens.

A partir du moment où son tendon s'engage derrière la malléole interne, il est maintenu dans une gaîne fibreuse et enveloppé d'une bourse séreuse, qui commence à 0^{m},05 au-dessus de la malléole interne et le laisse d'abord tout à fait libre dans sa gaîne; à la plante du pied, au contraire, il est soudé par sa face plantaire aux parois de la gaîne qui le contient; la séreuse ne tapisse que sa partie supérieure et se prolonge en forme de cul-de-sac entre lui et le ligament calcanéo-scaphoïdien inférieur sous lequel il est situé; à ce niveau il présente un noyau fibro-cartilagineux et quelquefois un os sésamoïde.

Nerfs. — Il est innervé par des branches du nerf tibial postérieur.

Action. — Il est extenseur et adducteur du pied. Il élève son bord interne, tourne sa pointe en dedans et excave sa voûte plantaire. Par sa situation sous le ligament calcanéo-scaphoïdien inférieur, il supporte la tête de l'astragale et l'empêche de s'enfoncer dans sa cavité de réception calcanéo-scaphoïdienne.

5° Long fléchisseur propre du gros orteil (fig. 104, B, 11).

Ce muscle, très-volumineux, prismatique, s'attache en haut *aux deux tiers inférieurs de la face postérieure du péroné* (fig. 27, P) et à des cloisons aponévrotiques, qui le séparent en dedans du jambier postérieur, en dehors des péroniers latéraux. De là les fibres se jettent sur un tendon, qui paraît presque immédiatement à la face postérieure et au bord interne du muscle et n'est abandonné que tout à fait en bas par les fibres musculaires. Une fois libre, ce tendon se place dans une gouttière oblique creusée sur le tibia, puis sur l'astragale et se réfléchit en avant dans la gouttière calcanéenne; arrivé à la plante du pied, il croise le tendon du long fléchisseur commun en passant au-dessus de lui (fig. 106, 3), en reçoit une expansion fibreuse, se place dans une gouttière formée par les deux parties du court fléchisseur du gros orteil et va s'attacher à l'extrémité postérieure de la *phalange unguéale* (fig. 29, J).

Une bourse séreuse accompagne son tendon; elle commence au niveau de l'interligne articulaire tibio-tarsien, pour se terminer à la plante du pied avant l'entre-croisement de son tendon avec celui du long fléchisseur commun. Une autre bourse séreuse accompagne son tendon dans la gaine plantaire du gros orteil.

Nerfs. — Il est innervé par des branches du nerf tibial postérieur.

Action. — Il est fléchisseur du gros orteil et extenseur du pied.

ARTICLE IV. — MUSCLES DU PIED

Préparation. — Pour les muscles de la plante du pied faire une incision cutanée partant du calcanéum et venant aboutir à la racine du gros orteil en longeant le bord externe du pied et la racine des orteils. Pour mettre à nu les muscles profonds, on peut couper par le milieu les muscles superficiels, mais il vaut mieux détacher par un trait de scie la partie inférieure du calcanéum à laquelle s'insèrent ces muscles superficiels; on peut ainsi, quand on le veut, rétablir les rapports normaux. Il n'y a qu'un seul muscle au dos du pied, le pédieux, et sa préparation ne présente aucune difficulté.

Ces muscles se divisent en muscles du dos du pied, muscles de la région plantaire et muscles interosseux.

§ I. — Région dorsale du pied.

Pédieux (fig. 103, B, 15).

Ce muscle s'étend du calcanéum aux quatre premiers orteils. Il s'attache en arrière *à la partie antérieure et externe de la face supérieure du calcanéum* (fig. 28, B) par des aponévroses divisant le muscle en plusieurs faisceaux, dont l'interne, quelquefois bien distinct, a été décrit à part sous le nom de *court extenseur du gros orteil*. Ces faisceaux charnus, au nombre de

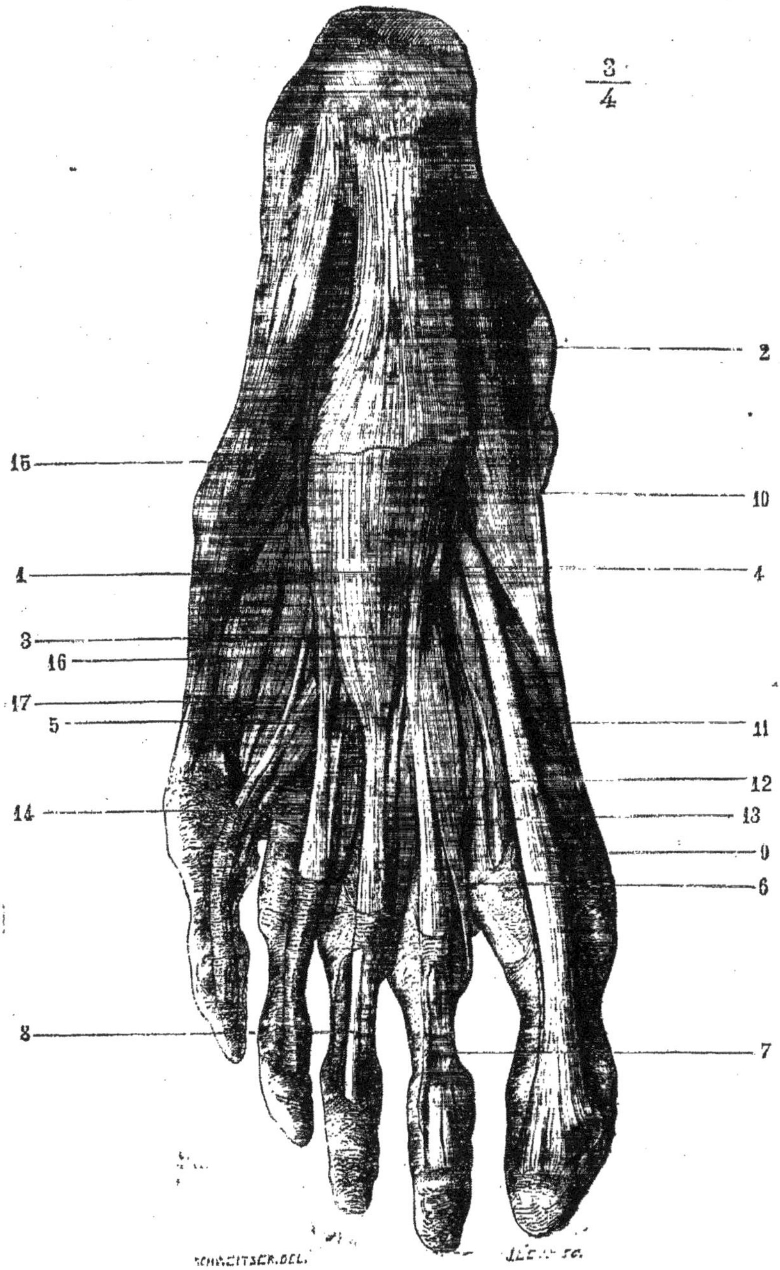

Fig. 105. — *Muscles de la région plantaire; couche superficielle* (*).

(*) 1) Court fléchisseur commun des orteils. — 2) Aponévrose plantaire. — 3) Tendon du court fléchisseur allant au cinquième orteil. — 4) Tendon du long fléchisseur commun. — 5) Tendon du long fléchisseur commun allant au cinquième orteil. — 6) Premier lombrical. — 7) Gaîne du deuxième orteil ouverte; le tendon du long fléchisseur est enlevé en partie. — 8) Gaîne du troisième orteil ouverte; les tendons sont conservés dans leur gaîne. — 9) Tendon du long fléchisseur propre du gros orteil. — 10) Court abducteur du gros orteil. — 11) Partie interne du court fléchisseur du gros orteil.

quatre, donnent chacun naissance à un petit tendon qui, pour le premier faisceau, va s'attacher à la première phalange du gros orteil (fig. 28, B), et pour les trois autres au bord externe des tendons de l'extenseur commun. Le tendon du cinquième orteil en est dépourvu.

Recouvert par les tendons des extenseurs, il recouvre les interosseux ; son bord interne est longé par l'artère pédieuse qu'il recouvre.

Nerfs. — Il est innervé par des branches du nerf tibial antérieur.

Action. — Il redresse l'action oblique de l'extenseur commun des orteils. Son faisceau interne étend la première phalange du gros orteil.

§ II. — Région plantaire du pied.

Les muscles plantaires, tous sous-aponévrotiques, se divisent en trois groupes : muscles de la région plantaire moyenne, muscles de la région plantaire interne ou du gros orteil, et muscles de la région plantaire externe, ou du petit orteil.

I. Muscles de la région plantaire moyenne

Ce sont le court fléchisseur commun des orteils, l'accessoire du long fléchisseur et les lombricaux.

1° Court fléchisseur commun des orteils (fig. 105, 1).

Ce muscle s'attache en arrière *à la tubérosité interne et inférieure du calcanéum, à l'échancrure qui sépare les deux tubérosités* (fig. 29, B), et à la face supérieure de l'aponévrose plantaire moyenne ; après un certain trajet, il se divise en quatre faisceaux, auxquels font suite quatre tendons, qui se placent sous les tendons du long fléchisseur commun des orteils et se comportent avec eux comme les tendons du fléchisseur superficiel des doigts avec ceux du fléchisseur profond, c'est-à-dire qu'ils se bifurquent en se laissant perforer par les tendons du long fléchisseur commun, et vont s'attacher par deux languettes *aux bords des deuxièmes phalanges* (fig. 19, B'). Recouvert par l'aponévrose plantaire moyenne, ce muscle recouvre le long fléchisseur commun et son accessoire, ainsi que les lombricaux.

Nerfs. — Il est innervé par une branche du nerf plantaire interne.

Action. — Il fléchit les deuxièmes phalanges des quatre derniers orteils et maintient efficacement la voûte du pied dans le sens longitudinal.

2° Accessoires du long fléchisseur (fig. 106, 1).

Ce muscle, quadrilatère (*caro quadrata*), aplati, s'attache en arrière par des fibres musculaires *à la partie inférieure de la gouttière interne du calcanéum et de la partie interne de sa face inférieure* (fig. 29, D) et par un tendon mince *à la partie postérieure et externe de cette face* (fig. 29, D'). En avant ses fibres se jettent, les internes sur la face inférieure, les externes sur le bord externe du tendon du fléchisseur commun. Il recouvre le calcanéum et le ligament calcanéo-cuboïdien inférieur.

Nerfs. — Il est innervé par une branche du nerf plantaire externe.

Action. — Il redresse l'action du long fléchisseur commun.

— 12) Sa partie externe. — 13) Adducteur oblique. — 14) Adducteur transverse. — 15) Court abducteur du cinquième orteil. — 16) Court fléchisseur. — 17) Troisième interosseux plantaire.

3° Lombricaux (fig. 106, 5).

Ces muscles, analogues aux lombricaux de la main, sont au nombre de quatre : le premier (en commençant par le bord interne du pied) s'attache au côté interne du tendon du fléchisseur commun qui se rend au deuxième orteil, les trois autres à l'angle rentrant des autres tendons. Ils s'attachent tous en avant en partie au côté interne de la face dorsale de la base de la première phalange, en partie aux tendons extenseurs.

Nerfs. — Le premier et le deuxième lombrical sont innervés par les branches collatérales du nerf plantaire interne, les troisième et quatrième par la branche profonde du nerf plantaire externe.

Action. — Leur action est la même que celle des lombricaux de la main.

II. Muscles de la région plantaire interne

Ces muscles sont : le court abducteur du gros orteil, le court fléchisseur et le court adducteur.

1° Court abducteur du gros orteil (Court adducteur de quelques auteurs) (fig 105, 10) (1).

Ce muscle s'attache *à la tubérosité interne du calcanéum* (fig. 29, A), au ligament annulaire interne, à l'aponévrose plantaire interne et à une aponévrose qui recouvre sa face profonde. De là ses fibres se rendent sur un tendon qui s'attache à l'os sésamoïde interne et *à la partie interne de la base de la première phalange* (fig. 29, A').

Nerfs. — Il est innervé par une branche du nerf plantaire interne.

Action. — Il est abducteur du gros orteil par rapport à l'axe du pied, et en même temps fléchisseur de la première phalange du gros orteil et extenseur de la deuxième. En outre il raccourcit en l'excavant le bord interne du pied.

2° Court fléchisseur du gros orteil (fig. 107, 3 et 4).

Ce muscle, bifide antérieurement, s'attache en arrière au *troisième cunéiforme* et à une expansion du tendon du jambier postérieur. Il se bifurque bientôt et se divise en deux ventres, qui interceptent une gouttière où se loge le tendon du long fléchisseur propre du gros orteil. Le *ventre interne* (fig. 106, 6) va s'attacher à l'*os sésamoïde interne* avec le court abducteur, le *ventre externe* (fig. 106, 7) à l'*os sésamoïde externe* avec l'adducteur oblique.

Nerfs. — Il est innervé par une branche du nerf plantaire interne.

Action. — Il est fléchisseur de la première phalange du gros orteil.

3° Court adducteur du gros orteil (Court abducteur de quelques auteurs) (fig. 107, 1, 2).

Ce muscle se compose de deux faisceaux ayant une insertion phalangienne commune à l'os sésamoïde externe, et deux insertions fixes distinctes, décrites

(1) On le décrit souvent sous le nom de court adducteur ; on considère alors son action par rapport à l'axe médian du corps ; mais il vaut mieux, comme à la main, prendre comme axe des mouvements l'axe même du pied ; à ce point de vue ce muscle est abducteur. Cette dénomination a l'avantage de rappeler celle des muscles homologues de l'éminence thénar. Il en est de même du court adducteur du gros orteil, que quelques auteurs décrivent sous le nom de court abducteur.

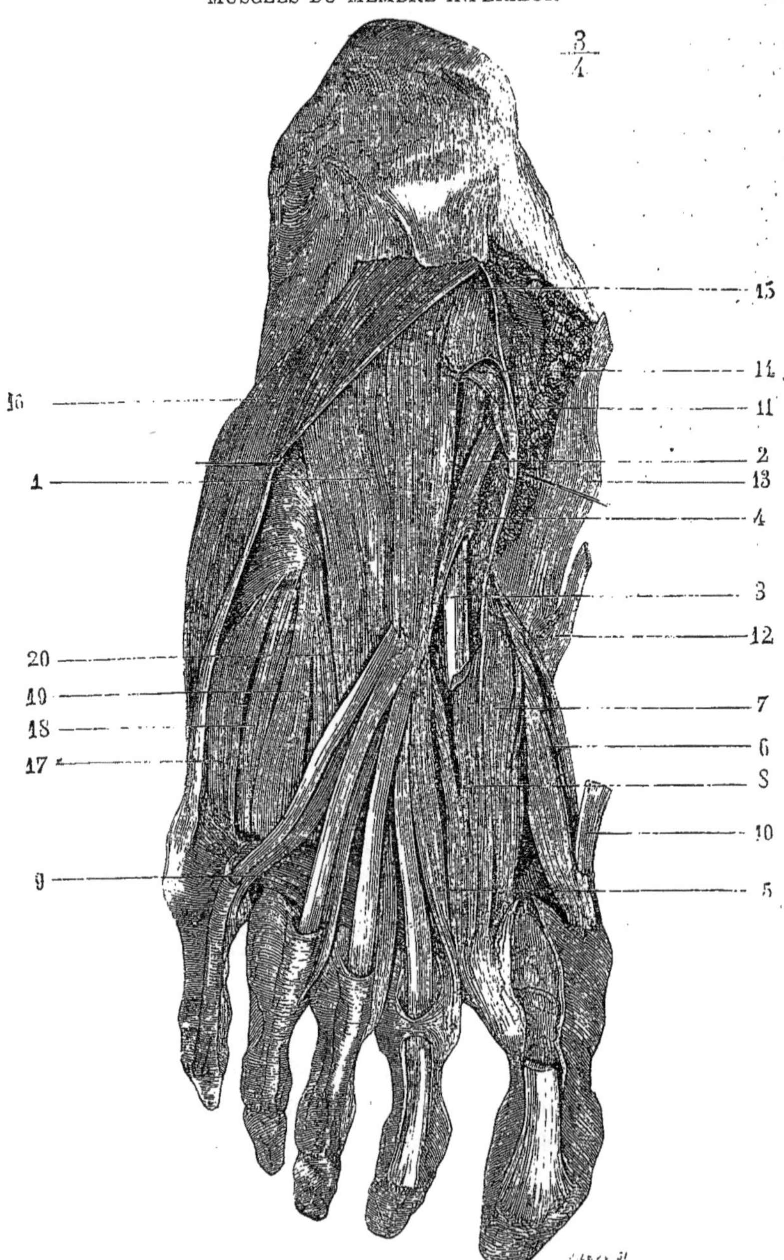

FIG. 106. — *Muscles de la région plantaire; couche profonde* (*).

(*) 1) Accessoire du long fléchisseur commun des orteils. — 2) Tendon du long fléchisseur commun des orteils. — 3) Tendon du fléchisseur propre du gros orteil. — 4) Expansion fibreuse qui réunit les deux tendons. — 5) Premier lombrical. — 6) Faisceau interne du court fléchisseur du gros orteil. — 7) Faisceau externe du court fléchisseur du gros orteil. — 8) Adducteur oblique du gros orteil. — 9) Adducteur transverse. — 10) Tendon du court abducteur du gros orteil. — 11) Partie postérieure de ce muscle, coupée. — 12) Insertion du tendon du jambier antérieur. — 13) Insertion du tendon du jambier postérieur. — 14) Aponévrose plantaire moyenne incisée et rejetée en dedans. — 15) Li-

souvent comme deux muscles différents, sous les noms d'*adducteur oblique* et d'*adducteur transverse*.

L'*adducteur oblique* (fig. 107, 1) naît du *bord inférieur du troisième cunéiforme, de la partie antérieure et interne du cuboïde et de la base des troisième et quatrième métatarsiens* (fig. 29, H); il forme un faisceau épais, qui se réunit au faisceau externe du court fléchisseur.

L'*adducteur transverse* (fig. 107, 2) naît des *ligaments glénoïdiens des trois dernières articulations métatarso-phalangiennes* par trois petits faisceaux tendus transversalement au-dessous de ces articulations, faisceaux qui vont se réunir à l'adducteur oblique et s'insérer à l'*os sésamoïde externe*.

Nerfs. — Il est innervé par la branche profonde du plantaire interne.

Action. — Il est adducteur du gros orteil. L'adducteur oblique peut aider l'action du court fléchisseur. L'adducteur transverse contribue à maintenir la voûte du pied dans le sens transversal et à empêcher l'écartement des têtes des métatarsiens.

III. Muscles de la région plantaire externe

Ces muscles sont au nombre de trois : le court abducteur du petit orteil, le court fléchisseur et l'opposant.

1° Court abducteur du petit orteil (fig. 105, 15).

Ce muscle naît de la *tubérosité externe du calcanéum* (fig. 29, C) au-dessus du court fléchisseur commun. De là ses fibres se portent sur un tendon qui envoie une expansion fibreuse à l'apophyse du cinquième métatarsien, sont renforcées par des fibres charnues venant de l'aponévrose plantaire externe et vont s'attacher à *la partie externe de la première phalange du petit orteil* (fig. 29, C'). De l'expansion du cinquième métatarsien part un cordon fibreux qui se rend à la base de la première phalange.

Nerfs. — Il est innervé par une branche du nerf plantaire externe.

Action. — Il est abducteur du petit orteil par rapport à l'axe du pied.

2° Court fléchisseur du petit orteil (fig. 107, 5).

Ce petit muscle s'attache en arrière *à la gaîne du long péronier latéral et à l'apophyse du cinquième métatarsien*, en avant *à la partie externe de la première phalange du petit orteil* ou même au ligament glénoïdien de l'articulation métatarso-phalangienne.

Nerfs. — Il est innervé par une branche du nerf plantaire externe.

Action. — Il est fléchisseur de la première phalange du petit orteil.

3° Opposant du petit orteil.

Ce petit muscle, situé sous le précédent, dont il est souvent à peine distinct et avec lequel il est ordinairement décrit, s'attache en arrière *à la gaîne du long péronier latéral*, et en avant *à la moitié antérieure du bord externe du cinquième métatarsien* jusqu'à la tête de l'os.

Nerfs. — Il est innervé par une branche du nerf plantaire externe.

Action. — Il est adducteur du petit orteil.

gament annulaire du tarse. — 16) Court abducteur du petit orteil. — 17) Court fléchisseur du petit orteil. — 18) Troisième interosseux plantaire. — 19) Quatrième interosseux dorsal. — 20) Deuxième interosseux plantaire.

$\frac{3}{4}$

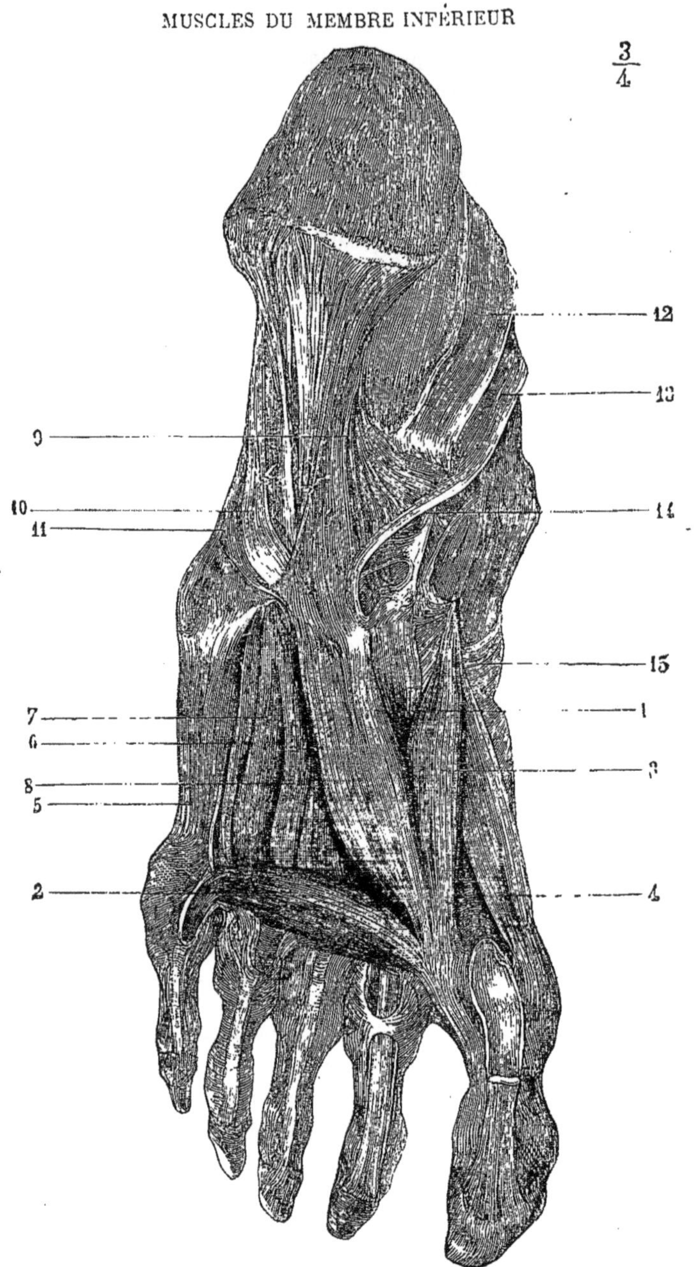

Fig. 107. — *Muscles de la région plantaire; couche profonde* (*).

(*) 1) Adducteur oblique. — 2) Adducteur transverse. — 3) Court fléchisseur du gros orteil; son faisceau externe. — 4) Son faisceau interne. — 5) Court fléchisseur du petit orteil. — 6) Troisième interosseux plantaire. — 7) Quatrième interosseux dorsal. — 8) Deuxième interosseux plantaire. — 9) Grand ligament calcanéo-cuboïdien plantaire. — 10) Gaîne du long péronier latéral. — 11) Gaîne du court péronier latéral. — 12) Gaîne ouverte du long fléchisseur propre du gros orteil. — 13) Gaîne ouverte du long fléchisseur commun des orteils. — 14) Partie de cette gaîne sur laquelle vient s'épanouir le faisceau interne du grand ligament plantaire. — 15) Tendon du jambier antérieur.

§ III. — Muscles interosseux.

Ces muscles sont divisés en *interosseux dorsaux* et *interosseux plantaires*; ils ont la même disposition qu'à la main, sauf pour les points suivants : 1° au lieu de faire passer l'axe par le troisième, on le fait passer par le deuxième métatarsien; 2° ils possèdent tous une insertion antérieure au squelette sur la partie latérale de la base des premières phalanges; 3° les expansions fibreuses qu'ils fournissent aux tendons extenseurs sont peu développées; 4° le premier interosseux dorsal ne naît pas par son chef interne du premier métatarsien, mais d'une expansion de la gaîne du long péronier latéral. Pour le reste on peut se reporter à la description des interosseux de la main.

Nerfs. — Ils sont innervés par la branche profonde du nerf plantaire externe.

Action. — Ils sont fléchisseurs des premières phalanges. Les interosseux dorsaux sont abducteurs, les interosseux palmaires adducteurs, par rapport à l'axe du pied.

Aponévroses du membre inférieur.

Ces aponévroses se divisent, d'après les régions, en aponévroses de la hanche, de la cuisse, de la jambe et du pied.

A. APONÉVROSES DE LA HANCHE.

En arrière on trouve l'aponévrose fessière, en avant le *fascia iliaca.*

1° *Aponévrose fessière.* — Les muscles grand et moyen fessier sont recouverts par une aponévrose qui s'insère à la crête sacrée et à la lèvre externe de la crête iliaque; très-adhérente au grand fessier, elle envoie entre ses faisceaux des cloisons fibreuses et fournit une lamelle mince séparant le grand du moyen fessier; en bas elle se perd au-dessous du grand fessier dans une lamelle celluleuse mince.

2° *Fascia iliaca.* — Cette aponévrose, qui recouvre le psoas et iliaque, s'attache en dedans et de haut en bas le long du bord interne du psoas, aux corps des vertèbres lombaires, au détroit supérieur et à l'éminence iléo-pectinée; en dehors elle s'insère aux apophyses transverses lombaires et à la lèvre interne de la crête iliaque. Au niveau de l'arcade crurale, elle s'unit à sa moitié externe, puis au-dessous d'elle s'enfonce avec le psoas, qu'elle suit jusqu'à son insertion, et se continue en dehors avec l'aponévrose qui revêt le triceps crural. Le petit psoas s'y termine en partie et représente le muscle tenseur de cette aponévrose. On a donné le nom de bandelette *iléo-pectinéale* à la partie de cette aponévrose qui va se fixer à l'éminence iléo-pectinée et qui s'unit intimement en dehors à l'arcade crurale (fig. 69, B, 1 et 3).

B. APONÉVROSES DE LA CUISSE (fig. 108).

L'aponévrose de la cuisse *(fascia lata)*, très-forte, résistante, plus épaisse en dehors qu'en dedans, s'insère en haut à l'ischion, à la branche inférieure du pubis, au pubis, à l'arcade crurale, à l'épine iliaque antérieure et supérieure, à la crête iliaque, au grand trochanter, et se continue avec l'aponévrose fessière et le *fascia iliaca.* La partie qui naît de la crête iliaque forme une bandelette épaisse de 0m,06 à 0m,08 de large *(ligament ilio-tibial)*, qu'on peut suivre jusqu'au tubercule du condyle externe du tibia. En bas elle se continue avec l'aponévrose jambière.

De sa face profonde partent deux cloisons intermusculaires, dites *interne et externe*, allant à la ligne âpre et constituant deux loges, qui contiennent, l'une, les muscles de la région antérieure (A), l'autre, les muscles des régions interne et postérieure (B, C); une troisième cloison, moins forte, isole ces deux derniers groupes de muscles. Quelques muscles ont des gaînes propres, quelquefois très-fortes; tels sont à la région antérieure le tenseur du *fascia lata*, le couturier, le droit antérieur, à la région interne, le droit interne.

Canal crural (1). — Pour pénétrer du bassin dans la cuisse, les vaisseaux fémoraux passent sous l'arcade crurale et traversent un orifice triangulaire (fig. 69, B, 5), *anneau crural* (2) qui a environ 0m,045 de longueur; son bord antérieur est formé par l'arcade crurale, son bord externe par le *fascia iliaca* (3), son bord interne par la branche supérieure du pubis; l'angle postérieur très-obtus correspond à l'éminence iléo-pectinée, l'angle interne mousse, arrondi, au bord concave libre du ligament de Gimbernat (2). Le plan de cet anneau dans la station droite est à peu près horizontal.

Les vaisseaux fémoraux, depuis l'anneau fémoro-vasculaire jusqu'à l'anneau du grand adducteur qu'ils traversent pour pénétrer dans le creux poplité, sont contenus dans une gaîne aponévrotique accolée étroitement aux vaisseaux dans ses trois quarts inférieurs, évasée au contraire et s'en écartant en dedans dans son quart supérieur, de façon à donner à cette gaîne la forme d'un entonnoir, dont la partie évasée serait constituée par le quart supérieur, et le goulot par les trois quarts inférieurs de la gaîne. L'endroit où la partie évasée se continue avec le goulot correspond à l'embouchure de la veine saphène interne dans la veine fémorale.

1° *Dans ses trois quarts inférieurs*, la gaîne aponévrotique des vaisseaux est à peu près triangulaire; sa paroi postérieure est formée par l'aponévrose des adducteurs; la paroi antérieure par un feuillet profond du *fascia lata*, qui passe en arrière du couturier et constitue le feuillet postérieur de la gaîne de ce muscle; sa paroi externe répond aux insertions du vaste interne.

2° *Dans son quart supérieur*, la gaîne aponévrotique des vaisseaux s'évase surtout du côté interne pour aller s'insérer au pourtour de l'anneau crural; elle est triangulaire et présente trois parois : une paroi postérieure et externe formée par le *fascia iliaca*, une paroi postérieure et interne formée par l'aponévrose qui recouvre le pectiné; ces deux aponévroses, par leur réunion, constituent une gouttière, dont l'angle adhère dans l'intervalle des deux muscles à l'éminence iléo-pectinée et à la capsule coxo-fémorale. La paroi antérieure est tendue comme un pont fibreux de l'une à l'autre et n'est autre chose que le feuillet superficiel de l'aponévrose fémorale; elle adhère en haut à l'arcade crurale; cette paroi antérieure circonscrit avec les deux parois postérieures deux angles internes et externes aigus. Les vaisseaux fémoraux occupent les deux tiers externes de ce canal triangulaire, l'artère (fig. 69, B, 8) en dehors, la veine en dedans (7); l'espace qui reste entre la veine et l'angle interne du canal contient des ganglions lympatiques et du tissu cellulaire et constitue l'*entonnoir crural*, appelé quelquefois aussi *anneau crural*. L'ouverture supérieure de cet entonnoir (fig. 69, B, 9) est formée par la partie interne de l'anneau; elle a pour limites : en avant l'arcade crurale, en arrière la crête pectinéale et la partie supérieure de l'aponévrose du pectiné, en dedans le bord

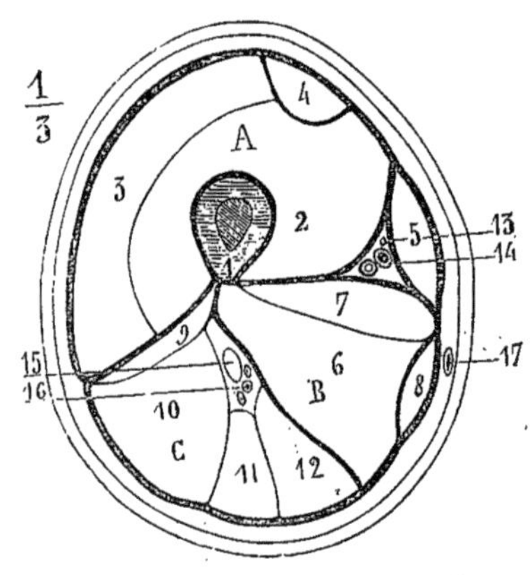

Fig. 108. — *Aponévrose crurale. Coupe de la cuisse à sa partie moyenne* (*).

(1) Deville, *Des Hernies crurales*, in-8. Paris, 1853.

(2) Anneau fémorali-vasculaire de Thompson.

(*) A. *Loge aponévrotique antérieure.* — 1) Fémur. — 2) Vaste interne. — 3) Vaste externe. — 4) Droit antérieur. — 5) Couturier.
B. *Loge postérieure interne.* — 6) Grand adducteur. — 7) Moyen adducteur. — 8) Droit interne.
C. *Loge postérieure externe.* — 9) Courte portion du biceps. — 10) Longue portion du biceps. — 11) Demi-tendineux. — 12) Demi-membraneux. — 13) Nerf saphène interne. — 14) Artère fémorale. — 15) Grand nerf sciatique. — 16) Branche de l'artère fémorale profonde avec ses veines. — 17) Veine saphène interne.

concave du ligament de Gimbernat, en dehors la veine fémorale. C'est par cette ouverture que s'engage l'intestin dans la hernie crurale. Sur cette ouverture est tendue une lamelle celluleuse, *septum crural* ou *de Cloquet*. En bas, cet entonnoir se termine en cul-de-sac au niveau de l'embouchure de la saphène ; sa longueur totale est d'environ 0m,04.

Le feuillet superficiel du *fascia lata*, qui forme la paroi antérieure du canal crural, se comporte différemment au niveau des vaisseaux et au niveau du canal crural. Au niveau des vaisseaux il est épais, résistant ; au niveau du canal crural, au contraire, il est mince et criblé de pertuis, qui laissent passer des lymphatiques et lui ont fait donner le nom de *fascia cribriformis* (fig. 67, 2). Si par la dissection on enlève ce *fascia cribriformis*, Il ne reste plus que la partie épaissie de l'aponévrose sous la forme d'un repli, *repli falciforme*, à bord interne, tranchant et concave et dont la corne inférieure passe sous l'embouchure de la saphène, tandis que la corne supérieure se porte en haut et en dedans, et va s'attacher à l'arcade curale près du ligament de Gimbernat. On a alors en dedans de la veine fémorale une excavation, *fosse ovale*, nettement limitée en dehors et en bas, et qui en dedans se perd insensiblement dans la courbure de la cuisse. Le *fascia cribriformis*, qui recouvre cette fosse ovale, se continue en haut et en dehors avec le *fascia lata* et le bord tranchant du ligament falciforme ; mais en bas et en dedans il se continue avec le tissu cellulaire sous-cutané et ne contracte pas d'adhérences avec l'aponévrose crurale. Ces connexions expliquent comment, suivant les auteurs, on a pu rattacher le *fascia cribriformis* tantôt à l'aponévrose fémorale, tantôt au *fascia superficialis*.

Dans le canal fémoro-vasculaire les vaisseaux sont entourés d'une gaîne fibreuse propre, *gaîne des vaisseaux*, qui se moule sur les parois du canal et s'évase comme lui à la partie supérieure en s'écartant de la veine. Cette gaîne fibreuse s'attache en haut à la crête pectinéale et au bord concave du ligament de Gimbernat, avec lequel elle se continue ; en arrière de l'arcade crurale elle se continue avec le *fascia transversalis*.

C. APONÉVROSE DE LA JAMBE (fig. 109).

Cette aponévrose se continue en haut avec l'aponévrose fémorale et reçoit des expansions fibreuses du biceps, du couturier, du droit interne, du demi-tendineux et du demi-membraneux ; elle présente, en outre, des fibres propres venant, en haut, de la tête du péroné et de la tubérosité antérieure du tibia, et, dans toute l'étendue de la jambe, de la crête du tibia. En bas elle se continue avec les ligaments annulaires de la région tibio-tarsienne.

Par sa face profonde elle adhère dans toute son étendue à la face interne du tibia et s'y confond avec le périoste ; de cette face profonde partent deux cloisons intermusculaires : l'une antérieure allant au bord antérieur du péroné et séparant l'extenseur commun des doigts des péroniers latéraux ; l'autre postérieure, allant à son bord externe et séparant ces derniers muscles des muscles postérieurs. Elle circonscrit ainsi trois gaînes : 1° une antérieure (A) pour les muscles extenseurs, qui prennent en haut des insertions à la face profonde de l'aponévrose ; 2° une externe (B) pour les péroniers latéraux, gaîne qui se dévie comme eux pour se placer derrière la malléole externe ; 3° une postérieure (C) pour les muscles postérieurs, gaîne

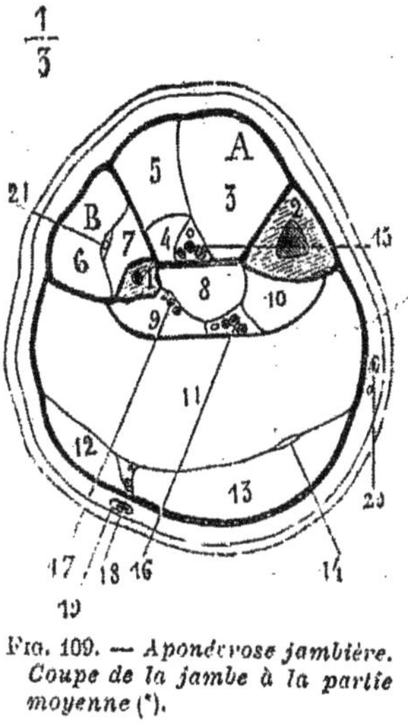

FIG. 109. — *Aponévrose jambière. Coupe de la jambe à la partie moyenne* (*).

(*) A. *Loge aponévrotique antérieure.* — 1) Péroné. — 2) Tibia. — 3) Jambier antérieur. — 4) Extenseur propre du gros orteil. — 5) Extenseur commun des orteils.
B. *Loge aponévrotique externe.* — 6) Long péronier latéral. — 7) Court péronier latéral.
C. *Loge postérieure.* — 8) Tibial postérieur. — 9) Fléchisseur propre du gros orteil. — 10) Fléchisseur commun des orteils. — 11) Soléaire. — 12) Jumeau externe. — 13) Jumeau interne. — 14) Tendon du plantaire grêle. — 15) Vaisseaux et nerfs tibiaux antérieurs. — 16) Vaisseaux et nerfs tibiaux postérieurs. — 17) Vaisseaux péroniers. — 18) Nerf saphène externe. — 19) Veine saphène externe. — 20) Veine saphène interne. — 21) Nerf musculo-cutané.

divisée elle-même en deux loges secondaires par une lamelle qui sépare le triceps sural des muscles profonds. Ce feuillet profond, au niveau du tendon d'Achille, constitue avec le feuillet superficiel une gaîne pour ce tendon ; sur ses bords ces deux feuillets se soudent et sont fortement tendus.

En se prolongeant de la jambe sur le pied, l'aponévrose jambière s'épaissit et forme trois ligaments : ligaments annulaires antérieur, interne et externe.

1° *Ligament annulaire antérieur* (fig. 103, A, 12). — A la partie inférieure de la jambe l'aponévrose présente des fibres de renforcement transversales ; mais le véritable ligament annulaire antérieur est formé par des fibres obliques en bas et en dehors, allant de la malléole interne à la partie antérieure et externe du calcanéum, et tendues en écharpe sur le cou-de-pied. Ce ligament, renforcé par des fibres de sens contraire, se jetant sur son bord inférieur *(ligament croisé)*, détermine la formation de trois gaînes : une interne, pour le jambier antérieur, une moyenne pour le long extenseur du gros orteil et les vaisseaux et nerfs tibiaux antérieurs, une externe pour l'extenseur commun et le péronier antérieur.

2° *Ligament annulaire interne.* — Il naît de la malléole interne et se porte en rayonnant vers l'apophyse du scaphoïde et le côté interne du calcanéum, où il s'unit étroitement aux insertions du court abducteur du gros orteil (fig. 106, 15). De sa face profonde partent deux cloisons formant trois loges, destinées d'avant en arrière aux tendons du jambier postérieur, du long fléchisseur commun et du long fléchisseur propre du gros orteil. Entre ces deux derniers muscles ses fibres superficielles s'écartent des fibres profondes et forment une quatrième gaîne pour le nerf et les vaisseaux tibiaux postérieurs.

3° *Ligament annulaire externe* (fig. 103, B, 11). Il va de la malléole externe au bord externe du calcanéum et au bord externe du pied, où il contracte des adhérences avec le court abducteur du petit orteil. Il constitue deux gaînes pour les péroniers latéraux.

D. APONÉVROSES DU PIED.

a. *Aponévroses dorsales du pied.*

On trouve d'abord : 1° une aponévrose superficielle, mince, continue en haut avec le ligament annulaire antérieur, sur les côtés avec l'aponévrose plantaire ; ensuite 2° une deuxième aponévrose recouvrant le pédieux et le séparant des tendons extenseurs ; enfin 3° au-dessous de ce muscle l'aponévrose interosseuse dorsale, tendue entre les métatarsiens.

b. *Aponévrose plantaire* (fig. 110).

Elle comprend une aponévrose moyenne et des aponévroses latérales.

1° *Aponévrose plantaire moyenne.* — Composée surtout de fibres longitudinales, elle est soudée en arrière au court fléchisseur commun des orteils. En arrière, elle s'insère aux tubercules du calcanéum ; en avant elle se divise en quatre lamelles, qui se dirigent vers les quatre derniers orteils et se comportent comme pour l'aponévrose palmaire. Sur les côtés elle se continue en partie avec les aponévroses latérales, tandis qu'une portion se recourbe profondément et va s'attacher en dedans au ligament calcanéo-cuboïdien, en dehors au cinquième métatarsien.

2° *Aponévrose plantaire interne.* Assez mince, elle se continue en arrière avec le ligament annulaire interne, et en dedans s'attache au bord interne du tarse et au tendon du jambier postérieur, en se continuant aussi en partie avec l'aponévrose dorsale superficielle ; en dehors elle s'attache au ligament calcanéo-cuboïdien.

3° *Aponévrose plantaire externe.* — Plus forte, elle présente en dehors une bandelette fibreuse, très-épaisse, large de plus de 0m,01, recouvrant le court abducteur du petit orteil et allant se fixer à l'apophyse du cinquième métatarsien *(ligament calcanéo-métatarsien)*.

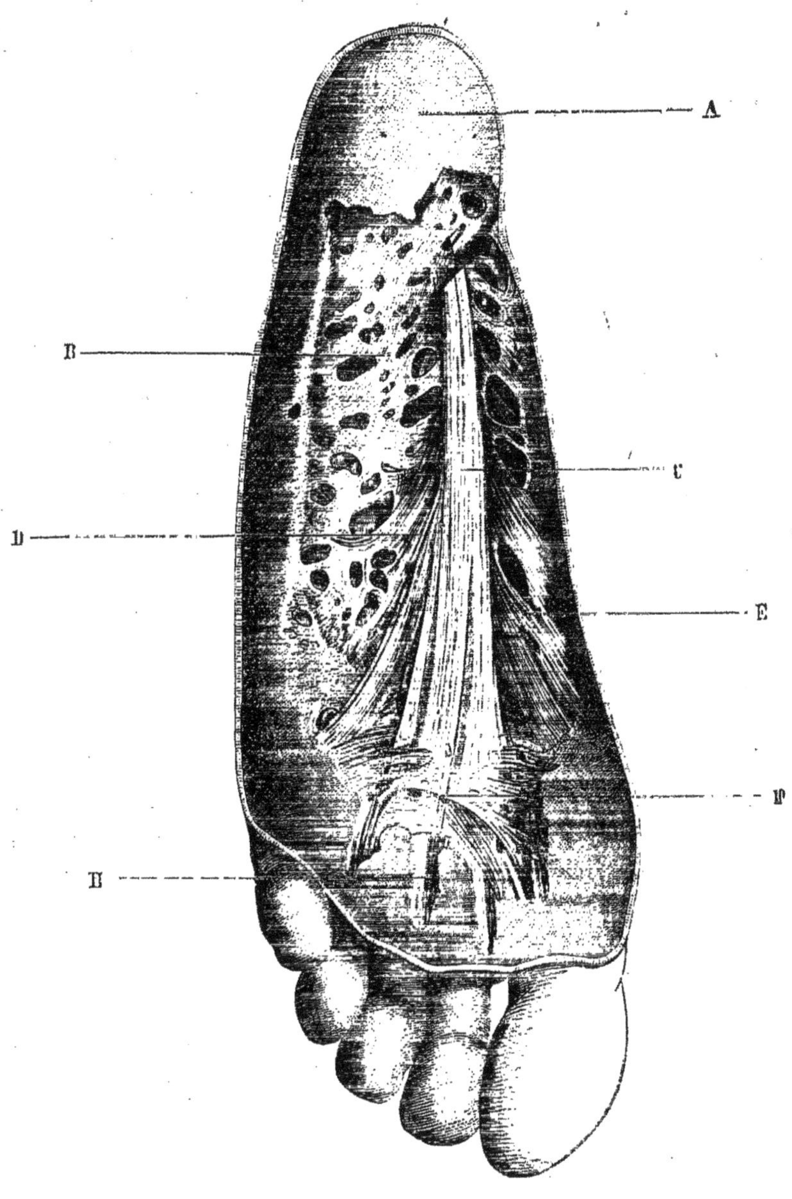

FIG. 110. — *Aponévrose plantaire superficielle* (*).

(*) A) Tissu cellulaire sous-cutané du talon; — B) Partie interne de l'aponévrose plantaire; — C) Fibres longitudinales médianes; — D) Fibres se rendant dans la partie profonde du derme; — E) Fibres digitales; — F) Fibres transversales; H) D'après Anger, *Anatomie chirurgicale*.

Ces aponévroses forment trois gaînes : 1° une moyenne, pour les muscles de la région moyenne, le court adducteur du gros orteil et les tendons des long fléchisseur commun et long fléchisseur propre du gros orteil ; 2° une externe, pour les mucles du petit orteil ; 3° une interne, pour les muscles court abducteur et court fléchisseur du gros orteil.

Les gaines digitales du fléchisseur des orteils sont tout à fait semblables à celle des doigts et ne méritent pas de description spéciale.

CHAPITRE VIII

ANOMALIES MUSCULAIRES (1)

Accessoire du long fléchisseur commun des orteils.	Faisceau surnuméraire naissant de la partie postérieure du tibia. — Il envoie des faisceaux aux tendons du court fléchisseur commun des orteils. — Uni au court péronier latéral.
Adducteur oblique du gros orteil.	Faisceau surnuméraire allant à la base de la première phalange du deuxième orteil. — Les fibres venant de la base du deuxième métatarsien forment un faisceau distinct.
Angulaire de l'omoplate.	Double. — Augmentation de nombre de ses faisceaux d'origine ·Faisceaux venant : de l'atlas ; de toutes les vertèbres cervicales ; des apophyses épineuses des deuxième, troisième et quatrième vertèbres dorsales ; de la deuxième côte ; de l'apophyse mastoïde. — Il envoie des faisceaux au trapèze, au scalène postérieur, à l'aponévrose du petit dentelé supérieur, au grand dentelé. — Faisceau allant du bord vertébral de l'omoplate au troisième faisceau d'origine du muscle. — Il est divisé en deux faisceaux dans toute son étendue.
Auriculaire postérieur.	Il s'étend quelquefois jusqu'à la protubérance occipitale externe.
Biceps fémoral.	Absence du court chef (1). — Chef surnuméraire naissant : de la partie supérieure de la ligne âpre ; de l'ischion ; de l'aponévrose fémorale ; du tendon du grand fessier. — Faisceau partant du long chef et allant s'unir par une expansion fibreuse au tendon d'Achille. — Faisceau naissant du tendon de la longue portion du biceps et allant à l'aponévrose de la partie postérieure et inférieure de la cuisse.
Biceps huméral. . . .	Absence d'un des deux chefs. — Séparation complète des deux chefs — Multiplicité des insertions supérieures jusqu'à cinq chefs venant : des grande et petite tubérosités de l'humérus ; de la coulisse bicipitale ; du bord interne de l'humérus dans son tiers moyen ; de la face externe de l'humérus ; de la face interne de l'humérus ; de la capsule scapulo-humérale ; du coraco-brachial ; du deltoïde ; du sus-épineux. — Insertion des deux chefs à l'apophyse coracoïde. — Multiplicité des insertions inférieures ; faisceaux allant : à l'épitrochlée ; à l'apophyse coronoïde du cubitus ; à la capsule du coude ; à la bourse séreuse du tendon du biceps ; au brachial antérieur ; au grand palmaire ; au rond pronateur ; au fléchisseur superficiel des doigts. Insertion surnuméraire au radius. Le tendon de la longue portion sort entre le faisceau claviculaire et le faisceau sternal du grand pectoral. — Tendon allant du tendon de la longue portion à l'aponévrose qui recouvre le long supinateur.

(1) Les chiffres placés entre parenthèses indiquent le nombre de fois que l'anomalie s'est présentee.

BRACHIAL ANTÉRIEUR. .	Sa division complète en deux ventres. — Faisceaux surnuméraires allant : au cubitus ; au radius ; à l'aponévrose antibrachiale ; au rond pronateur ; au fléchisseur superficiel.
BULBO-CAVERNEUX. . . .	Quelques-uns de ses faisceaux peuvent manquer, surtout le faisceau profond annulaire. Ce faisceau annulaire est superficiel (1).
CARRÉ FÉMORAL.	Absence (3). — Faisceaux allant à la capsule articulaire radio-cubitale inférieure et à la capsule carpienne.
CARRÉ PRONATEUR. . .	Absence (1). Sa division en deux couches de fibres de direction différente ; sa division en trois couches.
CORACO-BRACHIAL. . . .	Muscle coraco-brachial accessoire. — Faisceau surnuméraire allant de la base de l'apophyse coracoïde à l'humérus, au-dessous de la petite tubérosité. — Sa division en deux chefs supérieurement. — Il envoie un tendon à l'aponévrose intermusculaire interne. — Il envoie un faisceau à la capsule articulaire *(muscle coraco-capsulaire)*. — Son insertion inférieure descend plus ou moins bas.
COURT ABDUCTEUR DU PETIT DOIGT.	Faisceau surnuméraire venant : du ligament annulaire ; du corps du cubitus ; du cinquième métacarpien ; du cubital antérieur. — Division dans toute sa longueur en deux ventres, dont l'un remplace le court fléchisseur.
COURT ABDUCTEUR DU PETIT ORTEIL.	Faisceau allant du calcanéum à la base du cinquième métatarsien.
COURT ABDUCTEUR DU POUCE.	Absence. — Double. — Il reçoit un chef du palmaire grêle ; de l'opposant. Il reçoit deux chefs surnuméraires, l'un de l'apophyse styloïde du radius, l'autre du tendon du premier radial externe. — Il reçoit un faisceau du long abducteur du pouce.
COURT ADDUCTEUR DU POUCE.	Naît du deuxième métacarpien.
COURT EXTENSEUR DES ORTEILS.	Envoie un faisceau au côté interne de la première phalange du deuxième orteil.
COURT EXTENSEUR DU POUCE.	Absence. Il est soudé au long abducteur. Il augmente de volume aux dépens du long abducteur. — Il donne deux tendons, dont l'un va à la base du premier métacarpien.
COURT FLÉCHISSEUR COMMUN DES ORTEILS. . .	Le tendon du cinquième orteil manque souvent. — Faisceau surnuméraire naissant du tendon du long fléchisseur commun et fournissant les tendons des quatrième et cinquième orteils. — Muscle surnuméraire naissant de la partie inférieure du péroné.
COURT FLÉCHISSEUR DU PETIT DOIGT.	Absence assez fréquente.
COURT FLÉCHISSEUR DU POUCE.	Absence. — Remplacé par un faisceau de l'abducteur ou de l'opposant.
COURT PÉRONIER LATÉRAL.	Muscle accessoire (quelquefois il y en a deux) attaché en bas au calcanéum et situé derrière le muscle normal. — Il envoie : une expansion fibreuse au quatrième interosseux dorsal ; un faisceau musculaire au tendon de l'extenseur commun ; un tendon à la base de la première phalange du petit orteil (très-fréquent) ; un tendon à la base de la dernière phalange du petit orteil. — Il s'unit avec l'accessoire du long fléchisseur.
COURT SUPINATEUR. . .	Faisceau surnuméraire allant de la partie antérieure de l'apophyse coronoïde du cubitus à la partie antérieure du ligament annulaire *(muscle tenseur antérieur du ligament annulaire)*. — Os sésamoïde dans son tendon épicondylien. — Faisceau inséré au cubitus et traversant le ligament interosseux d'avant en arrière.
COUTURIER.	Absence. — Double (très-rare). — Divisé suivant sa longueur en deux faisceaux, dont l'un s'attache au fémur. — Interruption de ses fibres par une intersection tendineuse qui peut être soudée au fascia lata. — Une partie de ses insertions supérieures se fait à l'arcade crurale.

Cubital antérieur	Muscle surnuméraire allant du quart inférieur de la face antérieure du cubitus à l'os crochu. — Faisceaux musculaires tendus transversalement de l'épitrochlée au cubitus au-dessus du nerf cubital. — Son tendon donne des fibres au ligament annulaire antérieur du carpe.
Cubital postérieur	Double. — Il donne souvent un tendon mince, qui va se réunir à celui de l'extenseur propre du petit doigt. — Il fournit une expansion tendineuse à la cloison qui le sépare de l'extenseur propre du petit doigt. — Expansion au cinquième métacarpien.
Deltoïde	Absence de la partie claviculaire. — Extension de cette partie claviculaire jusqu'à l'extrémité sternale de la clavicule. — Diminution de ses insertions à l'épine de l'omoplate. — Faisceaux surnuméraires naissant : du bord externe de l'omoplate entre le sous-épineux et le petit rond; de l'aponévrose sous-épineuse. — Insertions supérieures divisées en trois faisceaux; faisceau claviculaire distinct du reste du muscle. — Pas de séparation entre lui et le grand pectoral.
Demi-membraneux	Absence (très-rare). — Représenté par un cordon fibreux allant de l'ischion au condyle interne du fémur (1). — Muscle surnuméraire allant de la ligne âpre au condyle interne du fémur. — Son dédoublement en deux muscles.
Demi-tendineux	Faisceau allant à l'aponévrose postérieure de la jambe.
Diaphragme	Faisceaux musculaires surnuméraires transversaux passant en avant ou en arrière de l'aorte. Faisceaux situés au milieu du centre phrénique. — Arcade tendineuse du carré des lombes remplacée par des fibres musculaires (fig. 73, 9). — Faisceau allant du bord de l'orifice œsophagien à l'œsophage. — Faisceau allant du cartilage de la neuvième côte à celui de la septième et au bord du sternum du côté opposé (voy. Bourgery, pl. 75, 2). — Faisceau naissant de la moitié gauche du centre phrénique et se portant à droite en avant de l'œsophage; là il se divise en deux languettes, l'une qui descend se perdre dans le péritoine en avant des insertions vertébrales droites, l'autre qui va à la face inférieure du foie s'unir au canal veineux *(muscle hépatico-diaphragmatique de Knox)*.
Digastrique	Anomalies très-fréquentes du ventre antérieur. — Ventre antérieur surnuméraire situé en dedans du ventre normal et allant à l'aponévrose du mylo-hyoïdien. — Faisceau surnuméraire allant de l'angle de la mâchoire se jeter dans le ventre antérieur. — Entrecroisement des faisceaux internes des ventres antérieurs des deux muscles sur la ligne médiane. — Une portion d'un ventre antérieur se rend au bord interne de l'autre. — Le ventre antérieur se termine dans l'aponévrose du mylo-hyoïdien. — Le ventre antérieur droit se divise en deux faisceaux s'insérant de chaque côté de la ligne médiane. — Ventre postérieur surnuméraire. — Ventre postérieur double. — Faisceau surnuméraire venant de l'aponévrose du trapèze et de la ligne demi-circulaire supérieure.
Droit latéral	Son dédoublement en deux faisceaux.
Extenseur commun des doigts	Absence du faisceau du petit doigt (fig. 87). — Augmentation du nombre des tendons. — Muscle surnuméraire naissant du cubitus (au-dessus de la tête) et du radius (saillie interne de la gouttière du long extenseur du pouce) et allant par quatre tendons aux tendons de l'extenseur commun, ou seulement à ceux de l'index et du médius; il représente le pédieux. — Faisceau surnuméraire allant au médius et provenant : du ligament annulaire; du quatrième métacarpien; du radius. — Sa division en plusieurs ventres charnus (2 à 5). — Le chef de l'index naît du deuxième radial externe.
Extenseur commun des orteils	Cinquième tendon divisé en trois faisceaux.

EXTENSEUR PROPRE DE L'INDEX.	Absence. — Son remplacement par un court muscle naissant du ligament annulaire ou de la base du troisième métacarpien. — Augmentation du nombre des ventres charnus : deux ventres charnus; le deuxième plus profond envoie un tendon au médius, ou deux à l'index et au médius, ou trois tendons à l'index, au médius et à l'annulaire. — Le muscle se divise en plusieurs tendons allant à l'index seul, ou à l'index et au médius. — Faisceau au long extenseur du pouce; faisceau à l'aponévrose interosseuse.
EXTENSEUR PROPRE DU GROS ORTEIL.	Muscle ou tendon surnuméraire allant au premier métatarsien ou à la première phalange ou bien aux deux à la fois. — Faisceau ou tendon venant du court extenseur du gros orteil. — Tendon double fréquent.
EXTENSEUR PROPRE DU PETIT DOIGT.	Absence. — Son remplacement par un tendon provenant de l'extenseur commun ou du cubital postérieur. — Sa division en deux tendons, dont l'un va quelquefois au quatrième doigt. — Deux ventres charnus.
FLÉCHISSEUR PROFOND DES DOIGTS.	Augmentation du nombre des faisceaux. — Faisceau surnuméraire venant de la masse commune des muscles superficiels. — Faisceau venant du long fléchisseur du pouce et s'unissant au tendon de l'index.
FLÉCHISSEUR PROPRE DU POUCE.	Faisceau surnuméraire venant : de l'épitrochlée; du radius; du grand palmaire; du rond pronateur; du fléchisseur superficiel. — Il envoie un faisceau au tendon de l'index du fléchisseur profond. — Il remplace le faisceau du petit doigt du fléchisseur superficiel. — Trifurcation de son tendon.
FLÉCHISSEUR SUPERFICIEL DES DOIGTS. . .	Le faisceau du petit doigt manque; les insertions radiales manquent. — Son remplacement par un muscle propre naissant de l'aponévrose palmaire et du ligament annulaire (2). Le faisceau de l'index vient de l'apophyse coronoïde du cubitus. — Faisceaux surnuméraires venant : de la tubérosité bicipitale du radius; du rond pronateur; du biceps; du brachial antérieur; du ligament annulaire.
GASTROCNÉMIEN INTERNE	Double.
GÉNIO-HYOIDIEN.	Double de chaque côté. — Faisceau surnuméraire triangulaire allant se perdre dans les fibres du génio-glosse. Soudure des deux muscles.
GRAND ADDUCTEUR. . .	Faisceau distinct naissant de l'ischion et rejoignant le muscle près de son anneau.
GRAND COMPLEXUS. . .	Faisceau d'union entre lui et le long dorsal. — De son intersection fibreuse part un faisceau qui va au ligament de la nuque.
GRAND DENTELÉ.	Absence (1). — Absence de la première digitation. Absence de la deuxième et de la troisième. Absence de la partie moyenne, remplacée par une mince aponévrose. — Faisceaux profonds surnuméraires naissant des premières côtes. Digitation des neuvième et dixième côtes. — Un faisceau profond né de la deuxième côte s'insère isolément à toute la longueur du bord spinal depuis l'épine. — Faisceau profond partant de la deuxième côte et allant rejoindre l'attache de l'angulaire de l'omoplate. — La digitation inférieure se continue avec une digitation du grand oblique. — Sa digitation supérieure reçoit un faisceau du tubercule postérieur de la troisième vertèbre cervicale. — Fournit un faisceau à l'aponévrose du bras; à l'aponévrose axillaire.
GRAND DORSAL.	Ses insertions supérieures peuvent atteindre celles du rhomboïde. — Faisceau simple ou double naissant de l'angle inférieur de l'omoplate (fréquent). — Faisceau supérieur surnuméraire mince allant de l'apophyse épineuse de la cinquième vertèbre dorsale à l'angle inférieur de l'omoplate. — Les faisceaux costaux se terminent dans l'aponévrose du creux axillaire; ils s'unissent au tendon du grand ou du petit pectoral; ils s'attachent à l'apophyse

GRAND DORSAL.	coracoïde ; faisceau allant de son bord inférieur à l'olécrâne. — L'expansion fibreuse qu'il envoie à l'aponévrose axillaire reçoit un faisceau du grand pectoral. — Faisceau allant jusqu'à l'épitrochlée. — Faisceaux s'unissant au grand rond.
GRAND DROIT ANTÉRIEUR DE L'ABDOMEN.	Ses insertions supérieures ne s'étendent pas jusqu'à la cinquième côte. — Elles dépassent la cinquième côte et peuvent monter jusqu'à la deuxième et au sternum. — Nombreuses variétés de ses intersections tendineuses. — Muscle tenseur de son aponévrose, allant de l'arcade crurale ou du pubis à la gaîne postérieure du muscle (très-rare).
GRAND DROIT POSTÉRIEUR DE LA TÊTE. . .	Son dédoublement en deux faisceaux. — Son absence.
GRAND FESSIER.	Son dédoublement en deux couches : une profonde, une superficielle. -- Les insertions inférieures (sacrum et coccyx) donnent un muscle distinct *(agitator caudæ)*. — Il' est soudé au pyramidal.
GRAND OBLIQUE DE L'ABDOMEN.	Son aponévrose manque dans sa moitié inférieure (1). — Muscle surnuméraire (1).
GRAND OBLIQUE DE LA TÊTE.	Faisceau surnuméraire allant à l'apophyse mastoïde.
GRAND PALMAIRE. . . .	Il reçoit un faisceau venant du radius (peut former un muscle à part) ; du tendon du biceps ou du corps du muscle ; du fléchisseur superficiel ; de l'aponévrosse antibrachiale. — Il s'insère à la base du troisième métacarpien. Son tendon envoie une expansion : au trapèze ; à la base du troisième métacarpien ; à la base du quatrième.
GRAND PECTORAL. .	Absence complète (sur le vivant ; 2 cas). — Absence de la partie claviculaire (assez fréquente). Absence partielle de la part e sterno-costale. Large espace vide entre la partie claviculaire et la partie sternale. — Partie sterno-costale divisée en trois faisceaux distincts. — Faisceau surnuméraire naissant du grand oblique de l'abdomen, de l'aponévrose du grand dentelé et s'ajoutant au bord inférieur du muscle. — Faisceau profond surnuméraire allant des deuxième et troisième cartilages costaux et de la partie voisine du sternum, et se rendant au feuillet profond de la gaîne du deltoïde (2). — Fusionné avec le deltoïde. — Faisceau surnumeraire partant de la sixième côte, suivant le bord inférieur du muscle, descendant le long du bord interne du bras et s'insérant par un tendon grêle à l'épitrochlée. — Son tendon reçoit un petit faisceau musculaire de l'aponévrose intermusculaire interne. — De son bord inférieur se détachent des faisceaux, qui vont avec le petit pectoral s'attacher à l'apophyse coracoïde ou se recourber en bas dans les muscles fléchisseurs du bras. Son tendon envoie une languette au petit trochanter. — Faisceaux allant à l'aponévrose du bras, à la capsule articulaire, à la capsule fibreuse scapulo-humérale. — Faisceau tendineux se détachant du bord supérieur de son tendon et convertissant en canal la gouttière bicipitale ; terminé dans la capsule fibreuse. — Muscle surnuméraire situé sous le grand pectoral et allant des cinquième, sixième, septième et huitième côtes au tendon du grand pectoral *(troisième pectoral* ; Pozzi).
HUMÉRO-RADIAL. . . .	Absence (1). — Double. — Sa division complète en deux faisceaux. — Faisceau surnuméraire venant : du radius ; du brachial antérieur ; du fléchisseur superficiel. — Faisceau surnuméraire allant au radius. — Insertion inférieure, au trapèze, au scaphoïde. — Fournit un faisceau au long abducteur du pouce ; au fléchisseur propre du pouce ; au tendon du premier radial externe ; au court supinateur.

INTERCOSTAUX INTERNES	Le dernier et l'avant-dernier peuvent manquer.
INTERÉPINEUX DU COU.	Ils s'étendent entre les arcs des vertèbres.
INTEROSSEUX DE LA MAIN	Doubles. — Même disposition qu'au pied, l'axe se trouvant au deuxième métacarpien.
INTERTRANSVERSAIRES DU COU.	Absence du premier intertransversaire antérieur. — Muscles inter-transversaires surnuméraires dépassant plusieurs vertèbres.
JAMBIER ANTÉRIEUR. . .	Muscle accessoire. — Faisceau allant du bord antérieur du tibia au ligament croisé. — Faisceau allant à l'aponévrose dorsale du pied. — Tendon allant à la première phalange du gros orteil et à la capsule de l'articulation métatarso-phalangienne.
JUMEAUX DE LA JAMBE.	Troisième chef (moyen) naissant : du condyle externe et de la paroi postérieure de la capsule (2); de l'aponévrose de la jambe; du long chef du biceps. — Faisceaux surnuméraires du jumeau interne ou externe. — Jumeau interne naissant d'un arc tendineux allant de la tubérosité externe du fémur à la surface poplitée. — Jumeau interne divisé supérieurement en deux chefs (insertion du deuxième chef à la bifurcation interne de la ligne âpre; Terrier).
JUMEAUX PELVI-TRO-CHANTÉRIENS.	Absence des deux jumeaux; absence du jumeau supérieur.
LOMBRICAUX DE LA MAIN.	Absence du quatrième. — Premier lombrical naissant : du tendon du long fléchisseur du pouce; d'un muscle supplémentaire de l'avant-bras. — Deuxième : deux chefs supérieurs. — Troisième lombrical; double. — Troisième et quatrième naissant par un seul chef du bord radial du troisième et du quatrième tendon du fléchisseur profond. — Insertions inferieures : bifurquées, à deux phalanges; se font au bord cubital de la première phalange. Le premier et le deuxième s'insèrent au médius.
LOMBRICAUX DU PIED. .	Absence du deuxième; absence des deux moyens. — Deux lombricaux dans le deuxième espace, pas dans le premier. — Chefs accessoires venant des tendons.
LONG ABDUCTEUR DU POUCE..	Absence. — Division en deux ventres. — Réduit à un très-petit faisceau. — Tendon surnuméraire allant s'attacher au trapèze; expansion au court abducteur du pouce; cette expansion forme quelquefois un petit muscle surnuméraire distinct du court abducteur du pouce et ayant les mêmes insertions inférieures. — Expansion à l'opposant. — Il reçoit un faisceau charnu du long supinateur.
LONG DU COU.	Il reçoit un faisceau d'insertion de la tête de la première côte.
LONG EXTENSEUR COMMUN DES ORTEILS. . .	Ventre spécial pour le quatrième orteil, d'où partaient quatre tendons allant au quatrième métatarsien et aux trois phalanges (1). — Il envoie une expansion tendineuse à l'extenseur propre du gros orteil. — Deux tendons pour le petit orteil; un tendon pour le cinquième métatarsien.
LONG EXTENSEUR DU POUCE.	Double. — Deux tendons d'insertion.
LONG FLÉCHISSEUR COMMUN DES ORTEILS. . .	Le tendon du deuxième orteil manque. — Quelquefois double. — Chef surnuméraire venant : du péroné; du tibia; du calcanéum; de la gaîne du long péronier latéral; du tibial postérieur : du fléchisseur du gros orteil; de l'aponévrose jambière. — Faisceau distinct pour le deuxième orteil. — Envoie un tendon au chef du court fléchisseur allant au troisième orteil. — Soudure des tendons du court et du long fléchisseur commun (quatrième et cinquième orteils). — Muscle surnuméraire naissant de la partie inférieure du tibia et allant dans la gaîne du long fléchisseur à la capsule de l'articulation tibio-tarsienne *(tenseur de la capsule tibio-tarsienne)*.

Long fléchisseur du gros orteil.	Son tendon s'unit à celui du long fléchisseur commun. — Fournit des tendons aux doigts externes.
Long péronier latéral	Muscle surnuméraire naissant entre le long et le court et unissant son tendon à celui du long péronier latéral (1). — Tendon d'union entre les deux muscles. — Soudure du long et du court péronier latéral.
Moyen adducteur. . .	Sa division en deux faisceaux.
Moyen fessier.	Il s'insère au grand trochanter par deux tendons distincts. — De son bord inférieur se détachent des faisceaux se rendant au tendon du pyramidal. — Il est complétement soudé au petit fessier.
Obturateur interne. .	Il reçoit des faisceaux de renforcement de la troisième vertèbre sacrée.
Omo-hyoïdien.	Variétés très-fréquentes : 20 anomalies (17 fois le ventre postérieur) sur 373 cadavres (Turner). — Absence. — Absence du ventre postérieur. — Muscle double : deux ventres postérieurs, deux ventres antérieurs. Division du ventre antérieur en deux. Faisceaux accessoires allant au sterno-hyoïdien ; au stylo-hyoïdien, à l'aponévrose cervicale. Faisceau accessoire provenant : de la clavicule ; du cartilage thyroïde. Ventre postérieur allant à la clavicule ; naissant de tout le bord supérieur de l'omoplate. — Faisceau surnuméraire du ventre postérieur, allant : à l'aponévrose du cou ; à la clavicule (fréquent chez le nègre) ; à la première côte. — Absence du tendon moyen. — Augmentation de ce tendon aux dépens des ventres charnus. — Il envoie un faisceau au sterno-mastoïdien.
Orbiculaire des paupières.	Il envoie un faisceau au grand zygomatique. — Muscle surnuméraire naissant de la partie orbitaire de l'os malaire et se perdant dans le tissu connectif de l'angle externe de l'œil (plusieurs fois).
Palmaire cutané. . . .	Absence.
Palmaire grêle. . . .	Anomalies très-fréquentes. — Absence du muscle d'un ou des deux côtés ; souvent remplacé par des muscles accessoires. Double d'un ou des deux côtés. — Division en deux ventres. — Division en deux tendons. — Muscle surnuméraire en dedans du muscle normal, allant aussi à l'aponévrose palmaire ; ordinairement superficiel, quelquefois profond. — Son insertion supérieure se fait : à la tubérosité bicipitale ; au radius, avec le fléchisseur superficiel ; à l'apophyse coronoïde du cubitus ; à l'aponévrose antibrachiale. Il reçoit des faisceaux accessoires du radius ; du cubitus. — Son insertion inférieure se fait au tendon du fléchisseur superficiel ; au cubitus ; aux os du carpe ; à l'aponévrose antibrachiale. — Son tendon envoie des expansions fibreuses aux muscles superficiels ou profonds de l'hypothénar ; il se soude au tendon du cubital antérieur. — Faisceau au cinquième métacarpien. — Son ventre charnu occupe le tiers inférieur ou le tiers moyen. Il occupe toute la longueur du muscle. Le muscle est réduit à un long tendon.
Peaucier du cou. . . .	Fibres se détachant de son bord interne et allant aux parties latérales du cartilage thyroïde près de son bord supérieur. Fibres externes allant : à la partie inférieure du cartilage de l'oreille ; à l'apophyse mastoïde. Faisceau transversal surnuméraire allant de la clavicule à l'aponévrose du deltoïde. Fibres internes s'entre-croisant en avant du sternum et allant vers le deuxième et le troisième cartilage costal du côté opposé. — Faisceau surnuméraire à concavité supérieure, naissant de la ligne courbe occipitale supérieure, passant sous l'oreille et allant se perdre en rayonnant au-dessus de l'arcade zygomatique (2).
Pectiné.	Union de ses fibres à celles du premier adducteur.

PÉDIEUX	Absence du quatrième faisceau. — Augmentation du nombre de ses faisceaux; double tendon au deuxième orteil; tendon au cinquième orteil. Division de ses tendons en deux. — Faisceau surnuméraire propre pour le gros orteil naissant par deux chefs distincts des deuxième et troisième orteils.
PÉRONIER ANTÉRIEUR	Absence. — Il envoie un tendon au tendon extenseur du cinquième ou du quatrième orteil ou au quatrième interosseux dorsal. — Faisceau au quatrième métatarsien et au ligament reliant la base du quatrième au troisième.
PETIT ADDUCTEUR	Sa division en deux faisceaux.
PETIT COMPLEXUS	Sa division en deux ventres par une intersection tendineuse.
PETIT DENTELÉ SUPÉRIEUR ET POSTÉRIEUR	Le nombre des digitations est réduit à trois. — Il peut être augmenté jusqu'à six. — Faisceau se détachant de son bord supérieur et allant à l'apophyse mastoïde. — Faisceau allant de l'apophyse transverse de l'atlas à l'aponévrose du muscle.
PETIT DROIT ANTÉRIEUR DU COU	Il est renforcé à son bord interne par un faisceau naissant de la deuxième vertèbre cervicale à côté du premier intertransversaire antérieur. — Muscle surnuméraire allant de la partie antérieure des masses latérales de l'atlas à la partie basilaire de l'occipital, entre le grand et le petit droit (fréquent).
PETIT DROIT LATÉRAL	Double.
PETIT DROIT POSTÉRIEUR DE LA TÊTE	Dédoublement en deux faisceaux. Son absence.
PETIT OBLIQUE DE L'ABDOMEN	Il s'insère souvent aux quatre dernières côtes. — Sa partie inguinale manque.
PETIT PECTORAL	Absence (3). — Divisé en deux parties. — Absence de sa digitation moyenne. — Faisceaux surnuméraires provenant : du sternum; du cartilage de la première côte; des côtes supérieures; des digitations du grand dentelé. — Expansion à la capsule scapulo-humérale. Tout le muscle va s'attacher à la capsule scapulo-humérale, au bord de la cavité glénoïde, à la grosse tubérosité de l'humérus, au tendon du sus-épineux, au ligament acromio-coracoïdien. — Tendon double; le tendon surnuméraire s'insère à la clavicule en avant du ligament trapézoïde.
PETIT ROND	Souvent confondu avec le sous-épineux. — Faisceau surnuméraire allant de la partie sous-glénoïdienne de l'omoplate et de l'aponévrose du triceps à l'humérus.
PLANTAIRE GRÊLE	Absence (fréquente). Double. — Il naît : du péroné; de l'aponévrose du muscle poplité. — Il reçoit un chef surnuméraire de l'espace poplité ou de la capsule du genou. Il se termine dans l'aponévrose jambière.
POPLITÉ	Faisceau accessoire provenant de l'os sésamoïde existant à l'insertion fémorale du jumeau externe. — Faisceau surnuméraire allant à la capsule du genou (tenseur de la capsule).
PREMIER RADIAL EXTERNE	Il reçoit un faisceau du deuxième. Il lui en envoie un. — Il se divise en deux tendons, dont l'un va avec le deuxième radial au troisième métacarpien. Les deux muscles s'envoient réciproquement chacun un tendon ou un faisceau musculaire. — Les deux tendons se soudent. — Envoie un tendon à la base du premier métacarpien du pouce; au court fléchisseur du pouce. — Envoie un faisceau au court abducteur du pouce.
PSOAS ET ILIAQUE	Absence du petit psoas (fréquent). — Présence de deux petits psoas, dont l'un naît du corps de la troisième vertèbre lombaire. Le tendon du petit psoas se divise; une division va à la crête iléo-pectinée, l'autre à la symphyse sacro-vertébrale. — Il s'attache entre le petit trochanter et la crête du fémur. — Le tendon du petit psoas envoie par ses deux bords des fibres au grand psoas. —

PSOAS ET ILIAQUE. . . .	Les insertions supérieures ou inférieures du grand psoas forment un faisceau distinct. — Le muscle iliaque présente un petit faisceau distinct naissant de l'épine iliaque antérieure et inférieure et allant à la capsule coxo-femorale, *m. ilio-capsulo-trochantérien* (très-fréquent). — Muscle allant de la face antérieure du corps des deux premières vertèbres lombaires aux trois dernières *(psoas accessoire).*
PTÉRYGOIDIEN EXTERNE	Faisceau surnuméraire allant de la crête temporo-zygomatique au bord postérieur de l'aile externe de l'apophyse ptérygoïde. — *(Ptérygoïdien propre d'Henle;* fréquent). — Faisceau allant de l'épine du sphénoïde au bord postérieur de l'aile externe de l'apophyse ptérygoïde. — Faisceau allant de la fosse ptérygoïde au ligament sphéno-maxillaire.
PYRAMIDAL (DE L'ABDOMEN).	Absence d'un seul côté ou des deux côtés (fréquente). — Il peut y en avoir deux d'un côté ou des deux côtés. Il peut y en avoir trois. — Il peut remonter à une hauteur variable, inégale des deux côtés.
PYRAMIDAL (DU BASSIN).	Sa division en deux faisceaux par le grand nerf sciatique (fréquente).
RHOMBOIDE.	Son insertion peut s'étendre jusqu'à la quatrième cervicale ou la cinquième dorsale. — Il envoie un faisceau au grand rond. — Les insertions des deux rhomboïdes se croisent. – Il se divise en deux faisceaux; en deux couches. — Il se soude au bord supérieur du grand dorsal.
ROND PRONATEUR. . . .	Chef surnuméraire venant : de l'humérus, du biceps, du brachial antérieur. (La première anomalie est liée quelquefois au développement de l'apophyse sus-épitrochléenne de l'humérus ; entre les deux chefs peut passer alors le paquet vasculo-nerveux. Ce faisceau peut aller à l'apophyse coronoïde, au ligament de Weitbrecht, au fléchisseur sublime.
SACRO-LOMBAIRE.	Les faisceaux de renforcement supérieurs ou inférieurs peuvent manquer.
SCALÈNES.	Absence du scalène antérieur. — Scalènes surnuméraires : faisceaux distincts pouvant aller aux quatre premières côtes; faisceaux allant d'un scalène à l'autre. — Un faisceau venant de la septième vertèbre cervicale se perd dans le sommet du cul-de-sac pleural. — Le scalène postérieur reçoit des faisceaux de l'angulaire. — Scalène antérieur divisé en deux faisceaux par l'artère sous-clavière (plusieurs cas).
SECOND RADIAL EXTERNE	Absence. — Il envoie un tendon au deuxième et au troisième métacarpien. — Il se soude au premier, qui semble alors se diviser en deux tendons. — Faisceau surnuméraire *(troisième radial externe).*
SOLÉAIRE.	Soléaire surnuméraire formant une couche mince au-dessous du muscle normal. — Reçoit un faisceau de l'aponévrose profonde. — S'insère par un tendon distinct au calcanéum.
SOUS-CLAVIER.	Absence. — Remplacé par un muscle allant du cartilage de la première côte au bord supérieur de l'omoplate et à l'apophyse coracoïde. — Muscle surnuméraire s'attachant au bord supérieur de l'omoplate (trois cas, toujours à gauche). — Dédoublement ; le muscle antérieur s'attache à l'apophyse coracoïde, le postérieur au bord supérieur de l'omoplate. — Faisceau surnuméraire ou expansion fibreuse allant à l'apophyse coracoïde. — Faisceau surnuméraire venant de l'angulaire.
SOUS-SCAPULAIRE. . . .	Sa division complète en deux faisceaux. — Faisceaux surnuméraires (1 fois sur 30) passant ordinairement au-dessus du nerf circonflexe. — Faisceau distinct naissant de la partie inférieure du bord externe de l'omoplate. — *Muscle sous-scapulaire acces-*

Sous-scapulaire. . . .	*soire* naissant de la partie supérieure du bord axillaire, en avant de la longue portion du triceps et de la capsule et s'attachant a l'humérus entre le sous-scapulaire et le grand rond. — Faisceau allant de son tendon à la peau du creux axillaire.
Splénius.	Faisceaux surnuméraires naissant des apophyses épineuses des deux dernières vertèbres cervicales ou des deux premières dorsales, et passant *en arrière* du petit dentelé supérieur pour se réunir au splénius du cou. — Le splénius de la tête présente deux faisceaux distincts pour l'apophyse mastoïde et l'occipital. — Insertion à l'apophyse jugulaire de l'occipital.
Sterno-hyoidien. . . .	Naît exclusivement de la clavicule. — Le muscle est double. — Un faisceau se perd dans le ligament interclaviculaire. — Il envoie un faisceau au sterno-mastoïdien. — Son intersection tendineuse est soudée au tendon de l'omo-hyoïdien.
Sterno-mastoidien. . .	Absence (sur le vivant, à droite ; 1 cas). — Troisième chef naissant de la partie externe de la clavicule. — Chef sternal surnuméraire. Faisceau partant de la partie externe de la clavicule et se rendant aux apophyses transverses des deuxième, troisième, quatrième et cinquième vertèbres cervicales. — Faisceau se détachant du bord antérieur et allant : à l'angle de la mâchoire ; à la face interne de la conque. — Faisceau allant au peaucier du cou. Augmentation de largeur du chef claviculaire.
Sterno-thyroidien. . .	Double. — Naît du cartilage cricoïde. — Un faisceau se perd dans l'aponévrose sous-maxillaire.
Stylo-hyoidien.	Absence d'un côté ou des deux. — Double. — Muscle surnuméraire allant à la petite corne, *stylo-chondro-hyoïdien*. — Muscle surnuméraire allant à l'extrémité mousse de la grande corne. — Reçoit un faisceau surnuméraire du maxillaire inférieur. — Faisceau surnuméraire venant de l'épine du sphénoïde ; de la face inférieure du rocher. — Faisceau accompagnant le ligament stylo-myloïdien. — Envoie un faisceau au stylo-glosse ; au tendon du digastrique.
Sur-costaux.	Muscle sur-costal surnuméraire allant de la première à la cinquième côte.
Sur-épineux du cou. .	Absence. — Réduits à quelques faisceaux.
Thyro-hyoidien.	Absence. — Faisceau surnuméraire allant de la pointe de la grande corne de l'os hyoïde au sommet de la grande corne du cartilage thyroïde, *m. thyro-hyoïdien latéral de Gruber*. — Muscle *crico-hyoïdien* allant du cartilage cricoïde à l'os hyoïde. — Faisceau allant du bord interne du muscle à la glande thyroïde, *m. élévateur de la glande thyroïde*. — Le muscle se continue avec le muscle thyro-hyoïdien.
Transverse de l'abdomen.	Absence.
Trapèze.	Une portion du muscle peut manquer, portion médiane (1) ; insertions occipitales ; insertions vertébrales, soit en haut (premières vertèbres cervicales), soit en bas (dernières vertèbres dorsales ; dans un cas il n'allait que jusqu'à la quatrième) ; insertions claviculaires. — Son dédoublement en deux couches. — Faisceau accessoire allant de l'apophyse mastoïde à l'acromion. — De son bord antérieur se détache un faisceau tendineux allant au sternum en arrière de l'omo-hyoïdien. — Les insertions claviculaires peuvent s'étendre et atteindre le sterno-mastoïdien.
Triangulaire des lèvres.	Quelquefois divisé en trois parties, deux latérales et une médiane transversale, *m. transverse du menton*. — Quelquefois on trouve un tendon dans son milieu.

TRICEPS BRACHIAL. . . .	Quatrième chef naissant : de l'apophyse coracoïde; du bord de la cavité glénoïde; du tendon du sous-scapulaire; du grand dorsal; de la capsule articulaire et se réunissant au long chef.

Muscles surnuméraires.

PEAUCIER DE LA NUQUE.	Fibres transversales couvrant les insertions supérieures du trapèze et suivant la ligne courbe occipitale supérieure (Cruveilhier).
ATLANTICO-CLAVICULAIRE.	Va de l'apophyse transverse de l'atlas à la clavicule.
ATLANTICO-MASTOIDIEN.	Va de l'apophyse transverse de l'atlas à l'apophyse mastoïde (Gruber).
TRANSVERSE DE LA NUQUE.	Couvert par les insertions du trapèze; naît de la protubérance occipitale externe et de la partie interne de la ligne courbe supérieure et va en dehors à la partie externe de cette ligne et au sterno-mastoïdien.
OCCIPITO-SCAPULAIRE. .	Naît de l'occipital en dedans du splénius, et va à la naissance de l'épine de l'omoplate en passant au-dessus du splénius et du rhomboïde.
MUSCLE SOUS-ORBITAIRE	Petit muscle très-fin allant de l'apophyse nasale du maxillaire supérieur au bord supérieur du trou sous-orbitaire (Vlacovich).
TRANSVERSE DU DOS. .	Aplati, situé le long du bord interne du long dorsal; naît par trois tendons grêles des apophyses transverses des deuxième et troisième vertèbres dorsales (dans la moitié des cas).
PEAUCIER DU DOS. . . .	Rudimentaire.
CERVICO-COSTO-HUMÉRAL.	Va de la petite tubérosité de l'humérus et de là par deux tendons à l'apophyse transverse de la sixième vertèbre cervicale et à l'extrémité antérieure de la première côte (un cas; Gruber).
RELEVEUR DE LA GLANDE THYROIDE.	Va de la face antérieure de l'os hyoïde à la glande thyroïde.
MUSCLE THYRO-ŒSOPHAGIEN.	Va de la glande thyroïde à l'œsophage (très-rare).
MUSCLE ACROMIO-BASILAIRE.	Va de l'acromion ou de la partie externe de la clavicule à l'apophyse mastoïde et aux apophyses transverses des vertèbres cervicales *(acromio-trachélien ; cléido-cervical).*
GRAND DROIT LATÉRAL DE L'ABDOMEN.	Situé entre le grand et le petit oblique; naît du milieu du bord inférieur de la dixième côte et va au milieu de la crête iliaque (un cas; Kelch).
PUBIO-PÉRITONÉAL. . . .	Muscle naissant du pubis derrière le ligament de Gimbernat, et se terminant dans le fascia transversalis et le péritoine sous l'ombilic.
LOMBO-STYLIEN.	Faisceaux allant de la masse commune aux tubercules inférieurs des apophyses articulaires des première et deuxième vertèbres lombaires (Chudzinski ; nègres ; 2 cas).
STERNAL.	Situé au-dessus du grand pectoral; naît de la gaîne du grand droit et des côtes inférieures et se porte en haut au côté externe du sternum; existe d'un seul côté ou des deux côtés (5 fois sur 100).
ACCESSOIRE DU PETIT DROIT LATÉRAL.	Va de l'apophyse transverse de l'atlas à l'apophyse mastoïde.
MUSCLES CLAVICULAIRES SURNUMÉRAIRES. . . .	Autour de la clavicule se groupent un certain nombre de muscles surnuméraires qu'on peut classer ainsi : 1° *Muscle sus-claviculaire.* — Ordinairement c'est un petit faisceau qui naît de la partie supérieure et antérieure du manche du sternum, passe en avant de l'articulation sterno-claviculaire, longe la partie supérieure de la clavicule et s'insère près de son extré-

MUSCLES CLAVICULAIRES SURNUMÉRAIRES. . . .	mité externe (6 fois sur 83 sujets; Hyrtl). — Les deux extrémités du muscle peuvent se terminer à la clavicule et former avec cet os une fente pour le passage des nerfs sus-claviculaires *(muscle sus-claviculaire propre de Gruber)*. — Son extrémité externe peut se terminer dans l'aponévrose du cou (Rambaud et Carcassone). — Faisceau naissant par deux chefs du sternum et de la clavicule et se perdant dans le tendon du sterno-mastoïdien. 2° *Muscle préclaviculaire.* — Il va du sternum ou de l'articulation sterno-claviculaire au bord antérieur de la clavicule en avant du sous-clavier. Son extrémité externe peut aller à l'apophyse coracoïde. 3° *Muscle interclaviculaire.* — Faisceau situé en avant du ligament interclaviculaire et unissant les extrémités internes des deux clavicules (Hyrtl). 4° *Muscle sous-clavier surnuméraire.* — (Voy. anomalies du sous-clavier.) 5° *Muscle sous-claviculaire.* — Allant de la face antérieure de la clavicule à l'aponévrose du grand pectoral; recouvert par le peaucier du cou (Bardeleben).
TRANSVERSE DU COU. .	Naît de la face postérieure du cartilage de la première côte, près de son bord supérieur, se porte derrière l'extrémité interne de la clavicule, dont le sépare l'insertion du sterno-hyoïdien, et s'irradie en faisceaux tendineux qui se perdent dans l'aponévrose moyenne à la partie inférieure du cou.
STYLO-MAXILLAIRE. . . .	Va du sommet de l'apophyse styloïde au ménisque de l'articulation temporo-maxillaire.
PÉTRO-HYOIDIEN.	Va de l'épine du sphénoïde et du rocher à l'os hyoïde.
MUSCLE DE L'APONÉVROSE HUMÉRALE POSTÉRIEURE.	Va de l'aponévrose du deltoïde à l'aponévrose du sous-épineux.
MUSCLE ANONYME. . . .	Naissant du bord interne de l'omoplate entre le sous-épineux et le petit rond et terminé dans le tissu cellulaire de la peau de la région deltoïdienne.
GLÉNO-BRACHIAL.	Va de la petite tubérosité de l'humérus à la partie supérieure de la cavité glénoïde.
CUBITO-CARPIEN.	Naît de la face antérieure du cubitus sous le carré pronateur et va au trapèze et au scaphoïde.
RADIO-CARPIEN	Naît de la face externe du radius entre l'insertion du rond pronateur et celle du grand supinateur, et va : à la gaine du grand palmaire et au trapèze; au grand os, à la base du deuxième métacarpien, du troisième, du quatrième.
MUSCLE CUTANÉ DE LA MAIN.	Naît du bord externe de la première phalange du pouce avec le court abducteur et va à la peau de l'éminence thénar; long de 0m,03 à 0m,04, large de quelques millimètres (presque constant; Lépine).
COURT EXTENSEUR DE LA MAIN.	Naît du ligament annulaire; du pyramidal; du quatrième et du cinquième métacarpien, et va à la base de la première phalange de l'annulaire, de l'index, du médius.
MUSCLE SURNUMÉRAIRE DE L'HYPOTHÉNAR. . .	Allongé, grêle, fusiforme, naît de la partie interne et supérieure du ligament annulaire et du tendon du palmaire grêle, et va à la partie supérieure et antérieure de la première phalange du petit doigt; sous le palmaire cutané.
SACRO-COCCYGIEN POSTÉRIEUR.	Fibres minces allant du sacrum ou de l'épine iliaque postérieure et inférieure au coccyx, *extenseur du coccyx de Theile* (fréquent).
ISCHIO-PUBIEN.	Faisceau aplati, appliqué à la face interne du bord inférieur de l'os iliaque entre deux feuillets fibreux; en avant il s'attache au bord inférieur de la symphyse, en arrière à une bande tendineuse rattachant le grand ligament sacro-sciatique à l'aponévrose obturatrice (5 fois sur 20 sujets; figuré par Santorini).

Muscle tenseur de la capsule du genou. .	Naît de l'aponévrose intermusculaire interne à côté du court chef du biceps et va à la partie postérieure de la capsule.
Muscle tibio-astragalien antérieur. . . .	Situé derrière le tibial antérieur; va du tibia et du ligament interosseux à la partie externe du col de l'astragale.
Muscle cutané du pied.	Même disposition qu'à la main, mais plus petit (manque souvent; Lépine).

Bibliographie. — B. S. Albinus, *Historia musculorum hominis*, in-4. Lgd. Bat. 1734. — *Id.*, *Tabulæ sceleti et musculorum hominis*, in-fol. atl. Lgd. Bat. 1747 — G. B. Günther, *Die chirurgische Muskellehre in Abbildungen.* Hamburg, 1850. — Ch. Morel, *Développement et structure du système musculaire*, in-8. Paris, 1856. — Wood, *Proceedings of the Royal Society of London*, t. XV. — S. Pozzi, *De la valeur des anomalies musculaires au point de vue de l'anthropologie zoologique*, Association pour l'avancement des sciences; Congrès de Lille, 1874. — Lannegrace, *Myologie comparée des membres.* Montpellier, 1878.

LIVRE QUATRIÈME

ANGÉIOLOGIE

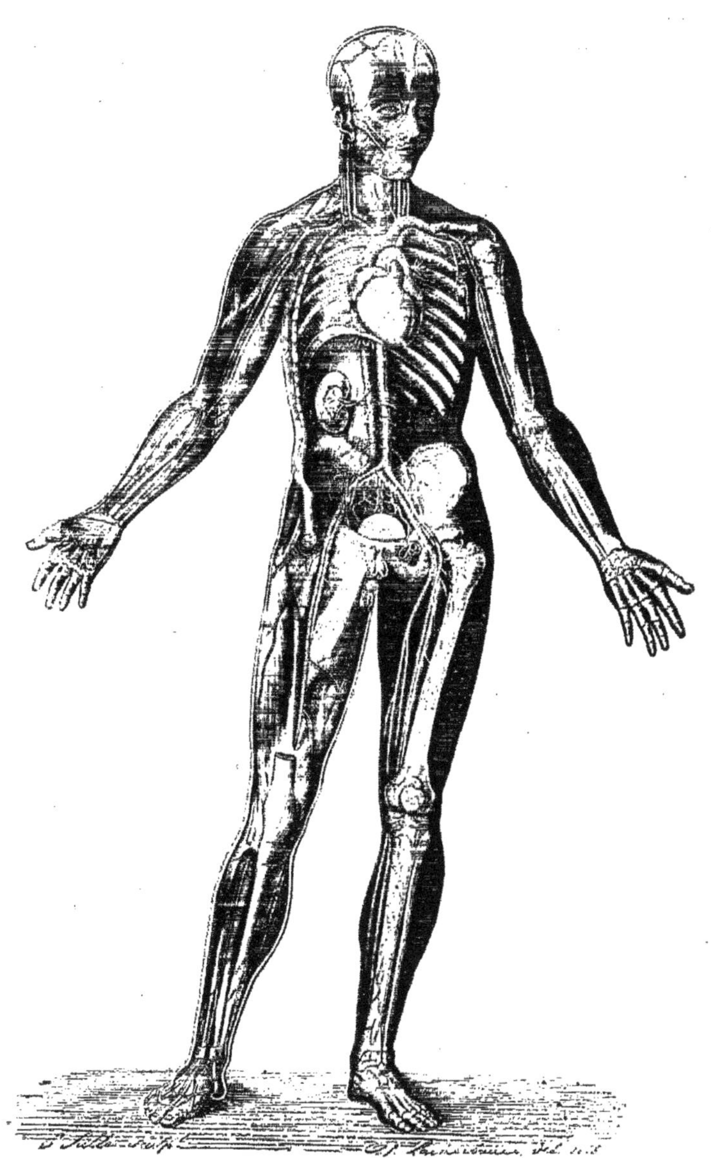

FIG. 111. — Angéiologie générale. (Benjamin Anger, *Nouveaux éléments d'Anatomie chirurgicale*, Paris, 1869)

L'angéiologie (ἀγγεῖον, vaisseau ; λόγος, discours) comprend l'étude des canaux parcourus par le sang, le chyle ou la lymphe (fig. 111). Le sang est lancé par le cœur dans des vaisseaux appelés *artères*, qui, par leurs divisions successives, atteignent aux limites de l'organisme. Elles se continuent par l'intermédiaire des *capillaires* avec d'autres canaux nommés *veines*, qui ramènent le sang des extrémités vers le cœur. Le mouvement régulier et circulaire dont est animé le liquide sanguin dans l'intérieur de ces vaisseaux constitue la circulation.

A ce système est adjointe une troisième espèce de vaisseaux, *chylifères*, *lymphatiques*, dont le tronc commun s'abouche dans le système circulatoire général. Ces vaisseaux ramènent à la masse sanguine, soit des éléments réparateurs, soit le liquor transsudé des capillaires dans l'intimité des tissus et non utilisé par ces derniers, ou encore des parties excrémentitielles.

Puisque le sang se meut, il faut un organe chargé de lui imprimer le mouvement. Cet organe, c'est le cœur.

L'étude de l'angéiologie se trouve donc divisée en quatre sections : 1° *Cœur ;* 2° *artères ;* 3° *veines ;* 4° *lymphatiques.*

PREMIÈRE SECTION

DU CŒUR

Le cœur, organe d'impulsion de la masse sanguine, est un muscle creux, situé dans le médiastin antérieur, entre les poumons, qui s'écartent en avant pour le loger, et le diaphragme, sur lequel il repose par sa face inférieure. En avant le cœur est protégé par le sternum et par l'extrémité sternale des côtes gauches. Il n'est pas très-rare de le trouver séparé de ces dernières par une lame du poumon gauche qui s'interpose en partie entre lui et les parois thoraciques. Le cœur est entouré de toutes parts par une poche fibro-séreuse, connue sous le nom de *péricarde.* C'est à la soudure de cette poche avec le centre phrénique que le cœur doit sa fixité dans la poitrine. Les gros vaisseaux lui forment une sorte de pédicule, auquel il est comme suspendu. Il se trouve en avant de l'aorte, de l'œsophage et de la colonne vertébrale.

La direction du cœur est oblique d'arrière en avant, de droite à gauche et un peu de haut en bas.

Il est difficile de déterminer sur le cadavre les rapports exacts du cœur avec les parois thoraciques. Dès que l'on vient, en effet, à ouvrir la poitrine, les poumons se rétractent et le cœur suit nécessairement leur déplacement.

Voici les rapports que le cœur affecte avec la paroi thoracique ; il est bon de remarquer néanmoins que ce ne sont là que des moyennes variables chez chaque individu, suivant la configuration du thorax. La figure 112 indique ces rapports avec le plus grand soin ; dans cette figure le thorax est divisé sur la ligne médiane par un plan antéro-postérieur (voir aussi, dans le chapitre du foie, la figure schématique représentant les rapports des viscères abdominaux et thoraciques).

L'oreillette droite occupe l'espace compris entre le cartilage de la troisième côte droite et celui de la sixième, elle s'étend transversalement jusqu'à $0^m,835$ ou $0^m,04$ de la ligne médiane.

L'oreillette gauche occupe le troisième espace intercostal gauche et est recouverte en partie par la portion du sternum qui prolonge cet espace ; elle ne s'étend transversalement qu'à peu de distance du bord sternal.

Les ventricules occupent l'espace compris entre le bord supérieur de la troisième côte gauche et le bord inférieur de la cinquième; transversalement ils s'étendent dans leur partie moyenne jusqu'à $0^m,08$ de la ligne médiane; leurs

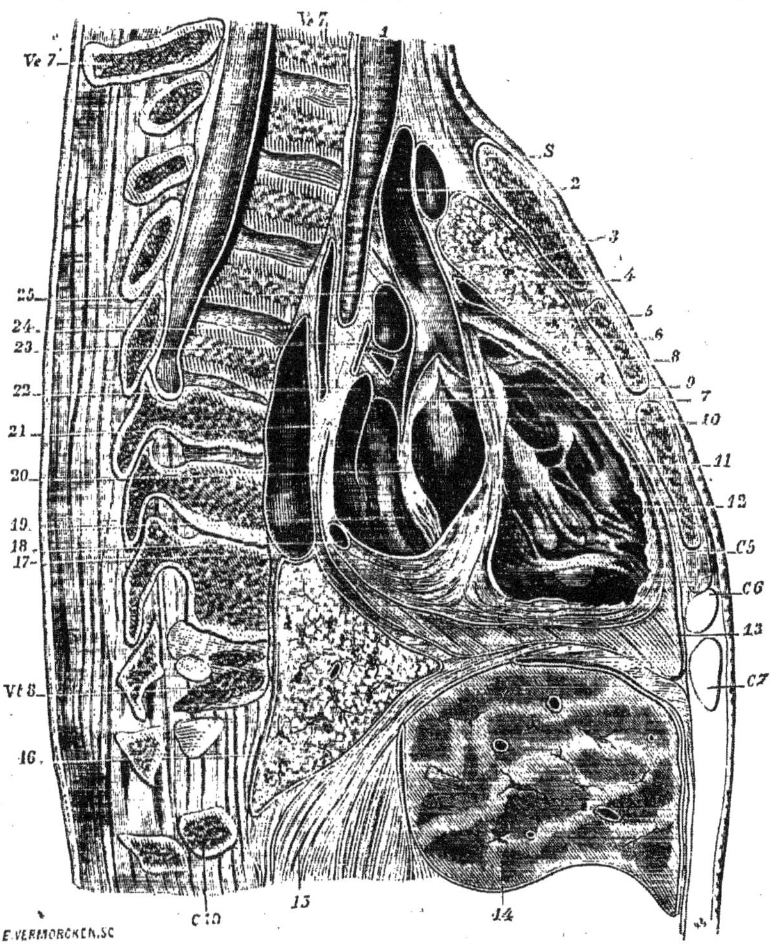

Fig. 112. — *Coupe médiane du thorax, moitié gauche* (*).

extrémité inférieure, la pointe du cœur se trouve dans le sixième espace et est à $0^m,08$ ou $0^m,09$ de la ligne médiane.

(*) S. Sternum; C5 à C7 cartilage de la cinquième à la septième côte; C10 tête de la dixième côte; Ve7 corps; Ve7' épine de la septième vertèbre cervicale; Vt8 Corps de la huitième vertèbre thoracique. — 1) Trachée. — 2) Aorte ascendante. — 3) Rétroversion antérieure dans le viscère du feuillet pariétal du péricarde. — 4) Lobe supérieur de l'aile gauche du poumon. — 5) Conus arteriosus. — 6) Tronc de l'artère pulmonaire. — 7) Lobe semi-lunaire droit de l'aorte. — 8) Lobe semi-lunaire droit de l'artère pulmonaire coupé au bord d'insertion. — 9) Cavité du ventricule gauche. — 10) Septum des ventricules. — 11) Cloison antérieure du ventricule droit. — 12) Cavité du ventricule droit. — 13) Péricarde dans son passage sur le diaphragme. — 14) Foie. — 15) Partie vertébrale du diaphragme. — 16) Lobe inférieur du poumon gauche. — 17) Aorte descendante. — 18) Sinus coronaire. — 19) Bord postérieur de l'ouverture gauche de l'atrioventricule. — 20) Appendice antérieur de la valve mitrale. — 21) Rétroversion postérieure dans le viscère du feuillet pariétal du péricarde. — 22) Abouchement d'une veine pulmonaire. — 23) Feuillets du péricarde. — 24) Œsophage. — 25) Artère pulmonaire droite. (Pirogoff, *Anat. topogr.*, fascicule 2, a, tab. VII, fig. 2).

L'artère pulmonaire répond à l'articulation du cartilage de la troisième côte gauche avec le sternum, elle déborde un peu les bords supérieur et inférieur de ce cartilage.

L'aorte est recouverte par la partie supérieure du sternum, à partir du niveau des troisièmes côtes jusqu'au niveau du bord inférieur des premières.

La veine cave supérieure répond au bord droit du sternum, qu'elle déborde à droite; elle s'étend du cartilage de la première côte droite jusqu'au niveau du bord inférieur de la troisième.

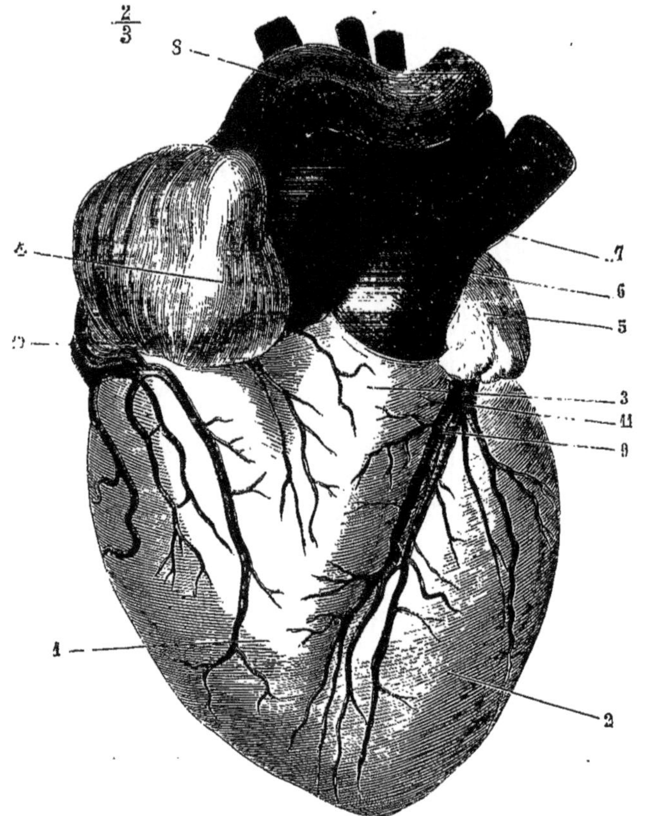

Fig. 113. — *Face antérieure du cœur* (d'après Bourgery) (*).

Ces mensurations indiquées par Sappey ont été vérifiées par nous-même, mais nous le répétons, ce sont des moyennes.

Le cœur est formé de deux moitiés analogues soudées l'une à l'autre. Ces deux moitiés sont en relation, la droite avec le sang veineux, la gauche avec le sang artériel. Elles sont adossées et complétement séparées par une cloison médiane. On peut grossièrement les comparer chacune à un cône dont le sommet est à la pointe du cœur. Entre la base de ce cône et le sommet se trouve un étranglement transversal qui sépare chaque moitié en deux parties distinctes,

(*) 1) Ventricule droit. — 2) Ventricule gauche. — 3) Infundibulum. — 4) Auricule droite. — 5) Auricule gauche. — 6) Artère pulmonaire. — 7) Artère aorte. — 8) Veine cave supérieure avec une partie du tronc veineux brachio-céphalique gauche. — 9) Artère coronaire gauche ou antérieure. — 10) Artère coronaire droite ou postérieure. — 11) Branche antérieure de la veine coronaire.

mais communiquant ensemble. La cavité la plus rapprochée de la base prend le nom d'*oreillette*, l'autre celui de *ventricule*.

Le volume du cœur varie évidemment à chaque instant sur le vivant, suivant que le cœur est contracté ou relâché. Il pourra varier également sur le cadavre : 1° suivant qu'il sera ou non distendu par du sang, et 2° suivant le moment où on l'examinera, pendant ou après la rigidité cadavérique. Nous donnons les chiffres obtenus par Bouillaud. Ils sont des moyennes déduites d'un très-grand nombre de mensurations, et n'ont aucune valeur absolue. Il est bien entendu qu'ils se rapportent à l'âge adulte.

De l'origine de l'aorte à la pointe du cœur.	0m,098
Du bord gauche au bord droit (au niveau de la base).	0m,107
Circonférence à la base.	0m,238

Quant au poids moyen, il varie entre 200 grammes (Cruveilhier) et 250 grammes (Bouillaud).

ARTICLE I. — CONFORMATION EXTÉRIEURE DU CŒUR

Face antérieure ou sternale (fig. 113). — Quand le cœur est sorti de la poitrine avec l'origine des gros vaisseaux, si on le regarde par sa face antérieure, on n'aperçoit que les ventricules; les oreillettes sont cachées par les vaisseaux. On voit alors une surface convexe avec un sillon étendu de la base à la pointe, qui divise cette face antérieure en deux moitiés inégales. Dans le sillon se trouve l'artère coronaire antérieure accompagnée de ses veines et des lymphatiques. Le ventricule gauche, en raison de sa plus grande épaisseur, fait une saillie plus considérable en avant que le ventricule droit. Celui-ci se continue vers la base, avec l'artère pulmonaire, par un renflement, sous forme de cône tronqué : c'est l'*infundibulum*, la partie la plus saillante de la face antérieure du cœur. En arrière et un peu à droite de cette artère, on voit naître un second vaisseau dont l'origine au ventricule gauche est cachée : c'est l'aorte.

Latéralement et toujours à la base du cœur, on voit deux appendices terminés à angle arrondi, plus ou moins dentelé, dont l'un, celui du côté droit, embrasse l'origine de l'aorte, tandis que l'autre, celui du côté gauche, vient affleurer jusqu'au niveau de la continuation de l'infundibulum avec l'artère pulmonaire. Ce sont les *auricules* ou *appendices des oreillettes*.

Le bord droit du cœur est oblique; le gauche est très-épais et convexe.

La pointe du cœur n'est pas formée par la juxta position régulière des extrémités des deux ventricules. En effet, celui du côté gauche descend un peu plus bas que celui du côté droit. De plus, la continuité du sillon antérieur avec le sillon postérieur au niveau de cette pointe lui donne un aspect plus ou moins bifide.

Si l'on vient à détacher soigneusement les artères pulmonaire et aorte au niveau de leur origine aux ventricules correspondants, on peut étudier la face antérieure des oreillettes. Elle présente une courbure à concavité antérieure, qui embrasse les vaisseaux. On n'y remarque aucune séparation médiane, aucun sillon (voy. fig. 119).

Face postérieure du cœur (fig. 114). — Elle est divisée en deux parties fort distinctes par un sillon transversal qui sépare les oreillettes des ventricules. Ce sillon est rempli par des veines et des branches artérielles, ainsi que par du tissu adipeux. Le sillon interventriculaire est très-marqué et perpendiculaire au sillon transversal ; il loge les branches des artères et veines coronaires postérieures. La ligne interauriculaire est marquée, mais moins prononcée que le sillon interventriculaire ; elle n'est pas droite et décrit une courbe à concavité dirigée à droite.

La face postérieure des ventricules est à peu près plane, quoique légèrement convexe pour le ventricule gauche.

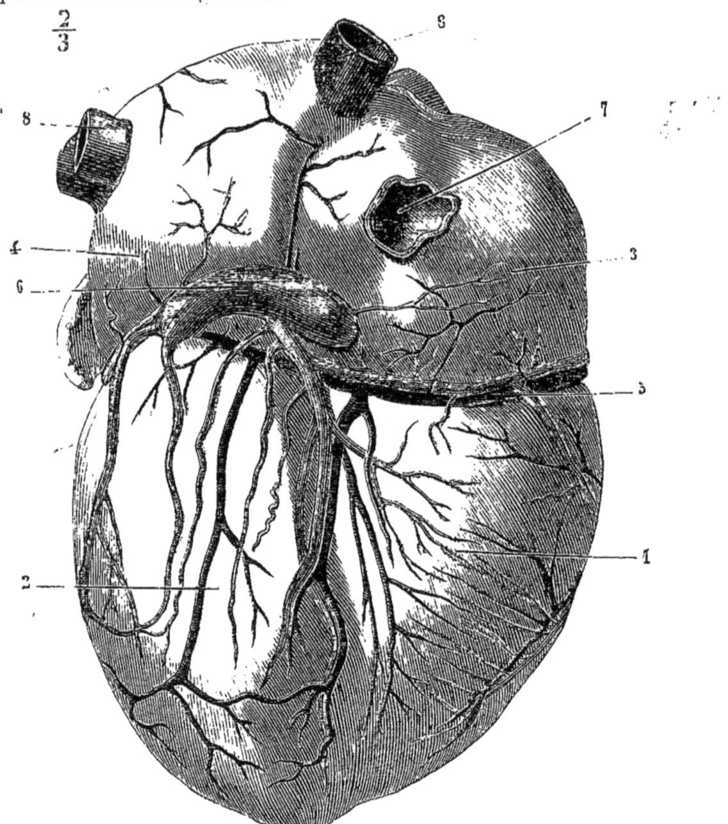

Fig. 114. — *Face postérieure du cœur* (d'après Bourgery) (*).

La face postérieure des oreillettes est convexe; tout près de sa partie médiane, mais plus près du sillon interauriculo-ventriculaire que du bord supérieur des oreillettes, se voit une ouverture très-large ; c'est *l'embouchure de la veine cave inférieure*. Plus haut, sur la partie médiane de la base de l'oreillette droite, l'on trouve l'*ouverture de la veine cave supérieure*. Au-dessous du sinus de la veine cave inférieure, l'on aperçoit, à peu près au milieu de la ligne interauriculo-ventriculaire, l'*embouchure de la grande veine coronaire*.

(*) 1) Ventricule droit. — 2) Ventricule gauche. — 3) Oreillette droite. — 4) Oreillette gauche. — 5) Artère coronaire droite. — 6) Grande veine coronaire. — 7) Embouchure de la veine cave inférieure dans l'oreillette droite. — 8, 8) Embouchure des veines pulmonaires dans l'oreillette gauche.

La face supérieure de l'oreillette gauche est légèrement oblique de haut en bas et de droite à gauche. On y voit l'*ouverture des quatre veines pulmonaires*, dont deux sont supérieures et deux inférieures.

Aux oreillettes sont joints latéralement deux appendices à bords déchiquetés, connus sous le nom d'*auricules*. On les a comparés à une oreille de chien. Par leur base elles se continuent avec l'oreillette correspondante; par leur sommet plus ou moins dentelé, elles se contournent en avant et viennent, ainsi que nous l'avons dit plus haut, apparaître sur la face antérieure du cœur.

ARTICLE II. — CONFORMATION INTÉRIEURE DU CŒUR

Ventricule droit (fig. 115). — On a comparé la forme de sa cavité à une

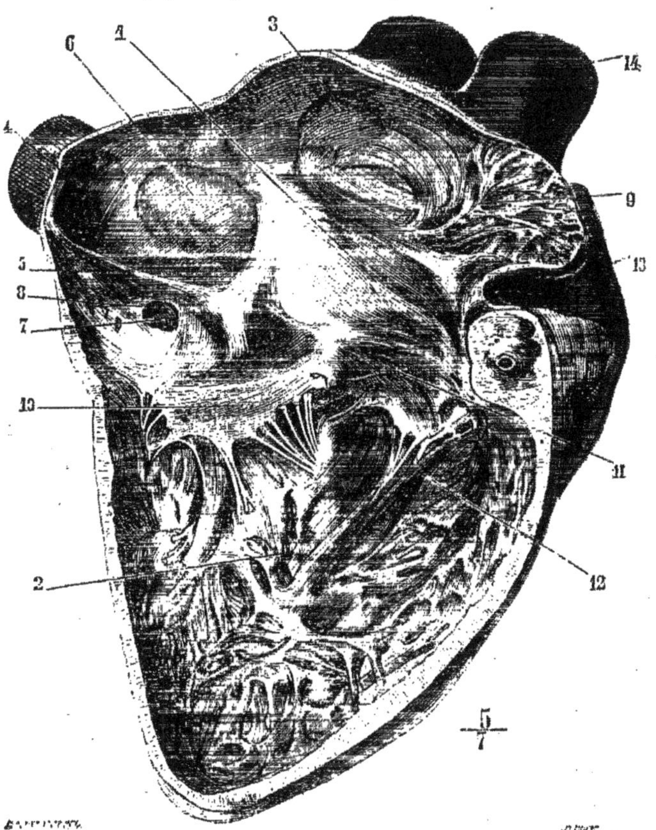

Fig. 115. — *Surface interne de l'oreillette et du ventricule droits* (*).

pyramide triangulaire, qui présenterait par conséquent trois faces, une base et un sommet.

(*) 1) Oreillette droite. — 2) Ventricule droit. — 3) Ouverture de la veine cave supérieure. — 4) Ouverture de la veine cave inférieure. — 5) Valvule d'Eustache. — 6) Fosse ovale limitée par l'anneau de Vieussens. — 7) Ouverture de la grande veine coronaire. — 8) Valvule de Thébésius. — 9) Auricule. — 10 et 11) Valvule tricuspide avec les cordages tendineux qui s'y fixent. — 12) Infundibulum se prolongeant en haut et en avant. — 13) Artère pulmonaire. — 14) Aorte.

Les faces de ce ventricule sont concaves, sauf la face interne, qui est convexe et formée par la cloison interventriculaire. A peu près lisses dans la partie la plus rapprochée de la base, ces faces sont au contraire, dans tout le reste de leur étendue, hérissées de saillies musculaires très-nombreuses. Ces saillies, connues sous le nom de *colonnes charnues du cœur*, ont été divisées en trois classes ; les unes, *muscles papillaires*, de forme conoïde, fixées par leur base sur les parois du ventricule, se terminent à leur sommet par de petites cordes tendineuses qui vont aboutir à la valvule tricuspide. Les colonnes de la deuxième classe adhèrent par leurs deux extrémités aux parois du ventricule, mais en sont détachées dans leur partie médiane; celles de la troisième classe, au contraire, font saillie dans l'intérieur de la cavité, bien qu'elles soient fixées aux parois par toute leur longueur; ces dernières sont les plus petites. Les colonnes charnues de deuxième et troisième ordres sont très-nombreuses, surtout vers la pointe du cœur. Celles de premier ordre sont dans le ventricule droit, au nombre de quatre à cinq, se divisent à leur sommet et fournissent autant de tendons distincts qu'il y a de divisions.

C'est par sa base que le ventricule droit communique avec l'oreillette d'une part et avec l'artère pulmonaire de l'autre, au moyen de deux ouvertures distinctes.

Orifice auriculo-ventriculaire — Sappey a fait fort judicieusement remarquer que cet orifice, loin d'être elliptique, ainsi qu'on l'a dit, est circulaire comme toutes les autres ouvertures cardiaques, et que cette forme particulière n'est due qu'à la déformation et à l'affaissement du cœur à l'état de vacuité.

Aux bords de cet orifice est fixé un repli membraneux appelé *valvule tricuspide (tres*, trois ; *cuspis*, pointe) ou *triglochine* (τρεῖς, trois, γλωχὶν, angle). Elle présente deux bords et deux faces; le bord supérieur est fixé au pourtour de l'anneau fibro-cartilagineux auriculo-ventriculaire, le bord inférieur est libre et irrégulièrement festonné. Les anciens anatomistes n'avaient reconnu sur ce bord que trois festons principaux, d'où le nom qu'ils ont donné à cette valvule. En la détachant circulairement, on voit qu'elle présente quatre angles, dont un plus petit que les autres. Les deux faces de la valvule regardent l'une la cavité, l'autre la paroi du ventricule; la première est lisse; c'est sur la seconde et sur le bord libre que viennent s'insérer les tendons provenant des colonnes charnues.

Orifice pulmonaire. — Tandis que l'ouverture précédente est située en arrière et à droite, l'orifice pulmonaire est en avant, à gauche et plus élevé. Plus petit que le précédent, il en est séparé par une saillie musculeuse qui affecte la forme d'un croissant à concavité inférieure. Cette saillie limite, à l'intérieur du ventricule droit, l'infundibulum, qui se porte en haut et à gauche pour aboutir à l'orifice pulmonaire.

Cet orifice est circulaire et présente trois valvules connues sous le nom de *valvules sigmoïdes;* on les compare à des nids de pigeons; elles présentent deux faces et deux bords. La face supérieure concave est dirigée vers l'artère, la face inférieure convexe vers l'infundibulum. Le bord inférieur ou adhérent est inséré sur l'anneau fibro-cartilagineux de cet orifice ; le bord supérieur est libre et contient à sa partie moyenne un petit nodule fibro-cartilagineux, désigné sous le nom de *nodule de Morgagni.*

VENTRICULE GAUCHE (fig. 116).— Les parois de ce ventricule sont beaucoup plus épaisses que celles du précédent ; on les évalue à $0^m,015$. Cette épaisseur indique une force de propulsion plus grande et est en rapport avec la plus grande étendue du chemin à parcourir par le sang.

On a comparé la forme de ce ventricule à un ovoïde aplati de dehors en dedans. Les faces sont concaves et recouvertes par de nombreuses colonnes charnues des trois classes analogues à celles du ventricule droit. Dans le ventricule gauche il n'existe que deux colonnes de premier ordre ou muscles papillaires, naissant l'une sur la face antérieure, l'autre sur la face postérieure. Ces muscles se divisent en faisceaux secondaires, d'où partent un grand nombre de tendons, allant aux deux moitiés correspondantes de la valvule mitrale.

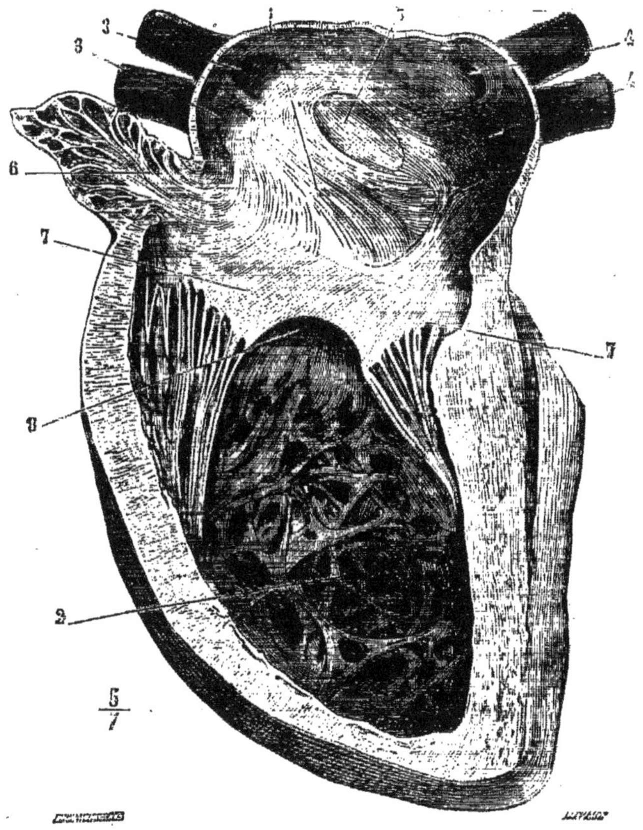

FIG. 116. — *Surface interne de l'oreillette et du ventricule gauches* (*).

Orifice auriculo-ventriculaire gauche. — Il est arrondi et muni d'une valvule disposée comme celle du ventricule droit, mais dont le bord libre, moins irrégulièrement découpé, ne présente que deux valves distinctes, ce qui lui a fait donner le nom de *bicuspide.* On l'a encore comparée à une mitre

(*) 1) Oreillette gauche. — 2) Ventricule gauche. — 3, 3, 4, 4) Ouverture des veines pulmonaires. — 5) Empreinte de la fosse ovale dans l'oreillette gauche (elle était mieux marquée sur le sujet qui a servi à la préparation qu'elle ne l'est d'habitude). — 6) Auricule gauche. — 7. 7) Valvule mitrale. — 8) Le ventricule se continue en dessous de la valvule mitrale pour aboutir à l'orifice aortique.

d'évêque renversée, d'où le nom de *valvule mitrale* dont on se sert habituellement.

Les deux valves de cette valvule sont de dimensions inégales; celle de droite est plus grande et plus longue que celle de gauche. La résistance de la mitrale paraît plus forte que celle de la tricuspide.

Orifice aortique (fig. 117).— Tout à fait analogue à l'orifice pulmonaire du ventricule droit, il présente comme lui des valvules sigmoïdes disposées de la même façon et contenant chacune un *nodule de Morgagni*. Cet orifice n'est pas séparé de l'orifice auriculo-ventriculaire gauche par une saillie musculaire, comme nous l'avons vu pour le ventricule droit. Les deux orifices gauches sont situés à la même hauteur et contigus; la valvule mitrale s'adosse par la moitié droite de son bord adhérent à la valvule sigmoïde aortique correspondante; il suffit de diviser la première pour arriver à l'orifice aortique.

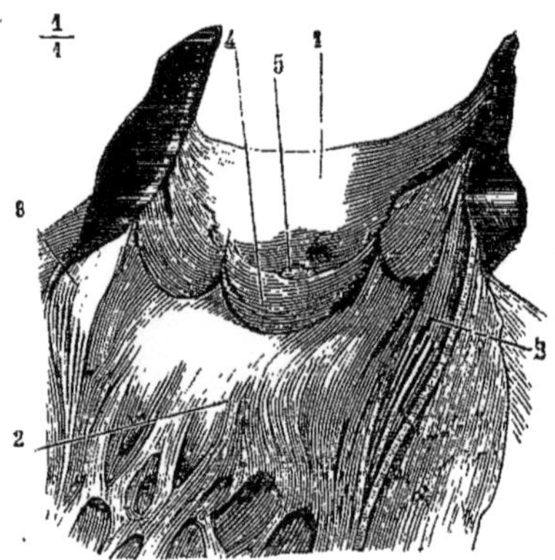

FIG. 117. — *Orifice aortique du ventricule gauche* (*).

OREILLETTE DROITE (fig. 115). — La cavité de l'oreillette droite est ovoïde, en faisant abstraction de l'auricule, dont la forme est triangulaire. On considère généralement à l'oreillette trois faces et deux extrémités. La *face interne* ou interauriculaire présente un peu au-dessous et en arrière de sa partie centrale une dépression connue sous le nom de *fosse ovale*. Elle est limitée à son pourtour par un anneau musculeux saillant, *anneau de Vieussens*. Cet anneau est incomplet et ordinairement interrompu en bas et en arrière. En avant et en bas, la fosse ovale se continue avec une saillie membraneuse, qui aboutit à la veine cave inférieure, c'est la *valvule* d'*Eustache*. Nous y reviendrons tout à l'heure. A la partie supérieure et antérieure de la fosse ovale on peut, en glissant le manche d'un scalpel entre la saillie de l'anneau de Vieussens et la lame qui constitue la fosse ovale proprement dite, passer de l'oreillette droite dans l'oreillette gauche. Cette communication n'est pas constante, mais très-fréquente. Elle ne saurait permettre au sang de suivre cette voie; les deux lames de la fissure s'aplatissent l'une contre l'autre dès que la pression augmente dans l'oreillette.

(*) La moitié droite de la valvule mitrale est divisée longitudinalement par le milieu. — 1) Aorte ouverte. — 2) Ventricule gauche. — 3, 3) Valve de la mitrale incisée sur la ligne médiane; les deux lambeaux sont rejetés pour montrer qu'elle seule sépare l'orifice auriculo-ventriculaire de l'orifice aortique. — 4) Valvule sigmoïde. — 5) Nodule de Morgagni.

La fosse ovale est le vestige du *trou de Botal*, qui, chez le fœtus, fait communiquer largement les deux oreillettes. Vers la fin du deuxième mois de la vie intra-utérine, on voit s'élever de la partie inférieure et postérieure de ce trou une valvule à forme de croissant, qui augmente successivement d'étendue, de telle sorte qu'à la naissance elle arrive à fermer entièrement l'ouverture. La fissure que nous avons signalée plus haut est due à ce que la valvule s'est incomplétement soudée à l'anneau musculeux qui limite le pourtour du trou de Botal et qui est l'anneau de Vieussens.

La *face antéro-inférieure* présente l'orifice auriculo-ventriculaire.

La *face externe* est tapissée par un assez grand nombre de colonnes charnues de troisième ordre. Elles sont entre-croisées dans différents sens; celles de la partie la plus antérieure de la face externe se continuent avec les colonnes charnues que l'on trouve dans l'auricule.

L'*extrémité antérieure* ou *supérieure* de l'oreillette présente à sa partie inférieure l'ouverture de l'auricule. Cet appendice, de forme triangulaire, à base dirigée dans l'oreillette, présente sur sa surface interne un grand nombre de colonnes charnues de troisième ordre entre-croisées en tout sens. Au-dessus de l'ouverture de l'auricule se trouve dans l'oreillette l'orifice de la veine cave supérieure, orifice très-large, dépourvu de valvule et dirigé presque directement en haut.

Sur l'*extrémité inférieure* ou *postérieure* on trouve également deux ouvertures; l'une, plus externe et plus élevée, est l'orifice de la veine cave inférieure. Cette veine s'ouvre horizontalement dans l'oreillette, en se dilatant et constituant ainsi le *sinus de la veine cave inférieure*. La demi-circonférence inférieure est entourée d'une valvule, *valvule d'Eustache*, qui se dirige en dedans vers la cloison et s'y continue avec la partie inférieure et antérieure de l'anneau musculeux qui limite le trou de Botal. Cette valvule est semi-lunaire, son bord libre est concave et regarde en haut, son bord adhérent est convexe; l'une de ses faces regarde la veine cave, l'autre l'oreillette. Très-développée chez le fœtus, où elle divise pour ainsi dire l'oreillette en deux cavités distinctes, elle s'atrophie petit à petit à mesure que le trou de Botal s'oblitère. Chez l'adulte, cette valvule ne peut fermer que le tiers ou la moitié tout au plus de l'ouverture de la veine cave inférieure. Je n'insiste pas ici sur le rôle qu'elle joue dans la circulation fœtale; cette question sera traitée au chapitre de l'embryologie.

Tout auprès de la cloison interauriculaire, et à peu de distance également du sillon interauriculo-ventriculaire, se trouve dans l'oreillette droite l'*ouverture de la grande veine coronaire*. Elle est garnie d'une valvule, *valvule de Thébésius :* cette valvule est incomplète et ne peut guère empêcher le reflux du sang.

Oreillette gauche (fig. 116). — De forme cuboïde et de capacité un peu moindre que celle de l'oreillette droite, cette cavité cardiaque nous présente sur sa face inférieure l'*orifice auriculaire gauche*, qui est arrondi.

La *face antérieure* de l'oreillette gauche est lisse et convexe en dedans.

La *face externe* présente en avant l'ouverture de l'auricule gauche, dont la conformation est analogue à celle de l'auricule droite; elle est également hérissée de colonnes charnues de troisième ordre.

La *face interne* présente chez le fœtus l'ouverture du trou de Botal, et chez l'adulte le relief de la fosse ovale.

La *face supérieure* présente quatre ouvertures disposées deux à deux. Ce sont les *orifices des veines pulmonaires*. On n'y trouve pas de valvules. Celles du côté droit s'ouvrent dans l'oreillette gauche, très-près de la cloison inter-auriculaire.

ARTICLE III. — TEXTURE DU CŒUR

Le cœur est un organe musculaire, c'est un muscle creux. Quoiqu'il ne soit pas soumis à l'empire de la volition, il est formé de fibres musculaires striées, qui sont plus fines que celles des muscles ordinaires. Leur striation est plus manifeste dans le sens longitudinal que dans le sens transversal. Elles se laissent facilement séparer sous le microscope en petits disques. Le caractère spécial que présentent les fibrilles musculaires du cœur, c'est d'être ramifiées et anastomosées entre elles par de petites branches transversales ou obliques. Il est probable que cette disposition particulière, qui ne se rencontre que dans le cœur et la langue, est, comme on l'a dit, destinée à assurer une contraction plus instantanée, plus uniforme des fibres du cœur.

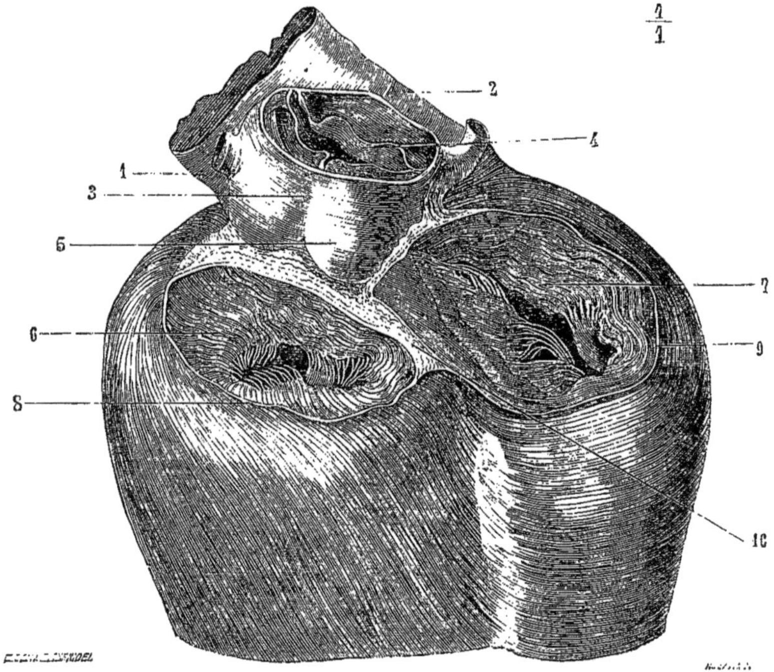

FIG. 118. — *Anneaux fibro-cartilagineux auriculo-ventriculaires* (d'après Parchappe) (*).

Voilà donc un muscle qui présente la striation de ses fibrilles et sur lequel la volonté n'a pas de prise. Il s'éloigne ainsi de tous les autres muscles de l'économie. C'est que la contraction du cœur est rapide, sous l'influence de son excitant spécial. La striation n'est donc pas un caractère propre aux muscles volontaires ; elle doit être rapportée à la nécessité de l'instantanéité de la contraction, quel que soit du reste l'excitant du muscle. La différence entre les muscles volontaires et involontaires ne saurait donc exis-

(*) 1) Artère pulmonaire. — 2) Bord supérieur de l'infundibulum. — 3) Aorte. — 4) Valvules sigmoïdes. — 5) Bosselures de l'aorte correspondantes aux valvules sigmoïdes. — 6) Orifice auriculo-ventriculaire gauche. — 7) Orifice auriculo-ventriculaire droit. — 8) Anneau fibro-cartilagineux gauche. — 9) Anneau fibro-cartilagineux droit. — 10) Adossement des deux anneaux sur la ligne médiane.

ter dans un caractère microscopique, mais bien plutôt dans leurs rapports différents avec le système nerveux.

Anneaux fibro-cartilagineux du cœur (fig. 118). — Avant d'étudier la marche et le trajet des fibres musculaires du cœur, il est indispensable de décrire les anneaux ou zones sur lesquels elles viennent s'implanter.

On trouve dans le cœur, à la base des ventricules, quatre anneaux fibro-cartilagineux, correspondant aux quatre orifices ventriculaires. Les deux anneaux artériels sont antérieurs, les deux anneaux auriculo-ventriculaires sont postérieurs. Ces deux derniers sont situés sur la même ligne transversale et adossés par leur partie moyenne. Dans l'angle curviligne antérieur qu'ils forment se trouve l'anneau aortique, au devant duquel et un peu à gauche, mais sur un plan plus élevé, on voit celui de l'artère pulmonaire. Ces anneaux fibro-cartilagineux envoient chacun des prolongements, qui pénètrent dans l'épaisseur des valvules auriculo-ventriculaires et sigmoïdes. Ces valvules s'y insèrent par leur bord adhérent.

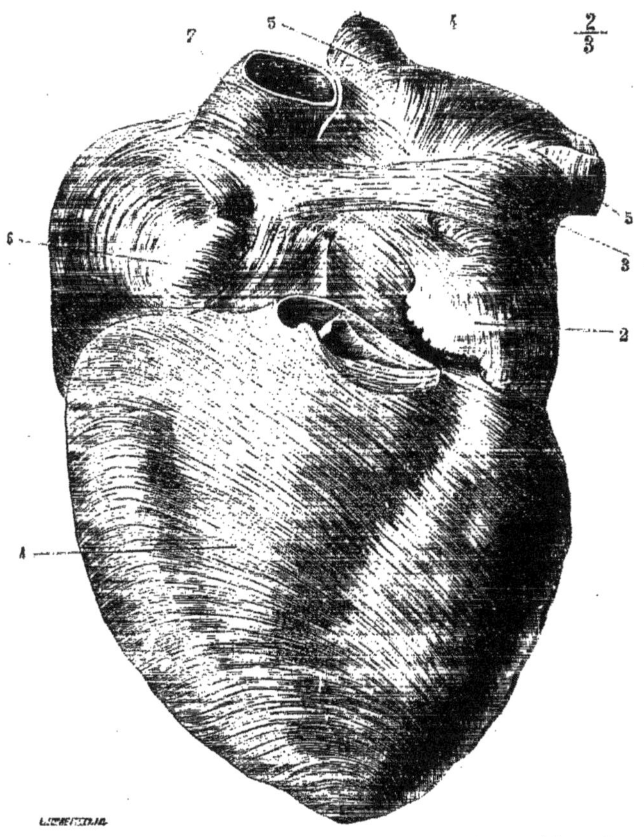

FIG. 119. — *Fibres unitives antérieures du cœur, et fibres de la face antérieure des oreillettes* (d'après Bourgery) (*).

Dans le point d'adossement des zones auriculo-ventriculaires et aortiques se trouve

(*) 1) Fibres unitives antérieures. — 2) Fibres de l'auricule gauche. — 3) Fibres communes aux deux oreillettes. — 4) Fibres propres de l'oreillette gauche. — 5, 5) Fibres qui entourent les veines pulmonaires gauches. — 6) Fibres de l'auricule droite. — 7) Fibres qui entourent la veine cave supérieure.

quelquefois un noyau incrusté de phosphate calcaire. Cette disposition, normale chez les grands animaux, a été désignée chez eux sous le nom d'*os du cœur*.

L'étude du trajet et de la direction des fibres musculaires du cœur est fort difficile. Malgré les travaux de Winslow, Gerdy, Ludwig, Winckler, Pettigrew et plus récemment Paladino, il reste encore là une question anatomique à débrouiller.

Nous décrirons d'abord les fibres musculaires du cœur, d'après les travaux de Gerdy et de Cruveilhier, nous donnerons ensuite les conclusions du travail de Winckler et enfin notre propre opinion.

Et d'abord il faut remarquer que les fibres musculaires qui constituent les oreillettes sont distinctes de celles des ventricules.

Fibres musculaires des ventricules. — Les anneaux fibro-cartilagineux que nou avons décrits plus haut doivent être considérés comme le squelette du cœur. Sur ces anneaux s'insèrent des fibres qui, par des trajets variés et compliqués, reviennent à leu point d'origine, soit directement, soit indirectement par l'intermédiaire des cordages tendineux fixés aux valvules tricuspide et mitrale. Nous avons vu, en effet, que ces valvules adhèrent aux anneaux par un de leurs bords.

On a considéré le cœur comme formé de deux poches musculaires accolées comme deux canons de fusils, réunies par un sac musculeux commun aux deux poches et les recouvrant en dehors et en dedans. Il y aurait donc ainsi dans le cœur des fibres propres à chaque ventricule et des fibres communes aux deux.

Les *fibres propres* à chaque ventricule s'insèrent par leurs deux extrémités sur les deux anneaux de ce ventricule et forment ainsi des anses emboîtées les unes dans les autres dans les parois de l'organe, « comme des cornets de papier d'inégale grandeur, dont les plus petits seraient régulièrement emboîtés dans les plus grands et qu'on aurait aplatis en une lame triangulaire. »

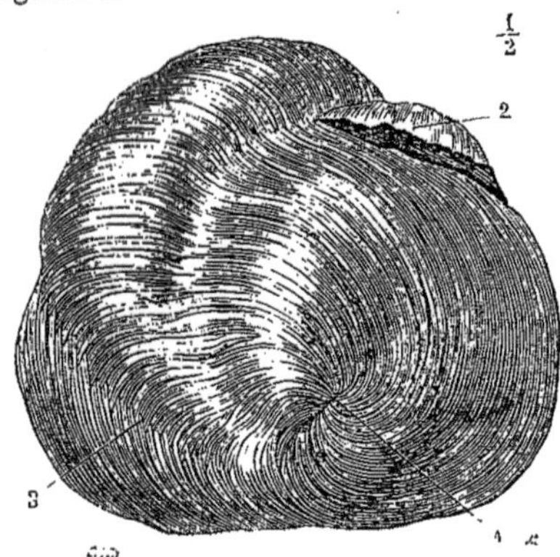

Fig. 120 — *Tourbillon de la pointe du cœur* (d'après Bourgery) (*).

Les *fibres communes* aux deux ventricules ont été désignees par Gerdy sous le nom de *fibres unitives*.

Les fibres unitives *antérieures* (fig. 119) occupent toute la face sternale du cœur. Elles partent des orifices pulmonaire, aortique et mitral, descendent obliquement sur la face antérieure de l'organe et arrivent ainsi à la pointe du cœur.

Les fibres antérieures se réfléchissent alors et pénètrent par un trajet spiroïde dans l'intérieur du ventricule, pour revenir soit à leurs points d'origine en formant la partie interne du sac commun, soit en constituant les muscles papillaires. En se réfléchissant à la pointe du cœur, pour pénétrer dans l'intérieur de l'organe et en former la face interne, les fibres musculaires se groupent, se serrent, se réunissent sous forme de tour-

(*) 1) Tourbillon et pertuis de la pointe. — 2) Auricule. — 3) Entre-croisement des fibres unitives antérieures et postérieures.

billon et décrivent ainsi un véritable huit de chiffre. Par l'anse inférieure du 8, qui est très-courte, elles circonscrivent une sorte de petit pertuis, de petit canal, par lequel on peut, avec un stylet fin, pénétrer dans l'intérieur du ventricule.

Les fibres unitives *postérieures* (fig. 121), recouvrent la face diaphragmatique du cœur. Elles partent des anneaux fibreux auriculo-ventriculaires et se dirigent obliquement vers le bord droit ou tranchant du ventricule. A ce niveau, elles rencontrent les fibres unitives antérieures et s'engagent au-dessous d'elles (fig. 120, 3), pour arriver, les plus inférieures, jusqu'au tourbillon de la pointe, tandis que les autres, de beaucoup les plus nombreuses, se réfléchissent en anses simples sur toute la longueur du bord droit du cœur. Comme les précédentes, les fibres unitives postérieures remontent jusqu'aux anneaux fibreux, ou bien elles vont former les muscles papillaires.

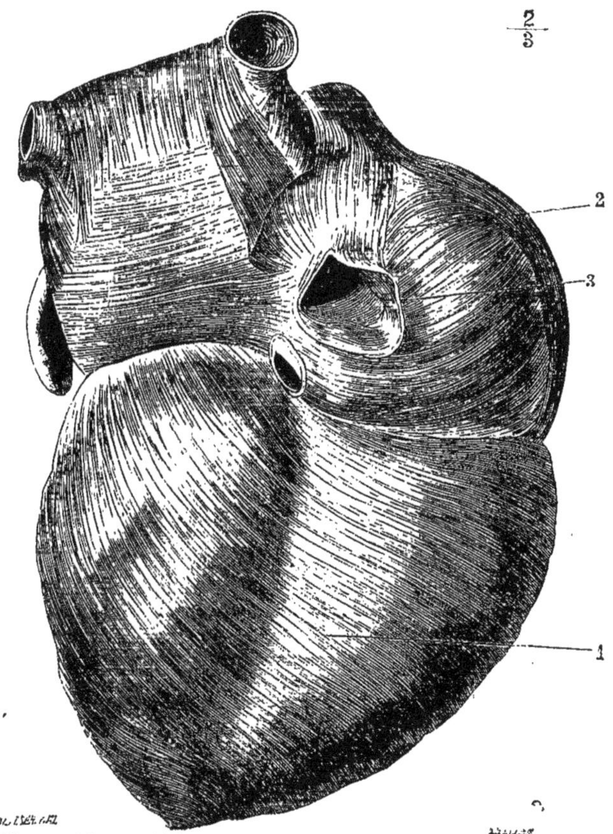

FIG. 121. — *Fibres unitives postérieures du cœur et fibres de la face postérieure des oreillettes* (d'après Bourgery) (*).

D'après cette description, qui résume les idées de Gerdy, il n'y a dans les fibres unitives que des fibres à anse et des fibres contournées en huit de chiffre. Elles ont toutes une moitié superficielle et une moitié profonde correspondant aux faces externe et interne des ventricules.

Dans leur trajet, les fibres à anse appartiennent par leurs deux moitiés à des ventricules différents et à des parois opposées. Une fibre qui par sa moitié superficielle appar-

(*) 1) Fibres unitives postérieures. — 2) Fibres de l'oreillette droite. — 3) Fibres de la veine cave inférieure.

tient à la paroi antérieure du ventricule droit, servira par sa moitié profonde à former la paroi postérieure du ventricule gauche.

Les fibres en huit de chiffre appartiennent par leurs deux moitiés à des ventricules différents, mais à des parois semblables; ainsi une fibre de la paroi antérieure du ventricule gauche ira par sa moitié profonde dans la paroi antérieure du ventricule droit. La cloison des ventricules est formée par des fibres adossées et n'a pas d'existence propre.

Winckler a repris en 1865, l'étude des fibres musculaires du cœur [1]. Il admet :

1° Que les fibres unitives antérieures et postérieures ne forment qu'une couche assez mince, qui prend part au tourbillon et pénètre dans l'intérieur du ventricule gauche, où elles s'écartent et vont pour la plus grande partie se jeter dans les muscles papillaires de ce ventricule; un très-petit nombre d'entre elles remontent le long de la paroi interne et arrivent jusqu'aux anneaux.

2° Que les fibres propres des ventricules ne forment pas une véritable couche moyenne distincte de la couche interne, que ces fibres sont constituées comme toutes les autres fibres du cœur; qu'elles forment des anses, des spirales, dont les parties sont tantôt superficielles et tantôt profondes; que ces anses ou spirales s'entre-croisent sous des angles extrêmement variés qui constituent ainsi ce que l'on a désigné sous le nom de *fibres propres des ventricules*. Il est impossible d'après lui de les séparer en couches, en lames distinctes à cause de leur entre-croisement.

Ces fibres ne prennent pas toutes part à la formation du tourbillon, et, comme les précédentes, se jettent pour la plupart dans les muscles papillaires. La cloison est formée par des segments de ces anses ou spirales, qui suivent ce trajet avant d'arriver aux parois ventriculaires.

L'ancienne définition de Winslow, acceptée par tout le monde : *Le cœur est composé de deux sacs musculeux renfermés dans un troisième musculeux également*, n'est donc plus vraie, d'après l'anatomiste allemand.

Cette question a été l'objet de quelques-unes de mes recherches, et voici jusqu'à présent les conclusions auxquelles je suis arrivé :

1° Toutes les fibres musculaires du cœur partent des anneaux fibreux.

2° La plus grande partie d'entre elles y reviennent, après un trajet plus ou moins compliqué. Celles qui n'y reviennent pas, constituent les muscles papillaires, qui se terminent par des tendons ou cordages insérés sur la face inférieure des valvules, tricuspide ou mitrale.

3e La cloison est formée par la réflexion des fibres parties des anneaux;

4° Parmi les fibres, il en est de superficielles et de profondes : les premières se comportent comme l'a indiqué Winckler; les secondes ou fibres profondes, s'entre-croisent comme les doigts des mains jointes au niveau du sillon inter-ventriculaire, et alors les unes vont au ventricule opposé, tandis que les autres remontent obliquement par la cloison ou par les muscles papillaires du ventricule opposé. Paladino a décrit récemment des faisceaux transversaux dirigés obliquement de haut en bas dans les parois ventriculaires (deux pour le cœur droit, un pour le cœur gauche). Ces faisceaux me semblent constitués par des fibres ascendantes venant du tourbillon. — Marc Sée a insisté sur la nature tendineuse des cordages fibreux des valvules et sur l'unité de contraction des muscles papillaires et des parois ventriculaires; ces faits n'ont absolument rien de nouveau. Il décrit de plus un gros faisceau musculaire dans l'épaisseur de la cloison, faisceau dont l'action aurait, d'après lui, de l'importance dans la contraction du cœur droit; ce faisceau particulier m'a toujours échappé jusqu'ici.

Paladino [2] vient de décrire des fibres musculaires dans l'intérieur des valvules auri-

[1] F. N. Winkler, *Beiträge zur Kenntniss der Herzmusculatur (Archiv für Anatomie, Physiologie, etc.*, von Reichert und Dubois-Reymond, Mai u. Juni 1865. Heft II. u. III).

[2] G. Paladino, *Contribuzione all' anatomia, istologia et fisiologia del cuore*, Naples, 1876.

culo-ventriculaires : ces fibres proviendraient, d'après lui, les unes des fibres des oreillettes, les autres des fibres des ventricules. Cette disposition expliquerait le jeu des valvules beaucoup mieux qu'il ne l'a été jusqu'à présent.

FIBRES MUSCULAIRES DES OREILLETTES. — Sur la face antérieure des oreillettes on trouve une bande musculaire allant de l'oreillette droite à l'oreillette gauche et se jetant des deux côtés sur les auricules. Cette bande est donc commune aux deux oreillettes, dont elle constitue les fibres unitives (fig. 119, 3).

Quant aux fibres propres à chaque oreillette, on peut les diviser : 1° en fibres qui entourent les orifices des veines ; 2° fibres intermédiaires aux auricules et aux ouvertures veineuses ; 3° fibres en anse autour des orifices auriculo-ventriculaires ; 4° fibres entre-croisées et formant la partie la plus profonde de la paroi des oreillettes. En s'adossant, ces fibres constituent la cloison dans laquelle on remarque surtout l'anneau de Vieussens, qui forme une espèce de sphincter. La majeure partie des fibres musculaires des oreillettes forment des anses simples embrassant ces cavités comme des écharpes. Il serait du reste nécessaire de voir surgir de nouveaux travaux sur ce sujet.

Vaisseaux du cœur. — Le cœur reçoit deux *artères*, dites *coronaires* ou *cardiaques*, qui forment deux cercles réciproquement perpendiculaires autour de lui. Elles seront décrites plus loin (fig. 124). Les *veines des ventricules* suivent d'abord le trajet des artères, se réunissent plus tard en un seul tronc, la *grande veine coronaire*, qui vient s'ouvrir à la face postérieure de l'oreillette droite, près de la ligne interauriculo-ventriculaire (fig. 114, 6). Quelques veinules, venant du ventricule droit, ne s'abouchent pas dans ce tronc, mais s'ouvrent isolément dans l'oreillette droite; ce sont les *veines cardiaques de Galien*. Lannelongue a décrit en 1867, une circulation veineuse auriculaire spéciale. J'ai répété et fait répéter ses recherches; les résultats que j'ai obtenus se trouvent longuement consignés dans la thèse d'un de mes élèves que la mort a enlevé trop tôt à la science (1). Les veinules des oreillettes ne se rendent que très-rarement dans la veine coronaire, celles de l'oreillette droite s'ouvrent directement dans cette cavité, celles de l'oreillette gauche s'y rendent en partie en passant par la cloison, tandis qu'il en est d'autres qui s'abouchent dans la cavité auriculaire gauche elle-même où elles versent ainsi du sang noir. Dans les parois musculaires des oreillettes sont creusés des canaux revêtus par un simple prolongement de l'endocarde; ces canaux, lieu de réunion de la plupart des veinules auriculaires, s'ouvrent dans la cavité des oreillettes par des *foramina* au nombre de trois ou quatre dans le cœur droit et de un ou deux dans le cœur gauche. Ces foramina sont toujours pour chaque oreillette reliés entre eux par des canaux intrapariétaux. Lannelongue décrit un élargissement infundibuliforme faisant suite aux foramina, il ne m'a pas été possible de le constater. Quant aux *lymphatiques*, on les voit suivre les artères et les veines et se jeter dans les ganglions bronchiques au-dessous de la bifurcation de la trachée.

Nerfs du cœur. — Les nerfs du cœur proviennent des pneumogastriques et des ganglions cervicaux du grand symphatique. Les filets nerveux partis de ces origines se réunissent au-dessous de la crosse de l'aorte pour constituer un plexus, qui d'autres fois est remplacé par un ganglion dit *ganglion de Wrisberg*. De là partent des branches nerveuses très-ténues, qui suivent les artères et gagnent la profondeur de l'organe. Mais outre ces nerfs, le cœur possède en lui-même une chaîne de ganglions situés dans son épaisseur, et lui formant ainsi un petit système nerveux spécial. Ces ganglions sont au nombre de trois. Le premier, *ganglion du sinus de la veine cave*, *ganglion de Remak*, est placé à l'embouchure de la veine cave inférieure. Le second, *ganglion de Bidder* ou *ganglion ventriculaire*, est adossé à la valvule auriculo-ventriculaire gauche. Le troisième, *ganglion auriculaire* ou *ganglion de Ludwig*, se trouve dans la paroi même de l'oreillette droite. En 1864, Lee décrivit un riche plexus ganglionnaire existant entre l'aorte et l'artère pulmonaire au-dessous du péricarde viscéral. Les filets des

(1) A. Renoult, *Du rôle du système vasculaire dans la nutrition en général et dans celle du muscle et du cœur en particulier* (Thèse de Strasbourg, 1869).

pneumogastriques et du sympathique viennent, d'après lui, se rendre dans ce plexus, duquel partent des branches nombreuses, qui se ramifient sur les ventricules et qui présentent sur leur trajet de nombreux renflements ganglionnaires. Ce travail a été très-vivement attaqué en Angleterre et n'a été jusqu'ici appuyé par aucun anatomiste. Quoi qu'il en soit, l'innervation du cœur ne nous est pas encore bien connue au point de vue anatomique.

Le cœur est toujours plus ou moins chargé de tissu adipeux, dont la quantité varie avec le sexe et l'âge. La graisse se dépose principalement dans les sillons autour des vaisseaux, s'étend alors de proche en proche sur l'organe et s'infiltre plus ou moins entre les fibres musculaires.

ARTICLE IV. — PÉRICARDE

Le péricarde est une poche fibro-séreuse qui entoure le cœur de toute part, sans le contenir dans sa cavité. Il est formé d'une lame fibreuse, épaisse, résistante, constituée par des fibres connectives entremêlées d'un grand nombre de réseaux élastiques, et tapissée à sa surface interne d'une ou de plusieurs couches d'épithélium. Au niveau des gros vaisseaux, un peu au-dessus de leur origine, cette lame se dédouble, la partie la plus extérieure, qu'on a décrite sous le nom de *feuillet fibreux*, se continue sur les vaisseaux en s'unissant peu à peu à leur tunique externe. La partie la plus interne, *feuillet séreux du péricarde*, beaucoup plus mince et ne comprenant que les couches épithéliales avec un substratum de fibres élastiques et connectives, se réfléchit au contraire sur les vaisseaux, enveloppe les deux artères dans une gaîne commune, tapisse seulement la moitié antérieure des veines caves, et arrive ainsi sur le cœur, qu'elle recouvre. Le feuillet séreux adhère aux fibres musculaires, excepté au niveau de quelques points, des sillons par exemple, où il en est séparé par du tissu adipeux, qui peut former quelquefois toute une couche sous-séreuse.

Le péricarde peut être comparé, pour sa forme, à un cône dont la base serait en bas et le sommet en haut. La base repose sur le centre phrénique du diaphragme, et y adhère intimement, surtout dans sa moitié antérieure.

Le sommet se continue sur les vaisseaux en leur formant des gaînes, qui s'identifient bientôt avec leur tunique externe.

La surface externe du péricarde est en rapport avec la plèvre médiastine et est longée latéralement par les nerfs phréniques et les artères diaphragmatiques supérieures; en arrière elle est en rapport avec l'œsophage, l'aorte, la veine azygos et le canal thoracique, qui la séparent de la colonne vertébrale. (Pour les rapports du péricarde avec les parois thoraciques, voy. plus haut, p. 345).

Vaisseaux. — Les artères péricardiques sont très-grêles et proviennent des diaphragmatiques supérieures, des bronchiques et des médiastines. Elles sont accompagnées de veinules correspondantes.

Nerfs. — Les nerfs du péricarde proviennent des phréniques et du récurrent droit. On y trouve aussi des filets sympathiques, qui accompagnent les vaisseaux.

ARTICLE V. — ENDOCARDES

Les quatre cavités du cœur sont tapissées par une membrane mince et blanchâtre. Celle qui revêt l'oreillette se continue sans ligne de démarcation par-dessus les valvules auriculo-ventriculaires avec celle du ventricule. Il y a donc un endocarde pour le cœur droit et un pour le cœur gauche. Ces membranes sont minces dans les ventricules, un peu plus épaisses dans l'oreillette gauche, et sont constituées par un substratum de fibres connectives et élastiques, recouvert d'une couche épithéliale pavimenteuse. Elles se continuent sans interruption, celle du côté droit avec la tunique interne des veines caves, et avec celle de l'artère pulmonaire, en tapissant les valvules sigmoïdes de ce dernier vaisseau; celle du côté gauche avec la tunique interne des veines pulmonaires, de l'aorte et des artères cardiaques.

DEUXIÈME SECTION

DES ARTÈRES

Préparation. — Pour étudier le système artériel, on a recours aux injections de matière solidifiable. Les injections sont ou générales ou partielles, suivant les préparations que l'on se propose d'obtenir. Les injections poussées par les gros troncs donnent en général de meilleurs résultats que celles qui se font par les artères de moyen calibre.

Quand on veut faire une injection générale et que l'on désire remplir les branches les plus fines des vaisseaux, il faut préalablement échauffer le sujet en le plongeant pendant quatre à six heures dans un bain. Après l'en avoir retiré, on ouvre la cage thoracique en ayant soin de détacher les cartilages aussi près du sternum que possible, à cause du voisinage de l'artère mammaire interne; il est facile alors, soit de luxer la partie supérieure de cet os dans ses articulations claviculaires, soit de le scier en travers au-dessus de l'articulation de sa première pièce avec la seconde. Par l'ouverture ainsi obtenue, on pénètre dans la poitrine; on recherche l'aorte et on l'isole. On ouvre ce vaisseau, et dans son intérieur on fait pénétrer un tube métallique, qu'il faut avoir soin de fixer solidement au moyen de plusieurs tours de fil. Il faut se servir dans ces injections de tubes dont l'ouverture est aussi grande que possible pour éviter le refroidissement. Une bonne précaution consiste à chauffer au préalable le tube métallique. L'on peut encore obtenir une bonne injection générale en faisant pénétrer le liquide par l'une des carotides primitives, et de préférence celle du côté gauche. Le seul inconvénient qui en résulte est de perdre ainsi une certaine quantité de matière à injection qui pénètre dans le cœur en forçant les valvules sigmoïdes de l'aorte.

Il est nécessaire, quand on fait une injection partielle, de choisir de préférence la plus grosse artère de la région. Une précaution qui ne saurait être trop recommandée consiste à lier au préalable tous les troncs artériels qui de cette région s'étendent au loin. C'est ainsi que, pour obtenir une injection parfaite des artères du tronc, il est indispensable de lier d'abord les carotides, les sous-clavières et les crurales; tout l'effort tendra alors à faire pénétrer le liquide dans les branches de l'aorte descendante. Nous reviendrons sur tous ces détails que l'expérience enseigne du reste à tous ceux qui fréquentent assidûment les amphithéâtres.

Pour faire une bonne injection, il faut, avant tout, préparer la matière coagulable. Il est d'usage de se servir d'un mélange de suif et de cire, coloré par du vermillon pour les artères et par du bleu de Prusse pour les veines. Plus la quantité de cire est grande, plus l'injection devient cassante; si au contraire le suif est employé seul, elle est trop molle. Une proportion un peu forte de cette dernière substance rend l'injection plus pénétrante. On augmente encore cette propriété de pénétration en injectant à l'avance dans les vaisseaux une petite quantité d'essence de térébenthine. Le liquide obtenu par la fusion du mélange de cire et de suif doit être assez chaud pour que sa fluidité soit parfaite, sans cependant qu'il soit bouillant. Dans ce dernier cas, il y aurait une véritable coction des parois vasculaires; elles pourraient même être désorganisées et livrer passage au liquide, qui se répandrait dans les tissus ambiants. La seringue préalablement chauffée sera chargée de liquide; on en expulsera l'air qui pourrait y avoir penétré, et l'injection sera poussée par la canule placée dans le vaisseau. Le premier effort sera énergique; dès que l'on sentira une résistance, la pression devra diminuer et s'exercer ensuite d'une manière constante jusqu'à ce que le piston soit repoussé par la pression intérieure. La seringue sera retirée et la canule fermée par un bouchon en bois préparé d'avance; si, au contraire, on se sert d'une canule à robinet, il suffira de fermer celui-ci jusqu'au complet refroidissement.

Si l'on veut obtenir des injections très-fines, comme celles destinées à l'étude de la distribution vasculaire dans l'intimité des organes, on se sert de liquides froids, de vernis à l'alcool, d'essence de térébenthine, que l'on colore avec du vermillon.

Pour préparer une artère, il convient de l'isoler des parties voisines, surtout des veines qui l'entourent; il faut avoir soin de vider ces dernières avant de les sectionner, sans cela le sang tacherait la préparation et en rendrait l'étude difficile Quant aux muscles et aux nerfs, il est important de les ménager pour se rendre compte de leurs rapports avec les artères.

Autant que possible il faut préparer les artères en allant du tronc vers les rameaux; quelquefois cependant, pour les vaisseaux profonds, il est opportun de suivre une marche inverse et de commencer par disséquer les branches. En toute circonstance il est avantageux de préparer toutes les divisions collatérales et terminales d'un vaisseau, l'on aura ainsi sous les yeux une vue d'ensemble qui restera facilement gravée dans la mémoire.

CHAPITRE PREMIER

DES ARTÈRES EN GÉNÉRAL

Les artères sont des canaux membraneux, élastiques et contractiles destinés à conduire à la périphérie le sang expulsé par les ventricules. A chaque ventricule correspond un tronc artériel : à droite, l'*artère pulmonaire,* chargée de porter aux poumons le sang veineux revenu des extrémités ; à gauche, l'*artère aorte* qui retourne à nos tissus le liquide nourricier oxygéné dans l'appareil respiratoire. Ces deux troncs vasculaires se continuent par quelques-unes de leurs parties constituantes avec les membranes propres du cœur. Ils présentent tous deux à leur origine des replis valvulaires, connus sous le nom de *valvules sigmoïdes*, qui s'opposent au reflux du liquide vers la cavité ventriculaire. Nous avons déjà étudié ces valvules en parlant de la conformation intérieure des ventricules. Nous n'y reviendrons pas. La complète analogie que présentent les deux systèmes artériels *aortique et pulmonaire* nous permet de ne pas les séparer dans ces considérations préliminaires. Nous ferons remarquer seulement que si le système aortique est très-prédisposé aux altérations pathologiques, séniles surtout, il n'en est pas de même du système pulmonaire. La raison de cette différence nous échappe jusqu'ici : il suffit de l'indiquer.

Le trajet à parcourir du ventricule droit au poumon est incomparablement moins grand que celui du ventricule gauche à la périphérie de l'organisme, ce qui explique facilement la différence d'épaisseur, de force par conséquent des deux ventricules.

Nous pouvons dire, par abstraction, qu'il n'y a réellement dans le corps humain que deux troncs artériels : l'un, l'*artère pulmonaire ;* l'autre, l'*artère aorte*, d'où partent des branches se divisant à l'infini. Mais pour la simplification du langage anatomique, on est convenu de donner le nom de *troncs* aux principales divisions qui s'en détachent. Des troncs partent des *branches*, des branches des *rameaux*, des rameaux des *ramuscules*. Il est aisé de comprendre qu'en continuant ces divisions, nous arriverions aux *capillaires*, terme final du système artériel. Ce mode de distribution rappelle à l'esprit l'idée d'un arbre étendu du cœur à la périphérie.

En comparant le calibre d'un tronc artériel à celui des deux branches de bifurcation qu'il émet, on trouve que toujours la somme de ces deux derniers l'emporte sur le premier. Il en est ainsi jusqu'à la terminaison de l'arbre artériel. Si nous réunissions par la pensée toutes ces divisions vasculaires, si nous les étalions en surface, nous obtiendrions un cône dont le sommet serait représenté par la surface de section de l'aorte à son point de départ, et la base par la surface de section idéale des ramuscules artériels les plus ultimes au moment où ils se continuent avec les capillaires.

C'est en général au niveau des grandes segmentations du corps que se font les principales divisions artérielles. A la base du cou, l'aorte fournit les *branches de la tête et des membres supérieurs ;* à l'angle sacro-vertébral naissent les *iliaques;* au coude, l'*humérale* fournit les *radiale* et *cubitale;* au genou la *poplitée* se divise en *tibiale antérieure* et *tronc tibio-péronier*. On peut dire d'une manière générale que chez l'homme et les animaux supérieurs les grosses divisions artérielles correspondent, ou à peu près, aux différentes articulations. Mais à cette règle les exceptions sont nombreuses, et il importe au chirurgien de connaître toutes les variétés que peut présenter l'origine des grosses divisions artérielles.

W. Nunn a fait un travail fort intéressant sur la distribution des artères dans les membres; il établit d'abord que les artères se divisent au niveau de la segmentation des membres; il ajoute qu'à cet endroit, le vaisseau se divise toujours en deux parties, dont l'une traverse le segment du membre, pour gagner le segment suivant (artères trans-segmentaires), en continuant le trajet primitif du tronc vasculaire, tandis que l'autre s'épuise dans les parties du segment de membre correspondant (artères segmentaires). Il va sans dire que les ramuscules de ces deux branches de divisions s'anastomosent toujours entre elles.

Pour les *rameaux* et les *ramuscules*, la régularité d'*origine*, de *direction* et de *volume* est encore beaucoup moins grande; non-seulement ces divisions secondaires et tertiaires ne se correspondent pas toujours chez deux individus, mais elles diffèrent quelquefois chez le même sujet d'un côté du corps à l'autre.

Les divisions artérielles ne sont pas régulièrement dichotomiques; en effet, chaque tronc générateur fournit des *branches collatérales* et des *branches terminales*. Les premières, d'ordinaire beaucoup plus grêles, sont destinées à nourrir les organes voisins; les secondes, plus volumineuses, continuent la direction du tronc et vont au loin jouer le même rôle par rapport à d'autres organes.

Les artères partent du tronc suivant des angles différents; tantôt l'angle est aigu, c'est la disposition la plus habituelle et la plus favorable à la circulation; tantôt l'angle est droit, comme pour les *artères rénales*, par exemple; d'autres fois même, l'angle est obtus, et alors le cours du sang est récurrent, comme dans les *intercostales aortiques*.

Si l'on vient à ouvrir une artère, comme l'*iliaque primitive* par exemple, au niveau de la bifurcation du tronc aortique, on trouve dans son intérieur, au point de division, un repli en forme de croissant, auquel a été donné le nom d'*éperon*. La concavité du croissant est dirigée vers le cœur quand l'angle de séparation est aigu, et vers les extrémités quand cet angle est obtus. Inséré par sa base sur le point de bifurcation du vaisseau, l'éperon s'avance en s'amincissant dans l'intérieur du tronc générateur et joue le même rôle que les doubles plans inclinés placés au-devant des arches d'un pont et destinés à rompre le courant.

Sur le vivant, les artères sont cylindriques. Sur le cadavre, au contraire, alors qu'elles sont intactes, elles sont aplaties; mais dès qu'on vient à les inciser et à permettre l'introduction de l'air dans leur intérieur, on les voit aussitôt reprendre la forme cylindrique.

Les vaisseaux artériels sont très-régulièrement calibrés, de telle sorte que jamais dans l'état physiologique elles ne présentent ni dilatation ni étranglement. Cette règle ne subit que de rares exceptions : à la crosse de l'aorte, aux extrémités des collatérales des doigts et à la carotide primitive qui au niveau de sa bifurcation présente souvent un renflement assez prononcé, connu sous le nom de *sinus de la carotide*. Sappey croit que cette dernière dilatation est toujours due à une altération sénile; je l'ai trouvée chez de jeunes sujets, dont les vaisseaux artériels ne présentaient aucune dégénérescence pathologique. Dans les artères ombilicales existent des replis spiroïdes qui leur donnent un aspect particulier. Ces replis ne sont pas formés, comme les valvules des veines, par la tunique interne seule, mais bien par toute l'épaisseur du vaisseau. Le *calibre* des artères est toujours déterminé : 1° par la longueur du trajet qu'elles ont à parcourir, et 2° par les fonctions de l'organe auquel elles se rendent. Citons par exemple la rénale et la splénique qui, quoique très-courtes, sont aussi volumineuses et même plus grosses que la brachiale. — A sa sortie du cœur, l'aorte mesure 28 mill. de diamètre, son calibre diminue progressivement et n'est plus au moment de sa terminaison en iliaques primitives que de 20 mill. de diamètre. Comme l'a fait Henle, nous classerons les artères suivant leur calibre en six groupes différents : les chiffres indiqués dans le tableau ci-dessous sont des moyennes qui peuvent varier suivant les individus et même dans les deux moitiés du cœur. En décrivant les artères en particulier, nous ferons toujours suivre leur nom d'un chiffre romain qui suffira, en se reportant au tableau ci-joint, pour donner une idée suffisante de leur calibre :

Exemple

I. = 8 millimètres	. . . .	Carotide primitive.
II. = 6 —	. . . .	Brachiale.
III. = 5 —	. . . .	Cubitale.
IV. = 3,5 —	. . . .	Temporale.
V. = 2 —	. . . .	Auriculaire postérieure.
VI. = De 1 à 0,5 millimètres	. . . .	Sus-orbitaire.

En général, les artères affectent une direction droite et rectiligne; mais si l'organe auquel elles se rendent est d'une structure délicate, si le choc trop énergique de la colonne liquide peut lui être nuisible, elles s'incurvent et deviennent flexueuses. Les artères présentent encore cette disposition lorsqu'elles se trouvent dans des parties dont les mouvements sont nombreux et étendus, ou dont le volume est sujet à des variations considérables, comme les labiales, les utérines. Quand un petit nombre de troncs artériels doivent fournir des vaisseaux à des organes très-étendus, soit en volume, soit en superficie, on les voit affecter des directions particulières : elles s'incurvent, leurs branches se réunissent, se divisent de nouveau, se réunissent encore et finissent ainsi par fournir un grand nombre de rameaux qui atteignent les limites les plus extrêmes des organes. C'est ainsi que se distribuent la plupart des artères des viscères abdominaux et en particulier les *artères mésentériques*.

Beaucoup d'artères, qui normalement sont rectilignes, présentent chez les vieillards un très-grand nombre de flexuosités; elles sont dues à l'altération des parois et à la perte de l'élasticité des vaisseaux.

Par leur situation profonde, les artères sont en général protégées contre les causes vulnérantes. Malgaigne a fait remarquer qu'aux membres on trouve cependant des vaisseaux artériels très-superficiels. Il insiste surtout sur la *fémorale* qui, au pli de l'aine, n'est recouverte que par la peau et les aponévroses. Je ferai observer que chez les quadrupèdes la crurale est très-efficacement protégée par toute l'épaisseur du membre postérieur. Il en serait de même chez l'homme s'il marchait à quatre pattes. La nature a fait de lui un bipède ; mais au lieu de modifier pour cela toute l'économie de son corps, elle s'est bornée à quelques changements nécessaires à sa nouvelle destination. C'est donc à la station bipède qu'est due la situation superficielle de l'artère fémorale dans l'espèce humaine. Il en est de même pour la *sous-clavière* dans le triangle sus-claviculaire. Chez le quadrupède elle est difficile à atteindre et est protégée par la direction de la tête et la disposition des épaules, qui font saillie en avant; chez l'homme, elle est superficielle et le devient d'autant plus que par leur propre poids les extrémités supérieures tendent à tomber en bas et à élargir ainsi le triangle sus-claviculaire.

Dans les membres, les artères tendent toujours à se rapprocher du sens de la flexion des articulations. Or, comme dans les membres, le sens de ce mouvement est toujours alterne et opposé (ainsi la cuisse se fléchit en avant, le genou en arrière, le pied en avant, les orteils en arrière), il en résulte que le vaisseau artériel décrit un trajet spiroïde autour des os au lieu de leur être parallèle. Cette disposition est surtout remarquable pour l'*artère crurale*. Ce trajet des vaisseaux artériels est en rapport avec la protection que la nature semble vouloir leur ménager. En se plaçant dans le sens de la flexion, ils évitent toutes les causes d'élongation qui leur seraient funestes, et, d'autre part, dans la flexion, ils s'éloignent d'autant plus de toutes les causes vulnérantes que le mouvement est plus prononcé. C'est précisément là la position que prennent instinctivement les membres à l'approche de tout danger extérieur.

Rapports généraux des artères. — Ainsi que nous l'avons dit, les artères sont en général profondément situées ; il est rare néanmoins de les trouver en rapport immédiat avec les os; habituellement elles en sont séparées par une couche musculaire plus ou moins épaisse. Quelquefois cependant elles croisent ou contournent des pièces du squelette *(crurale, sous-clavière, radiale)*, disposition que les chirurgiens ont utilisée pour la compression de ces vaisseaux pendant les opérations ; de même que les médecins ont mis à profit la situation de l'artère radiale au poignet pour l'exploration du pouls.

Chaque fois qu'une artère est en contact immédiat avec un os, son passage sur cette surface dure y laisse une empreinte plus ou moins profonde. On a dit que cette dépression est due à un travail de résorption du tissu osseux sous l'influence des battements vasculaires.

D'autres fois les artères sont situées dans de vrais canaux osseux *(la carotide interne dans le rocher)*. C'est là une disposition particulière nécessitée par la distribution de cette artère à un organe délicat contenu dans une boîte osseuse.

Au voisinage des renflements articulaires, les artères fournissent toujours un grand nombre de rameaux assez volumineux, qui, se réunissant, s'anastomosant les uns avec les autres, forment un cercle artériel autour de la jointure. C'est à un besoin de calorification que répond cette disposition. En effet, autour des articles, surtout dans le sens de l'extension, les os sont presque à découvert sous la peau (genou, coude) ; les masses musculaires ont fait place à des tendons, à des bandes fibreuses ; l'articulation est peu protégée, les causes de refroidissement très-nombreuses. Le développement du système artériel à ce niveau, jouant alors le rôle d'un *calorifère à liquide chaud*, vient obvier à ce désavantage naturel.

C'est à la même cause qu'il faut attribuer les branches nombreuses que fournissent les vaisseaux artériels vers l'extrémité des membres quand les os se multiplient et que le squelette se segmente.

Les artères, il semble presque inutile de le dire, cheminent dans les interstices musculaires; leurs rapports avec ces agents actifs de la locomotion sont donc des plus importants. Tous les gros vaisseaux artériels côtoient un muscle auquel ils sont plus ou moins parallèles et que Cruveilhier a désigné sous le nom de *muscle satellite*. Le sterno-mastoïdien est le satellite de la carotide, le biceps celui de l'humérale. Mais comme dans les membres les masses musculaires des régions opposées sont toujours séparées par des plans aponévrotiques qui leur fournissent des surfaces d'insertion et que, ainsi que nous l'avons fait remarquer plus haut, les artères, tendant toujours à se placer dans le sens de la flexion, sont obligées de contourner le membre, il faut que dans ce cas particulier les vaisseaux traversent les plans aponévrotiques de séparation. L'exemple le plus frappant que l'on puisse en citer est celui de la *crurale*, qui, passant de la région antérieure ou d'extension à la région postérieure ou de flexion, franchit un plan aponévrotique. Pour éviter toute traction, toute gêne circulatoire qu'auraient pu amener les alternatives de contraction et de relâchement des fibres musculaires, la nature a établi des espèces de ponts fibreux au-dessous desquels passe le vaisseau. Les fibres musculaires insérées à ce niveau viennent-elles à se contracter, elles ne pourront qu'élargir l'anneau au lieu de le rétrécir. Ce simple artifice empêche tout arrêt circulatoire. Il en est de même quand, au lieu d'être insérés par leurs extrémités sur des os et de former ainsi des arcades ostéo-fibreuses, les anneaux sont complets et constitués exclusivement par des aponévroses. L'action musculaire ne pourra que les élargir et faciliter le cours du sang.

Les aponévroses forment des gaînes destinées à isoler les muscles et surtout les groupes de muscles synergiques. Elles fournissent en outre presque toujours des dédoublements, qui embrassent dans une loge spéciale l'artère et la veine. Tantôt le nerf est compris dans cette même loge, comme le *nerf pneumogastrique* au cou, tantôt et plus fréquemment il est situé dans une gaîne spéciale.

Toutes les artères un peu volumineuses sont situées au-dessous des aponévroses d'enveloppe des membres ; c'est là un point à noter pour le chirurgien.

Réunies aux veines et quelquefois aux nerfs dans une même gaîne aponévrotique, les artères forment avec ces organes un faisceau connu en anatomie chirurgicale sous le nom de *paquet vasculo-nerveux*. C'est au moyen d'un tissu connectif lâche non infiltré de graisse que s'établit l'union entre ces cordons. Chez le vieillard, par suite de l'élongation et de la dureté des parois artérielles, ce tissu connectif lâche finit par se tasser, s'épaissir et former une espèce de membrane quasi-séreuse, dans laquelle se meut le vaisseau.

Les veines suivent en général la même direction que les artères. Au tronc, à la racine des membres, à la tête, il n'existe qu'un seul tronc veineux satellite du vaisseau artériel. Aux segments inférieurs des membres il y en a toujours deux. On a cherché à trouver des lois générales pour exprimer les rapports de ces vaisseaux entre eux. Toutes celles qui ont été formulées par Serres et par Malgaigne sont soumises à tant d'exceptions qu'il n'y a plus lieu d'en tenir compte. Nous reviendrons sur ce sujet en parlant du système veineux.

Au tronc on peut dire que, pour les plus gros vaisseaux, le côté droit du corps est affecté au système veineux et le côté gauche au système artériel. Nous nous empressons de faire observer que nous ne généralisons pas, que nous ne voulons dire autre chose que ceci, c'est que les veines caves sont à droite, tandis que la crosse de l'aorte se dirige à gauche, et que l'aorte descendante occupe également ce côté du corps. Il résulte de cette disposition que les branches artérielles qui se dirigent de gauche à droite sont toutes plus longues que celles qui sont destinées à la moitié gauche du tronc.

Lorsque les artères ne sont accompagnées que d'une seule veine, elles sont en général situées plus profondément que celle-ci et, comme le fait remarquer fort justement Sappey, « les grosses artères passant sur le côté interne de l'axe des membres dans le trajet spiroïde qu'elles décrivent autour de cet axe, on voit que les veines adjacentes ne peuvent être superficielles sans se placer à leur côté interne. » Quand deux veines satellites accompagnent une artère, cette dernière est toujours située entre les deux et est d'ordinaire enlacée par les branches de communication qu'elles s'envoient réciproquement.

Les nerfs cérébro-rachidiens ont des rapports moins intimes avec les artères, quoique cependant ils affectent une direction générale analogue à celle de ces vaisseaux; leur trajet est toujours beaucoup plus rectiligne que celui de ces derniers; aussi les croisent-ils souvent (médian au bras). Les nerfs sont plus superficiels que les artères et que les veines; de telle sorte que l'on trouve, en général, de la peau vers la profondeur : 1° le nerf, 2° la veine, 3° l'artère. Dans les segments inférieurs des membres (avant-bras, jambe) les nerfs sont toujours, par rapport à l'axe du membre, en dehors des artères.

Quant aux nerfs sympathiques, ils accompagnent directement les vaisseaux, qu'ils enlacent de leurs anastomoses et avec lesquels ils gagnent la profondeur des organes. Il est démontré aujourd'hui qu'une grande partie de ces filets nerveux sont destinés à agir sur les vaisseaux eux-mêmes. Ce sont les *nerfs vaso-moteurs.*

Plus on s'éloigne du centre circulatoire, plus les organes sont exposés aux causes de réfrigération, plus aussi les artères fournissent de branches multipliées qui enveloppent les parties d'un réseau vasculaire. Voyez les nombreuses ramifications artérielles qui entourent les oreilles, le nez, les mains, les pieds, etc.; elles se trouvent là surtout dans un but de calorification.

Le volume des artères qui pénètrent un organe est en rapport avec l'activité de cet organe; de plus, la distribution des ramuscules artériels varie suivant l'organe, de telle sorte que par les progrès de l'histologie l'on pourra peut-être plus tard reconnaître un tissu à la simple inspection de la disposition de ses vaisseaux.

Les artères communiquent très-fréquemment entre elles; c'est à ces communications que l'on a donné le nom d'*anastomoses* Elles permettent l'arrivée du sang dans un organe par voie détournée et indirecte, quand par une cause quelconque la voie directe est interrompue [1]. Ces voies collatérales ont été désignées sous différents noms, d'après la manière dont se fait la communication.

1° *Anastomoses par inosculation.* — Ce sont celles dans lesquelles deux grosses branches s'unissent bout à bout, soit directement, soit par arcades. Ce genre d'anasto-

(1) C'est ainsi que l'on explique un grand nombre d'anomalies artérielles. Que, par exemple, pour une cause quelconque, le tronc de l'*obturatrice* soit chez le fœtus frappé d'un arrêt de développement, l'anastomose de l'*épigastrique* avec cette artère se développera, et alo s l'*obturatrice* semblera naître de l'*épigastrique* et non pas de l'*iliaque interne.*

moses offre une facilité remarquable à la circulation collatérale. Les arcades se trouvent surtout dans le mésentère, où elles sont très-nombreuses, ce qui tient à la nécessité de répartir sur une grande surface une quantité de sang comparativement minime, amenée par un pédicule assez étroit.

2° *Anastomoses par convergence ou à angle plus ou moins aigu.* — Deux branches se rejoignent deux à deux et en forment une troisième unique; ainsi les deux *vertébrales* s'unissent et forment le *tronc basilaire.* Il est assez difficile de s'expliquer cette particularité, qui semble être propre aux centres nerveux; nous la retrouvons en effet dans l'*artère spinale antérieure.*

3° *Anastomoses par communication transversale.* — Entre deux artères situées à peu de distance l'une de l'autre et à peu près parallèles, s'étend un tronc transversal perpendiculaire à ces deux vaisseaux[1] *(cérébrales antérieures et communicante antérieure).*

4° Nous adopterons une dernière classe d'anastomoses, que Sappey propose d'appeler *mixte* ou *composée.* C'est celle dans laquelle une branche artérielle se divise en deux rameaux, qui vont communiquer l'un avec un rameau situé au-dessus, l'autre avec un rameau situé au-dessous. Supposez ainsi quatre vaisseaux situés autour d'un organe arrondi, il résultera de ces anastomoses un cercle artériel *(cercle artériel de l'iris).*

On comprendra facilement qu'en combinant ces différentes espèces d'anastomoses, il sera possible de former autant de variétés qu'on le voudra.

Pour les membres, les voies collatérales ainsi formées établissent des communications entre les vaisseaux du segment supérieur et ceux du segment inférieur. C'est à la connaissance de cette disposition anatomique que la chirurgie doit la conquête de l'hémostasie par les ligatures. Il se produit alors ce que nous avons dit se produire pour les cas d'anomalie d'origine de l'*obturatrice.* Les anastomoses s'élargissent par l'afflux du sang, et la vie du membre est entretenue. Nous avons vu que les troncs vasculaires des membres se placent toujours du côté de la flexion ; chose remarquable, les voies collatérales, au contraire, sont en général situées du côté de l'extension.

Les anastomoses permettent d'arrêter le cours du sang dans un vaisseau, sans que pour cela la vitalité du membre soit compromise; mais comme toute médaille a son revers, ce sont elles aussi qui font souvent le désespoir des chirurgiens par la facilité avec laquelle elles ramènent l'hémorrhagie dans les cas de blessures artérielles, surtout à l'avant-bras et à la main.

Les artères se terminent par des *capillaires,* qui eux-mêmes donnent naissance *aux veines.* Les capillaires sont des vaisseaux innombrables et microscopiques qui font partie de la trame intime de nos tissus; nous n'avons pas à nous en occuper ici.

Dans les organes caverneux et érectiles, le mode de terminaison des artères n'est pas le même que dans les autres tissus. Elles fournissent des ramuscules qui se recourbent, s'enroulent en tire-bouchon, et de leurs extrémités partent un grand nombre de vaisseaux microscopiques qui s'abouchent dans des sinus veineux. Ce sont les *artères hélicines* décrites d'abord par Müller et étudiées ensuite par Kölliker.

D'après Stein, ces artères se termineraient par de petits tubercules munis d'une fente s'ouvrant dans un sinus veineux. Cette fente serait munie d'un faisceau musculaire lisse, annulaire, véritable sphincter. Mais, d'un autre côté, il existerait des tractus musculaires lisses, venus des trabécules connectives voisines, tractus musculaires longitudinaux qui, par leur contraction, dilateraient la fente artérielle. Si cette description était exacte, elle expliquerait le mécanisme, inexpliqué jusqu'ici, de l'érection.

Structure des artères. — L'épaisseur des parois artérielles est en général proportionnelle à leur calibre. Il a été fait quelques recherches à ce sujet par Donders et Jansen, par Kölliker, par Gimbert et par Henle. D'après Gimbert les parois artérielles

(1) L'on ne saurait trop admirer combien la nature a multiplié les sources de la circulation cérébrale et combien elle a accumulé les communications entre les vaisseaux de la base de ce centre si important.

s'épaississent toujours au voisinage de leurs divisions. Les éléments anatomiques qui entrent dans la composition intime des vaisseaux artériels ne sont bien connus que depuis les progrès de l'histologie.

Une tunique externe formée de tissu conjonctif et de fibres élastiques, — une tunique moyenne constituée par du tissu musculaire lisse mêlé à une plus ou moins grande quantité de fibres élastiques, — une tunique interne, à base fondamentale élastique aussi et limitée en dedans par un épithélium : telle est la composition générale des parois artérielles.

Reprenons maintenant chacune de ces couches et étudions-les en détail.

1° Dans les artères vides, la *tunique interne* est toujours légèrement plissée dans le sens longitudinal et dans le sens transversal ; pendant la vie, au contraire, elle est lisse. La couche épithéliale qui la limite vers la lumière du vaisseau est constituée par des éléments fusiformes renflés au niveau de leur noyau volumineux ; au-dessous de cette couche très-mince se trouve « un feuillet amorphe, de nature élastique, percé de nombreuses ouvertures très-variables de forme et de diamètre et contenant une certaine quantité de fibres élastiques, qui sont dirigées perpendiculairement à l'axe du vaisseau [1] ; » c'est la *lame fenêtrée*. En dehors d'elle existe une troisième couche de la tunique interne, beaucoup plus grande que les deux précédentes ; elle est formée de fibres élastiques dirigées dans le sens de la longueur du vaisseau. Dans les artères d'un certain volume l'on trouve, immédiatement au-dessous de l'épithélium, des couches d'un tissu particulier, formées de lamelles pâles à noyaux allongés parallèles à l'axe du vaisseau (dans les grosses artères ces noyaux disparaissent). Kölliker leur donne le nom de *lames striées*. Henle et, après lui, Remak les ont considérées comme formées d'épithélium vieux et transformé.

2° La *tunique moyenne*, de beaucoup la plus épaisse et la plus importante des trois tuniques artérielles, est jaune dans les gros vaisseaux, et rougeâtre dans ceux d'un calibre inférieur. Elle varie de structure suivant les artères que l'on considère. Dans celles qui mesurent un millimètre ou deux de diamètre, on la trouve presque exclusivement constituée par des fibres-cellules musculaires transversalement dirigées et formant plusieurs couches concentriques. Si l'on examine au contraire des vaisseaux plus volumineux, les éléments contractiles se mêlent à des fibres de tissu élastique transversalement disposées par couches régulières entre les fibres-cellules et anastomosées de manière à former des réseaux. En remontant vers les artères d'un volume plus considérable encore, la fibre musculaire continue à disparaître, et dans les carotides et les iliaques, par exemple, elle n'entre plus que pour un tiers dans la constitution de la tunique moyenne. Dans l'aorte, les fibres-cellules sont très-rares et ont cédé la place à l'élément élastique.

Gerlach a montré que, dans l'aorte, la moitié interne de la tunique moyenne est plus riche en éléments musculaires que l'externe.

Dans les artérioles, qui ne mesurent que 1/20 à 1/30 de millimètre, la fibre-cellule est remplacée par des espèces de fuseaux très-courts qui, d'après Morel, « indiquent que dans ces vaisseaux le tissu musculaire persiste à l'état embryonnaire [2]. »

3° La *tunique externe* se compose d'une couche d'épaisseur variable de tissu conjonctif entremêlé de fibres élastiques fines. Cette lame est plus dense dans la partie qui confine à la tunique moyenne ; les couches externes se perdent en général insensiblement dans le tissu cellulaire ambiant.

En se rapprochant des capillaires, toutes ces tuniques tendent à disparaître. C'est d'abord l'élément élastique dont on ne retrouve plus aucune trace ; puis, à son tour, l'élément musculaire fait défaut, et enfin il ne reste plus qu'une seule membrane amor-

(1) Morel et Villemin, *Traité élémentaire d'histologie humaine, normale et pathologique*. 2e édition. Paris, 1864.

(2) Tous les éléments musculaires trouvés jusqu'à présent dans les artères sont disposés suivant des couches circulaires ; ils ne peuvent donc que faire contracter activement le vaisseau. L'anatomie n'a pu jusqu'à ce jour démontrer l'existence d'agents actifs de dilatation.

phe offrant quelque ressemblance avec le sarcolemme des muscles striés, et dans laquelle se trouvent fixés des noyaux ovales dont le nombre diminue avec le diamètre de ces petits vaisseaux. Ces noyaux sont-ils de nature contractile? les expériences physiologiques semblent le démontrer.

Il ne faudrait pas croire que la proportion des différents éléments constitutifs des artères ne dépende que du calibre de ces vaisseaux, autrement dit que deux artères d'un même calibre prises dans n'importe quelle région soient identiques par leur structure.

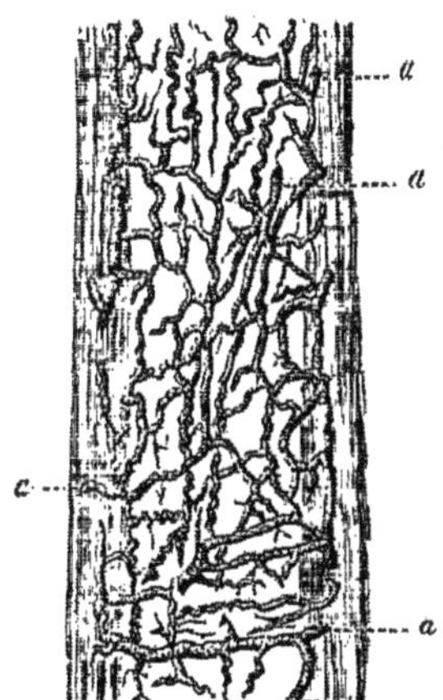

FIG. 122. — *Vasa vasorum* (d'après Gimbert) (*).

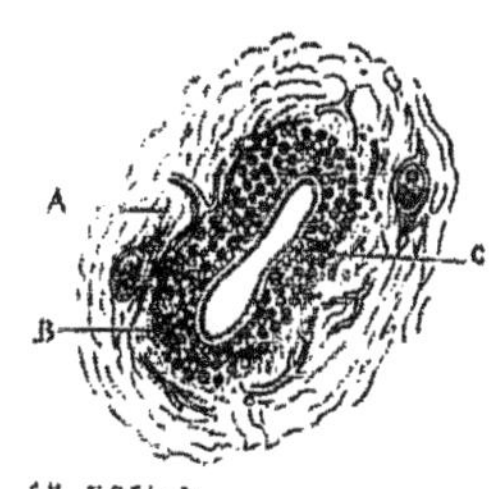

FIG. 123. — *Coupe transversale d'une artère collatérale des doigts* (d'après Gimbert) (**).

M. le docteur Gimbert, dans un travail intéressant, s'est occupé de ce sujet(1). Le rôle physiologique des parties auxquelles sont destinés les vaisseaux artériels modifie leur structure et leur texture.

Nous allons exposer aussi rapidement que possible les conclusions auxquelles cet anatomiste est arrivé.

La tunique moyenne des artères varie d'épaisseur suivant les différentes régions, d'une manière quelquefois assez brusque. De plus, l'épaisseur de cette tunique étant la même dans deux artères différentes de même calibre, ses éléments constitutifs, fibres musculaires lisses et fibres élastiques, peuvent varier de proportions.

La tunique externe présente des modifications analogues : tantôt son épaisseur augmente, tantôt elle diminue dans des artères du même calibre; tantôt les fibres connectives qui entrent dans sa structure l'emportent en proportion sur les fibres élastiques, et réciproquement.

Gimbert divise le système artériel, au point de sa texture, en différents groupes : 1° aorte ; 2° artères des membres; 3° de la face; 4° des organes cérébraux ; 5° des viscères et des parois splanchniques.

Dans les artères des membres, les modifications de texture des tuniques se font d'une manière lente et insensible, surtout au membre supérieur.

Il faut remarquer cependant que c'est au niveau de l'anneau des adducteurs que la tunique externe de la fémorale contient la proportion la plus considérable de fibres élastiques. La tunique moyenne des artères du membre inférieur présente quelquefois, mais pas toujours, paraît-il, une augmentation d'épaisseur au niveau des bifurcations.

Dans les artères de la face, la faciale surtout, aussitôt après leur origine, la tunique moyenne possède une grande richesse en fibres musculaires lisses; ces éléments tendent bientôt à disparaître, et déjà au niveau des coronaires labiales ils sont en grande partie remplacés par les fibres élastiques. La tunique externe contient également un grand nombre de fibres de cette nature.

Dans les artères cérébrales, comme le dit l'auteur, tout converge vers une seule propriété, la contractilité. La tunique moyenne est très-musculaire, et les artérioles elles-mêmes conservent très-longtemps cette richesse en éléments contractiles.

Les artères des organes et des parois splanchniques sont très-remarquables; l'épais-

(1) Gimbert, *Mémoire sur la structure et la texture des artères (Journal de l'Anatomie et de la Physiologie* du professeur Ch. Robin, septembre et novembre 1865).

(*) *a, a, a, a)* Ces vaisseaux anastomosés dans la tunique externe.

(**) A. Tunique externe. — B. Tunique moyenne. — C. Tunique interne. — On voit dans la tunique externe la coupe de deux vasa vasorum, et à la périphérie de la tunique moyenne les branches nerveuses des nerfs vaso-moteurs, qui semblent s'y terminer.

seur de leur tunique moyenne varie beaucoup, mais elle est toujours inférieure à celle de l'artère dont elles proviennent. Ainsi, dans le tronc cœliaque elle est de $0^{mm},16$ et dans l'aorte de $0^{mm},77$; mais dans la splénique elle augmente et est de $0^{m},2$; la honteuse interne, quoique d'un calibre plus petit que la mésentérique, possède une tunique moyenne plus épaisse que celle-ci, etc. La tunique externe de ces artères est très-épaisse et surtout très-riche en éléments élastiques. On dirait qu'ici c'est l'élasticité qui doit l'emporter sur la contractilité.

Dans certains organes : le cerveau (Ch. Robin), la rate (His), les capillaires artériels sont entourés d'une sorte de gaîne accessoire distante de 1 à 3 centièmes de millimètre du vaisseau et contenant un liquide avec des noyaux et des granulations. Nous reviendrons sur cette disposition en nous occupant des lymphatiques.

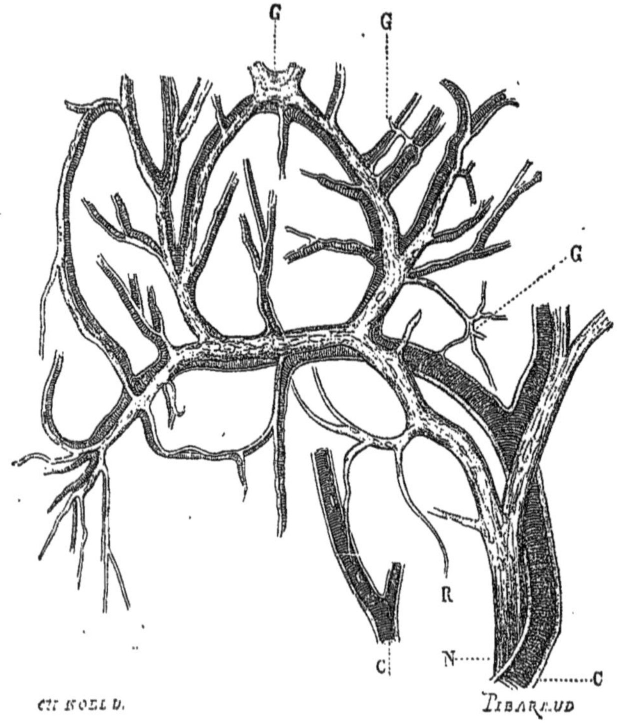

Fig. 124. — *Nerfs vaso-moteurs accompagnant les capillaires de la muqueuse palatine de la grenouille* (d'après Gimbert) (*).

Les artères reçoivent elles-mêmes des vaisseaux nourriciers, connus sous le nom de *vasa vasorum*. Ces ramuscules, capillaires presque toujours, proviennent, soit des vaisseaux voisins, soit du tronc même de l'artère à laquelle ils sont destinés. Dans ce dernier cas « ils abandonnent le vaisseau d'origine et n'y reviennent qu'après avoir acquis leur indépendance. » Quoi qu'il en soit, les *vasa vasorum* rampent d'abord dans le tissu cellulaire ambiant pour aboutir enfin à la tunique externe des artères. Ils s'y distribuent, d'après Gimbert, en formant d'abord un plexus ou réseau superficiel circonscrivant des mailles irrégulièrement quadrilatères ou ovales, mais non circulaires, comme le dit Kölliker, et un réseau profond à mailles plus étroites. Dans cette der-

(*) C, C. Vaisseaux capillaires. — N. Nerf vaso-moteur. — G, G, G. Ganglions qui forment les branches nerveuses au niveau des anastomoses des capillaires artériels. — R. Fibre de Remak isolée et terminée en pointe.

nière partie de leur trajet les capillaires sont flexueux et prennent une forme hélicoïde comparable à celle des artères hélicines des corps caverneux (Gimbert). Cette forme serait en rapport, d'après lui, « avec les efforts incessants de distension et de retrait que subissent ces tissus. »

Les *vasa vasorum* (fig. 122) se terminent-ils dans la tunique externe, ou pénètrent-ils dans les tuniques moyenne et interne? Pour Bichat et Henle, ils arrivent jusqu'à la face interne de la tunique moyenne; pour Kölliker et Morel, ils n'atteignent que la face externe de cette tunique. Nous nous rattachons à cette opinion. Weber, Ch. Robin et Gimbert soutiennent, au contraire, qu'ils ne dépassent jamais la tunique externe.

Quant aux nerfs, ils constituent les nerfs *vaso-moteurs*. Luschka prétend avoir vu leurs terminaisons arriver jusque dans la tunique interne; il nous semble plus probable qu'ils n'atteignent que la membrane contractile, avec laquelle il est évident qu'ils doivent avoir des rapports, ce que démontre la figure 123. Nous reviendrons au reste sur ce sujet dans le livre cinquième, qui traitera de la Névrologie. Pour les petites artérioles et les capillaires, le tronc nerveux vaso-moteur est toujours en rapport de grosseur avec le calibre de ces vaisseaux : il les suit, se divise comme eux et chemine toujours appliqué sur leur tunique externe, qui lui sert de soutien.

Dans la fig. 124, on voit, au niveau des anastomoses des capillaires artériels, les nerfs se renfler en ganglions (G), desquels partent de nouveaux filets, qui se répandent sur les capillaires et se terminent en pointes. Ils sont alors réduits à l'état de fibres de Remak isolées (R).

CHAPITRE II

DES ARTÈRES EN PARTICULIER

ARTICLE I. — ARTÈRE PULMONAIRE

Préparation. — On peut enlever le sternum, lier la veine cave inférieure au-dessus du diaphragme et injecter par la veine cave supérieure, ou bien encore laisser la poitrine intacte, ouvrir l'abdomen, lier la veine cave inférieure au-dessous du diaphragme, scier les deux clavicules près de leur articulation sternale, lier le tronc veineux brachio-céphalique gauche et injecter par le même tronc du côté droit. De cette manière l'on dépensera plus de matière à injection, car le liquide pénétrera dans les veines sus-hépathiques; mais on aura l'avantage d'avoir des rapports plus exacts. Il sera avantageux de remplir également le tronc aortique pour avoir une vue d'ensemble des grands vaisseaux à la sortie du cœur. On ouvrira alors la poitrine très-largement; on incisera le péricarde dont on verra la disposition autour des vaisseaux. La préparation de cette artère est des plus faciles; une seule chose est à ménager, c'est le cordon fibreux résultant de l'oblitération du canal artériel. Après cela, pour faciliter l'étude, on retirera de la poitrine le cœur et les poumons; l'on enlèvera soigneusement les ganglions bronchiques, le tissu cellulaire, etc.

L'*artère pulmonaire* (fig. 125 et 126), désignée par les anciens sous le nom de *veine artérieuse*, amène au poumon le sang destiné à l'hématose. Elle part de l'infundibulum du ventricule droit, dont elle continue d'abord la direction, puis elle se redresse un peu en s'inclinant en arrière, et, après un court trajet, se divise en deux branches destinées aux deux poumons. Elle naît sur le plan le plus antérieur du cœur et est à son origine le plus superficiel des gros vaisseaux. Comme l'aorte, elle possède trois valvules sigmoïdes qui la séparent du ventricule. A son origine au cœur son diamètre est de 30 millimètres, l'épaisseur de ses parois de 1 millimètre.

L'artère pulmonaire se trouve d'abord située entre les extrémités des deux auricules et, comme l'aorte naît en arrière et à droite, elle embrasse ce vaisseau dans sa concavité. L'aorte, s'inclinant plus tard légèrement en avant et à gauche, au moment où elle décrit sa courbure, comprend à son tour l'artère pulmonaire dans sa concavité. Ces deux troncs s'enlacent donc réciproquement dans un demi-tour de spire. C'est au-dessous de l'aorte que la veine artérieuse se divise en deux branches, dont l'une, la *droite*, est plus longue que la *gauche*, de la quantité qui sépare son point de division d'avec la ligne médiane. Cette quantité est en général de 0^{m},01 tout au plus.

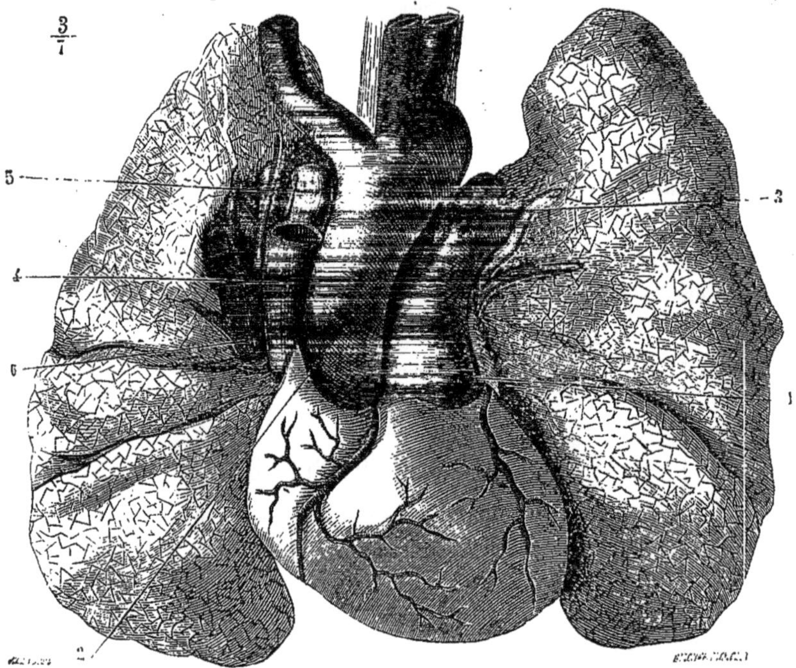

Fig. 125. — *Cœur et gros vaisseaux (face antérieure)* (*).

La *branche droite*, située en arrière de la partie ascendante de l'aorte et de la veine cave supérieure, se place au-dessous de la branche correspondante et arrive ainsi au poumon. Elle est située immédiatement au-dessus de l'oreillette droite; elle est un peu moins longue et un peu plus grosse que la branche gauche, elle mesure 21 millimètres de diamètre.

La *branche gauche*, placée également au-dessus de l'oreillette gauche, est à son origine en rapport en arrière avec la branche correspondante qui passe ensuite au-dessous d'elle. En avant et en dehors se trouvent les veines pulmonaires gauches qui la croisent. Cette branche mesure 19 millimètres de diamètre. (Pour la distribution ultérieure de ces vaisseaux, voy. *Splanchnologie.*)

Chez le fœtus, l'artère pulmonaire communique avec l'aorte, au moyen d'une large anastomose connue sous le nom de *canal artériel*. Ce canal vient s'aboucher dans l'aorte, un peu au-dessous de la naissance de l'artère sous-clavière gauche; sa direction est oblique de bas en haut, de droite à gauche et un peu d'avant en arrière, de sorte que le sang qui le parcourt tend à passer dans

(*) 1) Artère pulmonaire. — 2) Aorte. — 3) Cordon fibreux provenant de l'oblitération du canal artériel. — 4) Veine cave supérieure. — 5) Grande veine azygos. — 6) Veine pulmonaire droite.

l'aorte descendante et non pas à remonter vers les organes céphaliques. D'abord beaucoup plus volumineux que les branches destinées au poumon, le canal artériel diminue peu à peu, et déjà au terme de la vie intra-utérine, le volume de ces dernières est égal au sien. Il s'oblitère à la naissance, et n'est bientôt plus représenté que par un cordon fibreux étendu de l'artère pulmonaire à l'aorte.

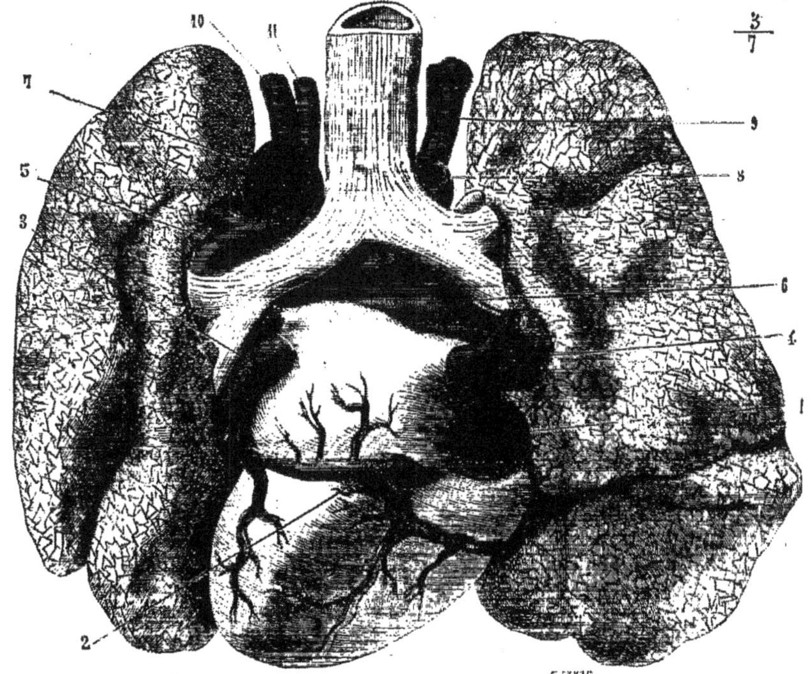

FIG. 126. — *Cœur et gros vaisseaux (face postérieure)* (*).

ARTICLE II. — ARTÈRE AORTE

Préparation. — Après avoir étudié l'origine de l'aorte et sa portion ascendante au moyen de la préparation que nous avons indiquée pour l'artère pulmonaire, ouvrir largement le côté gauche de la poitrine, enlever le poumon gauche en sectionnant sa racine, l'aorte thoracique se trouvera aussitôt. Pour l'aorte abdominale, voy. les préparations du tronc cœliaque, des mésentériques et des iliaques.

L'*aorte* s'étend depuis le ventricule gauche jusqu'au niveau de la quatrième vertèbre lombaire. A son origine elle se trouve placée en arrière de l'artère pulmonaire et se dirige d'abord en haut en avant et à droite pour contourner ce vaisseau, puis elle remonte presque verticalement et, au niveau de la réflexion du péricarde, elle s'infléchit et constitue une arcade connue sous le nom de *crosse de l'aorte*. Pour bien comprendre la direction de cette courbure, il est nécessaire de se rappeler que le plan dans lequel est comprise l'origine de l'aorte est plus antérieur que le plan de la colonne vertébrale qu'elle doit gagner, que de plus, à son émergence du ventricule gauche, elle est située un

(*) 1) Veine cave inférieure. — 2) Grande veine coronaire. — 3) Veine pulmonaire gauche. — 4) Veine pulmonaire droite. — 5) Artère pulmonaire (branche gauche). — 6) Artère pulmonaire (branche droite). — 7) Aorte. — 8) Grande veine azygos. — 9) Tronc artériel brachio-céphalique. — 10) Artère sous-clavière gauche. — 11) Artère carotide primitive gauche.

peu à droite de la ligne médiane, tandis que c'est la face latérale gauche du corps de la troisième vertèbre dorsale qu'elle va gagner. Il en résulte que la crosse aortique est dirigée de droite à gauche et d'avant en arrière.

L'aorte appliquée sur le côté gauche des corps vertébraux se dirige ensuite vers l'anneau des piliers du diaphragme pour passer dans l'abdomen. Cet anneau musculaire est situé à peu près dans le plan médian. L'artère tend donc à se rapprocher insensiblement de ce plan, qu'elle continue à occuper jusqu'à sa terminaison au niveau de la quatrième vertèbre lombaire. Il est inutile de dire qu'appliquée sur le rachis, elle en suit les courbures, qu'elle est concave en avant, à la région dorsale, et convexe dans le même sens, aux lombes.

Au niveau des valvules sigmoïdes, le calibre de l'aorte présente trois renflements, qui correspondent à ces replis. Les *sinus aortiques*, sur une artère injectée, offrent l'apparence de trois bosses saillantes, occupant chacune le tiers de la circonférence du vaisseau (fig. 118).

On est dans l'usage de diviser l'aorte en trois parties : 1° la *crosse de l'aorte*, comprise de l'origine du vaisseau jusqu'au point où la branche gauche le croise perpendiculairement ; 3° l'*aorte thoracique*, qui s'étend jusqu'aux piliers du diaphragme ; 3° l'*aorte abdominale*.

1° La *crosse de l'aorte* répond d'abord à son origine, en arrière, aux deux oreillettes, à droite à l'auricule de ce côté, à gauche au tronc de l'artère pulmonaire, et, en avant, à l'infundibulum. Le péricarde, en se réfléchissant, lui fournit un feuillet séreux qui l'entoure jusqu'à une hauteur variable, mais qui répond d'ordinaire au point où l'artère pulmonaire s'engage au-dessous d'elle. A ce niveau, la veine cave supérieure est parallèle à l'aorte et située à sa droite; la branche droite de l'artère pulmonaire lui est, au contraire perpendiculaire et passe en arrière d'elle.

Dans son trajet oblique en arrière et à gauche, l'aorte répond successivement à la terminaison de la trachée, à la branche gauche qui se place dans la crosse, et de postérieure lui devient antérieure, puis à l'œsophage et à la colonne vertébrale. Elle est croisée en avant par le nerf phrénique gauche; sa partie supérieure est embrassée par le nerf récurrent gauche, qui se réfléchit autour d'elle. L'aorte est séparée du poumon gauche par le feuillet correspondant du médiastin. D'après Sappey, la convexité de la crosse est située, chez l'adulte, à $0^m,020$ ou $0^m,025$ au-dessous de la fourchette sternale, à $0^m,012$ ou $0^m,015$ chez le vieillard, à $0^m,008$ ou $0^m,010$ chez l'enfant.

2° L'*aorte thoracique* répond, en dedans, à la colonne vertébrale sur laquelle elle est appliquée, au canal thoracique qui, au niveau de la quatrième vertèbre dorsale, le croise à angle très-aigu en se plaçant en arrière d'elle ; à gauche ou en dehors elle est séparée du poumon par le feuillet du médiastin. L'œsophage est d'abord situé en dedans de l'aorte, et plus bas en avant de ce vaisseau.

3° Dans l'abdomen, l'*aorte* longe la face antérieure du corps des vertèbres lombaires; elle est placée en arrière du pancréas et de la partie inférieure du duodénum, puis elle est recouverte par les circonvolutions de l'intestin grêle. Chez les sujets maigres l'on peut, à travers les parois du ventre, en déplaçant les anses intestinales, arriver à la comprimer sur les corps de la troisième et de la quatrième vertèbre des lombes. L'aorte abdominale est longée sur son côté droit par la veine cave inférieure dont la direction lui est parallèle.

A la hauteur de la quatrième vertèbre lombaire, l'aorte se bifurque à angle aigu. Les deux branches qu'elle fournit sont désignées sous le nom d'*artères iliaques primitives*. Entre ces deux troncs vasculaires et sur le plan postérieur de l'aorte, naît, chez l'homme, un rameau assez grêle qui continue la direction du tronc aortique, c'est l'artère *sacrée moyenne*. S'il est rudimentaire dans l'espèce humaine, il est d'autant plus développé chez les animaux que chez eux l'appendice caudal présente des dimensions plus considérables, et quand le volume de cet appendice l'emporte sur celui des membres postérieurs, comme chez les lézards par exemple, la sacrée moyenne l'emporte aussi par son volume sur les iliaques, il existe donc alors une véritable *aorte caudale*.

L'aorte fournit un grand nombre de branches, puisque d'elle et de ses divisions doivent naître toutes les artères du corps. Toutes celles qui amènent le sang aux extrémités inférieures et aux organes contenus dans le bassin, sont des divisions des artères iliaques primitives. Celles qui vont à la tête et aux membres supérieurs naissent de la convexité de la crosse, au nombre de trois branches : deux pour le côté gauche, une seule, qui se divisera plus loin, pour le côté droit. Si l'on s'est bien rendu compte de l'obliquité de la direction de la crosse aortique, il sera aisé de comprendre que la branche destinée au côté droit, le *tronc brachio-céphalique*, naît plus à droite et plus en avant que les deux artères destinées au côté gauche, et que, de plus, la *sous-clavière gauche* est située plus profondément en arrière et plus à gauche que la carotide primitive du même côté. Nous y reviendrons en parlant de chacune de ces artères en particulier.

Les *branches antérieures* de l'aorte descendante sont toutes destinées aux organes splanchniques qui se trouvent sur son trajet.

Les *branches postérieures et latérales*, au contraire, vont aux parois du tronc.

Il est bon de se rappeler cependant que les branches pariétales peuvent fournir également des rameaux aux organes avoisinants, et que, d'autre part, les troncs splanchniques peuvent donner des rameaux pariétaux, ce qui, traduit en langage physiologique, revient à dire que la constitution du liquide artériel étant une et constante, il n'y a aucun inconvénient à ce qu'un même vaisseau fournisse des branches à des muscles, à des os ou à des glandes et des organes centraux.

Au niveau de la crosse de l'aorte, surtout chez le vieillard, il existe toujours, alors même que l'artère n'est pas malade, une dilatation du calibre du vaisseau. On la désigne sous le nom de *sinus de l'aorte*. Elle paraît due au choc incessant de l'ondée sanguine. C'est à la plus grande dimension de ce sinus qu'il faut attribuer la différence de rapport de la partie supérieure de la crosse avec la fourchette sternale chez l'adulte et chez le vieillard.

Nous suivrons l'ordre généralement admis, et nous décrirons d'abord les branches de l'aorte thoracique et abdominale, en la prenant depuis son origine jusqu'à sa division, puis nous étudierons les branches ascendantes et enfin les troncs terminaux.

Il y a bien quelques inconvénients à procéder ainsi, à cause des anastomoses des différents vaisseaux entre eux, mais, d'un autre côté, les avantages de cette méthode l'emportent de beaucoup sur les inconvénients, que nous tâcherons, au reste, de pallier en rappelant toujours l'origine des rameaux anastomotiques et en renvoyant à la description des branches qui les fournissent [1].

[1] Les chiffres romains qui suivent la dénomination des artères se rapportent au tableau de la page 336 et indiquent ainsi le calibre de chacun de ces vaisseaux.

§ I. — Branches thoraciques et abdominales de l'aorte.

I. Branches sus-diaphragmatiques

1° Artères coronaires du cœur (IV).

Préparation. — Injecter par la carotide primitive et non par l'aorte ; sortir soigneusement le cœur de la poitrine, soit isolément, soit avec les poumons ; enlever le péricarde et le tissu adipeux ; rejeter à droite l'artère pulmonaire ou mieux encore la sectionner à son origine.

Les premières branches fournies par l'aorte sont les *artères cardiaques* ou *coronaires*.

Au nombre de deux, les artères coronaires fournissent chacune une branche située dans le sillon auriculo-ventriculaire, et une autre dans le sillon interventriculaire, d'où résultent, par leurs anastomoses, deux grands cercles entourant le cœur et comparables, l'un à un méridien, l'autre à un équateur.

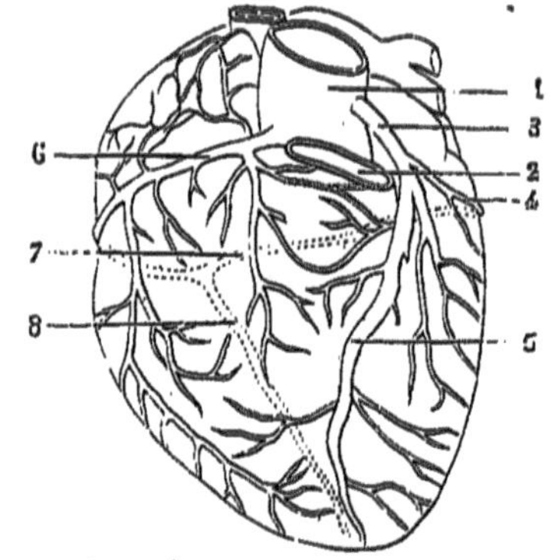

Fig. 127. — *Schéma destiné à faire comprendre les deux cercles des artères coronaires* (*).

Elles naissent toutes deux de l'aorte, à très-peu de distance au-dessus du bord libre des valvules sigmoïdes. Les recherches que j'ai fait faire sur ce point et qui ont été exposées par M. Renoult [1], démontrent que toujours les orifices des artères coronaires sont situés au-dessus du niveau des sigmoïdes.

L'*artère coronaire antérieure* ou *gauche* (fig. 112, 9) est à son origine assez profondément située entre l'extrémité de l'auricule gauche et l'infundibulum. Au moment où elle se dégage de cet espace, elle fournit sa *branche auriculo-ventriculaire*, qui se dirige à gauche, logée dans le sillon séparant ces deux poches cardiaques, les contourne et vient en arrière s'anastomoser avec la branche correspondante de la coronaire droite. Dans ce trajet elle donne des rameaux ventriculaires et des rameaux auriculaires plus grêles.

Le tronc de la coronaire gauche continue sa direction primitive dans le sillon interventriculaire et arrive ainsi jusqu'à la pointe du cœur, où elle s'anastomose avec les rameaux terminaux de la coronaire droite. Elle fournit dans ce trajet des branches nombreuses destinées aux ventricules, surtout au ventricule gauche, et un rameau grêle et constant, qui pénètre jusqu'à la cloison dans laquelle il se distribue.

L'*artère coronaire droite* ou *postérieure* (fig. 114, 5) naît sur le côté droit du tronc aortique et se trouve comprise à son origine entre l'auricule droite et le bord de l'infundibulum, elle chemine d'abord dans le sillon auriculo-ventriculaire droit et gagne ainsi la face postérieure du cœur. Au niveau du point d'intersection des deux sillons de cette face, elle se divise en deux branches : l'une, beaucoup moins volumineuse, continue la direction primitive de l'artère et vient

[1] Renoult, *Thèse*. Strasbourg.

(*) 1) Aorte. — 2) Artère pulmonaire coupée à son origine. — 3) Artère coronaire antérieure. — 4) Sa branche auriculo-ventriculaire. — 5) Sa branche ventriculaire. — 6) Artère coronaire postérieure. — 7) Sa branche auriculo-ventriculaire. — 8) Sa branche ventriculaire (les lignes ponctuées indiquent la continuation des vaisseaux sur la face postérieure du cœur).

s'anastomoser avec la branche auriculo-ventriculaire de la coronaire gauche ; l'autre, d'un calibre plus considérable, descend dans le sillon interventriculaire et vient à la pointe du cœur s'anastomoser avec la terminaison de la cardiaque antérieure.

Ces deux branches fournissent dans leur trajet des rameaux analogues à ceux fournis par la coronaire antérieure.

A peu de distance de leur origine, les deux artères cardiaques émettent chacune deux rameaux très-grêles destinés à l'artère pulmonaire et à l'aorte. Ces rameaux s'anastomosent entre eux et communiquent de plus avec l'artère bronchique gauche.

2° Artères bronchiques (fig. 130, 2).

On en trouve plus ordinairement deux, plus rarement trois ou quatre.

La *bronchique gauche* provient toujours de la concavité de la crosse aortique, elle gagne ensuite la bronche gauche, avec laquelle elle pénètre dans le poumon. Elle fournit des rameaux œsophagiens, des ramuscules destinés au tronc de l'aorte et anastomotiques avec les cardiaques, des rameaux à l'oreillette gauche et d'autres, très-grêles, aux ganglions bronchiques avoisinants.

La *bronchique droite* tire son origine tantôt isolément de la concavité de l'aorte, tantôt d'un tronc commun avec la précédente Très-souvent aussi elle provient de la première intercostale aortique. Elle gagne la bronche correspondante et donne des rameaux collatéraux à l'œsophage, à la trachée, au péricarde et au médiastin. (Pour la distribution de ces artères dans les poumons et leurs anastomoses avec l'artère pulmonaire, voy. la *Splanchnologie.*)

3° Artères œsophagiennes (fig. 130, 3).

De la partie antérieure de l'aorte naît une série de petits rameaux artériels, dont le nombre varie de 3 à 6. Ils sont destinés à la partie de l'œsophage qui est en rapport avec l'aorte. Ces rameaux fournissent tous de petites branches ascendantes et descendantes qui communiquent les unes avec les autres. Les plus élevées s'anastomosent avec les rameaux œsophagiens de la partie supérieure de ce canal, rameaux qui proviennent de la thyroïdienne inférieure ; les derniers communiquent avec de petites branches ascendantes venues de la coronaire stomachique.

L'aorte fournit encore dans sa partie thoracique quelques petites artérioles destinées au médiastin et connues sous le nom de *médastines postérieures*. Elles s'anastomosent avec des rameaux très-grêles, les *médiastines antérieures*, qui proviennent de la mammaire interne.

II. — Branches sous-diaphragmatiques

Préparation. — Avant de faire l'injection, il est bon, si l'on veut avoir une bonne pièce d'étude, de lier les artères fémorales ainsi que le tronc brachio céphalique, la carotide et la sous-clavière gauche. On pourra alors injecter par la crosse de l'aorte. On peut encore lier tous les vaisseaux que je viens de désigner, sauf la carotide gauche, par laquelle on fera pénétrer le liquide. Ouvrir alors largement la poitrine et l'abdomen, rejeter à droite le paquet intestinal, arriver à l'aorte en arrière du péritoine et enlever soigneusement le tissu connectif sous-péritonéal ; étudier d'abord l'origine du tronc cœliaque et des deux mésentériques, puis enlever tous les intestins, l'estomac, le foie et la rate, pour procéder à l'étude des diaphragmatiques inférieures, des rénales, des spermatiques.

1° Artères diaphragmatiques inférieures (fig. 130,5)

Immédiatement après avoir franchi l'anneau du diaphragme, l'aorte fournit par sa face antérieure deux branches qui naissent, tantôt isolément, tantôt par un tronc commun, ce sont les *artères diaphragmatiques inférieures*, qui quelquefois proviennent aussi du tronc cœliaque. Ces deux artères se portent toujours obliquement en dehors, en haut et en avant, appliquées sur les piliers du diaphragme. Elles se divisent bientôt en deux branches, dont l'une, l'*interne*, gagne l'anneau œsophagien, s'anastomose avec celle du côté opposé en formant ainsi une arcade, de la convexité de laquelle partent des rameaux destinés au centre phrénique. La *branche externe* continue le trajet du tronc primitif, puis se recourbe en dehors et en arrière, et s'anastomose au niveau du rebord des fausses côtes avec des branches de terminaison des dernières intercostales et de la musculo-phrénique. Les rameaux qu'elle fournit se perdent dans la partie charnue du diaphragme et communiquent avec la diaphragmatique supérieure.

Avant sa division en deux branches, la diaphragmatique inférieure fournit une branche connue sous le nom de *capsulaire supérieure*, qui est destinée à la capsule surrénale (fig. 130, 6).

2° Tronc cœliaque (fig. 128, 1).

Aussitôt après l'origine des diaphragmatiques, l'aorte fournit un tronc volumineux, dont la direction est perpendiculaire à son axe. Ce *tronc* ou *artère cœliaque*, d'une longueur qui ne dépasse guère 0m,01, se divise en trois branches importantes :

1° L'artère coronaire stomachique ;
2° L'artère hépatique ;
3° L'artère splénique.

A. Artère coronaire stomachique (fig. 128, 2), (III).

D'un calibre inférieur à celui des deux autres branches du tronc cœliaque, cette artère se dirige d'abord en avant et en haut pour gagner le côté interne du cardia ; là elle se recourbe, se dirige en bas et à droite en longeant la petite courbure de l'estomac, vers l'extrémité de laquelle elle s'anastomose avec les rameaux de l'artère pylorique, branche de l'hépatique. La coronaire stomachique n'est pas immédiatement appliquée sur les parois de l'estomac vide, elle en reste à quelque distance entre les feuillets de l'épiploon gastro-hépatique.

Elle fournit : au niveau du cardia, quelques rameaux œsophagiens, et, au moment où elle se recourbe de gauche à droite, quelques vaisseaux assez gros, destinés au grand cul-de-sac de l'estomac, qu'ils entourent. Ces rameaux communiquent avec les vaisseaux courts, branches de la splénique. Dans tout son trajet le long de la petite courbure, la coronaire stomachique émet des branches antérieures et postérieures, qui s'anastomosent avec des rameaux analogues des gastro-épiploïques.

B. Artère hépatique (fig. 128, 3), (II).

Cette artère se porte du tronc cœliaque au sillon transverse du foie, par conséquent de gauche à droite et de bas en haut. Dans ce sillon elle se divise en deux branches terminales destinées aux deux lobes hépatiques.

Située entre les deux feuillets de l'épiploon gastro-hépatique, cette artère répond d'abord au lobule de Spiegel, et se place ensuite en arrière de la veine porte et du canal cholédoque. (Entourés par le péritoine, ces trois vaisseaux limitent en avant l'*hiatus de Winslow).*

L'artère hépatique fournit :

1° *L'artère pylorique* (fig. 128, 5), (V). Cette branche, peu volumineuse, descend d'abord jusqu'au niveau du pylore, se recourbe ensuite de droite à gauche, s'applique sur la petite courbure et s'anastomose avec la coronaire stomachique, en complétant ainsi la grande arcade artérielle qui entoure le bord supérieur de l'estomac. Les rameaux se distribuent à la partie terminale de cet organe et au commencement du duodénum.

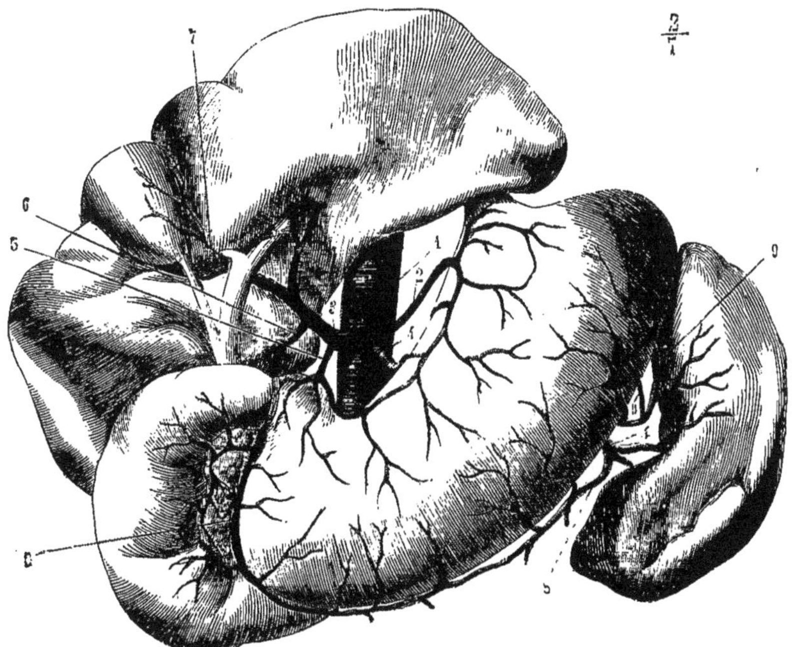

FIG. 128. — *Tronc cœliaque et ses branches* (*).

2° La *gastro-épiploïque droite* (fig. 128, 6), (IV). Beaucoup plus volumineuse que la précédente, cette artère descend en arrière de la première portion du duodénum, qu'elle croise presque perpendiculairement, se recourbe ensuite de droite à gauche, longe la grande courbure de l'estomac sans s'appliquer à ses parois, fournit *des rameaux ascendants* aux deux faces de cet organe, *des rameaux descendants* très-longs et très-grêles à l'épiploon, et s'anastomose par sa partie terminale avec la *gastro-épiploïque gauche*, branche de la splénique.

Les rameaux épiploïques sont situés à leur origine entre les deux feuillets de la lame antérieure du grand épiploon ; arrivés à son bord libre, ils se recourbent comme ces deux feuillets, restent appliqués entre eux dans la lame postérieure et arrivent jusqu'au côlon transverse.

Au niveau de l'endroit où elle se recourbe pour longer le bord inférieur de l'estomac, la gastro-épiploïque droite fournit l'*artère pancréatico-duodénale*

(*) L'estomac est vu en place, le foie est rejeté en haut de manière à montrer sa face inférieure. — 1) Tronc cœliaque. — 2) Coronaire stomachique. — 3) Hépatique. — 4, 4) Splénique. — 5) Pylorique. — 6, 6) Gastro-épiploïque droite. — 7) Cystique. — 8) Gastro-épiploïque gauche. — 9, 9) Vaisseaux courts.

(fig. 129, 5), (V), qui descend de la tête du pancréas, longe le bord concave de la deuxième portion du duodénum, donne des branches à ces deux organes et s'anastomose par son extrémité avec un rameau venu de la mésentérique supérieure.

3° Avant de se diviser dans le sillon transverse, l'artère hépatique fournit encore l'*artère cystique* (fig. 129, 7), qui provient souvent de la branche destinée au lobe droit du foie. Elle se distribue à la vésicule biliaire, qu'elle longe depuis le col jusq'au fond, et présente toujours deux petites divisions, dont l'une est situé entre le foie et la vésicule, et l'autre sur la surface libre de ce réservoir.

C. Artère splénique (fig. 129, 7), (II).

La splénique dépasse par son calibre les deux autres branches du tronc cœliaque. Elle se porte de droite à gauche vers la scissure de la rate où elle se divise en 5 ou 6 branches, qui pénètrent dans cette glande vasculaire sanguine.

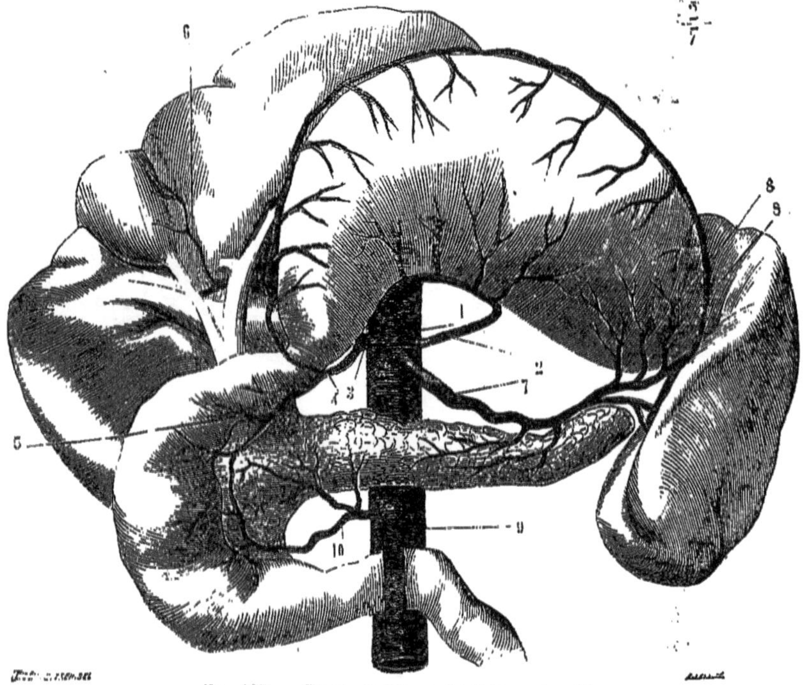

Fig. 129. — *Tronc cœliaque et ses branches* (*).

Müller et Frey avaient établi que, dans l'intérieur de la rate, les artères et les veines ne communiquent pas par des capillaires, mais par des espaces lacunaires constitués par le réticulum de la pulpe ; cette opinion vient d'être confirmée par les recherches de mesdames Olga Stoph et Sophie Hasse.

Dans ce trajet elle est située en arrière de l'estomac, au-dessus du pancréas, dont elle longe le bord supérieur et auquel elle fournit de nombreux rameaux.

(*) L'estomac est renversé en haut, pour montrer la splénique. — 1) Tronc cœliaque. — 2) Coronaire stomachique. — 3) Hépatique. — 4) Gastro-épiploïque droite. — 5) Pancréatico-duodénale. — 6) Cystique. — 7) Splénique. — 8, 8) Vaisseaux courts. — 9) Mésentérique supérieure. — 10) Rameau pancréatico-duodénal de la mésentérique.

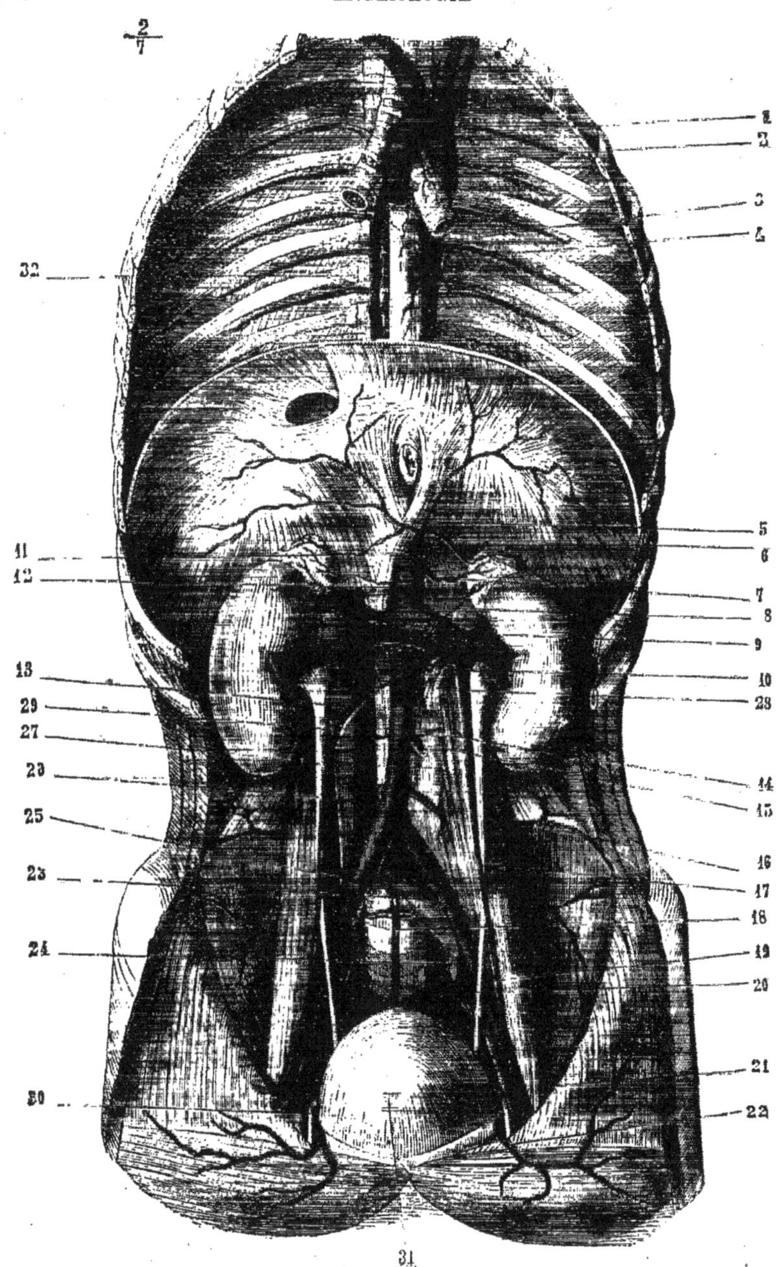

Fig. 130. — *Aorte et ses branches* (*).

(*) 1) Aorte. — 2) Artère bronchique. — 3) Artères œsophagiennes. — 4) Artère et veine intercostales. — 5) Artère diaphragmatique inférieure. — 6) Artère capsulaire supérieure. — 7) Artère capsulaire moyenne. — 8) Artère capsulaire inférieure. — 9) Artère rénale. — 10) Artère spermatique gauche. — 11) Tronc cœliaque coupé. — 12) Artère mésentérique supérieure coupée. — 13) Artère spermatique droite. — 14) Artère et veine lombaires. — 15) Artère mésentérique inférieure coupée. — 16) Artère iléo-lombaire. — 17) Artère iliaque primitive. — 18) Artère sacrée moyenne. — 19) Artère iliaque

Près de la rate, elle se trouve entre les feuillets de l'épiploon gastro-splénique. Cette artère est remarquable par les nombreuses inflexions verticales qu'elle présente toujours.

Au niveau du grand cul-de-sac de l'estomac, la splénique fournit la *gastro-épiploïque gauche* (fig. 128, 8) (V), qui gagne le côté correspondant de la grande courbure, et s'anastomose avec la gastro-épiploïque droite, dont elle imite la distribution.

Un peu plus loin et aussi souvent d'une des branches que du tronc même de la splénique, naissent les *vaisseaux courts* (fig. 128, 9), qui se portent vers la grosse tubérosité de l'estomac, qu'ils longent de bas en haut en s'anastomosant avec les branches de la coronaire stomachique.

Nous renvoyons la desciption de la *mésentérique supérieure*, qui naît de l'aorte immédiatement au-dessous du tronc cœliaque, jusqu'au moment où nous nous occuperons de la *mésentérique inférieure*, ne voulant pas scinder l'étude des artères intestinales.

3° Artères capsulaires moyennes (fig. 130, 7), (VI).

Nées sur le côté latéral du tronc aortique, entre la mésentérique supérieure et les rénales, ces petites artères se portent transversalement en dehors, et gagnent les capsules surrénales. Elles émettent des rameaux destinés aux faces antérieure et postérieure de cet organe, et s'anastomosent avec les *capsulaires supérieures*, branches de la diaphragmatique inférieure, et avec les *capsulaires inférieures*, branches des rénales.

4° Artères rénales (fig. 130, 9), (II).

Les artères rénales, très-remarquables par leur volume et leur direction transversale, naissent au niveau de la deuxième vertèbre lombaire et gagnent le hile du rein. Elles pénètrent dans la glande après s'être divisées en plusieurs branches, dont l'une passe toujours en arrière du bassinet.

Il n'est pas rare de trouver les rénales divisées dès leur point d'origine; dans ce cas, la branche inférieure, au lieu de gagner le hile, pénètre dans la glande par sa partie la plus déclive; d'autres fois, mais plus rarement, au lieu d'une artère se divisant en plusieurs branches, l'on voit plusieurs rénales naître directement de l'aorte.

Les rénales sont appliquées en arrière sur les piliers du diaphragme et sur la capsule graisseuse du rein; en avant elles répondent aux veines rénales. A droite, l'artère rénale est recouverte près de son origine par la veine cave inférieure; la troisième portion du duodénum lui est parallèle et la recouvre en avant.

Les artères rénales fournissent les *capsulaires inférieures*, qui se rendent à la capsule surrénale.

5° Artères spermatiques (fig. 130, 10 et 13), (V).

Ces artères, si remarquables par la longueur de leur trajet comparée à leur petit volume, naissent sur le plan antéro-latéral de l'aorte, se dirigent obliquement de haut en bas et un peu de dedans en dehors, vers le côté latéral du

externe. — 20) Artère iliaque interne. — 21) Artère circonflexe iliaque. — 22) Artère épigastrique. — 23) Veine iliaque primitive gauche. — 24) Veine iliaque interne. — 25) Veine iliaque primitive droite. — 26) Veine cave inférieure. — 27) Veine spermatique droite s'ouvrant dans la veine cave. — 28) Veine spermatique gauche s'ouvrant dans la veine rénale gauche. — 29) Uretère. — 30) Canal déférent. — 31) Vessie. — 32) Veine azygos.

détroit supérieur. Dans ce trajet elles répondent : en avant, au péritoine ; en arrière, au psoas et à l'uretère, qu'elles croisent. (La spermatique droite passe au devant de la veine cave inférieure.) Elles sont accompagnées par les veines spermatiques, situées à leur côté externe. Leurs rapports avec la masse intestinale varient des deux côtés du corps ; à droite, l'artère spermatique répond au cæcum, à gauche à l'S iliaque.

L'*artère spermatique*, chez l'homme, continue son trajet en longeant les bords du détroit supérieur, appliquée sur le fascia iliaca, arrive à l'entrée du canal inguinal, le traverse en se réunissant à tous les autres éléments du cordon et gagne le testicule. A peu de distance au-dessus de cette glande, l'artère spermatique se divise en deux branches : l'une *postérieure*, plus petite, se porte sur l'épididyme, à l'extrémité duquel elle s'anastomose avec des rameaux de la déférentielle, branche de la vésicale, venue elle-même de l'hypogastrique. La seconde, *branche postéro-antérieure*, plus volumineuse, est destinée à la glande spermatique, qu'elle aborde par le corps d'Highmore.

Dans son trajet, l'artère spermatique fournit des rameaux très-grêles, qui se perdent sur le cordon et arrivent jusqu'aux téguments de la racine des bourses, où ils communiquent avec la terminaison des honteuses externes.

Chez la femme, l'*artère utéro-ovarienne*, au lieu de se porter en dehors vers le canal inguinal, se porte en bas et en dedans, vers l'ovaire, dont elle longe le bord supérieur en émettant des ramuscules destinés à cette glande et à la trompe. Elle continue alors son trajet, arrive à l'angle de l'utérus et se divise en branches nombreuses, anastomosées avec l'artère utérine venue de l'hypogastrique.

6° Artère mésentérique supérieure (fig. 131). (1).

Préparation. — Ouvrir l'abdomen, rejeter le paquet intestinal à gauche en étalant autant que possible le mésentère. Enlever avec soin l'un des feuillets du mésentère, au-dessous duquel on trouvera les branches de l'intestin grêle. En faire autant du côté du côlon. Isoler les artères de tout le tissu graisseux qui les entoure.

Cette artère, d'un volume assez considérable, part de la face antérieure de l'aorte, à peu de distance au-dessous du tronc cœliaque. A son origine, elle est située en arrière du pancréas, dont elle croise perpendiculairement la face postérieure. Arrivée au niveau du bord inférieur de cette glande, la mésentérique supérieure se dégage, passe entre lui et le bord supérieur de la troisième portion du duodénum et descend verticalement au devant de la face antérieure de cet intestin. Elle pénètre alors entre les deux lames du mésentère, qu'elle parcourt jusqu'à son extrémité, en décrivant une courbe à concavité dirigée à droite et en arrière.

Avant de pénétrer dans le repli mésentérique, cette artère fournit des rameaux pancréatiques et duodénaux. Elle donne aussi une petite branche qui naît sur le côté droit de la mésentérique supérieure au niveau du bord inférieur du pancréas, se dirige de gauche à droite, longe la courbure de la deuxième portion du duodénum et s'anastomose avec la *pancréatico-duodénale*, branche de la gastro-épiploïque droite (fig. 118). De la convexité de la courbe décrite dans le mésentère, partent des branches volumineuses, dont le nombre varie de quinze à vingt. Il est aisé de comprendre que les plus longues sont celles qui gagnent la partie moyenne de l'intestin grêle, en raison même de la disposition du mésentère. Vers le milieu de l'espace compris entre le tronc de l'artère et le bord adhérent de l'intestin, ces divisions se partagent toutes en deux branches, *l'une ascendante*, *l'autre descendante*, qui s'anastomosent. Il en résulte une série d'*arcades*, de la convexité de chacune desquelles partent deux ou trois rameaux, qui se divisent à leur tour en branches ascendantes et descendantes formant de nouvelles *arcades secondaires* qui se comportent comme les précédentes et fournissent des rameaux plus nombreux, d'où naît une *troisième série d'arcades* (V), dont les ramifications terminales entourent les deux faces opposées de l'intestin en s'anastomosant sur son bord libre. Il est presque inutile de faire remarquer qu'elles sont situées au-dessous de la tunique séreuse. Les ramuscules terminaux traversent la couche musculeuse et vont à la couche sous-muqueuse, où ils donnent des branches multiples et vont se terminer dans la muqueuse où le microscope permet de distinguer les artérioles des villosités et les artérioles péri-glandulaires.

De la concavité de la courbure décrite par la mésentérique supérieure, naissent tantôt deux, tantôt trois branches connues sous le nom d'*artères coliques droites*. Elles gagnent le mésocôlon ascendant et s'y ramifient.

La *première* ou *supérieure* naît au-devant du duodénum, ou à peu de distance au-dessous de lui, se porte à droite et se divise en :

1° *Branche ascendante*, qui décrit une arcade, la plus grande du corps humain, au-dessous du côlon transverse, en s'anastomosant avec la branche ascendante de la première colique gauche venue de la mésentérique inférieure ;

2° *Branche descendante de la première colique droite*, qui s'anastomose avec la branche ascendante de la colique droite moyenne, quand elle existe, ou de la colique droite inférieure.

Les deux dernières coliques droites naissent très-souvent, par une origine commune, du milieu de la longueur du tronc de la mésentérique supérieure. (C'est là ce qui existait chez le sujet qui a servi à la préparation représentée dans la fig. 131). Quand elles sont séparées, la colique moyenne naît au-dessus de ce point et l'inférieure au-dessous.

La colique droite moyenne se divise en branche ascendante, anastomosée avec la colique droite supérieure, et en branche descendante, qui communique avec l'inférieure du même côté.

La colique droite inférieure, anastomosée par sa branche ascendante avec la moyenne, communique par sa division descendante avec les branches terminales du tronc de la mésentérique.

De toutes ces anastomoses résultent de grandes courbes à convexité dirigée du côté de l'intestin, d'où partent des branches qui constituent, en certains points, des arcades de second ordre. Il en émane un grand nombre de divisions, qui se portent vers le côlon, sur lequel elles se terminent comme les branches de l'intestin grêle.

L'arcade inférieure, constituée par l'anastomose de la terminaison du tronc de la mésentérique avec la colique inférieure, fournit ses rameaux au cæcum ; l'un d'entre eux, plus long que ses congénères, passe en arrière de l'étranglement iléo-cæcal et se ramifie sur l'appendice vermiforme de cet intestin.

7° Artère mésentérique inférieure (fig. 132, 3), (III et IV).

Nous venons de voir la mésentérique supérieure fournir des branches à toutes les parties de l'intestin comprises entre la deuxième portion du duodénum et le milieu du côlon transverse; c'est l'*artère mésentérique inférieure*, qui est chargée d'amener le sang à toute l'étendue du canal intestinal située au-dessous de ce point.

La *mésentérique inférieure*, moins volumineuse que la précédente, naît sur le côté antérieur et latéral gauche de l'aorte à 0m,04 ou 0m,05 au-dessus de sa bifurcation. Elle se place aussitôt entre les deux feuillets du mésocôlon descendant, se dirige en bas et un peu à gauche pour gagner les côtés latéraux du

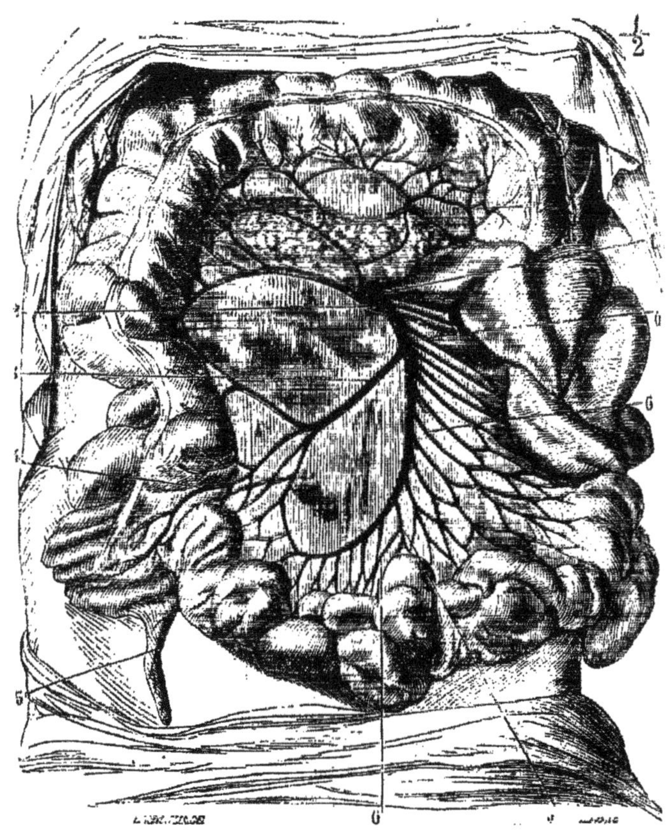

Fig. 131. — *Artère mésentérique supérieure* (*).

rectum, où elle se divise en deux branches terminales connues sous le nom d'*hémorrhoïdales supérieures*. Elles embrassent le rectum de leurs rameaux et communiquent avec les hémorrhoïdales moyennes, branches de l'hypogastrique. Leur volume est en raison inverse de celui de ces dernières.

Constantinowitch a fait des recherches sur la circulation rectale. D'après lui, les artères hémorrhoïdales supérieures appartiennent exclusivement au rectum; jusqu'au niveau de l'ampoule rectale elles se distribuent aux trois couches de cet intestin, au niveau du sphincter, elles ne vont plus qu'à la muqueuse et

(*) 1) Tronc de la mésentérique supérieure, se dégageant au-dessous du pancréas. — 2) Première colique droite. — 3) Deuxième colique droite. — 4) Extrémité terminale de la mésentérique supérieure. — 5) Branche de l'appendice cæcal. — 6, 6, 6, 6) Branches de la mésentérique et leurs arcades.

ce sont les hémorrhoïdales moyennes et inférieures, ainsi que la sacrée moyenne, qui se rendent à l'appareil musculaire de l'anus.

Entre les lames du mésocôlon, la mésentérique inférieure fournit deux ou trois branches *coliques gauches : supérieure*, *moyenne* et *inférieure*. Ces branches se portent en dehors et à gauche vers le côlon descendant et l'S iliaque. Elles se divisent comme les coliques droites, en branches ascendantes et

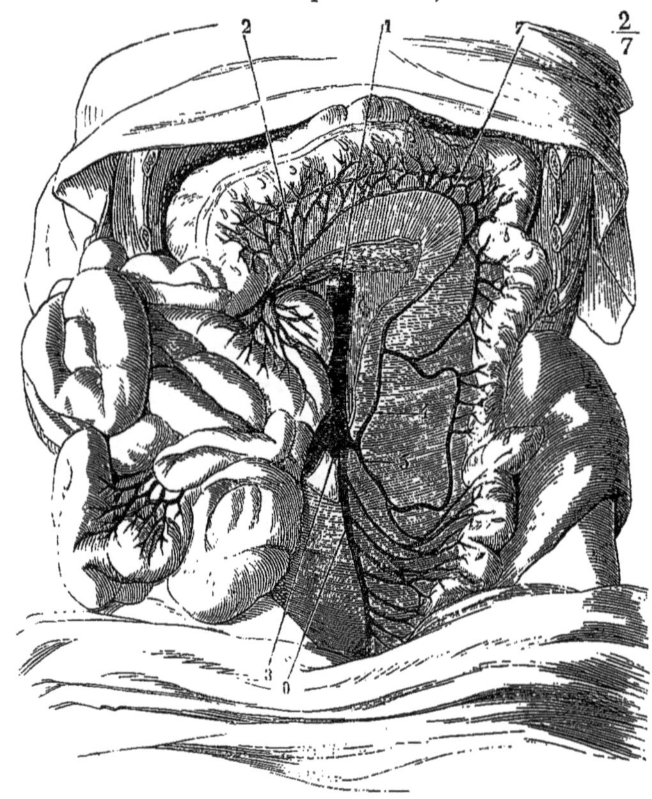

FIG. 132. — *Artère mésentérique inférieure* (*).

descendantes, qui se réunissent en arcades. La *branche ascendante de la colique gauche supérieure* s'anastomose avec la *branche descendante de la colique droite supérieure* et fournit des rameaux à la moitié gauche de l'arc du côlon. La *branche descendante de la colique gauche inférieure* s'anastomose avec des *rameaux des hémorrhoïdales supérieures*.

III. Branches pariétales

Artères intercostales aortiques (IV) et artères lombaires (IV-V) (fig. 130, 4, et 14).

Préparation. — Après avoir ouvert l'abdomen et le thorax, on enlèvera tous les viscères. On fera bien alors de retrancher une grande partie des côtes gauches, de façon à conserver in-

(*) 1) Aorte. — 2) Mésentérique supérieure. — 3) Mésentérique inférieure. — 4) Première colique gauche. — 5) Deuxième colique gauche. — 6) Troisième colique gauche, dont la disposition est anormale sur ce sujet. — 7) Grande arcade entre les premières coliques droite et gauche.

tact le côté droit du tronc. Disséquer alors soigneusement les artères intercostales jusqu'à leur extrémité ; avoir soin de ménager l'origine de la branche postérieure de ces vaisseaux ; la poursuivre entre les muscles du dos, et si l'injection a pénétré suffisamment, ouvrir le canal rachidien par la face postérieure et étudier les petits ramuscules spinaux.

Les branches artérielles destinées aux parois latérales du tronc se divisent en *intercostales* et en *lombaires*. Elles sont toutes situées dans les espaces intercostaux ou dans les espaces qui sépareraient les apophyses transverses des vertèbres lombaires (apophyses costiformes) si on les supposait prolongées jusqu'à leur réunion avec la ligne blanche. Les artères intercostales et lombaires décrivent donc ainsi des demi-circonférences, qui entourent le tronc et se réunissent par leurs anastomoses près de la ligne médiane.

Toutes les artères des parois latérales du tronc ne proviennent pas de l'aorte : ce vaisseau n'est, en effet, en rapport avec la colonne vertébrale que depuis la troisième vertèbre dorsale jusqu'à la quatrième lombaire. Les artères des deux premiers espaces intercostaux et celle qui passe entre l'apophyse transverse de la quatrième lombaire et le bord supérieur de l'os coxal, proviennent : les premières, de la *sous-clavière*, et la dernière, de l'*iléo-lombaire*, branche de l'hypogastrique. On voit même quelquefois la sous-clavière fournir des branches jusqu'aux troisième et quatrième espaces intercostaux.

Les *artères intercostales aortiques* varient dans leurs rapports à gauche et à droite ; cette différence est due à ce que, dans le thorax, le plan de l'aorte répond au côté gauche du corps des vertèbres. Nées de la partie postérieure de l'aorte, à peu de distance de leurs congénères du côté opposé, les *intercostales gauches* remontent un peu en haut, gagnent le bord inférieur de la côte, se logent dans la gouttière de cet os en avant du muscle intercostal externe, se divisent, au niveau du bord interne du ligament transverso-costal supérieur, en deux branches : l'une postérieure, *branche dorso-spinale* (VI), plus grêle, sur laquelle nous reviendrons plus loin, l'autre antérieure, *intercostale proprement dite*, qui continue la direction du tronc primitif.

La *branche intercostale proprement dite* passe bientôt en arrière des fibres du muscle intercostal interne et est comprise alors entre les deux plans musculaires de l'espace qu'elle parcourt. Vers le milieu de cet espace, elle s'infléchit un peu en bas, quitte la gouttière de la côte et vient enfin s'anastomoser avec les branches de la mammaire interne, ou de l'épigastrique, ou encore de la diaphragmatique inférieure.

Dans ce long trajet elle fournit :

1° En arrière, au moment de passer entre les deux muscles intercostaux, une branche fort longue, qui gagne le bord supérieur de la côte située au-dessous, le longe et s'épuise en rameaux destinés au périoste, à l'os et aux muscles ;

2° Au niveau de l'angle antérieur des côtes, des branches assez grêles, qui perforent le muscle intercostal externe et vont, par un trajet récurrent, communiquer avec des branches de la mammaire externe venue de l'axillaire.

La branche intercostale fournit également des ramuscules aux muscles, au tissu sous-pleural, aux ganglions lymphatiques situés en dedans de l'angle postérieur des côtes, au périoste, à l'os, etc.

Les artères intercostales aortiques droites, plus longues que celles du côté gauche, n'en diffèrent que par les rapports de la première partie de leur trajet. Appliquées à leur origine sur la face antérieure des corps vertébraux, elles sont nécessairement croisées en cet endroit par l'œsophage, le canal thoracique, la grande veine azygos et le cordon du sympathique.

Les *artères lombaires* ressemblent, par leur disposition, aux intercostales; toutefois, comme l'aorte abdominale est sensiblement dans le plan médian, il n'y a pas de différence entre les lombaires des deux côtés. Situées à leur origine, en arrière des piliers du diaphragme et des arcades d'insertion du psoas, ces artères se divisent bientôt en deux branches : l'une *antérieure,* l'autre *postérieure, dorso-spinale.*

La *branche antérieure,* plus grêle que la dorso-spinale, passe en arrière du psoas et du carré lombaire et se divise en deux rameaux, logés, l'un entre le transverse et le petit oblique, l'autre entre ce dernier muscle et le grand oblique. Elles arrivent ainsi sur les parois abdominales jusqu'à leur partie moyenne et s'anastomosent avec des rameaux de l'épigastrique, qui joue, par rapport aux téguments de l'abdomen, le même rôle que la mammaire interne remplit par rapport à ceux de la poitrine.

Les *branches dorso-spinales,* qu'elles soient plus grêles que les antérieures, comme dans les intercostales, ou plus volumineuses, comme dans les lombaires, naissent toutes au niveau du bord interne du ligament transverso-costal supérieur, tout auprès du trou de conjugaison, et se bifurquent.

1° Le *rameau dorsal* ou *musculo-cutané* se porte en arrière, donne une branche externe, qui s'épuise entre les muscles sacro-lombaire et long dorsal, et une interne, destinée au transversaire épineux. Ces deux branches envoient des ramuscules à la peau de cette région.

2° Le *rameau spinal* pénètre par le trou de conjugaison, donne de petites divisions aux vertèbres et une branche médullaire, qui longe les racines nerveuses, les suit jusqu'au cordon de la moelle et fournit une division à la face antérieure et une à la face postérieure de ce centre nerveux. Ces divisions émettent elles-mêmes chacune un ramuscule ascendant et un descendant, qui s'anastomosent avec des ramuscules semblables venus des artérioles situées au-dessus et au-dessous. Nous aurons à revenir sur cette disposition en étudiant les *artères spinales,* branches de la vertébrale.

D'après des recherches très-intéressantes publiées en 1863 par Turner[1], il existerait un réseau anastomotique considérable sous-péritonéal entre les artères pariétales et les artères viscérales. Ce plexus dont les branches sont très-fines communiquerait avec les artères rénales, surrénales, pancréatico-duodénales, avec les coliques par l'intermédiaire du mésocôlon, avec la mésentérique supérieure et la splénique, et enfin avec la spermatique. Ces communications entre les artères pariétales et viscérales, ainsi que celles qui existent en bien plus grand nombre encore entre les veines pariétales et viscérales peuvent être d'une grande utilité pour expliquer certains phénomènes de physiologie pathologique. — En 1865, le même auteur a décrit un plexus analogue qui dans le médiastin se ferait entre des ramuscules des intercostales et de la mammaire interne. De ce réseau partent d'après lui des divisions très-fines qui gagnent les poumons et font ainsi communiquer les artères viscérales (bronchiques) avec les artères pariétales.

§ II. — Branche ascendante de l'aorte

Ces branches sont destinées à la tête et aux membres supérieurs. Ainsi que nous l'avons déjà dit plus haut, l'aorte fournit, à gauche, deux troncs, l'un

(1) Turner, *British and foreign medico-chirurg. Review.* 1863.

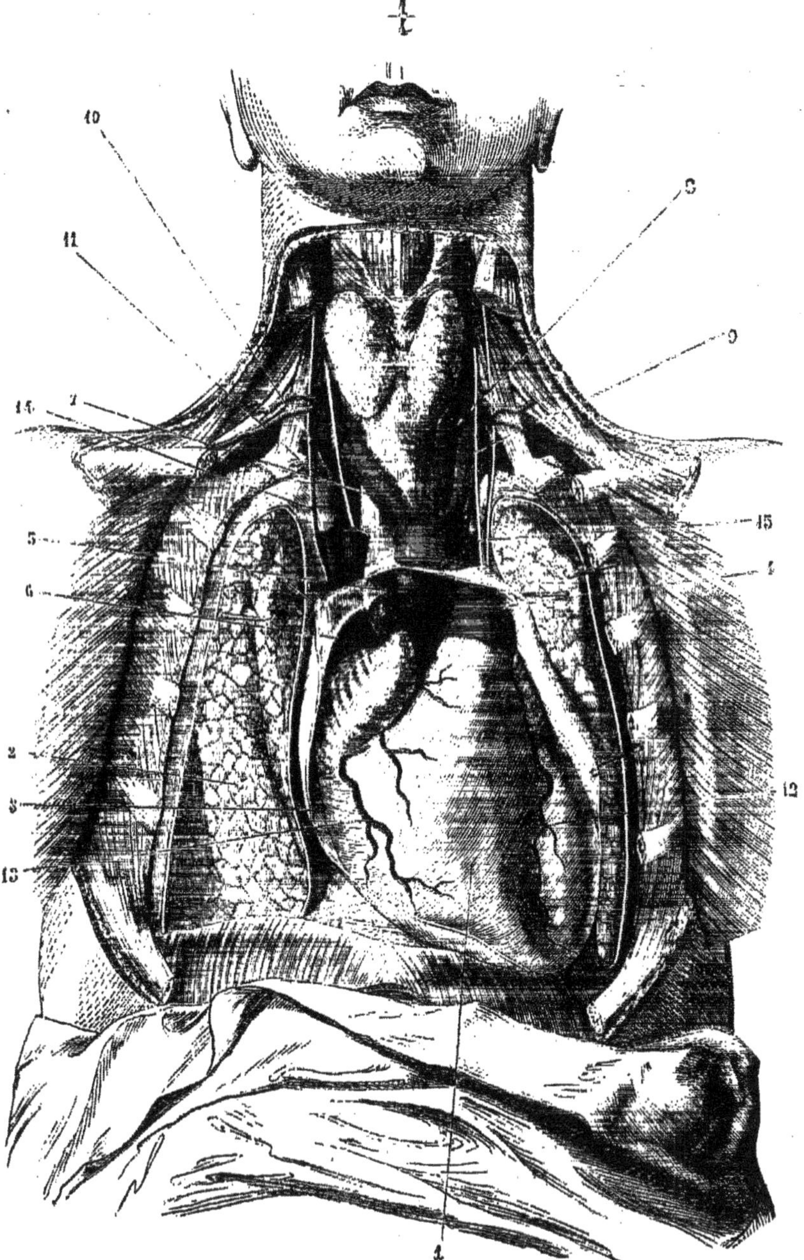

Fig. 133. — *Cœur et gros vaisseaux. Origines des artères du cou* (*).

(*) 1) Cœur. — 2) Poumons. — 3) Péricarde ouvert. — 4) Artère pulmonaire. — 5) Aorte. — 6) Veine cave supérieure. — 7) Tronc brachio-céphalique. — 8) Carotide primitive gauche. — 9) Sous-clavière gauche. — 10) Mammaire interne coupée. — 11) Diaphragmatique supérieure. — 12) Coronaire cardiaque antérieure. — 13) Coronaire cardiaque postérieure. — 14) Nerf phrénique. — 15) Nerf pneumo-gastrique.

céphalique, la *carotide primitive gauche;* l'autre brachial, la *sous-clavière gauche.* A droite, au contraire, ces deux troncs sont réunis à leur origine en un seul, le *tronc brachio-céphalique.* Nous rappelons aussi qu'en raison même de la direction de la crosse aortique, la première division qui en naît doit se trouver forcément sur un plan plus antérieur que la seconde, et celle-ci également sur un plan plus antérieur que la troisième.

Entre l'origine du tronc brachio-céphalique et celle de la carotide primitive gauche, se trouve quelquefois une petite artère connue sous le nom de *thyroïdienne de Neubauer.* Cette branche, qui n'existe que rarement, monte verticalement, appliquée sur la face antérieure de la trachée, recouverte par les plexus veineux thyroïdiens. Elle arrive ainsi jusqu'à l'isthme de la glande et s'y distribue.

I. Tronc brachio-céphalique (fig. 133, 7).

D'un volume très-considérable, le *tronc brachio-céphalique* naît de la crosse aortique, à peu près au niveau de l'axe du corps, très-près de l'origine de la carotide gauche. Il se dirige de bas en haut et de dedans en dehors, vers l'articulation sterno-claviculaire, en arrière de laquelle il se divise.

Dans ce trajet, le tronc brachio-céphalique répond, en arrière, à la trachée qu'il croise obliquement; en dehors il n'est séparé du poumon que par la plèvre; en avant il est croisé à peu près transversalement par le tronc veineux brachio-céphalique droit, qui l'éloigne de l'articulation sterno-claviculaire; les attaches inférieures des muscles sterno-thyroïdiens et sterno-hyoïdiens sont placées à son côté interne et antérieur et le séparent de la face postérieure du sternum.

II. Artères carotides primitives (fig. 134, 2, (I).

Préparation. — Désarticuler le sternum, l'enlever, disséquer le sterno-mastoïdien, le sectionner un peu au-dessus de ses insertions claviculaires et préparer soigneusement les carotides de leur origine à leur division.

Les *artères carotides primitives* sont destinées à la tête et à la face. Elles diffèrent dans leur origine : celle du côté droit naît du tronc brachio-céphalique, celle du côté gauche provient de la crosse de l'aorte. Il en résulte une différence de longueur égale à la hauteur du tronc brachio-céphalique. De plus, ce dernier naissant sur la partie la plus élevée de la crosse aortique, et celle-ci se dirigeant en arrière et à gauche, la carotide primitive gauche se trouvera sur un plan un peu postérieur à sa congénère du côté droit. Dans la partie de leur trajet étendu de la base du cou au bord supérieur du cartilage thyroïde, où elles se bifurquent, les deux carotides primitives sont verticales et offrent les mêmes rapports.

Il est aisé de comprendre que la *carotide gauche* doit avoir des rapports spéciaux depuis son origine jusqu'à la base du cou. Dans cette portion de son étendue elle est oblique de bas en haut et de dedans en dehors, et répond : en avant, à l'articulation sternale, dont elle est séparée par le tronc veineux brachio-céphalique gauche ; en dehors, à la plèvre ; en dedans, à son origine, au tronc artériel brachio-céphalique. De la direction oblique en dehors de ces deux vaisseaux résulte un espace angulaire, dans le fond duquel se trouve la trachée. En arrière, la carotide primitive gauche répond au conduit aérien qu'elle croise, à l'œsophage et à la sous-clavière gauche.

Au cou, les rapports des deux carotides sont à peu près identiques. Elles sont recouvertes en avant par le sterno-cléido-mastoïdien correspondant; ainsi que Richet l'a fait remarquer, l'aponévrose d'insertion faciale de ce muscle les recouvre également en haut. Dans leur partie tout à fait inférieure, les carotides sont profondes et séparées de l'insertion du sterno-cléido-mastoïdien par l'épaisseur de la clavicule et les troncs veineux; plus haut, le muscle s'en rapproche et elles n'en sont plus séparées que par le petit muscle omo-hyoïdien. La carotide primitive gauche, étant sur un plan plus postérieur que celle du côté droit, répond à l'écartement des deux chefs du sterno-mastoïdien, tandis qu'à droite l'artère est tout à fait recouverte par le faisceau sternal de ce muscle. Les carotides sont encore en rapport en avant avec l'anse nerveuse formée par les branches descendantes du grand hypoglosse et du plexus cervical. La veine thyroïdienne supérieure croise également leur face antérieure à peu de distance de leur bifurcation.

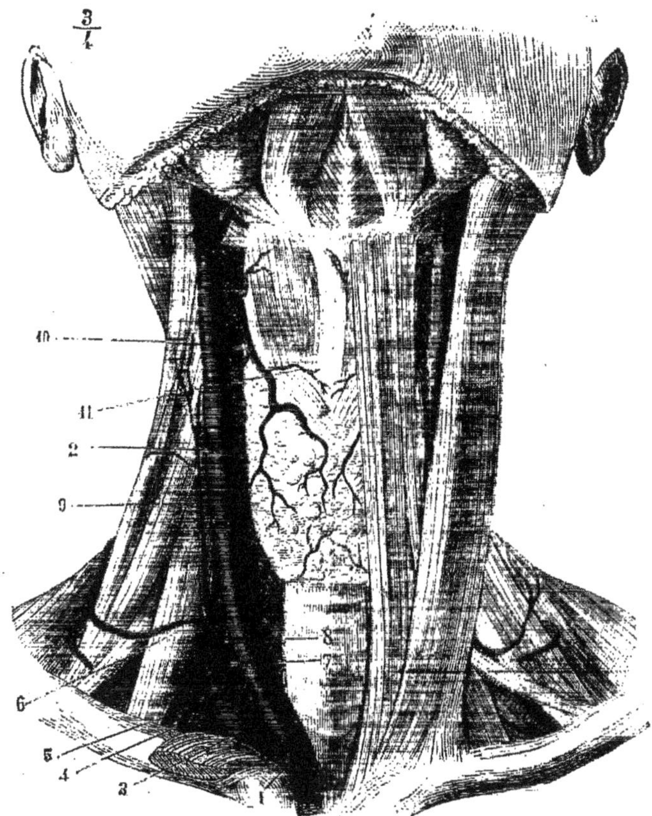

Fig. 134. — *Carotides primitives (vues de face) et origines des branches de la sous-clavière* (*).

En arrière, les carotides primitives répondent aux muscles grand droit antérieur et long du cou, qui les séparent des vertèbres cervicales. Au niveau de la sixième vertèbre cervicale, un peu au-dessous du point où l'artère verté-

(*) 1) Tronc brachio-céphalique. — 2) Carotide primitive. — 3) Sous-clavière. — 4) Mammaire interne. — 5) Sus-scapulaire. — 6) Cervicale transverse. — 7) Vertébrale. — 8) Thyroïdienne inférieure. — 9) Cervicale ascendante. — 10) Thyroïdien supérieure. — 11) Crico-thyroïdienne (laryngée inférieure.)

brale pénètre dans le canal des apophyses tronsverses, l'artère thyroïdienne inférieure croise la carotide primitive en passant en arrière d'elle. En dedans, les carotides répondent à la trachée, au larynx, au pharynx et au corps thyroïde. Ce dernier rapport varie d'étendue suivant le plus ou moins de développement de cette glande vasculaire sanguine, qui peut même les recouvrir complétement et les séparer du muscle sterno-mastoïdien. La carotide gauche répond, en outre, à l'œsophage, qui à ce niveau est un peu dirigée à gauche. En dehors les carotides répondent à la veine jugulaire interne. Dans l'angle curviligne formé par l'adossement de ces deux vaisseaux se trouvent en arrière le nerf pneumogastrique et le cordon du grand sympathique. A la partie inférieure du tronc carotidien, le nerf pneumogastrique se place un peu en dehors de l'artère pour gagner, à droite, la face antérieure de la sous-clavière tout auprès de son origine; à gauche, le nerf reste parallèle à la carotide, mais situé un peu plus en dehors qu'à sa partie supérieure. Les nerfs et les vaisseaux sont contenus dans une même gaîne fibreuse.

Les carotides primitives, n'émettant aucune branche collatérale, sont d'un alibreuniforme dans toute leur étendue; au-dessous de leur division, elles présentent néanmoins un renflement plus ou moins considérable, mais constant.

Elles se divisent au niveau du bord supérieur du cartilage thyroïde en *carotide interne* et *carotide externe*, dont la direction initiale semble continuer celle du tronc générateur. (Nous avons vu quelquefois la pharyngienne inférieure naître du point de séparation de la carotide primitive, qui alors se divisait en trois branches, dont deux volumineuses et une beaucoup plus grêle).

1° Artère carotide externe (fig. 135, 2) (II).

Préparation. — Inciser les téguments depuis la base du cou jusqu'au sommet de la tête, en passant au-devant du pavillon de l'oreille; faire tomber sur cette incision verticale deux incisions transversales l'inférieure circonscrivant la racine du cou jusqu'à la ligne médiane, la supérieure partageant le crâne en deux parties égales; disséquer alors les deux lambeaux quadrilatères ainsi obtenus, l'un en avant, l'autre en arrière; enlever la parotide et procéder à la préparation des différentes branches en allant de leur origine à leur terminaison. Pour la linguale, il faudra enlever par des traits de scie une moitié de la mâchoire, de la branche montante à la symphyse. Pour l'occipitale, il faudra détacher le splénius à ses insertions céphaliques, et enfin pour la pharyngienne, il sera nécessaire de pratiquer la coupe du pharynx.

La *carotide externe*, un peu moins volumineuse dans l'espèce humaine que la carotide interne, s'étend du bord supérieur du cartilage thyroïde au condyle de la mâchoire, où elle se divise en deux branches. Elle est située à son origine en avant et un peu en dedans de la carotide interne et n'est donc externe que par sa distribution aux parties extérieures du crâne.

La *carotide externe* est presque superficielle à son origine [1] et n'est recouverte que par la peau, le peaucier et l'aponévrose d'insertion faciale du sterno-cléido-mastoïdien. Elle devient d'autant plus profonde qu'elle s'élève davantage. Située d'abord en dedans et en avant de la carotide interne, la carotide externe s'engage entre les muscles stylo-hyoïdien et digastrique, situés en avant, et les stylo-pharyngien et stylo-glosse, qui lui répondent en arrière. Le nerf grand hypoglosse la croise en avant au même niveau; puis elle se

(1) La position superficielle de ce vaisseau est due à ce que le sterno-mastoïdien est oblique d'avant en arrière et de bas en haut, tandis que l'artère est sensiblement verticale; il en résulte un écartement angulaire, dans l'aire duquel la carotide externe n'est plus recouverte que par les parties sus-jacentes au muscle sterno-mastoïdien.

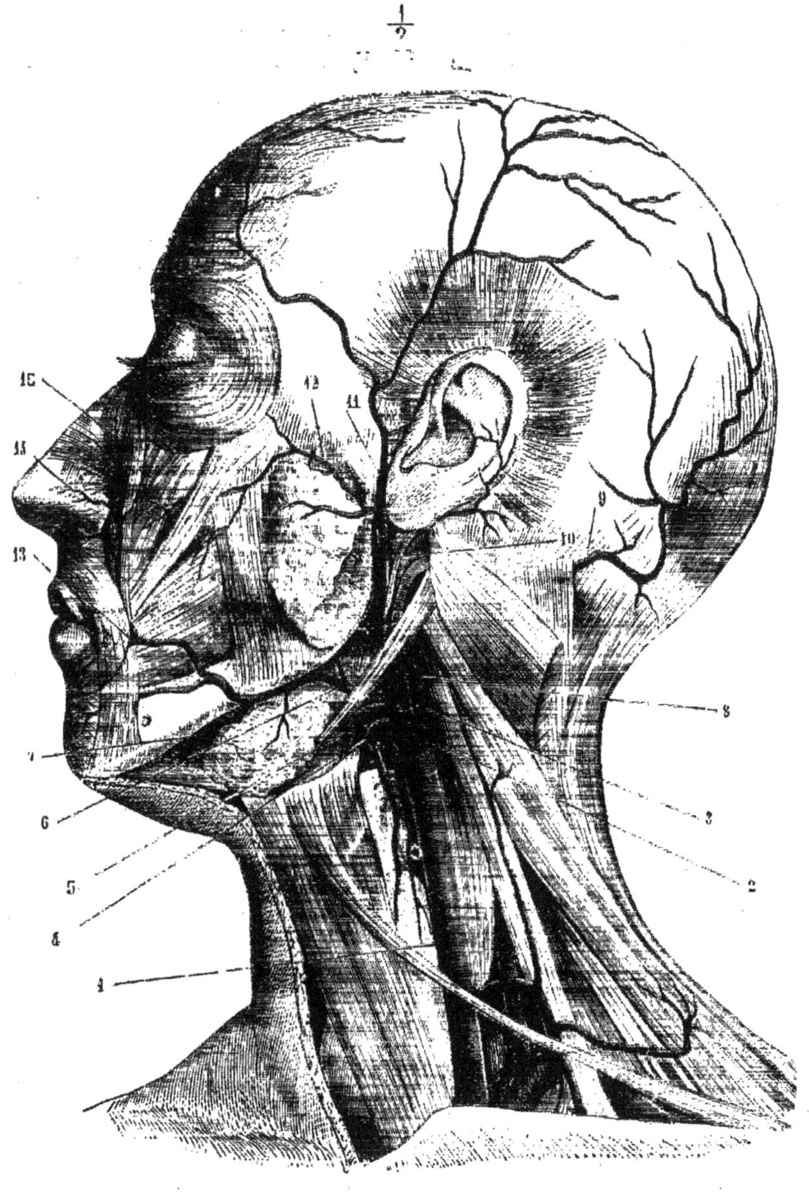

Fig. 135. — *Artère carotide externe et ses branches (faciale, temporale superficielle occipitale), etc.* (*).

(*) 1) Carotide primitive. — 2) Carotide externe. — 3) Carotide interne. — 4) Thyroïdienne supérieure — 5) Linguale. — 6) Faciale. — 7) Sous-mentale. — 8) Occipitale. — 9) Occipitale devenue superficielle. — 10) Auriculaire postérieure. — 11) Temporale superficielle. — 12) Transverse de la face. — 13) Coronaire labiale. — 14) Dorsale du nez. — 15) Terminaison de la faciale anastomosée avec la nasale, branche de l'ophthalmique.

porte un peu en dehors et en arrière, et la carotide interne, qu'elle croise, lui devient alors réellement interne. A son origine, elle répond en dedans aux parois du pharynx ; un peu au-dessous de l'angle de la mâchoire, elle s'en écarte, se dirige en dehors et se place à la face interne de la glande parotide, qui d'ordinaire l'enveloppe de toute part.

Immédiatement après sa naissance et indépendamment d'un rameau destiné au sterno-mastoïdien, la carotide externe fournit six branches, dont trois se dirigent en avant, une en dedans et deux en arrière. Ces divisions sont tellement rapprochées les unes des autres, à leur origine, que la carotide externe semble se séparer en un véritable bouquet artériel, complété par la continuation du tronc primitif, dont alors le calibre est considérablement diminué.

A. Thyroïdienne supérieure (fig. 134, 10), (IV).

C'est la première branche fournie par la carotide externe. Elle naît très-près de la linguale et souvent par un tronc commun avec cette dernière.

La *thyroïdienne supérieure* se porte d'abord en dedans; puis, après un court trajet, elle s'infléchit et devient descendante, s'applique sur les parois du pharynx, recouverte par les muscles omo-hyoïdien et sterno-thyroïdien, et gagne l'extrémité supérieure du lobe du corps thyroïde; elle se divise alors en trois branches terminales : l'une qui longe le bord externe de ce lobe, l'autre qui en suit le bord supérieur, et la troisième ou postérieure qui se place entre la glande et la trachée. Ces trois branches artérielles, très-flexueuses, émettent un nombre considérable de rameaux, qui pénètrent le tissu de l'organe et s'anastomosent soit entre eux, soit avec les rameaux correspondants de la tyroïdienne inférieure de leur côté, ou encore avec ceux des thyroïdiennes du côté opposé.

Il est à remarquer que le volume de ces artères est en rapport avec le développement de la glande vasculaire sanguine à laquelle elles sont destinées.

Les thyroïdiennes supérieures fournissent trois branches collatérales :

1° La *sterno-mastoïdienne*, artériole très-grêle, qui se rend au muscle de ce nom, en passant au-devant de la carotide primitive et de la jugulaire interne.

2° La *laryngée supérieure* (V), plus importante par sa distribution et par son volume, naît au niveau de l'inflexion de la thyroïdienne; se dirige en avant et en dedans, passe sous le muscle thyro-hyoïdien, donne une petite branche qui continue son trajet sur la face antérieure de la membrane thyro-hyoïdienne et une autre qui pénètre dans le larynx en traversant cette membrane et qui fournit des rameaux à l'épiglotte, à la muqueuse et aux muscles de l'organe vocal (fig. 136, 2).

3° La *laryngée inférieure* ou *crico-thyroïdienne* (VI). — Cette petite branche chemine sur la face antérieure de la membrane de ce nom et s'anastomose avec celle du côté opposé. Elle fournit des ramuscules, qui perforent la membrane et se répandent dans le larynx (fig. 134, 11).

B. Linguale (IV).

L'*artère linguale* naît de la partie antérieure de la carotide externe, au-dessus de la thyroïdienne supérieure et souvent par un tronc commun avec cette dernière. D'autres fois, elle s'unit à son origine à la faciale, qui est située au-dessus d'elle (fig. 135, 5).

La direction de la linguale est très-flexueuse; elle se dirige d'abord un peu en haut et en dedans, en arrière du tendon du digastrique et du nerf grand hypoglosse, longe les grandes cornes de l'os-hyoïde, jusque vers leur partie moyenne recouverte par le muscle hyoglosse qui la sépare du nerf hypoglosse, gagne la face inférieure de la langue et arrive ainsi jusqu'à la pointe de cet organe. Dans cette dernière partie de son trajet, elle est située entre le génio-glosse qui est en dedans, le lingual inférieur qui est en dehors et le nerf lingual qui est en bas.

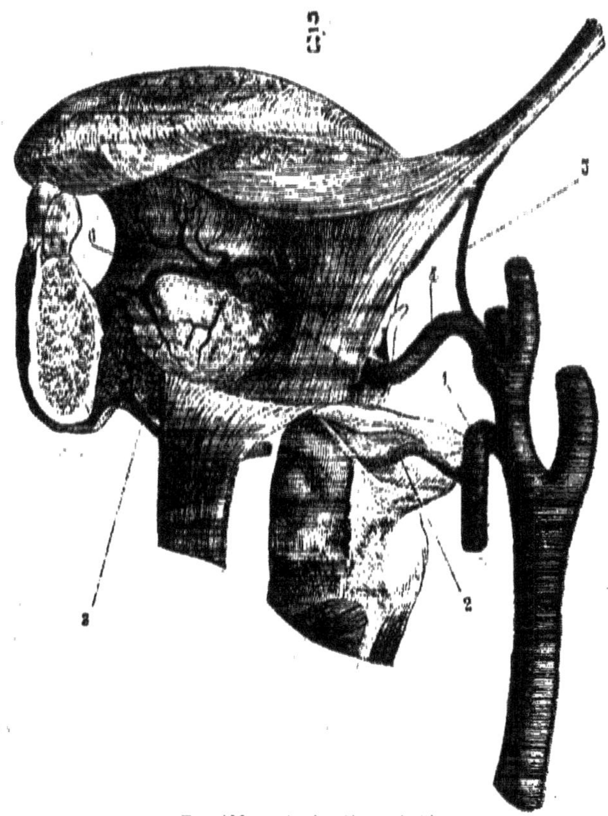

Fig. 136. — *Artère linguale* (*).

A son extrémité elle prend le nom d'*artère ranine* et s'anastomose avec celle du côté opposé, en fournissant des ramuscules à la muqueuse des deux faces de la langue, ainsi qu'aux muscles intrinsèques de cet organe.

Dans son trajet, l'artère linguale fournit trois rameaux :

1° L'*artère sus-hyoïdienne* longe le bord supérieur de l'os hyoïde, placée entre les muscles génio-glosse et génio-hyoïdien. Elle s'anastomose par des rameaux descendants avec des rameaux ascendants venus de la crico-thyroïdienne.

2° L'*artère dorsale de la langue*, très-grêle aussi, naît au voisinage de la

(*) 1) Thyroïdienne supérieure. — 2) Laryngée supérieure. — 3) Sous-mentale. — 4) Linguale. — 5) Dorsale de la langue. — 6) Sublinguale.

grande corne de l'os hyoïde, remonte le long du muscle stylo-glosse et arrive à la base de la langue, sur laquelle elle se ramifie en donnant des ramuscules descendants à l'épiglotte (fig. 136, 5) et à l'amygdale.

3° L'*artère sublingale*, d'un volume plus considérable que les deux précédentes, provient du point où l'artère linguale quitte l'os hyoïde pour gagner la face inférieure de la langue. Elle continue le trajet de ce vaisseau et chemine entre le génio-glosse et le mylo-hyoïdien, fournit des ramuscules nombreux à ces muscles et au génio-hyoïdien, contourne la glande sublinguale, lui donne des artérioles et vient au-dessous du filet de la langue s'anastomoser avec celle du côté opposé (fig. 136, 6).

Assez fréquemment on voit provenir cette artère de la sous-mentale, branche de la faciale.

C. Artère faciale (fig. 134. 6). (IV).

Plus volumineuse que la précédente, l'*artère faciale* remonte d'abord obliquement en avant, en haut et en dedans, recouverte par le nerf grand hypoglosse, les muscles digastrique et stylo-hyoïdien; elle s'applique ensuite sur la face externe de la partie postérieure de la glande sous-maxillaire et s'y creuse un sillon. La faciale gagne ainsi le bord inférieur du maxillaire, sur lequel elle se réfléchit au niveau du bord antérieur du masséter, et arrive à la face en se dirigeant vers l'angle des lèvres. Dans cette partie de son trajet, elle est recouverte par le peaucier et la peau, et repose en dedans sur le muscle buccinateur. Jusque auprès de la commissure labiale, l'artère faciale était oblique en dedans et en haut ; à ce niveau elle s'infléchit et devient beaucoup plus directement ascendante pour gagner l'angle interne de l'œil, où, réduite à un très-petit calibre, elle s'anastomose à plein canal avec la nasale, branche de l'ophthalmique (fig. 135, 15). A partir de la commissure labiale jusqu'à sa terminaison, la faciale est à peu près sous-cutanée et se trouve au-devant des muscles élévateurs superficiels et profonds de la lèvre.

Outre un grand nombre de branches destinées aux muscles, à la peau, à la glande sous-maxillaire et à la parotide, ainsi que des rameaux anastomosés avec la buccale, la sous-orbitaire et la transverse de la face, l'artère faciale fournit, à partir de son origine :

1° La *palatine ascendante* ou *inférieure*, qui passe entre les muscles stylo-glosse et stylo-pharyngien, s'infléchit un peu en dedans et en haut, s'applique sur les constricteurs moyen et supérieur du pharynx, et se termine en plusieurs rameaux très-grêles, qui se distribuent aux muscles du voile du palais, à la muqueuse palatine et à la trompe d'Eustache. Elle s'anastomose avec la palatine supérieure et les branches terminales de la pharyngienne inférieure.

Dans son trajet, la *palatine inférieure* fournit des rameaux à la base de la langue et à l'amygdale. Ils s'anastomosent avec des branches de la dorsale de la langue.

2° La *sous-mentale*. — Très-variable par son volume et son origine, cette artère longe la face interne de la mâchoire inférieure, se place entre le mylo-hyoïdien et le ventre antérieur du digastrique, fournit à ces muscles et arrive sur la face antérieure de la symphyse du menton pour s'anastomoser avec les rameaux de la dentaire inférieure (fig. 136, 3).

On voit quelquefois la sous-mentale fournir la sublinguale, dont, plus rarement, elle provient elle-même.

3° La *coronaire labiale inférieure* (V), qui part de la faciale un peu au-dessous de la commissure, gagne la face profonde de la lèvre inférieure, recouverte par le triangulaire des lèvres et l'orbiculaire, et s'anastomose avec celle du côté opposé, après avoir fourni un très-grand nombre de rameaux ascendants et descendants.

4° La *coronaire labiale supérieure* (V) (fig. 135, 13). —Cette branche naît quelquefois par un tronc commun avec la précédente; plus souvent elle provient isolément de la faciale au niveau même de la commissure. Elle est assez volumineuse et chemine, très-rapprochée de la muqueuse, en arrière du muscle orbiculaire, jusqu'à la ligne médiane, où elle s'anastomose avec sa congénère du côté opposé. De cette communication partent deux rameaux qui remontent jusqu'à la cloison du nez, qu'ils longent d'arrière en avant, et qui viennent sur le sommet de cet organe se diviser en un grand nombre de ramuscules, qui s'anastomosent avec ceux de l'aile du nez.

5° La *branche naso-lombaire* (fig. 135, 14), qui gagne le cartilage de l'aile du nez et fournit des rameaux situés le long des bords supérieur et inférieur de ce cartilage jusqu'à la ligne médiane, où ils communiquent avec leurs congénères du côté opposé et avec les ramuscules de l'artère de la cloison, venue de la coronaire labiale supérieure.

D. Artère occipitale (fig. 135, 8 et 9), (IV).

Née de la face postérieure de la carotide externe, au même niveau que la faciale, l'*artère occipitale*, située en dedans du nerf grand hypoglosse, longe la face interne du ventre postérieur du muscle digastrique; puis, vers le sommet de l'apophyse mastoïde, elle s'infléchit en arrière et passe entre le splénius et les muscles petit oblique et grand complexus, auxquels elle fournit des rameaux. Arrivée au bord postérieur du splénius, elle s'incurve à angle droit, se dirige en haut, devient sous-cutanée et se divise en deux branches: l'une *inférieure*, plus petite, qui s'anastomose avec l'auriculaire postérieure; l'autre *supérieure*, plus volumineuse, qui remonte sur le crâne, fournit un grand nombre de branches, qui communiquent avec celles du côté opposé te avec les rameaux de la temporale superficielle.

Dans ce trajet, l'occipitale émet :

1° Un *rameau sterno-mastoïdien supérieur*. Il se comporte comme celui qui provient de la thyroïdienne supérieure.

2° Une *artère mastoïdienne*, qui pénètre dans le crâne par le trou de ce nom et va à la dure-mère.

E. Artère auriculaire postérieure (fig. 135, 10), (V).

Elle prend son origine immédiatement au-dessus de la précédente sur la face postérieure de la carotide externe, chemine en dedans du ventre postérieur du digastrique et de la partie inférieure de la parotide, se loge dans le sillon auriculo-mastoïdien et devient ensuite superficielle. L'*auriculaire postérieure* est alors appliquée immédiatement sur la partie mastoïdienne du temporal, sur laquelle elle se partage en : *rameau inférieur* ou *mastoïdien*, qui s'anastomose par ses branches avec l'occipitale et la temporale superficielle, et en *rameau supérieur* ou *auriculaire*, qui se subdivise lui-même en deux rameaux, dont l'un plus considérable est destiné à la face interne du pavillon, tandis que l'autre traverse le tissu fibreux qui réunit l'hélix au cartilage de la conque et vient se ramifier dans la rainure située entre l'hélix et l'anthélix. Ces deux rameaux communiquent ensemble sur le bord libre de l'hélix.

L'artère auriculaire postérieure fournit d'ordinaire la *branche stylo-mastoïdienne,* qui s'engage par le trou de ce nom dans l'aqueduc de Fallope et s'y anastomose avec une branche de la méningée moyenne, après avoir fourni à la caisse du tympan et à l'oreille interne.

Pour ne rien omettre, signalons encore des rameaux parotidiens fournis par l'auriculaire.

F. Artère pharyngienne inférieure (V).

Cette branche assez grêle naît de la partie interne de la carotide externe, entre celle-ci et la carotide interne. Elle remonte sur les parois du pharynx et arrive jusqu'à la base de l'apophyse basilaire, où elle s'infléchit en avant, en décrivant une arcade, qui s'anastomose sur la muqueuse pharyngienne et la trompe d'Eustache avec les palatines supérieure et inférieure et avec la pharyngienne supérieure ou ptérygo-palatine.

Outre les rameaux pharyngiens qu'elle donne dans son parcours, la pharyngienne inférieure fournit toujours une *branche méningienne*, qui croise en avant la jugulaire interne, et se divise en deux rameaux, qui pénètrent dans le crâne en passant, l'un par le trou déchiré postérieur, et l'autre à travers la substance fibro-cartilagineuse du trou déchiré antérieur. Ces deux rameaux se distribuent à la dure-mère.

Après le départ de toutes les branches que nous venons d'énumérer, la carotide externe, fort diminuée de volume, monte entre les muscles styliens et gagne la face interne de la glande parotide. Tantôt, et c'est le cas le plus fréquent, cette glande l'entoure complétement ; tantôt, au contraire, elle ne lui offre qu'une gouttière, dans laquelle se loge le vaisseau. Triquet a trouvé l'artère complétement isolée du tissu glandulaire et entourée d'une simple gaîne connective; il ne m'a jamais été donné d'observer une pareille disposition.

Arrivée au-dessous du condyle de la mâchoire, la carotide externe se divise en deux branches terminales : la *temporale superficielle* et la *maxillaire interne.*

G. Artère temporale superficielle (fig. 135, 11), (IV).

L'*artère temporale superficielle,* moins volumineuse que la maxillaire interne, se dirige en haut et un peu en dehors et gagne l'intervalle compris entre l'articulation temporo-maxillaire et le conduit auditif externe. Recouverte jusque-là par la glande parotide, cette artère devient superficielle au niveau de l'arcade zygomatique et chemine entre la couche sous-cutanée et l'aponévrose temporale. Elle se divise bientôt en deux branches terminales, dont l'une, *antérieure* ou *frontale*, visible sous la peau, s'infléchit en avant et va par ses rameaux s'anastomoser avec les branches frontales de l'ophthalmique et avec ses congénères du côté opposé, en fournissant en outre quelques ramuscules à la paupière supérieure.

La *branche postérieure ou pariétale* se répand en divisions nombreuses dans la région de ce nom ; ses rameaux antérieurs communiquent avec la frontale; les rameaux moyens gagnent le sommet du crâne et s'anastomosent avec ceux du côté opposé; les rameaux postérieurs se dirigent en arrière et en haut pour communiquer avec l'occipitale et l'auriculaire postérieure.

La *temporale superficielle* fournit dans son parcours :

1° Des *rameaux parotidiens ;*

2° L'*artère transversale de la face*, qui longe le bord supérieur du canal de Sténon et s'anastomose vers le milieu de la joue avec la faciale et la sous-orbitaire (fig. 135, 12);

3° Des *rameaux auriculaires antérieurs*, qui gagnent le tragus, cheminent sur sa face externe et s'anastomosent sur le pavillon avec les rameaux de l'auriculaire postérieure ;

4° La *temporale moyenne*, qui naît au-dessus de l'arcade zygomatique, plonge, à travers l'aponévrose temporale, dans la profondeur du muscle crotaphyte et s'anastomose avec les artères temporales profondes.

H. ARTÈRE MAXILLAIRE INTERNE (fig. 137, 5)[1] (III).

Préparation. — Inciser le cuir chevelu sur la ligne médiane du crâne; couper la peau du cou transversalement en passant au niveau de l'os hyoïde; sur ces deux incisions en faire tomber une verticale qui les divisera en deux parties à peu près égales et qui passera au devant du conduit auditif externe.

Préparer les muscles masséter et temporal comme pour l'étude de la myologie, et enlever soigneusement la parotide. Détacher par deux traits de scie l'arcade zygomatique en la laissant adhérente au masséter, et renverser le tout de haut en bas jusqu'aux insertions inférieures de ce muscle, tout en ménageant l'artère massétérine.

Sectionner le temporal à son insertion coronoïdienne, le renverser de bas en haut en détachant attentivement ses fibres de la fosse temporale, et suivre les artères temporales profondes jusqu'à leur extrémité. Faire alors une section de la branche montante de la mâchoire analogue à celle représentée par la figure 137 et qui consiste à ne laisser que la moitié postérieure de cette branche en enlevant la moitié antérieure au moyen de traits de scie, l'un vertical, l'autre horizontal. On pourrait aussi sectionner complètement cette branche et l'enlever; mais l'avantage qu'on en retirerait dans cette première partie de la préparation ne serait pas comparable à celui que donne la section osseuse que nous indiquons et qui permet de conserver les insertions des muscles ptérygoïdiens.

Creuser alors avec la gouge et le maillet la face externe de la mâchoire à partir du trou mentonnier pour découvrir l'artère dentaire et ses branches. Ouvrir l'orbite par sa face externe au moyen de la scie et mieux de la gouge et du maillet; enlever le globe oculaire et préparer la sous-orbitaire.

Disséquer soigneusement toutes les branches de la maxillaire interne depuis son origine jusqu'au moment où elle gagne le trou sphéno-palatin. Enlever alors la partie supérieure de la branche du maxillaire, retrancher une grande partie du muscle ptérygoïdien externe et préparer la sphéno-épineuse jusqu'au trou de ce nom, que l'on élargira avec le ciseau.

Sectionner alors les os du crâne par une ligne horizontale partant à deux travers de doigt au-dessus de l'arcade sourcilière et atteignant la ligne médiane par ses deux extrémités; faire tomber sur cette ligne horizontale un trait de scie vertical qui reste à un centimètre en dehors de la ligne médiane. On trouvera au-dessous la dure-mère et les branches de la méningée.

Faire les mêmes sections osseuses sur le côté opposé du crâne, ouvrir la dure-mère et enlever le cerveau, ce qui permettra de voir l'artère méningée moyenne dans toute son étendue. Diviser alors la tête en deux moitiés latérales et laisser la cloison nasale adhérente au côté qui ne sert pas pour la préparation; préparer les branches de la sphéno-palatine; agrandir le trou de ce nom de dedans en dehors et rechercher les branches vidienne et ptérygo-palatine, que l'on poursuivra dans leurs canaux osseux à l'aide de la gouge et du maillet.

L'*artère maxillaire interne* s'infléchit en avant aussitôt après son origine, et s'engage en dedans du col du condyle. Elle se dirige, par un trajet très-flexueux, d'arrière en avant, de dehors en dedans et un peu de bas en haut vers le trou sphéno-palatin, à travers lequel sa terminaison, connue sous le nom d'*artère sphéno-palatine*, pénètre dans les fosses nasales, auxquelles elle se distribue.

Dans la majorité des cas, l'artère maxillaire interne passe entre les deux muscles ptérygoïdiens, d'autres fois entre le ptérygoïdien externe et le temporal; puis, au fond de la fosse zygomatique, au niveau de la tubérosité du maxillaire supérieur, elle s'engage entre les deux faisceaux du ptérygoïdien externe.

Elle émet un très-grand nombre de branches. Nous en décrirons quinze, en y comprenant la branche terminale.

1° *Tympanique.* — Cette petite artériole, découverte par Lauth, remonte obliquement en haut et en arrière, passe par la scissure de Glaser et va à la caisse du tympan.

2° *Petite méningée.* — Très-grêle également, pénètre dans le crâne par le trou ovale et se distribue à la partie voisine de la dure-mère.

3° *Artère méningée moyenne* ou *artère sphéno-épineuse* (fig. 137, 6). — Cette branche, la plus volumineuse de toutes celles de la maxillaire interne, se porte en haut après avoir passé au-dessous du muscle ptérygoïdien externe et pénètre dans le crâne par le trou petit rond ou sphéno-épineux. Aussitôt après son entrée dans la cavité de l'encéphale, elle s'infléchit à angle droit, se dirige en dehors et se divise en deux branches terminales comprises dans l'épaisseur de la dure-mère. Elles font relief sur la face externe de cette membrane et correspondent aux sillons osseux connus sous le nom de *nervures de la feuille de figuier* (fig. 136, 17). L'une de ces branches terminales est *antérieure* et se distribue à toute la partie antéro-supérieure de la dure-mère; elle arrive jusqu'au sinus longitudinal supérieur, s'anastomose avec celle du côté opposé, et donne toujours quelques rameaux qui pénètrent dans l'orbite à travers la fente sphénoïdale; ils communiquent avec la lacrymale.

La *branche postérieure* de la sphéno-épineuse se porte en arrière et se distribue à la partie postérieure de la dure-mère.

La *méningée moyenne* fournit toujours un certain nombre de rameaux collatéraux très-grêles. Nous ferons remarquer : 1° des ramuscules destinés au ganglion de Gasser; 2° un rameau qui pénètre dans l'hiatus de Fallope et qui s'anastomose avec la stylo-mastoïdienne.

4° *Artère temporale profonde postérieure* (fig. 137, 12). — Elle naît près de la précédente, remonte verticalement entre le ptérygoïdien externe et le temporal, gagne la face profonde de ce dernier muscle et s'anastomose avec la temporale moyenne.

5° *Artère temporale profonde antérieure* (fig. 137, 13). — Elle tire son origine beaucoup plus en avant que la précédente, gagne également la face profonde du muscle temporal et s'anastomose avec la temporale moyenne. Quand les injections sont bien réussies, on voit quelques rameaux de cette artère passer à travers les trous de l'apophyse orbitaire du malaire et s'anastomoser dans l'orbite avec la lacrymale.

6° *Artère dentaire inférieure* (fig. 137, 7). — Elle naît tout auprès de la temporale profonde postérieure, se dirige en bas et en dehors, gagne la face externe du ligament sphéno-maxillaire, pénètre dans le canal dentaire, qu'elle parcourt dans toute son étendue, et se divise en deux branches. L'une, plus petite ou *rameau incisif*, continue le trajet intra-osseux de l'artère dentaire inférieure et se distribue aux dents incisives; l'autre, plus volumineuse, sort par le trou mentonnier et s'anastomose avec la coronaire labiale inférieure et la sous-mentale.

La *dentaire inférieure* fournit : 1° un peu au-dessus de son entrée dans le canal dentaire, un rameau long et assez grêle, qui reste appliqué sur la face interne du maxillaire inférieur dans la gouttière mylo-hyoïdienne et arrive jusqu'au muscle de ce nom, auquel elle se distribue; 2° dans toute l'étendue du conduit osseux, des rameaux dentaires destinés aux racines des dents, dont ils parcourent le canal central.

7° *Artère massétérine* (fig. 137, 8). — Elle naît aussi à peu de distance du col du condyle de la mâchoire, s'incline en bas et en dehors et passe dans l'échancrure sigmoïde du maxillaire pour se distribuer à la face profonde du masséter.

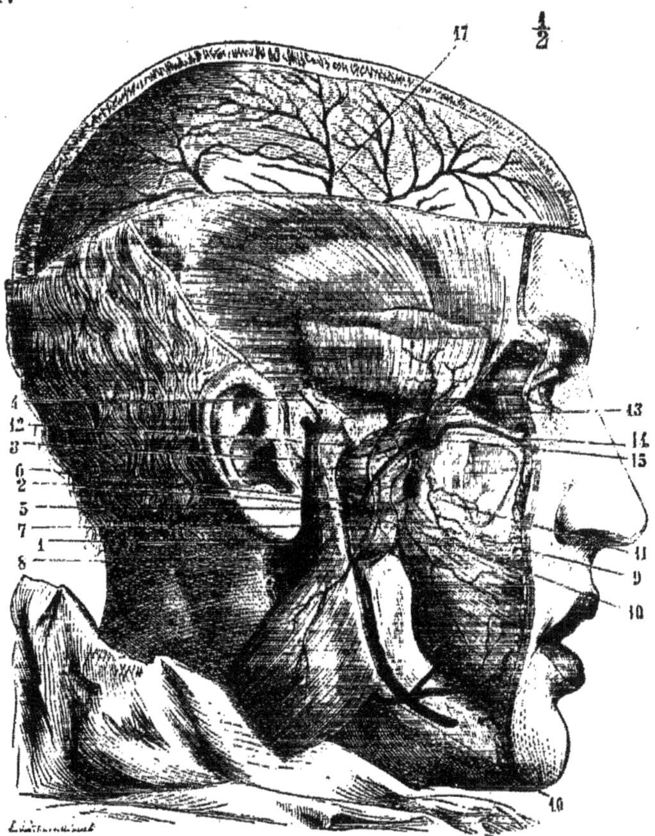

FIG. 137. — *Artère maxillaire interne et ses branches* (*).

8° *Artère buccale* (fig. 137, 9).—Elle part de la maxillaire interne immédiatement au-dessous du bord inférieur du muscle ptérygoïdien externe, croise le ptérygoïdien interne et s'applique sur la face externe du buccinateur, sur lequel elle se ramifie en s'anastomosant par ses branches terminales avec la faciale et l'alvéolaire.

9° *Artères ptérygoïdiennes* (fig. 137, 10). — Grêles et variables dans leur

(*) 1) Carotide externe. — 2) Temporale superficielle. — 3) Auriculaire antérieure. — 4) Temporale moyenne. — 5) Maxillaire interne. — 6) Méningée moyenne. — 7) Dentaire inférieure. — 8) Massétérine. — 9) Buccale. — 10) Ptérygoïdienne. — 11) Alvéolaire. — 12) Temporale profonde postérieure. — 13) Temporale profonde antérieure. — 14) Sous-orbitaire. — 15) Maxillaire interne s'engageant dans la profondeur. — 16) Faciale anastomosée avec la buccale. — 17) Branches de la méningée moyenne.

nombre, ces artérioles proviennent de la partie de la maxillaire interne comprise entre les deux muscles ptérygoïdiens. Elles se distribuent à ces muscles.

10° *Artère alvéolaire* (fig. 137, 11). — Elle décrit des flexuosités nombreuses sur la tubérosité du maxillaire supérieur, contourne cette saillie osseuse et vient se perdre dans les gencives et le rebord alvéolaire de la partie postérieure de cet os. Sur la tubérosité du maxillaire, elle fournit deux ou trois rameaux qui pénètrent dans des canaux osseux et vont se distribuer aux petites et aux grosses molaires ; d'autres ramuscules vont à la muqueuse de l'antre d'Highmor.

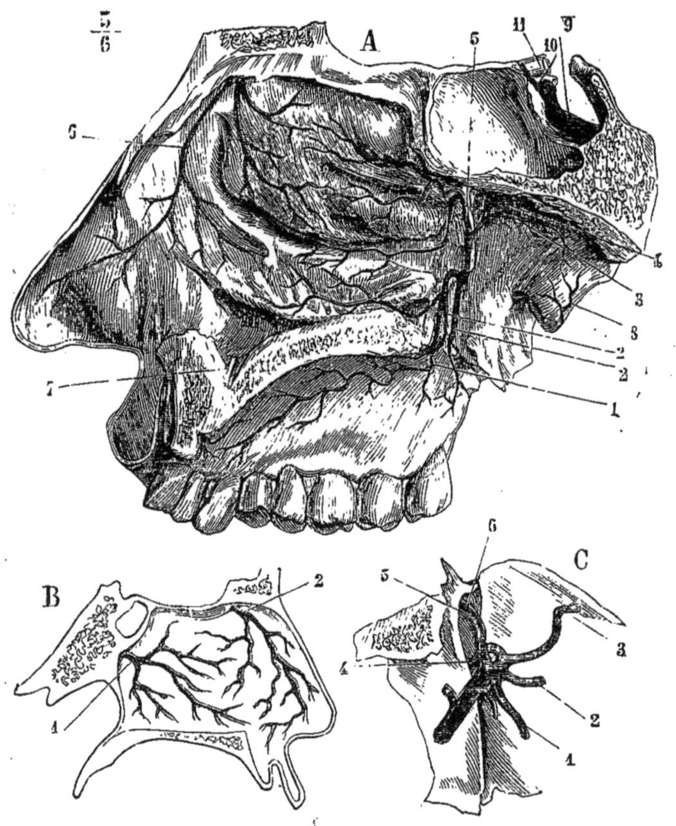

Fig. 138. — *Branches terminales de l'artère maxillaire interne* (*).

11° *Artère sous-orbitaire* (fig. 136, 14). — Cette branche, importante surtout par ses anastomoses, naît au niveau de la fente sphéno-maxillaire, gagne

(*) A. 1) Artère palatine descendante. — 2, 2) Artères palatines accessoires. — 3) Artère ptérygo-palatine. — 4) Artère vidienne. — 5) Artère sphéno-palatine. — 6) Artère nasale antérieure, branche de l'ethmoïdale antérieure. — 7) Artère palatine antérieure coupée. — 8) Rameaux de l'artère pharyngienne ascendante ramifiés sur la trompe d'Eustache. — 9) Carotide interne. — 10) Artère ophthalmique. — 11) Nerf optique.

B. Figure schématique destinée à montrer les artères de la cloison des fosses nasales. — 1) Branche de la sphéno-palatine. — 2) Branche de la nasale antérieure.

C. Figure schématique destinée à montrer les divisions de la maxillaire interne d'après Bourgery. — 1) Artère buccale. — 2) Artère alvéolaire. — 3) Artère sous-orbitaire. — 4) Artère palatine descendante. — 5) Artère vidienne. — 6) Artère sphéno-palatine.

le canal sous-orbitaire, qu'elle parcourt, et vient dans la fosse canine se diviser en un grand nombre de rameaux, qui communiquent avec la coronaire labiale supérieure, la nasale, la naso-lobaire et la transverse de la face.

Elle fournit :

1) Avant de pénétrer dans le canal sous-orbitaire, une branche longue et grêle, qui pénètre dans l'orbite, s'applique sur la face externe de cette cavité et va s'anastomoser avec la lacrymale.

2) Vers la partie antérieure de son trajet intra-osseux, un *rameau dentaire antérieur* qui se loge dans un canal osseux particulier et se distribue aux dents incisives et canines.

12° *Artère palatine descendante* (fig. 138, 1). —Elle naît dans le fond de la fosse zygomatique, se porte verticalement en bas dans le canal palatin postérieur, et fournit alors deux ou trois petites branches, qui passent par des conduits osseux particuliers et arrivent au voile du palais.

A l'extrémité inférieure du canal palatin postérieur, l'*artère palatine descendante* s'infléchit à angle droit, parcourt la voûte du palais d'arrière en avant et s'anastomose dans le canal palatin antérieur avec la terminaison de la sphéno-palatine.

Elle est beaucoup plus rapprochée de l'os que de la surface libre de la muqueuse et fournit des rameaux aux gencives et aux glandules.

13° *Artère vidienne*.— Elle parcourt d'avant en arrière le canal de ce nom et se distribue au pharynx et à la trompe d'Eustache (fig. 138, 4).

14° *Artère pharyngienne supérieure* ou *ptérygo-palatine*.— Elle s'engage dans le canal ptérygo-palatin et se ramifie sur le pharynx. Elle s'anastomose avec la palatine ascendante et la vidienne (fig. 138, 3).

15° *Artère sphéno-palatine* (fig. 138, 5).—Cette artère constitue la branche terminale de la maxillaire interne. Elle pénètre dans les fosses nasales par le trou sphéno-palatin et se divise aussitôt en deux branches : l'*interne*, destinée à la cloison ; l'*externe*, qui se ramifie sur les cornets et les méats.

La *branche interne* longe la face correspondante de la cloison et arrive au canal palatin antérieur, dans lequel elle pénètre pour s'anastomoser avec la terminaison de la palatine descendante (fig. 138, 7).

La *branche externe* se divise en rameaux de nombre variable, qui se répandent sur les cornets et dans les méats. Leurs divisions pénètrent encore dans les cavités qui viennent s'ouvrir dans ces derniers, telles que le canal nasal, les cellules ethmoïdales, le sinus maxillaire.

Les deux branches de la sphéno-palatine fournissent dans les fosses nasales un très-grand nombre de divisions destinées à la membrane de Schneider ; leurs ramuscules les plus antérieurs communiquent avec des artérioles venues de la nasale antérieure, branche de l'ethmoïdale antérieure (fig. 135, 6).

2° Artère carotide interne (II).

A son origine, l'*artère carotide interne* est située en dehors et en arrière de la carotide externe. Ces deux vaisseaux sont alors accolés l'un à l'autre et semblent continuer ainsi la direction du tronc générateur (fig. 135, 3); bientôt la carotide interne se porte légèrement en dedans et en avant, tandis que l'externe s'incline en dehors. Après cette sorte d'entre-croisement, la carotide interne remonte verticalement jusqu'à la base du crâne pour pénétrer dans le canal inflexe du rocher.

Dans ce trajet, elle est en rapport : en avant avec les muscles styliens, et plus haut avec le ptérigoïdien interne, dont la sépare une couche de tissu cellulaire; en dedans avec les parois latérales du pharynx, dont elle reste toujours distante d'au moins $0^m,01$; en arrière avec les muscles prévertébraux, et en dehors avec la veine jugulaire interne. Les nerfs pneumogastrique et grand sympathique longent son côté postéro-externe; le glosso-pharyngien et le grand hypoglosse lui sont d'abord postérieurs, la contournent ensuite pour passer entre elle et la veine jugulaire interne.

Assez fréquemment on voit la carotide interne décrire une courbure à la région supérieure du cou. D'après certains auteurs, cette courbure pourrait être assez grande pour mettre le vaisseau en rapport immédiat avec la face externe de l'amygdale. Nous avons toujours vu l'artère rester à distance de la tonsille, de telle sorte que son voisinage ne pouvait être gênant pour l'ablation de cette glande.

A la base du crâne, la carotide pénètre dans le canal du rocher, où elle est entourée par les filets ascendants du ganglion cervical supérieur du grand sympathique. Elle s'engage ensuite dans le sinus caverneux, qu'elle parcourt d'arrière en avant en décrivant deux courbures comprises dans le plan vertical. (C'est au moment où nous étudierons ce sinus que nous décrirons les rapports de l'artère et des nerfs qui le traversent.) Arrivée au niveau de l'apophyse clinoïde antérieure, la carotide interne se recourbe de bas en haut et d'avant en arrière, traverse la dure-mère et se divise au niveau de l'extrémité interne de la scissure de Sylvius en : 1° *artère cérébrale antérieure ;* 2° *artère cérébrale moyenne* ou *Sylvienne ;* 3° *artère communicante postérieure ;* 4° *artère du plexus choroïde.*

Dans le long trajet étendu de sa naissance à sa division, la *carotide interne* fournit : 1° dans le sinus caverneux des ramuscules au corps pituitaire; 2° au niveau de l'apophyse clinoïde antérieure une branche très-importante par sa distribution et ses nombreuses divisions, c'est l'artère ophthalmique.

A. Artère ophthalmique (fig. 139, 3), (V).

Préparation.— Ouvrir l'orbite par son plancher supérieur; enlever avec soin le tissu graisseux orbitaire, dans le milieu duquel il faut poursuivre les branches de l'ophthalmique. Une autre coupe, que l'on peut exécuter et qui serait celle dont il faudrait se servir si l'on voulait faire une pièce sèche, consiste à faire sauter au moyen de traits de scie toute la paroi externe de l'orbite; pour les préparations d'étude, nous préférons la première manière de procéder, à cause de la plus grande facilité qu'elle laisse pour ménager les rapports. Pour les ethmoïdales, il faudra pratiquer une coupe antéro-postérieure de la tête.

Cette artère naît de la convexité de la courbure que décrit la carotide interne en dedans de l'apophyse clinoïde antérieure. Elle est située d'abord au côté externe et inférieur du nerf de la vision et pénètre avec lui dans l'orbite en passant par le trou optique. Elle se place ensuite au côté interne du muscle droit externe, croise le nerf optique de bas en haut, de dehors en dedans et d'arrière en avant, en passant entre lui et le muscle droit supérieur, longe le bord supérieur du grand oblique et au niveau de la poulie de ce muscle se divise en deux branches terminales : la *nasale* et la *frontale interne.*

Artère nasale. — Ce rameau passe au-dessus du tendon de l'orbiculaire, fournit une petite branche qui se distribue à la partie supérieure de la racine du nez, ainsi que des ramuscules destinés au sac lacrymal et au muscle orbiculaire et s'anastomose à plein canal avec la terminaison de la faciale (fig. 135, 15).

Artère frontale interne. — Elle remonte obliquement sur le front, s'anastomose avec la sus-orbitaire et avec des branches du côté opposé et s'épuise par deux rameaux dans la peau du front et dans le muscle frontal.

Dans son trajet, l'artère ophthalmique fournit un très-grand nombre de branches collatérales.

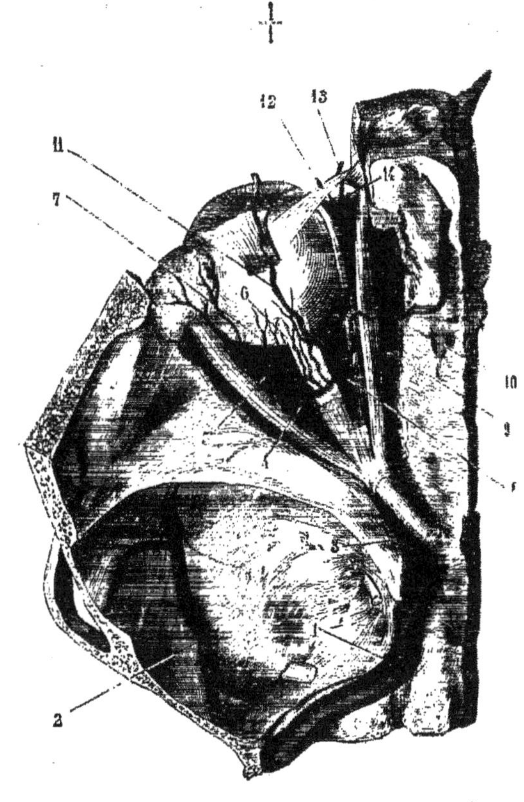

Fig. 139. — *Artère ophthalmique et ses branches* (*).

1° *Artère lacrymale* (fig. 139, 5). — Cette artère naît de l'ophthalmique au niveau du trou optique. Elle communique d'ordinaire près de son origine avec des rameaux de la méningée moyenne, qui traversent la fente sphénoïdale ; puis elle se place en dehors du muscle droit externe, dont elle longe le bord supérieur, et arrive ainsi à la glande lacrymale. Après avoir fourni des ramuscules à cette glande et s'être anastomosée avec un rameau orbitaire de la sous-orbitaire, la lacrymale s'épuise dans la paupière supérieure.

(*) 1) Carotide interne. — 2) Branche de la méningée moyenne. — 3) Ophthalmique. — 4) Musculaire inférieure. — 5) Lacrymale. — 6) Ciliaires courtes. — 7) Ciliaires longues. — 8) Musculaire supérieure. — 9) Ethmoïdale postérieure. — 10) Ethmoïdale antérieure. — 11) Sus-orbitaire. — 12. Frontale interne. — 13) Nasales. — 14) Palpébrales.

2° *Artère centrale de la rétine.* — Cette artériole est très-petite et ne s'injecte que très-rarement par les procédés ordinaires. Elle naît de l'ophthalmique avant le coude que décrit cette artère en passant au-dessus du nerf optique, plonge aussitôt dans le centre de ce nerf et arrive à la rétine, sur laquelle elle se ramifie. Chez le fœtus, un de ses rameaux traverse le corps vitré et arrive à la capsule du cristallin.

L'artère centrale de la rétine se divise sur la papille en deux branches, qui se divisent bientôt à leur tour. Souvent la division du tronc de l'artère centrale se fait déjà dans l'épaisseur du nerf optique, et alors elle apparaît sur la papille divisée en deux ou quatre rameaux.

3° *Artère sus-orbitaire ou frontale externe* (fig. 139, 11). — Née de l'ophthalmique au moment où elle croise le nerf optique, cette artère remonte au-dessus des muscles droit supérieur et élévateur de la paupière, longe leur face supérieure et arrive au trou sus-orbitaire. Elle se recourbe alors sur le front et se termine dans les téguments et les muscles de cette région, en s'anastomosant avec la temporale superficielle et la frontale interne.

Assez souvent on voit la sus-orbitaire fournir des artérioles connues sous le nom de *ciliaires antérieures*. Ces petits vaisseaux longent la sclérotique, qu'ils perforent au voisinage de la cornée, et aboutissent au grand cercle de l'iris.

Quand les ciliaires antérieures ne proviennent pas de la sus-orbitaire, elles tirent leur origine de la musculaire inférieure.

4° *Artères ciliaires courtes ou choroïdiennes* (fig. 139, 6). — Il en existe habituellement deux, l'une au-dessus, l'autre en dehors du nerf optique. Ces artérioles se divisent aussitôt en un très-grand nombre de branches, de quinze à vingt d'après Sappey, qui entourent le nerf de la vision, perforent obliquement la sclérotique et se ramifient sur la choroïde.

5° *Artères ciliaires longues ou iriennes* (fig. 139, 7). — L'une naît en dedans, l'autre en dehors du nerf optique. Elles gagnent la sclérotique, la traversent obliquement, cheminent entre elle et la choroïde et arrivent au grand cercle de l'iris, qu'elles abordent par son diamètre transversal. Elles se divisent alors en branches ascendante et descendante, qui s'anastomosent avec celles du côté opposé et forment ainsi le grand cercle artériel de l'iris, à la formation duquel contribuent également les ciliaires antérieures, que par ce motif on a désignées à juste titre sous le nom de *petites iriennes*.

6° *Artère musculaire supérieure* (fig. 139, 8). — Née de la partie supérieure de l'ophthalmique, cette branche se distribue aux muscles droits supérieur, élévateur de la paupière, droit inférieur et grand oblique.

Elle manque souvent et est alors remplacée par des rameaux de la sus-orbitaire.

7° *Artère musculaire inférieure.* — D'une origine variable, cette branche se distribue aux muscles droit inférieur, droit externe et petit oblique.

8° *Artère ethmoïdale postérieure* (fig. 139, 9). — Elle naît de l'ophthalmique en dedans du nerf optique, passe entre les muscles grand oblique et droit interne, traverse le trou orbitaire interne postérieur et se distribue à la dure-mère.

Par d'autres branches très grêles, qui passent à travers la lame criblée de l'ethmoïde, cette artère fournit des ramuscules à la partie supérieure de la pituitaire.

9° *Artère ethmoïdale antérieure* (fig. 139, 10). — Son volume dépasse d'ordinaire celui de la précédente. Elle gagne le trou orbitaire interne antérieur, s'engage dans le canal osseux qui lui fait suite et arrive sur les côtés de l'apophyse crista-galli. Elle pénètre ensuite dans les fosses nasales et se divise en deux branches, l'une *externe* pour les méats et les cornets, l'autre *interne* pour la cloison. Ces deux branches s'anastomosent avec celles de la sphéno-palatine (fig. 138, 6).

10° *Artère palpébrale inférieure.* — Elle tire son origine à peu près au niveau de la poulie de réflexion du grand oblique, se porte en bas derrière le tendon de l'orbiculaire, passe au-dessous de ce tendon et se ramifie dans la paupière inférieure en s'anastomosant avec la faciale et la sous-orbitaire. Elle fournit toujours un rameau au canal nasal.

11° *Artère palpébrale supérieure.* — Née au même niveau que la précédente, cette artériole se dirige d'abord en bas, puis se réfléchit en passant au-dessus du tendon de l'orbiculaire et se distribue à la paupière supérieure, en communiquant avec un rameau palpébral venu de la temporale superficielle.

B. Cérébrale antérieure (fig. 140, 23 et 24), (IV).

Préparation. — Pour étudier les branches terminales de la carotide interne, il faut ouvrir le crâne, sortir soigneusement le cerveau, puis avec des ciseaux fins et tranchants enlever les membranes qui entourent les vaisseaux. On profitera de la même pièce pour étudier le tronc basilaire et les branches qu'il fournit. Il est bon de remarquer qu'il faut de préférence choisir un sujet jeune pour l'injection de ces vaisseaux; chez les vieillards, un certain nombre de ces artères sont toujours plus ou moins athéromateuses, et l'effort nécessaire pour faire pénétrer le liquide les rompt souvent.

L'*artère cérébrale antérieure* naît de la partie antérieure de la carotide interne, se dirige en avant et en dedans, passe au-dessus du nerf optique pour gagner le sillon interhémisphérique antérieur, à la partie la plus reculée duquel elle communique largement avec celle du côté opposé par une anastomose transversale, connue sous le nom de *communicante antérieure* (fig. 140, 25). Après avoir émis cette branche très-remarquable par sa brièveté et son volume, la cérébrale antérieure chemine, profondément située, entre les deux hémisphères cérébraux, se réfléchit sur le bec du corps calleux et parcourt la face supérieure de cette commissure d'avant en arrière.

Les branches qu'elle émet sont :

1° Des rameaux à la tête du corps strié, à l'infundibulum et à la partie antérieure du chiasma ;

2° Des rameaux cérébraux destinés au lobe antérieur sur lequel ils se ramifient ;

3° Des rameaux calleux d'un volume très-grêle, destinés au corps calleux.

C. Artère cérébrale moyenne ou sylvienne (fig. 140, 22), (III).

Plus volumineuse que la précédente, cette artère se porte d'abord de dedans en dehors pour gagner la scissure de Sylvius, dans laquelle elle se loge et qu'elle suit dans toute son étendue. Elle fournit de petites artérioles très-grêles, qui passent à travers la substance perforée antérieure pour gagner le corps strié, et surtout des branches plus volumineuses, qui se répandent sur le lobe moyen, sur la partie postérieure du lobe antérieur et sur le lobe de l'insula.

Dès son origine, la sylvienne donne de petites branches aux deux première portions du noyau lenticulaire; un peu plus loin, elle en fournit à la troisième portion de ce noyau, à la portion moyenne du corps strié et à l'avant-mur.

D. ARTÈRE COMMUNICANTE POSTÉRIEURE (fig. 140, 20), (V).

Cette artère se porte horizontalement en arrière et un peu en dedans pour aboutir à la cérébrale postérieure. Elle établit ainsi une anastomose remarquable entre les artères destinées à l'encéphale.

La communicante postérieure est située au-dessous de la bandelette optique, qu'elle croise, et vient s'ouvrir dans la cérébrale postérieure immédiatement en dehors des tubercules mamillaires.

Elle fournit au tubercule antérieur de la couche optique, à la queue du corps strié et à la commissure molle.

E. ARTÈRE DU PLEXUS CHOROÏDE (VI).

Cette quatrième division terminale de la carotide interne est d'un volume très-grêle. Elle se porte en arrière pour pénétrer dans le ventricule latéral par la grande fente de Bichat et se distribuer au plexus choroïde, qu'elle contribue à former.

Elle donne de plus, à la circonvolution de l'hippocampe, à la partie inférieure du ventricule latéral, au plexus choroïde du même ventricule, aux tubercules quadrijumeaux et à la partie postérieure de la couche optique.

III. ARTÈRE SOUS-CLAVIÈRE (fig. 134, 3), (I).

A droite, l'*artère sous-clavière* naît du tronc brachio-céphalique; à gauche elle tire son origine de la partie la plus reculée de la crosse de l'aorte. La sous-clavière s'étend jusqu'au bord inférieur de la clavicule, où elle prend le nom d'*artère axillaire*. Dans ce trajet, la sous-clavière passe dans l'intervalle angulaire compris entre les muscles scalènes antérieur et postérieur, ce qui y a fait distinguer trois portions : *l'une comprise en dedans de ces muscles, l'autre entre ces muscles, et la troisième en dehors d'eux.*

De la différence d'origine des deux artères sous-clavières résultent nécessairement des différences de longueur et de rapports.

La sous-clavière gauche est plus longue que la droite de toute la hauteur du tronc brachio-céphalique, augmentée de la différence de niveau de la crosse aortique aux points d'origine de ces vaisseaux (tronc brachio-céphalique à droite et sous-clavière à gauche).

Les différences de rapports n'existent que dans la partie des sous-clavières située en dedans des muscles scalènes. Entre ces muscles et en dehors d'eux les rapports sont identiques à droite et à gauche.

La *sous-clavière droite* naît au niveau de l'articulation sterno-claviculaire, dont la séparent les muscles sterno-hyoïdien et thyroïdien, ainsi que le confluent des veines jugulaire interne et sous-clavière. Elle s'écarte alors angulairement de la carotide primitive, se dirige obliquement en haut et en dehors pour gagner l'espace compris entre les scalènes.

L'artère sous-clavière droite décrit ainsi une courbure à convexité supérieure, dont le sommet dépasse le bord supérieur de la clavicule d'une quantité variable suivant les sujets.

Dans ce trajet elle répond : *en avant*, à la veine sous-clavière et successivement aux nerfs pneumogastrique, sympathique et phrénique, qui la croisent pour passer entre elle et la veine sous-clavière; *en dehors*, à la plèvre, qui la

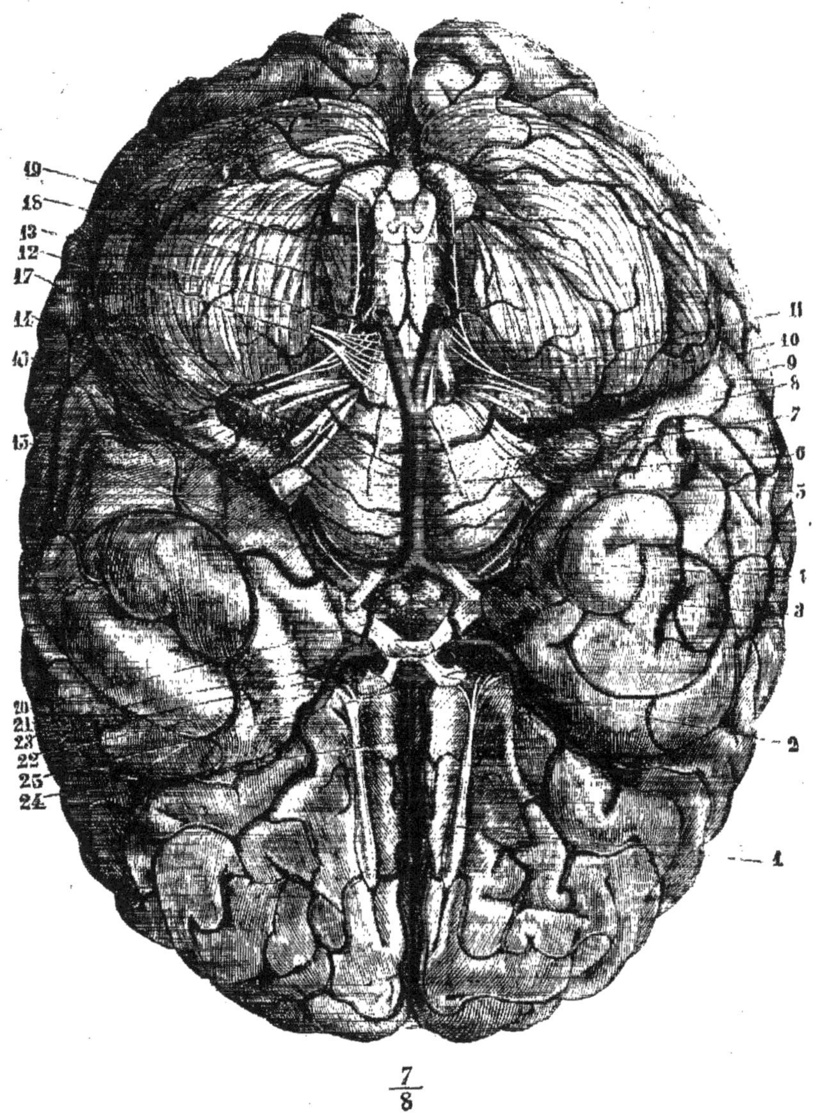

Fig. 140. — *Nerfs et artères de la base du cerveau* (*).

(*) 1) Nerf olfactif. — 2) Nerf optique. — 3) Nerf oculo-moteur commun. — 4) Nerf pathétique. — 5) Nerf trijumeau — 6) Nerf oculo-moteur externe. — 7) Nerf facial. — 8) Nerf acoustique. — 9) Nerf glosso-pharyngien. — 10) Nerf pneumogastrique. — 11) Nerf spinal. — 12) Nerf grand hypoglosse. — 13) Artère vertébrale. — 14) Tronc basilaire. — 15) Artère cérébrale postérieure. — 16) Artère cérébelleuse supérieure. — 17) Artère cérébelleuse inférieure et antérieure. — 18) Artère cérébelleuse antérieure et postérieure. — 19) Artère spinale antérieure. — 20) Artère communicante postérieure. — 21) Tronc de la carotide interne. — 22) Artère cérébrale moyenne. — 23) Artère cérébrale antérieure passant au-dessus du nerf optique. — 24) Artère cérébrale antérieure fournissant des branches qui longent les bords du lobe antérieur. — 25) Artère communicante antérieure.

sépare du poumon droit; *en arrière*, à l'apophyse transverse de la septième vertèbre cervicale et au nerf récurrent, qui l'embrasse dans son anse antéro-postérieure.

La *sous-clavière gauche*, naissant de la partie la plus reculée de la crosse aortique, est dès son origine profondément située sur le côté de la colonne vertébrale; elle est d'abord ascendante et parallèle à la carotide primitive, dont elle est séparée en bas par les nerfs grand sympathique et pneumo-gastrique. Elle est appliquée sur la plèvre gauche, qui la sépare du poumon correspondant. La veine sous-clavière la croise à angle droit et est située au-devant d'elle.

Pour se porter entre les muscles scalènes et contourner la face supérieure de la première côte, la sous-clavière gauche décrit un angle, dont le sommet ne remonte jamais aussi haut dans la région sus-scapulaire que la courbe décrite par l'artère du côté opposé.

A partir du moment où la sous-clavière s'engage entre les muscles scalènes, les rapports ne présentent plus aucune différence à droite et à gauche.

Entre les scalènes, la sous-clavière répond : *en avant*, au muscle scalène antérieur, qui la sépare de la veine sous-clavière ; *en haut et en arrière*, aux branches d'origine du plexus brachial, qui, de même que le vaisseau artériel, traversent l'espace angulaire compris entre les scalènes ; *en bas*, à la première côte sur la face supérieure de laquelle elle repose.

En dehors des scalènes, elle a des rapports : *en avant*, avec le peaucier, puis avec le muscle sous-clavier, qui la sépare de la face inférieure de la clavicule ; *en dedans et un peu en bas*, avec la veine sous-clavière ; *en arrière et en dehors*, avec les nerfs du plexus brachial, et *en bas*, avec la première côte.

La sous-clavière fournit sept branches collatérales, très-importantes, qui naissent presque toutes en dedans des muscles scalènes. Nous les diviserons comme tous les auteurs, en :

Deux supérieures, *vertébrale* et *thyroïdienne inférieure ;*
Deux inférieures, *mammaire interne* et *intercostale supérieure ;*
Trois externes, *cervicale transverse*, *sus-scapulaire* et *cervicale profonde*.

1° Artère vertébrale (III).

Cette artère naît en haut et en arrière du tronc de la sous-clavière à quelque distance en dedans des scalènes ; puis elle remonte un peu obliquement en dehors, croise la face postérieure de la thyroïdienne inférieure, se place entre les insertions du scalène antérieur et du long du cou et s'engage dans le canal des apophyses transverses des vertèbres cervicales (fig. 143, 6). Elle y pénètre d'ordinaire par le trou de la sixième vertèbre. Dans ce conduit ostéo-membraneux, elle est située en avant des nerfs cervicaux, et au niveau de chaque trou de conjugaison elle fournit un *petit rameau spinal*, qui se partage dans le canal rachidien comme ceux que nous avons vus provenir des artères intercostales.

Au sortir de l'apophyse transverse de l'axis, la vertébrale gagne le trou de celle de l'atlas ; comme celle-ci se trouve sur un plan plus externe que la précédente, l'artère décrit, pour l'atteindre, une courbure verticale à convexité externe (fig. 141; 2). Puis la vertébrale devient horizontale, décrit une nouvelle courbure à concavité interne, qui contourne la partie postérieure de la masse latérale de l'atlas, se loge dans une petite gouttière que présente l'arc postérieur de cette vertèbre (fig. 142, 2, 3), traverse la membrane occipito-atloïdienne et la dure-mère, longe le côté latéral du bulbe en se rapprochant de

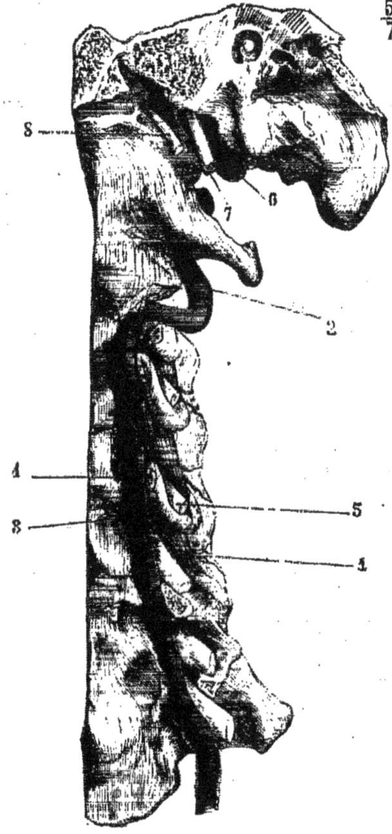

FIG. 141. — *Artère vertébrale dans le canal des apophyses transverses* (*).

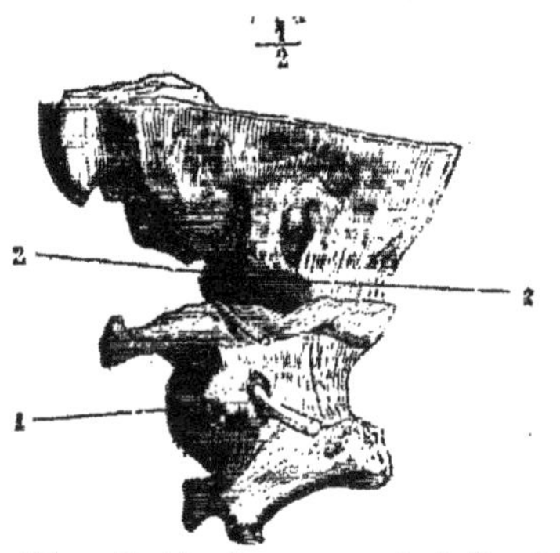

FIG. 142. — *Vertébrale au moment où elle pénètre dans le canal rachidien, à travers la membrane occipito-atloïdienne* (**).

la ligne médiane et, au niveau du bord postérieur de la protubérance annulaire, se réunit angulairement à sa congénère du côté opposé pour constituer le tronc basilaire (fig. 140, 13).

Outre les petites branches spinales que nous lui avons vu émettre dans le canal des apophyses transverses, ainsi que des rameaux musculaires destinés aux muscles profonds de la nuque et du cou, la vertébrale fournit encore, après avoir traversé la dure-mère :

1° Une *petite artère méningée*, qui se distribue à la dure-mère des fosses occipitales.

2° L'*artère spinale postérieure* (VI), petite branche qui gagne la face postérieure du bulbe, fournit un petit rameau très-grêle aux côtés du quatrième ventricule et un rameau descendant, qui se continue avec la série des rameaux spinaux postérieurs venus des vertébrales, des intercostales et des lombaires. Il en résulte un long et grêle vaisseau artériel, qui fournit des ramuscules anastomosés avec ceux du côté opposé et ceux de la spinale antérieure.

3° L'*artère spinale antérieure* (fig. 140, 19, (VI). — Un peu plus volumineuse que la précédente, cette artère se dirige en bas et un peu en dedans sur la face antérieure du bulbe, s'unit à celle du côté opposé pour constituer un tronc unique et médian, qui se continue dans toute la longueur de la moelle, grâce aux anastomoses qu'il reçoit des vertébrales, des intercostales et des lombaires.

4° L'*artère cérébelleuse inférieure et postérieure* (fig. 140, 18), (VI).— Cette branche assez volumineuse se porte en dehors, passe soit entre les filets d'origine du nerf grand hypo-

(*) 1) Vertébrale. — 2) Son premier coude. — 3) Branches antérieures. — 4) Branches postérieures. 5) Nerfs cervicaux. — 6) Veine jugulaire interne. — 7) Nerf vague. — 8) Nerf glosso-pharyngien.

(**) 1) Coude vertical de la vertébrale. — 2) Son coude horizontal. — 3) Sa pénétration à travers la membrane occipito-atloïdienne.

glosse, soit en arrière d'eux, contourne le bulbe pour passer à sa face supérieure et se distribue à la face inférieure du lobe correspondant du cervelet; les rameaux les plus internes s'anastomosent avec ceux du côté opposé, sur le vermis inferior.

Tronc basiliaire (fig. 140, 14), (III).

Ce tronc, formé par la réunion angulaire des deux vertébrales, est appliqué sur la ligne médiane de la face inférieure de la protubérance annulaire, qui présente un sillon superficiel pour le recevoir; il se dirige d'arrière en avant jusqu'au niveau de l'origine des pédoncules cérébraux et se divise alors en deux branches terminales, les *artères cérébrales postérieures.*

Artère cérébrale postérieure (fig. 140, 15), (IV). — Elle naît à angle obtus, au niveau du bord antérieur de la protubérance annulaire, s'infléchit en dehors, passe en avant du nerf oculo-moteur commun, qui la sépare de l'artère cérébelleuse supérieure, reçoit l'anastomose de la communicante postérieure, se porte en arrière, en contournant le pédoncule cérébral, longe la grande fente de Bichat, donne aux pédoncules cérébraux, aux tubercules quadrijumeaux, à la moitié postérieure de la couche optique et à la partie postérieure et inférieure du lobe occipital.

Cette artère fournit toujours une petite *branche choroïdienne postérieure*, qui remonte de bas en haut et gagne la toile choroïdienne, avec laquelle elle pénètre dans le troisième ventricule.

De son origine à sa terminaison le *tronc basilaire* émet:

1° L'*artère cérébelleuse inférieure et antérieure* (fig. 140, 17), (VI). — Elle se porte directement en dehors, passe au-dessus du nerf oculo-moteur externe, au-dessus des nerfs facial et auditif, s'infléchit un peu en haut pour gagner la partie antérieure de la face inférieure du cervelet, sur laquelle elle se ramifie.

2° Un certain nombre de *branches* variables d'origine et de calibre, qui sont destinées à la protubérance et aux pédoncules cérébelleux moyens, qu'elles contournent.

3° L'*artère cérébelleuse supérieure* (fig. 140), (V). — Cette artère, fort remarquable, naît du tronc basilaire immédiatement avant sa division. Elle se porte en dehors, longe le sillon qui sépare la protubérance du pédoncule cérébral, s'accole au nerf pathétique, avec lequel elle contourne ce pédoncule, et arrive ainsi à la face supérieure du cervelet, sur laquelle elle se partage en *rameaux internes*, destinés au vermis supérieur et à la valvule de Vieussens, et en *rameaux externes*, qui embrassent toute cette face du cervelet. Les cérébelleuses, le tronc basilaire et la cérébrale postérieure communiquent entre elles avec une telle facilité, que quand on pousse une injection par l'une d'elles, elle revient par toutes les autres.

4° *Artère acoustique.* — Elle a été étudiée minutieusement par Sapolini. Partie de la partie postérieure du tronc basilaire, elle se dirige vers le trou auditif interne, pour se diviser en artères *vestibulaire* et *cochléaire phanérique*, destinées aux organes membraneux de l'oreille interne, et en artère *labyrinthique osseuse.*

Si nous reprenons maintenant l'ensemble des artères de la base du cerveau, il devient aisé de comprendre que ces artères forment par leurs anastomoses, non par un cercle comme le disait Willis, ni un hexagone, comme on l'a dit depuis, mais un heptagone, dans lequel se trouvent inscrits : le chiasma des nerfs optiques, la tige pituitaire, le tuber cinéreum et les corps mamillaires. Cet heptagone est formé, de droite à gauche, par : 1° l'artère cérébrale postérieure droite; 2° la communicante postérieure; 3° la cérébrale antérieure; 4° la communicante antérieure; 5° la cérébrale antérieure gauche; 6° la communicante postérieure; 7° la cérébrale postérieure.

2° Artère thyroïdienne inférieure (fig. 143, 4), (IV).

L'*artère thyroïdienne inférieure* naît en dehors de la vertébrale sur un point diamétralement opposé à l'origine de la mammaire interne; elle monte

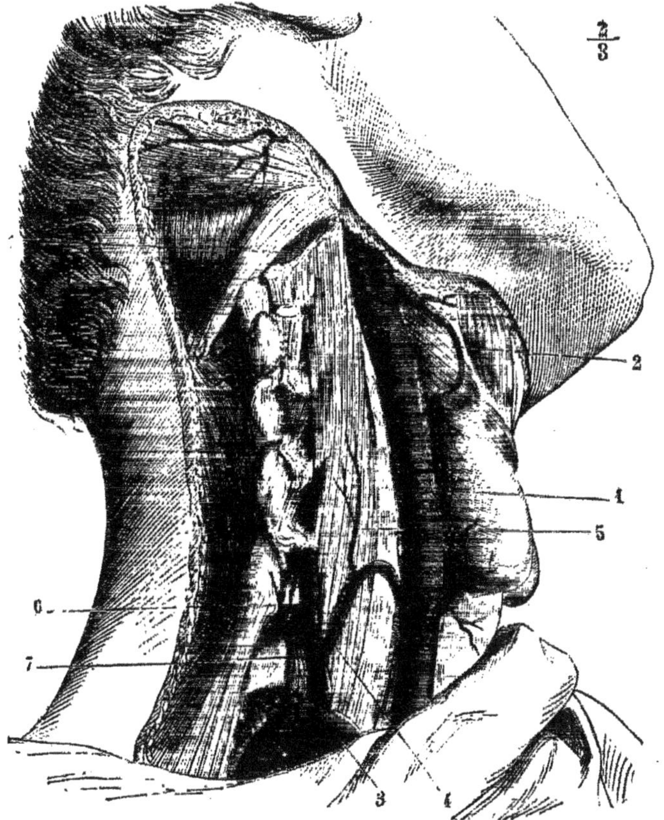

Fig. 143. — *Artères thyroïdienne inférieure et cervicale profonde* (*).

presque verticalement jusqu'au niveau de la septième vertèbre cervicale, en avant des muscles prévertébraux, se recourbe en dedans, passe en arrière de la veine jugulaire interne, du nerf pneumogastrique et de la carotide primitive et en avant de l'artère vertébrale.

Il résulte des rapports de la thyroïdienne inférieure avec la carotide primitive en avant et la vertébrale en arrière, qu'en un point de leur trajet ces trois vaisseaux sont superposés dans un plan antéro-postérieur.

L'artère thyroïdienne inférieure aborde le corps thyroïde par sa face pro-

(*) 1) Carotide primitive. — 2) Thyroïdienne supérieure. — 3) Sous-clavière. — 4) Thyroïdienne inférieure. — 5) Cervicale ascendante. — 6, 6) Vertébrale. — 7) Cervicale profonde.

fonde et se divise en trois branches terminales, dont l'une longe le bord externe, l'autre la face trachéale, et la troisième, plus petite, le bord inférieur de cette glande vasculaire sanguine. Ces trois branches s'anastomosent entre elles, avec leurs congénères du côté opposé et avec les branches terminales de la thyroïdienne supérieure.

Dans son trajet, l'artère thyroïdienne inférieure fournit la *cervicale ascendante* (V), petite artère dont l'origine est variable. Elle remonte entre les attaches du scalène antérieur et du grand droit antérieur du cou et se perd dans les muscles de cette région (fig. 143, 5).

La cervicale ascendante fournit quelques rameaux spinaux très-grêles, qui passent à travers les trous de conjugaison de cette région, pour se distribuer comme tous les rameaux spinaux que nous avons déjà étudiés.

La *thyroïdienne inférieure* fournit encore des rameaux aux muscles sous-hyoïdiens, à l'œsophage et surtout à la trachée. Ces derniers s'anastomosent avec les bronchiques.

3° **Artère mammaire interne** (fig. 144, 6), (IV).

Son origine est assez constante et se trouve à peu de distance des scalènes sur la face inférieure de la sous-clavière, immédiatement en dehors du point où le nerf phrénique croise ce vaisseau.

La *mammaire* se dirige d'abord verticalement en bas, puis en dedans, se place au côté externe du nerf phrénique et répond à l'articulation sterno-claviculaire, dont la sépare le tronc veineux brachio-céphalique. Elle longe ensuite la face postérieure des cartilages costaux à $0^m,005$ environ du bord externe du sternum, et est située en avant de la plèvre et du muscle triangulaire, en arrière des muscles intercostaux internes.

Sur les côtés de l'appendice xyphoïde, la *mammaire* se divise en *deux branches*, dont l'une, plus petite et interne (V), continue le trajet primitif, pénètre dans la gaîne du muscle grand droit de l'abdomen, dans l'épaisseur duquel elle s'anastomose, au-dessus de l'ombilic, avec les rameaux de l'épigastrique.

La seconde branche terminale de la mammaire, connue sous le nom de *musculo-phrénique* (V), se porte en dehors, longe les cartilages des côtes asternales, fournit des branches à chaque espace intercostal, et d'autres rameaux, qui sur la circonférence du diaphragme communiquent avec la diaphragmatique inférieure. La musculo-phrénique se perd dans les muscles abdominaux.

Les branches collatérales que fournit la mammaire interne sont très-nombreuses :

1° La *diaphragmatique supérieure* (VI), rameau grêle, qui descend entre le péricarde et la plèvre médiastine, gagne la face supérieure du diaphragme et s'y perd en s'anastomosant avec la diaphragmatique inférieure. Le nerf phrénique l'accompagne dans son trajet.

2° Au niveau de chaque espace intercostal, la mammaire interne émet des *branches externes* ou *intercostales antérieures*, au nombre de deux, qui longent, l'une le bord inférieur de la côte supérieure, l'autre le bord supérieur de la côte située au-dessous. Ces branches fournissent aux muscles de cet espace et s'anastomosent largement avec les intercostales aortiques (fig. 144, 6).

3° Du bord interne de la mammaire et au même niveau que les précédentes naissent de petites *branches internes*, qui vont se perdre sur les deux faces du sternum en communiquant avec leurs congénères du côté opposé.

4° Artère intercostale supérieure (fig. 114, 2), (IV).

Cette artère naît du bord inféro-postérieur de la sous-clavière, se porte en bas et un peu en arrière, croise le col des deux premières côtes et descend plus ou moins, suivant qu'elle est destinée à deux, trois ou quatre espaces intercostaux.

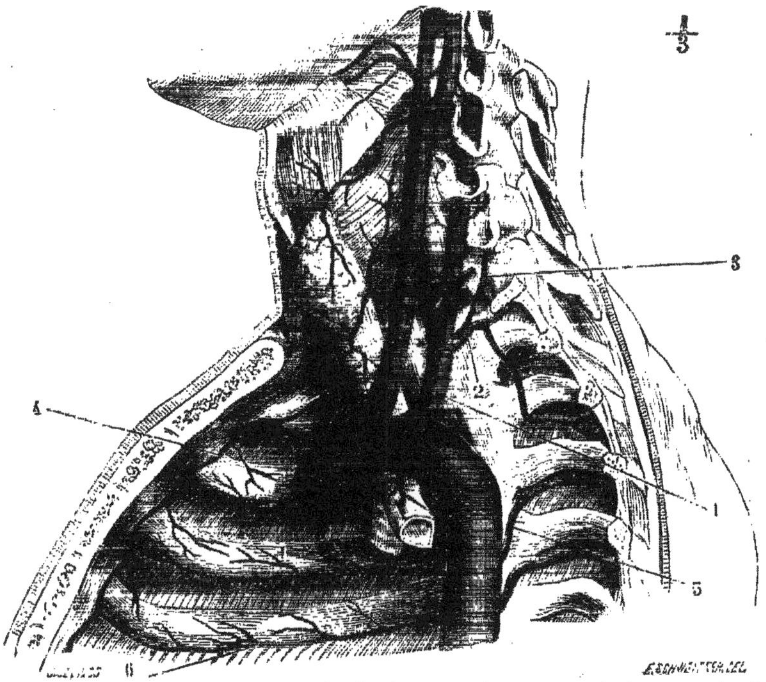

Fig. 144. — *Artère mammaire interne du côté droit et artère intercostale supérieure du côté gauche* (d'après Bourgery) (*).

Au niveau de chacun de ces espaces, elle fournit une artère, dont la division en *branche postérieure* ou *dorso-spinale* et *branche intercostale* ou *antérieure*, ainsi que la distribution, ressemblent exactement à celles des intercostales aortiques.

5° Artère sus-scapulaire (IV).

Un peu en dehors de l'origine de la mammaire interne, la sous-clavière fournit l'*artère sus-scapulaire*, qui se dirige d'abord de haut en bas et de dedans en dehors, et arrive vers la partie moyenne du bord postérieur de la clavicule. Dans cette première partie de son trajet, elle répond : en avant, au

(*) 1) Artère sous-clavière. — 2) Artère intercostale supérieure (elle fournit sur ce sujet à trois espaces intercostaux. — 3) Artère cervicale profonde. — 4) Artère mammaire interne. — 5) Artères intercostales aortiques. — 6) Anastomose entre les branches de la mammaire et les intercostales aortiques.

faisceau sternal du muscle sterno-mastoïdien, à la veine jugulaire externe et à l'aponévrose moyenne du cou; en arrière, au nerf phrénique, au muscle scalène antérieur, à l'artère sous-clavière après sa sortie des scalènes et aux nerfs du plexus brachial. Le muscle omo-hyoïdien est situé immédiatement au-dessus-d'elle (fig. 134, 5).

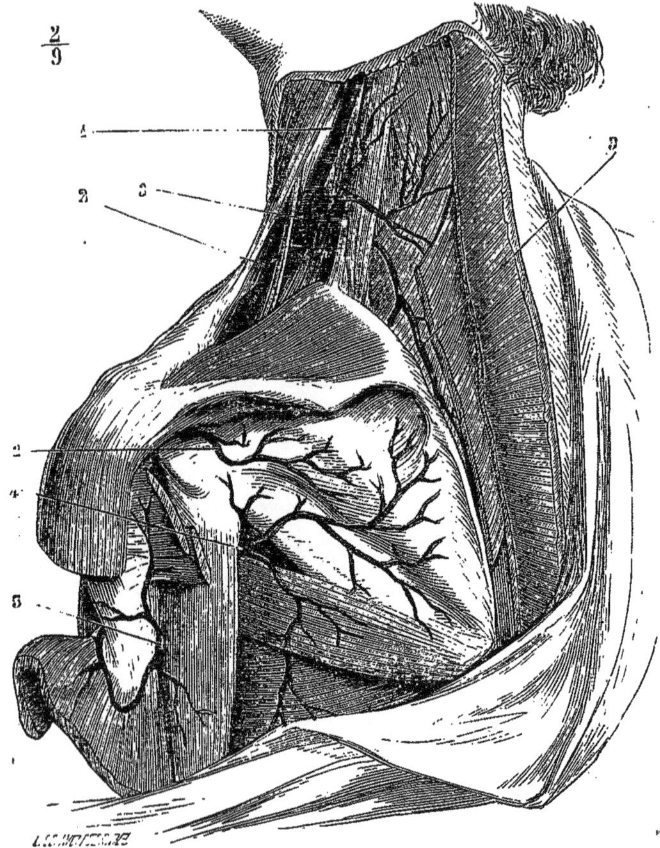

Fig. 145. — *Artères scapulaires* (*).

A partir de la région moyenne de la clavicule, l'artère sus-scapulaire se porte horizontalement en dehors et en arrière, s'engage sous le trapèze, lui donne des rameaux, longe le bord interne de l'acromion, et passe au-dessus du ligament coracoïdien pour pénétrer dans la fosse sus-épineuse. Dans cette fosse elle est située entre le périoste et le muscle, auquel elle abandonne des rameaux nombreux. La sus-scapulaire contourne ensuite le bord antérieur de l'épine de l'omoplate, gagne la fosse sous-épineuse, se place entre l'os et les muscles, leur fournit des branches nombreuses et s'anastomose avec la scapulaire inférieure venue de l'axillaire et avec la cervicale transverse (fig. 145, 2).

(*) 1) Artère carotide primitive. — 2, 2) Artère sus-scapulaire. — 3, 3) Artère cervicale transverse. — 4) Artère scapulaire inférieure (branche de l'axillaire). — 5) Artère circonflexe postérieure (branche de l'axillaire.)

6° Artère cervicale transverse ou scapulaire postérieure (IV).

Elle naît de la sous-clavière, en dedans, très-rarement en dehors des scalènes, se dirige en dehors et en arrière, passe entre les nerfs du plexus brachial ou au-devant d'eux (fig. 134, 6). Arrivée au niveau du bord antérieur du trapèze, elle s'engage sous ce muscle, passe plus loin au-dessous de l'angulaire de l'omoplate et au niveau du bord postérieur de celui-ci, s'infléchit en bas pour longer le bord interne du scapulum au-devant du rhomboïde. Elle se termine à l'angle inférieur de cet os, en s'anastomosant avec la scapulaire inférieure ou sous-scapulaire, branche de l'axillaire. Les branches terminales de la cervicale transverse se distribuent aux muscles de la région (fig. 145, 3).

Dans son trajet, la scapulaire postérieure fournit un grand nombre de branches musculaires, dont une seule mérite d'être mentionnée. Elle part de la cervicale transverse au moment où celle-ci s'engage au-dessous du muscle angulaire de l'omoplate, passe sur lui et remonte flexueuse pour se perdre dans les muscles de la nuque.

7° Artère cervicale profonde (V).

Moins volumineuse que toutes les précédentes, cette artère naît de la face postérieure de la sous-clavière, se porte en haut et un peu en arrière pour gagner l'espace compris entre le col de la première côte et l'apophyse transverse de la sixième vertèbre cervicale (ainsi que l'a fait remarquer Cruveilhier, ce rapport est constant). A partir de ce point, l'artère cervicale profonde monte verticalement entre le grand complexus et le transversaire épineux pour s'épuiser dans les muscles du cou et de la nuque. Elle communique par quelques rameaux avec la cervicale ascendante (fig. 143, 7).

IV. Artère axillaire (fig. 146, 1), (1).

Préparation. — Faire les incisions de la peau comme pour la préparation des muscles de la poitrine et du bras; détacher ensuite le grand pectoral à ses insertions pectorales et claviculaires, sectionner le petit pectoral à peu de distance de son insertion à la coracoïde. Ménager les nerfs pour étudier leurs rapports avec les vaisseaux. Il faut avoir soin, pour faire cette préparation, d'écarter fortement le bras. On pourrait scier la clavicule dans son milieu, ou la désarticuler au sternum; on aurait plus de facilité pour la dissection, mais on se rendrait moins bien compte des rapports.

Au delà du bord antérieur de la clavicule, l'artère sous-clavière prend le nom d'*artère axillaire*, qu'elle conserve jusqu'au niveau du bord inférieur du grand pectoral. Elle est donc obliquement dirigée de la première côte à la face interne du bras.

Elle répond successivement, en avant, aux insertions claviculaires du grand pectoral, puis à la partie supérieure du petit pectoral, pour se remettre de nouveau en rapport avec la face profonde du grand pectoral, après avoir franchi l'espèce de pont que lui présente ce dernier muscle. En arrière, elle répond à la gouttière de la première côte, au premier muscle intercostal, au bord supérieur du grand dentelé, puis à l'espace celluleux qui sépare ce muscle d'avec la face antérieure du sous-scapulaire et au tendon de ce muscle, qui la sépare de l'articulation de l'épaule (1). Plus bas, l'artère s'engage dans l'espace

(1) Au-dessous du bord inférieur du tendon du sous-scapulaire, il se trouve un petit espace où l'artère n'est séparée de la capsule articulaire que par une couche plus épaisse de tissu cellulaire.

triangulaire circonscrit par les muscles qui vont aux lèvres de la coulisse bicipitale. Nous savons que dans ce même espace sont logés les muscles coraco-brachial et biceps. L'axillaire répondant au bord interne de ceux-ci n'a donc plus aucun rapport avec le grand pectoral, dont ils la séparent ; mais en arrière elle est en contact avec le grand rond et le grand dorsal.

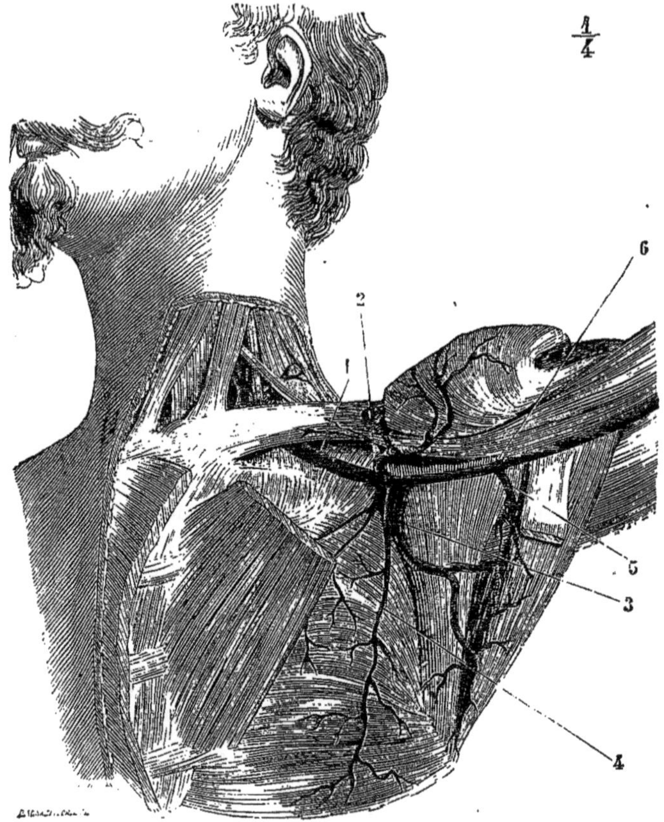

FIG. 146. — *Artère axillaire* (*).

Nous avons vu que l'artère sous-clavière est séparée de la veine par le muscle scalène antérieur, que les nerfs du plexus brachial sont situés au-dessus d'elle. Au niveau du creux de l'aisselle, au contraire, tous ces cordons vasculaires et nerveux sont réunis en un seul faisceau. On peut donc, pour simplifier l'étude des rapports assez compliqués que ces organes affectent entre eux, les considérer comme formant un triangle, dont la base serait aux scalènes et le sommet à l'articulation scapulo-humérale. La veine axillaire est d'abord située un peu en dedans et en avant de l'artère, puis elle s'en rapproche pour lui devenir tout à fait interne au niveau du bord inférieur du muscle du petit pectoral. Les nerfs, situés d'abord en haut et en arrière, se groupent pour former un plexus, au milieu duquel se trouve l'artère ; cette

(*) 1) Artère axillaire. — 2) Aorte acromio-thoracique. — 3) Artère sous-scapulaire. — 4) Artère mammaire externe ou grande thoracique. — 5) Artère circonflexe postérieure. — 6) Artère circonflexe antérieure.

dernière croise d'abord le tronc d'origine du nerf radial, en avant duquel elle se place, et est ensuite entourée par deux grosses branches nerveuses, qui se réunissent au-devant d'elle pour former le nerf médian. Au-dessous de ce point, l'artère axillaire est en rapport : en avant avec le nerf médian, en dedans avec le nerf cubital et le brachial cutané interne, en dehors et en arrière avec le radial.

L'artère axillaire fournit cinq branches collatérales.

1° Artère acromio-thoracique (fig. 146, 2), (V).

Cette artère naît de la partie de l'axillaire comprise entre la clavicule et le petit pectoral. Elle se dirige en dehors et se divise en *branches acromiales* et en *branches thoraciques*.

1° Les *branches acromiales* rampent dans l'espace celluleux compris entre le grand pectoral et le deltoïde, et vont se répandre sur l'articulation acromio-claviculaire en communiquant avec la sus-scapulaire.

2° Les *branches thoraciques* sont destinées aux muscles pectoraux. Elles sont plus volumineuses chez la femme et arrivent chez elle jusqu'à la glande mammaire.

2° Artère grande thoracique ou mammaire externe (fig. 146, 4), (IV ou V).

Remarquable par son trajet presque vertical et son étendue, cette artère naît en arrière du tendon du petit pectoral, s'applique sur la face externe du muscle grand dentelé et se termine dans les faisceaux de ce muscle au niveau des premières fausses côtes. En haut, elle est recouverte par le grand pectoral et plus bas par la peau.

Cette artère fournit : des rameaux intercostaux anastomosés avec des branches venues des artères de ce nom et de la mammaire interne, d'autres destinés aux muscles grand pectoral, grand dentelé et sous-scapulaire, enfin des branches, très-développées chez la femme, qui vont se ramifier dans la glande mammaire, où elles s'anastomosent avec des rameaux de l'acromio-thoracique.

3° Artère scapulaire inférieure ou sous-scapulaire (fig. 146, 3), (IV).

Elle est la plus volumineuse des branches de l'axillaire et est remarquable surtout par la facile communication qu'elle établit entre cette artère et la sous-clavière. Elle naît au niveau du bord inférieur du muscle sous-scapulaire, longe ce bord, situé entre le grand dorsal et le grand dentelé, et se termine à l'angle inférieur de l'omoplate en s'anastomosant avec les autres scapulaires.

Dans ce trajet, elle fournit une branche volumineuse, qui contourne le bord axillaire de l'omoplate, émet des rameaux qui cheminent entre le muscle sous-scapulaire et l'os, passe ensuite entre le petit et le grand rond au-dessous du long chef du triceps, et se ramifie en avant du muscle sous-épineux dans la fosse de ce nom, en communiquant auprès de l'angle de l'omoplate avec la terminaison de la scapulaire inférieure et avec la scapulaire postérieure (fig. 145, 4).

4° Artère circonflexe postérieure (fig. 146, 5), (IV).

Elle naît de l'axillaire au-dessous de la précédente, se porte en arrière et en dehors, passe entre le grand et le petit rond au-dessus du long chef du triceps, s'accole alors à l'humérus, recouverte par le deltoïde, contourne cet os et arrive jusqu'au voisinage de la lèvre antérieure de la coulisse bicipitale, où elle s'anastomose avec la circonflexe antérieure.

Cette artère décrit donc ainsi les trois quarts d'un cercle qui embrasse l'humérus. Elle est destinée plus spécialement au deldoïde et fournit accessoirement des rameaux aux muscles grand et petit ronds, ainsi qu'au triceps. Quelques ramuscules vont à l'articulation scapulo-humérale (fig. 145, 5).

5° Artère circonflexe antérieure (fig. 146, 6), (VI).

Cette petite branche vient aussi souvent de la circonflexe postérieure que de l'axillaire. Elle s'engage au-dessous du coraco-brachial et de la courte portion du biceps, puis au-dessous du tendon de la longue portion de ce muscle et vient s'anastomoser sur la face profonde du deltoïde avec la circonflexe postérieure. Au moment où elle croise perpendiculairement la coulisse bicipitale, elle fournit une petite branche ascendante, qui accompagne le tendon de la longue portion du biceps et se distribue à l'articulation.

V. Artère humérale (fig. 147, 1), (II).

L'*artère humérale*, continuation de l'axillaire, s'étend du bord inférieur du tendon du grand pectoral jusqu'au niveau du pli du coude, où elle se divise en deux branches terminales, la *cubitale* et la *radiale* (1).

Dans son trajet, l'artère humérale longe d'abord le bord interne du coraco-brachial, puis celui du biceps. Chez les individus peu musclés, elle n'est, dans ses deux tiers inférieurs, recouverte que par la peau et l'aponévrose brachiale, et un peu au-dessus du coude par l'expansion aponévrotique du biceps qui la sépare de la veine médiane basilique. Quand les sujets sont bien musclés, il faut, pour la trouver, écarter le bord interne du biceps, qui la recouvre.

Dans son tiers supérieur, l'humérale répond en arrière à la cloison intermusculaire interne, qui la sépare du triceps et des nerfs cubital et radial ; dans ses deux tiers inférieurs, au muscle brachial antérieur.

Elle est séparée de l'humérus : en haut par les insertions du coraco-brachial, et en bas par les fibres du brachial antérieur.

En dedans, l'humérale répond à l'aponévrose brachiale et à la peau, dont la sépare le bord interne du biceps chez les sujets bien musclés.

L'artère humérale chemine entre les deux veines du même nom. Le nerf médian est situé, en haut, un peu en dehors du vaisseau artériel, puis il la croise en avant pour lui devenir interne au-dessus du pli du coude.

L'*humérale* fournit un grand nombre de branches sans nom, destinées aux muscles biceps, coraco-brachial et brachial antérieur.

Celles qui se portent à la partie postérieure du bras et qui sont destinées au triceps et aux anastomoses avec les récurrentes radiales et cubitales, sont plus volumineuses et plus constantes.

1° *Artère humérale profonde ou collatérale externe* (fig. 147, 2), (IV). — Elle naît du bord postérieur de la brachiale au niveau du muscle grand rond

(1) Il n'est pas rare de voir l'*humérale* se diviser plus haut en deux branches terminales ; souvent cette division se fait dans le creux de l'aisselle. Il arrive fréquemment alors qu'une de ces deux branches reste sus-aponévrotique, c'est d'ordinaire la cubitale, quoique j'aie vu aussi la radiale offrir cette disposition.

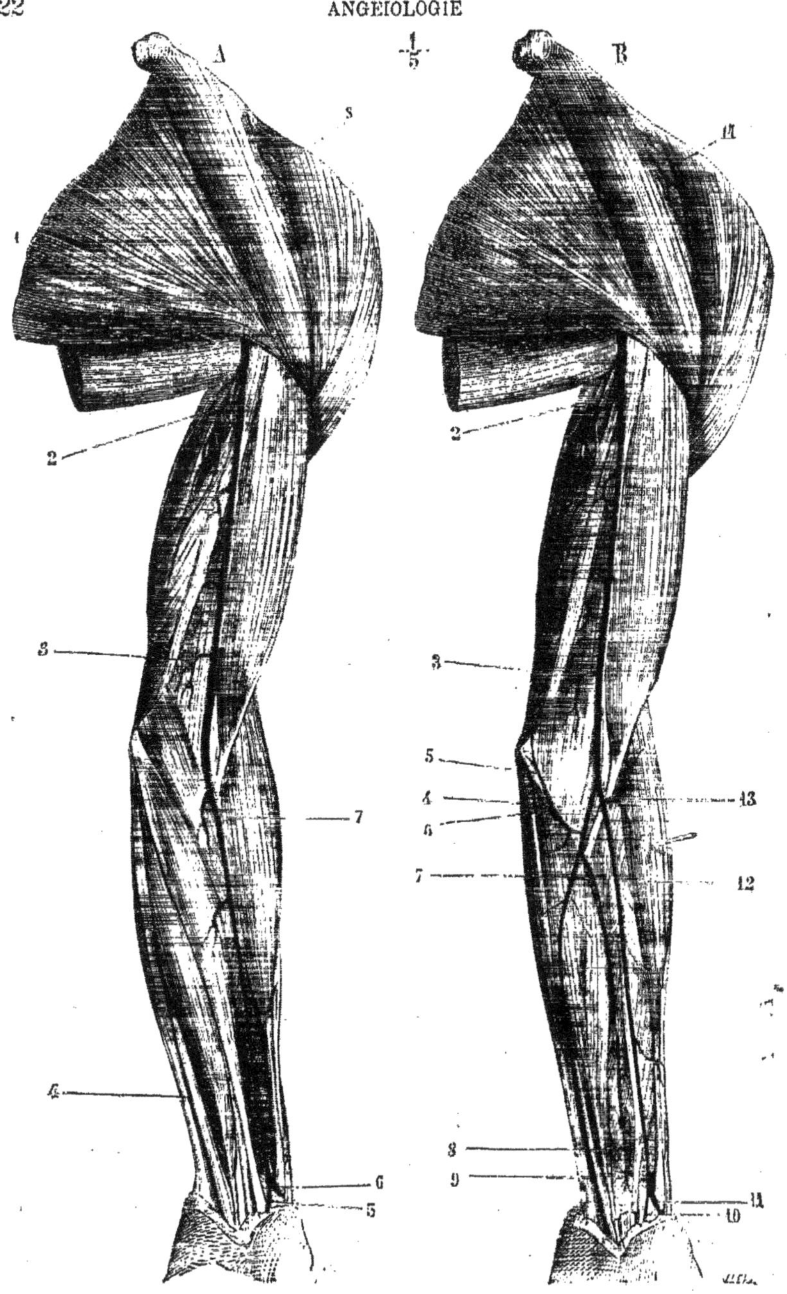

Fig. 147. — *Artères humérale, radiale et cubitale* (*).

(*) A. *Couche superficielle (les muscles sont intacts).* — 1) Artère humérale. — 2) Branche du triceps — 3) Collatérale interne. — 4) Artère cubitale au tiers inférieur de l'avant-bras. — 5) Artère radio-palmaire. — 6) Artère radiale au poignet. — 7) Artère radiale à l'avant-bras. — 8) Branches de l'artère acromio-thoracique.

B. *Couche profonde (les muscles de l'avant-bras sont sectionnés).* — 1) Artère humérale. — 2) Branche du triceps. — 3) Collatérale interne. — 4) Artère cubitale. — 5) Artère récurrente cubitale anté-

et se porte en arrière et en dehors dans la coulisse de l'humérus, qu'elle parcourt avec le nerf radial.

Elle fournit une branche musculaire assez volumineuse, qui se distribue exclusivement au triceps, et une autre, externe, qui continue d'accompagner le nerf radial, donne des rameaux musculaires et arrive jusqu'à l'épicondyle, où elle s'anastomose avec la collatérale interne et avec les récurrentes radiales.

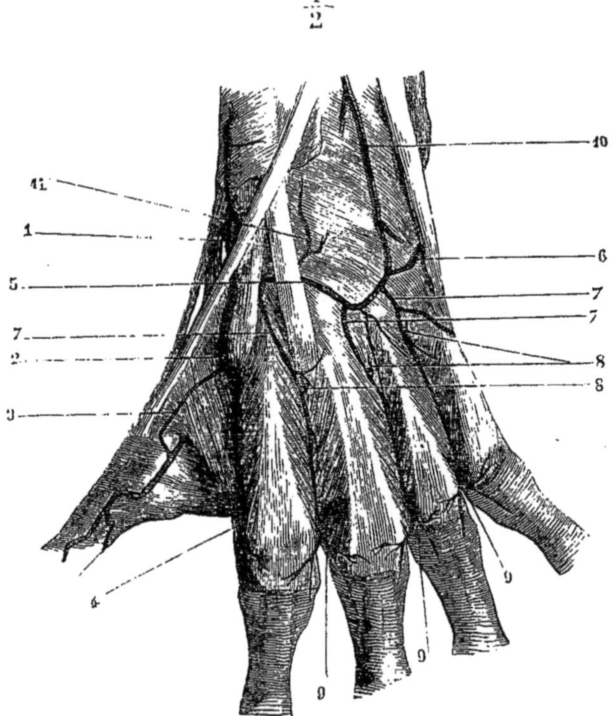

Fig. 148. — *Artères dorsales du poignet (main gauche)* (*).

2° *Artère collatérale interne* (fig. 147, 3), (V). — Elle provient du tiers inférieur de l'humérale, se porte en dedans sur le brachial antérieur et se divise en deux branches. La première, *antérieure*, reste en avant de la cloison intermusculaire, vient sur l'épitrochlée se ramifier à la face profonde des muscles qui s'y attachent, et s'anastomose avec la récurrente cubitale antérieure. La *branche postérieure* traverse la cloison intermusculaire, accompagne le

rieure. — 6) Artère récurrente cubitale postérieure. — 7) Tronc des interosseuses. — 8) Terminaison de l'interosseuse antérieure au-dessous du carré pronateur. — 9) Artère cubitale au poignet. — 10) Artère radio-palmaire. — 11) Artère radiale au poignet. — 12) Artère radiale à l'avant-bras. — 13) Récurrente radiale antérieure. — 14) Branches de l'artère acromio-thoracique.

(*) 1) Artère radiale dans la tabatière anatomique. — 2) Artère radiale passant dans la paume de la main. — 3) Petite branche accessoire allant se jeter dans la collatérale interne du pouce. — 4) Collatérale dorsale externe de l'index, dont le trajet est irrégulier (elle vient de l'interosseuse dorsale du premier espace). — 5) Transverse dorsale du carpe. — 6) Transverse dorsale cubitale. — 7, 7, 7) Interosseuses dorsales. — 8, 8, 8) Leurs anastomoses avec les perforantes supérieures. — 9, 9, 9) Leurs anastomoses avec les perforantes inférieures. — 10) Terminaison de l'interosseuse antérieure. — 11) Branche articulaire.

nerf cubital jusqu'au coude, fournit aux muscles triceps et cubital postérieur, et s'anastomose avec la collatérale externe et avec la récurrente cubitale postérieure.

Les auteurs ont encore décrit, sous le nom d'*artère superficielle du vaste interne*, une branche de l'humérale, qui ne nous paraît pas constante. Quand elle existe, elle naît beaucoup plus haut que la précédente, traverse la cloison intermusculaire, se distribue au vaste interne et arrive jusqu'au coude pour s'anastomoser avec les collatérales interne et externe et avec les récurrentes cubitales.

1° Artère radiale (IV).

Née de la bifurcation de l'humérale au pli du coude, l'*artère radiale* se dirige obliquement en bas et un peu en dehors dans l'espace celluleux qui sépare le long supinateur du rond pronateur, pour venir aboutir à l'extrémité de l'apophyse styloïde du radius. Dans cette première partie de son trajet, elle est accompagnée par deux veines satellites, et en dehors par la branche antérieure du nerf radial. Elle répond en arrière, successivement au tendon du rond pronateur, au fléchisseur superficiel des doigts, au fléchisseur propre du pouce et à la partie la plus externe du carré pronateur, qui la sépare du radius; en avant, chez les sujets peu musclés, elle n'est recouverte que par la peau et l'aponévrose antibrachiale; dans le cas contraire, le bord interne du muscle long supinateur la recouvre; en dehors, elle est longée à petite distance par le tendon du long supinateur; en dedans, elle répond au tendon du grand palmaire (fig. 147, A 7, B 12).

Arrivée au niveau de l'extrémité de l'apophyse styloïde du radius, l'artère s'incline en dehors, en arrière et en bas, pour venir obliquement gagner l'extrémité supérieure du premier espace intermétacarpien; elle passe au travers de l'arcade fibreuse que lui présente le premier muscle interosseux dorsal et s'enfonce dans la paume de la main. Dans cette seconde partie de son trajet, la radiale est située dans le fond de la tabatière anatomique et appliquée sur le scaphoïde et le trapèze (fig. 148, 1).

A la paume de la main, la radiale décrit l'arcade palmaire profonde, située au-dessous des tendons fléchisseurs et des branches nerveuses, en avant des muscles interosseux. Cette arcade, très-importante, vient au niveau du bord externe des muscles de l'éminence hypothénar s'aboucher à plein canal avec une branche de la cubitale et établir ainsi une communication facile entre les deux branches terminales de l'humérale (fig. 149, 4).

L'*artère radiale* fournit :

1° Peu après son origine, l'*artère récurrente radiale antérieure* (fig. 147, B 13), (V), qui se porte en dehors et en haut, profondément située entre les muscles long supinateur et brachial antérieur. Elle donne des branches à ces muscles et aux radiaux externes, et vient se terminer sur l'épicondyle en s'anastomosant avec la collatérale externe ou humérale profonde et avec la récurrente radiale postérieure.

2° Dans toute la longueur de l'avant-bras, un grand nombre de rameaux destinés aux muscles antibrachiaux antérieurs.

3° Au niveau du bord inférieur du muscle carré pronateur, l'*artère transverse antérieure du carpe*, petite branche transversale, qui se dirige en dedans, longe le bord musculaire et s'anastomose avec une branche correspondante venue de la cubitale. Elle fournit des ramuscules au carré pronateur, aux os et aux articulations du poignet.

4° *L'artère radio-palmaire* (fig. 151, 3), qui naît de la radiale au moment où cette artère s'infléchit pour se porter dans le fond de la tabatière anatomique. Cette branche, d'un calibre très-variable, descend verticalement dans l'épaisseur de l'extrémité supérieure du muscle court abducteur du pouce, fournit des rameaux aux muscles de l'éminence thénar et s'anastomose par son extrémité avec la cubitale pour compléter l'arcade palmaire superficielle [1].

5° Entre les tendons qui forment la tabatière anatomique naît la petite *artère dorsale du pouce*, dont l'existence n'est pas constante. Elle gagne la face dorsale du premier métacarpien, en s'infléchissant en dehors pour s'anastomoser avec la collatérale externe du pouce.

6° Un peu plus loin, et toujours dans le fond de la tabatière anatomique, la radiale fournit une branche plus remarquable par sa distribution que par son volume : c'est *l'artère transverse dorsale du carpe* (fig. 148, 5). Cette artère passe au-dessous des tendons des radiaux externes appliquée sur les os du carpe et vient s'anastomoser avec une branche congénère de la cubitale, en constituant une *arcade dorsale du carpe* qui reçoit également les rameaux terminaux de l'interosséuse antérieure, ainsi que nous le dirons plus loin.

L'arcade dorsale du carpe fournit des *rameaux articulaires* et surtout des *rameaux interosseux dorsaux* (fig. 148, 7), qui descendent dans les trois derniers espaces intermétacarpiens, communiquent avec les perforantes supérieures venues de l'arcade palmaire profonde (fig. 148, 8), s'accolent à la face cutanée des muscles interosseux dorsaux, communiquent auprès des articulations métacarpo-phalangiennes avec d'autres branches perforantes venues des interosseuses palmaires (fig. 148, 9), et s'épuisent enfin dans les muscles abducteurs ainsi que dans les articulations et la peau des doigts.

7° Plus loin, et avant de s'engager dans l'anneau fibreux du premier muscle interosseux dorsal, l'artère radiale donne *l'interosseuse dorsale du deuxième espace intermétacarpien* (V), qu'à tort on a encore appelée *dorsale du métacarpe*. Cette artère naît assez souvent de l'arcade dorsale du carpe, et n'est alors que la première interosseuse fournie par cette arcade (c'est la disposition que présentait le sujet qui a servi pour la fig. 148). Lorsque l'interosseuse dorsale du deuxième espace naît de la radiale, elle croise obliquement l'extrémité supérieure du second métacarpien et gagne l'espace compris entre lui et le troisième.

8° Immédiatement au delà de l'arcade du premier muscle interosseux, naît *l'interosseuse du premier espace*, qui passe entre les muscles abducteur de l'index et adducteur du pouce et se divise en *collatérales interne du pouce* et *externe de l'index*. On voit assez souvent cette artère passer en arrière du premier interosseux dorsal ; on la sent alors battre sous la peau.

9° *L'artère collatérale externe du pouce* paraît plus constante que la précédente. Elle passe entre les muscles de l'éminence thénar et vient longer le bord externe du pouce, après s'être anastomosée au niveau de l'articulation métacarpo-phalangienne avec la dorsale du pouce (fig. 149, 5).

(1) Nous devons dire que nous avons vu plus souvent l'artère radio-palmaire s'épuiser dans les muscles de l'éminence thénar, que s'anastomoser avec l'arcade palmaire superficielle.

L'*arcade palmaire profonde* (V) fournit :

1) Des *branches articulaires* au poignet.

2) Des *branches perforantes*, qui se portent en arrière, au nombre de trois, traversent les arcades fibreuses des muscles interosseux dorsaux de même que la radiale traverse celle du premier de ces muscles, et vont communiquer avec les branches interosseuses dorsales (fig. 148, 9).

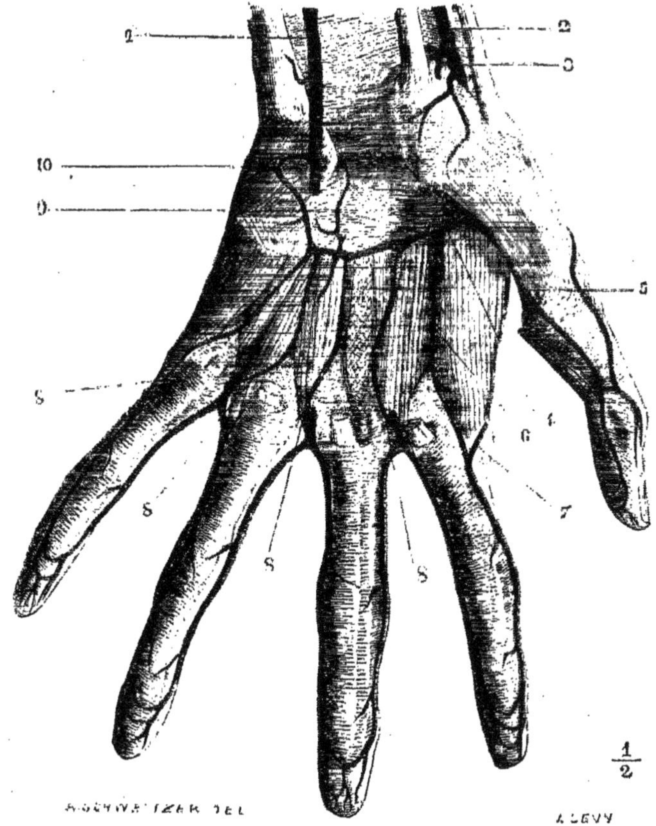

Fig. 149. — *Arcade palmaire profonde* (*).

3) Les *interosseuses palmaires* (fig. 149, 8) (VI), qui descendent au-devant des espaces intermétacarpiens, fournissent aux muscles de ces espaces, à l'adducteur du pouce, aux lombricaux, et viennent, après avoir émis un petit rareau perforant antérieur, s'anastomoser avec les branches descendantes de l'arcade palmaire superficielle.

(*) 1) Artère cubitale. — 2) Artère radiale. — 3) Artère radio-palmaire coupée. — 4) Arcade palmaire profonde. — 5) Artère collatérale externe du pouce. — 6) Collatérale externe de l'index, venant chez ce sujet directement de l'arcade palmaire profonde et recevant : — 7) une anastomose de l'arcade superficielle. — 8, 8, 8, 8) Branches inférieures de l'arcade profonde ou interosseuses antérieures, allant se jeter dans les collatérales des doigts au niveau de la tête des métacarpiens. — 9) Rameau articulaire destiné à l'articulation radio-carpienne. — 10) Branche profonde de la cubitale.

2° Artère cubitale (fig. 160, D) (III).

Deuxième branche de bifurcation de l'humérale, l'*artère cubitale* se dirige d'abord obliquement en dedans et en bas entre les muscles fléchisseur superficiel et fléchisseur profond, gagne le bord externe du cubital antérieur, et décrit ensuite un coude pour devenir verticale jusqu'au poignet.

Dans cette première partie de son parcours, l'artère cubitale est accompagnée de deux veines satellites; immédiatement au-dessous du pli du coude, elle est croisée à angle aigu par le nerf médian, qui passe au-devant d'elle. Le nerf cubital ne vient s'accoler au côté interne du vaisseau artériel qu'au niveau du coude qu'il décrit pour passer de sa direction oblique à la verticale. Recouverte d'abord par les muscles rond pronateur, grand et petit palmaires et plus immédiatement par le fléchisseur superficiel, l'artère cubitale devenue verticale ne répond plus en avant qu'à la peau et à l'aponévrose antibrachiale. Le tendon du muscle cubital antérieur la recouvre cependant un peu; aussi faut-il le déprimer en dedans pour sentir les battements de l'artère sous la peau. En arrière, la cubitale répond au fléchisseur profond des doigts et plus bas au carré pronateur.

Au poignet, l'artère cubitale passe immédiatement en dehors du pisiforme, et descend dans la paume de la main; elle s'infléchit alors en dehors et décrit une courbe à concavité supérieure, qui s'anastomose à sa terminaison avec la radio-palmaire. Cette courbe, connue sous le nom d'*arcade palmaire superficielle*, est située au-dessous de l'aponévrose palmaire et en avant des tendons fléchisseurs des doigts (fig. 151, 4).

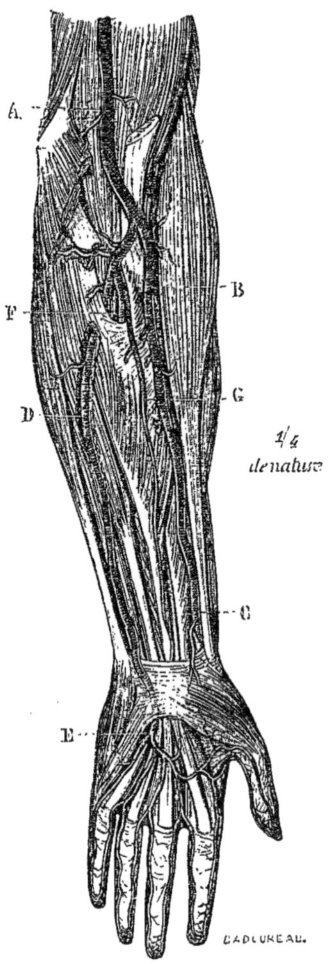

Fig. 150. — *Artères de l'avant-bras* (d'après Bourgery) (*).

Outre un très-grand nombre de branches musculaires, l'*artère cubitale* fournit :

1° L'*artère récurrente cubitale antérieure* qui d'ordinaire naît par un tronc commun (V) avec la récurrente cubitale postérieure (fig. 147, B 5); son origine a lieu au-dessous de l'apophyse coronoïde du cubitus. Elle se porte d'abord un peu en bas et en dedans pour gagner l'espace compris entre le brachial an-

(*) A. Artère humérale. — B. Artère radiale. — C. Artère radiale au poignet. — D. Artère cubitale. — E. Arcade palmaire superficielle. — F. Artère interosseuse postérieure. — C. Artère interosseuse antérieure au moment où elle se met en rapport avec la face profonde du muscle fléchisseur profond et où elle donne le rameau du nerf médian.

térieur et les muscles rond pronateur et grand palmaire, s'applique sur l'épitrochlée et s'anastomose avec la branche antérieure de la collatérale interne.

2° *L'artère récurrente cubitale postérieure* (fig. 147, B 6). — Plus volumineuse que la précédente, cette artère se dirige d'abord en bas et en dedans derrière les muscles rond pronateur, grand et petit palmaires, passe entre les deux faisceaux d'origine du muscle cubital antérieur, accolée au nerf cubital et se divise sur l'épitrochlée en rameaux anastomosés avec la branche postérieure de la collatérale interne, en rameaux transversaux qui communiquent avec les récurrentes radiales, et enfin en rameaux antérieurs anastomosés avec la récurrente cubitale antérieure.

3° *Tronc commun des artères interosseuses* (IV). — Cette artère part de la cubitale au niveau de la tubérosité bicipitale du radius, se dirige en bas et en arrière vers le ligament interosseux et se divise en deux branches, dont l'une longe la face antérieure et l'autre la face postérieure de ce ligament.

a) Artère interosseuse antérieure (fig. 150, G). — Elle reste accolée à la face correspondante du ligament interosseux et est recouverte par le muscle fléchisseur profond des doigts, et plus bas par le carré pronateur. A son extrémité, elle se porte d'avant en arrière à travers l'ouverture inférieure de la membrane interosseuse, et vient sur la face dorsale du poignet s'anastomoser avec l'arcade dorsale du carpe et l'interosseuse postérieure (fig. 148, 10).

Dans son trajet, elle fournit un grand nombre de branches musculaires et un long rameau très-grêle, qui s'accole au nerf médian et l'accompage dans la main.

b) Artère interosseuse postérieure (fig. 150, F). — Elle traverse l'ouverture supérieure du ligament interosseux, se place aussitôt entre les couches musculaires superficielle et profonde de l'avant-bras, et arrive ainsi jusqu'au poignet, où elle s'anastomose avec la terminaison de l'interosseuse antérieure.

Dans son trajet elle fournit, outre des rameaux musculaires très-nombreux, une branche remarquable, c'est *l'artère récurrente radiale postérieure*, qui remonte obliquement dans la ligne de séparation du court supinateur et de l'anconé, arrive à l'épicondyle et se divise en nombreux rameaux anastomosés avec la récurrente radiale antérieure, l'humérale profonde et les récurrentes cubitales.

4° *Artère dorsale cubitale du carpe* (fig. 148, 6). — A quelque distance au-dessus du pisiforme, la cubitale fournit cette branche, qui se porte aussitôt en dedans, en dessous du muscle cubital antérieur, contourne le cubitus et vient, sur le dos du poignet, s'anastomoser avec la dorsale radiale pour constituer l'arcade dorsale du carpe.

5° *Artère transverse antérieure du carpe.* — Elle se détache de la cubitale au niveau du bord inférieur du carré pronateur, longe ce bord et s'anastomose avec la transverse antérieure du carpe venue de la radiale.

6° *Artère cubitale palmaire profonde* (fig. 149, 10). — Née au niveau du pisiforme, cette branche se porte en arrière, passe entre l'adducteur et le court fléchisseur du petit doigt, en avant de l'opposant, et s'anastomose dans la paume de la main avec l'arcade palmaire profonde.

L'arcade palmaire superficielle (IV) est située au-devant des tendons fléchisseurs des doigts et en arrière de l'aponévrose palmaire. Elle répond, ainsi que l'a fait remarquer Richet, à l'espace compris entre les plis cutanés supérieur et moyen de la paume de la main. Par sa convexité, cette arcade émet quatre ou cinq branches métacarpiennes.

La première des *branches métacarpiennes* se dirige en bas sur les muscles de l'éminence hypothénar et gagne le bord interne du petit doigt, qu'elle longe dans toute son étendue sous le nom de *collatérale interne du petit doigt* (fig. 151, 9).

La deuxième longe le quatrième espace intermétacarpien et, vers l'extrémité inférieure de cet espace, se divise en *collatérales externe du petit doigt* et *interne de l'annulaire.*

La troisième, située dans le troisième espace intermétacarpien, fournit les *collatérales externe de l'annulaire* et *interne du médius.*

La quatrième imite le trajet des précédentes et se bifurque pour fournir les *collatérales externe du médius* et *interne de l'index* (fig. 151, 8).

On voit quelquefois une cinquième de ces branches, qui donne alors les *collatérales externe de l'index* et *interne du pouce.*

Les *artères collatérales des doigts* sont situées sur le côté antéro-latéral de ces extrémités; elles fournissent de petits rameaux palmaires et dorsaux. Au niveau de la pulpe de la troisième phalange, elles s'infléchissent vers la ligne médiane du doigt et se divisent en un grand nombre de rameaux, qui font communiquer largement les deux collatérales de chaque doigt.

§ III. — Branches terminales de l'aorte.

I. Artère sacrée moyenne (V).

Cette branche naît de la face postérieure de l'aorte au niveau de sa division en iliaques primitives. Elle descend verticalement au-devant du corps de la cinquième vertèbre lombaire et de la face antérieure du sacrum, pour se diviser, au-devant du coccyx, en deux branches, qui se recourbent en dehors et en haut et vont communiquer avec les sacrées latérales. Elles constituent ainsi deux arcades, de la convexité desquelles partent des rameaux distribués au coccyx, aux muscles et ligaments qui s'y attachent, ainsi qu'à la glande coccygienne (fig. 152 et 153).

Dans ce trajet, la *sacrée moyenne* fournit :

1° La *dernière artère lombaire*, dont l'origine a lieu vers le milieu de la cinquième vertèbre des lombes. Elles se porte en dehors pour aller s'anastomoser avec l'iléo-lombaire.

2° Les *artères sacrées*, qui se portent transversalement au-devant du corps des vertèbres sacrées et s'anastomosent avec les branches de la sacrée latérale.

II. Artères iliaques primitives (fig. 130, 17).

L'aorte se bifurque au niveau du bord inférieur de la quatrième vertèbre lombaire pour fournir les *artères iliaques primitives.* Ces vaisseaux, très-volumineux, se dirigent en bas et en dehors jusque auprès de l'articulation sacro-vertébrale en longeant le bord interne du psoas.

Les *artères iliaques primitives* sont situées en arrière du péritoine, dont les séparent toujours les ganglions lymphatiques si nombreux de cette région. L'uretère et les vaisseaux spermatiques les croisent à angle aigu en passant au-devant d'elles. Les veines iliaques primitives leur sont accolées et placées en arrière d'elles; la veine gauche est en rapport, non-seulement avec l'artère iliaque primitive correspondante, mais encore avec celle du côté droit, en arrière de laquelle elle se réunit à la veine de ce côté pour constituer le tronc de la veine cave inférieure ou ascendante.

Les *artères iliaques primitives* ne fournissent aucune branche collatérale et se divisent au niveau de l'articulation sacro-vertébrale en : 1° *artère iliaque interne* ou *hypogastrique*, destinée principalement aux organes intérieurs ou extérieurs du bassin, et 2° *artère iliaque externe*, destinée au membre inférieur.

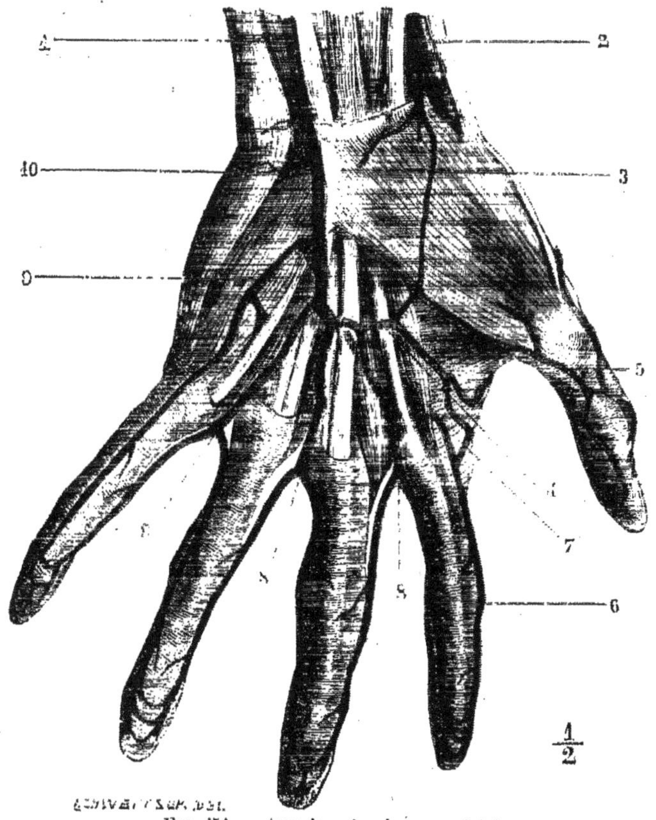

Fig. 151. — *Arcade palmaire superficielle* (*).

1° Artère iliaque interne ou hypogastrique (fig. 152 et 153, 6), (11).

Préparation. — Lier d'abord la fémorale du côté que l'on se propose de disséquer, et l'iliaque primitive du côté opposé. Séparer le bassin en deux moitiés inégales au moyen de traits de scie, portant, l'un en dehors de la ligne médiane des vertèbres lombaires et sacrées, l'autre, en dehors de la symphyse pelvienne. Conserver dans la moitié la plus grande (celle que l'on doit préparer) la partie terminale du rectum, la vessie (l'utérus et le vagin chez la

(*) 1) Artère cubitale. — 2) Artère radiale. — 3) Artère radio-palmaire s'anastomosant chez ce sujet avec la terminaison de l'arcade superficielle. — 4) Collatérale externe de l'index. — 5) Collatérale externe du pouce recevant une anastomose de l'arcade superficielle. — 6) Collatérale externe de l'index. — 7) Anastomose de l'arcade superficielle avec cette collatérale. — 8, 8, 8) Branches métacarpiennes des deuxième, troisième et quatrième espaces, fournissant les collatérales des doigts. — 9) Collatérale interne du petit doigt. — 10) Branche profonde de la cubitale.

femme). Disséquer soigneusement les branches de l'hypogastrique en allant du tronc vers la terminaison.

Un peu moins volumineuse que l'iliaque externe, l'*artère hypogastrique* se porte en bas, en dedans et en arrière dans l'excavation pelvienne, au-devant de l'articulation sacro-iliaque. Après un trajet d'une longueur variable, mais qui, d'après les mesures de Sappey, ne dépasse jamais $0^{m},04$, elle se divise en neuf branches chez l'homme et en onze branches chez la femme.

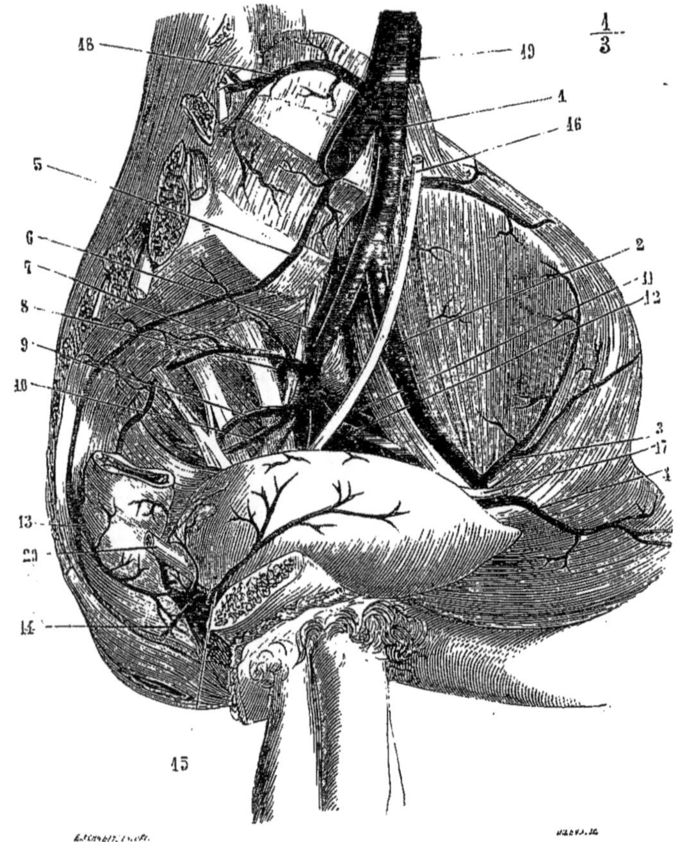

FIG. 152. — *Artère hypogastrique chez l'homme (côté gauche)* (*).

L'origine de toutes ces branches est très-variable : tantôt elles naissent isolément du tronc générateur, tantôt elles proviennent de deux ou trois grosses divisions.

Comme tous les anatomistes, nous les diviserons en *branches intra-pelviennes* et *branches extra-pelviennes*. Les premières se subdivisent à leur tour en *branches intra-pelviennes viscérales* et *pariétales*.

(*) 1) Artère iliaque primitive. — 2) Artère iliaque externe. — 3) Artère circonflexe iliaque. — 4) Artère épigastrique. — 5) Artère sacrée moyenne. — 6) Artère iléo-lombaire. — 7) Artère sacrée latérale. — 8) Artère fessière. — 9) Artère ischiatique. — 10) Artère honteuse interne. — 11) Artère obturatrice. — 12) Artère ombilicale fournissant une vésicale. — 13) Artère hémorrhoïdale moyenne (du côté opposé). — 14) Artère vésico-prostatique (du côté opposé). — 15) Artère vésicale latérale (provenant de l'ombilicale du côté opposé). — 16) Uretère. — 17) Canal déférent sectionné. — 18) Artère lombaire. — 19) Artère mésentérique inférieure coupée. — 20) Canal déférent du côté opposé.

A. BRANCHES INTRA-PELVIENNES VISCÉRALES

a) *Artère ombilicale.*

Chez le fœtus, cette artère est d'un calibre très-considérable et s'étend jusque dans le placenta ; mais après la naissance elle s'atrophie rapidement, ses parois s'épaississent, et à sa place on ne retrouve plus qu'un cordon fibreux étendu de l'hypogastrique à l'ombilic. Chez l'adulte, ce cordon est cependant perméable dans une longueur variable.

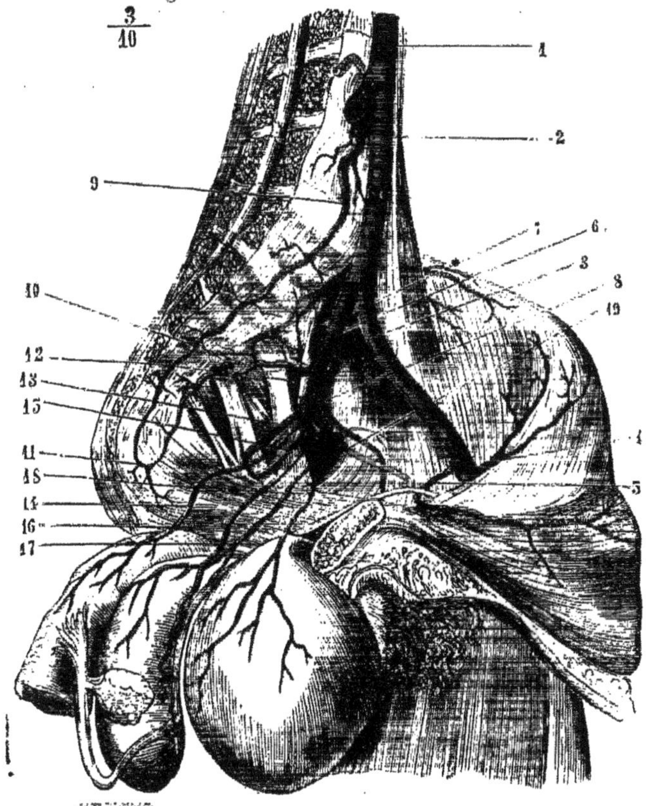

Fig. 153. — *Artère hypogastrique chez la femme (côté gauche)* (*).

Cette artère se dirige d'abord en bas et en avant, se porte vers les côtés latéraux de la vessie, se réfléchit, gagne la face postérieure des parois de l'abdomen et arrive à l'ombilic. Les deux artères ombilicales forment ainsi un triangle étendu de la vessie à l'ombilic.

Dans son trajet, l'artère ombilicale fournit toujours une ou deux *branches vésicales*, destinées aux parois latérales du réservoir urinaire.

(*) 1) Aorte. — 2) Artère iliaque primitive. — 3) Artère iliaque externe. — 4) Artère circonflexe iliaque. — 5) Artère épigastrique — 6) Artère iliaque interne. — 7) Artère iléo-lombaire. — 8) Artère obturatrice. — 9) Artère sacrée moyenne. — 10) Artère sacrée latérale. — 11) Arcade anastomotique de ces deux dernières artères. — 12) Artère fessière. — 13) Artère ischiatique. — 14) Artère hémorrhoïdale moyenne. — 15) Artère honteuse interne. — 16) Artère utérine. — 17) Artère vaginale. — 18) Artère vésicale. — 19) Artère ombilicale perméable seulement dans une partie de son étendue.

b) *Artère vésicale inférieure* ou *vésico-prostatique* (V).

Elle naît toujours directement de l'hypogastrique, passe entre le rectum et la vessie ou entre le vagin et la vessie, fournit des ramuscules aux vésicules séminales et arrive jusqu'à la prostate (fig. 152, 14). Elle s'épuise dans cette glande, après avoir donné des petites branches au bas-fond de la vessie.

c) *Artère hémorhoïdale moyenne* (V).

D'une origine très-variable, cette branche est d'autant moins volumineuse que l'hémorrhoïdale supérieure, venue de la mésentérique inférieure, est plus développée. Elle gagne les côtés latéraux de la portion inférieure du rectum et s'anastomose avec les hémorrhoïdales supérieure et inférieure (fig. 152, 13).

Elle fournit toujours des rameaux au bas-fond de la vessie ; ces rameaux, connus sous le nom de *vésicales postérieures*, longent le côté interne des vésicules séminales et donnent l'*artère déférentielle* (VI), branche très grêle, qui accompagne le canal déférent jusque dans les bourses, où elle s'anastomose avec l'artère épididymaire, branche de la spermatique.

Il est utile de faire remarquer que les différentes artères vésicales que nous avons déjà décrites, ainsi que celles que nous signalerons encore, communiquent largement entre elles sur la vessie.

Chez la femme, on trouve en outre :

d) *Artère utérine* (fig. 153, 16), (IV).

Elle naît d'ordinaire directement de l'iliaque interne, quelquefois par un tronc commun avec la vaginale ou la honteuse interne. L'utérine gagne le côté latéral du vagin, s'engage dans l'épaisseur du ligament large, s'enroule en tire-bouchon et arrive aux bords de l'utérus, sur les deux faces duquel elle se distribue en s'anastomosant avec l'utéro-ovarienne.

Pendant la gestation, les artères utérines prennent un volume très-considérable et leurs flexuosités se prononcent de plus en plus.

e) *Artère vaginale* (fig. 153, 17), (V).

Elle se dirige obliquement en bas et en avant, gagne les côtés latéraux du vagin et se divise en nombreux rameaux sur le pourtour de ce canal.

L'artère vaginale fournit toujours une artère vésicale et une branche au bulbe du vagin.

B. BRANCHES INTRA-PELVIENNES PARIÉTALES

a) *Artère iléo-lombaire* (fig. 152, 6), (IV).

Cette artère est la première branche que fournit l'artère hypogastrique. Elle se porte d'abord en haut, en dehors et en arrière, recouverte par le muscle psoas, et se divise bientôt en deux branches : l'une ascendante, l'autre transversale.

La *branche ascendante* se divise à son tour au niveau du dernier trou de conjugaison en *rameau spinal*, qui pénètre dans le canal rachidien et s'y comporte comme tous les rameaux spinaux que nous avons déjà étudiés, et en *rameau musculaire*, destiné au psoas et au carré lombaire.

La *branche transversale* se dirige en dehors, passe sous le psoas et se partage en deux rameaux : l'un, *superficiel*, qui se ramifie dans le muscle iliaque et s'anastomose avec des branches de la circonflexe iliaque venue de l'iliaque externe ; l'autre, *profond*, qui chemine entre le muscle iliaque et l'os et s'épuise en rameaux musculaires périostiques et osseux.

b) *Artère sacrée latérale* (fig. 153, 2), (V).

Elle provient souvent de la fessière. Cette artère se dirige en bas et un peu en dedans, au-devant des nerfs sacrés et du muscle pyramidal, longe les côtés latéraux du sacrum et s'infléchit en dedans au niveau du coccyx, pour s'anastomoser en arcade avec la sacrée moyenne.

La *sacrée latérale* fournit :

1° Des *branches antérieures*, horizontales, situées sur la face antérieure des pièces du sacrum. Ces branches communiquent avec des rameaux correspondants de la sacrée moyenne.

2° Des *rameaux spinaux*, qui pénètrent à travers les trous sacrés antérieurs, fournissent une *branche rachidienne* et une *branche musculaire*, qui sort par les trous sacrés postérieurs pour se distribuer à la masse sacro-lombaire.

C. BRANCHES EXTRA-PELVIENNES

a) *Artère obturatrice* (fig. 152 et 155), (IV).

C tte artère, dont les anomalies ont tant excité l'intérêt des chirurgiens, naît le plus ordinairement de l'hypogastrique, soit isolément, soit par un tronc commun avec la fessière. Elle se porte aussitôt en avant, un peu en dehors et en bas sur la face libre de l'aponévrose du muscle obturateur interne et gagne ainsi le canal sous-pubien, dans lequel elle s'engage. Arrivée entre les deux muscles obturateurs, elle se divise en deux branches.

L'une, plus petite, se dirige en dehors et s'anastomose avec l'ischiatique au niveau du bord inférieur du muscle carré crural. Elle fournit un petit rameau articulaire, qui pénètre par l'échancrure cotyloïdienne et parcourt le canal que lui constitue le ligament rond pour arriver à la tête du fémur, dans laquelle il se distribue.

La seconde branche terminale de l'obturatrice continue à cheminer entre les muscles obturateurs, puis entre le pectiné et l'obturateur externe et se distribue à ces muscles, ainsi qu'à la partie supérieure des adducteurs, en s'anastomosant avec la circonflexe interne venue de la fémorale. Elle fournit un petit rameau, qui vient jusqu'aux bourses chez l'homme et aux grandes lèvres chez la femme.

Avant de s'engager dans le trou sous-pubien, l'*obturatrice* émet toujours une petite branche ascendante, qui s'anastomose avec un rameau semblable venu de l'épigastrique.

L'*obturatrice* peut provenir directement de l'iliaque externe, elle se dirige alors obliquement en bas et en dedans pour gagner le trou sous-pubien.

Beaucoup plus fréquemment on la voit naître par un tronc commun avec l'épigastrique. Ce tronc peut être court ou long. Dans le premier cas, l'artère obturatrice se dirige obliquement en bas et en dedans, sans avoir aucun rapport avec le ligament de Gimbernat, pour atteindre le canal sous-pubien. Lorsqu'au contraire, le tronc commun d'origine est long, l'obturatrice gagne un peu obliquement en bas et en dedans la base du ligament de Gimbernat, qu'elle parcourt pour arriver au trou ovale.

On a vu l'obturatrice naître de la fémorale. Elle passe alors en arrière de la veine fémorale pour gagner son bord interne, le long duquel elle remonte. Elle traverse le canal crural, se réfléchit sur la branche horizontale du pubis et arive au canal sous-pubien.

b) *Artère fessière* (fig. 152, 8, et 156), (III).

Cette artère se dirige en bas et en arrière, passe entre les branches antérieures de la dernière paire nerveuse lombaire et de la première sacrée, gagne la partie supérieure de la grande échancrure sciatique, dans laquelle elle s'engage en passant sur le bord supérieur du muscle pyramidal, et se divise aussitôt en plusieurs branches : les unes *superficielles*, qui cheminent entre le grand et le moyen fessier et se distribuent à ces muscles; les autres *profondes*, qui se placent soit entre les petit et moyen fessiers, soit entre ces muscles et la face externe de l'os des iles. Elles arrivent par leurs extrémités jusqu'au niveau du muscle tenseur du fascia lata, et s'anastomosent les unes avec la circonflexe antérieure, les autres avec l'ischiatique.

c) *Artère ischiatique* (fig. 152, 9, et 156), (IV).

Moins volumineuse que la précédente, l'*ischiatique* descend presque verticalement le long des parois du bassin, se dirige en dehors entre les dernières branches d'origine du plexus sacré et passe par la partie inférieure de la grande échancrure sciatique, entre le bord inférieur du muscle pyramidal et le petit ligament sacro-sciatique. En cet endroit elle est située entre la honteuse interne, qui est en dedans, et le grand nerf sciatique, qui est en dehors.

Elle fournit alors des rameaux au grand fessier, à la partie inférieure de ce même muscle, au petit fessier, et enfin des branches très-importantes, qui s'anastomosent les unes avec la circonflexe interne et les autres avec la première artère perforante venue de la fémorale.

d) *Artère honteuse interne* (IV).

D'un calibre égal à celui de l'ischiatique, l'*artère honteuse interne*, que l'on peut considérer comme la terminaison de l'hypogastrique, s'incline en bas et un peu en dehors, et sort par la partie inférieure de la grande échancrure sciatique (fig. 152; 10). Elle rentre dans le bassin par la petite échancrure sciatique, en contournant l'épine sciatique, et vient se placer sur la face interne du muscle obturateur interne, entre ce muscle et l'aponévrose qui le recouvre ; elle longe ainsi les branches ascendantes de l'ischion et descendantes du pubis, en passant au-dessus du muscle transverse et de la racine des corps caverneux (fig. 154, 1).

Arrivée à l'angle de réunion de ces corps, l'*artère honteuse interne* se divise en deux branches terminales :

1° La *caverneuse*, qui pénètre dans ce corps érectile, auquel elle se distribue (fig. 154, 6).

2° La *dorsale de la verge*, qui continue le trajet primitif du tronc de la honteuse, passe sur le côté du ligament suspensenr de la verge (fig. 154, 7), longe la face supérieure du corps caverneux parallèlement à celle du côté opposé et arrive à la base du gland. Elle s'anastomose alors avec sa congénère, forme une espèce de couronne artérielle qui embrasse la circonférence de l'organe et émet des branches préputiales très-grêles et d'autres plus volumineuses destinées au gland.

L'artère honteuse interne fournit dans son trajet :

1° Dans le bassin, des *branches vésicales* et quelques *vaginales* chez la femme.

2° Au niveau de la tubérosité de l'ischion, les *hémorrhoïdales inférieures*, multiples d'ordinaire, qui se dirigent en arrière et en bas et vont au pourtour de l'anus s'anastomoser avec les branches de l'hémorrhoïdale moyenne, venue de l'hypogastrique (fig. 154, 2).

3° Un peu plus loin, l'*artère périnéale superficielle* (fig. 154, 3) (V), qui passe au-dessous du muscle transverse du périnée, chemine dans le triangle formé par ce muscle en arrière, le bulbo-caverneux en dedans et l'ischio-caverneux en dehors, fournit à ces muscles, gagne la racine des bourses, et se distribue au scrotum, au dartos et par une branche à la cloison.

La périnéale superficielle s'anastomose avec les honteuses externes et la spermatique.

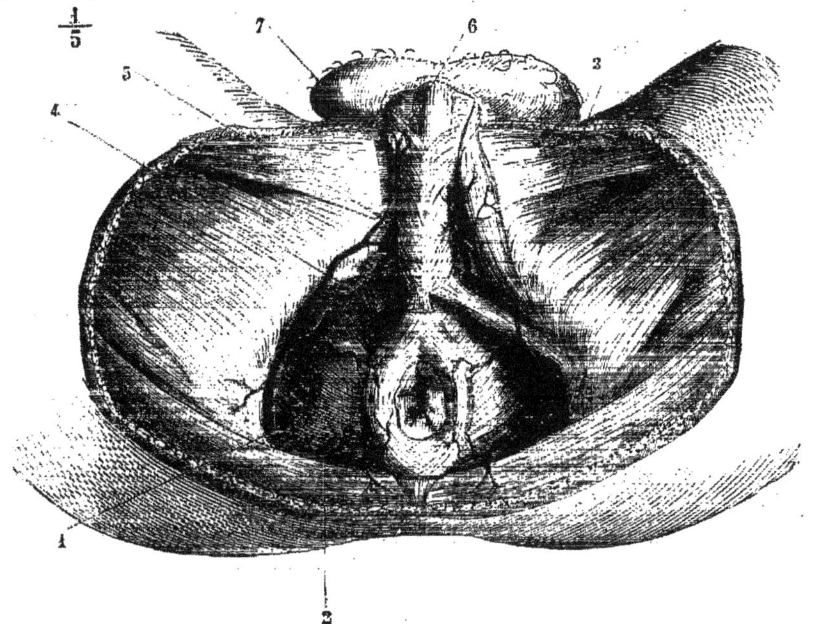

Fig. 154. — *Artère honteuse interne chez l'homme (région périnéale)* (*).

4° *Artère transverse du périnée* ou *artère bulbeuse* (fig. 157, 4), (V). — Elle naît un peu en avant du muscle transverse, se dirige en dedans et gagne le bulbe de l'urèthre, auquel elle est destinée. Souvent cette artère est double. Elle est située, non pas entre les aponévroses périnéales moyenne et inférieure, mais entre les deux lames de l'aponévrose moyenne ou ligament de Carcassonne.

Chez la femme, l'*artère périnéale superficielle* va aux grandes lèvres ; la *bulbeuse*, au bulbe du vagin ; la *caverneuse*, très-grêle, au corps caverneux du clitoris.

La *dorsale de la verge* devient chez elle l'*artère clitoridienne*, dont le volume est en rapport avec les petites dimensions de cet organe.

(*) 1) Tronc de l'artère honteuse interne. — 2) Artère hémorrhoïdale inférieure. — 3) Artère superficielle du périnée (elle est coupée à droite). — 4) Artère transverse du périnée ou bulbeuse. — 5) Continuation du tronc de la honteuse interne. — 6) Artère caverneuse pénétrant dans le corps caverneux sectionné. — 7) Artère dorsale de la verge.

2° Artère iliaque externe (fig. 155, 2), (I).

L'*artère iliaque externe* est étendue de l'iliaque primitive à l'arcade crurale, où elle se continue sous le nom d'*artère fémorale*. Elle est oblique en bas et en dehors, et répond : en avant, au péritoine ; en dehors, au fascia iliaca ; en arrière, à la veine iliaque, qui, plus bas, occupe son côté interne.

Cette artère ne fournit que deux branches collatérales importantes :

a) *Artère épigastrique* (fig. 155, 4), (IV).

Ce vaisseau, dont l'étude intéresse au plus haut degré les chirurgiens, naît à peu près à un demi-centimètre au-dessus de l'arcade crurale. Il se dirige aussitôt en dedans, en bas et en avant entre la veine iliaque, qui est en bas, et le péritoine, qui est au-dessus de lui. L'épigastrique s'infléchit alors en décrivant une courbure à concavité supérieure, dans laquelle se trouve embrassé le canal déférent chez l'homme, le ligament rond chez la femme, et remonte obliquement en dedans et en haut, en arrière du fascia transversalis et en avant du péritoine, entre les fossettes inguinales interne et externe. L'artère gagne ainsi le bord externe du muscle droit de l'abdomen, puis la face postérieure de ce muscle, pénètre dans son épaisseur, devient verticale au niveau de l'ombilic et s'anastomose largement avec les branches terminales de la mammaire interne. Avant de pénétrer dans le muscle droit, l'épigastrique est située entre le péritoine, qui est en arrière, et le fascia transversalis (remplacé plus haut par la lame postérieure de la gaîne du muscle grand droit), qui est en avant.

Outre des rameaux aux muscles profonds de la paroi abdominale antérieure, l'épigastrique fournit :

1° Le *rameau funiculaire* (VI), qui se détache au niveau de la réflexion de l'épigastrique, s'accole au cordon auquel il est destiné et communique avec les artères honteuses externes et spermatique. Chez la femme ce rameau suit le ligament rond et va se perdre dans les grandes lèvres.

2° Un *rameau anastomotique à l'obturatrice* (V), qui suit le trajet parcouru par celle-ci quand elle naît de l'épigastrique.

b) *Artère circonflexe iliaque* (fig. 155, 3), (V).

Un peu moins volumineuse que la précédente, cette artère naît à peu près au même niveau que l'épigastrique, mais sur le côté opposé du tronc de l'iliaque externe. Elle longe d'abord l'arcade crurale, arrive au niveau de l'épine iliaque antéro-supérieure et fournit un rameau destiné aux muscles transverse et petit oblique, rameau qui s'anastomose par ses branches avec les lombaires.

La circonflexe se place alors le long de la lèvre interne de la crête iliaque, émet des branches nombreuses destinées au muscle iliaque, d'autres qui s'anastomosent avec l'iléo-lombaire, et vient enfin se terminer dans les muscles transverse et petit oblique de l'abdomen.

Artère fémorale (fig. 155), (I).

L'*artère fémorale* s'étend depuis l'arcade crurale jusqu'à l'anneau du troisième adducteur, où elle prend le nom d'*artère poplitée*. Elle se dirige de haut en bas et de dehors en dedans, suivant une ligne qui partirait (Richet), non du milieu de l'arcade crurale, mais de l'union de son tiers interne avec ses deux tiers externes, et qui aboutirait au côté interne de la cuisse, à quatre travers de doigt au-dessus du tubercule du troisième adducteur,

Dans sa partie supérieure, l'artère fémorale se trouve située dans un triangle formé en dedans par le premier adducteur, en dehors par le couturier et en haut par le pli de l'aine. L'artère le parcourt à la manière d'une perpendiculaire abaissée de la base au sommet. A la sortie de ce triangle la fémorale se loge dans la gouttière que forment, à la cuisse, en dehors le vaste interne et en dedans le plan des adducteurs jusqu'au moment où elle s'engage dans l'anneau fibreux connu sous le nom d'*anneau des adducteurs* (fig. 155, B).

Le muscle couturier étant étendu sur la cuisse comme une écharpe dirigée de dehors en dedans et de haut en bas, répond donc en haut au côté externe de l'artère, en bas à son côté interne, tandis qu'au milieu il passe au-devant d'elle et la recouvre.

La fémorale répond, en arrière et successivement de haut en bas, au bord interne du psoas iliaque, dont les fibres la séparent de l'éminence iléo-pectinée, à la tête du fémur, au muscle pectiné et enfin au plan des adducteurs. En dehors d'elle se trouvent, en haut, le tendon du psoas iliaque, et dans le reste de son étendue le vaste interne ; en dedans, le pectiné et les adducteurs.

Près de l'anneau crural, la veine fémorale est située en dedans de l'artère et est contenue dans la même gaîne fibreuse ; plus bas, elle lui devient postérieure. Au niveau de l'anneau crural on trouve toujours au devant des vaisseaux des ganglions lymphatiques nombreux.

Le nerf crural est situé en dehors de l'artère et se trouve dans la gaîne du muscle psoas-iliaque. Plus bas, l'artère fémorale est longée immédiatement par le nerf saphène interne, qui l'abandonne dans la gaîne des adducteurs.

L'*artère fémorale* fournit :

1° *Artère tégumenteuse abdominale* (fig. 155, 3) (V). — Petite artère assez grêle, qui naît immédiatement au-dessous de l'arcade crurale, se dirige obliquement en haut et en dedans dans la couche sous-cutanée de l'abdomen, et arrive au voisinage de l'ombilic où elle se perd. Elle communique par des rameaux avec l'épigastrique et la circonflexe iliaque.

2° *Artères honteuses externes* (fig. 155, 4, 5) (V). — *L'une, sous-cutanée*, naît près de l'arcade crurale, traverse la gaîne des vaisseaux fémoraux, se dirige en dedans presque transversalement et se distribue à la partie antérieure des bourses chez l'homme et aux grandes lèvres chez la femme. Elle s'anastomose avec celle du côté opposé.

L'autre, sous-aponévrotique dans la plus grande partie de son trajet, naît un peu au-dessous de la précédente et se dirige également en dedans. Elle traverse l'aponévrose et se ramifie dans les bourses. Elle s'anastomose avec la honteuse externe sous-cutanée, avec la périnéale superficielle, avec le rameau funiculaire de l'épigastrique et enfin dans son trajet sous-aponévrotique avec la terminaison de l'obturatrice.

3° *Grande artère musculaire* ou *artère du triceps* (fig. 155 B, 7). — Elle se dirige en dehors et en bas, passe sous le muscle droit antérieur, puis sous le bord du vaste externe, et se distribue à ces muscles ainsi qu'au vaste interne. Très-souvent cette artère provient de la fémorale profonde.

4° *Artère fémorale profonde* (fig. 155, B, 4) (II). — Assez volumineuse pour avoir été considérée comme une branche de bifurcation, cette artère naît du côté externe de la fémorale à environ $0^m,04$ au-dessous de l'arcade de Fallope, se dirige en arrière, puis en bas entre le pectiné et le vaste interne et plus tard entre le preimer et le troisième adducteurs. Un peu au-des-

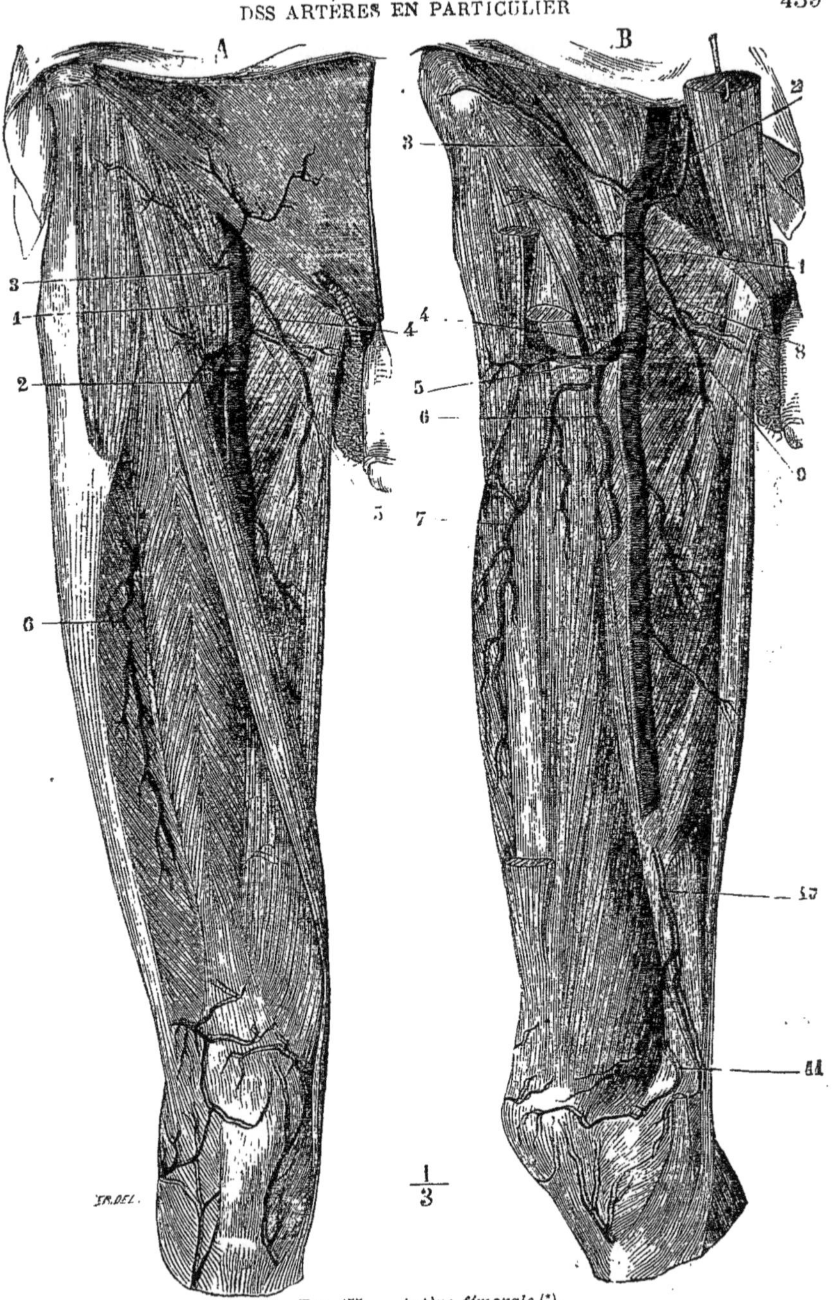

FIG. 155. — *Artère fémorale* (*).

(*) A. (Le muscle couturier est en place.) — 1) Artère fémorale. — 2) Artère fémorale profonde. — 3) Artère tégumenteuse abdominale. — 4) Artère honteuse externe sous-cutanée. — 5) Artère honteuse externe sous-aponévrotique. — 6) Branches du triceps.

B. (Les muscles couturier et droit antérieur sont enlevés, ainsi que les muscles de l'abdomen, le grand droit seul est conservé et maintenu en place au moyen d'une érigne.) — 1) Artère fémorale. — 2) Artère épigastrique. — 3) Artère circonflexe iliaque. — 4) Artère fémorale profonde. — 5) Artère circonflexe externe. — 6) Continuation du tronc de la fémorale profonde. — 7) Branches musculaires

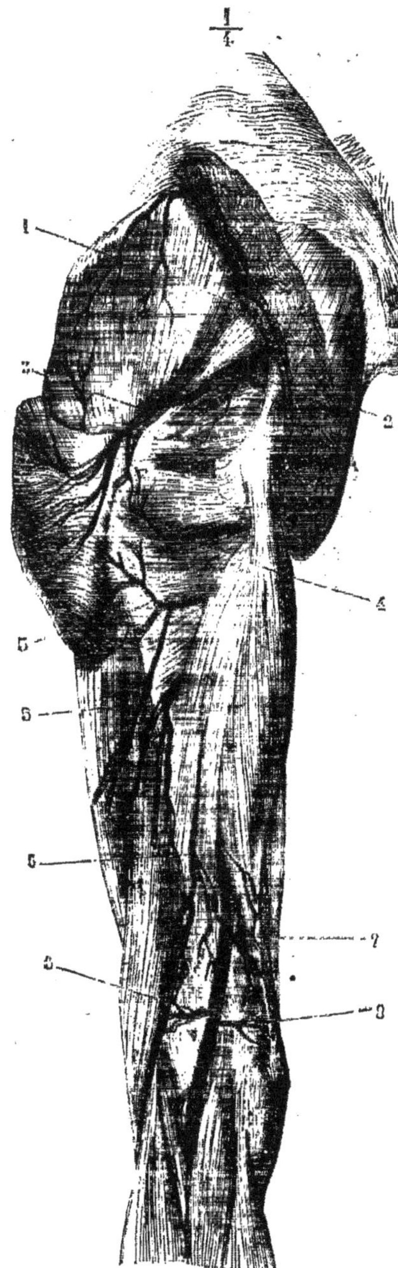

FIG. 156. — *Artères de la face postérieure de la cuisse* (*).

sus de l'anneau de ce dernier muscle, elle le traverse pour arriver à la partie postérieure de la cuisse et se perdre dans les muscles biceps et demi-membraneux. Les rameaux terminaux s'anastomosent avec les articulaires supérieures (fig. 156, 6).

La *fémorale profonde*, outre des branches nombreuses destinées aux muscles internes de la cuisse, fournit trois artères, dont le mode de distribution est identique et que l'on désigne sous le nom de *perforantes*.

La première ou *perforante supérieure* passe au travers de la partie supérieure du muscle grand adducteur, fournit une branche ascendante, qui se perd dans le grand fessier en s'anastomosant avec la circonflexe interne et l'ischiatique, et une branche inférieure, qui se perd dans les muscles postérieurs de la cuisse et dont les rameaux vont communiquer avec la branche ascendante de la deuxième perforante (fig. 156, 5).

La deuxième perforante ou *moyenne* traverse le grand adducteur à quelque distance au-dessous de la précédente, fournit un rameau ascendant, anastomosé avec la branche descendante de la perforante supérieure, et un rameau inférieur, qui se perd dans les muscles postérieurs et communique avec le rameau ascendant de la troisième artère perforante.

La troisième perforante ou *inférieure* est plus petite que les deux premières, et manque quelquefois. Elle se comporte comme les deux précédentes. Son rameau inférieur s'anastomose avec les branches terminales de la fémorale profonde.

Si à ces trois artères perforantes on ajoute la circonflexe interne et les branches terminales de la fémorale profonde, anastomosées la première avec l'ischia-

du triceps. — 8) Artère honteuse externe sous-cutanée. — 9) Artère honteuse externe sous-aponévrotique. — 10) Artère grande anastomotique. — 11) Artère articulaire supérieure interne.

(*) 1) Artère fessière. — 2) Artère honteuse interne contournant l'épine sciatique. — 3) Artère istique et la dernière avec les articulaires, on voit qu'il existe à la partie postérieure de la cuisse un grand système ramifié, qui fait communiquer l'artère hypogastrique avec la poplitée. C'est par là que se fait la circulation collatérale du membre inférieur dans le cas de ligature de la fémorale.

Toutes les artères perforantes, au moment où elles traversent le muscle grand adducteur, fournissent des rameaux nombreux qui enlacent le fémur de leurs divisions multiples.

5° *Artère circonflexe interne* (fig. 156, 4). — Tantôt cette artère tire son origine directement de la fémorale, tantôt au contraire elle naît de la profonde.

Dans tous les cas, elle passe entre le pectiné et le petit adducteur, longe l'obturateur externe, passe sur le bord supérieur du muscle carré crural et se divise : 1° en *branches ascendantes* destinées aux muscles pelvi-trochantériens, anastomosées par des rameaux avec l'ischiatique et la fessière; et 2° en *branches descendantes* qui fournissent aux muscles grand fessier, demi-membraneux, demi-tendineux, etc., et communiquent avec la première perforante et la circonflexe interne. Dans son trajet, la *circonflexe interne* fournit, outre un grand nombre de branches musculaires destinées aux adducteurs : 1° des rameaux remarquables qui vont se perdre directement dans le périoste et le tissu osseux du col du fémur; 2° des rameaux qui pénètrent dans la cavité cotyloïde et se distribuent soit à la graisse de l'arrière-fond de cette cavité, soit à la tête fémorale en passant par le canal que leur présente le ligament rond de l'articulation.

6° *Artère circonflexe externe* (fig. 155, 5). — Née le plus souvent de la profonde, elle provient quelquefois de la fémorale. Son volume varie autant que son origine ; elle est assez grêle d'ordinaire; d'autres fois, quand elle naît par un tronc commun avec la grande musculaire, son calibre est plus considérable. Elle se dirige en dehors, entre le tendon du psoas iliaque et le droit antérieur de la cuisse, puis elle contourne le grand trochanter et arrive à la partie postérieure du fémur, pour s'épuiser en branches musculaires destinées aux fessiers et au tenseur du fascia lata ; en branches articulaires et osseuses, et enfin en rameaux anastomosés avec la circonflexe interne et l'ischiatique,

En arrière du droit antérieur, la circonflexe externe émet toujours une branche qui se porte en bas et en dehors pour se perdre dans le triceps fémoral.

7° *Artère grande anastomotique* (fig. 155 B, 10). — Cette artère provient de la partie inférieure de la fémorale, elle traverse aussitôt l'anneau des adducteurs et se place entre le grand adducteur et le vaste interne. Elle donne une branche qui passe entre le vaste interne et la face antérieure du fémur, fournit un grand nombre de rameaux osseux et communique avec les deux articulaires supérieures en décrivant une sorte d'arcade à concavité supérieure. Après avoir fourni cette branche profonde, la *grande anastomotique* passe en dedans et en avant du genou et se divise en rameaux qui vont s'anastomoser : en bas, avec la récurrente tibiale et les articulaires inférieures ; en haut, avec les articulaires supérieures interne et externe.

chiatique. — 4) Artère circonflexe interne. — 5, 5) Artères perforantes. — 6) Terminaison de l'artère fémorale profonde. — 7) Artère poplitée. — 8) Artère articulaire supérieure externe. — 9) Artère articulaire supérieure interne. (Les branches musculaires des perforantes sont coupées au moment où elles pénétraient dans les muscles.)

Artère poplitée (fig. 158 B, 1), (II).

A partir de l'anneau du troisième adducteur, l'artère fémorale prend le nom d'*artère poplitée*, qu'elle conserve jusqu'à l'arcade du soléaire, où elle se divise en *artère tibiale antérieure* et *tronc tibio-péronier*. L'artère poplitée répond à l'espace losangique connu sous le nom d'*espace poplité*. Dans la partie supérieure de son trajet, cette artère est oblique de haut en bas et de dedans en dehors; dans sa moitié inférieure, au contraire, elle est verticale. Elle est accompagnée par la veine poplitée, qui longe son côté postérieur.

L'artère poplitée répond : en dehors, au muscle biceps, au condyle externe du fémur et au jumeau externe; en dedans, au muscle demi-membraneux, au condyle interne et au jumeau interne; en avant, à l'articulation du genou, plus haut à la face postérieure du fémur, plus bas au muscle poplité ; en arrière, à la veine poplitée, au muscle demi-membraneux, qu'elle croise obliquement, à la graisse de l'espace poplité et aux muscles jumeaux, entre lesquels elle est placée.

Les branches fournies par l'artère poplitée sont :

1° *Artères jumelles* (fig. 158 B, 4, 5). — Elles sont au nombre de deux, l'une interne, l'autre externe ; elles naissent de la partie postérieure de la poplitée, se portent en bas en divergeant et se perdent dans les muscles jumeaux correspondants en se divisant en un grand nombre de rameaux, dont l'un accompagne d'ordinaire le nerf saphène externe jusqu'au milieu de la jambe.

2° *Artères articulaires supérieures* (fig. 158 B, 2, 3), (IV). — L'une interne, l'autre externe, ces artères naissent de la poplitée immédiatement au-dessus des condyles du fémur, contournent cette éminence osseuse en l'embrassant dans une courbe demi-circulaire et se divisent chacune en deux branches; *l'une, profonde*, qui ne quitte pas le plan osseux et s'anastomose avec sa congénère du côté opposé et avec la grande anastomotique ; *l'autre, superficielle* ou *descendante*, qui longe les côtés latéraux de l'articulation du genou et communique avec les articulaires inférieures et la branche descendante de la grande anastomotique.

3° *Artères articulaires inférieures* (fig. 158 B, 6, 7) (IV). — Comme les précédentes, elles se divisent en interne et externe. Nées toutes deux au niveau du bord inférieur des condyles fémoraux, elles se portent un peu en bas, passent sous les ligaments latéraux correspondants et contournent, l'externe, le fibro-cartilage interarticulaire, l'interne, la partie supérieure du condyle du tibia.

L'artère articulaire inférieure interne s'anastomose au devant du ligament rotulien avec sa congénère du côté externe, puis avec l'articulaire supérieure interne, et par des rameaux descendants avec la récurrente tibiale.

L'*artère articulaire inférieure externe* communique avec la précédente et avec l'articulaire supérieure correspondante.

Toutes les deux fournissent toujours une petite branche, qui passe entre le ligament rotulien et le tibia. Ces deux rameaux s'anastomosent entre eux.

4° *Artère articulaire moyenne* (V). — Ordinairement elle est unique, quelquefois on en trouve deux petites, qui naissent alors non du tronc de la poplitée, mais des articulaires supérieures. Cette artère traverse le ligament postérieur de l'articulation du genou, se dirige d'arrière en avant et se distribue aux différentes parties de cette articulation et au tissu adipeux de l'échancrure intercondylienne.

Immédiatement au-dessus de l'arcade du muscle soléaire, l'artère poplitée rencontre l'extrémité supérieure du ligament interosseux. Elle se divise alors en deux branches : l'une, moins volumineuse, qui passe dans cette ouverture et longe la face antérieure de la membrane interosseuse, c'est l'*artère tibiale antérieure*; l'autre, qui continue le trajet primitif et se divise bientôt à son tour en deux branches, c'est le *tronc tibio-péronier.*

A. ARTÈRE TIBIALE ANTÉRIEURE (fig. 158 A, 1), (IV).

Étendue depuis la bifurcation de la poplitée jusqu'au ligament annulaire du tarse, où elle prend le nom d'*artère pédieuse*, la *tibiale antérieure* se porte d'abord d'arrière en avant, traverse l'ouverture supérieure de la membrane interosseuse, s'infléchit ensuite à angle droit, se place entre les muscles jambier antérieur et extenseur commun des orteils et plus bas entre le premier et l'extenseur propre du gros orteil. Très-profonde dans les deux tiers supérieurs de son trajet, elle devient d'autant plus superficielle que l'on se rapproche davantage de la partie inférieure de la jambe.

La *tibiale antérieure* répond : en arrière, dans les deux tiers supérieurs de son trajet, au ligament interosseux, et dans le tiers inférieur au tibia; en dedans, au muscle jambier antérieur; en dehors, dans son tiers supérieur à l'extenseur commun, et dans son tiers inférieur à l'extenseur propre. Le nerf tibial répond au côté externe de l'artère.

L'*artère tibiale antérieure* fournit :

1° Immédiatement après avoir franchi l'ouverture supérieure du ligament interosseux, l'*artère récurrente tibiale antérieure* (V). Cette artère se dirige aussitôt en haut, s'applique sur la tubérosité externe du tibia et se divise en nombreux rameaux anastomosés avec les articulaires supérieures et inférieures (fig. 158 A, 2).

2° Dans toute la longueur de la jambe, un nombre considérable de petites branches latérales fort courtes, qui se distribuent dans les muscles de la région antérieure de la jambe.

3° L'*artère malléolaire externe* (fig. 158 A, 7), (V), qui naît au niveau du ligament annulaire du tarse, et quelquefois à quelques centimètres au-dessus. Elle se dirige obliquement en bas et en dehors vers la malléole externe, s'anastomose avec un rameau de la péronière, s'infléchit alors sur le dos du pied et se divise en rameaux nombreux destinés les uns aux os et aux articulations, tandis que les autres vont communiquer avec la dorsale du tarse.

L'existence de la malléolaire externe n'est pas constante, souvent elle est remplacée par une branche de la péronière.

4° L'*artère malléolaire interne* (fig. 157, 3), (V). — Son existence et son lieu d'origine sont plus constants que pour la précédente. Elle naît au niveau du ligament annulaire du tarse, se dirige en dedans vers la malléole tibiale et se divise en rameaux articulaires et en rameaux osseux et périostiques.

Les deux artères malléolaires sont profondément situées et appliquées sur les os; il faut donc, pour les étudier, soit écarter, soit enlever les tendons qui les recouvrent.

Artère pédieuse (fig. 157, 2), (IV à V).

Elle est située sur le dos du pied et s'étend de la partie médiane du ligament annulaire du tarse à l'extrémité postérieure du premier espace interosseux. A cet endroit elle s'infléchit de haut en bas pour s'anastomoser avec la terminaison de la plantaire externe (fig. 157, 7). La *pédieuse* est donc oblique d'arrière en avant et de dehors en dedans. Elle répond : en dehors, au bord interne du muscle pédieux, qui la recouvre en partie ; en dedans, au tendon de l'extenseur commun des orteils, qui cependant ne la côtoie pas d'une manière immédiate ; en bas, au squelette du pied, sur lequel elle est fixée par une lame fibreuse dépendante du muscle pédieux.

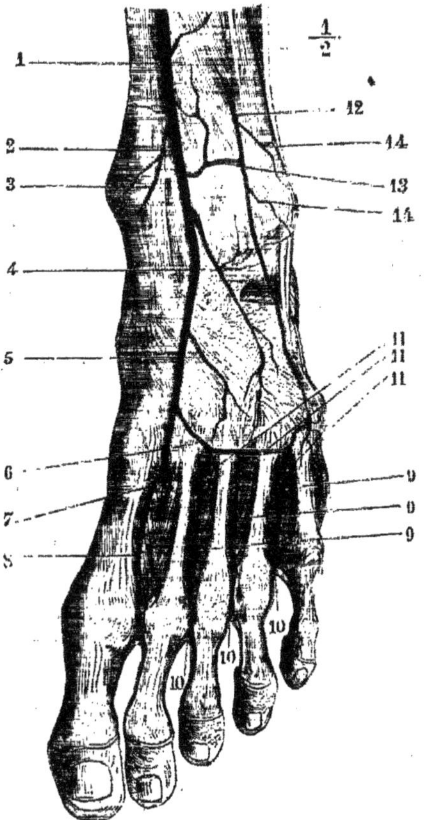

Fig. 157. — *Artère pédieuse* (*).

Outre quelques branches grêles et sans nom qui se perdent dans les articulations du pied, l'*artère pédieuse* fournit :

1° *Artère dorsale du tarse* (VI). — Tantôt elle est unique et assez volumineuse, tantôt on en voit deux, comme dans la pièce qui a servi à la fig. 157.

(*) 1) Artère tibiale antérieure. — 2) Artère pédieuse. — 3) Artère malléolaire interne. — 4) Artère dorsale du tarse. — 5) Rameau accessoire de la précédente. — 6) Artère dorsale du métatarse. — 7) Point où la pédieuse se réfléchit de haut en bas dans le premier espace intermétatarsien. — 8) Artère interosseuse dorsale du premier espace. — 9, 9, 9) Interosseuses des trois derniers espaces. — 10, 10, 10) Perforantes antérieures. — 11, 11, 11) Perforantes postérieures. — 12) Artère péronière antérieure. — 13) Anastomose de cette artère avec la tibiale antérieure. — 14, 14) Branches malléolaires externes.

Quoi qu'il en soit, cette artère se dirige obliquement en bas et en dehors, profondément placée au-dessous du muscle pédieux, et arrive jusqu'au côté externe du pied, où elle se perd en rameaux osseux, articulaires et anastomotiques avec la malléolaire externe et la dorsale du métatarse.

2° *Artère dorsale du métatarse* (fig. 157, 6), (VI). — Cette artère forme une arcade à concavité postérieure, dirigée de dedans en dehors et couchée un peu en arrière des articulations tarso-métatarsiennes. De la concavité de cette arcade naissent des rameaux très-grêles destinés aux articulations, et d'autres anastomosés avec les ramuscules terminaux de la dorsale du tarse. De sa convexité partent trois branches connues sous le nom d'*interosseuses dorsales* (fig. 157, 9). Elles longent les trois derniers espaces interosseux, à l'extrémité antérieure desquels elles se divisent en deux rameaux, destinés l'un au côté externe de l'orteil situé en dehors, et l'autre au côté externe de l'orteil situé en dedans. Ce sont les *artères collatérales dorsales des orteils.*

Les *interosseuses dorsales* communiquent à l'extrémité postérieure de l'espace interosseux avec les perforantes postérieures, et à l'extrémité antérieure avec les perforantes antérieures (fig. 157, 10 et 11).

3° *Artère collatérale dorsale du premier espace interosseux* (fig. 157, 8), (VI). — Elle naît du coude que décrit l'artère pédieuse en plongeant dans le premier espace interosseux, se dirige en avant et se comporte comme les autres artères interosseuses venues de la dorsale du métatarse.

Par sa direction, cette artère pourrait être considérée comme la continuation de la pédieuse, dont elle diffère par le volume.

Il arrive assez souvent que l'*artère pédieuse* semble faire défaut; elle existe toujours mais dans ce cas elle est d'un calibre si grêle qu'il est difficile de la trouver. Elle est alors remplacée par la péronière antérieure, dont le rameau anastomotique normal est très-développé. Il se produit en ce cas une inversion de volume entre la tibiale antérieure et la péronière, la première ne fournissant qu'à la partie antérieure de la jambe, tandis que le dos du pied est nourri par la seconde.

B. TRONC TIBIO-PÉRONIER (fig. 158 B, 9), (III).

Le *tronc tibio-péronier* est la deuxième branche de bifurcation de la poplitée. Il continue la direction verticale de cette dernière et ne mesure guère que 0m,04 à 0m,05 de longueur.

Cette artère répond : en arrière, au muscle soléaire; en avant, aux muscles de la couche profonde de la région jambière postérieure. Avant de se diviser en *artère tibiale postérieure* et *artère péronière*, le tronc tibio-péronier fournit quelques branches musculaires et l'artère nourricière du tibia.

a) *Artère péronière* (fig. 158 B, 11), (IV).

L'*artère péronière* s'étend jusqu'à la malléole externe, au-dessus de laquelle elle se divise en *péronière antérieure* et *péronière postérieure.* Elle est toujours profondément située et accolée au côté interne du péroné. Elle répond : en avant, dans sa partie supérieure, au jambier postérieur, et plus bas au ligament interosseux; en arrière et en haut, au soléaire, et plus bas au long fléchisseur propre du gros orteil, qui la recouvre.

Dans ce trajet, elle fournit des branches nombreuses, mais fort grêles, destinées aux muscles et au péroné.

La *péronière postérieure* (fig. 158 B, 12), (V), branche terminale de la péronière, peut en être considérée comme la continuation. Elle descend derrière la malléole externe et atteint ainsi le côté externe du calcanéum, sur lequel on la voit se ramifier en fournissant des branches à toute la partie externe et postérieure du pied et en s'anastomosant avec la malléolaire externe, avec la dorsale du tarse, avec la plantaire externe et la péronière antérieure.

La *péronière antérieure* (fig. 157, 12), deuxième branche terminale de la péronière, traverse le ligament interosseux et arrive, en descendant, jusque sur le dos du pied. Elle envoie une branche anastomotique constante à la malléolaire externe.

Les branches terminales de la *péronière antérieure* se perdent dans les os, les articulations, les ligaments tibio-tarsiens, et communiquent avec la dorsale du tarse et la péronière postérieure.

b) *Artère tibiale postérieure* (fig. 158 B, 10), (III).

Cette artère s'étend de la bifurcation du tronc tibio-péronier jusque sous la voûte du calcanéum, où elle se divise en *artères plantaires externe* et *interne*. La tibiale postérieure répond : en arrière, dans sa moitié supérieure, au muscle soléaire, et dans sa moitié inférieure au bord interne du tendon d'Achille et à l'aponévrose; en avant, aux muscles jambier postérieur et fléchisseur commun des orteils, et plus bas aux tendons de ces mêmes muscles. Le nerf tibial postérieur longe le côté externe de l'artère. Au moment où la tibiale postérieure contourne la malléole et pendant son trajet dans la gouttière calcanéenne, elle est située entre le tendon du fléchisseur commun, qui est en avant, et celui du fléchisseur propre, qui est en arrière.

Les branches collatérales que fournit ce vaisseau sont destinées aux muscles postérieurs de la jambe, d'autres, plus grêles, se ramifient sur la face interne du tibia. Derrière la malléole interne, la tibiale postérieure émet un rameau constant et remarquable, qui se dirige en dehors et s'anastomose avec un rameau analogue venu de la péronière. Quand la tibiale postérieure est peu développée et que la péronière atteint au contraire un volume plus considérable, cette anastomose s'élargit, et les plantaires semblent provenir de la péronière. Dans la gouttière du calcanéum, la tibiale postérieure émet des rameaux osseux destinés à cet os, et des rameaux musculaires pour l'adducteur du gros orteil et le court fléchisseur commun.

Artère plantaire interne (fig. 159, 2), (VI). — Née de la bifurcation de la tibiale postérieure, sous la voûte du calcanéum, cette branche, plus petite que la plantaire externe, se dirige horizontalement d'arrière en avant entre l'adducteur et le court fléchisseur du gros orteil et fournit des branches osseuses et articulaires. Tantôt elle s'épuise dans les muscles du gros orteil, tantôt elle forme la collatérale interne de cet orteil.

Artère plantaire externe (V). — Cette artère se dirige d'abord en avant et en dehors en cheminant entre le court fléchisseur commun des orteils et l'accessoire du long fléchissenr, puis elle se porte en avant entre le bord externe du court fléchisseur et le bord interne de l'abducteur du petit orteil (fig. 159, 4). Arrivée au niveau de l'extrémité postérieure du cinquième métatarsien, elle s'infléchit en dedans et en avant en changeant de direction, et atteint l'extrémité postérieure du premier espace intermétatarsien, où elle s'anastomose avec la terminaison de la pédieuse. Dans cette dernière partie de son trajet, elle décrit une courbe à concavité postérieure, qui est désignée

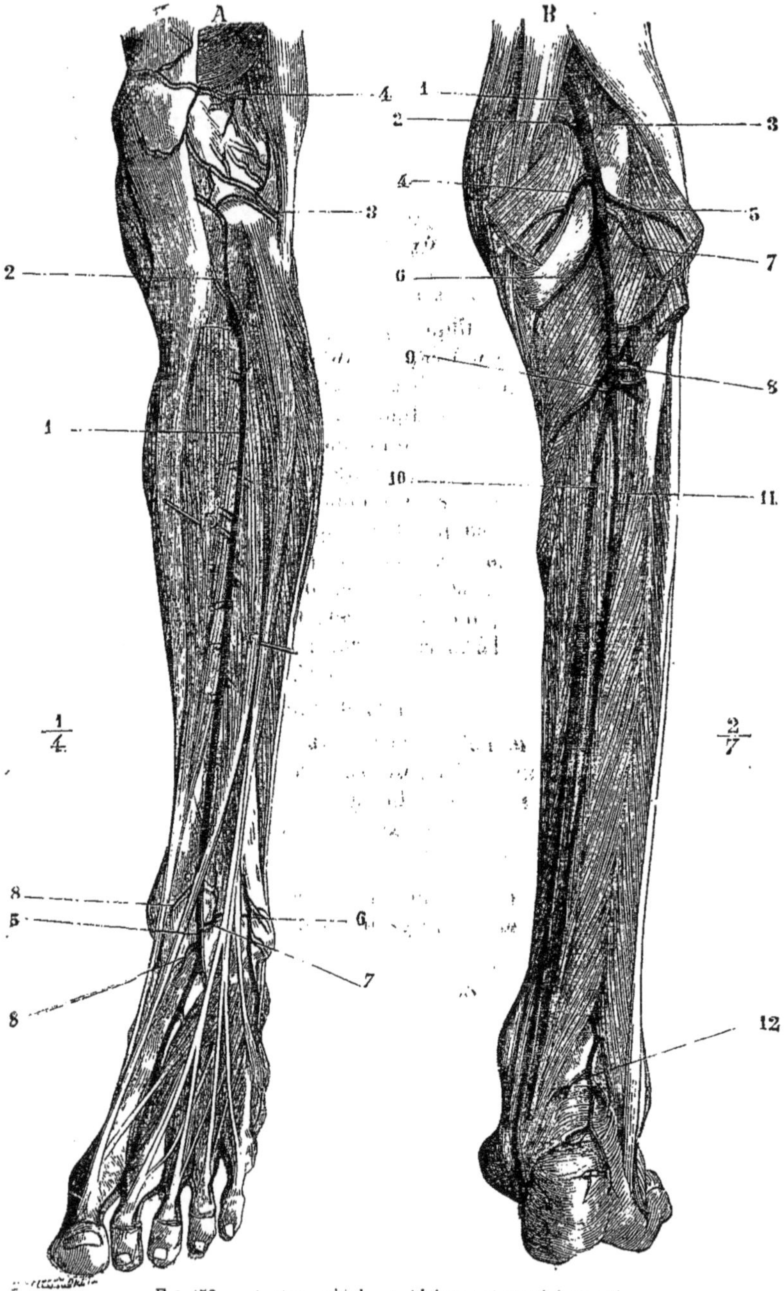

A B

Fig. 158. — *Artères tibiales antérieure et postérieure* (*).

(*) A. 1) Artère tibiale antérieure. — 2) Artère récurrente tibiale antérieure. — 3) Artère articulaire inférieure interne. — 4) Artère articulaire supérieure interne. — 5) Artère pédieuse. — 6) Branche antérieure de la péronière. — 7) Artère malléolaire externe. — 8, 8) Deux artères malléolaires internes.
B. 1) Artère poplitée. — 2 et 3) Artères articulaires supérieures. — 4 et 5) Artères jumelles. — 6 et 7) Artères articulaires inférieures. — 8) Point de départ de la tibiale antérieure. — 9) Tronc tibio-péronier. — 10) Tibiale postérieure. — 11) Péronière. — 12) Sa branche terminale postérieure.

sous le nom d'*arcade plantaire* (fig. 160, 5). Cette courbe est située profondément entre l'extrémité postérieure des métatarsiens et l'abducteur oblique du gros orteil.

La *plantaire externe* fournit des branches musculaires et calcanéennes.

L'*arcade plantaire* fournit par sa concavité des branches très-grêles, qui sont destinées aux articulations tarso-métatarsiennes.

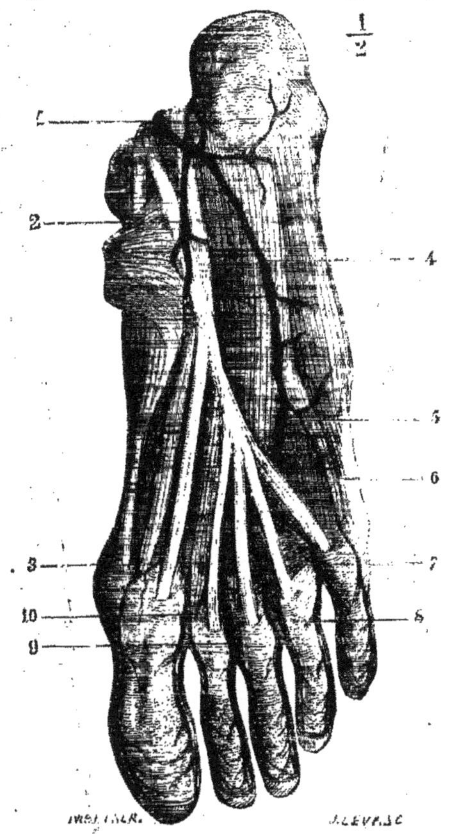

Fig. 159. — *Artères plantaires (couche superficielle)* (*).

Elle en fournit d'autres ascendantes, les *perforantes postérieures*, qui traversent l'espace intermétatarsien pour communiquer avec les interosseuses dorsales, venues de la dorsale du métatarse. La terminaison de la pédieuse, anastomosée avec la terminaison de la plantaire externe, représente la perforante du premier espace (fig. 157, 11 et 7).

Par sa convexité, l'*arcade plantaire* donne : au moment où elle change de direction, c'est-à-dire au niveau de l'extrémité postérieure du cinquième métatarsien, la *collatérale externe du cinquième orteil*, qui croise le muscle

(*) 1) Artère tibiale postérieure. — 2) Artère plantaire interne. — 3) Anastomose de la plantaire interne avec une branche de l'arcade plantaire fournissant la collatérale interne du gros orteil. — 4) Artère plantaire externe. — 5) Point où elle s'enfonce sous les muscles pour constituer l'arcade plantaire. — 6) Artère collatérale externe du petit orteil. — 7, 8, 9, 10) Interosseuses fournissant les collatérales des orteils.

court fléchisseur du petit orteil et suit le bord externe de cet orteil; puis, successivement, on voit naître les *quatrième*, *troisième* et *deuxième artères interosseuses plantaires*, qui marchent horizontalement d'arrière en avant, et, arrivées à la partie antérieure de l'espace interosseux, se divisent en *collatérale interne de l'orteil, qui est en dehors, et externe de l'orteil, qui est en dedans* (fig. 160, 6, 7, 8, 9). Avant de se diviser, elles fournissent toutes une petite branche ascendante, qui traverse la partie antérieure de l'espace interosseux et s'anastomose avec les interosseuses dorsales. Ces branches sont connues sous le nom de *perforantes antérieures* (fig. 157, 10).

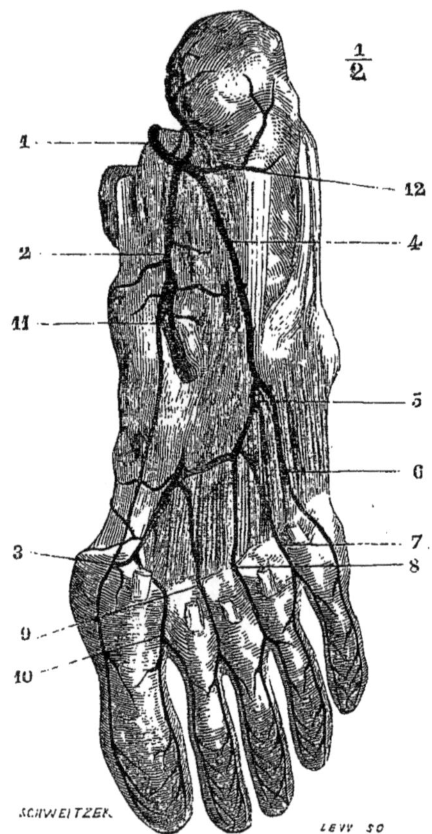

Fig. 160. — *Arcade plantaire* (*).

De la réunion de la terminaison de la pédieuse avec l'arcade plantaire part l'*interosseuse plantaire du premier espace*. Plus volumineuse que les précédentes, cette branche se dirige en avant et en dedans et fournit un rameau qui tantôt s'anastomose avec la collatérale interne du gros orteil quand cette

(*) 1) Artère tibiale postérieure. — 2) Artère plantaire interne. — 3) Anastomose de l'artère plantaire interne avec l'interosseuse plantaire du premier espace. — 4) Plantaire externe. — 5) Arcade plantaire. — 6) Collatérale externe du petit orteil. — 7) Interosseuse du quatrième espace. — 8) Interosseuse du troisième espace. — 9) Interosseuse du deuxième espace. — 10) Interosseuse du premier espace. — 11) Branche articulaire venant de l'artère plantaire interne. — 12) Rameaux calcanéens.

artériole provient de la plantaire interne, et tantôt la forme à elle seule (fig. 160, 10).

L'interosseuse du premier espace se comporte du reste comme les autres artères interosseuses et se divise en *collatérales interne du second orteil et externe du premier*.

Les *artères collatérales des orteils*, beaucoup moins volumineuses que celles des doigts, se distribuent de la même façon que celles-ci.

CHAPITRE III

ANOMALIES ARTÉRIELLES (1)

Nous ne comprenons sous ce nom que les variétés du système artériel normal ; les développements pathologiques que certains troncs peuvent présenter, ou le développement de vaisseaux nouveaux dans certaines tumeurs sont du domaine de l'anatomie pathologique. Il en est de même des modifications de la circulation artérielle dans les cas de monstruosités fœtales.

Les anomalies artérielles peuvent être groupées :

1°) Artères surnuméraires (un trop grand nombre d'intercostales, p. ex.) ;

2°) Artères qui font défaut ; le district de nutrition d'une artère voisine s'étend alors plus loin (intercostale supérieure qui descend plus bas que le deuxième espace et remplace une ou deux intercostales aortiques) ;

3°) Variétés d'origine ; a) origine sur le tronc normal, mais plus ou moins rapprochée du cœur que d'habitude. b) Origine sur un autre tronc que le tronc normal ;

4°) Variétés de calibre ;

5°) Variétés de parcours reliées d'ordinaire aux variétés d'origine.

Les anomalies artérielles, d'apparence si irrégulières, peuvent presque toujours se rattacher à deux causes : 1° au développement anormal d'une anastomose normale, comme déjà nous l'avons fait remarquer pour l'obturatrice et l'épigastrique ; 2° à la persistance d'un des vaisseaux des circulations ombilicale ou placentaire qui normalement doivent disparaître, ou au développement anormal d'un vaisseau persistant de ces circulations.

Quelques anomalies que l'on ne saurait faire rentrer dans l'un de ces deux groupes se rapportent aux types d'autres séries ou d'autres classes d'animaux.

Artères coronaires cardiaques.

Il n'en existe qu'une. — Les deux existent, mais l'une est très-petite et suppléée par l'artère du côté opposé. — Les deux ont une origine commune ou naissent sur un point plus rapproché que dans l'état normal. — Il existe des artères coronaires accessoires toujours plus petites.

Crosse de l'aorte.

Pour se rendre compte de toutes les variétés que présente la crosse de l'aorte et les artères qui en partent, il est nécessaire de se reporter au développement du tronc aorti-

(1) Toutes les recherches personnelles que j'avais entreprises pour ce chapitre ayant été détruites à Strasbourg pendant le bombardement par l'armée prussienne (août et sept. 1870), j'ai dû m'en référer aux travaux des autres ; c'est le résumé de Henle que j'ai suivi.

que et à la circulation primitive. C'est toujours en ce cas un ou plusieurs arcs aortiques qui persistent, qui se développent anormalement, tandis que d'autres disparaissent. Nous renvoyons à l'Embryologie pour le développement normal de l'aorte et de ses grosses branches.

Sans parler des arrêts de développement dans lesquels, par exemple, le cœur reste simple, sans cloison ventriculaire, ou avec une cloison incomplète, nous arrivons tout de suite aux variétés des gros vaisseaux, car tous les cas précédents appartiennent en réalité à la tératologie.

I. IRRÉGULARITÉS DANS LE DÉVELOPPEMENT DES QUATRIÈME ET CINQUIÈME ARCS AORTIQUES, ET DES RACINES DE L'AORTE ASCENDANTE ET DESCENDANTE

1°) *Le quatrième arc aortique reste perméable des deux côtés, ainsi que les racines de l'aorte ascendante et descendante, les rameaux de communication entre les quatrième et cinquième arcs aortiques persistent.*

Cet état, normal chez les Chéloniens, détermine chez l'homme une sorte de collier artériel dans l'intérieur duquel passent la trachée et l'œsophage.

L'*aorte ascendante* peut être double, chacune de ses racines donne la sous-clavière et la carotide, puis elles se réunissent en un tronc commun qui constitue l'aorte descendante.

L'aorte ascendante est normale, mais la *crosse aortique* est double et constitue un anneau dans lequel passe la trachée et l'œsophage, ou la trachée toute seule. Les deux branches de la crosse de l'aorte sont inégales, l'antérieure est d'habitude moins développée que la postérieure ; elles se réunissent à plus ou moins grande distance et deviennent l'aorte descendante.

2°) *La racine droite de l'aorte ascendante, le quatrième arc aortique du même côté et la branche de réunion entre le quatrième et le cinquième arcs restent perméables à droite, tandis que du côté gauche ces vaisseaux s'oblitèrent tous ou en partie; la racine gauche de l'aorte descendante peut être oblitérée ou rester perméable.*

Dans tous ces cas, l'aorte se dirige à droite, croise la bronche droite et longe le côté latéral droit de la colonne vertébrale, jusqu'à une hauteur variable, mais qui ne dépasse pas d'ordinaire l'ouverture aortique du diaphragme.

Le canal artériel resté volumineux, donne naissance à la sous-clavière gauche et se continue avec la racine droite de l'aorte descendante ; dans ce cas la sous-clavière gauche semble naître de l'aorte descendante.

Le canal artériel est rétréci, mais perméable ; il s'ouvre : a) dans la sous-clavière gauche, les branches naissent successivement dans l'ordre suivant : tronc brachio-céphalique gauche, carotide droite, sous-clavière droite ; b) dans un tronc brachio-céphalique gauche, les branches se suivent ainsi T *r* BC g. ; C d. ; SC d.

Le canal artériel est oblitéré, il aboutit à la sous-clavière gauche qui naît d'un tronc brachio-céphalique gauche représentant dans ce cas le quatrième arc aortique et le rameau de communication entre ce dernier et le cinquième. Même série de branches que dans les deux cas précédents.

Le canal artériel aboutit à l'aorte qui descend à droite de la colonne vertébrale. La série des branches est T*r* BC g.; C d. et SC d. ou encore T*r* BC g. qui donne la carotide droite et SC d. — Il peut se faire que la crosse aortique se recourbe au-dessus de la bronche droite, passe entre la trachée et l'œsophage, en même temps que le canal artériel naît de la division gauche de l'artère pulmonaire ; la trachée est alors comprise dans ces anneaux vasculaires (en avant le tronc de l'artère pulmonaire, à droite et en arrière l'aorte, à gauche le canal artériel). L'aorte ascendante donne naissance à un tronc commun très-court qui se divise en troncs brachio-céphaliques droit et gauche.

Quand la racine gauche de l'aorte descendante, au lieu d'être oblitérée comme dans les cas précédents, reste perméable, que la racine gauche de l'aorte ascendante, le quatrième arc aortique du même côté ainsi que la branche de réunion entre les quatrième et cinquième arcs de ce côté sont perméables, mais très-rétrécis.

L'aorte se dirige à droite et la série des branches est la suivante : C d. et g. et SC d. variables d'origine, SC g. naît la dernière par un gros tronc qui passe en arrière de l'œsophage ; ce tronc n'est autre chose que la racine gauche de l'aorte descendante restée perméable, le canal artériel oblitéré vient s'y rattacher. Il peut se faire que dans des conditions analogues on trouve un tronc brachio-céphalique gauche qui naît le premier, puis une carotide droite et une sous-clavière droite.

Quand les racines gauches de l'aorte ascendante et descendante sont oblitérées, ainsi que le quatrième arc aortique gauche et la branche de réunion entre ce dernier et le cinquième. (Cas cité par Panas.) La crosse aortique donnait la C d. et SC d. A la hauteur de la sixième vertèbre dorsale, l'aorte thoracique émettait un gros tronc, puis sortait de la poitrine par le cinquième espace intercostal gauche, y rentrait par le deuxième et fournissait les intercostales du premier jusqu'au cinquième espace. Ce tronc remontait, et, au niveau de la première côte, il se divisait en C g. et SC g. Il est évident que dans ce cas, en raison de l'oblitération du quatrième arc aortique et des racines gauches de l'aorte ascendante et descendante, il a fallu que par l'élargissement d'une anastomose la circulation se soit rétablie du côté gauche.

3°) *Le quatrième arc aortique gauche et la branche d'union entre le quatrième et le cinquième arcs gauches sont oblitérés ; le cinquième arc aortique gauche est perméable ainsi que la racine gauche de l'aorte descendante.*

En ce cas l'aorte ascendante donne la SC d., la C d. et la C g. ; le canal artériel reste perméable et s'abouche dans l'aorte descendante dont part la sous-clavière gauche. Cet état a été observé une fois par Greig sur un fœtus.

4°) *La sous-clavière gauche est la continuation du cinquième arc aortique gauche.*

C'est le canal artériel qui tantôt se prolonge et devient la sous-clavière, ou encore, comme dans un cas de Cruveilhier, cette dernière semble partir de l'artère pulmonaire.

5°) *Le quatrième arc aortique droit, sa branche de communication avec le cinquième du même côté sont oblitérés, la racine droite de l'aorte descendante est perméable.*

Les artères se suivent de la manière suivante : C d. C g. SC g. et SC d. La sous-clavière droite représente la racine droite de l'aorte descendante, elle se dirige en haut et à droite, passe derrière l'œsophage pour reprendre ensuite son trajet normal.

II. IRRÉGULARITÉS DANS LE DÉVELOPPEMENT DES BRANCHES DU QUATRIÈME ARC AORTIQUE

L'on sait que dans le développement normal l'anastomose entre les quatrième et troisième arcs aortiques des deux côtés devient la carotide primitive ; que la racine droite de l'aorte ascendante et le quatrième arc aortique droit deviennent la sous-clavière droite, et que le quatrième arc aortique gauche devient la crosse de l'aorte d'où part la sous-clavière. L'on voit donc que les branches de la sous-clavière des deux côtés sont des branches du quatrième arc aortique. Par suite du développement fœtal, des divisions d'un même tronc peuvent naître directement de l'aorte, deux troncs peuvent se réunir, se souder et ne former qu'un tronc commun ; la distance qui sépare l'origine de deux troncs sur l'aorte peut être diminuée ou augmentée. Il en résulte que le nombre des branches qui partent de la crosse peut être augmenté, diminué ou rester normal, mais que dans ce cas l'ordre dans lequel naissent les branches peut varier et que même on en voit provenir des rameaux accessoires.

1°) *Le nombre des branches est diminué.*

a) L'aorte ne donne qu'un tronc plus ou moins long qui se divise plus loin en TBC, C g. SC g.

b) L'aorte donne deux troncs brachio-céphaliques, l'un gauche, l'autre droit, qui émettent chacun une carotide et une sous-clavière, ou bien l'un des deux donne les deux carotides et l'autre les deux sous-clavières. — L'on voit encore très-fréquemment le tronc brachio-céphalique droit fournir la carotide et la sous-clavière droite en même temps que la carotide gauche qui en ce cas croise la face antérieure de la trachée. — Un tronc brachio-céphalique gauche qui donne naissance aux deux branches gauches et à la carotide droite; dans ce cas c'est cette dernière artère qui croise la trachée, la sous-clavière droite naît directement de l'aorte. — Une carotide droite et un tronc brachio-céphalique gauche; la sous-clavière droite naît de l'aorte thoracique et croise la face postérieure de la trachée.

2°) *Le nombre des branches est normal, mais leur disposition est anormale.*

A) La crosse de l'aorte est dirigée à gauche.

Les branches se suivent dans l'ordre suivant a) : SC d.; C d.; TrBC g.

b) TrBC d.; SC g. C g.

c) SC d.; tronc commun pour les deux carotides primitives; SC g.

d) Tronc commun pour les deux carotides primitives, SC g.; SC d. (Cette dernière passe soit au devant de la trachée, soit en arrière de l'œsophage.

e) Tronc commun pour les deux carotides primitives, SC d; SC g.

f) Le tronc brachio-céphalique droit donne naissance à la C d.; à la SC d. et à la C g.; puis vient la vertébrale gauche et enfin la sous-clavière gauche.

g) Comme dans le cas précédent, seulement la vertébrale gauche ne naît qu'après la sous-clavière gauche.

B) La crosse de l'aorte est dirigée à droite comme dans la division I. Les branches se suivent dans l'ordre suivant ;

a) Tronc BC g.; C d.; SC d.

b) C g.; C d.; SC d.; la SC g. naît du canal artériel ou plus bas encore.

c) SC d.; C d.; C g.; la SC g. comme dans le cas précédent.

3°) *Le nombre des branches est augmenté.*

A) *Il y a quatre branches.* — (Le tronc brachio-céphalique n'existe pas et ses deux divisions naissent isolément.) Les branches peuvent se succéder dans l'ordre suivant :

a) SC d.; C d.; C g.; SC g.

b) C d.; SC d. qui passe derrière la précédente; C g., SC g.

c) C d.; C g.; SC d. qui passe entre les deux carotides ou en arrière d'elles et SC g.

d) Dans des cas appartenant à la division I, quand la racine droite de l'aorte descendante persiste; les branches se suivent : C d.; C g. : SC g.; et SC d. qui représente cette racine.

e) Quand la crosse de l'aorte passe par-dessus la bronche droite, on trouve C g.; C d.; SC d., SC g.

f) Une vertébrale, d'ordinaire celle du côté gauche, naît de la crosse aortique entre la carotide gauche et la sous-clavière gauche, ou entre les deux sous-clavières. La vertébrale gauche peut en ce cas naître directement de la crosse ou encore par deux racines dont l'une provient de la crosse et l'autre de la sous-clavière.

B) *Il y a cinq branches.* — a) (Le rameau de communication entre les troisième et quatrième arcs aortiques est oblitéré.) Les carotides interne et externe naissent isolément et directement de la crosse; ce cas n'a été signalé que pour le côté droit; les branches se suivent : SC d.; C ext. d.; C int. d.; C primit. g.; et SC g.

b) Les trois troncs normaux naissent de la crosse qui donne aussi naissance aux deux vertébrales.

c) Le tronc brachio-céphalique fait défaut; les branches peuvent se suivre des quatre manières suivantes; SC d.; C d.; C g.; Vert. g.; SC g.; — C d.; C g; Vert. g.; SC g.; SC d.; — C d.; C g.; SC g; Vert. g.; SC d. qui passe derrière l'œsophage. — C g.; C d.; Vert. d. SC d.; SC g. qui passe derrière l'œsophage quand la crosse aortique se recourbe sur la bronche droite.

C) *Il y a six branches.*

a) La crosse de l'aorte est double et donne de chaque côté naissance à la sous-clavière, à la carotide externe et à la carotide interne.

b) Les branches se suivent ainsi : SC.d. ; Vert. d. ; C d. ; C g. ; Vert. g. ; SC g.

4°) *Outre les gros troncs, la crosse de l'aorte donne naissance à des vaisseaux accessoires.*

a) La mammaire interne du côté droit naît de la crosse à côté du tronc brachio-céphalique droit.

b) La thyroïdienne inférieure droite naît isolément de la crosse ou par un tronc commun avec la thyroïdienne inférieure gauche entre le tronc brachio-céphalique et la carotide gauche.

c) Une thyroïdienne moyenne de Neubauer naît de la crosse entre le tronc brachio-céphalique et la carotide gauche, ou entre la carotide gauche et la sous-clavière gauche. — Cette artère surnuméraire, dont l'existence est si importante au point de vue chirurgical, peut naître encore du tronc brachio-céphalique, de la carotide droite d'une des sous-clavières, de la thyroïdienne inférieure, de la carotide gauche, de la mammaire interne.

Tronc brachio-céphalique.

Ce tronc peut être très-court ou s'allonger, il peut atteindre jusqu'au niveau du corps thyroïde. — Il peut naître très-près de la ligne médiane et recouvrir en partie la trachée, ou se diriger d'abord vers la gauche, passer ensuite en arrière de l'œsophage et de la trachée pour gagner le côté droit.

Le tronc brachio-céphalique peut donner naissance à la vertébrale droite, à la thyroïdienne moyenne, à un tronc d'où partent toutes les branches de la sous-clavière, à la mammaire interne droite, à une bronchique, à une carotide accessoire qui remonte parallèlement à la carotide primitive et donne des branches de la carotide externe.

Carotides primitives.

Elles peuvent naître par un tronc commun. — Quand le tronc brachio-céphalique naît plus à gauche que normalement, la carotide droite croise la trachée en avant. — Quand elle naît directement de la crosse, elle peut passer en arrière de l'œsophage.

La carotide primitive peut être plus courte.

Giovanardi vient de signaler un cas où les carotides primitives droite et gauche se divisaient 0,05 plus bas qu'à l'ordinaire.

— Elle peut être plus longue et ne se diviser qu'au niveau de l'apophyse styloïde ; elle fournit en ce cas une partie des branches de la carotide externe et se divise en carotide interne et en tronc commun pour la temporale superficielle et la maxillaire interne.

Elle peut donner naissance à droite à la vertébrale (ce fait se produit quand la SC est la dernière branche qui part de la crosse aortique et passe en arrière de l'œsophage). — La carotide gauche peut donner naissance à la vertébrale gauche.

La thyroïdienne inférieure peut en provenir ainsi que la thyroïdienne supérieure.

Carotide externe.

Elle peut manquer et ses branches naître de la carotide primitive, — elle peut être très-grêle, tandis que la thyroïdienne supérieure est très-développée.

Elle peut donner naissance à une thyroïdienne supérieure accessoire qui elle-même peut fournir la dorsale de la langue ; à des pharyngiennes ascendantes accessoires ; à une transverse de la face accessoire.

Thyroïdienne supérieure.

Elle peut manquer ou être très-grêle, elle est remplacée alors par celle du côté opposé ou par la thyroïdienne inférieure du même côté.

La *laryngée supérieure* peut pénétrer dans le larynx entre les cartilages thyroïde et cricoïde ou par une ouverture percée dans le premier ; elle peut fournir la crico-thyroïdienne.

La *crico-thyroïdienne* peut provenir de la thyroïdienne inférieure ou de la thyroïdienne supérieure; elle peut être très-développée à droite et très-grêle à gauche; elle peut envoyer un fort rameau descendant à l'isthme du corps thyroïde.

Linguale.

On l'a vue passer entre le mylo-hyoïdien et le ventre antérieur du digastrique et gagner ainsi le niveau du menton; là elle traversait le muscle mylo-hyoïdien, passait entre le génio-hyoïdien et l'hyo-glosse, se recourbait en arrière, longeait le côté latéral du génio-glosse et pénétrait dans le parenchyme de la langue. — Elle peut aussi se terminer à la racine de la langue et être remplacée par une branche de la maxillaire interne; elle peut naître par un tronc commun avec la faciale; son rameau hyoïdien peut être remplacé par un rameau de la crico-thyroïdienne; les deux *dorsales de la langue* se réunissent en un tronc commun médian qui chemine sous la muqueuse et peut gagner la pointe de l'organe.

La linguale peut quelquefois donner naissance à la laryngée supérieure et à la palatine ascendante.

Faciale.

Elle est très-souvent fort grêle et ne dépasse pas l'angle de la bouche, d'autres fois elle est très-forte et l'angulaire est très-développée. On a vu ses branches être fournies par la transverse de la face ou par des rameaux de la maxillaire interne.

Le faciale peut quelquefois donner naissance à la pharyngienne ascendante; à la maxillaire interne (Quain); à la sublinguale.

La *sous-mentale* peut manquer et être remplacée par la sublinguale, à laquelle d'autres fois elle donne naissance.

Les *coronaires labiales* peuvent manquer d'un côté et être remplacées par celles du côté opposé; elles peuvent être doubles.

Occipitale.

Son origine est quelquefois au-dessous de celle de la faciale; d'autres fois elle passe superficiellement au-dessus du sterno-cléido-mastoïdien; on l'a vue s'anastomoser avec la vertébrale par un rameau très-fort.

Elle peut donner la pharyngienne ascendante; l'occipitale gauche a été vue fournissant des branches accessoires à la sous-clavière et à la thyroïdienne inférieure gauche.

Un rameau pariétal de l'occipitale traverse le trou pariétal, arrive à la dure-mère et s'anastomose avec la méningée moyenne; un rameau terminal pénètre par la suture mastoïdienne et gagne le diploé, d'où il ressort plus loin (Hyrtl).

Auriculaire postérieure.

Elle donne quelquefois la transverse de la face; son rameau mastoïdien est parfois très-développé et remplace en partie l'occipitale.

Maxillaire interne.

Elle peut manquer et être remplacée par la faciale; dans son trajet elle traverse quelquefois le muscle ptérygoïdien externe. On l'a vue remplacer en partie la temporale superficielle; donner un rameau qui se dirige vers la langue et se divise en sublinguale et linguale profonde. Quain cite un cas dans lequel la maxillaire interne fournissait deux rameaux très-forts qui pénétraient dans le crâne par les trous ovale et grand rond et remplaçaient la carotide interne.

La *méningée moyenne* émet quelquefois par son rameau antérieur une branche d'origine de l'ophthalmique ou encore la lacrymale.

La *sous-orbitaire* peut se terminer au niveau du milieu du canal sous-orbitaire; son rameau terminal peut être très-développé et s'anastomoser avec la terminaison de la nasale en remplaçant ainsi la partie supérieure de la faciale.

Temporale superficielle.

Elle est grêle quand la transverse de la face provient de la faciale; d'autres fois au contraire elle est très-développée, et sa branche antérieure peut s'anastomoser avec des rameaux de l'ophthalmique.

La *transverse de la face* peut venir de la faciale ou de l'auriculaire postérieure, d'autres fois elle est très-développée et donne les branches de l'aile du nez et même les coronaires labiales.

Carotide interne.

On a vu la carotide interne du côté droit manquer et être remplacée par des rameaux de celle du côté gauche; on a vu encore celle du côté gauche faire défaut et être remplacée par des branches de la maxillaire interne, en même temps que la carotide interne droite était très-développée. Hyrtl l'a vue très-rétrécie au point de n'être que le 1/2 de la vertébrale.

Elle donne quelquefois : une laryngée; la pharyngienne ascendante; l'occipitale; la linguale; la transverse de la face; une méningienne accessoire; la centrale de la rétine.

Tantôt on a vu la carotide interne droite fournir les cérébrales moyennes des deux côtés, et réciproquement; tantôt l'une des carotides fournissait les cérébrales antérieures des deux côtés et l'autre les deux cérébrales moyennes. On a vu encore la carotide interne donner naissance à la cérébrale postérieure.

Ophthalmique.

Naît dans quelques cas rares déjà au niveau du cou. — Peut naître par deux racines entre lesquelles se trouve le nerf optique; reçoit une racine accessoire de la méningée moyenne.

La *centrale de la rétine* naît fréquemment par deux racines.

La *lacrymale* peut être fournie par la méningée moyenne ou même par la temporale profonde antérieure.

La *sus-orbitaire* est souvent fournie par la lacrymale.

La *nasale* peut faire défaut d'un côté et être remplacée par un rameau venu de celle du côté opposé (ce rameau croise alors la racine du nez).

Communicante postérieure.

Incoronato a signalé un cas où la communiquante postérieure était double à droite.

Elle peut manquer tout à fait ou être remplacée par un rameau de la cérébrale moyenne. Très-souvent celle d'un côté est plus développée que l'autre.

Cérébrale antérieure.

Arnold l'a vue manquer à gauche et être remplacée par des petits rameaux anastomotiques. Duret a vu les deux cérébrales antérieures venir du même tronc carotidien.

La *communicante antérieure* peut être double, ou encore, les deux cérébrales antérieures peuvent se rapprocher l'une de l'autre et constituer un tronc commun analogue à la basilaire.

Sous-clavière.

Il est évident que, lorsque l'origine de la sous-clavière est anormale, comme nous l'avons vu plus haut, son trajet s'écarte également de la normale. Nous avons déjà signalé un grand nombre de ces anomalies dont le trajet est en rapport avec les différentes origines de l'artère; nous ne nous occuperons ici que des anomalies que peut présenter le trajet de la sous-clavière quand son origine est normale.

Lorsque le tronc brachio-céphalique est très-long, la sous-clavière remonte au-dessus de la clavicule et peut atteindre jusqu'à $0^m,04$ au-dessus de sa hauteur régulière. — La sous-clavière peut passer avec la veine du même nom au-devant du scalène antérieur, comme aussi l'artère peut être accompagnée de sa veine dans son trajet entre les deux scalènes; il peut se faire encore que la veine occupe la place normale de l'artère et réciproquement. — L'artère peut passer à travers une fente que lui présente le scalène antérieur; elle peut encore se diviser à ce niveau en deux branches qui se réunissent plus loin en formant une sorte d'anneau dans l'intérieur duquel se trouve le muscle scalène antérieur.

D'autres fois elle passe entre les faisceaux du scalène postérieur, et entre les deux scalènes se trouve alors une grosse branche du plexus brachial.

La sous-clavière peut encore se diviser en deux branches, artère axillaire et artère humérale qui plus loin s'anastomosent au moyen d'une branche transversale d'où partent la radiale et la cubitale. — On l'a vue encore se diviser directement en radiale et en cubitale sans tronc axillaire. L'origine de ses branches : thyroïdienne inférieure cervicale ascendante, scapulaire transverse, première intercostale, cervicale profonde, est quelquefois plus rapprochée du cœur que dans l'état normal.

La sous-clavière donne quelquefois une vertébrale accessoire qui pénètre par le canal vertébral de la région. — La sous-clavière droite donne quelquefois un tronc commun pour les deux thyroïdiennes inférieures, d'autres fois on la voit émettre une thyroïdienne inférieure accessoire et quelquefois une thyroïdienne moyenne. — Elle fournit aussi quelquefois des mammaires internes accessoires ; plus fréquemment un tronc commun pour la mammaire interne, la thyroïdienne inférieure et la cervicale transverse. — Blandin lui a vu émettre une mammaire latérale.

Vertébrale.

Quand la vertébrale naît de la crosse de l'aorte ou de la carotide primitive, elle peut monter parallèlement à cette dernière et rester en dehors du canal vertébral. — Elle peut s'engager dans le canal des apophyses transverses en pénétrant par l'ouverture de la septième, de la cinquième, de la quatrième, de la troisième et même de la deuxième vertèbre cervicale ; dans ces derniers cas elle remonte en arrière de la carotide primitive jusqu'au voisinage de sa division et n'en est séparée que par une mince lame de l'aponévrose cervicale. — Demarquay a fait remarquer que, lorsque la vertébrale ne s'engage dans le canal des apophyses transverses qu'au niveau de la quatrième cervicale, elle est accompagnée par la thyroïdienne inférieure qui lui est accolée. — On a vu la vertébrale ressortir de son canal entre la troisième et la deuxième cervicale, se porter en arrière en décrivant une courbe et rentrer dans le canal de l'atlas.

Le calibre des deux vertébrales peut être différent, c'est d'ordinaire celle de droite qui est la moins développée.

On a vu la vertébrale fournir la thyroïdienne inférieure, l'intercostale supérieure, la cervicale profonde. Quand la cervicale profonde fait défaut, la vertébrale donne des rameaux accessoires qui la remplacent. — Elle fournit, mais rarement, l'occipitale.

La *spinale antérieure* gauche manque quelquefois et est remplacée par une branche venue de celle du côté droit.

La *spinale postérieure* provient souvent de la cérébelleuse inférieure et postérieure.

La *cérébelleuse inférieure* et *postérieure* manque souvent à gauche.

Basilaire. Ce tronc peut manquer et les deux vertébrales cheminer isolément bien que reliées par des branches transversales. On a vu la basilaire passer par un trou du dos de la selle turcique.

La cérébelleuse inférieure et antérieure manque souvent ; d'autres fois elle prend naissance de la cérébrale postérieure.

La cérébrale postérieure gauche manquait dans un cas cité par Hyrtl et était remplacée par une cérébelleuse supérieure accessoire. Duret a vu la cérébrale postérieure naître de la carotide du même côté.

Mammaire interne.

Elle peut naître plus ou moins près du scalène antérieur. Son trajet initial varie alors : tantôt elle se porte d'abord en haut, tantôt en dedans pour gagner définitivement sa direction normale. On l'a vue sortir de la poitrine par le quatrième espace intercostal, contourner la face antérieure du cinquième cartilage intercostal et rentrer dans le thorax.

Dans quelques cas elle donne une thyroïdienne moyenne qui remonte derrière la première pièce du sternum, sur la face antérieure de la trachée et gagne le corps thyroïde. — La mammaire interne naît souvent par un tronc commun avec la thyroïdienne inférieure. — Il existe quelquefois des mammaires internes accessoires qui accompagnent le tronc normal.

La mammaire interne donne souvent naissance à une mammaire interne latérale qui longe la face interne des 4-6 premières côtes et qui s'anastomose par des rameaux avec les intercostales correspondantes.

Cruveilhier a vu la troisième intercostale antérieure assez volumineuse pour constituer une division du tronc de la mammaire.

La *diaphragmatique supérieure* peut être très-développée.

La *branche interne* de terminaison de la mammaire peut s'anastomoser avec celle du côté opposé par un rameau transversal situé au-devant ou en arrière de l'appendice xiphoïde.

Intercostale supérieure.

Elle peut manquer; son calibre peut varier, suivant qu'elle ne fournit qu'au premier espace ou qu'elle s'étend jusqu'au quatrième.

Elle donne assez souvent la cervicale profonde (Henle considère cette disposition comme normale); on en a vu naître aussi la vertébrale, et une mammaire latérale.

Thyroïdienne inférieure.

Très-fréquemment cette artère naît par un tronc commun avec la sus-scapulaire et la cervicale transverse; cette disposition est même acceptée comme la règle par quelques anatomistes, qui décrivent alors un tronc thyro-cervical.

La thyroïdienne inférieure gauche peut naître par un tronc commun avec sa congénère du côté droit, elle croise alors la trachée. — Elle peut manquer d'un côté ou des deux côtés, dans ce dernier cas elle peut être remplacée par une thyroïdienne moyenne.

Elle donne quelquefois une branche d'origine accessoire à la vertébrale; on a vu la thyroïdienne droite émettre un rameau qui descend vers le thorax en longeant la trachée, croise la face antérieure de ce conduit, se recourbe vers le haut et remplace la thyroïdienne gauche. Cette artère fournit quelquefois la crico-thyroïdienne, d'autres fois l'intercostale supérieure, la cervicale profonde ou la sous-scapulaire en proviennent.

Chez un enfant qui présentait une absence de l'isthme du lobe gauche du corps thyroïde, Tschaussoff a vu la thyroïdienne inférieure gauche s'anastomoser à plein canal avec la droite, au-dessous du corps thyroïde.

La *cervicale ascendante* peut être très-développée et remplacer la cervicale profonde.

Axillaire.

L'axillaire donne quelquefois à droite un tronc commun d'où naissent la thyroïdienne inférieure et la cervicale ascendante, tandis qu'à gauche elle fournit la mammaire interne.

On la voit souvent émettre un seul tronc d'où partent toutes ses branches collatérales, la sous-scapulaire; les circonflexes et même l'humérale profonde, on a vu aussi la grande thoracique naître de ce tronc commun.

D'autres fois ce tronc commun est moins développé et deux ou trois branches seulement en proviennent, mais toujours la sous-scapulaire en fait partie.

Très-souvent toutes les autres branches naissent normalement, mais les deux circonflexes ont une origine commune.

Il n'est pas rare de voir l'axillaire fournir un rameau accessoire destiné aux ganglions lymphatiques de l'aisselle.

L'axillaire se divise souvent directement en radiale et en cubitale; d'autres fois elle fournit le tronc des interosseuses; quelquefois aussi elle peut donner l'humérale profonde.

L'*acromio-thoracique* fournit quelquefois la grande thoracique.

Grande thoracique.

Elle peut manquer et être remplacée par des branches de la sous-scapulaire. Elle est souvent au contraire très-développée et remplace à son tour en partie la sous-scapulaire. Henle cite même un cas où la grande thoracique fournissait la cubitale.

Sous-scapulaire.

Très-souvent cette artère est accompagnée de branches accessoires; comme nous l'avons dit plus haut, elle peut naître de l'axillaire par un tronc commun avec les autres branches collatérales. On l'a vue fournir l'humérale profonde, ou la grande thoracique et même envoyer une racine accessoire à la radiale.

Circonflexes humérales.

Elles naissent très-souvent par un tronc commun.

Humérale.

Quand la disposition des muscles du bras n'est pas normale, l'humérale présente nécessairement des rapports anormaux; c'est ainsi qu'elle peut être recouverte par des chefs accessoires du biceps ou du rond pronateur, ou par une lame tendineuse du coraco-brachial.

Le nerf médian est quelquefois, dans toute la longueur du bras, situé en arrière de l'artère. Il peut encore se faire qu'au tiers inférieur du bras le nerf, au lieu de croiser la face antérieure de l'artère, passe en arrière d'elle.

Une planche de Bourgery et Jacobre présente l'artère humérale perforant à son extrémité inférieure l'aponévrose brachiale et se divisant en radiale et en cubitale qui restent superficielles et cheminent entre la peau et l'aponévrose.

L'humérale se divise souvent un peu au-dessous de la ligne interarticulaire.

Elle peut se diviser au-dessus de cette ligne, c'est alors la variété connue sous le nom de division prématurée de l'humérale. Cette division peut se faire soit au niveau de sa partie supérieure, soit en un point quelconque de son trajet. Les deux branches sont souvent alors réunies par une anastomose transversale au niveau du pli du coude. Dans quelques cas l'une de ces branches donne l'humérale profonde et l'autre les collatérales. Assez fréquemment l'humérale, au lieu de fournir deux branches de calibre normal, n'en fournit qu'une volumineuse qui suit le trajet de l'humérale et se divise au pli du coude en radiale et cubitale, tandis que la deuxième branche est grêle et va constituer ainsi une racine accessoire de l'une des deux artères de l'avant-bras. Il peut se faire encore que l'humérale, après s'être divisée, conserve néanmoins un tronc très-grêle qui suit son trajet normal, arrive au pli du coude et devient le tronc commun des interosseuses. D'autres fois encore la division, au lieu de se faire très-haut comme dans le cas précédent, ne se fait qu'un peu au-dessus du pli du coude et l'humérale se divise en trois branches, radiale, cubitale et tronc commun des interosseuses.

L'humérale donne assez souvent des branches accessoires dont l'une ou l'autre peut être très-développée et représente par son calibre le tronc de l'artère qui, très-grêle, occupe néanmoins sa position normale et se termine en s'anastomosant avec la cubitale venue du tronc accessoire Dans d'autres cas les branches accessoires sont peu développées et descendent jusqu'au pli du coude, au-dessous de l'aponévrose pour s'anastomoser avec la cubitale, la radiale ou avec des branches de ces artères; elles constituent ainsi de véritables racines accessoires pour ces vaisseaux.

Toutes ces branches accessoires ne sont que des rameaux anastomotiques très-déliés d'ordinaire qui se dilatent pendant la vie fœtale.

Quant à la division prématurée de l'humérale, les recherches de Hyrtl tendent à prouver qu'elle est normale dans les premiers temps de la vie fœtale et qu'elle persiste chez l'adulte parce que le tronc de l'humérale ne s'est pas allongé proportionnellement à l'accroissement du membre supérieur.

L'humérale donne quelquefois la sous-scapulaire ou la circonflexe postérieure; on l'a vue fournir au-dessous du tendon du grand pectoral, un véritable bouquet artériel composé de la radiale, de l'humérale profonde, des circonflexes, de la sous-scapulaire et de la cubitale. D'autres fois toutes les branches musculaires qu'elle fournit partent d'un tronc commun; on a vu encore l'humérale fournir une cubitale superficielle, située immédiatement au-dessous de l'aponévrose, et qui s'anastomose plus ou moins haut avec la cubitale; elle peut même atteindre jusqu'à la paume de la main.

L'humérale émet quelquefois directement la récurrente radiale, d'autres fois elle donne une artère médiane superficielle de l'avant-bras qui longe le grand palmaire et arrive avec le nerf médian jusqu'au carpe; d'autres fois encore elle peut fournir une récurrente cubitale, ou le tronc commun des interosseuses, ou l'une des interosseuses.

L'*humérale profonde* peut être grêle et se terminer dans les muscles sans arriver jusqu'à l'articulation. — Elle donne quelquefois la circonflexe postérieure; Hyrtl l'a vue fournir la cubitale.

Radiale.

La *collatérale interne* peut être très-développée, ou très-grêle.

Nous avons vu plus haut les variétés d'origine que peut présenter cette artère; nous allons indiquer maintenant les différences de trajet qu'elle présente dans ces différents cas.

Quand la radiale prend son origine au côté interne de l'humérale, elle se dirige vers le bas, croise plus ou moins haut la cubitale et vient au niveau du pli du coude reprendre sa position normale. La radiale peut dans certains cas perforer l'expansion aponévrotique du biceps; d'autres fois elle est comprise dans un dédoublement de cette lame fibreuse.

Quand la radiale naît très-haut, elle croise la face antérieure du biceps et gagne ensuite son bord externe pour arriver au pli du coude; elle peut encore passer en arrière de ce muscle pour gagner son bord externe; d'autres fois on la voit accompagner le médian au devant de l'humérale, qui dans ce cas est d'ordinaire très-grêle et se termine par l'interosseuse.

Il peut se faire que la radiale soit très-faible et ne fournisse que quelques rameaux musculaires. Elle est remplacée alors par l'interosseuse antérieure; quand elle est un peu plus développée, on peut la voir atteindre jusqu'au niveau de la main, où elle s'abouche dans une autre artère de l'avant-bras.

La radiale peut être au contraire très-développée. Comme nous l'avons vu plus haut, elle peut remplacer la brachiale, on l'a vue fournir alors les branches de cette dernière et même la sous-scapulaire et les circonflexes. Elle donne quelquefois aussi le tronc des interosseuses.

La radiale donne souvent, dès le milieu de l'avant-bras, naissance à la radio-palmaire.

On a vu la radiale pénétrer dans la paume de la main par le deuxième espace interosseux; on l'a vue encore pénétrer normalement par le premier espace et s'anastomoser avec l'artère du nerf médian volumineuse, pour constituer l'arcade palmaire profonde.

La récurrente radiale est quelquefois très-développée, elle peut donner naissance à la récurrente radiale postérieure.

La *radio-palmaire* peut manquer et être remplacée par un rameau de l'interosseuse ou de la cubitale; d'autres fois elle est très-développée et donne des artères collatérales palmaires au pouce et à l'index.

Cubitale.

Pour les variétés d'origine de la cubitale, voir plus haut.

La cubitale née normalement peut être superficielle et cheminer à côté des veines cubitales superficielles. — Quand elle est née prématurément et qu'elle est superficielle, elle ne fournit jamais le tronc des interosseuses.

La cubitale peut être très-peu développée et ne pas atteindre jusqu'à la main.

Elle peut être très-développée en raison du petit calibre des artères radiale et interosseuses correspondantes.

Tiedeman a vu la cubitale, la radiale et le tronc des interosseuses naître seulement au niveau du milieu de l'avant-bras.

La cubitale fournit souvent au niveau du pli du coude des récurrentes accessoires;

au lieu d'un tronc commun pour les interosseuses, elle donne souvent deux artères distinctes, interosseuses antérieure et postérieure.

Elle fournit souvent une artère du nerf médian qui peut être très-développée, atteindre la paume de la main et remplacer en partie la radiale

La *dorsale cubitale du métacarpe* peut donner des collatérales dorsales aux quatrième et cinquième doigts.

Tronc commun des interosseuses. — Pour ses variétés d'origine, voyez plus haut. Quand il naît normalement, il peut être volumineux, envoyer des branches transversales de renforcement à la radiale et à la cubitale et fournir les différentes récurrentes. — L'*interosseuse postérieure* peut s'étendre jusqu'au dos de la main et s'anastomoser avec la radiale qui alors est très-grêle; elle peut encore perforer le deuxième espace intermétacarpien et contribuer à la formation de l'arcade palmaire profonde en même temps qu'elle donne des collatérales aux deuxième et troisième doigts. Elle peut fournir une récurrente cubitale. On l'a vue aussi donner naissance à la radiale. — L'*interosseuse antérieure* peut manquer ou tirer son origine de la radiale quand la cubitale naît très-haut. On l'a vue une fois se diviser au-dessus du poignet et donner une branche à la radiale et une autre à la cubitale. Elle descend quelquefois jusqu'à la paume de la main pour s'anastomer avec la radio-palmaire ou avec l'arcade palmaire superficielle. — L'*artère du n rf médian* est quelquefois très-développée, accompagne le nerf jusque dans la paume de la main et fournit les artères digitales (les radiale et cubitale sont alors rudimentaires); d'autres fois elle prend part à l'arcade superficielle. Comme nous l'avons dit plus haut, l'artère du nerf médian très-développée peut devenir quelquefois superficielle et longer le tendon du grand palmaire, tantôt alors elle donne les collatérales palmaires des premiers doigts, tantôt au contraire elle s'anastomose avec l'arcade superficielle.

Pierron vient de faire un bon travail sur les artères du bras. Ses recherches confirment ce que nous avons dit sur les anomalies de ces artères, et ce que j'ai affirmé dans ma note à l'Académie au sujet de la fréquence de l'augmentation de volume des interosseuses.

Les *artères de la main* constituent par leur ensemble un véritable plexus anastomotique, il n'est donc pas étonnant qu'elles présentent un grand nombre d'anomalies suivant que tel rameau se développe aux dépens de tel autre, ou que telle partie intermédiaire s'atrophie.

Arcade palmaire superficielle.

Elle peut manquer, les artères radiale et cubitale fournissent isolément les branches des doigts.

Elle peut être très grêle, l'arcade profonde est alors très-développée et fournit en grande partie les branches superficielles.

Elle peut être très développée grâce à un développement considérable de la radio-palmaire, l'anastomose qu'elle envoie alors à la collatérale du pouce est très forte et superficielle, on la sent battre sous la peau.

Elle peut être double.

Arcade palmaire profonde.

Elle peut manquer en même temps que l'arcade superficielle.

Elle peut être très-développée et donner une ou plusieurs artères intermétacarpiennes.

Aorte thoracique.

Comme nous l'avons dit, elle peut longer le côté latéral droit de la colonne vertébrale, elle fournit quelquefois la sous-clavière droite, et d'autres fois la sous-clavière gauche. Assez souvent elle donne naissance à l'intercostale supérieure. On l'a vue fournir un tronc assez fort qui se portait au lobe inférieur du poumon droit. Ce tronc naissait au niveau de la sixième vertèbre dorsale, il fut pris pour une artère pulmonaire anormale, tandis qu'il n'était qu'un développement exagéré des bronchiques. Hyrtl a vu l'aorte thoracique donner, au niveau de la dixième vertèbre dorsale, une artère rénale droite qui accompagnait l'aorte dans son passage au travers du diaphragme et gagnait ensuite le rein en croisant le pilier du diaphragme.

Intercostales thoraciques.

Souvent le nombre de ces artères n'est pas normal et une ou plusieurs d'entre elles se divisent et fournissent à deux ou à trois espaces. Cette anomalie peut se présenter des deux côtés à la fois ou d'un côté seulement.

Aorte abdominale.

Elle peut passer avec l'œsophage à travers le diaphragme ; elle peut encore être située à droite de la veine cave inférieure qui la croise alors au niveau du diaphragme. — On a vu deux fois l'aorte abdominale fournir, à côté du tronc cœliaque, une artère bronchique volumineuse qui remontait à travers l'ouverture œsophagienne du diaphragme et se divisait dans la poitrine en branches destinées au poumon ; s'anastomosait-elle comme on l'a soutenu avec l'artère pulmonaire?

L'aorte abdominale peut fournir directement les branches du tronc cœliaque, une mésentérique supérieure accessoire, des rénales accessoires, des spermatiques accessoires, l'hypogastrique droite, une ombilicale. Elle peut se diviser en iliaque primitive gauche et en hypogastrique et iliaque externe droites. On l'a vue donner au point de sa division une rénale accessoire.

Tronc cœliaque

Il peut manquer et ses trois branches naissent alors directement de l'aorte. — Il peut fournir une gastro-duodénale et avoir en ce cas quatre branches de division ; l'artère mésentérique supérieure peut en provenir ; il en est de même d'une splénique accessoire, et de la colique moyenne. — Quand le tronc cœliaque ne fournit que deux branches, ce sont d'ordinaire l'hépatique et la splénique, beaucoup plus rarement la coronaire stomachique et la splénique. Lorsque la mésentérique supérieure fournit l'hépatique, le tronc cœliaque donne d'ordinaire la gastro-épiploïque du côté droit.

Coronaire stomachique. Peut naître isolément de l'aorte et donner en ce cas naissance à une ou aux deux diaphragmatiques inférieures. Il n'est pas rare de lui voir fournir une branche accessoire à l'hépatique.

Hépatique. Elle peut naître de la mésentérique supérieure. Dans d'autres cas on trouve trois artères hépatiques qui naissent de la coronaire stomachique, du tronc cœliaque, de la mésentérique supérieure. — L'hépatique peut au contraire donner aussi naissance à la coronaire stomachique.

Splénique. Elle se divise souvent en deux branches à peu de distance de son origine. Elle donne quelquefois la coronaire stomachique ; ou une branche de l'hépatique assez forte pour fournir elle-même la gastro-épiploïque droite.

Mésentérique supérieure.

Cette artère peut naître par deux branches distinctes. Hyrtl ainsi que Haller ont cité deux cas dans lesquels l'artère omphalo-mésentérique persistait et naissait de la mésentérique supérieure. — L'hépatique ou une de ses branches en naissent souvent ; d'autres fois, mais plus rarement, elle fournit la splénique. Quand la mésentérique inférieure fait défaut, l'artère mésentérique supérieure fournit les coliques gauches et l'hémorrhoïdale supérieure.

Les coliques droites présentent quelques variétés qui ne sont toutes que des remplacements d'une branche par une autre.

Mésentérique inférieure.

Elle peut manquer et être suppléée par la précédente. On l'a vue fournir la colique moyenne, une hépatique accessoire, une rénale accessoire.

L'arcade anastomotique entre la colique moyenne et la première colique gauche n'existait pas dans un cas cité par Vicq d'Azyr.

L'*hémorrhoïdale supérieure* donnait, d'après Haller, naissance à une vaginale.

Capsulaire moyenne.

Elle fournit souvent la spermatique et beaucoup plus fréquemment à gauche qu'à droite.

Rénale.

Quand la situation du rein n'est pas normale ou quand cet organe est lobulé, l'artère rénale est toujours anormale dans son origine et sa distribution, et les anomalies vasculaires sont en rapport avec les anomalies du rein. — L'artère rénale peut donc naître plus ou moins bas et se diviser aussitôt en un certain nombre de branches qui gagnent isolément les lobules détachés de la glande.

Dans l'état normal on a vu la rénale provenir de l'extrémité inférieure de l'aorte abdominale, de la mésentérique inférieure, de l'iliaque primitive, de l'hypogastrique.

Les deux rénales peuvent naître par un tronc commun ; celle du côté droit peut gagner le rein en passant au-devant de la veine cave inférieure. — On rencontre assez souvent quelques rénales accessoires dont l'origine est très-variable.

La rénale fournit quelquefois : la diaphragmatique inférieure, la capsulaire moyenne, la spermatique gauche, des lombaires, un rameau distinct et isolé pour la capsule adipeuse du rein. On a vu enfin la rénale droite donner l'hépatique ou une branche accessoire destinée au lobe droit du foie.

La *capsulaire inférieure* peut manquer ; quand au contraire elle est très développée, c'est elle qui émet la diaphragmatique inférieure.

Spermatique.

L'on voit très-souvent les deux spermatiques ne pas naître au même niveau, d'autres fois elles naissent par un petit tronc commun, ou encore elles naissent teutes deux plus haut que dans l'état normal. — Assez fréquemment l'on voit la spermatique gauche remonter d'abord un peu et passer par-dessus la veine rénale (ce cas est représenté dans la figure 119). — Dans quelques cas l'une ou les deux spermatiques manquaient et étaient remplacées par des branches venues de l'hypogastrique.

Iliaque primitive.

Elles naissent plus haut que de coutume par division prématurée, ou plus bas par division tardive de l'aorte. On les voit quelquefois accolées pendant un certain temps avant de diverger. Cruveilhier a cité des cas où l'iliaque primitive droite n'existait pas et où l'iliaque externe et l'hypogastrique de ce côté naissaient directement de l'aorte.

Le tronc de l'iliaque primitive normale peut varier de longueur, par division prématurée ou tardive, c'ost ordinairement celui de droite qui est le plus long.

L'iliaque primitive droite donnait une fois (Hyrtl) une mésentérique moyenne pour le côlon transverse et descendant. — On a vu l'iliaque primitive fournir la rénale ou des rénales accessoires, la spermatique, des lombaires et la sacrée moyenne. On l'a vue encore émettre l'iléo-lombaire, la sacrée latérale, l'ombilicale, l'obturatrice, la circonflexe iliaque. Dans d'autres cas elle se divise au-dessus de l'anneau crural en artère fémorale et en fémorale profonde.

Sacrée moyenne.

On l'a vue naître par deux racines ; au lieu de prendre son origine sur la face postérieure de l'aorte, elle naît du milieu même de l'angle de division. — La sacrée moyenne est quelquefois très-faible et ne donne pas la dernière lombaire.

Elle fournit quelquefois des rénales accessoires et même la rénale quand le rein est situé dans le bassin; dans d'autres cas elle donne une hémorrhoïdale moyenne accessoire.

Hypogastrique.

Elle peut manquer, ses branches proviennent alors de l'iliaque externe. — Sa longueur varie beaucoup, de 3 centim. à 8 centim.

On a vu l'hypogastrique donner la mésentérique supérieure, une ou plusieurs rénales accessoires (quand les reins étaient anormaux), la spermatique interne qui n'est dans le cas de Mayer que la déférentielle très-développée.

Elle fournit quelquefois une iléo-lombaire accessoire, une ombilicale accessoire, une utérine accessoire, ou une vaginale accessoire. D'autres fois elle donne directement une artère dorsale de la verge.

D'après Petrali, l'hypogastrique donnait dans un cas une épigastrique accessoire.

Ombilicale.

Elle peut naître après l'obturatrice; celle du côté droit peut rester perméable jusqu'à l'ombilic. Elle manque quelquefois d'un côté, ou encore les deux artères peuvent se réunir en un seul tronc.

L'ombilicale peut donner une hémorrhoïdale moyenne, des rameaux au vagin, une épigastrique accessoire, un rameau qui contourne le bord supérieur de l'anneau inguinal.

Vésico-prostatique.

D'après Dubrueil, elle peut fournir une honteuse interne accessoire.

Hémorrhoïdale moyenne.

Peut manquer et être suppléée par l'hémorrhoïdale supérieure. Elle peut fournir des rameaux au vagin, à la vésicule séminale, à la prostate. Une sacrée latérale peut en provenir, d'après Luschka. — La *déférentielle* peut être développée et atteindre l'épididyme.

Utérine.

Elle peut se diviser aussitôt en trois branches isolées. Elle peut fournir un tronc utéro-ovarien, et dans quelques cas l'hémorrhoïdale moyenne.

Iléo-lombaire.

Dubrueil l'a vue manquer à gauche; d'autres fois elle est très-petite et est remplacée par des branches venues des dernières lombaires.

Sacrée latérale.

Les deux peuvent naître par un tronc commun. Les branches antérieures de la sacrée latérale, au lieu de naître d'un tronc unique, peuvent naître isolément. Cette artère donne quelquefois la vésico-prostatique, ou l'hémorrhoïdale moyenne.

Obturatrice.

Quand l'obturatrice naît de la crurale isolément ou par un tronc commun avec l'épigastrique, elle remonte au-devant du pectiné au côté interne de la veine fémorale, passe par l'anneau crural et gagne ainsi le trou sous-pubien. Nous reviendrons sur ce sujet à propos des anomalies de l'épigastrique. — L'obturatrice peut manquer d'un côté, elle est remplacée alors par des rameaux de la fémorale profonde.

L'obturatrice peut donner naissance à l'épigastrique, à l'iléo-lombaire, à la vésicale inférieure, à l'utérine, à la vaginale, à la dorsale de la verge, à la périnéale et même, quand elle a une origine anormale, à la honteuse externe.

Fessière.

Le tronc de la fessière peut varier de longueur depuis $0^m,02$ jusqu'à $0^m,06$. Elle peut naître par un tronc commun avec l'obturatrice, avec la vésicale, l'ischiatique, la honteuse interne.

Ischiatique.

Elle peut naître très-haut du tronc de l'hypogastrique, croiser le pyramidal et passer entre les branches d'origine du nerf sciatique (Dubrueil, Luschka). — Dans certains cas elle est petite et la fessière la remplace en partie. — Quand la crurale est peu développée, l'ischiatique est très-forte, elle accompagne alors le nerf sciatique et se continue par la poplitée ; le tronc artériel principal de la cuisse est en ce cas rejeté à la partie postérieure du membre.

L'ischiatique peut donner naissance à la sacrée latérale, à la vésico-prostatique, à l'utérine, à la vaginale, à une obturatrice accessoire, à la honteuse interne, à l'hémorrhoïdale moyenne.

Honteuse interne.

Elle provient quelquefois d'un tronc commun avec l'obturatrice ou l'ombilicale. Elle peut être très-grêle et se terminer déjà au périnée. — D'autres fois, quand elle naît très-haut de l'hypogastrique, on la voit se diviser en deux branches dont l'inférieure seule sort du bassin, tandis que la supérieure reste dans cette cavité et donne des branches à la vessie et à la prostate.

Il peut se faire encore que la honteuse, arrivée au périnée, chemine à peu près au milieu de l'espace qui sépare la tubérosité sciatique de la pointe du coccyx, disposition très-grave pour la taille.

La honteuse peut fournir la vésicale inférieure, l'hémorrhoïdale moyenne, l'utérine, une prostatique; l'ischiatique peut aussi en provenir.

La *transverse du périnée* peut naître très-près de la tubérosité sciatique et gagner obliquement le bulbe, elle est alors très-exposée dans la taille. On l'a vue naître de l'obturatrice, croiser à angle droit la branche descendante du pubis et gagner le bulbe. D'autres fois cette branche artérielle est très-petite et est suppléée par des rameaux de la périnéale.

Iliaque externe.

D'après Luschka cette artère peut, au niveau de la grande échancrure sciatique, former une anse à convexité inférieure d'où partent les branches de l'hypogastrique qui dans ce cas fait défaut. — Quand au contraire l'ischiatique remplace la crurale, l'iliaque externe peut déjà se terminer un peu au-dessous de l'anneau crural.

L'iliaque externe peut fournir l'iléo-lombaire ou l'obturatrice, qui se dirige alors obliquement en bas vers le trou sous-pubien, ou encore une épigastrique accessoire, la honteuse externe, la tégumenteuse abdominale, la fémorale profonde.

Épigastrique.

L'épigastrique peut naître prématurément de 2 à 6 cent. au-dessus de l'anneau crural ; elle longe alors l'iliaque externe jusqu'à l'orifice postérieur du canal crural et reprend ensuite sa direction normale.

Elle peut naître au-dessous de l'arcade crurale ; elle remonte alors le long du bord interne de l'artère fémorale et traverse l'anneau pour rentrer dans l'abdomen.

Elle fait défaut quand l'iliaque se termine au niveau de l'anneau crural et que l'ischiatique la remplace.

Quand elle naît de l'obturatrice et que celle-ci est normale, l'épigastrique est située au bord interne des vaisseaux iliaques externes et gagne la paroi abdominale.

L'obturatrice et l'épigastrique sont normales, mais leurs rameaux anastomotiques sont très développés, et, suivant que l'une ou l'autre l'emporte par son volume, c'est l'obturatrice ou l'épigastrique qui naît par deux racines.

On a cité deux cas où l'épigastrique naissait directement de l'obturatrice.

L'épigastrique peut naître de l'iliaque par un tronc commun avec l'obturatrice. Ce tronc peut être court (de 4 à 10 millim.) ou long (de 15 à 27 millim.). Dans le premier cas l'épigastrique se dirige en haut et en dedans, l'obturatrice au contraire se porte en bas et en arrière, croise la face postérieure et supérieure de la branche du pubis et gagne le canal sous-pubien; elle se trouve alors aux environs du bord extérieur de l'anneau crural. Quand au contraire le tronc commun d'origine est long, l'obturatrice gagne la face supérieure du ligament de Gimbernat dont elle longe le bord externe, croise la branche du pubis et gagne le canal sous-pubien. Elle se trouve alors au bord interne de l'anneau crural. On comprend aisément de quelle importance sont ces anomalies dans les opérations de hernie crurale. J. Cloquet a trouvé sur 250 cadavres 56 cas où l'obturatrice naissait de l'épigastrique des deux côtés du corps, et 28 cas où elle n'en provenait que d'un côté. D'après les chiffres qu'il fournit il semble que cette anomalie serait plus fréquente chez la femme que chez l'homme (48-30). Toutes ces anomalies s'expliquent aisément par des inversions de calibre d'anastomoses normales, d'autant plus que chez le fœtus l'épigastrique naît toujours par deux racines, l'une de l'iliaque, l'autre de l'obturatrice.

L'épigastrique peut donner un petit rameau qui gagne la face postérieure de la symphyse, la longe et au-dessous de cette articulation, se recourbe en avant pour devenir la dorsale de la verge ou la clitoridienne ; d'autres fois elle émet la circonflexe iliaque, la tégumenteuse, une circonflexe fémorale, ou encore un rameau surnuméraire qui se dirige en arrière et en haut vers le thorax.

Circonflexe iliaque.

Le *rameau funiculaire* peut manquer et être remplacé par la déférentielle.

Elle peut manquer, ou naître de la crurale soit isolément, soit par un tronc commun avec l'obturatrice. — Elle émet quelquefois une circonflexe fémorale.

Fémorale.

Elle peut être très-faible et est remplacée alors par l'ischiatique. Il n'est pas très-rare de la voir double, soit que l'iliaque externe se bifurque, soit que la fémorale elle-même émette une branche aberrante ; toujours en ce cas le vaisseau surnuméraire est situé au côté interne de la fémorale, et toujours aussi les deux troncs se réunissent de nouveau en un seul à une hauteur variable qui toutefois ne dépasse pas l'anneau des adducteurs.

La fémorale donne quelquefois dans sa partie supérieure, naissance à l'épigastrique, à l'obturatrice, à la circonflexe iliaque ; elle fournit plus rarement la dorsale de la verge.

Quand la fémorale est remplacée par l'ischiatique, elle se prolonge d'ordinaire par une artère *saphène interne* qui passe entre le vaste interne et le grand adducteur, traverse l'aponévrose crurale et accompagne la veine saphène jusqu'à la malléole ; cette branche peut se terminer déjà au genou et donner les articulaires internes. — La crurale donne d'autres fois une fémorale profonde accessoire, des perforantes accessoires, une artère qui accompagne la veine saphène interne.

La *tégumenteuse abdominale* peut naître plus bas que d'habitude et donner des rameaux aux muscles de la cuisse.

Les *honteuses externes* peuvent manquer et être remplacées par des rameaux de la fémorale profonde. Une de ces artères peut donner la dorsale de la verge. D'après Dubrueil, leurs rameaux terminaux peuvent arriver jusqu'au testicule.

Fémorale profonde.

Elle peut naitre plus ou moins haut et de tous les points de la circonférence de la crurale. Quand elle naît à peu de distance de l'anneau crural et au côté externe de la fémorale, les deux artères sont d'abord parallèles, puis la profonde se porte en arrière et en dedans. Elle longe le bord interne de la crurale quand elle naît sur la face interne de cette dernière ; elle est au contraire au devant d'elle quand elle naît sur la face antérieure. On a vu la profonde naître sur la face interne de la crurale en même temps que la circonflexe externe naissait sur la face externe, il se trouvait alors trois troncs artériels placés l'un à côté de l'autre à la partie supérieure de la cuisse.

Très-fréquemment la fémorale profonde est moins développée que dans l'état normal et ne s'étend pas assez loin pour fournir les deux dernières perforantes. D'autres fois et plus rarement, elle est très-développée, longe le côté interne de la veine fémorale et arrive jusqu'à la courte portion du biceps ; Hyrtl l'a vue arriver jusqu'au niveau de la poplitée avec laquelle elle s'anastomosait.

Quand la fémorale profonde naît très-haut, elle peut fournir quelquefois l'épigastrique soit isolée, soit par un tronc commun avec l'obturatrice.

Lorsqu'elle naît normalement, elle peut donner, d'après Tiedemann, la dorsale de la verge, beaucoup plus souvent la tégumenteuse, la circonflexe iliaque et les honteuses externes. Fréquemment elle fournit des perforantes accessoires.

Circonflexes fémorales.

Tantôt les deux naissent par un tronc commun soit de la crurale, soit de la profonde, d'autres fois elles en naissent isolément. L'origine de ces vaisseaux étant très-variable, leur trajet l'est également. — La circonflexe interne peut donner l'épigastrique. — On a vu l'obturatrice naître de la circonflexe externe.

Poplitée.

Quand la poplitée est la continuation de l'ischiatique, elle peut se trouver placée au côté postérieur de la veine poplitée ; le même fait peut se produire, mais rarement, quand la poplitée est normale. — Elle peut être plus longue ou plus courte que d'habitude. — Dans quelques cas elle se divisait en tibiale antérieure, postérieure et péronière ; d'autres fois en tibiale antérieure et péronière (la tibiale postérieure est alors très-faible ou fait même défaut), ou encore en tibiale postérieure et péronière, cette dernière fournissant la tibiale antérieure. — On lui a vu donner une tibiale postérieure accessoire, une artère *saphène externe* qui accompagnait la veine du même nom jusque sur le cuboïde (Hyrtl).

Les *articulaires* peuvent manquer isolément et être remplacées par des vaisseaux accessoires ; les deux articulaires supérieures naissent quelquefois par un tronc commun ; l'articulaire moyenne est souvent remplacée par l'articulaire inférieure interne.

Tibiale antérieure.

Lorsque la poplitée s'est divisée prématurément, la tibiale antérieure naît plus haut que d'habitude, et peut se trouver en arrière du muscle poplité ou entre le muscle et le ligament poplité oblique. Elle peut encore d'après Velpeau accompagner le nerf sciatique poplité externe, contourner la tête du péroné et gagner ainsi la face antérieure de la jambe. On l'a vue encore longer le péroné et ne reprendre sa direction normale qu'au niveau de l'articulation du cou-de-pied. Sur le dos du pied elle présente assez souvent une ou deux courbures et peut devenir assez superficielle. — La tibiale antérieure peut manquer et être remplacée par une branche venue de la tibiale postérieure ; elle est souvent très-grêle et se termine alors dans les muscles ou en s'anastomosant avec la péronière antérieure, ou encore avec une branche de la tibiale postérieure qui constitue la pédieuse. Fano a cité un cas où la péronière antérieure anastomosée avec la terminaison de la tibiale antérieure s'arrêtait aussi au niveau de l'articulation tibio-tarsienne; les artères du dos du pied étaient fournies par un rameau perforant de l'arcade plantaire. — Quand la tibiale antérieure est au contraire très-développée, la tibiale postérieure l'est très-peu et c'est la terminaison de la pédieuse qui forme en tout ou en grande partie l'arcade plantaire.

Dans les cas où la tibiale antérieure naît très-haut, elle fournit les branches de la poplitée et souvent la péronière; elle donne quelquefois un rameau perforant qui vers le milieu de la jambe traverse la membrane interosseuse et longe la face postérieure du tibia.

La *récurrente tibiale antérieure* se dirige quelquefois en dedans et gagne la tubérosité interne du tibia. Elle fournit d'autres fois un rameau descendant qui chemine entre le long péronier et l'extenseur commun et s'anastomose avec la péronière antérieure.

Les *malléolaires* peuvent manquer, l'externe est alors remplacée par la péronière antérieure, l'interne par la tibiale postérieure. Quand au contraire la malléolaire externe est très-développée, elle remplace la dorsale du tarse.

La *pédieuse* peut être quelquefois sous-cutanée; quand elle continue la péronière antérieure, elle est située plus en dehors que dans l'état normal. D'autres fois elle est très-peu développée et ne dépasse pas les cunéiformes. Dans quelques cas on a vu la tibiale antérieure se diviser sur le dos du pied en un véritable réseau artériel duquel partaient directement les branches intermétatarsiennes dorsales sans qu'il fût possible d'y reconnaître une pédieuse.

La *dorsale du tarse* peut être unique ou multiple, très-souvent elle est très-grêle, d'autres fois elle est au contraire très-développée et envoie un rameau qui contourne le bord externe du pied et arrive à la plante.

La *dorsale du métatarse* peut manquer ou être double, dans le premier cas elle est remplacée par la dorsale du tarse ou par les rameaux perforants de l'arcade plantaire. Elle peut encore former, avec la terminaison de la péronière antérieure, une véritable arcade du dos du pied, de laquelle partent les branches du métatarse.

Tibiale postérieure.

Elle peut dans son trajet se rapprocher beaucoup de la péronière. Elle peut n'être que rudimentaire et ne pas dépasser le 1/3 supérieur de la jambe; d'autres fois elle est moins développée que d'habitude et est renforcée par la péronière; dans d'autres cas elle se termine dans la péronière qui elle-même est anastomosée avec la tibiale antérieure. La tibiale postérieure peut encore être plus développée que dans l'état normal et envoyer un rameau anastomotique à la péronière. Cruveilhier l'a vue traverser le ligament interosseux et s'anastomoser avec la tibiale antérieure; dans d'autres cas elle remplaçait cette dernière au niveau du 1/4 inférieur de la jambe.

La tibiale postérieure donne quelquefois naissance à la tibiale antérieure, plus rarement elle envoie un rameau perforant qui se divise en branche ascendante destinée aux muscles de la région antérieure de la jambe, et en branche descendante qui remplace la tibiale antérieure. La tibiale postérieure peut encore remplacer la péronière dans la partie inférieure de son trajet ou même dans tout son trajet. Elle peut aussi donner une artère *saphène*, qui vers le milieu de la jambe perfore l'aponévrose et suit la veine saphène interne pour s'anastomoser avec la terminaison de la péronière et la pédieuse. On la voit aussi quelquefois émettre un rameau qui passe par le sinus du tarse et qui s'anastomose avec la dorsale du tarse.

La *plantaire interne* est souvent très-petite et se termine déjà au niveau du court fléchisseur du gros orteil; d'autres fois elle est plus forte et avec des branches venues de la plantaire externe elle constitue une arcade plantaire superficielle qui n'est recouverte que par l'aponévrose et qui donne des rameaux aux deux premiers orteils.

La *plantaire externe* est parfois très-grêle et l'arcade plantaire est alors formée surtout par la terminaison de la pédieuse et par les rameaux perforants de la dorsale du métatarse, qui en ce cas sont très développés.

Péronière.

Les anomalies de cette artère sont des plus fréquentes. Dubrueil l'a vue provenir de la tibiale postérieure au niveau du tiers inférieur de la jambe. D'autres fois elle manque tout à fait et est remplacée par la tibiale postérieure très-développée. Elle peut encore provenir de la tibiale antérieure quand la poplitée se divise prématurément. Tantôt elle est grêle et est remplacée dans sa partie inférieure par la tibiale postérieure, tantôt au contraire, et plus fréquemment, elle est très-développée. Dans ce cas elle peut fournir la tibiale antérieure ou la renforcer, ou encore s'anastomoser avec une tibiale postérieure très-grêle. On comprend donc comment dans certains cas la péronière fournit les plantaires et la pédieuse. Toutes ces anomalies ne sont que des inversions de volume des différentes branches par élargissement d'anastomoses normales. — La péronière émet quelquefois un rameau accessoire qui descend parallèlement à la tibiale postérieure avec laquelle elle s'anastomose.

La *péronière antérieure* peut manquer ou s'anastomoser avec la tibiale antérieure. Quand elle est très-développée, elle peut fournir la malléolaire externe, et la dorsale du tarse. Elle donne souvent la pédieuse, comme déjà nous l'avons dit, dans les cas où la tibiale antérieure fait défaut ou est très-peu développée.

L'*arcade plantaire* peut être fournie en majeure partie par la terminaison de la pédieuse quand la plantaire externe est très-faible. Les différentes artères interosseuses plantaires peuvent se combiner de différentes manières, de telle sorte qu'on en voit assez fréquemment deux naître par un tronc commun très-court.

TROISIÈME SECTION

DES CAPILLAIRES

Les *Capillaires* établissent la communication entre les extrémités artérielles et veineuses. Ce sont des vaisseaux excessivement étroits, perceptibles seulement au microscope et dont la disposition et le calibre varient suivant les organes. Leurs parois sont extrêmement minces et permettent aux liquides nutritifs ainsi qu'aux produits de décomposition organique de les traverser pour constituer ainsi l'échange des matériaux qui caractérise la nutrition.

On a soulevé, il y a quelques années, la question de savoir s'il n'existe pas des communications plus directes entre les veines et les artères par de petits vaisseaux beaucoup plus gros que les capillaires. Cl. Bernard [1] a signalé leur existence dans le foie du cheval ; Hyrtl a cru pouvoir leur attribuer les battements observés par Wharton Jones dans les veines de chauves-souris, et Sucquet a décrit de pareils vaisseaux (mesurant en moyenne 0,001 millim.) dans les membres et la tête de l'homme. Mais H. Müller contredit l'opinion de Hyrtl et prouve que les pulsations veineuses des ailes de chauves-souris ne sont nullement isochrones avec les battements artériels, et que les communications entre les veines et les artères admises par Hyrtl ne sont dues en réalité qu'à une erreur d'optique. Henle, de son côté, attaque les résultats de Sucquet ; il pense qu'il faut les attribuer au mode d'injection. Hoyer, de Varsovie, a repris la question en 1874, et a constaté l'existence de vaisseaux quatre à cinq fois plus gros que les capillaires, qui font communiquer directement les ramuscules de l'artère auriculaire postérieure avec les veinules correspondantes.

La transition entre les artères et les veines se faisant d'une manière insensible, les capillaires ne présentent point de limites précises. On peut donc, comme Ch. Robin, les distinguer en trois variétés : 1° vaisseaux dont la lumière ne mesure que $0^{mm},005$, formés d'une substance amorphe avec quelques noyaux longitudinaux ; 2° vaisseaux de $0^{mm},03$ de largeur avec quelques noyaux transversaux extérieurs aux noyaux longitudinaux ; 3° vaisseaux de $0^{mm},6$ à $0^{mm},15$, dans lesquels quelques fibres connectives extérieures viennent former un rudiment de tunique adventice. Ces derniers vaisseaux sont en réalité des vaisseaux de transition artériels ou veineux. Pour Morel, il ne faut entendre, sous le nom de capillaires, que les vaisseaux à membrane amorphe dans laquelle sont enchâssés plus ou moins de noyaux suivant que le capillaire est plus ou moins gros. C'est à cette manière de voir que nous nous rattachons. Très-fins dans le poumon, les glandes, la substance grise des centres nerveux ($0^{mm},006$ et

(1) Cl. Bernard *(loc. cit.)*. — Hyrtl, *The natural History Review*. — Sucquet, *D'une circulation dérivative dans les membres et dans la tête chez l'homme*, 1862. — H. Müller, *Würzb. naturwissensch. Zeitschrift*, III. — Henle, *Jahresbericht* pour 186.

au-dessous), ils atteignent jusqu'à 0mm,01 dans le périoste et 0mm,022 dans la moelle osseuse. Taschaloff a constaté l'existence de renflements fusiformes en plusieurs endroits d'une paroi à double contour des capillaires; ces renflements se contracteraient sous l'influence de l'électricité. A. de Giovanni a constaté la contractilité des capillaires sanguins : il admet que cette contractilité est identique à celle de la substance sarcodique, et qu'elle échappe à toutes les lois physiologiques qui régissent la contractilité des vaisseaux pourvus de fibres musculaires.

Les capillaires forment des réseaux dans les mailles desquels sont disposés des îlots de substance. Ces réseaux varient de forme suivant les organes : allongés dans les muscles, ils sont au contraire polygonaux ou arrondis dans les glandes et les poumons. Très-riches dans ces derniers organes, ils sont beaucoup plus lâches dans d'autres. Il est des tissus où on ne rencontre pas de capillaires, les épithéliums, l'épiderme, les ongles, l'émail et l'ivoire des dents, les cartilages d'encroûtement, les parties transparentes du globe de l'œil; dans d'autres tissus ils sont très-rares, les tendons, les ligaments. On peut dire en général que les organes hématopoïétiques et les glandes chargées d'une sécrétion possèdent des capillaires très-nombreux et très-serrés, tandis que les organes qui n'ont pas de fonctions importantes ou qui n'ont qu'une fonction passive en possèdent beaucoup moins.

QUATRIÈME SECTION

DES VEINES

Préparation. — Le système veineux, en raison de la disposition de ses valvules, ne se prête pas aussi facilement à l'injection que le système artériel; tandis que pour ces derniers vaisseaux on peut assez facilement obtenir une injection générale en faisant pénétrer le liquide par un seul tronc, il faut toujours, pour remplir les veines, même d'une région limitée, injecter plusieurs branches à la fois. Une excellente précaution consiste à chauffer le sujet dans un bain avant de procéder à l'injection, et surtout à chauffer les tubes avant de s'en servir, car ces derniers devant être d'habitude d'un petit calibre, le liquide se refroidit très-vite en les parcourant.

Avant tout il est nécessaire, quelle que soit la partie que l'on se propose d'injecter, de vider les veines de tout le sang qu'elles peuvent contenir, car ce liquide fait souvent obstacle au passage de la matière solidifiable et, en tout cas, lui enlève une quantité considérable de calorique. On obtient ce résultat quand on agit sur le sujet tout entier, en enlevant d'abord une partie du sternum et en ouvrant l'oreillette droite, en mettant alors le sujet dans des positions différentes telles que le sang vienne affluer vers le cœur et en facilitant cet afflux par des pressions convenables. Quand on ne veut obtenir qu'une injection partielle, on agit d'après les mêmes principes, en dirigeant la surface des sections vers la terre et en faisant des frictions de haut en bas.

Nous verrons que certaines veines ne contiennent pas de valvules; on comprend aisément qu'il est facile de les injecter comme les artères, en allant du tronc vers les rameaux, ainsi les veines pulmonaires et la veine porte. D'autres ne présentent que peu de valvules; on peut agir à leur égard de la même manière que pour les précédentes; il en est ainsi des veines de la tête et du cou. On les injecte assez bien par la veine cave supérieure, mais il sera toujours difficile d'avoir de cette manière une injection complète de ces régions : presque toujours un certain nombre de branches et de rameaux resteront vides. Cependant il nous est arrivé d'obtenir par ce moyen des injections tout à fait satisfaisantes.

Pour les veines des membres, il faudra de toute nécessité agir des branches vers les troncs, et alors on choisira, sur les extrémités, les veines sous-cutanées, dans lesquelles on fera pénétrer des tubes à injection. En raison des anastomoses qui unissent les deux plans veineux, on pourra remplir ainsi tous les vaisseaux du membre. Quant aux veines des orteils et des doigts, leur injection se fait assez facilement des branches vers les rameaux; ainsi, pour la main on pourra pousser le liquide vers les veines collatérales des doigts à travers la salvatelle et la céphalique du pouce : pour les orteils, à travers les saphènes, au niveau des malléoles; il faudra, dans ce cas, user d'une assez grande force pour faire pénétrer la matière fluidifiée sans toutefois rompre les vaisseaux.

Nous indiquerons successivement les injections partielles à faire pour l'étude des différentes veines.

On se sert, pour l'injection des veines, de la même matière que pour l'injection des artères ; seulement, au lieu de la colorer en rouge par du vermillon, on lui donne une belle teinte bleue par l'addition de bleu de Prusse finement pulvérisé.

Le mode de préparation des veines est le même que celui que nous avons indiqué pour les artères.

CHAPITRE PREMIER

DES VEINES EN GÉNÉRAL

Les veines sont des canaux membraneux destinés à conduire aux oreillettes du cœur le sang qui revient de la périphérie; mais d'une part elles ramènent le sang des extrémités, sang qui dans l'intimité de nos tissus a perdu ses qualités nutritives; d'autre part, elles ramènent du poumon le sang que l'artère pulmonaire y avait conduit et qui, au contact de l'oxygène de l'air, a repris ses propriétés primitives. Il y a donc deux systèmes veineux annexés, l'un au cœur droit, le système des veines caves; l'autre, au cœur gauche, le système des veines pulmonaires. Quoique destinées à charrier les unes du sang veineux, les autres du sang artériel, ces veines se ressemblent complètement par leur structure et leur disposition générale. La nature n'a pas modifié le canal suivant le contenu : le but étant le même, le canal est resté le même (1).

Nous avons vu que les artères forment par leurs divisions successives un cône divergent depuis le cœur; les veines, au contraire, présentent par leurs branches un cône convergent à partir des extrémités. La somme des calibres de deux branches d'origine est en effet toujours plus grande que le calibre du tronc formé, d'où résulte un mouvement uniformément accéléré dans ces vaisseaux. Les systèmes veineux et artériel peuvent donc être représentés schématiquement par deux cônes adossés par leur base.

Outre les systèmes veineux général et pulmonaire, nous devons signaler encore un système spécial, dont l'analogue ne se trouve pas dans les artères. Il existe en effet dans l'abdomen des veines se réunissant en un seul tronc, qui, à son tour, se divise de nouveau et se subdivise à l'infini pour jouer en quelque sorte le rôle d'une artère et se continuer avec d'autres veines par des capillaires spéciaux. C'est le système de la veine porte, qui représente ainsi un arbre dont les racines sont dans l'abdomen et les branches au foie.

Pendant longtemps on a cru à la complète indépendance de ces trois sections du système veineux, et on ne connaissait pas les anastomoses qui les réunissent sur quelques points. Il est aujourd'hui démontré que le système veineux pulmonaire, par exemple, présente des communications avec le système général; les veines bronchiques, continuation des artères bronchiques, devraient rapporter au cœur droit le sang de ces der-

(1) Nous ne nous servirons pas, dans cet article, des mots de *canal à sang rouge* et de *canal à sang noir*. Ces dénominations doivent être abandonnées depuis que Cl. Bernard a démontré que le sang veineux est rouge ou noir, suivant que les organes dont il provient sont à l'état de repos ou d'activité.

nières, qui devrait retourner au poumon par l'artère pulmonaire; il n'en est rien, les extrémités des bronches sont garnies de veinules qui se portent directement aux lobules du poumon, en s'anastomosant avec les veinules pulmonaires, par l'intermédiaire desquelles le sang oxygéné arrive directement à l'oreillette gauche. Pour la veine porte, il en est de même; Sappey a démontré que les branches accessoires de la veine porte qui proviennent des parois abdominales, établissent une véritable communication entre les deux systèmes de la veine porte et des veines caves. Cl. Bernard a trouvé chez le cheval une anastomose directe d'une branche de la veine porte avec une branche sus-hépatique dans le sillon du foie. Les anastomoses qui établissent des communications entre les différents systèmes veineux existent, mais elles se font par des vaisseaux très-étroits et très-petits, qui peuvent dans certains cas pathologiques se développer et prendre un accroissement considérable.

Le système artériel est remarquable par la longueur de ses branches principales, surtout de ses troncs, et par la brièveté relative de ses rameaux. C'est ainsi que le tronc aortique présente une grande étendue. Le système veineux, au contraire, se distingue par la longueur de ses rameaux et par la brièveté de ses troncs. La rapidité du sang dans le tronc formé étant en raison directe de la somme des convergences vers ce tronc, il résulte de cette disposition une facilité plus grande au mouvement des liquides vers le cœur. Mais de plus l'anatomie nous démontre que dans le système veineux pulmonaire la somme des convergences vers un point déterminé est proportionnellement plus grande que dans le système veineux général; il est donc facile d'en conclure que dans les veines pulmonaires le sang doit avoir un cours plus rapide que dans les veines caves.

La capacité du système veineux est plus grande que celle du système artériel; il suffit, pour s'en convaincre, d'une simple inspection anatomique. Nous trouvons toujours en effet, deux plans veineux distincts : l'un superficiel, qui chemine dans le tissu cellulaire sous-cutané; l'autre sous-aponévrotique et profond, en relation intime avec les troncs artériels; en outre, dans les membres les artères de moyenne grosseur sont toujours accompagnées de deux veines satellites. Il résulte de ces dispositions que le nombre des veines est bien plus considérable que le nombre des artères, et que la capacité totale du système veineux doit l'emporter sur celle du système artériel, d'autant plus que chaque veine prise isolément est en général plus volumineuse que l'artère correspondante. Ainsi, par exemple, les veines axillaires et crurales ont une capacité plus grande que les artères du même nom.

Les veines se continuent directement avec les artères au moyen des capillaires. C'est là leur lieu d'origine. Ce fait est aujourd'hui bien démontré. Les capillaires mêlés à l'intimité de nos tissus donnent naissance à des veinules extrêmement petites, fréquemment anastomosées entre elles, constituant ainsi des espèces de plexus, d'où partent des rameaux plus volumineux, qui forment des branches et des troncs veineux. En certains endroits l'on trouve cependant entre les capillaires artériels et veineux une disposition spéciale, en relation sans doute avec le rôle physiologique des organes. Les artérioles viennent s'ouvrir alors dans des espèces de lacs sanguins, où le courant se perd en partie et où la pression diminue considérablement; c'est de ces lacs que partent les origines veineuses. Cette disposition exceptionnelle se rencontre dans les corps caverneux, les sinus utérins, etc.

Les deux plans veineux des membres communiquent fréquemment ensemble et les veines superficielles viennent en définitive s'aboucher dans le plan profond.

Les *veines superficielles* prennent naissance dans les parties tégumentaires; elles présentent toujours une constance remarquable dans le lieu de leur embouchure et une variété extrême dans leur origine et leur trajet. Ce fait est tellement exact que l'on a été obligé d'admettre en anatomie, pour les veines superficielles de l'avant-bras, une description que l'on considère comme normale, bien qu'elle soit sujette à des variations considérables suivant les individus. Il en est de même pour les deux saphènes, dont le trajet est tellement variable qu'il est difficile de rencontrer deux sujets qui se ressemblent de tous points sous ce rapport. Mais, par contre les points d'embouchure des veines céphalique et basilique, ainsi que ceux des deux saphènes, sont constants,

Les veines superficielles cheminent dans le tissu cellulaire sous-cutané, qui est extrêmement lâche, d'où résulte la difficulté que l'on éprouve pour les fixer dans la saignée et pour éviter qu'elles ne roulent sous les doigts.

Les *veines profondes* accompagnent les artères dans leur distribution. Elles les suivent branche à branche, rameau à rameau; la description des vaisseaux artériels fait donc connaître parfaitement le trajet de leurs veines satellites. Aux membres ces dernières sont toujours au nombre de deux pour chaque artère et sont alors situées aux deux côtés de ce vaisseau, qu'elles enlacent de leurs branches anastomotiques. Au tronc, au contraire, et à la tête le vaisseau artériel n'est accompagné que d'une seule veine.

A la racine des membres, les deux plans veineux, superficiel et profond, se réunissent et ne forment plus qu'un seul tronc. Cette disposition a beaucoup effrayé nombre de chirurgiens, surtout Gensoul, qui proposa la ligature simultanée de l'artère et de la veine dans les cas de blessure de cette dernière au pli de l'aine. Les recherches anatomiques ont démontré que cette opinion repose sur des données fausses, et qu'il existe à la racine des membres des anastomoses qui permettent le retour du sang dans les veines situées au-dessus; pour le membre inférieur par les veines honteuses et ischiatiques, par exemple. Au membre supérieur la communication est plus évidente encore : il existe un tronc veineux constant, anastomotique entre la veine céphalique et la sous-clavière.

La différence du nombre des veines et des artères se remarque jusqu'à leur terminaison en gros troncs; c'est ainsi que l'artère pulmonaire ne présente que deux branches de bifurcation, tandis que les veines pulmonaires sont au nombre de quatre; l'aorte est unique, mais il existe deux veines caves. L'on remarque également une différence entre les districts de distribution de ces derniers vaisseaux veineux et de l'aorte. Ainsi, à l'aorte ascendante appartiennent le cou, la tête et les membres supérieurs; à la veine cave supérieure appartiennent de plus les parois du tronc et les sinus rachidiens; à l'aorte descendante, toute la partie inférieure du corps à partir d'un plan transversal passant au niveau de la deuxième ou de la troisième côte; la veine cave inférieure, au contraire, ne répond qu'aux extrémités inférieures et à la paroi abdominale antérieure, à partir de l'appendice xiphoïde (il est bien entendu que nous faisons abstraction de la veine porte et des veines sus-hépatiques, qui se jettent sans doute dans la veine cave inférieure, mais qui forment réellement un système spécial). Nous avons dit que la veine cave supérieure reçoit le sang des parois latérales du tronc et des sinus rachidiens, mais ce n'est pas directement, c'est par l'intermédiaire d'un petit système veineux accessoire, les veines azygos, dont l'analogue n'existe pas dans le système artériel. Ces veines établissent une communication entre les deux veines caves et peuvent, en outre, être considérées comme un déversoir spécial destiné à régulariser le cours du sang pendant les modifications de pression que ce liquide subit dans leur intérieur durant les mouvements d'inspiration et d'expiration. Les veines azygos sont, de plus, appelées à jouer un rôle dans l'égalité de pression à laquelle doivent être soumis les centres nerveux ; le mouvement du sang dans leur intérieur est en relation avec celui du liquide céphalo-rachidien.

Les veines caves doivent se rendre à l'oreillette droite du cœur. Elles tendent donc à se rapprocher du côté droit de la colonne vertébrale ; c'est ce que l'on remarque surtout pour la veine cave inférieure. L'on peut donc, d'une manière un peu schématique, admettre qu'au tronc les grosses veines longent le côté droit du rachis, tandis que l'aorte en longe le côté gauche.

Les veines sont moins flexueuses que les artères, sans que cependant elles présentent la direction rectiligne des nerfs. Cette proposition ne doit pas être prise dans un sens aussi absolu qu'on l'a dit. Il n'est pas rare en effet de trouver des artères bien moins flexueuses que les veines correspondantes; mais chaque fois qu'une artère présente des inflexions nombreuses, les veines qui l'accompagnent marchent en ligne plus droite. Ainsi, les artères qui vont au cerveau offrent une disposition flexueuse très-remarquable, qui a pour but d'éviter aux centres nerveux, d'une structure si délicate, les chocs incessants auxquels les soumettrait l'impulsion vive de chaque battement cardiaque; les veines, au contraire, reviennent du cerveau en ligne presque verticale. Les canaux veineux étant moins sinueux que les canaux artériels, il en résulte une différence de longueur dans les deux systèmes, différence qui favorise le retour du sang vers le cœur par la diminution du trajet à parcourir et des frottements à surmonter.

La forme des veines est cylindrique, mais n'est pas aussi régulière que celle des artères; on les voit en effet dilatées en certains points et comme rétrécies en d'autres, ce qui leur donne un aspect noueux; elles ne sont donc cylindriques que dans l'espace compris entre deux nœuds. Dans les injections cadavériques, on est obligé de déployer une grande force pour faire pénétrer le liquide, et la forme noueuse des veines apparaît alors manifestement, mais elle est exagérée en raison même de la distension du vaisseau. Cette apparence des veines est due à la présence de valvules dans leur intérieur; aussi, comme il n'en existe pas dans les systèmes veineux abdominal et pulmonaire, n'y rencontre-t-on pas cette forme spéciale au système veineux général. Est-ce à cette disposition qu'est due l'origine des varices? nous ne le pensons pas, et nous trouverons dans la structure intime de ces vaisseaux une cause probablement plus efficiente.

Les parois des veines sont toujours d'une couleur bleuâtre, due au sang qu'elles contiennent; aussi chez les personnes dont la peau est fine et transparente, peut-on suivre leur trajet à travers les téguments. Sur le cadavre, les veines sont d'une couleur bien plus foncée et sont distendues par le sang; dès que la putréfaction commence, on les voit former sous la peau des lignes noirâtres ou violacées.

Nous avons dit que chaque fois qu'une artère est accompagnée de deux veines profondes satellites, elle se trouve placée entre ces deux dernières; mais à la racine des membres ou dans leur segment supérieur, il n'existe plus qu'un seul tronc veineux, qui accompagne l'artère correspondante; il importe donc au chirurgien de connaître exactement les rapports entre ces deux vaisseaux. On a cherché une loi générale qui répondît d'une manière exacte à tous les cas et qui exprimât ces rapports en peu de mots. Les formules proposées par Serres et par Malgaigne se trouvent entachées d'inexactitude, bien que ce dernier anatomiste conseille de n'envisager les rapports des veines de la moitié supérieure du tronc que dans la position où les bras seraient élevés au-dessus de la tête et parallèlement au cou; les vaisseaux prendraient alors, d'après lui, leur position véritable. La loi des rapports des veines avec les artères reste donc encore à trouver, et nous ne pensons même pas qu'on puisse jamais la formuler. Quoi qu'il en soit, l'on peut dire cependant d'une manière générale que les veines sont plus superficielles que les artères.

Outre les veines sous-cutanées, il en est d'autres encore qui ne suivent pas le trajet des artères correspondantes et qui méritent une mention spéciale, comme les sinus de la dure-mère, la veine ophthalmique, etc.

Les veines sont partout en rapport avec le tissu cellulaire ambiant; nous avons déjà signalé la grande mobilité que présentent les veines superficielles, mobilité qui est due à leurs rapports avec ce tissu dans lequel elles cheminent. Les veines profondes sont en général contenues dans une gaîne commune avec l'artère, et sont souvent soudées à cette dernière par le tissu connectif ambiant, d'où résulte une grande difficulté à les isoler dans certaines ligatures. Quand nous parlerons de la structure des veines, nous rappellerons cette disposition à propos de leur tunique externe ou adventice.

Les veines, comme les artères, reçoivent des branches nerveuses venues du grand sympathique, et des filets d'origine médullaire. Ce sont leurs nerfs vaso-moteurs; moins nombreux que dans les artères, ces nerfs doivent être en rapport avec les éléments contractiles des différentes tuniques veineuses.

Les rapports des veines profondes avec les nerfs sont moins intimes que ceux qu'elles affectent avec les artères; souvent, en effet, les nerfs ne passent pas par la même gaîne que les vaisseaux et en sont séparés par un plan aponévrotique ou par une plus ou moins grande épaisseur de fibres musculaires. L'on peut dire, d'une manière générale, que les nerfs sont plus superficiels encore que les veines; aussi lorsqu'on va à la recherche d'une artère, on trouve d'ordinaire, en allant de la superficie à la profondeur, d'abord le nerf, puis la veine et enfin l'artère.

Les veines profondes sont en rapport avec les troncs lymphatiques, qui les entourent, les enlacent de leurs nombreuses anastomoses et leur forment une espèce de gaîne lymphatique, remarquable surtout autour des veines sous-clavière, jugulaire interne et iliaques.

Les veines superficielles sont également en rapport avec les lymphatiques et avec les nerfs superficiels ou cutanés. Les vaisseaux blancs passent tantôt au-dessus et tantôt au-dessous d'elles; les nerfs s'en rapprochent d'autant plus qu'ils sont plus volumineux. Mais, nous l'avons déjà dit, les veines superficielles présentent des irrégularités considérables dans leur trajet; les nerfs, au contraire, sont toujours fort réguliers dans leur distribution; les rapports de ces différents organes sont donc peu constants.

Aux membres, les veines profondes affectent avec les aponévroses les mêmes rapports que les artères; mais au voisinage du thorax et au cou elles se comportent d'une manière toute différente. Elles s'accolent aux plans aponévrotiques d'une manière indissoluble et sont fixées ainsi, d'une part dans leur position et d'autre part dans leur calibre, c'est-à-dire qu'elles restent béantes après leur section. Ce fait se reproduit encore dans l'intimité de certains organes, du foie, par exemple, dans lequel les feuillets fibreux entourent et maintiennent la veine cave inférieure et les veines sus-hépatiques. Au thorax et au cou, cette adhérence de la veine au tissu fibreux a un but spécial. Quand la poitrine se dilate dans l'inspiration, il se produit un appel d'air dans le poumon, en raison de l'inégalité de pression, de même que dans un soufflet que l'on ouvre; mais en même temps et pour la même cause il y a appel de sang vers les oreillettes; si les veines avoisinantes eussent été molles et dépressibles, leurs parois se seraient appliquées l'une à l'autre sous l'influence de l'excès de pression extérieure, et le sang n'eût pu arriver au cœur; par leur adhérence aux lames fibreuses, les parois veineuses sont maintenues béantes, et cet afflux se trouve au contraire facilité. Mais d'autre part, en raison même de cette disposition, il peut survenir, lorsque les veines sont ouvertes au moment de l'inspiration, un accident des plus graves, redouté à juste titre par les chirurgiens : c'est l'introduction de l'air dans les veines.

Les os contiennent tous des veines volumineuses par rapport aux artères qui les accompagnent. Certains os, les vertèbres et les os du crâne, présentent, dans leur épaisseur, des canaux ramifiés largement anastomosés les uns avec les autres, qui renferment du sang veineux. La structure de ces veines osseuses diffère de celle des autres veines du corps, ainsi que nous le verrons bientôt.

Les veines s'anastomosent très-souvent entre elles et, comme on l'a fait remarquer, elles diffèrent beaucoup sous ce rapport des vaisseaux artériels; car, tandis que ces derniers ne communiquent en général que par les rameaux, les veines au contraire s'anastomosent par leurs branches et même par leurs troncs.

Les *anastomoses en arcade* sont les anologues de celles décrites par les artères; comme celles-ci, on les trouve surtout dans l'abdomen. Les veines coliques, branches d'origine des veines mésaraïques, forment des arcades remarquables et identiques à celles des artères coliques.

Dans les *anastomoses par convergence* deux troncs ou deux branches se réunissent ensemble pour en constituer un troisième unique : rares dans le système artériel, ces anastomoses sont extrêmement fréquentes dans le système veineux. Toutes les innombrables veinules et veines du corps se réunissent pour aboutir à deux troncs, les veines caves; la multiplicité des anastomoses par convergence est donc une véritable condition d'origine du système veineux.

Les *anastomoses par communication transversale* ou *oblique* sont aussi très-fréquentes dans le système veineux. C'est par ce moyen que les veines superficielles communiquent avec les veines profondes; c'est encore ainsi que les veines superficielles communiquent souvent entre elles. Quand deux veines satellites accompagnent une artère, on les voit toujours s'envoyer par-dessus ou par-dessous cette dernière un grand nombre de branches anastomotiques transversales ou obliques. Cette disposition est assez souvent une difficulté pour isoler l'artère dans la ligature.

Lorsque deux troncs veineux s'unissent par une branche qui leur est plus ou moins parallèle, on dit qu'ils sont anastomosés par *communication longitudinale:* ce sont des voies collatérales faciles pour la circulation veineuse, quand un obstacle quelconque vient oblitérer l'un des deux troncs principaux. La veine azygos en est un exemple frappant : elle fait communiquer les deux veines caves et peut, dans des cas où la veine cave inférieure est oblitérée, ramener le sang à la veine cave supérieure et par suite à l'oreillette droite. Une autre variété de *communication longitudinale* est celle dans laquelle un tronc émet une branche qui lui reste plus ou moins parallèle et qui vient s'ouvrir dans le même tronc, à quelque distance au-dessus de son point d'origine. Les veines saphènes offrent souvent ce genre d'anastomoses.

Toutes ces variétés d'anastomoses peuvent se combiner entre elles et former alors des *anastomoses mixtes* ou *composées*. Quand elles sont réunies sur un petit espace, elles constituent des *plexus* quelquefois inextricables, dont la disposition est remarquable. C'est un assemblage de veinules formées par deux ou trois troncs qui se séparent, s'anastomosent, se divisent de mille manières et finissent par reconstituer soit une, soit plusieurs branches. On trouve toujours ces plexus dans les endroits où la circulation éprouve une gêne considérable ; ainsi les plexus vésicaux et hémorrhoïdaux sont dus à la difficulté qu'éprouve le cours du sang pendant les alternatives de dilatation et de vacuité de la vessie et du rectum. Les plexus sont des réservoirs à branches multiples destinés à loger le liquide sanguin pendant tout le temps que dure l'obstacle à la circulation de retour.

Structure. — 1° *Parois.* — Les parois veineuses sont minces, demi-transparentes et très-dilatables ; elles se composent, comme les artères, de trois tuniques différentes, que l'on distingue par les noms d'*interne*, de *moyenne* et d'*externe*.

1° La tunique interne, moins épaisse que celle des artères, se compose d'une couche d'éléments épithéliaux coniques, identiques à ceux des artères, au-dessous de laquelle se trouvent des lames striées à noyaux allongés, qui disparaissent dans les grosses veines. Ces lames reposent sur une couche de fibres élastiques longitudinales. Quand la tunique interne des veines vient à augmenter de volume, cette augmentation est due aux lames striées qui s'épaississent.

2° La tunique moyenne, d'ordinaire assez mince, est proportionnellement plus épaisse dans les veines de 0m,002 à 0m,006 de diamètre que dans les plus volumineuses. Dans quelques veines elle augmente encore d'épaisseur (veines sus-hépatiques) ; dans d'autres, au contraire, elle fait presque défaut. Elle est gris rougeâtre, jamais jaune, et contient plus de tissu connectif et moins de fibres élastiques et musculaires que les artères. La proportion entre ces éléments varie beaucoup ; ainsi dans la veine splénique on en trouve une grande quantité, tandis qu'ils manquent tout à fait dans les veines caves.

3° La tunique externe ou adventice est la plus considérable et augmente de volume avec le calibre des veines. Dans les grosses veines et dans celles qui mesurent jusqu'à 0m,005 ou 0m,006 de diamètre, cette tunique contient dans sa partie interne, celle qui est en contact avec la tunique moyenne, des fibres musculaires lisses à direction longitudinale. Entre les faisceaux que forment ces fibres l'on trouve du tissu élastique. La partie la plus extérieure de la tunique externe est formée par du tissu connectif plus ou moins condensé, qui se continue avec le tissu cellulaire ambiant. Dans les veines porte et rénale, les fibres musculaires occupent presque toute l'épaisseur de la tunique externe.

Dans les veines de l'utérus gravide, toutes les tuniques renferment des fibres musculaires.

Les veines les plus petites, ne mesurant pas plus de 0m,0005 de diamètre, ne sont formées que de tissu connectif disposé en deux lames : l'une externe épaisse, l'autre moyenne tapissée d'un épithélium ; quand elles diminuent encore de volume, l'on n'y trouve plus que la tunique connective moyenne, qui semble se continuer avec la membrane des capillaires.

Les veines cérébrales et celles de la pie-mère ne présentent jamais de fibres musculaires.

Les sinus de la dure-mère sont formés d'un dédoublement de cette membrane fibreuse recouverte de quelques fibres élastiques, sur lesquelles repose un épithélium pavimenteux. Pour les canaux veineux du diploé des os du crâne, la structure est analogue; ils sont creusés dans la substance osseuse, qui est tapissée par une lame mince de tissu connectif et élastique, recouverte d'une couche épithéliale.

2o *Valvules.* — Les veines présentent dans leur intérieur de véritables soupapes membraneuses, des *valvules*, destinées à faciliter la progression du sang dans ces vaisseaux. Nous avons dit plus haut que les veines présentent des nodosités en certains points; ces renflements correspondent exactement au point où s'insèrent les valvules sur la face interne du vaisseau.

Les valvules sont de forme parabolique et présentent deux faces et deux bords.

L'une des faces est, dans l'état d'abaissement de la valvule, dirigée vers l'oreillette, et dans l'état d'élévation appliquée plus ou moins exactement contre les parois du vaisseau. La face opposée, dans le premier cas, regarde vers les extrémités, et, dans le second, vers l'axe de la veine.

L'un des bords est libre dans l'intérieur du vaisseau, et l'autre est inséré sur ses parois.

Les valvules sont très-variables quant à leur association. Ainsi, tantôt on n'en trouve qu'une seule, qui n'oblitère le vaisseau que très-incomplétement; elles sont dans ce cas disposées dans l'intérieur de la veine de façon à alterner par leur insertion sur des parois opposées. D'autres fois les valvules sont associées par paires; quelquefois on en trouve trois, disposées comme les valvules sigmoïdes, moins les nodules de Morgagni.

Leur nombre varie également beaucoup; ainsi dans certaines veines elles sont très-nombreuses et petites; dans d'autres elles sont plus rares, mais larges, et enfin d'autres fois elles font complétement défaut. Les veines musculaires et profondes des membres, surtout des membres inférieurs, en présentent une grande quantité. Dans les veines superficielles du membre supérieur on en trouve moins, et enfin dans les veines caves, les veines pulmonaires, la veine porte, les branches anastomotiques entre les plans superficiel et profond, on n'en trouve aucune. L'on peut établir d'une manière générale que partout où le sang circule contre les lois de la pesanteur, le nombre des valvules augmente. Chez certains sujets on peut, après la mort, injecter les branches veineuses par les troncs, ce qui a fait croire que les valvules n'oblitèrent pas exactement la lumière du vaisseau et qu'elles sont insuffisantes. Bichat a donné une judicieuse explication de ce fait. Quand les veines sont gorgées de sang et par conséquent dilatées, les valvules deviennent insuffisantes en raison même de l'exagération du calibre des veines; aussi, comme l'a dit ce grand homme, si l'animal meurt d'hémorrhagie, les valvules paraissent trop larges, et insuffisantes s'il meurt d'asphyxie.

Les valvules ont pour usages de s'opposer à toute marche rétrograde du sang vers les extrémités; aussitôt qu'un mouvement de ce genre vient à se produire, elles tendent, par leur disposition même, à s'abaisser et à ne lui permettre de s'accomplir que dans l'espace compris entre deux valvules. C'est par l'observation attentive de leur forme et de leur disposition que Harvey parvint à comprendre leur usage et par suite à découvrir le grand phénomène de la circulation!

Les valvules sont formées par un prolongement de la tunique interne avec son épithélium, et de la tunique moyenne. Jusqu'ici la présence des fibres musculaires dans les valvules ne paraît pas démontrée.

3o *Anneau.* — Auprès de leur entrée dans les oreillettes, les grosses veines sont entourées d'un véritable anneau de fibres musculaires striées, qui ne sont qu'une dépendance de celles que nous avons trouvées dans le cœur et qui, comme celles-ci, sont fines, anastomosées entre elles et munies d'un sarcolème extrêmement mince. Les *vasa vasorum* sont très-nombreux dans les veines et entourent leurs parois d'un lacis remarquable.

CHAPITRE II

DES VEINES EN PARTICULIER

Les veines satellites des artères présentant les mêmes trajets que ces dernières, nous ne ferons que les mentionner ou indiquer en quoi elles diffèrent du vaisseau qu'elles accompagnent, sans insister davantage sur leur description.

ARTICLE I. — VEINES PULMONAIRES

Préparation. — Extraire avec précaution le cœur et les poumons de la cage thoracique, les faire chauffer dans un bain de 50 à 60° centigrades. Ouvrir l'oreillette gauche, introduire dans chaque veine pulmonaire un tube à injection et pousser la matière solidifiable. On peut encore ouvrir le ventricule, garnir d'un liège le pourtour d'une grosse canule et la faire pénétrer dans l'oreillette par l'orifice auriculo-ventriculaire; le liquide remplit alors cette dernière cavité et pénètre dans les quatre veines pulmonaires à la fois. Ce dernier moyen est peut-être plus expéditif, mais donne des résultats moins certains.

Au nombre de quatre, deux pour chaque poumon, les *veines pulmonaires* amènent à l'oreillette gauche le sang qui s'est oxygéné au contact de l'air. Leurs ramuscules forment, pour chaque lobe pulmonaire, un tronc principal; il devrait donc y avoir cinq veines, trois pour le poumon droit et deux pour le poumon gauche; mais celles du lobe supérieur et du lobe moyen du premier se réunissent vers la racine du poumon pour constituer la veine pulmonaire droite supérieure. Il n'est pas rare de voir d'autres associations de ces vaisseaux, de telle façon qu'au lieu de quatre, il n'y a que trois, moins souvent deux ouvertures, dans l'oreillette gauche.

La disposition et les rapports des veines pulmonaires dans les poumons seront décrits dans la splanchnologie; nous ne nous occuperons donc ici que de leur trajet depuis la racine du poumon jusqu'à l'oreillette. Dans cet espace, les veines, les artères et les deux divisions des bronches sont accolées de telle façon que, les veines étant en avant et les bronches en arrière, les branches de l'artère pulmonaire se trouvent au milieu.

Les veines pulmonaires inférieures sont à peu près horizontales, les supérieures, au contraire, sont obliques de haut en bas et de dehors en dedans; les bronches étant obliques de haut en bas, ce ne sont en réalité que ces dernières qui sont en rapport immédiat avec elles. Arrivées au niveau du péricarde, ces veines en reçoivent une demi-gaîne qui les entoure en avant; la veine cave supérieure croise perpendiculairement en avant les veines pulmonaires droites, tandis que celles du côté gauche sont croisées de la même manière par l'artère pulmonaire (fig. 125 et 136).

ARTICLE II. — VEINES CORONAIRES OU CARDIAQUES

Préparation. — Sortir le cœur de la poitrine avec l'origine des gros vaisseaux, lier les veines caves à leur ouverture dans l'oreillette droite, ouvrir le ventricule, placer un tube garni de liège dans l'orifice auriculo-ventriculaire et faire pénétrer la matière à injection. On remplira ainsi les veines de Galien et quelquefois la grande veine coronaire par suite de l'insuffisance de la valvule de Thébésius. Si cette dernière veine ne se trouvait pas injectée, il faudrait après le refroidissement débarrasser l'oreillette de la matière solidifiée, chercher l'orifice de ce vaisseau, y placer une canule après avoir forcé la valvule, et injecter.

La *grande veine coronaire* ramène à l'oreillette la plus grande partie du sang que les deux artères cardiaques ont fourni aux parois du cœur. Ses rameaux et ses branches suivent le trajet des divisions artérielles ; elle longe le sillon ventriculaire antérieur, depuis la pointe jusqu'au sillon interauriculo-ventriculaire, s'infléchit alors de droite à gauche, contourne ce sillon en recevant les veinules de l'oreillette, et arrive à la face postérieure du cœur. Les veinules de cette face viennent s'y aboucher, tant celles des ventricules que celles des oreillettes, et elle vient enfin s'ouvrir dans l'oreillette droite, non loin de la cloison interauriculaire et du sillon interauriculo-ventriculaire.

D'autres branches, appelées *petites veines cardiaques, veines cardiaques accessoires, veines de Galien*, partent de la partie latérale du ventricule droit, surtout de son bord, et s'ouvrent directement dans l'oreillette à sa partie antérieure et inférieure.

Toutes les veines cardiaques sont dépourvues de valvules dans leurs branches et leurs rameaux.

Pour la circulation veineuse des oreillettes, voyez le chapitre *Cœur*.

ARTICLE III. — VEINE CAVE SUPÉRIEURE

La *veine cave supérieure*, un peu moins volumineuse que la veine cave inférieure, s'étend depuis le cartilage de la première côte jusqu'à la face supérieure de l'oreillette droite. Elle mesure environ 0m,05 de longueur.

Formée par la réunion des deux troncs veineux brachio-céphaliques, cette veine descend derrière le bord droit du sternum et répond successivement : en avant, aux vestiges du thymus et au tissu adipeux qui la séparent du sternum, au péricarde qui lui forme une demi-gaîne antérieure ; en dehors, à la plèvre et plus bas au péricarde ; en dedans, à l'aorte ; en arrière, à la trachée et à sa bifurcation, et, plus bas, aux veines pulmonaires droites et à la branche correspondante de l'artère pulmonaire.

Le nerf phrénique du côté droit longe le côté externe de la veine cave supérieure (fig. 125, 126 et 133).

Au moment où cette veine se met en rapport avec le péricarde, elle reçoit la veine azygos, qui passe par-dessus la bronche droite pour venir s'ouvrir dans son intérieur (fig. 126). On voit aussi quelquefois la veine thyroïdienne supérieure droite, les veines péricardiques, médiastines et thymiques du même côté s'ouvrir dans la veine cave tout auprès de son origine.

Troncs veineux brachio-céphaliques.

Tandis qu'il n'existe qu'un tronc artériel brachio-céphalique, le système veineux en présente deux, l'un pour le côté droit, l'autre pour le côté gauche. Ils naissent à peu de distance en dehors de l'extrémité interne de la clavicule et vont se réunir pour former la veine cave supérieure. Ce dernier vaisseau étant, ainsi que nous l'avons dit, situé le long du bord droit du sternum, le tronc brachio-céphalique gauche doit présenter une longueur, une direction et des rapports différents de celui du côté droit.

Ce dernier est plus court et plus vertical, celui du côté gauche se rapproche au contraire de la direction horizontale et est par suite à peu près perpendiculaire à la veine cave (fig. 161, 2, 10).

Les rapports les plus importants des veines brachio-céphaliques sont avec les vaisseaux artériels. Celle du côté droit est située en avant et un peu en dehors du tronc artériel brachio-céphalique, elle lui est sensiblement parallèle. Celle du côté gauche passe en avant de la partie la plus élevée de la crosse de l'aorte et de l'origine des trois vaisseaux qui en partent. En avant, elles répondent toutes deux à la clavicule, à l'articulation sterno-claviculaire correspondante et au muscle sterno-thyroïdien; celle du côté gauche est en rapport avec la face postérieure du sternum, avec les vestiges du thymus et avec des ganglions lymphatiques nombreux.

Les troncs veineux brachio-céphaliques sont formés par la réunion angulaire des veines jugulaires et sous-clavières (fig. 161, 3, 4).

Ils reçoivent dans leur trajet :

1° La *veine jugulaire postérieure,* que nous décrirons plus loin.

2° La *veine vertébrale* qui, ainsi que l'artère de ce nom, est logée dans le canal des apophyses transverses des vertèbres cervicales. Cette veine ne ramène pas le sang de la partie crânienne de l'artère vertébrale, mais seulement celui de sa partie cervicale. Tandis que l'artère ne pénètre dans son canal ostéo-musculaire qu'au niveau de la sixième et même de la cinquième vertèbre cervicale, la veine parcourt toute la longueur de ce conduit et se porte ensuite un peu en avant pour s'ouvrir dans le tronc veineux brachio-céphalique, immédiatement en arrière de l'angle de réunion de la jugulaire interne avec la sous-clavière. Outre les veinules correspondantes aux branches cervicales de l'artère vertébrale, la veine de ce nom reçoit encore les veines *cervicale ascendante* et *cervicale profonde* qui sont satellites de leurs artères.

L'embouchure de la veine vertébrale est toujours munie d'une valvule.

3° La *veine thyroïdienne inférieure.* — Quelquefois double pour chaque côté, cette veine ne répond pas au trajet de l'artère du même nom. Elle chemine en avant de la trachée et des gros vaisseaux artériels et vient s'aboucher, celle du côté droit, dans l'angle de réunion des deux troncs veineux brachio-céphaliques ou même dans la veine-cave; celle du côté gauche dans le tronc veineux brachio-céphalique gauche. (On remarquera que, chez le sujet qui a servi pour le dessin de la fig. 161, la disposition est inverse à la description que nous donnons ici ; c'est une anomalie assez fréquente.)

Les veines thyroïdiennes inférieures sont comprises dans une lame de l'aponévrose cervicale, qui les sépare des muscles sous-hyoïdiens. Elles proviennent du corps thyroïde et forment d'ordinaire à la partie inférieure de cette glande au devant de la trachée un plexus très-irrégulier fort gênant pour la trachéotomie.

4° *Veine mammaire interne.* — L'artère mammaire interne est accompagnée de deux veines qui, un peu avant leur terminaison, se réunissent en un seul tronc. Celle du côté gauche s'ouvre dans le tronc veineux brachio-céphalique gauche ; celle du côté droit, au contraire, dans l'angle de réunion des deux troncs brachio-céphaliques et même quelquefois dans la veine cave supérieure.

5° *Veines diaphragmatiques supérieures.* — Au lieu de s'ouvrir dans la veine mammaire interne, ces veines, doubles pour chaque artère, viennent s'aboucher, celles du côté droit dans l'angle de réunion des deux troncs brachio-céphaliques ou dans la veine cave descendante; celles du côté gauche dans le tronc brachio-céphalique correspondant.

6° Les *veines thymiques*, *péricardiques* et *médiastines* sont très-grêles et forment des groupes séparés, qui, de même que les précédentes, s'ouvrent, celles du côté droit, dans l'angle de réunion des deux troncs brachio-céphaliques ou dans la veine cave; celles du côté gauche dans le tronc brachio-céphalique gauche.

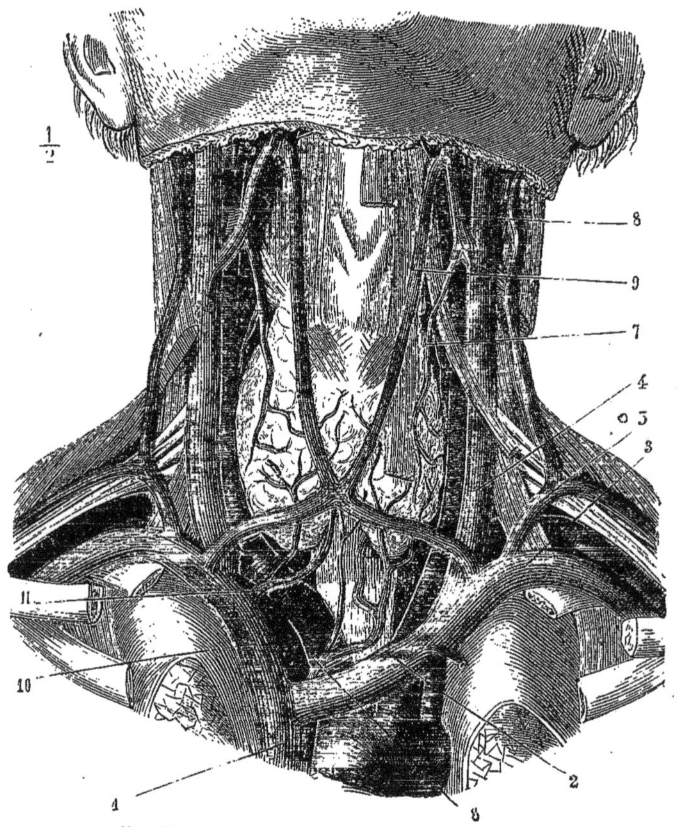

Fig. 161. — *Troncs veineux brachio-céphaliques* (*).

C'est au point de jonction des veines sous-clavière et jugulaire interne gauches, c'est-à-dire à l'origine du tronc brachio-céphalique de ce côté que vient s'ouvrir le *canal thoracique*.

§ I. — Veines du membre supérieur.

I. Veines superficielles

Préparation. — On les injecte par la salvatelle et la céphalique du pouce. Les veines profondes se remplissent par les anastomoses. On prépare les superficielles en enlevant avec ménagement la peau et le tissu cellulaire sous-cutané, les profondes comme les artères correspondantes.

(*) Veine cave supérieure. — 2) Tronc veineux brachio-céphalique gauche. — 3) Veine sous-clavière gauche. — 4) Veine jugulaire interne gauche. — 5) Veine jugulaire externe gauche. — 6) Veine thyroïdienne inférieure gauche. — 7) Veine thyroïdienne supérieure gauche. — 8) Veine faciale gauche. — 9) Anastomose remarquable sur ce sujet et formant une variété de veine jugulaire antérieure. — 10) Tronc veineux céphalique droit. — 11) Veine thyroïdienne inférieure droite.

Les artères des doigts et de la main sont plus développées à la face palmaire qu'à la face dorsale, les veines, au contraire, présentent une disposition inverse.

Les veines collatérales des doigts n'accompagnent pas les artères ; elles forment, sur la face dorsale, un réseau assez remarquable, qui communique avec celles de la face palmaire au niveau de chaque articulation phalangienne. A l'extrémité de chaque espace interdigital, la collatérale externe d'un doigt se réunit à la collatérale interne du doigt voisin. Elles forment ainsi cinq branches, qui, sur le dos du métacarpe, constituent une espèce d'arcade, de laquelle partent des rameaux qui s'abouchent, les plus externes dans la *veine dorsale* ou *céphalique du pouce*, les plus internes dans la *veine salvatelle* venue du petit doigt.

Tous ces vaisseaux, joints aux veinules sous-cutanées de la paume de la main et de la face antérieure du poignet, viennent, à la partie inférieure de l'avant-bras, constituer plusieurs branches, dont l'une antérieure, *veine médiane*, est formée par les veinules de la face antérieure du poignet et de la région palmaire de la main, dont d'autres externes, *veines radiales*, continuent la *céphalique du pouce*, et dont les internes, *veines cubitales*, proviennent de la *salvatelle* et des veines internes du dos de la main.

Veine médiane. — Elle est quelquefois double ou triple, et chemine dans la couche sous-cutanée de la face antérieure de l'avant-bras, dont elle occupe à peu près la partie moyenne. Arrivée auprès du pli du coude, elle se divise en deux branches obliques, qui communiquent, l'interne avec la veine basilique, *médiane basilique*, l'externe avec la céphalique, *médiane céphalique*. Au moment de sa bifurcation, la veine médiane reçoit constamment une branche anastomotique qui lui vient directement des veines profondes.

Veines radiales. — Au nombre de deux ou trois, elles longent le bord externe de l'avant-bras. On les a quelquefois divisées en radiales antérieures et radiales postérieures, mais cette distinction n'a aucune utilité, car elles communiquent constamment entre elles et sont excessivement irrégulières quant à leur direction. Ces veines continuent la céphalique du pouce et se réunissent d'habitude en un seul tronc un peu au-dessous du pli du coude ; ce tronc reçoit, au niveau de l'articulation, la branche externe de bifurcation de la médiane et constitue alors la *veine céphalique*.

Veines cubitales. — Toujours multiples à la partie inférieure de l'avant-bras, les veines cubitales se réunissent bientôt en un seul tronc, qui longe le côté interne de l'avant-bras. Elles tirent leur origine du réseau dorsal du métacarpe et de la veine salvatelle.

Le tronc formé par leur réunion s'incline un peu en avant et en dedans, et arrive au pli du coude, où il reçoit la médiane basilique, branche interne de bifurcation de la médiane. De cette réunion naît la *veine basilique*.

Cette description des veines de l'avant-bras est sujette à des variétés très-nombreuses.

A la partie antérieure du pli du coude se trouve donc le lieu de réunion des veines de l'avant-bras. Cette réunion s'opère de la façon suivante : la médiane, qui a suivi plus ou moins jusqu'à la partie moyenne du membre, se divise en deux parties distinctes, se dirigeant l'une en dehors et en haut, et l'autre en dedans et en haut. Elles communiquent bientôt avec le tronc commun des veines radiales et avec celui des veines cubitales. Cette disposition a été comparée à un M majuscule.

C'est au pli du coude que se pratique la saignée; il est donc très-important de se rendre un compte exact des rapports des veines avec les parties sous-jacentes. C'est, d'habitude, la médiane céphalique ou la médiane basilique que l'on ouvre dans cette opération. Ces veines sont superficielles, c'est-à-dire sus-aponévrotiques; or, nous l'avons vu, l'artère humérale se dirige à ce niveau en dehors et en bas dans la rainure musculaire que lui forment le biceps et le rond pronateur; le tendon de ce premier muscle fournit une expansion fibreuse, qui se porte en dedans et en bas pour renforcer l'aponévrose antibrachiale; c'est cette lame qui sépare la veine médiane basilique du vaisseau artériel, et comme cette barrière n'est pas assez épaisse pour offrir une résistance sérieuse, la lancette peut fort bien, quand elle est tenue par une main inexpérimentée, la traverser et blesser le vaisseau artériel. Mais l'artère et la veine n'ont pas exactement le même trajet et ne sont pas parallèles l'une à l'autre; elles s'entre-croisent sous un angle très-aigu; l'on pourra toujours, si le malade n'est pas d'un embonpoint considérable, arriver par la palpation à déterminer le point exact de cet entre-croisement. Il vaut mieux, quand on le peut et que la veine médiane céphalique n'est pas trop grêle, saigner cette dernière, qui ne se trouve en rapport avec aucun vaisseau artériel. D'un autre côté, les nerfs cutanés de l'avant-bras affectent des rapports bien plus intimes avec la veine médiane basilique qu'avec la médiane céphalique; la première est en effet accompagnée et entourée des filets du nerf brachial cutané interne, dont une branche passe toujours au-devant d'elle, tandis que la seconde n'a aucun rapport immédiat avec le nerf musculo-cutané; c'est donc là une nouvelle raison qui devra faire préférer la veine médiane céphalique pour l'opération de la saignée.

Toutes les veines superficielles sont réunies au bras en deux troncs:

1° *Veine céphalique.* — Née de la jonction de la médiane céphalique avec le tronc commun des veines radiales, elle chemine au-dessus de l'aponévrose en longeant le côté externe du biceps; arrivée un peu au-dessus de l'insertion du deltoïde, elle traverse l'aponévrose, s'engage dans l'espace celluleux qui sépare ce muscle d'avec le grand pectoral et va s'aboucher dans la veine axillaire en se portant un peu en arrière et en dedans. Elle fournit à ce niveau une branche anastomotique, qui passe au-dessous de la clavicule et va s'ouvrir dans la sous-clavière.

2° *Veine basilique.* — Elle est située au côté interne et antérieur du bras, et est formée par la réunion des veines médiane basilique et cubitale. Vers la partie moyenne du bras, elle traverse l'aponévrose brachiale et va bientôt s'ouvrir dans une des veines humérales, ou plus haut dans la veine axillaire. Son volume est un peu supérieur à celui de la précédente. Elle présente des communications assez fréquentes avec les veines profondes, au moins dans son trajet sous-aponévrotique.

II. Veines profondes

A la main les veines profondes ne suivent pas très-régulièrement les artères : ainsi l'arcade palmaire superficielle veineuse n'existe pas, mais l'arcade artérielle profonde est accompagnée de deux veines satellites. Les artères radiale, cubitale, interosseuse et humérale sont toutes, ainsi que leurs branches, suivies de deux veines qui s'envoient réciproquement des rameaux anastomotiques transversaux. Nous avons déjà indiqué les points principaux où ces vaisseaux profonds communiquent avec les veines superficielles, nous ferons remarquer en outre qu'il existe entre ces deux plans veineux des anastomoses multiples et irrégulières, dont l'existence même est variable.

A l'aisselle, les deux veines humérales se rejoignent et constituent la *veine axillaire*, qui est unique, et qui au-dessous de la clavicule devient *veine sous-clavière*. Elle conserve ce nom jusqu'au point où elle s'unit à la veine jugulaire interne pour constituer le tronc veineux brachio-céphalique.

Veine sous-clavière.

La *veine sous-clavière* ne présente pas tout à fait le même trajet que l'artère correspondante. Après avoir traversé la veine sous-clavière, qui lui fournit une gaîne résistante destinée à la fixer contre cette toile fibreuse, elle reste appliquée contre le muscle sous-clavier, qui la sépare de la clavicule. Au lieu de passer entre les scalènes comme l'artère sous-clavière, la veine de ce nom passe sur la première côte au-devant du tendon du scalène antérieur. En haut elle est recouverte par la peau, l'aponévrose cervicale et le tendon du muscle sterno-mastoïdien.

On a fait remarquer à juste titre que la sous-clavière ne reçoit pas le sang des différentes veines qui accompagnent les branches de l'artère sous-clavière. Une seule d'entre elles, la veine intercostale supérieure droite, vient s'y ouvrir, et encore la voit-on fréquemment s'aboucher dans la grande azygos. Par contre, la veine sous-clavière, très-près de sa jonction avec la jugulaire interne, reçoit les jugulaires antérieure et externe.

§ II. — Veines de la tête et du cou.

Ces veines peuvent être subdivisées : 1° en veines des cavités céphaliques ; 2° en veines des parois du crâne et veines du cou.

Tous ces vaisseaux viennent aboutir à trois ou quatre troncs, qui sont connus sous les noms de *veines jugulaires*, et distingués en antérieure, externe, et postérieure.

I. Veines des cavités encéphaliques. — Sinus de la dure-mère

Préparation. — On injecte les sinus par la veine jugulaire interne, c'est-à-dire du tronc vers les rameaux, ce qui est facile à cause de l'absence des valvules. Il faut, pour remplir les sinus, que l'injection soit pénétrante et que le sujet soit chauffé dans un bain. Pour les étudier, on se sert de deux coupes : l'une, qui enlève la calotte du crâne et les sinus longitudinaux en ne permettant que d'étudier les sinus de la base ; l'autre est une coupe, antéro-postérieure à deux travers de doigt de la ligne médiane et venant rejoindre une coupe transversale, qui n'entame que la moitié latérale du crâne et qui part à un travers de doigt au-dessus de l'arcade sourcilière pour aboutir à une même distance au-dessus de la protubérance occipitale.

Ces veines ramènent à la jugulaire interne le sang des membranes d'enveloppe des centres nerveux, de ces centres eux-mêmes, de la cavité orbitaire et une grande partie de celui qui chemine dans le diploé des os du crâne. On leur a donné le nom générique de *sinus de la dure-mère*. Leur structure a été décrite plus haut, mais ils diffèrent encore des autres veines du corps par leur disposition générale, leur forme et leur calibre. Ils ne suivent pas les artères, sont situés le long des parois crâniennes, et tandis que les vaisseaux artériels occupent surtout la partie inférieure et antérieure de l'encéphale, les veines répondent plutôt à sa partie postérieure et supérieure. Les sinus n'ont point une forme circulaire, mais, étant formés par un dédoublement de la dure-mère, ils sont triangulaires et prismatiques. Ils ne présentent pas de valvules à leur intérieur, mais des filaments de tissu connectif plus ou moins condensé, qui s'entre-croisent en différents points dans l'intérieur de leur cavité.

Les sinus restent constamment béants, ce qui tient à l'incompressibilité de leurs parois fibreuses. Il est à remarquer que ces vaisseaux veineux, quoique n'étant pas en relation directe avec les organes encéphaliques, suivent en général les grandes scissures de ces organes ; les sinus latéraux suivent la rainure qui sépare le cerveau d'avec le cervelet; etc. Cette disposition est facile à comprendre, puisque les divisions de la masse encéphalique sont séparées les unes des autres par les lames de la dure-mère, lames dans l'intérieur desquelles sont creusés les sinus.

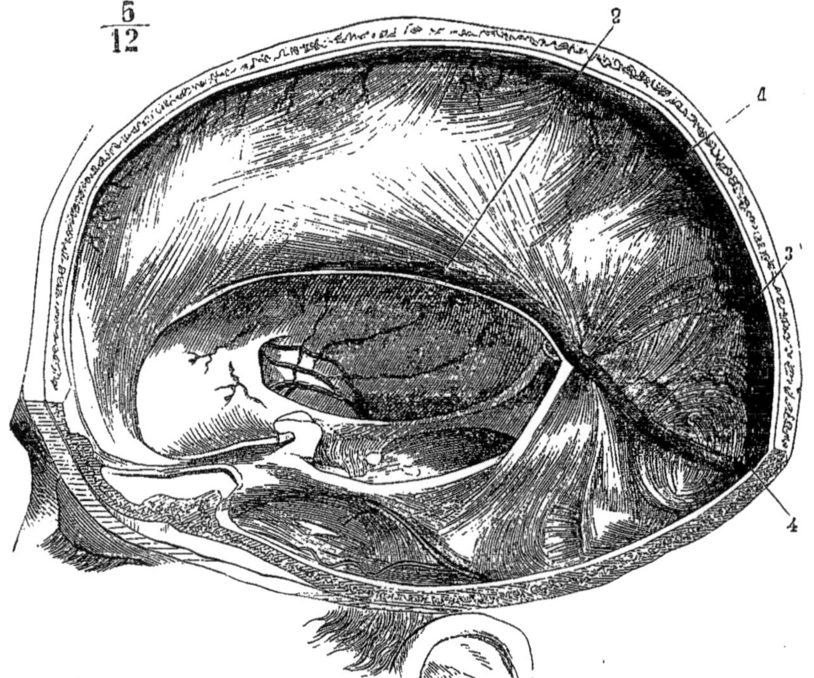

Fig. 162. — *Sinus de la dure-mère, vue latérale* (*).

Les sinus de la dure-mère communiquent avec les veines de l'extérieur du crâne par des branches qui traversent les parois osseuses; les plus volumineuses de ces anastomoses sont connues sous le nom de *veines émissaires de Santorini*. Ils communiquent encore avec les sinus rachidiens et viennent tous, par l'intermédiaire des sinus latéraux, s'ouvrir dans la veine jugulaire interne.

Les *veines du cerveau proprement dit* peuvent être divisées en deux groupes : l'un, beaucoup plus considérable, périphérique, forme les *veines des hémisphères;* elles cheminent dans la pie-mère et viennent enfin s'ouvrir dans les différents sinus avoisinants. Le second groupe comprend les veines des parties centrales de l'encéphale ; elles sont très-petites, cheminent soit dans les plexus choroïdes, soit dans la toile choroïdienne, et forment deux *veines dites de Galien* qui s'abouchent dans le sinus droit.

(*) 1) Sinus longitudinal supérieur. — 2) Sinus longitudinal inférieur. — 3) Sinus droit. — 4) Pressoir d'Hérophile, d'après Bourgery.

Les veines cérébelleuses sont toutes périphériques et s'ouvrent directement dans les sinus avoisinants.

1° *Sinus longitudinal supérieur.* — Ce sinus est impair et médian, il occupe le bord convexe de la grande faux du cerveau et s'étend depuis la créte frontale jusqu'à l'extrémité postérieure du sinus droit, c'est-à-dire jusqu'à la protubérance occipitale interne. Il se divise alors en deux branches, qui se continuent latéralement avec les sinus latéraux; la division du côté droit est toujours plus volumineuse que celle du côté gauche et existe quelquefois toute seule. Le sinus longitudinal supérieur est effilé à son extrémité antérieure, et va ensuite en s'élargissant le long de la gouttière sagittale (fig. 162, 1).

Ce sinus reçoit, outre les veines propres de la dure-mère :

1) Des veines de la face interne et de la face externe des hémisphères; ces dernières, au nombre de six ou huit de chaque côté, cheminent d'abord le long de la dure-mère, se dirigent en dedans, puis d'arrière en avant et s'ouvrent enfin dans le sinus.

2) Des veines diploïques, venues du frontal et des pariétaux; elles s'ouvrent dans le sinus soit directement, soit par l'intermédiaire des veines de la dure-mère.

3) Un certain nombre de veinules anastomotiques venues des veines extra-crâniennes, elles traversent des trous et des pertuis osseux; les plus remarquables d'entre elles passent par le trou pariétal.

2° *Sinus longitudinal inférieur.* — Moins long et moins volumineux que le précédent, ce sinus occupe les deux tiers postérieurs du bord concave de la faux du cerveau; il est très-mince en avant, s'élargit successivement et s'abouche dans l'extrémité antérieure du sinus droit. Il reçoit quelques veinules de la face interne des hémisphères et les veinules de la faux du cerveau (fig. 162, 2).

3° *Sinus droit* (fig. 162, 3). — Il occupe la partie moyenne de la tente du cervelet, c'est-à-dire le lieu de réunion de cette partie de la dure-mère avec la faux du cerveau; sa direction est oblique de haut en bas et d'avant en arrière. A son origine il reçoit le sinus longitudinal inférieur et les *veines de Galien* (fig. 163, 5). Ces veines, très-souvent réunies en un seul tronc impair et médian, proviennent des ventricules latéraux; elles sont formées par la réunion de *la veine choroïdienne avec la veine du corps strié,* dont nous décrirons le trajet en nous occupant du cerveau.

Le sinus droit reçoit en outre, tantôt par l'intermédiaire des veines de Galien, tantôt directement, des veines hémisphériques venues du lobe postérieur du cerveau, d'autres qui tirent leur origine de la base de ce centre nerveux, et enfin une veine cérébelleuse supérieure, qui longe la face inférieure de la tente du cervelet pour s'ouvrir dans l'origine du sinus droit.

Au niveau de la protubérance occipitale interne, le sinus droit se réunit au sinus longitudinal supérieur, et de cette réunion naissent les deux sinus latéraux. Le point de jonction de ces différents troncs veineux est remarquable, il porte le nom de *pressoir d'Hérophile* (fig. 163, 2).

4° *Sinus latéraux.* — Au nombre de deux, un de chaque côté, les sinus latéraux, dont nous venons de voir l'origine, se portent en dehors, suivent la gouttière latérale de l'occipital, celle du temporal, aboutissent au trou déchiré postérieur, où ils s'élargissent en formant *le golfe de la veine jugulaire,* et se continuent avec cette veine. Les sinus latéraux sont situés dans l'angle de jonction du bord convexe de la tente du cervelet avec la dure-mère crânienne (fig. 163, 3). Ils reçoivent en outre le sang de tous les sinus de la partie inférieure de la cavité crânienne et communiquent avec la veine cervicale profonde par la veine mastoïdienne, qui traverse le trou osseux de ce nom. La veine condylienne postérieure vient s'ouvrir également dans la partie la plus inférieure du sinus transverse et quelquefois dans le golfe de la veine jugulaire.

5/12

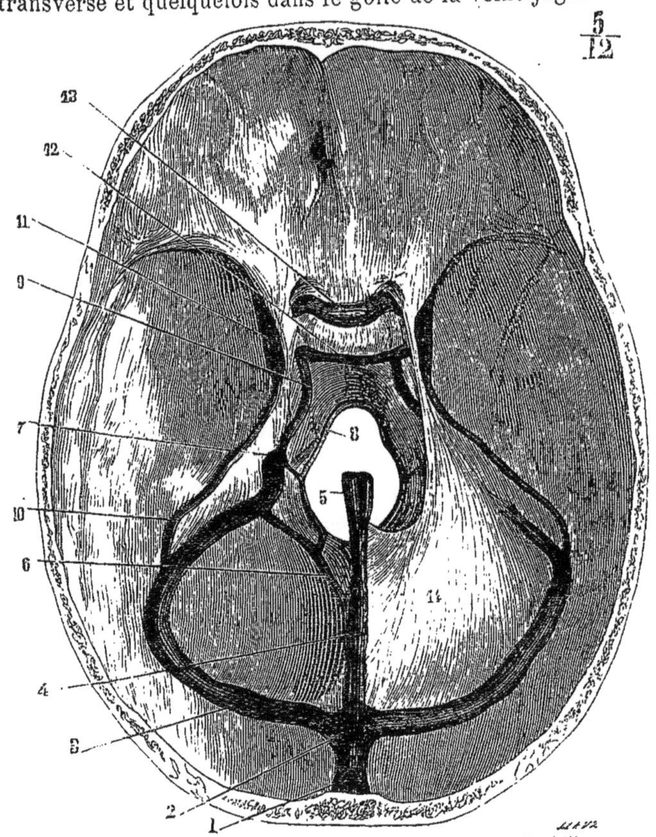

Fig. 163. — *Sinus de la dure-mère (vus de haut en bas)* (*).

5° *Sinus caverneux* (fig. 163, 11). — Ils sont placés sur les côtés latéraux de la selle turcique, et remarquables par leur grand diamètre comparé à leur peu de longueur. Ils s'étendent depuis la fente sphénoïdale jusqu'au sommet du rocher. Leur cavité est parsemée d'un grand nombre de filaments, qui s'entre-croisent plus ou moins et rappellent un peu la disposition des corps caverneux. L'artère carotide interne parcourt ce sinus en y décrivant une double courbure; elle y pénètre aussitôt après sa sortie du canal carotidien, et en ressort au niveau de l'apophyse clinoïde antérieure. Le nerf oculo-moteur externe pénètre

(*) 1) Sinus longitudinal supérieur coupé transversalement. — 2) Pressoir d'Hérophile. — 3) Sinus latéral. — 4) Sinus droit. — 5) Veines de Galien. — 6) Sinus occipital postérieur. — 7) Golfe de la veine jugulaire. — 8) Sinus circulaire du trou occipital. — 9) Sinus pétreux inférieur. — 10) Sinus pétreux supérieur. — 11) Sinus caverneux. — 12) Sinus transverse de la selle turcique. — 13) Sinus circulaire de la selle turcique. — 14) Tente du cervelet, dont la moitié du côté opposé a été enlevée pour permettre de voir les sinus de la base du crâne.

par la partie postérieure du sinus caverneux, près de l'extrémité antérieure du sinus pétreux inférieur, se dirige en avant et un peu en dehors, passe au-dessous de l'artère et sort par la partie la plus antérieure du sinus, qu'il parcourt ainsi dans sa plus grande étendue. Dans la paroi externe du sinus caverneux, c'est-à-dire dans le feuillet fibreux, se trouvent logés les nerfs pathétique, oculo-moteur commun et ophthalmique de Willis.

Le sinus caverneux reçoit :

1) *La veine ophthalmique.* — Elle représente assez exactement par ses branches les divisions de l'artère ophthalmique. Les veines ciliaires diffèrent cependant des artères correspondantes. Elles se réunissent sur la choroïde en quatre groupes distincts, anastomosés entre eux par leurs extrémités, et forment des tourbillons désignés sous le nom de *vasa vorticosa*, se terminant chacun dans une branche unique, qui perfore la sclérotique. Quant aux veines de l'iris ou ciliaires antérieures, elles vont se jeter dans les veines musculaires.

Au niveau du grand angle de l'œil, la veine ophthalmique communique avec la veine angulaire ; à sa terminaison, elle ne passe pas, comme l'artère de son nom, à travers le trou optique, mais bien par la fente sphénoïdale, et est constituée par un, deux ou trois troncs, qui s'ouvrent dans le plexus caverneux.

2) *La veine méningée moyenne*, qui accompagne les branches antérieures de l'artère de ce nom.

3) Des veines hémisphériques venues de la face inférieure du lobe antérieur du cerveau.

Le sinus caverneux communique latéralement avec le sinus circulaire de la selle turcique, en bas avec le plexus ptérygoïdien par plusieurs veinules émissaires, et se termine en arrière dans les sinus pétreux inférieur et supérieur.

6° *Sinus circulaire de la selle turcique* ou *sinus de Ridley* (fig. 163, 13). — Il entoure le corps pituitaire, sa branche postérieure est plus large que l'antérieure. Ces deux branches se réunissent sur les côtés de la selle turcique et s'ouvrent latéralement de chaque côté dans les sinus caverneux. Le sinus circulaire n'est donc qu'une anastomose entre les deux sinus caverneux. Il reçoit quelques veinules de la dure-mère et du corps pituitaire.

7° *Sinus transverse de la selle turcique* ou *de Littré* (fig. 163, 12). — Il est situé en arrière et au-dessous des apophyses clinoïdes postérieures et dirigé transversalement. Souvent il est double ou triple, et fait communiquer les sinus pétreux inférieurs et les sinus caverneux. Il paraît devenir plus considérable chez les vieillards.

8° *Sinus pétreux supérieurs* (fig. 163, 10). — Ces sinus sont situés dans une gouttière, que leur présente le bord supérieur des rochers, et compris dans le point où la grande circonférence de la tente du cervelet se réunit à la dure-mère crânienne. Leur calibre n'est pas considérable ; ils font communiquer les sinus caverneux avec les sinus latéraux, et s'ouvrent dans ces derniers au point où ils quittent la gouttière latérale de l'occipital pour passer dans celle du temporal. Ils reçoivent des veinules méningées, cérébelleuses, ainsi que d'autres veinules de la protubérance annulaire.

9° *Sinus pétreux inférieurs* (fig. 163, 9). — Moins longs, mais plus larges que les précédents, ils sont placés de chaque côté le long du bord inférieur et postérieur du rocher. Ils font communiquer les sinus caverneux et le sinus transverse de la selle turcique avec les sinus latéraux, dans lesquels ils s'ouvrent au niveau du golfe de la veine jugulaire. Ils reçoivent : les sinus occipitaux antérieurs, qui les anastomosent avec le sinus circulaire du trou occipital, une veinule qui sort du rocher par le canal du vestibule, des veinules méningées, et une branche émissaire, qui passe par le trou déchiré antérieur et vient du plexus ptérygoïdien.

10° *Sinus circulaire du trou occipital* (fig. 163, 8). — Son nom indique sa position et sa configuration. D'un calibre assez faible, il communique en bas avec les sinus rachidiens, latéralement avec les sinus pétreux inférieurs par l'intermédiaire des sinus occipitaux antérieurs, et en arrière avec les sinus occipitaux postérieurs.

11° *Sinus occipitaux antérieurs.* — Assez grêles et d'une existence qui paraît inconstante, ces sinus partent latéralement du sinus circulaire du trou occipital, se dirigent en avant et en dehors, et vont s'ouvrir plus ou moins haut dans les sinus pétreux inférieurs.

12° *Sinus occipitaux postérieurs* (fig. 163, 6). — Ils sont plus volumineux que les précédents et partent du sinus transverse pour venir s'ouvrir à la face inférieure du sinus droit, chacun par un orifice spécial. Chemin faisant, ils reçoivent une branche du sinus circulaire du trou occipital.

Veines diploïques.

Les veines diploïques, de même que les sinus de la dure-mère, ne sont pas semblables aux autres vaisseaux veineux du corps ; ce sont des canaux creusés dans l'intérieur des os du crâne et tapissés d'une couche épithéliale. On trouve d'ordinaire quatre troncs veineux principaux pour chaque côté.

1° *Une veine diploïque frontale*, qui s'ouvre dans la veine sus-orbitaire. Cette veine communique dans son trajet avec celle du côté opposé et avec les veines de la dure-mère.

2° *Une veine diploïque temporale antérieure*, formée par les branches venues de la moitié antérieure du pariétal et de la partie postérieure du frontal. Elle vient s'ouvrir dans la veine méningée moyenne tout près de son embouchure, tantôt par un seul trou, tantôt par plusieurs ouvertures.

3° *Une veine diploïque temporale postérieure.* — Elle ramène le sang des canaux de la moitié postérieure du pariétal et de la partie antérieure du temporal, et s'ouvre dans le sinus transverse ou dans une veine de l'extérieur du crâne, au niveau de l'angle postérieur et inférieur du pariétal.

4° *Une veine diploïque occipitale.* — Elle se dirige de haut en bas et de dedans en dehors, et vient s'ouvrir soit dans les veines occipitales, soit dans le sinus latéral de son côté.

Toutes ces veines diploïques sont remarquables par l'extrême intrication de leurs branches et de leurs rameaux dans l'intérieur des os. Elles forment des mailles irrégulières qui ne se prêtent à aucune description. Elles augmentent de volume avec l'âge et sont surtout très-développées chez le vieillard.

II. Veines des parois du crane et veines du cou

Veine jugulaire antérieure (fig. 161, 9).

Cette veine est la moins volumineuse des veines jugulaires ; son diamètre est en général en raison inverse de celui de la veine jugulaire externe. Elle descend au-devant du cou dans le sillon que forme le bord antérieur du muscle sterno-mastoïdien, recouverte par la peau, le peaucier et l'aponévrose cervicale superficielle; à peu de distance au-dessus de la fourchette du sternum elle s'infléchit en dehors et un peu en bas, passe derrière les deux chefs du tendon du muscle sterno-mastoïdien et vient s'ouvrir dans la veine sous-clavière entre l'embouchure de la jugulaire externe et celle de la jugulaire interne. On la voit assez souvent s'unir à la jugulaire externe pour s'aboucher par un tronc commun dans la sous-clavière. Au devant du corps thyroïde, les deux jugulaires antérieures s'envoient une branche transversale d'anastomose, qui peut être plus ou moins longue et peut même, comme dans la fig. 161, être assez courte pour constituer une réunion latérale des deux troncs veineux.

La jugulaire antérieure est souvent anastomosée avec les jugulaires externe et interne par des branches variables d'existence et de direction. Elle tire son origine tantôt de branches veineuses qui accompagnent l'artère sous-mentale, tantôt de branches cutanées et musculaires sous-hyoïdiennes; d'autres fois encore elle n'est qu'une branche de dérivation des veines linguale et faciale. Elle reçoit dans son trajet quelques veines cutanées ainsi que des veinules trachéales et thyroïdiennes.

Veine jugulaire externe (fig. 164, 1).

Préparation. — L'injection se fera soit directement par la jugulaire externe au devant du sterno-mastoïdien, soit mieux par la jugulaire interne. Comme toutes les veines jugulaires communiquent ensemble, elles se rempliront toutes. La préparation est la même que pour le muscle sterno-mastoïdien. Il faut seulement avoir soin de ménager la jugulaire externe.

Comme toutes les veines jugulaires, la jugulaire externe varie beaucoup par ses origines; on peut cependant la considérer comme formée le plus habituellement par la réunion de la veine temporale avec le maxillaire interne; souvent elle reçoit également la faciale, comme c'était le cas chez les sujets qui ont servi à dessiner les fig. 164 et 165. D'après Chabert, la faciale communique toujours avec la jugulaire externe par le plexus massétérin. La jugulaire externe s'étend du col du condyle de la mâchoire jusqu'à la veine sous-clavière, dans laquelle elle se jette au niveau de la partie moyenne de la clavicule, immédiatement en dehors de l'origine du tronc veineux brachio céphalique. Elle est située au-dessous de la peau et du peaucier et, à partir de l'angle de la mâchoire, au milieu de la glande parotide, qui l'entoure de tous côtés. Elle se dirige de haut en bas et de dedans en dehors, en croisant par conséquent la face antérieure du sterno-mastoïdien. L'aponévrose cervicale la sépare de ce muscle, de l'omo-hyoïdien, de l'artère cervicale transverse et des nerfs du plexus brachial. En pénétrant dans le creux sus-claviculaire pour gagner la sous-clavière, elle perfore cette aponévrose.

La jugulaire externe reçoit dans son trajet :

1° Des veines anastomotiques avec la jugulaire antérieure;

2° La veine auriculaire postérieure, qui suit le trajet de l'artère du même nom;

3° Les veines scapulaires supérieure et postérieure, satellites des artères de ce nom (fig. 161);

4° L'anastomose que nous avons signalée entre elle et la veine céphalique. Cette branche se rend fréquemment dans la sous-clavière.

Nous allons décrire ses branches d'origine, en faisant remarquer encore une fois qu'elles ne sont pas constantes quant à leur mode de réunion.

Veine temporale. — Elle suit l'artère temporale superficielle, pénètre ensuite dans la glande parotide et forme l'une des branches d'origine de la jugulaire externe. Dans la région temporale, cette veine communique par ses branches antérieures avec la préparate et par ses branches postérieures avec l'occipitale. Elle reçoit dans son trajet des rameaux correspondant à toutes les divisions de l'artère temporale superficielle qu'elles accompagnent.

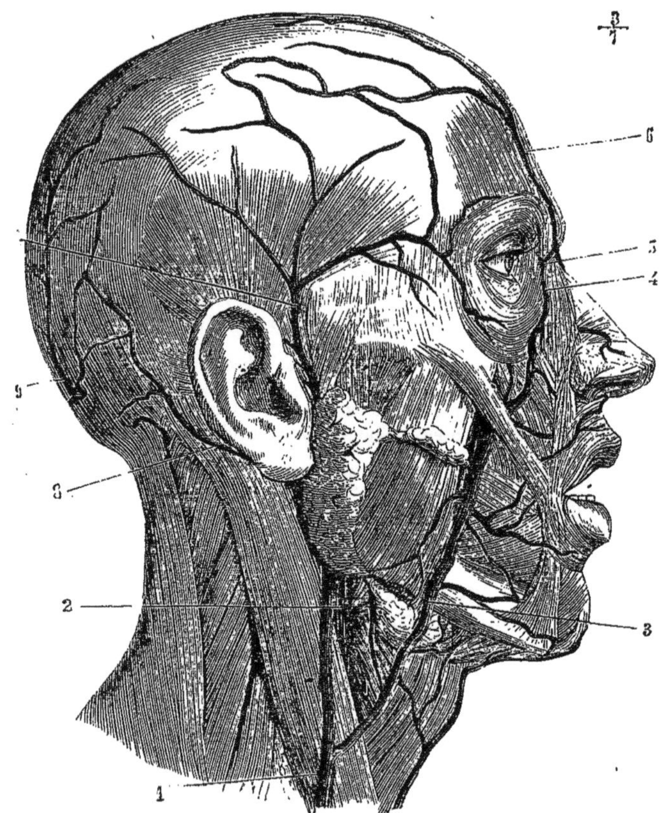

Fig. 164. — *Veines superficielles de la face et du cou* (*).

Sur la figure 165 on voit une disposition assez rare : la temporale superficielle reçoit d'abord au-dessous de l'oreille la veine auriculaire postérieure; puis, à sa partie inférieure, elle décrit un coude, s'enfonce dans la région sus-hyoïdienne et vient s'ouvrir dans la jugulaire interne. Chez ce sujet, au reste, la veine maxillaire interne se termine également dans la jugulaire interne, tandis que la faciale, très-volumineuse, constitue en majeure partie la jugulaire externe.

Veine maxillaire interne. — Elle représente à peu près le trajet de l'ar-

(*) 1) Veine jugulaire externe. — 2) Veine jugulaire interne. — 3) Veine faciale constituant chez ce sujet la plus grosse branche d'origine de la jugulaire externe. — 4) Veine angulaire. — 5) Son anastomose avec la veine ophthalmique.— 6) Veine frontale ou préparate.— 7) Veine temporale.— 8) Veine auriculaire postérieure. — 9) Veine occipitale.

tère maxillaire interne et de ses branches, sauf les plus profondes et l'alvéolaire. Toutes ces différentes veinules se réunissent et forment le plexus ptérygoïdien situé dans l'intimité même du muscle ptérygoïdien externe, de telle façon que, lorsqu'il est injecté, il est impossible d'isoler les vaisseaux d'avec les fibres musculaires.

Ce plexus communique en avant avec le plexus alvéolaire, en haut, par des veines émissaires avec les sinus crâniens et les veines de la dure-mère, et se termine en arrière par la veine maxillaire interne, qui croise la face interne du condyle de la mâchoire et se réunit à ce niveau à la veine temporale pour former la jugulaire externe. Il fait donc communiquer la jugulaire interne avec la jugulaire externe.

Quoique la veine faciale se jette plus souvent dans la veine jugulaire interne que dans l'externe, comme sa disposition est variable, nous la décrivons ici.

Veine faciale. — Elle naît sur le sommet du front, sous le nom de *veine préparate*, et suit les divisions de l'artère frontale ; elle s'anastomose largement par ses branches avec la veine temporale. Sa disposition est variable suivant les sujets, tantôt elle est double et tantôt unique. Au niveau de la racine du nez elle communique avec celle du côté opposé en formant une arcade ; quand elle est unique, elle se divise en deux branches, dont la disposition est la même. Elle reçoit la veine sus-orbitaire, qui longe l'arcade sourcilière, et communique à plein canal avec la veine ophthalmique. La veine préparate se continue alors le long du sillon nasal et prend le nom de *veine angulaire*, qu'elle conserve jusqu'au niveau de l'aile du nez. Elle reçoit dans ce trajet la veine palpébrale inférieure, et les veines de l'aile du nez au nombre de deux, réunies souvent à leur terminaison en un tronc unique. A partir de ce point, la veine angulaire devient la *veine faciale proprement dite*. Cette veine passe sous le grand zygomatique, puis sur la face externe du buccinateur, longe le bord antérieur du masséter, croise la branche horizontale de la mâchoire et se jette dans la jugulaire interne au-dessous de la glande sous-maxillaire. D'autres fois, comme sur la fig. 164, elle continue son trajet, et au devant du sterno-mastoïdien se jette dans la jugulaire externe. Outre les branches veineuses correspondant aux branches de l'artère faciale, cette veine reçoit la veine alvéolaire, qui sort du plexus formé par les veines accompagnant les artères sous-orbitaire, alvéolaire et palatine supérieure.

Veine jugulaire interne (fig. 161, 4).

Préparation. — On injecte cette veine en la remplissant par la partie inférieure et de bas en haut. Pour la préparer, on se sert du procédé indiqué pour l'artère carotide primitive et pour la carotide interne.

Elle naît, au niveau du trou déchiré postérieur, de la dilatation du sinus latéral connu sous le nom de *golfe de la veine jugulaire* (fig. 163, 7), et se termine en se réunissant à la veine sous-clavière pour constituer le tronc veineux brachio-céphalique. Sa direction est verticale ; son calibre, très-considérable, mais variable suivant les sujets, est en raison inverse de celui des jugulaires antérieure et externe. Cette veine est en rapport dans son tiers supérieur avec la carotide interne, et dans ses deux tiers inférieurs avec la carotide primitive. Elle est située en dehors et un peu en arrière de ces vaisseaux, et offre du reste les mêmes rapports qu'eux, soit avec les muscles, soit avec les nerfs. L'on trouve toujours deux valvules à son embouchure. Thomas Dwight a appelé l'attention sur les différences que présentent, sur les deux côtés d'un même crâne, la fosse jugulaire et le trou déchiré postérieur, et sur les effets que cette différence peut exercer sur la circulation crânienne. Cette question a

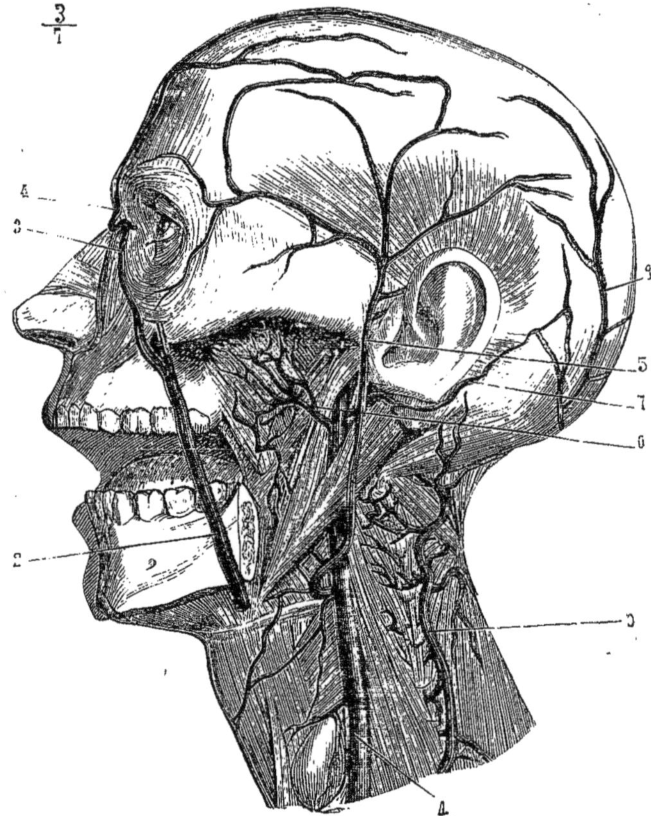

Fig. 165. — *Veines profondes de la face et du cou* (*).

été reprise par Rüdinger qui constate, lui aussi, cette différence, mais l'attribue à la la variabilité de la quantité de sang contenu dans le sinus de la dure-mère. Il n'admet pas cependant que cette disposition puisse influer sur la circulation crâninene.

Immédiatement après sa naissance, la jugulaire interne reçoit la *veine condylienne antérieure*, qui la fait communiquer avec les sinus vertébraux ; au niveau de l'apophyse mastoïde ou un peu au-dessous, elle reçoit la veine *occipitale*, qui longe l'artère de ce nom, et communique avec le sinus latéral par la veine mastoïdienne. Cette veine s'ouvre quelquefois dans la jugulaire externe.

Au-dessous de l'angle de la mâchoire, la jugulaire interne reçoit la veine faciale et les veines linguales.

(*) 1) Veine jugulaire interne. — 2) Veine faciale. — 3) Veine angulaire. — 4) Veine préparate. — 5) Veine temporale superficielle. — 6) Veine maxillaire interne venant du plexus ptérygoïdien. — 7) Veine auriculaire postérieure. — 8) Veine occipitale. — 9) Veine jugulaire postérieure, recevant les veines rachidiennes cervicales.

Veines linguales. — On doit les distinguer en veines dorsales, veines profondes et veines inférieures.

Les *veines dorsales* forment un plexus sous-muqueux, duquel partent une ou deux veines qui se portent en bas et en dehors, et vont s'ouvrir dans la faciale ou directement dans la jugulaire interne. Les *veines profondes* accompagnent l'artère linguale et s'ouvrent soit dans les veines dorsales, soit dans la faciale ou la jugulaire interne. Les *veines inférieures* ou *ranines* se voient très-bien à travers la muqueuse sur les bords du frein; elles suivent le nerf hypoglosse et se terminent dans les veines dorsales ou la veine faciale.

Au niveau de l'os hyoïde, la jugulaire interne reçoit la *veine pharyngienne*, qui émane du plexus pharyngien formé par les veines ptérygo-palatine, vidienne et palatine ascendante.

Plus bas, la jugulaire interne reçoit la *veine thyroïdienne supérieure*, qui vient du corps thyroïde, remonte de bas en haut, croise la face antérieure de la carotide primitive au niveau de sa terminaison, et se jette dans la jugulaire interne ou dans la terminaison de la faciale. Cette veine est quelquefois double, sa branche inférieure porte alors le nom de *thyroïdienne moyenne* et s'ouvre dans la partie inférieure de la jugulaire. La thyroïdienne supérieure reçoit les veines linguales.

Veine jugulaire postérieure (fig. 105).

Elle appartient à la série des veines du rachis dites *extra-rachidiennes*. Cruveilhier, le premier, a appelé l'attention sur cette veine. Située entre le grand complexus et le transversaire épineux, elle naît entre l'atlas et l'occipital, est très-flexueuse, se porte en bas et en dedans jusqu'à l'apophyse épineuse de l'axis, communique alors avec celle du côté opposé par une branche transversale, s'en écarte ensuite et se dirige en bas et un peu en dehors. Elle passe enfin entre l'apophyse transverse de la septième cervicale et la première côte pour s'ouvrir dans le tronc veineux brachio-céphalique derrière la veine vertébrale. Elle reçoit dans son trajet des branches régulières venues des sinus rachidiens en passant par les trous de conjugaison. Elle communique en haut avec la veine occipitale et dans sa partie moyenne, par des veinules, avec la jugulaire interne.

§ III. — Veines des parois du tronc et veines rachidiennes.

I. Grande veine azygos (fig. 172).

Préparation. — L'injection peut se faire par les veines des extrémités inférieures ou encore par les veines crurales. On remplit ainsi la veine cave inférieure, et la matière solidifiable passe également dans les azygos. Pour les préparer, on ouvrira le corps comme pour l'étude de l'aorte descendante, et on enlèvera tous les viscères. On trouvera alors les veines azygos sur les côtés du rachis. Il faut avoir soin, dans la poitrine, d'enlever aussi l'œsophage.

La veine azygos (ἀ privatif, ζυγός, pair) est impaire et située sur le côté latéral droit des vertèbres lombaires et dorsales. Elle représente le tronc commun des veines intercostales droites. Elle naît dans la région lombaire d'une veine située sur les côtés latéraux des apophyses transverses, la *veine lombaire ascendante,* qui s'anastomose en bas avec la veine iliaque primitive du même côté, et par suite avec la veine cave inférieure. La veine azygos traverse le diaphragme par l'ouverture aortique de ce muscle : arrivée au niveau de la troisième vertèbre dorsale, elle quitte la colonne vertébrale, se porte en avant, passe au-dessus de la bronche droite en formant une courbure à concavité inférieure et s'ouvre dans la veine cave supérieure (fig. 125, 5).

La veine azygos reçoit dans son trajet toutes les veines intercostales droites, au-devant desquelles elle passe Au niveau de la septième ou huitième vertèbre dorsale, elle reçoit la veine demi-azygos, un peu plus haut le tronc commun des veines intercostales supérieures gauches, et auprès de son embouchure le tronc commun des intercostales supérieures droites, quand ce dernier ne s'ouvre pas dans la veine cave ou le tronc veineux brachio-céphalique droit (fig. 172).

II. Veine demi-azygos (fig. 172).

Elle naît de la même manière que la veine azygos, mais des veines lombaires gauches, et réunit le sang des cinq ou six veines intercostales gauches inférieures, en remontant sur le côté correspondant du corps des vertèbres. Arrivée au niveau de la septième ou huitième dorsale, elle s'incline en avant et en dedans, croise le corps vertébral et s'ouvre dans la grande veine azygos.

Veines intercostales supérieures gauches (fig. 172).

Elles se réunissent en un tronc commun, qui descend le long des corps vertébraux et vient s'unir soit à la veine demi-azygos, près de la terminaison de celle-ci, soit directement à la veine azygos et à une distance variable de la précédente.

Dans d'autres cas, la réunion du tronc commun des intercostales supérieures gauches avec la demi-azygos se fait à quelque distance de la terminaison de celle-ci ; la veine azygos paraît alors double et anastomosée par une branche transversale au devant de la septième dorsale. L'intercostale gauche la plus élevée, celle du premier espace, s'ouvre d'ordinaire isolément soit dans la veine vertébrale, soit dans le tronc brachio-céphalique gauche.

Veines intercostales supérieures droites.

Elles sont au nombre de trois ou quatre, se réunissent le plus souvent en deux troncs, qui s'ouvrent l'un dans l'azygos, au niveau de la courbure qu'elle décrit en passant au-dessus de la bronche droite, l'autre dans le tronc brachio-céphalique et même dans la veine cave.

Les veines *intercostales* et *lombaires* accompagnent exactement les artères correspondantes et ramènent également le sang des *rameaux dorso-spinaux*. Ces rameaux, arrivés au niveau des vertèbres, forment, par leur division régulière en branche ascendante et en branche descendante anastomosées avec celles qui sont au-dessus et au-dessous, un plexus remarquable, le *plexus extra-rachidien postérieur*, étendu dans toute la longueur de la colonne rachidienne, et communiquant au niveau de chaque trou de conjugaison avec les veines intra-rachidiennes. Le plexus extra-rachidien postérieur présente un très-grand nombre de branches et de rameaux, qui enlacent les apophyses épineuses, les ligaments interépineux, les apophyses articulaires et transverses. A la région cervicale, ce plexus se déverse dans les veines jugulaires postérieures.

Les *veines sacrées latérales et sacrée moyenne* forment un plexus qui recouvre la face antérieure du sacrum. Elles sont anastomosées entre elles et reçoivent, par les trous sacrés, des rameaux qui les font communiquer avec les veines intra-rachidiennes.

III. Plexus intra-rachidien

Toute la face interne du canal rachidien est tapissée par un plexus veineux très-développé, surtout à la partie antérieure. Les veines qui le constituent ont pris à tort le nom de *sinus rachidiens ;* elles ne sont pas creusées dans l'épaisseur de la dure-mère, mais situées entre cette membrane et la face interne des vertèbres.

A la face antérieure du canal existent deux troncs veineux principaux qui en occupent toute la longueur, *veines longitudinales antérieures.* Ces troncs veineux communiquent au niveau de chaque trou de conjugaison avec le plexus extra-rachidien, et reçoivent au niveau de la partie moyenne de chaque corps vertébral une branche transversale qui les fait communiquer l'un avec l'autre. Deux autres troncs longitudinaux, moins développés que les précédents, sont situés sur la face interne de la moitié postérieure du canal rachidien ; ils communiquent entre eux comme les précédents par des branches transversales, et avec les veines longitudinales antérieures par des branches latérales.

Chaque vertèbre contient dans son intérieur une ou plusieurs veines diploïques, anastomosées entre elles et venant s'ouvrir dans les branches transversales de réunion des veines longitudinales antérieures. Elles sortent de la vertèbre par le trou que l'on trouve toujours sur la face postérieure du corps de celle-ci. Les veines longitudinales antérieures s'anastomosent en haut avec la veine condylienne antérieure, qui passe par le trou de ce nom et s'ouvre dans la jugulaire interne.

Veines spinales.

Elles sont divisées en spinales antérieures et spinales postérieures, forment un plexus à mailles irrégulières, qui occupe toute la longueur des deux faces de la moelle, et émettent des veinules qui se dirigent de chaque côté entre les racines nerveuses antérieures et postérieures pour gagner le trou de conjugaison et se jeter dans les plexus extra-rachidiens.

ARTICLE IV. — VEINE CAVE INFÉRIEURE

La *veine cave inférieure* est formée par la réunion de toutes les veines sous-diaphragmatiques, soit qu'elles s'y ouvrent directement, soit qu'elles y arrivent indirectement par le système de la veine porte et les veines hépatiques. Elle naît de la réunion des deux veines iliaques primitives, au-devant et un peu à droite de l'articulation de la quatrième avec la cinquième vertèbre lombaire, remonte verticalement, s'incline un peu à droite au-dessous du foie, dont elle parcourt le sillon du bord postérieur, traverse l'ouverture spéciale que lui présente le centre phrénique, et immédiatement au-dessus se recourbe à angle droit pour s'ouvrir horizontalement dans l'oreillette droite. Son calibre s'accroît beaucoup au-dessous du diaphragme, d'abord par l'adjonction des veines rénales et plus haut par celles des veines hépatiques. On vient de signaler un cas dans lequel la veine iliaque primitive droite se portait en dedans, croisait l'artère iliaque primitive gauche, et formait, avec la veine de ce côté, la veine cave inférieure qui, alors, se trouvait placée à gauche de l'aorte jusque près de l'artère rénale gauche, où elle reprenait sa place normale.

La veine cave inférieure est en rapport : en avant, au niveau de son origine, avec l'artère iliaque primitive droite, qui la croise à angle, puis avec le mésentère, avec le bord postérieur de l'hiatus de Winslow, avec la troisième portion du duodénum, qui passe perpendiculairement au-devant d'elle, avec la tête du pancréas et avec la gouttière du bord postérieur du foie ; en arrière, avec la colonne vertébrale, le pilier droit du diaphragme et les artères et veines lombaires du côté correspondant ; en dehors, avec le bord interne et la face antérieure du psoas droit ; en dedans, avec le corps des vertèbres lombaires, avec le réservoir de Pecquet et de nombreux ganglions lymphatiques, qui la séparent de l'aorte abdominale.

Outre le système de la veine porte qui lui vient par les veines sus-hépatiques, la veine cave inférieure reçoit successivement de bas en haut :

1° La *veine sacrée moyenne*, qui tantôt s'y ouvre directement et tantôt s'abouche dans l'iliaque primitive gauche.

2° Les *veines lombaires*, dont des branches s'ouvrent à angle droit dans la veine cave, tandis que d'autres constituent la veine lombaire ascendante, origine des veines azygos et demi-axygos.

3° La *veine spermatique droite* (tandis que la gauche s'ouvre dans la veine rénale gauche). Les *veines spermatiques* chez l'homme naissent du testicule et de l'épididyme par des branches très-déliées. Elles forment un plexus remarquable, *plexus spermatique*, situé en dehors et en arrière de l'albuginée, se réunissent en cinq ou six troncs anastomosés entre eux, qui remontent le long de l'artère spermatique au-devant du canal déférent, forment avec ces conduits le cordon spermatique, et arrivent à l'anneau du grand oblique. Elles traversent alors le canal inguinal, pénètrent dans l'abdomen, se réunissent plus ou moins en deux ou trois troncs, rarement en un seul, remontent à peu près verticalement, et s'ouvrent, celles du côté droit dans la veine cave, celles du côté gauche dans la veine rénale. Ces dernières passent en arrière de l'S du côlon. Dans l'abdomen, les deux ou trois troncs qui constituent les veines spermatiques de chaque côté s'anastomosent fréquemment entre eux par des branches transversales et forment le *plexus pampiniforme*.

De même que les artères spermatiques, les veines qui les accompagnent croisent, dans l'abdomen, à angle aigu la face antérieure des artères iliaques externes.

Chez la femme, les *veines utéro-ovariennes* suivent exactement les artères correspondantes, se dirigent en dehors et en haut et se comportent comme les spermatiques chez l'homme.

4° Les *veines rénales ou émulgentes*. — Elles sont très-volumineuses et se dirigent transversalement et un peu en haut. La veine cave inférieure étant située à droite du plan médian, la veine rénale gauche est plus longue que sa congénère du côté droit, et croise perpendiculairement la face antérieure de l'aorte immédiatement au-dessous des artères rénales.

Ces veines naissent du bord concave du rein par deux ou trois branches, qui se réunissent bientôt. Elles reçoivent les veines capsulaires inférieures et des veinules qui tirent leur origine de l'enveloppe adipeuse du rein. La veine rénale gauche reçoit en outre la veine spermatique de ce côté.

5° Les *veines capsulaires moyennes*. — Elles suivent le trajet de leurs artères, sont plus volumineuses qu'elles et s'ouvrent dans la veine cave ; celle du côté gauche se termine quelquefois dans la veine rénale.

6° Les *veines diaphragmatiques inférieures* — Ces veines accompagnent les artères de même nom et reçoivent les *veines capsulaires supérieures*.

Veine porte.

Préparation. — Ouvrir les parois abdominales, rejeter le paquet intestinal vers le côté gauche, inciser avec précaution le feuillet du mésentère au-devant du pancréas, passer une sonde cannelée sous le tronc de la veine porte, ouvrir cette veine et injecter d'abord du côté du foie, puis du côté des intestins, ce qui est facile à cause de l'absence de valvules.

Les veines du canal intestinal, celles de la rate et du pancréas se réunissent toutes en un tronc, la *veine porte*, qui se rend au sillon transverse du foie, se divise à la manière d'une artère, et se continue par des capillaires avec les branches d'origine des veines sus-hépatiques, qui viennent aboutir à la veine cave inférieure immédiatement au-dessous du diaphragme.

Grande veine mésaraïque ou *veine mésentérique supérieure*. — Cette veine suit exactement le trajet et la distribution de l'artère mésentérique supérieure. Comme ce dernier vaisseau, elle passe entre la troisième portion du duodénum, dont elle croise la face antérieure, et le pancréas, en arrière duquel elle se réunit à la veine splénique, après avoir reçu des veinules pancréatiques et duodénales ainsi que la veine gastro-épiploïque droite.

Petite veine mésaraïque ou *veine mésentérique inférieure*. — Elle tire son origine des parois du gros intestin et des plexus hémorrhoïdaux, accompagne l'artère mésentérique inférieure et ses branches dans tout leur trajet, se place ensuite sur le côté gauche des vertèbres lombaires, s'engage sous le pancréas, et vient s'ouvrir dans la veine splénique à peu de distance de sa réunion avec la grande mésaraïque.

Les plexus hémorrhoïdaux embrassent l'extrémité inférieure du rectum jusqu'à l'anus; ils sont formés par les veines hémorrhoïdales supérieures, moyennes et inférieures, qui communiquent largement ensemble et se jettent, les premières dans la petite mésaraïque, les secondes dans l'hypogastrique, et les dernières dans la honteuse interne.

Au pourtour de l'anus, il existe des réseaux extra et intra-musculaires, qui communiquent ensemble et constituent ainsi des anastomoses entre le système de la veine porte et celui de la veine cave inférieure. Les plexus hémorrhoïdaux communiquent du reste directement ou indirectement avec tous les plexus si nombreux et si compliqués que l'on trouve dans le petit bassin.

Veine splénique ou *liénale*. — La veine splénique naît de la rate par autant de branches que l'artère splénique en fournit à cette glande vasculaire sanguine. Elle suit le trajet de l'artère, mais sans en imiter les flexuosités, et s'unit à la grande mésaraïque au niveau de la face postérieure de la tête du pancréas. Elle reçoit les *vasa breviora*, la veine gastro-épiploïque gauche, la petite mésaraïque, et souvent la veine coronaire stomachique, qui d'autres fois se jette dans le tronc de la veine porte.

Le *tronc de la veine porte*, né de l'union de la veine splénique avec la grande mésaraïque, se dirige un peu obliquement de bas en haut et de gauche à droite, en croisant à angle aigu la veine cave inférieure, et arrive au sillon transverse du foie, où il se divise en deux branches. La veine porte répond : en arrière, au bord antérieur de l'hiatus de Winslow ; en avant, à la tête du pancréas, à la deuxième portion du duodénum, au canal cholédoque et à l'artère hépatique. Elle reçoit dans son trajet la veine pylorique et plus haut la veine cystique.

Les deux branches de division de la veine porte sont situées dans le sillon transverse du foie; elles s'éloignent du tronc originel à angle droit, de manière à simuler un canal unique horizontal, qui a reçu le nom de *sinus de la veine porte*. La branche droite est plus courte et plus volumineuse que la gauche. Toutes deux pénètrent dans le lobe correspondant du foie, accompagnées des branches de l'artère hépatique et des canaux biliaires, se divisent et se subdivisent dans l'organe et arrivent ainsi jusqu'aux acini, qu'elles entourent plus ou moins, pour se continuer, par les veinules intra-lobulaires, avec les veines sus-hépatiques.

Veines sus-hépatiques.

Préparation. — On peut les injecter soit par la veine porte au moyen d'une injection très-pénétrante, soit par la veine cave supérieure en remplissant l'oreillette droite et le ventricule, après avoir eu la précaution de lier l'artère pulmonaire.

Elles proviennent des lobules du foie et ramènent à la veine cave le sang de la veine porte et celui de l'artère hépatique. Leurs rameaux et branches se réunissent en deux ou trois troncs très-volumineux, qui s'ouvrent dans la veine cave inférieure immédiatement au-dessous de l'ouverture du diaphragme.

Pour l'étude de la disposition des ramuscules des veines hépatiques et de la veine porte dans l'intimité du parenchyme glandulaire, nous renvoyons à la splanchnologie.

Sappey a décrit un certain nombre de veines portes accessoires qui méritent d'être mentionnées. Elles se réunissent en petits troncs, qui se divisent à leur tour dans le foie et aboutissent aux veines sus-hépatiques.

1° Un groupe formé de veinules de la petite courbure de l'estomac ; elles cheminent dans l'épiploon gastro-hépatique.

2° Des veinules venues du fond de la vésicule biliaire; elles sont très-petites, assez nombreuses et indépendantes de la veine cystique.

3° Un groupe situé entre les deux feuillets du ligament suspenseur du foie; il vient de la partie médiane du diaphragme. Par leurs radicules, les veinules de ce groupe communiquent avec les veines diaphragmatiques, et par leurs divisions terminales avec les ramuscules de la veine porte.

4° Un dernier groupe, situé, comme le précédent, entre les deux feuillets du ligament suspenseur, tirant son origine de la partie sus-ombilicale de la paroi antérieure de l'abdomen. Ces veinules nombreuses communiquent à leur origine avec les veines épigastriques, mammaires internes et tégumenteuses abdominales. Elles se terminent les unes dans les lobules du foie, les autres dans la branche gauche de la veine porte.

Les veinules de ces deux derniers groupes constituent donc des anastomoses entre le système de la veine porte et celui des veines périphériques.

§ I. — Veine iliaque primitive.

Préparation. — On les remplit toujours par les veines superficielles du membre inférieur. Pour les mettre à découvert, on se sert du même procédé que pour les artères iliaques.

Elle naît de la réunion des veines iliaque externe et hypogastrique. En s'unissant angulairement à celle du côté opposé au-devant de l'articulation de la quatrième avec la cinquième vertèbre lombaire, la veine iliaque primitive donne naissance à la veine cave inférieure. Cette dernière est située non pas sur la ligne médiane des corps vertébraux, mais un peu à droite ; il en résulte que le trajet à parcourir par la veine iliaque primitive gauche est plus long que celui de la droite, et que de plus la direction de la première diffère de celle de la seconde.

La veine iliaque primitive droite se dirige un peu obliquement en haut et en dedans, et reste toujours parallèle à l'artère correspondante, en arrière de laquelle elle est placée. La veine iliaque primitive gauche, beaucoup plus oblique que la précédente, longe le bord postérieur et interne de l'artère de son côté, elle passe ensuite au-dessous et en arrière de celle du côté opposé pour se réunir à la veine iliaque primitive droite.

I. Veine iliaque interne ou veine hypogastrique

Préparation. — La même que pour l'artère hypogastrique et ses branches.

La veine hypogastrique suit l'artère de ce nom ; son tronc est unique, mais chaque branche artérielle est accompagnée de deux veines. Il existe donc des veines *obturatrices*, *ischiatiques*, *fessières*, *iléo-lombaires*, *sacrées latérales ;* mais il est à observer qu'il n'y a pas de veines ombilicales correspondantes aux artères. Nous verrons, dans la partie de cet ouvrage réservée à l'embryologie, que la veine ombilicale se rend au foie ; après la naissance, elle se transforme en un cordon fibreux.

Les veines qui accompagnent les branches intra-pelviennes viscérales de l'artère hypogastrique forment des plexus remarquables autour des organes dont elles émanent.

Veines hémorrhoïdales moyennes. — Au nombre de quatre ou cinq, elles font partie des plexus hémorrhoïdaux, et s'anastomosent entre elles et avec les veines hémorrhoïdales supérieures et inférieures.

Veines vésicales. — Elles sont très-nombreuses et ne suivent pas exactement le trajet des artères. Ces veines descendent du sommet de la vessie et enlacent ce réservoir de leurs anastomoses multiples. Vers le bas-fond et le col, leur disposition plexueuse devient encore plus apparente, les mailles qu'elles forment sont très-serrées, et il en résulte un vaste plexus qui entoure le col et le bas-fond de la vessie, la prostate et les vésicules séminales. Il a été divisé en plexus vésical, plexus prostatique, plexus spermatique. Tous ces plexus communiquent entre eux, avec les plexus hémorrhoïdaux en arrière, et latéralement avec les veines obturatrice, ischiatique et honteuse interne.

Ils reçoivent en avant les veines des enveloppes du pénis et des corps caverneux, et se terminent en arrière par plusieurs troncs qui se jettent dans les veines hypogastriques.

Ces plexus communiquent chez la femme avec les plexus vaginal et utérin.

Veines vaginales. — Elles naissent du pourtour du vagin, sont très-multipliées et forment, de chaque côté des parois de ce canal, un plexus très-serré, que l'on désigne sous le nom de *bulbe du vagin ;* il est beaucoup plus développé en bas et en avant qu'en haut et en arrière. Il reçoit en avant des veines des grandes et des petites lèvres, en haut des veines qui l'unissent au petit plexus clitoridien et au plexus vésical, et en arrière d'autres vaisseaux qui le font communiquer avec les plexus hémorrhoïdaux. Les veines vaginales se jettent dans la veine hypogastrique en suivant les artères vaginales.

Veines utérines. — Nées dans l'épaisseur de l'utérus, elles forment sur les bords de la matrice un plexus très-remarquable situé entre les deux feuillets du ligament large. Ce plexus reçoit, en outre, les veinules émanées de l'ovaire et de la trompe ; il émet en haut des branches qui vont constituer les *veines utéro-ovariennes*, et plus bas des rameaux qui forment les *veines utérines proprement dites*. Ces dernières suivent le trajet des artères utérines, mais ne présentent pas de flexuosités ; elles se jettent dans la veine iliaque interne. Toutes les veines de l'utérus acquièrent un développement considérable pendant la grossesse ; les plus volumineuses sont celles qui correspondent à l'insertion du placenta. Dans l'épaisseur de l'organe elles sont alors dilatées de distance en distance sous forme d'ampoules et prennent le nom de *sinus utérins*.

Veine honteuse interne. — Sauf les veines émanées de la verge, toutes les branches qui constituent la veine honteuse interne suivent le trajet des branches artérielles. Il existe donc des *veines hémorrhoïdales inférieures*, qui font partie des plexus hémorrhoïdaux, des *veines bulbeuses*, qui viennent du bulbe de l'urèthre, des *veines périnéales superficielles*. Elles forment par leur réunion le tronc de la veine honteuse interne.

Les *veines du pénis* doivent être divisées en veines superficielles ou cutanées et veines profondes ou caverneuses. Les premières émanent du prépuce et de la peau de la verge ; elles se dirigent d'avant en arrière, se réunissent en un ou deux troncs, qui, arrivés à la racine de l'organe, se recourbent en dehors pour aller s'ouvrir dans les branches de la saphène interne. Les veines profondes émanent du gland, se portent vers la base de cet appendice, lui constituent une sorte de couronne veineuse et se réunissent sur le dos de la verge pour former un tronc, la *veine dorsale du pénis*, qui chemine entre les deux artères dorsales. Cette veine reçoit latéralement des veines assez nombreuses, qui partent de la face inférieure de la gouttière des corps caverneux et de la portion spongieuse de l'urèthre, se dirigent en dehors, puis en haut en entourant le pénis (*veines circonflexes de Kohlrausch*) et viennent se jeter dans la veine dorsale.

La *veine dorsale de la verge* traverse le ligament suspenseur et vient s'ouvrir dans les plexus vésico-prostatiques.

De l'angle de réunion des corps caverneux partent encore d'autres veines volumineuses qui passent immédiatement au-dessous de la symphyse pubienne et s'ouvrent également dans les plexus vésico-prostatiques.

Les veines superficielles de la verge et la veine dorsale communiquent toujours facilement à leur origine par des branches qui traversent l'enveloppe fibreuse du pénis.

II. Veine iliaque externe

La veine iliaque externe, continuation de la veine fémorale, s'étend depuis l'arcade crurale jusqu'à la symphyse sacro-iliaque, où elle se réunit à la veine hypogastrique pour former la veine iliaque primitive. Elle suit l'artère de son nom et est située à son origine en dedans, et un peu plus haut, en dedans et en arrière d'elle.

La veine iliaque externe reçoit les veines épigastrique et circonflexe iliaque, qui suivent le trajet de leurs artères. Cette dernière, avant de s'aboucher dans la veine iliaque, passe en arrière de l'artère iliaque externe correspondante.

§ II. — Veines du membre inférieur.

Préparation. — On choisit d'ordinaire pour l'injection les veines du dos du pied, et toujours il faut avoir soin de pousser le liquide par deux branches, correspondant l'une à la saphène interne, l'autre à la saphène externe. Grâce aux anastomoses avec les veines profondes, ces dernières se remplissent également. Quand l'injection a réussi, on dissèque à partir du pied, en ayant soin de ne pas couper de branches. Pour les veines profondes, la préparation est la même que pour les artères correspondantes.

I. Veines profondes

Les *veines fémorale* et *poplitée* sont uniques; toutes les autres veines profondes sont doubles pour chaque branche artérielle. La veine poplitée est située en arrière de l'artère, la veine fémorale placée d'abord en arrière se rapproche de plus en plus du côté interne du vaisseau artériel et lui devient tout à fait interne à la partie supérieure de la cuisse. Il est à remarquer que souvent les parois des veines profondes du membre inférieur sont épaissies et que, par ce caractère, ces vaisseaux se rapprochent alors de l'aspect des artères.

II. Veines superficielles

Les veines sous-cutanées des orteils se réunissent sur la face dorsale du pied en formant une arcade située au niveau de la tête des métatarsiens. Cette arcade se continue en dedans par un tronc veineux, qui longe la face supérieure et externe du premier métatarsien, c'est la *veine saphène interne*. Elle arrive au-devant de la malléole interne, reçoit une anastomose des veines profondes, longe le côté antérieur et interne de la jambe en s'accroissant continuellement par l'adjonction de nouveaux rameaux venus de cette région, contourne la tubérosité interne du tibia et le condyle interne du fémur, remonte le long de la face interne de la cuisse, en se portant un peu en avant et en dehors, reçoit les *veines honteuses externes et tégumenteuses de l'abdomen*, et s'abouche dans la veine fémorale en passant par-dessus le repli falciforme de l'aponévrose crurale. Dans son trajet sur la face interne de la cuisse, la veine saphène interne reçoit toutes les veines sous-cutanées de ce segment du membre inférieur, qui forment par leurs anastomoses un plexus très-irrégulier et à mailles très-allongées.

La *veine saphène externe* naît de l'extrémité externe de l'arcade veineuse du dos du pied, longe le cinquième métatarsien et le bord externe du pied, passe derrière la malléole externe, se réfléchit de bas en haut, remonte sur la face postérieure de la jambe, dont elle gagne bientôt la ligne médiane et, au niveau de l'espace intercondylien, perfore l'aponévrose pour s'ouvrir dans la veine poplitée. Elle communique avec les veines profondes par une anastomose assez large située au-devant et au-dessous de la malléole péronéale.

Les veines saphènes sont accompagnées par les nerfs cutanés et les lymphatiques superficiels du membre inférieur.

CHAPITRE III

ANOMALIES VEINEUSES

Les anomalies des veines sont si nombreuses et si variées qu'il est à peu près impossible d'en donner une idée d'ensemble. Ce travail est encore à faire, car les auteurs ne sont pas d'accord sur ce qu'il faut considérer comme la normale et sur ce qui est l'anomalie,

Pour les grosses veines, l'on peut admettre comme pour les gros troncs artériels que les anomalies sont dues en grande partie à la persistance des veines des circulations embryonnaires.

CINQUIÈME SECTION

DES LYMPHATIQUES

Injection et préparation. — Il faut choisir un sujet amaigri et légèrement infiltré ; si l'on se propose d'injecter les réseaux cutanés, il sera bon de se servir d'un cadavre dont la putréfaction sera commencée et chez lequel l'épiderme se sépare du derme.

L'injection des lymphatiques se fait habituellement avec le mercure, qui par sa grande divisibilité pénètre dans les vaisseaux les plus ténus. Pour le canal thoracique on peut se servir de suif coloré. Il faut, avant tout, avoir soin de débarrasser le mercure de toutes les impuretés qu'il peut contenir et de la légère couche d'oxyde qui le recouvre ; on le passe pour cela à travers un tamis fait en peau de chamois.

L'appareil dont on se sert pour l'injection est composé : 1° d'un tube en verre d'une longueur d'un mètre environ ; 2° d'un petit entonnoir également en verre, qui sert à verser le mercure dans le premier tube ; 3° d'un tube en caoutchouc épais adapté à l'extrémité du précédent ; 4° d'un ajutage en acier, garni d'un robinet, terminant le tube de caoutchouc ; 5° d'un petit tube de verre d'une longueur de $0^m,05$ à $0^m,08$, dont une extrémité est capillaire, tandis que l'autre doit s'adapter dans l'ajutage. Pour fixer ces deux dernières parties de l'appareil, on entoure la grosse extrémité du petit tube de verre d'un fil de soie ciré et l'on fait autant de tours qu'il est nécessaire pour que cette extrémité soit d'un diamètre légèrement plus grand que celui de l'ouverture de l'ajutage. Sappey recommande de faire creuser l'intérieur de ce dernier d'un pas de vis. Cette précaution a, en effet, l'avantage de mieux fixer le tube. On introduit le tube en lui imprimant un mouvement de rotation. Il ne resté plus qu'à s'assurer s'il est solidement fixé et s'il n'y a pas de fuite. On suspend alors l'appareil verticalement, de manière que l'extrémité capillaire du petit tube se trouve-dessous du niveau du cadavre. Grâce à la flexibilité du tube de caoutchouc, cette pointe pourra être portée dans tous les sens au gré de l'opérateur. On remplit le grand tube d'une colonne de mercure, qui variera en hauteur et par suite en pression, suivant les résultats que l'on veut obtenir. Les fortes pressions sont souvent avantageuses, mais elles ont l'inconvénient de rompre fréquemment les vaisseaux.

Si l'on veut injecter les réseaux, il faut se servir du procédé de Frommann, indiqué par Lauth. « Il fait dans la partie qu'il veut injecter une piqûre, en y glissant superficiellement la pointe d'un scalpel très-fin, de manière à y labourer dans l'espace de deux à trois lignes et sans s'appliquer à découvrir un vaisseau. Il introduit ensuite le tube dans l'ouverture qui vient d'être faite et il le maintient en place en serrant les parties sur lui au moyen de deux doigts de la main gauche. Le robinet étant ouvert, on voit de suite si le mercure pénètre dans des lymphatiques ou bien s'il s'épanche dans le tissu cellulaire ; dans le dernier cas, on recommence l'opération et, après avoir tâtonné deux ou trois fois, on vient aisément à bout d'injecter une portion du tissu capillaire lymphatique, en favorisant l'entrée du mercure au moyen de friction ou de pression que l'on exerce sur la partie que l'on injecte. »

Pour les vaisseaux, voici comment l'on opère. Si d'abord l'on a injecté les réseaux, l'origine des vaisseaux l'est également ; mais rarement le métal va bien loin. Si, au contraire, l'on veut se borner à obtenir l'injection des vaisseaux, on recherche un tronc sur le trajet que l'on connaît d'avance ; pour en faciliter la découverte, il est bon de faire sur la région des frictions avec le dos d'un scalpel, en suivant le cours de la lymphe. On incise alors la peau, et dans le tissu cellulaire sous-cutané on finit avec un peu de patience par trouver les lymphatiques. Il ne reste plus qu'à introduire dans l'intérieur du vaisseau la pointe du tube capillaire, ce qui n'est pas toujours très-facile, le lymphatique fuyant sous la pression. On ouvre le robinet et le mercure pénètre très-rapidement jusqu'au premier ganglion.

Il arrive fréquemment que l'on pique à côté et que le métal passe dans le tissu cellulaire, ce dont il est facile de s'assurer. Il faut alors recommencer l'opération. Si le mercure, alors même qu'il a pénétré dans le vaisseau, vient à s'arrêter, on peut aider sa progression par des frictions douces avec le manche d'un scalpel. On agira de même quand le métal sera arrivé dans un ganglion ; on peut alors quelquefois le voir ressortir par les vaisseaux efférents ;

plus souvent, au contraire, il s'y arrête et il faut que l'opérateur se mette à la recherche de ces derniers et les injecte directement.

Une précaution à prendre pour s'assurer que l'opération marche réellement, consiste à mettre autour du gros tube qui contient le mercure un fil destiné à marquer la hauteur initiale de la colonne métallique. On voit alors si l'injection progresse ou reste stationnaire. On le voit encore en considérant la forme de la surface supérieure du métal. Si elle est convexe, l'écoulement est arrêté; il continue au contraire à se faire si elle est concave. Si l'on voit le mercure descendre très-rapidement dans le tube, on peut être sûr qu'il s'est produit une rupture et un épanchement dans le tissu cellulaire. Il faut alors suspendre l'injection et disséquer soigneusement les vaisseaux jusqu'au point où s'est faite la rupture. Il est nécessaire quelquefois d'augmenter la pression pour faire cheminer le métal; mais il est impossible de donner pour cela une règle quelconque; l'habitude seule peut enseigner la manière dont il faut varier les pressions.

La dissection des lymphatiques se fait de deux manières : ou bien on enlève soigneusement le derme et une partie du tissu cellulo-graisseux et on laisse les vaisseaux lymphatiques appliqués sur l'aponévrose, ou bien on enlève la peau jusqu'à l'aponévrose et on la renverse, de cette façon les lymphatiques restent adhérents à la face profonde de la peau; cette seconde manière d'agir doit s'employer toujours pour les réseaux cutanés.

Il ne faut pas attacher une trop grande importance à débarrasser bien exactement les lymphatiques du tissu cellulo-graisseux qui les entoure; ce tissu devient transparent par la dessiccation, et les vaisseaux remplis de mercure apparaissent bien nettement. Il est surtout essentiel d'éviter de couper des rameaux, à cause de la facilité avec laquelle les vaisseaux se vident. La dissection se fait des radicules vers les troncs et en général parallèlement à la direction de ceux-ci.

Une fois la préparation terminée, on la fait sécher et l'on en fait une pièce de cabinet. Lauth recommande de laisser toujours ces pièces dans une position horizontale; Sappey, au contraire, donne de bonnes raisons pour les placer verticalement.

Je vais indiquer, d'après Sappey, les différents endroits où les lymphatiques de la peau sont les plus faciles à injecter, endroits auxquels il a donné le nom de *lieux d'élection.*

« 1° Sur le crâne, l'espace où l'on injecte avec le plus de facilité les réseaux s'étend depuis la suture lambdoïde jusqu'à la suture pariétale. En piquant le pavillon de l'oreille, soit sur sa face externe, soit sur sa face interne, on obtient aussi avec facilité de très-beaux réseaux. Une seule piqûre suffit pour recouvrir d'un lacis à mailles fines et serrées toute une face de ce pavillon.

« 2° Sur la face, la ligne médiane est encore le siége principal du système capillaire lymphatique. La racine, le lobe, les ailes du nez et la commissure des lèvres sont les points qu'il importe surtout de piquer.

« 3° Sur les membres, on injectera tous les lymphatiques superficiels, en piquant les doigts ainsi que les orteils sur leurs deux parties latérales, et la paume de la main ainsi que la plante du pied sur les divers points de leur surface. Pour obtenir l'injection la plus riche possible, il convient de faire dix piqûres, c'est-à-dire de piquer chacune des régions latérales des cinq doigts. La paume de la main et la plante du pied sont extrêmement difficiles à injecter, tant qu'ils sont recouverts de leur épiderme; cette membrane étant plus ou moins épaisse, le tube qui la traverse entaille une couronne qui reste apposée sur son orifice comme un bouchon et s'oppose à la sortie du mercure; il faut donc avoir soin, par des frottements convenables, d'enlever la plus grande partie de la couche épidermique. Le moyen le plus sûr et le plus facile pour l'enlever complétement est la macération; l'injection deviendra alors si facile qu'on pourra la pratiquer dans toutes les conditions et avec les appareils les plus défectueux. Le lieu d'élection pour ces régions est leur partie centrale.

CHAPITRE PREMIER

DES LYMPHATIQUES EN GÉNÉRAL (1)

Le système lymphatique est un appareil de canaux annexé au système veineux, lui rapportant des diverses parties du corps un liquide particulier, la lymphe, qui dans

(1) Beaunis, *Anatomie générale et physiologie du système lymphatique* (Thèse d'agrégation), in-4°. Strasbourg, 1863.

l'abdomen et sous certaines conditions prend des caractères spéciaux et a reçu le nom de *chyle*. Les vaisseaux lymphatiques naissent, par un mode encore peu connu, de certains tissus de l'économie, surtout des surfaces sous-épithéliales, probablement du tissu connectif, et constituent bientôt des troncs qui, après avoir traversé une ou plusieurs glandes lymphatiques, vont enfin se terminer dans les veines sous-clavières droite et gauche par deux troncs principaux, la grande veine lymphatique droite et le canal thoracique. Le liquide qu'ils renferment est clair et transparent, *lymphe*, ou encore blanc laiteux, *chyle*. La lymphe paraît être formée d'une part par les produits de transformation des tissus, et d'autre part par l'excédant du liquide transsudé des capillaires sanguins dans l'intimité des organes et non employé à la nutrition de ceux-ci.

Les vaisseaux lymphatiques ne se divisent pas, comme les vaisseaux sanguins, en système pulmonaire et système général ; les branches qui émanent des poumons se rendent dans les deux troncs communs du système lymphatique avant leur ouverture dans les veines sous-clavières.

Les vaisseaux lymphatiques rencontrent tous sur leur trajet des espèces de glandes, *ganglions*, dans lesquels ils viennent s'ouvrir et desquels émanent des vaisseaux *efférents* en nombre toujours moindre que celui des *afférents*. Cette loi est absolue, et Mascagni a dit avec raison : « que tout lymphatique traverse au moins un ganglion avant de s'ouvrir dans l'un des troncs qui terminent le système absorbant. » Pendant longtemps on a considéré ces glandes comme n'étant qu'un amas de lymphatiques enroulés, entortillés, formant un peloton de vaisseaux anastomosés entre eux. Il a fallu renoncer à cette vue de l'esprit et les considérer comme de véritables glandes lymphatiques ayant une structure spéciale, complexe, ainsi que nous le verrons plus loin.

La capacité du canal thoracique est assez faible, et paraît encore beaucoup plus petite quand on vient à la comparer à la quantité si considérable de vaisseaux lymphatiques qui naissent dans l'organisme. La lymphe chemine dans ses vaisseaux en vertu de la *vis a tergo,* qui n'est qu'un reliquat, si nous pouvons nous exprimer ainsi, de la force qui animait le liquide sanguin dans les capillaires ; plus elle s'éloigne de ces capillaires, plus son impulsion tend à décroître à cause des frottements qu'elle subit ; mais en raison même du grand nombre de convergences vers un même point, sa vitesse tend à augmenter comme celle d'une rivière dans les points où son lit se resserre. C'est sans doute là la raison de l'étroitesse du canal thoracique.

Les vaisseaux lymphatiques naissent par des capillaires, qui forment soit des *réseaux*, soit des *culs-de-sac terminaux*, comme dans les villosités intestinales par exemple.

Les *réseaux* sont soit superficiels, soit profonds. Ils sont assez irréguliers, et les mailles que circonscrivent leurs canalicules varient suivant les parties et même suivant les différents endroits des parties. Le diamètre des capillaires qui les constituent est très-variable et peut même atteindre dans la rate, d'après Teichmann, $0^m,001$ à $0^m,0015$. Quand dans les membranes et les organes on rencontre deux réseaux, l'un superficiel et l'autre profond, les capillaires du premier sont toujours plus fins que ceux du second. On a dit jusqu'ici que les réseaux lymphatiques des muqueuses et de la peau se trouvent toujours plus superficiels que les capillaires sanguins ; d'après Teichmann, il faudrait renverser la proposition et admettre que ces derniers sont plus rapprochés de la surface libre que les lymphatiques. *Nulle part les réseaux lymphatiques ne communiquent avec les capillaires sanguins.*

Les *culs-de-sacs lymphatiques* sont des canaux très-fins, dont une extrémité tournée vers l'extérieur se termine en cæcum, tandis que l'autre s'abouche profondément avec le réseau capillaire lymphatique sous-jacent. Teichmann a démontré que ces culs-de-sac n'existent pas seulement dans les villosités intestinales, mais encore dans les papilles de la peau et de la langue.

Les différents organes varient beaucoup sous le rapport de leur richesse en lymphatiques; il en est même un certain nombre dans lesquels on n'a pu encore démontrer la présence de ces vaisseaux.

Dans la *peau* se trouvent des réseaux lymphatiques (fig. 166) très-remarquables en certains points et presque nuls en d'autres. Les plus beaux sont ceux du scrotum, de la plante des pieds, de la paume des mains et de la face palmaire des phalanges. On en voit encore sur la peau du sein, sur les parties médianes du tronc et de l'abdomen, sur la peau du nez, des oreilles, des paupières, sur la peau de la verge, sur le prépuce, et en général sur la peau du pourtour des orifices naturels, où le tégument externe se continue avec l'interne. De ces réseaux partent des troncs, qui cheminent dans le tissu cellulo-graisseux sous-cutané en accompagnant les veines superficielles.

Les *muqueuses* présentent des réseaux analogues à ceux du système cutané. Leur distribution n'est pas non plus très-uniforme, en ce sens que sur certaines muqueuses les réseaux sont très-serrés, tandis que les mailles en sont plus larges sur d'autres. Nous avons déjà dit que dans les villosités intestinales et dans les papilles linguales l'on trouve des culs-de-sac et non des réseaux; mais ces culs-de-sac vont s'ouvrir dans le réseau sous-muqueux par leur extrémité. Les plus beaux réseaux que l'on trouve sur les muqueuses sont ceux du pourtour des orifices naturels, des muqueuses stomacales, intestinales, buccales, de celles de la trachée, de l'urèthre, de la surface du gland, du vagin. On a soutenu que les lymphatiques font défaut sur la muqueuse oculaire; leur existence est aujourd'hui démontrée.

Les *séreuses* sont très-riches en réseaux lymphatiques, mais de même que la peau et les muqueuses, il en est sur lesquelles ces capillaires sont très-ténus et très-rares, tandis qu'ils abondent en d'autres points, sans que l'on ait pu jusqu'à présent donner une raison plausible pour expliquer ces différences.

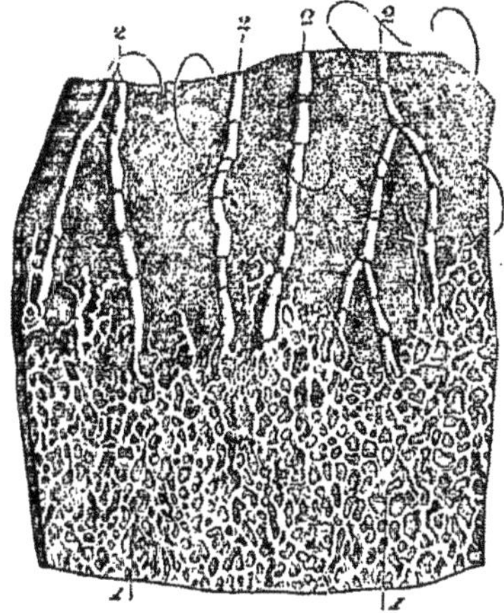

Fig. 166. — *Limphatiques de la peau* (*).

Tillmanns a démontré un réseau lymphatique très-abondant dans les lymphatiques articulaires.

Recklinghausen a appelé l'attention des observateurs sur les lymphatiques des séreuses et en particulier sur ceux de la partie du péritoine qui tapisse la face inférieure du diaphragme; nous y reviendrons en nous occupant de l'origine des capillaires lymphatiques.

Les *fibreuses* fournissent également quelques troncules lymphatiques, sans que cependant on ait pu y découvrir des réseaux. Ludwig et Schweigger-Seidel ont étudié les lymphatiques des aponévroses et des tendons. Ils forment, d'après eux, des réseaux à mailles allongées suivant l'axe du membre, réunies par des branches transversales, *réseaux en échelles*. Les troncules qui en partent accompagnent les veinules et sont dépourvus de valvules. — Budge a décrit récemment un système lymphatique osseux, entourant le vaisseau du canalicule de Havers et aboutissant au tronc du périoste.

Les *lymphatiques des muscles* n'ont pas été suffisamment étudiés.

Les *centres nerveux* ne paraissent pas non plus fournir des vaisseaux lymphatiques. Tous ceux qui ont été décrits jusqu'à présent nous semblent provenir des méninges ou des gaînes des vaisseaux.

Wirchow et Robin ont signalé des espaces lymphatiques entre la tunique musculaire et la tunique adventice des *vaisseaux*. His en a signalé en dehors de ceux-ci, dans la tunique adventice elle-même. Il semble que ces derniers n'ont qu'un rôle de réservoir pour le trop-plein, tandis que les premiers seraient les voies lymphatiques régulières.

Dans certains organes, dans le cerveau (Ch. Robin), dans la rate (Tomsa), le mésentère (Ranvier), etc., les capillaires sont entourés d'une espèce de canal adventice, dans l'intérieur duquel se trouve un liquide analogue à la lymphe. Les capillaires sanguins

(1) 1) Réseau lymphatique cutané. — 2, 2, 2, 2) Troncs partant de ce réseau et passant dans le tissu cellulo-graisseux sous-cutané.

sont par rapport à cette gaîne lymphatique comme l'artère carotide interne par rapport au sinus caverneux.

Les *glandes* fournissent de très-nombreux lymphatiques, qui forment à l'entour de leurs lobules des réseaux remarquables; ces réseaux émettent des branches, dont les unes gagnent la périphérie de la glande, tandis que les autres suivent les canaux excréteurs.

Les *glandes vasculaires sanguines* donnent également de nombreux lymphatiques, disposés sur deux plans dans quelques-unes, et ne formant que des vaisseaux profonds dans d'autres.

De même que les veines, les *troncs lymphatiques* sont disposés dans le corps en deux séries : les uns cheminent dans le tissu cellulo-graisseux sous-cutané et accompagnent les veines superficielles; les autres sont sous-aponévrotiques et suivent le trajet des vaisseaux sanguins. Les lymphatiques profonds sont en général accolés aux artères et aux veines, mais ils restent plus externes que celles-ci.

Les vaisseaux lymphatiques sont rarement sinueux ; presque toujours ils marchent en direction rectiligne et restent assez sensiblement parallèles les uns aux autres. Nous avons insisté sur la convergence des lymphatiques du corps en deux troncs principaux d'un calibre assez étroit, et nous avons ajouté quelques considérations physiologiques qui découlent de cette disposition. Cette tendance à la convergence n'est exacte que pour la terminaison de ces vaisseaux dans le canal thoracique et la veine lymphatique droite ; elle est beaucoup moins sensible pour les vaisseaux pris isolément, surtout avant leur ouverture dans les ganglions. En un mot, les lymphatiques superficiels du membre inférieur, par exemple, ne se réunissent pas comme les veines en deux vaisseaux uniques, mais forment, au contraire, une trentaine de petits troncs qui s'ouvrent isolément dans les ganglions inguinaux. Les anastomoses sont donc beaucoup moins fréquentes dans le système lymphatique que dans les vaisseaux sanguins. On n'y trouve guère que des *anastomoses par bifurcation*, formées par une branche unique, qui se divise en deux rameaux allant s'ouvrir dans deux vaisseaux voisins. On voit encore assez fréquemment un tronc se diviser en deux branches, qui se reconstituent un peu plus loin. Ce que nous disons ici ne se rapporte qu'aux vaisseaux lymphatiques proprement dits et non à leurs capillaires, qui, dans les réseaux, s'anastomosent de mille et mille manières.

Fig. 167. — *Valvules des vaisseaux lymphatiques.*

L'accroissement de calibre des vaisseaux lymphatiques ne se fait pas graduellement, mais par segments successifs correspondant à l'intervalle de deux valvules, ce qui leur donne un aspect noueux; cette augmentation de volume n'est du reste jamais portée très-loin, et dans l'état physiologique le calibre reste stationnaire dès qu'il a atteint $0^m,001$ à $0^m,002$.

On a cherché souvent, mais infructueusement, des communications entre le système lymphatique et le système veineux en d'autres points qu'à l'embouchure du canal thoracique et de la veine lymphatique droite. Malgré toutes les autorités que l'on a prétendu invoquer à l'appui de ces recherches, nous devons, jusqu'à présent, considérer ces communications comme illusoires.

Les vaisseaux lymphatiques présentent dans leur intérieur, de distance en distance et à des intervalles pouvant varier de $0^m,002$ à $0^m,015$, des replis ou valvules (fig. 167). Ces valvules sont habituellement disposées par paires et se correspondent d'une paire à l'autre, de façon à former dans toute la longueur du vaisseau deux séries parallèles; elles ont la forme d'un croissant, dont le bord libre, mince, tranchant, concave, est dirigé du côté du cœur; leur bord adhérent, plus épais, correspond à l'étranglement extérieur du vaisseau. On en a trouvé qui ne présentaient pas cette forme typique et qui étaient constituées par une sorte de diaphragme simple, percé d'un orifice central ; ce n'est là qu'une disposition exceptionnelle, car l'accolement des valvules se fait en général de façon à empêcher tout à fait le reflux de la lymphe. A l'abouchement du canal thoracique dans la sous-clavière, on rencontre presque toujours une paire de valvules s'opposant à l'entrée du sang dans le canal; cependant quelques auteurs n'en admettent qu'une, et Sappey, sur trois cas, l'a trouvée remplacée par de simples filaments tout à fait insuffisants pour empêcher le reflux du sang.

Structure des vaisseaux lymphatiques et de leurs capillaires. — La structure des *vaisseaux lymphatiques* se rapproche beaucoup de celle des veines et, sauf le canal thoracique, ils présentent tous à peu près les mêmes éléments constitutifs, abstraction faite de la minceur de leurs tuniques. Ils sont constitués par : 1° une tunique interne composée d'une couche simple de cellules épithéliales fusiformes, identiques à celles des vaisseaux sanguins, et doublée à sa surface externe d'une membrane réticulée simple, à fibres longitudinales, qui n'existe peut-être pas sur tous les vaisseaux lymphatiques ; 2° une tunique moyenne de fibres musculaires lisses, transversales, mélangée de quelques fibres élastiques fines ; 3° une tunique externe ou adventice, formée par du tissu connectif à fibres longitudinales et par des réseaux épars de fibres élastiques fines; elle présente, en outre, assez souvent des fibres musculaires lisses obliques ou longitudinales, dont la présence, d'après Kölliker, peut servir à les distinguer des petites veines. Le canal thoracique a, de plus, quelques couches supplémentaires de lames striées, qui le rapprochent de la structure des veines de moyenne grosseur.

Quant aux *capillaires lymphatiques*, nous avons vu que leur calibre ne peut servir utilement à les distinguer des vaisseaux lymphatiques proprement dits; le meilleur moyen pour les en différencier serait, d'après Teichmann, l'absence des valvules. Leur structure est encore un sujet de controverse entre les micrographes; les uns, en effet, leur accordent une paroi propre, soudée en certains points au tissu ambiant et tapissée ou non d'un endothélium. Une école opposée ne leur accorde pas de paroi et pense qu'ils sont uniquement formés par de simples trajets creusés dans les tissus. Il en est de même des culs-de-sac lymphatiques des villosités intestinales.

Origine des radicules lymphatiques (1). — Les réseaux et les culs-de-sac sont-ils les origines réelles des lymphatiques? ou ne sont-ils que les aboutissants de radicules multipliées plongeant plus profondément dans l'intimité des tissus? Telle est la question qui occupe toute l'école micrographique moderne. Pour la plupart des histologistes, ce n'est que dans les tissus connectifs qu'il faut chercher ces origines. Il a été dit plus haut que le tissu connectif contient dans son intérieur des petites fentes, des lacunes ou des espaces de grandeur variable, creusés dans l'intimité du tissu. Ce serait là l'origine des radicules lymphatiques, et ce qui surtout milite en faveur de cette manière de voir, c'est que dans ces lacunes se trouvent des noyaux identiques aux globules de la lymphe.

Ces lacunes sont-elles, comme le pensait Virchow, des cellules plasmatiques à prolongements ramifiés; sont-elles de simples espaces tapissés d'un endothélium, comme tendraient à le faire admettre les travaux de Recklinghausen ; ou ont-elles une paroi propre? c'est ce que des recherches ultérieures nous apprendront.

Recklinghausen fit, en 1862, des études remarquables sur l'absorption de la graisse et se servit du péritoine diaphragmatique du lapin. Il arriva à la conclusion suivante : « Les vaisseaux lymphatiques superficiels de la face péritonéale du centre phrénique communiquent avec la cavité abdominale par des ouvertures ayant environ deux fois le diamètre des globules rouges du sang. Ces ouvertures sont disposées entre les cellules épithéliales dans les points où plusieurs d'entre elles sont contiguës. » Ludwig et Schweigger-Seidel confirmèrent en partie ces résultats. His les appuya de son côté par ses travaux sur la tunique vaginale. Ranvier constata d'autre part la communication entre la cavité du péritoine et la grande citerne lymphatique de la grenouille. D'après

(1) Sappey (*Union médicale*, 1874) s'est servi, pour étudier le système lymphatique, d'un procédé nouveau qu'il ne fait pas connaître : il est donc impossible de contrôler ses assertions. D'après lui, les vaisseaux lymphatiques, à leur origine, communiquent avec des capillaires sanguins, forment ensuite des réseaux de capillicules et de lacunes, d'où partent les troncs lymphatiques.

Löven, l'épithélium de la muqueuse stomacale peut être traversé par des liquides et même par des corps solides finement divisés, tels que la graisse moléculaire, qui pénétreraient alors directement dans les espaces lymphatiques immédiatement placés sous la couche épithéliale. La science tend donc de plus en plus à en revenir à admettre l'existence des bouches absorbantes.

Ganglions lymphatiques. — Les ganglions lymphatiques (fig. 168) qui seraient appelés *glandes lymphatiques*, sont de petits organes situés sur le trajet des vaisseaux lymphatiques. Leur nombre, qu'on a évalué à 6 ou 700, varie en réalité dans de telles limites que ces chiffres ont à peine la valeur d'une approximation. Quelquefois isolés, plus souvent réunis par groupes, les ganglions sont situés dans les régions riches en tissu cellulaire (aine, aisselle, etc.). Ils sont tantôt sous-cutanés, tantôt sous-aponévrotiques, occupent en général dans les membres le côté de la flexion, et sont groupés dans les grandes cavités viscérales autour des troncs vasculaires pariétaux ou viscéraux. Leur forme est ovoïde, aplatie, arrondie, etc., suivant la situation qu'ils occupent et les conditions de pression auxquelles ils sont soumis; leur volume peut varier depuis la grosseur d'une tête d'épingle jusqu'à celle d'un haricot, et diminuer depuis l'enfance jusqu'à la vieillesse, sans arriver jamais à une atrophie complète. Ils ont une consistance assez ferme, une couleur rougeâtre, modifiée du reste dans les diverses régions : rose vif dans les ganglions sous-cutanés, brune dans ceux de la rate, rose pâle dans les ganglions mésentériques, sauf au moment de la digestion, où elles sont blanchâtres, enfin blanche ou noire dans les ganglions bronchiques.

Les ganglions ne sont pas formés par les lymphatiques enroulés et entortillés sur eux-mêmes ; leur structure complexe n'a été élucidée que depuis 1850. Cependant quelques-uns d'entre eux paraissent n'être que des pelotons de vaisseaux. Gerber a décrit cette variété de ganglions sous le nom de *fausses glandes;* il en existerait, d'après lui, surtout à la périphérie et, d'après Teichmann, dans la cavité pectorale et abdominale.

Outre une enveloppe tout à fait extérieure de tissu connectif, chaque ganglion présente à la coupe deux substances : l'une corticale molle rougeâtre ou jaune grisâtre, d'un aspect granuleux dû à de fines granulations grises contenues dans des espèces de loges ou alvéoles; l'autre médullaire gris rougeâtre, spongieuse, sans structure alvéolaire. Si ces deux substances varient d'aspect, leur constitution histologique est cependant la même, seulement leurs éléments sont disposés d'une autre manière.

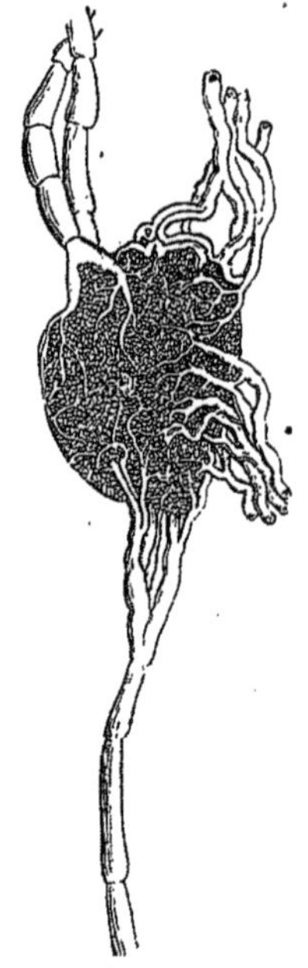

Fig. 168. — *Ganglion lymphatique.*

Nous allons résumer l'état actuel de nos connaissances sur la structure des ganglions.

Tout ganglion se compose d'une charpente de tissu connectif, dans laquelle se trouvent, ainsi que l'a démontré O. Heyfelder, des fibres musculaires lisses. Cette charpente prend ses points d'appui sur l'enveloppe extérieure et se présente sous deux formes distinctes dans les deux substances corticale et médullaire du ganglion. Dans la première, elle forme des loges, des vacuoles, *alvéoles*, communiquant les unes avec les autres ; dans la seconde, au contraire, les alvéoles se sont allongées, étirées, et ont pris la forme de petits tubes qui communiquent avec les alvéoles et entre eux. Dans chaque alvéole se trouve un parenchyme constitué par des globules analogues à ceux de la lymphe et un entre-croisement de trabécules extrêmement fines, appartenant à cette forme du tissu connectif que l'on a désignée sous le nom de *tissu réticulaire* ou *adénoïde*. Le réticulum formé par ces trabécules constitue, à la périphérie de chaque alvéole, des petites loges plus grandes appelées *sinus lymphatiques*, et, au centre, des mailles beaucoup plus petites remplies comme celles de la périphérie de globules lymphatiques et désignées sous le nom de *pulpe centrale*. Chaque petit tube de la substance médullaire du ganglion, appelé *cordon médullaire*, présente également, malgré son étroitesse, des sinus lymphatiques périphériques et une pulpe centrale. Comme nous avons dit plus haut que les alvéoles et les tubes formés par la charpente connective communiquent ensemble, il est aisé de comprendre que les sinus lymphatiques des alvéoles et des cordons médullaires communiquent également et qu'il en est de même pour la pulpe centrale.

Ce qui, outre la disposition histologique des parties, différencie le plus la pulpe centrale des sinus lymphatiques, c'est que c'est à la première que se rendent uniquement les artérioles qui aboutissent au ganglion, et que c'est dans les seconds que viennent se terminer les lymphatiques afférents, comme c'est d'eux que partent les efférents.

On a décrit également des nerfs qui aboutissent aux ganglions lymphatiques ; ils proviennent du grand sympathique.

Les follicules clos de l'intestin paraissent n'être que des ganglions lymphatiques rudimentaires, en ce sens que chaque follicule est analogue à une alvéole isolée des ganglions. Les plaques de Peyer sont considérées comme des ganglions étalés en surface.

Nous devons dire que, d'après Teichmann, la description que nous venons de donner ne s'applique qu'aux ganglions les plus compliqués ; il existe, d'après lui, chez l'homme et chez les animaux, une transition régulière entre les fausses glandes de Gerber, qui ne sont que des enroulements de lymphatiques, et les ganglions tels que nous venons de les décrire ; ceux du jarret et de l'épitrochlée sont, dit-il, des intermédiaires entre ces deux extrêmes.

CHAPITRE II

DES LYMPHATIQUES EN PARTICULIER

Les vaisseaux lymphatiques viennent tous s'aboucher dans l'angle de réunion des veines sous-clavières avec les jugulaires internes par deux troncs distincts, le *canal thoracique* et la *grande veine lymphatique droite*. Le premier ramène au système sanguin la lymphe et le chyle de toute la partie sous-diaphragmatique du corps, de la moitié gauche du diaphragme du cœur, du poumon gauche, du membre supérieur gauche, de la moitié gauche du cou et de la tête, ainsi que ceux de la moitié gauche du thorax. La grande veine lymphatique droite s'abouche dans la sous-clavière de son côté et ramène la lymphe de la moitié correspondante du thorax, du poumon droit, de la moitié droite du diaphragme, de la moitié droite de la tête et du cou.

Ainsi que l'a fait remarquer Meyer, de Zurich, chacun de ces deux troncs peut être considéré comme formé de quatre branches, dont l'une originelle, les trois autres accessoires. La première est située le long du rachis à droite et à gauche, les trois autres sont l'une antérieure, le *tronc mammaire*, correspondant à la partie antérieure de la poitrine, la seconde externe, le *tronc brachial*, la troisième descendante, le *tronc jugulaire*. Nécessairement, en raison même de ce que nous avons dit, la branche d'origine du côté gauche est plus longue et plus volumineuse que celle du côté droit, tandis que les trois autres ont le même volume et le même trajet.

Nous étudierons successivement les lymphatiques qui sont communs aux deux troncs terminaux, puis ceux qui vont former le canal thoracique, et enfin nous terminerons par la description de ce dernier canal et de la veine lymphatique droite.

ARTICLE I. — LYMPHATIQUES COMMUNS AUX DEUX TRONCS TERMINAUX

§ I. — Ganglions de la tête et du cou, lymphatiques qui s'y rendent.

Les ganglions lymphatiques forment au cou et à la tête une chaîne non interrompue dont le siége principal est au-dessous du muscle sterno-mastoïdien, le long des vaisseaux veineux du cou. Ils remontent ainsi jusqu'à la base du crâne et se relient à de petits groupes situés les uns au-dessous et autour de la glande sous-maxillaire, *ganglions sous-maxillaires* (fig. 169, 8), les autres au-devant du pavillon de l'oreille et dans l'intérieur de la glande parotide, *ganglions parotidiens;* d'autres en arrière et au-dessous de l'oreille et à la partie supérieure de la nuque, *ganglions sous-occipitaux* (fig. 169, 6). La grande chaîne ganglionnaire principale du cou a été divisée elle-même d'une manière assez arbitraire en ganglions cervicaux supérieurs et ganglions cervicaux inférieurs (fig. 169, 6). Les plus élevés d'entre eux sont situés le long des parois du pharynx et arrivent jusqu'au niveau de l'aponévrose buccinato-pharyngienne; on leur donne quelquefois le nom de *ganglions faciaux profonds.*

Tous les vaisseaux lymphatiques de la tête et du cou viennent aboutir à ces ganglions.

Les *lymphatiques des téguments de la tête et du crâne* peuvent être divisés en trois groupes, *antérieur, latéral* et *postérieur.*

Le premier groupe comprend les *lymphatiques superficiels de la face et de la région frontale ainsi que ceux des lèvres.* Les lymphatiques des téguments de la face et ceux des paupières naissent par des réseaux, qui se réunissent en troncs, dont les uns se dirigent en bas et en dehors pour aboutir aux ganglions sous-maxillaires, tandis que les autres, de même que ceux qui émanent de la région frontale, se portent en dehors et en arrière pour gagner les ganglions parotidiens. Les lymphatiques des lèvres forment d'abord un réseau extrêmement ténu et très-riche, et se divisent en troncs antérieurs, qui suivent les vaisseaux de la face, et en troncs postérieurs ou sous-muqueux, qui aboutissent aux ganglions sous-maxillaires après avoir traversé les attaches des muscles carré et triangulaire.

Le groupe latéral ou de la région temporale comprend *les lymphatiques de la partie correspondante du cuir chevelu et ceux du pavillon de l'oreille,* Les premiers descendent de haut en bas et s'ouvrent les uns dans les ganglions parotidiens, les autres dans les ganglions sous-occipitaux les plus antérieurs. Le pavillon de l'oreille est recouvert d'un réseau fort remarquable qui le tapisse tout entier ainsi que le lobule; les troncs qui en partent se réunissent aux précédents pour s'ouvrir dans les mêmes ganglions.

Le groupe postérieur est formé par les *lymphatiques de la région occipitale,* qui se portent de haut en bas, puis d'arrière en avant, et s'ouvrent dans les ganglions sous-occipitaux.

Les ganglions sous-maxillaires et sous-occipitaux se réunissent aux ganglions cervicaux supérieurs par des troncs qui accompagnent les branches de la veine jugulaire externe. Les ganglions parotidiens aboutissent soit directement aux ganglions profonds, soit aux ganglions sous-maxillaires.

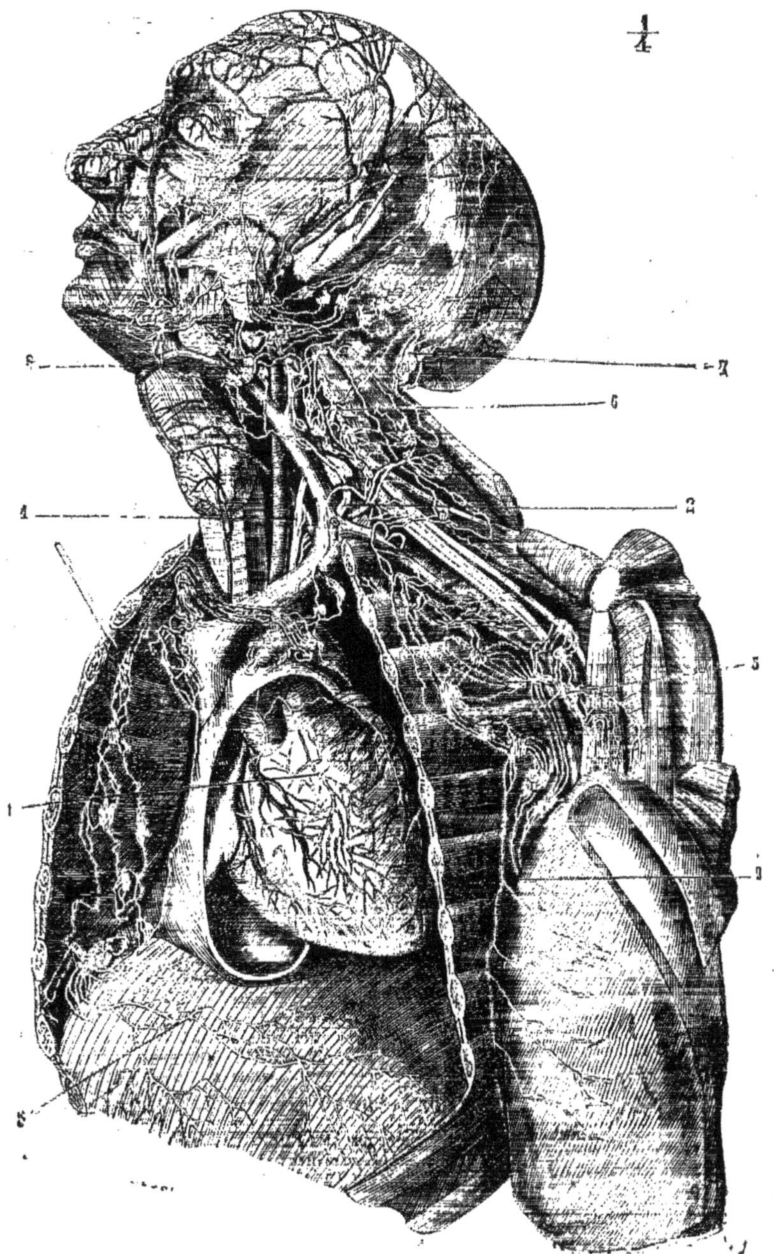

Fig. 160. — *Lymphatiques de la tête, du cou, de la partie supérieure du tronc et du cœur* (*).

(*) 1) Canal thoracique. — 2) Son embouchure dans le confluent des veines jugulaire interne et sous-clavière gauches. — 3) Lymphatiques de la face pleurale du diaphragme. — 4) Lymphatiques du cœur. — 5) Ganglions axillaires. — 6) Ganglions cervicaux. — 7) Ganglions sous-occipitaux. — 8) Ganglions sous-maxillaires. — 9) Lymphatiques des parois du thorax allant aboutir aux ganglions thoraciques et axillaires. (D'après Mascagni.)

Les *lymphatiques profonds du crâne* accompagnent les uns les veines méningées moyennes, les autres l'artère carotide ou la jugulaire interne, et sortent par les trous sphéno-épineux, carotidien ou déchiré postérieur pour se jeter dans les ganglions faciaux profonds. Ceux qui viennent des cavités orbitaire et nasale arrivent dans la fosse ptérygo-palatine par la fente sphénoïdale et le trou sphéno-palatin, et se jettent dans les mêmes ganglions. Il en est de même de ceux de la voûte palatine, du voile du palais et des gencives. Les *lymphatiques de la langue* forment sur le dos et les parties latérales de cet organe un réseau compliqué dont les mailles sont très-étroites et les canaux très-grêles. De ces réseaux partent des troncs qui se dirigent les uns en avant et en bas, les autres en arrière et latéralement; les premiers se jettent dans les ganglions sous-maxillaires, les derniers dans les ganglions cervicaux les plus supérieurs. Il est à remarquer que le réseau dorsal est surtout développé autour des papilles caliciformes.

Les *vaisseaux lymphatiques superficiels du cou* se jettent dans les ganglions cervicaux inférieurs. Les *lymphatiques du corps thyroïde* sont très-nombreux et très-développés; on peut les diviser en deux groupes, les supérieurs qui se jettent dans les ganglions cervicaux supérieurs, et les inférieurs qui aboutissent aux ganglions cervicaux inférieurs. Les vaisseaux blancs qui partent du larynx et des parties latérales du pharynx vont aux ganglions cervicaux supérieurs ; ceux qui émanent de la portion cervicale de l'œsophage et de la trachée se déversent dans les ganglions cervicaux inférieurs. Quelques lymphatiques accompagnent toujours l'artère et la veine vertébrales, ils aboutissent aux mêmes ganglions.

Des ganglions cervicaux partent des vaisseaux afférents, qui vont à droite dans la grande veine lymphatique et à gauche dans le canal thoracique.

§ II. — Ganglions axillaires, et lymphatiques qui s'y rendent.

A la racine du membre supérieur se trouve un grand nombre de ganglions, qui forment quelques groupes reliés entre eux. Ce sont les ganglions axillaires, situés au fond même l'aisselle ; les ganglions sous-claviculaires, que l'on rencontre dans la fosse sous-claviculaire au-dessous des attaches claviculaires du grand pectoral et du deltoïde ; les ganglions thoraciques, placés le long du bord antérieur de l'aisselle; les ganglions sous-scapulaires, situés au-dessous de l'omoplate le long du bord postérieur de l'aisselle.

A ces ganglions aboutissent tous *les lymphatiques du membre supérieur, de la partie supérieure et latérale du thorax et ceux de la mamelle.*

A. Les *lymphatiques des parties latérales du thorax* peuvent être divisés en antérieurs et en postérieurs.

Les premiers, nés des téguments de la région, remontent sur la face latérale du muscle grand dentelé et arrivent aux ganglions thoraciques ; on en voit toujours quelques-uns qui remontent directement aux ganglions sous-claviculaires. Les lymphatiques postérieurs de cette région comprennent ceux de la partie supérieure des lombes, du dos et de la partie inférieure de la nuque; ils convergent tous vers le bord du muscle grand dorsal et vont s'ouvrir dans les ganglions sous-scapulaires.

B. Les *lymphatiques de la mamelle* naissent, soit de la peau et surtout de l'aréole, soit de la glande elle-même et de ses lobules. Les premiers se réunissent en formant un réseau délicat qui entoure le mamelon et l'aréole; de là ils se portent en bas et en dedans vers le pourtour de la mamelle et forment plusieurs troncs, auxquels viennent se joindre les lymphatiques profonds. Ces troncs remontent le long des parois du thorax et viennent s'ouvrir dans les ganglions axillaires. Cette disposition anatomique explique l'engorgement de ces ganglions dans les affections du sein.

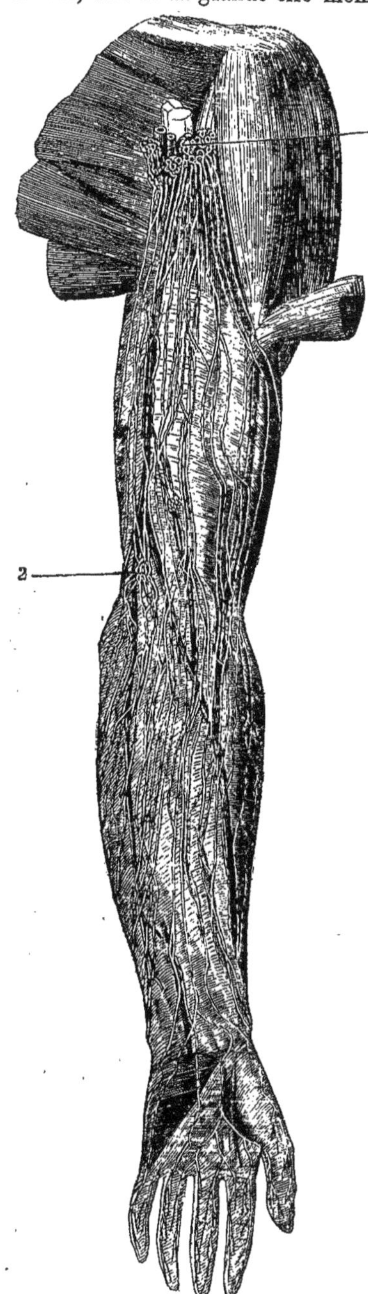

Fig. 170. — *Lymphatiques du membre supérieur* (*).

C. Les *lymphatiques du membre supérieur* se divisent en superficiels et profonds.

Les premiers naissent de toute la surface cutanée du membre et surtout de la peau des doigts. Ils forment sur la face palmaire des doigts un réseau très- serré, surtout au niveau de la phalangette, dont les mailles s'élargissent en se rapprochant de la paume de la main. Ce réseau fournit des ramuscules qui se portent en arrière et en haut sur les côtés latéraux de chaque doigt et constituent ainsi un ou deux troncs collatéraux internes et externes du doigt. Dans les espaces interdigitaux, ces troncs passent sur la face dorsale de la main, s'anastomosent et arrivent au poignet. Ils se divisent alors en deux groupes, dont les uns suivent les veines radiales, les autres les veines cubitales. Ces deux groupes sont donc, le premier antérieur et externe, le second antérieur et interne.

Au niveau du pli du coude, il vient s'y joindre un groupe médian qui part de la paume de la main et suit la veine médiane. Les lymphatiques enlacent alors la face antérieure et les bords externe et interne de l'avant-bras. Ceux qui suivent le bord cubital rencontrent ordinairement au-dessus de l'épitrochlée un ganglion *sus-épitrochléen* (fig. 170, 2), souvent double,

(*) 1) Ganglions axillaires. — 2) Ganglions épitrocléens. — (D'après Mascagni).

et continuent à remonter jusqu'aux ganglions axillaires. Les lymphatiques moyens et externes remontent également, se rassemblent de plus en plus et gagnent successivement la face interne du bras pour se jeter également dans les ganglions axillaires. On en voit quelquefois un ou deux qui longent la veine céphalique et aboutissent aux ganglions sous-claviculaires. D'après Aubry, de Rennes, cité par Sappey, on trouverait exceptionnellement dans cet interstice celluleux un, deux ou trois petits ganglions qui se relieraient aux ganglion ous-clavic ulaires.

Les lymphatiques profonds du membre supérieur suivent le trajet des différents vaisseaux et se terminent dans les ganglions de l'aisselle. On trouve quelquefois sur leur parcours, à l'avant-bras, un ou plusieurs ganglions d'un petit volume ; au bras on en rencontre beaucoup plus souvent trois ou quatre de la grosseur d'une lentille.

Les vaisseaux afférents des ganglions axillaires forment un ou plusieurs troncs, qui aboutissent à gauche dans le canal thoracique et à droite dans la grande veine lymphatique.

§ III. — Ganglions sternaux et médiastinaux antérieurs. et lymphatiques qui s'y rendent.

Sur la face interne du sternum, le long de l'artère mammaire interne, se trouvent quelques ganglions lymphatiques qui forment le groupe des *ganglions sternaux ;* ils se relient à quelques autres ganglions situés sur la partie antérieure de la face supérieure du diaphragme, au devant du péricarde, et sur la face antérieure des gros vaisseux ; on les désigne sous le nom de *ganglions médiastinaux antérieurs.* Ces deux groupes communiquent ensemble et reçoivent :

1° Les *lymphatiques qui suivent les vaisseaux sanguins mammaires internes.* Ils tirent leur origine de la partie médiane de la paroi antérieure de l'abdomen située au-dessus de l'ombilic, et de la partie des parois du thorax à laquelle se distribuent les vaisseaux mammaires internes. Ils traversent les attaches antérieures du diaphragme sur les côtés de l'appendice xiphoïde.

2° Les *lymphatiques de la partie antérieure de la face convexe du foie,* qui se dirigent vers le ligament suspenseur, pénètrent dans la poitrine en traversant la partie antérieure des attaches du diaphragme et vont se jeter dans les ganglions médiastinaux antérieurs.

3° Les *lymphatiques antérieurs et médians du diaphragme,* qui viennent bientôt s'aboucher dans les ganglions mammaires internes.

4° Les *lymphatiques du péricarde*, dont quelques-uns, les plus élevés, se rendent aux ganglions bronchiques.

5° Les *lymphatiques du cœur* (fig. 169, 4). — On peut les diviser, comme les artères dont ils suivent le trajet, en coronaires antérieurs et coronaires postérieurs. Les premiers longent le sillon interventriculaire antérieur et la moitié gauche du sillon interauriculo-ventriculaire, se joignent au niveau de l'infundibulum et cheminent le long de l'artère pulmonaire pour se jeter dans les ganglions médiastinaux antérieurs. Les seconds longent l'artère coronaire postérieure et se réunissent en deux ou trois troncs, qui cheminent sur la face antérieure du tronc aortique pour se jeter dans les mêmes ganglions.

6° Les *lymphatiques du thymus*, qui rejoignent les vaisseaux blancs mammaires internes.

§ IV. — Ganglions médiastinaux postérieurs et bronchiques, et lymphatiques qui s'y rendent.

Les vaisseaux efférents de cette chaîne ganglionnaire forment un tronc assez court qui s'ouvre par une ou plusieurs branches dans le canal thoracique à gauche et dans la grande veine lymphatique à droite.

Les ganglions lymphatiques forment dans le médiastin postérieur, le long de l'œsophage et de l'aorte, un groupe désigné sous le nom de *ganglions médiastinaux postérieurs*. Ils sont en relation avec des ganglions plus petits logés dans la partie la plus reculée des espaces intercostaux. Ils communiquent encore avec les ganglions bronchiques, volumineux et nombreux, situés au niveau de la bifurcation de la trachée et le long de la racine des bronches. Les ganglions bronchiques sont très-remarquables par leur coloration noire et la fréquence de leurs altérations tuberculeuses ou caséeuses.

Les *lymphatiques des parois du thorax* ou *lymphatiques intercostaux* suivent les artères intercostales, viennent s'ouvrir dans les ganglions situés à la partie postérieure des espaces qu'ils parcourent, et vont de là, les uns dans les ganglions médiastinaux postérieurs, les autres directement dans le canal thoracique.

Des parois de l'œsophage partent également des vaisseaux qui vont s'ouvrir dans les ganglions médiastinaux postérieurs. Il s'y joint ordinairement deux vaisseaux assez volumineux, qui rampent sur les parties latérales et postérieures de la face convexe du diaphragme.

Les *lymphatiques du poumon* peuvent être divisés en superficiels et profonds. Les premiers naissent soit de la plèvre viscérale, soit de la base des lobules pulmonaires et arrivent à la superficie. Ils y forment des vaisseaux très-déliés, dont les canaux sont comme variqueux en certains points. Ces varicosités ont été considérées comme normales par Jarjavay et comme pathologiques par Sappey. De ces réseaux sus-lobulaires partent des rameaux qui vont se jeter dans les ganglions bronchiques.

Les lymphatiques pulmonaires profonds partent du sommet du lobule, ainsi que, probablement, de la muqueuse des bronches et se dirigent vers la radicule bronchique qu'ils entourent. Ils forment un réseau remarquable communiquant avec le réseau sus-lobulaire, ce qui fait qu'on peut aisément les injecter l'un par l'autre. Les troncules qui en partent sont assez nombreux, suivent les canaux aériens et les vaisseaux sanguins et vont se jeter d'abord dans les ganglions que l'on trouve le long des bronches, dans l'intérieur même du parenchyme pulmonaire, puis de là dans les ganglions bronchiques. D'après Jarjavay, les lymphatiques profonds du poumon sont remarquables par le peu de développement de leurs valvules, ce qui permet de les injecter de leur terminaison à leur origine. Grancher décrit pour le poumon : 1° les lymphatiques entourant le lobule pulmonaire, de telle sorte que ce petit système aérien est plongé dans une espèce de sac lymphatique ; 2° des gaines lymphatiques entourant les artérioles et les veinules. Ces deux espèces de lymphatique aboutissent l'une à l'autre et les différents systèmes lobulaires communiquent entre eux. Il en résulte que si dans le poumon les anastomoses des vaisseaux sanguins sont très-rares d'un lobule à l'autre, les lymphatiques établissent, au contraire, des communications très-faciles entre tous les districts pulmonaires.

Des ganglions médiastinaux postérieurs et des ganglions bronchiques partent des rameaux assez considérables qui vont se jeter en partie dans le canal thoracique et en partie dans la grande veine lymphatique droite. Il est à remarquer que ce ne sont que les lymphatiques émanés de la partie supérieure du poumon droit qui se rendent dans cette dernière, ceux de la partie inférieure de l'organe vont au canal thoracique. On trouve, du reste, de fréquentes exceptions à cette règle.

Ces rameaux forment des troncs broncho-médiastinaux qui, d'après Meyer, de Zurich, peuvent être considérés comme les troncs d'origine des deux branches terminales du système lymphatique. Ils sont situés le long des côtés latéraux du rachis et reçoivent, à droite, les troncs jugulaire, axillaire et mammaire interne du même côté. La réunion de ces quatre vaisseaux forme, d'après lui, la grande veine lymphatique droite. Il en est de même à gauche, seulement le canal thoracique venant s'y joindre, et son calibre étant de beaucoup supérieur à celui du tronc broncho-médiastinal gauche, on dit que ce dernier se jette dans le canal thoracique.

§ V. — Ganglions sus-aortiques, et lymphatiques qui s'y rendent.

On trouve au devant de l'aorte abdominale un très-grand nombre de ganglions lymphatiques, qui s'étendent du bord supérieur du pancréas à la bifurcation de l'aorte, ce sont les *ganglions sus-aortiques*. A ce groupe principal se rattachent des ganglions accessoires, appartenant en propre à chaque organe ou annexe du tube digestif et situés entre les feuillets du péritoine. Ce sont les ganglions stomacaux placés au niveau de la grande et de la petite courbure de l'estomac, entre les lames de l'épiploon ; les ganglions spléniques que l'on trouve dans l'épiploon gastro-splénique, ceux du foie entre les lames de l'épiploon gastro-hépatique, et enfin les ganglions mésentériques entre les deux feuillets du mésentère et des méso-côlons.

Lymphatiques de l'estomac. — Ils sont superficiels ou profonds. Les premiers forment sous la séreuse un plexus à branches variqueuses d'après Bonamy, qui donnent naissance à des troncules, dont la direction est perpendiculaire à l'axe de l'estomac. Ils vont aboutir aux ganglions assez petits que l'on trouve le long des deux courbures de l'organe.

Les seconds forment également un réseau sous-muqueux très compliqué dont les rameaux et les troncules gagnent la superficie de l'estomac et suivent le trajet des artères. D'après Löven, les lymphatiques profonds de l'estomac forment deux réseaux : l'un superficiel, par rapport à la cavité stomacale, l'autre sous-glandulaire, communiquant ensemble par des canaux verticaux anastomosés entre eux. Le réseau superficiel se continue d'après lui jusque sous l'épithélium par des espaces sans parois indépendantes. Les lymphatiques qui longent l'artère coronaire stomachique vont aux ganglions de la petite courbure; ceux qui suivent la gastro-épiploïque gauche se jettent dans les ganglions spléniques; ceux qui accompagnent l'artère gastro-épiploïque droite vont aux ganglions hépatiques.

Lymphatiques des intestins. — Ceux de l'intestin grêle sont désignés plus spécialement sous le nom de *chylifères* et sont beaucoup plus nombreux que ceux qui partent du gros intestin. Ils forment toujours un double plan superficiel et profond. Le premier est sous-séreux et constitue un réseau à mailles allongées, dont les branches sont variqueuses. De ce réseau partent des troncules, qui bientôt se dirigent perpendiculairement à l'axe de l'intestin et arrivent dans le mésentère.

Le plan profond ou sous-muqueux naît des villosités intestinales, dans l'intérieur de chacune desquelles on trouve un petit troncule terminé en cul-de-sac. Ce petit rameau gagne le tissu sous-muqueux, passe entre les fibrilles de la tunique musculeuse et arrive enfin entre les feuillets du mésentère. Autour des follicules clos et des plaques de Peyer on trouve toujours une sorte de réseau circulaire à mailles très-serrées, constitué par les vaisseaux efférents de ces glandules lymphatiques, dont les branches viennent se réunir aux précédentes pour aboutir aux ganglions mésentériques. Ces ganglions communiquent les uns avec les autres en formant ainsi plusieurs chaînes, qui aboutissent toutes par leurs efférents aux ganglions sus-aortiques. Les *lymphatiques du gros intestin*, quoique en moindre nombre que ceux de l'intestin grêle, se comportent de la même manière, aboutissent aux ganglions situés entre les lames des méso-côlons et vont enfin aux ganglions sous-aortiques.

Lymphatiques du pancréas. — Partis des différents lobules, tous ces vaisseaux gagnent le bord supérieur de la glande et vont avec les efférents des ganglions spléniques se jeter dans les ganglions sus-aortiques.

Lymphatiques de la rate. — D'après Tomsa, il existe dans la rate deux plans de vaisseaux lymphatiques. Le premier, superficiel, naît des tissus intervasculaires de l'organe, ses rameaux se dirigent vers la périphérie et gagnent le hile pour se jeter dans les ganglions spléniques. Ils sont assez rares et grêles chez l'homme, mais très-nombreux et développés chez le cheval. Les vaisseaux lymphatiques profonds naissent des gaînes qui entourent les capillaires artériels, et vont au hile se jeter dans les ganglions nombreux qu'on trouve en cet endroit.

Lymphatiques du foie. — Nous avons déjà décrit les lymphatiques de la partie médiane et antérieure de la surface convexe du foie et nous avons vu qu'ils se jettent dans les ganglions sternaux. Ceux qui partent des parties latérales et postérieures de la face convexe du foie se dirigent en bas vers les ligaments triangulaires ou vers la face inférieure et gagnent les ganglions sus-aortiques les plus élevés. Les vaisseaux qui émanent de la partie moyenne de la même face se portent au contraire en haut et traversent le diaphragme pour se jeter dans les ganglions médiastinaux antérieurs.

Sur la face inférieure du foie se trouvent un très-grand nombre de lymphatiques, qui appartiennent soit à la glande elle-même, soit au réservoir biliaire. Ils suivent la veine porte et vont aboutir aux ganglions sus-aortiques.

Outre ces vaisseaux superficiels, il existe dans le foie des lymphatiques profonds. Leurs plexus entourent les vaisseaux sanguins et biliaires et fournissent des troncs, dont les uns suivent la veine porte, se réunissent au niveau du sillon transverse aux lymphatiques superficiels de la face concave et se rendent avec eux aux ganglions sus-aortiques, tandis que les autres accompagnent les divisions des veines sus-hépatiques, arrivent jusqu'à la veine cave, qu'ils entourent, passent avec elle à travers le diaphragme et se jettent dans les ganglions médiastinaux. Budge a démontré que dans le foie existe un système lymphatique compliqué ; dans les lobules, on trouve d'après lui des espaces lymphatiques péricapillaires qui entourent les réseaux circumlobulaires. Ceux-ci s'abouchent dans des lymphatiques qui entourent les veines, et ces derniers se rendent enfin dans les troncs situés sous le diaphragme ou au niveau du hile du foie.

Les efférents des ganglions sus-aortiques vont tous au canal thoracique ou à la citerne de Pecquet.

§ VI. — Ganglions lombaires, et lymphatiques qui s'y rendent.

Au devant des insertions du psoas, en dehors de l'aorte à gauche et de la veine cave inférieure à droite, l'on trouve un groupe assez considérable de ganglions d'un volume variable, ce sont les *ganglions lombaires*. Ils reçoivent les lymphatiques de l'utérus, de la trompe et de l'ovaire chez la femme, ceux du testicule chez l'homme, ceux des reins et des capsules surrénales.

Lymphatiques de l'utérus, de la trompe et de l'ovaire. — Les premiers participent pendant la grossesse au grand développement de l'organe et offrent alors un volume relativement considérable. Ils se dirigent en dehors et gagnent les artères utéro-ovariennes, dont ils suivent le trajet. Après avoir reçu les lymphatiques de la trompe et de l'ovaire, ils vont se jeter dans les ganglions lombaires. Il est à remarquer que les lymphatiques du col de l'utérus suivent au contraire les artères utérines et aboutissent aux ganglions pelviens. — Buckel et Eyner ont prétendu que les voies lymphatiques de l'ovaire sont creusées dans l'adventice des vaisseaux sanguins. Léopold Gerhardt a donné une description des lymphatiques de l'utérus non gravide. Cette description est très-compliquée; elle ne me semble pas être bien exacte.

Lymphatiques du testicule. — Ces vaisseaux sont extrêmement nombreux et peuvent être divisés en raison de leur situation en superficiels et profonds. Les premiers sont sous-séreux et recouvrent presque la totalité de la glande séminale, dont ils gagnent le bord supérieur. Les seconds, étudiés en ces derniers temps par Tomsa et Ludwig, cheminent dans le testicule en suivant les vaisseaux sanguins à travers les fibres réticulées que l'albuginée envoie dans la profondeur. Ils arrivent au bord supérieur de la glande et se réunissent aux lymphatiques superficiels. Ils remontent alors, reçoivent les lymphatiques de l'épididyme et gagnent l'anneau inguinal en formant des éléments du cordon. Arrivés dans l'abdomen, ils accompagnent les vaisseaux sanguins spermatiques et aboutissent aux ganglions lombaires.

Lymphatiques des reins et des capsules surrénales. — Les lymphatiques des reins naissent de la profondeur des glandes urinaires, ils suivent la distribution des vaisseaux sanguins et ne paraissent pas très-nombreux. Ils gagnent le hile du rein, s'accolent à la veine rénale et se jettent dans les ganglions lombaires. On a décrit des lymphatiques superficiels du rein, qui viendraient aboutir également aux ganglions lombaires en se réunissant aux précédents au niveau du hile; mais leur existence ne paraît pas démontrée.

Quant aux lymphatiques des capsules surrénales, ils proviennent de l'intimité de cette glande vasculaire sanguine, et se joignent à ceux des reins pour aboutir aux mêmes ganglions.

Les efférents des ganglions lombaires se jettent dans la citerne de Pecquet.

§ VII. — Ganglions pelviens, et lymphatiques qui s'y rendent.

Dans l'excavation pelvienne se trouve un groupe ganglionnaire, relié en haut aux ganglions lombaires, en bas et en dehors aux ganglions iliaques externes; il se compose de deux groupes distincts : l'un latéral, compris entre les vaisseaux iliaques interne et externe, est formé par les *ganglions hypogastriques*, et s'étend jusqu'à la partie supérieure de la grande échancrure sciatique; l'autre, médian, est formé par des ganglions disséminés au devant des trous sacrés antérieurs et dans l'épaisseur du méso-rectum, *ganglions sacrés*.

Les lymphatiques qui y arrivent sont :

1° Les *lymphatiques du rectum.* — Ces vaisseaux forment deux plexus qui paraissent indépendants l'un de l'autre; le premier est sous-séreux, le second est sous-muqueux et communique largement avec le plexus sous-cutané du pourtour de l'anus. Ils forment tous les deux des troncs qui aboutissent soit aux ganglions du méso-rectum, soit directement aux ganglions sacrés.

2° Les *lymphatiques de la vessie.* — Ils sont disposés comme les précédents en deux plexus sous-séreux et sous-muqueux. On les voit gagner les parties latérales du réservoir urinaire et suivre le trajet des artères vésicales; d'après Sappey, on trouve à ce niveau quelques petits ganglions, dans lesquels ils pénètrent avant d'atteindre les ganglions hypogastriques.

3° Les *lymphatiques des vésicules séminales.* — Ils sont très-nombreux, suivent l'artère vésico-prostatique, et se rendent également aux ganglions hypogastriques.

4° Les *lymphatiques du col de l'utérus et de la partie postérieure du vagin.* — Autour du museau de tanche existe un plexus lymphatique très-fin, dont les vaisseaux ainsi que ceux qui partent de toute l'étendue du col utérin se rendent aux ganglions hypogastriques. Il en est de même de ceux de la partie postérieure du vagin, qui accompagnent l'artère vaginale.

5° Les *lymphatiques fessiers et ischiatiques.* — Ils suivent les artères correspondantes, sont assez peu nombreux et rencontrent quelquefois sur leur trajet des petits ganglions, qu'ils traversent avant de pénétrer dans le bassin par la grande échancrure sciatique. Ils aboutissent aux ganglions hypogastriques.

6° Les *lymphatiques obturateurs.* — Encore moins nombreux que les précédents, ces vaisseaux suivent l'artère obturatrice, pénètrent dans le bassin par le canal sous-pubien et vont aux ganglions hypogastriques.

Les efférents des deux groupes de ganglions pelviens se portent en haut et vont tous aboutir aux ganglions lombaires, en formant autour des artères hypogastrique et iliaque primitive un plexus, *plexus iliaque interne*, remarquable par la multiplicité et la grosseur relative des vaisseaux qui le forment.

§ VIII. — Ganglions inguinaux, et lymphatiques qui s'y rendent.

A la racine du membre inférieur se trouve un groupe important de ganglions lymphatiques. On le divise en trois groupes secondaires : *ganglions iliaques externes*, *ganglions inguinaux superficiels* et *ganglions inguinaux profonds* (fig. 171, 1).

Les ganglions iliaques externes sont peu nombreux, mais assez volumineux, ils entourent les vaisseaux sanguins de ce nom ; le plus inférieur d'entre eux s'applique sur l'ouverture interne du canal crural, qu'il contribue à fermer.

Les ganglions inguinaux superficiels sont situés au niveau de l'embouchure de la veine saphène interne au-dessus du fascia cribriformis.

Les ganglions inguinaux profonds sont sous-aponévrotiques et situés en dedans de la veine fémorale, dont les sépare une lame celluleuse.

A ce groupe de ganglions viennent aboutir les lymphatiques de la moitié sous-ombilicale des parois de l'abdomen, des téguments des fesses et du périnée, des organes génitaux externes et du membre inférieur.

1° *Lymphatiques de la moitié sous-ombilicale des parois de l'abdomen.* — On les divise en superficiels et en profonds.

Les premiers sont antérieurs et postérieurs. Les antérieurs descendent verticalement au-dessous des téguments et aboutissent aux ganglions inguinaux superficiels les plus élevés. Les postérieurs partent des téguments de la région lombaire, communiquent avec ceux du côté opposé, avec ceux du dos et ceux des fesses, contournent la paroi abdominale et aboutissent aux mêmes ganglions que les précédents.

Les lymphatiques profonds de cette région suivent les uns l'artère épigastrique, les autres l'artère circonflexe iliaque et arrivent aux ganglions iliaques externes.

2° *Lymphatiques des téguments des fesses et du périnée.* — Les vaisseaux lymphatiques des fesses parcourent un trajet différent, suivant qu'ils partent des téguments de la région externe ou de la région interne des fesses.

Les premiers se portent en dehors et en avant, contournent la hanche et vont aux ganglions inguinaux superficiels les plus externes. Les seconds se dirigent en dedans et en avant, se réunissent à ceux du pourtour de l'anus et du périnée, et arrivent aux ganglions inguinaux superficiels les plus internes.

Lymphatiques des organes génitaux chez l'homme. — On les divise en lymphatiques du pénis et lymphatiques du scrotum.

Le pénis donne naissance à des vaisseaux lymphatiques : par son enveloppe tégumentaire, par le gland et par l'urèthre.

Les lymphatiques qui naissent de l'enveloppe tégumentaire sont surtout nombreux sur le prépuce. Ils forment à sa surface interne et externe un plexus remarquable, qui se continue par un tronc entourant la couronne du gland ;

de ce tronc partent des rameaux qui cheminent le long de la verge, reçoivent des branches cutanées de l'organe, et arrivent au niveau du ligament suspenseur où ils se divisent pour se jeter à droite et à gauche dans les ganglions profonds.

Les lymphatiques de l'urèthre cheminent dans le tissu sous-muqueux de ce canal en formant un plexus à mailles allongées et à branches variqueuses ; ils viennent au niveau du méat urinaire, communiquer avec les lymphatiques du gland. Ces derniers naissent d'un plexus très-remarquable, qui entoure cet appendice érectile, forment alors plusieurs troncs, auxquels se joignent les lymphatiques uréthraux, et cheminent sur les côtés du frein. Arrivés à la couronne du gland, ils la contournent et se réunissent aux lymphatiques du prépuce.

Le scrotum est peut-être la partie de l'enveloppe cutanée qui émet le plus de lymphatiques. Ils forment un plexus très-serré, duquel partent des troncs assez nombreux, qui suivent les vaisseaux sanguins honteux externes et aboutissent aux ganglions inguinaux.

Chez la femme, les lymphatiques qui naissent de la face interne des grandes lèvres, des petites lèvres, du pourtour de l'ouverture vaginale, de la moitié antérieure du vagin, du vestibule, du clitoris, de l'urèthre et du méat, forment un plexus très-serré duquel partent des troncs qui vont aux ganglions inguinaux en accompagnant les vaisseaux sanguins honteux externes.

§ IX. — Lymphatiques du membre inférieur.

Comme pour le membre supérieur, on les divise en superficiels et en profonds.

Les *vaisseaux lymphatiques superficiels du membre inférieur* (fig. 171) naissent des téguments de ce membre, des orteils et de la plante du pied. Aux orteils, ils se comportent comme ceux des doigts, forment des troncules collatéraux et gagnent le dos du pied, sur lequel ils se réunissent en un plexus à mailles allongées. Ce plexus reçoit également les lymphatiques de la peau de la plante, il émet des branches qui se groupent autour des veines superficielles et accompagnent les veines saphènes.

Tous les lymphatiques qui longent la veine saphène interne se groupent à la face antérieure de la jambe, gagnent ensuite la face interne de la cuisse, en reçoivent les lymphatiques superficiels et arrivent aux ganglions inguinaux superficiels. Ceux qui naissent du bord externe du pied longent la saphène externe, la face postérieure de la jambe et arrivent au creux poplité pour se jeter les uns dans les ganglions de cette région, les autres dans les lymphatiques qui accompagnent la veine saphène interne. Ceux qui traversent les ganglions poplités vont communiquer avec les lymphatiques profonds et suivent leur trajet.

Les *lymphatiques profonds du membre inférieur* accompagnent les artères et peuvent être divisés en tibiaux antérieurs, tibiaux postérieurs, péroniers, pédieux, plantaires, etc. Ils viennent aboutir pour la plupart dans les ganglions poplités; d'autres au contraire, réunis aux vaisseaux efférents de ces ganglions, suivent l'artère fémorale et se terminent dans les ganglions inguinaux profonds. On rencontre ordinairement vers le tiers supérieur de la face antérieure de la jambe un ganglion tibial antérieur dans lequel passent les lymphatiques de cette région.

Les vaisseaux efférents des ganglions inguinaux superficiels sont nombreux ; ils traversent l'aponévrose et lui donnent un aspect criblé d'où son nom de *fascia cribriformis*, et aboutissent soit aux ganglions inguinaux profonds, soit, en remontant, aux ganglions iliaques externes. Les efférents des ganglions inguinaux profonds se rendent aux ganglions iliaques externes. Ces derniers émettent des efférents volumineux formant le *plexus iliaque externe*, qui entoure l'artère de ce nom et se jette dans les ganglions lombaires.

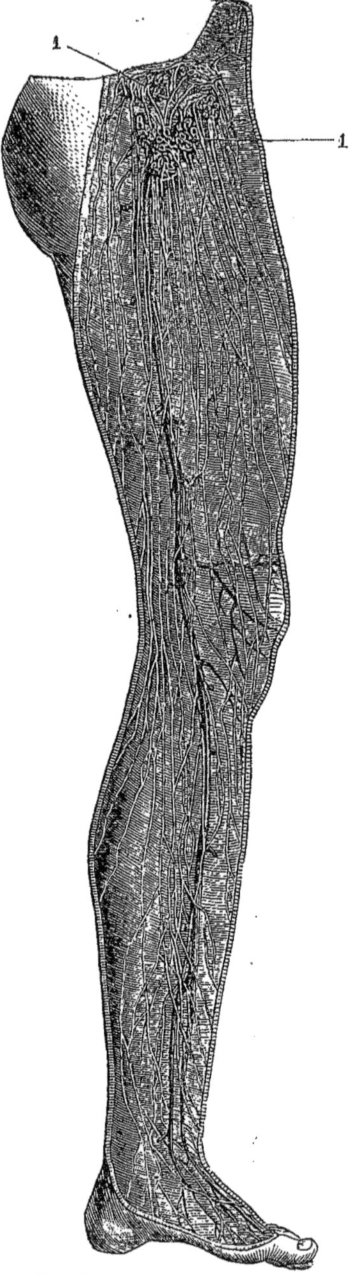

Fig. 171. — *Lymphatiques superficiels du membre inférieur* (*)

ARTICLE II.
GRANDE VEINE LYMPHATIQUE DROITE
(fig. 172, 5).

Elle est formée par les troncs lymphatiques jugulaire, axillaire, mammaire interne et broncho-médiastinal droits ; sa longueur ne dépasse jamais $0^m,010$ à $0^m,012$. Elle vient s'ouvrir dans le confluent des veines jugulaire interne et sous-clavière droites. Il arrive fréquemment que les troncs qui la constituent par leur réunion, s'ouvrent isolément dans les veines ; la grande veine lymphatique n'existe pas alors.

ARTICLE III. — CANAL THORACIQUE
(fig. 172).

Le *canal thoracique* est formé par la réunion des vaisseaux lymphatiques de toutes les parties sous-diaphragmatiques du tronc, des extrémités inférieures et d'un nombre variable d'espaces intercostaux. Il naît au-dessous du diaphragme, au niveau des premières vertèbres lombaires par trois racines principales, deux inférieures et ascendantes, formées par les lym-

(*) 1) Ganglions inguinaux. (D'après Mascagni).

phatiques des parois abdominales et des extrémités inférieures, et une antérieure qui lui amène la lymphe et le chyle des intestins, de l'estomac, du foie et de la rate.

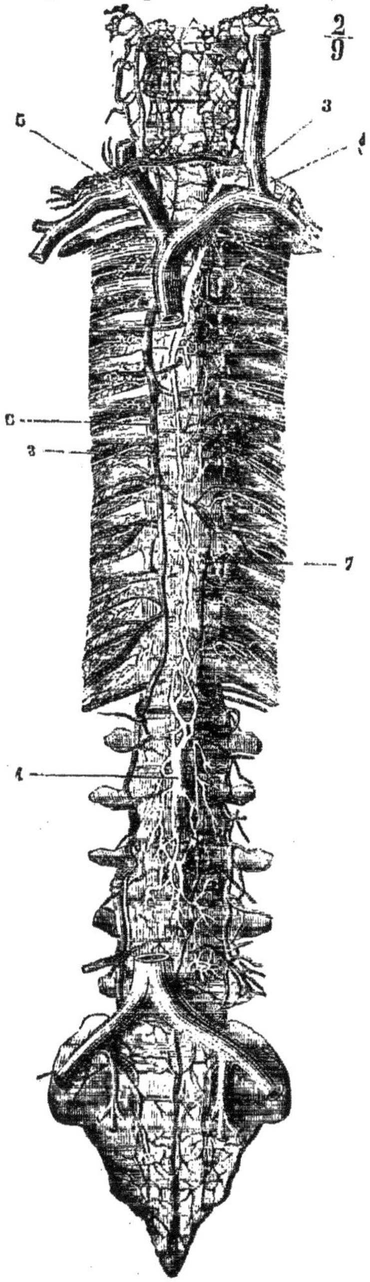

Le confluent de ces différentes racines forme la *citerne de Pecquet*, racine élargie et inférieure du canal thoracique (fig. 172, 1). Ce vaisseau remonte sur la ligne médiane de la colonne vertébrale, entre les deux piliers du diaphragme, et passe avec l'aorte dans l'ouverture aortique de ce muscle. Il se trouve dans la poitrine, situé entre ce gros tronc artériel et la veine azygos, et passe au-devant de la partie oblique de la veine demi-azygos (fig. 172, 2). Arrivé au niveau de la quatrième vertèbre du dos, il s'élargit légèrement, se dirige un peu obliquement à gauche, tout en continuant son trajet ascendant, passe en arrière de la crosse aortique, de l'œsophage et de la carotide primitive gauche (fig. 169, 1, 2), se réfléchit sur le scalène antérieur, au niveau de la sixième vertèbre cervicale, se porte un peu en bas, se dilate quelquefois en ampoule et s'ouvre dans le confluent des veines jugulaire interne et sous-clavière gauches (fig. 172, 3, 4).

Dans ce trajet il reçoit, à son origine, les lymphatiques intercostaux des cinq ou six derniers espaces, soit qu'ils s'ouvrent isolément dans son intérieur, soit qu'ils forment deux petits troncs latéraux situés sur les deux côtés du rachis. Dans ce dernier cas, on les voit s'aboucher dans le canal thoracique à la partie supérieure de la citerne de Pecquet.

Un peu avant sa terminaison, le canal thoracique reçoit les troncs lymphatiques jugulaire, axillaire et mammaire interne. Il n'est cependant pas extrêmement rare de voir ces derniers troncs s'ouvrir isolément dans les veines jugulaire et sous-clavière gauches.

2/9

Fig. 172. — *Canal thoracique* (*).

(*) Réservoir de Pecquet. — 2) Canal thoracique. — 3) Coude décrit par le canal thoracique avant sa terminaison. 4) Ouverture du canal thoracique dans le confluent des veines jugulaire interne et sous-clavière gauches. — 5) Grande veine lymphatique droite. — 6) Veine azygos. — 7) Veine demi-azygos. — (D'après Mascagni).

CHAPITRE III

ANOMALIES DES LYMPHATIQUES

Le canal thoracique est souvent double dans presque toute sa longueur; il peut même se diviser en trois à six branches peu avant sa terminaison, on voit alors une de ses branches se déverser dans la veine sous-clavière droite, une autre dans la jugulaire interne, une dans la jugulaire externe et une dans la vertébrale. La division peut se faire plus bas et l'une des branches va s'anastomoser avec la grande veine lymphatique droite pour se déverser dans la sous-clavière droite. Wurtzer a décrit un cas dans lequel le tronc du canal thoracique était oblitéré au niveau de la sixième vertèbre dorsale et s'ouvrait par deux rameaux transversaux dans la veine azygos.

BIBLIOGRAPHIE. — Parchappe, *Du cœur, de sa structure et de ses mouvements.* Paris, 1848. — Tiedemann, *Tabulæ arteriarum corporis humani.* Carlsruhe, 1822. — Langenbeck, *Gefæsslehre mit Hinweisung auf die Icones angiologicæ.* Gœttingen, 1836. — Breschet, *Recherches sur le système veineux et spécialement sur les canaux veineux des os.* Paris, 1827. — Mascagni, *Vasorum lymphaticorum corporis humani historia et iconographia.* Paris, 1787. — Sappey, *Injection, préparation et conformation des vaisseaux lymphatiques.* Paris, 1843. — Beaunis, *Anatomie générale et physiologie du système lymphatique.* Strasbourg, 1863. — Belaieff, *Recherches microscopiques sur les vaisseaux lymphatiques du gland (Journal d'Anatomie de Ch. Robin,* 1866). — Sappey, *Anatomie, physiologie et pathologie des vaisseaux lymphatiques.* Paris, 1877, in-folio, avec planches.

LIVRE CINQUIÈME

NÉVROLOGIE

La névrologie comprend l'étude des centres nerveux et des nerfs qui en proviennent. Ces derniers, véritables conducteurs, se portent aux organes, et tandis que les uns transmettent par voie centrifuge l'excitation partie des centres, les autres rapportent à ceux-ci, par voie centripète, les impressions extérieures ou intérieures qui ont frappé les organes.

Bichat avait divisé le système nerveux en deux grandes sections : la première, *système nerveux de la vie de relation, axe cérébro-spinal;* la seconde, *système de la vie organique* ou *système sympathique.* Il considérait ces deux divisions comme complètes et, d'après lui, le grand sympathique, quoique en relation avec l'axe cérébro-spinal, formait un tout complexe dont la chaîne ganglionnaire était le centre. Les recherches modernes sont venues contredire le grand physiologiste; le système du sympathique tire ses origines de la moelle épinière et du bulbe tout aussi bien que les nerfs rachidiens, seulement sa modalité d'action est différente, et c'est sans doute dans les rapports de ses fibres nerveuses avec les cellules des ganglions sympathiques qu'il faut chercher la cause de cette différence.

Néanmoins, pour ne pas compliquer la description du système nerveux, nous conserverons la division de Bichat et nous étudierons successivement :

1° Les centres nerveux ;

2° Les nerfs encéphaliques et rachidiens ;

3° Le grand sympathique.

PREMIÈRE SECTION

CENTRES NERVEUX

Les centres nerveux, *axe cérébro-spinal*, se divisent en deux parties : 1° moelle épinière et bulbe; 2° encéphale comprenant : *a)* le cerveau, *b)* le cervelet et *c)* l'isthme de l'encéphale (protubérance, pédoncules cérébraux et cérébelleux, tubercules quadrijumeaux, etc.).

Ces organes sont protégés par des parties dures, osseuses, le crâne et le canal vertébral, qui nous sont connus, et par des membranes appelées *méninges.*

CHAPITRE PREMIER

MÉNINGES

De même que les centres nerveux, les méninges se continuent sans interruption dans la cavité crânienne et dans le canal vertébral. On les divise cependant au point de vue de leur étude en *méninges crâniennes* et *méninges rachidiennes*. Immédiatement en contact avec les centres nerveux, se trouve une membrane, *pie-mère*, de nature cellulo-vasculaire, qui présente quelques différences de structure dans le crâne et dans le canal vertébral. Une autre lame membraneuse, fibreuse et résistante, est appliquée contre les os et porte le nom de *dure-mère*. Une séreuse est interposée entre ces deux membranes; à cause de sa minceur, elle a reçu le nom d'*arachnoïde*.

ARTICLE I. — DURE-MÈRE

§ I. — Dure-mère crânienne

La *dure-mère crânienne* est une membrane fibreuse, assez mince et très-résistante, qui forme une vaste poche dans laquelle sont renfermées les différentes parties de l'encéphale. Elle se continue au pourtour du trou occipital, sans aucune ligne de démarcation, avec la dure-mère rachidienne.

Surface externe. — Par sa surface externe, elle adhère à la table interne des os du crâne et en forme le périoste. Il serait mieux de dire que le périoste interne lui est uni d'une manière intime et n'en est séparé qu'au niveau des sinus pour continuer à tapisser les surfaces osseuses, tandis que la dure-mère elle-même se replie pour former les parois des sinus. L'adhérence de la dure-mère crânienne à la table interne des os, varie suivant les points. Elle est très-intime au niveau des sutures et de toutes les parties saillantes des os (apophyse crista-galli, apophyse d'Ingrassias, crête du rocher, etc.); il en est de même au pourtour des trous du crâne, au niveau desquels elle se continue avec le périoste externe des os. La dure-mère accompagne encore les nerfs encéphaliques à leur sortie du crâne et leur forme un prolongement qui bientôt se dédouble pour se continuer d'une part avec leur névrilème, qu'il renforce, et d'autre part avec le périoste externe. Cette disposition remarquable est surtout facile à démontrer pour la gaîne fibreuse qui accompagne le nerf optique et pénètre dans l'orbite.

Les vaisseaux qui entrent dans la boîte crânienne ou qui en sortent sont munis de prolongements fibreux analogues, qui leur forment une sorte de gaîne accessoire dans l'intérieur du canal osseux qu'ils traversent. Cette gaîne se continue également avec le périoste.

Surface interne. — Cette surface de la dure-mère crânienne est tapissée par ce que l'on a désigné sous le nom de *feuillet pariétal de l'arachnoïde;* ce feuillet n'est, à vrai dire, qu'une simple couche épithéliale recouvrant directement la face interne de la fibreuse méningienne, qui est lisse, polie et présente quatre prolongements destinés à séparer les différentes parties de l'encéphale et à prévenir leur compression mutuelle. Ces prolongements sont : 1° la faux du cerveau ; 2° la tente du cervelet ; 3° la faux du cervelet ; 4° le repli pituitaire ou diaphragme de l'hypophyse.

1° *Faux du cerveau* (fig. 162). — La faux du cerveau est un grand repli longitudinal de la dure-mère étendu depuis le sommet de l'apophyse crista-galli jusqu'à la partie médiane de la tente du cervelet. Cette lame fibreuse est située dans la grande scissure du cerveau et sépare les deux hémisphères. Elle présente, à considérer, un sommet, deux faces et deux bords.

Le *sommet* est inséré sur l'apophyse crista-galli et envoie un prolongement dans le trou borgne. La *base* s'insère sur la partie moyenne de la tente du cervelet, qu'elle soulève légèrement. Les *deux faces* sont planes et en rapport avec la face interne des hémisphères cérébraux. Le *bord supérieur* est convexe et uni aux os de la voûte crânienne. Le *bord inférieur* est concave et en rapport avec la face supérieure du corps calleux. La faux du cerveau contient trois sinus : le sinus longitudinal supérieur, qui parcourt son bord supérieur, le sinus longitudinal inférieur, qui occupe son bord inférieur, le sinus droit, logé au point de réunion de la base de la faux du cerveau avec la tente du cervelet.

2° *Tente du cervelet* (fig. 163, 14). — Elle est horizontale et placée entre les lobes postérieurs du cerveau et la face supérieure du cervelet ; sa forme est celle d'un croissant à concavité antérieure. Elle nous présente à considérer deux faces et deux circonférences.

La *face supérieure* convexe est en rapport avec la face inférieure des lobes postérieurs du cerveau. La *face inférieure* concave recouvre la face supérieure du cervelet. La faux du cerveau s'insère sur la ligne médiane de la face supérieure de la tente et la soulève légèrement. Il résulte de cette disposition que les deux faces de la tente se décomposent en deux plans inclinés de dedans en dehors et un peu de haut en bas.

La *grande circonférence* ou *circonférence postérieure* de la tente du cervelet s'insère en arrière sur les gouttières latérales de l'occipital et sur la crête du rocher jusqu'au sommet de cet os, qu'elle quitte pour gagner l'apophyse clinoïde postérieure, en passant au-dessus du nerf trijumeau, sur lequel elle forme une sorte de pont. La *petite circonférence* ou *circonférence antérieure* est beaucoup plus petite que la précédente ; elle est concave. Arrivée en avant au niveau du sommet du rocher, elle croise à angle aigu l'extrémité antérieure de la grande circonférence en passant au-dessus d'elle, va se porter aux apophyses clinoïdes antérieures et constitue la paroi externe du sinus caverneux. La circonférence antérieure est située en face de la gouttière basilaire et forme avec elle une ouverture par laquelle passe la protubérance annulaire ; on lui a donné le nom de *trou ovale de Pacchioni*. La tente du cervelet loge plusieurs sinus : le sinus latéral et le sinus pétreux supérieur dans l'épaisseur de la grande circonférence ; le sinus droit, sur la ligne médiane de la tente au point d'insertion de la base de la faux du cerveau ; le sinus caverneux, au point d'entre-croisement des deux circonférences, et enfin au centre de la grande circonférence, à l'extrémité postérieure du sinus droit, le pressoir d'Hérophile.

3° *Faux du cervelet*. — La faux du cervelet est une lame médiane, verticale, beaucoup plus petite que la faux du cerveau, avec laquelle elle a beaucoup d'analogies. Elle présente une *base* insérée sur la face inférieure de la tente du cervelet ; un *sommet* bifurqué, qui se perd sur le pourtour du trou occipital ; un *bord postérieur* convexe, adhérent à la crête occipitale interne ; un *bord antérieur* concave, qui, de même que les *faces latérales*, est en rapport, dans la scissure interhémisphérique du cervelet, avec les deux lobes de ce centre nerveux. On trouve dans la faux du cervelet le sinus occipital postérieur.

4° *Repli pituitaire* ou *diaphragme de l'hypophyse*. — La dure-mère tapisse le fond de la selle turcique, mais envoie par-dessus cette fosse un repli qui la recouvre tout entière et emprisonne ainsi le corps pituitaire. Cette cloison n'est percée que d'une ouverture centrale, à travers laquelle passe la tige pituitaire. Elle présente donc *deux faces*, l'une supérieure, tapissée par l'arachnoïde, l'autre inférieure, qui recouvre immédiatement l'hypophyse.

§ II. — Dure-mère rachidienne.

La *dure-mère rachidienne* est unie en haut à la dure-mère crânienne, dont on peut la considérer comme un prolongement, et s'étend en bas jusqu'au niveau du coccyx. Elle forme un canal fibreux plus large que la moelle épinière et un peu plus étroit que le canal vertébral. Comme ce dernier, elle s'élargit au cou et aux lombes; au niveau de l'articulation sacro-vertébrale on la voit se renfler en ampoule autour des nerfs de la queue de cheval.

La *surface externe* ne tapisse pas immédiatement les surfaces osseuses du canal vertébral; elle en est séparée par une couche de tissu adipeux et par les veines intra-rachidiennes antérieures, qui y cheminent. En avant et sur la ligne médiane, elle contracte cependant des adhérences avec le grand surtout ligamenteux postérieur, principalement au niveau de l'atlas et de l'axis, où elle lui est intimement unie, tandis que dans tout le reste de son étendue ce n'est que par des prolongements fibreux que se fait cette union. Chaque nerf spinal est accompagné, jusqu'au trou de conjugaison, par un prolongement de la dure-mère, qui se confond ensuite en partie avec le névrilème et en partie avec le périoste des vertèbres.

La *surface interne* de la dure mère rachidienne est lisse et revêtue d'une couche épithéliale (feuillet pariétal de l'arachnoïde). De ses parties antérieure et postérieure partent des filaments fibreux très-grêles, qui se rendent *sur la pie-mère*. Latéralement ces filaments sont remplacés par les ligaments dentelés, qui, comme eux, sont entourés par l'arachnoïde.

Vaisseaux de la dure-mère. — Les *artères de la dure-mère crânienne* peuvent être divisées en *antérieures*, *moyennes* et *postérieures*. Les antérieures sont des rameaux des ethmoïdales; les moyennes sont la sphéno-épineuse ou méningée moyenne et la petite méningée de Lauth; les postérieures viennent de la pharyngienne inférieure (elle fournit un rameau qui pénètre par le trou déchiré postérieur), de la vertébrale à son entrée dans le crâne, et de l'occipitale, qui donne à la dure-mère une artériole passant par le trou mastoïdien. Les *veines* accompagnent les artères; quelques-unes seulement se rendent dans les sinus de la dure-mère. Quant aux *lymphatiques*, nous n'avons rien de précis à en dire.

Les *artères de la dure-mère rachidienne* sont très-grêles et partent toutes des divisions dorso-spinales des artères du cou et du tronc (vertébrales, intercostales, lombaires, sacrées latérales). Les *veines* suivent les artères et aboutissent aux veines extra-rachidiennes.

Nerfs de la dure-mère. — Les *nerfs de la dure-mère crânienne* émanent tous de la cinquième paire et sont divisés, comme les artères, en *antérieurs*, *moyens* et *postérieurs*. Les antérieurs proviennent du filet ethmoïdal du nasal; ils sont très-grêles; les moyens viennent directement du ganglion de Gasser, se portent en dehors et se perdent dans la dure-mère de la fosse cérébrale moyenne; les postérieurs partent de la branche ophthalmique de Willis non loin de son origine; ils s'accolent au pathétique, mais n'en proviennent pas, comme on l'a cru pendant longtemps. Ces filets nerveux s'engagent dans l'épaisseur de la tente du cervelet; les uns se portent directement en dedans et arrivent à la faux du cerveau, tandis que les autres se dirigent en arrière vers le sinus latéral et s'inclinent seulement alors en dedans pour gagner également la faux du cerveau. Il est encore d'autres filets nerveux qui accompagnent les divisions de l'artère méningée moyenne, et qui proviennent du plexus sympathique de l'artère maxillaire interne.

Les *nerfs de la dure-mère rachidienne* ne sont pas connus.

ARTICLE II. — ARACHNOIDE

L'*arachnoïde* est une membrane séreuse, qui, d'après les idées de Bichat, a été considérée comme un sac sans ouverture, entourant les centres nerveux sans les contenir dans sa cavité, et présentant deux feuillets, pariétal et viscéral, se continuant l'un avec l'autre. Le feuillet pariétal tapisse la dure-mère et n'est qu'une couche de cellules épithéliales qui en recouvre la face interne.

L'arachnoïde est constituée, comme toutes les séreuses, par une lame de tissu connectif avec fibres élastiques, tapissée par un épithélium pavimenteux. Elle est interposée entre la dure-mère et la pie-mère et est en continuité dans toute l'étendue des centres nerveux. Pour la description, nous la diviserons en arachnoïde crânienne et arachnoïde rachidienne.

§ I. — Arachnoïde crânienne (feuillet viscéral).

Le feuillet viscéral de l'arachnoïde crânienne est une membrane très-mince, qui adhère à la pie-mère par des filaments de tissu connectif lâche. Elle ne pénètre pas dans les intervalles des circonvolutions cérébrales, mais passe au-dessus d'elles en les recouvrant comme un pont. Il en est de même pour toutes les anfractuosités que présente la périphérie du cerveau. Cependant, comme les deux hémisphères cérébraux sont séparés à leur partie supérieure par la grande faux du cerveau, le feuillet viscéral de l'arachnoïde, pour se continuer d'un côté à l'autre, est obligé de s'enfoncer dans cette scissure et de passer au-dessous de la lame fibreuse. La pie-mère, ainsi que nous le verrons plus loin, pénètre au contraire dans toutes les anfractuosités, dans toutes les dépressions et s'enfonce entre les circonvolutions. Cette différence, dans le trajet de ces deux membranes, donne naissance à la formation d'espaces triangulaires et prismatiques qui constituent de véritables canaux, dans lesquels chemine le liquide céphalo-rachidien.

Le feuillet viscéral de l'arachnoïde crânienne entoure toutes les parties qui unissent la dure-mère à la pie-mère, ainsi que toutes celles qui émanent des organes nerveux, et leur forme des gaînes séreuses. C'est de cette manière que toutes les veines qui vont de la pie-mère se terminer dans les sinus de la dure-mère, de même que les nerfs crâniens, sont entourées d'une gaîne arachnoïdienne. Elle les abandonne à une distance variable et, au niveau de ce point, le feuillet viscéral se réfléchit et se continue avec le feuillet pariétal.

Le feuillet viscéral de l'arachnoïde recouvre toute la surface supérieure et externe des hémisphères, tapisse leur surface interne, passe au-dessous de la grande faux du cerveau en recouvrant la partie supérieure du corps calleux et se continue avec celui du côté opposé. A la partie antérieure du cerveau, cette membrane tapisse les circonvolutions du lobe antérieur, la scissure interhémisphérique et arrive à la base du cerveau. Elle recouvre les circonvolutions de cette région et le nerf olfactif, fournit une gaine à chacun des petits rameaux qui partent du bulbe de ce nerf, les accompagne dans les pertuis de la lame criblée, et les abandonne alors en se réfléchissant pour se continuer avec le feuillet pariétal. A la partie postérieure de la scissure interhémisphérique antérieure (à la base du cerveau, un peu en arrière de l'apophyse crista-galli), l'arachnoïde passe, comme un pont, d'un hémisphère à l'autre et ne s'enfonce pas dans la scissure. Les nerfs optiques sont entourés d'une gaine que leur fournit la séreuse et qui ne les quitte que dans le trou optique. La tige pituitaire est entourée également d'une gaîne arachnoïdienne. En arrière du chiasma des nerfs optiques et en avant de la protubérance, se trouve une anfractuosité profonde, limitée latéralement par la partie inférieure et antérieure des lobes postérieurs ; dans son intérieur sont compris le tuber cinereum et les tubercules mamillaires. L'arachnoïde ne s'enfonce pas dans cette profondeur et passe d'un côté à l'autre. Il en résulte un espace, *espace sous-arachnoïdien antérieur*, confluent du liquide céphalo-rachidien, qui parcourt les canaux prismatiques des parties latérales et antérieures des hémisphères. Dans la scissure de Sylvius, l'arachnoïde se comporte de la même manière, ne pénètre pas dans le fond de ce sillon et en forme un canal sous-arachnoïdien, qui se déverse dans l'espace que nous venons de décrire. La séreuse crânienne fournit une gaîne aux nerfs oculo-moteurs communs et pathétiques qu'elle rencontre à ce niveau ; cette gaîne n'accompagne ces nerfs qu'un peu au delà du point où ils pénètrent dans leurs canaux fibreux, et se réfléchit ensuite pour se continuer avec le feuillet pariétal. L'arachnoïde tapisse ensuite la protubérance annulaire, le bulbe et se continue avec l'arachnoïde rachidienne. Elle fournit des gaînes aux nerfs oculo-moteurs externes, trijumeaux, faciaux, auditifs, glosso-pharyngiens, pneumo-gastriques, spinaux et hypoglosses. La gaîne qui entoure le facial et l'auditif mérite une mention spéciale, car elle accompagne ces nerfs jusqu'au fond du conduit auditif interne.

Le feuillet viscéral de l'arachnoïde, après avoir tapissé les circonvolutions de la face inférieure des lobes antérieurs et postérieurs du cerveau, fournit une gaîne aux veines de Galien, se réfléchit et recouvre la face supérieure du cervelet en passant au-dessus de ses lames, comme elle passait au-dessus des circonvolutions cérébrales. Il entoure la circonférence du cervelet, recouvre la face inférieure de ses hémisphères et se jette sur les côtés latéraux du bulbe en laissant un espace libre, *espace sous-arachnoïdien postérieur*, compris entre la scissure médiane du cervelet et la face supérieure du bulbe. L'extrémité postérieure de cet espace se trouve au niveau du bec du calamus scriptorius et établit une libre communication entre les ventricules cérébraux et l'espace sous-arachnoïdien du canal rachidien.

La gaîne que fournit l'arachnoïde aux veines de Galien se continue au niveau du sinus droit avec le feuillet pariétal qui tapisse la tente du cervelet. C'est cette gaîne que l'on ouvre forcément en enlevant le cerveau, qui fut considérée par Bichat, et plus tard par L. Hirschfeld, comme étant un canal arachnoïdien faisant communiquer les ventricules avec la cavité de l'arachnoïde, qu'il ne faut pas confondre avec l'espace sous-arachnoïdien. Ce canal n'existe pas, ainsi que l'ont démontré Cruveilhier et Sappey.

Un travail récent de Hitzig tend néanmoins à prouver l'existence sur le vivant d'un liquide arachnoïdien, distinct, d'après lui, du liquide céphalo-rachidien.

§ II. — Arachnoïde rachidienne.

Son *feuillet pariétal* est, comme celui de l'arachnoïde crânienne, représenté par une simple couche épithéliale qui tapisse la dure-mère. Son *feuillet viscéral* ne recouvre pas immédiatement la pie-mère, mais en reste à une certaine distance, en constituant ainsi un long et assez large canal sous-arachnoïdien, qui forme une sorte d'ampoule au niveau de la queue de cheval. C'est dans cet espace que se meut le liquide céphalo-rachidien.

Le feuillet viscéral de l'arachnoïde rachidienne fournit des gaînes aux racines des nerfs et se réfléchit en se continuant avec le feuillet pariétal au niveau du point où ces nerfs traversent la dure-mère. Elle en fournit également à tous les prolongements fibreux qui unissent la dure-mère à la pie-mère, ainsi qu'aux ligaments dentelés de la moelle.

ARTICLE III. — PIE-MÈRE

La *pie-mère* recouvre immédiatement les centres nerveux et les entoure de toute part. Elle envoie également des prolongements, qui enveloppent les nerfs et forment leur névrilème. Cette membrane est constituée par du tissu connectif plus ou moins condensé, servant de support à une quantité considérable de vaisseaux capillaires. Elle diffère dans le cerveau et dans la moelle.

§ I. — Pie-mère cérébrale et cérébelleuse.

La pie-mère, qui tapisse le cerveau et le cervelet, est formée par un tissu connectif lâche, dans lequel rampent des capillaires artériels et surtout veineux, extrêmement nombreux. Elle enveloppe les circonvolutions cérébrales, les accompagne dans toutes leurs inflexions et pénètre entre elles ; dans les sillons qu'elles forment, la pie-mère est disposée en deux lames, qui restent distinctes entre les circonvolutions cérébrales, mais qui sont plus ou moins soudées l'une à l'autre entre les lames du cervelet. Dans la partie médiane de la grande fente de Bichat, entre le bourrelet du corps calleux et les tubercules quadrijumeaux, la pie-mère pénètre dans l'intérieur du troisième ventricule et constitue la toile choroïdienne. Aux extrémités de cette fente elle pénètre dans les ventricules latéraux et forme les plexus choroïdes. Nous reviendrons sur ces parties en traitant du cerveau.

Cadiat a admis l'existence de réseaux anastomosés entre eux dans la pie-mère. Ces réseaux entoureraient, d'après lui, les circonvolutions et établiraient une communication facile entre les artérioles des circonvolutions et même des lobes voisins. Il a admis également, un peu théoriquement, l'existence de vaisseaux plus volumineux que les capillaires qui uniraient les artérioles aux veinules. Duret semble avoir démontré que la description de Cadiat ne repose pas sur une base suffisante.

§ II. — Pie-mère bulbaire et médullaire.

Sur la protubérance annulaire, le bulbe et la moelle épinière, la pie-mère contient moins de vaisseaux et est formée par un tissu connectif dense, qui lui donne une apparence fibreuse. De sa surface interne partent, d'après les recherches de Frommann, des prolongements extrêmement fins, qui pénètrent dans l'intérieur de la moelle et qui, en se réunissant soit aux membranes connectives des vaisseaux, soit au tissu connectif qui sert de base à l'épithélium épendymaire, forment un réseau d'une finesse variable suivant les points et destiné à isoler les éléments nerveux. Nous aurons l'occasion d'en reparler en étudiant la structure de la moelle. La pie-mère médullaire pénètre dans les sillons de ce centre nerveux et les tapisse.

La pie-mère rachidienne présente à la partie inférieure de la moelle un prolongement fin et arrondi, *ligament coccygien de la moelle*, *filum terminale*, qui va s'insérer à la base du coccyx [1].

[1] Quelques auteurs, parmi lesquels nous citerons surtout Kölliker, ont trouvé dans le *filum terminale* un certain nombre de fibres nerveuses très-pâles.

Ligaments dentelés de la moelle. — Latéralement et dans toute l'étendue de la moelle épinière, se trouvent des prolongements de la pie-mère connus sous le nom de *ligaments dentelés de la moelle.* Ces ligaments sont formés par une bandelette festonnée, dont la base est continue avec la pie-mère, tandis que la pointe des festons s'insère sur la dure-mère entre deux paires de nerfs, de telle sorte que chaque feston correspond au pédicule d'une vertèbre. Cette disposition n'est pas toujours très-régulière, et on voit quelquefois un feston s'insérer par deux pointes sur la dure-mère (fig. 173, 2).

Les ligaments dentelés de la moelle empêchent cet organe de se mouvoir dans aucun sens; ils le fixent d'une manière invariable dans sa position normale.

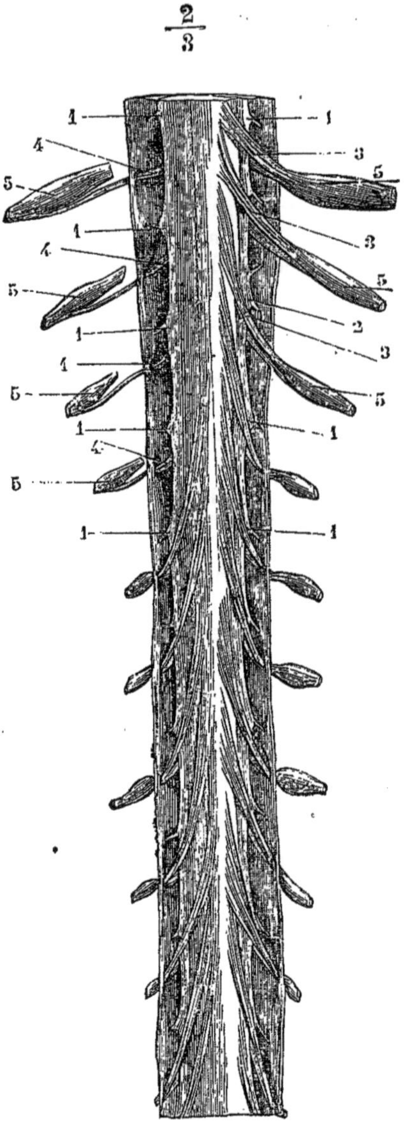

ARTICLE IV. — ÉPENDYME

Les auteurs ont décrit longtemps, comme une dépendance de la pie-mère, une membrane extrêmement mince et délicate qui recouvre les ventricules du cerveau. Virchow, le premier, reconnut que cette pellicule n'appartient nullement à la pie-mère, mais forme une membrane distincte, à laquelle il a donné le nom d'*épendyme*. Elle tapisse le canal central de la moelle et les cavités encéphaliques, qui ne sont que la continuation de ce canal. L'épendyme est constitué par un substratum de tissu connectif très-fin, recouvert par un épithélium cylindrique. Purkinje et Valentin, et après eux Kölliker, ont trouvé, sur des têtes de suppliciés, cet épithélium garni de cils vibratiles, ce qui ferait croire que c'est là sa forme normale sur le vivant. La lame cornée qui existe dans le sillon séparant la

FIG. 173. — *Ligaments dentelés de la moelle et racines des nerfs rachidiens avec les ganglions spinaux* (*).

(*) 1, 1, 1, 1) Ligaments dentelés de la moelle — 2). Un de ces ligaments présentant deux pointes. — 3, 3, 3) Racines postérieures des nerfs rachidiens. — 4, 4, 4) Leurs racines antérieures traversant la dure-mère par un orifice particulier. — 5, 5, 5, 5) Ganglions des racines postérieures. A droite ils ont été isolés des racines antérieures.

couche optique d'avec le corps strié n'est, comme nous le dirons plus loin, qu'un épaississement de l'épendyme du ventricule latéral.

ARTICLE V. — GRANULATIONS MÉNINGIENNES OU GLANDES DE PACCHIONI

On trouve toujours, le long du sinus longitudinal supérieur, au niveau de la scissure de Sylvius, à l'extrémité antérieure et supérieure du cervelet, un certain nombre de petits grains jaunâtres disséminés dans l'épaisseur des membranes d'enveloppe du cerveau. Ces grains, assez petits d'ordinaire, sont en certains points réunis en masses arrondies ou ovalaires, formant une sorte de végétation sur les membranes.

Ces granulations, qui ne se trouvent pas chez le fœtus, augmentent de nombre avec les progrès de l'âge et atteignent un volume remarquable chez le vieillard. Leur pression excentrique agit alors sur les parois osseuses du crâne et y détermine des pertes de substance par résorption du tissu osseux; il peut même arriver que les os soient perforés de part en part. Ces altérations ont été considérées pendant longtemps comme pathologiques et décrites comme des caries.

Le siège primitif de ces granulations paraît être dans le tissu connectif sous-arachnoïdien; quelques auteurs les font même provenir de la pie-mère. Elles perforent successivement les membranes, les accolent les unes aux autres et viennent faire saillie sur la surface externe de la dure-mère; celles qui se développent le long du sinus longitudinal supérieur pénètrent souvent dans son intérieur.

Les micrographes considèrent en général les granulations méningiennes comme formées uniquement par une végétation exubérante des cellules plasmatiques du tissu connectif. Pacchioni, qui les a décrites le premier, les considérait comme des glandules; cette opinion doit être abandonnée tout aussi bien que celle de Ruysch, qui ne voulait y voir que des amas de globules graisseux.

CHAPITRE II

DES CENTRES NERVEUX

ARTICLE I. — MOELLE ÉPINIÈRE ET BULBE

§ I. — Moelle épinière.

La *moelle épinière* est la partie rachidienne des centres nerveux. On lui assigne assez arbitrairement, comme limite supérieure, le collet du bulbe; inférieurement elle se termine en pointe au niveau de la première vertèbre lombaire. Chez le fœtus la moelle s'étend jusqu'au coccyx; mais son accroissement n'étant pas en rapport avec celui de la colonne vertébrale, elle semble remonter successivement jusqu'à l'âge adulte.

La moelle est cylindrique, un peu aplatie d'avant en arrière au cou et aux lombes. Son calibre n'est pas uniforme dans toute sa longueur; elle se renfle au niveau des dernières vertèbres cervicales (de la quatrième à la sixième), diminue ensuite successivement jusqu'à ce qu'elle ait repris son volume initial, se renfle une seconde fois au niveau des dernières vertèbres dorsales et se termine en pointe à la hauteur de la première lombaire. Les renflements de la moelle sont désignés sous les noms de *renflement cervical* et de *renflement lombaire* et correspondent à l'origine des nerfs des extrémités supérieures et inférieures.

D'après Sappey, le poids moyen de la moelle, débarrassée de ses enveloppes et des racines nerveuses, serait de 27 grammes.

I. *Surface extérieure.* — La surface extérieure de la moelle présente des sillons longitudinaux, deux médians et deux latéraux.

Le *sillon médian antérieur*, caché dans l'état normal par la pie-mère, s'étend depuis l'entre-croisement des pyramides jusqu'à l'extrémité inférieure de la moelle. Il est assez peu profond, n'atteint guère que le tiers du diamètre de l'organe et est tapissé par la pie-mère. En écartant légèrement ses deux lèvres, on voit dans sa profondeur une lame blanche qui passe d'une moitié de la moelle à l'autre en les unissant. Cette lame blanche est tapissée également par la pie-mère et prend le nom de *commissure blanche* ou *antérieure*.

Le *sillon médian postérieur*, moins large, mais plus profond que le précédent, s'étend depuis le bec du *calamus scriptorius* jusqu'à l'extrémité inférieure de la moelle (fig. 174, 9). Il est occupé par une lame de la pie-mère et présente dans sa profondeur une commissure analogue à la précédente, mais d'une couleur grisâtre : c'est la *commissure postérieure* ou *grise*.

Ces deux sillons séparent donc la moelle en deux parties égales et symétriques, réunies par deux commissures.

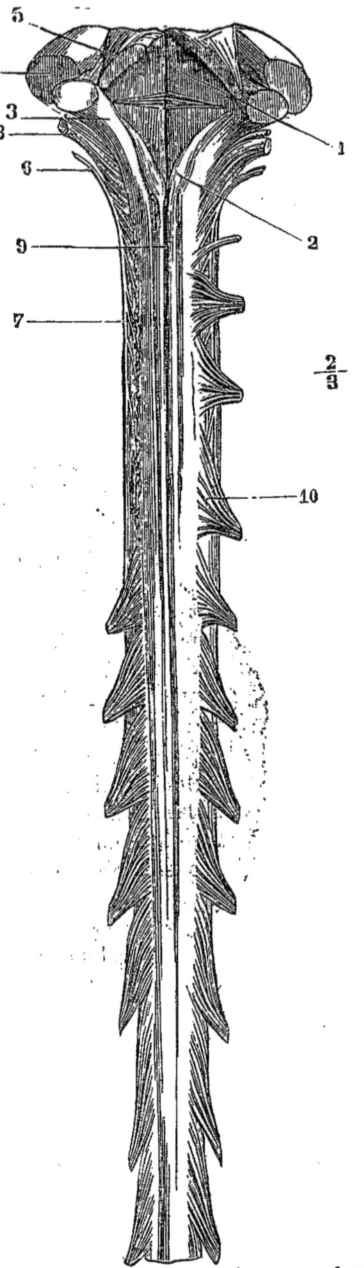

Fig. 174. — *Moelle épinière (vue par sa face postérieure depuis le bulbe jusqu'à la troisième paire dorsale)* (*).

(*) 1) Quatrième ventricule. — 2) Pyramides postérieures, limitées en dehors par le sillon postérieur intermédiaire. — 3) Pédoncule cérébelleux inférieur. — 4) Pédoncule cérébelleux moyen. — 5) Pédoncule cérébelleux supérieur. — 6) Tronc du nerf spinal. — 7) Ses racines d'origine médullaire. — 8) Nerf pneumogastrique. — 9) Sillon médian postérieur de la moelle. — 10) Racines postérieures des nerfs rachidiens, dont la ligne d'implantation constitue le sillon collatéral postérieur.

Les deux sillons latéraux sont représentés par les lignes d'insertion des racines antérieures et postérieures des nerfs rachidiens. Le *sillon collatéral antérieur* n'existe réellement pas, tandis que le *postérieur* est très-manifeste après l'arrachement des racines correspondantes et est représenté alors par une série de petits enfoncements disposés en ligne régulière.

A la partie cervicale de la moelle se trouve un nouveau sillon très-rapproché du sillon médian postérieur : c'est le *sillon postérieur intermédiaire;* il naît sur les côtés du *calamus scriptorius* et se perd au niveau des premières vertèbres dorsales (fig. 174).

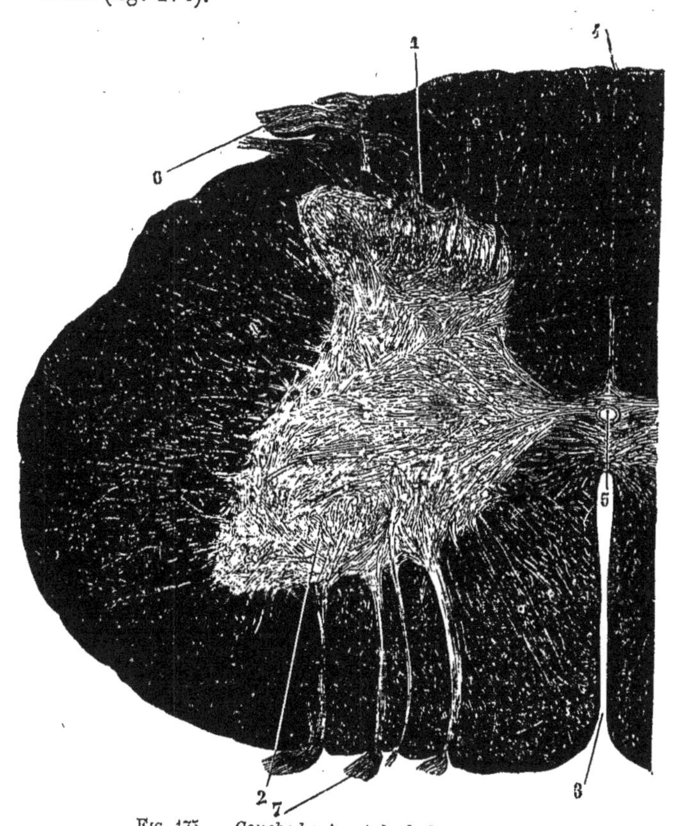

FIG. 175. — *Couche horizontale de la moelle* (*).

En faisant abstraction de ce dernier sillon, chaque moitié de la moelle est séparée en trois cordons distincts : l'un, *antérieur*, compris entre le sillon antérieur et la ligne d'insertion des racines antérieures; le second, *latéral*, compris entre cette ligne et le sillon collatéral postérieur et enfin le troisième, *postérieur*, limité en dehors par ce dernier et en dedans par le sillon médian postérieur.

Quant au sillon postérieur intermédiaire, il limite un petit cordon, spécial à

(*) 1) Cornes postérieures avec leurs cellules. — 2) Cornes antérieures et leurs deux groupes cellulaires antérieur et latéral. — 3) Sillon antérieur. — 4) Sillon postérieur. — 5) Canal central de la moelle entouré par les commissures. — 6 Racines postérieures. — 7) Racines antérieures. — (Réduction de la grande planche de Stilling).

la région cervicale, qui se trouve entre le cordon postérieur et le sillon médian. Ce cordon, *cordon cunéiforme*, *cordon de Goll*, se relie en haut aux tubercules mamelonnés, qui ont pris le nom de *pyramides postérieures* (fig. 174, 2), et se perd en bas dans les cordons postérieurs.

La moelle épinière sectionnée transversalement présente, à la vue, une *substance blanche périphérique*, entourée de toute part par la pie-mère, et une *partie grise, centrale*. Cette dernière, dont la forme varie suivant les points où on l'étudie, offre toujours une partie transversale qui correspond aux commissures de la moelle, et deux parties latérales situées dans les deux moitiés de l'organe. Ces parties latérales, beaucoup plus développées que la partie transversale, commissurale, ont chacune deux prolongements (fig. 175) : l'un antérieur, moins allongé, mais plus large et plus épais, *cornes antérieures ;* l'autre postérieur, plus effilé et plus allongé, *cornes postérieures*. Au centre de l'organe, au milieu par conséquent de la partie transversale de la substance grise, se trouve une ouverture arrondie, très-petite, microscopique : c'est le canal central de la moelle qui est tapissé par l'épendyme. La substance blanche de la moelle entoure de toutes parts cette masse centrale de substance grise. On lui considère dans chaque moitié de l'axe médullaire, trois colonnes principales : 1° *Colonne ou cordon antérieur*, limité par le sillon médian antérieur et par le sillon collatéral antérieur, émergence des racines antérieures; 2° *Colonne* ou *cordon latéral*, compris entre le sillon collatéral postérieur, autrement dit, entre l'origine des racines antérieures et postérieures des nerfs rachidiens. Ce cordon latéral correspond à la concavité externe de la substance grise; 3° *colonne* ou *cordon postérieur*, compris entre le sillon collatéral postérieur et le sillon médian postérieur. Si l'on vient à prolonger idéalement de haut en bas le sillon postérieur intermédiaire décrit plus haut, on divise le cordon postérieur de la moelle en deux parties, l'une, principale, externe, qui conserve le nom de cordon postérieur; l'autre, petite, interne, cunéiforme, à base périphérique, qui prend le nom de cordon de Goll. Dans le cordon antérieur, on a créé une subdivision analogue, au moyen d'une ligne tout à fait idéale, qui, partant de l'extrémité antérieure du sillon médian antérieur, irait rejoindre l'angle interne de la corne antérieure de la substance grise. C'est à ce cordon, tout à fait problématique, que Charcot a donné le nom de cordon de Türck.

A l'extrémité des cornes postérieures de la substance grise, on voit, entre elle et la périphérie, une substance particulière qui affecte la forme d'un U et qui coiffe l'extrémité périphérique de la corne : c'est la substance gélatineuse de Rolando, sur l'extrémité de laquelle viennent s'implanter les racines postérieures.

II. *Structure.* — La moelle a été considérée longtemps comme n'étant formée que par des éléments nerveux, cellules et fibres. Ce n'est qu'à la suite des travaux de Virchow sur l'épendyme du canal central, que les micrographes de l'école de Dorpat, et Bidder à leur tête (1853 à 1857), démontrèrent l'existence du tissu connectif dans ce centre. Depuis lors, cette question a été très-étudiée, et voici ce qui aujourd'hui semble hors de doute.

De l'enveloppe de la moelle, pie-mère, partent des prolongements extrêmement fins, qui pénètrent dans l'intérieur de ce centre et qui, en se réunissant soit aux membranes connectives des vaisseaux, soit au tissu connectif qui sert de base à l'épithélium épendymaire, forment un réseau d'une finesse variable suivant les points et destiné à isoler les éléments nerveux. Ce tissu, qui forme la charpente de la moelle et qui porte le nom de *névroglie*, est comparé par Bidder à une éponge dans les cavités de laquelle se trouveraient les cellules et les fibres nerveuses. Ces prolongements partis de la pie-mère sont constitués par des fibrilles connectives et élastiques, par des cellules plasmatiques et par une substance amorphe, sorte de ciment intermédiaire. Ces trabécules se dichotomisent, deviennent de plus en plus fins et délicats et divisent ainsi les colonnes de la substance blanche en une série de faisceaux de plus en plus petits. Ces prolongements connectifs vont s'appuyer sur la tunique adventice des vaisseaux médullaires. Arrivée à la substance grise centrale, la névroglie devient de plus en plus délicate, les fibres connectives élastiques disparaissent et il ne reste que la substance amorphe et quelques cellules, *myélocytes* de Robin. Les cellules de la névroglie sont moins nombreuses qu'on ne l'a cru; Ranvier a démontré que les cellules à prolongements, cellules araignées de Jarkowitz, n'existaient pas et ne sont qu'une illusion due à l'entre-croisement de très-petites cloisons réunies en un véritable coin nodal. Plus les cloisons sont délicates, moins on y trouve des fibrilles connectives et élastiques. Toute la névroglie est constituée par du tissu connectif réticulaire.

La substance gélatineuse de Rolando est, elle aussi, constituée par un tissu connectif réticulaire d'une nature très-délicate, dans lequel on ne trouve que fort peu de fibres connectives ou élastiques.

La substance blanche de la moelle est formée uniquement de fibres nerveuses et de névroglie. Ces fibres sont composées d'une petite couche de myéline et du cylindre-axe.

La substance grise présente, outre des fibres analogues très-minces, un grand nombre de cellules nerveuses, variables de dimensions, suivant le lieu où on les examine. Elles sont grosses dans les cornes antérieures, beaucoup plus petites au contraire dans les cornes postérieures, et de plus, ainsi que l'a démontré Gratiolet, le volume des cellules des cornes antérieures est en rapport avec le volume des nerfs qui en partent, ce qui fait qu'elles sont plus volumineuses dans les renflements lombaire et cervical. Toutes ces cellules paraissent être dépourvues d'enveloppe et sont constituées, d'après Schultze, par une masse fibrillaire, avec un noyau entouré de granulations pigmentaires. Elles émettent des prolongements de nombre variable, chez l'homme de quatre à dix. Ces prolongements se subdivisent eux-mêmes et n'ont pas d'extrémité libre; ils se continuent toujours soit avec les racines des nerfs, soit avec les cordons de la moelle, soit en s'anastomosant avec d'autres cellules plus éloignées, et forment dans ce dernier cas de véritables réseaux de fibrilles nerveuses d'une finesse excessive. Les cellules des cornes antérieures émettent toutes un prolongement non ramifié, qui semble se continuer directement avec une fibre originelle des racines antérieures; c'est le *prolongement de Deiters;* tous les autres prolongements des cellules des cornes antérieures sont ramifiés.

Les cellules nerveuses de la moelle ne sont pas disséminées dans la substance grise; elles y sont disposées par agrégats, par petites masses, formant ce que Stilling a appelé les *noyaux des nerfs*. Ces noyaux, à leur tour, sont tous disposés en colonnes verticales d'épaisseur variable. Ces colonnes sont : pour la corne antérieure, au nombre de trois : l'une, *interne*, au niveau de l'angle antérieur et interne de la corne; la seconde, *antérieure*, au niveau de l'angle antérieur et externe; la troisième, *externe* ou *postérieure*, en arrière de la précédente, le long de la concavité du bord externe de la corne antérieure, près de sa jonction avec la corne postérieure. Dans les cornes postérieures ce groupement est plus compliqué. Il existe d'abord un amas de cellules au niveau du point où la commissure grise rejoint les cornes postérieures, c'est la *colonne vésiculeuse postérieure de Clarke*, *noyau dorsal de Stilling*. Ces deux auteurs n'avaient constaté son existence qu'à la région dorsale; c'est Schrœder van der Kolk qui démontra qu'elle se trouve dans toute l'étendue de la moelle, quoiqu'elle y soit moins développée qu'entre les deux renflements. Plus en dehors et toujours dans la corne postérieure on voit un nouvel amas de cellules, dont le groupement est assez mal défini; il se prolonge jusqu'auprès de la substance gélatineuse et forme ainsi, dans toute la longueur de la moelle, une cinquième colonne cellulaire, *colonne cellulaire postérieure*.

Des parties latérales de la substance grise partent des fibres qui vont aboutir dans la substance blanche; ce sont les *fibres irradiées de Stilling*, que Schrœder van der Kolk décrit sous le nom de *fibres marginales* et auxquelles il assigne un trajet ultérieur fort compliqué.

III *Texture.* — La moelle est constituée par un axe central gris, formé de différentes colonnes cellulaires, dans lesquelles les cellules sont réunies en noyaux séparés, quoique reliés les uns aux autres dans toute la longueur de la colonne. Autour de cet axe se groupent les fibres blanches formant les cordons médullaires antérieur, latéral et postérieur. Pendant longtemps on a cru que les fibres nerveuses remontent directement jusque dans le cerveau, à travers la moelle, et que celle-ci est l'ensemble des filets nerveux se rendant des extrémités à l'encéphale. Cette opinion, battue en brèche par Stilling et Wallach, fut soutenue longtemps par Kölliker; mais ce micrographe se vit contraint de l'abandonner devant les résultats si probants des mensurations de Volkmann. Au reste en admettant l'opinion ancienne, il faudrait que les racines des nerfs rachidiens fussent verticales et ascendantes dans l'épaisseur de la moelle, tandis qu'elles y sont transversales.

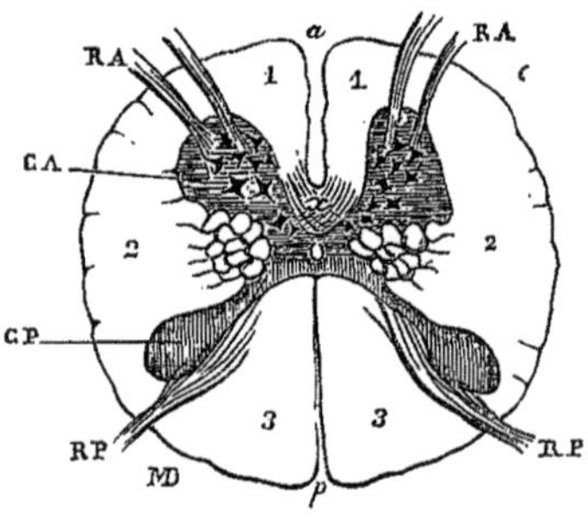

Étudions séparément les cordons antéro-latéraux et les cordons postérieurs et voyons comment s'y comportent les fibres nerveuses.

FIG. 176. — *Schéma d'une coupe de la moelle cervicale au niveau des racines de la première paire rachidienne* (*).

Cordons antéro-latéraux. — Les racines antérieures viennent toutes aboutir aux cellules nerveuses des différents noyaux qui forment les colonnes cellulaires antérieures et latérales de la substance grise ou, pour être plus exact, les fibres de ces racines ne sont que des prolongements de ces cellules. Ces dernières émettent encore d'autres prolongements qui probablement les unissent : 1° aux cellules du même noyau; 2° aux cellules du groupe homologue du côté opposé (ces prolongements passent à travers la commissure antérieure); 3° aux cellules de groupes situés au-dessus ou au dessous dans la même colonne du même côté; 4° aux organes encéphaliques. Cette dernière anastomose est très-importante et se fait de la manière suivante. Toutes les cellules des différents noyaux qui forment les colonnes antérieures et latérales ne sont pas en connexion directe avec l'encéphale; mais comme elles sont anastomosées entre elles, il est aisé de comprendre qu'un petit nombre de fibres ascendantes doit suffire pour communiquer à tout le groupe l'excitation cérébrale.

Les fibres les plus internes des cordons antérieurs s'entre-croisent dans toute la longueur de la moelle avec celles du côté opposé : cet entre-croisement forme en partie la commissure blanche, dont une autre partie est constituée par les prolongements des grosses cellules des cornes antérieures, qui vont aux cellules des mêmes cornes du côté opposé.

Cordons postérieurs. — Les fibres des racines postérieures, en pénétrant dans les cornes postérieures, se divisent en deux groupes de fibres : 1° les unes, externes, pénètrent par le bord externe dans la substance gélatineuse de Rolando, montent ou descendent dans l'intérieur de cette substance et se recourbent ensuite pour gagner les cellules des cornes postérieures; 2° les autres, internes, beaucoup plus nombreuses, traversent la substance gélatineuse et s'éparpillent tout le long de son bord interne; il en est qui vont directement aux cellules de la colonne de Clarke; d'autres au contraire, qui remontent

(*). *a.* Sillon médian antérieur; — *p.* Sillon médian postérieur; — 1) Cordon antéro-interne; — 2) Cordon antéro-latéral; — 3) Cordon postérieur; — *x* Commissure blanche (fibres décussées); CA. Corne antérieure; — RA. Racines antérieures; — CP. Cornes postérieures; — RP. Racines postérieures.

(Mathias Duval *in Nouveau Dictionnaire de médecine et de chirurgie pratiques*, t. XXIII, article nerfs.)

dans le cordon blanc postérieur, ou même dans la substance grise, pour gagner des cellules situées plus haut dans la corne postérieure; il en est enfin qui semblent descendre dans les mêmes parties des centres médullaires, pour gagner des cellules situées plus bas.

Schiff a démontré par ses expériences physiologiques qu'il doit exister cependant un paquet de fibres remontant directement de la phériphérie jusqu'aux centres cérébraux, en passant exclusivement par la substance blanche, sans communiquer avec la substance grise de la moelle. Ces fibres font partie des cordons postérieurs, et président, très-probablement, à la transmission directe des impressions tactiles.

Ainsi toutes les fibres des nerfs rachidiens s'arrêtent aux cellules ganglionnaires de la moelle, à l'exception d'un faisceau des racines postérieures, qui monte directement vers l'encéphale par le cordon blanc postérieur.

Schrœder van der Kolk admettait une décussation des fibres des cordons postérieurs dans toute l'étendue de la moelle, de telle sorte que les fibres de ces racines ne remontent pas tout droit vers l'encéphale, mais bien par le faisceau blanc du côté opposé; en d'autres termes, il admettait que les prolongements ascendants ou cérébro-médullaires des cellules des cornes postérieures s'entre-croisent dans toute la longueur de la moelle et passent aussitôt après leur origine dans le côté opposé.

Il est démontré aujourd'hui qu'il n'en est rien et qu'il n'y a pas d'entre-croisement de fibres des cordons postérieurs dans la moelle.

Ces questions de texture, difficiles au premier abord, deviennent plus faciles à saisir par quelques considérations physiologiques.

Les noyaux des nerfs de la moelle sont des centres de motricité. Les muscles d'un même groupe sont unis dans leur action; ainsi tous les muscles fléchisseurs de l'avant-bras sur le bras se contractent en même temps, sans qu'il nous soit possible de faire agir isolément le biceps ou le brachial antérieur. Ces muscles sont régis par le même groupe de cellules motrices. Or ce groupe est en relation avec le centre volitif situé dans l'encéphale, par un petit nombre de fibres qui excitent à elles seules toutes les cellules anastomosées entre elles, du groupe fléchisseur de l'avant-bras. Mais les noyaux des nerfs sont de plus en relation avec d'autres noyaux plus éloignés, qui peuvent être excités également et subsidiairement par le même effet volitif, d'où résultera une plus grande complication dans l'association des mouvements.

Les fibres des racines postérieures se divisent en trois faisceaux, dont l'un remonte vers l'encéphale : c'est le cordon des fibres tactiles, qui forment de véritables nerfs sensoriels au même titre que les nerfs optiques, acoustiques et olfactifs et qui doivent être en relation plus spéciale avec des parties plus élevées des centres nerveux. Le deuxième faisceau s'arrête aux cellules des cornes postérieures et paraît être plus particulièrement en rapport avec les impressions douloureuses, qui sont transmises à leur tour aux organes encéphaliques par l'intermédiaire des prolongements ascendants des cellules des cornes postérieures. Les fibres qui, soit directement, soit indirectement, vont des racines postérieures aux cellules des cornes antérieures sont les fibres excito-motrices ou réflexes. C'est à elles que Jaccoud a donné le nom de *système intermédiaire des fibres de la moelle*. On comprend dès lors comment une impression périphérique peut produire un mouvement inconscient et involontaire, puisque ces fibres se portent aux centres de motricité sans passer par le centre encéphalique, destiné à percevoir les impressions et à s'en rendre compte. Il existe en outre, dans les cordons de la moelle, des fibres radiculaires du grand sympathique, des fibres trophiques allant aux ganglions sympathiques et probablement d'autres fibres trophiques venant de ces ganglions et servant de vaso-moteurs aux vaisseaux sanguins de la moelle.

§ II. — Bulbe rachidien.

La partie de la moelle comprise entre l'extrémité inférieure de l'entre-croisement des pyramides et le bord inférieur de la protubérance annulaire porte le nom de *bulbe rachidien*. Sa forme est celle d'un cône tronqué à sommet inférieur. Il repose sur la gouttière basilaire, dont il imite la direction oblique de haut en bas et d'avant en arrière, et forme avec la moelle qui est verticale un angle obtus à sinus dirigé en avant. La longueur du bulbe est de $0^m,03$ et répond à l'espace compris entre la partie moyenne de l'apophyse odontoïde et la partie moyenne de la gouttière basilaire. On peut y considérer quatre faces, antérieure, latérales et postérieure, une base et un sommet.

Le *sommet* du bulbe se continue avec la moelle épinière par une partie légèrement rétrécie, qui a pris le nom de *collet du bulbe.*

La *base* est nettement limitée en avant et se continue au-dessous du bord inférieur de la protubérance dont elle est séparée par un sillon semi-circulaire; en arrière, elle se confond avec la face postérieure de la protubérance et fait, comme elle, partie du plancher du quatrième ventricule.

La *face antérieure* du bulbe nous offre à considérer d'abord un sillon médian antérieur, continuation de celui de la moelle épinière. Il est peu profond dans le tiers inférieur du bulbe, reprend sa dimension primitive dans ses deux tiers supérieurs et se termine au niveau du bord inférieur de la protubérance par une petite fossette profonde, *trou borgne de Vicq d'Azyr.* Sur les côtés de ce sillon se trouvent deux cordons blancs, *pyramides antérieures*, qui semblent continuer les cordons antérieurs de la moelle; ils sont un peu renflés en haut et entre-croisés en bas sur la ligne médiane. Cet entre-croisement ou *décussation*, sur lequel nous reviendrons en nous occupant de la structure du bulbe, se fait par le passage de plusieurs faisceaux de fibres d'un côté à la pyramide du côté opposé. C'est à cette décussation, qui répond au tiers inférieur du bulbe, qu'est due la moindre profondeur du sillon médian à ce niveau. On a décrit chaque pyramide comme ayant la forme d'un prisme triangulaire à face interne plane, en rapport avec le sillon médian, à face externe en rapport avec la face interne des olives, et à face antérieure, périphérique, convexe. Entre chaque pyramide et le bord inférieur de la protubérance se voit l'origine apparente du nerf oculo-moteur externe.

Faces latérales. — La face latérale du bulbe comprend les parties situées entre les pyramides et la ligne d'émergence des nerfs glosso-pharyngien et pneumogastrique, ligne qui continue le sillon collatéral postérieur de la moelle en formant le *sillon latéral du bulbe.*

Immédiatement en dehors des pyramides antérieures existent, dans la moitié supérieure du bulbe, deux éminences ovalaires à grand axe longitudinal, dont la forme est nettement délimitée : ce sont les *olives* ou *corps olivaires.* Leur extrémité inférieure est recouverte quelquefois par des fibres curvilignes transversales, *fibres arciformes.* Au-dessus de leur extrémité supérieure, au contraire, se voit toujours un enfoncement, une dépression, *fossette sus-olivaire*, qui la sépare du bord inférieur de la protubérance. En dedans, les olives sont séparées des pyramides par un sillon, dans lequel se trouvent les racines du nerf grand hypoglosse. Au-dessous des éminences olivaires et un peu en arrière d'elles, se voit une tache grise qui a pris le nom de *tubercule cendré de Rolando*, et qui n'est que l'extrémité de la tête de la commissure postérieure vue par transparence à travers quelques fibres blanches qui la recouvrent.

Entre les olives et le sillon latéral du bulbe on trouve un cordon blanc ne mesurant à la périphérie guère plus de $0^m,001$ de largeur : c'est le *faisceau intermédiaire du bulbe*, qui continue une partie des fibres du cordon latéral de la moelle. A sa partie postérieure, ce faisceau est séparé du bord inférieur de la protubérance par une fossette, *fossette latérale du bulbe* dans laquelle se trouve l'émergence des nerfs facial et auditif.

Les fibres arciformes, curvilignes, à concavité supérieure, qui existent au-dessous des olives, sont très-variables dans leur groupement et leur nombre, suivant les sujets; tantôt elles forment un groupe unique qui entoure l'extrémité inférieure des corps olivaires et des pyramides; tantôt, au contraire, elles sont disposées en deux groupes recouvrant les extrémités supérieure et inférieure de ces deux saillies. Dans ces deux cas, on les voit arriver jusqu'au sillon médian.

La *face postérieure* du bulbe, comprise entre le sillon latéral et le sillon médian postérieur, est arrondie dans son tiers inférieur et aplatie dans ses deux tiers supérieurs. Les cordons qui la forment sont au nombre de deux pour chaque côté : l'un principal, *cordon postérieur*, l'autre accessoire, *cordon de Goll*. Dans le tiers inférieur du bulbe, ces quatre cordons sont réunis et séparés sur la ligne médiane par le prolongement du sillon médian postérieur : le bulbe est alors arrondi comme dans la moelle. Dans les deux tiers supérieurs, au contraire, les deux cordons d'un côté s'écartent angulairement des deux cordons du côté opposé et laissent à nu la surface grise centrale du bulbe. Cet écartement présente l'aspect d'une excavation triangulaire de couleur grise, qui fait partie du plancher du quatrième ventricule. L'angle aigu à sommet inférieur que forment les cordons médullaires en s'écartant, a pris le nom de *bec du calamus scriptorius*, et sera décrit avec le quatrième ventricule. C'est au niveau de ce point que s'arrête le sillon médian postérieur.

Le cordon principal de la face postérieure du bulbe n'est autre que le cordon postérieur de la moelle. A partir du point où ces cordons s'écartent, c'est-à-dire au niveau du bec du calamus, il prend le nom de *corps restiforme*. Il se porte alors en haut, en dehors et en avant et paraît se diviser en deux faisceaux : l'un qui vient du cervelet et constitue en partie le *pédoncule cérébelleux inférieur*, l'autre qui remonte vers le cerveau par le plancher du quatrième ventricule.

Nous avons vu qu'à la région cervicale la moelle épinière présente, sur chaque côté du sillon médian postérieur, un faisceau blanc, accessoire, limité par le sillon postérieur intermédiaire, qui le sépare des cordons postérieurs. Ce petit cordon, *cordon de Goll*, s'écarte de son congénère au niveau du bec du calamus, se renfle alors en une saillie mamelonnée, *pyramide postérieure*, et va se perdre dans les corps restiformes correspondants.

Structure et texture. — Le bulbe est constitué, de même que la moelle, par des fibres nerveuses et des cellules nerveuses contenues dans une gangue de tissu connectif réticulaire. Les parties blanches sont formées exclusivement de fibres ; les parties grises, de cellules et de fibres analogues. Les cellules forment des noyaux de nerfs semblables à ceux de la moelle, mais mieux isolés ; elles émettent aussi des prolongements, qui les unissent aux cellules du même noyau, aux cellules de noyaux voisins, aux cellules des noyaux homologues du côté opposé, aux nerfs dont elles forment les parties élémentaires, et enfin à l'encéphale. Mais dans le bulbe le groupement de ces noyaux diffère de celui que nous avons décrit dans la moelle. Pour s'en rendre compte, il faut étudier la disposition du canal central ependymaire. Dans la moelle, ce canal occupe la partie centrale de l'organe; à la partie inférieure du bulbe, il se porte un peu en arrière et bientôt, au niveau du calamus, il s'élargit par l'écartement des pyramides postérieures et des cordons de Goll de manière à constituer le quatrième ventricule. Les cornes postérieures de la substance grise se sont donc également écartées et sont venues se placer non plus en arrière des cordons antérieurs, mais en dehors d'eux. Il en résulte que les noyaux cellulaires de ces cornes ne se trouvent plus en arrière, mais en de horsdes noyaux des cornes antérieures. Dans la moelle, la substance grise entourait le canal central comme un anneau; dans le bulbe, au contraire, la commissure grise a disparu, et la substance grise forme une lame étalée au-devant du quatrième ventricule, dont elle constitue en partie le plancher. Dans la moelle épinière, les cornes grises antérieures, situées en arrière des cordons antérieurs, n'étaient recouvertes que par une assez mince couche de fibres blanches; dans le bulbe, ces cornes ont suivi le mouvement du canal central et se sont portées en arrière sur le plancher du quatrième ventricule; les cordons antérieurs sont devenus plus épais et renferment une grande quantité de fibres entre-croisées sur la ligne médiane, dans la commissure blanche considérablement augmentée. Cette commissure prend le nom *septum médian* ou *raphé de Stilling*.

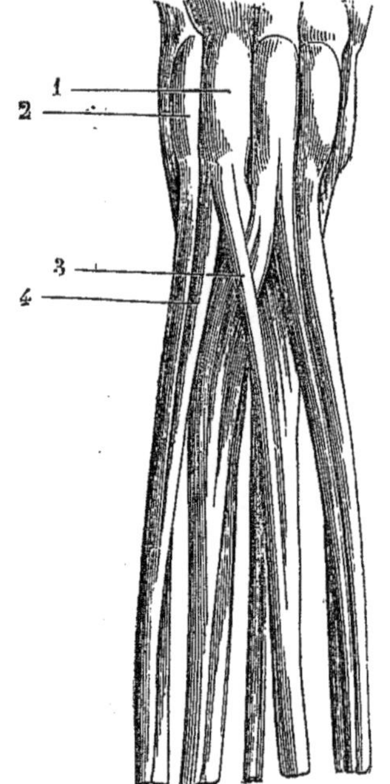

FIG. 177. — *Entre-croisement des pyramides antérieures* (*).

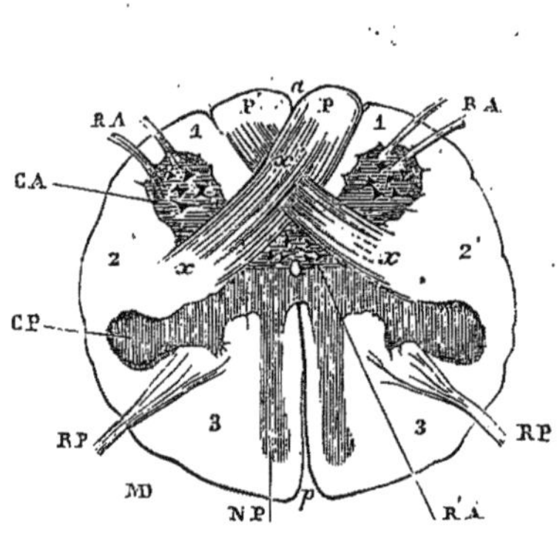

FIG. 178. — *Coupe de la partie inférieure du bulbe rachidien au niveau de l'entre-croisement des pyramides* (**).

Les *cordons antérieurs de la moelle* (fig. 176), arrivés au niveau du collet du bulbe, semblent se diviser en plusieurs faisceaux qui paraissent s'entre-croiser, sur la ligne médiane, avec ceux du côté opposé à la façon des doigts des deux mains entre-croisés. En raison de cette *décussation des pyramides*, l'on admettait que les fibres des cordons antérieurs du côté droit de la moelle remontaient vers l'encéphale par le côté gauche du bulbe et réciproquement. C'est Mistichelli qui le premier, décrivit cette disposition. Le siège de cet entre-croisement se trouve à environ 0m,02 au-dessous du bord inférieur de la protubérance et mesure à peu près 0m,008 de longueur.

(*) 1) Pyramides antérieures. — 2) Olives. — 3) Faisceaux entre-croisés. — 4) Faisceau externe non entre-croisé.

(**) 1, 2, 3,) Cordons antéro-interne, antéro-latéral et postérieur; — CA. RA. Cornes et racines antérieures. — CP, RP. Cornes et racines postérieures; R'A'. Segment central de la corne antérieure, dont la tête (CA) a été détachée. — *x*, entre-croisement des cordons latéraux allant former les pyramides (PP'); — NP. Noyau des pyramides postérieures; — *a* et *p*, sillons médians antérieur et postérieur. (Mathias Duval, Ouv. cité.)

Quant aux pyramides, Stilling les considérait comme étant des parties nouvelles provenant de la substance grise et venant renforcer les cordons antérieurs, dont, d'après lui, les fibres passaient à la partie profonde des pyramides. Schröder van der Kolk, au contraire, ne voyait dans les pyramides que la continuation des cordons antérieurs, et son opinion était adoptée par tout le monde jusqu'en 1876, où parut un remarquable travail fait en commun par Sappey et notre ami Mathias-Duval. D'après ces auteurs la décussation n'appartient en aucune manière aux cordons antérieurs qui, s'étant entre-croisés dans toute la longueur de la moelle, en y formant la commissure blanche, n'ont plus besoin de s'entre-croiser dans le bulbe. A ce niveau, ces cordons se porteraient en dehors, en arrière et en haut, en contournant les cordons latéraux et les cordons postérieurs et en séparant le cordon postérieur d'avec le faisceau latéral, le corps restiforme et le cordon de Goll, qui les recouvriraient en partie à la face postérieure du bulbe. Arrivés au niveau du plancher du quatrième ventricule, les cordons antérieurs s'adosseraient sur la ligne médiane, recouverts par la lame grise du plancher de ce ventricule, gagneraient la protubérance et enfin le pédoncule cérébral. Par leur projection en arrière et en dehors, les cordons antérieurs constitueraient ainsi une véritable boutonnière, une sorte d'anneau, embrassant les cordons latéraux et les cordons postérieurs.

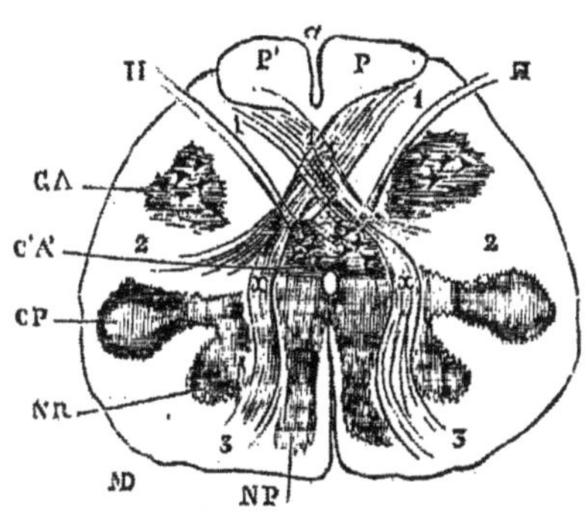

Fig. 179. — *Coupe du bulbe au niveau de la partie supérieure de l'entre-croisement des pyramides (partie sensitive).*

Le *cordon latéral de la moelle* forme le *faisceau latéral* ou *intermédiaire du bulbe*. Il ne fait saillie sur la partie périphérique du bulbe que par une très-petite partie, située entre le bord externe de l'olive et le bord antérieur du corps restiforme. On lui assigne une forme prismatique et triangulaire et on décrit sur lui : une face interne en rapport avec celle du côté opposé, une face antérieure recouverte par la pyramide, et une face postérieure qui fait saillie sur le plancher du quatrième ventricule. On a beaucoup agité la question de savoir si ces faisceaux s'entre-croisent à ce niveau. Valentin, Longet, Cruveilhier admettent cette décussation; Hirschfeld la nie et Sappey se range à peu près à son avis. Pour les micrographes, l'entre-croisement des faisceaux intermédiaires ne fait aucun doute. Luys dit que les fibres passent *successivement les unes après les autres* du côté opposé à celui d'où elles proviennent. Pour Sappey et Duval, les cordons latéraux, arrivés au bulbe, se divisent en deux parties l'une *faisceau latéral du bulbe*, plus petite, remonte directement sans aucun entre-croisement, en recouvrant en dehors et en arrière les cordons antérieurs qui se sont recourbés; l'autre partie des cordons latéraux s'incline en avant, remonte dans la boutonnière des cordons antérieurs et s'entre-croise successivement par faisceaux distincts avec ceux du côté opposé, en formant ce qu'on appelait jusqu'ici la décussation des pyramides; ce sont donc les cordons latéraux qui constituent la plus grande partie des pyramides antérieures.

Les *cordons postérieurs de la moelle* se divisent en deux parties dans le bulbe : l'une qui chemine dans le plancher du quatrième ventricule de même que le faisceau intermédiaire, l'autre qui se porte au cervelet.

On a considéré, jusque dans ces derniers temps, les corps restiformes et les cordons

(*) *a* et *p*. Sillons médians antérieur et postérieur. — CA. Tête de la corne antérieure. — C' V'. Base de la corne antérieure (noyau de l'hypoglosse); II. Fibres radiculaires de l'hypoglosse. — 1) 2) 3). Cordons antéro-interne, antéro-latéral (ceux-ci presque disparus par le fait de la décussation précédente) (fig. 178) et postérieur. — *x*. *x*. Fibres venant des cordons postérieurs et s'entre-croisant en *x*. — PP'. Pyramides (partie motrice constituée par la décussation précédente (fig. 178). — NB. Noyau des corps restiformes.

pyramidaux postérieurs comme la continuation des cordons postérieurs de la moelle; d'après Stilling, c'est là une erreur : ces faisceaux ne se rendent pas du bulbe au cervelet, mais suivent le trajet inverse, et se recourbent bientôt en fibres transversales qui parcourent l'intérieur du bulbe. Ce fait anatomique explique pourquoi Brown-Séquard, après avoir sectionné une moitié du bulbe, trouva la partie centrale du corps restiforme insensible. Mais il y a cependant, ainsi que l'a démontré Stilling, une partie des cordons postérieurs de la moelle surtout leurs fibres les plus antérieures, qui se rendent au cervelet et contribuent à former une partie des pédoncules cérébelleux inférieurs.

Quant à la partie des cordons postérieurs de la moelle qui se prolonge dans le plancher du quatrième ventricule, on n'est pas encore fixé sur son trajet ultérieur. Stilling, et Schrœder van der Kolk admettent qu'elle se termine dans le bulbe.

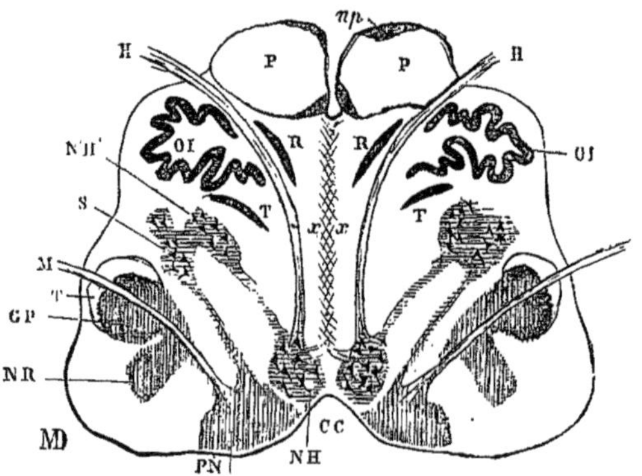

FIG. 180. — *Schéma d'une coupe de la partie moyenne du bulbe rachidien* (*).

Pour Sappey et Duval, les corps restiformes ne sont pas la continuation des cordons postérieurs; ils proviennent du cervelet et forment les pédoncules cérébelleux inférieurs. D'autre part, les cordons de Goll, arrivés au bec du calamus, s'inclinent en dehors et en haut et longent, comme nous l'avons vu, le bord interne des corps restiformes, sans s'entre-croiser; il n'en est pas de même des cordons postérieurs, qui, au niveau du bulbe, glissent en avant de la moitié postérieure de la boucle formés par le recourbement des cordons antérieurs, et se trouvent donc compris dans la boutonnière constituée par ces cordons. La partie recourbée des cordons antérieurs sépare donc, à ce niveau, comme déjà nous l'avons dit, les cordons postérieurs d'avec les corps restiformes, les cordons de Goll et le faisceau latéral du bulbe. Les cordons postérieurs remontent alors dans la profondeur du bulbe, s'entre-croisent sur la ligne médiane et vont aboutir au pédoncule cérébral, dont ils forment la partie postérieure.

Quant aux corps restiformes, constitués par les fibres des pédoncules cérébelleux inférieurs, ils aboutissent au bulbe, où leurs fibres se dissocient; les unes pénètrent dans la profondeur de ce centre nerveux; les autres glissent à sa surface et gagnent les sillons médians, sous le nom de *fibres arciformes*. Quel que soit leur trajet, toutes ces fibres arciformes viennent dans l'épaisseur du bulbe s'entre-croiser sur la ligne médiane avec celles du côté opposé, et constituer ainsi le raphé médian.

Le lieu de terminaison du faisceau des cordons postérieurs qui remonte directement

(*) P.P. Pyramides; — C.C. Plancher du 4e ventricule; — H. Fibres radiculaires du nerf grand hypoglosse; — NH. Noyau classique du grand hypoglosse. N'.H'. Noyau accessoire (moteur) des nerfs mixtes; — PN. Noyau sensitif des nerfs mixtes (glosso-pharyngien pneumo-gastrique, spinal); — NR. Noyau des corps restiformes; — CP. Substance gélatineuse de Rolando (tête de la corne postérieure); — T. Racine ascendante du trijumeau; — M. Fibres radiculaires du nerf pneumo-gastrique; — OI. lame grise olivaire; — R. Noyau juxta-olivaire interne. — T. Noyau juxta olivaire externe; — XX; Raphé.

vers l'encéphale, sans s'arrêter aux cellules des cornes postérieures, *faisceau sensoriel tactile*, paraît avoir échappé jusqu'ici à la sagacité des anatomistes.

La *substance grise* de la moelle éprouve des modifications en pénétrant dans le bulbe; d'abord, en raison de l'écartement des cordons postérieurs, cette substance apparaît à découvert et forme le plancher du quatrième ventricule. D'autre part, les cordons postérieurs en s'écartant, repoussent très-fortement en dehors les cornes postérieures de la substance grise, et surtout leur extrémité externe, leur tête; de telle sorte que les cornes postérieures se trouvent à peu près sur un même plan transversal que le canal central élargi qut est devenu la cavité du quatrième ventricule. La partie centrale, ou base de la colonne postérieure remonte, dans le plancher du quatrième ventricule; mais elle est également déjetée en dehors par la formation de ce ventricule, et elle forme ainsi une colonne grisâtre qui remonte dans le bulbe et la protubérance. Nous la retrouverons en étudiant le plancher du quatrième ventricule, et l'origine réelle des nerfs crâniens.

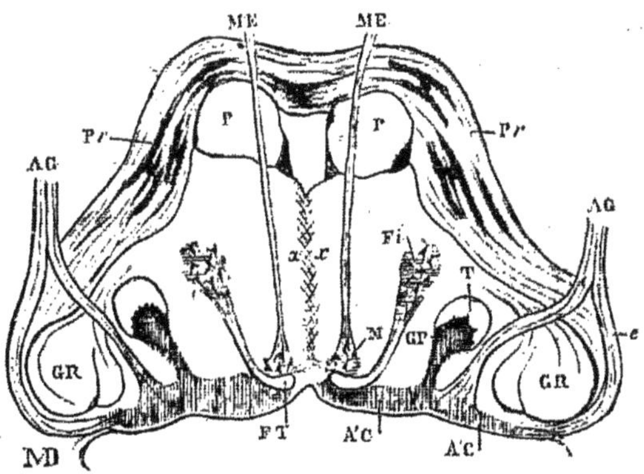

Fig. 181. — *Schéma d'une coupe, au niveau de la ligne de jonction du bulbe et de la protubérance* (*).

Nous avons vu que les cordons postérieurs s'infléchissent en avant pour aller s'entrecroiser et constituer la partie profonde des pyramides antérieures; mais, pour ce faire, les fibres nerveuses de ces cordons s'unissent au milieu de la substance grise des cornes postérieures, et séparent nettement la tête de ces cornes d'avec leur base, de manière à en faire deux colonnes grises, isolées l'une de l'autre par un faisceau blanc, constitué par les fibres des cordons postérieurs. La colonne formée par la tête des cornes postérieures est tout à fait externe; elle fait saillie à la surface extérieure du bulbe et prend à sa partie inférieure le nom de tubercule de Rolando; elle remonte vers la protubérances dans laquelle elle s'épuise.

La substance grise des cornes antérieures n'est pas déjetée en dehors; mais elle subit, elle aussi, des modifications considérables. En effet, les fibres des cordons latéraux, se portant en avant et en haut, pour s'entre-croiser et former la décussation des pyramides, sont obligées de passer au milieu de la masse grise centrale des cornes antérieures, elles séparent la base de ces cornes d'avec leur tête d'où résultent deux colonnes grises formées, l'une par la base, qui se trouve tout à fait centrale le long du raphé médian, l'autre, par la tête, qui est plus antérieure et plus externe.

(*) P.P. Pyramides; — Pr.Pr. Fibres transversales de la protubérance; entre les couches diverses de ces fibres sont irrégulièrement stratifiés des amas de substance grise; — ME. ME. Racines du nerf moteur externe; — M. Noyau commun du moteur oculaire externe et du facial; — FT. *Fasciculus teres* (portion verticale de l'anse du facial); — FI. Noyau inférieur ou facial (dans lequel prennent naissance les fibres radiculaires qui vont former le *fasciculus teres*); GP. substance gélatineuse de Rolando (tête de la corne postérieure); — T. Racine ascendante du trijumeau; — A'.C. substance grise du plancher du 4e ventricule (Noyau de l'acoustique); — A'C. Tronc du nerf acoustique; — *e*. Sa racine externe; — *i*. Sa racine interne; — GR. Corps restiforme.

Toutes ces différentes colonnes grises sont beaucoup moins continues que les colonnes grises de la moelle, car elles sont entrecoupées et fasciculées par les fibres arciformes que nous avons dit plonger en partie directement dans la substance du bulbe dont elles constituent le raphé par leur entre-croisement.

Parties nouvelles que l'on trouve dans le bulbe. — Les parties qui se trouvent dans le bulbe et qui ne se rencontrent pas dans la moelle sont des *fibres transversales* et des *amas cellulaires* (fig. 177).

Les *fibres transversales* se trouvent sur les côtés du septum médian et s'y entre-croisent sous des angles variés. Elles proviennent soit des différents noyaux des nerfs du bulbe qu'elles unissent à leurs homologues du côté opposé, soit des amas cellulaires qui constituent l'olive et le noyau de Stilling, soit en grande partie des corps restiformes et des cordons pyramidaux postérieurs. Outre ces fibres transversales, on trouve dans le bulbe les *fibres arciformes* et des *fibres corticales*, qui entourent toute la périphérie du bulbe. Elles paraissent provenir uniquement des corps restiformes et des cordons pyramidaux postérieurs. Toutes ces fibres transversales réunissent les deux moitiés latérales du bulbe et semblent destinées à assurer l'action bilatérale propre à cette partie des centres nerveux (Mouvements de la respiration, de la phonation, de la déglutition, de la langue, mouvements passionnels de la face).

Les *amas cellulaires* propres au bulbe sont d'abord les noyaux des nerfs qui en émanent, noyaux que nous étudierons à propos de l'origine des nerfs crâniens, et d'autres masses analogues, qui ne sont peut-être que des noyaux accessoires, l'*olive* et le *noyau de Stilling*.

L'*olive* est une masse ellipsoïde formée d'une couche blanche de fibres nerveuses, entourant une lame de substance jaunâtre, plissée sur elle-même, qui présente une forme irrégulièrement ovoïde, à grand axe dirigé en dedans et en arrière et ouverte à son extrémité interne. C'est le *corps dentelé* ou *rhomboïdal de l'olive*. On l'a comparé à une bourse dont l'ouverture regarderait en dedans et en arrière. L'intérieur de ce noyau ou corps dentelé est formé par de la substance blanche. La lame jaunâtre plissée est constituée par une grande quantité de petites cellules multipolaires. Les fibres qui partent de ces cellules ont des directions fort variées : les unes sont transversales, passent à travers le raphé et font communiquer les deux olives ; d'autres remontent vers le cerveau ; d'autres enfin vont aboutir au noyau du nerf hypoglosse et peut-être à celui du facial. Ces dernières ont été décrites par Lenhossek sous le nom de *pédoncule des olives*. On trouve aussi dans le corps dentelé des fibres qui le traversent sans contracter aucune connexion avec ses cellules.

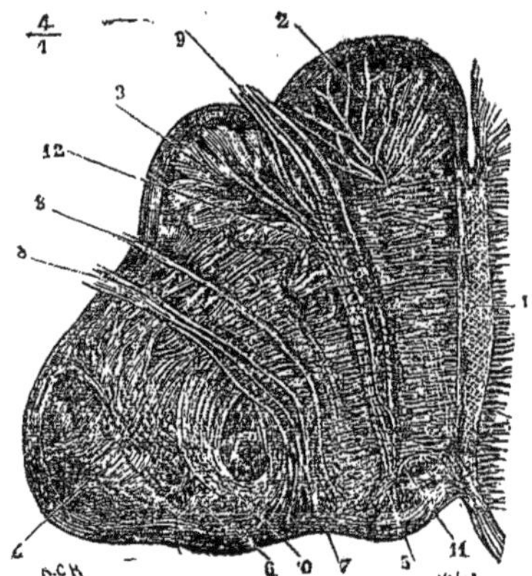

Fig. 182. — *Coupe transversale antéro-postérieure d'une moitié du bulbe, au niveau de la partie moyenne des olives* (*).

Sur le côté interne de l'olive se voit un petit noyau analogue et de même forme, *noyau de Stilling*. Cet anatomiste l'avait rattaché aux pyramides antérieures et le considérait comme leur noyau ; il semble démontré qu'il n'est qu'une dépendance de l'olive.

Vaisseaux du bulbe.— Duret a fort bien étudié les artérioles qui vont au bulbe ; il les divise en 1° *artères radiculaires*, destinées aux racines nerveuses ; elles se bifurquent

(*) 1) Raphé médian. — 2) Pyramide — 3) Corps dentelé de l'olive. — 4) Corps restiforme. — 5) Noyau de l'hypoglosse. — 6) Noyau du nerf vague. — 7) Racines intra-bulbaires de ce nerf. — 8, 8) Tronc du pneumo-gastrique.— 9) Tronc de l'hypoglosse. — 10) Fibres transversales unies au noyau du nerf pneumo-gastrique.—11) Fibres commissurales entre les noyaux des nerfs homologues des deux côtés. Elles vont au raphé et s'entre-croisent. — 12) Fibres allant du corps dentelé au noyau de l'hypoglosse. — D'après Schrœder van der Kolk.

en deux ramuscules dont l'un accompagne la racine nerveuse vers la périphérie, dont l'autre remonte dans le bulbe vers les noyaux d'origine du nerf qu'elle accompagne; 2° *artères médianes*, ou des noyaux des nerfs, qui proviennent : les unes de la spinale antérieure et vont aux noyaux du spinal, de l'hypoglosse et du facial inférieur; d'autres dites sous-protubérantielles vont aux noyaux du pneumo-gastrique, du glosso-pharyngien et de l'auditif; d'autres enfin passent au travers des fibres de la protubérance, vont au noyau du facial supérieur, des oculo-moteurs commun et externe et du pathétique; 3° *artères des autres parties du bulbe :* celles qui viennent de la vertébrale et des spinales antérieures vont à la pyramide et à l'olive; celles qui viennent de la cérébelleuse inférieure vont aux faisceaux latéral et intermédiaire, au corps restiforme, à la face inférieure du bulbe, au lobule médian, à la valvule de Vieussens, à la face postérieure du lobe latéral du cervelet et à la toile choroïdienne.

ARTICLE II. — ENCÉPHALE

L'encéphale comprend : 1° le *cerveau*, 2° le *cervelet*, 3° l'*isthme de l'encéphale* ou *moelle allongée*.

Les anatomistes sont dans l'habitude de rattacher le bulbe à l'isthme de l'encéphale; nous avons préféré le décrire après la moelle épinière, et présenter ainsi la continuation de leurs parties constituantes. Pour être logique, il faudrait poursuivre la marche des fibres de la moelle jusqu'au point où elles s'arrêtent, mais des parties nouvelles venant sans cesse s'ajouter à celles que nous avons déjà étudiées, il nous semble préférable de revenir à la méthode ancienne, de décrire successivement le cerveau et le cervelet, et de terminer par l'isthme destiné à relier d'abord ces deux centres entre eux et à les unir tous les deux au bulbe et à la moelle.

§ I. — Cerveau.

Le cerveau est cette partie des centres nerveaux qui couronne comme un dôme l'axe cérébro-spinal. Il se trouve en avant et au-dessus du cervelet, dont il est séparé par la lame de la dure-mère, appelée *tente du cervelet*, et se relie à l'isthme de l'encéphale par les pédoncules cérébraux.

Sa *forme* est celle d'un segment d'ovoïde à grand axe antéro-postérieur et à grosse extrémité située en arrière.

Son *poids* moyen chez l'homme est, d'après Cruveilhier, de 1250 grammes, et dépasse de beaucoup celui du cerveau des plus grands mammifères. Le cerveau du dauphin, de la baleine et de l'éléphant l'emportent cependant en poids absolu sur celui de l'espèce humaine. Mais, ainsi qu'on l'a fait remarquer, la différence entre les chiffres est très-faible, et si l'on tient compte du poids du corps de ces animaux comparé à celui de l'homme, on voit que la proportion qui existe entre le cerveau et la masse du corps est infiniment supérieure chez ce dernier. D'autre part un nouvel élément dont on n'a jusqu'à présent tenu aucun compte dans ces évaluations, c'est la présence du tissu connectif dans la structure de ce centre. Il faudrait donc, pour avoir des données certaines, connaître la quantité relative de ce tissu dans le cerveau de ces vertébrés et la comparer à celle du cerveau humain. Pour se rendre compte du rapport qui existe entre le poids du cerveau et l'intelligence, il faudrait également pouvoir apprécier ce nouvel élément, ce qui n'a pu encore être fait.

La *densité* du cerveau paraît être en moyenne de 1030, celle de l'eau étant 1000. Elle doit varier, suivant la proportion d'éléments connectifs qui se trouvent dans son tissu, ou encore suivant la quantité de graisse qui peut infiltrer ses cellules nerveuses.

I. *Conformation extérieure.* — Le cerveau se compose de deux hémisphères symétriques, reliés entre eux par des parties médianes. Il est bien constaté aujourd'hui que l'asymétrie des deux hémisphères n'est pas une cause absolue de trouble intellectuel, comme le pensait Bichat, et tout le monde sait que ce grand homme fournit lui-même, après sa mort, le plus éclatant démenti à cette opinion; les hémisphères de son cerveau étaient en effet asymétriques. Les hémisphères cérébraux présentent un grand nombre de circonvolutions, disposition qui permet de loger une bien plus grande quantité de substance nerveuse dans un espace donné. Les lobes, plis et circonvolutions sont dus, d'après Duret, non à des territoires vasculaires, mais bien à des influences physiques, et le plissement du cerveau serait dû à la résistance du crâne et au mode de rayonnement des fibres de l'expansion pédonculaire. Je me rattache d'une manière absolue à cette opinion. Les circonvolutions sont formées d'une substance grise extérieure et d'une substance blanche intérieure, entourée par la précédente. Nous reviendrons sur la question de structure des circonvolutions en étudiant la structure du cerveau en général. Les deux hémisphères sont parfaitement séparés dans leur tiers antérieur et postérieur, mais, dans leur tiers moyen, ils se trouvent unis par deux lames, l'une supérieure, blanche, épaisse, *corps calleux*, l'autre, inférieure, grise et mince, qui fait partie de la base du cerveau.

La surface extérieure du cerveau se divise en *surface supérieure* ou *convexe* et *surface inférieure* ou *base du cerveau.*

Surface supérieure.— Elle répond aux parois antérieures, latérales et postérieures de la voûte crânienne, depuis la région orbitaire jusqu'à la protubérance occipitale interne. Sur la ligne médiane antéro-postérieure, elle est divisée en deux moitiés symétriques, par une fente profonde qui répond à la faux du cerveau. Cette *scissure interhémisphérique* comprend en avant et en arrière toute la hauteur du cerveau, mais dans sa partie moyenne elle est occupée dans sa profondeur par le corps calleux, qui réunit les deux hémisphères. La faux du cerveau occupe toute la hauteur de cette scissure, sauf en avant et en bas, où les deux hémisphères peuvent se mettre en contact l'un avec l'autre. Chaque hémisphère doit donc présenter une *surface externe* convexe, se reliant, par sa circonférence, à la base du cerveau, une *surface interne*, verticale, et une *surface inférieure*, qui fait partie de la base du cerveau.

Les circonvolutions cérébrales ont été très-étudiées dans ces derniers temps, ainsi que les différentes scissures ou sillons qui les séparent. On n'est pas arrivé encore à une description absolument méthodique, comprenant les circonvolutions dans toute leur étendue. Aussi sommes-nous obligé de les décrire sous trois faces : 1° circonvolutions de la face externe; 2° circonvolutions de la face interne; 3° circonvolutions de la base. Quoi qu'il en soit, tous ces replis cérébraux se continuent évidemment sur les trois faces de l'hémisphère; pour nous, elles partent toutes d'un point commun, la circonvolution du corps calleux, qui, ainsi que nous le verrons plus loin, commence en avant et en bas, au niveau de l'espace perforé antérieur, ou mieux, à l'extrémité antérieure de l'insula et se termine en arrière et en bas à l'extrémité inférieure de l'hippocampe, en décrivant ainsi une grande ellipse, interrompue seulement au niveau du point où le pédoncule cérébral pénètre dans les noyaux du cerveau,

1° *Circonvolutions de la face externe des hémisphères* (fig. 183 et 184). — L'attention a été portée sur elles surtout depuis les travaux sur les localisations cérébrales, et la découverte des centres moteurs de la surface des hémisphères.

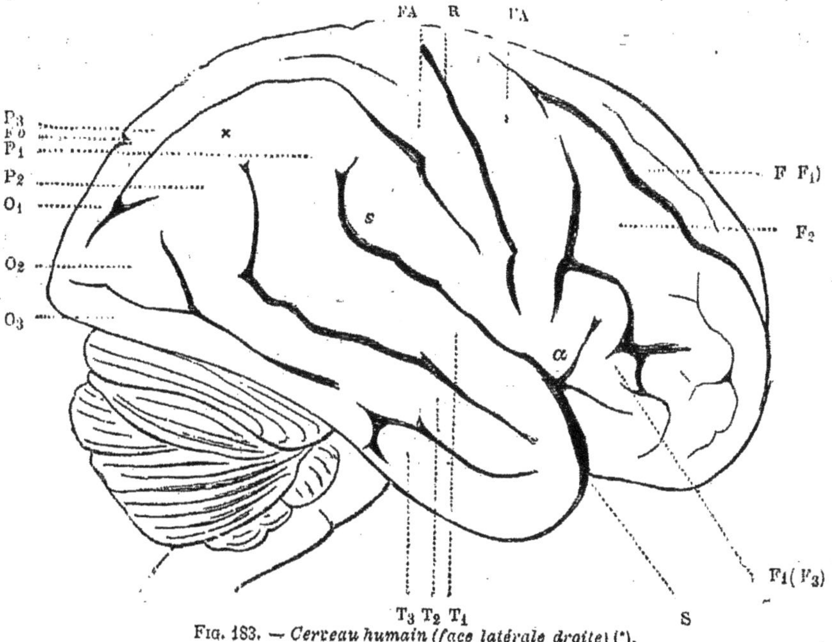

FIG. 183. — *Cerveau humain (face latérale droite)* (*).

Sur la surface externe du cerveau, on trouve d'abord : 1° la *scissure de Rolando*, qui, chez l'homme, est obliquement dirigée de haut en bas et d'arrière en avant, n'atteint pas tout à fait en haut le bord de la scissure interhémisphérique et n'atteint pas non plus en bas la scissure de Sylvius ; elle sépare donc deux circonvolutions, dirigées de bas en haut et d'avant en arrière, qui se réunissent en haut et en bas en décrivant ainsi une ellipse très-allongée qui embrasse la scissure de Rolando. Ce sont : en avant, la circonvolution frontale ascendante, et en arrière, la circonvolution pariétale ascendante. 2° La *scissure de Sylvius*, qui prend sa naissance à la face inférieure du cerveau où elle sépare le lobe frontal d'avec le lobe postérieur, gagne la face externe et, après un court trajet, se divise en deux branches : l'une, antérieure, courte ; l'autre, postérieure, légèrement oblique en haut, très-longue. Leur angle de séparation embrasse la partie inférieure et réunie des deux circonvolutions qui bordent la scissure de Rolando. 3° *Scissure interpariétale*. Entre la scissure de Rolando et l'extrémité postéro-supérieure de la branche postérieure de la scissure de Sylvius, on voit une nouvelle scissure curviligne à concavité antéro-inférieure. On lui donne le nom de scissure interpariétale, puis-

(*) R. Sillon de Rolando. — Fo. Sillon occipital (ou perpendiculaire externe). — S. Scissure de Sylvius. — F_1, F_2, F_3. Les trois circonvolutions frontales. — FA. Circonvolution frontale ascendante. — P_1, P_2, P_3. Les trois circonvolutions pariétales ; — O_1, O_2, O_3. Les trois circonvolutions occipitales. — T_1, T_2, T_3. Les trois circonvolutions temporales. — *x*. Point où la seconde pariétale prend naissance sur la première pariétale. — *a*. Branche antérieure, et *s*. Branche postérieure de la scissure de Sylvius. (Huguenin *Anatomie des centres nerveux*).

qu'elle sépare les circonvolutions pariétales entre elles. 4° *Scissure perpendiculaire externe.* Très-petite chez l'homme, beaucoup plus allongée chez les singes, elle sépare en arrière le lobe occipital d'avec le lobe pariétal; sur la surface externe du cerveau humain, elle est à peine constituée par un sillon qui ne mériterait aucune mention s'il ne trouvait une grande importance en anatomie comparée. 5° *Scissure parallèle.* Étendue parallèlement au-dessous de la partie postérieure de la scissure de Sylvius, elle n'atteint pas

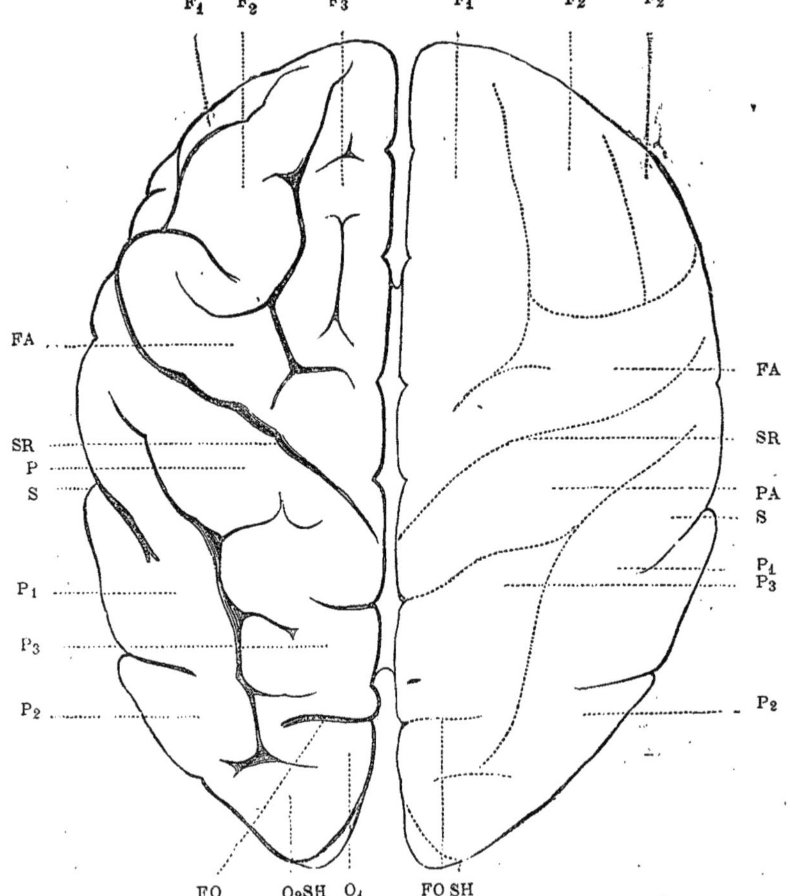

Fig. 184. — *Hémisphère de l'encéphale de l'homme (face supérieure)* (*).

en avant le bord antérieur du lobe temporal, et est séparée en arrière de la scissure interpariétale par un repli cérébral; elle sépare deux circonvolutions temporales. Enfin, en avant, sur le lobe frontal, on trouve deux scissures incomplètes antéro-postérieures, séparant les circonvolutions frontales, et, en arrière et en bas, une autre scissure qui sépare la deuxième circonvolution temporale d'avec la troisième.

— Les circonvolutions cérébrales, fort simples chez les animaux, prennent

(*) SR. Sillon de Rolando; — FO. Sillon occipital. — S'H. Sillon de l'hippocampe. — Les autres lettres comme dans la fig. 183. (Huguenin.)

chez l'homme un caractère beaucoup plus compliqué, en raison des nombreuses anastomoses qu'elles présentent. Ces anastomoses prennent le nom de *plis de passage*, et interrompent souvent les scissures.

Sur la surface externe de l'hémisphère, on trouve d'abord deux circonvolutions limites de la scissure de Rolando : celle qui est située en avant est la *circonvolution frontale ascendante ;* celle qui est en arrière, la *circonvolution pariétale ascendante.* La première est limitée en avant par une scissure interrompue par trois plis de passage; l'un, le plus supérieur, se continue avec la *circonvolution frontale supérieure*, qui longe en haut la scissure interhémisphérique; le second se continue avec la *circonvolution frontale moyenne*, et le troisième, avec la *circonvolution frontale inférieure*, en contournant l'extrémité de la branche antérieure de la scissure de Sylvius, et en formant ainsi le *pli sourcilier*. La circonvolution pariétale ascendante se continue en haut et en arrière, le long de la scissure interhémisphérique par la *circonvolution pariétale supérieure*, séparée de la *circonvolution pariétale inférieure* par la scissure interpariétale; la première se continue en bas et en arrière, en contournant la scissure perpendiculaire externe, avec la première circonvolution occipitale. Quant à la circonvolution pariétale inférieure, elle contourne d'abord l'extrémité supérieure de la scissure de Sylvius, puis la même extrémité de la scissure parallèle, en constituant un repli dit *pli courbe*. Les sinuosités qu'elle forme ont pris le nom de *lobules du pli courbe*.

Au-dessous de la scissure de Sylvius se trouve le lobe temporal, formé par trois circonvolutions parallèles, dites première, deuxième, troisième temporale. Les deux premières sont séparées l'une de l'autre par la *scissure parallèle ;* enfin le lobe occipital, très-petit sur la surface externe du cerveau, est limité en haut par la scissure perpendiculaire externe, et se compose aussi de trois circonvolutions , dont l'une, l'*occipitale supérieure*, se continue avec la première pariétale ; dont la seconde se continue avec le pli courbe de la deuxième pariétale, et dont la troisième se continue avec les deuxième et troisième temporales.

— Sans nous étendre sur les centres moteurs des circonvolutions, désignons cependant les points précis où jusqu'ici ils ont été indiqués. — Premier centre : le long de la scissure de Rolando, dans la circonvolution frontale ascendante. — Deuxième centre : le long de la même scissure, dans la circonvolution pariétale ascendante. — Troisième et quatrième : à l'extrémité supérieure des deux circonvolutions frontales supérieure et moyenne. — Cinquième : dans le pli sourcilier (circonvolution de Broca). —Sixième : dans le pli courbe, et enfin, — Septième : à l'extrémité antérieure de la première circonvolution temporale.

2° *Circonvolutions de la face interne de l'hémisphère* (fig. 185).— Immédiatement au-dessus du corps calleux, se voit une circonvolution fort large, qui borde ce corps, dont elle est séparée par un pli, *sinus du corps calleux*. Son bord supérieur est nettement limité par un sillon dit *sillon calloso-marginal*, qui n'est interrompu qu'à son tiers postérieur, par un pli de passage. Cette circonvolution est dite *circonvolution du corps calleux ;* son extrémité antérieure se prolonge au-dessous du bec du corps calleux, et son extrémité postérieure se continue au-dessous du bourrelet de ce corps, pour aboutir à la circonvolution de l'hippocampe. Au-dessus des deux tiers antérieurs du sillon calloso-marginal, l'on trouve une grande circonvolution qui est la face interne de la première circonvolution frontale. Elle se termine en haut et en arrière au niveau du point correspondant à la terminaison supérieure de la circonvolution frontale ascendante. A quelque distance et en arrière de ce point, se voit un sillon assez court, branche du sillon calloso-marginal, qui vient aboutir à la scissure interhémisphérique. Les replis situés sur la face interne et compris entre ce sillon et la terminaison postérieure de la première circonvolution frontale forment le *lobule paracentral.* En arrière de ce lobule, le sillon calloso-marginal est directement relié par des plis de passage à un lobule périphérique dit *lobule quadrilatère*, ou *præcuneus*, limité en bas par la continuation du sillon perpendiculaire externe qui, sur la face interne, prend, on ne sait pourquoi, le nom de *scissure perpendiculaire interne*, et est dirigé obliquement de haut en bas et d'arrière en avant. Elle se réunit angulairement à une dernière scissure dirigée presque horizontalement, *scissure des hippocampes.* Ces deux scissures, perpendiculaire interne et des hippocampes, limitent un lobule dit *lobe cunéiforme*, *cuneus*, *lobe triangulaire*, ou *lobe occipital interne.* Les circonvolutions qui sont au-dessous de ce lobule sont dites *circonvolutions temporo occipitales.*

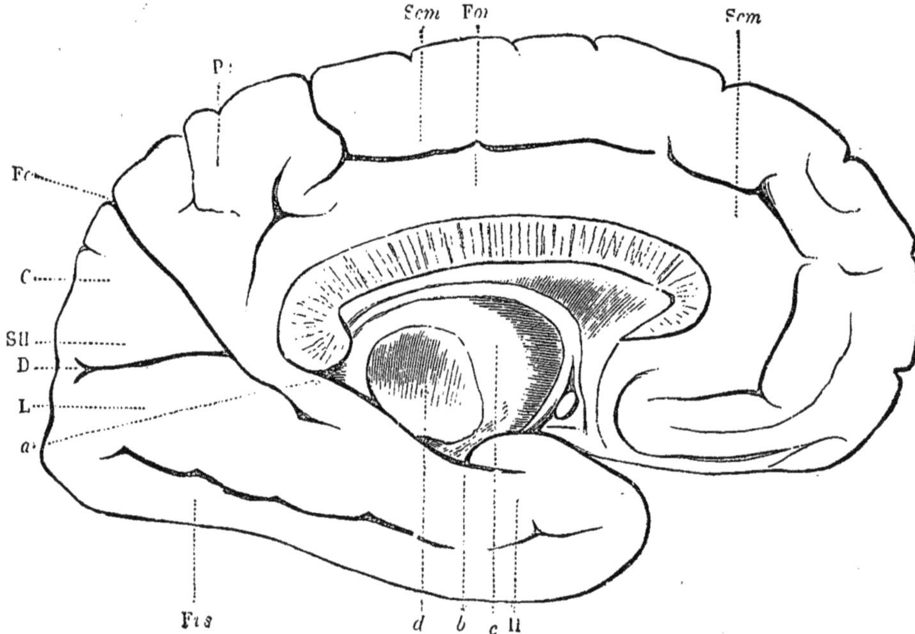

Fig. 185. — *Face interne de l'hémisphère de l'homme* (*).

3° *Circonvolutions de la face inférieure de l'hémisphère* (fig. 186). — Sur sa face inférieure, l'hémisphère cérébral est séparé en deux parties inégales par la scissure de Sylvius : la partie antérieure est dite lobe frontal ; elle se compose d'abord de deux circonvolutions rectilignes étendues d'arrière en avant et

(*) c. Couche optique. — *d.* Coupe du pédoncule cérébral. — *Scm.* Sillon calloso-marginal. — *For. Gyrus fornicatus* (circonvolution du corps calleux). — Fo. Sillon occipital *(perpendiculaire interne).* — C. Le coin *(cuneus)*. — S'H. Sillon de l'hippocampe. — D. *Gyrus descendens.* — L. *Lobulus lingualis.* — H. Circonvolution de l'hippocampe ; *a.* Point où cette circonvolution se continue avec le *gyrus fornicatus.* — Fus. *Gyrus fusiformis.* — P. L'avant-coin *(præcuneus).* (Huguenin.)

séparées par un sillon longitudinal, dit sillon olfactif. La circonvolution la plus interne est dite *gyrus rectus;* elle se continue en avant avec la circonvolution frontale supérieure, tandis qu'en arrière, elle se continue avec l'extrémité antérieure de la circonvolution du corps calleux. La circonvolution qui longe en dehors la gouttière olfactive est la deuxième frontale ; celle qui forme le bord externe du lobe orbitaire est la troisième circonvolution frontale. Entre

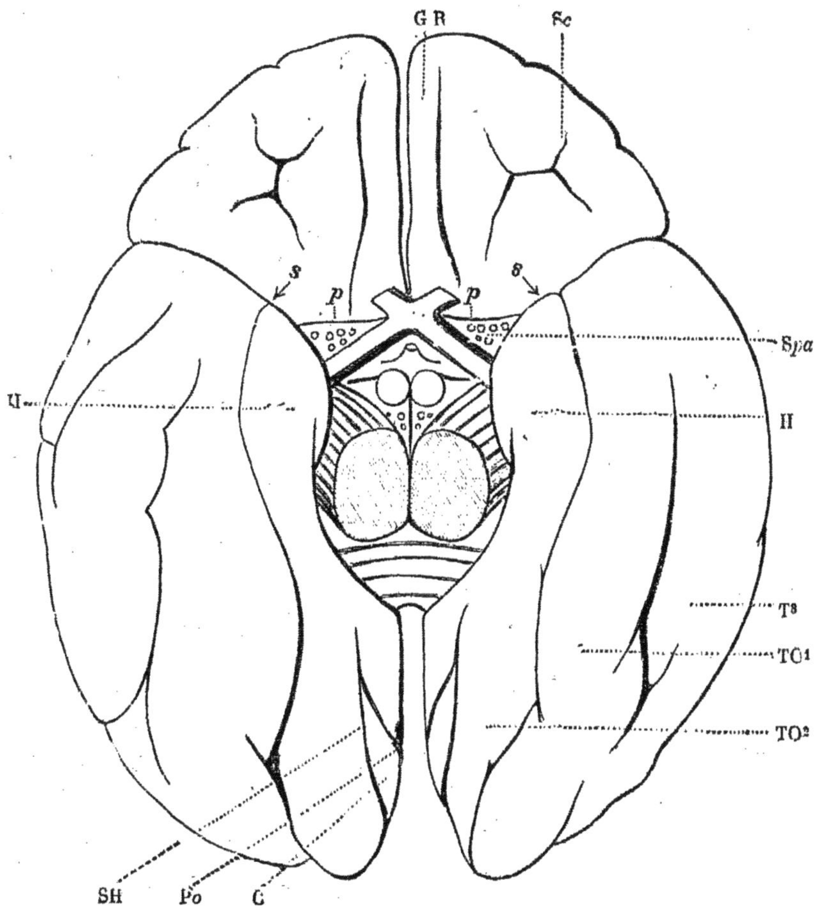

Fig. 186. — *Face supérieure des hémisphères cérébraux de l'homme* (*).

ces deux dernières circonvolutions existe un grand nombre de plis de passage qui les réunissent l'une à l'autre et qui, au centre du lobe orbitaire, sont d'ordinaire séparées les unes des autres par une sorte de sillon en forme de H, plus ou moins régulier, *sillon cruciforme*. Sur la face inférieure de l'hémi-

(*) *Spa*. Espace perforé antérieur. — *p*. Limite de l'écorce grise cérébrale en avant de cet espace — *s*. Scissure de Sylvius. — GR. *Gyrus rectus* ; — H. Circonvolution de l'hippocampe ; — T3. Troisième circonvolution temporale. — TO1. Première circonvolution occipito-temporale *(gyrus fusiformis)*. — TO2. Seconde circonvolution occipito-temporale *(lobulus lingualis)* ; — Po. Sillon occipital (scissure perpendiculaire interne). — C. Le coin *(cuneus)*. — SH. Sillon de l'hippocampe ; — Sc. Sillon cruciforme de la face orbitaire du lobe frontal. (Huguenin.)

sphère, on ne trouve en arrière que trois grandes circonvolutions : l'une, la plus externe, dite *troisième circonvolution temporale;* la seconde prend le nom de *première circonvolution temporo-occipitale;* la plus interne qui, par son bord interne, forme la partie latérale de la grande fente de Bichat, est la *deuxième circonvolution temporale* ou *lobule de l'hippocampe.*

— Quand on vient à écarter les deux lèvres de la scissure de Sylvius, on découvre un petit groupe de circonvolutions, au nombre de cinq ou six, disposées en éventail autour d'un point central inféreur : c'est le *lobule de l'insula* ou insula de Reil. La substance grise qui recouvre ces circonvolutions se continue directement avec celle des hémisphères.

Surface inférieure ou *base du cerveau.*— Supposons le cerveau isolé et séparé du cervelet et de l'isthme de l'encéphale par une section des pédoncules cérébraux. La base du cerveau nous apparaît alors sous une forme assez irrégulière; elle est plane en avant, fortement convexe sur les parties latérales de la région moyenne et enfin concave en arrière. La scissure interhémisphérique existe dans les tiers antérieur et postérieur, mais fait défaut dans le tiers moyen. Latéralement, à l'union de la partie antérieure plane avec la partie moyenne convexe, se trouve un sillon très-prononcé, dirigé de dedans en dehors et de bas en haut; on lui donne le nom de *scissure de Sylvius.* Elle sépare le lobe antérieur ou frontal de l'hémisphère du lobe postérieur. La saillie convexe, en forme de mamelon, qui constitue la partie antérieure du lobe postérieur, peut être désignée sous le nom de *lobe moyen* ou *lobe sphénoïdal,* quoiqu'elle ne soit pas limitée d'une manière précise de la partie concave, qui formerait alors à elle seule le lobe postérieur ou occipital. Le lobe antérieur repose sur la face supérieure de la voûte orbitaire ; le lobe moyen répond à la fosse sphénoïdale, et le lobe postérieur correspond à la face supérieure de la tente du cervelet. La scissure de Sylvius décrit une courbure à concavité postérieure et se bifurque. L'une de ses branches est assez longue et se perd parmi les circonvolutions de la face externe, l'autre est plus courte et se dirige en haut et un peu en avant.

Si nous étudions, au contraire, les organes nerveux encéphaliques dans leur ensemble tels qu'on les extrait du crâne, les deux lobes antérieur et moyen nous apparaissent ainsi que nous venons de les décrire, mais le lobe postérieur est caché par le cervelet.

Nous avons vu qu'à la face supérieure le fond de la scissure interhémisphérique est occupé, dans sa partie moyenne, par une lame de substance blanche, le *corps calleux,* qui unit les deux moitiés du cerveau. A la face inférieure, il en est de même; cependant la commissure qui les unit n'est plus formée uniquement par de la substance blanche, mais par un mélange de celle-ci avec de la substance grise. On trouve dans cette partie moyenne, en allant d'avant en arrière : 1° en écartant légèrement les deux lobes antérieurs, l'*extrémité du corps calleux, genou du corps calleux, avec ses pédoncules ;* 2° l'*espace perforé antérieur;* 3° le *chiasma des nerfs optiques* et la *racine grise de ces nerfs ;* 4° le *tuber cinereum;* 5° la *tige pituitaire* et la *glande du même nom;* 6° les *tubercules mamillaires ;* 7° l'*espace interpédonculaire;* 8° les *pédoncules cérébraux ;* 9° la *protubérance annulaire ;* 10° le *bulbe.*

Nous allons étudier successivement toutes ces parties, sauf le bulbe, qui nous est déjà connu, et la protubérance, qui, de même que les pédoncules cérébraux, sera décrite avec l'isthme de l'encéphale, auquel ils appartiennent.

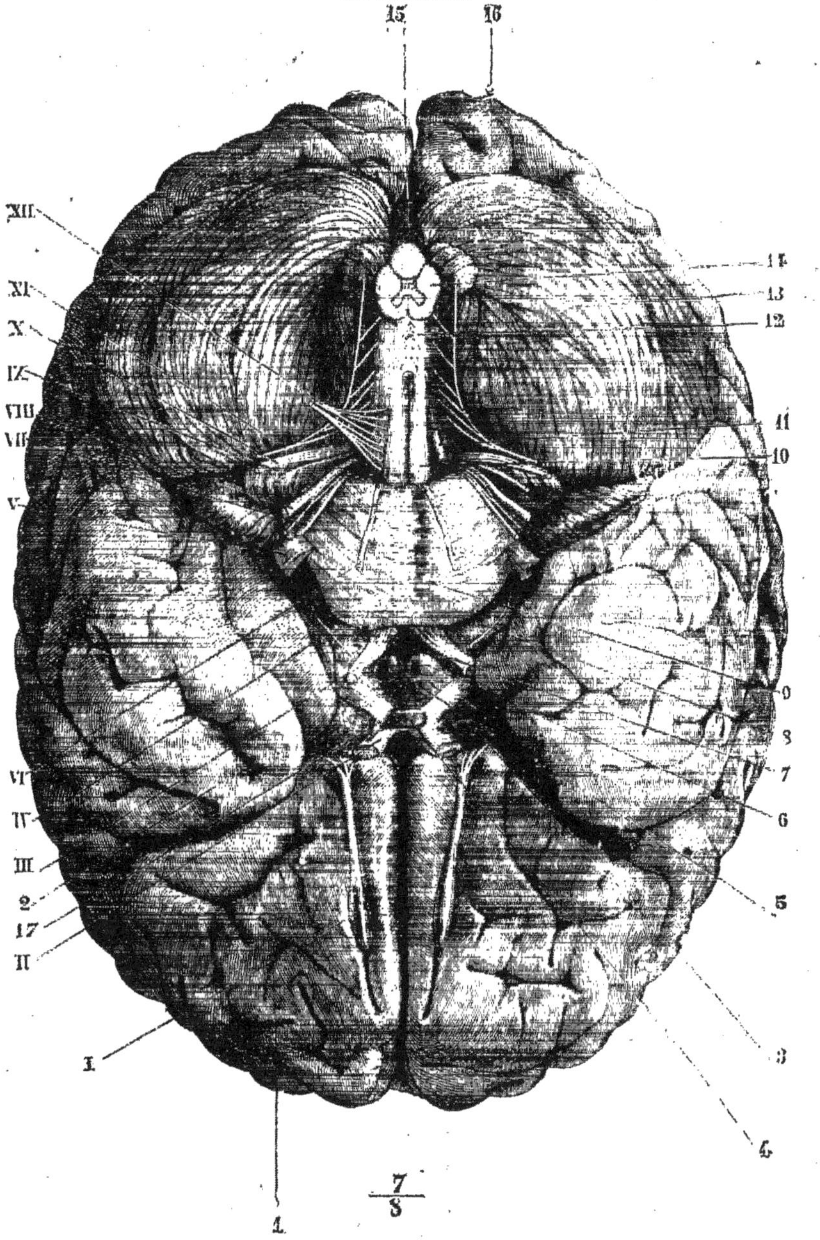

FIG. 187. — *Base du cerveau et origine apparente des nerfs crâniens* (*).

(*) 1) Lobe frontal. — 2) Lobe sphénoïdal. — 3) Corps et tige pituitaires. — 4) Espace perforé antérieur. — 5 Tuber cinereum. — 6) Tubercules mamillaires. — 7 Espace interpédonculaire. — 8) Pédoncule cérébral. — 9) Protubérance annulaire. — 10) Pyramide antérieure. — 11) Olive. — 12) Entre croisement des pyramides. — 13) Face inférieure d'un hémisphère du cervelet. — 14) Coupe du bulbe. — 15) Extrémité postérieure du vermis inferior. — 16) Extrémité postérieure du lobe occipital du cerveau. — 17) Chiasma des nerfs optiques.

I. Nerf olfactif. — II. Nerf optique. — III. Nerf oculo-moteur commun. — IV. Nerf pathétique. —

1° L'*extrémité antérieure du corps calleux*, *genou du corps calleux*, se replie d'avant en arrière et de haut en bas, pour se continuer avec les parties qui forment la base du cerveau. Arrivée à l'extrémité postérieure de la scissure qui sépare les deux lobes antérieurs du cerveau, on la voit se diviser en deux lamelles blanches qui s'écartent angulairement et se dirigent de dedans en dehors et un peu d'avant en arrière : ce sont les *pédoncules du corps calleux;* ils longent les bandelettes optiques et arrivent jusqu'au voisinage de la scissure de Sylviens, pour aboutir à la partie blanche des circonvolutions. Dans leur angle de séparation se trouve une lamelle grise qui constitue la racine grise des nerfs optiques.

2° L'*espace perforé antérieur* est situé sur les deux côtés de la ligne médiane, immédiatement en dehors du point où les deux pédoncules du corps calleux se séparent pour se diriger en dehors et en arrière. Sa forme est celle d'un quatrilatère allongé, dont les deux bords les plus longs sont situés en avant et en arrière. Il est limité en avant par la racine blanche externe du nerf olfactif; en arrière par le pédoncule du corps calleux et la bandelette optique; en dedans par la racine grise des nerfs de la vision ; en dehors il se perd dans le prolongement sphénoïdal du lobe moyen du cerveau. Cet espace est constitué par une lamelle grise perforée dans sa partie la plus interne par un nombre assez considérable de petits trous vasculaires disposés en séries régulières.

3° Le *chiasma des nerfs optiques* (fig. 187, 17) est formé par l'adossement des deux bandelettes optiques qu'il reçoit par ses angles postérieurs, tandis que par ses angles antérieurs il émet les nerfs optiques. Sa forme est celle d'un petit carré allongé transversalement. Il est constitué par des fibres blanches, disposées de telle manière qu'une partie de celles de chaque bandelette se rendent dans le nerf du côté opposé, tandis que les autres vont dans le nerf du même côté. En avant et en arrière de cet entre-croisement se trouvent, en outre, des fibres commissurales allant directement d'un nerf à l'autre et d'une bandelette à celle du côté opposé. Ces fibres commissurales paraissent former des anses destinées à unir les deux premières, les deux rétines, par l'intermédiaire du chiasma, les dernières, les tubercules quadrijumeaux des deux côtés.

Les *bandelettes optiques* sont des cordons de substance blanche, qui naissent des corps genouillés (dépendances des tubercules quadrijumeaux), se portent en avant, contournent les pédoncules cérébraux et arrivent au chiasma après avoir longé les côtés du *tuber cinereum*. Elles sont d'abord aplaties, mais s'arrondissent avant de pénétrer dans le chiasma.

En soulevant le chiasma et en le portant un peu en arrière, on découvre une lamelle grise, triangulaire, située entre les pédoncules du corps calleux. Elle se porte de haut en bas et un peu d'avant en arrière pour atteindre le bord inférieur du chiasma, c'est la *racine grise des nerfs optiques*. A sa partie centrale se voit un petit espace arrondi, plus mince et transparent, qui d'ordinaire est déchiré quand les cerveaux ne sont plus très-frais. En perforant cette lamelle grise, on tombe immédiatement dans le troisième ventricule, dont elle forme en partie le paroi antérieure et inférieure.

4° Le *tuber cinereum* (fig. 187, 5) est une lame grise, triangulaire, limitée en avant par le bord postérieur du chiasma, en arrière par les tubercules ma-

V. Nerf trijumeau. — VI. Nerf oculo-moteur externe. — VII. Nerf facial. — VIII. Nerf auditif (entre le facial et l'auditif, on voit le nerf de Wrisberg). — IX. Nerf glosso-pharyngien. — X. Nerf pneumogastrique. — XI. Nerf spinal. — XII. Nerf grand hypoglosse.

millaires, et latéralement par les bandelettes optiques. Il forme la partie la plus déclive du plancher du ventricule moyen. Sur la partie médiane du *tuber cinereum* se voit un appendice en forme de tige, un peu évasé à son point d'insertion : c'est la tige pituitaire.

5° La *tige pituitaire* est un petit prolongement mesurant à peu près 0m,005 de longueur, dirigé de haut en bas et d'arrière en avant. Elle a la forme d'un cône très-allongé, dont la base est insérée sur le *tuber cinereum*, et dont le sommet aboutit au corps pituitaire. Elle paraît formée d'une lame de tissu connectif dépendant de la pie-mère et enveloppant une légère couche de substance nerveuse grise, doublée par l'épendyme.

6° Le *corps pituitaire* ou *hypophyse* (fig. 187, 3) est un petit organe, appendu à la tige pituitaire, et logé dans la selle turcique, dans laquelle il se trouve fixé par une lame de la dure-mère ; cette lame fibreuse est percée d'une ouverture pour livrer passage à la tige pituitaire. L'hypophyse est ovale, allongée transversalement, arrondie par sa face inférieure et plane ou légèrement convexe par sa face supérieure.

Le corps pituitaire est formé de deux lobes séparés par une cloison connective médiane. Le lobe antérieur est plus considérable, d'une couleur jaune, et paraît présenter les caractères d'une glande vasculaire sanguine ; c'est sur elle que vient se fixer la tige pituitaire. Le lobe postérieur est petit et grisâtre : il contient des éléments nerveux.

7° Les *tubercules mamillaires* (fig. 187, 6) sont situés en arrière du *tuber cinereum*, en avant de l'espace interpédonculaire sur le côté interne des pédoncules cérébraux. Ces tubercules sont au nombre de deux et adossés par leur côté interne. Leur nom indique leur forme. Ils sont blancs à l'extérieur et formés de substance grise dans leur intérieur. Cette substance centrale se continue avec celle des amas qui se trouvent sur les côtés du troisième ventricule. La substance blanche extérieure est due aux piliers antérieurs du trigone, qui embrassent ces tubercules en décrivant une anse.

8° L'*espace interpédonculaire* (fig. 187, 7) a la forme d'un petit triangle à base antérieure, et est limité en avant par les tubercules mamillaires, en arrière par le bord antérieur de la protubérance annulaire, et latéralement par les pédoncules cérébraux. Il est formé par une lame de substance grise, criblée d'un grand nombre de petits trous vasculaires, d'où lui est venu le nom d'*espace perforé postérieur*. Sur sa partie moyenne se voient des petits tractus blancs, qui sont les fibres d'origine des nerfs oculo-moteurs communs.

Les *pédoncules cérébraux* (fig. 187, 8), sur lesquels nous reviendrons plus loin, sont deux faisceaux blancs qui sortent de dessous la protubérance comme de dessous un pont ; ils se séparent aussitôt à angle aigu pour se porter chacun en dehors et un peu en avant, et aller se perdre ainsi dans les parties profondes des hémisphères, dans les couches optiques.

Si l'on vient à retrancher le cervelet et l'isthme par une coupe verticale des pédoncules cérébraux, ou que simplement on soulève le cervelet, et avec lui le bulbe et la protubérance, on aperçoit sur la ligne médiane l'extrémité postérieure du corps calleux et la partie postérieure de la grande scissure interhémisphérique.

L'*extrémité postérieure du corps calleux* ou *bourrelet du corps calleux* n'est pas une lame infléchie en bas comme l'extrémité antérieure de ce corps ; elle forme un bourrelet assez épais, qui se perd latéralement dans les lobes postérieurs du cerveau. Elle est plus large que le genou du corps calleux, et la distance qui la sépare de l'extrémité postérieure des hémisphères est à peu près double de celle qui sépare celui-ci de leur extrémité antérieure.

La *partie postérieure de la grande scissure interhémisphérique* mesure à peu près le double de sa partie antérieure et est occupée dans toute son étendue par la grande faux du cerveau.

La face inférieure du bourrelet du corps calleux est donc libre; en se continuant latéralement avec le bord interne de la face inférieure des lobes postérieurs du cerveau, elle constitue la lèvre supérieure de la *grande fente de Bichat*. Cette fente décrit une courbure en forme de fer à cheval, à concavité dirigée en avant, qui embrasse latéralement les pédoncules cérébraux. Le bord antérieur du cervelet forme la lèvre inférieure de cette fente, par laquelle les ventricules latéraux et moyen communiquent avec la surface extérieure du cerveau. C'est par cette ouverture que la pie-mère pénètre dans les ventricules et y forme les plexus choroïdes et la toile choroïdienne.

Toutes les parties que nous venons d'étudier depuis le genou du corps calleux jusqu'à l'espace interpédonculaire, forment la lame inférieure du cerveau qui réunit les deux hémisphères l'un à l'autre, de même que le corps calleux en forme la lame commissurale supérieure. Mais ces deux lames ne sont pas appliquées l'une sur l'autre et limitent entre elles, sur la ligne médiane, un espace libre, dont les parois latérales sont formées par des masses ganglionnaires appartenant à la profondeur du cerveau. Cet espace est le *troisième ventricule, ventricule moyen*.

Les pédoncules cérébraux se portent en dehors et en avant, en s'écartant angulairement pour gagner les masses grises qui forment les ganglions du cerveau. Ces masses *(couche optique* et *corps strié)* ne sont pas non plus accolées au corps calleux, qui les recouvre sans y adhérer. En raison de cette disposition, chaque hémisphère présente une nouvelle cavité, *ventricule latéral*.

Ces trois ventricules, le moyen et les deux latéraux, ne formeraient qu'une seule et même cavité, s'ils n'étaient cloisonnés et séparés les uns des autres par de nouvelles parties. Le ventricule moyen ne s'étend pas aussi loin en avant que les deux ventricules latéraux : sa limite antérieure est formée par les piliers antérieurs du trigone. Les deux ventricules latéraux seraient donc réunis à leur partie antérieure, s'il ne s'y trouvait une lame intermédiaire destinée à les séparer ; cette lame, c'est la *cloison transparente*.

La partie centrale de chaque moitié du cerveau peut être envisagée comme formée d'un noyau volumineux (les couches optiques et les corps striés), auquel aboutissent, d'une part, les fibres des pédoncules cérébraux, et, d'autre part, les fibres émanées des circonvolutions de l'hémisphère.

Nous avons déjà dit plus haut que les circonvolutions cérébrales sont formées d'une lame de substance grise, entourant une partie blanche continue avec le centre de chaque hémisphère. Si l'on pratique des sections horizontales à partir de la surface convexe du cerveau, l'on voit que chaque hémisphère présente une surface ovale, blanche, limitée par une circonférence très-sinueuse de couleur grise. Cette surface prend le nom de *centre ovale de Vicq d'Azyr*. Si la coupe vient à porter au niveau du corps calleux, l'on obtient une surface identique à la précédente pour chaque hémisphère, mais réunie transversalement à celle du côté opposé par le corps calleux : c'est le *centre ovale de Vieussens* (fig. 188).

1° Corps calleux.

La circonvolution de l'ourlet ou du corps calleux, qui longe la face supérieure de ce corps, laisse entre elle et cette commissure un petit espace, qui a été désigné sous le nom de *sinus du corps calleux* (fig. 191, 13). En introduisant le couteau à ce niveau, et en faisant une coupe oblique dirigée depuis le genou du corps calleux jusqu'à l'extrémité antérieure du lobe frontal, et en répétant cette coupe en arrière, depuis le bourrelet de ce corps jusqu'à l'extrémité postérieure du lobe occipital, on peut, après avoir promené le doigt trois

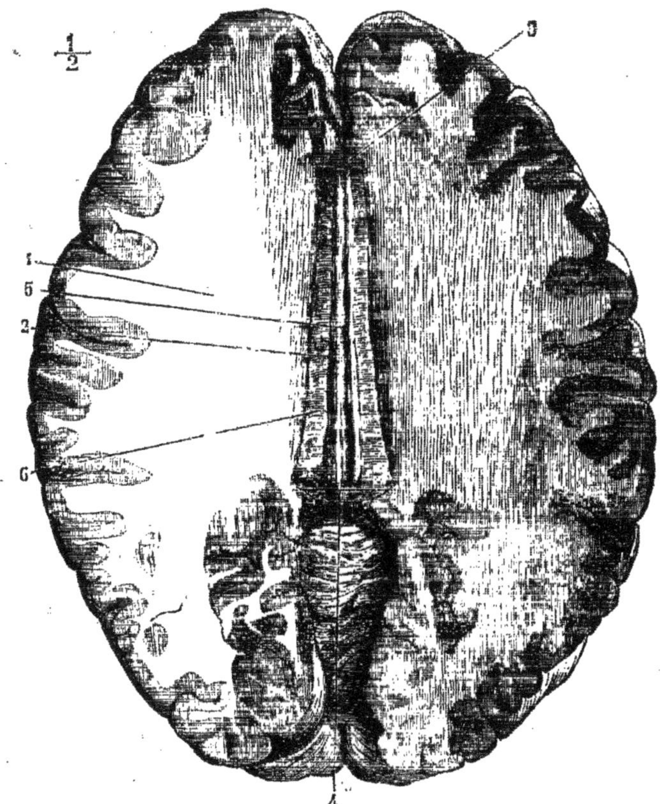

Fig. 188 — *Coupe de Vieussens montrant le centre ovale et la partie médiane de la face supérieure du corps calleux* (*).

ou quatre fois d'avant en arrière, détacher en partie l'hémisphère correspondant et le renverser en dehors. C'est la coupe de Foville, qui réussit surtout sur des cerveaux durcis dans l'alcool. Le corps calleux, dont la coupe de Vieussens ne montre que la partie médiane, se présente alors sous l'aspect d'une voûte recouvrant les ventricules et présentant de chaque côté des prolongements en rapport avec les prolongements des ventricules latéraux.

La *face supérieure* du corps calleux est convexe d'arrière en avant et pré-

(*) 1) Centre ovale de Vieussens. — 2) Tractus longitudinaux (nerfs de Lancisi). — 3) Genou du corps calleux. — 4) Bourrelet du corps calleux. — 5) Sillon médian du corps calleux. — 6) Tractus transversaux.

sente, sur la ligne médiane, un petit sillon étendu dans toute la longueur du corps calleux (fig. 188, 5); l'on trouve, sur les côtés de ce sillon, deux petits tractus blancs, dont les fibres sont antéro-postérieures. Leur direction n'est pas rectiligne, mais présente toujours de légères inflexions. Ce sont les *tractus longitudinaux* ou *nerfs de Lancisi* (fig. 188, 2).

Pour Luys, ces tractus partent du corps godronné, remontent sur la face supérieure du corps calleux et viennent, en se rapprochant l'un de l'autre, aboutir à l'amas de substance grise qui existe au niveau de la portion inférieure de la cloison.

Sur les côtés des tractus longitudinaux, l'on voit les fibres du corps calleux marcher transversalement et se diriger d'un hémisphère à l'autre, en passant au-dessous des nerfs de Lancisi. C'est à l'ensemble de ces fibres transversales qu'a été donné le nom de *tractus transversaux*.

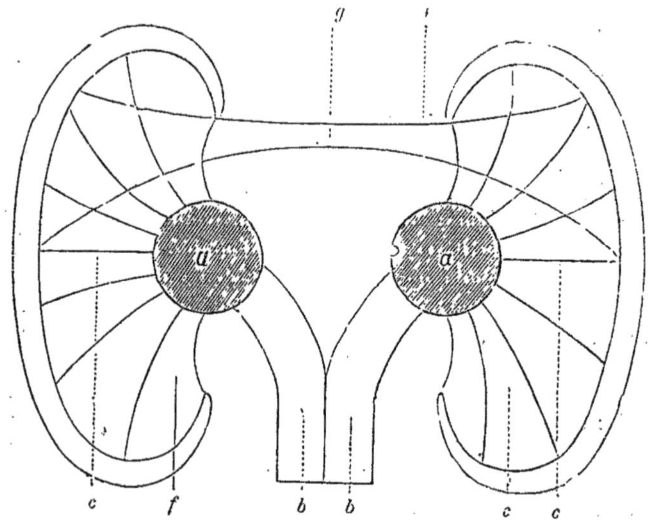

Fig. 189. — *Schéma de la disposition de l'écorce cérébrale par rapport au corps calleux et à la couronne rayonnante* (*).

Enfin, tout à fait en dehors, la coupe de Foville fait voir de chaque côté que les fibres transversales se soudent toutes au même niveau en se réfléchissant en bas et en dehors pour se perdre dans la substance blanche des hémisphères. De la succession de ces coudes résulte une saillie ou *bourrelet* latéral, dont la direction est antéro-postérieure et qui constitue le bord correspondant du corps calleux. Il est démontré aujourd'hui que les fibres du corps calleux proviennent des hémisphères, dont elles forment la commissure.

L'*extrémité antérieure* du corps calleux forme sur la ligne médiane le genou de ce corps, sur lequel nous ne reviendrons pas. Des angles latéraux partent deux prolongements, *cornes frontales du corps calleux*, qui vont se perdre dans les lobes correspondants en formant une courbe embrassant l'extrémité antérieure des corps striés.

(*) *a, a)* Les ganglions de la base de l'encéphale (masse des couches optiques, corps strié, etc.). — *b, b)* Système de projection du second ordre. — *c, c)* Système de projection du premier ordre. — *g)* Corps calleux (Huguenin).

L'extrémité postérieure, plus large que la précédente, nous offre à considérer dans sa partie moyenne le bourrelet du corps calleux, et latéralement, de chaque côté, en forme de corne, le *prolongement occipital (forceps major)*, qui recouvre le prolongement correspondant du ventricule latéral. En incisant le corps calleux suivant une ligne antéro-postérieure passant par ses bourrelets latéraux, on voit que les cornes postérieures se divisent en deux parties, l'une, le forceps major, que nous venons de décrire, l'autre, qui constitue un prolongement destiné à recouvrir l'anfractuosité sphénoïdale du ventricule latéral. Ce prolongement inférieur du corps calleux prend le nom de *corne sphénoïdale* ou *tapetum*.

Quant à la *face inférieure du corps calleux*, elle forme la voûte supérieure des ventricules latéraux et moyen. Elle est lisse, légèrement convexe dans son milieu et se continue par sa partie postérieure avec la base du trigone qui s'y accole. En avant, elle donne insertion, sur la ligne médiane, à la cloison transparente, dont la partie antérieure est entourée par la portion réfléchie du corps calleux qui recouvre latéralement les corps striés en fermant ainsi en avant les ventricules latéraux (fig. 197, 1, 2, 3).

2° Trigone cérébral. Voûte à trois piliers.

Au-dessous du corps calleux se trouve une lame de substance blanche, à fibres antéro-postérieures sur ses bords et transversales dans son milieu. Au premier aspect, cette lame se présente sous la forme d'un triangle isocèle, dont la base est en rapport avec la partie postérieure de la face inférieure du corps calleux, à laquelle elle adhère, tandis que la moitié antérieure du triangle se sépare de cette couche, et par une courbe brusque se porte de haut en bas et un peu d'arrière en avant (fig. 197, 3), pour fermer l'extrémité antérieure du troisième ventricule. La partie postérieure du trigone, celle qui adhère à la face inférieure du corps calleux, est remarquable par la direction des fibres dont elle est constituée: celles qui en forment les bords sont antéro-postérieures; celles, au contraire, qui forment l'aire de cette partie du triangle sont transversales; d'où résulte une disposition qui a été comparée à une lyre, *psalterium*, *corpus psalloïdes*. Sappey considère ces fibres transversales comme appartenant au corps calleux et non au trigone. Pour d'autres, au contraire (Gall, Luys), elles forment une véritable commissure entre les deux moitiés de la voûte (fig. 190 et 191, 5).

La *face supérieure du trigone*, dans sa moitié postérieure, adhère, comme nous venons de le voir, à la face inférieure du corps calleux; dans sa moitié antérieure elle donne insertion, sur la ligne médiane, à la cloison transparente, qui s'insinue entre cette partie du trigone et la partie antérieure du corps calleux, à partir du point où le premier se sépare du second, en se portant en bas et en avant (fig. 197, 2 et 3).

La *face inférieure* est libre et forme la voûte du troisième ventricule, dont elle n'est séparée que par la toile choroïdienne. Latéralement et par ses bords, elle recouvre la face supérieure des couches optiques et fait ainsi partie de la voûte des ventricules latéraux.

Les deux angles postérieurs du trigone, *piliers postérieurs de la voûte*, se portent en dehors et en arrière, et se continuent d'une part avec l'écorce blanche de la corne d'Ammon, et, d'autre part, avec le corps bordé ou bordant qui longe le côté interne de cette corne (fig. 190, 3).

L'angle antérieur est constitué par l'adossement des deux bandelettes du trigone, qui bientôt se séparent de nouveau et forment les *piliers antérieurs de la voûte*.

Ils se portent en bas et un peu en arrière, en embrassant, dans une anse, le tubercule mamillaire correspondant, dont ils forment l'écorce blanche ; puis leurs fibres se dirigent en arrière et en haut, dans l'épaisseur de la couche optique, et se perdent dans les cellules nerveuses de ce ganglion cérébral (fig. 197, 4).

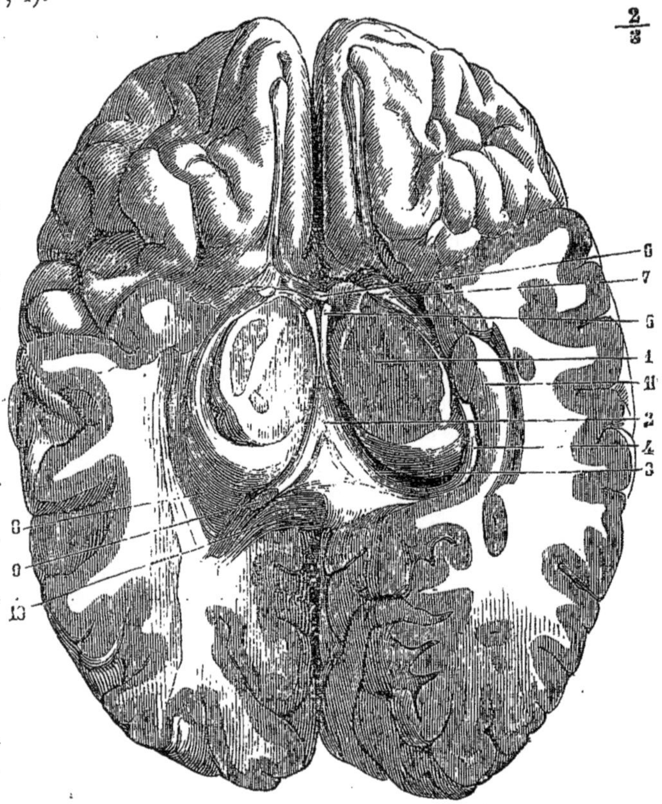

FIG. 190. — *Coupe du cerveau, le cervelet et l'isthme sont détachés par une section des pédoncules cérébraux* (*).

Immédiatement au-dessous du point où les piliers antérieurs s'écartent l'un de l'autre, on voit au devant d'eux un cordon blanc transversal, qui constitue la *commissure blanche antérieure*, sur laquelle nous reviendrons.

Luys considère la voûte comme formée par les fibres de la circonvolution de l'hippocampe, qui, par ce trajet détourné, vont se mettre en relation avec les noyaux nerveux des couches optiques.

(*) Au moyen d'une coupe horizontale, la face inférieure de la voûte est mise à nu. — 1) Pédoncule cérébral sectionné. — 2) Face inférieure du trigone. — 3) Continuation de son pilier postérieur gauche avec : 4) Le corps bordant. — 5) Écartement des piliers antérieurs. — 6) Commissure blanche antérieure. — 7) Bandelette optique. — 8) Cavité du ventricule latéral droit. — 9) Section du pilier postérieur droit de la voûte. — 10) Section du bourrelet du corps calleux au moment où il fournit le forceps major.

3° Cloison transparente. Septum lucidum.

La cloison transparente ou *septum lucidum* est une lamelle verticale qui sépare l'extrémité antérieure des deux ventricules latéraux, ainsi que nous l'avons expliqué plus haut. Elle a la forme d'un triangle curviligne et présente deux faces : deux bords, une base et un sommet.

Le *sommet* est insinué entre le corps calleux et le trigone au point où ces deux lames se séparent l'une de l'autre.

La *base*, curviligne, s'appuie en avant sur la portion réfléchie du corps calleux.

Les *bords* sont : l'un, *supérieur*, convexe, adhérent à la face inférieure du corps calleux ; l'autre, *inférieur*, concave, fixé sur la face supérieure de la partie antérieure du trigone.

Les *deux faces* forment la paroi interne de la partie antérieure des ventricules latéraux (fig. 197, 2).

La cloison transparente est constituée par deux lames juxtaposées, mais non adhérentes l'une à l'autre. Elles circonscrivent donc un petit espace libre, plus large en avant qu'en arrière, dans lequel on trouve toujours un peu de sérosité. On lui a donné le nom de *ventricule de la cloison* (fig. 191, 2).

Ce ventricule communique-t-il avec le ventricule moyen? Les anatomistes ont été longtemps partagés sur cette question. Il existe, en effet, à la partie antérieure du troisième ventricule, entre le point d'écartement des piliers antérieurs et le bord supérieur de la commissure antérieure, une petite dépression, à laquelle on a donné le nom de *vulve* ou *dépression vulvaire*. Elle se trouve précisément en rapport avec la partie postérieure, la plus rétrécie, du ventricule de la cloison. D'après les anatomistes modernes la dépression vulvaire est fermée en avant par une petite lamelle très-mince de substance blanche, qui empêche toute communication entre le troisième ventricule et celui de la cloison.

La cloison transparente est grisâtre et doit sa couleur aux cellules nerveuses qui entrent dans sa structure, conjointement avec des fibres blanches qui paraissent dépendre du trigone.

Luys considère la cloison comme le point d'émergence de la racine grise des nerfs olfactifs, et comme la continuité de la traînée de substance grise que l'on trouve sur la paroi du troisième ventricule.

4° Toile choroïdienne.

Cette toile cellulo-vasculaire, formée par la pie-mère, est étendue horizontalement au-dessus du ventricule moyen, au-dessous de la face inférieure du trigone. Comme ce dernier, elle a une forme triangulaire et est disposée en voûte. La face supérieure est recouverte par le trigone, mais sans y adhérer. La face inférieure est libre dans la partie médiane et recouvre latéralement les couches optiques. La base, située en arrière, au-dessous du bourrelet du corps calleux, répond à la partie moyenne de la fente de Bichat, et se compose de deux feuillets entre lesquels se trouve la glande pinéale, tandis que les veines de Galien sont renfermées dans le feuillet supérieur. Son sommet ou extrémité antérieure se bifurque et se continue de chaque côté, en dehors et en arrière, avec les plexus choroïdes des ventricules latéraux à travers le trou de Monro. Les bords sont situés sur les couches optiques, qu'ils recouvrent, et sont unis latéralement aux plexus choroïdes des ventricules latéraux.

En examinant la face intérieure de la toile choroïdienne, surtout sous l'eau, comme le conseille Sappey, on voit qu'elle est parcourue d'arrière en avant par deux rangées de granulations rougeâtres, formées par des capillaires pelotonnés. Ce sont les plexus choroïdes du troisième ventricule; ils adhèrent en arrière au pourtour de la glande pinéale et s'adossent en avant pour ne plus constituer qu'un seul cordon médian, qui se divise au niveau de l'extrémité antérieure du troisième ventricule, et se continue avec les plexus choroïdes des ventricules latéraux à travers les trous de Monro.

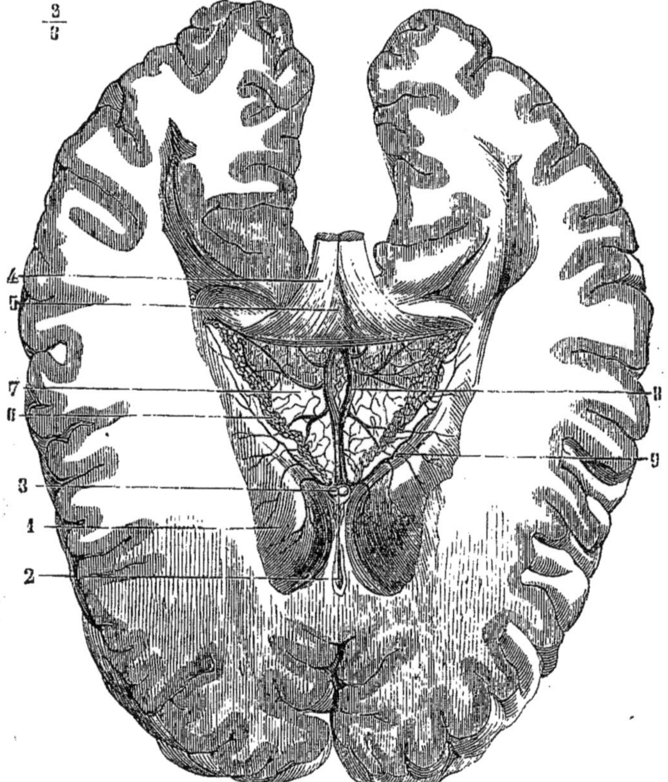

Fig. 191. — *Toile choroïdienne* (*).

Le lacis vasculaire de la toile choroïdienne est formé par des artérioles très-grêles venues des cérébelleuses supérieures et des cérébrales postérieures. Duret a fait remarquer que les artères de la toile choroïdienne ne se comportent pas comme celles des plexus choroïdes : elles ne sont pas, en effet, limitées à cette toile. Elles se continuent par des capillaires longs et flexueux sans mailles transversales. Les rameaux veineux de la toile choroïdienne sont très-remarquables et viennent tous aboutir aux veines de Galien, ce sont : 1° des veinules, qui proviennent de la partie réfléchie du corps calleux et de la cloison transparente; elles aboutissent à l'origine de la veine de Galien; 2° la *veine du corps strié*, qui se dirige d'arrière en avant et de dehors en dedans, dans le sillon qui sépare ce corps d'avec la couche optique. Elle est recouverte par la lame cornée

(*) 1) Corps strié. — 2) Cavité du ventricule de la cloison. — 3) Piliers antérieurs de la voûte sectionnés. — 4) Trigone rejeté en haut et en arrière. — 5) Corpus psalloïdes. — 6) Plexus choroïdes. — 7) Toile choroïdienne. — 8) Veines de Galien. — 9) Veine du corps strié.

et se termine, au niveau du trou de Monro, en se joignant aux précédentes, pour former la veine de Galien; 3° la *veine du plexus choroïde du ventricule latéral*. Sa direction et sa terminaison sont analogues à celles de la précédente; 4° la *veine du trigone et de la couche optique*, qui se dirige de dehors en dedans, à peu près transversalement dans la toile choroïdienne, et vient se jeter dans la veine de Galien; 5° *une veinule de la corne d'Ammon*; et 6° *un rameau venu de l'ergot de Morand*, qui chemine dans la toile choroïdienne, très-près de sa base.

La *veine de Galien* a déjà été décrite dans la section de l'*Angéiologie*; nous ferons seulement remarquer ici que, de même que tous les vaisseaux qui vont du cerveau à la dure-mère, elle est entourée par une gaîne arachnoïdienne. Nous avons parlé plus haut du prétendu canal arachnoïdien de Bichat, nous n'y reviendrons donc pas.

5° Glande pinéale.

On donne le nom de *glande pinéale* ou de *conarium* à un petit organe d'une couleur grisâtre qui se trouve situé entre les deux feuillets de la toile choroïdienne et dont la forme est celle d'un cône, ou mieux, d'une pomme de

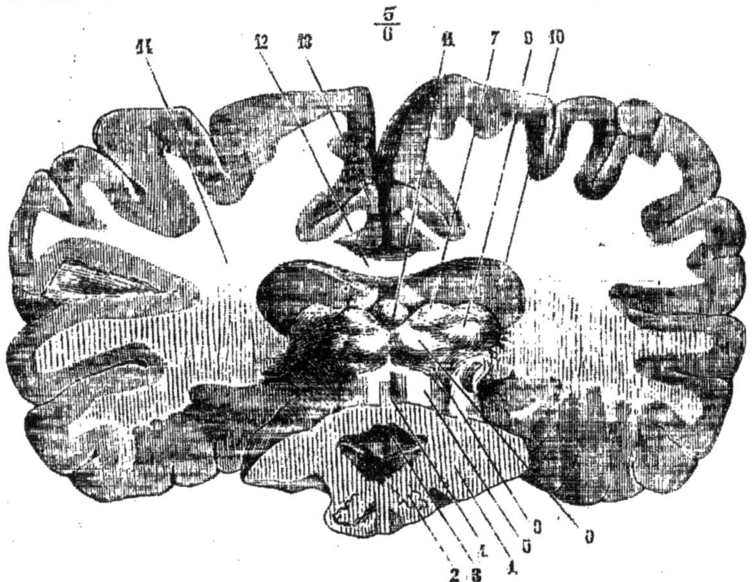

FIG. 192. — *Coupe verticale transversale du cerveau et du bulbe* (*).

pin dont la grosse extrémité serait en avant. Sa direction est oblique de bas en haut et d'arrière en avant. Sa face inférieure est appliquée sur l'intervalle qui sépare les tubercules quadrijumeaux antérieurs (fig. 192, 11). Sa face supérieure répond au bourrelet du corps calleux. Sa base ou extrémité antérieure se compose d'une partie blanche, de laquelle partent trois prolongements appelés *pédoncules de la glande pinéale*. L'un se dirige en avant, l'autre en bas, le troisième transversalement.

(*) La coupe du bulbe est faite au niveau des olives, la coupe du cerveau au-devant des tubercules quadrijumeaux. — 1) Coupe du bulbe. — 2) Coupe des olives. — 3) Partie antérieure du quatrième ventricule. — 4) Valvule de Vieussens. — 5) Pédoncule cérébelleux supérieur. — 6) Tubercule quadrijumeau postérieur. — 7) Tubercule quadrijumeau antérieur. — 8) Ruban de Reil. — 9) Extrémité postérieure des corps genouillés. — 10) Coupe de la couche optique. — 11) Glande pinéale. — 12) Coupe de la voûte et du corps calleux réunis. — 13) Coupe de la circonvolution du corps calleux et sinus du corps calleux situé entre elle et ce corps. — 14) Coupe des hémisphères.

Le *pédoncule supérieur* ou *antérieur*, *rênes de la glande pinéale*, *habenæ*, se porte d'abord un peu en dehors, vient s'appliquer le long de la partie supérieure et interne de la couche optique, se prolonge en avant, et arrive en s'effilant jusqu'au niveau du trou de Monro (fig. 197, 18). Par leur réunion, les deux pédoncules supérieurs de la glande pinéale forment une courbure à concavité dirigée en avant.

Le *pédoncule inférieur* descend en bas et en dehors au-devant de la commissure blanche postérieure, pour se perdre dans la couche optique (fig. 197, 17).

Le *pédoncule moyen* ou *transversal* est situé immédiatement au-dessus de la commissure blanche postérieure et va transversalement à la couche optique de chaque côté.

Le corps de la glande pinéale est formé à la périphérie d'une lame de substance nerveuse grise renfermant un grand nombre de capillaires et beaucoup de tissu connectif. Ce dernier se prolonge dans l'intérieur du *conarium* et forme, par ces entre-croisements, des mailles irrégulières, dans lesquelles sont déposées des concrétions calcaires, que l'on trouve déjà chez l'enfant. On voit quelquefois ces aréoles réunies en une seule cavité renfermant une seule concrétion grisâtre.

Après avoir étudié toutes les parties qui séparent les ventricules du cerveau les uns des autres, nous devrions, pour suivre l'ordre habituel, étudier ces cavités elles-mêmes avec leurs prolongements. Nous croyons plus utile cependant de décrire d'abord les *couches optiques* et les *corps striés*, ces *ganglions du cerveau* qui forment en partie les parois de ces ventricules.

6° Couche optique.

Les pédoncules cérébraux, ainsi que nous l'avons dit plus haut, se portent en dehors et en avant; ils rencontrent chacun sur leur trajet une masse ganglionnaire, qui répond à leur côté supérieur et interne. Cette masse porte le nom de *couche optique* (*thalamus opticus*). En raison de son adhérence avec le pédoncule en bas et en dehors et avec le corps strié en avant, il est assez difficile de lui assigner une forme bien définie ; elle est irrégulièrement ovoïde et répond : en avant et en dehors, à l'extrémité postérieure du corps strié; en arrière et en dedans, aux tubercules quadrijumeaux.

L'ovoïde que représente ce renflement ganglionnaire est dirigé un peu obliquement d'arrière en avant et de dehors en dedans, de telle sorte que les deux couches optiques sont écartées en arrière et plus rapprochées en avant. En arrière, dans leur écartement, se trouvent situés les tubercules quadrijumeaux; en avant, elles ne sont séparées que par les piliers antérieurs de la voûte. On peut considérer à chaque couche optique quatre faces et deux extrémités.

La *face supérieure* est convexe et fait partie du plancher du ventricule latéral; elle répond en haut, dans sa moitié postérieure et interne, au trigone et à la toile choroïdienne. Cette face présente en avant une saillie, un mamelon, dirigé d'avant en arrière, *corpus subrotundum*, auquel vient aboutir le pilier antérieur correspondant de la voûte, après que ce cordon a embrasse le tubercule mamillaire. Quoique situé sur la face supérieure, le *corpus subrotundum* fait saillie dans la cavité du troisième ventricule (fig. 196, 4).

La *face inférieure* répond, ainsi que nous l'avons dit, dans sa partie antérieure au pédoncule cérébral sur lequel elle repose; sa partie postérieure est libre et présente deux renflements mamelonnés : les *corps genouillés* divisés en *externe* et *interne*. Le premier est plus volumineux et plus antérieur ; il se relie par un cordon blanc au tubercule quadrijumeau antérieur ; le second, situé plus en arrière et en dedans, est d'un volume moins considérable que le précédent et se relie au tubercule quadrijumeau postérieur. La bandelette optique prend son origine dans les corps genouillés, et se trouve ainsi, par leur intermédiaire, reliée aux tubercules quadrijumeaux (fig. 199, 4).

La *face interne* est tapissée par une couche de cellules nerveuses, qui lui donnent son aspect grisâtre. Sa partie antérieure est libre et forme la paroi latérale du troisième ventricule. La partie postérieure de cette face se confond avec le côté externe des tubercules quadrijumaux.

La *face externe* de la couche optique est adossée à la face interne du corps strié.

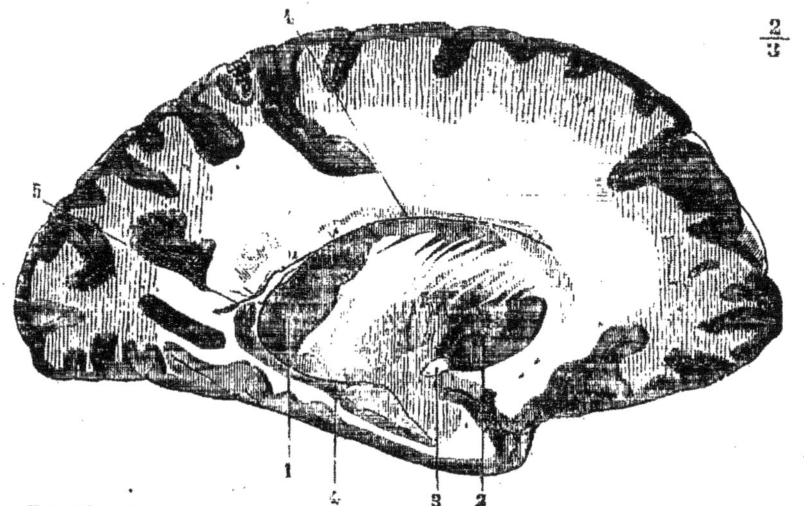

Fig. 193. — *Coupe du corps strié et canal circumpédonculaire du ventricule latéral* (*).

L'*extrémité antérieure* et amincie de l'ovoïde est contournée par le pilier antérieur de la voûte qui ne lui est pas tout à fait adossé. De l'écartement de ces deux parties résulte une ouverture arrondie, qui fait communiquer le ventricule latéral avec le ventricule moyen. Cette ouverture porte le nom de *trou de Monro* (fig. 197, 21).

L'*extrémité postérieure* est assez volumineuse et forme une saillie arrondie qui est contournée par le pilier postérieur de la voûte et le plexus choroïde correspondant.

La couche optique est formée de substance grise (cellules nerveuses), entremêlée à de la substance blanche (fibres nerveuses). Les parties cellulaires y forment de petits noyaux ou centres, et, de plus, une lame de même nature, qui tapisse la face interne de ce ganglion. A la partie interne et postérieure de la couche optique on trouve un amas de cellules dit *noyau rouge de Stilling*, auquel aboutissent les fibres du pédoncule cérébelleux supérieur. Au centre de la couche optique se voit également un noyau plus volumineux qui reçoit une grande partie des fibres de l'étage supérieur du pédoncule

(*) 1) Noyau intraventriculaire du corps strié. — 2) Son noyau extraventriculaire. — 3) Commissure blanche antérieure sectionnée. — 4, 4) Canal circumpédonculaire du ventricule latéral. — 5) Cavité ancyroïde.

cérébral. Les amas gris sont en relation avec des fibres blanches, qui leur viennent, soit des pédoncules cérébraux, soit des hémisphères. Dire aujourd'hui quel est le trajet exact des fibres nerveuses dans l'intérieur de la couche optique, et attribuer, comme le fait Luys, le *corpus subrotundum* aux nerfs olfactifs, dont il représenterait le centre, etc., nous semble s'engager dans une voie qui est peut-être celle de la vérité, mais qui a besoin d'être vérifiée et confirmée un grand nombre de fois. Tous les physiologistes sont cependant d'accord pour admettre que c'est à la couche optique qu'aboutissent la plupart des fibres sensitives, soit qu'elles émanent de la moelle et du bulbe par le pédoncule cérébral, soit qu'elles viennent du cervelet par le pédoncule cérébelleux supérieur. Pour Wundt, ce seraient surtout les sensations inconscientes destinées à produire des mouvements réflexes, qui arriveraient à la couche optique, pour de là être transmises au corps strié.

7° Corps strié.

Cette masse nerveuse est située en avant et un peu en dehors de la couche optique, dont elle est séparée en arrière et en dedans par une dépression, sur laquelle se trouvent d'abord une lamelle de consistance cornée, puis la veine du corps strié, et enfin un petit faisceau blanc, la bandelette semi-circulaire. Ces trois parties, sur lesquelles nous allons revenir dans un instant, marquent la séparation de ces deux ganglions cérébraux. Par sa face supérieure et interne et par ses extrémités, le corps strié fait partie du ventricule latéral, dans le prolongement frontal duquel il se trouve. Par sa face inférieure, au contraire, il repose sur un îlot de circonvolutions situées profondément entre la scissure de Sylvius, îlot auquel on a donné le nom de *lobule du corps strié* ou *insula de Reil*.

La *face supérieure* du corps strié est bombée, allongée en arrière et en dehors, un peu concave en dedans, et fait partie du plancher du prolongement frontal du ventricule latéral (fig. 191, 1).

Les *faces inférieure* et *externe* sont en relation, la première avec le lobule de l'insula, la seconde avec la substance blanche des hémisphères.

La *face interne* et l'*extrémité postérieure* sont en continuité avec la face externe de la couche optique.

L'*extrémité antérieure* du corps strié est séparée de celle du côté opposé par le septum lucidum, et est embrassée par la partie réfléchie du corps calleux.

En incisant le corps strié, on voit qu'il est formé par deux noyaux de substance grise, séparés par une lame de substance blanche. L'un de ces noyaux est supérieur et fait donc partie du plancher du ventricule latéral ; aussi lui a-t-on donné le nom de *noyau intra-ventriculaire*, *noyau caudé*. Il est épais en avant, effilé en arrière, et occupe toute la saillie que fait le corps strié dans le ventricule. Le second noyau, *noyau inférieur, extra-ventriculaire, noyau lenticulaire*, est moins allongé que le précédent et a une forme ovoïde ; il forme en quelque sorte la partie centrale du corps strié. La lame blanche qui se trouve entre ces noyaux présente une disposition inverse de celle du noyau intra-ventriculaire : elle est épaisse en arrière et amincie en avant. Elle porte le nom de *capsule interne* et se continue en arrière et en bas avec la substance blanche qui sépare la couche optique d'avec le corps strié ; cette couche aboutit au pédoncule cérébral, dont elle est une expansion. Quand on vient à inciser le corps strié et que l'on a traversé toute l'épaisseur du noyau lenticulaire, on trouve au-dessous de lui une nouvelle lame de substance blanche, dite *capsule externe ;* en dehors de celle-ci, on voit une lame mince de substance grise qui a pris le nom d'*avant-mur,* en dehors de laquelle on aboutit à la substance blanche qui forme le centre des circonvolutions de l'insula.

En étudiant le noyau lenticulaire, il est facile de voir qu'il est formé lui-même de trois parties de couleurs différentes : l'une, externe, plus foncée, dite *segment externe ;* 2° d'un *segment moyen ;* 3° d'un *segment interne*, le moins coloré des trois. A la partie tout à fait antérieure du corps strié, les noyaux caudé et lenticulaire se continuent directement l'un avec l'autre, car ils ne sont plus séparés par la capsule interne, qui n'est autre chose que ce que l'on décrivait, jusque dans ces derniers temps, sous le nom de centre demi-circulaire de Vieussens.

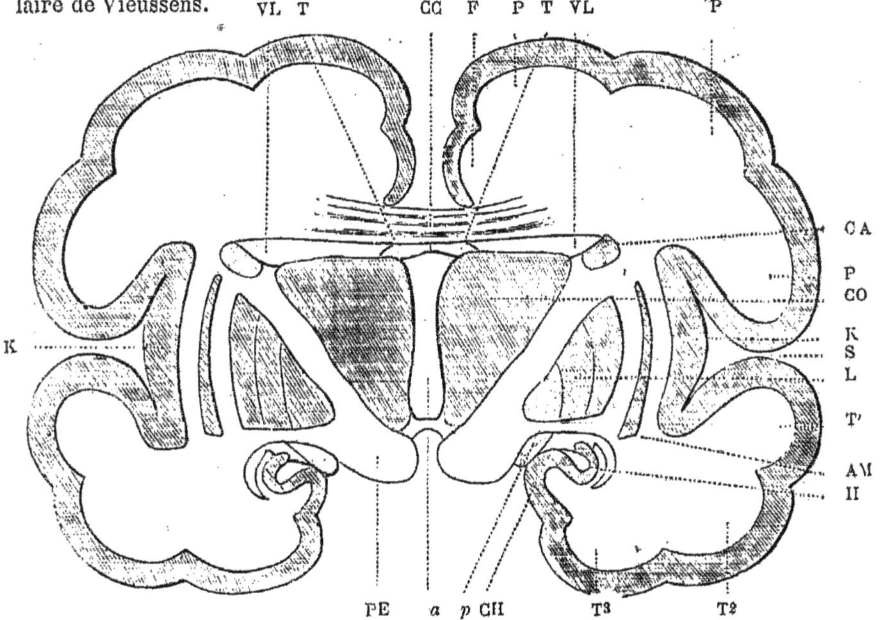

Fig. 194. — *Figure schématique d'une coupe transversale du cerveau au niveau de la partie moyenne du troisième ventricule* (*).

Les cellules nerveuses qui forment les noyaux gris du corps strié sont en relation, d'une part, avec les fibres nerveuses des hémisphères qui y pénètrent par la face externe du corps strié en rayonnant de toute part vers ce ganglion et formant ainsi la *couronne rayonnante de Reil.* Ce ganglion cérébral est en rapport, d'autre part, avec les fibres nerveuses émanées des pédoncules cérébraux et avec celles qui lui viennent de la couche optique. Les fibres qui viennent du pédoncule cérébral appartiennent surtout à l'étage inférieur de ce pédoncule et seraient, d'après Meynert, les conductrices des incitations volontaires. Le noyau lenticulaire recevrait un nombre de ces fibres variable suivant ses trois segments ; d'où résulterait leur différence de coloration. La capsule interne est formée par des fibres pédonculaires qui vont aborder les deux noyaux du corps strié, par des fibres qui viennent des hémisphères et qui vont aboutir au même noyau et à la couche optique, et qui appartiennent à la couronne rayonnante de Reil, et enfin, par quelques fibres particulières, spéciales, qui paraissent aller directement du pédoncule aux circon-

(*) PE. Pedoncule cérébral, d'où naît la capsule interne placée à ce niveau entre la couche optique (CO) et le noyau extra-ventriculaire (L) du corps strié. — *a)* Cavité du troisième ventricule. — CC) Corps calleux. — T, Le trigone. — VL, VL. Les ventricules latéraux. — S) Scissure de Sylvius. — K) Ecorce grise du lobule de l'insula. — L) noyau lenticulaire (extraventriculaire) du corps strié. — AM. Avant-mur placé dans la capsule externe. — CA. Noyau caudé ou intraventriculaire du corps strié (extrémité postérieure, effilée, de ce noyau). — PPP. Circonvolutions pariétales. — TTT. Circonvolutions temporales. — CH. Circonvolutions de l'hippocampe — H. Coupe de l'hippocampe. — F., circonvolutions frontales (Huguenin).

volutions cérébrales, en passant entre le noyau caudé et le noyau lenticulaire. Enfin, la capsule externe glisse en dessous du bord inférieur du noyau lenticulaire, sans y adhérer, et est formée par un faisceau de fibres qui mettent en communication la couche optique avec les circonvolutions cérébrales.

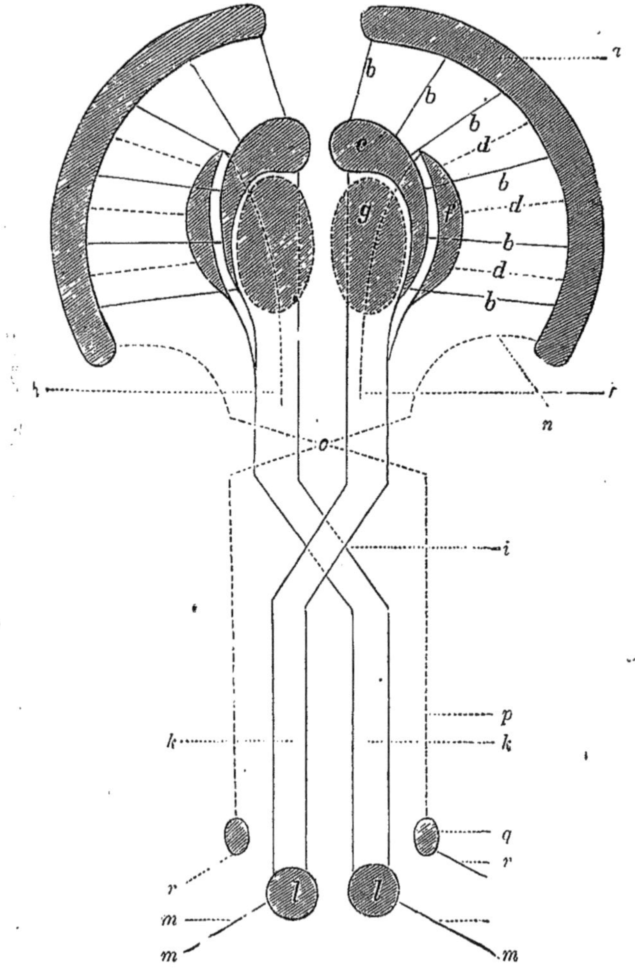

Fig. 195. — *Schéma des rapports du corps strié (noyau intraventiculaire) et du noyau lenticulaire (noyau extraventiculaire)* (*).

Dans le sillon qui sépare le corps strié d'avec la couche optique, on trouve :

1° La *lame cornée*. — C'est un petit ruban grisâtre et semi transparent qui

(*) *a)* Couche grise corticale des hémisphères. — *b)* Faisceaux de la couronne rayonnante du corps strié (noyau caudé ou intraventriculaire). — *c)* Corps strié. — *d)* Faisceaux de la couronne rayonnante du noyau lenticulaire. — *f)* Le noyau lenticulaire. — *g)* La couche optique. — *h)* Système de projection de second ordre (pédoncules cérébraux émanant du noyau lenticulaire et du corps strié. — *i)* Entre-croisement des pyramides. — *k)* Cordons antéro-latéraux de la moelle. — *l)* Substance grise de la moelle (cornes antérieures). *m)* Nerfs moteurs périphériques (racines spinales antérieures). — *n)* Fibres sensitives de la couronne rayonnante. — *o)* Entre-croisement supérieur des pyramides. — (formé par les conducteurs sensitifs). — *p)* Cordons postérieurs de la moelle. — *q)* Substance grise de la moelle (cornes postérieures). — *r)* nerfs sensitifs périphériques (racines spinales postérieures) (Huguenin).

est loin de présenter la consistance de la cornée de l'œil, à laquelle on l'a comparé. Mais cette lame n'est pas non plus, comme l'ont dit certains anatomistes (Vicq d'Azyr), une bandelette de substance nerveuse. Elle n'est formée que par un épaississement de l'épendyme des ventricules (fig. 196, 3).

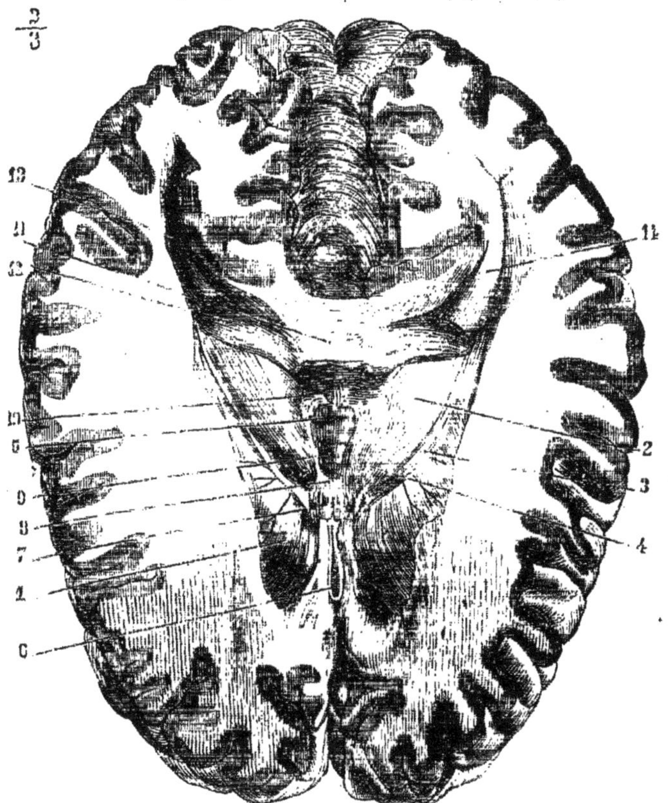

Fig. 196. — *Troisième ventricule, vu par sa face supérieure* (*).

2° La *veine du corps strié* (fig. 191, 9), qui nous est connue.

3° La *bandelette semi-circulaire (tænia semicircularis)*.—Nous ne pouvons mieux la comparer qu'à un lien entourant l'espace circumpédonculaire. L'origine et la terminaison du tænia sont encore fort discutées. Quelques anatomistes le font provenir en avant et en haut des piliers antérieurs de la voûte, au niveau du trou de Monro, pour se terminer sur la corne d'Ammon ; d'autres, au contraire, le font provenir des couches optiques et lui assignent le même point de terminaison que les précédents.

Nous avons cru constater un jour une continuité manifeste entre la bandelette semi-circulaire et le corps genouillé externe dans lequel elle semblait se perdre, en décrivant ainsi un cercle presque complet. Pour Luys, la bande-

(*) 1) Corps strié. — 2) Couche optique. — 3) Lame cornée. — 4) Corpus subrotundum de la couche optique. — 5) Cavité du troisième ventricule. — 6) Ventricule de la cloison. — 7) Piliers antérieurs coupés. — 8) Commissure antérieure. — 9) Commissure grise. — 10) Glande pinéale. — 11) Voûte sectionnée. — 12) Piliers postérieurs se continuant avec le corps bordant. — 13) Cavité ancyroïde. — 14) Ergot de Morand.

lette semi-circulaire partirait en bas d'une petite masse ganglionnaire, située au-devant de l'extrémité antérieure de l'hippocampe, dans la partie la plus antérieure des lobes sphénoïdaux (ce noyau se trouverait, d'après lui, en relation avec le nerf olfactif); elle contournerait ensuite successivement les régions inférieure, postérieure et supérieure de la couche optique correspondante et irait se perdre en filaments divergents au milieu de l'amas de substance grise qui constitue le centre antérieur de la couche optique.

8° Ventricule moyen ou troisième ventricule.

Ce ventricule résulte de la séparation des deux hémisphères entre lesquels

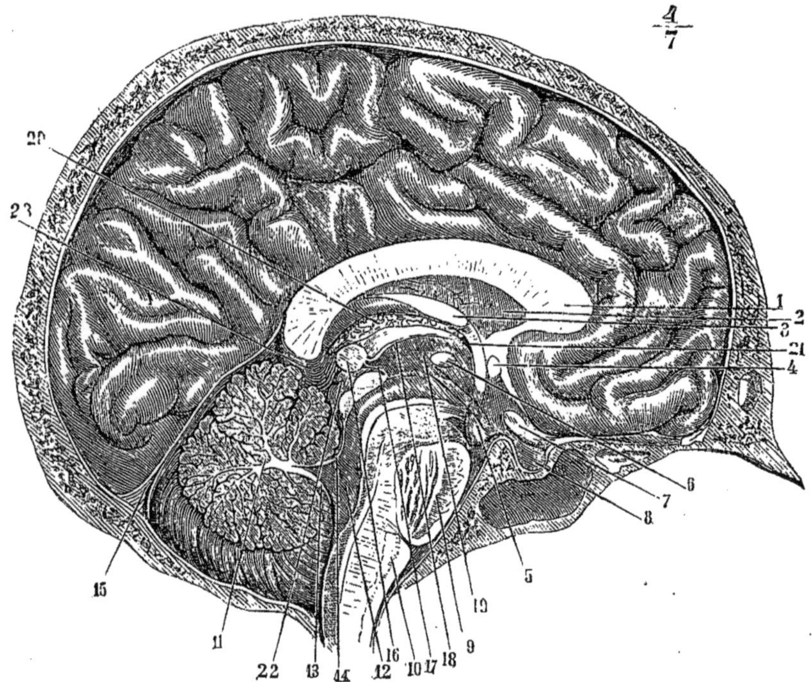

Fig. 197. — *Coupe médiane antéro-postérieure de l'encéphale* (*).

il se trouve. Il a la forme d'une fente linéaire et a été comparé à un entonnoir aplati qui présenterait ainsi une base, un sommet, deux faces et deux bords.

La *base* est formée par la toile choroïdienne et par la voûte qu'elle supporte; latéralement elle est limitée par les pédoncules antérieurs de la glande pinéale.

Le *sommet* répond à la tige pituitaire, et par elle au corps de ce nom.

(*) 1) Corps calleux. — 2) Cloison transparente. — 3) Trigone. — 4) Commissure blanche antérieure. — 5) Tubercule mamillaire avec l'anse du pilier antérieur qui le contourne. — 6) Commissure grise. — 7) Nerf optique. — 8) Corps pituitaire. — 9) Protubérance. — 10) Bulbe. — 11) Arbre de vie du cervelet. — 12) Aqueduc de Sylvius. — 13) Valvule de Tarin — 14) Valvule de Vieussens. — 15) Tente du cervelet. — 16) Glande pinéale. — 17) Son pédoncule inférieur. — 18) Son pédoncule supérieur. — 19) Face interne de la couche optique formant la paroi latérale du ventricule moyen. — 20) Toile choroïdienne recouvrant la face supérieure de la couche optique. — 21) Trou de Monro. — 22) Tubercules quadrijumeaux. — 23) Partie moyenne de la grande fente de Bichat. — D'après Leuret et Gratiolet, *Anatomie comparée du système nerveux*, Paris, 1839-1857, et Ludovic Hirschfeld, *Névrologie*, Paris, 1853.

Les *parois latérales* sont symétriques et triangulaires; elles présentent deux parties distinctes : la *supérieure*, formée par les couches optiques, nous est connue; l'*inférieure*, constituée par une masse de substance grise, *substance grise intraventriculaire* de Cruveilhier. Elle se continue avec la lame de même couleur du *tuber cinereum* et le noyau gris des tubercules mamillaires, et est en relation, en haut, avec les deux feuillets de la cloison transparente. Luys considère, à juste titre d'après nous, cette traînée cellulaire comme la continuation supérieure de la substance grise de l'axe médullaire.

Vers le milieu du ventricule moyen, mais un peu plus près du bord antérieur que du bord postérieur, se trouve une lame grise, horizontale, quadrilatère, à bords libres, un peu courbes, qui relie les deux parois latérales du ventricule : c'est la *commissure grise* ou *molle* (fig. 196, 9).

Le *bord supérieur* est rectiligne et oblique d'arrière en avant et de haut en bas. On y trouve successivement de haut en bas : la *glande pinéale* et ses *pédoncules transverses*, la *commissure blanche postérieure*, qui se perd dans l'épaisseur des couches optiques ; l'*ouverture antérieure de l'aqueduc de Sylvius* ou *anus*, orifice circulaire qui fait communiquer le ventricule moyen avec le quatrième ; la *lame interpédonculaire*, la *base des tubercules mamillaires*, le *tuber cinereum*.

Le *bord antérieur* est très-irrégulier et se présente sous la forme d'une ligne deux fois brisée, ou mieux de trois lignes, non comprises dans le même plan, quoique présentant une inclinaison semblable et dirigée de haut en bas et d'arrière en avant. La première de ces lignes, ou partie supérieure du bord antérieur, est formée par les piliers antérieurs de la voûte et la commissure blanche antérieure; la seconde, ou partie moyenne, est formée par la lame grise qui constitue la racine grise des nerfs optiques, et la troisième, ou inférieure, est représentée par le chiasma et le *tuber cinereum*.

Le *trou de Monro*, qui fait communiquer les ventricules latéraux et le ventricule moyen, se trouve au niveau du point de jonction de la paroi latérale avec le bord antérieur du troisième ventricule.

9° Ventricules latéraux.

Les ventricules latéraux sont situés en dehors de la ligne médiane et peuvent être considérés comme un canal embrassant les pédoncules et les ganglions du cerveau qui leur font suite. Ce canal n'est interrompu qu'au niveau même du pédoncule; il prend son origine en avant dans le lobe frontal, s'incline d'abord en arrière et en dedans, se porte ensuite en bas et en dehors, et enfin en avant et en dedans. Il naît au-dessus et au-devant de l'espace perforé et se termine en arrière du même espace après avoir contourné le corps strié, la couche optique et le pédoncule cérébral (fig. 193, 4, 4). Le ventricule latéral présente donc une partie antérieure et supérieure ou frontale, et une partie inférieure ou sphénoïdale.

En arrière de la couche optique on voit naître un nouveau prolongement du ventricule, prolongement postérieur ou occipital, qui est horizontal et curviligne, à concavité dirigée en dedans.

Partie antérieure ou *frontale*. — Elle est sensiblement horizontale et antéro-postérieure. Sa *paroi supérieure* est formée par le corps calleux, dont le genou forme le ventricule en avant, et qui, par son union avec la substance blanche de l'hémisphère, en constitue le *bord externe*. La *paroi inférieure* est formée par le corps strié, la couche optique et les bandelettes qui occupent le sillon de séparation de ces deux ganglions (fig. 191, 1). Le *bord interne* est dû en arrière au trigone, soudé au corps calleux, et en avant à la cloison transparente. Ce bord devient face interne dans cette dernière partie à cause de l'élargissement de cette cloison. L'*extrémité postérieure* se continue avec les deux autres prolongements du ventricule latéral.

Prolongement inférieur, sphénoïdal ou *réfléchi*. — Il est aplati de haut en bas, et dirigé d'arrière en avant. La *paroi supérieure* est formée par le prolongement sphénoïdal du corps calleux ou *tapetum*. La *paroi inférieure* présente une saillie blanche, ovoïde, semi-circulaire, convexe en dehors, un peu plus large en bas qu'en haut, qui n'est autre qu'une circonvolution dont la partie blanche fait saillie, tandis que la partie grise ou cellulaire se trouve en dedans. Cette saillie porte le nom de *corne d'Ammon* ou *pied d'hippocampe* (fig. 198, 1).

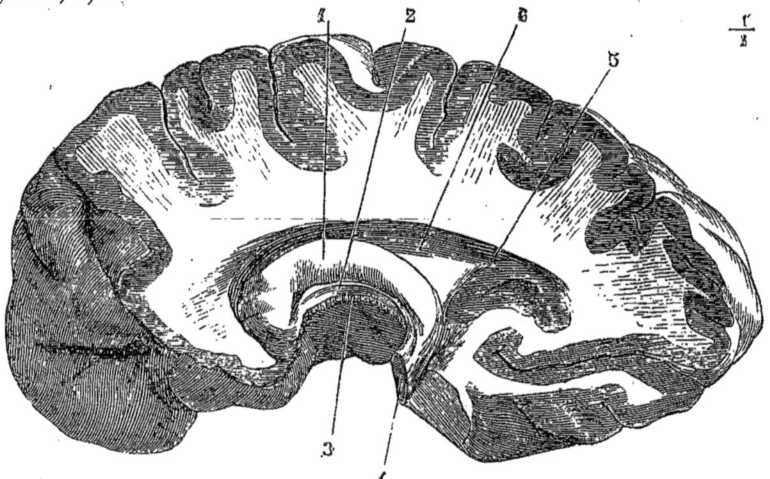

Fig. 198. — *Corne d'Ammon et corps bordant* (*).

En dedans de la concavité de la corne d'Ammon se trouve une bandelette blanche, qui se continue en haut avec le pilier postérieur de la voûte : c'est le *corps bordant* ou *corps bordé* (fig. 198, 2).

En soulevant le corps bordé, on voit, au-dessous et en arrière de lui, une nouvelle lamelle de couleur grise, garnie de douze à quatorze échancrures très-petites qui lui donnent un aspect festonné ; on lui donne le nom de *corps godronné* ou *dentelé* (fig. 198, 3).

L'*extrémité antérieure* ou *inférieure de la partie réfléchie du ventricule latéral* est très-rapprochée de la scissure de Sylvius et répond à la partie antérieure de la fente de Bichat.

Son *extrémité postérieure* est formée par la réunion des trois prolongements du ventricule.

Le *bord externe* est dû à la réunion de la paroi inférieure avec la paroi supérieure.

(*) 1) Corne d'Ammon. — 2) Corps bordant. — 3) Corps godronné. — 4) Section du pilier de la voûte. — 5) Cavité digitale ou ancyroïde. — 6) Ventricule latéral.

Le *bord interne* constitue l'ouverture par laquelle la pie-mère passe de la fente de Bichat dans le ventricule latéral pour former le plexus choroïde de ces ventricules. Cette ouverture est limitée en haut et en dedans par la face inférieure de la couche optique et le pédoncule cérébral, en bas et en dehors par la corne d'Ammon, le corps bordé et le corps godronné.

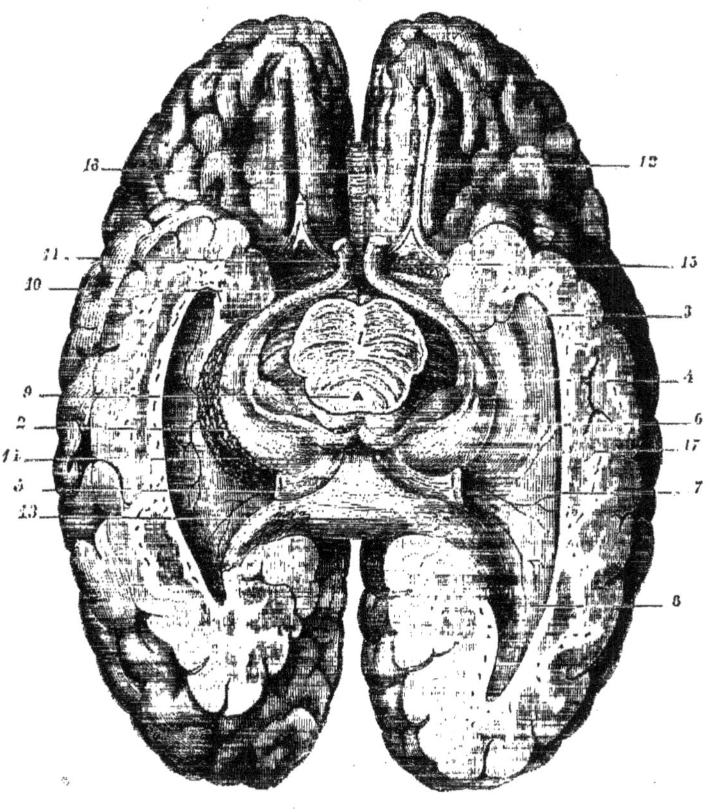

FIG. 199. — *Ventricule latéral, ouvert par sa face inférieure* (*).

Prolongement postérieur ou *occipital du ventricule latéral, cavité digitale, cavité ancyroïde.* — Ce prolongement se porte en arrière et en dedans, en décrivant une courbe à concavité interne et se termine en pointe (fig. 196, 13; 199, 8).

La cavité ancyroïde varie de longueur et de dimension suivant les sujets. Sa *paroi supérieure* est formée par le prolongement postérieur du corps calleux, *forceps major*. Sur sa *paroi inférieure* se trouve une saillie blanche,

(*) 1) Coupe de la protubérance. — 2) Tubercules quadrijumeaux. — 3) Bandelette optique. — 4) Corps genouillé. — 5) Face inférieure du pilier et du corps calleux. — 6) Cavité du ventricule latéral. — 7) Son prolongement sphénoïdal s'infléchissant en bas. — 8) Cavité ancyroïde. — 9) Aqueduc de Sylvius. — 10) Tige pituitaire. — 11) Nerf optique. — 12) Nerf olfactif. — 13) Bourrelet du corps calleux. — 14) Plexus choroïde. — 15) Espace perforé antérieur. — 16) Genou du corps calleux. — 17) Couche optique.

convexe, lisse, dont les dimensions sont très-variables, c'est l'*ergot de Morand* (fig. 196, 14). Il est formé, comme la corne d'Ammon, par une circonvolution retournée.

10° Plexus choroïdes.

La pie-mère s'introduit dans le prolongement sphénoïdal des ventricules latéraux par la grande fente de Bichat ; elle s'enroule sur elle-même et forme deux petits cordons rougeâtres, *plexus choroïdes* (fig. 199, 14), qui passent dans le prolongement antérieur en longeant les bords latéraux du trigone, s'unissent intimement avec les bords de la toile choroïdienne et communiquent par les trous de Monro avec les plexus choroïdes du troisième ventricule. — Ces plexus sont formés de capillaires artériels et veineux supportés par des trabécules de tissu connectif. La veine choroïdienne nous est connue. Les artérioles proviennent de l'artère choroïdienne, branche de la carotide interne et de la cérébrale postérieure.

Structure des circonvolutions et des parties centrales blanches des hémisphères. — Dans le cerveau, comme dans la moelle et le bulbe, se trouve d'abord une couche fondamentale de tissu connectif, dont les parties élémentaires forment des trabécules d'une finesse extrême, limitant des mailles très-étroites. Dans cette substance fondamentale sont déposées les cellules et les fibres nerveuses.

Les parties blanches des hémisphères, centre ovale de Vicq d'Azyr, centre ovale de Vieussens, corps calleux, voûte, etc., sont formées uniquement de fibres nerveuses. Les parties grises contiennent à la fois des tubes réduits au cylindre-axe et des cellules rameuses. La périphérie des circonvolutions, qui au premier aspect présente une couleur grise uniforme, est en réalité formée de cinq couches successives (en ne tenant pas compte d'une lamelle tout à fait périphérique qui ne semble être due qu'à du tissu connectif condensé.) On trouve successivement de haut en bas : 1° une couche assez mince de cellules nerveuses de couleur grise; 2° une couche plus mince encore de fibres nerveuses de couleur blanche; 3° une couche rouge jaunâtre contenant des cellules plus rares que dans la couche grise; 4° une nouvelle couche blanche analogue à la deuxième, et enfin 5° une couche rouge jaunâtre identique à la troisième.

Les prolongements de ces cellules forment les fibres nerveuses des parties blanches et constituent, en outre, les couches 2 et 4 que nous venons de décrire. Dans ces dernières parties, les fibres sont les unes ascendantes, les autres transversales et parallèles à la surface de la circonvolution. Ces dernières sont peut-être destinées à relier les différentes circonvolutions les unes aux autres. De toutes les fibres parties des cellules de la périphérie des hémisphères les unes vont aux cellules des corps striés et des couches optiques, les autres vont former le corps calleux et les commissures du cerveau (excepté la commissure grise, qui contient des éléments cellulaires). Parmi ces dernières, il en est qui relient entre elles les cellules périphériques des deux hémisphères, et d'autres qui vont s'amortir dans les cellules des ganglions cérébraux, peut-être du côté opposé à leur origine.

On décrit, dans la substance des circonvolutions, des cellules nerveuses de deux formes: les unes, de beaucoup les plus nombreuses, sont dites *cellules pyramidales;* elles varient considérablement de diamètre depuis 10 μ jusqu'à 120 μ, et présentent toutes des ramifications nombreuses, anastomosées entre elles, et, de plus, un prolongement de Deiters, qui part toujours de la base de la pyramide. Toutes ces cellules sont striées dans le sens de leur longueur. La deuxième espèce de cellules nerveuses des circonvolutions est formée par des cellules fusiformes, allongées, striées, émettant des prolongements par leurs extrémités. Robin leur a donné le nom de *cellules volumineuses de la volition.*

§ II. — Cervelet.

Le cervelet est situé entre l'occipital et la tente du cervelet, qui le sépare de la face inférieure du lobe postérieur du cerveau. Il est uni : 1° au cerveau par deux prolongements blancs qui forment les *pédoncules cérébelleux supérieurs ;* 2° au bulbe par les *pédoncules cérébelleux inférieurs;* 3° à la protubérance par les *pédoncules cérébelleux moyens.* Le poids du cervelet est à celui du cerveau : : 1 : 8.

I. *Conformation extérieure.* — *Face supérieure.* — Cette face est convexe dans sa partie médiane, plane et inclinée de haut en bas et de dedans en dehors dans ses parties latérales.

La partie médiane est saillante surtout en avant et a pris le nom de *vermis supérieur.* Elle est recouverte par la tente du cervelet.

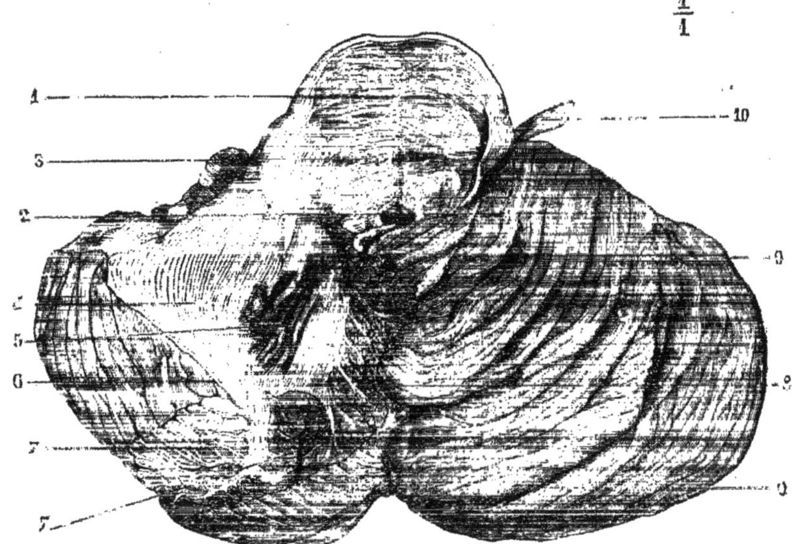

Fig. 200. — *Face supérieure du cervelet* (*).

Face inférieure. — Elle répond par ses côtés latéraux aux fosses occipitales inférieures, et par sa partie moyenne au bulbe, qu'elle recouvre. Cette face présente sur la ligne médiane une scissure profonde, *scissure médiane du cervelet,* qui permet de distinguer *deux hémisphères cérébelleux.* Dans le fond de ce sillon, on aperçoit une saillie analogue à celle que nous avons trouvée sur la face supérieure, mais plus prononcée, c'est le *vermis inférieur* (fig. 201, 7), qui se continue en arrière avec l'extrémité postérieure du vermis supérieur et forme ainsi le *lobe médian du cervelet.*

Le vermis inférieur est uni latéralement et en arrière à deux branches latérales, formées comme lui de substance nerveuse grise ; la saillie cruciale qui en

(*) Le lobe du côté gauche est sectionné par une coupe passant à travers la grande scissure circumlobaire. — 1) Coupe de la protubérance. — 2) Aqueduc de Sylvius. — 3) Coupe du lobule du pneumo-gastrique. — 4) Coupe du pédoncule cérébelleux moyen. — 5) Coupe de l'olive cérébelleuse. — 6) Sillon circumlobaire. — 7, 7) Coupe de quelques lobules montrant une partie de l'arbre de vie. — 8) Vermis supérieur. — 9, 9) Lobes et lames du cervelet. — 10) Trijumeau.

résulte a pris le nom de *pyramide de Malacarne*. En avant, le vermis présente une extrémité libre et arrondie, qui flotte dans le quatrième ventricule, comme la luette dans la bouche, d'où lui est venu le nom de *luette du cervelet*. Elle se relie latéralement à deux replis membraneux d'un blanc grisâtre, formés de substance nerveuse, *valvules de Tarin*, qui sont minces, adhérentes par leur bord postérieur convexe à la paroi supérieure du quatrième ventricule, libres et concaves par leur bord antérieur. Leur extrémité externe se continue avec le lobule du pneumo-gastrique, et leur extrémité interne adhère à la luette (fig. 201, 4). Entre la valvule de Tarin et la paroi supérieure du quatrième ventricule se trouve une petite cavité, que Reil a comparée à un nid d'hirondelle.

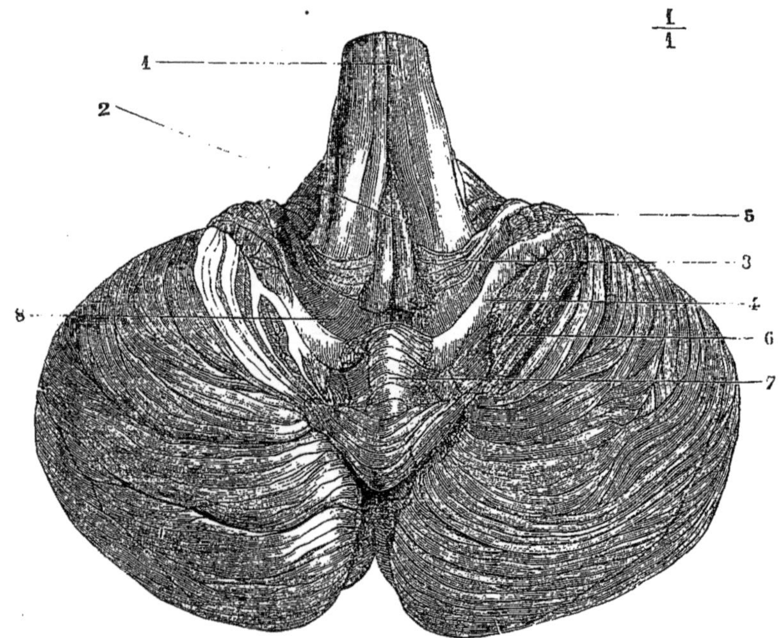

Fig. 201. — *Face inférieure du cervelet* (*).

Circonférence du cervelet. — Elle a la forme d'un ovale, dont le grand axe serait transversal et le petit axe antéro-postérieur. Ce petit axe est échancré en avant et en arrière sur la ligne médiane. L'échancrure antérieure loge la protubérance annulaire; l'échancrure postérieure est occupée par la tubérosité occipitale interne et la faux du cervelet.

Comme dans le cerveau, la substance grise ou cellulaire occupe la périphérie et la substance blanche le centre du cervelet. Cette partie de l'encéphale ne présente pas de circonvolutions, mais se décompose en *lames* séparées par des *sillons* plus ou moins profonds et appliquées l'une contre l'autre. Ces lames se décomposent elles-mêmes en *lamelles*. Dans certains points, comme sur

(*) Le bulbe est renversé en haut et les amygdales sectionnées pour mettre à découvert les valvules de Tarin. 1) Bulbe renversé en avant. — 2) Extrémité inférieure du quatrième ventricule.— 3) Barbes du calamus. — 4) Valvule de Tarin. — 5) Lobule du pneumo-gastrique. — 6) Section de l'amygdale. — 7) Vermis inférieur. — 8) Cavité du quatrième ventricule.

les vermis et encore sur la face inférieure, le cervelet présente des saillies qui ont pris le nom de *lobules*. Les lames qui se trouvent sur les lobules et sur les vermis se continuent latéralement avec celles des hémisphères cérébelleux.

Les sillons ont été divisés en deux ordres, suivant leur profondeur. Ceux du premier ordre sont les plus profonds et sont au nombre de 10 à 12. Il en est un parmi eux, *grand sillon circonférenciel de Vicq d'Azyr*, *sillon circumlobaire*, qui entoure la circonférence du cervelet et le partage en deux moitiés, l'une supérieure, l'autre inférieure (fig. 200, 6). Les sillons du second ordre sont très-nombreux et ont été évalués au chiffre de 7 à 800. Les sillons et par conséquent les lames et lamelles qu'ils circonscrivent, sont curvilignes; sur la face supérieure leur concavité regarde en avant et en dedans ; il en est de même sur la partie postérieure de la face inférieure ; mais sur la partie antérieure de cette face leur concavité est tout à fait dirigée en dedans.

Sur la face inférieure du cervelet, de chaque côté du bulbe, se trouve un lobule saillant, auquel on a donné le nom de *tonsille* ou *amygdale*. Ces lobules cachent complétement les valvules de Tarin; aussi faut-il les enlever pour voir ces dernières. Leur face inférieure répond au pourtour du trou occipital et au corps restiforme; leur extrémité antérieure fait saillie à côté de la luette dans le quatrième ventricule. Plus en avant et en dehors, immédiatement au-dessous du bord inférieur du pédoncule cérébelleux moyen, en avant du nerf vague, se voit un lobule assez petit auquel aboutit la valvule de Tarin correspondante; on lui donne le nom de *lobule du pneumogastrique*.

II. *Conformation intérieure*. — Des cellules de la périphérie partent des fibres nerveuses, qui se réunissent pour former l'axe de chaque lamelle; ces fibres s'associent successivement à celles venues des lamelles voisines et constituent la partie centrale d'une lame; celles des lames forment, en s'unissant, celles des lobules, et toutes ensemble produisent par leur réunion une masse centrale blanche, considérable, représentant environ le tiers de la masse totale du cervelet. L'aspect arborescent de ces différents prolongements blancs a fait donner à cette disposition le nom d'*arbre de vie* (fig. 207, 8). De cette masse blanche partent de chaque côté trois prolongements : le premier, *pédoncule cérébelleux supérieur*, se porte en haut et en avant et passe sous les tubercules quadrijumeaux; il unit le cervelet au cerveau. Le second se dirige en avant et en dedans, *pédoncule cérébelleux moyen;* il fait communiquer le cervelet avec la protubérance, ou plutôt il forme une commissure aux deux hémisphères de l'organe. Le troisième, *pédoncule cérébelleux inférieur*, unit le cervelet au bulbe et se porte en bas et en dedans. Le point de départ de ces pédoncules répond aux angles latéraux du quatrième ventricule; c'est à ce niveau que l'on trouve dans l'intérieur de la masse blanche du cervelet un noyau ovoïde limitée par une ligne jaunâtre, sinueuse, plissée sur elle-même et affectant la forme d'une bourse dirigée en avant, en haut et en dedans dont l'ouverture serait en avant. C'est le *corps rhomboïdal* ou *olive cérébelleuse* (fig. 207, 5).

La partie périphérique du cervelet, substance grise de l'organe, est formée par trois couches différentes assez mal limitées. La couche interne, *couche rouillée*, se compose de cellules assez petites pour que beaucoup d'entre elles aient pu être considérées comme de simples noyaux. La couche moyenne est constituée par des cellules très-volumineuses, arrondies, *cellules de Purkinje*, et par d'autres plus petites, mais dont la dimension l'emporte toujours sur celles des petites cellules de la couche interne. La couche externe périphérique du cervelet est fort remarquable au point de vue histolo-

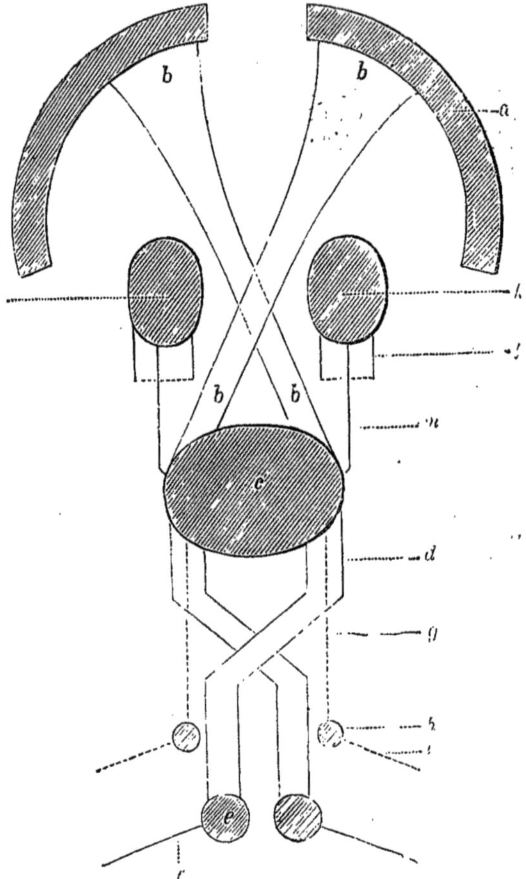

Fig. 202. — *Schéma des connexions du cervelet* (*).

gique, par la très-grande quantité de capillaires sanguins qu'elle contient. Elle est formée par de la névroglie, par quelques rares cellules nerveuses et par les ramifications des cellules de Purkinje.

La lame jaune, plissée, qui forme l'enveloppe du corps rhomboïdal, est formée par un très-grand nombre de cellules nerveuses anastomosées et reliées d'une part à des fibres venues de la périphérie des hémisphères cérébelleux, et d'autre part à des fibres des pédoncules.

a. Substance grise corticale des hémisphères. — *b*. Pédoncules cérébelleux supérieurs. — *c*. Cervelet. *d*. Voies centrifuges (motrices) du cervelet vers la moelle (corps restiforme). — *e*. Substance grise de la moelle (cornes antérieures). — *f*. Fibres motrices périphériques (racines spinales antérieures). *g*. Voies centripètes (sensitives) de la moelle au cervelet, cordon grêle et cordon cunéiforme. — *h*. Substance grise de la moelle (corne postérieure). — *i*. Fibres sensitives périphériques (racines spinales postérieures). *k*. Masse générale des ganglions de la base de l'encéphale. — *l*. Pédoncule. — *m*. Fibres du pédoncule cérébral se rendant au cervelet par le pédoncule cérébelleux moyen (Huguenin).

§ III. — Isthme de l'encéphale.

Entre la moelle épinière et le cerveau d'une part, entre le cervelet et le cerveau d'autre part, se trouvent des parties blanches et grises qui établissent l'union de ces différents centres entre eux. C'est à ces parties que l'on a donné le nom de *moelle allongée*, et mieux, d'*isthme de l'encéphale*. On fait rentrer ordinairement dans l'étude de l'isthme la description du bulbe, que nous avons préféré rattacher à la moelle épinière. L'isthme de l'encéphale se compose de différentes parties disposées en deux plans, l'un supérieur, l'autre inférieur, séparés par un sillon, *sillon latéral de l'isthme*. La *protubérance annulaire*, les *pédoncules cérébelleux moyens* et les *pédoncules cérébraux*, appartiennent au plan inférieur, tandis que les *pédoncules cérébelleux supérieurs*, la *valvule de Vieussens*, le *ruban de Reil* et les *tubercules quadrijumeaux* forment le plan supérieur. Entre ces différentes parties, la face postérieure du bulbe et le cervelet, se trouve une cavité rhomboïdale, *quatrième ventricule*, par l'étude de laquelle nous terminerons la description des centres nerveux céphalo-rachidiens.

1° Protubérance annulaire et pédoncules cérébelleux moyens.

La *protubérance annulaire*, *pont de Varole*, *mésocéphale de Chaussier*,

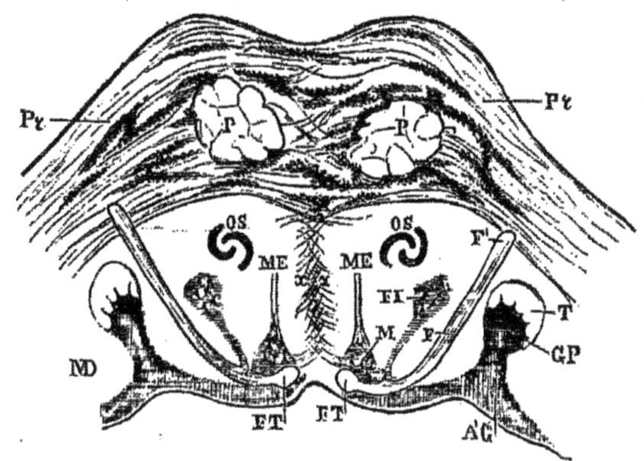

Fig. 203. — *Schéma d'une coupe de la protubérance (au niveau de son bord inférieur)* (*).

est une masse quadrilatère, blanche à la périphérie, formant une saillie considérable située entre les pédoncules cérébraux et le bulbe. On peut y décrire deux faces, *antérieure* et *postérieure*, et quatre bords épais, *supérieur*, *inférieur* et *latéraux*.

La *face antérieure* est convexe et repose sur la gouttière basilaire. Elle présente sur la ligne médiane un sillon déprimé dans lequel est placé le tronc basilaire. Des deux côtés de ce sillon se voit une saillie longitudinale, et plus en dehors l'origine apparente des nerfs trijumeaux. Le point d'émergence de ce tronc nerveux est plus rapproché du bord antérieur que du bord postérieur.

(*) P.P. Pyramides ; — Pr. Fibres transversales de la protubérance ; entre les couches diverses de ces fibres sont irrégulièrement stratifiés des amas de substance grise. — ME. Racines du nerf moteur externe. — M. Noyau commun du moteur oculaire externe et du facial. — FT. Partie supérieure du *fasciculus teres*, se recourbant en dehors, puis en avant, pour former le facial (qui se dirige vers son lieu d'émergence EF'), et recevant encore quelques fibres radiculaires du noyau. (FI) — OS. Olive supérieure. — A'C'. Noyau de l'acoustique. (Duval.)

La *face postérieure* fait partie du plancher du quatrième ventricule et se continue sans ligne de démarcation avec la même face du bulbe. On y voit également un sillon médian peu accusé et deux saillies latérales.

Le *bord supérieur* est épais et entoure l'origine des pédoncules cérébraux, dont, en raison même de l'épaisseur de ce bord, la protubérance est séparée par un sillon profond, qui répond dans sa partie moyenne à l'espace interpédonculaire.

Le *bord postérieur*, épais aussi, est séparé du bulbe par un sillon analogue au précédent.

Les *bords latéraux* sont fictifs. On les fait passer au niveau d'une ligne antéro-postérieure, qui couperait la protubérance immédiatement en dehors de l'origine des nerfs trijumeaux.

On donne le nom de *pédoncules cérébelleux moyens* à la partie blanche située en dehors de la ligne fictive limitant latéralement la protubérance. Les fibres blanches qui les forment vont aboutir de chaque côté dans les hémi-

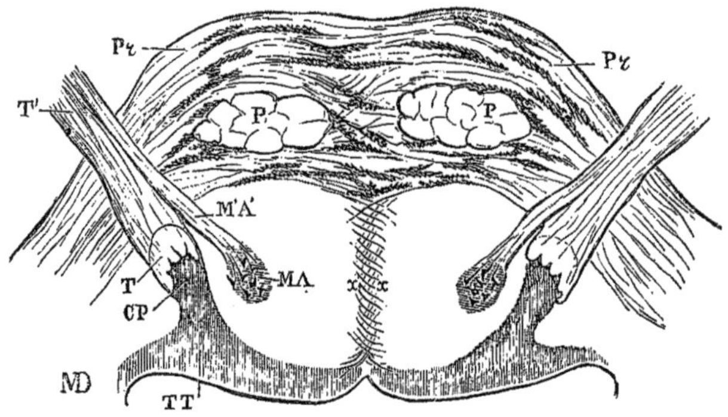

FIG. 204. — *Schéma d'une coupe de la protubérance au niveau de l'émergence de la cinquième paire (N. trijumeau)* (*).

sphères cérébelleux; ils sont dirigés en dehors et en arrière; le lobule du pneumo-gastrique et le nerf auditif répondent à leur bord inférieur. Comme nous allons le voir, les pédoncules cérébelleux moyens font partie de la protubérance, dont ils constituent surtout la couche superficielle.

Structure et texture de la protubérance (fig. 203 et 204). — La protubérance comprend, dans son épaisseur, des fibres nerveuses transversales et longitudinales, ainsi qu'un grand nombre de cellules nerveuses. Ces dernières n'y sont pas réunies en noyaux bien distincts, mais éparpillées entre les différentes couches de fibres.

Le pont de Varole présente d'abord une couche de fibres transversales qui forment son écorce et qui appartiennent aux pédoncules cérébelleux moyens. Ces fibres décrivent toutes des arcs de cercle à concavité postérieure; les plus antérieures sont plus incurvées que les postérieures et les moyennes, une partie d'entre elles se portent de haut en bas, en décrivant une courbe à concavité interne et recouvrent les fibres postérieures. Elles semblent passer au-dessous du bord inférieur de la protubérance.

Au-dessous de cette couche de fibres transversales se trouvent des fibres longitudi-

(*) P.P. Pyramides ; — *Pr*. Fibres transversales de la protubérance avec stratifications de substance grise. — TT. Substance grise du plancher du 4e ventricule *(locus cœruleus)*. — CP. Substance gélatineuse de Rolando ; — T. Racines ascendantes du trijumeau, se recourbant pour émerger de la protubérance (grosse racine ou racine sensitive du trijumeau). — MA. Noyau moteur du trijumeau (nerf masticateur). — T'. La 5e paire à son émergence. (Duval.)

nales, continuation des pyramides antérieures, puis des nouvelles couches de fibres transversales et de fibres longitudinales, stratifiées ainsi en deux ou trois plans. Enfin, dans la profondeur se voit un nouveau faisceau de fibres longitudinales, correspondant à la saillie qui se trouve sur les côtés latéraux du sillon médian de la face postérieure de la protubérance.

Les cellules nerveuses de la protubérance sont accumulées entre toutes ces couches de fibres stratifiées.

Les fibres transversales du pont de Varole n'appartiennent pas toutes aux pédoncules cérébelleux moyens; un grand nombre d'entre elles servent à l'union des amas cellulaires d'un côté avec leurs homologues du côté opposé; d'autres encore sont peut-être dues à l'entre-croisement sur la ligne médiane des fibres venues des ganglions cérébraux et destinées à ces cellules.

2° Pédoncules cérébraux.

Les pédoncules cérébraux sont deux cordons blancs, arrondis, légèrement aplatis de haut en bas, qui s'étendent du bord antérieur de la protubérance jusque dans les couches optiques. Ces deux faisceaux s'écartent angulairement au niveau du bord de la protubérance et limitent ainsi un espace triangulaire, *espace interpédonculaire*, formé par une lamelle blanche, perforée d'un grand nombre de pertuis analogues à ceux de l'espace perforé antérieur. Les pédoncules cérébraux présentent : 1° une *face inférieure* libre, blanche et arrondie; la partie antérieure de cette face est croisée par la bandelette optique, qui l'embrasse à la façon d'un lien, la partie postérieure est contournée par l'artère cérébrale postérieure; 2° une *face interne*, en rapport avec l'espace interpédonculaire; on y voit l'origine des nerfs oculo-moteurs communs et une tache linéaire noirâtre qui fait partie de l'amas cellulaire du *locus niger;* 3° une *face externe*, en rapport avec la partie latérale de la grande fente de Bichat et le repli de la pie-mère, qui y pénètre à ce niveau pour former les plexus choroïdes du ventricule latéral ; 4° une *face supérieure*, qui forme la partie la plus antérieure de l'isthme et supporte les tubercules quadrijumaux.

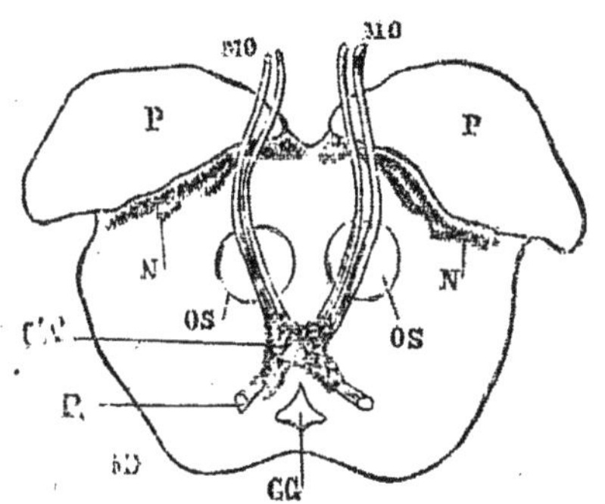

Fig. 205. — *Schéma d'une coupe des pédoncules cérébraux* (*).

Texture des pédoncules cérébraux. — Les pédoncules cérébraux présentent à une coupe transversale deux étages blancs, séparés par une masse grise, *locus niger* de Sœmmering. Ils sont plus volumineux que les cordons de la moelle réunis, parce qu'ils ne comprennent pas seulement les fibres qui, à travers la protubérance, remontent de la moelle pour gagner les ganglions cérébraux, mais ils continuent encore des fibres venues des amas gris, du bulbe, de la protubérance, des tubercules quadrijumeaux, du *locus niger*, et de différents petits noyaux situés le long de l'aqueduc de Sylvius (je considère ces derniers comme le prolongement, entrecoupé par des fibres blanches, de la base des cornes antérieures).

Le plan inférieur des pédoncules cérébraux, *pied du pédoncule,* comprend les fibres

(*) P.P. Etage inférieur (pyramides); — N.N (*locus niger*); — OS; — Noyaux de Stilling situés au milieu de l'étage supérieur. — MO, MO. Nerf moteur oculaire commun; — C'A'. — Noyau commun du moteur oculaire et du pathétique. — P. Nerf pathétique. — CC. Aqueduc de Sylvius (Duval).

motrices de la moelle, et va, en haut, aboutir au corps strié, où il forme surtout la capsule interne, en passant d'abord sous la couche optique, et, plus loin, entre les noyaux caudé et lenticulaire. Meynert, le premier, a signalé un faisceau sensitif qui fait partie de ce plan inférieur du pédoncule, et qui provient de la couche profonde de la pyramide antérieure, et, par conséquent, des fibres, des cordons postérieurs; d'après lui, ce faisceau irait à la région lenticulo-optique (partie la plus reculée de la capsule interne), et ses fibres les plus postérieures aboutiraient, en se recourbant en arrière et en dehors, au lobe occipital du cerveau. Bien que l'anatomie n'ait pas encore mis ce faisceau hors de doute, les dernières recherches physiologiques et anatomo-pathologiques me forcent à admettre son existence.

Le *plan supérieur du pédoncule, tegmen, calotte*, est lui-même subdivisé en deux faisceaux, l'un externe, l'autre interne. Le premier, *faisceau externe*, contient les fibres venues de la partie postérieure ou profonde de la pyramide antérieure (fibres des cordons postérieurs de la moelle); il est donc sensitif et va aboutir à un amas gris de la couche optique. Le *faisceau interne* est formé par les fibres du pédoncule cérébelleux supérieur, qui vont aux cellules du noyau rouge de Stilling dans la couche optique.

Entre les deux étages du pédoncule se trouve une masse de substance grise, assez large dans sa partie médiane et interne, effilée en dehors et en bas, qui les sépare. Cette masse forme le *locus niger de Sœmmering*, des cellules duquel partent des fibres nombreuses qui renforcent en haut le nombre des fibres du pédoncule cérébral, et vont également aboutir aux ganglions du cerveau. En bas, ces cellules se continuent avec celles de la substance grise de la protubérance.

3° Pédoncules cérébelleux supérieurs et valvule de Vieussens.

Les *pédoncules cérébelleux supérieurs, processus cerebelli ad testes*, sont deux cordons blancs, étendus du centre du corps rhomboïdal du cervelet jusque dans les couches optiques. Ils sont arrondis et aplatis de haut en bas. Leur *face supérieure* est libre en arrière et recouverte en avant par le ruban de Reil et les tubercules quadrijumeaux sous lesquels ils passent. Leur *face inférieure* forme en partie la paroi supérieure du quatrième ventricule. Leur *bord interne* donne insertion à la valvule de Vieussens. Leur *bord externe* forme le bord externe du plan supérieur de l'isthme et répond en avant au ruban de Reil.

Texture des pédoncules cérébelleux supérieurs. — Chaque pédoncule est formé de fibres nerveuses émanées du centre du corps rhomboïdal du cervelet; ces fibres se groupent de manière à former un faisceau unique, dirigé un peu obliquement d'arrière en avant et de dehors en dedans. Les deux masses fibreuses se rencontrent bientôt en interceptant entre elles un espace triangulaire à sommet arrondi dirigé en avant. Cet espace est occupé par la valvule de Vieussens. Après s'être ainsi rencontrées, les fibres pédonculaires s'entre-croisent, gagnent le côté opposé et aboutissent de chaque côté à un noyau cellulaire grisâtre, auquel Luys donne le nom d'*olive supérieure*. Ces noyaux sont plus généralement connus aujourd'hui sous le nom de *noyaux rouges de Stilling*. Ce noyau rouge est arrondi, gris-rosé et mesure de $0^{m},007$ à $0^{m},008$ de diamètre. Il est situé immédiatement au-dessous du plan le plus superficiel des fibres du pédoncule cérébelleux supérieur, au-dessus et un peu en avant de la masse grise qui forme le *locus niger*. Les fibres pédonculaires viennent s'amortir dans les cellules de ce noyau, et de ces dernières partent des fibres nouvelles qui vont aboutir dans la substance grise du corps strié, en se combinant avec celles des fascicules spinaux antérieurs.

La *valvule de Vieussens* est une lamelle de tissu nerveux, située dans l'écartement des deux pédoncules cérébelleux supérieurs. Sa forme est à peu près celle d'un rectangle, dont les côtés latéraux mesurent de $0^{m},01$ à $0^{m}015$ de longueur et dont le côté antérieur plus petit est arrondi. L'épaisseur de la valvule n'excède pas un demi-millimètre. Sa *face supérieure* forme la partie médiane du plan le plus supérieur de l'isthme et présente un certain nombre de stries transversales grises séparées par des lignes blanches. Sa *face inférieure* est convexe et fait partie de la paroi supérieure du quatrième ventricule. Ses *bords* s'insèrent sur les bords internes des pédoncules cérébelleux supérieurs. Son *extrémité antérieure* est recouverte en partie par les fibres les plus postérieures du ruban de Reil et se continue avec la substance blanche qui recouvre les tubercules quadrijumeaux. Son *extrémité postérieure* sépare les extrémités antérieures des deux vermis, entre lesquels elle se continue avec le lobe médian du cervelet.

De l'extrémité antérieure de la valvule part un petit faisceau blanc, bifide ordinairement, qui remonte entre les tubercules quadrijumeaux postérieurs; on lui donne le nom de *frein de la valvule de Vieussens*.

Texture de la valvule de Vieussens.— Cette lamelle est formée de fibres et de cellules nerveuses accumulées en différents points. Les cellules sont analogues à celles de la substance grise périphérique du cervelet. Pour Hirschfeld, la valvule de Vieussens est formée par les fibres du ruban de Reil, qui se porteraient en arrière et en dedans pour s'entre-croiser sur la ligne médiane. Luys la considère comme une dépendance du cervelet, dont quelques folioles isolées et groupées sous forme de lame transparente viendraient la constituer. Quant aux freins de la valvule, ils sont dus à des fibres entre-croisées plus ou moins aberrantes du ruban de Reil.

4° Ruban de Reil. — Faisceau latéral oblique de l'isthme de Cruveilhier.

Du sillon latéral de l'isthme émane un faisceau de substance blanche, *ruban de Reil*, qui se porte à la périphérie du pédoncule cérébelleux supérieur, l'entoure et vient sur sa face supérieure se diviser en trois parties : l'une d'entre elles passe au-dessous des tubercules quadrijumeaux en s'entre-croisant avec les fibres du côté opposé; la seconde, la plus postérieure, va également s'entre-croiser à la partie la plus antérieure de la valvule avec celle du côté opposé; la troisième, la plus antérieure, se continue avec les fibres du pédoncule cérébelleux supérieur pour arriver aux ganglions du cerveau. Cruveilhier rattache au faisceau latéral oblique le cordon qui va du tubercule quadrijumeau postérieur au corps genouillé interne; il nous semble, au contraire, devoir en être tout à fait séparé et appartenir à tout autre chose qu'au ruban de Reil.

Pour Cruveilhier, Sappey, etc., le ruban de Reil est une dépendance du faisceau intermédiaire du bulbe auquel il doit son origine. Nous avons déjà dit plus haut que Schrœder van der Kolk le considère comme formé par les fibres efférentes des olives bulbaires. Luys, au contraire, le rattache, au moins en partie, à des fibres efférentes des noyaux ganglionnaires des nerfs trijumeau et auditif. On voit combien peu nous sommes encore fixés sur ce point.

5° Tubercules quadrijumeaux.

Les *tubercules quadrijumeaux* se trouvent au-dessus des pédoncules cérébraux, en arrière du ventricule moyen, au-devant de la valvule de Vieussens, au-dessous de la glande pinéale et de la toile choroïdienne, qui les séparent du bourrelet du corps calleux. Leur base repose sur les fibres de la partie moyenne des rubans de Reil, qui recouvrent elles-mêmes les fibres du pédoncule cérébelleux supérieur. Les tubercules quadrijumeaux sont au nombre de quatre : deux pour chaque côté, séparés par un sillon médian. Les deux tubercules de chaque côté sont l'un antérieur, l'autre postérieur; entre eux se trouve également un sillon intermédiaire.

Les *tubercules quadrijumeaux antérieurs (nates)*, sont plus volumineux que les postérieurs; ils ont la forme d'un ovoïde à grand axe dirigé d'avant en

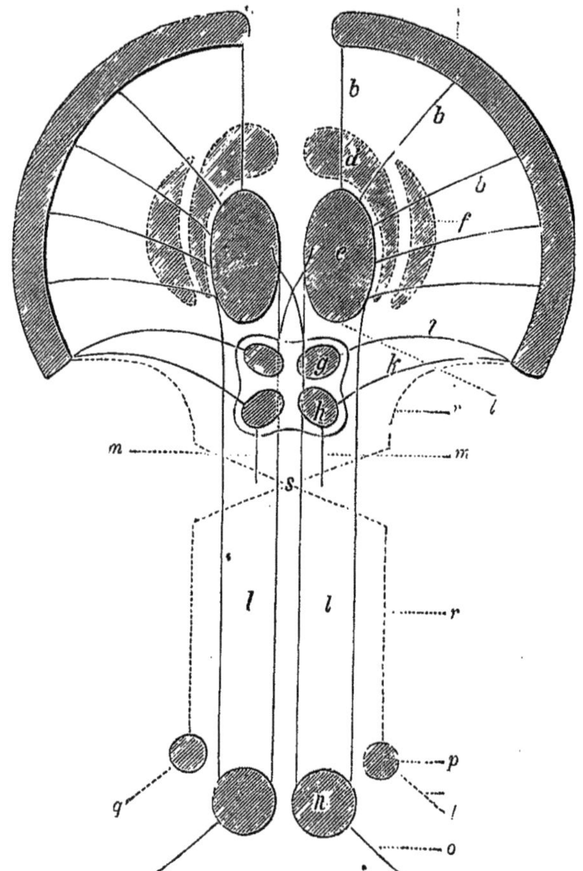

Fig. 206. — *Schéma des rapports et connexions des couches optiques et des tubercules quadrijumeaux* (*).

arrière et de dehors en dedans, et sont d'une couleur grisâtre. De l'extrémité antérieure de leur grand axe part un faisceau blanc, qui se porte au corps genouillé externe.

(*) *a*. Écorce grise des hémisphères. — *b*. Couronne rayonnante de la couche optique. — *c*. Couche optique. — *d*. Corps strié. — *f*. Noyau lenticulaire. — *g*. Tubercule quadrijumeau antérieur. — *h*. Tubercule quadrijumeau postérieur. — *i*. Bras du tubercule quadrijumeau antérieur, ou couronne rayonnante de ce tubercule. — *k*. Bras du tubercule quadrijumeau postérieur. — *l*. Système de projection du second ordre. Fibres appartenant à la couche optique (région de la *calotte*, ou étage supérieur du pédoncule cérébral). — *m*. Système de projection du second ordre, provenant des tubercules quadrijumeaux et se réunissant aux faisceaux de la *calotte*. — *n*. Substance grise de la moelle (cornes antérieures). — *o*. Nerfs moteurs périphériques (racines spinales antérieures). — *p*. Substance grise de la moelle (cornes postérieures). — *q*. Nerfs sensitifs périphériques (racines spinales postérieures). — *r*. Faisceaux sensitifs allant directement (sans interruption) jusqu'à la substance grise corticale des hémisphères. (Huguenin.)

Les *tubercules quadrijumeaux postérieurs* (*testes*) sont moins volumineux, plus arrondis et de couleur blanche. Ils émettent aussi par leur face externe un faisceau de fibres nerveuses, dirigé en bas et en avant, qui les relie au corps genouillé interne.

Ces tubercules sont formés de fibres blanches périphériques et de cellules nerveuses de volume variable, qui constituent leur noyau central. Ils paraissent reliés surtout aux nerfs optiques et semblent être leurs centres spéciaux. Quant à la manière dont ils se relient eux-mêmes au centres périphériques des hémisphères, il serait prématuré de hasarder une opinion sur ce sujet, comme sur tant d'autres, que l'avenir révélera peut-être.

On a démontré, dans ces derniers temps, que les tubercules quadrijumeaux sont reliés directement par des fibres émanées de leurs cellules avec les noyaux d'origine des nerfs qui président aux mouvements oculaires.

6° Quatrième ventricule.

Le quatrième ventricule est intermédiaire au cervelet, au bulbe et à la pro-

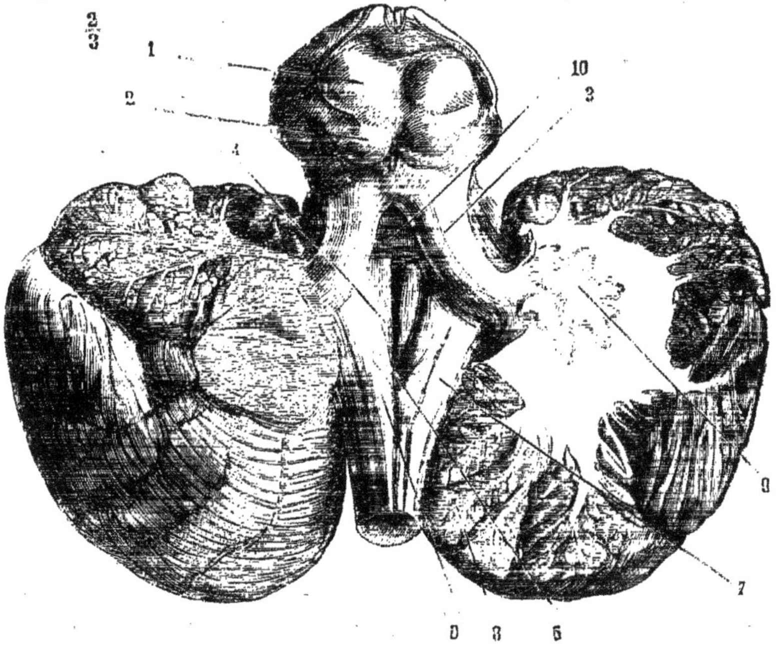

FIG. 207. — *Quatrième ventricule* (*).

tubérance. Sa forme est rhomboïdale; il présente donc deux angles latéraux, un antérieur et un postérieur. Cette cavité est due à l'élargissement qu'éprouve le canal épendymaire par suite de la séparation angulaire des deux cordons postérieurs de la moelle au niveau du bec du calamus scriptorius. Nous y considérerons deux parois, quatre bords et quatre angles.

(*) 1) Tubercule quadrijumeau antérieur. — 2) Tubercule quadrijumeau postérieur. — 3) Pédoncule cérébelleux supérieur. — 4) Plancher du quatrième ventricule. — 5) Bec du calamus scriptorius. — 6) Pyramide postérieure. 7) Pédoncule cérébelleux inférieur. — 8) Arbre de vie. — 9) Corps rhomboïdal. — 10) Valvule de Vieussens.

La *paroi inférieure, plancher du quatrième ventricule*, est d'une couleur grise et appartient en avant à la face supérieure de la protubérance, en arrière à la même face du bulbe. Elle présente sur la ligne médiane un sillon, *tige du calamus scriptorius*, terminé au niveau de l'angle inférieur par une petite fossette continue avec le canal central de la moelle, *ventricule d'Arantius.* Sur les côtés de ce sillon se voit la saillie des faisceaux intermédiaires du bulbe. Au-dessous de la partie moyenne de cette saillie l'on aperçoit des stries blanches transversales, non symétriques, *barbes du calamus scriptorius*, que l'on a considérées comme des racines de l'auditif (fig. 174).

La *paroi supérieure, voûte du quatrième ventricule*, est formée : en avant par les pédoncules cérébelleux supérieurs et la valvule de Vieussens, qui les réunit; en arrière, par la face inférieure de la partie antérieure du cervelet, par la luette, qui reste libre et flottante sur la ligne médiane, et par les valvules de Tarin sur les parties latérales.

Les *bords antérieurs* sont formés par l'union des pédoncules cérébelleux supérieurs avec la paroi inférieure constituée par la face supérieure de la protubérance.

Les *bords postérieurs* sont formés par deux lamelles fibreuses, qui dépendent de la pie-mère. Elles sont placées de champ et se portent des bords latéraux du bulbe vers la face inférieure des amygdales du cervelet. En bas, au niveau du bec du calamus, les lamelles des deux côtés ne s'unissent pas sur la ligne médiane, mais laissent une ouverture assez étroite, qui fait communiquer le quatrième ventricule avec l'espace sous-arachnoïdien.

Les *angles latéraux* sont situés au niveau du point où les fibres des trois pédoncules cérébelleux quittent la partie antérieure du corps rhomboïdal; ils sont dûs à l'écartement de ces pédoncules.

L'*angle antérieur* n'est autre chose que le point de réunion angulaire des deux pédoncules cérébelleux supérieurs. On y voit l'ouverture postérieure de l'*aqueduc de Sylvius.* Ce canal, creusé dans la substance nerveuse, est placé sur la ligne médiane, immédiatement au-dessous des tubercules quadrijumeaux. Il s'ouvre dans le troisième ventricule au-dessous de la commissure blanche postérieure, par un orifice connu sous le nom d'*anus.* L'aqueduc de Sylvius est tapissé par l'épendyme et établit une communication entre le quatrième ventricule et le ventricule moyen.

L'*angle inférieur, bec du calamus*, répond à l'angle de séparation des deux corps restiformes et à l'ouverture que laissent entre elles les lamelles fibreuses formant les bords postérieurs du quatrième ventricule, ouverture qui fait communiquer le ventricule avec l'espace sous-arachnoïdien.

On trouve sur les bords latéraux du quatrième ventricule de petits plexus choroïdes analogues à ceux des ventricules latéraux et moyens, et dépendant comme eux de la pie-mère.

Nous venons de voir comment le quatrième ventricule communique avec l'espace sous-arachnoïdien, et comment, par l'aqueduc de Sylvius, il communique avec le ventricule moyen. En se rappelant que ce dernier est en relation avec les ventricules latéraux par les deux trous de Monro, on pourra aisément se rendre compte du trajet du liquide céphalo-rachidien dans l'intérieur de la masse encéphalique.

Sur le plancher du quatrième ventricule on rencontre de chaque côté : 1° en haut, très-près du sillon médian et de l'angle supérieur, une petite masse grise, arrondie, à laquelle on a donné le nom de *locus cæruleus;* c'est l'origine de la petite racine du trijumeau. Au-dessous d'elle et immédiatement sur les bords du sillon médian, à la partie moyenne duquel elles correspondent, est de chaque côté une éminence arrondie, *eminentia teres*, origine du facial et du moteur oculaire externe. Plus bas et de chaque côté du bec du calamus scriptorius se voient, disposées en éventail, trois saillies allongées, qui prennent le nom d'*ailes blanches interne et externe*, entre lesquelles est située *l'aile grise.* De l'aile blanche interne motrice, continuation de la base de la corne antérieure (substance grise de la moelle), partent des fibres d'origine du grand hypoglosse. De l'aile blanche externe, qui continue en partie la base de la corne postérieure, naissent une partie des fibres de l'auditif, et les fibres sensitives qui entrent dans la composition des nerfs glosso-pharyngien, pneumo-gastrique et spinal. L'aile grise ou intermédiaire, continuation de la tête de la corne antérieure, donne naissance aux fibres motrices des glosso-pharyngien, pneumo-gastrique et spinal.

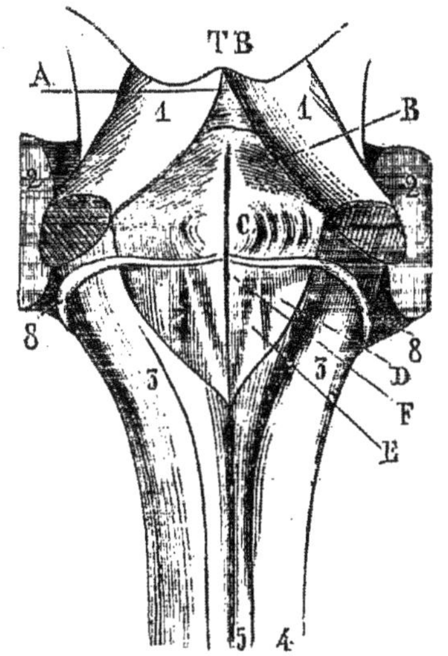

Fig. 208 — *Disposition des noyaux des nerfs bulbo-protubérantiels, relativement au plancher du quatrième ventricule* (*).

Outre ces éminences, on trouve, sur le plancher du quatrième ventricule, d'autres noyaux, continuation des différentes divisions de la substance grise de la moelle. C'est ainsi qu'en haut et tout près de l'orifice postérieur de l'aqueduc de Sylvius, on trouve une masse grise, continuation de la base de la corne antérieure, qui forme les noyaux d'origine du pathétique et de l'oculo-moteur commun.

Plus bas et un peu plus en dehors, le noyau inférieur du facial, et plus bas encore, un noyau accessoire de l'hypoglosse. Plus en dehors et plus en arrière se voit la continuation de la base de la corne postérieure, à laquelle se rattache un amas considérable de cellules nerveuses, origines des fibres sensitives du trijumeau. La tête de la colonne postérieure, déjetée très en dehors, constituant le tubercule cendré de Rolando, se prolonge en haut, sur le plancher du quatrième ventricule; ses cellules émettent des fibres qui vont se réunir aux précédentes pour former la portion sensitive du trijumeau.

§ IV. — Vaisseaux de l'encéphale.

Cette étude a pris une très-grande importance dans ces derniers temps. Les travaux de Duret tendaient à prouver des sortes de localisations artérielles dans le cerveau. Il admet, en effet, que si, à la base du cerveau les communications artérielles sont larges et nombreuses par l'heptagone de Willis, il n'en est pas de même dans l'intimité et à la périphérie de l'organe, où se trouvent, d'après lui, des territoires artériels presque indépendants. Un travail plus récent d'Heubner vient, au moins en partie, à l'encontre des résultats publiés par Duret; car, d'après cet auteur, les artérioles de l'écorce cérébrale, loin d'avoir chacune son district spécial et indépendant, sont, au contraire, très-largement anastomosées entre elles; tandis que celles de la base répondraient plus exactement à la description qu'en a donnée Duret. Quoi qu'il en soit, et jusqu'à nouvel ordre,

(*) 1) Pédoncule cérébelleux supérieur sectionné. — 8) Nerf acoustique. — B. Région d'où naît une partie du trijumeau (*locus cæruleus*). — C. Saillie correspondant au noyau commun du facial et du moteur oculaire externe. — A. Région du noyau du moteur oculaire commun et du pathétique (au-dessous de l'aqueduc de Sylvius). — D. Noyau de l'acoustique (aile blanche externe). — F. Noyau du grand hypoglosse (aile blanche interne). — E. Saillie qui correspond successivement et de haut en bas, aux noyaux du glosso-pharyngien, du pneumo-gastrique et du spinal (aile grise) (Duval).

on peut diviser les artères du cerveau en artères de la base et des noyaux cérébraux, artères des ventricules cérébraux et artères corticales ou des circonvolutions.

Et d'abord, Duret établit que si, à la partie postérieure de l'heptagone de Willis, existent des anastomoses fréquentes et multiples entre les cérébrales postérieures (pédoncules cérébraux, toile choroïdienne, cervelet), il n'en est pas de même pour les artères de la moitié antérieure du polygone de Willis, ni sur le corps calleux ni sur les circonvolutions.

Artères de la base et des noyaux cérébraux. — Le chiasma reçoit, en avant, des rameaux de la communicante antérieure et de la cérébrale antérieure; en dehors, de la carotide et aussi de la communicante postérieure. Le nerf optique, outre l'ophthalmique, en reçoit de la cérébrale antérieure ou de la carotide; les bandelettes optiques, de la carotide, de la communicante postérieure et de l'artère des plexus choroïdiens; les corps genouillés, de la cérébrale postérieure; le tuber cinereum et l'appendice pituitaire, de la communicante postérieure, ainsi que les tubercules mamillaires. Le corps strié reçoit ses vaisseaux de la sylvienne par deux groupes, l'un interne, qui va au noyau lenticulaire de Duret, l'autre externe, qui va au noyau gris extraventriculaire et contourne par le dehors, le noyau lenticulaire. Il est d'autres artères qui traversent le troisième segment du noyau lenticulaire pour aller à la couche optique et au noyau intraventriculaire. Les injections de Duret semblent prouver que les anastomoses entre ces différentes artérioles n'existent pas. Le corps strié reçoit en outre des vaisseaux de la cérébrale antérieure et des plexus choroïdes. La couche optique reçoit en dedans, des vaisseaux de la communicante postérieure, de la cérébrale postérieure et du plexus choroïde; en dehors de la cérébrale postérieure.

Artères des ventricules cérébraux. — Elles viennent de la cérébrale postérieure et vont aux pédoncules, à l'espace interpédonculaire, à la partie postérieure des couches optiques, aux corps genouillés, à la toile choroïdienne, aux tubercules quadrijumeaux, à la corne d'Ammon.

Artères corticales, ou des circonvolutions. — Elles viennent des trois cérébrales et se terminent par deux plans, l'un situé dans la pie-mère, l'autre dans la pulpe des circonvolutions.

1° Artères de la pie-mère. Ce sont toujours les mêmes branches qui vont à la surface de la même circonvolution. Contrairement à Heubner, Duret admet qu'il n'y a pas d'anastomoses entre les touffes vasculaires des diverses circonvolutions; que, tout au plus, il y en a quelques-unes entre les grands districts de distribution des trois cérébrales entre elles, et qu'il y a, par suite, une indépendance presque absolue entre la circulation des différentes circonvolutions. S'il n'y a pas de relations entre la circulation artérielle de la convexité et celle des lobes, il n'en est pas de même pour la circulation veineuse, où les communications sont larges et faciles.

2° Artères de la pulpe des circonvolutions. — Elles viennent des rameaux de la pie-mère et peuvent se diviser en branches de la substance grise et branches de la substance blanche. Les premières, ou corticales, sont très-fines et très-nombreuses, elles forment un premier réseau presque superficiel; puis, un peu plus profondément, au niveau de la couche des grandes cellules corticales, un réseau très-serré, à mailles polygonales, et plus profondément encore, un nouveau réseau à mailles élargies. Les secondes, ou médullaires, traversent la substance grise et viennent dans la substance blanche former un réseau à mailles allongées dans le sens des fibres nerveuses.

D'après Duret, la sylvienne irait exclusivement à la région motrice de Ferrier, la cérébrale antérieure à la partie du lobe frontal considérée comme intellectuelle par Ferrier, et enfin, la cérébrale postérieure à cette partie de l'écorce des hémisphères qui par sa cautérisation, produirait l'anesthésie. Il existe d'après lui une branche spéciale de la sylvienne pour la troisième circonvolution frontale, où Ferrier place les centres des mouvements de la langue, de la mâchoire, des lèvres, etc.

Heubner divise les artères de l'encéphale en deux grands groupes : le premier destiné à la base, le deuxième à l'écorce. Ce dernier, formé par les divisions des trois cérébrales, constitue un réseau dont les mailles communiquent très-largement, de telle sorte que la circulation des différentes circonscriptions de l'écorce se trouve assurée par n'importe quelle branche d'origine, au moyen d'anastomoses nombreuses situées entre les circonvolutions.

DEUXIÈME SECTION

NERFS ENCEPHALIQUES ET RACHIDIENS

CHAPITRE PREMIER

DES NERFS EN GÉNÉRAL

Préparation. — Les nerfs ne sont difficiles à étudier sur le cadavre qu'alors qu'on s'adresse aux plus petits rameaux, dont la ténuité rend la dissection délicate. Pour la faciliter, on pourra faire macérer la pièce pendant quelques jours dans l'alcool ou dans de l'acide azotique étendu. Ces deux liquides ont la propriété de durcir les filets nerveux. Il faut s'habituer à bien nettoyer les nerfs et leurs branches, à les débarrasser de tout le tissu cellulaire voisin, en évitant de couper aucun filet. On pourra employer le moyen suivant : disséquer toujours en ayant soin d'incliner un peu le tranchant de l'instrument en dehors du tronc nerveux, tout en faisant longer le nerf par le dos du scalpel. Quant aux particularités propres à chaque préparation, nous les indiquerons successivement.

Les pièces de névrologie bien préparées sont ordinairement destinées à être conservées. On les sèche, les vernit et l'on recouvre les filets nerveux de couleur blanche. Nous n'insisterons pas sur les moyens de dessiccation ni sur la meilleure manière de disposer les pièces ; les indications ne suffisent pas ; il faut surtout l'expérience pratique. Mais avant tout il est alors nécessaire de raccourcir les filets nerveux, qui, par suite de leur isolement d'avec le tissu connectif ambiant, sont devenus trop longs. Pour cela on se servira de stylets chauffés que l'on promenera le long du nerf, dont le tissu se crispe par l'effet de la chaleur et prend ainsi la longueur voulue. Il importe de procéder avec ménagement pour ne pas détruire du premier coup le tissu nerveux et pour ne pas voir le nerf se rompre par l'effet d'une rétraction trop énergique.

Les *nerfs* sont des cordons blancs, d'une consistance variable (molle pour les nerfs sensoriels, plus résistante pour les autres nerfs), formés par l'association d'un nombre plus ou moins considérable de fibres nerveuses.

Prises isolément, les fibres nerveuses sont indépendantes les unes des autres et se composent des parties élémentaires étudiées plus haut (Introduction. Éléments anatomiques). Elles s'étendent sans aucune interruption, sauf au niveau des ganglions, depuis les centres nerveux jusqu'aux organes auxquels elles sont destinées.

Les nerfs ont une origine apparente et une origine réelle. La première se trouve à leur émergence des centres nerveux. La seconde est au point où existent les cellules qui émettent les prolongements destinés à former les fibres nerveuses. Ces amas de cellules constituent ce que, depuis Stilling, on a désigné sous le nom de *noyaux des nerfs* (voy. *Structure et texture de la moelle épinière*). Tous les nerfs naissent de la moelle épinière ou du bulbe. S'il en est, comme les nerfs olfactifs et optiques, qui ne semblent pas se conformer à cette loi, on peut admettre néanmoins que leur origine réelle se fait sur le prolongement de l'axe médullaire dans l'intérieur des centres encéphaliques ; si surtout, comme l'admet Luys, à juste titre suivant nous, l'on envisage les traînées grises du ventricule moyen et leur continuation comme formant ce prolongement.

Les fibres nerveuses se groupent d'abord en faisceaux primitifs et sont maintenues par une lamelle d'un tissu spécial, élastique et résistant, le *périnèvre* de Ch. Robin, qui n'est qu'une variété de tissu connectif. Ces faisceaux primitifs se groupent à leur tour et forment par leur juxtaposition les cordons nerveux. Ces cordons sont enveloppés par une membrane de tissu connectif plus ou moins condensé, le *névrilème*, qui au niveau de l'origine apparente des nerfs, au point d'émergence des centres nerveux, se continue avec la pie-mère. Du névrilème partent des cloisonnements, qui pénètrent dans l'épaisseur des cordons et établissent ainsi des divisions successives jusqu'aux faisceaux primitifs. On a comparé à juste titre le névrilème aux lames aponévrotiques des muscles, qui entourent ces masses contractiles et forment à leurs faisceaux des enveloppes toujours plus minces et plus étroites.

Il est aisé, après s'être rendu un compte exact de la constitution des nerfs, de s'expliquer le mode de division de ces cordons. Il n'y a pas là, comme pour les vaisseaux sanguins, de véritables bifurcations, mais un simple départ de fibres accolées précédemment dans le même cordon. Cette espèce de division se continue ainsi jusqu'à l'extrémité terminale, où se présente alors un nouveau mode de bifurcation, que nous étudierons plus loin.

La division des cordons nerveux se fait presque toujours à angle aigu, rarement on les voit se séparer à angle droit ou à angle obtus; dans ce dernier cas, on dit que les rameaux sont *récurrents*.

Les nerfs s'anastomosent entre eux de telle manière que les fibres émanées d'un tronc s'accolent à celles d'un tronc voisin pour gagner les organes dans lesquels elles se terminent, mais sans que pour cela il y ait jamais soudure de deux fibres primitives. Quand les *anastomoses*, au lieu d'être simples et bornées à quelques fibres allant d'un tronc ou d'une branche à une autre, se font entre des branches ou des troncs nombreux et qu'elles se réunissent sur un petit espace, on les voit former des mailles entre-croisées et quelquefois inextricables, d'où partent bientôt de nouvelles branches qui contiennent alors dans leur intimité des fibres émanées de plusieurs troncs d'origine. Cet assemblage a pris le nom de *plexus*. Il en est dans lesquels les mailles sont allongées et losangiques, et d'autres où elles ont une forme plus arrondie. Les premiers appartiennent plutôt aux nerfs rachidiens, les seconds aux nerfs sympathiques.

Les nerfs encéphaliques naissent pour la plupart par une seule espèce de filets, qui forment leur troncs; il n'en est pas de même des nerfs rachidiens. On les voit, en effet, naître par deux séries de racines. Des cordons postérieurs de la moelle partent des filets réguliers, qui forment par leur juxtaposition les racines postérieures, tandis que des cordons antérieurs émane une sorte de chevelu dont les fibres forment les racines antérieures.

Immédiatement après sa sortie du trou de conjugaison, la racine postérieure rencontre une masse grise, *ganglion*, dans lequel elle se perd. Cette masse ganglionnaire est formée d'un stroma de tissu connectif, au milieu duquel se trouvent des cellules et des fibres nerveuses. Ces cellules sont la plupart bipolaires, de telle sorte que la fibre primitive qui y aboutit semble en ressortir par le pôle opposé. L'on n'est pas encore bien fixé sur la question de savoir s'il existe des fibres nerveuses des racines postérieures qui traversent le ganglion sans se mettre en communication avec des cellules.

J'ai trouvé, sur différents animaux, mais pas chez l'homme, des fibres des racines postérieures qui, avant de pénétrer dans le ganglion, allaient se jeter dans le paquet venu des racines antérieures.

Depuis Ch. Bell, on sait que les racines postérieures sont chargées de transmettre la sensibilité; comme ce sont elles seules qui dans les nerfs rachidiens présentent un renflement ganglionnaire, il était juste d'admettre *a priori* que tous les nerfs encéphaliques, qui sont munis sur leur trajet d'une masse grise analogue, devaient présider à cet ordre de transmission. Mais les nerfs sympathiques se renflent de même très-fréquemment en ganglions, ainsi que nous le dirons quand nous les étudierons. Il devenait donc difficile, au point de vue anatomique pur, de décider si tel filet appartient à un nerf sympathique d'autant plus qu'il semble aujourd'hui démontré que ces derniers, de même que les premiers, tirent leur origine des centres encéphalo-médullaires. Cl. Bernard crut trouver un moyen de distinction entre ces ganglions, en remarquant que ceux qui appartiennent aux racines postérieures n'émettent jamais aucun filet collatéral, tandis que des ganglions sympathiques on en voit émaner un grand nombre. Cette opinion ne nous paraît pas reposer sur une base solide, car les expériences de Waller, sur les centres nutritifs où trophiques des nerfs ne semblent pouvoir laisser aucun doute sur l'existence de filets émanés des ganglions et remontant dans la moelle, et de plus, les recherches de Duchenne (de Boulogne), sur les ganglions sympathiques, démontrent que là aussi existent surtout des cellules bipolaires. Quoi qu'il en soit, c'est à l'examen anatomique pur et aux déductions que l'on a cru pouvoir en tirer *a priori*, qu'il faut attribuer les longues discussions auxquelles a donné lieu le nerf de Wrisberg. L'existence du ganglion géniculé sur le trajet de ce petit cordon nerveux lui avait fait attribuer un rôle de sensibilité jusqu'au jour où Cl. Bernard eut enfin, par ses belles expériences, démontré que c'est là une racine sympathique bulbaire et que son ganglion est identique à ceux du système végétatif.

Aussitôt après leur sortie des ganglions rachidiens, les racines postérieures s'unissent intimement aux racines antérieures et constituent alors le cordon nerveux mixte, dans lequel les fibres sont intimement unies, de telle sorte qu'il est impossible de les distinguer et de reconnaître celles qui sont chargées de transmettre les excitations motrices d'avec celles qui président à la sensibilité.

Les nerfs encéphaliques et rachidiens sortent tous par les trous de la base du crâne et les trous de conjugaison; ils se dirigent ensuite en ligne droite vers les organes auxquels ils sont destinés. Leur trajet est direct et sans flexuosités, caractère qui les distingue des vaisseaux sanguins. Ils cheminent d'ordinaire, comme ces derniers, dans les interstices musculaires ou dans le tissu connectif qui entoure les organes. Le trajet des nerfs et des vaisseaux étant à peu près le même, ils s'accolent souvent plus ou moins immédiatement et forment ainsi des paquets dits *vasculo-nerveux*. Mais dès que l'artère vient à décrire un coude, une flexuosité, on voit le nerf s'en détacher et continuer son trajet direct. D'autres fois, plus rarement, les cordons nerveux traversent les muscles; ainsi, le musculo-cutané traverse le muscle coraco-brachial, la branche externe du radial perfore le court supinateur, etc. Mais, comme on l'a fait remarquer, si cette disposition est rare pour les gros troncs, il n'en est pas de même pour leurs branches et leurs rameaux, qui se tamisent souvent à travers des masses contractiles et gagnent ainsi la profondeur de la peau. Jamais on ne trouve aux points où les nerfs traversent les muscles ces arcades fibreuses de protection que nous avons signalées pour le passage des vaisseaux sanguins.

D'ordinaire les nerfs n'affectent que peu de rapports avec les os; il en est cependant qui restent accolés au squelette, dans une certaine étendue de leur trajet du moins (nerfs intercostaux, nerf radial, nerf axillaire).

Les troncs nerveux longent habituellement les vaisseaux sanguins, quoique souvent ils ne se trouvent pas compris dans la même gaîne celluleuse; mais, en raison du trajet direct des premiers, il arrive fréquemment que, lorsque les seconds se dévient ou se divisent, les rapports de ces organes sont changés, de telle façon qu'un nouveau nerf vient s'appliquer à l'artère dont il devient le satellite. En général les nerfs sont plus superficiels que les veines, et comme, ainsi que nous l'avons dit, celles-ci sont plus superficielles que les artères, il en résulte que, dans une ligature, le chirurgien trouvera d'abord le nerf, puis la veine et enfin l'artère. Dans les segments inférieurs des membres, les nerfs se trouvent toujours en dehors des artères, si, au lieu d'envisager l'axe général du corps, on ne tient compte que de l'axe du membre. Les artères ont surtout des rapports importants avec les filets nerveux émanés du sympathique; ces filets les enlacent et forment une espèce de gaîne nerveuse qui les entoure. Les vaisseaux artériels leur servent de soutien, de tuteurs. Nous reviendrons sur cette question en nous occupant du grand sympathique.

Les nerfs reçoivent des artérioles et émettent des veinules; mais les vaisseaux sanguins y sont relativement peu nombreux et ne semblent aboutir qu'au névrilème et aux cloisonnements qui en partent.

Pour l'étude de leur terminaison dans les organes, les nerfs encéphalo-rachidiens doivent être divisés en *nerfs moteurs* et *nerfs sensitifs*. Néanmoins si cette division est exacte d'une manière générale, il faudrait se garder de croire que les nerfs musculaires sont exclusivement composés de fibres de motricité. Ils renferment toujours en effet, un certain nombre de fibres sensitives destinées à transmettre à l'organe contractile une sensation particulière, qui règle le degré et l'énergie de la puissance que le muscle doit développer dans un moment donné. On a eu la patience d'évaluer le nombre des fibres primitives qui se trouvent dans un nerf moteur et de comparer le chiffre obtenu à celui des fibres contractiles contenues dans le muscle innervé. Ce calcul a pu surtout se faire sur des nerfs qui, comme le moteur oculaire externe, n'aboutissent qu'à un seul muscle, et il résulte de ces recherches que le nombre des fibres nerveuses primitives est égal pour le moins au nombre des éléments musculaires. Ce n'est pas tout : il fallait encore trouver la manière dont se comportent les éléments nerveux à leur extrémité.

En 1862, le professeur Rouget décrivit un nouveau mode de terminaison des nerfs moteurs dans les muscles. Ces recherches furent en grande partie confirmées presque aussitôt par Kühne [1], par Krause et par Kölliker. D'après Rouget, « les branches de distri- « bution croisent en général la direction des fibres musculaires. Quant aux ramifications « terminales, tantôt elles rencontrent les fibres musculaires sous un angle presque droit, « tantôt elles se placent presque parallèlement à l'axe des faisceaux primitifs. Des bran- « ches de distribution se détachent tantôt des ramuscules de deux ou trois tubes nerveux, « tantôt des tubes isolés. Après un très-court trajet, ces fibres se divisent et peuvent « présenter jusqu'à sept ou huit divisions successives. Le plus communément, ou bien la « terminaison a lieu par des divisions de deuxième ou troisième ordre, ou bien un même « tube nerveux émet successivement les divisions qui se jettent sur les faisceaux primi- « tifs voisins et s'y terminent sans nouvelles divisions et après un très-court trajet. Les « divisions ont un diamètre moins considérable que celui des tubes nerveux primitifs, « mais elles conservent jusqu'à l'extrémité terminale leur double contour, et on peut y « démontrer facilement une gaîne munie de noyaux, une couche médullaire et le cylindre- « axe. Jamais on n'observe à la terminaison des tubes moteurs les fibres pâles et sans « moelle décrites par Kühne et par Kölliker. Dans le point où le tube se termine, on « remarque constamment une disposition spéciale, qui n'a aucune analogie avec celle qui « a été décrite chez les batraciens par ces deux observateurs, et que Kühne a cru pouvoir « étendre aux vertébrés supérieurs, aux mammifères et à l'homme. Le tube nerveux à « double contour, qui conserve encore un diamètre de 0mm,008 à 0mm,010 dans le point « où il atteint le faisceau primitif pour s'arrêter à sa surface, se termine par un épa- « nouissement de la substance nerveuse centrale du cylindre-axe qui se met en contact « immédiat avec les fibres contractiles (fibrilles) du faisceau primitif. La couche de sub- « stance médullaire cesse brusquement en ce point, la gaîne du tube s'évase et se confond « avec le sarcolemme; mais en continuité immédiate avec le cylindre-axe, une couche, « une plaque de substance granuleuse de 0mm, 004 à 0mm,006 d'épaisseur, s'étale sous le « sarcolemme, à la surface des fibrilles, dans un espace généralement ovalaire et d'en- « viron 0mm,02 dans le sens du plus petit diamètre, et de 0mm,05 dans le sens du plus « grand. Cette couche granuleuse masque, plus ou moins complétement dans l'espace « qui lui correspond, les stries transversales du faisceau musculaire. La plaque elle- « même a tout à fait l'aspect granuleux de la substance du cylindre-axe des vertébrés et « de celle des tubes nerveux de la plupart des invertébrés, surtout après le traitement « par les acides affaiblis. Mais ce qui caractérise essentiellement ces *plaques termi- « nales* des nerfs moteurs, c'est une agglomération de noyaux que l'on observe à leur « niveau. » Rouget ne croit pas que toutes les fibrilles des faisceaux primitifs soient en

[1] Kühne décrit les plaques terminales de Rouget comme de véritables renflements de l'extrémité nerveuse. Cette différence n'a qu'un intérêt secondaire.

contact avec des plaques terminales, ce qui est en contradiction avec les calculs que nous avons cités plus haut. Quoi qu'il en soit, il est bien démontré que les fibres contractiles n'entrent en relation avec leurs nerfs moteurs que dans des régions très-limitées, en d'autres termes, que ceux-ci ne les accompagnent pas dans toute leur étendue. Il semble donc qu'il doive y avoir au moment de la contraction, dans chaque fibre musculaire, une sorte de mouvement ondulatoire qui aurait son point de départ au niveau de la plaque terminale; ce qui ferait qu'entre la contraction des extrémités du muscle et celle de sa partie moyenne, il y aurait un moment d'intervalle inappréciable à nos sens.

Les extrémités terminales des nerfs de sensibilité spéciale ou nerfs sensoriels ont été étudiées surtout dans ces dernières années. Ces nerfs présentent tous à leur terminaison des cellules nerveuses, avec lesquelles les fibres nerveuses viennent se mettre en rapport de la même manière que dans les centres nerveux; on les voit provenir d'éléments cellulaires analogues.

Les nerfs de sensibilité générale ont été, eux aussi, considérés pendant longtemps comme terminés par des anses périphériques. Il faut aujourd'hui renoncer à cette manière de voir et y décrire des extrémités libres aboutissant à des éléments cellulaires.

Dans la peau se trouvent des papilles (environ cinquante par millimètre carré de surface à la face palmaire des doigts). Un certain nombre de papilles, une sur quatre (Meissner), présentent dans leur intérieur un corpuscule spécial, *corpuscule de Meissner* ou *corpuscule du tact*. Ce petit renflement a la forme d'une pomme de pin; il mesure de 0mm,006 à 0mm,008 de diamètre et est formé d'un tissu fibroïde résistant. Par la base de la papille pénètrent quelques tubes nerveux, qui viennent s'enrouler autour du corpuscule et arrivent jusqu'à son extrémité, où ils se terminent par un petit renflement de nature cellulaire. Au moment où les fibres nerveuses pénètrent dans le corpuscule de Meissner, elles semblent se réduire à leur élément essentiel, le cylindre de l'axe, et ne plus posséder ni myéline ni membrane d'enveloppe. Les corpuscules du tact ont été trouvés à la paume de la main, à la plante du pied, sur les lèvres, la langue, le mamelon, le clitoris, le gland.

Sur certains nerfs, collatéraux des doigts, nerfs de la plante du pied, du talon, du pourtour des malléoles, du coude, de même que sur certains filets sympathiques, on trouve de petits corpuscules durs, du volume d'un grain de millet, réunis au tronc nerveux par un pédicule grêle. Ce sont les *corpuscules de Pacini*. Ils sont formés d'une coque extérieure de tissu connectif, disposée en lamelles concentriques et présentant des cellules plasmatiques fines. Les lamelles les plus extérieures se continuent avec le névrilème (avec le périnèvre, d'après Ch. Robin). Au centre du corpuscule se trouve une petite cavité remplie par des granulations, au milieu desquelles chemine une fibre nerveuse pâle, réduite au cylindre de l'axe et se terminant par un renflement de nature cellulaire peut-être. On voit quelquefois cette fibre nerveuse terminale se diviser en deux ou trois ramuscules.

Il semble donc démontré que les nerfs se terminent tous par des extrémités libres en rapport avec des cellules périphériques.

La structure des nerfs cérébro-rachidiens nous paraît suffisamment indiquée par ce que nous avons dit, sur les éléments nerveux (V. p. 11) et par les quelques considérations dans lesquelles nous venons d'entrer au sujet du névrilème.

CHAPITRE II

NERFS ENCÉPHALIQUES OU CRANIENS

Ces nerfs sont au nombre de douze paires : 1° *nerf olfactif;* 2° *nerf optique;* 3° *nerf oculo-moteur commun;* 4° *nerf pathétique;* 5° *nerf trijumeau;* 6° *nerf oculo-moteur externe;* 7° *nerf facial;* 8° *nerf auditif;*

9° *nerf glosso-pharyngien* ; 10° *nerf pneumo-gastrique* ou *vague ;* 11° *nerf spinal ou accessoire de Willis ;* 12° *nerf grand hypoglosse.* — Entre le facial et l'auditif, on voit un petit tronc nerveux très-grêle, nerf intermédiaire de Wrisberg, qui est toujours décrit avec la septième paire, bien qu'il n'en soit pas une dépendance, ainsi que le prouvent les expériences de Cl. Bernard. Le temps n'est sans doute pas éloigné où il faudra soit en faire une description isolée, soit le rattacher au grand sympathique.

ARTICLE Iᵉʳ. — PREMIÈRE PAIRE. — NERF OLFACTIF

Le *nerf olfactif* se trouve à la base du lobe frontal sous forme d'une bandelette grise située entre deux circonvolutions qui lui sont parallèles (fig. 187 I, et 190). Il se porte en avant et un peu en dedans, et se termine, à quelque distance du bord antérieur du lobe frontal, par un renflement connu sous le nom de *bulbe du nerf olfactif*, qui repose sur la face supérieure de la lame criblée de l'ethmoïde.

Le nerf olfactif présente *trois racines :* l'une, *grise*, *médiane* et *supérieure*, ne se voit que lorsque la bandelette de ce nerf a été coupée et renversée en arrière ; elle semble partir des circonvolutions cérébrales et arriver au point de jonction des deux racines blanches.

La *racine blanche externe*, la plus longue, se porte en dehors, contourne le bord antérieur de l'espace perforé antérieur, et semble se perdre dans la substance blanche du lobe sphénoïdal du cerveau.

La *racine blanche interne*, plus large que la précédente, se porte en dedans et se dirige vers le pédoncule correspondant du corps calleux. Ces deux racines sont bien distinctes et formées d'un certain nombre de filaments isolés.

L'origine réelle du nerf olfactif est encore peu connue ; son étude est hérissée de difficultés. Pour Luys, la racine blanche externe se porte en dehors pour aboutir à un amas cellulaire, qui forme son noyau, et qui est situé à la partie tout à fait antérieure de la circonvolution de l'hippocampe, au milieu même des fibres cérébrales. La racine interne, d'après lui, se porte en dedans, longe la commissure blanche antérieure et s'entre-croise sur la ligne médiane avec celle du côté opposé. Meynert adopte cette opinion. Quant à la racine grise, elle va en haut et en dedans, et aboutit à un noyau situé sur le côté du *septum lucidum*.

Le cordon du nerf olfactif est mou et grisâtre ; il n'est pas entouré de névrilème.

Le bulbe olfactif est formé par un amas de cellules et de fibres nerveuses ; il repose sur la face supérieure de la lame criblée et n'est séparé de celui du côté opposé que par l'apophyse crista-galli. De sa face inférieure partent un grand nombre de filaments, de quinze à dix-huit, qui se distribuent à la membrane pituitaire. Les uns, externes, vont à la moitié supérieure de la paroi externe des fosses nasales, les autres, internes, sont destinés à la moitié supérieure de la cloison (fig. 215, 1).

Usage. — Chez tous les animaux dont le sens olfactif est très développé, les bulbes olfactifs sont volumineux : le chien par exemple.

Dans quelques cas d'anosmie congénitale on a trouvé l'absence des nerfs olfactifs. Dans les cas de tumeurs intracrâniennes, comprimant ces nerfs, le sens de l'odorat était perdu. Il semble donc démontré que les nerfs olfactifs sont des nerfs sensoriels présidant à l'odorat. Magendie avait néanmoins déjà cru s'apercevoir que le sens n'est pas complétement aboli après la section du nerf olfactif. Cl. Bernard cite le fait d'une femme morte sans avoir présenté pendant sa vie des phénomènes d'anosmie, et chez laquelle on trouva cependant, à l'autopsie, une absence congénitale des deux nerfs de la première paire. Malgré des autorités si imposantes, nous ne saurions nous ranger à l'idée de ces deux physiologistes. D'une part, Magendie n'affirme pas, il ne fait que poser un point d'interrogation, et, d'autre part, Cl. Bernard, pour démontrer que la femme Lemens jouissait du sens de l'odorat, ne s'appuie que sur les on-dit des voisins et des connaissances de cette femme.

ARTICLE II. — DEUXIÈME PAIRE. — NERF OPTIQUE

Le tubercule quadrijumeau antérieur fournit un cordon nerveux, dirigé en dehors, qui se réunit au corps genouillé externe ; le tubercule quadrijumeau postérieur émet un cordon semblable uni au corps genouillé interne (fig. 199, 4). Des corps genouillés partent deux faisceaux blancs, *racines blanches externe et interne*, se réunissant en une bandelette, *bandelette optique*, qui contourne la face inférieure des pédoncules cérébraux, le long du bord interne de la grande fente de Bichat (fig. 190, 7). Elle s'arrondit et se porte à la rencontre de la bandelette du côté opposé, à laquelle elle s'unit en formant une masse quadrilatère, *chiasma des nerfs optiques* (fig. 187, 17), que nous avons étudiée plus haut, et qui reçoit par sa partie antéro-supérieure une lamelle grise, *racine grise des nerfs optiques* (voy. p. 557).

Des angles antérieurs du chiasma partent deux cordons arrondis, *nerfs optiques*, qui se portent en avant, gagnent les trous optiques, en décrivant une courbe à concavité interne (fig. 211, 4), pénètrent dans l'orbite et arrivent à la partie postérieure de la sclérotique, qu'ils traversent (fig. 212).

A son origine le nerf optique est en rapport, par son côté externe, avec l'artère carotide interne, au moment où ce vaisseau décrit son coude ascendant en arrière de l'apophyse clinoïde. En pénétrant dans l'orbite, le nerf de la vision se trouve placé au-dessus de l'artère ophthalmique, qui passe avec lui par le trou optique. A son entrée dans la cavité orbitaire, il reçoit un prolongement de la dure-mère, qui lui forme une sorte de névrilème adventice. Dans l'orbite, le nerf optique est entouré par le tissu graisseux intraorbitaire; sa face supérieure est croisée par l'artère ophthalmique et, plus en avant, il est entouré par les nerfs et artères ciliaires.

Le nerf optique n'aborde pas la sclérotique par le point central du sphéroïde oculaire, mais il traverse cette coque fibreuse à $0^m,003$ en dedans de l'axe visuel et à $0^m,001$ au-dessous. A ce niveau, il est rétréci et comme étranglé ; il perfore la sclérotique, puis la choroïde et s'épanouit dans la rétine.

Usages. — Il est inutile d'insister sur les usages de ce nerf. De nombreuses expériences, ainsi que des faits anatomo-pathologiques des plus concluants, ont démontré que le nerf optique est insensible à la douleur, mais que son irritation détermine la production de sensations lumineuses subjectives, de même que sa section ou sa compression entraînent la cécité.

ARTICLE III. — TROISIÈME PAIRE. — NERFS OCULO-MOTEURS COMMUNS

Préparation. — Pour la préparation de tous les nerfs de l'orbite, voyez celle indiquée plus loin pour l'*ophthalmique de Willis.*

L'origine apparente de ce nerf se fait par un grand nombre de filaments sur la face interne du pédoncule cérébral, sur le côté de l'espace interpédonculaire. L'origine réelle de l'*oculo-moteur commun* est un noyau de cellules nerveuses découvert et représenté par Stilling (fig. 209, 6). Ce noyau existe tout auprès de la ligne médiane de la protubérance, immédiatement en arrière de son bord antérieur et à peu de distance au-dessous de l'aqueduc de Sylvius. Les noyaux des deux côtés sont anastomosés par des fibres entre-croisées sur la ligne médiane. Les fibres qui partent de ce noyau sortent à travers les faisceaux du pédoncule cérébral et se réunissent en un cordon nerveux, qui, près de son origine, passe entre l'artère cérébrale postérieure située en avant et l'artère cérébelleuse supérieure qui lui répond en arrière.

Le nerf oculo-moteur commun se porte en avant, en haut et en dedans, chemine dans l'espace sous-arachnoïdien antérieur et se place, au niveau de l'apophyse clinoïde postérieure, dans la paroi externe du sinus caverneux, en dehors de la carotide, au-dessus de l'oculo-moteur externe, en dedans de l'ophthalmique de Willis et du pathétique. A la partie antérieure de ce sinus, le nerf oculo-moteur commun se porte un peu en avant et pénètre dans l'orbite par la partie la plus large de la fente sphénoïdale, en passant entre les deux tendons d'origine du muscle droit externe.

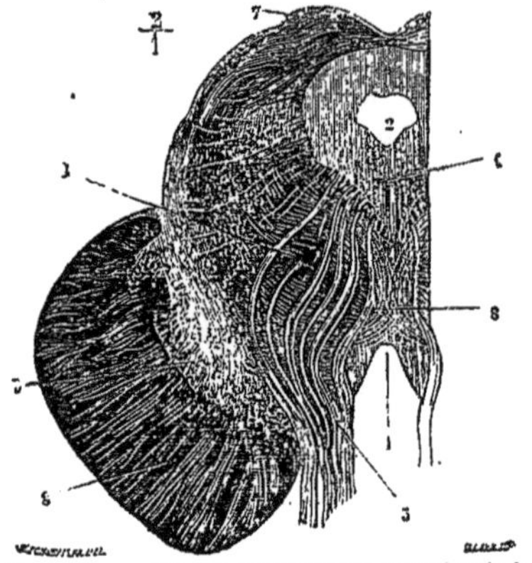

FIG. 209. — *Coupe horizontale pratiquée à la naissance des pédoncules cérébraux. Origine de l'oculo-moteur commun,* d'après Stilling (*).

Dans la paroi externe du sinus caverneux, l'oculo-moteur commun reçoit : 1° une anastomose du nerf ophthalmique de Willis ; 2° plusieurs filets très grêles venus du rameau carotidien du grand sympathique.

Dans l'orbite, le nerf de la troisième paire se divise en deux branches : la *branche supérieure* (fig. 212, 2), plus petite, se porte en haut et un peu en dedans, pour gagner la face profonde du muscle droit supérieur ; elle fournit quelques filets à l'élévateur de la paupière supérieure, filets qui traversent d'ordinaire le droit supérieur ; la *branche inférieure* continue d'abord le trajet primitif du nerf oculo-moteur commun et se divise bientôt en trois rameaux destinés, l'un au droit interne, l'autre au droit inférieur, et le troisième, le plus long, au petit oblique. Cette dernière branche fournit toujours sur son trajet un rameau assez volumineux au ganglion ophthalmique, dont il forme la la racine courte ou motrice (fig. 212, 7).

(*) 1) Espace interpédonculaire. — 2) Coupe de l'aqueduc de Sylvius. — 3) Raphé médian. — 4) Masses de fibres coupées transversalement et comprenant dans leurs intervalles des cellules nerveuses. Ces fibres appartiennent aux pédoncules cérébelleux au-dessus de leur décussation. — 5) Racines du nerf oculo-moteur commun. — 6) Noyau de ce nerf. — 7) Coupe du tubercule quadrijumeau antérieur. — 8) Pédoncule cérébral. — 9) Substance noire (*locus niger*).

Usages. — Ce nerf est moteur et donne la motricité aux muscles auxquels il se distribue. Les filets sensitifs qu'il reçoit par son anastomose avec l'ophthalmique de Willis sont destinés à fournir le sens musculaire aux muscles qu'il anime.

ARTICLE IV. — QUATRIÈME PAIRE. — NERF PATHÉTIQUE

Le *nerf pathétique* tire son origine apparente du sommet de la valvule de Vieussens, en arrière des tubercules quadrijumeaux. Quant à son noyau, il forme une masse commune avec celui de l'oculo-moteur commun. Les fibres contournent ensuite l'aqueduc de Sylvius, gagnent la partie supérieure des pédoncules cérébelleux et s'entre-croisent complétement dans la partie la plus antérieure de la valvule de Vieussens.

Parti de cette origine, le nerf de la quatrième paire contourne la protubérance et la face inférieure du pédoncule cérébral, longe le bord interne de la grande fente de Bichat, traverse la partie moyenne du repli de la dure-mère qui s'étend du sommet du rocher à la lame quadrilatère du sphénoïde, et gagne la paroi externe du sinus caverneux. Dans cette paroi, il chemine parallèlement à l'ophthalmique de Willis, qui est situé au-dessous de lui, tandis que le nerf moteur oculaire externe répond à son côté interne. A la partie antérieure du sinus caverneux, le pathétique croise le nerf de la troisième paire à angle aigu, en passant au-dessus de lui (fig. 211, 2, 3).

Le pathétique pénètre dans l'orbite par la partie interne de la fente sphénoïdale, se porte en dedans entre le périoste et l'élévateur de la paupière supérieure et se termine dans le muscle grand oblique (fig. 211, 3).

Dans la paroi externe du sinus caverneux, le pathétique s'anastomose : 1° avec le grand sympathique, par des filets très-grêles ; 2° avec l'ophthalmique de Willis, qui lui envoie plusieurs rameaux, dont l'un, d'après Cl. Bernard, accompagne le nerf de la quatrième paire jusqu'à son extrémité et lui fournit la sensibilité récurrente. Un deuxième rameau anastomotique, venu de l'ophthalmique, passe à travers une boutonnière du pathétique et se recourbe en arrière pour se distribuer à la tente du cervelet, c'est le nerf *récurrent méningé ;* un troisième semble ne faire que s'accoler au pathétique pour s'en séparer de nouveau et aller rejoindre le lacrymal.

Usages. — Le nerf de la quatrième paire est destiné exclusivement au muscle grand oblique de l'œil, dont les usages seront étudiés plus loin.

ARTICLE V. — CINQUIÈME PAIRE. — NERF TRIJUMEAU

Le nerf de la cinquième paire se compose de deux racines : l'une grosse, sensitive, l'autre petite, motrice. Leur origine apparente se trouve sur le bord externe de la protubérance, à une distance moindre de son bord antérieur que de son bord postérieur. La racine motrice, plus petite, naît un peu plus en dedans que la racine sensitive ou grosse portion, et est en séparée par quelques fibres de la protubérance (fig. 187, V).

La portion motrice, que l'on désigne encore sous le nom de *nerf masticateur*, présente pour son origine réelle un noyau bien étudié par Sappey et Mathias Duval. Il est situé sur le prolongement des cornes antérieures de la moelle etf de très grosses cellules.

La racine sensitive ou grosse racine, naît réellement de toute la substance grise qui, dans le bulbe, continue la corne postérieure de la moelle. Elle reçoit, en outre, des fibres venues du *locus cæruleus* et de quelques cellules situées sur les côtés de l'aqueduc de Sylvius. Toutes ces fibres montent obliquement dans le bulbe, depuis le tubercule de Rolando jusqu'à l'émergence hors de la protubérance, en parcourant ainsi un trajet qui mesure presque toute la longueur du bulbe.

Dans leur long trajet intra-bulbaire, on voit partir de ces fibres, et surtout des cellules auxquelles elles aboutissent, des prolongements qui les mettent en communication avec les différents nerfs au-devant desquels elles passent. C'est ainsi que les noyaux du facial, de l'auditif, du glosso-pharyngien, du spinal, de l'hypoglosse et surtout du pneumogastrique, sont unis aux cellules et aux fibres du trijumeau. Il a été possible à Schröder van der Kolk d'expliquer, au moyen de ces anastomoses, un grand nombre de réflexes dont il était jusqu'alors difficile de se rendre compte (mouvements involontaires de la déglutition, de la respiration, de la toux, de l'éternument, etc.).

Parti de la protubérance, le *nerf trijumeau* se porte en haut, en dehors et en avant pour gagner une dépression du sommet du rocher en passant au-dessous de la dure-mère. La portion motrice est d'abord supérieure à la portion sensitive, mais dans ce trajet elle la contourne et lui devient inférieure.

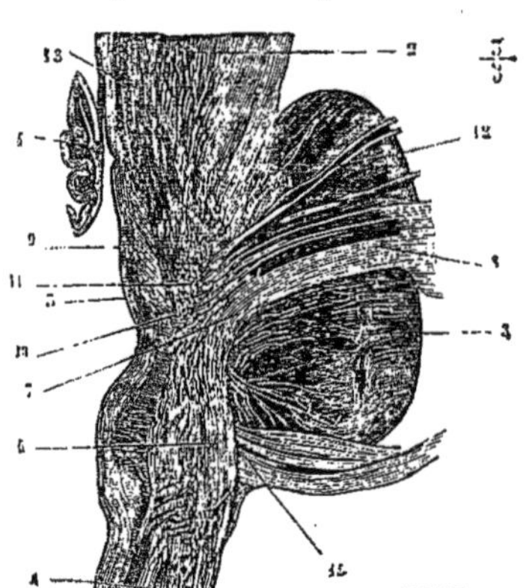

FIG. 210. — *Coupe verticale oblique du pont de Varole, montrant les deux directions, verticale et horizontale, de la grosse portion du trijumeau*, d'après Stilling (*).

La grosse portion (sensitive) se renfle en un ganglion dit *ganglion de Gasser*, au-dessous duquel passe la portion motrice, qui n'y prend aucune part. Le ganglion de Gasser est logé dans la dépression du sommet du rocher et recouvre les nerfs pétreux superficiels. Il a la forme d'un croissant dont le grand axe est oblique d'arrière en avant et de dehors en dedans ; il est aplati et en rapport, par sa face supérieure avec la dure-mère, qui le recouvre ; par sa face inférieure avec une lamelle fibreuse qui dépend également de cette membrane méningienne ; par son bord postérieur ou concave il reçoit le tronc de la grosse portion du trijumeau (fig. 211, 1) ; par son bord antérieur ou convexe il émet trois branches : *ophthalmique de Willis*, *maxillaire supérieur*, *maxillaire intérieur* ; à cette dernière vient se joindre la portion motrice du trijumeau (nerf masticateur) qui lui est exclusivement destinée et qui s'y unit intimement.

Le ganglion de Gasser reçoit par sa face profonde quelques filets du sympa-

(*) 1) Moelle allongée.—2) Pédoncule cérébral.—3 Pont de Varole.—4) Valvule de Vieussens.—5) Plancher du quatrième ventricule.— 6) Partie verticale des racines de la grosse portion du trijumeau. — 7) Coude de ces racines. — 8) Leur partie horizontale. — 9) Substance grise du plancher du quatrième ventricule. — 10) Fibres qui en partent et qui vont rejoindre la grosse portion du trijumeau. — 11) Noyau supérieur du trijumeau (portion motrice). — 12) Racines de cette portion qui en partent. — 13) Quelques fibres du pathétique entourées de cellules nerveuses. — 14) Fibres appartenant aux racines de l'auditif.

thique et émet, par sa face externe ou supérieure, des *filets méningiens*, décrits par Cruveilhier. Ils suivent l'artère méningée moyenne et se rendent à la dure-mère, qui tapisse les fosses latérales moyennes de la cavité crânienne.

Ce ganglion a un aspect réticulé ; il est formé, comme tous les ganglions, par des fibres nerveuses unies à des cellules nerveuses, bipolaires pour la plupart, comprises dans un stroma connectif.

§ I. — Première branche du trijumeau. Nerf ophthalmique de Willis.

Préparation. — Pour le nerf ophthalmique de Willis et pour tous les nerfs de l'orbite, nous recommandons les deux préparations suivantes : 1° pour les nerfs superficiels ou sus-musculaires (frontal, lacrymal, pathétique), enlever le cerveau avec précaution, en ayant soin de laisser aussi longs que possible les troncs nerveux et de les couper au plus près de leur origine apparente. Ouvrir la cavité orbitaire par sa face supérieure à l'aide de la gouge et du maillet; amincir, par le même moyen, autant que possible la partie externe de l'apophyse d'Ingrassias ; diviser alors le périoste orbitaire avec précaution et préparer les branches nerveuses en enlevant avec de grands ménagements le tissu graisseux de l'orbite. Cette préparation permet aussi de voir le rameau orbitaire.

2° Pour les nerfs sous-musculaires (nasal, oculo-moteurs commun et externe, ainsi que pour le ganglion), il est plus aisé de faire sauter la paroi externe de l'orbite, après avoir incisé les parties molles et scié l'apophyse zygomatique. On sectionnne le muscle droit externe vers son milieu, et sur sa partie postérieure on trouve la terminaison de l'oculo-moteur externe. On procède alors avec la plus grande attention à la recherche des nerfs ciliaires et du ganglion ophthalmique, ainsi que des branches afférentes. On use des mêmes précautions pour la préparation du nerf nasal et des branches de l'oculo-moteur commun. Pour le rameau ethmoïdal, on le poursuit dans son canal osseux jusqu'au côté de l'apophyse crista-galli, et l'on réserve l'étude de ses branches terminales jusqu'au moment où l'on préparera les nerfs de la cavité nasale. Pour terminer et compléter la préparation, il faut étudier la disposition et les anastomoses dans le sinus caverneux et dans la paroi externe de ce sinus.

La branche ophthalmique de Willis naît de l'extrémité antéro-interne du ganglion de Gasser (fig. 211), se dirige un peu obliquement en haut, en avant et en dedans, pénètre dans l'épaisseur de la paroi externe du sinus caverneux à l'union du tiers postérieur avec les deux tiers antérieurs de cette lame fibreuse. A l'extrémité de celle-ci le nerf se divise en trois rameaux : *lacrymal*, *frontal*, *nasal*, qui pénètrent isolément dans l'orbite, en passant par la fente sphénoïdale. Dans ce trajet, il croise à angle très-aigu les nerfs oculo-moteurs commun et externe situés en dedans de lui, tandis que le pathétique occupe son côté supérieur et lui est parallèle (fig. 211,2,3).

Le nerf ophthalmique de Willis reçoit des filets sympathiques, qui lui viennent du plexus caverneux, et fournit des anastomoses au pathétique (voyez plus haut) et aux nerfs oculo-moteurs commun et externe ; ces derniers partent de l'ophthalmique au niveau de l'origine du rameau nasal.

1° *Nerf lacrymal.* — Il pénètre dans l'orbite par la partie la plus élevée et la plus étroite de la fente sphénoïdale, se place entre le bord supérieur du muscle droit externe et le périoste (fig. 211, 6), se dirige en avant et en dehors vers la glande lacrymale, qu'il traverse en lui abandonnant un grand nombre de rameaux (fig. 211, 13), et vient enfin se terminer dans la paupière supérieure à l'union de son tiers externe avec ses deux tiers internes (fig. 211, 12). Les rameaux palpébraux du nerf lacrymal sont destinés, les uns à la con-

(1) Pour la distribution des nerfs crâniens on fera bien de consulter les figures schématiques qui se trouvent dans Beaunis, *Physiologie*.

jonctive palpébrale, les autres aux téguments de la paupière supérieure, et les derniers à la peau de la partie antérieure de la tempe, à laquelle ils se distribuent en contournant l'apophyse orbitaire externe.

Avant de pénétrer dans la glande lacrymale ou dans son trajet intraglandulaire, le nerf lacrymal fournit un rameau (fig. 211, 14) qui va s'anastomoser avec le rameau orbitaire du nerf maxillaire supérieur, en formant une arcade à concavité postérieure. Ce rameau a été décrit sous le nom de *rameau temporo-malaire;* mais, comme l'a fait remarquer L. Hirschfeld, les divisions temporale et malaire qu'il fournit appartiennent non au filet anastomotique du lacrymal, mais bien au rameau orbitaire du maxillaire supérieur, avec lequel nous les décrirons.

Nous avons déjà signalé plus haut le rameau anastomotique, que le nerf ophthalmique de Willis envoie au pathétique, et nous avons dit que ce rameau ne fait que s'accoler momentanément à ce dernier pour s'en détacher bientôt et aboutir au lacrymal, qui semble naître ainsi par deux racines venues l'une de l'ophthalmique, l'autre du pathétique.

2° *Nerf frontal.* — Ce nerf continue le trajet primitif du nerf ophthalmique, pénètre dans l'orbite par la partie moyenne de la fente sphénoïdale, se place entre le muscle releveur de la paupière supérieure et le périoste, se dirige en avant et se partage vers le tiers antérieur de la cavité orbitaire en deux rameaux, *frontal interne*, *frontal externe.*

Frontal interne (fig. 211, 10). — Ce rameau se dirige un peu en dedans, passe entre le trou sus-orbitaire et la poulie du grand oblique, fournit des rameaux à la partie interne de la paupière supérieure (peau et muqueuse), à la peau de la racine du nez, à la muqueuse des sinus frontaux. Il se réfléchit ensuite à angle droit, remonte en se plaçant entre le muscle frontal et le périoste et s'épuise en filaments qui traversent les fibres musculaires pour aboutir à la peau de la partie moyenne du front.

Frontal externe. — Plus volumineux que le précédent, il se porte directement en avant (fig. 211, 11) vers le trou sus-orbitaire, par lequel il passe, fournit quelques rameaux très-grêles à la peau et à la muqueuse de la partie moyenne de la paupière supérieure et se réfléchit comme le précédent à angle droit (fig. 212, 4). Il chemine ensuite entre le muscle frontal et le périoste, traverse le muscle et se répand dans la peau du front et de la partie médiane et antérieure du cuir chevelu (fig. 221, 15). Quelques-uns de ses filets vont à l'os frontal.

Il n'est pas rare de voir le nerf frontal, au lieu de se diviser en deux branches seulement, émettre une troisième division, le *nerf sus-trochléateur d'Arnold*, qui passe par la poulie du grand oblique et fournit des rameaux nasaux et frontaux (fig. 211, 9).

Avant sa bifurcation, le nerf frontal fournit souvent une anastomose très-grêle qui se porte en dedans et en avant pour s'unir au nasal externe, en passant au-dessus ou au-dessous du muscle grand oblique.

3° *Nerf nasal.* — Né dans la paroi externe du sinus caverneux, le nerf nasal se porte en avant, pénètre dans l'orbite par la partie la plus large de la fente sphénoïdale entre les deux tendons du muscle droit externe, change de direction et se dirige en dedans et en avant, en croisant la face supérieure du nerf optique, ainsi que la face inférieure du muscle droit supérieur (fig. 212, 5),

Il se place ensuite dans l'espace celluleux qui sépare le grand oblique du droit interne, reprend bientôt sa direction postéro-antérieure et se divise au niveau du trou orbitaire interne en deux rameaux, *nasal externe* et *nasal interne* (fig. 211, 7). On remarquera que le nasal ne pénètre pas dans l'orbite entre les muscles et le périoste comme le frontal et le lacrymal, mais bien au-dessous des muscles supérieurs, de même que les oculo-moteurs commun et externe. Son trajet intra-orbitaire assez compliqué présente : 1° une direction postéro-antérieure rectiligne ; 2° une direction oblique de dehors en dedans ; 3° une nouvelle direction postéro-antérieure.

Fig. 211. — *Nerfs superficiels de l'orbite (frontal, lacrymal et pathétique* (*).

Le *nasal externe* continue le trajet du nerf nasal, longe le bord du muscle droit interne, sort de l'orbite en passant au-dessous de la poulie du grand oblique et se divise en rameaux destinés à la paupière supérieure, à la conjonctive qui la double, au sac lacrymal, aux conduits lacrymaux, à la caroncule, aux téguments de la racine du nez et de la région intersourcilière.

(*) 1) Ganglion de Gasser. — 2) Nerf oculo-moteur commun. — 3) Nerf pathétique — 4) Nerf optique. — 5) Nerf frontal. — 6) Nerf lacrymal. — 7) Nerf nasal. — 8) Branche ethmoïdale du nerf nasal. — 9) Nerf sus-trochléateur. — 10) Nerf frontal interne. — 11) Nerf frontal externe. — 12) Branches terminales cutanées du lacrymal. 13) Branches que ce nerf fournit à la glande lacrymale. — 14) Filet anastomotique du lacrymal avec le rameau orbitaire du maxillaire supérieur.

Le *nasal interne*, *rameau ethmoïdal*, passe par le trou orbitaire antérieur, gagne la lame criblée de l'ethmoïde (fig. 211, 8) et le côté latéral de l'apophyse crista-galli, passe par un orifice elliptique qui se trouve à ce niveau et pénètre dans les fosses nasales, où il se divise en *rameau interne* et *rameau externe*. Le premier est destiné à la muqueuse de la partie antérieure de la cloison (fig. 215, 2); le second se porte dans la muqueuse des cornets et des méats (fig. 214, 1), et fournit un rameau dit *naso-lobaire*, qui traverse le tissu fibreux situé entre le cartilage latéral et le bord inférieur de l'os propre du nez, et s'épuise en filaments destinés aux téguments du lobule du nez (fig. 221).

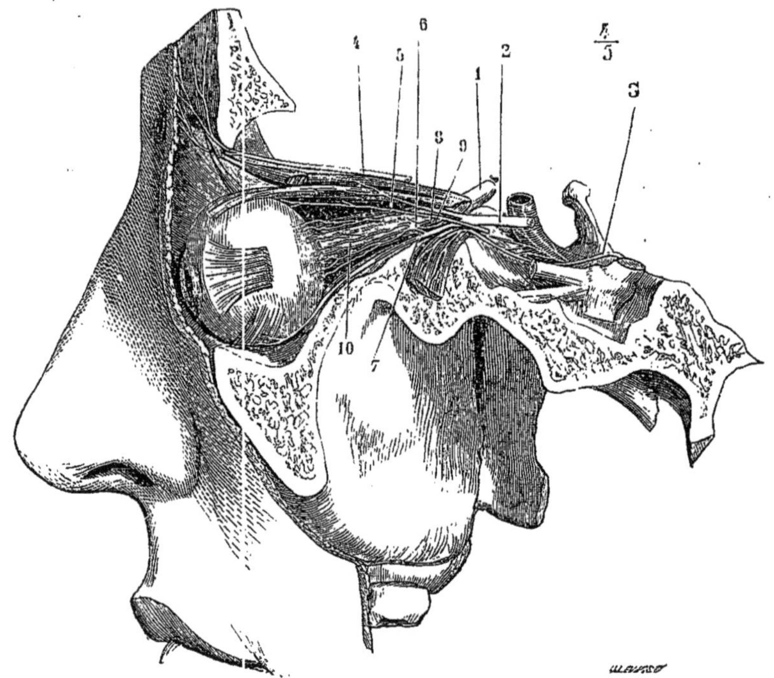

FIG. 212. — *Nerfs profonds de l'orbite (oculo-moteurs commun et externe, et ganglion ophthalmique* (*).

Dans son trajet intra-orbitaire, le nerf nasal fournit : 1° un rameau long et grêle, qui forme la racine sensitive du ganglion ophthalmique (fig. 212, 8); 2° des rameaux ciliaires directs, qui se confondent avec les nerfs ciliaires venus du ganglion et qui se rendent à l'œil avec ces derniers.

Ganglion ophthalmique.

Le ganglion ophthalmique est un petit renflement rougeâtre, lenticulaire, composé, comme les ganglions sympathiques, de fibres et de cellules uni- et multipolaires. Il se trouve au côté externe du nerf optique, à l'union de son tiers postérieur avec ses deux tiers antérieurs, perdu au milieu de la graisse

(*) 1) Nerf optique. — 2) Nerf oculo-moteur commun. — 3) Nerf oculo-moteur externe. — 4) Nerf frontal. — 5) Nerf nasal. — 6) Ganglion ophthalmique. — 7) Racine courte et grosse ou motrice. — 8) Racine longue et grêle ou sensitive. — 9) Racine sympathique. — 10) Nerfs ciliaires.

du fond de l'orbite. Il est aplati transversalement et d'un petit volume. Sa forme est généralement celle d'un petit rectangle (fig. 212, 6).

Par ses angles et son côté postérieur, il reçoit trois racines dites *afférentes*. La première, *racine sensitive*, est un rameau long et grêle, qui part du nerf nasal et aboutit à l'angle postéro-supérieur du ganglion (fig. 212, 8). La seconde, *racine motrice*, est un cordon court et gros, qui pénètre dans l'angle postéro-inférieur. Elle provient du rameau que l'oculo-moteur commun fournit au muscle du petit oblique (fig. 212, 7). La troisième, *racine végétative* ou *sympathique*, aborde le ganglion par le milieu de sa face postérieure (fig. 212, 9); elle part du plexus caverneux et chemine entre les nerfs oculo-moteurs commun et externe. Des angles antérieurs du ganglion ophthalmique partent deux faisceaux composés chacun de huit à dix filaments nerveux, qui longent les uns le bord externe et supérieur, les autres le bord externe et inférieur du nerf optique. Ces filets sont connus sous le nom de *nerfs ciliaires* (fig. 212, 10); ils se joignent à leurs homonymes venus directement du nerf nasal, traversent la sclérotique, cheminent entre cette membrane et la choroïde et se terminent dans le muscle ciliaire, l'iris et la conjonctive oculaire.

Tiedemann a décrit un rameau très-fin, qui part du ganglion et accompagne l'artère centrale de la rétine dans son trajet à travers l'axe longitudinal du nerf optique. Ce filet joue probablement le rôle de nerf vaso-moteur, par rapport à cette artériole.

§ II. — Deuxième branche du trijumeau. Nerf maxillaire supérieur.

Préparation. — Nous supposerons le cerveau enlevé. Attaquer le trou grand rond par la gouge et le maillet, de manière à l'élargir, diviser les téguments par une ligne verticale tombant sur la partie moyenne de l'apophyse zygomatique et préparer sur ces lambeaux les rameaux temporo-malaires, que l'on trouvera en recherchant dès l'abord l'ouverture externe de leurs canaux osseux. Détacher alors l'apophyse zygomatique à ses deux extrémités, la rejeter en bas avec le masséter, qui y restera adhérent. Enlever les muscles ptérygoïdiens à leurs insertions sur l'apophyse de ce nom; désarticuler le maxillaire supérieur à son passage dans le sommet de la fosse zygomatique, ainsi que les filets qu'il donne au ganglion de Meckel.

Poursuivre alors les nerfs dentaires postérieurs dans leurs canaux osseux à l'aide d'une gouge très-fine. Chercher le maxillaire supérieur dans le canal sous-orbitaire, préparer son rameau dentaire antérieur, et enfin le nerf sous-orbitaire avec toutes ses divisions.

Pour les branches du ganglion de Meckel, il faut les étudier sur une tête sciée dans son milieu par une coupe antéro-postérieure verticale, en ayant soin de laisser la cloison adhérente au côté sur lequel on n'étudie pas le ganglion. Ouvrir les canaux palatins postérieurs et préparer les trois nerfs de ce nom, puis les branches destinées aux cornets et aux méats. Attaquer alors le canal vidien à la base de l'apophyse ptérygoïde et poursuivre le nerf de ce nom jusqu'à l'hiatus de Fallope d'une part, et jusqu'au plexus caverneux de l'autre. Poursuivre avec de très grandes précautions le nerf pharyngien de Bock, dans le conduit ptérygo-palatin, et enfin terminer par la cloison des fosses nasales (restée adhérente au côté opposé), sur laquelle on trouvera la branche interne du nerf sphéno-palatin.

Le nerf *maxillaire supérieur*, branche moyenne de division du ganglion de Gasser (fig. 213, 1), se dirige directement en avant dans un dédoublement de la dure-mère vers le trou grand rond, qu'il traverse. Arrivé dans la fente sphéno-maxillaire, il se porte un peu en dehors, gagne la gouttière sous-orbitaire dans laquelle il se place et dont il suit la direction oblique de dehors en dedans et d'arrière en avant. Il sort enfin par le trou sous-orbitaire (fig. 213, 6) et se divise en un pinceau de fibres placées entre le muscle canin et la face postérieure de l'élévateur propre de la lèvre supérieure ; elles s'anastomosent avec des fibres du nerf facial (fig. 221, 14).

Le nerf maxillaire supérieur fournit :

1° Au sortir du trou grand rond, le *rameau orbitaire*, qui chemine d'abord dans le tissu graisseux de la fosse sphéno-maxillaire, pénètre dans l'orbite par la fente du même nom, longe la paroi externe de la cavité orbitaire, reçoit le filet que lui envoie le lacrymal (fig. 211, 14) et arrive jusqu'à la partie la plus externe de la paupière supérieure. Vers la partie antérieure de la fosse sphéno-maxillaire il émet le *rameau temporo-malaire*, qui se divise lui-même en *filet malaire* et en *filet temporal ;* le premier traverse le trou malaire et se répand dans la peau de la pommette, tandis que le *filet temporal* gagne la fosse temporale, s'anastomose avec le nerf temporal profond antérieur, perfore l'aponévrose et se perd dans la peau de la partie antérieure de cette région.

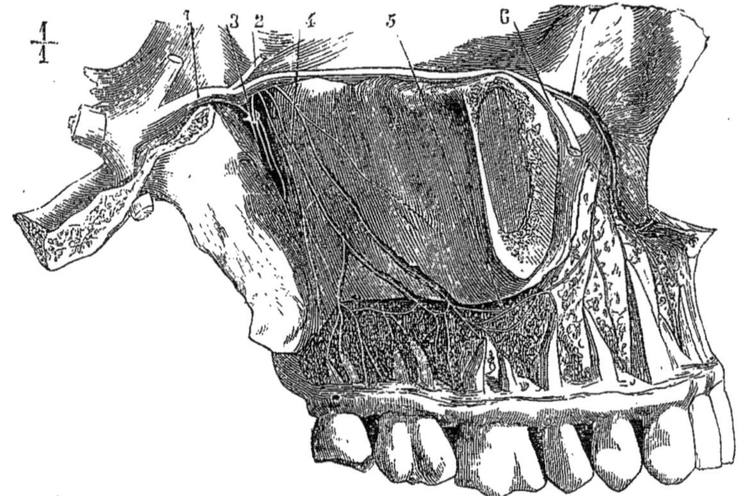

FIG. 213. — *Nerf maxillaire supérieur avec les rameaux dentaires* (*).

2° Dans la fosse sphéno-maxillaire, des filets sensitifs destinés au ganglion de Meckel (fig. 213, 3); nous les décrirons avec ce ganglion.

3° Avant de s'engager dans le canal sous-orbitaire, les *rameaux dentaires postérieurs*, au nombre de deux ou trois ; ils pénètrent dans les trous dentaires postérieurs, cheminent dans l'intérieur du conduit osseux (fig. 213, 4) et s'anastomosent avec des rameaux du dentaire antérieur pour former un petit plexus (fig. 213, 5), duquel partent des filets destinés à chacune des racines des dents molaires grosses et petites, des filets alvéolaires, des filets gingivaux et enfin des divisions très-fines pour la muqueuse du sinus maxillaire.

4° A la partie antérieure du canal sous-orbitaire, le *rameau dentaire antérieur* (fig. 213, 7), qui se dirige en dedans, en avant et en bas dans un canal osseux creusé dans la paroi antérieure du sinus maxillaire. Ce rameau fournit

(*) 1) Nerf maxillaire supérieur. — 2) Rameau orbitaire. — 3) Rameaux qu'il fournit au ganglion de Meckel. — 4) Nerfs dentaires supérieurs et postérieurs. — 5) Anastomose des dentaires postérieurs et antérieurs — 6) Nerf sous-orbitaire sectionné. — 7) Nerf dentaire antérieur.

des divisions aux incisives et à la canine, des filets osseux et alvéolaires et d'autres qui s'anastomosent avec les dentaires postérieurs. On en voit aussi un ou deux qui remontent, à travers l'os, vers le canal nasal, à la muqueuse duquel ils sont destinés.

5° A sa sortie du trou sous-orbitaire, les *rameaux sous-orbitaires* (fig. 221, 14), qui se séparent en un pinceau de filets nerveux anastomosés et entrecroisés avec ceux du facial. Ces filets terminaux vont en haut à la peau et à la muqueuse de la paupière inférieure, en bas à la peau et à la muqueuse de la lèvre supérieure, en dedans à la peau et à la muqueuse de l'aile du nez.

Ganglion sphéno-palatin ou de Meckel.

Ce petit ganglion, d'une couleur rougeâtre, du volume d'une lentille, se trouve dans la fosse ptérygo-maxillaire, au-devant du trou vidien, en dehors du trou sphéno-palatin (fig. 214, 2). Il reçoit trois racines. La *racine sensi-*

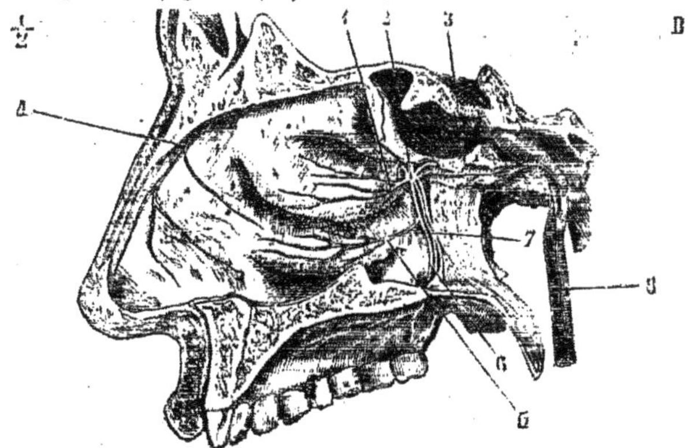

FIG. 214. — *Ganglion de Meckel. — Nerfs palatins et nerfs des cornets des fosses nasales* (*).

tive est formée par plusieurs filets, qui descendent de haut en bas du tronc du maxillaire supérieur (fig. 213, 3). La *racine motrice* est constituée par le grand nerf pétreux superficiel, qui vient du facial, avec lequel nous l'étudierons. La *racine sympathique*, d'une couleur grisâtre, vient du filet carotidien du ganglion cervical supérieur. Ces deux dernières racines se réunissent dans le canal ptérygoïdien et ne forment plus qu'un seul rameau nerveux, le *nerf vidien* (fig. 214, 3), qui aborde le ganglion de Meckel par sa face postérieure.

Les branches efférentes du ganglion sont divisées en postérieure, inférieure et antérieure.

La branche postérieure, *nerf pharyngien de Bock*, gagne le canal ptérygo-palatin en accompagnant l'artère de ce nom, et se distribue à la partie supérieure de la muqueuse du pharynx, à celle de la trompe d'Eustache et à celle de la partie supérieure de l'ouverture postérieure des fosses nasales.

Les branches inférieures, *nerfs palatins*, sont au nombre de trois : l'un, *grand nerf palatin* (fig. 214, 6), traverse le canal palatin postérieur, fournit un rameau à la muqueuse du cornet inférieur et des méats moyen et inférieur (fig. 214, 5), arrive au trou palatin postérieur, se réfléchit presque à angle

(*) 1) Filet externe du rameau ethmoïdal du nasal. — 2) Ganglion de Meckel. — 3) Nerf vidien. — 4) Branches du cornet moyen. — 5) Branches du cornet inférieur. — 6) Grand nerf palatin. — 7) Nerfs palatins postérieur et moyen. — 8) Rameau carotidien. — (D'après Arnold.)

droit d'arrière en avant sur la voûte du palais et se distribue à la muqueuse de cette voûte et à celle des gencives. Le deuxième, *nerf palatin moyen*, descend d'ordinaire dans un canal osseux situé en arrière du précédent (fig. 214, 7) et se termine dans la muqueuse du voile du palais. Le troisième, *nerf palatin postérieur*, parcourt aussi un canalicule osseux qui lui est propre, et se distribue à la muqueuse qui tapisse les deux faces du voile et aux muscles péristaphylin interne et palato-staphylin.

La branche antérieure du ganglion, *nerf sphéno-palatin*, traverse le trou sphéno-palatin et arrive dans les fosses nasales, où il se divise en deux branches. La branche externe fournit des filets nombreux destinés à la muqueuse de la partie postérieure des cornets supérieur et moyen, ainsi qu'à celle du

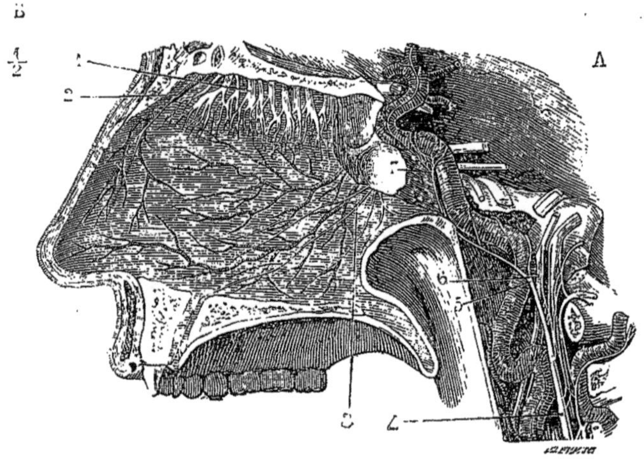

FIG. 215. — *Nerf naso-palatin. Rameaux carotidiens du ganglion cervical supérieur* (*).

méat supérieur (fig. 214, 4). La branche interne, *nerf naso-palatin*, est destinée à la cloison. Ce nerf se porte en bas et en avant et gagne le conduit palatin antérieur, où il rejoint celui du côté opposé, pour se perdre en filaments très-grêles dans la muqueuse de la partie médiane la plus antérieure de la voûte palatine. H. Cloquet avait cru trouver un ganglion dans l'intérieur de ce conduit osseux, au niveau du point de jonction des deux nerfs naso-palatins.

§ III. — Troisième branche du trijumeau. Nerf maxillaire inférieur.

Préparation. — Le cerveau étant enlevé, diviser la tête sur la ligne médiane antéro-postérieure. Agrandir le trou ovale et voir la réunion de la portion motrice du trijumeau avec le nerf maxillaire inférieur. Inciser alors les parties molles depuis la tempe jusqu'au niveau de l'angle de la mâchoire; rechercher au-devant du conduit auditif externe le nerf temporal superficiel et le préparer. Sectionner l'apophyse zygomatique à ses deux extrémités et la renverser en bas avec le masséter, sur la face postérieure duquel on trouvera le nerf massétérin. Faire alors les sections de l'os maxillaire inférieur que nous avons recommandées pour l'artère dentaire inférieure, et préparer le nerf du même nom avec ses rameaux den-

(*) 1) Divisions du nerf olfactif. — 2) Filet interne du rameau ethmoïdal du nasal. — 3) Nerf naso-palatin. — 4) Rameau carotidien du sympathique. — 5) Sa division en rameaux carotidiens interne et externe. — 6) Anastomose du sympathique avec le ganglion d'Andersch et le ganglion jugulaire. — 7) Plexus caverneux. — (D'après Arnold).

taires et ses rameaux mentonniers. Le tendon du muscle temporal est déjà sectionné; détacher ce muscle de ses adhérences à la face profonde de la fosse temporale et poursuivre les nerfs temporaux profonds. Chercher le buccal entre les deux faisceaux du muscle ptérygoïdien externe, et le passage du lingual entre les deux muscles de ce nom. Détacher alors l'os de la mâchoire inférieure, et les attaches du buccinateur ainsi que celles des ptérygoïdiens à cet os, et poursuivre le nerf lingual avec les filets du ganglion sous-maxillaire. — Reprendre la préparation par la face interne et chercher avec les plus grandes précautions le ganglion otique, que l'on trouvera appliqué contre la face interne du nerf maxillaire inférieur, immédiatement au-dessous du trou ovale, et terminer par la dissection délicate des branches de ce ganglion et du nerf du muscle ptérygoïdien interne.

Le *nerf maxillaire inférieur* est formé par la réunion de la troisième division du ganglion de Gasser avec la petite portion du trijumeau (portion motrice). Cette dernière, désignée encore sous le nom de *nerf masticateur*, ne pénètre pas dans le ganglion, ce qui la fait ressembler aux racines antérieures des nerfs rachidiens. Le maxillaire inférieur sort du crâne par le trou ovale et se divise presque aussitôt en sept rameaux [1].

1° *Nerf temporal profond moyen.* — Cette branche se porte d'abord directement en avant entre le ptérygoïdien externe et l'os, remonte ensuite presque à angle droit (fig. 216, 7) entre le muscle temporal et la paroi osseuse, et se partage en deux branches, dont les divisions successives se perdent dans la portion moyenne du muscle temporal.

2° *Nerf massétérin.* — Il passe au-dessus du bord supérieur du ptérygoïdien externe, entre ce muscle et la paroi supérieure de la fosse zygomatique, se dirige ensuite en bas et en dehors (fig. 216, 1), passe dans l'échancrure sigmoïde de l'os de la mâchoire inférieure et aborde la face profonde du muscle masséter auquel il est destiné.

Ce nerf fournit dans son trajet :

a) Le *nerf temporal profond postérieur*, qui nait au niveau du bord supérieur du muscle ptérygoïdien externe (fig. 216, 9), se porte aussitôt en haut entre le muscle temporal et l'os et se distribue à la partie postérieure de ce muscle, en s'anastomosant par quelques filets avec le temporal profond moyen ;

b) Des *ramuscules articulaires* pour l'articulation temporo-maxillaire.

3° *Nerf buccal.* — Aussitôt après son origine, ce nerf se porte en avant et passe entre les deux faisceaux du ptérygoïdien externe (fig. 216, 4) ; puis il se dirige en bas et en avant entre le masséter et le buccinateur, s'applique sur la face externe de ce dernier muscle, se divise en rameaux nombreux, qui s'anastomosent avec les filets du facial un peu en arrière et au-dessous du point où le canal de Sténon traverse le buccinateur, et va enfin se perdre dans la muqueuse buccale et la peau de la joue (fig. 221, 13).

Le buccal fournit :

a) Entre les deux faisceaux du ptérygoïdien externe, des filets destinés à ce muscle ;

b) Le *nerf temporal profond antérieur* (fig. 216, 8) qui se dirige presque

(1) On a beaucoup discuté pour savoir si la portion motrice et la portion sensitive sont simplement accolées ou intimement unies l'une à l'autre. Cette question nous semble peu importante, puisque nous savons aujourd'hui que tout rameau moteur doit contenir normalement quelques filets sensitifs, et que, de plus, les anastomoses nerveuses ne sont jamais que des accolements de filets indépendants, sans soudure réelle autre que celle du tissu connectif qui les enveloppe.

verticalement en haut entre les fibres du muscle crotaphyte et la paroi osseuse, et se divise en filets destinés à la partie antérieure de ce muscle. Il en est quelques-uns qui s'unissent au filet temporal venu du rameau orbitaire du maxillaire supérieur et qui traversent l'aponévrose temporale au voisinage de l'apophyse orbitaire externe pour se terminer en s'anastomosant avec des ramuscules du facial.

4° *Nerf du muscle ptérygoïdien interne.* — Ce rameau, très-grêle, semble provenir du ganglion otique, auquel il s'accole (fig. 218, 7), se porte en bas et en dehors, entre le péristaphylin externe et le ptérygoïdien interne, et se termine dans ce dernier muscle. Longet pense qu'il fournit un rameau au muscle péristaphylin externe.

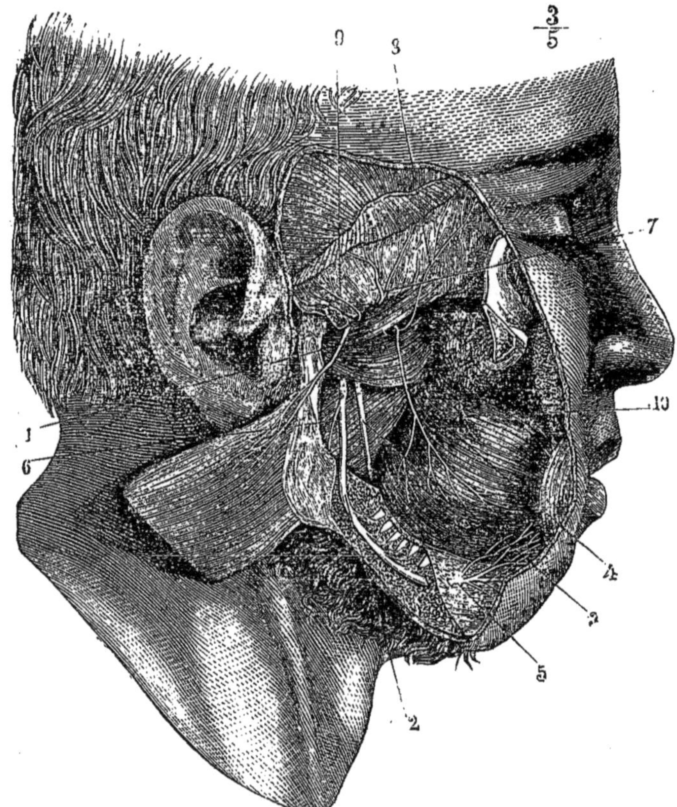

Fig. 216. — *Divisions du maxillaire inférieur (nerfs massétérin, temporaux profonds, buccal, dentaire inférieur)* (*).

5° *Nerf auriculo-temporal ou temporal superficiel.*—Il naît d'ordinaire par deux ou trois branches, entre lesquelles passe l'artère méningée moyenne (fig. 218); ces branches se réunissent et forment un tronc nerveux qui con-

(*) 1) Nerf massétérin. — 2) Nerf dentaire inférieur. — 3) Nerf lingual. — 4) Nerf buccal. — 5) Branches mentonnières du dentaire. — 6) Rameau mylo-hyoïdien du même nerf. — 7) Nerf temporal profond moyen. — 8) Nerf temporal profond antérieur. — 9) Nerf temporal profond postérieur. — 10) Canal de Sténon sectionné.

tourne le col du condyle. Ce tronc fournit d'abord un ou deux rameaux anastomotiques à la branche supérieure du facial, à laquelle ils s'unissent au niveau du bord postérieur du masséter (fig. 221, 6). Puis l'auriculo-temporal se coude à angle droit, remonte entre le pavillon de l'oreille et la base de l'apophyse zygomatique (fig. 221, 5), et se termine dans la peau de la région temporale et dans la partie latérale du cuir chevelu.

Le nerf temporal superficiel émet dans son trajet :

a) Des *filets parotidiens ;*

b) Des rameaux *auriculaires antérieurs*, qui se distribuent à la peau du lobule et de la partie antérieure du pavillon, ainsi qu'à celle qui tapisse la moitié extérieure du conduit auditif externe ;

c) Des *filets articulaires*, à l'articulation temporo-maxillaire.

6° *Nerf dentaire inférieur.* — Ce nerf, d'un volume assez considérable, se dirige d'abord de haut en bas entre les deux ptérygoïdiens, puis entre le ptérygoïdien interne et la branche de la mâchoire, et pénètre dans le canal dentaire, qu'il parcourt. Dans son trajet intra-osseux il fournit des filets à chaque racine des dents molaires, aux gencives et aux alvéoles (fig. 216, 2). Arrivé au niveau du trou mentonnier, il se divise en deux branches : l'une petite, *rameau incisif*, qui continue le trajet primitif du nerf dentaire, chemine dans un petit canal osseux spécial et s'épuise en filets destinés aux dents canines et incisives ; la seconde branche, *nerf mentonnier*, sort par le trou de ce nom et se partage en un pinceau de filaments situés au-dessous du muscle carré (fig. 216, 5). Ces filets terminaux s'anastomosent avec des divisions du facial (fig. 221, 11, 12) et vont aboutir à la peau et à la muqueuse de la lèvre inférieure.

Peu après son origine, le nerf dentaire inférieur donne une petite branche anastomotique au nerf lingual (fig. 217). Avant de pénétrer dans le canal dentaire, il fournit un rameau remarquable, *nerf mylo-hyoïdien* (fig. 216, 6), qui se porte en bas en longeant la gouttière mylo hyoïdienne, située sur la face interne de l'os maxillaire inférieur, et vient se terminer dans le muscle mylo-hyoïdien (fig. 217, 10) et dans le ventre antérieur du digastrique. Sappey décrit un filet qui partirait de ce nerf, ne ferait que traverser le muscle mylo-hyoïdien et irait s'accoler au nerf lingual.

7° *Nerf lingual.* — Plus volumineux encore que le précédent, le nerf lingual se porte d'abord en bas, entre le ptérygoïdien externe et le pharynx, puis entre les deux ptérygoïdiens, se place entre le ptérygoïdien interne et la branche de la mâchoire (fig. 216, 3), chemine au-dessous de la muqueuse qui tapisse le plancher de la bouche et arrive à la langue. Il décrit ainsi une courbure à concavité antéro-supérieure (fig. 217, 9). Dans la dernière partie de son trajet, le nerf lingual est en rapport : en dedans avec le canal de Warthon, qu'il croise plus tard en passant au-dessous de lui, et avec le muscle hyo-glosse ; en bas avec la glande sous-maxillaire et le muscle mylo-hyoïdien ; plus en avant le nerf chemine entre les muscles lingual et génio-glosse. Il se termine par des filets nombreux, dirigés de bas en haut, qui viennent aboutir à la glande de Nuhn et à la muqueuse des deux tiers antérieurs de la langue ; on peut les poursuivre jusqu'à la pointe de l'organe. Ces filets portent des renflements ganglionnaires presque microscopiques. Un très-grand nombre d'entre eux s'anastomosent en arcades, sur la face externe du muscle hyo-glosse, avec des filets semblables venus du nerf grand hypoglosse (fig. 217, 15, et 223).

Le nerf lingual, au moment où il se trouve en rapport avec la face supérieure de la glande sous-maxillaire, donne plusieurs rameaux destinés au ganglion sous-maxillaire. Plus loin il en fournit d'autres, qui se perdent dans la glande sublinguale.

Auprès de son origine, il reçoit l'anastomose que lui envoie le nerf dentaire inférieur : au niveau du bord postérieur du muscle ptérygoïdien interne l'on voit la corde du tympan s'accoler à son tronc (fig. 217, 7).

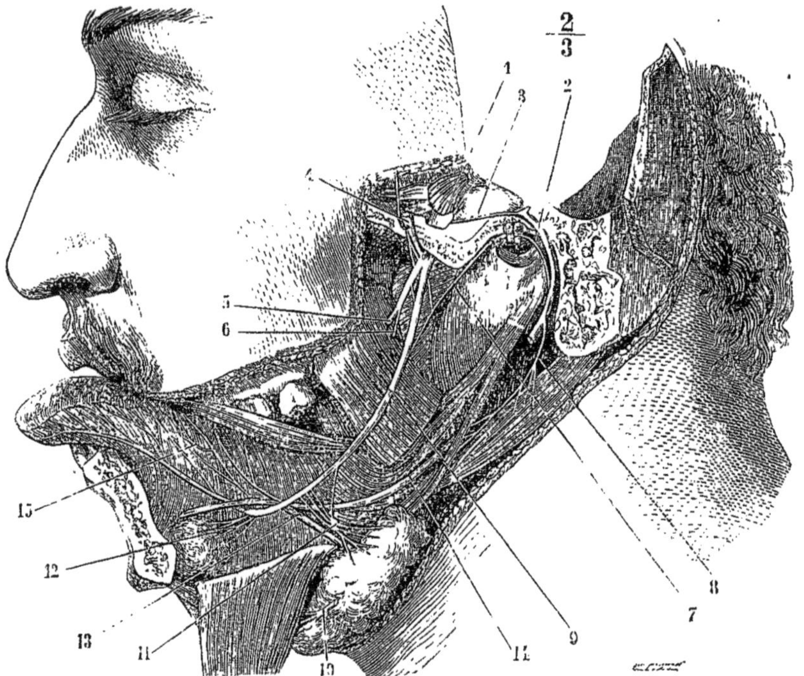

Fig. 217. — *Nerf lingual, ganglion sous-maxillaire, corde du tympan et rameau digastrique du facial* (*).

Ganglion sous-maxillaire. — Ce petit ganglion ovoïde, rougeâtre, est situé sur la face externe de la glande sous-maxillaire, au-dessous du nerf lingual (fig. 217, 11). Il reçoit :

a) Des filets sensitifs qui proviennent de ce nerf ;

b) Un filet moteur assez volumineux, qui lui est fourni par la corde du tympan (ce rameau se détache du lingual à quelque distance au-dessus du ganglion) ;

c) Et enfin une racine végétative, qui vient des filets sympathiques accompagnant l'artère faciale.

(*) La glande sous-maxillaire a été détachée et rejetée en bas pour montrer les branches du ganglion. — 1) Ganglion de Gasser. — 2) Facial dans l'aqueduc. — 3) Grand pétreux superficiel. — 4) Auriculo-temporal sectionné et relevé en haut par une érigne. — 5) Dentaire inférieur sectionné. — 6) Origine du rameau mylo-hyoïdien. — 7) Corde du tympan. — 8) Rameau du digastrique et du stylo-hyoïdien. — 9) Lingual. — 10) Rameau mylo-hyoïdien à sa terminaison. — (11) Ganglion sous-maxillaire avec ses branches afférentes et efférentes. — 12) Rameaux de la glande sublinguale. — 13) Canal de Warthon se recourbant et passant au-dessus du lingual. — 14) Grand hypoglosse. — 15) Anastomose des rameaux terminaux du grand hypoglosse et du lingual.

Le ganglion sous-maxillaire émet des rameaux assez nombreux, qui se terminent dans la glande de ce nom. Cl. Bernard a décrit un filet qui, partant de ce ganglion, se dirige en arrière et remonte jusqu'à la base du crâne en se distribuant aux glandules pharyngiennes.

Quant au *ganglion sublingual*, décrit par Blandin et admis par beaucoup d'auteurs, son existence nous a paru peu constante, et il nous a semblé au contraire que les filets destinés à la glande sublinguale proviennent directement du lingual sans se renfler en ganglion (fig. 217, 12).

Ganglion otique ou d'Arnold.

Ce ganglion est un petit corps rougeâtre situé sur la face interne du nerf maxillaire inférieur, à très-peu de distance au-dessous du trou ovale, en dehors du muscle péristaphylin externe (fig. 218, 3). Il reçoit trois espèces de racines : les motrices lui viennent du nerf masticateur (portion motrice du trijumeau) et du facial par l'intermédiaire du petit pétreux superficiel (fig. 218, 4) ; les sensitives tirent leur origine du glosso-pharyngien par le petit pétreux profond

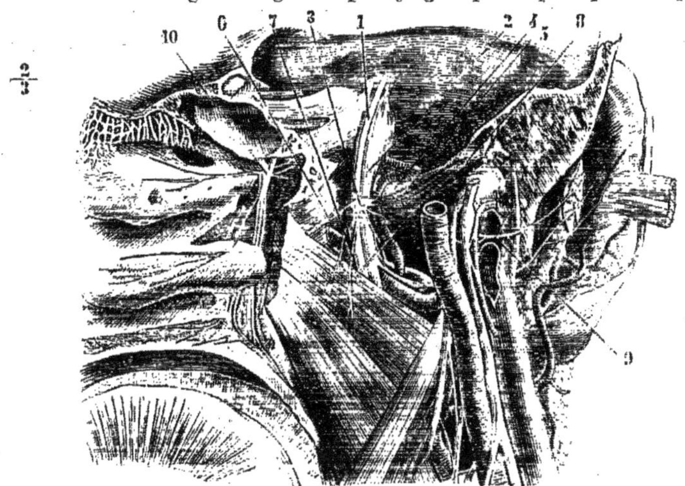

Fig. 218. — *Ganglion otique* (d'après Arnold) (*).

(branche du rameau de Jacobson) et du nerf auriculo-temporal (?) ; enfin les racines végétatives émanent des rameaux sympathiques qui longent l'artère méningée moyenne.

Le ganglion otique émet : 1° un rameau destiné au péristaphylin externe (fig. 218, 6) ; 2° un rameau qui, par un trajet rétrograde, va au muscle du marteau (fig. 218, 5). On voit aussi quelquefois un filet émané du ganglion otique se diriger en bas pour s'anastomoser avec la corde du tympan.

A la suite de ses expériences physiologiques, et par voie d'exclusion, Cl. Bernard a été amené à conclure à l'existence de filets partis du ganglion otique et destinés à la glande parotide. Ces filets n'ont pu être démontrés anatomiquement.

(*) 1) Portion motrice du trijumeau. — 2) Nerf maxillaire inférieur. — 3) Ganglion otique. — 4) Nerf petit pétreux superficiel. — 5 Nerf du muscle du marteau. — 6) Nerf du péristaphylin externe. — 7) Nerf du ptérygoïdien interne, qui est seulement accolé au ganglion et vient directement du maxillaire inférieur. — 8) Corde du tympan. — 9) Rameau de la fosse jugulaire. — 10) Ganglion de Meckel.

Usages du trijumeau. — Par sa portion sensitive, ce nerf tient sous sa dépendance la sensibilité générale de la face, du front, de la région temporale, des muqueuses buccale, nasale, oculaire, de celle du voile du palais et de la voûte palatine.

Par sa portion motrice, il excite les mouvements des muscles élévateurs, abaisseurs de la mâchoire et triturateurs, des muscles péristaphylins interne et externe, et palato-staphylins. Par ses ganglions, il régularise la circulation des parties innervées ; par le ganglion ophthalmique, il préside aux contractions involontaires du muscle ciliaire, et par le ganglion otique, d'après le professeur du Collége de France, il influerait sur la sécrétion parotidienne. Le nerf lingual préside non-seulement à la sensibiltié générale de la langue, mais encore à la faculté gustative des deux tiers antérieurs de l'organe.

ARTICLE VI. — SIXIÈME PAIRE. — NERF OCULO-MOTEUR EXTERNE

Le nerf *oculo-moteur externe* a son origine apparente dans le sillon qui sépare le bulbe de la protubérance, très-près de la ligne médiane. Son origine se trouve dans un groupe de cellules nerveuses, continuation dans le bulbe, de la base de la corne antérieure de la moelle ; ce noyau lui est commun avec le facial. Les fibres nerveuses parties de ces cellules traversent le bulbe d'arrière en avant, pour aller constituer l'oculo-moteur externe.

Situé à son point d'émergence au niveau de la naissance du tronc basilaire, le nerf oculo-moteur externe se dirige en avant, en dehors et en haut, et traverse la partie inférieure du repli de la dure-mère étendu du sommet du rocher à la lame quadrilatère du sphénoïde. Il est enveloppé à ce niveau par une gaîne arachnoïdienne, et pénètre dans le sinus caverneux, qu'il parcourt d'arrière en avant, entre la carotide interne qui correspond à son côté interne, et le pathétique accompagné de l'ophthalmique, qui sont en dehors de lui dans l'épaisseur de la paroi externe du sinus. Il passe ensuite dans l'orbite à travers la fente sphénoïdale, entre les deux tendons d'origine du droit externe, longe d'abord la face interne de ce muscle et pénètre dans son épaisseur vers le tiers postérieur de l'orbite.

L'oculo-moteur externe s'anastomose, dans le sinus, avec le plexus caverneux par deux ou trois rameaux, et reçoit également un filet de l'ophthalmique. Ce filet part de ce dernier nerf au moment où il croise l'oculo-moteur externe.

Usages. — Il préside à la contraction du muscle droit externe.

ARTICLE VII. — SEPTIÈME PAIRE. — NERF FACIAL

Préparation. — La portion intra-osseuse du nerf facial doit être étudiée sur des rochers que l'on a fait tremper dans l'acide chlorhydrique jusqu'à ce qu'on puisse attaquer les os au scalpel. Si l'on procédait sur des pièces fraîches, il faudrait agir avec la gouge et le maillet en usant de précautions extrêmes.

Pour la partie de ce nerf qui peut être appelée superficielle, on peut se servir d'une moitié de tête dont on a respecté la calotte crânienne. On enlève, avec le plus grand ménagement, la peau, au-dessous de laquelle on trouve les filets du facial. Le moyen le plus sûr de ne pas s'égarer consiste à faire une section des parties molles, verticale et passant au-devant du conduit auditif externe. On enlève avec précaution le tissu de la parotide, et l'on poursuit les branches nerveuses. La branche auriculaire, les filets terminaux et les anastomoses avec le frontal, le sous-orbitaire, le buccal, le mentonnier, le temporal superficiel, le plexus cervical, etc., présentent quelques difficultés et demandent plus de soins et d'attention.

Le *facial* a son origine apparente dans la fossette sus-olivaire du bulbe. Si on le poursuit dans l'intérieur du bulbe, on voit le faisceau constitué par ses fibres se diriger en bas, en dedans et en arrière (fig. 219, 8). Comme tous les nerfs moteurs partis de ce centre, le facial doit trouver son noyau près du raphé sur le plancher du quatrième ventricule, ainsi que nous l'avons expliqué plus haut en nous occupant de la structure du bulbe. Il existe deux noyaux d'origine du facial : le premier, qui lui est commun avec l'oculo-moteur externe, et que nous avons décrit plus haut, prend aussi le nom de noyau supérieur. Il ne donne en vérité que peu de fibres au facial. Les racines de ce nerf contournent ce noyau, se recourbent ensuite, sont d'abord parallèles à l'axe du bulbe et se coudent brusquement, pour se diriger en avant et en dehors, et gagner le noyau inférieur du facial, qui, ainsi que nous l'avons dit plus haut, se trouve dans l'aile grise du plancher du quatrième ventricule, continuation de la tête des cornes antérieures de la moelle.

Le facial est de plus en relation par ses fibres originelles avec des noyaux accessoires, et spécialement, d'après Schrœder van der Kolk, avec la partie supérieure de l'olive bulbaire, qui présiderait à l'association des mouvements passionnels de la face. C'est ce qui résulte des recherches d'anatomie et de physiologie comparée du savant hollandais. Cette opinion aurait cependant besoin de preuves nouvelles, aussi nous bornons-nous à l'indiquer.

Dans son trajet intrabulbaire, le facial est en connexion avec les noyaux ou les fibres du trijumeau et de l'auditif.

Immédiatement au-dessous du point d'émergence du facial, entre son origine apparente et celle de l'auditif, se voit un petit cordon nerveux, qui naît par deux petites racines très-grêles, c'est le *nerf intermédiaire de Wrisberg*. Son origine, rattachée par Cusco aux cordons pyramidaux postérieurs, et par suite aux cordons postérieurs de la moelle, l'a fait considérer comme un nerf sensitif. Nous n'avons rien à dire de précis au sujet de son origine réelle, mais ce qui est certain, d'après les expériences de Cl. Bernard, c'est que ce nerf ne saurait être considéré comme un nerf de sentiment ; aussi sommes-nous tenté, avec cet illustre physiologiste, de l'envisager comme une racine sympathique née du bulbe.

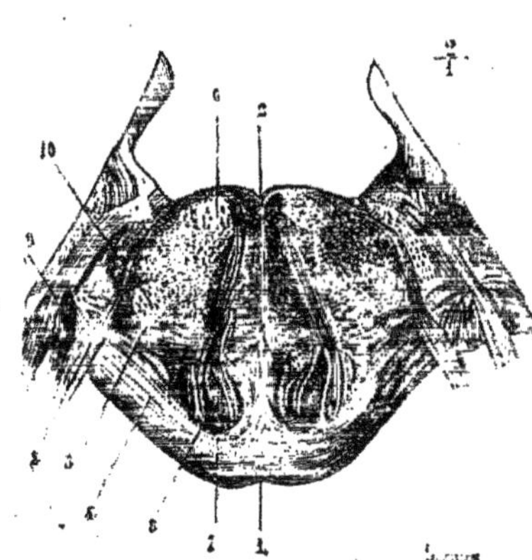

FIG. 219. — *Coupe du bulbe. — Origine du facial* (*).

Parti de la fossette sus-olivaire, le *facial* se porte en haut, en avant et en dehors vers le conduit auditif interne. Il est accompagné par le nerf auditif, qui se trouve en arrière et au-dessous de lui, et qui présente une gouttière à concavité supérieure pour le recevoir. Entre

(*) 1) Sillon de la face antérieure du pont de Varole. — 2) Sillon du quatrième ventricule. — 3) Pyramides. — 4) Fibres superficielles transversales de la protubérance. — 5) Fibres transversales profondes de la protubérance. — 6) Noyau du facial. — 7) Nerf oculo-moteur externe. — 8) Nerf facial. — 9) Nerf acoustique. — 10) Cellules appartenant au noyau inférieur du trijumeau (portion sensitive). — (D'après Stilling).

ces deux troncs nerveux chemine le nerf de Wrisberg. Ces trois nerfs réunis arrivent au fond du conduit auditif interne et se séparent. Le facial et le nerf de Wrisberg se portent un peu en avant et pénètrent dans l'aqueduc de Fallope; après un trajet de 4 à 5 millimètres perpendiculaire à l'axe du rocher, ils présentent un ganglion, *ganglion géniculé*, dans lequel se perd le nerf de Wrisberg (fig. 220, 2). Au delà du ganglion, le facial s'infléchit, devient parallèle à l'axe du rocher, et après un trajet de 0m,01 de longueur, se recourbe de nouveau, se dirige en bas presque verticalement, sort du crâne par le trou stylo-mastoïdien, s'infléchit encore une fois pour gagner obliquement en avant et en bas le bord parotidien de la mâchoire et se diviser en *branche temporo-faciale* et *branche cervico-faciale*.

Dans ce trajet compliqué, le facial suit, comme on le voit, toutes les inflexions de l'aqueduc de Fallope, et répond, dans l'intérieur de ce canal, directement à la substance osseuse et à l'artère stylo-mastoïdienne. En dehors du crâne il est entouré, jusque auprès de sa division, par le tissu de la glande parotide.

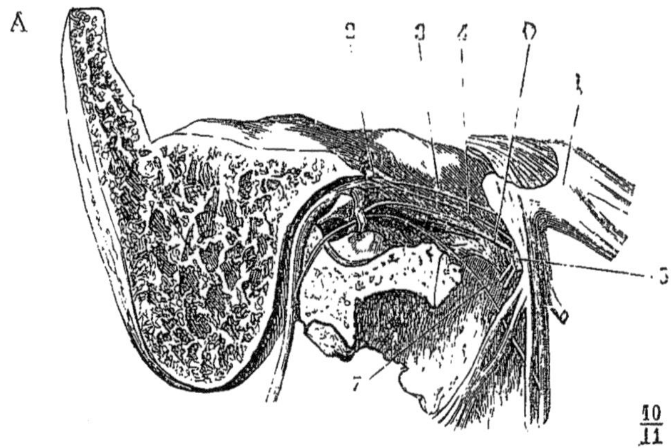

FIG. 220. — Facial de l'aqueduc (*).

Les deux racines du nerf de Wrisberg sont, jusque vers le milieu du conduit auditif interne, accolées l'une au bord inférieur du facial, l'autre au bord supérieur de l'auditif. Elles se rejoignent alors, et semblent au premier abord établir une anastomose entre les deux nerfs précédents, quoiqu'elles en soient indépendantes.

Le ganglion *géniculé* est un renflement de la forme d'une pyramide triangulaire, situé sur le sommet du premier coude du facial et accolé à ce nerf au niveau de l'hiatus de Fallope. Il présente trois angles : l'un, qui constitue son sommet, émet le *nerf grand pétreux superficiel;* l'autre, postérieur, reçoit le nerf de Wrisberg, et le troisième antérieur, fournit le *nerf petit pétreux superficiel*. Sa structure est celle de tous les ganglions nerveux : il est composé de cellules et de fibres nerveuses.

Le facial émet des branches collatérales, qui naissent, les unes dans l'aqueduc de Fallope, les autres en dehors du trou stylo-mastoïdien.

(*) 1) Ganglion de Gasser.— 2) Premier coude du facial et ganglion géniculé. — 3) Nerf grand pétreux superficiel. — 4) Nerf petit pétreux superficiel allant se jeter dans : 5) le ganglion d'Arnold ou otique. —6) Nerf du muscle du marteau, dont on voit le tendon qui s'insère à cet osselet. — 7) Corde du tympan. —(D'après Arnold).

1° *Nerf grand pétreux superficiel* (fig. 222, et 220, 3). — Né du sommet du ganglion géniculé, ce nerf se porte directement en dehors à travers l'hiatus de Fallope, se loge dans la gouttière qui se trouve sur la face antérieure du rocher, gouttière qui fait suite à l'hiatus, reçoit le *nerf grand pétreux profond*, venu du rameau de Jacobson, branche du glosso-pharyngien (fig. 222, 10), glisse au-dessous du ganglion de Gasser, traverse la substance fibro-cartilagineuse du trou déchiré antérieur, rencontre le filet carotidien destiné au ganglion de Meckel, se réunit à lui, traverse le canal vidien d'arrière en avant et aboutit au ganglion sphéno-palatin. Le petit tronc formé par la réunion du nerf grand pétreux superficiel avec le filet sympathique du ganglion de Meckel porte le nom de *nerf vidien* (fig. 214, 3). Pour Longet, le nerf grand pétreux superficiel traverserait seulement le ganglion et formerait le nerf palatin postérieur destiné aux muscles palato-staphylin et péristaphylin interne.

2° *Nerf petit pétreux superficiel.* — Ce petit filet nerveux part de l'angle antérieur du ganglion géniculé (fig. 220, 4), sort de l'aqueduc par un petit orifice spécial situé au-dessous de l'hiatus de Fallope, chemine dans une gouttière qui se trouve au-dessous de celle du nerf grand pétreux, se réunit au *nerf petit pétreux profond* du rameau de Jacobson (fig. 222, 11), passe à travers un pertuis situé entre les trous ovale et petit rond et aboutit au ganglion otique (fig. 220, 5).

3° *Nerf du muscle de l'étrier.* — Petit filet extrêmement grêle, qui part du facial dans la portion verticale de l'aqueduc de Fallope, se dirige en haut et en avant, pénètre dans la pyramide par un pertuis particulier et se termine dans le muscle de l'étrier.

4° *Corde du tympan.* — Le nerf qui porte ce nom naît du facial à quelques millimètres au-dessus du trou stylo-mastoïdien, se porte en haut et en avant (fig. 220, 7), à travers un petit conduit osseux spécial, qui s'ouvre dans l'oreille moyenne, en dedans de la membrane du tympan et sur le bord postérieur de cette membrane, et décrit une courbe à concavité inférieure en passant entre le manche du marteau et la longue branche de l'enclume. La corde du tympan sort de l'oreille moyenne par un petit conduit oblique en bas et en avant, signalé par Huguier, s'ouvrant au-dessus de la scissure de Glaser, reçoit souvent une petite branche du ganglion otique et se termine à angle aigu dans le lingual au niveau du bord postérieur du muscle ptérygoïdien interne (Fig. 217, 7). Mais là n'est pas sa terminaison; ainsi que l'avait déjà dit Longet et que l'ont démontré les expériences de Cl. Bernard, la corde du tympan reste accolée au lingual jusqu'à quelque distance au-dessus du ganglion sous-maxillaire et se divise en deux parties. L'une accompagne ce nerf jusqu'à sa terminaison et est peut-être, comme le veut Denonvilliers, destinée au muscle lingual supérieur; l'autre aboutit au ganglion sous-maxillaire. Le rôle physiologique de la corde du tympan permet d'admettre, avec Cl. Bernard, que ce nerf provient non pas du facial, mais du ganglion géniculé et par suite du nerf de Wrisberg.

5° *Rameau anastomotique entre le facial et le pneumogastrique.* — Ce rameau provient du facial au même niveau que la corde du tympan, mais sur un point diamétralement opposé, arrive par un conduit osseux dans la fosse de la veine jugulaire, longe la paroi antérieure de cette fosse, et aboutit au ganglion jugulaire du pneumo-gastrique. A ce rameau se trouve accolé un autre filet nerveux, qui marche en sens opposé et qui se porte du nerf vague au facial en suivant le même trajet ; nous y reviendrons en décrivant le pneumo-gastrique. La réunion de ces deux filets a été décrite sous le nom de *rameau de la fosse jugulaire*. C'est aux filets que le facial reçoit du pneumo-gastrique qu'il doit sa sensibilité récurrente dans le canal spiroïde du rocher.

6° *Anastomose avec le glosso pharyngien*. Le filet nerveux qui forme cette anastomose passe par un petit conduit osseux particulier, se dirige de dehors en dedans, longe la fosse jugulaire et aboutit au nerf glosso-pharyngien, immédiatement au-dessous du ganglion d'Andersch.

7° *Rameau du muscle digastrique*. — Il naît du facial immédiatement au-dessous du trou stylo-mastoïdien (fig. 217, 8), se réunit à un rameau semblable du glosso-pharyngien, en décrivant une arcade de laquelle partent des filets qui se rendent aux muscles digastrique (ventre postérieur), stylo-hyoïdien et stylo-pharyngien.

8° *Rameau du muscle stylo-hyoïdien* — Il se détache du facial au même niveau que le précédent et très-souvent par un tronc qui lui est commun avec ce dernier (fig. 217, 8), se porte en bas, en dedans et en avant et aboutit au muscle stylo-hyoïdien.

9° *Rameau auriculaire postérieur*. — Ce nerf prend naissance au niveau du trou stylo-mastoïdien (fig. 221, 4), se réfléchit sur la face externe de l'apophyse mastoïde en se portant en haut et en arrière, reçoit des filets du plexus cervical et se divise en rameau inférieur ou horizontal, qui se perd dans le muscle occipital, et en filets supérieurs ou ascendants, destinés aux muscles auriculaires postérieur et supérieur.

10° *Rameau des muscles stylo-glosse et glosso-staphylin ou rameau lingual de Hirschfeld*.—Son origine a lieu soit au niveau du trou stylo-mastoïdien, soit un peu au-dessus de cet orifice [1]. Il se dirige vers le côté externe du muscle stylo-pharyngien, reçoit du glosso-pharyngien des filets qui traversent le muscle précédent, se loge entre l'amygdale et le pilier antérieur du voile du palais, gagne la base de la langue en passant en dedans du nerf lingual, s'anastomose avec des filets terminaux du glosso-pharyngien et se divise en rameaux destinés à la muqueuse et en rameaux qui se perdent dans les muscles stylo-glosse et glosso-staphylin. Les rameaux destinés à la muqueuse viennent jusqu'à la partie antérieure de la langue.

Les branches terminales du facial sont : la *branche temporo-faciale* et la *branche cervico-faciale*.

1° *Branche temporo-faciale*. — Cette branche est plongée, à son origine, dans l'épaisseur de la parotide ; elle se porte de bas en haut et d'arrière en avant, reçoit au niveau du col du condyle deux rameaux assez volumineux (fig. 221, 6) venus de l'auriculo-temporal et se divise en branches secondaires, qui s'anastomosent en arcades à convexité antérieure, dont l'assemblage porte le nom de *plexus sous-parotidien*. De ces arcades partent des filets nombreux et divergents, qui sont :

a) Les *rameaux temporaux*. — Ils remontent à peu près verticalement

(1) Dans ce dernier cas, il sort souvent de l'aqueduc par un petit canal particulier dont l'ouverture extérieure se trouve immédiatement en dedans de l'apophyse styloïde.

vers la tempe, s'anastomosent avec des filets de l'auriculo-temporal et aboutissent aux muscles auriculaires supérieur et antérieur ;

$\frac{1}{2}$

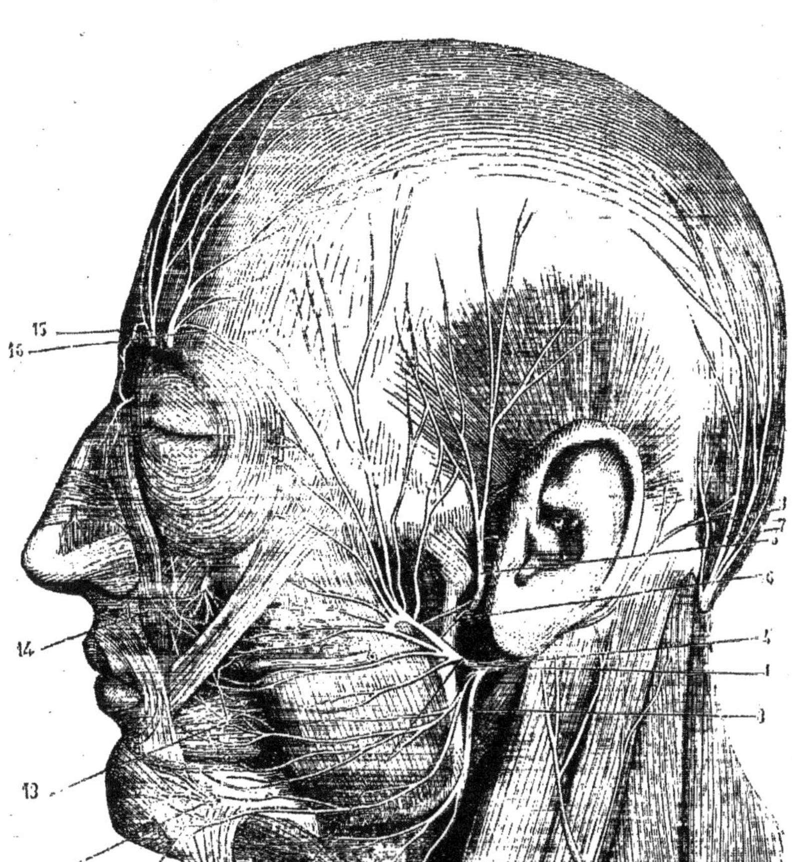

Fig. 221. — *Branches terminales du nerf facial* (*).

(*) 1) Tronc du facial. — 2) Branche temporo-faciale. — 3) Branche cervico-faciale. — 4) Rameau auriculaire du facial. — 5) Nerf temporal. — 6) Anastomose de ce nerf avec le facial. — 7) Grand nerf sous-occipital. — 8) Anastomose de ce nerf avec le rameau auriculaire. — 9) Branche transverse cervicale (du plexus cervical). — 10) Son anastomose avec le facial. — 11) Nerf mentonnier. — 12) Son anastomose avec le facial. — 13) Nerf buccal anastomosé avec le facial. — 14) Nerf sous-orbitaire anastomosé avec le facial. — 15) Nerfs frontaux. — 16) Anastomose du frontal externe avec le facial.

b) Les *rameaux frontaux*. — Ils se dirigent vers l'apophyse orbitaire externe, s'anastomosent avec des filets du temporal profond antérieur et du frontal externe (fig. 221, 16), passent sous le muscle frontal et se terminent dans ce muscle et le sourcilier;

c) Les *rameaux palpébraux*. — Ces rameaux gagnent l'angle externe des paupières, passent sous l'orbiculaire et vont les uns à la demi-circonférence supérieure, les autres à la demi-circonférence inférieure de ce muscle;

d) Les *rameaux sous-orbitaires*. — Ils longent le bord supérieur du canal de Sténon et se divisent en filets destinés aux muscles zygomatiques, élévateurs propre et commun de la lèvre supérieure, transverse du nez, myrtiforme, canin et pyramidal. Ces rameaux répondent à la face postérieure des muscles et s'anastomosent, au dessous des élévateurs de la lèvre, avec la division du nerf sous-orbitaire en constituant un plexus remarquable, *plexus sous-orbitaire* (fig. 221, 14);

e) Les *rameaux buccaux*, qui cheminent au-dessous du canal de Sténon, passent au-devant du masséter, s'anastomosent par quelques-unes de leurs branches avec le nerf buccal sur la face externe du buccinateur (fig. 221, 13), fournissent à ce muscle, à la moitié supérieure de l'orbiculaire des lèvres et au muscle triangulaire de la lèvre inférieure.

2° *Branche cervico-faciale* (fig. 221. 3). — Logée également à son origine dans la parotide, cette branche se porte en bas et en avant et reçoit du plexus cervical un ou plusieurs rameaux anastomotiques, qui se joignent à elle vers l'angle de la mâchoire. Elle se divise en :

a) *Rameaux buccaux inférieurs*. Ils se dirigent en avant entre le masséter et la parotide et les uns vont au buccinateur et à la moitié inférieure de l'orbiculaire, tandis que les autres s'anastomosent avec les rameaux du nerf buccal (fig. 221, 13).

b) *Rameaux mentonniers*. — Ils longent le bord inférieur de la mâchoire, passent au-dessous du muscle triangulaire des lèvres, fournissent à ce muscle, au carré, à la houppe du menton, à la partie inférieure de l'orbiculaire et s'anastomosent avec les rameaux mentonniers du dentaire inférieur (fig. 221, 12).

c) *Rameaux cervicaux*. — Ils sont destinés au peaucier, à la face profonde duquel ils cheminent dans la région sus-hyoïdienne. Ces rameaux s'anastomosent avec le plexus cervical (fig. 221, 10).

Usages du facial. — Le facial préside aux mouvements de la face; son action dans l'espèce humaine peut être bilatérale ou unilatérale. C'est ainsi que dans les mouvements passionnels de la face, la colère par exemple, les deux côtés de la face se contractent simultanément; d'autres fois, au contraire, la volonté nous permet de ne contracter que les muscles d'un seul côté. Il en est de même pour les muscles orbiculaires des paupières : tantôt ils se contractent simultanément, comme dans le clignotement; tantôt, au contraire, grâce à la volition, nous pouvons ne fermer qu'un seul œil. Cette différence d'action est peut-être en rapport avec la double origine du facial par deux noyaux. D'après Van der Kolk, si chez les animaux herbivores, surtout chez l'âne, le noyau inférieur d'origine du facial est si peu développé, c'est que chez ces quadrupèdes l'expression passionnelle de la face fait à peu près complétement défaut. Quant à l'action du nerf facial sur les organes des sens, elle est indirecte, et n'est due qu'à la paralysie des muscles qui les entourent. Chez les animaux qui ne respirent que par le nez, la section des deux nerfs de la septième paire entraine la mort par asphyxie. Cette terminaison n'est due qu'à la paralysie des muscles dilatateurs des ailes du nez. Nous n'insistons pas davantage, et nous renvoyons à l'étude magistrale que Claude Bernard[1] a faite de ces questions. Quant au nerf de Wrisberg, cet illustre professeur a démontré son insensibilité; il a prouvé que si le facial est sensible dans le canal spiroïde, c'est au filet du nerf vague (rameau de la fosse jugulaire) qu'il doit cette sensibilité, qui n'existe pas au-dessus du point où se fait cette anastomose. En dehors du trou stylo-mastoïdien, le facial devient plus sensible encore, grâce à l'anastomose qu'il reçoit du nerf auriculo-temporal.

ARTICLE VIII. — HUITIÈME PAIRE. — NERF AUDITIF

Le *nerf auditif* naît de la fossette latérale du bulbe, immédiatement au-dessous de l'origine apparente du facial, dont il est séparé par le nerf de Wrisberg. Son origine réelle semble se faire par deux faisceaux : l'un postérieur, constitué par les barbes du calamus, l'autre antéro-latéral, qui paraît venir du pédoncule cérébelleux inférieur. Stilling a nié l'existence d'un noyau spécial pour le nerf auditif; mais Schrœder en décrit un situé sur le plancher du quatrième ventricule. M. Duval l'a étudié et décrit dans ces derniers temps (fig. 181, A C). Ce noyau est composé de grosses cellules, d'où partent des fibres qui se rendent les unes au corps restiforme et au cervelet (la relation entre le cervelet et le nerf auditif reste pleine d'obscurité), d'autres vont au travers du raphé médian gagner le noyau opposé, et d'autres encore se rendent au noyau du facial (action réflexe sur le muscle de l'étrier et, par l'intermédiaire du petit pétreux superficiel et du ganglion optique, sur le muscle du marteau, *tensor tympani).* Pour les fibres qui forment les barbes du calamus, d'après Duval elles forment la seconde racine de l'auditif, partent du noyau de ce nerf, contournent le corps restiforme et vont se joindre au tronc nerveux (fig. 181, A G *e*). Or, dans le bulbe, les noyaux moteurs sont rapprochés de la ligne médiane, ainsi que nous l'avons dit plus haut. Il en résulte que, d'après Van der Kolk, il est de ces fibres qui sont destinées à établir des réflexes entre le nerf de l'audition et les noyaux moteurs, et il croit que c'est par cet intermédiaire que, lorsque par un bruit soudain et violent nous sommes saisis d'effroi, nous nous mettons en position de défense instinctive et involontaire. Ces recherches, comme au reste tous les travaux de Schrœder van der Kolk, sont fort intéressantes, elles nous expliquent des points obscurs et délicats; mais ce qui nous arrête et nous empêche de les admettre sans restriction dans ce dernier cas, c'est qu'elles ne nous rendent aucun compte de la liaison qui doit exister entre la périphérie des hémisphères (centre intellectuel) et les noyaux de l'auditif, liaison par laquelle s'expliquerait la manière dont se produisent les phénomènes de mémoire, de compréhension et d'intelligence à la suite des impressions acoustiques.

Luys décrit des cellules nerveuses infiltrées au milieu des fibres de la racine de l'auditif; de ces cellules partent, d'après lui, des prolongements qui se ren-

(1) Cl. Bernard, *Leçons sur la physiologie et la pathologie du système nerveux*. Paris, 1858, tome II.

dent à la couche optique et spécialement à un noyau gris situé dans la partie la plus postérieure de ce centre. De ce noyau partent, à leur tour, des fibres destinées à se perdre dans les hémisphères.

Le *nerf auditif*, à sa sortie du bulbe, se porte en dehors, en avant et un peu en haut au-dessous du facial, pour lequel il présente une gouttière à concavité supérieure. Entre les deux troncs nerveux se trouve le nerf de Wrisberg. L'auditif pénètre avec le facial dans le conduit auditif interne; ces deux nerfs sont entourés d'une même gaîne arachnoïdienne, qui les accompagne jusqu'au fond du conduit auditif. Arrivés à ce point, les deux nerfs se séparent l'un de l'autre : le facial passe dans l'aqueduc de Fallope, ainsi que nous l'avons vu; l'auditif se divise en deux branches : l'une antérieure, *cochléenne*, se porte directement en avant et est destinée au limaçon; l'autre postérieure, *vestibulaire*, gagne en dehors et en arrière le vestibule et les canaux semi-circulaires. Leur trajet ultérieur sera étudié avec l'organe de l'ouïe.

Usages. — Ce nerf est destiné à transmettre les impressions acoustiques. Il n'est pas uniquement sensoriel, car il présente aussi quelques traces de sensibilité.

ARTICLE IX. — NEUVIÈME PAIRE. — NERF GLOSSO-PHARYNGIEN

Préparation. — Pour étudier les branches que fournit le glosso-pharyngien au-dessous du ganglion d'Andersch, voyez la préparation indiquée pour la portion cervicale du pneumogastrique. La même pièce pourra servir pour ces deux nerfs, pour le grand hypoglosse et le ganglion cervical supérieur. — Il est nécessaire, au contraire, pour étudier le ganglion d'Andersch et les branches qui en partent, de faire une préparation spéciale. Pour cela, on commencera par pratiquer la coupe connue, dans les amphithéâtres, sous le nom de *coupe du pharynx* (elle sera indiquée au chapitre qui traitera de ce conduit). On usera de ménagements au niveau du trou déchiré postérieur, de manière à laisser intacte la veine jugulaire, qu'on décollera avec précaution, et au-devant de laquelle on recherchera l'anastomose du facial avec le glosso-pharyngien. On isolera le ganglion d'Andersch et on trouvera l'origine du rameau de Jacobson. Il faudra alors, à l'aide de la gouge et du maillet, attaquer le rocher et enlevant sa paroi externe et en mettant à nu le promontoire, sur lequel on pourra suivre les branches du rameau de Jacobson; pour bien voir les anastomoses des pétreux profonds avec les pétreux superficiels, il faudra encore enlever la paroi supérieure de l'oreille moyenne. — L'exécution de cette préparation est très-délicate, elle demande de grands soins et une grande habitude de la gouge et du maillet. Pour la faciliter, nous croyons devoir recommander de petites gouges très-fines, qui ont l'avantage de ne pas faire d'éclats, mais qui ont l'inconvénient de rendre la préparation plus longue. — On peut encore, comme pour la portion intrarocheuse du facial, faire tremper pendant quelques jours le temporal dans l'acide chlorhydrique, ce qui permet alors d'attaquer l'os avec le scapel.

Le *glosso-pharyngien* émane du bulbe au niveau du sillon latéral, qui prolonge en haut le sillon collatéral postérieur de la moelle. Ce nerf est situé, à son origine apparente, entre l'auditif et le pneumogastrique. De même que le pneumogastrique et le spinal, le glosso-pharyngien est en réalité un nerf mixte; il a par conséquent deux noyaux, l'un, moteur, plus petit, qui se trouve dans les parties antéro-latérales du bulbe, et qui appartient à la continuation de la tête de la corne antérieure de la moelle; le second, noyau sensitif, est situé sur les côtés du plancher du quatrième ventricule, dans l'aile grise, continuation des cornes postérieures.

Aussitôt après son origine apparente, le glosso-pharyngien se porte en avant et en dehors pour gagner le trou déchiré postérieur. Il est entouré par une gaine arachnoïdienne, qui lui est commune avec le pneumogastrique et le spinal.

Il sort du crâne par la partie la plus interne du trou déchiré postérieur, en passant par un petit conduit spécial ostéo-fibreux, en avant du pneumogastrique et du spinal. A ce niveau le glosso-pharyngien se coude à angle droit et se renfle en un ganglion, *ganglion d'Andersch* (fig. 215, 6). Il descend alors en bas et en avant, passe avec le spinal et l'hypoglosse entre la carotide interne, qui est en dedans, et la jugulaire interne, qui est en dehors, contourne la carotide interne, lui devient antérieur (fig. 224, 3), passe entre les muscles stylo-pharyngien et stylo-glosse, s'applique sur les côtés du constricteur supérieur du pharynx, sur la face externe de l'amygdale et gagne, en remontant, la muqueuse du tiers postérieur de la langue, dans laquelle il se termine (fig. 224, 3). Dans ce trajet, le glosso-pharyngien décrit une courbe à concavité antérieure.

Le *ganglion d'Andersch* (fig. 215, 6) est un petit renflement grisâtre, ovoïde, de 0m,002 à 0m,003 de longueur. Il est situé dans une petite dépression que l'on trouve sur la face inférieure du rocher entre l'origine du canal carotidien et le golfe de la veine jugulaire.

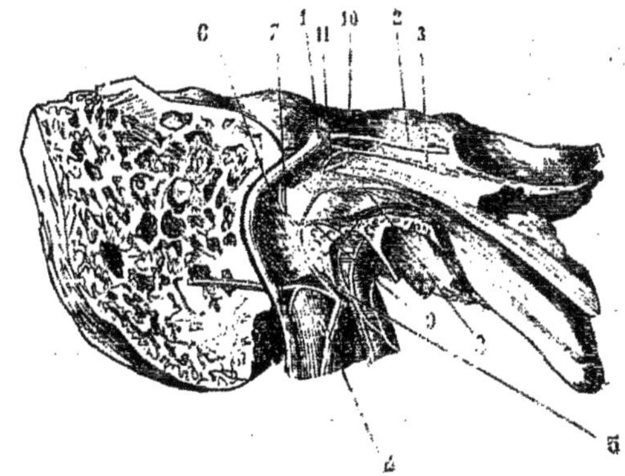

Fig. 222. — *Rameau de Jacobson* (d'après Arnold) (*).

De ce ganglion naît le *rameau de Jacobson*. Ce petit nerf très-grêle part de la partie antérieure du ganglion, gagne aussitôt un petit canal osseux, qui se dirige en haut et en dehors pour s'ouvrir dans la caisse du tympan. Le rameau de Jacobson se place alors dans une gouttière que lui présente le promontoire, se dirige en haut et se divise en six branches. Les deux premières se portent en arrière et vont, l'une à la muqueuse du pourtour de la fenêtre ronde, l'autre à celle du pourtour de la fenêtre ovale (fig. 222, 6 et 7). Les deux branches suivantes sont ascendantes et forment l'une, l'interne, le *grand nerf pétreux profond*, qui passe par un petit orifice situé sur la face supérieure du rocher près de l'hiatus de Fallope, pour s'unir au grand nerf pétreux superficiel (fig. 222, 10); la seconde, l'externe, le *petit nerf pétreux profond*, passe également par un orifice osseux situé non loin du précédent et s'unit au petit pétreux superficiel à peu de distance de la naissance de celui-ci (fig. 222, 11). Les filets terminaux du rameau de Jacobson, filets antérieurs, vont l'un en haut

(*) 1) Tronc du facial. — 2) Grand nerf pétreux superficiel. — 3) Petit nerf pétreux superficiel. — 4) Tronc du glosso-pharyngien. — 5) Rameau de Jacobson. — 6) Branche de la fenêtre ovale. — 7) Branche de la fenêtre ronde. — 8) Branche de la trompe d'Eustache. — 9) Branche anastomotique avec le grand sympathique. — 10) Grand nerf pétreux profond. — 11) Petit nerf pétreux profond.

et en avant à la muqueuse de la trompe d'Eustache (fig. 222, 8), l'autre presque directement en avant, à travers la paroi du canal carotidien, aux branches du ganglion cervical supérieur qui accompagnent la carotide (fig. 222, 9).

Le rameau de Jacobson fournit donc trois branches destinées à dès anastomoses et trois branches qui vont à des muqueuses.

Au-dessous du trou déchiré postérieur, le glosso-pharyngien reçoit un rameau anastomotique du pneumogastrique ; ce filet est très-grêle et dirigé de haut en bas et d'arrière en avant.

De la partie inférieure du ganglion d'Andersch part un filet qui se dirige en bas vers le rameau carotidien du ganglion cervical supérieur; il forme souvent un petit tronc commun avec un rameau semblable venu du pneumogastrique.

Nous avons décrit plus haut (voy. *Facial)* un rameau du facial qui se porte en dedans, en contournant la paroi antérieure de la veine jugulaire interne, et qui établit une anastomose avec le glosso-pharyngien. Ce rameau aboutit à ce nerf immédiatement au-dessous du ganglion d'Andersch.

Le glosso-pharyngien fournit ensuite successivement :

1° Immédiatement au-dessous du trou déchiré et du ganglion, le *rameau des muscles digastrique et stylo-hyoïdien*. Ce petit nerf se dirige en bas et en avant, fournit quelques filets non constants au stylo-pharyngien, en arrière duquel il passe, et se termine dans le stylo-hyoïdien et le ventre postérieur du digastrique, en s'anastomosant avec les filets que le facial envoie à ces muscles ;

2° Le *filet du muscle stylo-glosse*, qui naît au niveau du point où le glosso-pharyngien passe entre les muscles styliens. Il traverse le stylo-pharyngien sans lui abandonner de rameaux et s'unit au filet lingual du facial pour gagner avec lui les muscles stylo-glosse et glosso-staphylin et se terminer sur le dos de la base de la langue en s'anastomosant avec les ramifications terminales du glosso-pharyngien ;

3° Les *rameaux carotidiens*. — Ces rameaux sont au nombre de deux ou de trois; ils naissent à des hauteurs différentes et se dirigent en bas vers la bifurcation de la carotide primitive (fig. 223, 8). Ils s'anastomosent avec des filets analogues venus du pneumogastrique et du ganglion cervical supérieur, forment un plexus dit *intercarotidien,* au milieu duquel on trouve un ganglion, *ganglion intercarotidien* (voy. *Grand Sympathique)* ;

4° Les *rameaux pharyngiens*. — De nombre et d'origine variables, ces rameaux se portent en bas et en dedans vers les côtés du pharynx (fig. 223, 12 et 224, 18), s'unissent à des filets semblables venus du pneumogastrique, du spinal et du grand sympathique et constituent le *plexus pharyngien* (voyez *Pneumogastrique)* ;

5° Les *rameaux tonsillaires*. — Ils naissent au moment où le glosso-pharyngien contourne la face externe de l'amygdale, sont assez nombreux, s'anastomosent entre eux en formant un petit *plexus tonsillaire* et se perdent enfin dans la muqueuse des amygdales, des piliers et de la face inférieure du voile du palais.

A la base de la langue, le glosso-pharyngien se place à égale distance de la partie moyenne et du bord de l'organe, se divise en plusieurs branches, qui se subdivisent à leur tour et fournissent des rameaux nombreux, anastomosés

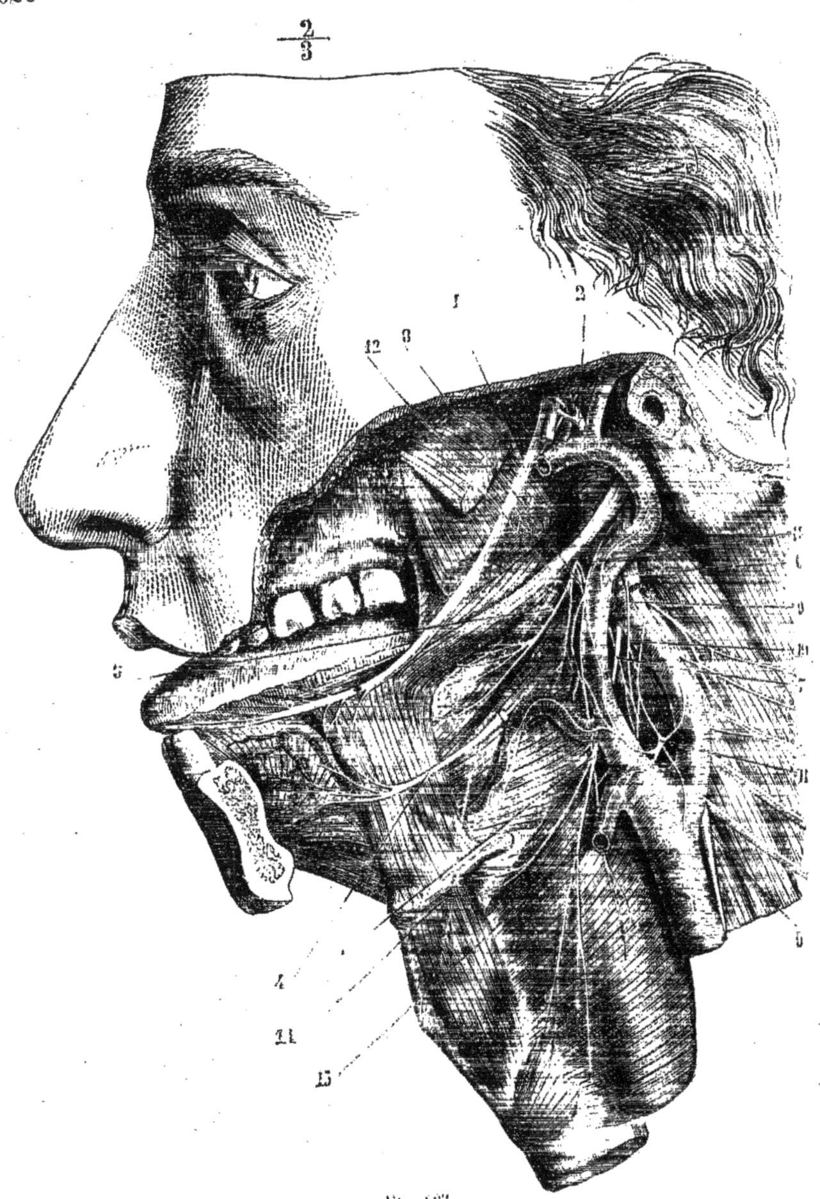

FIG. 223.

Nerfs lingual, glosso-pharyngien, grand hypoglosse, plexus et ganglion intercarotidiens (*).

(*) Le ganglion sous-maxillaire a été enlevé avec la glande de ce nom pour montrer les anastomoses en arcade des branches du lingual avec celles de l'hypoglosse. — 1) Nerf lingual. — 2) Nerf temporal superficiel sectionné. — 3) Nerf glosso-pharyngien. — 4) Nerf grand hypoglosse, dont une portion a été excisée. — 5) Ganglion cervical supérieur, dont on ne voit que l'extrémité inférieure. — 6) Nerf pneumogastrique sectionné. — 7) Nerf laryngé supérieur. — 8) Rameaux intercarotidiens du glosso-pharyngien. — 9) Rameaux intercarotidiens du pneumogastrique. — 10) Rameaux intercarotidiens du grand sympathique. — 11) Ganglion intercarotidien. — 12) Rameaux pharyngiens du glosso-pharyngien. — 13) Rameaux pharyngiens du pneumogastrique. — 14) Branche du muscle thyro-hyoïdien. — 15) Nerf laryngé externe.

entre eux de manière à constituer le *plexus lingual*, dont les filets terminaux sont destinés à la muqueuse du tiers postérieur de la langue. Autour du foramen cæcum, on voit les filets d'un côté s'unir à ceux du côté opposé, en formant le *plexus circulaire du trou borgne* signalé par Huguier et par Valentin.

Usages. — Le glosso-pharyngien est un nerf mixte, chargé de transmettre deux espèces de sensations : l'une sensorielle et gustative, l'autre de sensibilité générale; par ses filets moteurs il détermine des contractions dans les muscles constricteurs du pharynx et stylo-pharyngien. Après sa section, l'irritation de son bout supérieur détermine des contractions par mouvements réflexes.

ARTICLE X. — DIXIÈME PAIRE. — NERF PNEUMOGASTRIQUE OU NERF VAGUE

Préparation. — Il nous semble nécessaire de diviser la préparation en plusieurs parties correspondantes aux trois portions de ce nerf.

1° La coupe du pharynx donne les meilleurs résultats pour l'étude de la portion tout à fait supérieure du pneumogastrique ; elle permet d'étudier les différents rameaux anastomotiques et les rapports des nerfs entre eux ; mais nécessairement elle oblige à sacrifier les anastomoses avec l'arcade des branches antérieures des deux premiers nerfs rachidiens, qui ne peut être vue que par une coupe latérale.

2° *Portion cervicale.* — On commencera par inciser la peau sur la partie médiane du cou et de la mâchoire inférieure, on fendra la commissure des lèvres jusqu'au niveau de la branche montante du maxillaire, et on fera tomber sur cette incision une nouvelle section verticale passant au niveau de la saillie de la pommette. Après avoir enlevé le pavillon de l'oreille et disséqué ce grand lambeau d'avant en arrière jusqu'au delà de l'apophyse mastoïde, enlever le muscle sterno-cléido-mastoïdien à ses insertions supérieures et inférieures, sectionner le petit muscle omo-hyoïdien, retrancher les artères et les veines, faire passer deux traits de scie obliques, l'un, d'arrière en avant et de dehors en dedans, à travers la portion mastoïdienne du rocher jusque vers le trou déchiré postérieur, et le second, oblique d'avant en arrière et de dehors en dedans, à travers la grande aile du sphénoïde et le rocher jusqu'au niveau du même trou; achever cette section au moyen de la gouge et du maillet pour dégager les nerfs qui sortent par cette ouverture, poursuivre alors le tronc de la dixième paire et les rameaux qui en partent. Arrivé à la racine du cou, voir à droite le passage du nerf entre la veine et l'artère sous-clavière droite, et l'anse que forme le récurrent en embrassant la face inférieure de cette dernière.

Pour les nerfs du larynx, il faudra, après avoir étudié leur origine, faire l'ablation de cet organe en sectionnant les parties molles aussi haut que possible, et en enlevant la langue en même temps. On aura soin de faire porter la section inférieure à quelque distance au-dessous du cartilage cricoïde, de manière à conserver un bout de la trachée et un morceau de l'œsophage. Après avoir enlevé les muscles superficiels et avoir étudié le laryngé externe et le laryngé supérieur, on enlèvera une partie latérale du cartilage thyroïde en faisant porter la coupe à $0^{m},005$ environ en dehors de la ligne médiane. On découvrira minutieusement les muscles intrinsèques et les branches que le laryngé inférieur leur fournit, et sur la face postérieure du crico-arythénoïdien postérieur on trouvera l'anastomose de Galien immédiatement au-dessous de la muqueuse.

3° *Portion thoracique.* — On passera alors à l'étude des nerfs cardiaques et des rameaux bronchiques. Pour cela, on ouvrira largement le thorax et l'on procédera d'abord à la préparation des rameaux cardiaques, on trouvera ensuite le ganglion de Wrisberg, les nerfs qui s'y rendent et ceux qui en partent (nous aurons à revenir sur cette préparation en décrivant le sympathique). Après avoir étudié les rameaux précédents, on réclinera les poumons de dehors en dedans, de manière à découvrir leur partie postérieure, on verra la manière dont les pneumogastriques se comportent en croisant la racine des bronches, et on commencera à préparer le plexus pulmonaire ; mais, pour achever cette préparation, nous recommandons de sortir de la poitrine le cœur et les poumons.

4° *Portion abdominale.* — Ouvrir largement l'abdomen, sectionner d'avant en arrière le diaphragme jusqu'à son ouverture œsophagienne et rejeter latéralement et en haut les deux lambeaux, suivre le pneumogastrique gauche sur la face antérieure de l'estomac, relever le foie de bas en haut et préparer entre les deux lames de l'épiploon gastro-hépatique les branches destinées à cet organe. Soulever alors l'estomac, le rejeter vers la gauche et étudier le pneumogastrique droit, les branches qu'il fournit à la face postérieure de l'estomac et celle qui va au ganglion semi-lunaire.

Le nerf *pneumogastrique* ou nerf *vague* a son origine apparente sur le sillon latéral du bulbe, au-dessous du glosso-pharyngien et au-dessus des racines bulbaires du spinal.

Pour son origine réelle, nous renvoyons à ce que nous avons dit plus haut de celle du glosso-pharyngien, parce que les deux noyaux moteur et sensitif que nous avons décrits sont communs à ces deux nerfs et à la portion bulbaire du spinal.

Le pneumogastrique sort du bulbe par un certain nombre de racines distinctes, qui se réunissent successivement de manière à former un faisceau aplati et triangulaire, dont la base est au bulbe. Ainsi constitué, le cordon nerveux se dirige en haut et en dehors, entre le glosso-pharyngien qui est en avant et le spinal qui est en arrière ; il gagne le trou déchiré postérieur, à travers lequel il sort du crâne par une ouverture ostéo-fibreuse, qui lui est commune avec le spinal. Dans ce trajet intra-crânien, le pneumogastrique est enveloppé par une gaine arachnoïdienne commune aux trois nerfs des neuvième, dixième et onzième paires. Le canal ostéo-fibreux, qu'il traverse dans le trou déchiré, se trouve en arrière et en dehors de celui du glosso-pharyngien, en dedans et en avant de l'origine de la jugulaire interne.

Le long trajet du pneumogastrique, étendu du crâne à l'estomac, au foie et au ganglion semi-lunaire, permet de lui considérer trois parties : *cervicale*, *thoracique*, *abdominale*. Nous étudierons successivement les rapports du nerf dans ces trois régions, les anastomoses avec les nerfs voisins, les branches collatérales qu'il fournit, et enfin sa terminaison.

1° *Portion cervicale.* — Au-dessous du trou déchiré postérieur et souvent même dans l'intérieur de ce trou, le pneumogastrique présente un premier ganglion, *ganglion jugulaire*, d'un petit volume, d'une forme ovoïde, auquel viennent aboutir les anastomoses parties du tronc du facial, du ganglion d'Andersch, ainsi que des filets émanés du tronc du spinal. Immédiatement au-dessous de ce premier ganglion, le pneumogastrique se renfle de nouveau en une masse beaucoup plus longue, fusiforme, mesurant en général $0^m,025$ à $0^m,03$ de longueur ; on lui a donné le nom de *plexus gangliforme*. Dans ce second renflement viennent se jeter la branche interne du spinal, des filets du grand hypoglosse, un ou deux rameaux venus de l'arcade formée par les branches antérieures des deux premières paires cervicales et enfin des rameaux du ganglion cervical supérieur.

Le plexus gangliforme est situé en arrière de la carotide interne, en dedans, en avant et un peu au-dessus du ganglion cervical supérieur du grand sympathique. Il est contourné en pas de vis par le tronc de l'hypoglosse, qui d'abord répond à son côté postérieur, puis à son côté externe et enfin à son côté antérieur.

Au-dessous de ce second renflement, le pneumogastrique descend à peu près verticalement, en dedans du cordon du sympathique dans l'angle curviligne formé par la carotide interne et la jugulaire interne. Le nerf est contenu dans la gaine des vaisseaux et offre avec les muscles prévertébraux les mêmes rapports que ceux-ci.

2° *Portion thoracique.* — A la racine du cou, en raison même de la différence que présente la disposition des troncs artériels à droite et à gauche, le pneumogastrique droit passe entre l'artère et la veine sous-clavières en les croisant verticalement, tandis que celui du côté gauche descend parallèlement entre les artères carotide primitive et sous-clavière gauche, pour croiser, dans la partie supérieure du thorax, la face antérieure de la crosse de l'aorte au moment où celle-ci se dirige en arrière et à gauche.

A partir de ce point, les différences de rapports des deux pneumogastriques s'accentuent de plus en plus.

Le nerf du côté droit se dirige en bas et en arrière vers l'œsophage, se place dans le sillon qui sépare ce conduit d'avec la trachée, fournit au niveau de la bifurcation de celle-ci des filets nombreux, qui s'anastomosent avec ceux venus du pneumogastrique gauche pour former le plexus pulmonaire, gagne le bord droit, puis la face postérieure du canal œsophagien et pénètre avec lui dans l'abdomen à travers l'ouverture œsophagienne du diaphragme.

Le pneumogastrique gauche, après avoir croisé la face antérieure de la crosse aortique, passe verticalement en arrière de la bronche gauche, fournit les rameaux du plexus pulmonaire, gagne le côté antérieur de l'œsophage, sur lequel il s'applique, et arrive dans l'abdomen en passant par l'ouverture œsophagienne du diaphragme.

3° *Portion abdominale.* — Arrivé dans l'abdomen, le pneumogastrique gauche ou antérieur se termine sur la face antérieure de l'estomac et dans le foie. Les branches destinées à ce dernier viscère cheminent entre les feuillets de l'épiploon gastro-hépatique et gagnent le sillon transverse.

Le nerf vague du côté droit ou postérieur, dans sa portion abdominale, fournit quelques rameaux à la face postérieure de l'estomac et vient aboutir au ganglion semi-lunaire droit, qu'il aborde par son extrémité interne, tandis que dans l'extrémité externe du même ganglion vient se jeter le nerf grand splanchnique, branche du sympathique. Par leur réunion au ganglion semi-lunaire, ces deux nerfs forment ensemble une arcade à concavité supérieure, qui est décrite sous le nom d'*anse mémorable de Wrisberg.*

Les *anastomoses* que le pneumogastrique reçoit ou envoie sont :

1° Un rameau du ganglion d'Andersch, qui aboutit au ganglion jugulaire (voy. *Glosso-pharygien*) ;

2° Un rameau du facial, rameau de la fosse jugulaire, que nous avons décrit plus haut (voy. *Facial*); il vient aussi se jeter dans le ganglion jugulaire. A ce rameau s'accole toujours un filet émané du pneumogastrique, qui chemine en sens inverse, se porte en haut et en dehors, croise le tronc du facial dans l'intérieur de l'aqueduc de Fallope et lui abandonne une branche. Il pénètre alors dans l'épaisseur de l'apophyse mastoïde et se divise en deux branches, dont l'une est destinée à la membrane du tympan, tandis que l'autre va s'épuiser dans la peau de la paroi supérieure du fond du conduit auditif externe. Il est impossible, après les expériences de Cl. Bernard, de nier que ce filet, *rameau auriculaire*, ne vienne du pneumogastrique ; c'est à lui, en effet, que le facial doit sa sensibilité à la sortie du trou stylo-mastoïdien ;

3° Quelques filets que le tronc du spinal envoie au ganglion jugulaire ;

4° La branche interne du spinal, qui au-dessous du trou déchiré postérieur

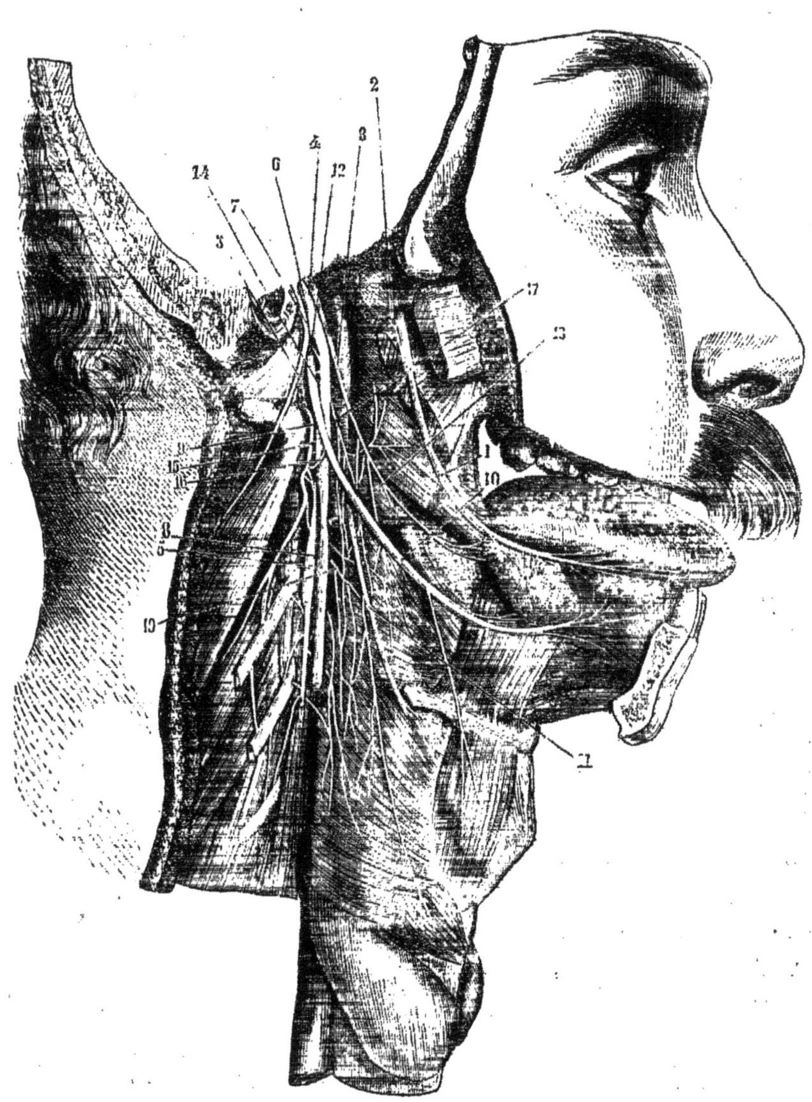

Fig. 224. — *Glosso-pharyngien. Pneumogastrique. Spinal et grand hypoglosse au cou* (*).

(*) 1) Nerf lingual. — 2) Corde du tympan. — 3) Nerf glosso-pharyngien. — 4) Ganglion d'Andersch. — 5) Nerf pneumogastrique. — 6) Ganglion jugulaire. — 7) Nerf spinal. — 8) Ganglion cervical supérieur. — 9) Arcade formée par les branches antérieures des deux premières paires cervicales. — 10) Nerf grand hypoglosse. — 11) Nerf laryngé supérieur. — 12) Branche interne du spinal. — 13) Branche externe du spinal. — 14) Anastomose du grand hypoglosse avec le plexus gangliforme. — 15) Anastomose de l'arcade des deux premiers nerfs cervicaux avec le plexus gangliforme. — 16) Anastomose de cette arcade avec le grand hypoglosse. — 17) Rameaux pharyngiens du pneumogastrique. — 18) Rameaux pharyngiens du glosso-pharyngien. — 19) Rameaux pharyngiens du ganglion cervical supérieur.

se détache du tronc de la onzième paire, se porte en avant et en bas et se jette dans le plexus gangliforme ; elle s'unit au nerf pneumogastrique, et forme les branches pharyngiennes, laryngée externe et laryngée inférieure de ce nerf (fig. 224, 12) ;

5° Au moment où le grand hypoglosse contourne le plexus gangliforme ; il lui abandonne deux ou trois filets, qui s'y perdent (fig. 224, 14) ;

6° Quelques rameaux constants, mais de nombre variable, qui tirent leur origine de l'arcade formée par les branches antérieures des deux premiers nerfs rachidiens ; ils aboutissent au bord postérieur du plexus gangliforme (fig. 224, 15) ;

7° Des filets anastomotiques, variables de nombre et de direction, partent du ganglion cervical supérieur, situé presque parallèlement au plexus gangliforme, dans lequel ils se jettent.

8° Dans son trajet au cou, le pneumogastrique reçoit encore quelques filets des ganglions cervicaux moyen et inférieur, ainsi que du premier ganglion dorsal.

Les branches collatérales du pneumogastrique peuvent être divisées, suivant leur origine, en branches cervicales et dorsales.

§ I. — Branches cervicales

1° *Rameaux pharyngiens.* — Des rameaux, au nombre de deux, trois ou quatre, partent de la partie supérieure du plexus gangliforme, se portent en bas et en avant, contournent la carotide interne en passant en dehors d'elle (fig. 224, 17) et vont sur le côté externe du pharynx s'anastomoser avec des rameaux venus du glosso-pharyngien (fig. 224, 18) et du ganglion cervical supérieur (fig. 224, 19) pour constituer le *plexus pharyngien.* Ce plexus forme des mailles très-irrégulières et très-allongées, dont les rameaux terminaux se perdent dans les muscles et la muqueuse du pharynx.

Des rameaux pharyngiens du pneumogastrique partent des filets qui viennent aboutir au plexus intercarotidien et au ganglion de ce nom (fig. 223, 9).

2° *Nerf laryngé supérieur.* — Ce nerf naît du côté interne du plexus gangliforme, et se porte en bas et en dedans en passant entre la carotide interne et les parois du pharynx. Il décrit alors une courbure à concavité antérieure, devient ensuite à peu près horizontal et longe le bord inférieur de la grande corne de l'os hyoïde.

Un peu plus loin, le nerf laryngé supérieur passe entre le muscle thyro-hyoïdien et la membrane du même nom, traverse cette membrane (fig. 225, 3) et se divise en branches nombreuses destinées à la muqueuse de la portion sus-glottique du larynx. Parmi ces branches, les unes sont ascendantes et vont à la muqueuse des deux faces de l'épiglotte et à celle de la base de la langue jusqu'auprès du trou borgne (fig. 225, 4) ; d'autres sont transversales ou légèrement descendantes et vont à la muqueuse des replis ary-épiglottiques et à celle de l'ouverture supérieure du larynx. Un de ces derniers filets, connu sous le nom de *rameau de Galien*, descend sur la face postérieure du muscle crico-arythénoïdien postérieur, immédiatement au-dessous de la muqueuse, et va s'anastomoser avec un filet ascendant venu du laryngé inférieur (fig. 225, 5).

Le laryngé supérieur, à quelque distance au-dessus de la grande corne de l'os hyoïde et quelquefois en dedans de la carotide interne, fournit un rameau assez grêle, *nerf laryngé externe* (fig. 225, 2), qui se porte en bas, en avant et en dedans sur la face externe du muscle constricteur inférieur du pharynx, lui abandonne quelques filets et gagne le muscle crico-thyroïdien. Il innerve ce muscle, traverse ensuite la membrane crico-thyroïdienne et va se distribuer à la muqueuse de la partie sous-glottique du larynx et à celle du ventricule de la glotte.

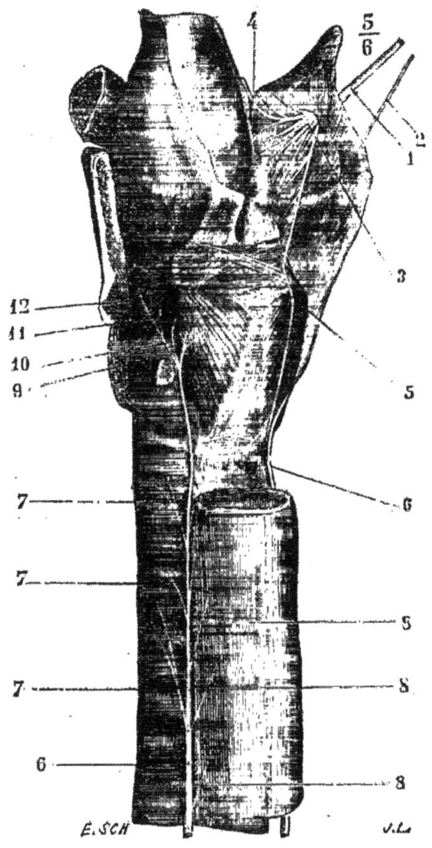

Fig. 225. — *Nerfs du larynx* (*).

3° *Nerf laryngé inférieur* ou *nerf récurrent*. — L'origine de ce nerf diffère à droite et à gauche. Celui du côté droit naît au-devant de l'artère sous-

(*) 1) Nerf laryngé supérieur. — 2) Nerf laryngé externe. — 3) Passage du nerf laryngé supérieur à travers la membrane thyro-hyoïdienne. — 4) Branches supérieures ou glosso-épiglottiques de ce nerf. — 5) Anastomose entre le laryngé supérieur et le laryngé inférieur, ou rameau de Galien. — 6) Nerf laryngé inférieur. — 7, 7, 7) Ses rameaux trachéens. — 8, 8, 8) Ses rameaux œsophagiens. — 9) Rameau du muscle crico-arythénoïdien postérieur. — 10) Rameau du muscle ary-arythénoïdien, qui passe sous le tendon du précédent. — 11) Rameau du muscle crico-arythénoïdien latéral. — 12) Rameau du muscle thyro-arythénoïdien.

clavière, contourne ce vaisseau d'avant en arrière et de bas en haut en formant une anse à concavité supérieure, qui l'embrasse, remonte alors sur la partie latérale de l'œsophage et passe au-dessous du bord inférieur du muscle constricteur inférieur, pour aboutir à la partie postérieure du larynx, où il s'engage dans la gouttière que forment les cartilages cricoïde et thyroïde (fig. 225, 6,6)

Le nerf laryngé inférieur du côté gauche est plus long et un peu plus volumineux que son homologue. Il nait plus bas et embrasse la crosse de l'aorte, de la même manière que celui-ci embrasse la sous-clavière (fig. 226, 2). Il remonte alors dans l'angle curviligne que forment la trachée et l'œsophage, s'engage sous le constricteur inférieur comme celui du côté droit et suit le même trajet. Il est à remarquer que de ces deux nerfs, l'un, celui du côté droit, est appliqué sur la face latérale de l'œsophage, tandis que celui du côté gauche répond au bord antéro-latéral de ce conduit. Les branches que donnent les nerfs récurrents sont : *a)* des rameaux trachéens et œsophagiens multiples (fig. 225, 7, 8); *b)* des filets au muscle constricteur inférieur du pharynx; *c)* un filet anastomotique avec le rameau de Galien, venu du laryngé supérieur; *d)* des rameaux à tous les muscles intrinsèques du larynx, sauf le crico-thyroïdien; celui qui est destiné au muscle ary-arythénoïdien passe d'ordinaire au-dessous du tendon du muscle crico-arythénoïdien postérieur (fig. 225, 10).

Les nerfs récurrents, surtout celui du côté gauche, rarement celui du côté droit, fournissent encore des *rameaux cardiaques*, qui vont se joindre aux rameaux cardiaques nés directement du pneumogastrique et du sympathique, pour former le plexus cardiaque et aboutir au ganglion de Wrisberg.

§ II. — Branches thoraciques

1° *Rameaux cardiaques.* — Il en est qui naissent de la portion cervicale du pneumogastrique ; d'autres proviennent de sa portion thoracique ; leur nombre est variable. Les premiers sont assez longs et obliques de haut en bas et de dehors en dedans; ceux du côté droit croisent la sous-clavière, ceux du côté gauche la crosse de l'aorte (fig. 226, 3); ils aboutissent au ganglion de Wrisberg et au plexus cardiaque. Dans leur trajet, ces rameaux s'anastomosent toujours et s'accolent quelquefois aux nerfs cardiaques venus du sympathique. Les rameaux cardiaques, nés de la portion thoracique du pneumogastrique, sont au nombre de deux ou trois et vont, avec les précédents et des rameaux du même nom venus du récurrent, se perdre dans le ganglion de Wrisberg et le plexus cardiaque. Nous décrirons ce ganglion et les branches qui en émanent avec la portion thoracique du grand sympathique.

2° *Rameaux pulmonaires.* — Ces rameaux sont très nombreux; les uns naissent au-dessus de la bifurcation de la trachée et se portent sur la face antérieure des bronches; d'autres, beaucoup plus nombreux, tirent leur origine du pneumogastrique au moment où ce nerf croise la face postérieure des bronches, entre la face antérieure de l'œsophage et la paroi postérieure de l'oreillette gauche, et se rendent à la face postérieure des canaux bronchiques. Cette différence dans la disposition des filets pulmonaires les a fait diviser en *rameaux pulmonaires antérieurs* et *rameaux pulmonaires postérieurs ;* mais cette division est sans aucune importance.

Tous les rameaux pulmonaires antérieurs et postérieurs s'anastomosent, ceux du côté droit avec ceux du côté gauche et de plus avec des rameaux venus des quatre premiers ganglions dorsaux du sympathique, pour former un plexus considérable, *plexus pulmonaire*, divisé par les auteurs en *plexus pulmonaire antérieur* et *plexus pulmonaire postérieur*. Les rameaux de ce plexus communiquent ensemble, en entourant la racine des bronches et toute la circonférence de ces canaux aériens. Du plexus pulmonaire partent : *a)* des filets destinés à la partie inférieure de la trachée ; *b)* des filets œsophagiens ; *c)* des filets péricardiques, et *d)* des filets bronchiques de beaucoup les plus nombreux, qui accompagnent les bronches dans l'intérieur du poumon, tout en conservant leur disposition plexiforme. (Pour leur distribution ultérieure, voy. *Poumon.)*

3° *Rameaux œsophagiens*. — Chez l'homme, ces rameaux sont extrêmement nombreux ; ils embrassent la surface de l'œsophage et forment le *plexus œsophagien*, dont l'intrication des filets est des plus compliquées. D'après Kollmann [1], le pneumogastrique droit est un peu plus volumineux au delà de ce plexus qu'au moment où il y pénètre, ce qui tendrait à établir qu'il reçoit du pneumogastrique gauche plus de filets qu'il n'en abandonne au plexus œsophagien.

§ III. — Branches abdominales ou terminales

1° *Pneumogastrique gauche* ou *antérieur*. — Arrivé au niveau de la face antérieure du cardia, l'on voit souvent ce nerf former une sorte de *plexus cardiaque*, qui se présente quelquefois sous la forme d'une plaque nerveuse à mailles arrondies et serrées, mais qui peut affecter aussi d'autres formes et n'être même qu'une sorte de demi-anneau assez peu distinct. Après ce plexus, que Valentin a cru devoir subdiviser en un certain nombre de plexus secondaires, le nerf vague du côté gauche gagne la face antérieure de l'estomac et se divise en branches destinées à cet organe et en branches qui vont au foie. Les premières, *branches stomacales*, accompagnent les divisions de l'artère coronaire stomachique et s'anastomosent avec les rameaux du sympathique qui enlacent ces divisions artérielles. Parmi ces branches, il en est qui se dirigent tout à fait à droite, vers l'artère pylorique, et qui semblent l'accompagner jusqu'au plexus hépatique et au plexus cystique. Kollmann a démontré, contrairement à Valentin et à Sappey, que ces filets ne font que s'accoler d'abord aux rameaux sympathiques pour s'en détacher bientôt et retourner au petit cul-de-sac de l'estomac. Les *branches hépatiques* du pneumogastrique gauche se dirigent de gauche à droite et cheminent entre les deux lames de l'épiploon gastro-hépatique. Kollmann a voulu se rendre compte du rapport de quantité qui existe entre le nombre des filets que le pneumogastrique gauche envoie au foie et celui de ses filets stomacaux ; il résulte de ses calculs que les premiers sont aussi nombreux que les seconds.

2° *Pneumogastrique droit ou postérieur*. — Ce nerf est situé d'abord sur le côté postérieur du cardia, et abandonne quelques rameaux (un tiers de ses fibres, d'après Kollmann) à la face postérieure de l'estomac. La majeure partie du pneumogastrique droit va ensuite aboutir au ganglion semi-lunaire droit, qu'il aborde par sa partie interne, tandis que le grand splanchnique, branche du sympathique, vient se jeter dans l'extrémité externe du même ganglion. La

(1) Kollmann, *Ueber den Verlauf der Lungenmagennerven in der Bauchhöhle*. Leipzig, 1860. Avec deux planches photographiées.

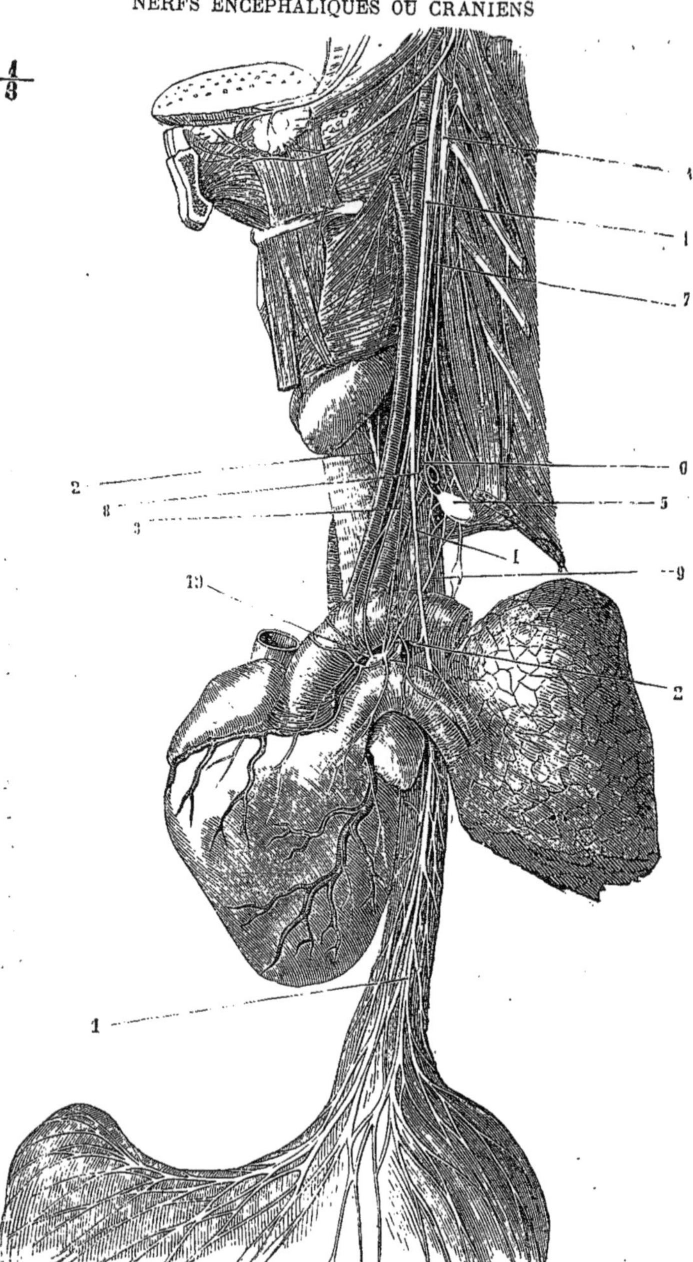

FIG. 226. — *Pneumogastrique du côté gauche. Grand sympathique au cou. Plexus cardiaque et ganglion de Wrisberg* (*).

(*) 1, 1, 1) Nerf pneumogastrique gauche. — 2, 2) Nerf récurrent gauche embrassant la crosse de l'aorte et remontant entre la trachée et l'œsophage. — 3) Rameau cardiaque venu du pneumogastrique. — 4) Ganglion cervical supérieur du sympathique. — 5) Ganglion cervical inférieur. — 6) Arcade du sympathique entourant l'artère sous-clavière. — 7) Rameau cardiaque sympathique supérieur. — 8) Rameau cardiaque sympathique moyen. — 9) Rameau cardiaque sympathique inférieur. — 10) Ganglion de Wrisberg et plexus cardiaque.

réunion de ces deux anastomoses forme, avec cette masse nerveuse, une arcade dite *anse mémorable de Wrisberg*. Outre cette branche destinée au ganglion semi-lunaire, le pneumogastrique droit semble fournir des rameaux extrêmement ténus, qui se rendent directement au pancréas, à la rate, au plexus rénal, en s'anastomosant avec des rameaux du sympathique; quelques-uns semblent même aller, à travers le mésentère, jusque sur l'intestin grêle. Pour quelques auteurs allemands, les filets que le pneumogastrique droit envoie au ganglion semi-lunaire ne feraient que s'y accoler, pour gagner de là les organes splanchniques en s'anastomosant avec des rameaux du sympathique. Cette complication de description nous semble d'autant plus minutieuse que nous ne pensons pas qu'il soit possible, même au microscope, d'élucider cette question, en raison du mélange inextricable des fibres nerveuses.

Usages du pneumogastrique. — L'étude de la physiologie de ce nerf n'est pas encore assez complète pour qu'il nous soit possible de la retracer en quelques lignes; il nous faudrait un chapitre tout entier pour relater et discuter toutes les opinions émises en ces derniers temps seulement. Nous renvoyons aux travaux de Sédillot, de Cl. Bernard, de Schiff, de Brown-Séquard, etc., et nous nous bornons à faire remarquer que la motricité que possède le pneumogastrique ne semble pas lui être propre, qu'elle appartient à ses anastomoses et surtout à celles qu'il reçoit du spinal. C'est, en effet, la branche interne de ce nerf qui forme les rameaux destinés à innerver les muscles du larynx et du pharynx, et cependant Cl. Bernard a fait observer qu'en irritant le pneumogastrique dans le crâne, on obtient des mouvements du larynx et du pharynx, quoique l'anastomose avec le spinal n'ait pas encore eu lieu. Quant à l'action du nerf vague sur le cœur, nous croyons démontré aujourd'hui, malgré les critiques de Moleschott, que c'est à lui qu'il faut attribuer la régularisation des battements, qui s'accélèrent considérablement quand on vient à le sectionner, qui se ralentissent au contraire quand on l'irrite. Il est donc un nerf d'arrêt *(Hemmungsnerv)* du cœur. Dans la respiration, il semble être chargé de transmettre une sensation inconsciente qui réagit sur les cordons latéraux du bulbe et de la moelle, en excitant ces nerfs chargés d'imprimer la motricité aux muscles respirateurs. Cette sensation lui est peut-être fournie par la proportion trop considérable d'acide carbonique contenue dans le sang au moment où l'inspiration est devenue nécessaire.

ARTICLE XI. — ONZIÈME PAIRE. — NERF SPINAL OU NERF ACCESSOIRE DE WILLIS

Préparation. — La même que pour la portion cervicale du pneumogastrique; seulement, au lieu d'enlever complétement le muscle sterno-cléido-mastoïdien, on le sectionnera vers son tiers supérieur en rejetant en bas et en arrière ses deux tiers inférieurs.

Le *nerf spinal* naît par deux sortes de racines : les unes, supérieures ou *bulbaires*, forment un faisceau distinct, dont l'origine est au bulbe au-dessous de celles du pneumogastrique; les secondes, inférieures ou *médullaires*, proviennent de la portion cervicale de la moelle épinière (fig. 174, 7). Ces dernières s'étendent d'ordinaire jusque vers l'origine de la cinquième paire cervicale et peuvent même descendre jusque auprès de l'origine de la première paire dorsale. Elles se trouvent entre les racines antérieures et les racines postérieures des paires rachidiennes et remontent sur la face postérieure du ligament dentelé. Ces filets, d'origine médullaire, sont obliques de bas en haut, de dedans en dehors et se réunissent successivement sur un tronc commun. Les plus inférieurs sont presque verticaux et très-courts, de telle manière que plus leur tronc remonte, plus il s'éloigne de la moelle.

Les racines bulbaires du spinal possèdent un noyau sensitif et un noyau moteur qui leur sont communs avec les nerfs de la neuvième et de la dixième paire.

Dès que le tronc des racines médullaires a dépassé le niveau de la première paire cervicale, il s'incline en dehors vers le trou déchiré postérieur et reçoit les racines bulbaires, qui ne font que s'y accoler pour s'en détacher plus loin, ainsi que nous allons le voir. Tantôt c'est dans la cavité crânienne que ces deux faisceaux se réunissent, tantôt ce n'est qu'au niveau du trou déchiré postérieur que se fait cette union.

Dans le crâne, le spinal est contenu dans la même gaîne arachnoïdienne que le glosso-pharyngien et le pneumogastrique ; dans le trou déchiré il se trouve au devant et un peu en dedans de la jugulaire interne, en arrière du pneumogastrique, avec lequel il sort par un canal ostéo-fibreux commun.

Au moment où le faisceau médullaire croise les racines postérieures de la première paire cervicale, il s'anastomose avec elles. Cette anastomose n'est pas constante et se borne souvent à un simple adossement [1]. Pendant son passage à travers le trou déchiré, le spinal envoie quelques filets au ganglion jugulaire du pneumogastrique et en reçoit quelques autres partis du même ganglion ; c'est donc un échange de filets qui s'opère entre ces deux nerfs.

Aussitôt après être sorti du trou déchiré postérieur, le nerf de la onzième paire se divise en deux branches : l'une interne, l'autre externe.

La *branche interne*, formée exclusivement par les racines bulbaires, se porte en avant et en bas, s'accole immédiatement au plexus gangliforme (fig. 224, 12) et va constituer la majeure partie des rameaux pharyngiens, du laryngé externe et du laryngé inférieur, qui semblent naître du pneumogastrique et que nous avons décrits avec ce nerf.

La *branche externe*, dont les racines médullaires forment les éléments, est plus volumineuse que la précédente (fig. 224, 13). Elle se porte en bas, en dehors et un peu en arrière, passe d'abord entre la jugulaire et la carotide internes, descend en croisant la face interne des muscles digastrique et stylo-hyoïdien (fig. 231, 1) et se place en arrière du bord inférieur de la glande parotide, mais sans pénétrer dans la loge fibreuse de cette glande.

La branche externe du spinal croise ensuite la face profonde du muscle sterno-cléido-mastoïdien, traverse quelquefois ce muscle, lui abandonne quelques rameaux (fig. 231, 1), croise obliquement le creux sus-claviculaire entre la face inférieure du peaucier et la face supérieure du splénius et s'engage sous le bord du trapèze à environ $0^{m},04$ ou $0^{m},05$ au-dessus de la clavicule (fig. 230, 11). Elle se termine dans ce muscle en rameaux divergents. Ces rameaux trapéziens de même que ceux qui sont destinés au sterno-mastoïdien, s'anastomosent dans ces muscles avec des filets du plexus cervical.

Usages. — Le nerf spinal est mixte, mais principalement moteur ; la sensibilité qu'il manifeste quand il est irrité est due soit aux filets anastomotiques que lui fournit la racine postérieure du premier nerf rachidien, soit à ceux qu'il reçoit du pneumogastrique dans son passage à travers le trou déchiré, soit aux filets sensitifs qui lui sont propres. Après la section de sa branche interne, les

[5] Le ganglion que Huber a décrit à ce niveau n'existe pas.

muscles de la glotte et du pharynx peuvent encore se contracter quand on excite le pneumogastrique ; le nerf vague envoie donc à ces muscles des filets indépendants de ceux du spinal. La respiration continue normalement après la section de la branche interne des deux spinaux, mais la voix est abolie. Quant à la branche externe, elle innerve les deux muscles auxquels elle se distribue ; mais ces muscles reçoivent, en outre, des rameaux du plexus cervical. Aussi quand le spinal est arraché ou que la branche externe est coupée, ces muscles peuvent encore se contracter, mais ils ne peuvent plus immobiliser le thorax au moment de l'effort. Dans le chant, le trapèze et le sterno-mastoïdien sont contractés de manière à empêcher un écoulement trop rapide de l'air contenu dans la poitrine et à adapter ainsi l'organe respiratoire à son rôle de porte-vent ; si la branche externe du spinal est coupée, cette action n'est plus possible ; si la branche interne est restée intacte, le son peut encore être produit, mais il ne saurait plus être modulé, et la voix devenue entrecoupée ne peut plus dépasser en longueur la durée de l'expiration ordinaire [1].

ARTICLE XII. — DOUZIÈME PAIRE. — NERF GRAND HYPOGLOSSE

Préparation. — 1° Pour la partie supérieure, même préparation que pour la portion cervicale du pneumogastrique, mais on aura soin de ne pas enlever les artères carotides ; 2° pour la partie inférieure comme pour le lingual ; 3° pour la branche descendante comme pour le plexus cervical profond (voy. plus loin).

Ce nerf a son origine apparente dans le sillon qui sépare l'olive de la pyramide antérieure. On voit partir de ce point une douzaine de racines se réunissant en deux faisceaux, qui perforent la dure-mère au niveau du trou condylien, tantôt par un seul, tantôt par deux orifices et qui se réunissent pour traverser le trou condylien antérieur.

Le noyau de l'hypoglosse est constitué par une sorte de petite colonne qui se trouve sur le plancher du quatrième ventricule et qui s'étend jusqu'à l'extrémité inférieure du bulbe. Elle est formée par la base de la corne antérieure de la moelle. A ses fibres viennent s'en ajouter d'autres qui proviennent du noyau accessoire de l'hypoglosse, continuation de la tête de la corne antérieure. On trouve quelquefois chez les animaux, et Vulpian a pu le constater une fois chez l'homme, des fibres venues du corps restiforme, qui s'ajoutent aux racines de l'hypoglosse que nous venons de décrire. Ce sont donc des fibres sensitives. Vulpian dit même avoir trouvé un petit ganglion sur leur trajet. L'hypoglosse serait en ce cas constitué comme un nerf rachidien.

Jusque dans le trou condylien antérieur, le nerf de la douzième paire est entouré par une gaîne arachnoïdienne. Immédiatement après sa sortie de ce trou, il se dirige en bas et en dehors et répond : en arrière, aux muscles droits antérieurs ; en avant, à la carotide interne ; en dedans, au plexus gangliforme, qu'il contourne ; en dehors, à la branche externe du spinal et à l'arcade des deux premiers nerfs rachidiens. Le grand hypoglosse contourne le plexus gangliforme par un demi-tour d'hélice, et répond d'abord à son côté postérieur, puis à son côté externe et enfin à son côté antérieur. C'est à ce moment qu'il envoie à ce renflement un ou deux filets anastomotiques (fig. 224, 14). Il passe alors entre la carotide interne et la veine jugulaire interne et reçoit à ce niveau

(1) Pour plus de détails, voy. Cl. Bernard, *Leçons sur le système nerveux*, t. II.

un ou deux filets anastomotiques de l'arcade formée par les branches antérieures des deux premiers nerfs cervicaux (fig. 224, 16). Vers le même point ou un peu plus haut, vient s'y joindre un autre filet venu du ganglion cervical supérieur du grand sympathique.

A partir du point où l'hypoglosse cesse de contourner le plexus gangliforme jusqu'aux muscles de la langue, dans lesquels il se termine, ce nerf décrit une courbure à concavité antérieure. Il chemine entre les muscles styliens, en dedans du digastrique et du stylo-hyoïdien, croise la carotide externe en passant en dehors d'elle, s'applique sur la face externe du constricteur moyen du pharynx et plus loin sur celle du muscle hyo-glosse et arrive au bord postérieur du muscle mylo-hyoïdien. Dans ce trajet, le grand hypoglosse se trouve entre le tendon du muscle digastrique et la grande corne de l'os hyoïde (fig. 231, 11) et marche plus loin parallèlement à l'artère lingale. Ce vaisseau s'en sépare au niveau du bord postérieur du muscle hyo-glosse et passe en dedans de ce muscle, tandis que le nerf reste sur sa face externe (fig. 223, 4). La glande sous-maxillaire est située au-dessus du grand hypoglosse dans la concavité qu'il décrit.

Arrivé au bord postérieur du muscle mylo-hyoïdien, le nerf de la douzième paire passe à la face profonde de ce muscle, qui le recouvre, et devient légèrement ascendant. Il est toujours appliqué sur la face externe du muscle hyoglosse et marche à peu près parallèlement au canal de Warthon, qui est situé au-dessus, entre lui et le nerf lingual. L'hypoglosse se divise alors en nombreuses branches terminales, qui s'épuisent dans les muscles hyo-glosse, stylo-glosse, génio-glosse et lingual. Il s'anastomose par des filets assez nombreux avec le nerf lingual, en formant des arcades à concavité postérieure (fig. 223, 4); ses fibres les plus antérieures peuvent être suivies jusque vers la pointe de la langue.

Le grand hypoglosse fournit dans son trajet, outre les anastomoses et les branches terminales que nous avons déjà mentionnées :

1° *La branche descendante.* — Elle naît du bord postérieur convexe du grand hypoglosse au moment où ce nerf contourne la carotide interne, se dirige en bas et en avant, croise la face externe de la carotide externe très-près de l'origine de ce vaisseau, longe le côté antérieur de la carotide primitive (fig. 231, 9) et, arrivée au niveau du bord supérieur de la portion moyenne, tendineuse, du muscle omo-hyoïdien, s'unit en anse à la branche descendante interne du plexus cervical. L'union de ces deux branches forme un petit plexus, que l'on trouve d'ordinaire au devant et en dehors de la jugulaire interne (fig. 231, 10). De ce plexus partent des filets pour les muscles omo-hyoïdien, sterno-hyoïdien et sterno-thyroïdien. Le petit nerf destiné à ce dernier muscle descend jusque auprès de ses attaches sternales et pénètre donc dans la partie supérieure de la poitrine; mais il s'épuise dans le sterno-thyroïdien et ne va pas au delà pour s'anastomoser avec le phrénique, comme l'a dit Valentin.

La branche descendante du grand hypoglosse n'est pas simple; elle est formée par un filet qui se porte de la douzième paire à la branche descendante interne du plexus cervical et par un second filet qui marche en sens contraire et va se jeter dans l'hypoglosse; en effet, la branche descendante du plexus cervical se partage en deux rameaux, dont l'un prend part au petit plexus destiné aux muscles sous-hyoïdiens, tandis que l'autre remonte le long de la branche de l'hypoglosse pour se perdre dans ce nerf. On a voulu démontrer que branche descendante de l'hypoglosse n'est autre chose que le filet anastomotique fourni par l'arcade des deux premiers nerfs cervicaux, filet qui, après s'être accolé au tronc de la douzième paire, s'en détacherait plus loin, de même que la corde du tympan par rapport au lingual ; mais ce fait nous semble très-loin d'être prouvé.

2° *Le rameau thyro-hyoïdien.* — Au niveau de la grande corne de l'os hyoïde on voit se détacher de la convexité de l'hypoglosse un nouveau rameau qui se dirige obliquement en bas, en avant et en dedans et qui va se terminer dans le muscle thyro-hyoïdien (fig. 231 12).

3° *Le rameau génio-hyoïdien.* — Il nait de la convexité du tronc de la douzième paire, un peu au delà du précédent, et va se perdre dans le muscle génio-hyoïdien.

Usages. — Le nerf grand hypoglosse est le nerf moteur de la langue ; il préside donc aux mouvements de cet organe et à l'articulation des sons. Dans ce dernier cas, les mouvements se font toujours bilatéralement et les deux nerfs entrent par conséquent en action simultanément. Mais, d'autre part, nous possédons la faculté de mouvoir la langue dans un sens déterminé, à droite ou à gauche, et de ne contracter par conséquent qu'un seul muscle à la fois; ce mouvement s'exécute après la mastication quand la langue va rassembler les parcelles alimentaires égarées dans la bouche. C'est précisément cette différence dans l'action des nerfs hypoglosses que Schröder van der Kolk a cherché à expliquer par la différence d'origine des filets de ces nerfs, filets dont les uns proviendraient, suivant lui, du corps rhomboïdal de l'olive et présideraient aux mouvements bilatéraux de l'articulation des sons, tandis que les autres auraient leur origine dans le noyau spécial de l'hypoglosse et régiraient les mouvements de la langue en tant qu'organe de gustation et de déglutition.

CHAPITRE III

NERFS RACHIDIENS

Les nerfs rachidiens sont au nombre de trente et une paires. La première passe entre l'occipital et l'atlas, la dernière entre la première vertèbre coccygienne et le bord inférieur du sacrum; toutes les autres sortent par les trous de conjugaison correspondants.

Nous avons déjà indiqué l'origine des nerfs rachidiens à la moelle, leurs racines antérieures et leurs racines postérieures, ainsi que le ganglion intervertébral qui se trouve sur le trajet de ces dernières. Les filets de ces racines forment, par leur ensemble, un petit triangle, dont la base est à la moelle et le sommet au trou de conjugaison. Les racines postérieures sont chez l'homme plus volumineuses que les racines antérieures; elles se réunissent plus vite en faisceau que celles-ci. Chacun des deux faisceaux radiculaires traverse isolément la dure-mère, et ce n'est qu'au delà du ganglion intervertébral, qui appartient exclusivement aux racines postérieures, qu'ils se réunissent pour constituer le tronc des nerfs rachidiens (fig. 173, 4, 5). Le ganglion est tou-

2e Série. — N° 176. Janvier 1879.

LIBRAIRIE J.-B. BAILLIÈRE ET FILS

19, rue Hautefeuille, près le boulevard Saint-Germain, à Paris.

ANNALES

D'HYGIÈNE PUBLIQUE ET DE MÉDECINE LÉGALE

Par MM.

ARNOULD, GEORGES BERGERON, E. BERTIN, P. BROUARDEL, A. CHEVALLIER, L. COLIN, DELPECH, DEVERGIE, O. DUMESNIL, FONSSAGRIVES, FOVILLE, T. GALLARD, GAUCHET, A. GAUTIER, JAUMES, LHOTE, MORACHE, MOTET, RIANT, RITTER, AMB. TARDIEU, TOURDES

AVEC UNE REVUE DES TRAVAUX FRANÇAIS ET ÉTRANGERS

Directeur de la rédaction : le Dr P. BROUARDEL

Les Annales d'Hygiène publique et de Médecine légale ont atteint la cinquantième année de leur existence et commencent la *troisième série* de leur publication.

Pendant ce demi-siècle, elles ont contribué puissamment, par une heureuse influence, au développement toujours croissant de nos institutions médicales et sanitaires et à la solution des problèmes multiples qui tendent au bien-être de l'homme.

Hygiène publique et privée, industrielle et administrative, militaire et navale, morale et sociale, vétérinaire et comparée, Hygiène des villes et des campagnes, des professions et des âges, le cadre des *Annales* embrasse l'universalité de ces grandes questions qui intéressent à la fois les médecins, les administrateurs, les ingénieurs, les architectes, les chimistes, et qui ne peuvent être complétement élucidées que par leur concours réuni.

De même les *Annales* ont marché à la tête du mouvement de la médecine légale qui, profitant des acquisitions récentes faites dans les sciences physiques, chimiques ou naturelles et d'une analyse plus rigoureuse des phénomènes de l'intelligence, fournit chaque jour aux médecins appelés devant les tribunaux, des modes d'investigation plus précis et des renseignements plus certains pour la répression des crimes et des délits.

Les *Annales d'Hygiène* ont toujours su suivre le progrès des idées et la marche des faits, en se renouvelant par l'adjonction de nouveaux collaborateurs: fondées en 1829, par Andral, d'Arcet, Esquirol, Marc, Orfila, Parent-Duchâtelet, Villermé; continuées par Boudin, Guérard, Michel Lévy, Mélier, Trébuchet, Vernois. Tout en conservant leurs anciens collaborateurs, elles font appel au concours d'hommes jeunes et déjà éprouvés; sous la direction de M. le docteur Brouardel, maître des conférences de médecine légale pratique et professeur agrégé à la Faculté de médecine, médecin des hôpitaux, ces savants distingués sauront imprimer aux *Annales d'Hygiène et de Médccine légale* une impulsion nouvelle et qui les maintiendront à la hauteur où les avaient placées leurs devanciers.

ENVOI FRANCO CONTRE UN MANDAT SUR LA POSTE

Sans entrer dans le détail des matières traitées dans la première et la seconde série, nous nous bornerons, pour donner une idée de l'importance et de la variété des sujets traités, à indiquer quelques-uns des mémoires publiés dans les années 1876, 1877 et 1878.

HYGIÈNE

1876. — Accidents auxquels sont soumis les ouvriers employés à la fabrication des chromates, par DELPECH et HILLAIRET. — Influence de l'illégitimité sur la mortalité, par LAGNEAU. — Nouveau mode d'inhumation dans les cimetières, par DEVERGIE (avec une planche). — Assainissement de Bruxelles, par MAUS, CLUYSENAER, DEROTE et VAN MIERLO. — Variole vaccinale, par MONTEILS-PONS. — Influence pathogénique de l'encombrement, par COLIN. — Ventilation des voitures des voies ferrées, par GÉRARDIN. — Système de vidange pneumatique, par REINHARD et MERBACH. — Éclairage unilatéral, par E. TRÉLAT. — Action de la lumière sur la peau, par P. BERT. — Mouvement de la population européenne en Algérie, par E. VALLIN. — Études démographiques, par ARBRION. — Ouvriers travaillant à la fabrication des agglomérés de houille et de brai, par MANOUVRIEZ (de Valenciennes). — Éruptions des quiniques, par JULES BERGERON et PROUST. — Habillement actuel du soldat, par RAVENEZ. — Mortalité à Paris, par AGARD. — Mouvement de la population en 1872, par LAGNEAU. — Recherches sur les étamages, par GIRARDIN, RIVIÈRE et CLOUET. — Goître et crétinisme, par FOVILLE. — Éclairage et chauffage par le gaz, par KUHLMANN. — Recherches sur les gaz du sous-sol, par VAN FODOR. — Les maladies des artisans, par le docteur HIRT. — Accidents industriels sous l'influence de l'acide picrique, par le docteur DELPECH. — Chauffage de l'hôpital d'Amélie-les-Bains, par BOUILLARD. — Effets produits sur la santé par les machines à coudre, mues par le pied, par GÉRARDIN fils. — Épidémie de choléra à Constantine, par LACASSAGNE. — Étude sur le gluten, par LAILLER. — Mesures contre le feu grisou, par FAYE. — Assainissement de la Bièvre, par POGGIALE.

1877. — Exposition et congrès d'hygiène de Bruxelles en 1876, par DUMESNIL. — Chauffage des voitures de chemins de fer, par REGRAY. — Altérations de la Seine en 1874-1875, par GÉRARDIN. — Assainissement des halles centrales. — Du gymnase, par SOLEIROL. — Assainissement de la Seine, par SCHLŒSING. — Gaz des mines de guerre, par SCHWARTZ. — Falsification du thé, par ALLEN. — Alcoolisme, par le docteur PICQUÉ. — Dépopulation en France, par le docteur CROS. — Transport des bestiaux, par GÉRARDIN fils. — Les teintureries d'immortelles, par HÉRAUD. — Fuchsine, par BERGERON et CLOUET. — Foyers récents de peste en Orient, par PROUST. — Le cidre, par LAILLER. — Aliments et boissons, par C. DE NÉDATS. — Emploi de l'iodure de potassium contre les affections saturnines, par MELSENS. — Projet de chauffage et de ventilation du nouvel hôtel de ville de Paris, par VIOLLET-LE-DUC. — Maisons mortuaires, par BELVAL. — Hygiène de la vue dans les écoles, par TRÉLAT. — Dégénérescence crétacée des artères, par GUBLER. — Désinfection par l'air chaud, par E. VALLIN. — Usage des verres colorés, par FIEUZAL. — Épidémie d'intoxication saturnine dans le 8e et le 17e arrondissement de Paris, ayant pour cause l'usage par les boulangers de vieux bois de démolition, par DUCAMP. — Stomatite ulcéreuse épidémique, par CATELAN. — Conservation des viandes par le borax, par PELIGOT. — Influence pernicieuse des alcôves sur les accouchées, par VIBERT. — Éclairage diurne dans les écoles, par GARIEL. — Propriétés du maïs, par le docteur FUA.

1878. — Fièvre typhoïde dans l'armée, par COLIN. — Scrofule au Havre, par GIBERT. — Morgue de Paris, par DEVERGIE. — Hygiène de la grossesse, par PINARD. — Établissements de bains froids à Paris, par NAPIAS. — Hygiène pédagogique, par DALLY. — Garnis insalubres de Paris, par O. DU MESNIL. — Mesures d'hygiène contre la phthisie, par G. LAGNEAU. — Résistance des bactéries à la chaleur, par E. VALLIN. — Isolement des maladies contagieuses dans les hôpitaux, par E. VIDAL. — Modifications aux registres de l'état civil, par BERTILLON. — Athérome chez les Hindous, par TREILLE. — Travail des femmes et des enfants dans les manufactures, par E. LEWY. — Étiologie tellurique du choléra, d'après Pettenkofer, par DECAISNE. — Fabrication des brosses, par HUREL. — Irrigation par les eaux d'égout à Gennevilliers, par Georges BERGERON. — Argument contre la crémation, par MOHR. — Maladie professionnelle chez les polisseuses de camées, par PROUST. — Prostitution en Égypte, par NICOLE. — Phthisie à Rio-de-Janeiro, par H. REY. — Latrines scolaires, par PERRIN. — Hygiène de l'ouïe, par GELLÉ. — Histoire sanitaire des fabriques de céruse de Lille, par H. DESPLATS. — École de gymnastique, par E. DALLY. — Le cuivre, par GALIPPE. — Cas de rage observés en France, par PROUST.

MÉDECINE LÉGALE

1876. — Vins plâtrés, par CHEVALLIER. — Arsenic contenu dans les matières animales, par Arm. GAUTIER. — Empoisonnement par les phénols, par A. FERRAND. — Déclarations de naissance, par HÉMAR. — Suicide probable par inanition, par CAUSSÉ. — Aliénés dangereux, par T. GALLARD. — Enfant mort à la suite de mauvais traitements, par BAUDOÏN. — Empoisonnement par l'eau de javelle, par CARLES (de Bordeaux). — Coloration frauduleuse des vins, par A. GAUTIER. — Mort par la pendaison et le charbon, par CHAMPOUILLON. — Cas présumé de suicide par suspension, par CHAMPOUILLON. — Infanticide, par DEVERGIE. — Spermatozoïdes, par LONGUET. — Examen de deux fusils, par CAUVET. — Putréfaction retardée, par TARCHINI-BONFANTI. — Meurtre suivi de mutilation, par CRUVEILHIER. — Aliénés et épileptiques dangereux, par GALLARD. — Exercice illégal de la médecine, par GALLARD. — Hérédité dans l'accouchement prématuré spontané, par BERTHERAND. — Les exigences de la médecine légale, par JAUMES (de Montpellier). — L'art de frelater les vins, par DE NEYREMAND. — Rupture du foie chez le nouveau-né, par le docteur PINCUS (de Kœnigsberg).

1877. — Taches spermatiques, par le docteur Maurice LAUGIER. — Mouillage des crus, par le docteur Arm. GAUTIER. — Empoisonnement par les pilules de Crosnier, par JEANNEL. — Homicide par imprudence, par T. GALLARD. — Infanticide par immersion dans une fosse, par MM. AUGÉ et LEBON. — Empoisonnement par la digitale, par le docteur VOHNHORN. — Examen d'un burnous, par le docteur CAUVET. — Responsabilité incombant à l'auteur d'une blessure, par CHOPPIN D'ARNOUVILLE. — Privilége du médecin pour les frais de la dernière maladie, par HÉMAR. — Tentative de meurtre, par PÉNARD. — Affaire Godefroy, par DU MESNIL. — Vices de conformation de l'hymen, par DELENS (avec une planche). — Paralysie générale, par FOVILLE. — Cas de nubilité, par POLAILLON. — Ecchymoses sous-pleurales, par Louis PENARD (de Versailles). — Empoisonnement par l'ammoniaque, par FRANÇAIS. — Ulcère latent de l'estomac, simulant un empoisonnement, par GRASSET. — Réforme du tarif des frais judiciaires, par PENARD. — Mort rapide par conclusion des organes abdominaux, par d'OLIER. — Transmission de la syphilis d'un nourrisson à sa nourrice, par R. et P. HORTELOUP. — Affaires de remède secret, par DEVERGIE. — Mort par submersion, par Georges BERGERON et

MONTANO. — Empoisonnement par la poudre d'ellébore, par A. CHEVALLIER. — Troubles intellectuels imputables à la faim, par FOLET. — Signes de l'avortement, par CHARPENTIER. — Aliénés dangereux, par DEMANGE. — Perversion du sens général, par le docteur GOCK. — Empoisonnement par les fleurs de cytise, par CLOUET.

1878. — Affaire Billoir, par Georges BERGERON. — Déchirures de l'intestin dans les contusions de l'abdomen, par LAUGIER. — Glucose arsenicale, par CLOUET. — Cas de brûlures, par TARCHINI-BONFANTI. — Rapports médico-légaux soumis au timbre, par HORTELOUP. — Meurtre commis par un épileptique, par MOTET. — Opérations interdites aux officiers de santé, par GALLARD. — Empoisonnement par l'alun et le phosphore, par Georges BERGERON et LHOTE. — Signes de la mort, par LADREIT DE LACHARRIÈRE. — Bile bleue, par ANDOUARD. — Empoisonnement par l'acide cyanhydrique, par VOLZ. — Principaux phénomènes cadavériques, par HOFFMANN. — Oxyde de carbone dans le sang, par WESCHE. — Empoisonnement par la strychnine, par CAUSSÉ et Georges BERGERON. — Empoisonnement arsenical, affaire Danval, par Georges BERGERON, DELENS et LHOTE. — Ecchymoses sous-pleurales, par LEGROUX. — Cas d'ostéo-périostite, par DE BEAUVAIS. — Aphasie, par BILLOD. — Luxations et fractures sur les cadavres retirés de la Seine, par DELENS. — Preuves de la vie dans les cas d'infanticide, par S. CAUSSÉ. — Application des forceps par un officier de santé, par E. HORTELOUP.

1re *Série.* — Collection complète (1828 à 1853), 50 vol. in-8°, avec figures et planches. 500 fr.

Tables alphabétiques par ordre des matières et des noms d'auteurs de la 1re série. Paris, 1855, in-8°, 136 pages à 2 colonnes. 3 fr. 50

2e *Série.* — Collection complète (1854-1878), comprenant *in extenso* les travaux de la *Société de médecine publique* et de la *Société de médecine légale*, avec figures et planches. 470 fr.

Tables alphabétiques par ordre des matières et des noms d'auteurs de la 2e série. Paris, 1879, 1 vol. in-8°. (*Sous presse.*)

La *troisième série* paraît à partir du 1er janvier 1879, par cahier mensuel de 6 feuilles in-8° (96 pages), avec figures toutes les fois que les besoins du sujet l'exigeront.

Chaque numéro comprend : 1° des mémoires originaux d'hygiène publique et de médecine légale ; 2° les travaux de la Société de médecine légale et un compte rendu de la Société de médecine publique ; 3° des variétés ; 4° une revue des travaux français et étrangers et un bulletin bibliographique.

Prix de l'abonnement annuel : pour Paris, 22 fr. — Pour les départements, 24 fr. — Pour l'union postale, 25 fr.

TRAITÉ D'HYGIÈNE PUBLIQUE ET PRIVÉE

Par le docteur MICHEL LÉVY

Directeur de l'hôpital militaire du Val-de-Grâce, Inspecteur général du service de santé des armées, etc.

Sixième édition, corrigée, 1879, 2 vol. in-8°, ensemble 1900 pages. . 20 fr.

TRAITÉ PRATIQUE DES MALADIES VÉNÉRIENNES

Par le docteur Louis JULLIEN

1 vol. in-8 de 1120 pages, avec 127 figures, cartonné. — 20 fr.

En écrivant ce livre auquel nous avons consacré plusieurs années de travail, nous avons eu la préoccupation constante de montrer que les maladies vénériennes, systématiquement éliminées des traités généraux, ne font point exception aux grandes lois de la pathologie générale. Aussi, tout en apportant un soin particulier aux questions de clinique et de thérapeutique, avons-nous essayé de mieux préciser que nos devanciers l'état des connaissances acquises en anatomie pathologique et en histologie.

L'étude des maladies vénériennes devient de moins en moins œuvre de spécialité, et ce n'est pas sans raison que Ricord a pu dire, en voyant l'extension croissante de leur domaine, que la syphilis s'était annexé la Pathologie tout entière.

Nous divisons les maladies vénériennes en deux classes :

1° *Maladies vénériennes locales*, comprenant : *a*. Les *affections blennorrhagiques*. — *b*. Le *chancre simple*.

Leur caractère essentiel est de ne donner lieu à aucune intoxication générale, de ne susciter aucune affection diathésique. Bien que contenues dans la même classe, la blennorrhagie et la maladie chancreuse présentent entre elles, ainsi que nous le démontrerons plus tard, les différences les plus tranchées. En dépit des opinions qui tendent à lui attribuer une étiologie particulière, une origine toujours la même en rapport avec l'évolution d'un virus, la blennorrhagie ne sera pour nous qu'une maladie inflammatoire apte à se développer sous l'influence d'une multitude de causes absolument dénuées de spécificité. Nous en poursuivrons les effets sur l'urèthre, sur le gland, le canal déférent, le testicule, la prostate et même sur une muqueuse plus éloignée, la conjonctive.

Bien autre est le chancre simple. On peut le considérer à bon droit comme le type des affections spécifiques; toute excitation, toute inflammation, seraient impuissantes à le faire naître, une seule cause peut donner lieu à cet ulcère local virulent, la contagion.

2° *Maladie vénérienne générale ou syphilis*. — Maladie qui retentit sur l'organisme tout entier.

La syphilis, produit d'une intoxication dont la nature nous échappe fatalement, dès qu'un atome si minime qu'il soit de son principe contagieux a été déposé en un point de notre corps, s'y attache, s'y développe et l'envahit tout entier. Le déclin d'un ulcère, manifestation locale en apparence peu inquiétante, est comme le signal du déchaînement des lésions. Peau, squelette, viscère, aucun système, aucun organe n'en est exempt. Le sang lui-même charrie le poison.

Les accidents disparaissent-ils? leur cause persiste; caché au sein de l'organisme, l'agent nocif que l'on croit détruit ne fait que sommeiller. Dans quelques jours, quelques mois, quelques années peut-être, son soudain retour nous apprendra que cet épuisement passager n'est qu'une phase de son évolution.

Outre la contagion, la syphilis reconnaît une autre origine : l'hérédité.

Dans une dernière partie placée à la fin de cet ouvrage, l'auteur étudie deux lésions, qui peuvent suivre ou compliquer chacune des autres maladies vénériennes : *a*. *Les végétations*. — *b*. *L'herpès génital*.

Ce ne sont là, à proprement parler, que des lésions vulgaires, non virulentes. C'est en vertu de leur siége et de leur connexion intime avec les autres maladies vénériennes que nous leur donnerons une place dans cet ouvrage. Aussi bien n'est-il point très-rare de les observer en dehors de toute autre maladie vénérienne, même chez les enfants.

BASSEREAU (Léon). **Traité des affections de la peau** symptomatiques de la syphilis. Paris, 1852, in-8. 7 fr. 50

BASSEREAU (Édouard). **Origine de la syphilis.** Paris, 1873, in-8 de 50 p. 1 fr. 50

BERTHERAND (A.). **Précis des maladies vénériennes**, de leur doctrine, de leur traitement. 2e édition. Paris, 1873, in-8, 450 pages. 7 fr.

CORNIL. **Leçons sur la syphilis**, professée à l'hôpital de Lourcine, par M. le docteur CORNIL, professeur agrégé à la Faculté de Médecine. Paris, 1879, 1 vol. in-8° de 350 pages avec 6 planches lithographiées.

DAVASSE. **La syphilis, ses formes, son unité**, par le docteur J. DAVASSE, ancien interne des hôpitaux et hospices civils de Paris. Paris, 1865, 1 vol. in-8 de XII-568 pages. 8 fr.

DESPRÉS (A.). **Est-il un moyen d'arrêter la propagation des maladies vénériennes?** du délit impuni. Paris, 1870, in-12 de 36 pages. 1 fr.

DESRUELLES (H.-M.-J.). **Lettres écrites du Val-de-Grâce** sur les maladies vénériennes. 3e édition. Paris, 1847, in-8. 4 fr.

— **Histoire de la blennorrhée uréthrale** (suintement uréthral habituel), ou Traité comparatif de la blennorrhée. Paris, 1854, 1 vol. in-8. 6 fr.

DEVERGIE (N.). **Clinique de la maladie syphilitique**. Paris, 1826-1833, 2 vol. in-4, dont un de 126 planches coloriées. 80 fr.

DIDAY. **Exposition critique et pratique des nouvelles doctrines sur la syphilis**, suivie d'un Essai sur de nouveaux moyens préservatifs des maladies vénériennes, par le docteur P. DIDAY, ex-chirurgien en chef de l'Antiquaille. Paris, 1858, 1 vol. in-18 jésus de 560 pages. 4 fr.

DUBLED. **Exposition de la nouvelle doctrine** sur la maladie vénérienne. Paris, 1829, in-8 (2 fr. 50). 50 c.

FRACASTOR (J.). **La syphilis**, poëme en vers latins de Jérôme FRACASTOR, traduit en vers français; avec notes par Prosper Yvaren. Paris, 1847, in-8. 5 fr.

GIBERT. **Mémoire sur les syphilides**, par le docteur Gibert, médecin de l'hôpital Saint-Louis. Paris, 1847, in-8 de 60 pages. 1 fr. 50

GODDE (de Liancourt). **Manuel pratique des maladies vénériennes** des hommes, des femmes et des enfants. Paris, 1834, in-18. 1 fr.

HUNTER (J.). **Traité de la maladie vénérienne**, traduit de l'anglais par G. RICHELOT, avec des notes et des additions par PH. RICORD, chirurgien de l'hospice des vénériens. Troisième éd. Paris, 1859, in-8° de 800 p. avec 9 pl. 12 fr.

— Le même, sans planches. 6 fr.

HUTTEN (Ulric de). **Livre sur la maladie française** et sur les propriétés du bois de gaïac, traduit du latin, accompagné de commentaires, d'études médicales, d'observations critiques, de recherches historiques, biographiques et bibliographiques, par le docteur F.-F.-A. Potton. Lyon, 1865, in-8, LXXX-218 pages, avec portrait. 24 fr.

IZARD. **Nouveau traitement de la maladie vénérienne et des syphilides ulcéreuses par l'iodoforme**, par M. le docteur A.-A. IZARD, ex-interne de l'hôpital du Midi. 1871. In-8 de 48 pages. 1 fr. 50

JEANNEL (J.). **De la prostitution dans les grandes villes** au XIXe siècle et de l'extinction des maladies vénériennes. 2e *édition*. Paris, 1874, 1 vol. in-18 jésus, 648 pages avec figures. 5 fr.

LEGRAND (A.). **De l'or, de son emploi dans le traitement de la syphilis** récente et invétérée, et dans celui des dartres syphilitiques. 2e *édition*. Paris, 1848, in-8. 5 fr

OORDT (H. van). **Des tumeurs gommeuses**. Paris, 1859, in-4, 50 pages. 2 fr.

ORY (E.). **Recherches cliniques sur l'étiologie des syphilides malignes précoces**. 1876, in-8, 100 pages. 2 fr. 50

PAPIN. **Notice sur divers moyens employés pour le traitement de la maladie syphilitique**. Paris, 1828, in-8. 1 fr. 25

PASCAL (N.). **Du guaco** et de ses effets prophylactiques et curatifs dans les maladies vénériennes. Paris, 1863, in-8, 40 pages. 1 fr.

PAYAN. **Des remèdes antisyphilitiques**. Paris, 1845, in-8. 3 fr.

RATIER. **Lettre sur la syphilis**. Paris, 1845, in-8 (2 fr.). 1 fr.

RICORD. **Lettres sur la syphilis**, suivies des discours à l'Académie de médecine sur la syphilisation et la transmission des accidents secondaires, par Ph. RICORD, chirurgien consultant du Dispensaire de salubrité publique, ex-chirurgien de l'hôpital du Midi, 3e édition. Paris, 1863, 1 vol. in-18 jésus de VI-558 pages. 4 fr.

Ces LETTRES, par le retentissement qu'elles ont obtenu, par les discussions qu'elles ont soulevées, marquent une époque dans l'histoire des doctrines syphiliographiques.

— **Traité complet des maladies vénériennes**. Clinique iconographique de l'hôpital des Vénériens. Recueil d'observations suivies de considérations pratiques sur les maladies qui ont été traitées dans cet hôpital. Paris, 1851. 1 vol. grand in-4, avec 66 planches coloriées. 133 fr.

ROBERT (Melchior). **Nouveau traité sur les maladies vénériennes,** d'après les documents puisés dans la clinique de M. Ricord et dans les services hospitaliers de Marseille, suivi d'un appendice sur la syphilisation et la prophylaxie syphilitique, et d'un formulaire spécial. Paris, 1861, in-8, 788 pages. 9 fr.

ROQUETTE (Ch.). **Physiologie des vénériens,** exposé des phénomènes caractéristiques qui accompagnent et suivent les accidents vénériens. Paris, 1865, in-18 jésus de 548 pages. 5 fr.

SIMON (Léon fils). **Des maladies vénériennes** et de leur traitement homœopathique. Paris, 1860, 1 vol. in-18 jésus de 744 pages. 6 fr.

SPERINO. **La syphilisation** étudiée comme méthode curative et comme moyen prophylactique des maladies vénériennes, traduit de l'italien par le docteur A. Tresal. Turin, 1853, in-8 de 822 pages. 2 fr.

VIENNOIS (Al.). **Écoulements blennorrhagiques** et écoulements blennorrhoïdes. Paris, 1866, in-8 de 78 pages. 2 fr.

— **De la syphilis** contractée par les ouvriers verriers dans l'exercice de leur profession. Prophylaxie. Rouen, 1863, in-8, 17 pages. 1 fr.

WORBE. **Essai sur la prophylaxie** et le traitement abortif des maladies vénériennes à leur début. Paris, 1847, in-8 de 23 pages. 75 c.

ZAMBACO (A.). **Des affections nerveuses syphilitiques.** Paris, 1862, in-8. 7 fr.

TRAITÉ PRATIQUE DES MALADIES DES VOIES URINAIRES

Par Sir HENRY THOMPSON

Professeur de clinique chirurgicale et Chirurgien à University College Hospital

TRADUIT ET ANNOTÉ

PAR ED. MARTIN, ED. LABARRAQUE ET V. CAMPENON,

Internes des Hôpitaux de Paris

SUIVI DES

LEÇONS CLINIQUES SUR LES MALADIES DES VOIES URINAIRES

PROFESSÉES A UNIVERSITY COLLEGE HOSPITAL

TRADUITES ET ANNOTÉES PAR LES DOCTEURS J. HUE ET GIGNOUX

1 fort volume grand in-8 de 1000 pages, avec 280 figures cartonné.......... 20 fr.

Le *Traité pratique des maladies des voies urinaires* est divisé en trois parties : 1° *Rétrécissements de l'urèthre et fistules urinaires;* — 2° *Maladies de la prostate;* — 3° *Taille et lithotritie.*

La *première partie* comprend l'étude des lésions importantes et variées comprises sous le nom de *rétrécissements*, et aussi des autres lésions sous la dépendance immédiate de ces rétrécissements.

A propos du traitement, sont étudiés tour à tour la dilatation, l'emploi des agents chimiques et la section par les instruments tranchants ; nous devons signaler les passages relatifs à l'exploration du canal, aux rétrécissements difficiles à franchir, et établissant l'utilité de l'uréthrotomie interne et une étude de la question si controversée de l'uréthrotomie externe.

Sir THOMPSON termine par une étude pratique des fistules urinaires.

La *deuxième partie* est consacrée aux *maladies de la prostate.* Nous y signalerons : une étude approfondie des diverses discussions auxquelles a donné lieu l'existence du lobe moyen prostatique ; l'examen de l'analogie entre l'hypertrophie et les tumeurs de la prostate et celles de l'utérus ; l'étude des causes, effets, symptômes de l'hypertrophie.

Le chapitre X est consacré au diagnostic des obstacles prostatiques, à l'examen par le rectum et par l'urèthre, et se termine par le diagnostic différentiel entre l'hypertrophie de la prostate et le rétrécissement de l'urèthre, le calcul vésical, les tumeurs de la vessie, l'atonie simple ou l'inertie des tuniques de la vessie et la paralysie.

Le traitement occupe le chapitre XI. Une complication fréquente de l'hypertrophie, la rétention d'urine, fait l'objet du chapitre XII. Les chapitres suivants sont consacrés au cancer et au tubercule de la prostate, aux concrétions et aux calculs de la prostate.

La *troisième partie* est consacrée aux diverses opérations mises en usage pour délivrer un calculeux : la *taille* et la *lithotritie.*

Le chapitre sur la lithotritie, cette admirable découverte française et à laquelle l'auteur rend hommage, se fait remarquer par un grand sens pratique et par une étude approfondie non-seulement du malade, mais aussi de l'instrument à manier. Après avoir précisé les précautions qui assureront le succès de l'entreprise chirurgicale, en y préparant le malade par un traitement tant général que local, THOMPSON aborde, au chapitre IX, la question instrumentale en exposant les règles et les principes avec une parfaite clarté. C'est, du reste, de la même façon qu'il procède pour la description de la séance de lithotritie, pesant ce qu'elle doit être et ce qu'elle est, quand elle est faite suivant les règles. Nous avons à signaler ici les manœuvres propres à la recherche des petits calculs, des petits fragments, et la valeur, à cet égard, du lithotriteur à poignée cylindrique. Le chapitre XI est consacré aux accidents et complications de la lithotritie et se termine par un résumé pratique de la marche à suivre.

Ce traité chirurgical de l'affection calculeuse a pour conclusion un chapitre remarquable consacré tout entier à préciser la voie à suivre par le chirurgien en présence d'un cas donné. C'est là, on peut le dire, l'œuvre capitale, le couronnement parfait de l'édifice.

(*Union médicale*, 14 juillet 1874.)

ARNOULD (J.). **Maladies de la prostate** et des testicules. Paris, 1866, gr. in-8 de 28 pages. 1 fr. 25

BEALE (Lionel-S.). **De l'urine, des dépôts urinaires et des calculs**, de leur composition chimique, de leurs caractères physiologiques et pathologiques et des indications thérapeutiques qu'ils fournissent pendant le traitement des maladies, par Lionel-S. BEALE, médecin du King's College Hospital, à Londres, traduit de l'anglais sur la seconde édition, et annoté par Auguste OLLIVIER, professeur agrégé à la Faculté, médecin des hôpitaux, et Georges BERGERON, professeur agrégé à la Faculté de médecine. 1865, 1 vol. in-18 jésus, avec 136 figures. 7 fr.

BOURDON. **Des anaplasties périnéo-vaginales** dans le traitement des prolapsus de l'utérus, des cystocèles et des rectocèles, par le docteur Emmanuel BOURDON, ancien interne des hôpitaux. 1875, in-8 de 143 pages, avec 8 pl. 3 fr.

BOURGUET (E.). **De l'uréthrotomie externe par section collatérale et par excision des tissus pathologiques**, dans les cas de rétrécissements infranchissables. Paris, 1867, in-4 de 85 pages, avec 1 pl. 3 fr.

CAZENAVE (J.-J.). **Histoire abrégée des sondes et des bougies uréthro-vésicales** employées jusqu'à ce jour, par J.-J. CAZENAVE, médecin à Bordeaux. Paris, 1875, in-8 de 51 pages avec une planche lithographiée. 2 fr.

TRAITÉ PRATIQUE SUR LES MALADIES
DES ORGANES GÉNITO-URINAIRES

PAR LE DOCTEUR CIVIALE

Membre de l'Institut et de l'Académie de médecine

TROISIÈME ÉDITION, CORRIGÉE ET AUGMENTÉE

Paris, 1858-1860. 3 volumes in-8 avec figures. — 24 fr.

Cet ouvrage est ainsi divisé : Tome I, *Maladies de l'urèthre ;* tome II, *Maladies du col de la vessie et de la prostate ;* tome III, *Maladies du corps de la vessie.*

CIVIALE. **Traité pratique et historique de la lithotritie**, par le docteur Civiale. Paris, 1847, in-8 de 620 pages, avec 7 planches. 8 fr.

— **De l'uréthrotomie** ou de quelques procédés peu usités de traiter les rétrécissements de l'urèthre. Paris, 1830, in-8 de 124 pag. avec une pl. 2 fr. 50

— **Résultats cliniques de la lithotritie**. Paris, 1865, in-8, 27 p. 1 fr.

— **Parallèles des divers moyens de traiter les calculeux**, contenant l'examen comparatif de la lithotritie et de la cystotomie. Paris, 1836, 1 vol. in-8 de 426 pages avec 3 planches. 8 fr.

CONAN. **Essai de thérapeutique positive basée sur l'examen de l'urine** et des produits morbides. 1875, in-8 de 198 pages, avec 1 planche. 3 fr. 50

CURTIS. **Du traitement des rétrécissements de l'urèthre par la dilatation progressive**. Paris, 1873, in-8 de 113 pages. 2 fr. 50

PRATIQUE DE LA CHIRURGIE DES VOIES URINAIRES

Par le docteur DELEFOSSE

Professeur libre de pathologie des voies urinaires.

1878. 1 vol. in-18 de 532 pages avec 133 fig. — 6 fr.

DELEFOSSE. **Procédés pratiques pour l'analyse des urines**, des dépôts et des calculs urinaux. 1877. 1 vol. in-18 avec 18 planches comprenant 72 figures. 2 fr. 50

GALLOIS. **De l'oxalate de chaux dans les sédiments de l'urine**, dans la gravelle et les calculs. Paris, 1859, gr. in-8, 104 pages. 2 fr. 50

LEROY-D'ÉTIOLLES (J.). **Exposé des divers procédés** employés jusqu'à ce jour pour guérir de la pierre. Paris, 1825, in-8 de 232 pages avec 5 planches. 4 fr.

— **Histoire de la lithotritie**. Deuxième édition. 1839, in-8, 168 pages. 3 fr. 50

LEROY-D'ÉTIOLLES (R.). **Traité pratique de la gravelle** et des calculs urinaires. Paris, 1869, 1 vol. in-8 de 552 pages avec 120 fig. 8 fr.

— **Des paralysies** des membres inférieurs ou paraplégies. Recherches sur leur nature, leur forme et leur traitement. 1re partie. Paris, 1856, in-8, 325 p. 3 fr.

MERCIER (A.). **Anatomie et physiologie de la vessie** au point de vue chirurgical. 1872, in-8 de 83 pages. 2 fr.

PERRÈVE. **Traité des rétrécissements organiques de l'urèthre.** Emploi méthodique des dilatateurs mécaniques dans le traitement de ces maladies. Paris. 1847, in-8 de 340 pages, avec 3 planches et 32 figures. 2 fr. 50

TRAITÉ DES MALADIES DE LA PROSTATE

Par le docteur H. PICARD

1 vol. in-8 de 400 pages avec 83 fig. — 8 fr.

PICARD (H.). **Traité des maladies de l'urèthre.** 1 vol. in-8 de 600 pages, avec 165 fig. 8 fr.

— **Traité des maladies de la vessie** et de l'affection calculeuse. Paris, 1879, in-8, VIII-634, avec 184 fig. 8 fr.

ROBIN (A.). **Essai d'urologie clinique. La fièvre typhoïde.** Paris, 1877, in 8, 264 pages. 4 fr. 50

TEISSIER. **Du diabète phosphatique.** Recherches sur l'élimination des phosphates par les urines ; conditions physiologiques modifiant l'élimination des phosphates ; influence du régime alimentaire et variations pathologiques, par le docteur L.-J. TEISSIER, professeur agrégé à la Faculté de médecine de Lyon. Paris, 1877, in-8 de 170 pages, avec 1 tableau. 3 fr.

CLINIQUE CHIRURGICALE DE L'HOPITAL DE LA CHARITÉ

Par L. GOSSELIN

Professeur de clinique chirurgicale à la Faculté de médecine de Paris, Chirurgien de l'hôpital de la Charité, Membre de l'Académie des sciences et de l'Académie de médecine, commandeur de la Légion d'honneur.

Troisième édition.

Paris, 1879, 3 vol. in-8 de chacun 700 pages, avec figures. — 36 fr.

CHIRURGIE JOURNALIÈRE DES HOPITAUX DE PARIS

RÉPERTOIRE DE THÉRAPEUTIQUE CHIRURGICALE

Par le Dr P. GILLETTE

Chirurgien des hôpitaux, ancien prosecteur de la Faculté de médecine de Paris, Membre de la Société de chirurgie

1 vol. in-8 de 772 pages, avec 622 fig. Cart... 12 fr.

CLINIQUE CHIRURGICALE DES HOPITAUX DE PARIS

Par le Dr P. GILLETTE

Chirurgien des hôpitaux

1 vol. in-8 de 315 pages, avec figures. — 5 fr.

ENVOI FRANCO CONTRE UN MANDAT SUR LA POSTE.

ÉTUDES DE MÉDECINE CLINIQUE

FAITES AVEC L'AIDE DE LA MÉTHODE GRAPHIQUE ET DES APPAREILS ENREGISTREURS

DE LA TEMPÉRATURE DU GENRE HUMAIN

ET DE SES VARIATIONS DANS LES DIVERSES MALADIES

Par P. LORAIN

Professeur à la Faculté de médecine de Paris.

Publication faite par les soins de P. BROUARDEL, médecin de l'hôpital Saint-Antoine.

2 vol. gr. in-8 avec figures et portrait. — 30 fr.

M. Lorain s'était, dans ces dernières années, particulièrement appliqué à l'étude de la température du corps humain. Pendant près de dix ans M. Lorain avait réuni tous les matériaux que lui fournissaient les recherches de ses devanciers et les siennes propres. Les documents s'accumulaient, et ses nombreux élèves entrevoyaient avec joie le moment où un homme familier avec les doctrines des auteurs anciens, initié par ses études premières aux difficultés de la méthode expérimentale, médecin pratiquant, jugerait les œuvres des siècles. Cette attente fut trompée par la brutalité du coup qui frappa M. Lorain. Le plus ancien de ses élèves, M. Brouardel, choisi par lui pour le remplacer, a accepté ce legs et a tenu à respecter scrupuleusement les projets de son maître.

Cet ouvrage contient l'analyse critique des principaux travaux publiés sur la chaleur et la fièvre depuis Hippocrate jusqu'à nos jours, et plus de cent cinquante observations recueillies par Lorain, avec deux cents tracés de la température, de la fréquence du pouls, de ses formes (étudiées au sphygmographe). Il complète les *Études de médecine clinique* publiées par lui sur le choléra (1868), et sur le pouls (1870).

En fait, la reproduction des maladies sous cette forme est une chose nouvelle et importante. La fastidieuse description de la marche d'une maladie idéale vue à travers les doctrines du moment ne saurait entrer en parallèle avec la figure nette, précise, mesurable, formant ensemble, que donne une courbe.

C'est le fait lui-même, sans commentaire, qui se développe sous les yeux. Ce sont les variations d'une fonction dont un instrument de précision indique le degré. L'expérience montre que les maladies, dans leur marche, affectent une figure à peu près constante, que les espèces morbides s'accusent nettement par leur forme, si bien qu'en prenant au hasard un grand nombre de courbes et en les comparant, on voit d'abord qu'elles peuvent être classées en groupes naturels; ces groupes, ce sont précisément les collections d'observations particulières se rapportant à la même maladie. Et, dans ces observations particulières, domine une forme générale; puis il y a des variations individuelles qui peuvent encore être classées. Enfin le type se dégage. Quelle description peut entrer en parallèle avec ce procès-verbal de la maladie contenue en une figure?

Le livre de la *Température du corps humain* se divise en quatre chapitres :

Chapitre Ier. — La chaleur et la fièvre. Analyse des opinions que les plus autorisés des médecins anciens nous ont transmises sur la chaleur et la fièvre.

Chapitre II. — Analyse des travaux contemporains ayant trait au même sujet :

production, répartition et déperdition de la chaleur. Toute l'extension nécessaire a été donnée à cette étude pour permettre au lecteur de se rendre compte de l'ensemble des efforts tentés en différents pays pour la solution de ces divers problèmes.

Le TOME Ier se termine par l'exposé des principales théories que les physiologistes et les médecins expérimentateurs (Traube, Marey, Cl. Bernard, Huter, Senator, Liebermeister, etc.) ont récemment introduites dans la science.

Le TOME II comprend deux chapitres :

1° Le chapitre III : variations de la température dans diverses maladies. M. Lorain y donne des exemples des variations que les maladies suivantes impriment à la température : 1° fièvre intermittente; 2° fièvre typhoïde; 3° variole; 4° rougeole; 5° grippe; 6° affections puerpérales; 7° rhumatisme (érythème noueux); 8° purpura hemorrhagica; 9° angines; 10° pneumonie; 11° pleurésie; 12° quelques observations isolées d'ictère, d'hydrargyrie, de colique de plomb, de tumeur cérébrale.

Le quatrième et dernier chapitre est consacré à la thérapeutique. M. Lorain y étudie successivement l'action des saignées en la comparant à celle des hémorrhagies spontanées; l'action de la digitale, du sulfate de quinine, de l'alcool, des bains à diverses températures.

Toutes ces recherches consignées dans ces *Études de médecine clinique* ont été faites à l'aide des méthodes et des procédés d'exactitude dont la science s'est enrichie : le thermomètre, le sphygmographe, la balance, le microscope, les analyses chimiques. Toujours la préoccupation de M. Lorain a été de ne laisser rien à l'interprétation de l'auteur, de transformer les sensations en tracés, qui, obtenus à l'aide d'instruments exacts, font à l'erreur une part aussi restreinte que possible. Nul plus que lui n'a réussi à faire prendre à la méthode graphique la place qu'elle mérite d'occuper dans les études médicales. La lecture du livre de la *Température du corps humain* montrera qu'il a réussi à donner à certains chapitres de médecine une précision scientifique.

LORAIN. **Études de médecine clinique et physiologique.** *Le Choléra observé à l'hôpital Saint-Antoine.* Paris, 1868. 1 vol. gr. in-8 raisin de 300 pages, avec planches graphiques, dont plusieurs coloriées. 7 fr.

— *Le Pouls, ses variations et ses formes diverses dans les maladies.* Paris, 1870. 1 vol. gr. in-8 de 372 pages, avec 488 figures. 10 fr.

— **De l'albuminurie.** Paris, 1860, in-8. 2 fr. 50

ÉTUDE SUR LA MARCHE

DE LA TEMPÉRATURE

DANS LES FIÈVRES INTERMITTENTES ET LES FIÈVRES ÉPHÉMÈRES

Par le docteur A. GUÉGUEN

Aide-major au 2e régiment d'infanterie de marine.

Mémoire ayant obtenu le prix de médecine navale pour 1877

1878, in-8, avec planches graphiques. — Prix : 5 fr.

ENVOI FRANCO CONTRE UN MANDAT SUR LA POSTE.

cidres, bières), *aromatiques* (chocolat, thé, café) et *acidules* (limonades) font le sujet du second chapitre de ce livre. — Le troisième comprend l'alimentation; le quatrième, la ration; le cinquième, les *aliments exotiques* additionnels: parmi ces derniers, ceux qui présentent des propriétés vénéneuses permanentes ou accidentelles, sont étudiés dans un article à part, et avec le plus grand soin. Enfin, sous l'influence de cette pensée que l'hygiène de l'âme est inséparable de celle du corps, l'auteur consacre dans un HUITIÈME LIVRE quelques développements aux influences morales, c'est-à-dire au régime moral disciplinaire et religieux de l'homme de mer.

L'hygiène n'est réellement utile qu'à la condition d'être comprise facilement par toutes les personnes, quelles qu'elles soient, auxquelles s'adressent *ses conseils;* M. Fonssagrives n'a eu garde de l'oublier, et s'est efforcé d'être clair, précis et intelligible pour ceux-là même qui n'ont pas fait des sciences médicales l'objet de leurs études. Des dessins ont été ajoutés dans ce but toutes les fois qu'ils ont paru nécessaires à l'élucidation du texte.

Les officiers de marine, isolés quelquefois, dans leurs missions, de toute assistance médicale, et surtout les capitaines au long cours, trouveront dans le livre de M. Fonssagrives un guide utile, et les médecins de la marine lui demanderont avec fruit ses conseils au début de leur navigation.

TRAITÉ
DE CHIRURGIE NAVALE

Par L. SAUREL,

Chirurgien de la marine, Professeur agrégé de la Faculté de médecine de Montpellier, Correspondant de la Société de chirurgie de Paris;

SUIVI D'UN RÉSUMÉ DE LEÇONS

SUR LE SERVICE CHIRURGICAL DE LA FLOTTE,

Par le docteur J. ROCHARD,

Inspecteur général du service de santé de la marine.

Un beau vol. in-8, 700 pages avec 106 figures. — Prix : 8 francs.

On ne saurait véritablement contester le caractère tout spécial de la chirurgie nautique : la nature particulière des causes vulnérantes qui menacent les marins au milieu des périls et des travaux de leur rude carrière; l'influence qu'exercent les climats excessifs sur la marche des affections chirurgicales aussi bien que sur les résultats des opérations; des maladies spéciales inconnues à nos pays; des conditions d'encombrement et d'instabilité qui rendent inapplicables des méthodes usuelles de traitement et qui constituent des difficultés qu'on ne peut pallier qu'à force d'imaginative et d'industrie, telles sont les principales causes qui rendent insuffisantes les données des traités généraux de la chirurgie, quand il s'agit de les faire passer dans la pratique navale, et qui expliquent la nécessité d'un ouvrage particulier de la nature de celui que nous publions.

M. Rochard a bien voulu insérer en forme d'appendice, à la fin du volume, un résumé substantiel des leçons qu'il a professées il y a peu d'années à l'École de Brest sur le *service chirurgical de la flotte*. Ce travail, qui n'avait encore été accompli nulle part, est, par son importance, par sa nouveauté, par les dessins techniques qui en éclaircissent le texte, de nature à intéresser vivement les chirurgiens de la marine, qui y puiseront des conseils aussi judicieux qu'autorisés.

DURAND-FARDEL (Max.). **La Chine et les conditions sanitaires des ports** ouverts au commerce étranger. Rapport à M. le ministre de l'agriculture et du commerce, suivi d'une étude sur les quarantaines en Chine et au Japon, par le docteur Max. DURAND-FARDEL. 1 vol. in-8 de 100 pages, avec cartes et plans. 4 fr.

GUÉGUEN (A.). **Étude sur la marche de la température** dans les fièvres intermittentes et éphémères. In-8 de 80 pages, avec 35 planches de tracés lithog. 5 fr.

ENVOI FRANCO CONTRE UN MANDAT SUR LA POSTE.

BIBLIOTHÈQUE DU MÉDECIN DE LA MARINE

Archives de médecine navale, rédigées sous la surveillance de l'Inspection générale du service de santé de la marine. Directeur de la rédaction, M. LE ROY DE MÉRICOURT. Paraissant mensuellement par numéros de 80 pages, et formant chaque année 2 vol. in-8. — Les tomes I à XXVIII (1864-77) sont en vente.

Prix de l'abonnement annuel pour Paris.. 12 fr.
— Pour les départements.. 14 fr.
— Pour l'union postale.. 15 fr.
— Pour les autres pays, d'après les tarifs de la convention postale.

BARRALLIER. **Du typhus épidémique** et Histoire des épidémies de typhus observés au bagne de Toulon, par le Dr BARRALLIER, directeur du service de santé de la marine. Paris, 1861, 1 vol. in-8, 384 p.. 5 fr.

BÉGIN (L.-J.). **Etudes sur le service de santé militaire en France,** son passé, son présent et son avenir, par le docteur J.-L. BÉGIN, chirurgien-inspecteur, membre du Conseil de santé des armées. Paris, 1849, in-8 de 370 pages. 4 fr. 50

— **Moyens de rendre en temps de paix les loisirs du soldat français** plus utiles à lui-même, à l'État et à l'armée. Paris, 1843, in-8 (1 fr. 25)........ 50 c.

BELOT (Ch.). **La fièvre jaune** à la Havane, sa nature et son traitement. Paris, 1865, in-8 de 160 pages.. 3 fr. 50

BERCHON (E.). **Histoire médicale du tatouage.** Paris, 1869, in-8, 184 p. 3 fr. 50

BERGER (Ch.) et REY. **Répertoire bibliographique des travaux des médecins et des pharmaciens de la marine française,** suivi d'une Table méthodique des matières, par les docteurs Ch. BERGER (de Brest), médecin de la marine, et H. REY, médecin de 1re classe. Paris, 1874, in-8 de IV-282 p........... 6 fr.

BONNET (G.). **Mémoire sur la puce pénétrante ou chique.** Paris, 1867, in-8, 102 p. avec 2 pl.. 2 fr. 50

BOUDIN. **Traité de géographie et de statistique médicales, et des maladies endémiques,** comprenant la météorologie et la géologie médicales, les lois statistiques de la population et de la mortalité, la distribution géographique des maladies, et la pathologie comparée des races humaines, par le docteur J.-Ch.-M. BOUDIN. Paris, 1857, 2 vol. grand in-8, avec 9 cartes et tableaux.................... 20 fr.

BRASSAC. **Essai sur l'Eléphantiasis des Grecs,** lèpre phymatode et aphymatode. Paris, 1868, in-8, 99 p.. 2 fr. 50

CARRIÈRE (Ed.). **Le Climat de l'Italie** et des stations du midi de l'Europe. *Deuxième édition.* Paris, 1876, 1 vol. in-8 de 640 pages.................... 9 fr.

CHASTANG. **Conférences sur l'hygiène du soldat,** appliquée spécialement aux troupes de la marine, par le docteur CHASTANG. Paris, 1873, in-8 de 40 p... 1 fr. 25

CHERVIN (N.). **Nouvelles opinions de M. Lassis, concernant la fièvre jaune.** 1829, in-8.. 50 c.

— **Prétendues preuves de la contagion de la fièvre jaune.** 1829, in-8. 75 c.

— **Opinions de M. Castel touchant la prétendue contagion de la fièvre jaune.** Paris, 1830, in-8 (1 fr. 50).. 50 c.

— **Lettre à M. Montfalcon sur la fièvre jaune.** 1830, in-8........... 50 c.

CORNILLIAC (J.-J.-J.). **Recherches chronologiques et historiques sur l'origine et la propagation de la fièvre jaune dans les Antilles,** par J.-J.-J. CORNILLIAC, médecin de la marine. Fort-de-France, 1867, 2 parties in-8. 6 fr.

— **Etudes sur la fièvre jaune à la Martinique,** de 1669 à nos jours. Fort-de-France, 1873, 1 vol. in-8 de 791 pages.................... 12 fr.

COUTANCE. **Histoire du Chêne** dans l'antiquité et dans la nature ; ses applications à l'industrie, aux constructions navales, etc., par A. COUTANCE, professeur à l'École de médecine navale de Brest. 1873, in-8, 558 pages................ 8 fr.

DARISTE (A. J.). **Fièvre jaune.** Paris, 1825, in-8.................... 1 fr.

DELAVAUD. **Aperçu général des sciences du monde matériel** et de leur filiation, par M. C. DELAVAUD, pharmacien en chef de la marine. 1875, in-8. 1 fr. 50

DOUNON (P.). **Etude sur la verruga,** 1871, in-8, 56 p. et 1 pl........... 2 fr.

DUTROULAU. **Traité des maladies des Européens dans les pays chauds** (régions intertropicales), climatologie et maladies communes, maladies endémiques, par le docteur A.-F. DUTROULAU. *Deuxième édition.* 1868, 1 vol. in-8, 650 p. 8 fr.

FAGET. **Monographie sur le type et la spécificité de la fièvre jaune,** par le docteur J.-C. FAGET. 1875, gr. in-8, avec 109 tracés graphiques..... 4 fr.

GODINEAU (L.). **Etudes sur l'établissement de Karikal** (côte de Coromandel) ; topographie, climat, maladies, mortalité, hygiène. 1858, g. in-8 avec 3 cartes. 3 fr. 50

GRIESINGER. — **Traité des maladies infectieuses.** Maladies des marais, fièvre jaune, maladies typhoïdes (fièvre pétéchiale ou typhus des armées, fièvre typhoïde, fièvre récurrente ou à rechutes, typhoïde bilieuse, peste), choléra, par W. GRIESINGER, professeur à la Faculté de médecine de l'Université de Berlin, traduit et annoté par le docteur G. LEMATTRE. *Deuxième édition,* revue, corrigée et augmentée par E. VALLIN. Paris, 1877, in-8, XXXII, 724 p.. 10 fr.

HÉRAUD. **Nouveau Dictionnaire des plantes médicinales**, par le docteur A. Héraud, professeur d'histoire naturelle à l'Ecole de médecine de Toulon. Paris, 1875, 1 vol. in-18 de 600 pages avec 261 figures. Cartonné.................. 6 fr.

JOURDANET. — **Le Mexique et l'Amérique tropicale**, climats, hygiène et maladies. Paris, 1864, 1 vol. in-18 jésus, 460 p., avec une carte du Mexique.... 4 fr.

LABORDETTE. **De l'emploi du spéculum laryngien** dans le traitement de l'asphyxie par submersion, etc. 2e *édition*. 1868, in-8, avec 2 figures......... 75 c.

LAYET. **Hygiène des professions et des industries**, précédée d'une Étude générale des moyens de prévenir et de combattre les effets nuisibles de tout travail professionnel, par le docteur Alexandre Layet, professeur agrégé à l'École de médecine navale de Rochefort. Paris, 1875, 1 vol. in-18 jésus de XIV-560 pages.... 5 fr.

LEFÈVRE (A.). **Recherches sur les causes de la colique sèche**. 1859, in-8, 312 p. avec fig.. 4 fr. 50

— **Nouveaux documents concernant l'étiologie saturnine de la colique sèche** des pays chauds. Paris, 1864, in-8, 63 pages.................. 1 fr. 25

— **Histoire du service de santé de la marine militaire** et des écoles de médecine navale en France, depuis le règne de Louis XIV jusqu'à nos jours (1666-1867). 1867, 1 vol. in-8, avec 13 plans, cartes et fac-simile.................. 8 fr.

LE ROY DE MÉRICOURT. **Mémoire sur la chromhidrose** ou chromocrinie cutanée. 1864, in-8, 179 pages.. 3 fr.

MAHÉ. **Manuel pratique d'hygiène navale** ou des moyens de conserver la santé des gens de mer, à l'usage des officiers mariniers et marins des équipages de la flotte, par le docteur J. Mahé, médecin-professeur de la marine, ouvrage publié sous les auspices du ministre de la marine et des colonies. Paris, 1874, 1 vol. in-18 jésus, XV-451 pages, cart.. 3. fr. 50

MANZINI (N.-B.-L.). **Histoire de l'inoculation préservatrice de la fièvre jaune**. Paris, 1858, in-8.. 3 fr. 50

MARROIN (A.). **Histoire médicale de la flotte française dans la mer Noire** pendant la guerre de Crimée. Paris, 1861, in-8, 204 p.................. 3 fr. 50

MARTINS. — **Du Spitzberg au Sahara**. Étapes d'un naturaliste au Spitzberg, en Laponie, en Ecosse, en Suisse, en France, en Italie, en Orient, en Égypte et en Algérie, par Charles Martins, professeur à la Faculté de Montpellier. 1866, 1 vol. in-8. 8 fr.

MAUREL. **Des fractures des dents**, par le Dr E. Maurel, médecin de première classe de la marine. Paris, 1875, in-8, 52 p. avec fig.......................... 2 fr.

— **Des luxations dentaires, du traitement de la carie dentaire**. Paris, 1867. In-8 de 85 pages.. 2 fr. »

MÉLIER (F.). **Rapport sur les marais salants**. 1847, in-4, 96 p. avec 4 pl. 5 fr.

— **Relation de la fièvre jaune** survenue à Saint-Nazaire, suivie de la loi anglaise sur les quarantaines, par F. Mélier. 1863, in-4, 176 p. avec 3 cartes........ 10 fr.

MICHAUX (A.). **Mémoire sur les causes de la fièvre jaune**. 1852, in-8. 1 fr.

MORACHE. **Traité d'hygiène militaire**, par G. Morache, médecin-major de première classe. 1874, in-8 de 1050 p. avec 175 fig.......................... 16 fr.

O'HALLORAN. **Aperçu succinct de la fièvre jaune**. 1824, in-8........ 3 fr.

PELLARIN (A.). **Hygiène des pays chauds**. Contagion du choléra démontrée par l'épidémie de la Guadeloupe. Paris, 1872, in-8, 358 p.......................... 6 fr.

— **Des fièvres bilieuses dans les pays chauds en général** et de la fièvre bilieuse hématurique en particulier. Paris, 1876, in-8 de 231 p.............. 3 fr.

Programmes des questions auxquelles les candidats ont à répondre dans les concours pour les différents grades et emplois du corps de santé de la marine, publiés par ordre du ministre de la marine et des colonies. Paris, 1876, in-8 de 112 pages.. 2 fr. 50

ROCHARD. **Histoire de la chirurgie française au XIXe siècle**, étude historique et critique sur les progrès faits en chirurgie depuis la suppression de l'Académie royale de chirurgie jusqu'à l'époque actuelle par le Dr Jules Rochard, inspecteur du service de santé de la marine. Paris, 1875, 1 vol. in-8, XVI, 800 p...... ..... 14 fr.

— **Étude synthétique sur les maladies endémiques**. 1871, in-8..... 2 fr.

— **De l'influence de la navigation et des pays chauds sur la marche de la phthisie pulmonaire**. Paris, 1856, in-4 de 94 p.................. 4 fr.

ROUBAUD (E.). **Relation médicale d'un voyage d'émigrants indiens** effectué de Pondichéry à la Pointe-à-Pitre. Paris, 1868, gr. in-8, 50 p............. 2 fr.

SAUREL (L). **Traité de chirurgie navale**, par le docteur L. Saurel, ex-chirurgien de la marine, professeur agrégé à la Faculté de médecine de Montpellier, suivi d'un Résumé de leçons sur le **service chirurgical de la flotte**, par J. Rochard. Paris, 1861, in-8 de 600 pages, avec 106 figures.......................... 8 fr.

STORMONT. **Topographie médicale de la côte occidentale d'Afrique**, et particulièrement celle de la colonie de Sierra-Leone. Paris, 1822, in-4 (2 fr.) 50 c.

THOMAS (P.-F.). **Fièvre jaune**. Paris, 1848, in-8 (3 fr.).................. 1 fr. 50

VOISIN. **Le service des secours publics**, à Paris et à l'étranger. Paris, 1873, in-8, 54 p.. 1 fr. 50

PARIS — IMPRIMERIE DE E. MARTINET, RUE MIGNON, 2

LIBRAIRIE J.-B. BAILLIÈRE & FILS

ANGER. Nouveaux éléments d'Anatomie chirurgicale, par Benjamin ANGER, chirurgien de la Maternité, professeur agrégé de la Faculté de médecine de Paris. 1869. 1 vol. in-8 de 1055 pages, avec 1079 fig. et atlas in-4 de 12 planches . . . . . 40 fr.

BERNARD (Cl.) et HUETTE. Précis iconographique de Médecine opératoire et d'Anatomie chirurgicale. Paris, 1873, 1 vol. in-18 jésus, 495 pag., avec 113 pl., fig. noires. Cartonné. 24 fr.
Le même, figures coloriées. Cartonné. . . 48 fr.

CHAUVEAU. Traité d'Anatomie comparée des animaux domestiques, par A. CHAUVEAU, professeur à l'École vétérinaire de Lyon. *Troisième édition*, avec la collaboration de M. ARLOING. Paris, 1879. 1 vol. in-8, VI-992 pages, avec 368 figures noires et coloriées. . . . . 24 fr.

COLIN (G.). Traité de Physiologie comparée des animaux, par J. COLIN, professeur à l'École vétérinaire d'Alfort. *Deuxième édition*. Paris, 1871-1873. 2 vol. in-8, avec 200 figures . . . . . . 26 fr.

CUYER et KUHFF. Le Corps humain. Structure et fonctions, formes extérieures, régions anatomiques, situation, rapports et usages des appareils et organes qui concourent au mécanisme de la vie, démontrés à l'aide de planches coloriées, découpées et superposées; dessins d'après nature, par Édouard CUYER, lauréat de l'École des Beaux-Arts; texte, par G.-A. KUHFF, docteur en médecine, préparateur au laboratoire d'anthropologie de l'École des Hautes Etudes. Paris, 1879, 1 vol. in-8 de 500 pages avec atlas 25 pl. col. Ens. 2 vol. cartonnés . . . . 70 fr.

— **Les Organes génitaux de l'homme et de la femme.** Gr. in-8, 25 p., avec 2 planches coloriées, découpées et superposées, et 50 figures intercalées dans le texte.

DUVAL (Mathias). Précis de Technique microscopique et histologique, ou introduction pratique à l'anatomie générale, par Mathias DUVAL, professeur agrégé à la Faculté de médecine. 1878. 1 vol. in-18 jésus de 316 pages avec 43 figures . . . 4 fr.

— **Encyclopédie anatomique**, comprenant l'anatomie descriptive, l'anatomie générale, l'anatomie pathologique, l'histoire du développement, par G.-T. BISCHOFF, HENLE, HUSCHKE, SŒMMERING, F.-G. THEILE, G. VALENTIN, J. VOGEL, G. E. WEBER. 1843-1847. 8 vol. in-8, avec atlas in-4. 32 fr.

FAU. Anatomie artistique élémentaire du corps humain. *Cinquième édition*. Paris, 1876. In-8, avec 17 planches, figures noires. . . . . 4 fr.
Le même, figures coloriées. . . . . . . 10 fr.

FLOURENS. Anatomie générale de la peau et des membranes muqueuses. 1843, in-4, avec 6 planches coloriées. . . . . 6 fr.

— **Recherches sur le développement des os** et des dents. 1841, in-4, avec 12 pl. coloriées. . 6 fr.

— **Mémoires d'Anatomie et de Physiologie comparées.** Paris, 1844, grand in-4 avec 8 planches coloriées (18 fr.). . . . . 9 fr.

HUGUENIN. Anatomie des centres nerveux, par le docteur HUGUENIN, trad. par le docteur Th. Keller, et annoté par le docteur Mathias Duval, professeur agrégé à la Faculté de médecine de Paris. Paris, 1879. 1 vol. in-8 de 368 pag., avec 149 fig. 8 fr.

HUXLEY. Éléments d'anatomie comparée des animaux vertébrés. Paris, 1875, 1 v. in-18 jésus de VIII-530 pag., avec 122 fig. . . . . . . 6 fr.

KUSS ET DUVAL. Cours de Physiologie, d'après l'enseignement du professeur Kuss, par le docteur Mathias DUVAL, professeur agrégé à la Faculté de médecine. *Troisième édition*. Paris, 1876. 1 vol. in-18 jésus de VIII-66 pag., avec 100 fig., cart. 7 fr.

LABOULBÈNE. Nouveaux éléments d'Anatomie pathologique descriptive et histologique, par le docteur J.-A. LABOULBÈNE, professeur agrégé de la Faculté de médecine, médecin des hôpitaux. Paris, 1879. 1 vol. in-8 de 1078 p., avec 298 fig. 20 fr.

LEBERT. Traité d'Anatomie pathologique générale et spéciale, ou Description et iconographie pathologique des affections morbides observées dans le corps humain, par H. LEBERT, professeur à l'Université de Breslau. Paris, 1855-18[illegible]. 2 vol. in-fol. de texte et 2 atlas in-fol., comprenant 200 planches coloriées . . . . 615 fr.

LEGENDRE. Anatomie chirurgicale. Paris, 1858, 1 vol. in-fol. avec 25 pl. . . . . 20 fr.

MALGAIGNE (J.-F.). Traité d'Anatomie chirurgicale et de Chirurgie expérimentale. *Deuxième édition*. Paris, 1859. 2 vol. in-8. . . . . . . 18 fr.

MASSE. Traité pratique d'Anatomie descriptive, mis en rapport avec l'Atlas d'anatomie, et lui servant de complément, par le docteur J.-N. MASSE, professeur d'anatomie. Paris, 1858, 1 vol. in-18 jésus de 700 pages, cart. . . . . . . 7 fr.

— **Anatomie synoptique**, ou Résumé complet d'anatomie descriptive du corps humain. Paris. 1867. In-18, 116 pages. . . . . 2 fr.

MOREL (C.). Traité d'Histologie humaine, par C. MOREL, professeur à la Faculté de médecine de Nancy. *Troisième édition*. Paris, 1879. 1 vol. in-8, 136 pages, avec atlas de 36 planches.

RINDFLEISCH (Édouard). Traité d'Histologie pathologique, traduit et annoté par le docteur F. GROSS, professeur agrégé à la Faculté de médecine de Nancy. Paris, 1873. 1 vol. gr. in-8 de 739 pages, avec 260 figures. . . . . 14 fr.

ROBIN (Ch.). Traité du microscope et des injections, mode d'emploi; applications à l'anatomie humaine et comparée, à la pathologie médico-chirurgicale, à l'histoire naturelle animale et végétale, et à l'économie agricole, par Ch. ROBIN, professeur à la Faculté de médecine de Paris, membre de l'Institut. *Deuxième édition*. Paris, 1877. 1 vol. in-8, 1101 p., avec 336 fig. et 3 pl. cart. . . . 20 fr.

— **Programme du cours d'Histologie.** *Deuxième édition*. Paris, 1870. 1 vol. in-8, XL-416 pages. . . . . 6 fr.

— **Anatomie et Physiologie cellulaires**, ou des cellules animales et végétales, du protoplasma et des éléments normaux et pathologiques qui en dérivent. Paris, 1873, 1 vol. in-8 de 640 pages, avec 83 fig. cart. . . . . 16 fr.

SERRES (E.). Recherches d'Anatomie transcendante et pathologique, théorie des formations et des déformations organiques, par E. SERRES, membre de l'Institut de France. Paris, 1832. In-4, avec atlas de 20 pl. in-folio. . . . . 20 fr.

— **Anatomie comparée transcendante, principes d'embryogénie.** Paris, 1859. 1 vol. in-4 de 942 p., avec 26 pl. . . . . 16 fr.

— **Des lois de l'Embryogénie** ou des règles de formation des animaux et de l'homme, 1844. In-4 de 172 pages, avec 9 planches. . . . . . . 12 fr.

VIRCHOW. La Pathologie cellulaire, basée sur l'étude physiologique et pathologique des tissus. Traduction française. *Quat. édit.* par Is. STRAUS, médecin des hôpitaux de Paris. Paris, 1874, 1 vol. in-8, XXVIII-417 p., avec 157 fig. . . . . . . 9 fr.

LYON. — IMPRIMERIE PITRAT AINÉ, RUE GENTIL, 4.

www.ingramcontent.com/pod-product-compliance
Ingram Content Group UK Ltd.
Pitfield, Milton Keynes, MK11 3LW, UK
UKHW020254230726
13925UKWH00001B/49

9 782013 443746